国之重器出版工程
国防现代化建设

航天先进技术研究与应用系列

等离子体周期性介质结构电磁特性及应用研究

Investigation on the Electromagnetic Characteristics of Periodic Plasma Dielectric Structure and Its Application

章海锋　文永刁　著

中国工信出版集团
哈爾濱工業大學出版社
HARBIN INSTITUTE OF TECHNOLOGY PRESS

内容简介

等离子体周期性介质结构是等离子体与其他种类的介质在空间中形成的具有特定规律的分布结构，结构中基本包含了等离子体光子晶体和等离子体超材料两个重要的分支，这些材料已经作为一种新兴的材料广泛地应用于各类微波器件的设计中。等离子体自身的可调谐和磁光效应等特性使得等离子体周期性介质结构具有更为广泛的应用前景和实用价值。本书主要包括三部分：第一部分介绍光子晶体及等离子体光子晶体的物理特性和相关算法，并对主流计算光子晶体的技术进行了介绍，尤其重点阐述了主流算法在处理等离子体光子时的缺陷及解决方案（第1～2章）；第二部分主要是对一维、二维和三维等离子体光子晶体的理论分析，并对相关器件设计进行了阐述（第3～8章）；第三部分对等离子体光子晶体及其器件进行了仿真与实验，对基于等离子体超材料的微波器件设计进行了介绍（第9～10章）。

本书可供在微波技术、计算电磁学、光学、光电信息科学与工程、通信工程、电子科学与技术、应用物理和凝聚态物理等领域从事研究和开发工作的科技人员参考，也可作为高等院校相关专业的高年级本科生、研究生和教师的参考书。

图书在版编目(CIP)数据

等离子体周期性介质结构电磁特性及应用研究/章海锋，文永刁著.
—哈尔滨：哈尔滨工业大学出版社，2020.5
国之重器出版工程.航天先进技术研究与应用系列
ISBN 978-7-5603-7991-3

Ⅰ.①等… Ⅱ.①章…②文… Ⅲ.①等离子体-光学晶体-电磁性质-研究 Ⅳ.①O53

中国版本图书馆CIP数据核字(2019)第034886号

等离子体周期性介质结构电磁特性及应用研究
DENGLIZITI ZHOUQIXING JIEZHI JIEGOU DIANCI TEXING JI YINGYONG YANJIU

策划编辑　王桂芝　刘　威
责任编辑　李长波　李春光　周一曈　马　媛
出　　版　哈尔滨工业大学出版社
社　　址　哈尔滨市南岗区复华四道街10号　邮编150006
传　　真　0451-86414749
网　　址　http://hitpress.hit.edu.cn
印　　刷　固安县铭成印刷有限公司
开　　本　710mm×1000mm　1/16　印张30　字数590千字
版　　次　2020年5月第1版　2020年5月第1次印刷
书　　号　ISBN 978-7-5603-7991-3
定　　价　168.00元

（如因印装质量问题影响阅读，我社负责调换）

《国之重器出版工程》
编辑委员会

李伯虎　中国工程院院士

李应红　中国科学院院士

李春明　中国兵器工业集团首席专家

李莹辉　国际宇航科学院院士

李得天　国际宇航科学院院士

李新亚　国家制造强国建设战略咨询委员会委员、中国机械工业联合会副会长

杨绍卿　中国工程院院士

杨德森　中国工程院院士

吴伟仁　中国工程院院士

宋爱国　国家杰出青年科学基金获得者

张　彦　电气电子工程师学会会士、英国工程技术学会会士

张宏科　北京交通大学下一代互联网互联设备国家工程实验室主任

陆　军　中国工程院院士

陆建勋　中国工程院院士

陆燕荪　国家制造强国建设战略咨询委员会委员、原机械工业部副部长

陈　谋　国家杰出青年科学基金获得者

陈一坚　中国工程院院士

陈懋章　中国工程院院士

金东寒　中国工程院院士

周立伟　中国工程院院士

郑纬民	中国工程院院士
郑建华	中国科学院院士
屈贤明	国家制造强国建设战略咨询委员会委员、工业和信息化部智能制造专家咨询委员会副主任
项昌乐	中国工程院院士
赵沁平	中国工程院院士
郝　跃	中国科学院院士
柳百成	中国工程院院士
段海滨	“长江学者奖励计划”特聘教授
侯增广	国家杰出青年科学基金获得者
闻雪友	中国工程院院士
姜会林	中国工程院院士
徐德民	中国工程院院士
唐长红	中国工程院院士
黄　维	中国科学院院士
黄卫东	“长江学者奖励计划”特聘教授
黄先祥	中国工程院院士
康　锐	“长江学者奖励计划”特聘教授
董景辰	工业和信息化部智能制造专家咨询委员会委员
焦宗夏	“长江学者奖励计划”特聘教授
谭春林	航天系统开发总师

前言

随着科学技术的发展，人们越来越希望能对电磁波在介质中的传播进行精准的控制。如果能够人为地调控介质的介电常数 ε 和磁导率 μ，那么电磁波的传播也就能够被精准地操控。然而，自然界中的介质种类是非常有限的，很难满足人们的某些特殊需求，如 ε 和 μ 同时小于零。因此，人们不得不人为地构建“理想介质”。无独有偶，随着通信技术的发展，人们对基于半导体工艺的集成电路技术的依赖程度越来越高，希望能够在较小的芯片上集成更多种功能的器件，不但希望在功能上实现可重构，而且希望将射频发射端与信号处理模块集成于一体。在这一需求的牵引下，人们不仅希望能够构建出“特殊”介质，还希望能够更快捷方便地对电磁信号进行传输和处理。显然，传统的半导体很难满足这一需求。随着集成度的提高，半导体由于库仑力的存在，电子间的热效应更为明显，集成电路过热，这将直接导致过度的能量消耗、较长的响应时间和较低的信息传输速率。为了摆脱这些困境，人们找到了一种折中方案，即人为地将不同的介质在空间中有规律地进行排列来“模拟”自然界中的物质，从而获得一些新的特性，以实现对特殊介质的构建；用“光子”代替“电子”作为传递信息的手段，以摆脱半导体集成电路的局限。因此，在 20 世纪末，科学家用“metamaterial(超材料)”一词来界定这类介质。与此同时，学者 Yablonovitch 和 John 分别独立地提出了光子晶体(photonic crystals)的概念。超材料和光子晶体的提出使得人们梦寐以求的“光子半导体”变成了可能，也使得“集成光路”成为可能。在这一大的时代背景下，超材料和光子晶体在理论和实验研究上均取得了令人瞩目的成绩。超材料和光子晶体虽然物理机理有所不同，如光子晶体介质周期性分布和长程作用产生光子禁带，而超材料由于金属的损耗，往往不具备长程关联性；阵列单元自身谐振性质和相邻单元局域耦合更为重要，表现为光子晶体的工作波长和晶格尺寸相当，而超材料一般都是亚波长结构。能否用统一的数学模型将超材料和光子晶体所涉及的物理问题统一起来，用以预测和规范电磁波的传播行为，为设计通信系统中的相关器件服务？

值得注意的是，用超材料和光子晶体设计功能性器件均具有各自的缺陷，对于超材料而言：①表现为较强的各向异性；②工作在太赫兹以上波段时，存在较大的欧姆损耗；③实现可调谐结构代价比较大，尤其是在高频段工作时。而对于常规光子晶体而言：①禁带结构由拓扑结构决定，很难实现频率的可调谐；②光子晶体的晶格尺寸与工作波长接近，所以很难实现器件的小型化；③禁带特性受介质种类约束，很难在自然界找到介电常数或磁导率较大的介质。那么能否找到一种构建介质的方法在满足频率的可调性的同时，又能较为容易地得到某些类量子光学效应，还能实现一些超材料中的特殊特性（如零折射率、高介质阻抗）并克服常规光子晶体的缺点呢？

显然，上述问题的答案都是肯定的，等离子体周期性介质结构能够很好地达成上述目标。对于任何一种介质，它的基本电磁参量都可以用 $\varepsilon(\omega)$ 和 $\mu(\omega)$ 函数作为通用函数来描述，如常规介质、电色散、磁色散、电磁双色散、非线性、磁光效应和各向异性等介质。它们与等离子体在空间中周期性的排列都能构成相应的等离子体周期性介质结构。等离子体周期性介质结构自身的电磁参量也可以用 $\varepsilon(\omega)$ 和 $\mu(\omega)$ 来描述。因此，等离子体周期性介质结构与电磁波相互作用的问题在数学上就可以统一为麦克斯韦（Maxwell）方程组简并后在周期边界条件上的定解问题。因此，等离子体周期性介质结构电磁特性及应用研究更具有普适性和代表性。

然而，要实现等离子体周期性介质结构电磁特性及应用研究，在理论上的计算和仿真是必不可少的。虽然现有的一些商业软件，如 CST、HFSS、COMSOL、R－Soft 等已经可以实现对常规周期性介质结构电磁特性的计算和仿真，甚至可以对等离子体周期性介质结构的传输特性进行计算，然而这些商用软件都是由国外的软件公司开发的，“黑盒”性强。长期依赖国外的商用仿真软件，不利于国家科技的长期发展，并且会丧失“核心”竞争力。所以改进和创新等离子体周期性介质结构的计算方法成为亟待解决的问题。因此，弥补和改进传统计算方法上的不足，使其更具有普适性显得十分重要，这也为将来开发自主知识产权的相关计算软件奠定了基础。特别是最近几年，突破对国外商用仿真软件的过度依赖，掌握“核心”技术越来越被业内的专家和学者所关注。基于上述原因，我们撰写了本书。撰写本书的目的是将最近几年从事等离子体周期性介质结构电磁特性及应用研究的一些成果，供在微波技术、计算电磁学、光学、光电信息科学与工程、通信工程、电子科学与技术、应用物理和凝聚态物理等领域从事研究和开发工作的科技人员参考，以起到抛砖引玉的作用。

本书由章海锋和文永刁共同撰写，由刘少斌主审。全书共分为10章。第1章主要是对光子晶体和等离子体光子晶体的一些基本概念、国内外研究进展和涉及的一些算法知识进行概述。第2章主要对主流的等离子体光子晶体的计算方法进行探讨和分析，使之更具普适性。第3～8章主要是对一维、二维和三维等离子体光子晶体的理论分析，并对相关器件设计进行阐述，内容涉及一维等离子体光子晶体的器件设计；二维等离子体光子晶体的缺陷模特性、全向反射器的设计等；三维等离子体光子晶体的电磁特性、禁带展宽技术、磁光效应和器件设计等。第9～10章主要对等离子体光子晶体及其器件的仿真与实验，以及对基于等离子体超材料的微波器件设计进行介绍；内容主要涉及等离子体光子晶体的实验室实现与仿真，以及等离子体超材料在吸波器和超表面方面的应用。

本书主要基于作者章海锋教授课题组近几年在等离子体周期性介质结构研究方面所积累的一些研究成果撰写而成，其中的理论计算结果和设计实例主要取材于课题组的相关研究工作。感谢参与本书撰写的众多同行、研究生和本科生；感谢南京邮电大学电子与光学工程学院、微电子学院各级领导和同人的帮助；感谢东南大学毫米波国家重点实验室开放课题(项目编号：K201927)、南京航空航天大学雷达成像与微波光子技术教育部重点实验室开放课题和南京邮电大学高层次人才资助项目、南京邮电大学电子科学与技术国家级实验教学示范中心项目和南京邮电大学信息电子技术国家级虚拟仿真实验教学中心项目在本书撰写和出版过程中给予的支持和帮助。

周期性介质结构已经逐渐成为一门成熟的学科，而等离子体周期性介质结构则是这个大家族中蓬勃发展的一支，其本身也属于电磁场微波技术、无线电物理、凝聚态物理和应用光学等专业的交叉学科，将为设计相关通信系统的新型器件奠定理论基础。限于作者水平，本书还有很大的局限性，内容也不可能涵盖问题的方方面面，书中的疏漏之处是难免的，敬请读者不吝斧正。

作者邮箱地址是：hanlor@163.com 或者 hanlor@njput.edu.cn(章海锋)。

作 者

2020年1月

于南京邮电大学

目录

第1章 等离子体周期性介质结构概述

为了摆脱现代集成电路工艺在芯片加工和信息传递方面的缺陷，人们尝试着用“光子”来代替“电子”工作，实现信息的处理与传递。另外，为了实现对通信系统中可重构器件的设计和实现，人们将可调谐性介质引入其中。等离子体周期性介质结构能很好地达成上述目标，在拓扑结构上，等离子体超材料和等离子体光子晶体都能被视为等离子体周期性介质结构。本章将重点介绍光子晶体、等离子体光子晶体和相关计算方法的研究现状和发展情况。

随着信息技术的发展，人们对基于半导体技术的集成电路的依赖性越来越强。不论是日常生活中用到的手机、网络、计算机、家用电器和其他智能设备，还是用于国防建设的雷达、预警机、导弹和通信卫星，都离不开芯片技术，即集成电路技术。随着人们对信息交流、索取和保存的种类及数量越来越多，对于各类通信和生活电子产品都提出了更高效率、更快速度、更环保和更大容量的要求。就是在这样一个大的潮流下，基于半导体工艺的集成电路工艺在过去几十年间得以飞速发展。在神奇的摩尔定律(当价格不变时，集成电路上可容纳的元器件的数目每隔 18～24 个月便会增加一倍，性能也将提升一倍)的驱动下，半导体的集成技术取得了令人瞩目的成就，使得现代人享受着技术革新带来的便利。然而，在最近几年摩尔定律似乎遇到了瓶颈，随着半导体器件集成度的提高，过高的集成度使得电子间的作用更为明显。库仑力的存在使得电子间的热效应更为明显，这将直接导致集成电路热量的堆积，从而影响其性能。过度的能量消耗、较长的响应时间和信息传输速率下降是半导体集成技术的致命缺陷，同时也制约着当代信息技术的进一步发展。在提倡节能减排和绿色环保的今天，工程师们不得不考虑用下一代材料来替代现有的半导体材料，因此用“光子”代替“电子”来传递信息成为一种必然的选择。“光子”较“电子”优势明显：光子没有电荷，也就不存在电磁场间的相互作用，所以在传播时可以相互交叉，不会发生干涉，这使得光波导能传递更大的信息量；光子没有静止的质量，所以在真空或介质中传播，其传播速度约是电子在导线中传播速度的 1 000 倍，这使得光子传递信息的速度更快；光子还具有抗干扰性强、能耗低和保密性好等优点。空间中周期分布的介质结构——光子晶体就是这样一种材料，这就是人们梦寐以求的“光子半导体”。人们正在尝试着用光子晶体来实现“集成光路”，努力实现如光计算、光存储和光通信，最终实现信息技术的飞跃性发展。尤其对于通信网络中的微波器件而言，人们不但要求其具备高性能和小型化等优点，还对其可重构性提出了要求，不仅仅要在频率上实现可重构，还要求器件能在功能上也实现可重构。这对承担技术革新使命的光子晶体而言，又提出了进一步要求。在光子晶体中引入电磁超材料(metamaterial)或者人为地构建电磁超材料成为一种较好的解决方案。等离子体(plasma)作为物质的第四态，它在自然界也被视为一种电磁超材料，且容易通过外部参数实现对其的调节，如外加磁场、电压和电子密度等参数。近几年来，等离子体越来越多地被应用于电磁隐身、目标识别和航空航天等技术的开发，已经成为一个新兴的研究热点。作为周期性介质结构的一个分支——等离子体周期性介质结构，用来设计可调谐和可重构的微波器件，这在民用和军事上都有着巨大的应用前景。等离子体周期性介质结构主要由等离子体光子晶体和等离子体超材料这两个主要分支组成。由于等离子体光子晶体在理论和计算上较等离子体超材料更具有普适性，因此，本章将对等离子体周期性介质结构进行简单的介绍，将重点放在等离子体光子晶体的基本概念和理论上，内容涉及光子晶体理论、原理和器件设计。并对等离子体光子晶体在国内的发展情况进行一个简要的综述，对等离子体光子晶体的理论、器件设计和实验验证工作进行简要的综述。最后，对现有的主流的处理周期性介质结构（光子晶体）的计算方法进行介绍，介绍几种主流的计算方法，为本书后续章节在方法学上打下基础。而关于等离子体超材料的相应理论、原理、器件设计和国内外发展概况，将在我们着手准备的《等离子体超材料特性研究和应用》一书中给出。

1.1　光子晶体理论及发展概况

光子晶体作为一种新型的“光子”材料被人们所关注，作为一种人工材料可以用于设计工作在微波、毫米波、太赫兹、红外波段甚至于光波波段的功能性器件。下面就从以下几个方面简单地对光子晶体相关基本知识进行概述。

1.1.1　光子晶体的概念

光子晶体(photonic crystals)是一种人工合成的材料，可用一句话概括为：不同介质在空间中的周期性分布。当然这种不同介质的周期性的分布可以是两种，也可以是多种，通常来说光子晶体由两种不同的介质构成。由于这种周期性的介质分布是空间的分布函数，所以从周期分布的角度来说，光子晶体可以划分为一维、二维和三维结构，也就是我们所称的一维、二维和三维光子晶体，其结构图如图 1.1 所示。光子晶体这个概念于 1987 年由学者 E. Yablonovitch[1] 和 S. John[2] 分别独立提出。当电磁波通过周期分布的介质时，由于 Bragg 散射的作用，光子晶体能产生能带结构——光子禁带(Photonic Band Gaps，PBG)[3,4]。在这一点上和半导体极为相似，半导体内是周期性变化的原子，而光子晶体则是周期性变化的介质。当周期性分布的介质相差足够大时，这种周期性排列将产生一定的势场，这样在不同介质的分界面上将产生 Bragg 散射，那么 PBG 就产生了。当入射电磁波的频率位于 PBG 中时，入射电磁波将不能通过光子晶体。光子晶体的另外一个特点就是光子局域化，又称为缺陷模[5]。图 1.2 给出了最为简单的一维二元光子晶体中含单一缺陷层时，频率和光子密度($D(\omega)$)的关系图。当光子晶体的几何拓扑结构或者空间介质分布发生变化时，入射电磁波通过光子晶体时将产生光子局域现象，即光子能在 PBG 中发生遂穿而形成缺陷模。这两个有趣的特性使得光子晶体能够用于设计多种功能性器件，如全向反射器[6]、高 Q 值的微波谐振腔[7]、低阈值激光[8]、全光开关[9]和光学晶体管[10]等。在短短的几十年内，光子晶体理论及其应用研究得到了“井喷式”的发展，每年发表的学术论文都有数千篇，每年关键词为光子晶体的论文大体呈现增长的趋势，内容涵盖理论研究、算法实现、性能优化、器件设计、实验测量和实验制备等方面。另外，由于光子晶体本身又是凝聚态物理、光学、微波电磁场技术、信息技术及电子科学与技术等的交叉学科，这无疑使得光子晶体具有更为强大的生命力。光子晶体作为一种迈向未来的材料引起了全世界科学家的广泛关注，引领了一个全新的研究领域。因此，1999 年美国权威期刊 *Science* 把光子晶体列为九大研究热点之一，并在当时预言 21 世纪将是一个光子的世纪。

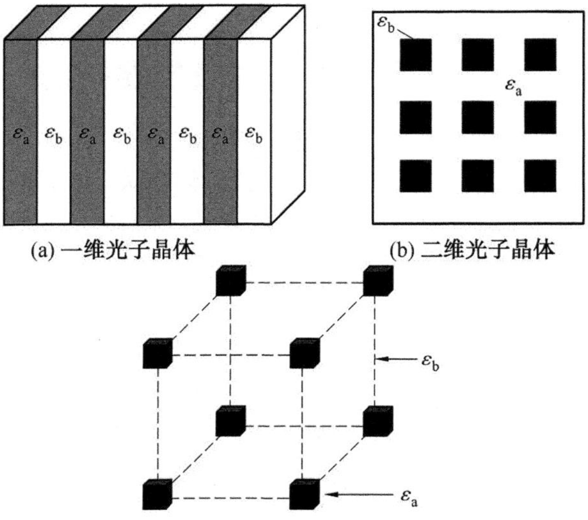

(a) 一维光子晶体　(b) 二维光子晶体

(c) 三维光子晶体

图 1.1　光子晶体的一维、二维和三维结构图

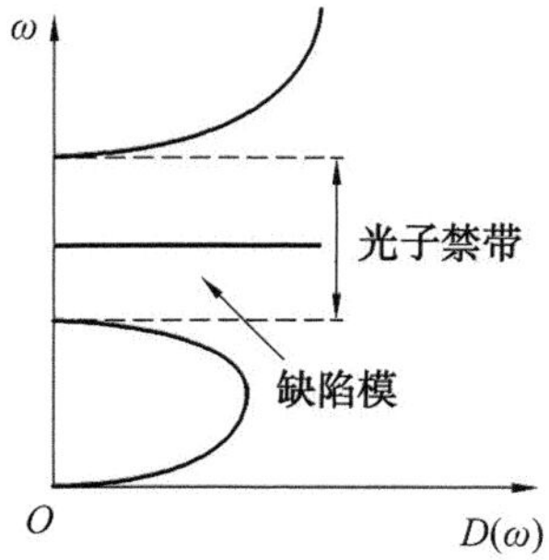

图 1.2　一维二元光子晶体中含单一缺陷层时，频率和光子密度的关系图

1.1.2　光子晶体的发展概况

近几十年间对光子晶体的研究得到了飞速的发展，最早对光子晶体的研究

可以追溯到 1887 年[11]。此时，人们并没有将其定义为"光子晶体"，而是简单将其称为周期结构，并且大量的研究工作仅围绕一维的周期结构展开。直到将近 100 年以后的 1973 年，苏联科学家 V. P. Bykov[12] 发表了一篇论文，他在论文中提到了利用周期结构来自发辐射。然而，光子晶体真正成为一个研究方向且飞速发展却要始于学者 E. Yablonovith 和 S. John 于 1987 的研究工作，他们的研究成果几乎同时发表在物理类顶级期刊 *Physical Review Letter*[1,2] 上。他们的论文阐述了控制自发辐射的可能性，以及用周期结构来控制辐射传播的可能性，并且较为正式地提出了光子晶体这个概念。随着这两篇里程碑似的论文的发表，与光子晶体相关的理论、应用及制造技术的论文几乎每年都成倍增长。光子晶体成为各大研究领域和各级学术期刊关注的焦点。

1990 年，K. M. Ho 等人[13]得到了具有面心晶格（即常说的蛋白石结构）的三维光子晶体的能带图，如图 1.3 所示。该光子晶体本身是由高折射率的介质球置于空气中构成。他们采用平面波展开（Plane Wave Expansion，PWE）法对其进行了计算。由图 1.3 可知该光子晶体的第 1 能带位于频率范围 0—0.8($2\pi c/a$)以下。而第 2 能带与第 1 能带却在 $\Gamma-L$ 方向和 $\Gamma-X$ 方向完全重合。显然，由图 1.3 可知，该光子晶体不存在完全带隙（Complete Photonic Band Gaps，CPBG）。所谓完全带隙就是在任意晶格对称方向上，都是 PBG 的区域。虽然不存在 CPBG，但是这并不意味着光子晶体是毫无用处的。因为在大多数情况下，人们仅对某个晶格对称方向上的 PBG 感兴趣，即所谓的方向禁带（Stop Band Gaps，SBG）。SBG 对基于光子晶体的器件设计有更为现实的意义。如图 1.3 所示，该光子晶体在 $\Gamma-L$ 方向和 $\Gamma-X$ 方向存在 SBG，这意味着电磁波沿这两个方向经过该光子晶体时都会被反射。当然，他们也对在钻石晶格条件下的光子晶体的能带图进行了计算，在此不做介绍。他们的计算结果证明在钻石晶格条件下，相

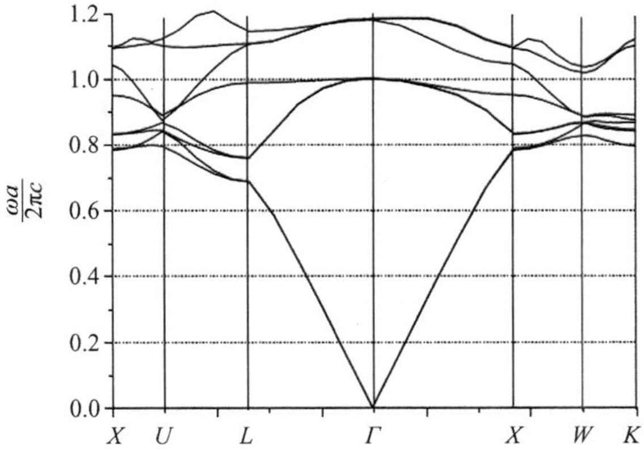

图 1.3　K. M. Ho 等人得到的三维面心晶格光子晶体的能带图[13]

同填充物质的光子晶体能产生 CPBG，这意味着光子晶体的晶格结构能对 CPBG 的产生造成影响，这个特点也和半导体的特性相似。

1992 年，H. S. Sozuer 等人[14]对与蛋白石结构成互补结构的三维光子晶体的禁带特性进行了研究，即俗称的“反蛋白石结构”。简单来说就是用空气球填充在高介电常数的介质背景中，在拓扑结构上和 K. M. Ho 等人研究的三维光子晶体呈现一个互补的关系。他们计算的该光子晶体的能带曲线如图 1.4 所示。由图 1.4 可知，该光子晶体能产生 CPBG(图中灰色部分表示 CPBG 的区域)。这种反蛋白石结构的光子晶体引起了学者们的关注，因为现代光子晶体的制造水平更容易实现这种空气填充介质的结构。另外，这种结构也更容易获得 CPBG，这使得光子晶体器件化变得可能。

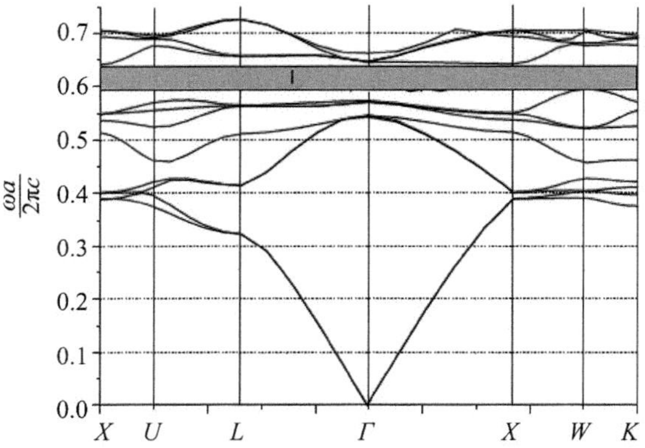

图 1.4　H. S. Sozuer 等人得到的反蛋白石结构的光子晶体能带图[14]

直到 1998 年，这种反蛋白石结构的光子晶体才通过实验的方式得到[15]，这也使得对光子晶体的晶体研究再也不是“纸上谈兵”的理论研究阶段，实验研究光子晶体的大门从此开启，这也从另外一个方面说明，光子晶体的研究已与材料科学方向交叉。到此时为止，该结构中填充球的直径已经可以精确到 1 μm，填充球间的距离也是非常近的，到了几乎相切的程度。但是从制造工艺的角度来看，这种近距离的反蛋白石结构较那些远距离的蛋白石结构的光子晶体在制造上更为简单。由于这种填充率较大的面心结构要得到 CPBG，就不得不以折射率较大的介质为背景。由于半导体硅有较大的介电常数，所以基于硅工艺的制造技术，能够较好地实现对光子晶体的制造。到 2000 年，能在近红外波段得到 CPBG，且基于半导体硅工艺的三维光子晶体被制造出来[16]。

从 1987 年到 2018 年，每年几乎都有近 10 000 篇与光子晶体相关内容的学术论文发表，要详细介绍所有论文的全部内容是不现实的。从总体上看，论文内容主要涉及计算方法研究、光子理论研究、光子晶体器件设计、光子晶体器件制备和光子晶体制备等几大方面。其中研究成果较为成熟的是光子晶体的算法和理论研究，毕竟随着现代计算机水平的发展，更为复杂和多变的光子晶体结构和器件已经能够在理论上进行计算，并在计算机上呈现计算结果。但是由于制造水平的局限性，生产和产品化光子晶体及其器件还有一定难度，业界的学者也正在为此不断努力。近几年，在光子晶体小型化和器件化上已经取得了较为鼓舞人心的成就，这部分的内容将在稍后的章节中进行介绍。光子晶体在发展的同时，还在不断地和其他学科进行交叉，如材料科学、新计算方法的改进、新材料的引入、与新理论（如转换光学理论）的结合等方向，这使得光子晶体散发着勃勃生机。作为光子晶体的一个研究方向，引入色散介质实现对光子晶体 PBG 的调控也是近几年光子晶体发展的一大趋势，如金属[17]、等离子体[18]、超导体[19]和半导体[20]等。本书的主要内容就是有针对性地对等离子体光子晶体的电磁特性进行介绍，具体内容将在后面的章节中呈现。

1.1.3　光子晶体的类别

要精确地对光子晶体进行分类也是一个较难的过程，这是由于在不同应用场合和不同研究背景下，光子晶体的分类方式各不相同。大体上来说有以下几种分类方式。

根据光子晶体的空间结构不同，可以将光子晶体分为一维光子晶体、二维光子晶体和三维光子晶体，其结构如图 1.5 所示。

根据光子晶体的晶格拓扑结构不同，可以分为正方形晶格光子晶体、三角形晶格光子晶体、阿基米德(Archimedean)晶格光子晶体、立方体晶格光子晶体、面心晶格光子晶体等，其结构如图 1.5 所示。由于一维光子晶体仅在一个方向上有周期变化，能够变化的只有晶格常数，而对于二维和三维光子晶体而言，单位晶格内光子晶体的填充方式各异，所以几乎有无数种填充方式和晶格结构。由于三维光子晶体在结构上更像固体物理中的晶体结构，所以固体物理中的晶格几乎都能用于构成光子晶体，如前面提及的面心结构、钻石结构、立方体结构，还有堆柴结构和螺旋形结构等。因此，光子晶体丰富的晶格结构也使得它的物理学特性是多样的，如反射谱线、能量传输曲线和带隙结构等。

根据光子晶体的来源不同，可以分为自然生长型光子晶体[21]和人工制造型光子晶体。虽然光子晶体在理论上定义为一种人工合成的介质，但是这并不意味着自然界中不存在光子晶体。由于光子晶体被定义为不同介质在空间的周期性分布，所以自然界中的周期性结构也可视为生物光子晶体。最具代表性的是蛋白石和蝴蝶的翅膀（图 1.6(a)）。早在光子晶体在实验室内合成之前，人们就通过显微镜发现，蝴蝶的翅膀具有周期性结构，且能将不同频率的光在不同的方向上散射、透射出不同颜色的光。这种神奇的周期性生物光子晶体不仅只有昆

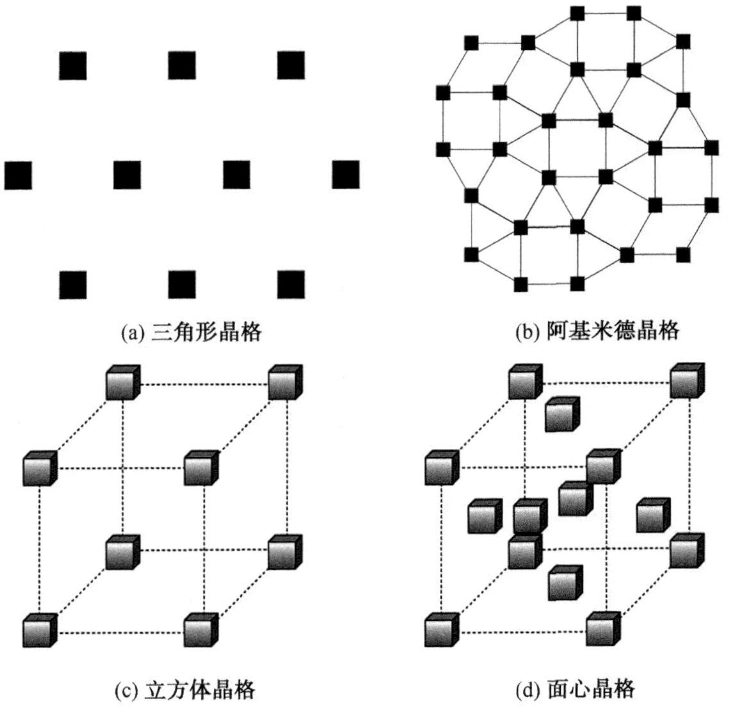

(a) 三角形晶格　(b) 阿基米德晶格

(c) 立方体晶格　(d) 面心晶格

图 1.5　光子晶体的基本晶格拓扑结构图

虫具有(甲壳昆虫、飞蛾),一些海洋生物,甚至一些蕨类植物也具有类似的周期性结构,能对特定频率的光谱进行反射。以海洋生物鲍鱼为例,它的壳表面下层有周期性的槽状结构,使得光在通过这一结构时发生衍射、反射等综合作用过程,最终呈现出多彩反光的特性。海老鼠的刺毛则是由众多六角圆柱体层层累积形成的结晶状结构,它类似于光纤,使得刺毛仅能反射某些频率的光,而呈现出鲜明的彩色。甲虫的背部在显微镜下也能呈现六角形的光子晶体结构,因此在不同波长的光的照射下,将会呈现不同的颜色(图 1.6(b))。基于人工制备的光子晶体种类比较多,在此不进行详细介绍。通过现代的半导体集成工艺技术,工作在微波、毫米波甚至是光波波段的光子晶体器件已经制备出来,将在下节进行详细的介绍。

根据组成光子晶体的介质不同,大致可以分为常规介质光子晶体和色散介质光子晶体。常规介质光子晶体又称为传统介质光子晶体或不可调谐光子晶体,光子晶体由一般的电参量和磁参量为定值的介质材料组成。而色散光子晶体则是由色散介质参与构成的光子晶体,其最大的特性是 PBG 和 S 参数的可调谐性。通常来说,色散介质的电参量和磁参量都是入射电磁波频率的函数,且大小很容易受到外界的磁场、电场、电压或温度的影响。所以,通过改变外界参数,

(a) 蝴蝶的翅膀　　(b) 甲虫的背部

图 1.6　自然界的生长型光子晶体结构

就能实现对色散光子晶体物理特性的调谐。而色散光子晶体又可分为电色散和磁色散光子晶体。电色散光子晶体常见的有超导体光子晶体、金属光子晶体、半导体光子晶体、石墨烯光子晶体和等离子体光子晶体等,磁色散介质光子晶体常见的有铁氧体光子晶体、三氧化二铁光子晶体等。从现在光子晶体的发展方向来看,大体上可以这样分,但是这也不是绝对的。有时可调谐光子晶体未必是色散光子晶体,如液晶光子晶体,液晶的电参量是电压的函数,但不是入射波频率的函数。还有些时候光子晶体引入了非线性材料,构成了非线性光子晶体,这类光子晶体也能视为一种可调谐光子晶体。本书介绍的等离子体光子晶体就是一种色散光子晶体,它的物理学特性可以通过外加磁场、电子温度和电子密度等参量进行调节。

根据光子晶体的周期性分布情况,又可以将光子晶体分为周期型晶格光子晶体、晶格渐变型光子晶体、准周期结构的光子晶体、离散型光子晶体等。周期型晶格光子晶体就是一般意义上的光子晶体结构;晶格渐变型光子晶体是指光子晶体的晶格常数不是一个定值,而是以一个渐变值出现,这种结构常见于一维光子晶体中;而准周期结构光子晶体的晶格参数是满足一定规律的,如分形和自递归结构,如 Fibonacci(斐波那契)、Thue-Morse 分形结构等;而离散型光子晶体是指考虑实际加工误差情况下,引入 disorder 效应时的光子晶体结构,如光子晶体填充单元间的距离存在着一个系统误差,“随机”且“离散”地分布于背景介质中。

众所周知,光子晶体的分类方式还有很多,如按照工作的波长分,按照光子晶体的功能特性分,按照制造工艺分等。光子晶体繁杂的分类在此就不一一列举了,光子晶体呈现的物理特性才是我们所感兴趣的,本书也将有针对性地对等离子体光子晶体的电磁特性进行介绍。

1.1.4　光子晶体的应用

尽管光子晶体现在在制造工艺上还存在缺陷,不可能实现对全波段光子晶体的加工与制造，但是随着加工工艺水平的发展，越来越多的光子晶体器件被加工出来，并应用于实际。由于光子晶体具有数据传输量大、损耗小、稳定度高等优势，因此其在很多方面具有潜在的应用价值。

1. 自发辐射的调控

对于自发辐射的调控使得光子晶体能够应用于光源的设计，光子晶体在设计此类光源时起到非常关键的作用。例如，光子晶体能够用于设计低阈值半导体激光器[22]，并且提高其工作效率。由于光子晶体的PBG对特定频率的电磁波具有抑制作用，如果激光器工作物质的自发辐射频率刚好落在光子晶体的PBG中，那么激光器自身的自发辐射就会被抑制。这将直接导致光子晶体自发辐射的损耗减少，从而使激光器阈值降低。光子晶体自发辐射的调控还可使光子晶体用于设计新型辐射光源，如发光二极管[23]。一般地，发光二极管发光中心的光经过包围它的介质无数次发射后，大部分能量都不能有效地辐射出去，因为耦合的效率低下，大部分能量以热能的形式发射出去。如果在发光二极管中心放置一块特制的光子晶体，将使发光中心的自发辐射频率落入光子晶体的PBG中，使二极管的发光中心实现光的局域化特性，即发光中心的光不会进入包围它的光子晶体中，从而提高辐射效率。当然，光子晶体在这种应用背景下，可以以光子晶体或光子晶体谐振腔的形式出现，主要取决于应用场合。通常光子晶体可用于对激光和发光二极管性能的改善。

2. 光学隔离器、波导和分离器

光学隔离器是一个较为宽泛的概念，是指利用光子晶体的光子局域效应，使光子辐射在缺陷内。通俗来说就是使局域缺陷模的频率必须在光子晶体的PBG中。根据这个特性，光子晶体可以用来设计许多器件，如光子晶体微谐振腔[24]、波导[25]、弯型波导[26]、分离器(splitter)[27]、耦合器[28]和混频器[29]等。这些器件主要还是应用了光子晶体的禁带特性和缺陷模局域化特性，即在周期性结构中引入缺陷。与缺陷模频率相同的电磁波能在光子晶体中传播，并得到局域增强，而落在PBG内的电磁波将被阻隔，所以可通过改变缺陷模的位置来实现对某些频率电磁波的局域增强或隔离。要实现对缺陷模的调谐，只需在相应光子晶体的周期结构中移除一个或某些填充单元。下面介绍光子晶体使用该特性在某些实用器件设计上的应用。

(1)光子晶体波导(wave guide)。光子晶体波导是在光子晶体的周期结构中引入线性缺陷而形成。线性缺陷的引入使得一定频率范围内的电磁波能在其中传播从而实现导波功能。这种导波特性本质上是基于光子晶体的缺陷模局域特性，这意味着光子晶体波导不仅仅可以制成线性波导，还能制成弯折型波导。弯折型波导的角度可以达到90°，或者更大。与平面波导相比，光子晶体波导的原理是基于全内反射(the total internal reflection),光子晶体 CPBG 的存在使得光子晶体波导的导波模式能够传播。基于类似的原理,弯折型波导也能高效地传播电磁波,并且较平面波导具有更为紧凑的结构。

(2)光子晶体分离器。光子晶体分离器是指能够按比例对入射电磁波在特定方向,以特定的比例进行能量分配;或者使得不同极化模式的电磁波进行分离的器件。要实现光子晶体分离器设计,只需要将不同的光子晶体波导在某一点进行连接。在这种情况下,电磁波由某一波导端口入射,然后将在波导的连接点处进行分离。当然另外一种能量分离的方式也可以采用能量耦合的原理实现[5],即令两个平行的线性波导相距较小的距离,从而实现能量的耦合。此时只需要调节输入和输出端口的参数,就能达到能量分配的目的。

3. 色散特性的调控

光子晶体是一种人工介质,电磁波通过光子晶体会产生色散特性,使得其展现许多有趣的特性,如负折射现象[30]、Cherenkov 辐射的逆转[31]、超棱镜现象[32]、超透镜现象[33]等,还能用于设计多路复用器[34]和信号分离器[35]等器件。这主要是因为光子晶体在某些频段能使其等效介电常数和等效磁导率为负值。自然界是不存在这样的物质的,但是人们可以通过人工合成光子晶体的方式实现。所以在特定的条件下光子晶体也可以看作一种电磁超材料。尽管现在学界对电磁超材料的定义还存在着争议,但是在实验室条件下能够得到等效折射率为负的材料却是不争的事实。1996 年,学者 Pendry[36]从理论上证明了用金属线构成的三维周期结构能够在吉赫兹波段实现等效介电常数为负的设计,并进一步将此理论推广到等效负磁导率,并提出了一种 LC 谐振回路的周期结构方式,实现了负的磁导率。Smith[37]等人延续了 Pendry 的工作,用开口谐振腔的形式在实验室内同时得到了等效介电常数和磁导率都为负的人工介质,当然开口谐振腔的排列方式也是周期性的。由于他们杰出的研究工作,Veselago[38]关于介质反常色散(负折射)的特性在实验室内得以实现。显然,Smith 和 Pendry 等人构建的人工介质能够视为一种光子晶体。

(1)光子晶体的超棱镜现象。顾名思义,超棱镜现象就是指不同频率的电磁波在介质表面发生折射时,展现出不同的折射角。根据物理学中的 Snell 定律可知,不同电磁波等效的折射率是不同的。由于一般介质的色散特性较差,要快速地分开不同频率的电磁波就不得不借助光栅来实现。1996 年,Lin 等人[39]将光子晶体排成棱镜形构成了一种高色散“棱镜”,用禁带的下边缘能带的高色散区域实现了分光。随着人们对光子晶体色散特性研究的深入,一种用光子晶体构成的“超棱镜”实现了分频,该装置能将波长相差 1%的光分开将近 50°。光子晶体的这种超棱镜现象,使得人们能将不同功能的光学器件集成在一个芯片之上。

由于这种光子晶体“超棱镜”对结构参数和工作波长极为敏感，所以其特性直接由加工工艺决定。

(2)光子晶体的超透镜现象。超透镜现象与超棱镜现象相似，不同频率的电磁波入射光子晶体后，由于等效折射率不同，因此电磁波将在光子晶体中沿着不同的方向传播。这意味着不同方向的等频率面的形状是不同的，因而其法线方向也是不同的，这将直接导致入射电磁波的折射方向随着不同的频率和入射角度的不同而发生变化。当所有入射电磁波在光子晶体内部发生自聚焦时，超透镜现象就产生了。光子超透镜现象可以用来设计平面聚焦镜和提高太阳能电池板的聚能效果等。

光子晶体用来设计多路复用器和信号分离器也是采用与上述相似的原理，这是由于光子晶体的色散特性，即不同频率入射的电磁波在光子晶体中传播速度不相同。这种特性使得一个相似结构(波导)能够高效地被不同频率的电磁波使用(多路复用器)。反之，入射的电磁波也能通过光子晶体被分解到不同的信道，这使得整个器件的大小得以压缩。基于光子晶体的多路复用器和信号分离器具有更小的体积和信道密度，并且能与线性波导和弯折型波导集成工作。

4. 光子晶体的非线性

光子晶体是空间周期性排列的介质结构。如果光子晶体中引入了非线性材料，那么该光子晶体就具有了非线性。该光子晶体又称为非线性光子晶体，将展现出一些有趣的特性，并能用它来设计一些有用的器件。非线性材料主要的特点是它的折射率不是一个定值，一般可以是电场强度、磁场强度或者光强的函数。而且这个函数是一个非线性的函数，被称为非线性介质。由非线性材料的这种奇特性质可知非线性光子晶体能够用来制作许多有价值的光学器件，如光学信息存储器、逻辑门和光功率限制(阈值)器(optical power limiter)等。在非线性光子晶体中分布着离散的光孤子(optical solitons)，能够用于对信息进行储存。通过光照强度来实现对光孤子的读和写，从而实现对信息的存储。

对于光子晶体逻辑门而言，单一的信号传输是不能改变该光子晶体结构的逻辑特性的。如果在光子晶体中引入非线性材料，并用两路信号加以作用，那么非线性材料的折射率将发生变化，这样必然导致非线性传输特性的发生。即该非线性光子晶体的透射率和反射率将发生变化。这样依靠两路光束作用于非线性光子晶体的特性，必然可以构成不同的逻辑门，如与门或者与非门。

而基于光子晶体的光功率限制器则用于光传感器，可避免传感器由于过高的入射光强而损坏。或者用于光学电路的输入段进行光强归一化，其特性是反射率将随着非线性光子晶体的光照强度的增加而增大，但是其输出端的光强将保持不变。

5. 光子晶体光纤

光子晶体光纤是一种带有缺陷的二维光子晶体,光纤包层由规则分布的空气孔排列成三角形或者六边形的微结构。由于缺陷的存在,光将会限制在缺陷内传播,其原理与普通的内反射型普通光纤不同,它是利用光子晶体的光子局域特性,使得一定波长和传播参数内的光的所有模式不能贯穿包裹层,从而达到轴向传播的目的。这种特性使得光子晶体光纤具有广泛的应用前景。光子晶体光纤的传光方式主要有两种:一种是类似普通光纤的全内反射;另一种是用光子晶体的带隙来禁止特定频率的光的横向传播。

全内反射光子晶体光纤的纤芯折射率比包层的有效折射率高,导波方式与全反射原理类似但并不依赖 PBG 效应。这种光子晶体光纤在结构上与传统光纤极为接近,但表现出了极为不同的性能。如果将其纤芯尺寸做得足够小(一般都在 2 μm 左右),超短脉冲在传播过程中将与纤芯相互作用表现出非常明显的非线性现象,如光孤子的产生、拉曼散射、自陡峭现象等;它在很宽的频率范围内支持单模运行;它允许核心面积大于传统光纤核心面积 10 倍以上,这样就允许较高的入射功率;它在可见光波段(可达 500 nm)可以实现零色散和高偏振设计等。这种导光机制的光子晶体光纤实现起来相对简单,它对空气孔排列的精确度要求较低,也不要求大直径的气孔,而且光学损耗也基本降到了普通光的水平。目前大多数的研究和应用都是针对这种类型。

禁带型光子晶体光纤要求包层空气孔结构具有严格的周期性,通过破坏它的周期性结构形成具有一定频宽的缺陷态或光子局域态,这样只有特定频率的光波可以在这个缺陷区域中传播,其他频率的光波则不能传播。这种光纤与全内反射式光子晶体光纤最大的不同就是纤芯引入了折射率低于包层材料的空气孔缺陷,因此光的导入就不可能利用全内反射原理,而必须完全借助于光子带隙效应。1992 年,英国 Bath 大学的 P. St. J. Russell 提出了光子晶体光纤的概念。1996 年,第一根光子晶体光纤被制成,它采用全内反射传光[40]。1998 年,Knight 等[41]在实验室制成了第一根用带隙导光的光子晶体光纤。光子晶体光纤具备传统光纤所没有的优良特性,如宽范围单模特性和奇特的色散特性。光子晶体光纤除了可以替代传统光纤作为优良的光波导之外,还有一些其他方面的潜在应用,如超宽色散补偿、光纤传感、光学集成电路、超短脉冲激光器等。光子晶体光纤独有的结构特征更是赋予了人们有更大的自由度去设计制备更多不同特性的光纤,使其具有更加广阔的应用前景。

6. 光子晶体的慢光效应

光子晶体的最大特点是能产生 PBG,能对光子运动状态进行调控。而近几年来人们对如何降低光子的传输速度,即所谓的慢光效应产生了浓厚的兴趣。

这开启了一个新的研究热点：一方面，降低光速为控制光和物质相互作用的研究提供了一个崭新的平台；另一方面，慢光有很多潜在的应用，包括光缓存、数据同步、光储存和信号处理等。经过理论研究和实验观察可知，光子晶体结构与其他慢光介质系统相比，其主要优势在于潜在的带宽大；另外，光子晶体的增益或吸收与慢光产生处的频率是相对独立的；光子晶体结构材料设计灵活，通过改变结构参数，可以在任意波长实现慢光；光子晶体结构材料器件体积小，便于与现有的光通信器件集成，因此备受关注。

众所周知，当光在真空中传播时，它的相速度和群速度是相同的。但是，在色散介质中二者是不同的。尤其是信号脉冲或者光波信号本身包含多个频率的信号源，它们在介质中传播的相速度和群速度是不同的。相速度 v_p 是指信号中任意一个频率成分的相位在介质中传播的速度，$v_p=c/n$。而群速度 v_g 是指这些频率的信号波的合成波在介质中传播的速度，即光脉冲包络传播的速度，或者说信号脉冲实际前进的速度。它的表达式为

$$v_g=\frac{\partial\omega}{\partial k}=\frac{c-\omega\dfrac{\partial n(\omega,k)}{\partial k}}{n(\omega,k)+\omega\dfrac{\partial n(\omega,k)}{\partial\omega}} \tag{1.1}$$

从式(1.1)可以看出，光的群速度 v_g 变化范围很大，可以小于光在真空中传播的速度，甚至可以接近于零。慢光即电磁波脉冲在介质中以一个很小的群速度进行传播。从式(1.1)可知，要实现慢光可以通过两种方式来实现：第一种方式是改变材料的色散特性 $\dfrac{\partial n(\omega,k)}{\partial\omega}$；第二种方式是改变结构色散 $\dfrac{\partial n(\omega,k)}{\partial k}$。要实现第一种慢光方式，一般可以通过电磁诱导透明技术、相干布居数振荡技术及受激布里渊散射技术等来实现。要实现第二种慢光方式，一般可以通过微结构、光子晶体波导等来实现。下面对以上方法进行简要的说明。

(1)电磁诱导透明技术。电磁波在介质中传播时，其速度与介质的折射率成反比，因此如果通过大幅提高介质的折射率来降低光的传播速度，那么介质对电磁波的吸收也会大大增加，光速减慢越剧烈，吸收也就越大。电磁诱导透明技术能够较好地解决这个问题，它于 1997 年首次被 Stanford 大学的 Harris 小组发现[42]，该效应是由原子光激发通道之间的量子相干效应引起的，会导致光在原子共振吸收频率处的吸收减小甚至变成完全透明。电磁诱导透明技术是世界范围内第一种成功产生慢光的技术，1999 年哈佛大学 Hau 等人[43]首次将它应用到慢光领域，并在 450 nK 的超冷原子中成功实现了 17 m/s 的慢光。尽管通过电磁诱导透明技术可以实现慢光，但分析他们的实验可以发现，该技术也存在缺点：①电磁诱导透明技术一般应用于气体介质，并且要把介质处于低温或加热的状态，对实验条件和装置的要求过高，常温下难以实现；②实验耗资巨大，而电磁诱

导透明技术的实际应用价值并不大，但由于这是人们第一次成功实现慢光，因此它对慢光的发展有着深远的影响。随着时间的推移，在最近几年基于微波波段和太赫兹波段的电磁诱导透明技术又成为一个研究热点，并且该技术是基于人工电磁超材料制成，使得人们对慢光的研究又推进了一步。尽管在这种情况下，实现慢光只能针对窄带实现，但还是给人们提供了进一步深入研究慢光的思路。

(2)相干布居数振荡技术。该技术的原理是：在介质中当一束泵浦光和一束信号光以很小的频差传播时，会发生相互作用产生相干布居数振荡过程，使介质达到饱和吸收，从而在介质吸收光谱上产生烧孔，并且孔宽大约为基态粒子数恢复时间的倒数。由增益理论分析可得，对于不同的抽运光功率，其介质吸收状态不同，在介质的吸收区域，振荡将导致光脉冲经历饱和吸收，从而引起折射率的迅速变化，导致很强的慢光效应。2003 年，美国 Roehester 大学的 Bigelow 小组[44]提出了基于相干布居数振荡理论的慢光实现方法，他们利用光谱烧孔技术在红宝石和紫翠玉晶体中实现了 57.5 m/s 的慢光。2007 年，我国哈尔滨工业大学邱巍等人[45]用类似的方法在光纤中观测到了光速为 2.557×10^3 m/s 的慢光。相干布居数振荡技术的最大贡献在于人们首次在室温下实现了对光速的减慢，是慢光领域的又一重大突破。该技术的缺陷表现在：①实验中的光脉冲只能工作在特定的波长上，有些波长不在光通信的波长范围；②光脉冲的带宽必须限制在一定的线性区域内，所以相干布居数振荡技术的带宽很窄。

(3)受激布里渊散射技术。受激布里渊散射技术是一种在光纤中发生的非线性效应，当相向传输的泵浦光和 Stokes 光在光纤中传播时，如果泵浦光达到布里渊散射阈值，则受激布里渊散射会把大部分的泵浦光功率转移到相向传输的 Stokes 光上，因此受激布里渊散射可以看作是一种窄带放大过程，高频光的能量不断地被转移到低频光上。根据 Kramers－Kronig 关系，在窄带增益处，后向传输的 Stokes 光传播常数将发生剧烈改变，导致群折射率显著增加，从而实现慢光[46]。在光纤中利用受激布里渊散射技术实现慢光最早由 Gauthier 于 2004 年提出。2005 年，Song 等人[47]第一次在光纤中使用受激布里渊散射技术使 100 ns 的光脉冲延迟了 30 ns。2007 年，Zhu 等人[48]利用受激布里渊散射技术将光纤中的慢光带宽提高到了 12.6 G，并且将 75 ps 的光脉冲延迟了 47 ps。受激布里渊散射技术慢光的优点在于它可以在任意波长处实现慢光，只需要改变泵浦光的波长即可，此外，通过调整泵浦光的功率，可以实现对信号的可变延迟。不过受激布里渊散射的固有特性也直接导致了它的不足，即慢光的延迟有限并且带宽较窄。

(4)微结构。随着人们对上述慢光技术的发现，越来越多的新型慢光机制被人们发现。2007 年，日本 Shizuoka 大学的 Totsuka 等人[49]研究了利用光纤光锥将光脉冲耦合到微球体系统中实现慢光的原理，其基本原理是：微球体系统中的色散强烈依赖于微球体和光纤之间的耦合强度及光在微球体中的环路损耗，如果微球体和光纤处于过耦合状态，则此时耦合程度比损耗大，从而将观察到正常的色散并产生慢光。由于微球体系统的制作非常困难，因此该方法目前没有被广泛应用。

(5)光子晶体波导。光子晶体作为一种色散的人工介质，兼具 PBG 和缺陷模局域化特性，人们可以用这两种技术的结合实现慢光效应。1996 年，Scalora 等人[50]首次在一维光子晶体带隙结构中发现了光脉冲的延迟现象，从而为光子晶体慢光效应的研究开辟了先河。近十几年来，光子晶体慢光技术取得了非常快的发展，世界各国科学家都在致力于光子晶体慢光的研究，较著名的有日本的 Baba 课题组[51]、德国的 Petrov 课题组[52]，以及丹麦的 Frandsen 课题组[53]。2008 年，我国北京大学的武隽等人[54]首次在光子晶体楔形槽波导结构中实现了慢光效应。尤其是最近几年用光子晶体波导实现慢光效应的论文出现很多，现不一一列举。新材料的引入和新型光子晶体结构的引入成为光子晶体波导实现慢光的一大主流发展趋势。

由上述可知，光子晶体慢光技术同其他方法相比，具有大的带宽和延迟带宽积、可以在室温下实现、器件结构比较小便于集成等优势，因此成为慢光领域的研究热点而备受关注。目前，利用光子晶体产生慢光的常见方法有惆啾结构光子晶体波导、光子晶体耦合波导和优化参数的光子晶体波导，它们在产生慢光的机制方面有所不同，也各有其优点和不足。惆啾结构光子晶体波导出现得最早，能产生大带宽和低色散的慢光，但该结构对制作工艺要求很高，不然会产生很大的内部反射损耗；光子晶体耦合波导在产生大带宽和低色散的慢光的同时，消除了内部反射损耗，并且还实现了慢光的可变延迟；优化参数的光子晶体波导在产生慢光时首次发现了光子晶体波导中慢光的非线性。不过光子晶体慢光技术也有其需要解决的问题，如色散和损耗等。

基于光子晶体的慢光技术在很多方面都有潜在的应用，其中最值得关注的是全光通信中的光信号处理和数据缓存。利用慢光技术实现的光缓存用于全光开关上，可以解决数据包竞争的问题，理论研究表明大通信容量的光分组交换通信网的性能将能得到显著的提高；在数据同步方面，半个到一个脉冲长度的延迟足以使脉冲恢复到相应的时隙，从而达到数据再同步。另外，即使是单个脉冲的延迟对于光纤内发生畸变的脉冲串的再生也是非常有益的，数个单脉冲的延迟对量子信息处理可能也是非常有用的。慢光技术的另一个潜在应用是光学传感器。用于检测微量物质的光学传感器对于设计安全、工业过程监控和科学研究等领域都是必需的。通过降低光速能够增强物质结构内电磁场的能量密度，从而使光与周围物质的相互作用得到增强，增强的局域场也能够增强化学和生物传感器的整体灵敏度。气体或液体被测物能直接流过光子晶体纳米级微孔，使透射谱发生变化，借助光谱分析仪可以分析待测物的成分和含量。随着新材料研究和现代微加工技术的进步，相信通过精心设计光子晶体结构能够动态高效地控制光的传输速度。在不久的将来，慢光技术将用在高速通信网络的中继器和合成孔径雷达的实时延迟装置中。如果光信号的畸变程度在可接受的范围内，并有足够大的延迟，慢光在光缓存器和光储存器中将大有用武之地，性能更优越的全光通信将得以实现。对于光子晶体的应用而言，慢光效应是非常重要的研究内容，也是值得大量投入的一个研究方向。

7. 光子晶体天线

随着光子晶体理论、制备和实验测试手段的日趋成熟，光子晶体的应用迅速拓展到了微波波段。工作在微波波段的光子晶体被称为微波光子晶体。由于微波波段对于现代通信有非常重要的价值，所以微波光子晶体的研究也迅速开展，并取得了丰硕的成果。微波光子晶体不仅应用于设计滤波器、混合器、谐振器、高效放大器，也被用于微波天线、相控阵天线等方面。利用光子晶体的 PBG 和光子区域态的特性，可以制造低剖面光子晶体天线、表面波抑制天线、光子晶体阵列天线和高定向性光子晶体天线等微波器件。传统的微波天线一般是将天线直接制备在介质基底上，这会导致大量的能量被天线基底吸收，使得天线辐射效率降低。例如，对一般用 GaAs 介质作为基底的天线反射器，98%的能量都损耗在基底中，只有 2%的能量能被发射出去，同时造成基底的发热。但是如果以光子晶体作为天线的基片，使得天线的工作频率落在光子晶体的 PBG 中，这样光子晶体基板就不会吸收微波，从而实现了无损耗全反射，使得天线将能量全部辐射出去。自从 1990 年 E. Yablonovitch 等在微波波段制作出第一个光子晶体后，光子晶体在天线方面的应用就逐渐展开。1993 年，美国军方就研制出了反射率接近 100%的光子晶体平面微波天线。由于 GaAs 半导体材料的光子晶体禁带设定在天线的工作频率范围内，微波不能在基板的一侧传播，因而天线的辐射效率大大提高了。这种结构后来还用于多种天线的设计中，包括微带贴片天线、开槽天线等，本质上就是利用光子晶体来抑制天线的表面波以提高天线的工作效率。1996～1998 年，Y. Qian 和 R. Coccioli 等人用在微带基板打周期性孔洞的方式来构成光子晶体，这种结构同样可以用来设计微带天线，用于对高次谐波的抑制。1999 年，Mushroom 结构的微波光子晶体用于微带天线的表面波的抑制，从而改善天线的性能。重要的是这种光子晶体结构能够方便地和集成电路工艺相结合，使加工变得非常简单。这种结构除了具有带隙特性外，其表面对入射电磁波还具有相同的反射特性，这个特性使其能被加工成低剖面的天线结构。到 2003 年，该光子晶体结构也被用来设计相控阵天线和高定向性天线。总之，微波光子晶体越来越多地被用于天线性能的改善和设计。我国国防科技大学袁乃昌课题组在这方面做了大量的工作。关于微波光子晶体天线技术的相关内容可以参阅国防科技大学付云起等人著的《微波光子晶体天线技术》一书。

综上七个方面所述，光子晶体在加工现代通信系统中的组件和光学器件上具有越来越广泛的应用前景。越来越多的微波、光波和太赫兹波器件要运用到光子晶体的相关技术。光子晶体的“魅力”越来越被广大的学者所接受。除了上述谈及的七个方面外，光子晶体还能应用到许多其他领域，如滤波器设计、功分器设计、光子晶体传感器和光开关等。限于本书的篇幅，不能对此进行逐一介绍，有兴趣的读者可以查阅相关书籍与文献。值得一提的是，最近几年周期性结构的电磁超材料，如比较热门的微波吸波器、电磁诱导透明、高阻表面、频率选择表面和人工磁导体等也可以视为光子晶体。这些电磁超材料尽管外观上是金属涂覆介质基板的结构，但就其本质而言都可以视为光子晶体。由此看来，光子晶体本身的应用研究将逐渐走向成熟，将来的成果也将更好地服务于人类社会。

1.1.5 光子晶体的制备

虽然在自然界中的某些生物身上能够发现光子晶体结构的存在，但这种生物光子晶体是不能够应用于实际的。因此，人们不得不根据实际应用的情况对光子晶体进行制备，这意味着材料科学中很多制备技术可以直接用于制备光子晶体。尤其是近些年来，运用半导体集成工艺，人们能够在实验室条件下得到工作在微波、毫米波、光波、太赫兹波等波段的光子晶体结构，并且批量生产基于光子晶体的各类器件。现有的光子晶体制备技术主要有以下几种方法：精密机械制备法、光学刻蚀制备法、化学刻蚀制备法、薄膜生长制备法、胶体自组织密堆积制备法、反蛋白石光子晶体合成制备法和 X 射线刻蚀制备法等。本书仅对几种经典的光子晶体制备方法加以介绍，读者如果对这部分内容感兴趣，可以参阅马锡英编著的《光子晶体原理及应用》一书或材料学科的相关参考书籍和文献资料。

1. 精密机械制备法

精密机械制备法主要用于工作在微波和毫米波波段的光子晶体的制作[55]。长波长的二维光子晶体多通过上下两个带孔的薄片将细小的介质杆或金属杆固定，而薄片孔的排列决定了光子晶体的晶格结构。短波长光子晶体则多采用在半导体基片上打孔的方法来制造。在半导体基片上打孔时常用到激光刻蚀、电子束刻蚀、离子束刻蚀等先进的半导体微加工制作技术。1990 年，美国艾奥瓦州立大学的 C. T. Chan 等人首先在理论上证明采用面心晶格分布的三维光子晶体能够产生 CPBG。尽管 1989 年美国贝尔通信实验室的 Yablonovitch[56] 在一块 Al_2O_3 基板上按面心立方的排列用活性离子束钻出了约 8 000 个球状空洞，而每一个空洞就是一个“原子”。实验证明该结构不能产生 CPBG，但是他的工作已经引起了业界对光子晶体的重视。直到 1991 年，E. Yablonovitch[55] 在改进加工方法后，在 GaAs 介质基板上用机械打孔的方法制备出了第一个 CPBG，即工作在 13～15 GHz 的三维面心晶格的光子晶体，在实验上证明了光子晶体 CPBG 的存在。他们的制备方式是在 GaAs 基板上覆盖掩膜板，从不同方位在 GaAs 基板上钻出空气孔，加工方法如图 1.7 所示。但是受到机械加工尺度上的限制，机械加工法很难制备工作在可见光和太赫兹波段的光子晶体。

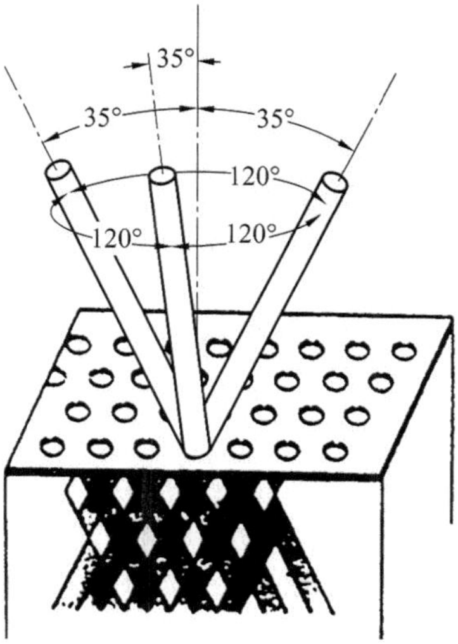

图 1.7　Yablonovitch 制作三维光子晶体的加工方法[56]

2. 光学刻蚀制备法

为了能够制备工作在可见光和太赫兹波段的光子晶体，人们采用了光学刻蚀制备方法。对于光子晶体而言，工作频率越高加工空间立体结构就越困难，尤其是加工亚微米量级的空间立体结构。利用光刻技术结合刻蚀过程就能得到三维空间的周期性介质分布。现代光学刻蚀法主要包括：电子束光刻法、原子力显微光刻法、紫外光刻法、X 射线光刻法、掩膜制造法、激光直写光刻法、激光全息成像法和激光刻蚀混合加工技术等。其中激光全息成像法是较为常用的技术。激光全息成像法又称多光束干涉法，它是利用激光在光阻掩模板上进行刻蚀，即利用多束激光在空间交汇，交汇区会形成空间周期变化的干涉图样。让感光树脂在全息干涉图样中曝光，使光与物质相互作用，然后显影，就可以形成介质折射率在空间上周期性变化的有序微结构。但是直接得到的结构折射率比较低，不能产生完全带隙。可以将显影后形成的有序结构作为模板，填充高介电常数的材料来形成高折射率比的光子晶体结构。这种方法相对于其他方法最大的好处是刻蚀面积大、一次成形，而且光子晶体的晶格长度可以通过改变激光刻蚀的波长来进行调节，所以这种方法特别适合制作光波范围内的光子晶体。目前，实验室内已经可以采用四光束、五光束相干涉的方法来制备三维光子晶体。Divliansky 等人[57]就用该技术制备了三维光子晶体，其全息干涉图如图 1.8 所示。

(a) (b)

图 1.8 用激光全息成像法制备的三维光子晶体[57]

3. 化学刻蚀制备法

化学刻蚀法主要是用化学反应的方法实现对光子晶体的制备，通常是指用一种化学药剂对基板进行腐蚀加工而得到想要的光子晶体结构，其中一般包含湿法刻蚀法、电化学刻蚀法和浮雕法等。现对湿法刻蚀法进行简要阐述。湿法刻蚀法是指用特定的化学试剂与加工的基板材料进行化学反应，没被光刻胶覆盖的部分将被除去，而覆盖光刻胶的部分将被保留下来。这种方法的最大优点是化学反应迅速，各向同性地进行刻蚀，工艺相对简单。但是缺点也相当明显：光刻胶覆盖的边缘部分很容易被腐蚀，这就意味着光子晶体中的线条部分较难控制。因此对于湿法刻蚀法而言，控制刻蚀溶剂的浓度、反应时间、反应温度及溶液的搅拌方式等就显得尤为重要。在湿法刻蚀法中，Si 湿法刻蚀法采用较为普遍。其原理是用强氧化剂将 Si 氧化成 SiO_2，然后通过 HF 酸与之反应去掉 SiO_2，进而达到对 Si 的刻蚀目的。

1.2 等离子体光子晶体研究概况

由上一节可知光子晶体可应用于很多方面，然而常规光子晶体最大的缺点在于禁带的不可调谐性，禁带性能会受到加工误差的影响。为了解决这个问题，电磁超材料和色散介质被引入光子晶体的设计中，以此来获得可调谐禁带和零折射率带隙(zero-$\bar{n}$ gaps)[58]。然而在自然界中，理想的电磁超材料是不存在的，而色散介质却是较为常见的，如金属、等离子体、超导体和半导体等。等离子体光子晶体就是在这个大的需求背景下提出的，并受到广大学者的关注。

1.2.1　等离子体光子晶体的概念

众所周知，等离子体是物质存在的第四态，其物理学特性可以被许多外部参数所调控，如等离子体密度、外加磁场和电子温度等[59,60]。所以当把等离子体引入光子晶体时，便可很容易地获得调谐的禁带结构，如 Sakai[61] 在 *Plasma as metamaterials: a review* 一文指出，等离子体本身也可视为一种电磁超材料。所以等离子体能作为光子晶体的组成元素，从而得到等离子体光子晶体。等离子体的密度一般可达 $10^{12}\sim10^{16}\ \mathrm{cm^{-3}}$，这意味着等离子体几乎可以涵盖整个微波波段，这使得等离子体光子晶体完全可以用来制作微波器件，这种器件明显具有可调谐、可重构等优点。另一方面，等离子体光子晶体的电磁特性不仅可由等离子体本身的参数特性决定，还可以通过外加磁场的方式进行控制。当外加磁场作用于等离子体时，等离子体将表现为很强的各向异性。因此，磁化等离子体光子晶体较非磁化等离子体光子晶体具有更为复杂的电磁特性。当电磁波通过磁化等离子体时，根据外加磁场和波矢方向的不同，磁化等离子体中可以得到两种不同的磁光效应，即 Faraday 效应和 Voigt 效应[59,60]。当外加磁场和波矢方向平行时，Faraday 效应存在于磁化等离子体中，此时电磁波将被极化为右旋圆极化(Right-hand Circularly Polarized，RCP)波和左旋圆极化(Left-hand Circularly Polarized，LCP)波。当外加磁场与波矢方向垂直时，Voigt 效应存在于磁化等离子体中，此时电磁波将被分解为寻常极化波(ordinary polarized wave)和非寻常极化波(extraordinary polarized wave)[59,60]。这使得磁化等离子体光子晶体较非磁化等离子体光子晶体具有更为广阔的应用前景。

1.2.2　等离子体光子晶体的国内外研究现状

等离子体光子晶体的概念产生于 2004 年，由日本学者 Hojo 和 Mase 提出[62]。他们从 Maxwell 方程组出发，求取了一维等离子体光子晶体的色散关系，计算结果表明等离子体光子晶体不但存在 PBG，而且禁带的宽度能够被等离子体密度所调谐。同年，清华大学的李伟等人[63]在我国的期刊杂志上也发表了类似文章，计算了等离子体光子晶体的色散关系，同时给出了等离子体光子晶体的概念。他通过数值计算得到了明显的通带和禁带图像，并发现等离子体参数对色散关系有明显的调谐作用。从此等离子体光子晶体成为一个新的研究热点，并被国内外各大研究机构所关注。经过十余年的发展，等离子体光子晶体在理论研究、器件设计及实验验证方面都取得了重大进展，研究成果丰硕。2005 年，南京航空航天大学的刘少斌等人[64]用时域有限差分(Finite-Difference Time-

Domain,FDTD)方法计算了一维等离子体光子晶体透射图谱,得到了周期性的禁带结构,等离子体光子晶体的高通滤波特性得到了验证。2006 年,印度学者 Shiveshwari 等人[65]用传输矩阵法(Transfer Matrix Method,TMM)对等离子体光子晶体的滤波特性进行了研究。他们的研究结果和 Hojo 的结果类似,在探讨等离子体密度对 PBG 特性影响的同时,还讨论了光子晶体的周期数对禁带的影响。同年,南京航空航天大学的刘少斌等人[66]首次用等离子体的 FDTD 方法,用高斯脉冲激励的方式计算了磁化等离子体光子晶体的透射系数,通过 RCP 波和 LCP 波的透射系数可知,磁化等离子体光子晶体的禁带可以被外加磁场所调谐。但是本文仅考虑了最为简单的模型,即垂直入射的情况,对不同模式电磁波的禁带特性还未细加分析。国防科技大学的刘建全[67]很好地解决了这个问题,不仅对不同角度下的等离子体光子晶体的色散关系进行了研究,而且对反常色散关系、二维等离子体光子晶体的散射及等离子体激元共振进行了研究。2007 年,等离子体光子晶体的研究进入蓬勃发展期,大量研究成果涌现。

南京邮电大学的章海锋对一维等离子体光子晶体进行了系统研究[68],用 FDTD 方法研究了一维非磁化[69]和磁化等离子体[70]光子晶体的缺陷模特性。研究结果表明,外加磁场和等离子体频率对 PBG 的位置有明显的调谐作用。他还从应用光子晶体的实际出发,探讨了等离子体层在考虑时变、密度的非均匀分布和不同电子温度的情况下,一维等离子体(分别讨论了非磁化和磁化的情况)光子晶体的 PBG 特性和禁带的周期特性等问题[70-73],为下一步等离子体光子晶体的器件化设计奠定了基础。南昌大学的肖晴[74]延续了他的工作,对时变非磁化等离子体光子晶体进行了相应的讨论,但他们的工作并未讨论入射角对 PBG 特性的影响。南京农业大学的孔祥鲲[75]和国防科技大学的林明东[76]采用 TMM 和 FDTD 方法相结合的手段研究了电磁波在斜入射情况下,等离子体光子晶体的反常色散问题,所得出结论和刘建全的相符。林明东还对二维等离子体光子晶体的色散关系进行了研究,其研究结果表明 TM 波和 TE 波在通过二维等离子体光子晶体时会产生不同的效果。对于 TM 波存在截止频率,而对于 TE 波则会出现水平能带。此时,国外的课题组也同样推进了等离子体光子晶体的研究,尤其是日本京都大学的 Sakai 课题组[77,78],不但在理论上对等离子体光子晶体进行了研究,而且在实验验证上做了大量的工作,使得对等离子体光子晶体的研究从理论研究走向了实验。较为遗憾的是,Sakai 课题组在 TE 模式下二维等离子体光子晶体的理论计算方法上出现了错误,但这并未抹杀其在等离子体光子晶体研究方面的贡献,他们在理论上和实验验证上都得出了 TE 模式下二维等离体光子晶体的水平能带(flatbands)是由于表面等离子体激元(surface plasmon polalitons)所造成的。武汉理工大学的郭斌和电子科技大学的亓丽梅也在这一方面做了大量工作。2009 年,Guo 等人[79,80]推导了一维等离子体光子晶体在斜入射时 TE 波和 TM 波的色散关系,讨论了等离子体参数和 PBG 间的关系,研究结果表明等离子体参数对色散曲线有明显的调谐作用。2009～2010 年，亓丽梅[81]发表了一系列论文，她对磁化等离子体(仅考虑磁光 Voigt 效应时)进行了研究，使用等效介质理论重新推导了一维磁化等离子体光子晶体在斜入射情况下 TM 波的传输矩阵公式，并对色散关系进行了讨论。她的研究结果表明 PBG 可以被外加的磁场所调谐。同时她采用 PWE 和 FDTD 方法对二维磁化和非磁化等离子体光子晶体进行了研究[82-84]，研究结果表明等离子体密度和外加磁场都能实现对 PBG 的调谐，还指出了当考虑磁光 Voigt 效应时，外加磁场仅对 TE 波产生的禁带有调谐作用。此外，她提出了一种新的构造等离子体光子晶体的方式[85]，即周期性地改变外加磁场的方向来实现空间介质的周期性排列。这种光子晶体的好处是等离子体光子晶体仅包含等离子体自身，不需要其他介质的引入就能获得禁带结构。

随着等离子体光子晶体理论研究的日渐完善，各国学者开始有针对性地将等离子体光子晶体应用于器件设计。Shiveshwari [86]对 zero-$\bar{n}$gaps 进行了研究，讨论了等离子体参数对 zero-$\bar{n}$gaps 的影响。他认为，TM 波的带宽会随着入射角的增大而变大，这为设计极化分离器提供了思路。Prasad 等人[87,88]讨论了三元一维等离子体光子晶体的相速度、群速度、带隙和等离子体参数的关系，并讨论了两种不同结构下的一维三元等离子体光子晶体的禁带特性，给出了优化设计滤波应采用 glass-plasma-Zns 结构的结论。Li 等人[89]用非磁化等离子体光子晶体设计了一款基于消逝波的梳状滤波器，他们发现滤波器的通带个数和位置可以通过改变光子晶体单元的周期数和等离子体参数进行调节。Qi[90]和 Kong[91]等人研究了一维等离子体光子晶体的缺陷层分别为介质和等离子体时的缺陷模特性，并且给出作为滤波器在 TE 波和 TM 波入射时的特性。他们的研究结果表明要实现外加磁场对缺陷模特性的调谐，入射电磁波的电场必须和外加磁场垂直。Kong[92]和 Pandey[93]等人研究了等离子体光子晶体反射带隙的特性，并用三元和二元的结构方式实现了全角反射器。但是他们的设计方法较为传统，没能最大限度地实现对全向反射带隙的拓展，要得到更宽的全向反射带隙必须采用一些新的技术。Hamidi[94]用 4×4 的 TMM 研究了一维耦合谐振器结构的磁化等离子体光子晶体的磁光特性，分析了磁化等离子体在 Faraday 效应和 Voigt 效应下的带隙特性，研究结果表明磁光特性可以由周期数、等离子体频率和外加磁场的大小进行调谐。

近几年，越来越多的新特异性介质被引入等离子体光子晶体中，以便获得更好的 PBG 特性，同时探讨了更为一般的物理学模型，用于设计更为实用的微波器件。Zhang 等人[95]考虑了更为一般的情况，即外加的磁场方向和波矢方向的夹角为任意值时，等离子体具有很强的各向异性。在此情况下，TM 波通过磁化等离子体光子晶体时，将会被分解成两种基本的模式。计算表明等离子体频率和外加磁场能实现对这两种模式的调谐，而等离子体碰撞频率不能对此进行调谐。Mehdian 等人[96]对此做了延续性工作,他们将各向异性的磁色散介质——铁氧体和等离子体组成了等离子体光子晶体,研究结果表明外磁场对禁带有很好的调控特性。Fu 等人[97,98]用 FDTD 方法研究了二维金属等离子体光子晶体的带隙和缺陷特性,研究结果表明等离子体参数对 PBG 和缺陷模的位置有明显影响,这种等离子体光子晶体可以用来制作微波或光波波段滤波器。基于相似的设计思想,Kong[99]和 Mehdian[100]等人将非线性材料以缺陷的形式分别引入一维非磁化和磁化等离子体光子晶体中,由于非线性材料的折射率是电场强度的函数,所以这种等离子体光子晶体可以被设计成微波隔离器。而 Ardakani[101]采用了更为巧妙的方式,他利用磁化等离子体在 Voigt 效应下的 TMM 公式含波矢系数项的原理,实现了一维三元磁化等离子体光子晶体的非互异特性,为设计新型的微波隔离器提供了新的思路。类似地,在等离子体光子晶体中引入谐振腔结构也能用于设计工作在微波波段的吸波器[102]。

对等离子体光子晶体的研究工作不仅在理论和器件设计上取得了进步,而且在实验验证上也取得了重大的进展。正如前文所提及的日本京都大学的 Sakai 课题组,他们在实验验证方面做出了重大贡献,而国内也有多家研究机构,如河北大学、中国科学院,对此也做了相应的研究工作。Sakai 和 Sakaguchi 等人[103-106]对如何产生等离子体、如何构成二维等离子体光子晶体、波段在 33～110 GHz的 TE 波和 TM 波通过二维等离子体光子晶体的禁带特性进行了研究,并用电容板并联整列电容,通过不同的馈电信号来电离惰性气体的方式得到二维的等离子体光子晶体,实验证明改变等离子体的晶格常数可以实现对其滤波特性的调谐。他们产生二维等离子体光子晶体的装置和实验测试装置如图 1.9 所示。而 Fan[107]和 Dong[108]等人则采用不同的方式获得了二维等离子体光子晶体,他们的方法是依靠两个平行的电极和一个较薄的介质,当两极上的激励电压足够大时,薄层介质将会被击穿,通过改变晶格类型、晶格常数和激励电压就能实现对禁带的调谐,其实验装置图如 1.10 所示。运用类似的方式,Fan 等人[109]用电极放电电离产生等离子体的方式对一维等离子体光子晶体色散和禁带关系进行了验证,结果表明当等离子体密度大于一定值时,可以产生可调谐的

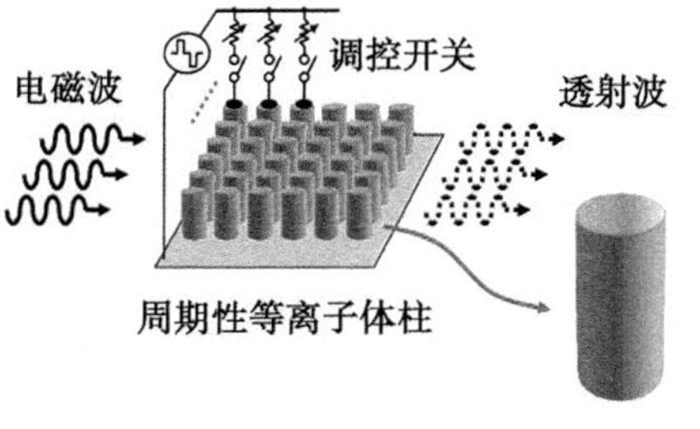

(a) 二维等离子体光子晶体产生装置

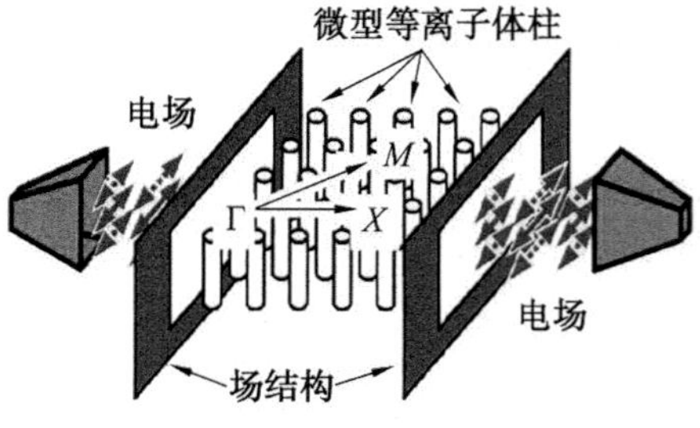

(b) 实验测试装置

图 1.9 产生二维等离子体光子晶体的装置和实验测试装置[106]

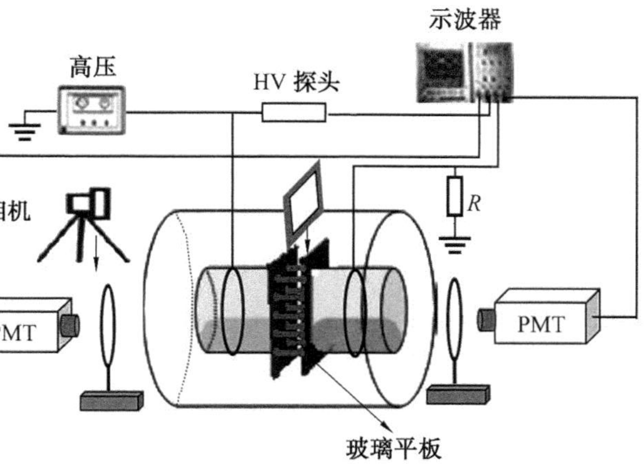

图 1.10　双电极激励产生二维等离子体光子晶体的实验装置示意图[107]

禁带结构。而 Mitu 等人[110]用另外一种方式来得到一维等离子体光子晶体，他们将介质圆柱周期性地排列在等离子体鞘套中，研究结果表明改变介质圆柱的直径和间距可以对 PBG 进行调谐。Naito 等人[111]在实验上用一维可重构的柱状等离子体实现了微波波导。Kong 等人用较长的等离子体圆柱得到了二维等离子体光子晶体，并且使等离子体边缘更为清晰，同样在实验上验证了等离子体光子晶体的缺陷模特性[112]。Lo 等人[113]在周期性的金属柱结构中插入等离子体圆柱，通过改变等离子体圆柱中等离子体的密度实现了对电磁波传播方向的控制。这使得等离子体的缺陷模特性尤为明显，图 1.11 给出了他们的仿真和实验效果图。这种非连续产生等离子体的方式也使得等离子体圆柱本身可以以缺陷的方式来控制电磁波的传播方式。Varault 等人[114]用这种方式实现了基于等离子体缺陷的耦合开关。

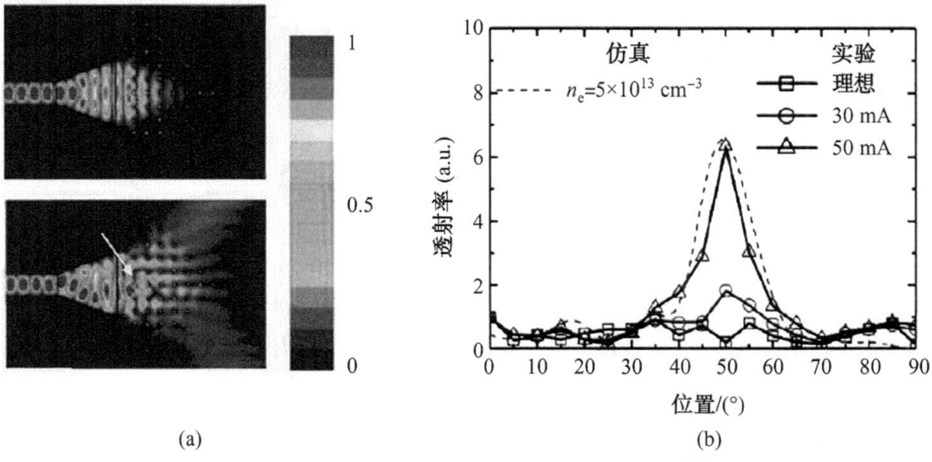

图 1.11　Lo 等人的仿真结果和实验效果图[113]

1.3 光子晶体的计算方法

从光子晶体概念提出至今，能够用于对光子晶体进行计算的数值方法有很多。如前文提及的 TMM、FDTD、PWE 等方法，还有 Korringa-Kohn-Rostoker 法[115]、有限元法[116]、周期边界法[117]、格林函数法[118]、波矢 K 法[119]、频域有限差分(Finite-Difference Frequency-Domain, FDFD)方法[120, 121]、小波分析法[122]、Dirichlet-to-Neumann map 法[123, 124]、空间有限元法[125-127](Spectral Element Method, SEM)、多域伪谱法[128](Multidomain Pseudospectral Method, MPM)、混合传输矩阵平面波展开法[129](Mixed Transfer Matrix Method, MTMM)、Cell 法[130]、块迭代频域法[131](Block-Interative Frequency-Domain Method, BIFDM)、界面算子法[132-135](Interfacial Operator Method, IOM)等。

科学家对光子晶体应用的不断探索，使得光子晶体的理论研究不断深入。从数学上讲要实现对光子晶体的理论计算有无穷种方法，所以要准确地对光子晶体算法进行分类是不可能的。总体上来说，光子晶体算法从实现方式上可以分为以下几大类：解析解求解法、数值计算法、数值网格法和混合网格法等。如果按照对光子晶体参数的求解种类，又可以划分为 S 参数求解法和色散特性求解法，例如求解有限周期的波导特性和微腔结构等。如果按照求解域划分，可以划分为频域法和时域法。下面按照第一种分类方式简单地对不同种类的算法进行介绍。

(1)解析解求解法。该方法借鉴了固体物理中求解薛定谔方程的方法。薛定谔方程在固体物理中用来描述任意粒子的潜在行为。相对于此，光子晶体的解析算法也是基于 Maxwell 方程组的，目的是用来描述电磁波在光子晶体中的行为。在特定情况下，电磁波在光子晶体中的行为可以类比于粒子在固体介质中的行为，但是求解方程不是求解薛定谔方程，而是求 Maxwell 方程组。显然，解析方法已用于对光子晶体的求解，如常见的 TMM 和 S 散射矩阵法等。尤其在求解一维光子晶体的相关问题时，解析解求解法能够得到相对精确的解，如求解透射和反射系数。

(2)数值计算法。该方法能够较好地计算光子晶体的色散特性，因为理论上光子晶体的周期结构是无限的。其中较为人们称道的是 PWE 方法，该方法同样借鉴了固体物理中的一些知识，使得光子晶体填充的介电常数(或者磁导率)用傅里叶变换在倒格矢空间展开，从而得到所要的色散曲线。在下面的章节将对 PWE 方法进行详细介绍。

(3)数值网格法。其实该方法应称为数值差分方法。由于数值计算中的差分技术的引入，基于数值网格法的求解方程能够计算无限大和有限大的光子晶体，并且光子晶体的外形可以是任意形状。这种求解方法的特点是稳定性较强。这种数值网格计算又可以通过看是否在时域内进行差分这一要素进行种类的划分，也就是我们常说的 FDTD 和 FDFD 方法。对于 FDTD 方法而言，在空间和时间上对 Maxwell 方程组进行离散(差分)，这种差分的网格数是确定的。因此可以方便地应用于计算三维光子晶体的问题。而对于相对简单的一维和二维的问题，同样可以得到关于电场和磁场迭代的差分方程。FDTD 方法最大的好处是，一次计算就可以得到一个较宽频带内的传输特性，但是在求解光子晶体色散曲线时就较为麻烦，具体的内容将在以后的章节中进行详细介绍。由于 FDTD 是一种基于网格技术的数值方法，因此存在着截断误差。截断误差主要来源于离散的网格数和计算能力的极限。与 FDTD 方法不同，如果不对时域进行差分，而对频域进行差分，那么就是我们俗称的 FDFD 方法，在本质上两者区别不大，仅仅是关注的映射区间不同。这就是说，在差分时电场和磁场很难形成迭代关注，那么不得不将整个计算区间的电场和磁场分量都用矩阵的形式保存下来，所以 FDFD 方法是个较占内存的方法，但是能够快捷地求解出光子晶体的色散关系。数值网格法还有一个分支就是我们熟知的有限元法。它灵活、机动而且高效，还能用任意的剖分网格对任意的计算区域进行离散。有限元方法能够同时、快捷地对光子晶体的传输特性和色散关系进行求解。但是该方法也有它的劣势，由于对计算空间要进行复杂网格的剖分，因此计算的时间很长。有报道称，在相同的内存需求下，有限元的计算时间是 FDTD 方法的 10 倍。

为了克服这个困难，人们就提出了最后一种算法——混合网格法。例如，用 FDTD 方法处理中心计算区域，而复杂几何体的外形就用有限元来计算。混合网格法包括很多种类，如光束传播法、传输线法和时域有限体积差分方法等。

总之，以上提及的算法都有各自的优势与劣势，也有各自的适用场合，但没有一种方法能完美地解决光子晶体计算过程中的所有问题。它们越来越多地被商业软件研发公司所重视。现在微波和光学领域适用比较多的，如 HFSS、CST、R－Soft 和 XFDTD 等软件都是基于以上方法进行开发的，但其中较为主流的是 PWE 方法、FDFD 方法、FDTD 方法和 TMM 方法。

1.3.1　光子晶体的理论基础

光子晶体的很多概念都来源于固体物理，类似于固体物理中晶体的结构，光子晶体也可以用空间点阵等来描述。光子晶体周期性重复的单元称为基元，又称单元格。填充单元的隔间距离称为晶格常数。在普适性条件下，单元格的晶格可以用矢量$\{\boldsymbol{a}_1,\boldsymbol{a}_2,\boldsymbol{a}_3\}$来确定，那么空间的格矢可以表示为$\boldsymbol{R}=m_1\boldsymbol{a}_1+m_2\boldsymbol{a}_2+m_3\boldsymbol{a}_3$，其中$m_1,m_2,m_3$为整数。如果光子晶体在空间上以填充介质的介电常数为周期性分布，那么这种周期可以用以下关系来表示：

$$\hat{T}_R\boldsymbol{\varepsilon}(\boldsymbol{r})=\boldsymbol{\varepsilon}(\boldsymbol{r}+\boldsymbol{R})=\boldsymbol{\varepsilon}(\boldsymbol{r}) \tag{1.2}$$

式中，$\hat{T}_R$ 表示位置矢量的平移算子。等式(1.2)在傅里叶空间的展开可以表示为

$$\boldsymbol{\varepsilon}(\boldsymbol{r})=\sum_G\boldsymbol{\varepsilon}(\boldsymbol{G})\mathrm{e}^{\mathrm{j}\boldsymbol{G}\cdot\boldsymbol{r}} \tag{1.3}$$

式中，$\boldsymbol{G}$ 是倒格矢，且 $\boldsymbol{G}\cdot\boldsymbol{R}=2n\pi$，$n$ 为整数。傅里叶空间中的周期点阵称为晶体的倒格矢量，即为$\{\boldsymbol{b}_1,\boldsymbol{b}_2,\boldsymbol{b}_3\}$，其中基矢和倒格矢量为

$$\begin{cases}\boldsymbol{b}_i=2\pi\dfrac{\boldsymbol{a}_j\times\boldsymbol{a}_k}{\boldsymbol{a}_i\cdot\boldsymbol{a}_j\times\boldsymbol{a}_k}, & i,j,k=1,2,3\\ \boldsymbol{G}=l_1\boldsymbol{b}_1+l_2\boldsymbol{b}_2+l_3\boldsymbol{b}_3\end{cases} \tag{1.4}$$

式中，l_1，l_2 和 l_3 是任意的整数。如果从 Maxwell 方程组出发，光子晶体由线性、各向同性且无源的介质组成，那么在考虑存在谐电场的情况时，可以得到关于电场和磁场的方程，即

$$\hat{\aleph}_E E(\boldsymbol{r})=\frac{1}{\boldsymbol{\varepsilon}(\boldsymbol{r})}\nabla\times\nabla\times E(\boldsymbol{r})=\frac{\omega^2}{c^2}E(\boldsymbol{r}) \tag{1.5}$$

$$\hat{\aleph}_H H(\boldsymbol{r})=\nabla\times\frac{1}{\boldsymbol{\varepsilon}(\boldsymbol{r})}\times\nabla\times H(\boldsymbol{r})=\frac{\omega^2}{c^2}H(\boldsymbol{r}) \tag{1.6}$$

式中，c 表示真空中的光速。那么 Maxwell 方程组就变成了求解特征值的问题，特征值的大小为 ω^2/c^2。而且可以证明，$\hat{\aleph}_H$ 是正定的厄米算子，其特征值是非负实数，并且存在着完备的正交特征函数系，而 $\hat{\aleph}_E$ 不是厄米算子。而对于光子晶体的周期平移算子 $\hat{T}_R$ 而言，它的特征值可以表示为

$$t_k=\mathrm{e}^{\mathrm{j}\boldsymbol{R}\cdot\boldsymbol{k}} \tag{1.7}$$

式中，$\boldsymbol{k}$ 是波矢，属于此特征值的特征方程可以表示为 $f_k(\boldsymbol{r})=f_0\mathrm{e}^{\mathrm{j}\boldsymbol{k}\cdot\boldsymbol{r}}$，其中 f_0 为归一化系数。由于光子晶体的周期性，$\hat{\aleph}_H$ 与 $\hat{T}_R$ 互易，从而具有共同的特征函数，且这些共同的特征函数能组成完备系。因此，等式(1.6)可以用 $\hat{T}_R$ 的特征函数的线性组合表示为

$$h_G=\sum_G A(\boldsymbol{k}\mid\boldsymbol{G})\mathrm{e}^{\mathrm{j}(\boldsymbol{k}+\boldsymbol{G})\cdot\boldsymbol{r}}=u_k(\boldsymbol{r})\mathrm{e}^{\mathrm{j}(\boldsymbol{k}+\boldsymbol{G})\cdot\boldsymbol{r}} \tag{1.8}$$

其中 $u_k(\boldsymbol{r})$ 在 $\hat{T}_R$ 作用下不变，这就是光子晶体对 Floquet－Bloch 定理的体现。由等式(1.8)可知，如果在波矢量 $\boldsymbol{k}$ 上叠加一个倒格矢 $\boldsymbol{G}$：$\boldsymbol{k}'=\boldsymbol{k}+\boldsymbol{G}$，那么求解结果不变。换句话说，不同的波矢量 $\boldsymbol{k}$ 能够对应于相同的特征函数。根据这个特性，波矢空间可以分割为等价的[$\boldsymbol{k}$]类群，矢量 $\boldsymbol{k}$ 和 $\boldsymbol{k}'$ 如果满足$\{(\boldsymbol{k},\boldsymbol{k}')\in(\boldsymbol{k}^3,\boldsymbol{k}^3):(\boldsymbol{k}-\boldsymbol{k}')=\boldsymbol{G}\in\{\boldsymbol{b}_1,\boldsymbol{b}_2,\boldsymbol{b}_3\}\}$，则它们对应于相同的 $u_k(r)$，此时可以认为它们是等价的。选择其中一组[$\boldsymbol{k}$]的某一矢量作为这一类的代表，称为 Bloch 矢量。

Bloch 矢量的选择不是唯一的，通常都是选择其中模值最小的单元，它们的集合就称为第一不可约布里渊区(the first irreducible Brillouin Zone，1st BZ)。对于光子晶体而言，将 1st BZ 求得的特征值连接起来，就得到了光子晶体的色散曲线。

1.3.2 光子晶体的传输矩阵法

TMM[136] 是一种解析方法，从 Maxwell 方程组出发根据磁场和电场的连续边界条件，推导出电场和磁场的迭代方程，来实现对光子晶体传输特性和色散关系的求解。在 20 世纪 90 年代，英国学者 J. B. Pendry 对周期性介质结构的电磁特性进行了详细的分析，提出了 TMM。在他最初发表的论文中，TMM 直接被用来求解三维问题，当然该方法也能用于求解一维和二维问题。由于该方法是基于 Maxwell 方程组的解析，在求解二维和三维问题时，不得不考虑复杂的边界条件，使得算法实现较难，程序实现较为复杂。这些缺点使得 TMM 与其他算法在处理二维和三维问题时有明显的劣势，所以 TMM 一般用于求解相对简单的一维光子晶体的问题，尤其是在处理包含色散[137] 和非线性介质[138] 时，计算程序几乎不需要做太大的修改就能很好地达到计算目的。本节将对一维光子晶体的 TMM 方法进行介绍，如果读者对 TMM 的二维和三维方法的应用感兴趣，可以参阅参考文献[136]。

如图 1.12 所示，一维光子晶体由两种介质组成，相对介电常数为 ε_a 和 ε_b，厚度分类别为 a 和 b，空间周期为 $d=a+b$。入射电磁波从左边入射到右边，且置于空气中。计算模型如图 1.13 所示，电磁波在任意介质层中的传播可以看作是正向行进电磁波和反向行进电磁波的叠加。介质交界面处的电磁场满足边界条件，每一介质层与电磁波的相互作用可由其特征矩阵完全决定。介质层两边的场矢量 E_{I}、H_{I}、E_{II} 和 H_{II} 的模可用特征矩阵关联起来：

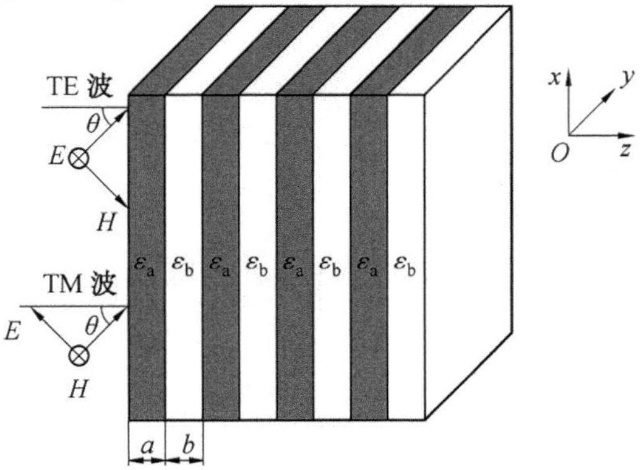

图 1.12 一维光子晶体的示意图

$$\begin{pmatrix} E_{\mathrm{I}} \\ H_{\mathrm{I}} \end{pmatrix} = \boldsymbol{M} \begin{pmatrix} E_{\mathrm{II}} \\ H_{\mathrm{II}} \end{pmatrix} \tag{1.9}$$

那么该如何求取关联矩阵(传输矩阵)$\boldsymbol{M}$ 呢?

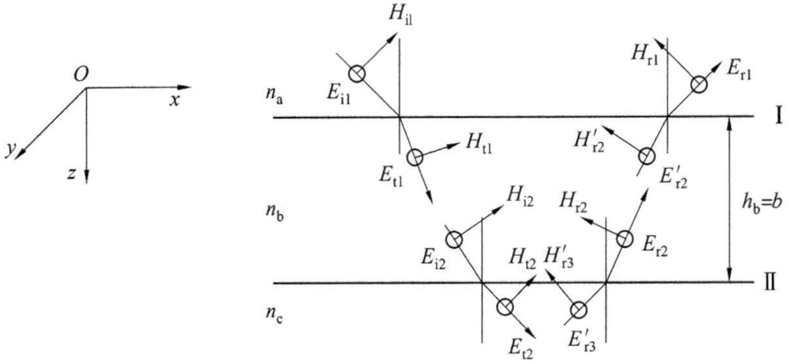

图 1.13　电磁波在任意介质层中的传播情况

如图 1.13 所示,界面 Ⅰ 上侧的场矢量为 E_0 和 H_0,下侧的场矢量为 E_1 和 H_1。E_{II} 和 H_{II} 表示界面 Ⅱ 的 n_c 一边的矢量场。在界面 Ⅰ 上有入射电磁波 E_{i1},反射电磁波 E_{r1},透射电磁波 E_{t1},以及由介质 n_b 中入射到界面 Ⅰ 的电磁波 E'_{r2}。当介质中无自由电荷或传导电流时,根据电磁场边界条件,界面处的电偏振 $\boldsymbol{E}$ 和磁偏振 $\boldsymbol{H}$ 的切向分量连续。假设入射光波的电偏振 $\boldsymbol{E}$ 垂直入射面,即先考虑 TE 模式。以 E_n 和 H_n 表示界面 n 处电偏振 $\boldsymbol{E}$ 和磁偏振 $\boldsymbol{H}$ 的切向分量,因在同一界面两侧,显然有 $E_0=E_{\mathrm{I}}$ 和 $H_0=H_{\mathrm{I}}$。因此对于界面 Ⅰ 来说有

$$\begin{cases} E_{\mathrm{I}} = E_{i1} + E_{r1} = E_{t1} + E'_{r2} \\ H_{\mathrm{I}} = H_{i1}\cos\theta_{i1} - H_{r1}\cos\theta_{i1} = H_{t1}\cos\theta_{i2} - H'_{r2}\cos\theta_{i2} \end{cases} \tag{1.10}$$

对于界面 Ⅱ,E_{II} 和 H_{II} 也能有类似的公式。考察界面 Ⅰ 上的透射场 $E_{r1}(x,y,z=0)$ 与界面 Ⅱ 的入射场 $E_{i2}(x,y,z=b)$ 满足

$$\begin{cases} E_{t1} = E_{t10}\,\mathrm{e}^{-\mathrm{j}(k_x x + k_z z)}\ \big|_{z=0} \\ E_{i2} = E_{t10}\,\mathrm{e}^{-\mathrm{j}(k_x x + k_z z)}\ \big|_{z=b} = E_{t1}\,\mathrm{e}^{-\mathrm{j}k_z b} = E_{t1}\,\mathrm{e}^{\mathrm{j}\delta_b} \\ \delta_b = -k_z h_b = -\dfrac{\omega}{c} n_b b\cos\theta_b\,(\theta_b = \theta_{t1} = \theta_{i2}) \end{cases} \tag{1.11}$$

其中 δ_b 表示波矢 $\boldsymbol{k}$ 的平面波在介质层中垂直横跨过两个界面时的相位差。同理,可以得到

$$E'_{r2} = E_{r2}\,\mathrm{e}^{\mathrm{j}\delta_b} \tag{1.12}$$

根据

$$H = \sqrt{\frac{\varepsilon}{\mu}}E = \sqrt{\frac{\varepsilon_0}{\mu_0}}E\sqrt{\varepsilon_r} \tag{1.13}$$

因此，等式(1.9)～(1.12)可以化简为

$$\begin{cases} E_{\mathrm{I}} = \cos\delta_{\mathrm{b}} E_{\mathrm{II}} - \dfrac{\mathrm{j}}{\eta_{\mathrm{b}}}\sin\delta_{\mathrm{b}} H_{\mathrm{II}} \\ H_{\mathrm{I}} = -\mathrm{j}\eta_{\mathrm{b}}\sin\delta_{\mathrm{b}} E_{\mathrm{II}} + \cos\delta_{\mathrm{b}} H_{\mathrm{II}} \\ \eta_{\mathrm{b}} = \sqrt{\dfrac{\varepsilon_0}{\mu_0}}\sqrt{\varepsilon_{\mathrm{b}}}\cos^2\theta_{\mathrm{b}} \end{cases} \tag{1.14}$$

等式(1.14)可以简化为

$$\begin{pmatrix} E_{\mathrm{I}} \\ H_{\mathrm{I}} \end{pmatrix} = \begin{pmatrix} \cos\delta_{\mathrm{b}} & -\dfrac{\mathrm{j}}{\eta_{\mathrm{b}}}\sin\delta_{\mathrm{b}} \\ -\mathrm{j}\eta_{\mathrm{b}}\sin\delta_{\mathrm{b}} & \cos\delta_{\mathrm{b}} \end{pmatrix} \begin{pmatrix} E_{\mathrm{II}} \\ H_{\mathrm{II}} \end{pmatrix} \tag{1.15}$$

上述推导了 TE 模式下的 TMM 公式。采用类似的方法可以推导出 TM 模式下的 TMM 计算公式。显然，当电磁波垂直入射时，TM 模式下的 TMM 的公式与 TE 模式下的相同。在 TM 模式下有

$$\eta_i = \sqrt{\frac{\varepsilon_0}{\mu_0}}\frac{\sqrt{\varepsilon_{\mathrm{r}}}}{\cos^2\theta_i} \tag{1.16}$$

所以在 TE 模式下，当电磁波通过光子晶体的每个介质层时，都能用一个传输矩阵进行描述，即

$$\boldsymbol{M}_i = \begin{pmatrix} \cos\delta_i & -\dfrac{\mathrm{j}}{\eta_i}\sin\delta_i \\ -\mathrm{j}\eta_i\sin\delta_i & \cos\delta_i \end{pmatrix}, \begin{cases} \delta_i = -\dfrac{\omega}{c}\sqrt{\varepsilon_{\mathrm{i}}}\, h_i\cos\theta_i \\ \eta_i = \sqrt{\dfrac{\varepsilon_0}{\mu_0}}\sqrt{\varepsilon_{\mathrm{i}}}\cos^2\theta_i \end{cases} \tag{1.17}$$

而对于该光子晶体的最后一个界面而言，只有右行波，不存在左行波，等式(1.17)依然成立。对于一维光子晶体的结构而言，可以逐层应用等式(1.15)的特征矩阵方程进行累积。对第 N 层介质，其左侧界面的场量为 E_N、H_N、E_{N+1} 和 H_{N+1}，则有

$$\begin{pmatrix} E_N \\ H_N \end{pmatrix} = \boldsymbol{M}\begin{pmatrix} E_{N+1} \\ H_{N+1} \end{pmatrix} \tag{1.18}$$

依层次类推，该一维等离子体光子晶体可以表示为

$$\begin{pmatrix} E_1 \\ H_1 \end{pmatrix} = \boldsymbol{M}_1 \cdot \boldsymbol{M}_2 \cdot \boldsymbol{M}_3 \cdot \cdots \cdot \boldsymbol{M}_N \begin{pmatrix} E_{N+1} \\ H_{N+1} \end{pmatrix} = \begin{pmatrix} A & B \\ C & D \end{pmatrix}\begin{pmatrix} E_{N+1} \\ H_{N+1} \end{pmatrix} \tag{1.19}$$

因此，如果假设其反射和透射系数分别为 r 和 t，该一维等离子体光子晶体在 TE 模式下的反射率(R)、透射率(T)与色散关系可以表示为

$$r = \frac{E_{\mathrm{r1}}}{E_{\mathrm{i1}}} = \frac{A\eta_0 + B\eta_0\eta_{N+1} - C - D\eta_{N+1}}{A\eta_0 + B\eta_0\eta_{N+1} + C + D\eta_{N+1}} \tag{1.20}$$

$$R = |\boldsymbol{r}|^2 \tag{1.21}$$

$$t=\frac{E_{tN+1}}{E_{i1}}=\frac{2\eta_0}{A\eta_0+B\eta_0\eta_{N+1}+C+D\eta_{N+1}} \tag{1.22}$$

$$T=|t|^2 \tag{1.23}$$

由图 1.12 可知，一维光子晶体置于空气中，故有 $\eta_{N+1}=\eta_0$。如果一维光子晶体的周期数 N 足够大，那么根据 Floquet－Bloch 定理可知，界面处的矢量场满足

$$\begin{pmatrix}E_{N+2}\\H_{N+2}\end{pmatrix}=e^{jkd}\begin{pmatrix}E_N\\H_N\end{pmatrix} \tag{1.24}$$

所以，根据上述几个等式，求解定解条件 $M_aM_b\begin{pmatrix}E_{N+2}\\H_{N+2}\end{pmatrix}=e^{-jkd}\begin{pmatrix}E_{N+2}\\H_{N+2}\end{pmatrix}$ 就能得到该一维光子晶体的色散关系，即

$$\cos kd=\cos\delta_a\cos\delta_b-\frac{1}{2}\left(\frac{\eta_a}{\eta_b}+\frac{\eta_b}{\eta_a}\right)\sin\delta_a\sin\delta_b \tag{1.25}$$

其中 $\delta_a=-\frac{\omega}{c}\sqrt{\varepsilon_a}\,a$，$\delta_b=-\frac{\omega}{c}\sqrt{\varepsilon_b}\,b$，$\eta_a=\sqrt{\frac{\varepsilon_0}{\mu_0}}\sqrt{\varepsilon_a}$，$\eta_b=\sqrt{\frac{\varepsilon_0}{\mu_0}}\sqrt{\varepsilon_b}$。如果将 kd 限制在 $0\leqslant kd\leqslant\pi$ 的范围内，那么就得到了色散曲线。由以上的推导可知，对于一维的 TMM 而言，求解色散关系可通过计算一个周期的传输矩阵来获得，最后的 S 参数仅仅和周期数有关。显然该方法准确、高效，且较适合计算含有色散和非线性介质的一维光子晶体。

1.3.3 光子晶体的 FDTD 方法

TMM 用到了介质分布的周期性，且只考虑单色光的传输，属于谱域的办法。对于实际的光子晶体，在三个方向上均可能是有限的，并且可能存在各种缺陷。如果我们希望得到光在光子晶体中的传输过程，用 FDTD 方法进行模拟是很好的选择。具体模拟过程：建立空间网格体系，选定空间、时间步长，将 Maxwell 方程中对时间、空间的微分变为差分，进行迭代求解。自 1966 年 Yee[139] 首次提出 FDTD 方法以来，FDTD 已经广泛地用于包括电磁散射、天线辐射及生物电磁学等诸多方面。20 世纪末，FDTD 方法又被引入光子晶体理论研究领域。FDTD 能够很直观地描述电磁波在光子晶体中的传输问题（包括有源、无源和瞬时的电磁波传播问题），它能模拟任何形状的光子晶体，其另外一个优点是可以通过傅里叶变换，一次计算含很大频率范围的结果；它的缺点是计算量大，对计算机的性能要求比较高。目前，国内外学者采用 FDTD 方法研究一维、二维光子晶体已经比较普遍，也有单位建立了三维光子晶体的并行算法模拟平台。

1966 年，Kane S. Yee 提出了后被称为 Yee 氏网格的空间离散方法。对于 Maxwell 方程组的旋度方程为

$$\nabla\times \boldsymbol{H}=\frac{\partial \boldsymbol{D}}{\partial t}+\boldsymbol{J} \tag{1.26}$$

$$\nabla\times \boldsymbol{E}=-\frac{\partial \boldsymbol{B}}{\partial t}-\boldsymbol{J}_{\mathrm{m}} \tag{1.27}$$

式中,$\boldsymbol{E}$ 为电场强度;$\boldsymbol{D}$ 为电通量密度;$\boldsymbol{H}$ 为磁场强度;$\boldsymbol{B}$ 为磁通量密度;$\boldsymbol{J}$ 为电流密度;$\boldsymbol{J}_{\mathrm{m}}$ 为磁流密度。在各向同性介质中的本构关系是

$$\boldsymbol{D}=\varepsilon\boldsymbol{E};\ \boldsymbol{B}=\mu\boldsymbol{H};\ \boldsymbol{J}=\sigma\boldsymbol{E};\ \boldsymbol{J}_{\mathrm{m}}=\sigma_{\mathrm{m}}\boldsymbol{H} \tag{1.28}$$

式中,ε 为介质的介电常数;μ 为磁导系数;σ 为电导率;σ_{m} 为磁导率。在直角坐标系中式(1.26) 和式(1.27) 可以写为

$$\begin{cases}\dfrac{\partial H_z}{\partial y}-\dfrac{\partial H_y}{\partial z}=\varepsilon\dfrac{\partial E_x}{\partial t}+\sigma E_x\\[2mm] \dfrac{\partial H_y}{\partial x}-\dfrac{\partial H_x}{\partial y}=\varepsilon\dfrac{\partial E_z}{\partial t}+\sigma E_z\\[2mm] \dfrac{\partial H_x}{\partial z}-\dfrac{\partial H_z}{\partial x}=\varepsilon\dfrac{\partial E_y}{\partial t}+\sigma E_y\end{cases} \tag{1.29}$$

$$\begin{cases}\dfrac{\partial E_z}{\partial y}-\dfrac{\partial E_y}{\partial z}=-\mu\dfrac{\partial H_x}{\partial t}-\sigma_{\mathrm{m}} H_x\\[2mm] \dfrac{\partial E_y}{\partial x}-\dfrac{\partial E_x}{\partial y}=-\mu\dfrac{\partial H_z}{\partial t}-\sigma_{\mathrm{m}} H_z\\[2mm] \dfrac{\partial E_x}{\partial z}-\dfrac{\partial E_z}{\partial x}=-\mu\dfrac{\partial H_y}{\partial t}-\sigma_{\mathrm{m}} H_y\end{cases} \tag{1.30}$$

下面考虑等式(1.29) 和等式(1.30) 的 FDTD 差分离散。令 $f(x,\ y,\ z,\ t)$ 代表 $\boldsymbol{E}$ 或 $\boldsymbol{H}$ 在直角坐标系中的某一分量,在时间和空间域中的离散取以下符号表示:

$$f(x,y,z,t)=f(i\Delta x,j\Delta y,k\Delta z,n\Delta t)=f^n(i,j,k) \tag{1.31}$$

$f(x,\ y,\ z,\ t)$ 关于时间和空间的一阶偏导数取中心差分的近似:

$$\begin{cases}\left.\dfrac{\partial f(x,y,z,t)}{\partial x}\right|_{x=i\Delta x}\approx\dfrac{f^n(i+\frac{1}{2},j,k)-f^n(i-\frac{1}{2},j,k)}{\Delta x}\\[3mm] \left.\dfrac{\partial f(x,y,z,t)}{\partial y}\right|_{y=j\Delta y}\approx\dfrac{f^n(i,j+\frac{1}{2},k)-f^n(i,j-\frac{1}{2},k)}{\Delta y}\\[3mm] \left.\dfrac{\partial f(x,y,z,t)}{\partial z}\right|_{z=k\Delta z}\approx\dfrac{f^n(i,j,k+\frac{1}{2})-f^n(i,j,k-\frac{1}{2})}{\Delta z}\\[3mm] \left.\dfrac{\partial f(x,y,z,t)}{\partial t}\right|_{t=n\Delta t}\approx\dfrac{f^n(i,j,k)-f^n(i,j,k)}{\Delta t}\end{cases} \tag{1.32}$$

在直角坐标系中,Kane S. Yee 的这一网格体系如图 1.14 所示。从图 1.14 中可以看出,电场和磁场的各个分量在空间的取值点被交叉放置,使得在电场分

量的四周由磁场分量环绕，同时每个磁场分量的四周由电场分量环绕。这样的电磁场空间配置符合 Maxwell 方程的基本要求，因而也符合电磁波在空间传播的规律。将等式(1.29)和等式(1.30)中六个方程用数值差分代替方程中的导数，将连续的微分方程离散化，可以得到 Maxwell 方程的差分形式：

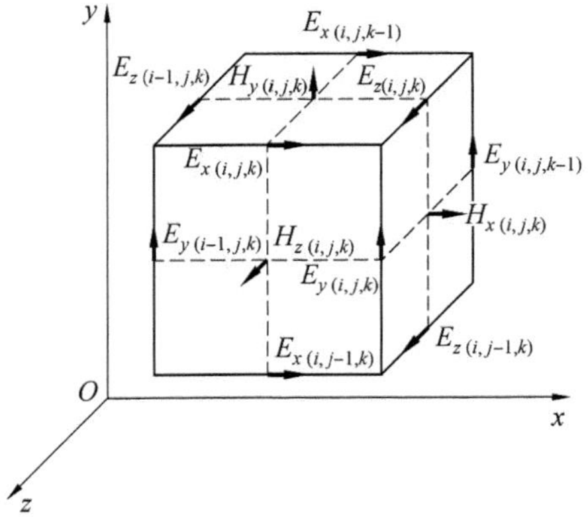

图 1.14 电磁场分量在 Yee 网格空间离散点的分布

$$E_x^{n+1}(i+\frac{1}{2},j,k)=CA(m)\cdot E_x^n(i+\frac{1}{2},j,k)+CB(m)\cdot\left[\frac{H_z^{n+1/2}(i+\frac{1}{2},j+\frac{1}{2},k)-H_z^{n+1/2}(i+\frac{1}{2},j-\frac{1}{2},k)}{\Delta y}\right]-CB(m)\cdot\left[\frac{H_y^{n+1/2}(i+\frac{1}{2},j,k+\frac{1}{2})-H_y^{n+1/2}(i+\frac{1}{2},j,k-\frac{1}{2})}{\Delta z}\right]\tag{1.33}$$

式中，$CA(m)=\dfrac{\dfrac{\varepsilon(m)}{\Delta t}-\dfrac{\sigma(m)}{2}}{\dfrac{\varepsilon(m)}{\Delta t}+\dfrac{\sigma(m)}{2}}=\dfrac{1-\dfrac{\sigma(m)\Delta t}{2\varepsilon(m)}}{1+\dfrac{\sigma(m)\Delta t}{2\varepsilon(m)}}$；$CB(m)=\dfrac{1}{\dfrac{\varepsilon(m)}{\Delta t}+\dfrac{\sigma(m)}{2}}=\dfrac{\dfrac{\Delta t}{\varepsilon(m)}}{1+\dfrac{\sigma(m)\Delta t}{2\varepsilon(m)}}$；

$m=(i+\frac{1}{2},j,k)$。

同理，$m=(i,j+\frac{1}{2},k)$；

$$E_y^{n+1}(i,j+\frac{1}{2},k)=CA(m)\cdot E_y^n(i,j+\frac{1}{2},k)+CB(m)\cdot\left[\frac{H_x^{n+1/2}(i,j+\frac{1}{2},k+\frac{1}{2})-H_x^{n+1/2}(i,j+\frac{1}{2},k-\frac{1}{2})}{\Delta z}\right]-$$

$$CB(m)\cdot\left[\frac{H_z^{n+1/2}(i+\frac{1}{2},j+\frac{1}{2},k)-H_z^{n+1/2}(i-\frac{1}{2},j+\frac{1}{2},k)}{\Delta x}\right] \tag{1.34}$$

同理，$m=(i,j,k+\frac{1}{2})$；

$$E_z^{n+1}(i,j,k+\frac{1}{2})=CA(m)\cdot E_z^n(i,j,k+\frac{1}{2})+CB(m)\cdot\left[\frac{H_y^{n+1/2}(i+\frac{1}{2},j,k+\frac{1}{2})-H_y^{n+1/2}(i+\frac{1}{2},j,k+\frac{1}{2})}{\Delta x}\right]-CB(m)\cdot\left[\frac{H_x^{n+1/2}(i,j+\frac{1}{2},k+\frac{1}{2})-H_x^{n+1/2}(i,j-\frac{1}{2},k+\frac{1}{2})}{\Delta y}\right] \tag{1.35}$$

根据类似的原理，对于磁场 **H** 而言，也可以分解成为三个等式：

$$H_x^{n+1/2}(i,j+\frac{1}{2},k+\frac{1}{2})=CP(m)\cdot H_x^{n-\frac{1}{2}}(i,j+\frac{1}{2},k+\frac{1}{2})-CQ(m)\cdot\left[\frac{E_z^n(i,j+1,k+\frac{1}{2})-E_z^n(i,j,k+\frac{1}{2})}{\Delta y}\right]-CQ(m)\cdot\left[\frac{E_y^n(i,j+\frac{1}{2},k+1)+E_y^n(i,j+\frac{1}{2},k)}{\Delta z}\right] \tag{1.36}$$

$$H_z^{n+1/2}(i+\frac{1}{2},j+\frac{1}{2},k)=CP(m)\cdot H_z^{n-\frac{1}{2}}(i+\frac{1}{2},j+\frac{1}{2},k)-CQ(m)\cdot\left[\frac{E_y^n(i+1,j+\frac{1}{2},k)-E_y^n(i,j+\frac{1}{2},k)}{\Delta x}\right]-CQ(m)\cdot\left[\frac{E_x^n(i+\frac{1}{2},j+1,k)+E_x^n(i+\frac{1}{2},j,k)}{\Delta y}\right] \tag{1.37}$$

$$H_y^{n+1/2}(i+\frac{1}{2},j,k+\frac{1}{2})=CP(m)\cdot H_y^{n-\frac{1}{2}}(i+\frac{1}{2},j,k+\frac{1}{2})-CQ(m)\cdot\left[\frac{E_x^n(i+\frac{1}{2},j,k+1)-E_x^n(i+\frac{1}{2},j,k)}{\Delta z}\right]-$$

$$CQ(m)\cdot\left[\frac{E_z^n(i+1,j,k+\frac{1}{2})+E_z^n(i,j,k+\frac{1}{2})}{\Delta x}\right] \tag{1.38}$$

式中，$CP(m)=\dfrac{\dfrac{\mu(m)}{\Delta t}-\dfrac{\sigma_{\mathrm{m}}(m)}{2}}{\dfrac{\mu(m)}{\Delta t}+\dfrac{\sigma_{\mathrm{m}}(m)}{2}}=\dfrac{1-\dfrac{\sigma_{\mathrm{m}}(m)\Delta t}{2\mu(m)}}{1+\dfrac{\sigma_{\mathrm{m}}(m)\Delta t}{2\mu(m)}}$；$CQ(m)=\dfrac{1}{\dfrac{\mu(m)}{\Delta t}+\dfrac{\sigma_{\mathrm{m}}(m)}{2}}=\dfrac{\dfrac{\Delta t}{\mu(m)}}{1+\dfrac{\sigma_{\mathrm{m}}(m)\Delta t}{2\mu(m)}}$。

对于光子晶体的理论研究问题，可以归结为光在光子晶体中的传播问题，于是可以由宏观 Maxwell 方程组来求解。例如，我们考虑一种最为简单的情况，认为光子晶体中的电磁场是足够小的，可只考虑线性问题；还可假设电介质是各向同性的，于是介电常数 ε 可以被看作一个标量；同时还忽略介电常数 ε 与光频率的函数关系，认为在我们所关注的频率范围内介电常数是一个常量；考虑没有损耗的电介质，这就意味着我们认为介电常数是一个纯实数；最后，还认为电介质是无磁性的，并且其中没有电流或电荷。经过上面的处理之后，$\boldsymbol{E}$ 和 $\boldsymbol{H}$ 的 3 个坐标的分量值可以表示为

$$E_x^{n+1}(i+\frac{1}{2},j,k)=E_x^n(i+\frac{1}{2},j,k)+\frac{\Delta t}{\varepsilon(i+\frac{1}{2},j,k)}\cdot\left[\frac{H_z^{n+1/2}(i+\frac{1}{2},j+\frac{1}{2},k)-H_z^{n+1/2}(i+\frac{1}{2},j-\frac{1}{2},k)}{\Delta y}\right]-\frac{\Delta t}{\varepsilon(i+\frac{1}{2},j,k)}\cdot\left[\frac{H_y^{n+1/2}(i+\frac{1}{2},j,k+\frac{1}{2})-H_y^{n+1/2}(i+\frac{1}{2},j,k-\frac{1}{2})}{\Delta z}\right] \tag{1.39}$$

$$E_y^{n+1}(i,j+\frac{1}{2},k)=E_y^n(i,j+\frac{1}{2},k)+\frac{\Delta t}{\varepsilon(i,j+\frac{1}{2},k)}\cdot\left[\frac{H_x^{n+1/2}(i,j+\frac{1}{2},k+\frac{1}{2})-H_x^{n+1/2}(i,j+\frac{1}{2},k-\frac{1}{2})}{\Delta z}\right]-\frac{\Delta t}{\varepsilon(i,j+\frac{1}{2},k)}\cdot\left[\frac{H_z^{n+1/2}(i+\frac{1}{2},j+\frac{1}{2},k)-H_z^{n+1/2}(i-\frac{1}{2},j+\frac{1}{2},k)}{\Delta x}\right] \tag{1.40}$$

$$E_z^{n+1}(i,j,k+\frac{1}{2}) = E_z^{n}(i,j,k+\frac{1}{2}) + \frac{\Delta t}{\varepsilon(i,j,k+\frac{1}{2})} \cdot \left[\frac{H_y^{n+1/2}(i+\frac{1}{2},j,k+\frac{1}{2}) - H_y^{n+1/2}(i-\frac{1}{2},j,k+\frac{1}{2})}{\Delta x}\right] - \frac{\Delta t}{\varepsilon(i,j,k+\frac{1}{2})} \cdot \left[\frac{H_x^{n+1/2}(i,j+\frac{1}{2},k+\frac{1}{2}) - H_x^{n+1/2}(i,j-\frac{1}{2},k+\frac{1}{2})}{\Delta y}\right] \tag{1.41}$$

$$H_x^{n+1/2}(i,j+\frac{1}{2},k+\frac{1}{2}) = H_x^{n-\frac{1}{2}}(i,j+\frac{1}{2},k+\frac{1}{2}) - \frac{\Delta t}{\mu_0} \cdot \left[\frac{E_z^{n}(i,j+1,k+\frac{1}{2}) - E_z^{n}(i,j,k+\frac{1}{2})}{\Delta y} + \frac{E_y^{n}(i,j+\frac{1}{2},k+1) - E_y^{n}(i,j+\frac{1}{2},k)}{\Delta z}\right] \tag{1.42}$$

$$H_y^{n+1/2}(i+\frac{1}{2},j,k+\frac{1}{2}) = H_y^{n-\frac{1}{2}}(i+\frac{1}{2},j,k+\frac{1}{2}) - \frac{\Delta t}{\mu_0} \cdot \left[\frac{E_x^{n}(i+\frac{1}{2},j,k+1) - E_x^{n}(i+\frac{1}{2},j,k)}{\Delta z} + \frac{E_z^{n}(i+1,j,k+\frac{1}{2}) - E_z^{n}(i,j,k+\frac{1}{2})}{\Delta x}\right] \tag{1.43}$$

$$H_z^{n+1/2}(i+\frac{1}{2},j+\frac{1}{2},k) = H_z^{n-\frac{1}{2}}(i+\frac{1}{2},j+\frac{1}{2},k) \quad \frac{\Delta t}{\mu_0} \cdot \left[-\frac{E_y^{n}(i+1,j+\frac{1}{2},k) - E_y^{n}(i,j+\frac{1}{2},k)}{\Delta x} + \frac{E_x^{n}(i+\frac{1}{2},j+1,k) - E_z^{n}(i+\frac{1}{2},j,k)}{\Delta y}\right] \tag{1.44}$$

若用 FDTD 方法求解二维问题，则入射电磁波的形式可以分解为 TM 波和 TE 波，其计算过程如图 1.5 所示。

1. 数值稳定性条件

光子晶体是由具有不同介电常数的电介质组成的，可以将其看作是分区均匀的。由电磁场理论可知，平面电磁波在均匀介质中的解析色散关系为

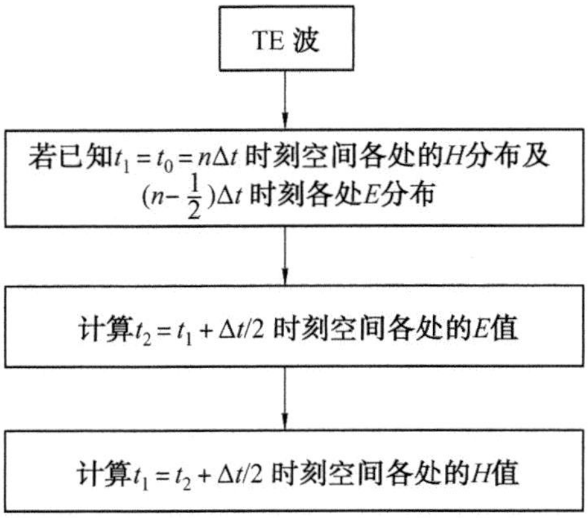

图 1.15　TE 波和 TM 波模式下 FDTD 方法的计算流程图

$$\left(\frac{\omega^2}{c^2}\right)=k_x^2+k_y^2+k_z^2 \tag{1.45}$$

在 Yee 氏网格空间中，平面波的各分量可以表示为

$$E_x^n(i,j,k)=E_{x0}\exp(-\mathrm{j}(k_x\hat{i}\Delta x+k_y\hat{j}\Delta y+k_z\hat{k}\Delta z-\omega n\Delta t)) \tag{1.46}$$

$$E_y^n(i,j,k)=E_{y0}\exp(-\mathrm{j}(k_x\hat{i}\Delta x+k_y\hat{j}\Delta y+k_z\hat{k}\Delta z-\omega n\Delta t)) \tag{1.47}$$

$$E_z^n(i,j,k)=E_{z0}\exp(-\mathrm{j}(k_x\hat{i}\Delta x+k_y\hat{j}\Delta y+k_z\hat{k}\Delta z-\omega n\Delta t)) \tag{1.48}$$

$$H_y^n(i,j,k)=H_{y0}\exp(-\mathrm{j}(k_x\hat{i}\Delta x+k_y\hat{j}\Delta y+k_z\hat{k}\Delta z-\omega n\Delta t)) \tag{1.49}$$

$$H_z^n(i,j,k)=H_{z0}\exp(-\mathrm{j}(k_x\hat{i}\Delta x+k_y\hat{j}\Delta y+k_z\hat{k}\Delta z-\omega n\Delta t)) \tag{1.50}$$

$$H_x^n(i,j,k)=H_{x0}\exp(-\mathrm{j}(k_x\hat{i}\Delta x+k_y\hat{j}\Delta y+k_z\hat{k}\Delta z-\omega n\Delta t)) \tag{1.51}$$

将等式(1.39)～(1.44)分别代入差分方程等式(1.46)～(1.51)，化简可以得到 FDTD 方法的数值色散式为

$$\left(\frac{1}{c\Delta t}\right)^2\sin^2\left(\frac{\omega\Delta t}{2}\right)=\frac{1}{\Delta x^2}\sin^2\left(\frac{k_x\Delta t}{2}\right)+\frac{1}{\Delta y^2}\sin^2\left(\frac{k_y\Delta t}{2}\right)+\frac{1}{\Delta z^2}\sin^2\left(\frac{k_z\Delta t}{2}\right) \tag{1.52}$$

式中，ω 为平面波的角频率；k_x，k_y，k_z 分别为波矢的三个坐标分量；c 是均匀介质中的光速。利用高等数学的极限知识可以很容易证明，当 Δt、Δx、Δy、Δz 趋于零时，等式(1.52)就化为等式(1.45)。因此等式(1.45)是数值色散式(1.52)的极限式。这说明数值色散是由于用近似差商代替微商而引起的，所以当选择网格空间步长和时间步长足够小时，数值色散可以减小到所要求的程度。当然这种减少是受实际限制的，因为时间步长和空间步长的减少导致计算网格空间的总网格数的增加和时间循环次数的增加，因而相应地增加了对计算机性能的要

求。

研究表明，当空间步长为波长（媒质中）的 1/10 时，最大误差为 1.3%；当空间步长为波长的 1/20 时，最大误差已经减少到 0.31%。光子晶体由两种不同的电介质组成，我们以电磁波在介电常数较大的电介质中的波长为参考对象来选择空间步长，相当于以最坏的情况选择空间步长。当模拟电磁波在光子晶体中传播时，我们有时用的是时变脉冲源，这种脉冲源具有很宽的谱，在网格空间中传播时，其较高频率部分的误差比较低频率部分的误差要大。所以我们在计算中选择这样的空间步长，可使我们关心的频率部分满足其波长大于 10 倍空间步长的条件。

求解差分方程组是一个迭代的过程，没有选择好时间步长和空间步长的关系，就会使所得的数值结果不稳定，具体表现：随着时间的增加，计算的场量无限制地增大。其原因在于差分方程的时间步长和空间步长的选取没有符合电磁场传播的规律，导致由差分方程模拟的数字波在网格空间中传播的因果关系被破坏。因而，为了用所导出的差分方程进行稳定计算，需要合理地选取时间步长和空间步长之间的关系。同样的道理，还是以平面波为研究对象，将其表达式代入光子晶体 Maxwell 差分方程组，可以得到稳定性条件：

$$2c\left(\frac{1}{\Delta x^2}+\frac{1}{\Delta y^2}+\frac{1}{\Delta z^2}\right)^{1/2} \leqslant \left(\frac{2}{\Delta t}\right)^2 \tag{1.53}$$

式中，$c=1/\sqrt{\mu_0\varepsilon_0\varepsilon_r}$，是电磁波在某一光子晶体中相对介电常量 ε_r 的均匀区域的传播速度。因为光子晶体是由具有不同介电常数的电介质组成的，所以对于光子晶体的不同电介质区域，c 是不同的。但是，由于稳定性条件是一个不等式，故只要选取对最大的 c 满足的条件，则其他区域也就自然满足条件了，即

$$c_{\max}\Delta t \leqslant \left(\frac{1}{\Delta x^2}+\frac{1}{\Delta y^2}+\frac{1}{\Delta z^2}\right)^{1/2} \tag{1.54}$$

在计算中我们取时间步长为

$$\Delta t=\frac{\min(\Delta x,\Delta y,\Delta z)}{2c_{\max}}=\frac{\min(\Delta x,\Delta y,\Delta z)\cdot\sqrt{\mu_0\varepsilon_0\varepsilon_{r\min}}}{2} \tag{1.55}$$

式中，$\varepsilon_{r\min}$ 为光子晶体中介电常数最小的电介质的相对介电常数，所以等式 (1.55) 被称为 Courant 稳定条件。

2. 数值稳定性条件

在进行 FDTD 仿真时，由于计算机存储空间和计算能力的限制，只能模拟有限的空间，另外过大的计算空间将耗费大量的计算时间，同时问题区域外的计算空间对问题本身没有贡献，因此在计算空间的适当位置必须进行截断。直接截断将在截断处引起电磁波的反射，造成很大的误差。一个良好的边界不应对计算空间中的电磁波传播产生明显的影响。自从 Mur[140] 于 1981 年提出了 Mur 近

似吸收边界后,FDTD 方法开始应用于解决实际电磁问题。1994 年,Berenger[141] 提出了完全匹配层(Perfect Match Layer,PML)的概念,大大改善了吸收效果,同时该边界条件可以吸收各方向各频率的电磁波。PML 作为第一种有效的吸收边界条件,在 FDTD 仿真中大量使用。下面将简要介绍 PML 吸收边界条件。

PML 是在计算区域截断边界处设置的一种特殊介质层,该层介质的波阻抗与相邻介质波阻抗完全匹配,因而入射波将无反射地进入 PML 层。并且由于 PML 层为有耗介质,进入 PML 层的透射波将迅速衰减,当 PML 层厚度适当时,透射波将完全被吸收。PML 介质层在二维情况下的设置基本结构如图 1.16 所示,在 FDTD 计算区域中,Maxwell 方程以常规的 FDTD 方法求解,在计算域四周是 PML 层,PML 层需满足的完全匹配条件是

$$\frac{\sigma}{\varepsilon_0}=\frac{\sigma_m}{\mu_0} \tag{1.56}$$

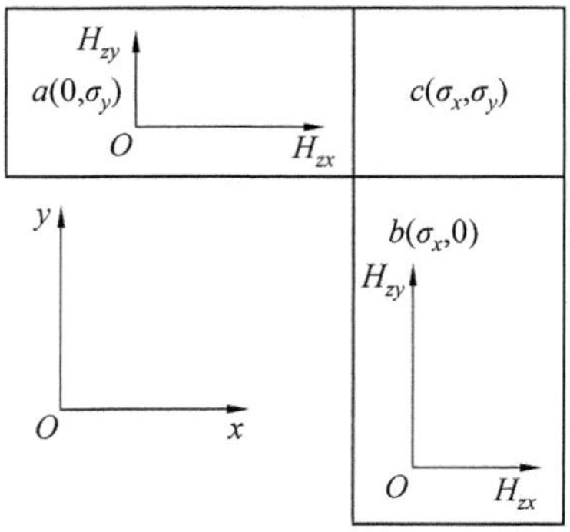

图 1.16 PML 介质层在二维情况下的设置基本结构

式中,σ 和 σ_m 分别是 PML 层的电导率和磁导率。设靠近 PML 层的 FDTD 区域为真空,则区域 a 和区域 b 中的参数分别为$(0,0,\sigma_y,\sigma_{my})$和$(\sigma_x,\sigma_{mx},0,0)$,区域 c 的参数为$(\sigma_x,\sigma_{mx},\sigma_y,\sigma_{my})$。此时通过 PML 层的平面波以光速传播,且穿过边界和顶角区域均是无反射。但是在实际过程中,PML 介质层不可能延伸到半空间,只能是有限厚度,PML 层的外侧通常采用理想导体截断。PML 层中介质损耗参数采用如下形式:

$$\sigma(\rho)=\sigma_{\max}\left(\frac{\rho}{d}\right)^n \tag{1.57}$$

式中,ρ 为吸收边界到内分界面的距离;d 为 PML 层的厚度;n 为层数,一般选取的值为 5。PML 吸收层的网格剖分方式与常规 FDTD 网格完全一致,唯一区别是:由于 PML 介质中的波方程将 H_z 分量分裂成两个子分量 H_{zx} 和 H_{zy},因此要在原来 H_z 分量的节点处同时计算 H_{zx} 和 H_{zy}。由于在 PML 介质中电磁波衰减

很快，常规 FDTD 中的 Yee 氏差分格式已不再适用，方程必须采用指数差分的形式，四个顶角的差分格式分别为

$$E_x^{n+1/2}(i,j+\frac{1}{2})=\exp\left[-\sigma_y(j+\frac{1}{2})\frac{\Delta t}{\varepsilon_0}\right]E_x^{n-\frac{1}{2}}(i,j+\frac{1}{2})-\frac{1-\exp\left[-\sigma_y(j+\frac{1}{2})\frac{\Delta t}{\varepsilon_0}\right]}{\Delta y\sigma_y(j+\frac{1}{2})}(H_z^n(i,j)-H_z^n(i,j+1))\tag{1.58}$$

$$E_y^{n+1/2}(i+\frac{1}{2},j)=\exp\left[-\sigma_x(i+\frac{1}{2})\frac{\Delta t}{\varepsilon_0}\right]E_y^{n-\frac{1}{2}}(i+\frac{1}{2},j)-\frac{1-\exp\left[-\sigma_x(i+\frac{1}{2})\frac{\Delta t}{\varepsilon_0}\right]}{\Delta x\sigma_x(i+\frac{1}{2})}(H_z^n(i+1,j)-H_z^n(i,j))\tag{1.59}$$

$$H_{zx}^{n+1}(i,j)=\exp\left[-\sigma_{mx}(i)\frac{\Delta t}{\mu_0}\right]H_{zx}^n(i,j)-\frac{1-\exp\left[-\sigma_{mx}(i)\frac{\Delta t}{\mu_0}\right]}{\Delta x\sigma_{mx}(i)}\left(E_y^{n+1/2}(i,j)-E_y^{n+1/2}(i-\frac{1}{2},j)\right)\tag{1.60}$$

$$H_{zy}^{n+1/2}(i,j)=\exp\left[-\sigma_{my}(j)\frac{\Delta t}{\mu_0}\right]H_{zy}^n(i,j)-\frac{1-\exp\left[-\sigma_{my}(j)\frac{\Delta t}{\mu_0}\right]}{\Delta y\sigma_{my}(j)}\left(E_x^{n+1/2}(i,j+\frac{1}{2})-E_x^{n+1/2}(i,j-\frac{1}{2})\right)\tag{1.61}$$

在左右两边的区域中，由于参数$(\sigma_y,\ \sigma_{my})=0$，所以

$$E_x^{n+1/2}(i,j+\frac{1}{2})=E_x^{n-\frac{1}{2}}(i,j+\frac{1}{2})-\frac{Z_0}{2}(H_z^n(i,j)-H_z^n(i,j+1))\tag{1.62}$$

$$H_{zy}^{n+1}(i,j)=H_{zy}^n(i,j)-\frac{1}{2Z_0}\left(E_x^{n+1/2}(i,j+\frac{1}{2})-E_x^{n+1/2}(i,j-\frac{1}{2})\right)\tag{1.63}$$

式中，Z_0 为自由空间的波阻抗。在上下两边的区域中，由于参数$(\sigma_x,\ \sigma_{mx})=0$，所以

$$E_y^{n+1/2}(i+\frac{1}{2},j)=E_y^{n-\frac{1}{2}}(i+\frac{1}{2},j)-\frac{Z_0}{2}(H_z^n(i+1,j)-H_z^n(i,j))\tag{1.64}$$

$$H_{zx}^{n+1}(i,j)=H_{zx}^{n}(i,j)-\frac{1}{2Z_0}\left(E_y^{n+1/2}(i+\frac{1}{2},j)-E_y^{n+1/2}(i-\frac{1}{2},j)\right) \tag{1.65}$$

3. 激励源

使用时域有限差分法分析电磁问题时，必须模拟激励源，即选择合适的入射波形式及用适当的方法将入射波加入 FDTD 迭代中。一般来说，激励源按时间和空间可分成两大类。激励源按时间变化可分为随时间周期变化的时谐场源和对时间呈脉冲函数形式的波源。激励源按空间分布的方式可分为面源、线源、点源等。各种激励源应用于不同的场合，对于不同的求解问题，可以采用不同的激励源。

总之，FDTD 方法的相关技术还有很多，例如，求解光子晶体要用到的周期边界，这部分的内容将在本书第 2 章进行介绍。而还有些诸如远近场外推、集总参数模拟等内容，限于篇幅在此不做过多的介绍，感兴趣的读者可以参阅相关的教材和文献。

1.3.4 光子晶体的 PWE 方法

对于以上介绍的两种光子晶体算法而言，TMM 能够快速求解一维光子晶体的所有问题，而要计算二维或者三维光子晶体的色散关系，在程序实现上将变得异常困难。而 FDTD 方法虽然能够快捷地计算光子晶体 S 参数，不受光子晶体的维度限制，但是它在求解光子晶体的色散曲线时却显现明显的不足，因为 FDTD 方法要求取光子晶体的色散关系就意味着要引入周期边界条件，这样在计算上很容易出现“漏频”和“虚频”的现象，与之相关的内容将在第 2 章进行介绍。为了解决求解高维光子晶体的色散关系问题，人们用得最多的是 PWE 方法。

PWE 方法是目前最为常用的计算光子晶体色散关系的方法之一，其主要思想是：首先，在倒格矢空间对光子晶体的介电常数(磁导率）进行傅里叶展开，同时完成对入射波矢的平面波展开；然后，将 Maxwell 方程组简并成电场或者磁场的特征方程；最后，求取特征矩阵沿着 1st BZ 边界上的特征值，把这些特征值连接起来就可以得到光子晶体的色散曲线。PWE 方法的优点十分明显：它能够有效、简单、准确地计算光子晶体的色散关系。另外，PWE 方法假设光子晶体的周期数是无限大的，所以当光子晶体的周期数一定或者光子晶体的大小有限时，PWE 方法计算得到的色散曲线未必精确。但是，如果光子晶体含有较多的周期性单元，用该方法仍然可以得到较为精确的结果。PWE 方法以其高效性、易实现性、较准确性和对光子晶体物理本质的反映成为目前应用最广泛、最重要的计算方法之一。下面就对 PWE 方法的相关算法就行介绍。

众所周知，光子晶体是空间中介质的周期性分布，由电磁场理论可知，电磁场服从 Maxwell 方程组

$$\begin{cases}\nabla\cdot \boldsymbol{D}=\rho \\ \nabla\cdot \boldsymbol{B}=0 \\ \nabla\times \boldsymbol{H}=\boldsymbol{J}+\dfrac{\partial \boldsymbol{D}}{\partial t} \\ \nabla\times \boldsymbol{E}=-\dfrac{\partial \boldsymbol{B}}{\partial t}\end{cases} \tag{1.66}$$

式中，$\boldsymbol{D}$ 为电位移矢量；$\boldsymbol{B}$ 为磁感应强度；$\boldsymbol{H}$ 为磁场强度；$\boldsymbol{E}$ 为电场强度；ρ 为电荷密度；$\boldsymbol{J}$ 为电流密度。为了简便地说明 PWE 方法，假设光子晶体是由线性、各向同性和非磁性的材料组成，且 $\boldsymbol{J}=\boldsymbol{0}$，$\rho=0$。如果我们引入时谐参量 $\mathrm{e}^{\mathrm{j}\omega t}$，那么电场强度和磁场强度可分别表示为

$$\boldsymbol{E}(\boldsymbol{r},t)=\boldsymbol{E}(\boldsymbol{r})\cdot \mathrm{e}^{\mathrm{j}\omega t},\quad \boldsymbol{H}(\boldsymbol{r},t)=\boldsymbol{H}(\boldsymbol{r})\cdot \mathrm{e}^{\mathrm{j}\omega t} \tag{1.67}$$

式中，ω 为振幅频率，考虑到 $\dfrac{\partial}{\partial t}\rightarrow \mathrm{j}\omega$，同时将 $\boldsymbol{D}(\boldsymbol{r},t)=\boldsymbol{E}(\boldsymbol{r},t)\cdot\varepsilon_0\varepsilon(\boldsymbol{r},t)$ 和 $\boldsymbol{B}(\boldsymbol{r},t)=\boldsymbol{H}(\boldsymbol{r},t)\cdot\mu_0$ 代入等式(1.66)，可得到下列等式：

$$\begin{cases}\nabla\cdot \varepsilon(r)\boldsymbol{E}(\boldsymbol{r})=0 \\ \nabla\cdot \boldsymbol{H}(\boldsymbol{r})=0 \\ \nabla\times \boldsymbol{H}(\boldsymbol{r})=\mathrm{j}\omega\varepsilon_0\varepsilon(\boldsymbol{r})\boldsymbol{E}(\boldsymbol{r}) \\ \nabla\times \boldsymbol{E}(\boldsymbol{r})=-\mathrm{j}\omega\mu_0\boldsymbol{H}(\boldsymbol{r})\end{cases} \tag{1.68}$$

由于 $\boldsymbol{H}$ 是连续的，但是 $\varepsilon(\boldsymbol{r})$ 不连续变化，这必然引起 $\boldsymbol{E}$ 不连续变化。基于这一点，仅仅考虑 $\boldsymbol{H}$，由等式(1.68) 可知，对于 $\boldsymbol{H}$ 可以将其化简成一个特征值方程

$$\nabla\times \frac{1}{\varepsilon(r)}\nabla\times \boldsymbol{H}(\boldsymbol{r})=\left(\frac{\omega}{c}\right)^2 \boldsymbol{H}(\boldsymbol{r}) \tag{1.69}$$

对于光子晶体而言，满足 Bloch 定理有

$$\begin{cases}\boldsymbol{H}(\boldsymbol{r})=\mathrm{e}^{\mathrm{j}k\cdot \boldsymbol{r}}h(\boldsymbol{r})\cdot \boldsymbol{e}_k \\ h(\boldsymbol{r})=h(\boldsymbol{r}+\boldsymbol{R})\end{cases} \tag{1.70}$$

式中，$\boldsymbol{R}=m_1\boldsymbol{a}_1+m_2\boldsymbol{a}_2+m_3\boldsymbol{a}_3$，为格矢；$\boldsymbol{e}_k$ 表示垂直于波矢 $\boldsymbol{k}$ 且平行于 $\boldsymbol{H}$ 的单位矢量；m_1,m_2,m_3 为任意整数；$\boldsymbol{a}_1,\boldsymbol{a}_2,\boldsymbol{a}_3$ 为光子晶体晶格单元的基矢。其中周期性函数 $\varepsilon(r)$ 和 $h(r)$ 可用傅里叶级数进行展开：

$$\begin{cases}\varepsilon(\boldsymbol{r})=\displaystyle\sum_{\boldsymbol{G}_i}\varepsilon(\boldsymbol{G}_i)\mathrm{e}^{\mathrm{j}\boldsymbol{G}_i\cdot \boldsymbol{r}} \\ \varepsilon^{-1}(\boldsymbol{r})=\displaystyle\sum_{\boldsymbol{G}_i}\varepsilon^{-1}(\boldsymbol{G}_i)\mathrm{e}^{\mathrm{j}\boldsymbol{G}_i\cdot \boldsymbol{r}} \\ h(\boldsymbol{r})=\displaystyle\sum_{\boldsymbol{G}_i}\boldsymbol{h}(\boldsymbol{G}_i)\mathrm{e}^{\mathrm{j}\boldsymbol{G}_i\cdot \boldsymbol{r}}\end{cases} \tag{1.71}$$

将等式(1.71)代入等式(1.70)可以得到

$$\boldsymbol{H}(r)=\mathrm{e}^{\mathrm{j}\boldsymbol{k}\cdot\boldsymbol{r}}\sum_{\boldsymbol{G}_i}\boldsymbol{\varepsilon}(\boldsymbol{G}_i)\mathrm{e}^{\mathrm{j}\boldsymbol{G}_i\cdot\boldsymbol{r}}\cdot\boldsymbol{e}_k=\sum_{\boldsymbol{G}_i,\lambda}h(\boldsymbol{G}_i,\lambda)\mathrm{e}^{\mathrm{j}(\boldsymbol{G}_i+\boldsymbol{k})\cdot\boldsymbol{r}}\boldsymbol{e}_{\lambda,\boldsymbol{k}+\boldsymbol{G}_i} \tag{1.72}$$

式中,$\boldsymbol{G}_i$ 为倒格矢;$\boldsymbol{e}_{\lambda,\boldsymbol{k}+\boldsymbol{G}_i}$ 为垂直于 $\boldsymbol{G}_i+\boldsymbol{k}$ 的两个正交单位向量($\lambda=1, 2$)。将等式(1.72)和等式(1.71)代入等式(1.69),可以得到特征值方程为

$$\nabla\times\sum_{\boldsymbol{G}_i}\varepsilon^{-1}(\boldsymbol{G}_i)\mathrm{e}^{\mathrm{j}\boldsymbol{G}_i\cdot\boldsymbol{r}}\ \nabla\times\sum_{\boldsymbol{G}_i,\lambda}h(\boldsymbol{G}_i,\lambda)\mathrm{e}^{\mathrm{j}(\boldsymbol{G}_i+\boldsymbol{k})\cdot\boldsymbol{r}}=\left(\frac{\omega}{c}\right)^2\sum_{\boldsymbol{G}_i,\lambda}h(\boldsymbol{G}_i,\lambda)\mathrm{e}^{\mathrm{j}(\boldsymbol{G}_i+\boldsymbol{k})\cdot\boldsymbol{r}}\boldsymbol{e}_{\lambda,\boldsymbol{k}+\boldsymbol{G}_i} \tag{1.73}$$

进一步化简可以得到

$$\begin{aligned}&\nabla\times\sum_{\boldsymbol{G}_i}\varepsilon^{-1}(\boldsymbol{G}_i)\mathrm{e}^{\mathrm{j}\boldsymbol{G}_i\cdot\boldsymbol{r}}\sum_{\boldsymbol{G}_i,\lambda}h(\boldsymbol{G}_i,\lambda)\ \nabla\mathrm{e}^{\mathrm{j}(\boldsymbol{G}_i+\boldsymbol{k})\cdot\boldsymbol{r}}\times\boldsymbol{e}_{\lambda,\boldsymbol{k}+\boldsymbol{G}_i}\\&=\left(\frac{\omega}{c}\right)^2\sum_{\boldsymbol{G}_i,\lambda}h(\boldsymbol{G}_i,\lambda)\mathrm{e}^{\mathrm{j}(\boldsymbol{G}_i+\boldsymbol{k})\cdot\boldsymbol{r}}\boldsymbol{e}_{\lambda,\boldsymbol{k}+\boldsymbol{G}_i}\end{aligned} \tag{1.74}$$

对于平面波而言,有$\nabla\mathrm{e}^{\mathrm{j}(\boldsymbol{G}_i+\boldsymbol{k})\cdot\boldsymbol{r}}=\mathrm{j}(\boldsymbol{G}_i+\boldsymbol{k})\mathrm{e}^{\mathrm{j}(\boldsymbol{G}_i+\boldsymbol{k})\cdot\boldsymbol{r}}$,那么等式(1.74)可以进一步化简为

$$\begin{aligned}&\nabla\times\sum_{\boldsymbol{G}_i,\lambda}\sum_{\boldsymbol{G}'_i}\varepsilon^{-1}(\boldsymbol{G}_i)\mathrm{e}^{\mathrm{j}\boldsymbol{G}_i\cdot\boldsymbol{r}}h(\boldsymbol{G}_i,\lambda)\mathrm{e}^{\mathrm{j}(\boldsymbol{G}_i+\boldsymbol{k})\cdot\boldsymbol{r}}\mathrm{j}(\boldsymbol{G}_i+\boldsymbol{k})\times\boldsymbol{e}_{\lambda,\boldsymbol{k}+\boldsymbol{G}_i}\\&=\left(\frac{\omega}{c}\right)^2\sum_{\boldsymbol{G}_i,\lambda}h(\boldsymbol{G}_i,\lambda)\mathrm{e}^{\mathrm{j}(\boldsymbol{G}_i+\boldsymbol{k})\cdot\boldsymbol{r}}\boldsymbol{e}_{\lambda,\boldsymbol{k}+\boldsymbol{G}_i}\end{aligned} \tag{1.75}$$

再将$\nabla\times$移入求和里面,并做等量代换 $\boldsymbol{G}_i+\boldsymbol{G}'_i\rightarrow\boldsymbol{G}'_i$,则等式(1.75)可以化简为

$$\begin{aligned}&\sum_{\boldsymbol{G}_i,\lambda}\sum_{\boldsymbol{G}'_i-\boldsymbol{G}_i}\varepsilon^{-1}(\boldsymbol{G}_i-\boldsymbol{G}'_i)h(\boldsymbol{G}_i,\lambda)\ \nabla\times\left(\mathrm{e}^{\mathrm{j}(\boldsymbol{G}_i+\boldsymbol{k})\cdot\boldsymbol{r}}\mathrm{j}(\boldsymbol{G}_i+k)\times\boldsymbol{e}_{\lambda,\boldsymbol{k}+\boldsymbol{G}_i}\right)\\&=\left(\frac{\omega}{c}\right)^2\sum_{\boldsymbol{G}_i,\lambda}h(\boldsymbol{G}_i,\lambda)\mathrm{e}^{\mathrm{j}(\boldsymbol{G}_i+\boldsymbol{k})\cdot\boldsymbol{r}}\boldsymbol{e}_{\lambda,\boldsymbol{k}+\boldsymbol{G}_i}\end{aligned} \tag{1.76}$$

再利用$\nabla\rightarrow\mathrm{j}\boldsymbol{k}$,等式(1.76)可以进一步化简为

$$\begin{aligned}&\sum_{\boldsymbol{G}_i,\lambda}\sum_{\boldsymbol{G}'_i-\boldsymbol{G}_i}\varepsilon^{-1}(\boldsymbol{G}_i-\boldsymbol{G}'_i)h(\boldsymbol{G}_i,\lambda)\mathrm{j}(\boldsymbol{G}'_i+k)\times\left(\mathrm{e}^{\mathrm{j}(\boldsymbol{G}_i+\boldsymbol{k})\cdot\boldsymbol{r}}\mathrm{j}(\boldsymbol{G}_i+\boldsymbol{k})\times\boldsymbol{e}_{\lambda,\boldsymbol{k}+\boldsymbol{G}_i}\right)\\&=\left(\frac{\omega}{c}\right)^2\sum_{\boldsymbol{G}_i,\lambda}h(\boldsymbol{G}_i,\lambda)\mathrm{e}^{\mathrm{j}(\boldsymbol{G}_i+\boldsymbol{k})\cdot\boldsymbol{r}}\boldsymbol{e}_{\lambda,\boldsymbol{k}+\boldsymbol{G}_i}\end{aligned} \tag{1.77}$$

且我们知道 $\mathrm{j}(\boldsymbol{G}'_i+\boldsymbol{k})\times(\mathrm{e}^{\mathrm{j}(\boldsymbol{G}_i+\boldsymbol{k})\cdot\boldsymbol{r}}\mathrm{j}(\boldsymbol{G}_i+\boldsymbol{k})\times\boldsymbol{e}_{\lambda,\boldsymbol{k}+\boldsymbol{G}_i})=((\boldsymbol{G}_i+\boldsymbol{k})\times\boldsymbol{e}_{\lambda,\boldsymbol{k}+\boldsymbol{G}_i})\times(\boldsymbol{G}'_i+\boldsymbol{k})$ 且 $\boldsymbol{k}\cdot\boldsymbol{H}=0$,从而有

$$\begin{aligned}&\sum((\boldsymbol{G}_i+\boldsymbol{k})\times\boldsymbol{e}_{\lambda,\boldsymbol{k}+\boldsymbol{G}_i})\times(\boldsymbol{G}'_i+\boldsymbol{k})\\&=\{((\boldsymbol{G}_i+\boldsymbol{k})\times\boldsymbol{e}_{\lambda,\boldsymbol{k}+\boldsymbol{G}_i})\cdot((\boldsymbol{G}'_i+\boldsymbol{k})\times\boldsymbol{e}_{\lambda,\boldsymbol{k}+\boldsymbol{G}'_i})\}\boldsymbol{e}_{\lambda,\boldsymbol{k}+\boldsymbol{G}'_i}\end{aligned} \tag{1.78}$$

考虑到等式(1.78)的两边同幂项相等,得到

$$\sum_{\boldsymbol{G}'_i,\lambda'}((\boldsymbol{G}+\boldsymbol{k})\times\boldsymbol{e}_\lambda)\cdot((\boldsymbol{G}'+\boldsymbol{k})\times\boldsymbol{e}_{\lambda'})\varepsilon(\boldsymbol{G}-\boldsymbol{G}')h(\boldsymbol{G}',\lambda')=\left(\frac{\omega}{c}\right)^2h(\boldsymbol{G},\lambda) \tag{1.79}$$

式中，$\lambda=1,2$。

等式(1.79) 等价于

$$\sum_{G',\lambda'}|\boldsymbol{k}+\boldsymbol{G}|\,|\boldsymbol{k}+\boldsymbol{G}'|\begin{pmatrix}\hat{\boldsymbol{e}}_2\cdot\varepsilon_{\boldsymbol{G},\boldsymbol{G}'}^{-1}\cdot\hat{\boldsymbol{e}}_{2'} & -\hat{\boldsymbol{e}}_2\cdot\varepsilon_{\boldsymbol{G},\boldsymbol{G}'}^{-1}\cdot\hat{\boldsymbol{e}}_{1'}\\ -\hat{\boldsymbol{e}}_1\cdot\varepsilon_{\boldsymbol{G},\boldsymbol{G}'}^{-1}\cdot\hat{\boldsymbol{e}}_{2'} & \hat{\boldsymbol{e}}_1\cdot\varepsilon_{\boldsymbol{G},\boldsymbol{G}'}^{-1}\cdot\hat{\boldsymbol{e}}_{1'}\end{pmatrix}h_{G',\lambda'}=\frac{\omega^2}{c^2}h_{G,\lambda} \tag{1.80}$$

若取平面波的个数为 n，则式(1.80) 是一个典型的求解 $2n\times 2n$ 矩阵特征值问题。求解该特征方程可以得到对于特定波矢 $\boldsymbol{k}$ 的一系列特征值，进而可以得到光子晶体的能带结构及本征电磁场在空间的分布。等式(1.80) 给出三维情况下，普适的特征模式的求解方程。如果是对于求解二维的等离子体光子晶体问题，等式(1.80) 可以化简成以下形式：

TE 模式：

$$\sum_{G',\lambda'}(\boldsymbol{k}+\boldsymbol{G})\cdot(\boldsymbol{k}+\boldsymbol{G}')\varepsilon_{\boldsymbol{G},\boldsymbol{G}'}^{-1}h_{G',\lambda'}=\frac{\omega^2}{c^2}h_{G,\lambda} \tag{1.81}$$

TM 模式：

$$\sum_{G',\lambda'}|\boldsymbol{k}+\boldsymbol{G}|\,|\boldsymbol{k}+\boldsymbol{G}'|\varepsilon_{\boldsymbol{G},\boldsymbol{G}'}h_{G',\lambda'}=\frac{\omega^2}{c^2}h_{G,\lambda} \tag{1.82}$$

1.3.5　光子晶体的 FDFD 方法

FDFD方法是有限差分方法的频域形式。与瞬态Maxwell方程组相比，频域Maxwell 方程组没有对时间求偏微分这一项。相应地，FDFD 方法中就没有FDTD 方法中的时间步进过程，因而 FDFD 方法中也不存在 FDTD 方法中的稳定性问题。虽然基于相同的原理，但是用 FDFD 方法的求解过程与用 FDTD 方法截然不同。FDFD 方法的求解过程一般是将空间离散化后，在每个节点上建立起差分方程，最后将所有的差分方程组成一个矩阵方程，求解该矩阵方程就得到了离散空间节点上相应的场值。FDFD 方法因其简单和直观，适用于处理复杂结构，被应用于处理许多电磁场问题，如导波结构的散射参数(S 参数) 的提取，各向异性媒质的散射特性，导波结构的传播常数、衰减常数及模式的提取等。显然，FDFD 方法也能用于计算光子晶体的特征值。对于 FDFD 方法，仍然可以采用与 FDTD 方法相同的 Yee 网格技术(图 1.17) 对空间进行离散，从而与FDTD 方法相类似地得到在 Yee 网格下的 FDFD 方法基本差分方程。虽然FDFD 方法和 FDTD 方法的计算域不同，但是在许多方面是有共性的，如吸收边界条件、总场 / 散射场边界公式等，它们的频域形式和时域形式可分别用于FDFD 方法和 FDTD 方法中。因此两种方法的发展是相辅相成、相互对应的，对其中一种方法的研究结果可以被另一种方法所借鉴。与 FDTD 方法相比，FDFD

方法可同时计算多个模式的传播常数、衰减常数、模式场分布等信息，且不需要做傅里叶变换。

FDFD 方法可以直接从频域 Maxwell 方程组出发，采用 Yee 网格对空间进行离散，并将方程组中的偏微分近似成网格节点上的中心差分，从而得到一组差分方程组，联立求解后就得到了各个节点上相应的场值。如图 1.17 所示，Yee 网格中的电场节点和磁场节点是相互交错的，电场节点分别位于周围与之相垂直的磁场节点的中心，磁场节点也是一样的。因此，从频域出发 Maxwell 方程组可以表示为

$$\begin{cases}\nabla\times \boldsymbol{H}(\boldsymbol{r})=\mathrm{j}\omega\varepsilon\boldsymbol{E}(\boldsymbol{r})\\ \nabla\times \boldsymbol{E}(\boldsymbol{r})=-\mathrm{j}\omega\mu\boldsymbol{H}(\boldsymbol{r})\end{cases}\tag{1.83}$$

式中，ε 和 μ 表示复介电常数和磁导率。采用 Yee 网格对空间进行离散后，上式可以在三维空间上对电场和磁场进行离散，这六个离散式可以表示为

$$-\mathrm{j}\omega\mu H_x(i,j,k)=\frac{E_z(i,j,k)-E_z(i,j-1,k)}{\Delta y(i,j,k)}-\frac{E_y(i,j,k)-E_y(i,j,k-1)}{\Delta z(i,j,k)}\tag{1.84}$$

$$-\mathrm{j}\omega\mu H_y(i,j,k)=\frac{E_x(i,j,k)-E_x(i,j,k-1)}{\Delta z(i,j,k)}-\frac{E_z(i,j,k)-E_z(i-1,j,k)}{\Delta x(i,j,k)}\tag{1.85}$$

$$-\mathrm{j}\omega\mu H_z(i,j,k)=\frac{E_y(i,j,k)-E_y(i-1,j,k)}{\Delta x(i,j,k)}-\frac{E_x(i,j,k)-E_x(i,j-1,k)}{\Delta y(i,j,k)}\tag{1.86}$$

$$\mathrm{j}\omega\varepsilon E_x(i,j,k)=\frac{H_z(i,j+1,k)-H_z(i,j,k)}{(\Delta y(i,j+1,k)+\Delta y(i,j,k))/2}-\frac{H_y(i,j,k+1)-H_y(i,j,k)}{(\Delta z(i,j,k+1)+\Delta z(i,j,k+1))/2}\tag{1.87}$$

$$\mathrm{j}\omega\varepsilon E_y(i,j,k)=\frac{H_x(i,j,k+1)-H_x(i,j,k)}{(\Delta z(i,j,k+1)+\Delta z(i,j,k))/2}-\frac{H_z(i+1,j,k)-H_z(i,j,k)}{(\Delta x(i+1,j,k+1)+\Delta x(i,j,k))/2}\tag{1.88}$$

$$\mathrm{j}\omega\varepsilon E_z(i,j,k)=\frac{H_y(i+1,j,k)-H_y(i,j,k)}{(\Delta x(i+1,j,k)+\Delta x(i,j,k))/2}-\frac{H_x(i,j+1,k)-H_x(i,j,k)}{(\Delta y(i,j+1,k)+\Delta y(i,j,k))/2}\tag{1.89}$$

显然，FDFD 方法采用 Yee 网格对剖分，使得电场节点和磁场节点相互交错，当采用均匀的 Yee 网格对空间进行离散后，得到的差分方程具有 2 阶精度。正如前面所介绍的，FDFD 方法最终要将每个节点上的差分方程联立起来，组成一个大规模的稀疏矩阵方程，并求解该方程。因此，当问题的规模增大时，FDFD 方法

所生成的矩阵方程的规模会急剧上升，从而导致了占用内存大和计算上的困难。FDFD 方法其他技术与 FDTD 类似，在此不过多阐述，如吸收边界、激励源和远近场外推等。

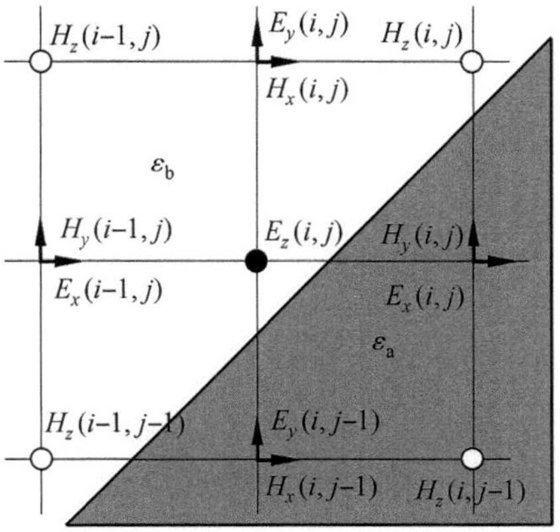

图 1.17 二维 FDFD 方法的 Yee 网格

为了进一步理解 FDFD 方法在求解光子晶体色散特性上的应用，以求解二维问题来说明，更为具体的推导见第 2 章。假设入射波的场强与 $e^{j(\beta z-\omega t)}$ 有关，如果假设空气的阻抗为 $Z_0=\sqrt{\mu_0/\varepsilon_0}$，那么 Maxwell 方程组可以化简为

$$\begin{cases} jk_0H_x=\partial E_z/\partial y-j\beta E_y \\ jk_0H_y=-\partial E_z/\partial x+j\beta E_x \\ jk_0H_z=\partial E_y/\partial x-\partial E_x/\partial y \\ -jk_0\varepsilon_r E_x=\partial H_z/\partial y-j\beta H_y \\ -jk_0\varepsilon_r E_y=-\partial H_z/\partial x+j\beta H_x \\ -jk_0\varepsilon_r E_z=\partial H_y/\partial x-\partial H_x/\partial y \end{cases} \tag{1.90}$$

对等式(1.90)进行离散可得到

$$\begin{cases} jk_0H_x(i,j)=[E_z(i,j+1)-E_z(i,j)]/\Delta y-j\beta E_y(i,j) \\ jk_0H_y(i,j)=[E_z(i,j)-E_z(i+1,j)]/\Delta x+j\beta E_x(i,j) \\ jk_0H_z(i,j)=[E_y(i,j)+1-E_y(i,j)]/\Delta x-[E_x(i,j+1)-E_x(i,j)]/\Delta y \\ -jk_0\boldsymbol{\varepsilon}_{rx}E_x(i,j)=[H_z(i,j)-H_z(i,j-1)]/\Delta y-j\beta H_y(i,j) \\ -jk_0\boldsymbol{\varepsilon}_{ry}E_y(i,j)=[H_z(i-1,j)-H_z(i,j)]/\Delta x+j\beta H_x(i,j) \\ -jk_0\boldsymbol{\varepsilon}_{rz}E_z(i,j)=[H_y(i,j)-H_y(i-1,j)]/\Delta x-[H_x(i,j)-H_x(i,j-1)]/\Delta y \end{cases} \tag{1.91}$$

其中

$$\begin{cases}\boldsymbol{\varepsilon}_{\mathrm{r}x}=[\varepsilon_{\mathrm{r}}(i,j)+\varepsilon_{\mathrm{r}}(i,j-1)]/2\\ \boldsymbol{\varepsilon}_{\mathrm{r}y}=[\varepsilon_{\mathrm{r}}(i,j)+\varepsilon_{\mathrm{r}}(i-1,j)]/2\\ \boldsymbol{\varepsilon}_{\mathrm{r}z}=[\varepsilon_{\mathrm{r}}(i,j)+\varepsilon_{\mathrm{r}}(i-1,j-1)+\varepsilon_{\mathrm{r}}(i,j-1)+\varepsilon_{\mathrm{r}}(i-1,j)]/4\end{cases}\tag{1.92}$$

通过等式(1.92)，每个相邻单元间的介电常数就能够准确地得到了。如果将等式(1.91)写成矩阵的形式，则

$$\mathrm{j}k_0\begin{pmatrix}\boldsymbol{H}_x\\ \boldsymbol{H}_y\\ \boldsymbol{H}_z\end{pmatrix}=\begin{pmatrix}0 & -\mathrm{j}\boldsymbol{\beta}\boldsymbol{I} & \boldsymbol{U}_y\\ \mathrm{j}\boldsymbol{\beta}\boldsymbol{I} & 0 & -\boldsymbol{U}_x\\ -\boldsymbol{U}_y & \boldsymbol{U}_x & 0\end{pmatrix}\begin{pmatrix}\boldsymbol{E}_x\\ \boldsymbol{E}_y\\ \boldsymbol{E}_z\end{pmatrix}\tag{1.93}$$

$$-\mathrm{j}k_0\begin{pmatrix}\boldsymbol{\varepsilon}_{\mathrm{r}x} & 0 & 0\\ 0 & \boldsymbol{\varepsilon}_{\mathrm{r}y} & 0\\ 0 & 0 & \boldsymbol{\varepsilon}_{\mathrm{r}z}\end{pmatrix}\begin{pmatrix}\boldsymbol{E}_x\\ \boldsymbol{E}_y\\ \boldsymbol{E}_z\end{pmatrix}=\begin{pmatrix}0 & -\mathrm{j}\boldsymbol{\beta}\boldsymbol{I} & \boldsymbol{V}_y\\ \mathrm{j}\boldsymbol{\beta}\boldsymbol{I} & 0 & -\boldsymbol{V}_x\\ -\boldsymbol{V}_y & \boldsymbol{V}_x & 0\end{pmatrix}\begin{pmatrix}\boldsymbol{H}_x\\ \boldsymbol{H}_y\\ \boldsymbol{H}_z\end{pmatrix}\tag{1.94}$$

式中，$\boldsymbol{I}$ 是单位矩阵；$\boldsymbol{\varepsilon}_{\mathrm{r}x}$、$\boldsymbol{\varepsilon}_{\mathrm{r}z}$ 和 $\boldsymbol{\varepsilon}_{\mathrm{r}y}$ 是对角矩阵，它们由等式(1.92)得出；$\boldsymbol{U}_x$，$\boldsymbol{U}_y$，$\boldsymbol{V}_x$ 和 $\boldsymbol{V}_y$ 由边界条件决定。从等式(1.93)和等式(1.94)可以推导出关于横向电场的特征方程

$$\boldsymbol{P}\begin{pmatrix}\boldsymbol{E}_x\\ \boldsymbol{E}_y\end{pmatrix}=\begin{pmatrix}\boldsymbol{P}_{xx} & \boldsymbol{P}_{xy}\\ \boldsymbol{P}_{yx} & \boldsymbol{P}_{xx}\end{pmatrix}\begin{pmatrix}\boldsymbol{E}_x\\ \boldsymbol{E}_y\end{pmatrix}=\beta^2\begin{pmatrix}\boldsymbol{E}_x\\ \boldsymbol{E}_y\end{pmatrix}\tag{1.95}$$

式中，$\boldsymbol{P}_{xx}=-k_0^{-2}\boldsymbol{U}_x\boldsymbol{\varepsilon}_{\mathrm{r}z}^{-1}\boldsymbol{V}_y\boldsymbol{V}_x\boldsymbol{U}_y+(k_0^2\boldsymbol{I}+\boldsymbol{U}_x\boldsymbol{\varepsilon}_{\mathrm{r}z}^{-1}\boldsymbol{V}_x)(\boldsymbol{\varepsilon}_{\mathrm{r}x}+k_0^{-2}\boldsymbol{V}_y\boldsymbol{U}_y)$；

$\boldsymbol{P}_{yy}=-k_0^{-2}\boldsymbol{U}_y\boldsymbol{\varepsilon}_{\mathrm{r}z}^{-1}\boldsymbol{V}_x\boldsymbol{V}_y\boldsymbol{U}_x+(k_0^2\boldsymbol{I}+\boldsymbol{U}_y\boldsymbol{\varepsilon}_{\mathrm{r}z}^{-1}\boldsymbol{V}_y)(\boldsymbol{\varepsilon}_{\mathrm{r}y}+k_0^{-2}\boldsymbol{V}_x\boldsymbol{U}_x)$；

$\boldsymbol{P}_{xy}=\boldsymbol{U}_x\boldsymbol{\varepsilon}_{\mathrm{r}z}^{-1}\boldsymbol{V}_y(\boldsymbol{\varepsilon}_{\mathrm{r}y}+k_0^{-2}\boldsymbol{V}_x\boldsymbol{U}_x)-k_0^{-2}(k_0^2\boldsymbol{I}+\boldsymbol{U}_y\boldsymbol{\varepsilon}_{\mathrm{r}z}^{-1}\boldsymbol{V}_x)\boldsymbol{V}_y\boldsymbol{U}_x$；

$\boldsymbol{P}_{yx}=\boldsymbol{U}_y\boldsymbol{\varepsilon}_{\mathrm{r}z}^{-1}\boldsymbol{V}_x(\boldsymbol{\varepsilon}_{\mathrm{r}x}+k_0^{-2}\boldsymbol{V}_y\boldsymbol{U}_y)-k_0^{-2}(k_0^2I+\boldsymbol{U}_y\boldsymbol{\varepsilon}_{\mathrm{r}z}^{-1}\boldsymbol{V}_x)\boldsymbol{V}_x\boldsymbol{U}_y$。

同理，由等式(1.93)和等式(1.94)可以推导出关于横向磁场的特征方程

$$\boldsymbol{Q}\begin{pmatrix}\boldsymbol{H}_x\\ \boldsymbol{H}_y\end{pmatrix}=\begin{pmatrix}\boldsymbol{Q}_{xx} & \boldsymbol{Q}_{xy}\\ \boldsymbol{Q}_{yx} & \boldsymbol{Q}_{yy}\end{pmatrix}\begin{pmatrix}\boldsymbol{H}_x\\ \boldsymbol{H}_y\end{pmatrix}=\beta^2\begin{pmatrix}\boldsymbol{H}_x\\ \boldsymbol{H}_y\end{pmatrix}\tag{1.96}$$

式中，$\boldsymbol{Q}_{xx}=-k_0^{-2}\boldsymbol{V}_x\boldsymbol{U}_y\boldsymbol{U}_x\boldsymbol{\varepsilon}_{\mathrm{r}z}^{-1}\boldsymbol{V}_y+(\boldsymbol{\varepsilon}_{\mathrm{r}y}+k_0^{-2}\boldsymbol{V}_x\boldsymbol{U}_x)(k_0^2\boldsymbol{I}+\boldsymbol{U}_y\boldsymbol{\varepsilon}_{\mathrm{r}z}^{-1}\boldsymbol{V}_y)$；

$\boldsymbol{Q}_{yy}=-k_0^{-2}\boldsymbol{V}_y\boldsymbol{U}_x\boldsymbol{U}_y\boldsymbol{\varepsilon}_{\mathrm{r}z}^{-1}\boldsymbol{V}_x+(\boldsymbol{\varepsilon}_{\mathrm{r}x}+k_0^{-2}\boldsymbol{V}_y\boldsymbol{U}_y)(k_0^2\boldsymbol{I}+\boldsymbol{U}_x\boldsymbol{\varepsilon}_{\mathrm{r}z}^{-1}\boldsymbol{V}_x)$；

$\boldsymbol{Q}_{xy}=(\boldsymbol{\varepsilon}_{\mathrm{r}y}+k_0^{-2}\boldsymbol{V}_x\boldsymbol{U}_x)\boldsymbol{U}_y\boldsymbol{\varepsilon}_{\mathrm{r}z}^{-1}\boldsymbol{V}_x+k_0^{-2}\boldsymbol{V}_x\boldsymbol{U}_y(k_0^2\boldsymbol{I}+\boldsymbol{U}_x\boldsymbol{\varepsilon}_{\mathrm{r}z}^{-1}\boldsymbol{V}_x)$；

$\boldsymbol{Q}_{yx}=-(\boldsymbol{\varepsilon}_{\mathrm{r}x}+k_0^{-2}\boldsymbol{V}_y\boldsymbol{U}_y)\boldsymbol{U}_x\boldsymbol{\varepsilon}_{\mathrm{r}z}^{-1}\boldsymbol{V}_y+k_0^{-2}\boldsymbol{V}_y\boldsymbol{U}_x(k_0^2\boldsymbol{I}+\boldsymbol{U}_y\boldsymbol{\varepsilon}_{\mathrm{r}z}^{-1}\boldsymbol{V}_y)$。

如果选择合适的边界条件如零值边界条件(zero－value boundary condition)，满足 $\boldsymbol{V}_x=-\boldsymbol{U}_x^{\mathrm{T}}$ 和 $\boldsymbol{V}_y=-\boldsymbol{U}_y^{\mathrm{T}}$，其中 T 为转置算符，且

$$\boldsymbol{U}_x=\frac{1}{\Delta x}\begin{pmatrix}-1 & 1 & & & \\ & -1 & 1 & & \\ & & \ddots & \ddots & \\ & & & -1 & 1\\ & & & & -1\end{pmatrix},\boldsymbol{U}_y=\frac{1}{\Delta y}\begin{pmatrix}-1 & & 1 & & \\ & -1 & & \ddots & \\ & & \ddots & & 1\\ & & & -1 & \\ & & & & 1\end{pmatrix},$$

$$\boldsymbol{V}_x=\frac{1}{\Delta x}\begin{pmatrix}1 & & & & & \\ -1 & 1 & & & & \\ & -1 & \ddots & & & \\ & & \ddots & \ddots & & \\ & & & -1 & 1 & \\ & & & & -1 & 1\end{pmatrix},\ \boldsymbol{V}_y=\frac{1}{\Delta y}\begin{pmatrix}1 & & & & & \\ & 1 & & & & \\ & & \ddots & & & \\ -1 & & & \ddots & & \\ & \ddots & & & 1 & \\ & & -1 & & & 1\end{pmatrix}。$$

由等式(1.95)和等式(1.96)可知，

$$\boldsymbol{Q}_{xx}=\boldsymbol{P}_{yy}^{\mathrm{T}},\quad \boldsymbol{Q}_{yy}=\boldsymbol{P}_{xx}^{\mathrm{T}},\quad \boldsymbol{Q}_{xy}=-\boldsymbol{P}_{xy}^{\mathrm{T}},\quad \boldsymbol{Q}_{yx}=-\boldsymbol{P}_{yx}^{\mathrm{T}}$$

显然，当 FDFD 方法的边界条件选取的是周期边界时，即可用来求解光子晶体的特征值。

第 2 章

等离子体周期性介质结构的计算方法

要

实现对等离子体周期性介质结构物理特性的研究，就必须要对其特定的物理参量进行计算，如S参数和能量响应等。尽管现有的某些商业软件能对部分等离子体周期性介质结构的物理参量进行计算，但是这些商业软件“黑盒”性强，都为国外软件公司所开发。过度依赖仿真软件将会给国家的科技安全带来隐患。本章主要对用于计算等离子体周期性介质结构的FDTD、PWE和FDFD等方法进行介绍，为开发自主知识产权的商用仿真软件奠定基础。

在理论上对等离子体周期性介质结构的物理参量进行计算和仿真是实现对其电磁特性研究的基础。作为等离子体周期性介质结构中的代表——等离子体光子晶体，它涉及的算法技术同样适用于等离子体超材料。因此，研究等离子体光子晶体的计算方法就显得尤为重要，等离子体光子晶体主要涉及的特性物理量包括色散关系、S 参数和场量(电场、磁场)分布等。其中色散关系是研究等离子体光子晶体最为基础，也是最为重要的物理量。传统的 TMM、FDTD、PWE、FDFD 方法等在计算等离子体光子晶体时，都需要做一些相应改进。本章主要介绍传统的 FDTD、PWE、FDFD 方法在计算等离子体光子晶体色散曲线时涉及的一些技术(其中涉及的技术可以用于求解任意等离子体周期性介质结构的各个物理参量)，以及 FDTD 方法计算等离子体光子晶体色散曲线时的相关技术；介绍用 PWE 方法求解 TE 模式下二维等离子体光子晶体色散曲线的公式；给出基于网格法和打靶法的 PWE 方法，使 PWE 方法能够计算更为普适性的问题；还推导了 FDFD 方法用于计算等离子体光子晶体色散关系的公式。本章涉及的技术可为将来研究和设计各类基于等离子体周期性介质结构的器件提供基本的理论依据，并为开发自主知识产权的仿真软件奠定基础。

2.1 等离子体光子晶体的常用计算方法

由于等离子体是一种色散(频变)介质，所以在求解等离子体光子晶体色散曲线时，需要对传统的计算方法进行相应的改进。被广泛应用于研究等离子体光子晶体特性的计算方法主要有：TMM 方法、FDTD 方法、FDFD 方法和 PWE 方法。然而这些方法自身在计算等离子体光子晶体的特征参量时，尚存在一些缺点。下面就对以上四种方法的特点进行一个简要的说明。

2.1.1 TMM 方法

TMM[93] 方法是一种解析方法，从 Maxwell 方程组出发根据磁场和电场的连续边界条件，推导出的电场和磁场的特征矩阵，通过逐层矩阵的相乘，就可以得到相应的传输和色散曲线。这种方法对于求解简单的一维问题比较适合，尤其是在处理色散[94] 和非线性介质[95] 时，这一方法几乎不需要做太大的修改。但是 TMM 的缺点也是十分的明显，在求解二维和三维问题时，边界条件复杂，算法程序实现难，而且计算结果也很难给出时域场的信息，所以适用场合具有局限性。

2.1.2 PWE 方法

PWE 方法是较为广泛使用的一种算法，但是传统的 PWE 方法一般只能用于计算常规介质光子晶体的色散曲线。直到 Kuzmiak 等人[142-144]提出了一种改进的 PWE 方法，用于解决金属（色散介质）光子晶体色散问题，才使得 PWE 方法也能够应用于对色散介质光子晶体色散曲线的求解。其技术核心仅是通过简单的数学变换，将复杂的非线性的计算过程转化成为相对简单的线性求取特征值的过程。这使得 PWE 方法在求解等离子体光子晶体时能够得到准确的结果。但 PWE 方法在计算等离子体光子晶体时也存在缺陷：①非线性方程线性化过程中内存占用大；②计算收敛速度慢；③不能对任意填充外形和任意晶格的等离子体光子晶体进行计算；④不能对非线性等离子体光子晶体进行直接计算；⑤不能准确地对有限尺度的等离子体光子晶体进行计算。简而言之，PWE 方法在计算过程中对 CPU 和内存的开销巨大。但是在计算机技术高速发展的今天，CPU 资源和内存大小再也不是制约 PWE 方法发展的瓶颈。伴随着并行计算和统一计算构架（Compute Unified Device Architecture，CUDA）[145]技术的普及，PWE 方法将具有更为广泛的应用前景。

2.1.3 FDTD 方法

FDTD 方法是另一种重要的光子晶体计算方法。该方法的基本思想是：首先，根据 Courant 稳定条件确定空间剖分网格和时间步的大小，再用 Yee 网格对计算空间进行剖分；然后，用差分格式对 Maxwell 方程组进行离散，从而得到离散的关于电场和磁场的差分方程；最后，通过对时间步的迭代得到每个时刻的电场和磁场值。当迭代步数足够大时，就可以得到电磁场关于时间的变化函数。FDTD 方法的计算量与计算区域的大小成正比。该方法在计算光子晶体时要引入周期边界条件，通过模式激励的方式来获得特征模。近十几年来，FDTD 方法在计算等离子体相关问题上取得了长足进步，如辅助方程法[146]、Z 变换法[147]、电流密度卷积法[148]、Young 氏直接积分法[149]、分段线性递归卷积法[150]和分段线性电流密度递归卷积（Piecewise Linear Current Density Recursive Convolution，PLCDRC）方法[151]等。南京航空航天大学的刘少斌[152]、南昌大学的刘崧[153]和江苏大学的杨利霞[154]等对等离子体 FDTD 方法的研究都取得了很大进展。由于 FDTD 方法是一种基于空间和时间离散的算法，它的优点十分明显，可以处理任意形状填充物的等离子体光子晶体，研究宽频特性只需要进行一次计算，而且可以给出任意时刻的时域场值图。但是该方法的缺点也十分明显：①当晶格周期结构复杂时，对周期边界的选取异常复杂；②特征模计算效率低下，特征模式容易淹没在激励信号里，对于色散曲线进行求解时容易出现“漏频”和“虚频”现象;③计算效率取决于等离子体的 FDTD 方法,在计算电大尺寸的结构时,不得不占用大量的内存和计算时间,而且 FDTD 方法的计算效率还受到 Courant 稳定条件[155]的限制;④均匀网格的剖分技术使得内存占用巨大,且计算效率低下。

2.1.4 FDFD 方法

FDFD 方法借鉴了 FDTD 方法的网格剖分技术,将 Maxwell 方程组在频域中转换为特征模和空间网格的函数,将电场量方程和磁场量方程联立,来获得关于频率的特征方程,再通过求解特征方程得到特征值。这种方法优势很明显:不需要对电场和磁场同时进行差分,求解矩阵也只和剖分的网格数有关。它融合了 PWE 方法和 FDTD 方法的特点,可以对任何形状填充物的光子晶体进行求解,但也同样具有二者的缺点:①计算效率受到周期边界条件的限制,不能便捷地处理任意晶格结构的光子晶体,编程实现难度大;②特征值求解矩阵的大小直接由构成光子晶体的介电常数的数学模型决定,不能直接对等离子体光子晶体进行计算;③FDFD 方法生成的稀疏矩阵使得内存消耗巨大;④计算精度和内存占用直接由均匀剖分的网格疏密决定,均匀的网格剖分技术使得内存占用多且效率低下。

要使 PWE、FDFD、FDTD 方法能对普适性条件下的等离子体光子晶体进行计算,应当对这三种计算方法做相的改进。除了这几种方法,等效介质理论[156, 157]也能用于分析等离子体光子晶体的电磁特性。Wu 等人[158-160]用等效介质理论对一维磁化和非磁化等离子体光子晶体的有效等离子体频率进了计算,这为研究等离子体光子晶体的电磁特性提供了一种新的思路。Guo 等人[161-163]用等效介质理论分析了一维和二维等离子体光子晶体的负折射现象。最近,时变等离子体[164]和变等离子体密度梯度[165]的一维等离子体光子晶体也成了新的研究方向。综上所述,如何使现有 TMM、FDTD、PWE、FDFD 方法用于分析普适性条件下的等离子体光子晶体电磁特性成了一个亟待解决的问题,本章将给出相应的解决方案。

2.2 等离子体光子晶体的 FDTD 方法

FDTD 方法采用基本 Yee 网格技术对 Maxwell 方程组在空间和时间域上进行差分,通过对边界条件的设置和时间步的迭代,获得某个时刻的电场和磁场的分布。要使 FDTD 方法能用于计算等离子体光子晶体的相关问题,就必须解决两个问题:第一,FDTD 方法在电场和磁场的迭代方程上能满足处理色散介质的需求；第二，在求取色散曲线时，必须设置好相应的周期边界条件（Periodic Boundary Condition，PBC）。众所周知，要用 FDTD 方法求解等离子体光子晶体的色散关系，其边界条件必须满足 Floquet-Bloch 定理。以一个求解 TE 模式下、二维正方形晶格等离子体光子晶体（等离子体方柱填充介质背景）色散关系的过程为例，来说明用 FDTD 方法求解的全过程。图 2.1 给出了该二维等离子体光子晶体的单元结构示意图，以及在 TE 模式下电场和磁场的差分示意图。由图 2.1 可知，要计算该正方形晶格的二维等离子体光子晶体的色散关系，只需要对 1 个周期晶格单元进行研究。其计算过程可以概括为以下几个步骤：

(1)对晶格单元格进行网格剖分，并根据 Courant 稳定条件确定时间和空间步长。

(2)选取合适的等离子体 FDTD 方法，如 PLCDRC－FDTD 方法等，并确定激励信号源（一般为高斯脉冲信号），得到磁场和电场的迭代方程。

(3)根据晶格结构和 Floquet-Bloch 定理来确定周期边界条件。周期边界条件如下：

PBC1：

$$E(x_0 + a) = E(x_0)\exp(-\mathrm{j}k_x a) \tag{2.1}$$

PBC2：

$$E(y_0 + a) = E(y_0)\exp(-\mathrm{j}k_y a) \tag{2.2}$$

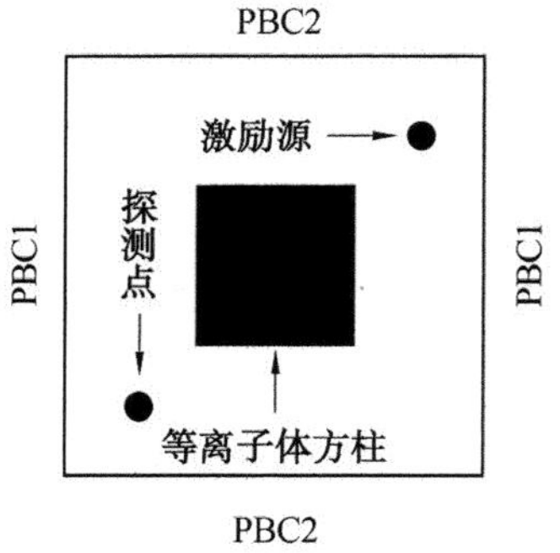

(a) 单元结构示意图

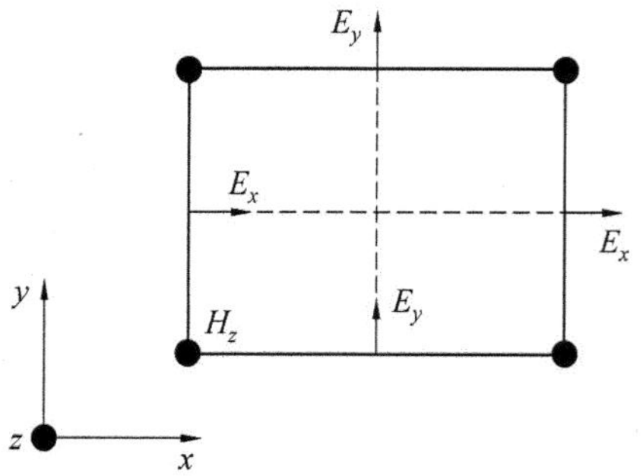

(b) 在TE模式下电场和磁场的差分示意图

图 2.1　相关结构示意图

其离散格式可以表示为

PBC1：

$$\frac{\mathrm{d}E(x_0 + a)}{\mathrm{d}x} = \frac{\mathrm{d}E(x_0)}{\mathrm{d}x}\exp(-\mathrm{j}k_x a) \tag{2.3}$$

PBC2：

$$\frac{dE(y_0+a)}{dx}=\frac{dE(y_0)}{dx}\exp(-jk_y a) \tag{2.4}$$

式中，(x_0, y_0) 是周期边界上的点；a 是晶格常数；dx 是剖分网格的大小；k_x 和 k_y 为传播常数。因此，确定正确的周期边界条件是求解色散关系的关键。

(4) 在计算区域的任意位置设置激励源，并在计算区域的其他任意位置选取探测点，为了使获得的特征模式不出现“虚频”现象，激励源和探测点不应选在对称的位置上。

(5) 根据探测点获得的时域场值，对其进行傅里叶变换。变换后所得频谱中的峰值就是传播常数(k_x, k_y)的特征频率，将这些特征频率用曲线连接起来就得到了该二维等离子体光子晶体的色散曲线。

然而当光子晶体晶格较为复杂时，其周期边界条件也将会变得较为复杂，这也给编程实现带来巨大的困难。如图 2.2(a) 所示为用 FDTD 方法处理三角形晶格，其周期边界将变为 3 条。其周期边界表示如下[120]：

PBC1：

$$\psi(x_0+\sqrt{3}a/2, y-a/2)=\psi(x,y)\exp(jk_y a/2-jk_x\sqrt{3}a/2) \tag{2.5}$$

PBC2：

$$\psi(x_0+\sqrt{3}a/2, y+a/2)=\psi(x,y)\exp(-jk_y a/2-jk_x\sqrt{3}a/2) \tag{2.6}$$

PBC3：

$$\psi(x_0, y+a)=\psi(x,y)\exp(-jk_y a) \tag{2.7}$$

式中，$e^{j\omega t}$ 表示晶格单元中的电场或磁场分量。由此可知，FDTD 方法虽然能够用于求解等离子体光子晶体色散关系，但其缺点十分明显。尤其是当等离子体光子晶体晶格结构较为复杂时，边界条件的确定和激励源位置的选取，使得程序实

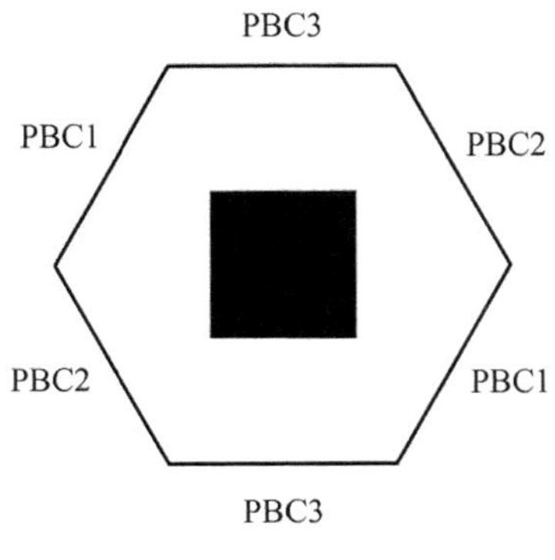

(a) 三角形晶格单元结构示意图

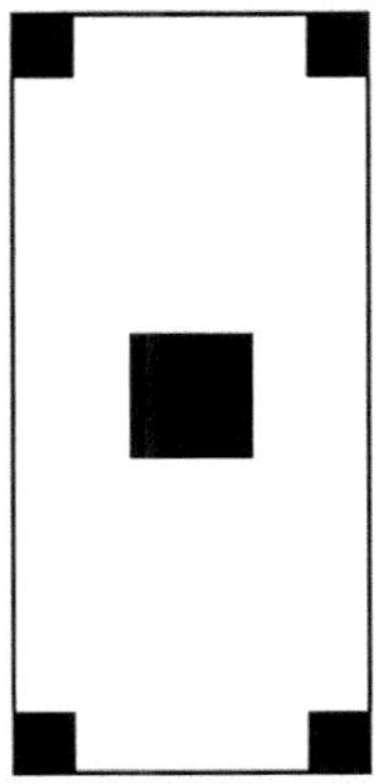

(b) 采用超晶格方法时的晶格单元结构示意图

图 2.2　三角形晶格的单元结构示意图和超晶格方法的晶格单元结构示意图

现几乎变得不可能。但为了解决这个问题，可以采用随机多点激励的方法来尽量避免“虚频”现象的出现，即在计算时，随机地选取激励源的位置和探测点的位置，并进行多次计算。还可以采用超晶格的方法(supercell method)，使复杂的晶格计算转变成简单的矩形晶格条件，这降低了周期边界的复杂度，给程序实现带来了便利(图2.2(b))。这些解决方案虽然能较好地解决FDTD方法在计算色散关系时遇到的一些难题，但是还需较长的计算时间，尤其是在计算三维问题时，FDTD方法效率极低。所以对于求解等离子体光子晶体的色散关系而言，FDTD方法不是最佳的选择，它只适合计算相对简单的一维和二维问题。

2.3 等离子体光子晶体的PWE方法

PWE方法尽管存在诸如收敛速度慢、平面波展开数多和内存占用大等缺点，但这并不妨碍它成为求解光子晶体色散关系最有效的方法之一。仅通过简单的非线性方程线性化的过程，PWE方法就能对含频变介质的光子晶体的色散关系进行求解。显然，PWE方法能用于计算等离子体光子晶体的相关问题。在普适性条件下，光子晶体中填充物的轮廓是任意的，不可能仅是规则的几何外形，如圆柱、正方形和球体等。虽然可以用解析的方式得到一些特殊填充外形介质的傅里叶变换式[166-169]，但这显然不具有普适性，我们需要采用一些技术来解决这个问题。

2.3.1 TE模式下二维非磁化等离子体光子晶体色散关系的求解公式

PWE方法已经被广泛应用于计算等离子体光子晶体的色散关系。Sakai等人[77]推导了二维等离子体光子晶体的带隙计算公式，并且用FDTD方法对其计算结果进行了验证。在文献的附录中Sakai等人分别给出了在TE模式和TM模式下计算二维等离子体光子晶体色散关系的计算公式。他们的计算结果看上去是正确的，但Sakai等人还是犯了较为明显的错误。众所周知，等离子体的相对介电常数ε_p可以表示为[166]

$$\varepsilon_p(\omega)=1-\frac{\omega_p^2}{\omega^2-j(\nu_c\omega)} \tag{2.8}$$

式中，ω_p、ν_c和ω分别表示等离子体的频率、等离子体的碰撞频率和入射电磁波的频率。$\omega_p=(e^2n_e/\varepsilon_0 m)^{1/2}$，式中$e$、$m$和$\varepsilon_0$分别是电子的电量、电子的质量和真空中的介电常数。假设计算时引入的时谐量是$e^{j\omega t}$。为了获得TE模式下计算二维等离子体光子晶体带隙结构的正确公式，采用和Sakai等人完全相同的算例，即将等离子体圆柱填充在相对介电常数为ε_d的介质背景中，并且以正方形晶格排列。图 2.3 给出了该二维等离子体光子晶体的空间结构示意图，其中等离子体圆柱与 $+z$ 轴方向平行。

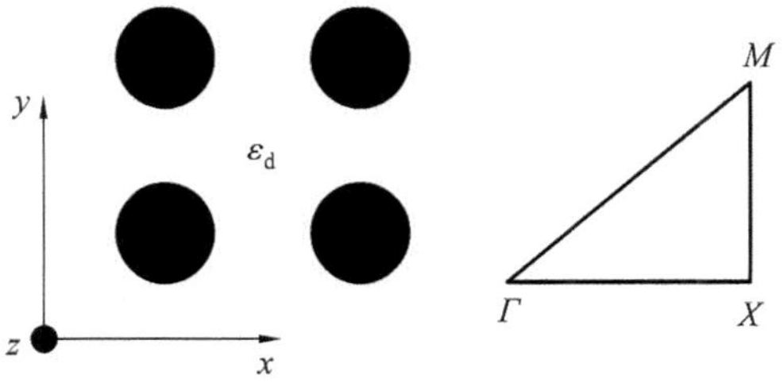

图 2.3　二维等离子体光子晶体的结构示意图

由图 2.3 可知，二维布拉格矢量可以表示为

$$\boldsymbol{x}_{/\!/}(l)=l_1\boldsymbol{a}_1+l_2\boldsymbol{a}_2 \tag{2.9}$$

式中，$\boldsymbol{a}_1$ 和 $\boldsymbol{a}_2$ 表示晶格基矢；l_1 和 l_2 是任意的整数。则晶格单元的面积 a_c 可以写为

$$a_c=|\boldsymbol{a}_1\times\boldsymbol{a}_2| \tag{2.10}$$

那么倒格矢可以表示为

$$\boldsymbol{G}_{/\!/}(h)=h_1\boldsymbol{b}_1+h_2\boldsymbol{b}_2 \tag{2.11}$$

式中，$\boldsymbol{b}_1$ 和 $\boldsymbol{b}_2$ 表示倒格基矢；h_1 和 h_2 是任意的整数。那么二维等离子体光子晶体中介质空间的函数分布就可以用 $\varepsilon(\boldsymbol{x}_{/\!/})$ 来表示，其中 $\boldsymbol{x}_{/\!/}=\hat{\boldsymbol{x}}x+\hat{\boldsymbol{y}}y$，即表示空间中的任意一点。$\hat{\boldsymbol{x}}$ 和 $\hat{\boldsymbol{y}}$ 是 x 和 y 轴的单位向量。$\varepsilon(\boldsymbol{x}_{/\!/})$ 是 $\boldsymbol{x}_{/\!/}$ 的周期函数，两者关系满足 $\varepsilon(\boldsymbol{x}_{/\!/})=\varepsilon(\boldsymbol{x}_{/\!/}+\boldsymbol{x}_{/\!/}(l))$。

对于 TE 模式而言（$\boldsymbol{H}$ 极化），磁场分量平行于等离子体圆柱，而且存在非零的电场分量 $\boldsymbol{E}(\boldsymbol{x}_{/\!/};t)$ 和磁场分量 $\boldsymbol{H}(\boldsymbol{x}_{/\!/};t)$，它们可以分别表示为

$$\boldsymbol{E}(\boldsymbol{x}_{/\!/};t)=(E_x(x,y\mid\omega),E_y(x,y\mid\omega),0)\exp(\mathrm{j}\omega t) \tag{2.12}$$

$$\boldsymbol{H}(\boldsymbol{x}_{/\!/};t)=(0,0,H_z(x,y\mid\omega))\exp(\mathrm{j}\omega t) \tag{2.13}$$

式中，$\mathrm{j}=\sqrt{-1}$。当对 E_x 和 E_y 进行简并时，可将 Maxwell 方程组化简为仅包含磁场的方程，其可以表示为[120]

$$\frac{\partial}{\partial x}\left(\frac{1}{\varepsilon(\boldsymbol{x}_{/\!/})}\frac{\partial H_z}{\partial x}\right)+\frac{\partial}{\partial y}\left(\frac{1}{\varepsilon(\boldsymbol{x}_{/\!/})}\frac{\partial H_z}{\partial x}\right)+\frac{\omega^2}{c^2}H_z(\boldsymbol{x}_{/\!/})=0 \tag{2.14}$$

要求解这个方程，必须对 $H_z(\boldsymbol{x}_{/\!/})$ 和 $1/\varepsilon(\boldsymbol{x}_{/\!/})$ 进行展开，即

$$H_z=\sum_{\boldsymbol{G}_{/\!/}}H_z(\boldsymbol{G}_{/\!/})\exp[\mathrm{j}(\boldsymbol{k}_{/\!/}+\boldsymbol{G}_{/\!/})\cdot\boldsymbol{x}_{/\!/}] \tag{2.15}$$

$$\frac{1}{\varepsilon(\boldsymbol{x}_{/\!/})}=\sum_{\boldsymbol{G}_{/\!/}}\kappa(\boldsymbol{G}_{/\!/})\exp[\mathrm{j}\boldsymbol{G}_{/\!/}\cdot\boldsymbol{x}_{/\!/}] \tag{2.16}$$

根据等式(2.14) 和等式(2.16)，可得

$$\sum_{G'_{/\!/}}\kappa(\boldsymbol{G}_{/\!/}-\boldsymbol{G}'_{/\!/})(\boldsymbol{k}_{/\!/}+\boldsymbol{G}_{/\!/})\cdot(\boldsymbol{k}_{/\!/}+\boldsymbol{G}'_{/\!/})H_z(\boldsymbol{G}'_{/\!/})=\frac{\omega^2}{c^2}H_z(\boldsymbol{G}_{/\!/}) \quad (2.17)$$

由上式可知，傅里叶展开系数 $\kappa(\boldsymbol{G}_{/\!/})$ 和 $1/\varepsilon(\boldsymbol{x}_{/\!/})$ 是求解光子带隙的关键。$1/\varepsilon(\boldsymbol{x}_{/\!/})$ 可以用下式表示为

$$\frac{1}{\varepsilon(\boldsymbol{x}_{/\!/})}=\frac{1}{\varepsilon_\mathrm{d}}+\left[\frac{1}{\varepsilon_\mathrm{p}}-\frac{1}{\varepsilon_\mathrm{d}}\right]\sum_l \mathrm{S}(\boldsymbol{x}_{/\!/}-\boldsymbol{x}_{/\!/}(l)) \quad (2.18)$$

式中，$\mathrm{S}(\boldsymbol{x}_{/\!/})=\begin{cases}1, & \boldsymbol{x}_{/\!/}\in R\\ 0, & \boldsymbol{x}_{/\!/}\notin R\end{cases}$，$R$ 表示等离子体圆柱的半径，$\kappa(\boldsymbol{G}_{/\!/})$ 可表示为

$$\kappa(\boldsymbol{G}_{/\!/})=\begin{cases}\dfrac{1}{\varepsilon_\mathrm{p}}f+\dfrac{1}{\varepsilon_\mathrm{d}}(1-f), & \boldsymbol{G}_{/\!/}=0\\ \left[\dfrac{1}{\varepsilon_\mathrm{p}}-\dfrac{1}{\varepsilon_\mathrm{d}}\right]f\,\dfrac{2\mathrm{J}_1(|\boldsymbol{G}_{/\!/}|R)}{(|\boldsymbol{G}_{/\!/}|R)}, & \boldsymbol{G}_{/\!/}\neq 0\end{cases} \quad (2.19)$$

式中，$f=\pi R^2/a^2$ 表示填充率；$\mathrm{J}_1(x)$ 是1阶 Bessel 函数；a 是晶格常数。根据等式(2.19)，该二维等离子体光子晶体的介质傅里叶展开系数可以表示为

$$\kappa(\boldsymbol{G}_{/\!/})=\begin{cases}\dfrac{\omega^2-\mathrm{j}\nu_\mathrm{c}\omega}{\omega^2-\mathrm{j}\nu_\mathrm{c}\omega-\omega_\mathrm{p}^2}f+\dfrac{1}{\varepsilon_\mathrm{d}}(1-f), & \boldsymbol{G}_{/\!/}=0\\ \left(\dfrac{\omega^2-\mathrm{j}\nu_\mathrm{c}\omega}{\omega^2-\mathrm{j}\nu_\mathrm{c}\omega-\omega_\mathrm{p}^2}-\dfrac{1}{\varepsilon_\mathrm{d}}\right)f\,\dfrac{2\mathrm{J}_1(|\boldsymbol{G}_{/\!/}|R)}{(|\boldsymbol{G}_{/\!/}|R)}, & \boldsymbol{G}_{/\!/}\neq 0\end{cases} \quad (2.20)$$

将等式(2.20)代入等式(2.17)，可以得到关于系数 $A(\boldsymbol{K}_{/\!/}\mid\boldsymbol{G}_{/\!/})$ 的方程，即

$$\begin{aligned}&\left(\frac{\omega^2-\mathrm{j}\nu_\mathrm{c}\omega}{\omega^2-\mathrm{j}\nu_\mathrm{c}\omega-\omega_\mathrm{p}^2}f+\frac{1}{\varepsilon_\mathrm{d}}(1-f)\right)(\boldsymbol{k}_{/\!/}+\boldsymbol{G}_{/\!/})\cdot(\boldsymbol{k}_{/\!/}+\boldsymbol{G}'_{/\!/})A(\boldsymbol{k}_{/\!/}\mid\boldsymbol{G}_{/\!/})+\\&\sum_{G'_{/\!/}}{}'\left(\left(\frac{\omega^2-\mathrm{j}\nu_\mathrm{c}\omega}{\omega^2-\mathrm{j}\nu_\mathrm{c}\omega-\omega_\mathrm{p}^2}-\frac{1}{\varepsilon_\mathrm{d}}\right)f\,\frac{2\mathrm{J}_1(|\boldsymbol{G}_{/\!/}|R)}{(|\boldsymbol{G}_{/\!/}|R)}\right)(\boldsymbol{k}_{/\!/}+\boldsymbol{G}_{/\!/})\cdot\\&(\boldsymbol{k}_{/\!/}+\boldsymbol{G}'_{/\!/})A(\boldsymbol{k}_{/\!/}\mid\boldsymbol{G}_{/\!/})\\&=\frac{\omega^2}{c^2}A(\boldsymbol{k}_{/\!/}\mid\boldsymbol{G}_{/\!/})\end{aligned} \quad (2.21)$$

如果定义一个复数变量 $\zeta(\zeta=\omega/c)$，等式(2.21)将可以化简为

$$\zeta^4\boldsymbol{I}-\zeta^3\boldsymbol{P}-\zeta^2\boldsymbol{Q}-\zeta\boldsymbol{R}-\boldsymbol{S}=0 \quad (2.22)$$

式中，c 表示真空中光速；$\boldsymbol{I}$ 为单位矩阵，且

$$\boldsymbol{P}(\boldsymbol{G}_{/\!/}\mid\boldsymbol{G}'_{/\!/})=\mathrm{j}\,\frac{\nu_\mathrm{c}}{c}\,\delta\boldsymbol{G}_{/\!/}\cdot\boldsymbol{G}'_{/\!/} \quad (2.23)$$

$$\begin{aligned}\boldsymbol{Q}(\boldsymbol{G}_{/\!/}\mid\boldsymbol{G}'_{/\!/})=&\left\{\frac{\omega_\mathrm{p}^2}{c^2}+\left[\frac{1}{\varepsilon_\mathrm{d}}(1-f)+f\right]\cdot(\boldsymbol{k}_{/\!/}+\boldsymbol{G}_{/\!/})^2\right\}\boldsymbol{\delta}_{\boldsymbol{G}_{/\!/}\cdot\boldsymbol{G}'_{/\!/}}+\\&f\left(1-\frac{1}{\varepsilon_\mathrm{d}}\right)(\boldsymbol{k}_{/\!/}+\boldsymbol{G}_{/\!/})\cdot(\boldsymbol{k}_{/\!/}+\boldsymbol{G}'_{/\!/})\,\frac{2\mathrm{J}_1(|\boldsymbol{G}_{/\!/}-\boldsymbol{G}'_{/\!/}|R)}{|\boldsymbol{G}_{/\!/}-\boldsymbol{G}'_{/\!/}|R}\end{aligned} \quad (2.24)$$

$$\boldsymbol{R}(\boldsymbol{G}_{/\!/}\mid\boldsymbol{G}'_{/\!/})=-\mathrm{j}\,\frac{\nu_\mathrm{c}}{c}\left[\frac{1}{\varepsilon_\mathrm{d}}(1-f)+f\right]\cdot(\boldsymbol{k}_{/\!/}+\boldsymbol{G}_{/\!/})^2\boldsymbol{\delta}_{\boldsymbol{G}_{/\!/}\cdot\boldsymbol{G}'_{/\!/}}-$$

$$\mathrm{j}\,\frac{\nu_c}{c}f\left(1-\frac{1}{\varepsilon_d}\right)(\boldsymbol{k}_{/\!/}+\boldsymbol{G}_{/\!/})\cdot(\boldsymbol{k}_{/\!/}+\boldsymbol{G}'_{/\!/})\,\frac{2\mathrm{J}_1(|\boldsymbol{G}_{/\!/}-\boldsymbol{G}'_{/\!/}|R)}{|\boldsymbol{G}_{/\!/}-\boldsymbol{G}'_{/\!/}|R} \tag{2.25}$$

$$\boldsymbol{S}(\boldsymbol{G}_{/\!/}\mid\boldsymbol{G}'_{/\!/})=-\frac{\omega_p^2}{c^2}\frac{1}{\varepsilon_d}(1-f)\cdot(\boldsymbol{k}_{/\!/}+\boldsymbol{G}_{/\!/})^2\boldsymbol{\delta}_{\boldsymbol{G}_{/\!/},\boldsymbol{G}'_{/\!/}}+\frac{\omega_p^2}{c^2\varepsilon_d}f\cdot(\boldsymbol{k}_{/\!/}+\boldsymbol{G}_{/\!/})\cdot(\boldsymbol{k}_{/\!/}+\boldsymbol{G}'_{/\!/})\,\frac{2\mathrm{J}_1(|\boldsymbol{G}_{/\!/}-\boldsymbol{G}'_{/\!/}|R)}{|\boldsymbol{G}_{/\!/}-\boldsymbol{G}'_{/\!/}|R} \tag{2.26}$$

式中，$\boldsymbol{P}$、$\boldsymbol{Q}$、$\boldsymbol{R}$ 和 $\boldsymbol{S}$ 是 $N\times N$ 的矩阵。等式(2.22) 可以转换为一个 $4N\times 4N$ 矩阵。$\boldsymbol{W}$ 特征值的求取，矩阵 $\boldsymbol{W}$ 满足

$$\boldsymbol{W}\boldsymbol{z}=\zeta\boldsymbol{z},\quad \boldsymbol{W}=\begin{pmatrix}0 & \boldsymbol{I} & 0 & 0\\ 0 & 0 & \boldsymbol{I} & 0\\ 0 & 0 & 0 & \boldsymbol{I}\\ \boldsymbol{S} & \boldsymbol{R} & \boldsymbol{Q} & \boldsymbol{P}\end{pmatrix} \tag{2.27}$$

求解等式(2.27) 的特征值可得到等式(2.22) 的解。显然，所求特征值的实部决定了该二维等离子体光子晶体的色散关系。

用上述公式对 Sakai 等人给出的算例重新进行计算，计算时展开的平面波数为 169。图 2.4 给出了晶格参数 a 为 2.5 mm，等离子体圆柱半径为 1.0 mm 且等离子体密度为 $n_e=10^{13}\ \mathrm{cm}^{-3}$，在不同等离子体碰撞频率 $\nu_c=0$、$\nu_c=0.5\omega_p$ 和 $\nu_c=2.0\omega_p$ 时的色散曲线。由图 2.4(a) 和图 2.4(b) 可知，Sakai 等人给出的计算结果是错误的，且其附录中给出的计算公式也是错误的。显然，当 $\omega<\omega_p$ 时，在他们论文中图 1 和图 2(a)[77] 所出现的禁带是不存在的。由图 2.4(c) 可知，各个方向上的带隙结构都是变窄的，尤其在 $\Gamma-M$ 方向65 GHz附近。这点也和 Sakai 等人所得到的实验结果较为吻合。图 2.5 中得到的该二维等离子体光子晶体的色散曲线参数和图 2.4(c) 的完全相同。由图 2.5 可知，本小节给出的 PWE 方法和 FDTD 方法得到的结果非常吻合，因此 Sakai 等人所给出的 PWE 方法的计算公式是错误的。

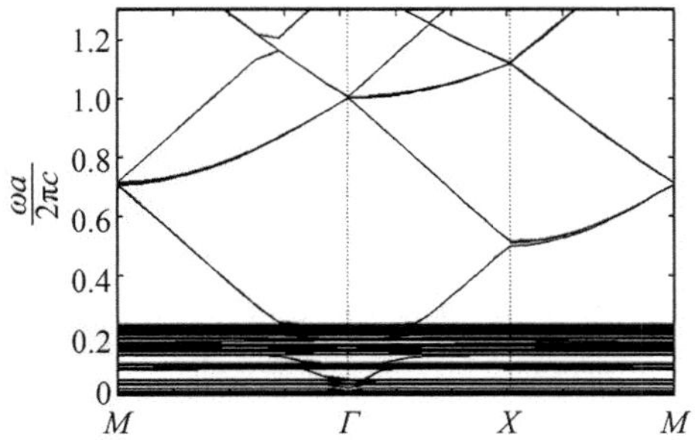

(a) $\nu_c=0$

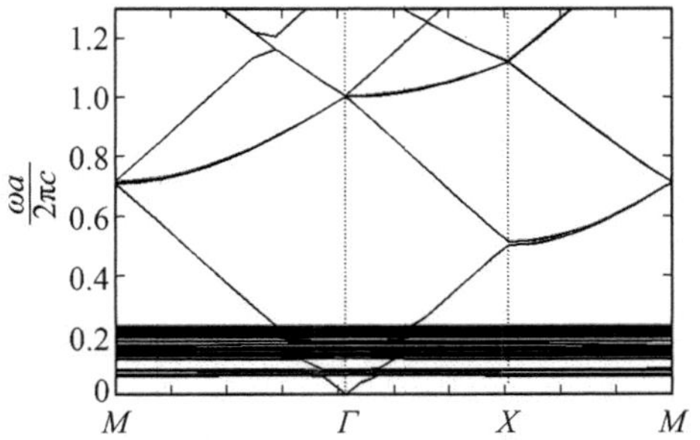

(b) $\nu_c=0.5\ \omega_p$

图 2.4　TE 模式下，二维等离子体光子晶体的色散曲线，其中晶格常数 $a=2.5$ mm，等离子体圆柱半径 $R=1.0$ mm，等离子数密度为 $n_e=10^{13}\ \mathrm{cm}^{-3}$

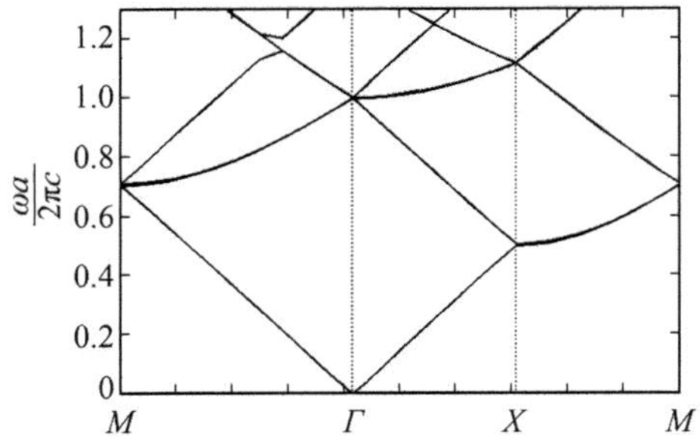

(c) ν_c=2.0 ω_p

续图 2.4

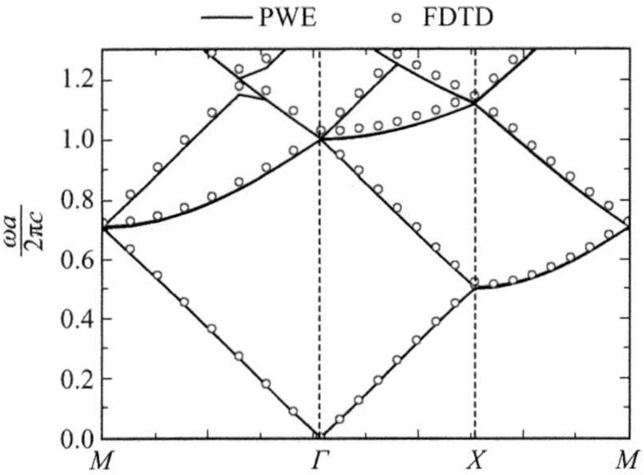

图 2.5 用 PWE 和 FDTD 方法计算得到的结果，光子晶体的参数和图 2.4(c) 相同

2.3.2 基于网格法的 PWE 方法

由 2.3.1 小节可知，$\kappa(\boldsymbol{G})$ 对于 PWE 方法的特征值求解起到了关键性作用。如果填充物为圆柱、立方柱、球、立方体、椭圆和六面体等常规几何外形，$\kappa(\boldsymbol{G})$ 有解析解的公式可以套用[166-169]，但是对于填充物的外形为任意结构时是否还能求解呢？答案是肯定的。

为不失一般性，将从三维光子晶体带隙结构的求解来说明这个问题。对于三维光子晶体而言，可将 Maxwell 方程组化简为关于磁场的 Helmholtz 方程，即

$$\nabla\times\left[\frac{1}{\varepsilon(\boldsymbol{r})}\nabla\times\boldsymbol{H}(\boldsymbol{r})\right]=\frac{\omega^2}{c^2}\boldsymbol{H}(\boldsymbol{r}) \tag{2.28}$$

由 Bloch 定理可知，磁场 $\boldsymbol{H}$ 满足

$$\boldsymbol{H}(\boldsymbol{r}+\boldsymbol{a})=\boldsymbol{H}(\boldsymbol{r})\cdot \mathrm{e}^{\mathrm{j}\boldsymbol{k}\cdot\boldsymbol{r}} \tag{2.29}$$

$$\boldsymbol{H}(\boldsymbol{r})=\boldsymbol{H}(\boldsymbol{r}+\boldsymbol{a}) \tag{2.30}$$

式中，$\boldsymbol{r}$ 和 $\boldsymbol{a}$ 分别表示空间中的矢量和晶格矢量(lattice vector)。c 和 $\boldsymbol{k}$ 分别表示

真空中的光速和波矢量。显然，$\boldsymbol{H}(\boldsymbol{r})$ 可以在倒格矢空间 $\boldsymbol{G}$ 中展开，可以表示为

$$\boldsymbol{H}(\boldsymbol{r})=\sum_{G}H(\boldsymbol{G})\mathrm{e}^{\mathrm{j}(\boldsymbol{G}+\boldsymbol{k})\cdot\boldsymbol{r}} \tag{2.31}$$

显然，三维光子晶体的介电常数也能展开为傅里叶系数

$$\frac{1}{\varepsilon(\boldsymbol{r})}=\sum_{G}\kappa(\boldsymbol{G})\mathrm{e}^{\mathrm{j}\boldsymbol{G}\cdot\boldsymbol{r}} \tag{2.32}$$

因此，等式(2.28) 可以化简为求特征值的方程

$$-\sum_{G'}\kappa(\boldsymbol{G}-\boldsymbol{G}')(\boldsymbol{G}+\boldsymbol{k})\times\{(\boldsymbol{G}'+\boldsymbol{k})\times\boldsymbol{H}(\boldsymbol{G}')\}=\frac{\omega^2}{c^2}\boldsymbol{H}(\boldsymbol{G}) \tag{2.33}$$

显然，$\kappa(\boldsymbol{G})$ 是求解等式(2.33) 的关键，可以表示为

$$\kappa(\boldsymbol{G})=\frac{1}{V_0}\int_{V_0}\frac{1}{\varepsilon(\boldsymbol{r})}\mathrm{e}^{-\mathrm{j}\boldsymbol{G}\cdot\boldsymbol{r}}\mathrm{d}\boldsymbol{r} \tag{2.34}$$

式中，V_0 是晶格单元的体积。如果三维光子晶体的填充物为一个球体，其中

$$\frac{1}{\varepsilon(\boldsymbol{r})}=\frac{1}{\varepsilon_2}+\left(\frac{1}{\varepsilon_1}-\frac{1}{\varepsilon_2}\right)S(\boldsymbol{r}) \tag{2.35}$$

式中，ε_1 表示填充球的相对介电常数；ε_2 表示背景介质的相对介电常数；$S(\boldsymbol{r})$ 为功能函数，可以表示为

$$S(\boldsymbol{r})=\begin{cases}1, & r\in R\\ 0, & r\notin R\end{cases} \tag{2.36}$$

式中，R 表示填充球的半径。因此，该光子晶体介电常数的傅里叶展开式可以表示为

$$\kappa(\boldsymbol{G})=\frac{1}{\varepsilon_2}\delta_G+\frac{1}{V_0}\left(\frac{1}{\varepsilon_1}-\frac{1}{\varepsilon_2}\right)\int_{V_0}S(\boldsymbol{r})\mathrm{e}^{-\mathrm{j}\boldsymbol{G}\cdot\boldsymbol{r}}\mathrm{d}\boldsymbol{r} \tag{2.37}$$

显然，$\int_{V_0}S(\boldsymbol{r})\mathrm{e}^{-\mathrm{j}\boldsymbol{G}\cdot\boldsymbol{r}}\mathrm{d}\boldsymbol{r}=2\pi\iint r^2\sin\theta\,\mathrm{e}^{-\mathrm{j}\boldsymbol{G}\cdot\boldsymbol{r}\cos\theta}\mathrm{d}r\mathrm{d}\theta=\frac{4\pi}{G^3}(\sin GR-GR\cos GR)$，而介质球的填充率又可以表示为 $f=4\pi R^3/(3V_0)$，所以 $\kappa(\boldsymbol{G})$ 可以表示为

$$\kappa(\boldsymbol{G})=3f\left(\frac{1}{\varepsilon_1}-\frac{1}{\varepsilon_2}\right)\left(\frac{\sin GR}{(GR)^3}-\frac{\cos GR}{(GR)^2}\right) \tag{2.38}$$

但是如果填充介质的形状不是球形，而是任意形状呢？显然，$\kappa(\boldsymbol{G})$ 不能用等式(2.38) 来求取，那么求解等式(2.34) 便成为关键。对于普适性情况该如何求 $\kappa(\boldsymbol{G})$ 的值呢？用解析求解的方法显然是不可取的。为了解决这个问题，可以采用数值计算中的技术来解决[170-172]，即采用类似 FDTD 方法中的网格来对整个周期单元进行剖分。如果光子晶体的单元结构是由一个边长分别为 x、y、z 的长方体构成，那么剖分网格在三个周期方向上的最小网格分别为 Δx、Δy 和 Δz。显然，周期单元的相对介电常数是空间分布(x,y,z) 的函数，那么等式(2.34) 就可以化简为一个简单的数值计算过程，即

$$\begin{aligned}\kappa(\boldsymbol{G}) &= \frac{1}{V_0}\int_{V_0}\frac{1}{\varepsilon(\boldsymbol{r})}\mathrm{e}^{-\mathrm{j}\boldsymbol{G}\cdot\boldsymbol{r}}\mathrm{d}\boldsymbol{r} \\ &= \frac{1}{a\cdot b\cdot c}\iiint\frac{1}{\varepsilon(x,y,z)}\exp(-\mathrm{j}(G_x x+G_y y+G_z z))\,\mathrm{d}x\mathrm{d}y\mathrm{d}z \\ &= \frac{1}{a\cdot b\cdot c}\sum_{j=0}^{N_x}\sum_{k=0}^{N_y}\sum_{u=0}^{N_z}\frac{1}{\varepsilon(x_j,y_k,z_u)}\cdot \\ &\quad \exp(-\mathrm{j}(G_x x_j+G_y y_k+G_z z_u))\,\Delta x_j\Delta y_k\Delta z_u \end{aligned} \tag{2.39}$$

式中，N_x、N_y 和 N_z 分别表示 x、y 和 z 方向上剖分的网格数。同理，对于二维光子晶体而言，$\kappa(\boldsymbol{G})$ 则可表示为

$$\begin{aligned}\kappa(\boldsymbol{G}_{/\!/}) &= \frac{1}{S_0}\int_{S_0}\frac{1}{\varepsilon(\boldsymbol{r}_{/\!/})}\mathrm{e}^{-\mathrm{j}\boldsymbol{G}_{/\!/}\cdot\boldsymbol{r}_{/\!/}}\mathrm{d}\boldsymbol{r}_{/\!/} = \frac{1}{a\cdot b}\iint\frac{1}{\varepsilon(x,y)}\exp(-\mathrm{j}(G_x x+G_y y))\,\mathrm{d}x\mathrm{d}y \\ &= \frac{1}{a\cdot b}\sum_{j=0}^{N_x}\sum_{k=0}^{N_y}\frac{1}{\varepsilon(x_j,y_k)}\exp(-\mathrm{j}(G_x x_j+G_y y_k))\,\Delta x_j\Delta y_k \end{aligned} \tag{2.40}$$

式中，S_0 表示周期单元的面积。等式(2.39)和等式(2.40)给出了填充为任意形状的三维和二维光子晶体介电常数的傅里叶展开系数求解公式。另外一个问题随之而来，如果该光子晶体是等离子体光子晶体，是否还能用等式(2.39)和等式(2.40)对介电常数的傅里叶展开系数进行求解呢？答案是肯定的，因为求解等式(2.34)本质上是函数 $\varepsilon(\boldsymbol{r})^{-1}\mathrm{e}^{-\mathrm{j}\boldsymbol{G}\cdot\boldsymbol{r}}$ 在周期单元内的体积分。而对于等离子体光子晶体而言，其介电常数 $\varepsilon(\boldsymbol{r})^{-1}$ 是关于 ω、x、y 和 z 的函数，且 ω 与 x、y、z 无关。因此，等式(2.39)和等式(2.40)同样能对填充物为任意形状的三维和二维等离子体光子晶体进行求解。以上方法称为基于网格法的 PWE 方法，一般情况下 $N_x=N_y=N_z$，且 $\Delta x_j=\Delta y_k=\Delta z_u$。

但应注意的是，基于网格法的 PWE 方法其求解精度不会高于解析的 PWE 方法，即求解的精度还是由展开平面波的数量决定，而剖分越密只能使计算的值更接近于解析解。下面就以一个算例来说明这个问题。介质圆柱填充在等离子体背景中构成一个正方形晶格的二维等离子体光子晶体，晶格常数 $a=10$ mm。介质圆柱的 $r=0.25a$，$\varepsilon_{\mathrm{d}}=10$，$\omega_{\mathrm{p}}=6.8\pi\times10^9$ rad/s，$\nu_{\mathrm{c}}=3.2\pi\times10^9$ rad/s。要计算该二维等离子体光子晶体 TM 波的色散曲线，必然要计算以下方程的特征值[120]：

$$|\boldsymbol{k}_{/\!/}+\boldsymbol{G}_{/\!/}|\cdot|\boldsymbol{k}_{/\!/}+\boldsymbol{G}'_{/\!/}|\,B(\boldsymbol{k}_{/\!/}\mid\boldsymbol{G}'_{/\!/}) = \frac{\omega^2}{c^2}\sum_{\boldsymbol{G}'_{/\!/}}\kappa(\boldsymbol{G}_{/\!/}-\boldsymbol{G}'_{/\!/})B(\boldsymbol{k}_{/\!/}\mid\boldsymbol{G}_{/\!/}) \tag{2.41}$$

式中，$\kappa(\boldsymbol{G}_{/\!/})=[\varepsilon(\omega)-\varepsilon_{\mathrm{d}}]\dfrac{1}{S_0}\int\mathrm{d}\boldsymbol{r}_{/\!/}\,S(\boldsymbol{r}_{/\!/})\,\mathrm{e}^{-\mathrm{j}\boldsymbol{G}_{/\!/}\cdot\boldsymbol{r}_{/\!/}}$。图 2.6 给出了该光子晶体的周期结构单元图和网格法的单元剖分图。图 2.7 给出了解析法和网格剖分法的

计算结果对比图，假设此时网格法的剖分网格数 N 为 60×60，计算时展开的平面波数量为441。由图2.7可知，用基于网格法的PWE方法对TM模式下该二维等离子体光子晶体的色散曲线的求解是完全可行的，且和解析的PWE方法所得到的结果较为吻合，因此基于网格法的PWE方法是正确、有效和可行的。

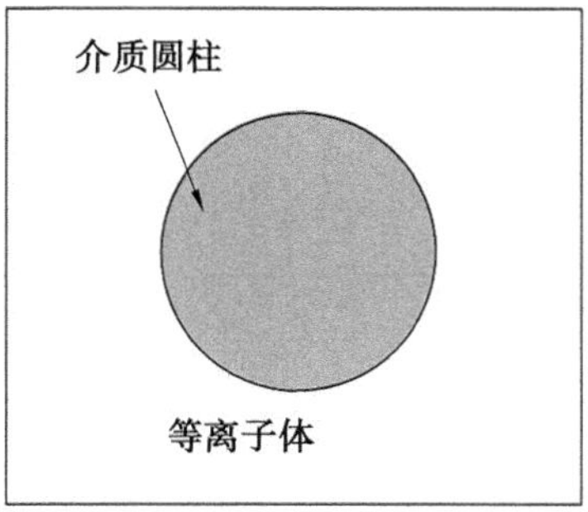

(a) 该光子晶体的周期结构单元

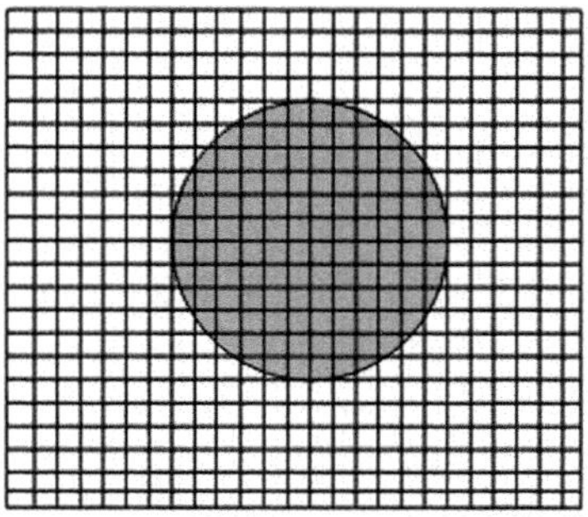

(b) 网格法的单元剖分图

图 2.6　该光子晶体的周期结构单元图和网格法的单元剖分图

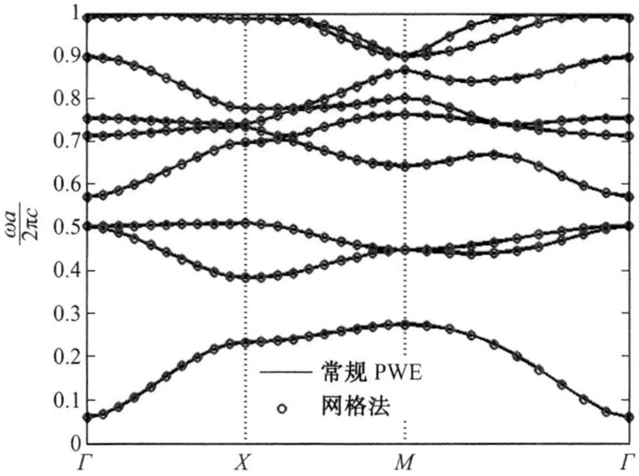

图 2.7　解析 PWE 方法和基于网格法的 PWE 法的计算结果对比图(其中实线为常规(解析)PWE 方法的计算结果，圆圈为基于网格法的 PWE 方法的计算结果)

对该种方法而言，过多的剖分网格数必然会带来计算时内存占用过多和计算时间更长等问题。那么剖分网格的个数和计算精度间有怎样的关系，即其收敛性如何呢？图2.8给出了网格剖分的网格数 $N_x\times N_x$ 与解析解的关系图。其中相对误差是用解析计算的值为标准值，计算了色散曲线中前3条能带在 M 点的值。由图2.8可知，N_x 越大未必有较小的相对误差，这是由于剖分的网格拟合圆柱时出现的误差造成的。当 N_x 大于126时，网格法计算前3条能带在 M 点的相对误差将小于0.6%。因此，在实际应用时网格剖分不需要太大，取 128×128

即可满足计算的精度。

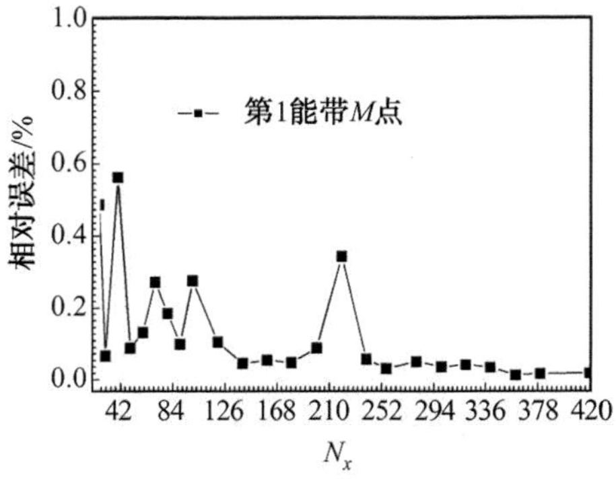

(a) 第1能带M点

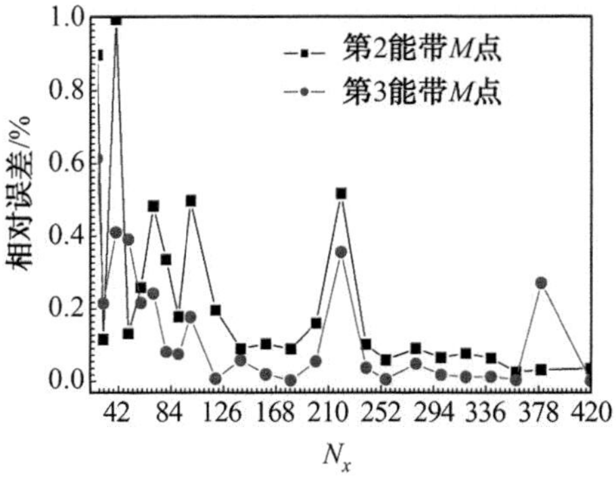

(b) 第2和第3能带M点

图 2.8　基于网格法的 PWE 方法与解析的 PWE 方法的比较

2.3.3　基于打靶法的 PWE 方法

由 2.3.1 和 2.3.2 小节的内容可知，用 PWE 方法求解等离子体光子晶体的色散曲线，其本质上是对介电常数的傅里叶展开系数 $\kappa(\boldsymbol{G})$ 的计算。2.3.2 小节提及的网格法其实质上是用网格剖分积分区域来求解 $\kappa(\boldsymbol{G})$ 的方法。类似技术在数值计算中还有很多，如梯形公式法、辛普森公式法和高斯求积公式法等[173]。基于网格法的 PWE 算法实现起来相对简单，但是其计算精度还是与填充物的外部轮廓相关。从图 2.8 可知，网格剖分越多相对误差未必更小。那么还有没有另外一种技术在数值求解 $\kappa(\boldsymbol{G})$ 时，能够很好地描述复杂的曲线轮廓，且还能使计算精度满足要求呢？答案是肯定的。因为对于 $\kappa(\boldsymbol{G})$ 的求解其本质上就是求解在特定区域内的二维或三维积分，为了使积分函数能够更好地被计算，可以采用概率统计中的"浦丰"原理来实现[174-178]，即用随机打靶的方式来求取积分的值。其原理也较为简单，以求解 2.3.2 小节中二维等离子体光子晶体的 $\kappa(\boldsymbol{G}_{/\!/})$ 为例。为了求 $\kappa(\boldsymbol{G}_{/\!/})$ 的值，可以在晶格单元内随机"掷出"N 个点，如果掷出的点落在圆柱内，其相对介电常数就取 ε_{d}。如果落在背景范围内，其相对介电常数就取 ε_{p}。当 N 的值足够大时，$\kappa(\boldsymbol{G}_{/\!/})$ 即可计算。使用这种方法的好处是当 N 的值足够大时，对填充物的曲线轮廓的描述较精确。计算 $\kappa(\boldsymbol{G}_{/\!/})$ 的公式如下：

$$\kappa(\boldsymbol{G}_{/\!/})=\frac{1}{S_0}\int_{S_0}\frac{1}{\varepsilon(\boldsymbol{r}_{/\!/})}\mathrm{e}^{-\mathrm{j}\boldsymbol{G}_{/\!/}\cdot\boldsymbol{r}_{/\!/}}\,\mathrm{d}\boldsymbol{r}_{/\!/}=\frac{1}{N\cdot S_0}\sum_{i=1}^{N}\frac{f(x_i,y_i)}{\varepsilon(x_i,y_i)}\exp(-\mathrm{j}(G_x x_i+G_y y_i)) \tag{2.42}$$

式中，$f(x_i,y_i)$ 为打靶的概率分布函数。

图 2.9 给出了在 N 取不同值时，周期单元格的概率分布图。由图 2.9 可知，打靶次数 N 越多，其模型就越接近实际模型，对填充物曲线轮廓的描述也就越精

确。为了验证基于打靶法的 PWE 方法的有效性，用该方法来计算 2.3.2 小节的算例。图 2.10 给出了基于打靶法的 PWE 方法（$N=5\ 000$）与常规解析 PWE 方法的计算结果对比图。由图 2.10 可知，这两种方法的计算结果较为吻合，这种计算方法是有效的。但值得一提的是，打靶法和网格法一样，其计算的精度是由展开的平面波数量决定的，即其计算结果不可能优于解析法。为了进一步研究该方法的收敛性，图 2.11 给出了打靶数 N 与解析解的关系图，且其相对误差是关于解析解的相对误差。由图 2.11 可知，当 $N>4\ 300$ 时，该方法计算的结果与解析解的相对误差将小于 1%。与网格法类似，打靶数量 N 越大相对误差未必更小，但是都将小于 1%，收敛性较好。因此，在实际计算中选取 40 000 个点足以满足计算精度。

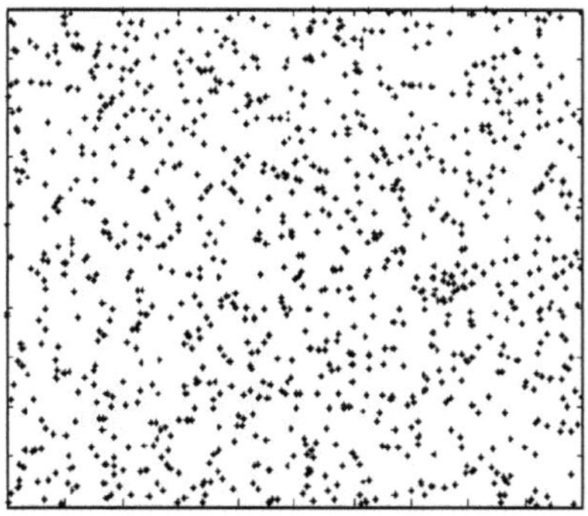

(a) N=1 000

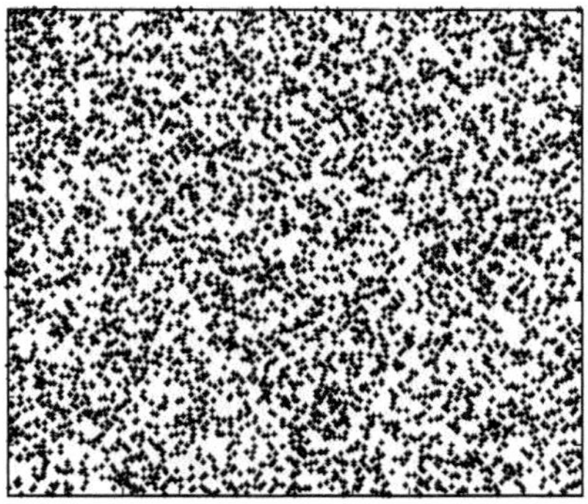

(b) N=5 000

图 2.9　打靶次数分别为 $N=1\ 000$ 和 $N=5\ 000$ 时的概率分布图

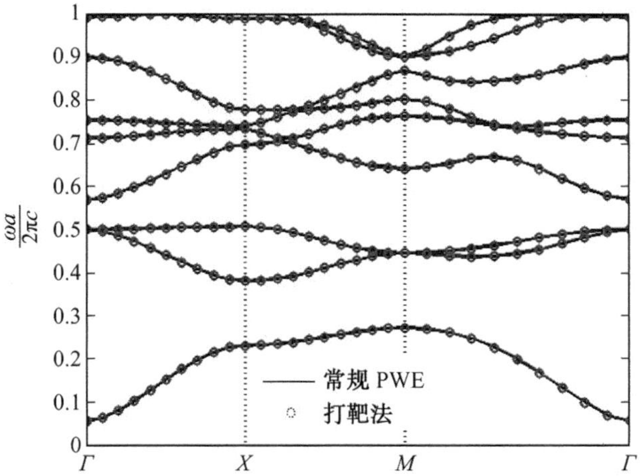

图 2.10　常规 PWE 方法和基于打靶法的 PWE 方法的计算结果对比图（其中黑色实线为常规（解析）PWE 方法的计算结果，圆圈为基于打靶法的 PWE 方法的计算结果）

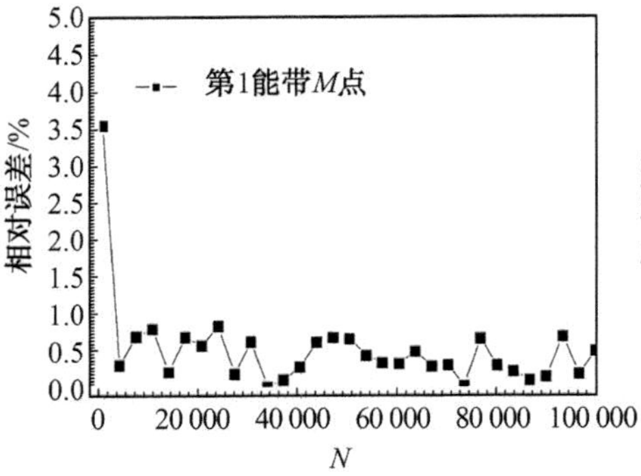

(a) 第1能带M点

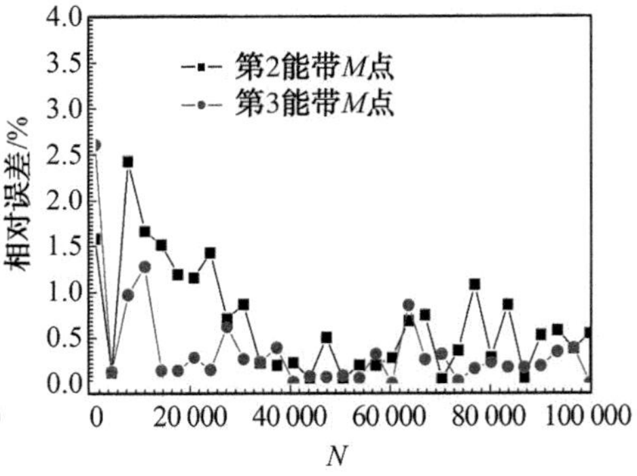

(b) 第2和第3能带M点

图 2.11　基于打靶法的 PWE 方法与解析的 PWE 方法的比较

2.4　等离子体光子晶体的 FDFD 方法

由前文可知，对于 FDFD 方法而言，它结合了 FDTD 方法和 PWE 方法的特点，在空间中用 Yee 网格对光子晶体单元进行剖分，然后在频域中直接对特征模式进行求解，它不需要设置激励源和探测点，而且在计算光子晶体带隙时有较高的准确性和稳定性[179, 180]。由于FDFD方法是直接在频域内对特征值进行求解，所以这使得它和PWE方法一样能精确地分辨出靠得较近的特征模式。但FDFD方法在计算特征值时会生成一个巨大的稀疏矩阵[181]，这使得该方法在求解过程中不得不消耗大量的内存和 CPU 时间。因此，FDFD 方法的计算精度由剖分网格的精度决定，即由计算机的内存大小决定。但是随着现代计算机硬件水平的发展，这个“缺点”似乎已经不是阻碍 FDFD 方法发展的绊脚石。尤其是近几年，FDFD方法已经可以用来计算金属[182]、频变损耗[183]和色散介质[184]光子晶体的带隙图。等离子体是一种频变色散的介质，FDFD 方法显然可以对等离子体光子晶体的带隙图进行计算。为了便于验证，就以计算 TM 模式下二维等离子体光子晶体的色散曲线为例来说明 FDFD 方法的有效性，并推导出相应的计算公式。该二维等离子体光子晶体的参数与 2.3.2 小节中的例子相同，其结构是介质圆柱填充等离子体，且晶格结构为正方形晶格。

图 2.12 给出了 TM 模式下 FDFD方法的 Yee 网格和周期单元结构的周期边界条件。由图 2.12 可知，周期边界条件为 PBC1 和 PBC2。由 FDFD 方法可知[185]，PBC2 和 PBC1 满足

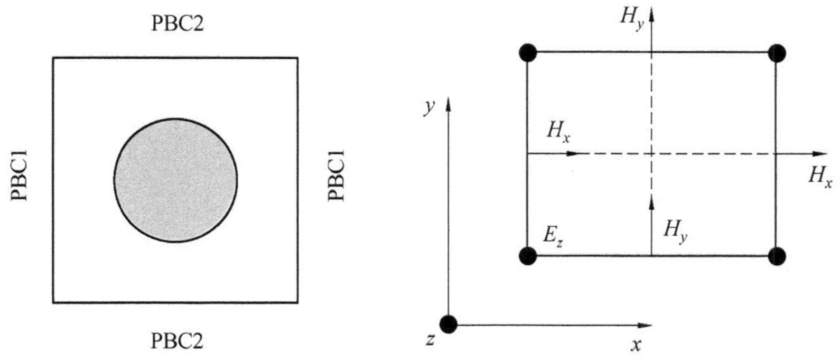

图 2.12　TM 模式下 FDFD 方法的 Yee 网格和周期单元结构的周期边界条件

PBC2：

$$\psi(x, y+a)=\psi(x, y)\exp(-\mathrm{j}k_y a) \tag{2.43}$$

PBC1：

$$\psi(x+a, y)=\psi(x, y)\exp(-\mathrm{j}k_x a) \tag{2.44}$$

式中，a 为晶格常数；k_y 和 k_x 分别为 y 和 x 方向的传播常数；ψ 表示晶格单元中的电场或磁场分量。假设计算时引入的时谐量是 $e^{j\omega t}$，ω 为角频率，t 为时间，且 $\mathrm{j}=\sqrt{-1}$，那么 Maxwell 方程组在频域中的方程形式如下：

$$\nabla\times \boldsymbol{H}=\mathrm{j}\omega\varepsilon_0\boldsymbol{\varepsilon}_\mathrm{r}\boldsymbol{E} \tag{2.45}$$

$$\nabla\times \boldsymbol{E}=-\mathrm{j}\omega\mu_0\boldsymbol{\mu}_\mathrm{r}\boldsymbol{H} \tag{2.46}$$

对于 TM 模式而言，等式(2.45) 和等式(2.46) 可以化简为[184]

$$\mathrm{j}\omega\begin{pmatrix}\varepsilon_0\boldsymbol{\varepsilon}_z & 0 & 0\\ 0 & -\mu_0\boldsymbol{\mu}_x & 0\\ 0 & 0 & -\mu_0\boldsymbol{\mu}_y\end{pmatrix}\begin{pmatrix}\boldsymbol{E}_z\\ \boldsymbol{H}_x\\ \boldsymbol{H}_y\end{pmatrix}=\begin{pmatrix}0 & -\boldsymbol{V}_y & \boldsymbol{V}_x\\ \boldsymbol{U}_y & 0 & 0\\ -\boldsymbol{U}_x & 0 & 0\end{pmatrix}\begin{pmatrix}\boldsymbol{E}_z\\ \boldsymbol{H}_x\\ \boldsymbol{H}_y\end{pmatrix} \tag{2.47}$$

式中，$\boldsymbol{\varepsilon}_z$ 表示剖分网格处 z 轴方向的介电常数矩阵，且这个矩阵为对角矩阵[182]。$\boldsymbol{\mu}_x$ 和 $\boldsymbol{\mu}_y$ 分别表示剖分网格处 x 轴和 y 轴方向的磁导率矩阵，且这两个矩阵也为对角矩阵[186]。$\boldsymbol{E}_z$、$\boldsymbol{H}_x$ 和 $\boldsymbol{H}_y$ 分别为场矢量。$\boldsymbol{U}_y$、$\boldsymbol{U}_x$、$\boldsymbol{V}_y$ 和 $\boldsymbol{V}_x$ 的定义参见文献[186]。将等式(2.47) 中的 $\boldsymbol{H}_x$ 和 $\boldsymbol{H}_y$ 消去，可以得到

$$\omega^2\varepsilon_0\boldsymbol{\varepsilon}_z\boldsymbol{E}_z+\frac{1}{\mu_0}(\boldsymbol{V}_y\cdot\boldsymbol{\mu}_x^{-1}\cdot\boldsymbol{U}_y+\boldsymbol{V}_x\cdot\boldsymbol{\mu}_y^{-1}\cdot\boldsymbol{U}_x)\boldsymbol{E}_z=0 \tag{2.48}$$

而对于二维等离子体光子晶体而言，等式(2.48) 可以化简为

$$(\omega/c)^2\boldsymbol{\varepsilon}_{z\mathrm{r}}\boldsymbol{E}_z+(\boldsymbol{V}_y\cdot\boldsymbol{U}_y+\boldsymbol{V}_x\cdot\boldsymbol{U}_x)\boldsymbol{E}_z=0 \tag{2.49}$$

式中，c 为真空中的光速度。由于该二维等离子体光子晶体是以介质圆柱填充等离子体为背景，且二者都为均匀和各向同性的，所以该光子晶体周期单元的分布函数 $\boldsymbol{\varepsilon}_{z\mathrm{r}}$ 为

$$\boldsymbol{\varepsilon}_{zr}=\begin{cases}\varepsilon_d, & r\in R\\ 1-\dfrac{\omega_p{}^2}{\omega^2-\mathrm{j}(\nu_c\omega)}, & r\notin R\end{cases} \tag{2.50}$$

同理，对于等离子体背景而言，在该光子晶体周期单元中的等离子体频率分布函数 $\boldsymbol{\omega}_{pz}$ 为

$$\boldsymbol{\omega}_{pz}=\begin{cases}0, & r\in R\\ \omega_p, & r\notin R\end{cases} \tag{2.51}$$

显然，$\boldsymbol{\omega}_{pz}$ 表示剖分网格处 z 轴方向等离子体频率的矩阵，且这个矩阵为对角矩阵[135]。如果定义一个复数变量 $\zeta=\omega/c$，那么等式(2.49) 可以化简为

$$\zeta^3\boldsymbol{J}-\zeta^2\boldsymbol{K}-\zeta\boldsymbol{L}-\boldsymbol{M}=0 \tag{2.52}$$

式中

$$\boldsymbol{J}=\boldsymbol{\varepsilon}_{zr} \tag{2.53}$$

$$\boldsymbol{K}=\mathrm{j}\,\frac{\nu_c}{c}\cdot\boldsymbol{\varepsilon}_{zr} \tag{2.54}$$

$$\boldsymbol{L}=\frac{\omega_{pz}}{c^2}-(\boldsymbol{V}_y\cdot\boldsymbol{U}_y+\boldsymbol{V}_x\cdot\boldsymbol{U}_x) \tag{2.55}$$

$$\boldsymbol{M}=\mathrm{j}\,\frac{\nu_c}{c}(\boldsymbol{V}_y\cdot\boldsymbol{U}_y+\boldsymbol{V}_x\cdot\boldsymbol{U}_x) \tag{2.56}$$

式中，$\boldsymbol{J}$、$\boldsymbol{K}$、$\boldsymbol{L}$ 和 $\boldsymbol{M}$ 是 $n\times n$ 的矩阵。对等式(2.52) 的求解可以转换成为一个 $3n\times 3n$ 矩阵 $\boldsymbol{Q}$ 特征值的求取，矩阵 $\boldsymbol{Q}$ 和 $\boldsymbol{V}$ 满足

$$\boldsymbol{Q}z=\zeta\boldsymbol{V}z,\quad \boldsymbol{Q}=\begin{pmatrix}0 & \boldsymbol{I} & 0\\ 0 & 0 & \boldsymbol{I}\\ \boldsymbol{M} & \boldsymbol{L} & \boldsymbol{K}\end{pmatrix},\quad \boldsymbol{V}=\begin{pmatrix}\boldsymbol{I} & 0 & 0\\ 0 & \boldsymbol{I} & 0\\ 0 & 0 & \boldsymbol{J}\end{pmatrix} \tag{2.57}$$

式中，$\boldsymbol{I}$ 为单位矩阵，求解等式(2.57) 的特征值就得到了等式(2.52) 的解。需要说明的是，周期边界条件 PBC1 和 PBC2 中已经包含了正方形晶格的 1st BZ 的矢量信息，所以等式(2.57) 的特征值可以直接用来画带隙图[184]。

为了验证等式(2.57) 的有效性，图 2.13 给出了 FDFD 方法计算 2.3.1 小节中算例的结果，此时 FDFD 方法采用 60×60 的网格对该光子晶体的周期单元格进行剖分。为了便于验证，用解析的 PWE 方法的计算结果与其进行比较。为了提高计算精度，PWE 计算时展开的平面波的数量为 1 089[187, 188]。由图 2.13 可知，FDFD方法的计算结果与PWE方法的计算结果吻合较好。因此，本小节提出的 FDFD 方法是正确、有效和可行的。但是需要注意的是，由于 FDFD 方法是采用类似 Yee 网格的技术对周期单元格进行剖分的，对于填充物的曲线轮廓的描述必然存在误差，所以用 FDFD 方法进行计算时，剖分的网格数 N 至少要大于 1 600 个网格。图 2.14 给出了 FDFD 方法与 PWE 方法的关系图，且其相对误差是关于PWE方法解析解的相对误差。为了验证FDFD方法的收敛性，PWE方法

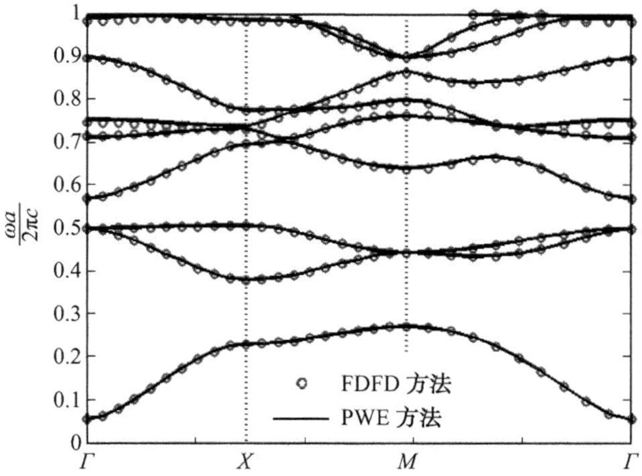

图 2.13　常规解析的 PWE 方法和 FDFD 方法的计算结果对比图(其中黑色实线为常规(解析)PWE 方法的计算结果,圆圈为 FDFD 方法的计算结果)

的解析解由展开 1 225 个平面波后得到。由图 2.14 可知,当剖分网格数 $N>40$ 时,FDFD 方法与 PWE 方法的计算结果的相对误差将小于 1%。剖分网格数越多,其相对误差未必最小。FDFD 方法的收敛性较好,只要剖分的网格数足够大,其相对误差将小于 1%。

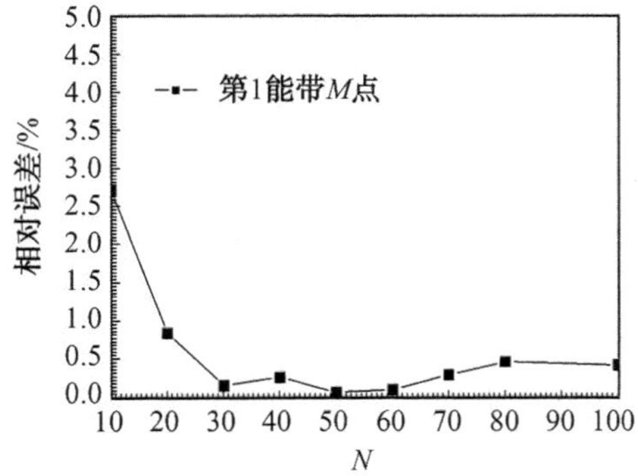

(a) 第1能带M点

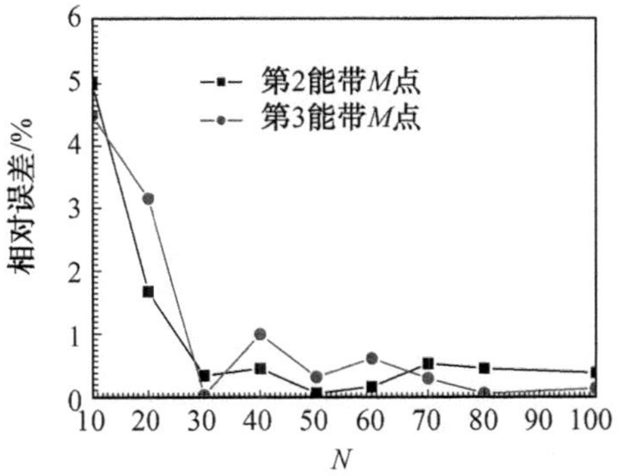

(b) 第2和第3能带M点

图 2.14　FDFD 方法与 PWE 方法的关系图

同理,TE 模式下的二维等离子体光子晶体的色散曲线也可以用类似的方法获得。TE 模式下,等式(2.45) 和等式(2.46) 可以化简为[184]

$$\mathrm{j}\omega\begin{pmatrix}\varepsilon_0\boldsymbol{\mu}_z & 0 & 0\\ 0 & -\mu_0\boldsymbol{\varepsilon}_x & 0\\ 0 & 0 & -\mu_0\boldsymbol{\varepsilon}_y\end{pmatrix}\begin{pmatrix}\boldsymbol{H}_z\\ \boldsymbol{E}_x\\ \boldsymbol{E}_y\end{pmatrix}=\begin{pmatrix}0 & -\boldsymbol{U}_y & \boldsymbol{U}_x\\ \boldsymbol{V}_y & 0 & 0\\ -\boldsymbol{V}_x & 0 & 0\end{pmatrix}\begin{pmatrix}\boldsymbol{H}_z\\ \boldsymbol{E}_x\\ \boldsymbol{E}_y\end{pmatrix}\tag{2.58}$$

其中，$\boldsymbol{\mu}_z$ 表示剖分网格处 z 轴方向的磁导率矩阵，且这个矩阵为对角矩阵[184]。$\boldsymbol{\varepsilon}_x$ 和 $\boldsymbol{\varepsilon}_y$ 分别表示剖分网格处 x 轴和 y 轴方向的介电常数矩阵，且这两个矩阵也为对角矩阵[135]。同理，等式(2.58)可以化简为

$$(\omega/c)^2\boldsymbol{H}_z+(\boldsymbol{U}_y\cdot\boldsymbol{\varepsilon}_x^{-1}\cdot\boldsymbol{V}_y+\boldsymbol{U}_x\cdot\boldsymbol{\varepsilon}_y^{-1}\cdot\boldsymbol{V}_x)\boldsymbol{H}_z=0 \tag{2.59}$$

显然，求解等式(2.59)的特征值，就得到了TE模式下的色散曲线。利用求解TM模式下特征值方程的技术，如果我们同样定义一个变量 $\zeta=\omega/c$，等式(2.59)可以重新化简为

$$\zeta^4\boldsymbol{I}-\zeta^3\boldsymbol{P}-\zeta^2\boldsymbol{Q}-\zeta\boldsymbol{R}-\boldsymbol{S}=0 \tag{2.60}$$

式中

$$\boldsymbol{P}=\mathrm{j}\,\frac{\nu_{\mathrm{c}}}{c}\boldsymbol{I} \tag{2.61}$$

$$\boldsymbol{Q}=\frac{\omega_{\mathrm{p}}^2}{c^2}\boldsymbol{I}+\boldsymbol{U}_y\cdot\varepsilon_{\mathrm{r}x}^{-1}\cdot\boldsymbol{V}_y+\boldsymbol{U}_x\cdot\varepsilon_{\mathrm{r}y}^{-1}\cdot\boldsymbol{V}_x \tag{2.62}$$

$$\boldsymbol{R}=-\mathrm{j}\,\frac{\nu_{\mathrm{c}}}{c}(\boldsymbol{U}_y\cdot\varepsilon_{\mathrm{r}x}^{-1}\cdot\boldsymbol{V}_y+\boldsymbol{U}_x\cdot\varepsilon_{\mathrm{r}y}^{-1}\cdot\boldsymbol{V}_x) \tag{2.63}$$

$$\boldsymbol{S}=-(\boldsymbol{V}_y\cdot\frac{\boldsymbol{\omega}_{\mathrm{p}x}^2}{c^2\varepsilon_{\mathrm{b}}}\cdot\boldsymbol{U}_y+\boldsymbol{V}_x\cdot\frac{\omega_{\mathrm{p}y}^2}{c^2\varepsilon_{\mathrm{b}}}\cdot\boldsymbol{U}_x) \tag{2.64}$$

式中，$\boldsymbol{P}$、$\boldsymbol{Q}$、$\boldsymbol{R}$ 和 $\boldsymbol{S}$ 是 $n\times n$ 的矩阵。等式(2.59)的求解同样可以转换成为一个 $4n\times 4n$ 矩阵。其中 $\boldsymbol{\varepsilon}_{\mathrm{r}x}^{-1}$、$\boldsymbol{\varepsilon}_{\mathrm{r}y}^{-1}$、$\boldsymbol{\omega}_{\mathrm{p}x}^2$ 和 $\boldsymbol{\omega}_{\mathrm{p}y}^2$ 的定义和取值与等式(2.50)和等式(2.51)类似，在此不多做阐述。等式(2.60)的特征值可以通过求解下述方程获得，即

$$\boldsymbol{W}z=\zeta z,\quad \boldsymbol{W}=\begin{pmatrix}0&\boldsymbol{I}&0&0\\0&0&\boldsymbol{I}&0\\0&0&0&\boldsymbol{I}\\\boldsymbol{S}&\boldsymbol{R}&\boldsymbol{Q}&\boldsymbol{P}\end{pmatrix} \tag{2.65}$$

式中，$\boldsymbol{I}$ 为单位矩阵。求解等式(2.65)的特征值就得到了等式(2.69)的解。那么等式(2.65)的特征值的实部，即为TE模式下色散曲线的解，可以用来画色散曲线。

同样我们用一个算例来证明FDFD方法对计算TE模式下二维等离子体光子晶体色散曲线的有效性。采用的算例与图2.3中提及的相同，为了验证TE模式下FDFD方法的有效性和正确性，采用与PWE方法计算结果相互比较的方式来进行。用PWE方法计算时采用的平面波数为1 089，而用FDFD方法进行计算时将单元格剖分为100×100个网格。计算结果如图2.15所示，TE模式下FDFD方法计算的结果与用PWE方法计算获得的结果相同，所以TE模式下FDFD方法的计算公式是有效可行的。由图2.15还可知在频率 $\omega<\omega_{\mathrm{p}}$ 区域能够发现水平带区域的存在，该结果与参考文献[166]中提及的类似。

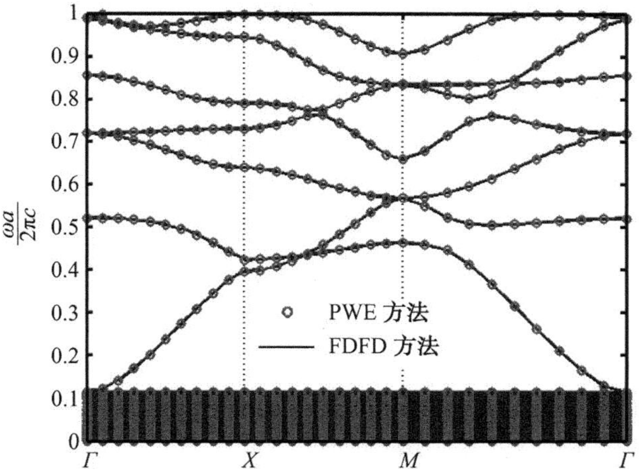

图 2.15　TE 模式下用常规解析的 PWE 方法和 FDFD 方法的计算结果对比图
(其中圆圈为用常规解析 PWE 方法的计算结果，实线为用 FDFD 方法的计算结果)

2.5　技术小结

本章主要对等离子体光子晶体的计算方法进行了介绍，如 FDTD 方法、PWE 方法和 FDFD 方法。分别介绍了 3 种方法的基本原理，对其可行性和有效性进行了验证，同时推导了这 3 种方法的计算公式。具体涉及的内容如下：

第一，由于 FDTD 方法采用 Yee 网格对周期单元格进行剖分，因此可以用于计算填充物为任意形状的等离子体光子晶体。但是 FDTD 方法的缺点也十分明显，计算时必须引入周期边界条件，当晶格结构较为复杂时，描述周期边界条件变得非常复杂，编程难度较大。在对时频域信息进行傅里叶变换时容易出现“虚频”现象，激励源与探测点的位置选取较难，很难通过一次选取就实现对所有特征模式的求取。计算精度也由剖分的网格和等离子体的 FDTD 方法决定，因此在计算精度上很难得到保障。为了克服上述缺点，可以采用超晶格技术来简化周期边界，用“多点”激励的方式来尽量避免“虚频”现象的出现，用计算精确度更高的等离子体 FDTD 方法进行计算，从而达到提高计算精度的目的。然而综观 FDTD 方法的利弊，采用 FDTD 方法计算等离子体光子晶体的色散曲线并不是一个明智的选择。尤其在计算复杂晶格结构的三维等离子体晶体的色散曲线时，FDTD 方法的弊端更是显露无遗。因此，FDTD 方法仅较为适合计算等离子体光子晶体的 S 参数，计算等离子体光子晶体的色散曲线还需要用其他的算法来实现。

第二，PWE方法其本质上是将介质在倒格矢空间内进行傅里叶变换，代入Maxwell方程组中，并在1st BZ的边界上进行特征模式的求取。由于特征模式是在频域内直接进行计算的，所以PWE方法不存在“虚频”现象。尤其是该方法在处理常规填充外形（如球、圆柱和方柱）时具有解析解，且平面波展开数足够大时，用PWE方法的计算结果精度较高。因此，我们重新推导了TE模式下二维等离子体光子晶体的PWE方法的计算公式，并更正了Sakai等人的错误。通过与FDTD方法的计算结果对比表明，我们给出的PWE方法公式是正确、有效的。然而，PWE方法本身也存在着一些缺陷，其中一个较为棘手的问题是不能对普适性条件下等离子体光子晶体色散曲线进行直接计算。为了解决这个问题，提出了两种方案，即基于网格法和打靶法的PWE方法。这两种方案本质上是一样的，即采用数值计算的方法求取介质的傅里叶变换。而对于等离子体光子晶体而言，介质的傅里叶变换是与频率无关的，所以数值计算的结果不会影响最后对特征模式的求取。对于基于网格法的PWE方法而言，在计算介质的傅里叶变换时采用类似FDTD方法中Yee网格对周期单元格进行剖分。而基于打靶法的PWE方法，就是采用“浦丰”原理来计算介质傅里叶变换的。计算结果表明这两种方案都是可行的、有效和正确的，且编程实现较为简单。但值得注意的是：这两种方法的计算精度都是由展开的平面波数决定的，且其精度不会高于解析的PWE方法。这是因为这两种方案在对填充物的外形轮廓进行描述时必然会存在截断误差。

第二，FDFD方法结合了FDTD和PWE方法各自的特点。FDFD方法也是在频域中直接对特征模式进行求解，不存在“虚频”现象。FDFD方法还能对普适性条件下的等离子体光子晶体进行计算，因为其在处理周期单元格时也是采用Yee网格技术。但是FDFD方法也存在着缺陷，即当晶格结构复杂时，它的周期边界条件相当复杂。计算精度由剖分网格数决定，在计算时会占用大量的内存和CPU资源。计算过程中会生成大量的稀疏矩阵，计算时内存消耗巨大。为了解决这些问题，同样可以采用超晶格技术来简化周期边界条件，用稀疏矩阵存取的方法来减少内存消耗。而在处理二维等离子体光子晶体时，只需将整个光子晶体的介质分布分别划分为介质和等离子体碰撞频率的分布函数即可，程序实现较为简单。计算结果表明FDFD方法能较好地求取等离子体光子晶体的色散曲线，且对周期单元格剖分的密度越大，计算的收敛性也越好。

本章提及的FDFD方法、PWE方法和FDTD方法为研究等离子体周期性介质结构的电磁特性奠定了坚实的理论基础。

第3章

基于一维等离子体光子晶体的全向反射器设计

等离子体周期性介质结构最为基本的结构为一维结构，一维等离子体光子晶体能较好地诠释其特点。一维等离子体光子晶体的全向反射特性在实际应用中有着重大的价值，这使得一维等离子体光子晶体能够广泛应用于设计许多功能性器件，如极化分束器、吸波器和天线等。本章将主要介绍基于一维等离子体光子晶体的全向反射器设计技术，如拼接、匹配层、分形序列、变周期结构和嵌套分形等技术，为设计各类可调谐的功能性器件奠定基础。

一维多层等离子体周期介质是最简单的结构,这种简单的结构形式能够构成一维等离子体光子晶体。由于等离子体的物理特性可以随外加磁场、等离子体密度和等离子体温度(电子温度)等参量改变,这使得一维等离子体光子晶体能用于设计各类可调谐的微波器件。如果一维等离子体光子晶体产生的 PBG 能够在任意角度下反射任意极化模式的电磁波(TE 波和 TM 波),该 PBG 就称为全向反射带隙(Omnidirectional Photonic Band Gap,OBG)。OBG 可以用于设计多种有价值的器件,如全向反射器[189]、波导[190]、光纤[191]、全向滤波器[192]和天线基板[193]等。显然,OBG 带宽越大越有利于制成全向反射器。有许多方法可以实现对 OBG 的拓展,大体上分为两个类别:一类是改变一维光子晶体的空间拓扑结构[194],另一类是在一维光子晶体的内部引入新的特异性介质,如将电磁超材料或单负介质引入一维光子晶体得到 OBG[195, 196],这时 OBG 是零折射率带隙或零相位带隙(zero$-\boldsymbol{\Phi}_{\mathrm{eff}}$),而不是 Bragg 带隙。本章将主要介绍如何使一维多层等离子体周期介质(一维等离子体光子晶体)Bragg 带隙产生 OBG,并采用拼接、匹配层、变周期结构、准周期结构等技术实现全向反射器的设计。

3.1 基于拼接技术的全向反射器的设计

众所周知,一维光子晶体在结构和特性参数不同时,其 PBG 将覆盖不同的频率范围。但当两个光子晶体的 PBG 相互毗邻,且将这二者拼接成为一体时,产生的 PBG 带宽必将是这二者的和[197]。显然,这种设计方法简单,而且参与拼接的光子晶体不需要有复杂的拓扑结构,最为简单的二元结构就能很好地满足设计要求。这使得拼接技术在设计基于一维等离子体光子晶体的全向反射器时有很好的应用前景。

3.1.1 物理模型和计算方法

图 3.1 给出了具有混合结构的一维等离子体光子晶体的结构示意图。图中 PC1($[(AB)^m]$)表示一维介质光子晶体,PC2 ($[(AP)^n]$)表示一维等离子体光子晶体。其中 A、B 和 P 分别表示介质和等离子体,m 和 n 表示光子晶体的周期数。PC1 由介质 A 和 B 构成,它们的相对介电常数分别为 ε_a 和 ε_b,厚度分别为 d_A 和 d_B。PC2 由介质 A 和等离子体构成,设等离子体的相对介电常数和厚度分别为 ε_P 和 d_P。电磁波入射角为 θ,波矢 $\boldsymbol{K}(\omega)$ 在 xz 平面内。对于 TE 模式而言,电场 $\boldsymbol{E}$ 的极化方向沿着 y 轴方向。假设计算时引入的时谐量是 $e^{-j\omega t}$, ω 是角频率, t 是时间,且 $j=\sqrt{-1}$,那么等离子体的相对介电常数 ε_P 满足杜尔德(Drude)模型,且可以表示为

$$\varepsilon_P(\omega)=1-\frac{\omega_P{}^2}{\omega^2+j(\nu_c\omega)} \tag{3.1}$$

式中，ω_P 和 ν_c 分别表示等离子体频率和等离子体碰撞频率。

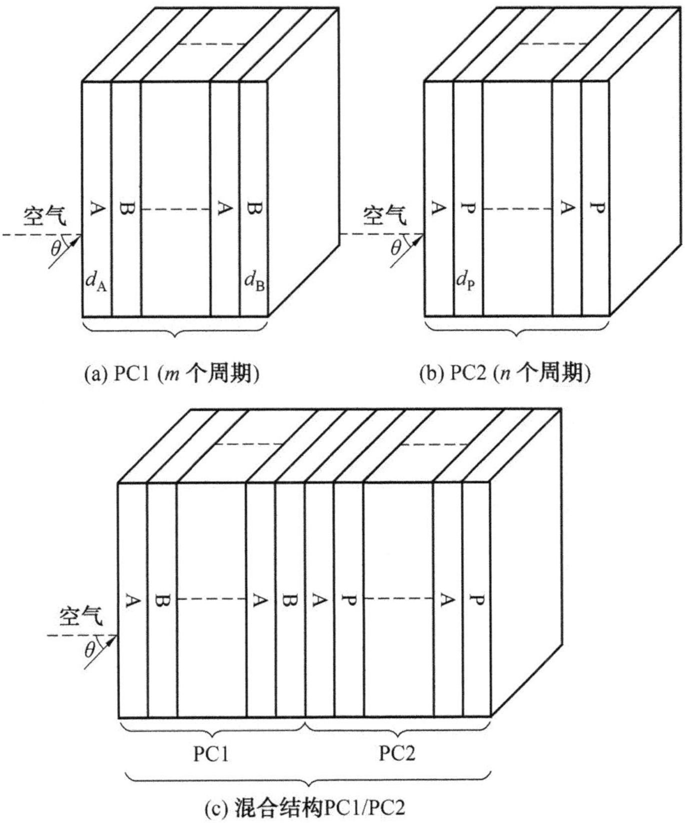

图 3.1　一维等离子体光子晶体的结构示意图

为了得到该混合结构的反射率，TMM 是较为适合的计算方法[186]。由 TMM 可知，反射率可由单个周期结构获得，单个周期结构（$d=d_A+d_B$ 或者 $d=d_A+d_P$）满足

$$\boldsymbol{m}(d)=\begin{pmatrix} m_{11} & m_{12} \\ m_{21} & m_{22} \end{pmatrix}=\prod_{l=1}^{2}\begin{pmatrix} \cos\beta_l & \frac{-j}{p_l}\sin\beta_l \\ -jp_l & \cos\beta_l \end{pmatrix} \tag{3.2}$$

式中，$m_{11}=\cos\beta_1\cos\beta_2-\frac{p_2}{p_1}\sin\beta_1\sin\beta_2$；$m_{12}=\frac{j}{p_2}\cos\beta_1\sin\beta_2+\frac{j}{p_1}\sin\beta_1\cos\beta_2$；$m_{21}=jp_1\sin\beta_1\cos\beta_2+jp_2\cos\beta_1\sin\beta_2$；$m_{22}=\cos\beta_1\cos\beta_2-\frac{p_1}{p_2}\sin\beta_1\sin\beta_2$；$\beta_l=k_0n_1d_l\cos\theta_l$；$p_l=\frac{n_1}{Z_0}\cos\theta_l$（TE 模式），$p_l=\frac{1}{Z_0n_1}\cos\theta_l$（TM 模式）且 $l=$A，B，P。

空气的阻抗 $Z_0=\sqrt{\mu_0}/\sqrt{\varepsilon_0}$。$d_l$ 是 PC1 和 PC2 中介质 A、B 和 P 的厚度，它们的折射率分别 n_A、n_B 和 n_P。所以对于 N 个周期而言，等式(3.2) 可以表示为

$$\boldsymbol{M}(Nd)=(\boldsymbol{m}(d))^N=\begin{bmatrix} M_{11} & M_{12} \\ M_{21} & M_{22} \end{bmatrix} \tag{3.3}$$

式中，$M_{11}=m_{11}U_{N-1}-U_{N-2}$；$M_{12}=m_{12}U_{N-1}$；$M_{21}=m_{21}U_{N-1}$；$M_{22}=m_{22}U_{N-1}-U_{N-2}$；式中 U_N 是第二类 Chebyshev 多项式，且可以表示为

$$U_N=\frac{\sin[(N+1)\boldsymbol{K}(\omega)d]}{\sin(\boldsymbol{K}(\omega)d)} \tag{3.4}$$

则反射系数可写为

$$r=\frac{(M_{11}+M_{12}p_s)p_0-(M_{21}+M_{22}p_s)}{(M_{11}+M_{12}p_s)p_0+(M_{21}+M_{22}p_s)} \tag{3.5}$$

式中，p_0 和 p_s 分别指光子晶体所在的背景介质，$p_0=n_0\cos\theta_0/Z_0$，$p_s=n_s\cos\theta_s/Z_0$（TE 模式），$p_0=\cos\theta_0/(n_0Z_0)$，$p_s=\cos\theta_s/(n_sZ_0)$（TM 模式）。通常背景介质都被视为空气，所以 $n_0=n_s=1$。那么 PC1、PC2 的反射率可以表示为

$$R=|r|^2 \tag{3.6}$$

同理，对于混合结构一维光子晶体 PC1/PC2 的透射率也可这样计算。

3.1.2 混合结构的 OBG 特性

为了使 OBG 能工作在微波波段，PC1 和 PC2 的参数可选取为 $\varepsilon_a=4$，$d_A=5$ mm，$\varepsilon_b=1$，$d_B=5$ mm，$d_P=1.5$ mm，$n_e=n_1=1\times10^{19}\,\mathrm{m^{-3}}$（$\omega_p=2\pi\times28.4\times10^9$ rad/s）且 $\nu_c=2\pi\times10^6$ rad/s。PC1 和 PC2 中所有介质的相对磁导率都为 1。图 3.2 给出了 TE 波和 TM 波在不同入射角的情况下，PC1 的反射率图谱。根据图 3.2 可知，由于布儒斯特角的存在[197]，使得 TM 波的反射率在 66° 附近将远小于 1，但这并不意味着不能得到 OBG。要得到 OBG 的前提条件是入射波和前向模不耦合[198]。根据 Snell 定律[199]，$\theta_1=\sin(n_0\sin\theta_0/n_A)$，$\theta_2=\sin(n_0\sin\theta_0/n_B)$，那么最大反射角就能够定义为 $\theta_{2\max}=\sin(n_0/n_B)$，布儒斯特角为 $\theta_B=\tan(n_A\sin\theta/n_B)$。如果 $\theta_{2\max}$ 比 θ_B 要小，这样外部入射的电磁波将不能和布儒斯特窗[199]耦合，即得到了 OBG。为了实现这点，可以将 PC1 中介质 B 用1.5 mm 厚的等离子体层代替，即 PC2。图 3.3 给出了 TE波和 TM 波在不同入射角的情况下，PC2 的反射率图谱。由图 3.3 可知，PC2 能产生 OBG，且位于 12.901～17.095 GHz，带宽是 4.194 GHz。对于 OBG 而言，它的下边缘对 TM 波不敏感，但它的上边缘将要随着 θ 的增加而发生蓝移。TE 波的全向反射带是 12.901～17.095 GHz，TM 波的全向反射带宽是 12.123～17.095 GHz。显然，OBG 的带宽由 TE 波的全向带宽决定。这个特性明显和一般的一维介质光子晶体不同。一般的一维介质光子晶体除了垂直入射时，TM 波的全向反射带隙比 TE 波的要窄[198]。

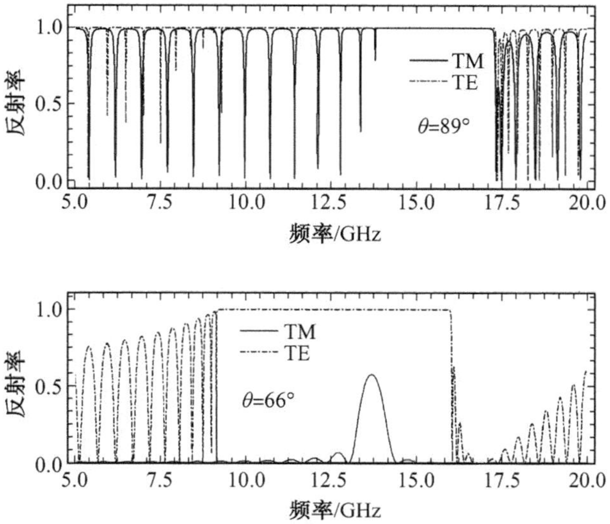

(a)

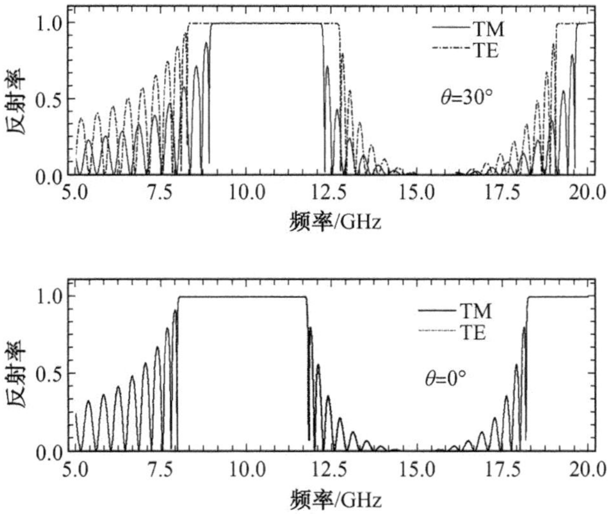

(b)

图 3.2　PC1 在不同入射角下的反射率图谱

为了拓展 OBG 的带宽，可以将 PC1 和 PC2 拼接成一个新的光子晶体 PC1/PC2，使 TE 波的 Bragg 带宽能得到拓展。图 3.4 给出了电磁波在垂直入射时，光子晶体的反射率图谱。由图 3.4 可知，PBG 带宽被展宽了，这是因为 PC1 和 PC2 的 PBG 在位置上是毗邻的，所以 PC1/PC2 的 PBG 能够涵盖 8.029～17.095 GHz，带宽为 9.066 GHz。这显然比 PC1 或 PC2 的 PBG 要宽很多。图 3.5 给出了 TE 波和 TM 波在不同入射角的情况下，PC1/PC2 的反射率图谱。由

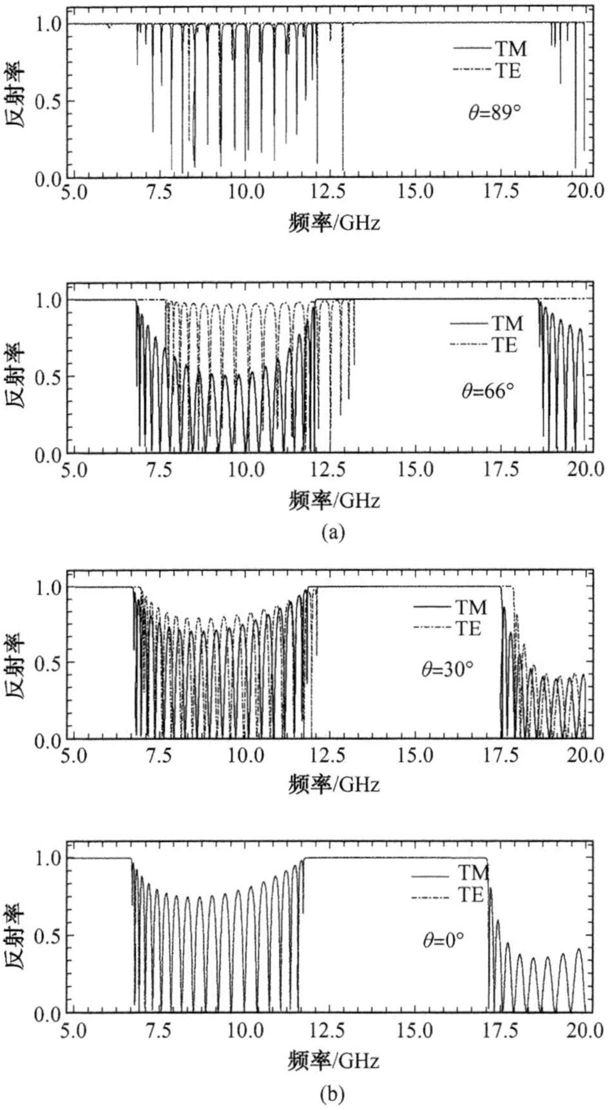

图 3.3　PC2 在不同入射角下的反射率图谱

图 3.5 可知，PC1/PC2 的 OBG 涵盖 12.028 ～ 17.095 GHz，带宽是 5.067 GHz。TE 波的全向反射带是 9.272 ～ 17.095 GHz，TM 波的全向反射带是 12.028 ～ 17.095 GHz。对于 PC1/PC2 而言，OBG 对 TE 波不敏感，OBG 带宽由 TM 波的全向带宽决定。显然，拼接技术能够用来拓展 OBG 的带宽。

图 3.6 给出了不同光子晶体的透射率与频率和入射角的关系图。两条白色直线之间的区域表示 OBG。由图 3.6 可知，PC2 的 OBG 涵盖 12.901 ～ 17.095 GHz，带宽

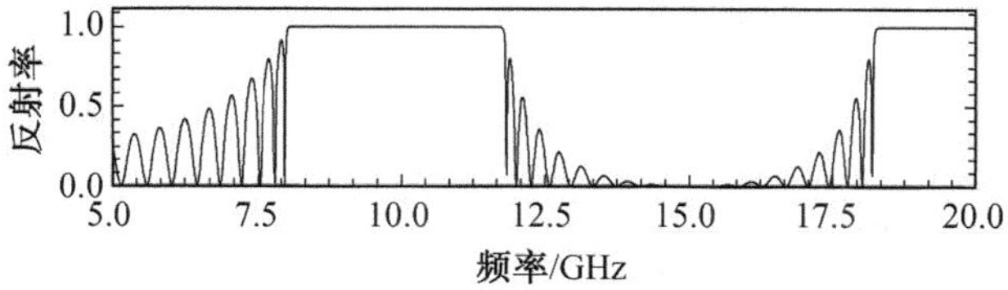

(a) PC1

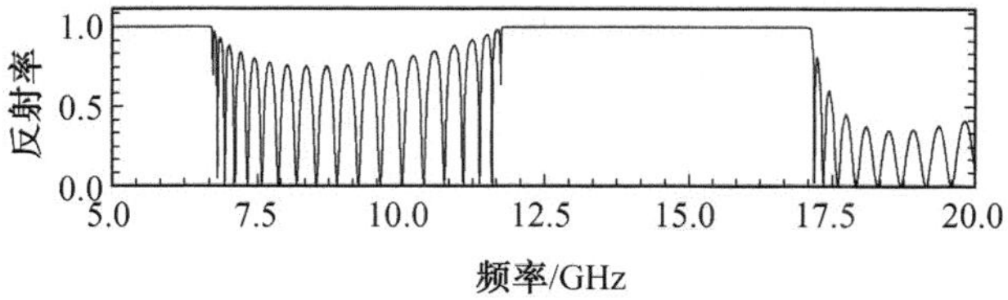

(b) PC2

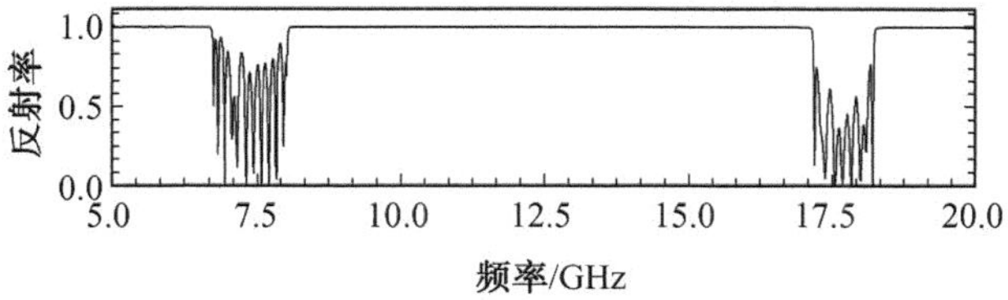

(c) PC1/PC2

图 3.4　电磁波在垂直入射时光子晶体的反射率图谱

为 4.194 GHz。而 PC1/PC2 的 OBG 则涵盖 12.028 ～ 17.095 GHz，带宽为 5.067 GHz。由图 3.6 可知，与 PC1 和 PC2 相比，采用拼接技术所得 OBG 的带宽分别展宽了 5.067 GHz 和 0.873 GHz。显然，这种将一维介质光子晶体和等离子体光子晶体相拼接的方式能有效地拓展 OBG 带宽。

3.1.3　等离子体层厚度对 OBG 的影响

图 3.7 给出了在电磁波垂直入射时，PC1/PC2 的透射率与频率和 d_P 的关系图。背景区域代表 PBG。由图 3.7 可知，当 $d_P < 1.5$ mm 时，PBG 的上下边缘对 d_P 不敏感，随着 d_P 的增大，上下边缘的位置移动不明显。当 1.5 mm $< d_P <$ 3.0 mm 时，PBG 的带宽能得到明显拓展。PBG 的上边缘随着 d_P 的增大而发生蓝移，但是 PBG 的下边缘将发生红移且偏移量较小。当 $d_P >$ 3.0 mm 时，PBG 的上下边缘将消失，PBG 将涵盖整个 5 ～ 20 GHz。图 3.8 给出了 PC1/PC2 的 OBG 与 d_P 的关系图。灰色的区域代表 OBG。由图 3.8 可知，OBG 的带宽将随着 d_P 的增大而增大。OBG 的上边缘将随着 d_P 的增大而发生蓝移，但是 OBG 的下边缘将随着 d_P 的增大而发生红移。当 d_P 由 1.5 mm 增加到3.5 mm 时，OBG 的频率范围变为 10.088 ～ 18.835 GHz，带宽为 8.747 GHz。与 d_P =1.5 mm 时相比，OBG 的带宽增加了 3.68 GHz。因此，当 PC1/PC2 的 d_P 增大时，OBG 和

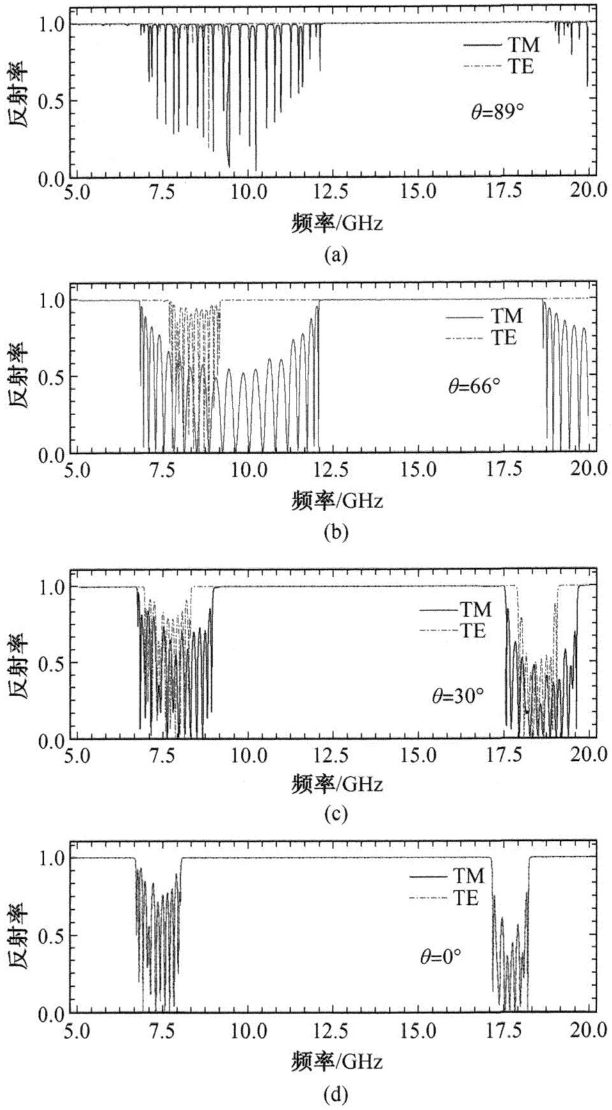

图 3.5　PC1/PC2 在不同入射角下的反射率图谱

PBG 的带宽会明显增大。

3.1.4　等离子体密度对 OBG 的影响

图3.9给出了电磁波垂直入射和 $d_P=2$ mm时(其他参数不变),PC1/PC2 的透射率与频率和等离子体密度 n_e 的关系图。由图 3.9 可知,当 $n_e<2.4n_1$ 时,PBG 的带宽将随着 n_e 的增大而增大。随着 n_e 的增大,PBG 的上边缘将发生蓝

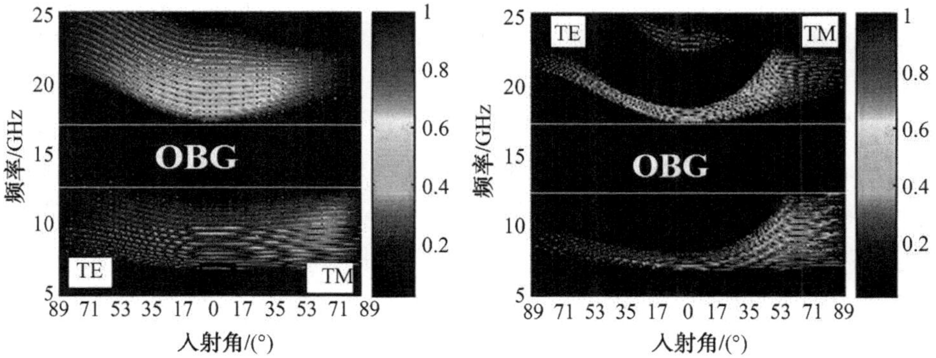

(a) PC2　　(b) 混合结构 PC1/PC2

图 3.6　不同光子晶体的透射率与频率和入射角的关系图

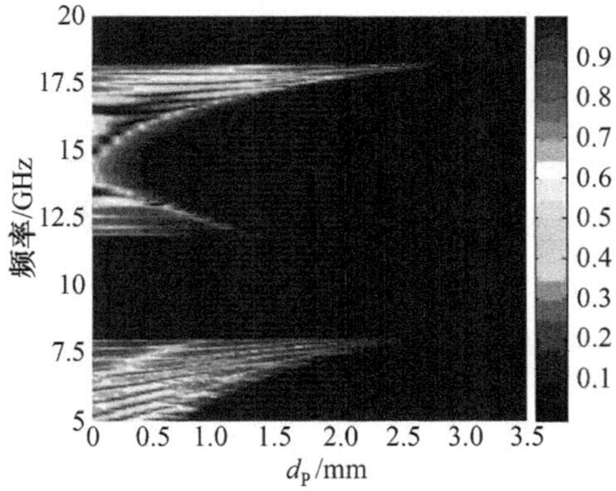

图 3.7　电磁波垂直入射时，PC1/PC2 的透射率与频率和 d_P 的关系图

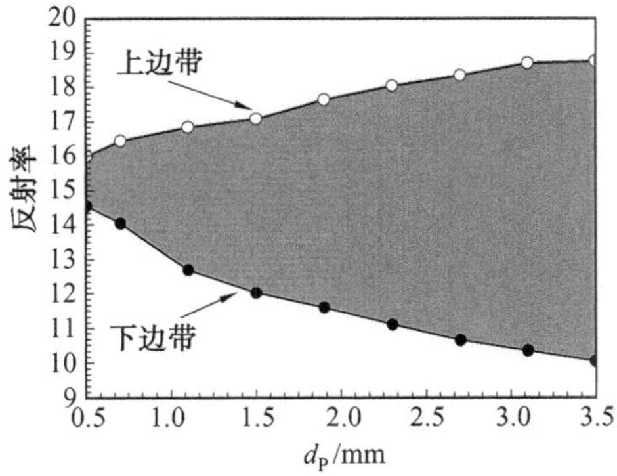

图 3.8　PC1/PC2 的 OBG 与 d_P 的关系图

移，而其下边缘将发生红移。当 $n_e > 2.4n_1$ 时，PBG 的上下边缘都将消失，PBG 将涵盖整个 5 ~ 21.89 GHz。因此，提高 n_e 的值能有效地增加 PBG 的带宽。图 3.10 给出了 $d_P = 2$ mm 时(其他参数不变)，PC1/PC2 的 OBG 与 n_e 的关系图。灰色的区域表示 OBG。由图 3.10 可知，OBG 的带宽将随着 n_e 的增大而增大。增大 n_e 的数值，OBG 的上下边缘都将发生蓝移。当 n_e 的大小由 n_1 增加到 $4n_1$ 时，OBG 的频率范围变为 12.559 ~ 22.645 GHz，且带宽为 10.086 GHz。和 $n_e = n_1$ 时相比，OBG 的带宽增加了 5.939 GHz。因此，增加 n_e 能较为显著地拓展 PBG 和 OBG 的带宽。

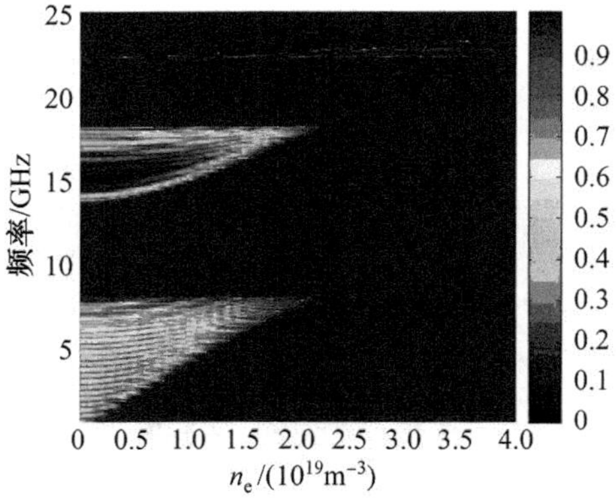

图 3.9　电磁波垂直入射和 $d_P = 2$ mm 时，PC1/PC2 的透射率与频率和 n_e 的关系图

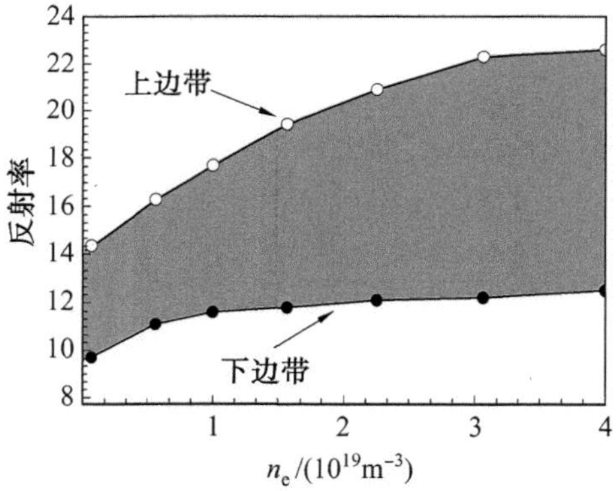

图 3.10　当 $d_P = 2$ mm 时，PC1/PC2 的 OBG 与 n_e 的关系图

3.2　基于匹配层技术的全向反射器的设计

等离子体介质周期结构中的一维磁化和非磁化等离子体光子晶体的电磁特性已经得到了充分研究[68, 200]。不仅如此，一维等离子体光子晶体的缺陷模特性

也得到了充分研究[69,70]。Kong 等人[92] 利用这一特性，设计了一款基于一维三元等离子体光子晶体的全向反射器。虽然三元结构能得到源于 Bragg 带隙的 OBG，但是所得 OBG 的相对带宽较小。因此，可以在拼接技术的基础上，采用增加一层匹配层的方式来实现对 OBG 特性的改善。

3.2.1 物理模型和计算方法

图 3.11 给出了该一维等离子体光子晶体的结构示意图。该光子晶体由常规介质光子晶体 PC1[$(AB)^m$]、等离子体光子晶体 PC2[$(AP)^n$] 和匹配层 C 组成。该一维等离子体光子晶体的拓扑结构可表示为 $(AB)^m CB(AP)^n$，其中 A、B 和 C 代表三种不同的介质层，P 代表等离子体层。m 和 n 表示光子晶体的周期数。A、B 和 P 的相对介电常数为 ε_a、ε_b 和 ε_P。A、B、C 和 P 的厚度为 d_A、d_B、d_C 和 d_P。ε_P 的表达式为等式(3.2)。电磁波入射角为 θ，波矢 $\boldsymbol{K}(\omega)$ 在 xz 平面内。对于 TE 模式而言，电场 $\boldsymbol{E}$ 的极化方向沿着 y 轴方向。根据 TMM，相邻的两层介质的电场和磁场满足以下关系[92]：

$$M_l = \begin{pmatrix} \cos\beta_l & -\dfrac{\mathrm{j}}{p_l}\sin\beta_l \\ -\mathrm{j}p_l\sin\beta_l & \cos\beta_l \end{pmatrix} \tag{3.7}$$

对于 TE 波而言，$p_l=\sqrt{\varepsilon_l}/\sqrt{\mu_l}\sqrt{1-(\sin^2\theta/\varepsilon_l\mu_l)}$。对于 TM 波而言，$p_l=\sqrt{\mu_l}/\sqrt{\varepsilon_l}\sqrt{1-(\sin^2\theta/\varepsilon_l\mu_l)}$。其中 $\beta_l=\omega/c\sqrt{\varepsilon_l}\sqrt{\mu_l}d_l\sqrt{1-(\sin^2\theta/\varepsilon_l\mu_l)}$ (l=A，B，C，P)。因此，图 3.11 为一维等离子体光子晶体的结构示意图，第 N 层介质的电场和磁场就可以用等式(3.7) 进行推导，其递推表达式为

$$\begin{aligned}\begin{pmatrix} E_N \\ H_N \end{pmatrix} &= \boldsymbol{M}_1\boldsymbol{M}_2\cdots\boldsymbol{M}_N\begin{pmatrix} E_{N+1} \\ H_{N+1} \end{pmatrix} \\ &= \boldsymbol{M}_A\boldsymbol{M}_B\boldsymbol{M}_A\cdots\boldsymbol{M}_B\boldsymbol{M}_C\boldsymbol{M}_B\boldsymbol{M}_A\boldsymbol{M}_B\boldsymbol{M}_A\cdots\boldsymbol{M}_N\begin{pmatrix} E_{N+1} \\ H_{N+1} \end{pmatrix} \\ &= \boldsymbol{M}\begin{pmatrix} E_{N+1} \\ H_{N+1} \end{pmatrix} = \begin{pmatrix} m_{11} & m_{12} \\ m_{21} & m_{22} \end{pmatrix}\begin{pmatrix} E_{N+1} \\ H_{N+1} \end{pmatrix}\end{aligned} \tag{3.8}$$

式中，m_{11}、m_{12}、m_{21} 和 m_{22} 是矩阵 $\boldsymbol{M}=\prod_{k=1}^{N}\boldsymbol{M}_k$ 中的 4 个元素。显然，反射系数和反射率可以用等式(3.5) 和等式(3.6) 进行求解。

3.2.2 引入匹配层来改善 PBG 和 OBG 的特性

为了证明匹配层技术的有效性，一维等离子体光子晶体的参数采用与文献[92] 中的相同：$\varepsilon_a=4$，$\mu_A=1$，$d_A=5$ mm，$\varepsilon_b=1$，$\mu_B=1$ 和 $d_B=5$ mm。A 层和 B 层分别代表石英玻璃和空气。假设匹配层的折射率 $n_c=13.9$ 且 $d_C=$

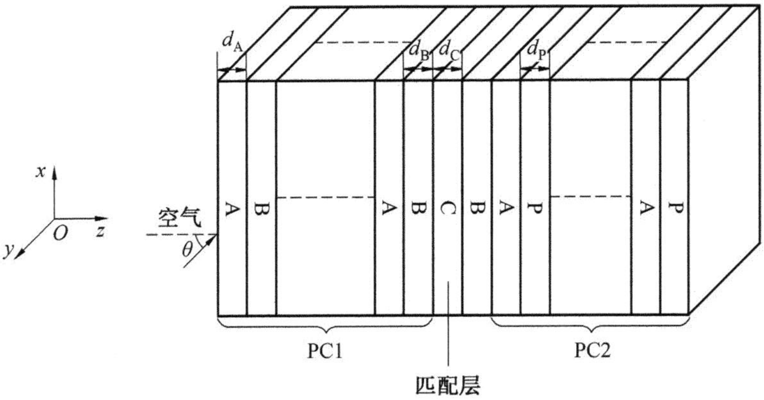

图 3.11　一维等离子体光子晶体的结构示意图

3.1 mm。等离子体的参数设置为：$d_P=1$ mm，$\varepsilon_y=4.8^2$（$\omega_P=2\pi\times28.4\times10^9$ rad/s），$\nu_c=2\pi\times10^6$ rad/s。周期数 $m=15$，$n=10$。图 3.12 给出了 PC1 在 TE 波和 TM 波下的透射率与频率和入射角的关系图。图中背景区域表示 PBG。由图 3.12 可知，TE 波的 PBG 带宽将随着 θ 的增加而增大，但是 TM 波的 PBG 带宽将随着 θ 的增加而减小。由于布儒斯特角的存在，当入射角在 66°附近时，TM 波的 PBG 将消失，因此，PC1 不能产生 OBG。为了规避布儒斯特窗，可以将 PC1 和 PC2 拼接起来构成一个新的光子晶体 PC1/PC2。图 3.13 给出了 PC1/PC2 的透射率与频率和入射角的关系图。图中两条白线间的区域表示 OBG。由图可知，PC1/PC2 能产生 OBG，且频率范围是 13.12 ～ 16.199 GHz，带宽为 3.079 GHz。OBG 的带宽由 TM 波的全向带宽决定，这个特性明显和零折射率带隙 / 零相位带隙完全不同。零折射率带隙和零相位带隙的上下边缘对 TE 波

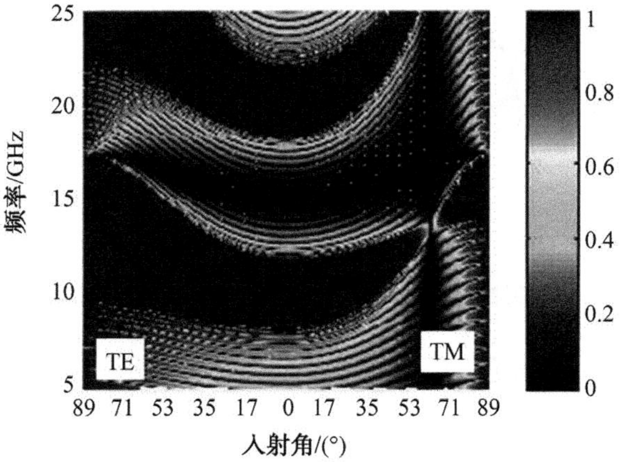

图 3.12　PC1 在 TE 波和 TM 波下的透射率与频率和入射角的关系图

和 TM 波的入射角都不敏感[201]。这是因为二者的产生机制是不一样的，源于 Bragg 带隙的 OBG 是由混合结构中传输模(propagating modes) 的散射形成的，而零折射率和零相位带隙是由于消逝模(evanescent modes) 形成的。比较图 3.12 和图 3.13 可知，将 PC1 和 PC2 拼接在一起可以得到 OBG。然而，这同样也会有一个副作用，即拼接过程会产生缺陷模。这使 OBG 的带宽显著减小，尤其是当 $\theta < 35°$ 时(图 3.13)。为了消除缺陷模的不利影响，可以通过增加一个匹配层来实现，即构成了一个新的光子晶体 $(AB)^{15}CB(AP)^{10}$。图 3.14 给出了电磁波在垂直入射时，不同光子晶体的反射率图谱。由图 3.14(b) 可知，PC1/PC2 的反射谱中存在着明显的缺陷模(12.260 GHz 附近)，PBG 的带宽几乎和 PC1 相同。为了消除这个缺陷模，可以采用文献[202] 中所提及的方法，即以增加匹配层的方法来实现。如图 3.14(c) 所示，在缺陷层中引入匹配层后，PBG 的带宽明显增加，它的频率范围是 7.988 ～ 16.274 GHz，带宽增加到了 8.286 GHz[203]。

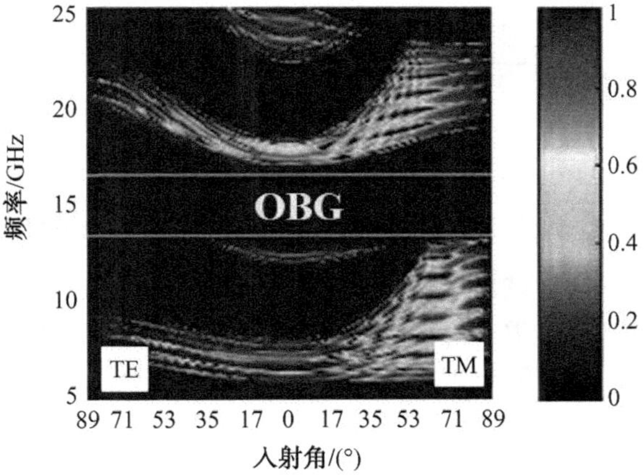

图 3.13　PC1/PC2 的透射率与频率和入射角的关系图

图 3.15 给出了含匹配层 C 的 PC1/PC2 在不同角度和不同模式下的反射率与频率和入射角的关系图。由图 3.15 可知，加入匹配层 C 后的 PC1/PC2 能产生 OBG，且频率范围是 13.230 ～ 16.311 GHz，带宽是 3.081 GHz。OBG 对 TM 波敏感，而对 TE 波不敏感。TE 波的全向反射带将涵盖 7.994 ～ 16.321 GHz，对 TM 波而言，这个值是 13.230 ～ 16.321 GHz。显然，OBG 的带宽由 TM 波的全向反射带宽决定。与 PC1/PC2 相比，引入匹配层 C 后，OBG 带宽有略微的增加，增幅为 0.002 GHz。值得注意的是，引入匹配层 C 后，虽然光子晶体在 OBG 带宽上没有显著增大，但是在入射角较小时($\theta < 35°$)，PBG 的带宽却得到了显著增加，并可以在一定的角度范围内同时实现对 TE 波和 TM 波的反射，这与 PC1/PC2 相比，在性能上有了显著改善。图 3.16 给出了一维三元等离子体光子

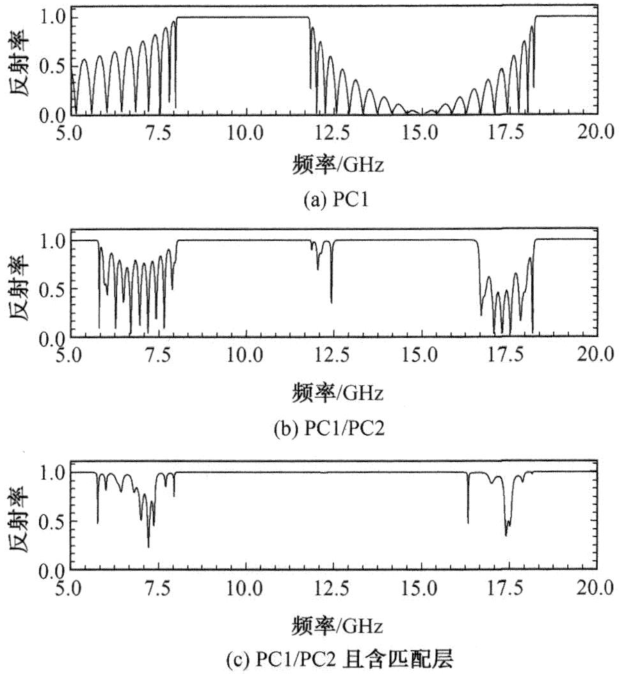

图 3.14 电磁波在垂直入射时,不同光子晶体的反射率图谱

晶体的反射率与频率和入射角的关系图,其参数和文献[49]相同,两条白线间的区域表示 OBG。由图 3.16 可知,一维三元等离子体光子晶体的 OBG 范围是 12.591～13.336 GHz,其带宽是0.745 GHz,相对带宽是5.75%。由图可知,含匹配层C的PC1/PC2的相对带宽是20.86%,与传统的一维三元等离子体光子晶体相比,OBG 的相对带宽更大。综上所述,可以将 PC1 和 PC2 拼接成一个新的光子晶体 PC1/PC2 来得到 OBG。引入匹配层 C 不但可以改善 OBG 的特性,而且能拓展小角度入射时的 PBG 带宽。

3.2.3 等离子体层厚度对 OBG 的影响

图3.17给出了电磁波垂直入射时,含匹配层C的PC1/PC2的透射率与频率和 d_P 的关系图,深色的区域代表 PBG。由图 3.17 可知,PBG 的上边缘对 d_P 敏感,而其下边缘对 d_P 不敏感。PBG 的带宽将随着 d_P 的增大而增大,当 d_P 从 0.1 mm 增大到 3 mm 时,PBG 的上边缘从 13.160 GHz 上移到 18.071 GHz,其下边缘从 7.952 GHz移动到 8.072 GHz。如果 $d_P > 2.5$ mm,那么PBG将消失,这主要是因为当 d_P 的值足够大时,单层的等离子体就能够反射所有频率小于 ω_P 的电磁波。图 3.18 给出了含匹配层 C 的 PC1/PC2 的 OBG 与 d_P 的关系图。图中灰色的部分表示 OBG。由图可知,OBG 的上边缘将随着 d_P 的增大而发生蓝

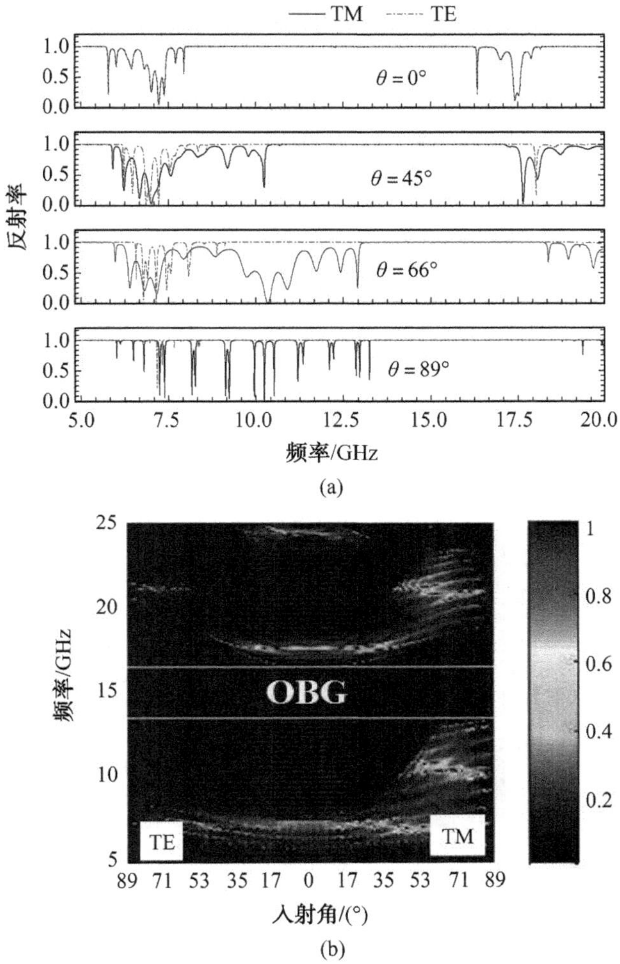

图 3.15　含匹配层 C 的 PC1/PC2 在不同角度和不同模式下的反射率与频率和入射角的关系图

移，其下边缘将随着 d_P 的增大而发生红移。当 d_P 从 0.5 mm 增大到 3 mm 时，OBG 将涵盖 10.405 ～ 19.092 GHz，带宽是 8.687 GHz。与 d_P = 0.5 mm 时相比，OBG 的带宽增加了 6.533 GHz。因此，增加 d_P 的值能有效地增加 OBG 带宽。

3.2.4　等离子体密度对 OBG 的影响

图 3.19 给出了电磁波垂直入射时，含匹配层 C 的 PC1/PC2 的透射率与频率和 n_e 的关系图，背景区域代表 PBG。由图可知，当 n_e 由 0.1 n_1 增加到 1.4n_1 时，PBG 的带宽能显著增大，PBG 的频率范围将涵盖 6.413 ～ 8.954 GHz。PBG 的

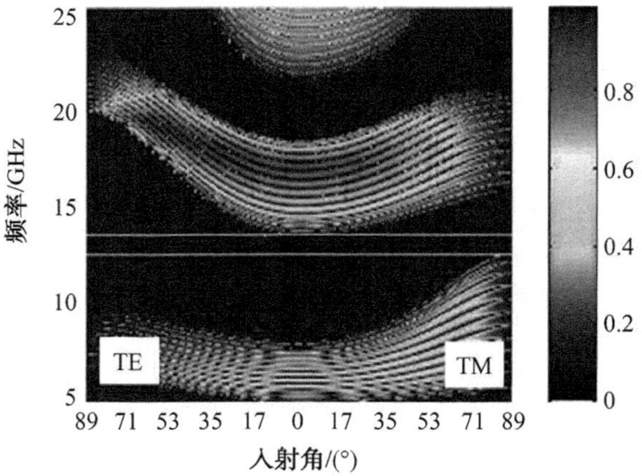

图 3.16　一维三元等离子体光子晶体的反射率与频率和入射角的关系图

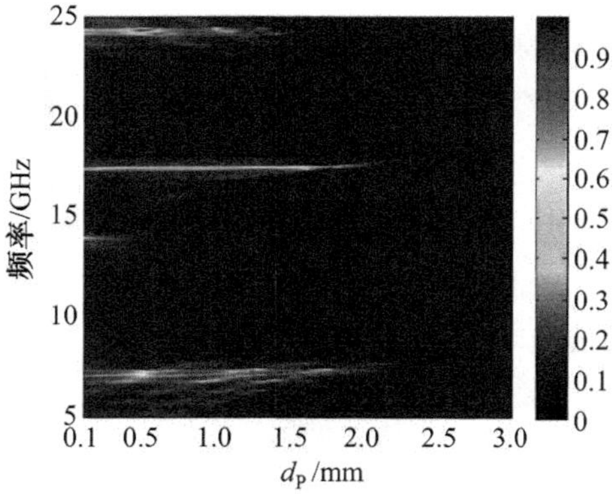

图 3.17　电磁波垂直入射时，含匹配层 C 的 PC1/PC2 的透射率与频率和 d_P 的关系图

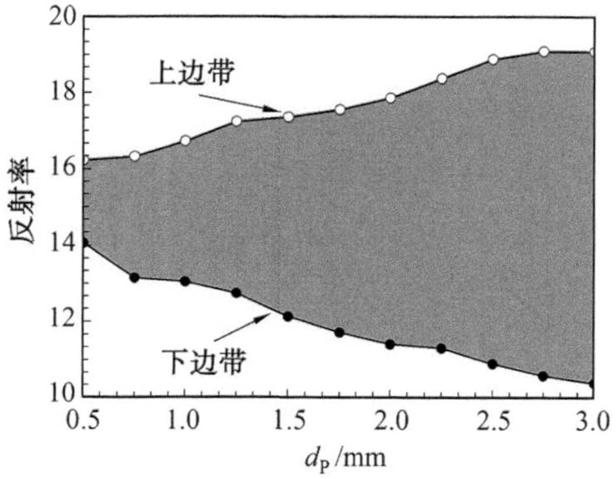

图 3.18　含匹配层 C 的 PC1/PC2 的 OBG 与 d_P 的关系图

上边缘将随着 k 的增大而发生蓝移，而其下边缘则几乎保持不变。因此，增加 n_e 的值能有效增加 PBG 的带宽。图 3.20 给出了含匹配层 C 的 PC1/PC2 的 OBG 与 n_e 的关系图，由图可知，OBG 的带宽将随着 n_e 的增大而增大，OBG 的上下边缘均将随着 n_e 的增大而发生蓝移。当 $n_e = 1\times10^{19}\ m^{-3}$ 由 $0.8n_1$ 增加到 $1.4n_1$ 时，OBG 的频率范围变为 2.804 ~ 3.377 GHz，且带宽为 4.860 GHz。与 $n_e = 0.8n_1$ 时相比，OBG 的带宽增加了 0.573 GHz。因此，当 n_e 增加时，PBG 和 OBG 的带宽能够显著增加。

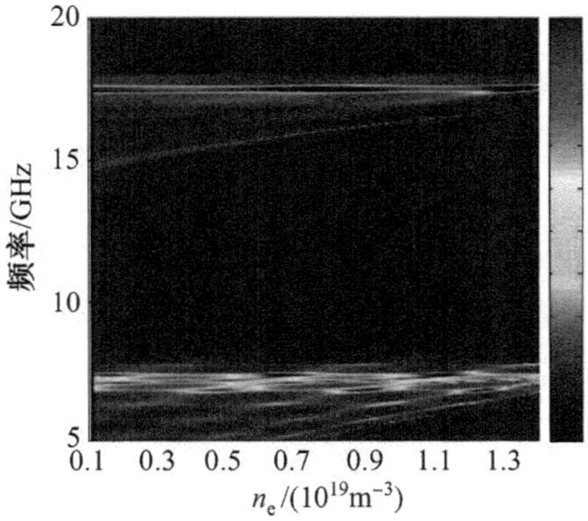

图 3.19　电磁波垂直入射，含匹配层 C 的 PC1/PC2 的透射率与频率和 n_e 的关系图

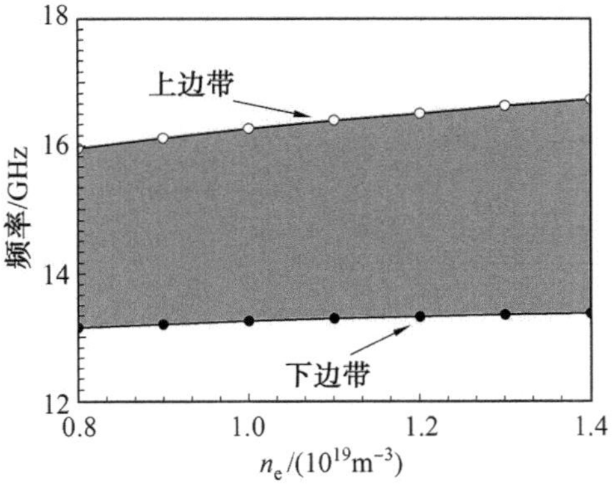

图 3.20　含匹配层 C 的 PC1/PC2 的 OBG 与 n_e 的关系图

3.3　基于变周期结构的全向反射器的设计

由 3.1 和 3.2 节的内容可知，采用拼接技术能够较好地改善 OBG 的特性，其本质上是通过引入等离子体来规避布儒斯特窗，但光子晶体本身的拓扑结构并

未起到太多改善 OBG 的作用。如果在引入等离子体的同时对光子晶体的空间拓扑结构也做相应的改变，那么 OBG 的特性也能得到改善。本节就是基于这个思想，采用变周期结构的方式，用简单的一维二元等离子体光子晶体结构设计了一款全向反射器。

3.3.1 基于变周期结构的全向反射器的实现

图 3.21 给出了一维变周期结构等离子体光子晶体的拓扑结构示意图。其中 A 和 P 分别代表介质和等离子体。TE 波和 TM 波的入射方式如图 3.21 所示。A 和 P 的相对介电常数和相对磁导率用 ε_n 和 $\mu_n(n=\mathrm{A,P})$ 表示。$d_\mathrm{A}(i)$ 和 $d_\mathrm{P}(i)$ 表示第 i 个周期 A 和 P 的厚度。为了构成一个变周期结构的一维等离子体光子晶体，将该光子晶体的结构参数定义为

$$d_\mathrm{A}(i)=a(i)H_\mathrm{a},\quad d_\mathrm{P}(i)=b(i)H_\mathrm{p} \tag{3.9}$$

式中，H_a 和 H_p 分别为介质和等离子体层的平均厚度；$a(i)$ 和 $b(i)$ 为分布函数，其定义为[204]

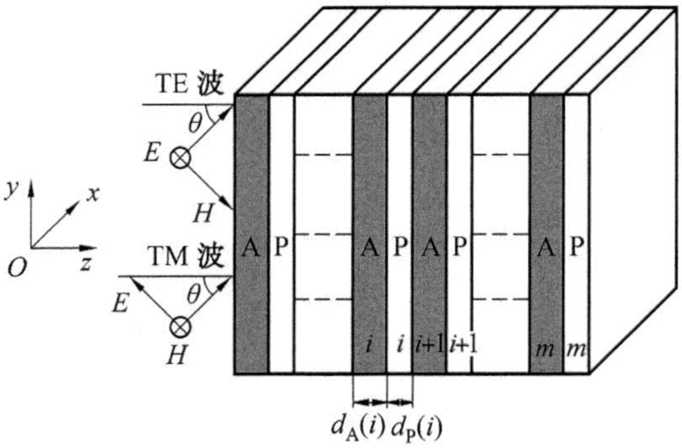

图 3.21 一维变周期结构等离子体光子晶体的拓扑结构示意图

$$a(i)=1+K_\mathrm{a}\left(2\frac{i-1}{m-1}-1\right),\quad b(i)=1+K_\mathrm{p}\left(2\frac{i-1}{m-1}-1\right) \tag{3.10}$$

式中，m 为周期常数；K_p 和 K_a 为渐变系数且均是小于 1 的数。显然，这种一维渐变周期结构的等离子体光子晶体的反射率也是可以通过 TMM 来求解的。该光子晶体的初始参数设为：$\varepsilon_\mathrm{A}=4$，$\mu_\mathrm{A}=1$，$H_\mathrm{a}=5\ \mathrm{mm}$，$n_\mathrm{e}=1\times10^{19}\ \mathrm{m}^{-3}$（$\omega_\mathrm{p}=\omega_\mathrm{p0}=2\pi\times28.4\times10^9\ \mathrm{rad/s}$），$H_\mathrm{p}=1\ \mathrm{mm}$，$\nu_\mathrm{c}=2\pi\times10^6\ \mathrm{rad/s}$，$K_\mathrm{p}=0.1$，$K_\mathrm{a}=0.1$ 和 $m=20$。图 3.22 给出了 TM 模式下一维变周期结构光子晶体在有不同填充物时的反射率与入射角和频率的关系图。图中深色区域表示 PBG。图 3.22(a) 给出了该光子晶体中的等离子体用空气层替代时的反射率图谱(其他参数不变)。由图 3.22(a) 可知，这种变周期结构光子晶体在 TM 模式下不能产生 OBG。当入射角在 54° 到 72° 之间时，布儒斯特窗的存在使得 PBG 消失了。为了规避布儒斯

特窗，可以将空气层用等离子体层代替。如图 3.22(b) 所示，TM 波有全向反射带隙，它能涵盖 12.50 ～ 16.80 GHz。图 3.23 给出了该一维变周期结构等离子体光子晶体在不同角度和不同模式下的反射率与频率和入射角的关系图。由图 3.23 可知，该等离子体光子晶体能产生 OBG，它位于 13.80 ～ 16.80 GHz，带宽是 3.00 GHz。对于 TE 和 TM 波而言，PBG 的上下边缘均会随着入射角的增大而发生蓝移，且其带宽也会随着 θ 的增大而增大。OBG 带宽由 TE 波的全向反射带宽决定。

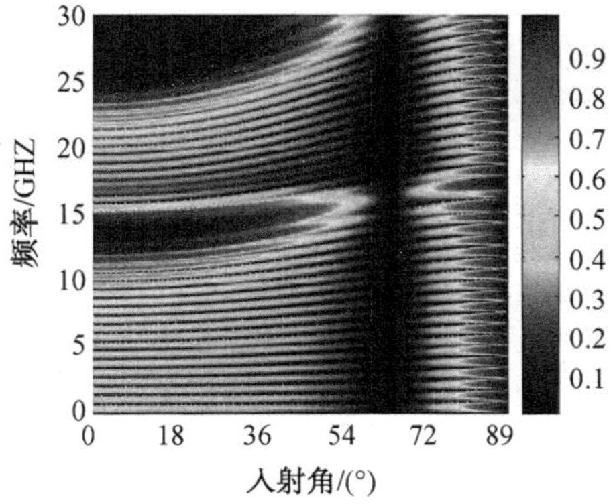

(a) 空气

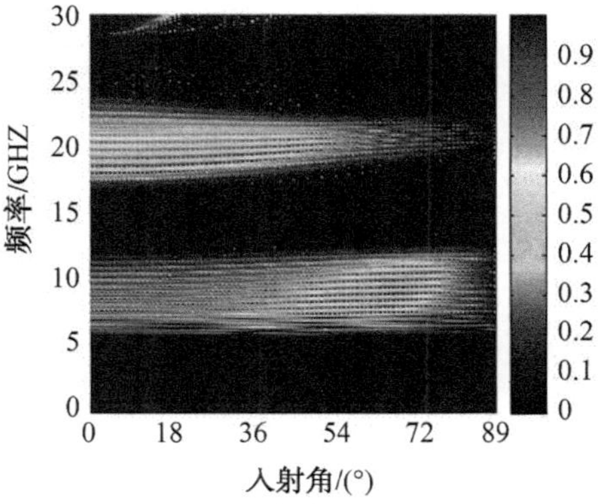

(b) 等离子体

图 3.22　TM 模式下一维变周期结构光子晶体在有不同填充物时的反射率与入射角和频率的关系图

图 3.24 中给出了一维均匀周期结构(即 $K_p = K_a = 0$)的等离子体光子晶体的反射率与频率和入射角度的关系图。由图 3.24 可知，OBG 的频率范围是 13.20 ～15.20 GHz，它的带宽是 2.00 GHz，此时 OBG 的相对带宽是 14.08%。同理，由图 3.23 可知，一维变周期结构等离子体光子晶体的 OBG 的相对带宽是 19.61%。比较图 3.23 和图 3.24 中的结果可知，采用变周期结构所得 OBG 的相对带宽比常规二元均匀周期结构的要高出 5.53%。因此，可以用这种一维变周期结构的等离子体光子晶体来实现全向反射器的设计，用这种结构不但可以得到 OBG，而且 OBG 在相对带宽上有明显提高。

3.3.2　介质层的平均厚度对 OBG 的影响

图 3.25 给出了电磁波垂直入射时的 PBG 和 OBG 与 H_a 的关系图。由图 3.25(a) 可知，当电磁波垂直入射时，PBG 的上下边缘均会随着 H_a 的增加而发生红移，而且带宽和中心频率也会随着 H_a 的增大而减小。同样，PBG 的数目也会随着 H_a 的增加而增加。由图 3.25(b) 可知，OBG 的上下边缘也会随着 H_a 的增加而发生红移，而且带宽也会显著减小。当 H_a 从 3 mm 增加到 10 mm 时，OBG

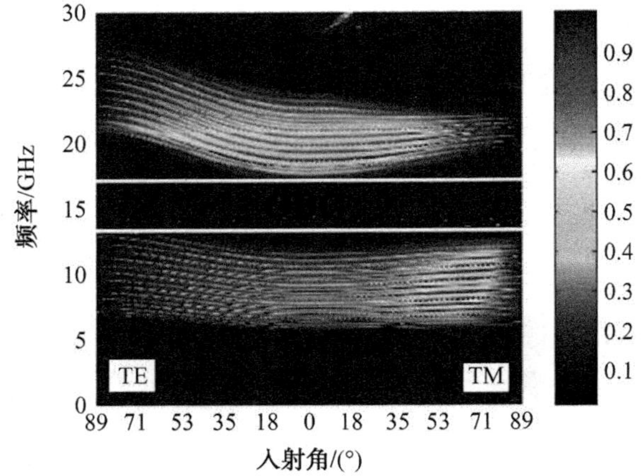

(a)

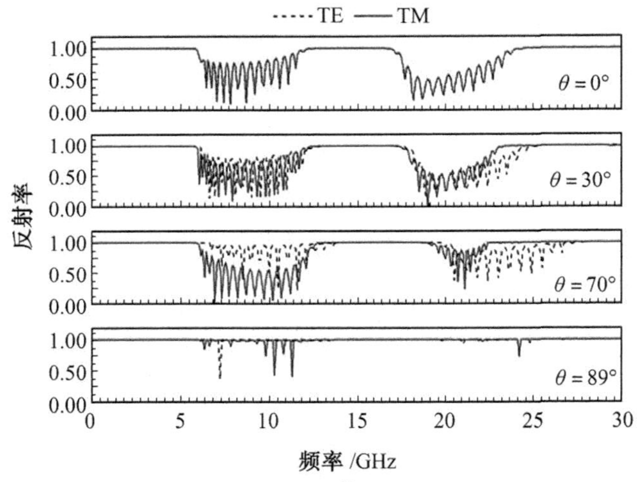

(b)

图 3.23 不同角度和不同模式下的反射率与频率和入射角的关系图

的频率范围将变为 7.54 ~ 9.06 GHz，其带宽为 1.52 GHz。在 $H_a = 3$ mm 与 $H_a = 10$ mm 时，OBG 的带宽增加了 3.92 GHz。因此，OBG 的带宽会随着 H_a 的增加而减小，而 PBG 的数量也会随着 H_a 的增加而增加。H_a 对 OBG 有明显的调谐作用。

3.3.3 等离子体层的平均厚度对 OBG 的影响

图 3.26 给出了电磁波垂直入射时的 PBG 和 OBG 与 H_p 的关系图。由图 3.26(a) 可知，当电磁波垂直入射时，改变 H_p 的大小对 PBG 有明显影响。PBG 的上边缘将会随着 H_p 的增加而发生蓝移，但是其下边缘却会发生红移。这使得

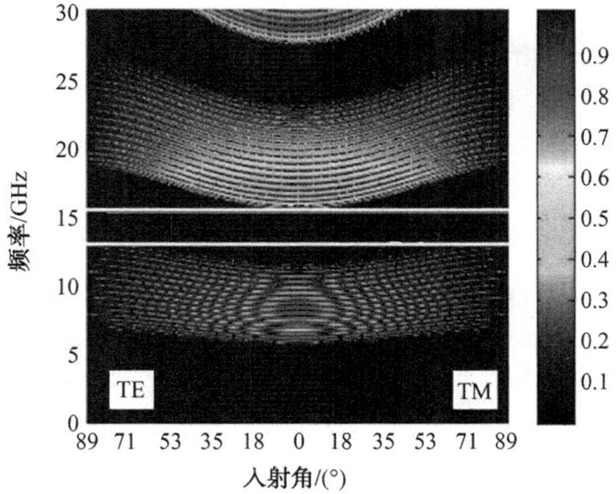

图 3.24　一维均匀周期结构的等离子体光子晶体的反射率与频率和入射角的关系图

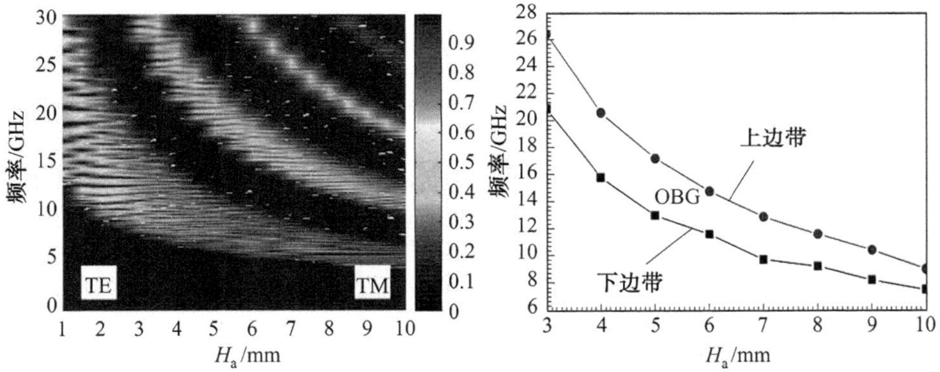

(a) 电磁波垂直入射时的PBG　　(b) 电磁波垂直入射时的OBG

图 3.25　电磁波垂直入射时的 PBG 和 OBG 与 H_a 的关系图

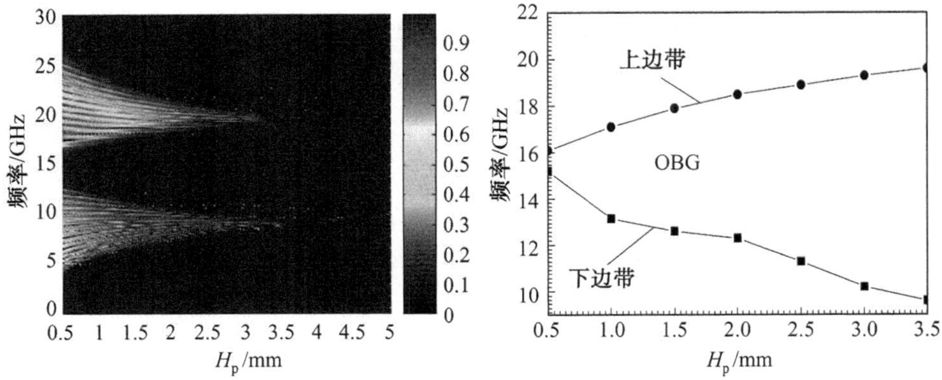

(a) 电磁波垂直入射时的PBG　　(b) 电磁波垂直入射时的OBG

图 3.26　电磁波垂直入射时的 PBG 和 OBG 与 H_p 的关系图

PBG的带宽随着 H_p 的增加而增大。由图3.26(b)可知，OBG的带宽能显著地被 H_p 调谐。随着 H_p 的增加，OBG的上边缘将发生蓝移，但是其下边缘将发生红移。当 H_p 从0.5 mm增加到3.5 mm时，OBG将会涵盖9.61～19.63 GHz，其带宽为10.02 GHz。对比 H_p=0.5 mm时，OBG的带宽增加了9.18 GHz。由上述可知，OBG和PBG的带宽均会随着 H_p 的增加而变大，H_p 对OBG的带宽拓展作用显著。

3.3.4　等离子体频率对OBG的影响

图3.27给出了电磁波垂直入射时的PBG和OBG与等离子体频率(ω_p/ω_{p0})的关系图。由图3.27(a)可知，当电磁波垂直入射时，改变 ω_p/ω_{p0} 的大小对PBG有明显影响。PBG的上边缘将会随着 ω_p/ω_{p0} 的增大而发生蓝移，但是其下边缘却变化不太明显，只是缓慢地向低频方向移动。显然，PBG的带宽会随着 ω_p/ω_{p0} 的增大而增大。当 ω_p/ω_{p0} 的值由0.1增加到2.1时，PBG将覆盖11.71～21.28 GHz。由图3.27(b)可知，改变 ω_p/ω_{p0} 的大小能对OBG的带宽进行调谐。随着 ω_p/ω_{p0} 的增大，OBG的上边缘将发生蓝移，但是其下边缘将缓慢地向低频方向移动。当 ω_p/ω_{p0} 从0.1增加到2.0时，OBG将会覆盖13.45～21.46 GHz，其带宽为8.01 GHz。与 ω_p/ω_{p0}=0.1时比，OBG的带宽增加了7.29 GHz。因此，PBG和OBG的带宽均会随着 ω_p/ω_{p0} 的增大而增大，增大 ω_p 对拓展OBG的作用显著。

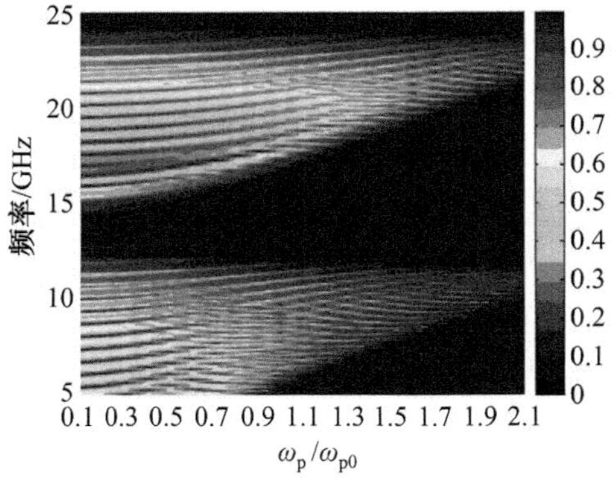

(a) 电磁波垂直入射时的PBG

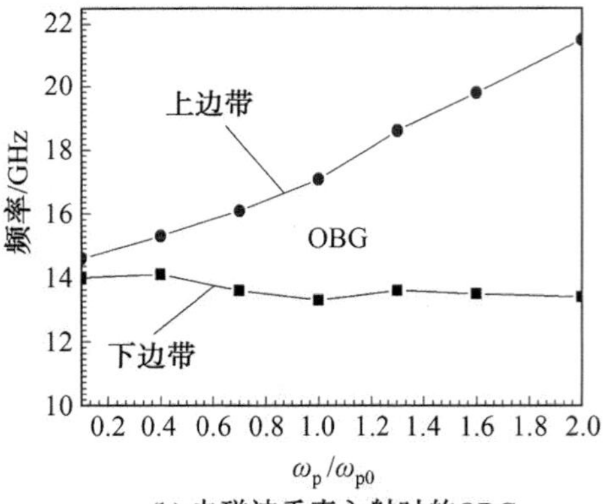

(b) 电磁波垂直入射时的OBG

图3.27　电磁波垂直入射时的PBG和OBG与等离子体频率的关系图

3.3.5　等离子体和介质层的渐变系数对OBG的影响

图3.28给出了OBG与等离子体和介质层的渐变系数间的关系图。由图3.28可知，K_p 和 K_a 对OBG有明显调谐作用。由图3.28(a)可知，当 K_p 增加时，

OBG 的上边缘将发生红移，而其下边缘将先向高频方向移动然后再往低频方向移动。当 K_p 的数值由 0.1 增加到 0.6 时，OBG 的频率范围将涵盖 12.61 ～ 16.61 GHz，且带宽是 4.00 GHz。OBG 在 $K_p=0.6$ 与 $K_p=0.1$ 时相比，OBG 的带宽减小了 0.08 GHz。由图 3.28(b) 可知，OBG 的上下边缘对 K_a 十分敏感。如果 $K_a \leqslant 0.4$，OBG 的上边缘将会随着 K_a 的增大而向高频方向移动，但是其下边缘将发生红移。如果 $K_a > 0.4$，OBG 的上下边缘将发生红移。当 K_a 的数值由 0.1 增加到 0.7 时，OBG 的频率范围将变为 9.24 ～ 13.87 GHz，其带宽为 4.63 GHz。与 $K_a=0.1$ 时相比，OBG 的带宽增加了 0.52 GHz。因此，K_p 由 0.1 增加到 0.4 时，OBG 的带宽将缓慢减小，而 K_a 由 0.1 增加到 0.4 时，OBG 的带宽将显著增大。显然，OBG 能显著地被 K_p 和 K_a 所调谐。

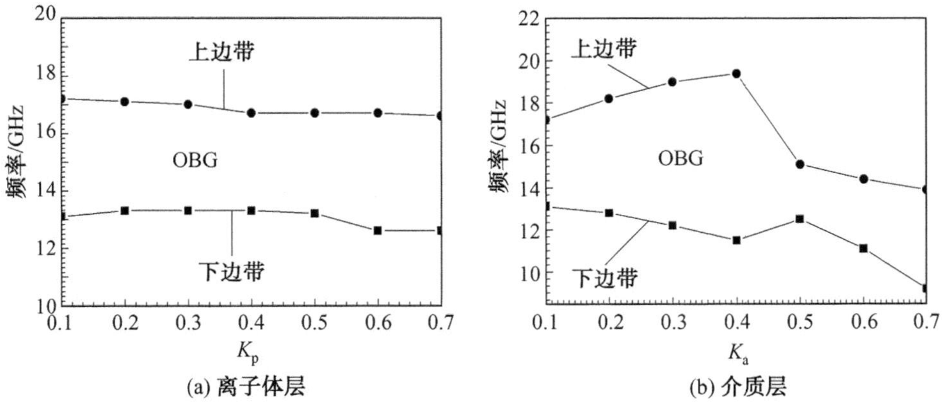

图 3.28 OBG 与等离子体和介质层的渐变系数间的关系图

3.4 基于准周期或分形结构的全向反射器的设计

在 3.3 节中，用拓扑结构的渐变技术对全向反射器进行了设计，证明改变或者进一步破坏一维等离子体光子晶体的周期拓扑结构，能很好地展宽 OBG 带宽。本节将准周期和分形的结构引入到全向反射器的设计中，使得 OBG 的带隙特性得到进一步的改善。众所周知，自然界准周期结构或分形结构可以有很多，如 Cantor 集[205]、Sierpinski 集[206]、Pascal 三角[207]、Koch 分形[208]、Julia 集[209]等。但是对于一维拓扑结构而言，Thue-Morse[210] 和 Fibonacci[211] 序列是最为常见的，尤其是 Thue-Morse[212] 序列已经被用来设计光子晶体。因为 Thue-Morse 序列的自相似性，或者说是分形的，其本身就有很多有趣的特性[213]。本节将以 Thue-Morse 序列来构成一个准周期结构的一维等离子体光子晶体来实现全向反射器的设计。

3.4.1 基于 Thue-Morse 准周期结构的全向反射器的实现

图 3.29 给出了一维 3 阶 Thue-Morse 准周期结构的等离子体光子晶体的结构示意图。其中 A 和 P 分别代表介质层和等离子体层。TE 和 TM 波的入射方式如图 3.29 所示。A 和 P 的相对介电常数和相对磁导率用 ε_i 和 $\mu_i(i=\mathrm{A},\ \mathrm{P})$ 表示。A 和 P 的厚度分别用 d_{A} 和 d_{P} 表示。Thue-Morse 序列是一个递归序列，它满足条件 $S_n=S_{n-1}\widetilde{S_{n-1}}$，其中 $n\geqslant 1$，且 n 表示 Thue-Morse 序列的阶数，$\widetilde{S_{n-1}}$ 是 S_{n-1} 的补集。对于图 3.29 给出的例子，如果 0 阶用 $S_0=\{\mathrm{A}\}$ 表示，那么 1 阶则为 $S_1=\{\mathrm{AP}\}$，依此类推，可以得到 2 阶和 3 阶 Thue-Morse 序列，它们分别为 $S_2=\{\mathrm{APPA}\}$，$S_3=\{\mathrm{APPAPAAP}\}$。显然，这种基于 Thue-Morse 序列的一维准周期结构的等离子体光子晶体的反射率也可以通过 TMM 来计算。不同的是，在计算传输矩阵时，应该以 Thue-Morse 序列的阶数进行递归。如对于 S_1、S_2 和 S_3，它们的传输矩阵分别为 $\boldsymbol{M}_1=\boldsymbol{M}_{\mathrm{A}}\boldsymbol{M}_{\mathrm{P}}$，$\boldsymbol{M}_2=\boldsymbol{M}_{\mathrm{A}}\boldsymbol{M}_{\mathrm{P}}\boldsymbol{M}_{\mathrm{P}}\boldsymbol{M}_{\mathrm{A}}$ 和 $\boldsymbol{M}_3=\boldsymbol{M}_{\mathrm{A}}\boldsymbol{M}_{\mathrm{P}}\boldsymbol{M}_{\mathrm{P}}\boldsymbol{M}_{\mathrm{A}}\boldsymbol{M}_{\mathrm{P}}\boldsymbol{M}_{\mathrm{A}}\boldsymbol{M}_{\mathrm{A}}\boldsymbol{M}_{\mathrm{P}}$。所以在 TMM 计算过程中，第 N 阶 Thue-Morse 序列的传输矩阵仅需要通过以下递推公式进行计算即可：

$$\boldsymbol{M}_N=\boldsymbol{M}_{N-1}\widetilde{\boldsymbol{M}}_{N-1},\quad N\geqslant 2 \tag{3.11}$$

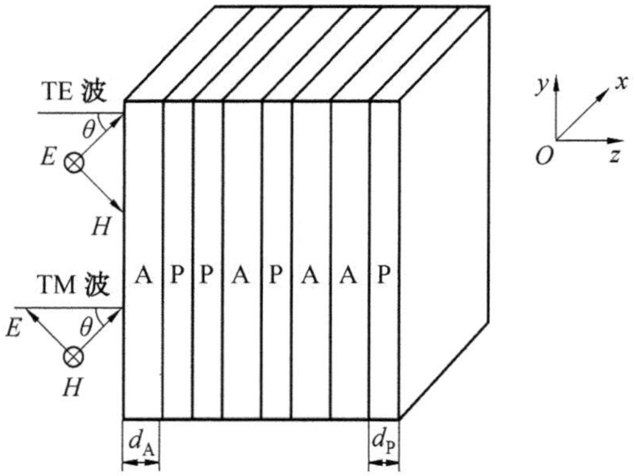

图 3.29 一维 3 阶 Thue-Morse 准周期结构的等离子体光子晶体的结构示意图

该光子晶体的参数如下：$\varepsilon_{\mathrm{A}}=4$，$d_{\mathrm{A}}=5\ \mathrm{mm}$，$d_{\mathrm{P}}=1.0\ \mathrm{mm}$，$n_{\mathrm{e}}=n_1=0.4\times 10^{19}\ \mathrm{m}^{-3}$（$\omega_{\mathrm{p}}=2\pi\times 17.96\times 10^9\ \mathrm{rad/s}$），$\nu_{\mathrm{c}}=\nu_0=2\pi\times 10^6\ \mathrm{rad/s}$，且 Thue-Morse 序列的阶数为 6。$\mu_i=1(i=\mathrm{A},\ \mathrm{P})$。图 3.30(a) 给出了 TM 模式下，一维常规二元光子晶体的反射率与入射角和频率的关系图。由图 3.30(a) 可知，该光子晶体不能产生 OBG。要得到 OBG，可以用等离子体替代空气，并将等离子体和介质按照 Thue-Morse 序列排列（$N=6$）。图 3.30(b) 给出了一维 Thue-Morse 准周期

结构排列的等离子体光子晶体的反射率与入射角和频率的关系图。由图 3.30(b) 可知，该准周期结构能产生 OBG，其频率范围是 13.93 ～ 15.34 GHz，带宽是 1.41 GHz。OBG 的带宽对 TE 波敏感，而对 TM 波不敏感。TM 波的全向反射带隙是 12.65 ～ 15.34 GHz。TE 波的全向反射带隙是 13.93 ～ 15.34 GHz。因此，TE 波的全向反射带隙决定了 OBG 的带宽。显然，这种基于一维 Thue-Morse 准周期结构的等离子体光子晶体能够被用来设计全向反射器。

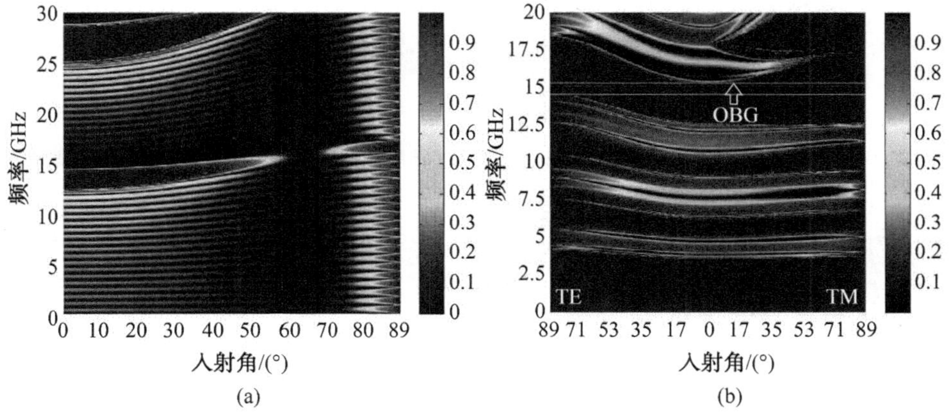

图 3.30　TM 模式下一维常规二元光子晶体的反射率与入射角和频率的关系图

3.4.2　等离子体层厚度对 OBG 的影响

图 3.31 给出了该一维等离子体光子晶体在电磁波垂直入射时的 PBG 和 OBG 与等离子体层厚度 d_P 的关系图。由图 3.31(a) 可知，d_P 对 PBG 的影响较为明显。当 d_P 增大时，PBG 的上边缘将发生蓝移，而其下边缘将发生红移。显然，PBG 的带宽将随着 d_P 的增大而增大。由图 3.31(b) 可知，OBG 的上边缘将随着 d_P 的增大而发生蓝移，而其下边缘将随着 d_P 的增大而发生红移。当 d_P 由 1.0 mm 增加到 2.5 mm 时，OBG 的频率范围将覆盖 12.81 ～ 15.68 GHz，其带宽是 2.87 GHz。与 $d_P=1.0$ mm 时相比，OBG 的带宽增加了 1.46 GHz。由上可知，展宽 OBG 的带宽能通过增加 d_P 的值来实现。

3.4.3　Thue-Morse 序列的阶数 *N* 对 OBG 的影响

图 3.32 给出了该等离子体光子晶体在不同 Thue-Morse 序列阶数时，电磁波垂直入射时的反射率图谱。由图 3.32(a) 可知，单一的光子晶体单元(S_1) 不能产生 PBG。随着 Thue-Morse 序列阶数 N 的增加，PBG 将逐渐形成，且 PBG 的上下边缘将逐渐变得陡峭。PBG 的中心频率不会随着 N 的增加而发生变化，但是

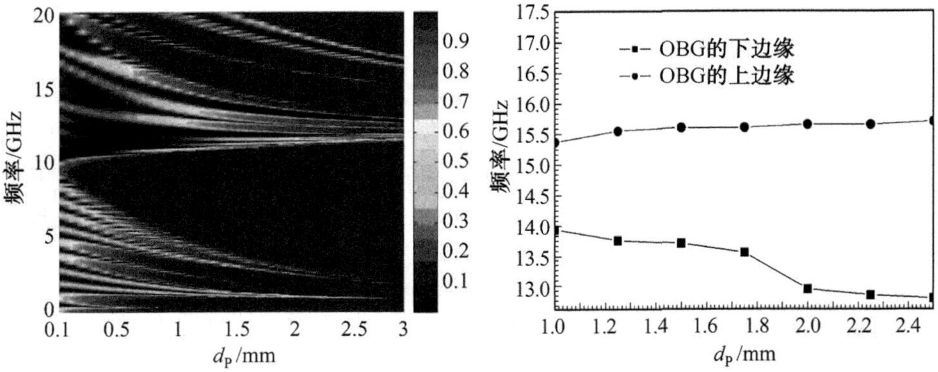

(a) 电磁波垂直入射时的PBG　　(b) 电磁波垂直入射时的OBG

图 3.31　一维等离子体光子晶体在电磁波垂直入射时的 PBG 和 OBG 与等离子体层厚度 d_P 的关系图

透射带间将会有更多的透射峰出现。由图 3.32 可知，如果 N 的值由 1 增加到 5，PBG 的上边缘将发生蓝移，但是其下边缘将发生红移，PBG 的带宽将逐渐增大。如果继续增加 N 的值(图 3.32(e) ～ 3.32(h))，PBG 的带宽将保持不变，频率范围是 12.82 ～ 15.34 GHz，带宽是 2.52 GHz。因此，一味地增加 Thue-Morse 序列阶数 N 并不能拓展 PBG 和 OBG 的带宽。

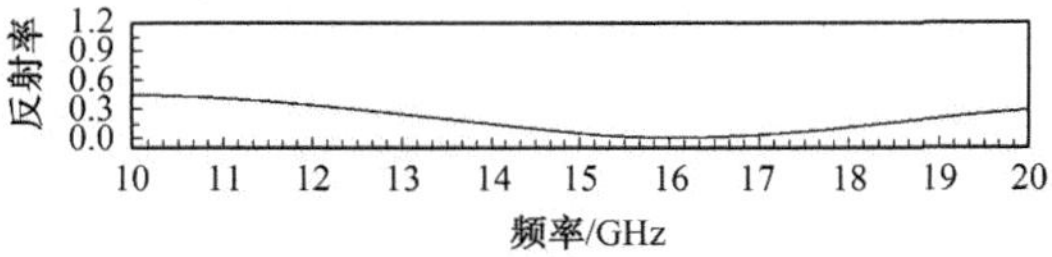

(a) S_1

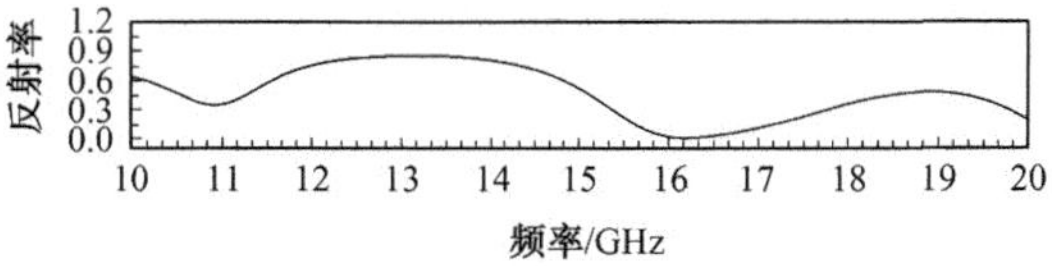

(b) S_3

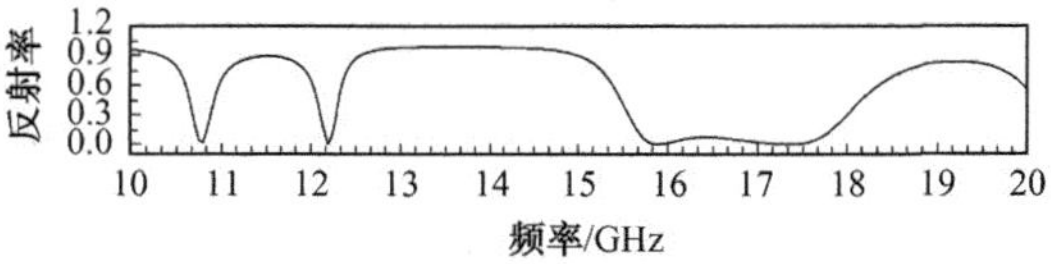

(c) S_4

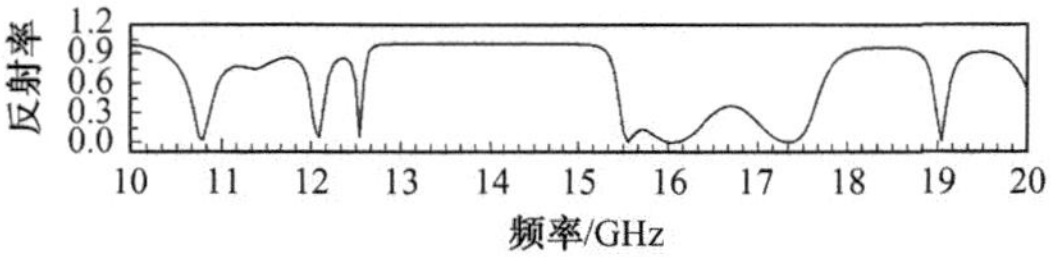

(d) S_5

图 3.32　该等离子体光子晶体在不同 Thue-Morse 序列阶数时，电磁波垂直入射时的反射率图谱

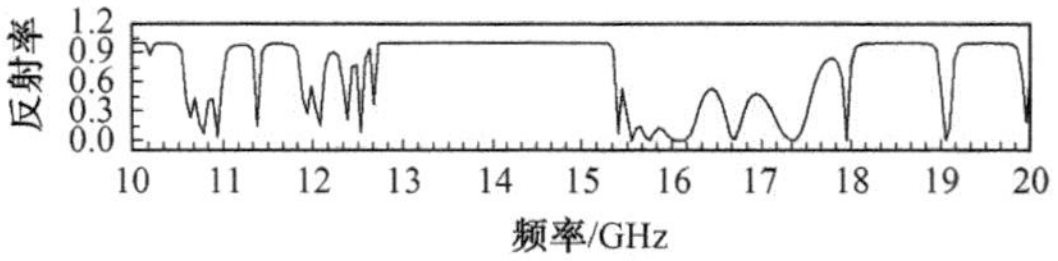

(e) S_6

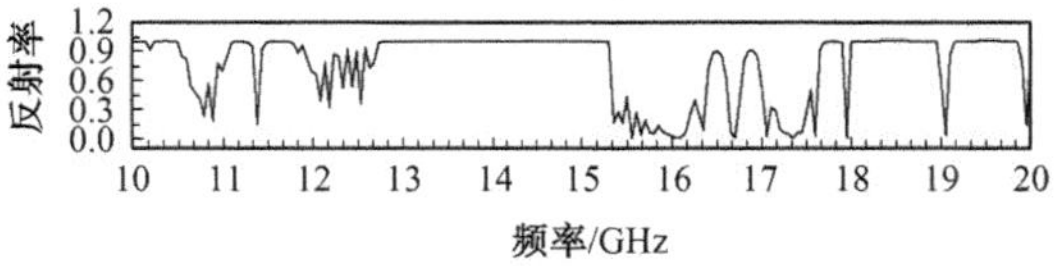

(f) S_7

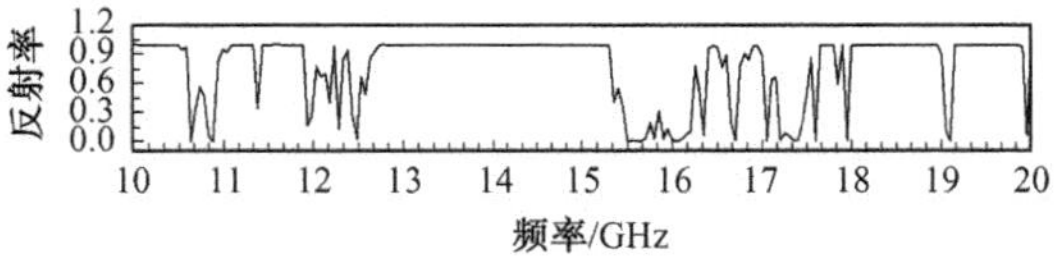

(g) S_8

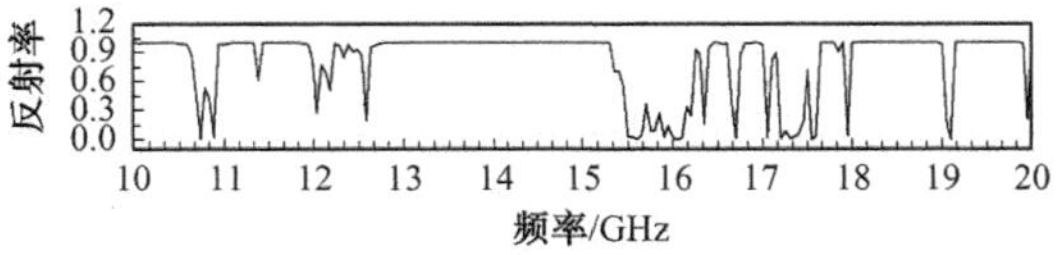

(h) S_9

续图 3.32

3.4.4　等离子体密度对 OBG 的影响

图 3.33 给出了电磁波垂直入射时的 PBG 和 OBG 与等离子体密度 n_e 的关系图。由图 3.33(a) 可知，当 n_e 由 0 增加到 $3n_1$ 时，PBG 的带宽能被显著地展宽。随着 n_e 的增加，PBG 的上下边缘都将发生蓝移，而上边缘的移动幅度较下边缘的大。由图 3.33(b) 可知，随着 n_e 的增加，OBG 的上边缘将发生蓝移，而其下边缘将发生红移。显然，OBG 的带宽也将随着 n_e 的增大而增大。当 n_e 的大小由 $0.5n_1$ 增加到 $3n_1$ 时，OBG 的频率范围将变为 14.40 ～ 18.68 GHz，其带宽为 4.28 GHz。与 $n_e=0.5n_1$ 时相比，OBG 的带宽增加了 4.28 GHz。因此，PBG 和 OBG 的带宽均会随着 n_e 的增加而增加，提升 n_e 的大小有利于拓展 OBG 的带宽。

3.4.5　等离子体碰撞频率对 OBG 的影响

图 3.34 给出了电磁波垂直入射时的 PBG 和 OBG 与 ν_c 的关系图。由图 3.34(a) 可知，当电磁波垂直入射时，PBG 的带宽不会随着 ν_c 的变化而变化。当 $\nu_c=0.01\nu_0$ 时 PBG 的频率范围是 12.82 ～ 15.34 GHz。如果将 ν_c 增加到 $\nu_c=10\nu_0$，PBG 的带宽依然保持不变。为了解 OBG 与等离子体碰撞频率 ν_c 的关系，

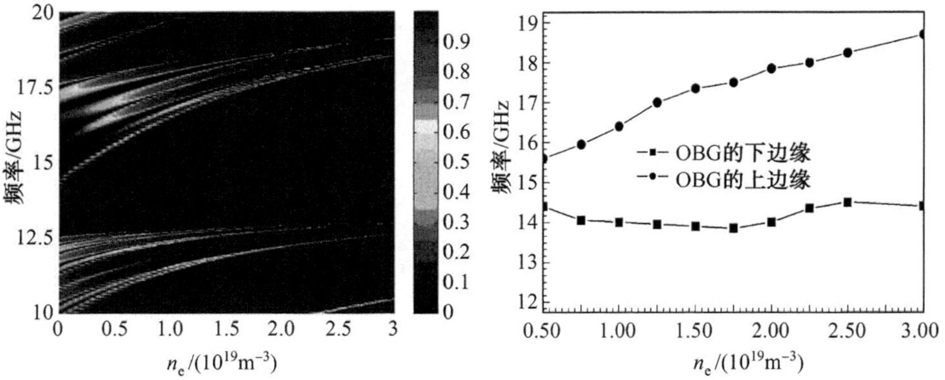

(a) 电磁波垂直入射时的PBG (b) 电磁波垂直入射时的OBG

图 3.33 电磁波垂直入射时的 PBG 和 OBG 与等离子体密度 n_e 的关系图

由图 3.34(b) 给出了 $\lg\frac{\nu_c}{\nu_0}$ 与 OBG 的关系图。由图 3.34(b) 可知，当 ν_c/ν_0 的数值由 0.01 增加到 10 时，OBG 的带宽保持不变。它的频率范围是 13.93～15.34 GHz，带宽是 1.41 GHz。因此，改变 ν_c 的大小不能拓展 OBG 和 PBG 的带宽，即 ν_c 对 OBG 无影响。

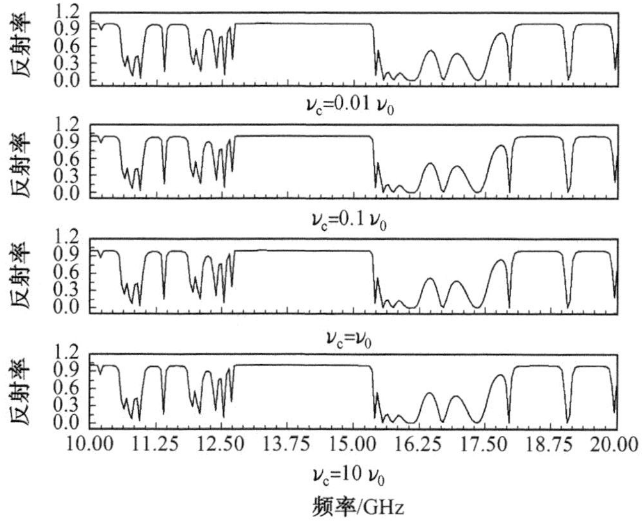

(a) 电磁波垂直入射时的PBG

图 3.34 电磁波垂直入射时的 PBG 和 OBG 与 ν_c 的关系图

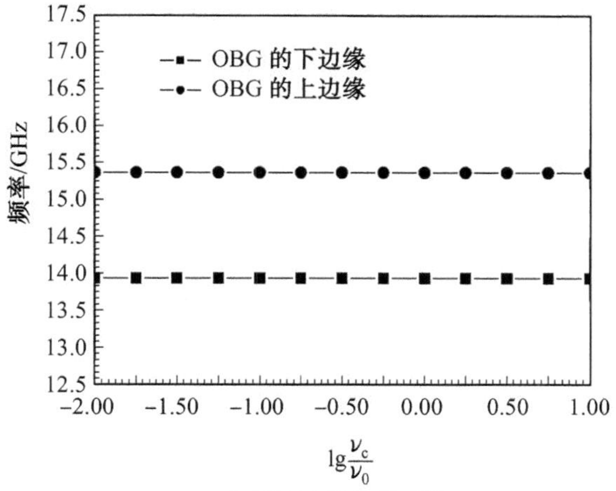

(b) 电磁波垂直入射时的OBG

续图 3.34

3.5 基于三元 Fibonacci 准周期结构的全向反射器的设计

由 3.4 节可知，具有准周期结构 Thue-Morse 序列的一维多层等离子体介质周期结构能较好地实现全向反射器的设计。在二元结构的情况下，同样可以用 Fibonacci 数列实现全向反射器的设计[214]。Fibonacci 数列是介于周期结构和无序结构间的拓扑结构，尽管周期结构和无序结构均能用来实现 PBG 和提高光子局域化[215-217]，但是 Fibonacci 数列也有自身的一些特性，使得其在特殊情况下也能实现对全向反射器[218]和光学微腔的设计[219]。本节主要介绍常规的一维三元光子晶体结构，提出了一种新的一维三元 Fibonacci 准周期结构的拓扑结构，以此来实现基于一维等离子体光子晶体全向反射器的设计。

3.5.1 基于一维三元 Fibonacci 准周期结构的全向反射器的实现

图 3.35 给出了一维 4 阶三元 Fibonacci 准周期结构的等离子体光子晶体的结构示意图，其中背景介质是空气。A、B 和 P 分别代表石英玻璃、空气和等离子体，TE 和 TM 波的入射方式如图 3.35 所示。A、B 和 P 的相对介电常数和相对磁导率分别用 ε_i 和 μ_i(i=A, B, P) 表示。A、B 和 P 的厚度分别用 d_A、d_B 和 d_P 表示。 Fibonacci 序列也是一个递归序列，它满足 $S_{n+1}=S_nS_{n-1}$，其中 $n\geqslant 1$，且 $n+1$ 表示 Fibonacci 序列的阶数。对于图 3.35 给出的示例来说，如果 0 阶和 1 阶分别用 $S_0=\{P\}$ 和 $S_1=\{AB\}$ 表示，那么 N 阶则可以表示为 $S_N=S_{N-1}S_{N-2}$，依此类推，可以得到一维 4 阶三元 Fibonacci 序列 $S_4=\{ABPABABP\}$。显然，这种基

于一维三元 Fibonacci 序列的等离子体光子晶体的反射率也可以通过 TMM 计算。唯一不同的是，在计算传输矩阵时，应该以 Fibonacci 序列的阶数进行递归。如对于 S_2、S_3 和 S_4，它们的传输矩阵分别表示为 $\boldsymbol{M}_2=\boldsymbol{M}_{\mathrm{A}}\boldsymbol{M}_{\mathrm{B}}\boldsymbol{M}_{\mathrm{P}}$，$\boldsymbol{M}_3=\boldsymbol{M}_{\mathrm{A}}\boldsymbol{M}_{\mathrm{B}}\boldsymbol{M}_{\mathrm{P}}\boldsymbol{M}_{\mathrm{A}}\boldsymbol{M}_{\mathrm{B}}$ 和 $\boldsymbol{M}_4=\boldsymbol{M}_{\mathrm{A}}\boldsymbol{M}_{\mathrm{B}}\boldsymbol{M}_{\mathrm{P}}\boldsymbol{M}_{\mathrm{A}}\boldsymbol{M}_{\mathrm{B}}\boldsymbol{M}_{\mathrm{A}}\boldsymbol{M}_{\mathrm{B}}\boldsymbol{M}_{\mathrm{P}}$。显然，用 TMM 计算第 N 阶 Fibonacci 序列的传输矩阵仅需要通过以下递推公式进行求解即可：

$$\boldsymbol{M}_N=\boldsymbol{M}_{N-1}\boldsymbol{M}_{N-2},\quad N\geqslant 2 \tag{3.12}$$

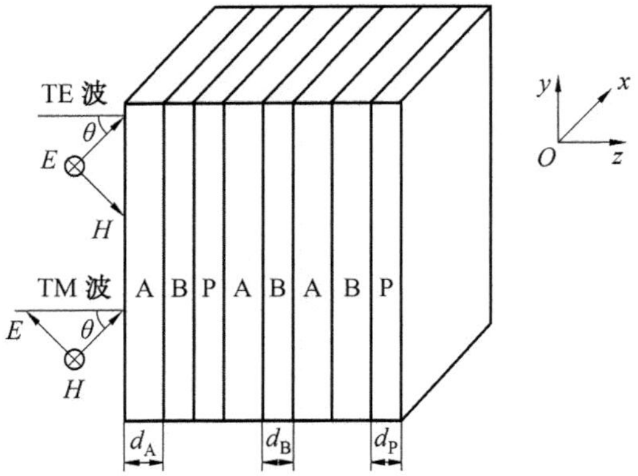

图 3.35　一维 4 阶三元 Fibonacci 准周期结构的等离子体光子晶体的结构示意图

该光子晶体的初始参数如下[92]：$\varepsilon_{\mathrm{A}}=4$，$d_{\mathrm{A}}=5$ mm，$d_{\mathrm{P}}=1.0$ mm，$\varepsilon_{\mathrm{B}}=1$，$d_{\mathrm{B}}=5$ mm，$n_{\mathrm{e}}=n_1=1\times10^{19}\ \mathrm{m}^{-3}$，$\omega_{\mathrm{p}}=2\pi\times28.4\times10^9$ rad/s，$\nu_{\mathrm{c}}=2\pi\times10^6$ rad/s，且 Fibonacci 序列的阶数为 10，$\mu_i=1(i=\mathrm{A},\ \mathrm{B},\ \mathrm{P})$。图 3.36 给出了由 A 和 B 构成的一维光子晶体在不同入射角度下 TE 和 TM 波的反射率图谱。由图 3.36(c) 可知，仅仅由介质 A 和介质 B 构成的光子晶体不能产生 OBG。为了得到 OBG，可以将等离子体 P、介质 A 和介质 B 按三元 Fibonacci 序列的方式进行排列（阶数为 10）。图 3.37 给出了一维 10 阶三元 Fibonacci 准周期结构的等离子体光子晶体在不同入射角度下 TE 和 TM 波的反射率图谱。由图 3.37 可知，以这种基于一维 10 阶三元 Fibonacci 序列的等离子体光子晶体能产生 OBG，其频率范围是 11.538 ～13.975 GHz，带宽是 2.437 GHz。OBG 的带宽对 TE 波不敏感，而对 TM 波敏感。TE 波的全向反射带隙是 9.130 ～ 13.975 GHz，TM 波的全向反射带隙是 11.538 ～ 13.975 GHz。因此，TM 波的全向反射带隙决定了 OBG 的带宽。图 3.38 给出了一维三元 Fibonacci 结构和常规三元周期结构等离子体光子晶体的全向带隙图，两条白线间的区域表示 OBG。由图 3.38(a) 可知，由三元 Fibonacci 结构得到的 OBG 的频率范围是 11.538 ～ 13.975 GHz，带宽是 2.437 GHz。而由图 3.38(b) 可知，由常规一维三元结构得到的 OBG 的频率范围是 12.591 ～ 13.336 GHz，带宽是 0.745 GHz。比较图 3.38(a) 和图 3.38(b)

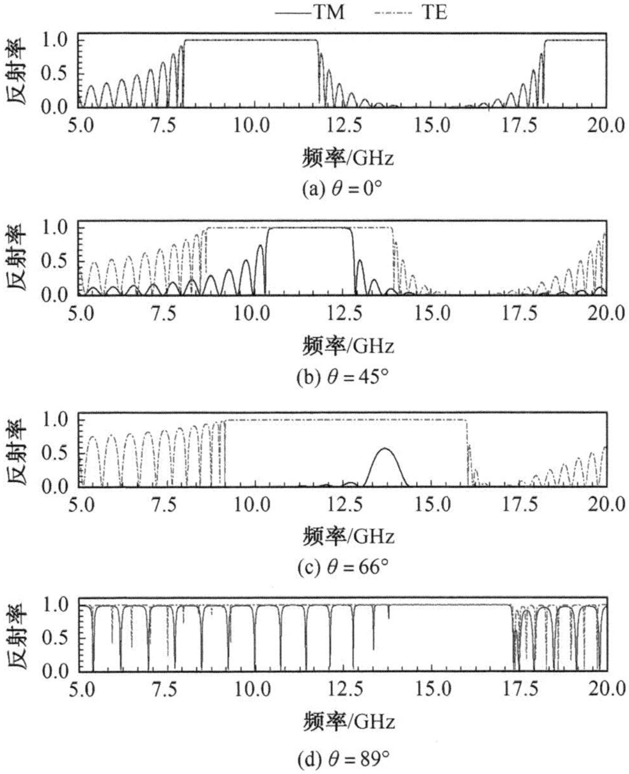

图 3.36　由 A 和 B 构成的一维光子晶体在不同入射角度下 TE 和 TM 波的反射率图谱

中 OBG 大小关系的结果可知，由三元 Fibonacci 结构得到的 OBG 带宽较常规一维三元结构得到的要宽 1.692 GHz。因此，可以采用一维三元 Fibonacci 的结构来构成等离子体光子晶体，能达到获得更大 OBG 带宽的目的，较传统的一维三元结构在 OBG 特性上有明显的改善。

3.5.2　Fibonacci 序列的阶数 *N* 对 OBG 的影响

图 3.39 给出了该一维三元 Fibonacci 准周期结构的等离子体光子晶体在不同 Fibonacci 序列阶数时，垂直入射电磁波的反射率图谱。由图 3.39(a) ~ 3.39(d) 可知，随着 Fibonacci 序列阶数 N 的增加，PBG 的中心频率(10.868 GHz) 将保持不变，但 PBG 的上下边缘将逐渐变得陡峭。当 N 的值由 4 增加到 7 时，PBG 的上边缘将发生蓝移，其下边缘将发生红移，且 PBG 的带宽将逐渐增大。由图 3.39(e) ~ 3.39(h) 可知，如果 N 的值继续由 9 增加到 12，PBG 的上下边缘将保持不变，其频率范围是 7.761 ~ 13.975 GHz，带宽是 6.124 GHz。因此，一味地增加 Fibonacci 序列的阶数 N 并不能拓展 PBG 的带宽。

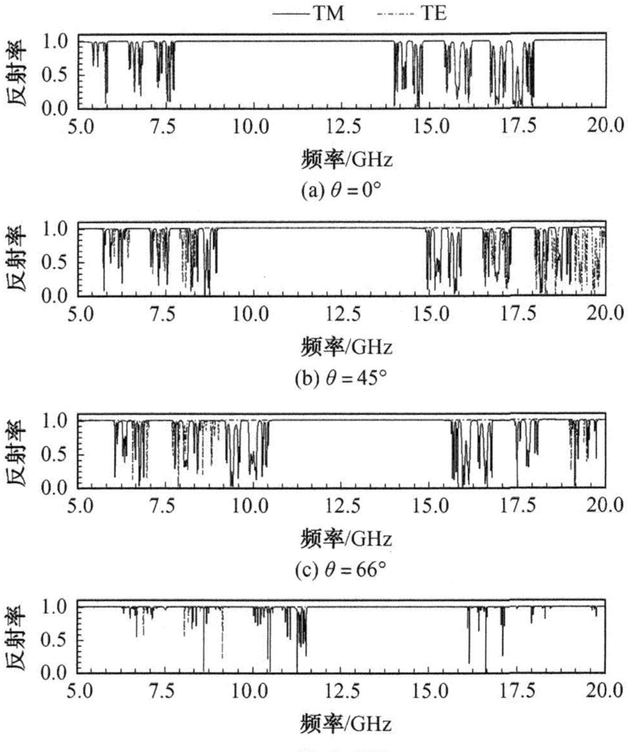

(a) $\theta=0°$

(b) $\theta=45°$

(c) $\theta=66°$

(d) $\theta=89°$

图 3.37　一维 10 阶三元 Fibonacci 准周期结构的等离子体光子晶体在不同入射角度下 TE 和 TM 波的反射率图谱

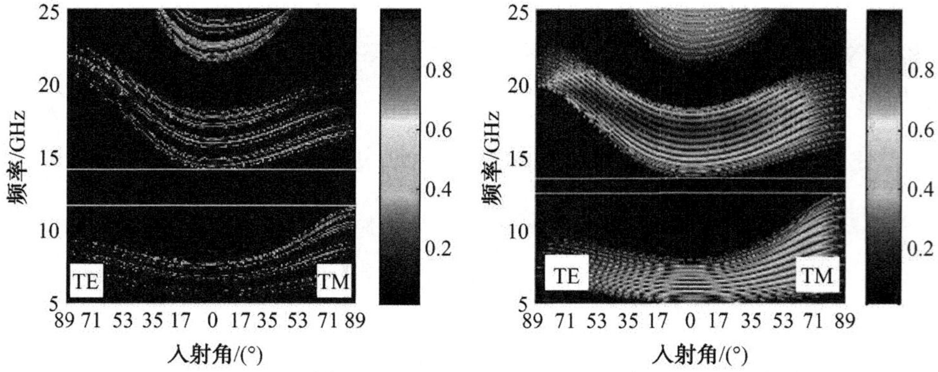

(a) 一维三元 Fibonacci 结构

(b) 常规一维三元结构

图 3.38　一维三元 Fibonacci 结构和常规三元周期结构等离子体光子晶体的全向带隙图

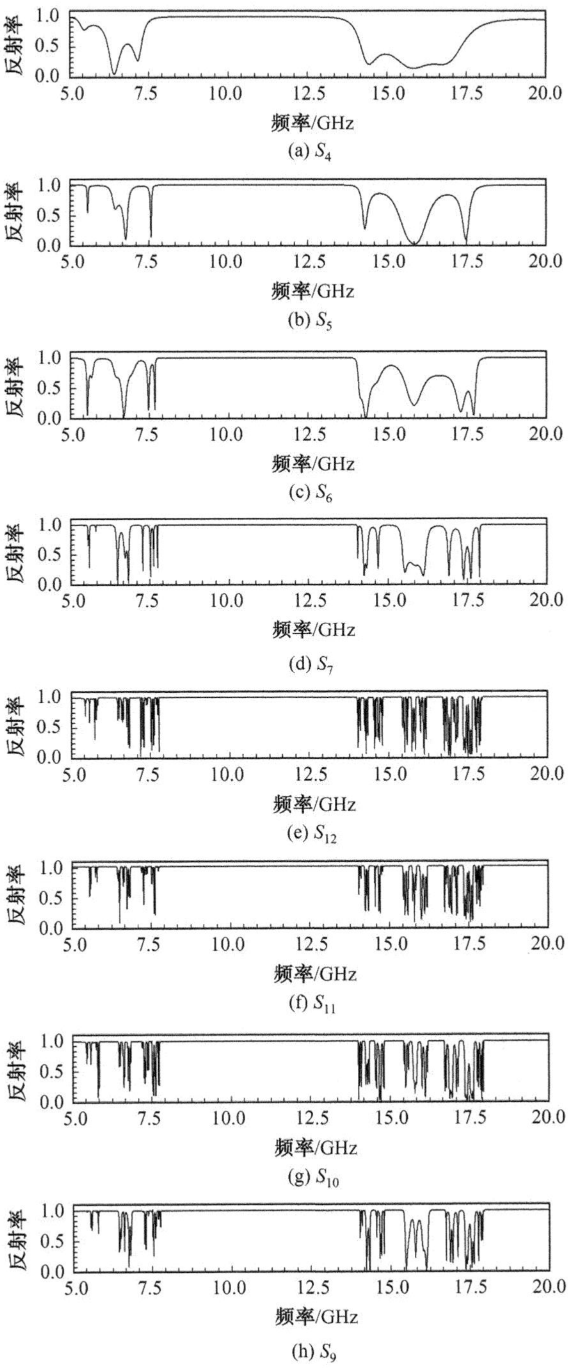

图 3.39　在不同 Fibonacci 序列阶数时，垂直入射电磁波的反射率图谱

3.5.3 等离子体层厚度对 OBG 的影响

图 3.40 给出了电磁波垂直入射不同等离子体层厚度时的反射率图谱。图 3.40(a) 给出了不存在等离子体层时，由 A 和 B 构成的常规一维二元光子晶体在电磁波垂直入射时的反射率图谱。由图 3.40(a) 可知，该光子晶体的 PBG 带宽为 3.281 GHz。由图 3.40(c) 可知，当引入厚度为 1 mm 的等离子体和介质 A 与 B 以三元 Fibonacci 序列构成光子晶体时，PBG 的带宽被明显地展宽了。与图 3.40(a) 相比，PBG 的带宽增加到了 6.124 GHz。随着 d_P 的增加，PBG 的上边缘将发生蓝移，而其下边缘将发生红移。下边缘的频移幅度较上边缘要小。图 3.41 给出了电磁波垂直入射时的 PBG 和 OBG 与 d_P 的关系图。图中深色区域表示 PBG，灰色区域表示 OBG。由图 3.41(a) 可知，d_P 对电磁波垂直入射时的 PBG 有明显影响。当 d_P 由 0 增加到 3 mm 时，PBG 的上边缘频率由 11.750 GHz 增加到 15.410 GHz，而其下边缘频率则由 8.031 GHz 减小到 7.120 GHz。显然，增加 d_P 的值能够拓展 PBG 的带宽。由图 3.41(b) 可知，OBG 的上边缘将随着 d_P 的增大而向高频方向移动，而其下边缘将随着 d_P 的增大而发生红移。最终，

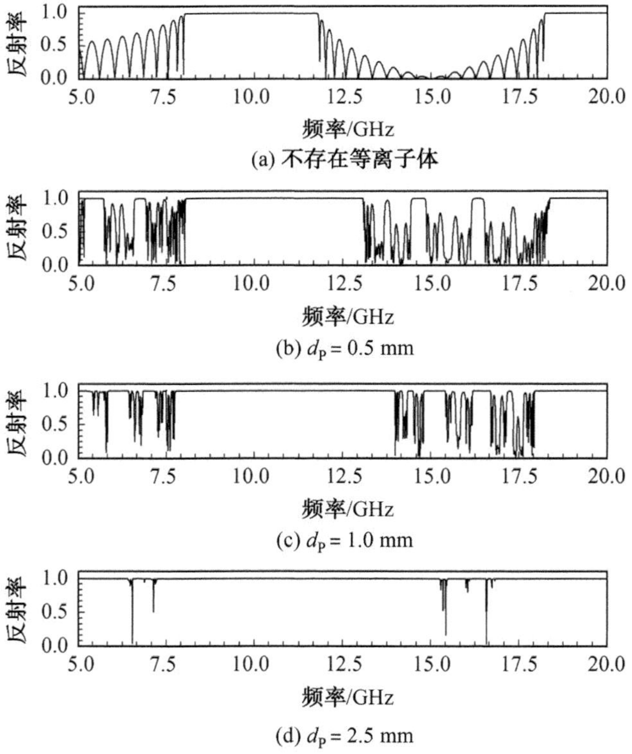

图 3.40 电磁波垂直入射不同等离子体层厚度时的反射率图谱

OBG 的带宽会随着 d_P 的增大而增大。当 d_P 由 0.6 mm 增加到 3 mm 时，OBG 的频率范围将覆盖 9.524 ～ 15.401 GHz，其带宽为 5.877 GHz。与 d_P = 0.6 mm 时相比，OBG 的带宽增加了 5.370 GHz。因此，增加 d_P 的大小对拓展 OBG 的带宽作用较为显著。

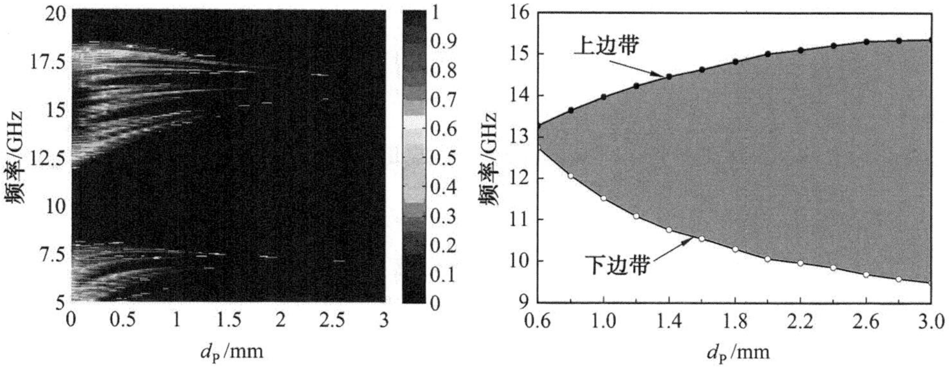

(a) 电磁波垂直入射时的PBG　(b) 电磁波垂直入射时的OBG

图 3.41　电磁波垂直入射时的 PBG 和 OBG 与 d_P 的关系图

3.5.4　等离子体密度对 OBG 的影响

图 3.42 给出了电磁波垂直入射时的 PBG 和 OBG 与等离子体密度 n_e 的关系图。黑色和灰色的区域分别表示 PBG 和 OBG。由图 3.42(a) 可知，当 n_e = 0 时，PBG 的带宽为 3.686 GHz。而当 $n_e = n_1(1 \times 10^{19}\ m^{-3})$ 时，PBG 的带宽变为 6.124 GHz。因此，当 n_e 由 0 增加到 $4n_1$ 时，垂直入射电磁波的 PBG 的频率范围能覆盖 8.161 ～ 17.141 GHz，且随着 n_e 的增大，PBG 的带宽能被显著拓展。随着 n_e 的增加，PBG 的上下边缘均将发生蓝移，而上边缘频率的移动幅度较下边缘

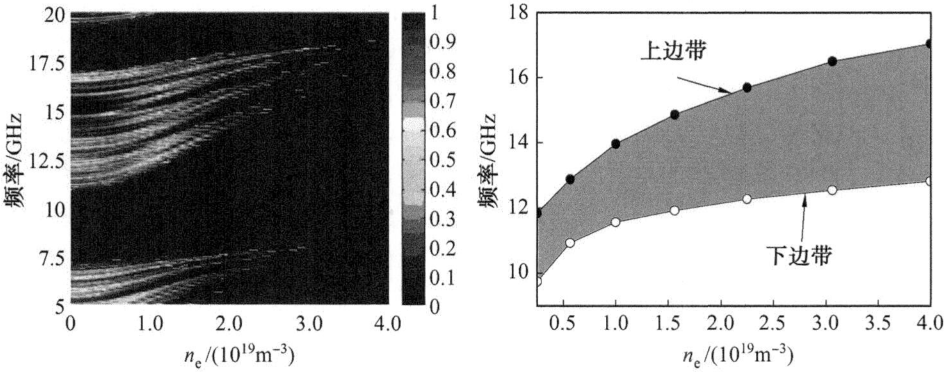

(a) 电磁波垂直入射时的PBG　(b) 电磁波垂直入射时的OBG

图 3.42　电磁波垂直入射时的 PBG 和 OBG 与 n_e 的关系图

的要大很多。由图3.42(b)可知，OBG的带宽将随着n_e的增大而增大，中心频率将向高频方向移动。随着等离子体密度n_e的增加，OBG的上下边缘均将发生蓝移。显然，当n_e由$0.25n_1$增加到$4n_1$时，OBG的频率范围将变为12.861～17.141 GHz，其带宽为4.860 GHz。和$n_e=0.25n_1$时相比，OBG的带宽增加了2.127 GHz。因此，PBG和OBG的带宽均会随着n_e的增加而增加，展宽OBG的带宽能够通过增加n_e的方式来实现。

3.6 基于改进型Fibonacci序列的全向反射器的设计

在3.5节中，用一维三元Fibonacci序列这种准周期结构实现了全向反射器的设计，这种拓扑结构方式自然也适用于Thue-Morse序列，具有一维三元Thue-Morse序列的等离子体光子晶体同样具有很好的OBG特性[200]。这种三元Fibonacci序列的准周期结构其本质上是将一般的三元结构和Fibonacci结构进行了嵌套，以此来提高OBG的特性。基于这一思想，能否进一步提高三元Fibonacci结构的OBG特性呢？答案是肯定的，本节提出了一种改进型的Fibonacci准周期结构来实现对OBG带宽的拓展。

3.6.1 基于改进型Fibonacci序列的全向反射器的实现

图3.43给出了一维4阶改进型Fibonacci准周期结构的等离子体光子晶体的结构示意图，其中背景介质是空气，即$n_0=n_s=1$。其中A、B和P分别代表石英玻璃、空气和等离子体，TE和TM波的入射方式如图3.43所示。A、B和P的相对介电常数和相对磁导率分别用ε_i和$\mu_i(i=\mathrm{A},\ \mathrm{B},\ \mathrm{P})$表示。A、B和P的厚度别用$d_A$、$d_B$和$d_P$表示。改进型的Fibonacci序列也是Fibonacci的一个递归序列，它也满足条件$S_{n+1}=S_nS_{n-1}$，其中$n\geqslant 1$，且$n+1$表示Fibonacci序列的阶数。对于图3.43给出的示例，如果0阶和1阶分别用$S_0=\{\mathrm{P}\}$和$S_1=\{\mathrm{PABP}\}$表示，那么N阶则可以表示为$G_N=S_{N+1}$，依此类推，可以得到4阶改进型Fibonacci序列$G_4=\{\mathrm{PABPPPABPPABPP}\}$。显然，该一维等离子体光子晶体的反射率是可以通过TMM计算的。唯一不同的是，在计算传输矩阵时，应该以Fibonacci序列的阶数进行递归。如对于G_3、G_4和G_2，它们的传输矩阵可分别表示为

$$\boldsymbol{M}_3=\boldsymbol{M}_P\boldsymbol{M}_A\boldsymbol{M}_B\boldsymbol{M}_P\boldsymbol{M}_P\boldsymbol{M}_P\boldsymbol{M}_A\boldsymbol{M}_B\boldsymbol{M}_P$$

$$\boldsymbol{M}_4=\boldsymbol{M}_P\boldsymbol{M}_A\boldsymbol{M}_B\boldsymbol{M}_P\boldsymbol{M}_P\boldsymbol{M}_P\boldsymbol{M}_A\boldsymbol{M}_B\boldsymbol{M}_P\boldsymbol{M}_P\boldsymbol{M}_A\boldsymbol{M}_B\boldsymbol{M}_P\boldsymbol{M}_P$$

和

$$\boldsymbol{M}_2=\boldsymbol{M}_P\boldsymbol{M}_A\boldsymbol{M}_B\boldsymbol{M}_P\boldsymbol{M}_P$$

所以在TMM计算过程中，第N阶Fibonacci序列的传输矩阵仅需要通过类似递

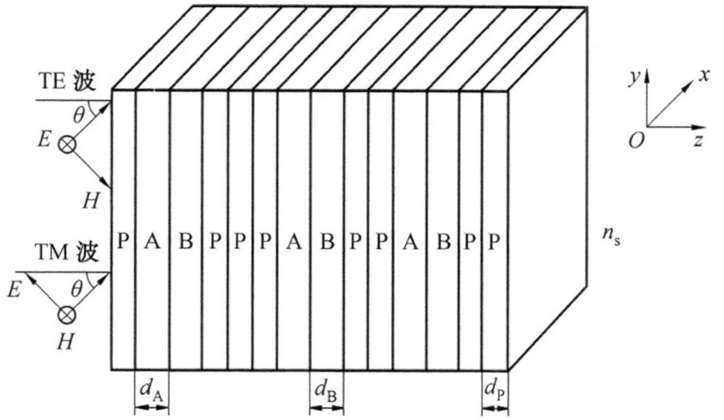

图 3.43　一维 4 阶改进型 Fibonacci 准周期结构的等离子体光子晶体的结构示意图

推公式(3.12)进行求解即可。

该光子晶体的初始参数设置如下[220]：$\varepsilon_A=4$，$d_A=5$ mm，$d_P=1.0$ mm，$\varepsilon_B=1$，$d_B=5$ mm，$n_e=n_1=1\times10^{19}\,\mathrm{m^{-3}}$（$\omega_p=2\pi\times28.4\times10^9$ rad/s），$\nu_c=2\pi\times10^6$ rad/s，且改进型 Fibonacci 序列的阶数为 10，$\mu_i=1(i=\mathrm{A},\ \mathrm{B},\ \mathrm{P})$。由图3.36可知，由于布儒斯特窗的存在[151]，仅由介质 A 和 B 构成的光子晶体不能产生 OBG，TM 波的 PBG 在 66°附近将会消失。为了得到 OBG，可以将等离子体 P、介质 A 和介质 B 按照改进型的 Fibonacci 序列的方式进行排列(阶数为 10)。图3.44给出了该一维 10 阶改进型 Fibonacci 准周期结构的等离子体光子晶体在不同入射角度下 TE 和 TM 波的反射率图谱。图中灰色的区域表示 OBG。由图3.44可知，这种改进型的 Fibonacci 序列的准周期结构的等离子体光子晶体能产生 OBG。OBG 的频率范围是 9.41～15.29 GHz，其带宽是 5.88 GHz。OBG 的带宽对 TE 波的入射角度不敏感，而对 TM 波的入射角度敏感。OBG 的下边缘对于 TE 和 TM 波的入射角度较为敏感，OBG 的上边缘将随着 TE 和 TM 波的入射角度的增大而发生蓝移。因此，TM 波的全向反射带隙决定了 OBG 的带宽。图 3.45 给出了不同的一维光子晶体在电磁波垂直入射时的反射率图谱。由图3.45可知，当电磁波垂直入射时，改进型 Fibonacci 结构的等离子体光子晶体有最大的 PBG 带宽，它的频率范围是 7.21～15.29 GHz，带宽是 8.08 GHz。与其他 3 种结构的光子晶体相比，PBG 显然被拓展了，且 PBG 的带宽分别展宽了 5.30 GHz、2.69 GHz 和 1.86 GHz。显然，这种改进型的 Fibonacci 结构有助于提高一维等离子体光子晶体的 PBG 带宽。图 3.46 给出了不同的一维等离子体光子晶体的全向带隙图。两条白线间的区域表示 OBG。由图 3.46(b)可知，一维三元 Fibonacci 结构的等离子体光子晶体产生的 OBG 位于 11.538～13.975 GHz，带宽是 2.437 GHz。由图 3.46(c)可知，常规一维三元结构的等离子体光子晶体

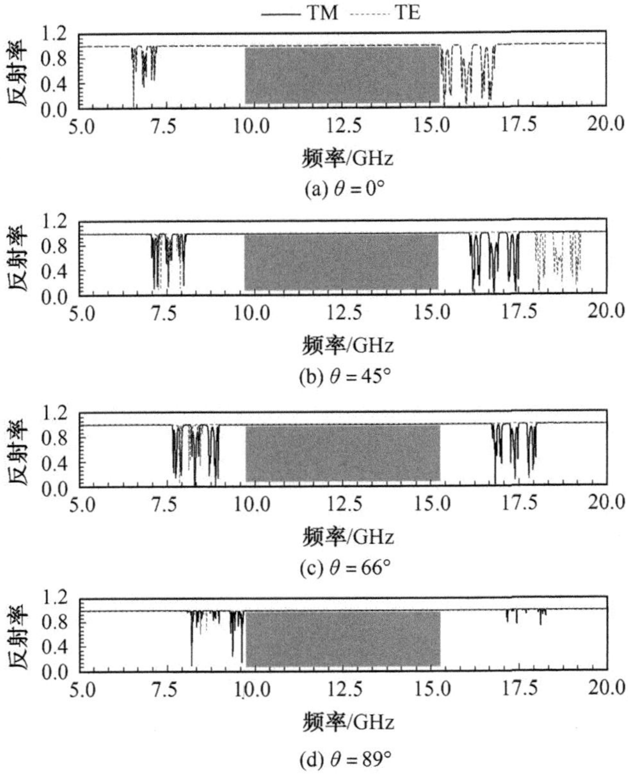

图 3.44 一维 10 阶改进型 Fibonacci 准周期结构的等离子体光子晶体在不同入射角度下 TE 和 TM 波的反射率图谱

产生的 OBG 的频率范围是 12.591 ～ 13.336 GHz，带宽是 0.745 GHz。由图 3.46(a) 可知，改进型 Fibonacci 结构的等离子体光子晶体产生的 OBG 的频率范围是9.41 ～15.29 GHz，带宽是 5.88 GHz。比较图 3.46 中的结果可知，改进型的 Fibonacci 结构产生的 OBG 带宽比一维三元 Fibonacci 和一维常规三元结构产生的 OBG 带宽分别要宽 3.443 GHz 和 5.135 GHz。因此，可以采用一维改进型 Fibonacci 序列这种准周期结构来构成等离子体光子晶体，从而使得产生的 OBG 带宽更宽。这种改进型的拓扑结构对于三元 Fibonacci 结构来说改善 OBG 的特性更为明显。

3.6.2 Fibonacci 序列的阶数 *N* 对 OBG 的影响

图 3.47 给出了在不同 Fibonacci 序列阶数时，垂直入射电磁波的反射率图谱，它是具有改进型 Fibonacci 准周期结构的一维等离子体光子晶体。由图 3.47(a) ～3.47(d) 可知，随着 Fibonacci 序列阶数 N 的增加，PBG 的中心频率

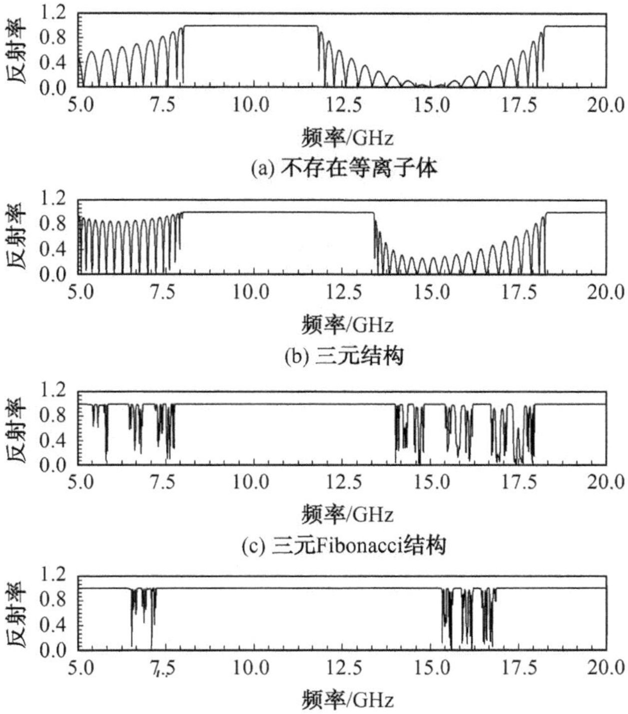

图 3.45　不同的一维光子晶体在电磁波垂直入射时的反射率图谱

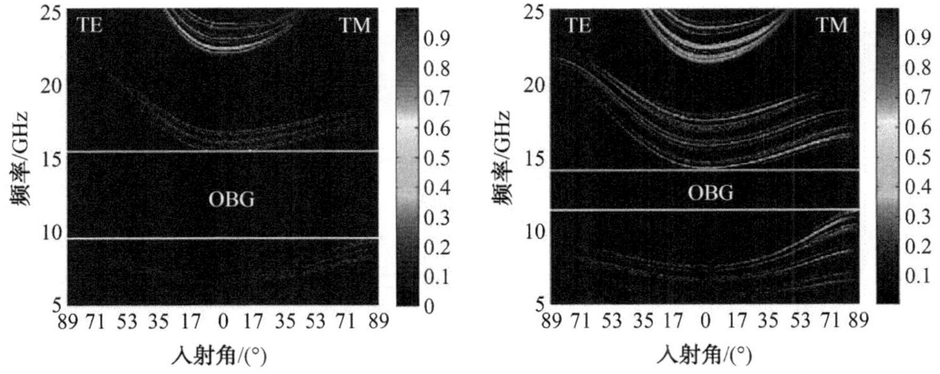

(a) 改进型Fibonacci结构的等离子体光子晶体　(b) 三元Fibonacci结构的等离子体光子晶体

图 3.46　不同的一维等离子体光子晶体的全向带隙图

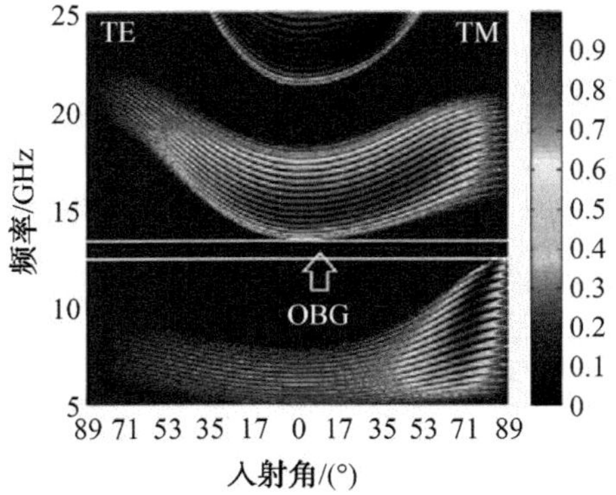

(c) 常规的三元等离子体光子晶体

续图 3.46

(11.25 GHz) 将保持不变，但是 PBG 的上下边缘将逐渐变得陡峭。当 Fibonacci 序列阶数 N 的值由 3 增加到 7 时，PBG 的带宽将逐渐增大，且 PBG 的上边缘将随着 N 的增大而发生蓝移，其下边缘将随着 N 的增大而发生红移。由图 3.47(e) ～3.47(h) 可知，如果 N 的值继续由 9 增加到 12，PBG 的上下边缘将保

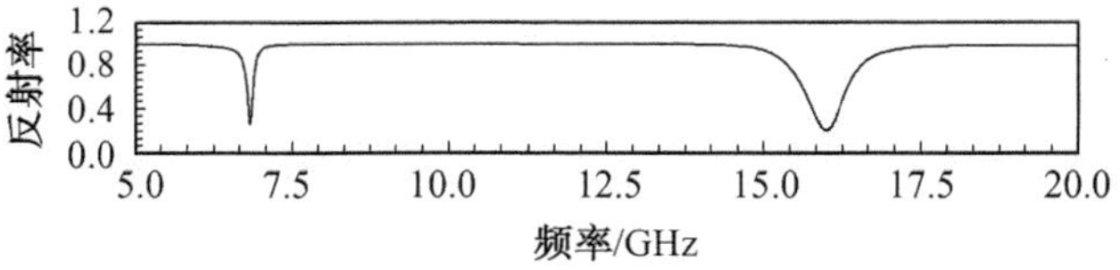

(a) G_3

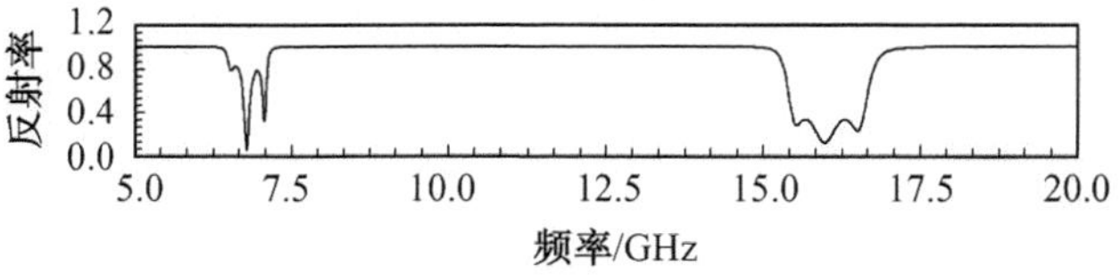

(b) G_4

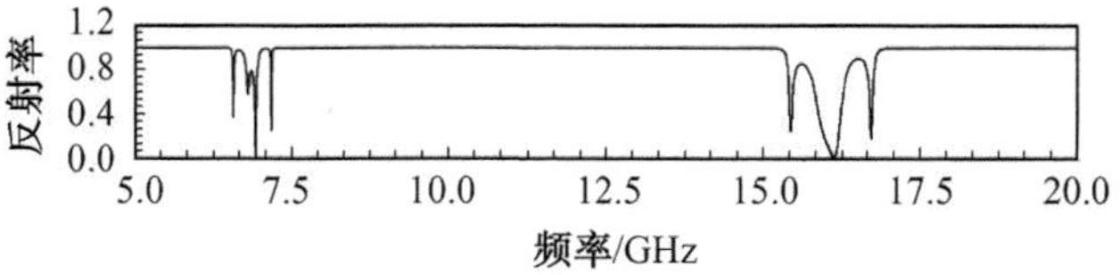

(c) G_5

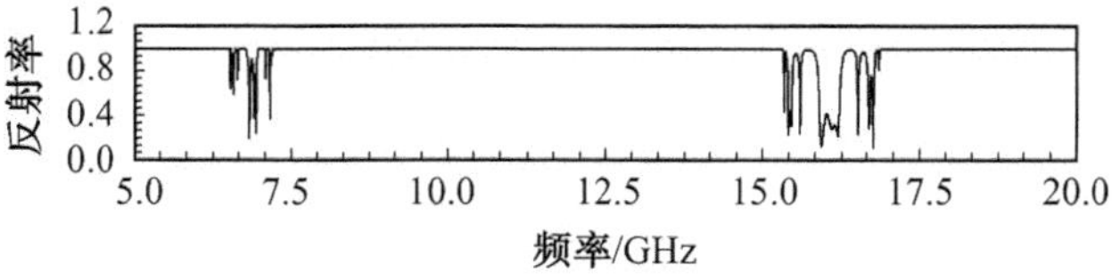

(d) G_7

图 3.47　在不同 Fibonacci 序列阶数时，垂直入射电磁波的反射率图谱

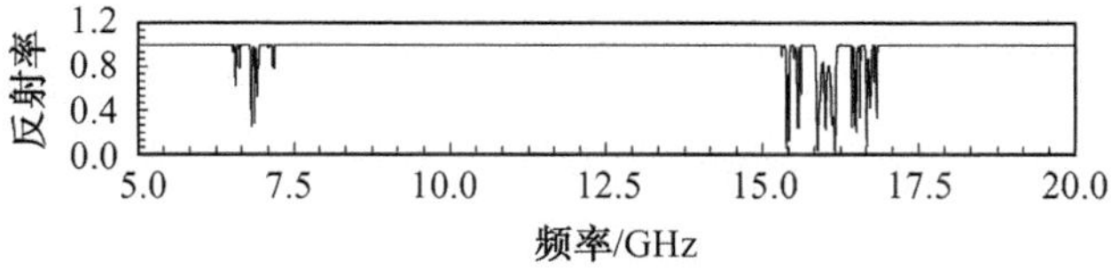

(e) G_9

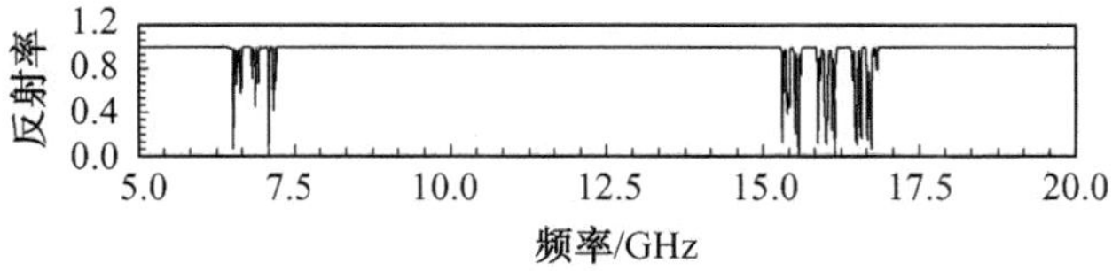

(f) G_{10}

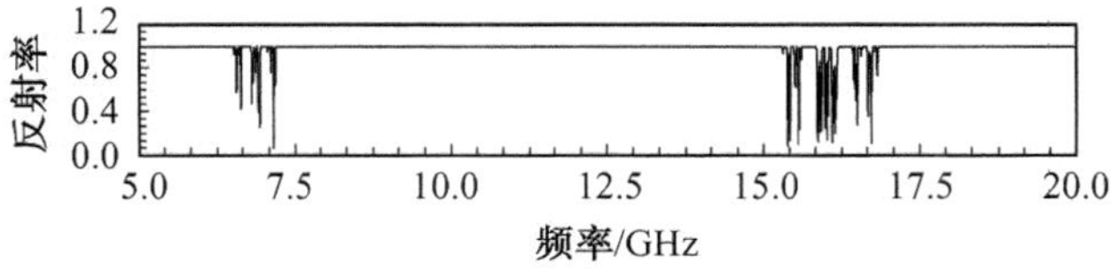

(g) G_{11}

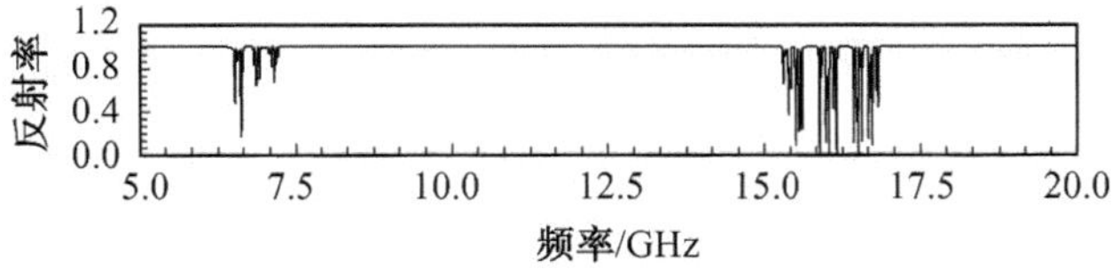

(h) G_{12}

续图 3.47

持不变,其频率范围是 7.21～15.29 GHz,且带宽是 8.08 GHz。因此,仅靠增加 N 的值对拓展PBG的带宽没有帮助,这主要是因为当 N 足够大时,该光子晶体等效折射率将趋于一个定值。

如果以改进型 Fibonacci 结构的一维等离子体光子晶体为周期单元进行周期性延拓,对 OBG 的特性会有什么影响呢? 由图 3.47 可知 N 在大于等于 7 时,PBG 的带宽将不会发生变化。因此为了简化,将 G_7 作为光子晶体的单元进行延拓,称为"Fibonacci 单元"。那么新构成的等离子体光子晶体可以表示为 $(G_7)^{N_2}$,其中 N_2 表示新构成光子晶体的周期数。图 3.48 给出了电磁波在不同入射角时 Fibonacci 单元和新构成的等离子体光子晶体的反射率图谱。由图 3.48 可知,Fibonacci 单元和新构成的等离子体光子晶体产生的 PBG 和 OBG 带宽是相同的,唯一不同的是某些传输率峰值减小或者消失了。这是由于新构成的光子晶体中等离子体层较多,对传输的能量损耗显著所导致的。图 3.49 给出了电磁波垂直入射时新构成的一维等离子体光子晶体在不同周期数下的反射率图谱。由图3.49 可知,改变周期数 N_2 对 PBG 的带宽毫无影响,PBG 的带宽不会随着 N_2 的增大而改变。由上述可知,用堆叠"Fibonacci 单元"的方式不能实现对

PBG 和 OBG 带宽的拓展，OBG 频率范围依然是 9.41 ～ 15.29 GHz，带宽是 5.88 GHz。 相反，这种 Fibonacci 序列准周期结构的方式反而会使设计出的全向反射器在尺寸上偏大。因此，改进型的 Fibonacci 序列准周期结构是拓展 OBG 带宽的一个较好的选择。

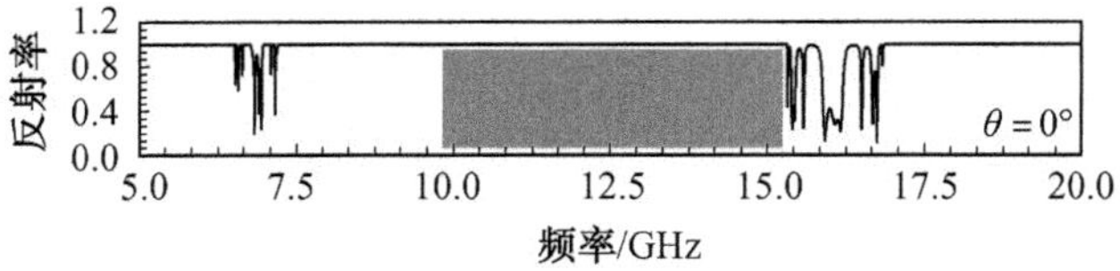

(a) G_7

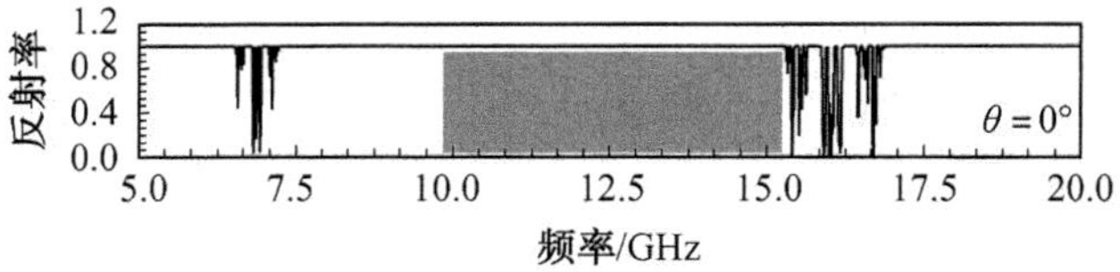

(b) $(G_7)^{15}$

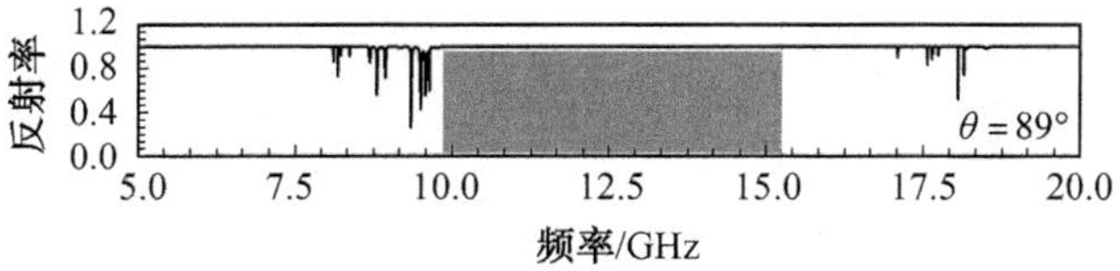

(c) G_7

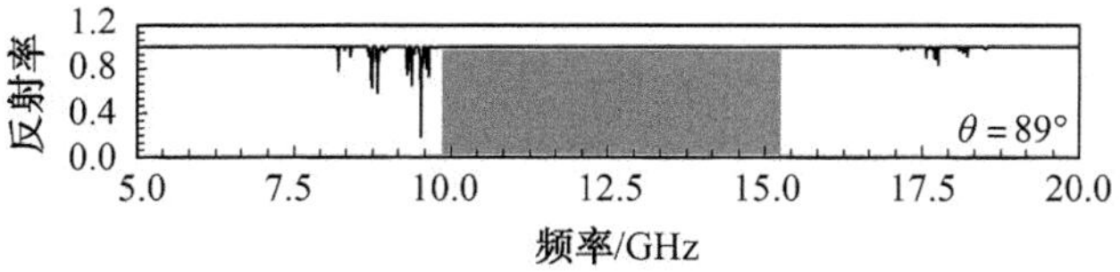

(d) $(G_7)^{15}$

图 3.48　电磁波在不同入射角时 Fibonacci 单元和新构成的等离子体光子晶体的反射率图谱

3.6.3　等离子体层厚度对 OBG 的影响

图 3.50 给出了电磁波垂直入射时该光子晶体在不同 d_P 时的反射率图谱。图 3.50(a) 给出了不存在等离子体层时，由 A 和 B 构成的常规一维二元光子晶体在电磁波垂直入射时的反射率图谱。由图 3.50(a) 可知，常规一维二元光子晶体的 PBG 带宽为 3.281 GHz。当引入厚度为 2 mm 的等离子体和介质 A 与 B 以改进型 Fibonacci 序列进行堆叠时(图 3.50(c))，PBG 的带宽被明显地展宽了。与图 3.50(a) 相比，PBG 的带宽将变为 8.98 GHz。PBG 的下边缘将随着 d_P 的增加而发生红移，而其上边缘则随着 d_P 的增加而发生蓝移。OBG 下边缘的频移幅度较上边缘的要小。图 3.51 给出了电磁波垂直入射时的 PBG 和 OBG 与 d_P 的关系图。图 3.51(a) 中深色的区域表示 PBG。由图 3.51(a) 可知，电磁波垂直入射

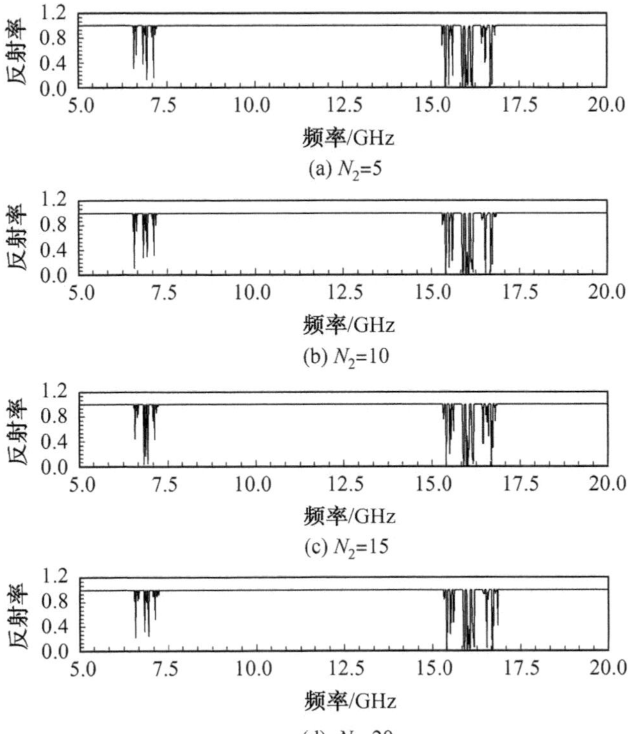

(a) N_2=5

(b) N_2=10

(c) N_2=15

(d) N_2=20

图 3.49　电磁波垂直入射时新构成的一维等离子体光子晶体在不同周期数下的反射率图谱

时，d_P 对 PBG 的上下边缘的影响较为明显，PBG 的带宽将会随着 d_P 的增大而增大。当 d_P 由 0.1 mm 增加到 2.5 mm 时，PBG 的上边缘将由 11.80 GHz 上移到 15.98 GHz，而其下边缘则由 8.05 GHz 下移到 6.94 GHz。显然，增加 d_P 对 PBG 的带宽有明显的拓展作用。由图 3.51(b) 可知，OBG 的带宽将会随着 d_P 的增大而增大。OBG 的上边缘将随着 d_P 的增大而发生蓝移，而其下边缘将随着 d_P 的增大而发生红移。当 d_P 由 1 mm 增加到 3 mm 时，OBG 的频率范围是 8.88～16.14 GHz，其带宽是 7.26 GHz。与 d_P =1 mm 时相比，OBG 的带宽展宽了 1.38 GHz。因此，增加 d_P 的大小能拓展 OBG 的带宽。

3.6.4　等离子体密度对 OBG 的影响

图 3.52 给出了电磁波垂直入射时的 PBG 和 OBG 与 n_e 的关系图。图 3.52(a) 中深色的区域表示 PBG。由图 3.52(a) 可知，随着 n_e 的增大，PBG 的带宽能被显著地展宽。随着 n_e 的增加，PBG 的上下边缘均将发生蓝移，且 PBG 上边缘频率的移动幅度较其下边缘的大很多。当 n_e = 0 时，PBG 的带宽是 3.44 GHz。而当 $n_e = n_1 (1\times 10^{19}\ \mathrm{m}^{-3})$ 时，PBG 的带宽变为 8.08 GHz。显然，增

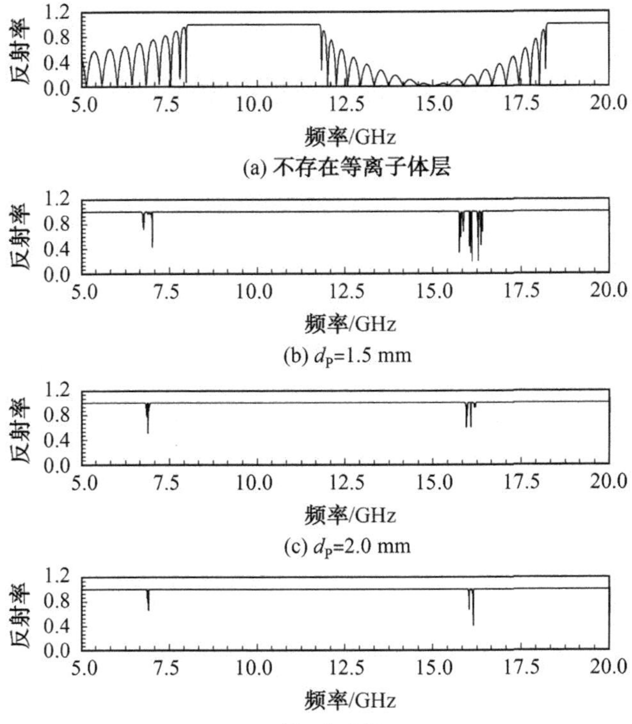

(a) 不存在等离子体层

(b) d_P=1.5 mm

(c) d_P=2.0 mm

(d) d_P=2.5 mm

图 3.50　电磁波垂直入射时该光子晶体在不同 d_P 时的反射率图谱

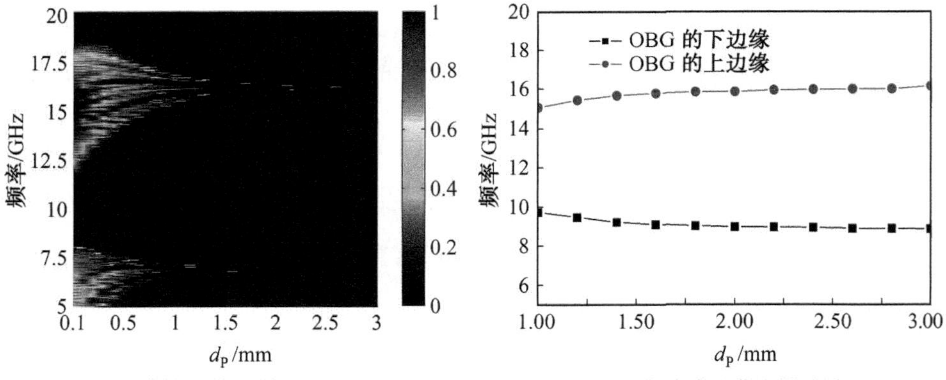

(a) 电磁波垂直入射时的PBG　　(b) 电磁波垂直入射时的OBG

图 3.51　电磁波垂直入射时的 PBG 和 OBG 与 d_P 的关系图

加 n_e 能拓展 PBG 的带宽。当等离子体密度 n_e 由 0 增加到 $3n_1$ 时，此时 PBG 的频率范围是 7.68～17.53 GHz。由图 3.52(b) 可知，OBG 的上下边缘均将随着等离子体密度 n_e 的增加而向高频方向移动，OBG 的带宽也将随着 n_e 的增大而增大。当 n_e 的值由 $0.25n_1$ 增加到 $3n_1$ 时，OBG 的频率范围将变为 11.23～17.49 GHz，其带宽为 6.26 GHz。与 $n_e=0.25n_1$ 时相比，OBG 的带宽增加了

2.14 GHz。显然，增加 n_e 的大小能拓展 OBG 的带宽，PBG 的带宽也会随着 n_e 的增加而展宽。

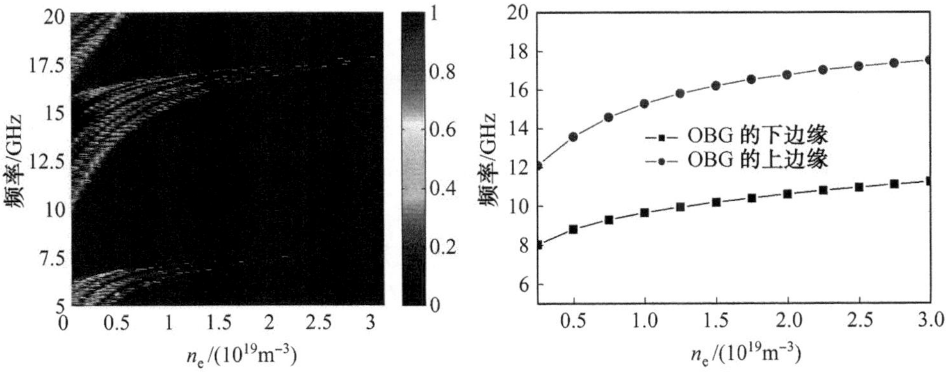

(a) 电磁波垂直入射时的PBG　　(b) 电磁波垂直入射时的OBG

图 3.52　电磁波垂直入射时的 PBG 和 OBG 与 n_e 的关系图

3.6.5　等离子体碰撞频率对 OBG 的影响

图 3.53 给出了电磁波垂直入射时的 PBG 和 OBG 与 ν_c 的关系图。由图 3.53(a) 可知，当电磁波垂直入射时，PBG 的带宽将不会随着 ν_c 的增加而有明显的变化。当 $\nu_c=0.01\nu_0$ 时，PBG 的频率范围是 7.21～15.29 GHz。如果将 ν_c 的值增加到 $\nu_c=10\nu_0$，PBG 的带宽依然没有变化。图 3.53(b) 给出了 OBG 与 ν_c 的关系图。图 3.53(b) 中的横坐标以对数 lg 为尺度。由图 3.53(b) 可知，OBG 的上下边缘不会随着 ν_c/ν_0 的增大而发生移动。当 ν_c/ν_0 的数值由 0.01 增加到 10 时，OBG 的频率范围将保持不变。它的频率范围是 9.41～15.29 GHz，其带宽是 5.88 GHz。因此，增加 ν_c 的值不能拓展 OBG 和 PBG 的带宽。

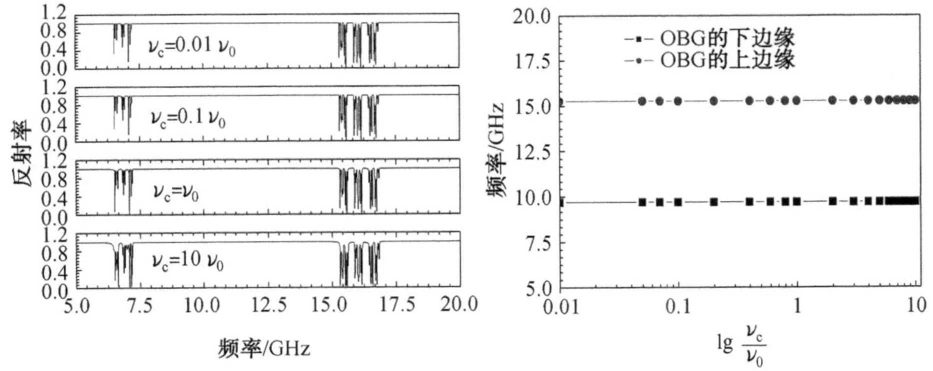

(a) 电磁波垂直入射时的PBG　　(b) 电磁波垂直入射时的OBG

图 3.53　电磁波垂直入射时的 PBG 和 OBG 与 ν_c 的关系图

3.7 技术小结

本章主要介绍了一维等离子体介质周期结构(一维等离子体光子晶体)在设计全向反射器上的应用。通过等离子体与其他种类的介质在不同拓扑结构下的堆叠来实现全向反射器的设计。本章提及的 OBG 属于 Bragg 带隙,而不是由消逝模隧穿所得到的零折射率带隙或零相位带隙。通过 TMM 计算得出的反射率来确定 OBG 的频率范围,提出了几种产生和拓展 OBG 的方法和技术,并讨论了一维等离子体光子晶体的各参数对 OBG 的影响。

(1)对于拼接技术而言,本质上是将两个 PBG 相毗邻的光子晶体拼接成一个光子晶体,这使得 OBG 能很容易获得,而缺点是这种拼接使得电磁波在小角度入射时很容易谐振出缺陷模,使 PBG 特性变差。为了改善这个缺陷,可以采用匹配层技术来实现,引入匹配层使得电磁波在小角度入射时不会有缺陷模出现,从而同时改善了 OBG 和 PBG 的特性。用变周期结构和准周期结构(Thue-Morse)的方式来设计全向反射器,其本质上是破坏一维等离子体光子晶体的周期性(对称性),以此来展宽 OBG 的带宽。而采用三元 Fibonacci 结构和改进型 Fibonacci 准周期结构来构成一维等离子体光子晶体实现全向反射器的设计,其本质上是通过晶格嵌套的方式来进一步破坏光子晶体的对称性,以达到展宽 OBG 带宽的目的。传统的一维三元光子晶体本质上也是两个二元周期结构的嵌套,所以由三元 Fibonacci 结构和改进型 Fibonacci 结构所得的 OBG 在带宽上有明显的优势。

(2)OBG 和 PBG 的带宽将会随着等离子体厚度的增加而增加,且它们的上边缘均将发生蓝移,而其下边缘将发生红移。增加等离子体密度同样能实现对 OBG 和 PBG 带宽的拓展,且它们的上下边缘均将发生蓝移。而改变等离子体的碰撞频率不会对 OBG 和 PBG 造成影响。一味地增加 Fibonacci 和 Thue-Morse 序列的阶数,对拓展 OBG 和 PBG 带宽毫无益处,只会改变透射率的峰值。增加介质层的厚度将会使得 PBG 和 OBG 的带宽变窄,它们的上下边缘将发生红移。

当然,拓展 OBG 带宽的技术还有很多,由于篇幅的限制,在此不一一列举。本章提及的几种技术可以为设计基于等离子体介质周期结构的全向反射器提供思路,并为将来设计其他种类基于等离子体介质周期结构的器件在理论和设计思路上做了一个铺垫。

第 4 章

二维等离子体光子晶体的电磁特性研究

二维等离子体光子晶体作为等离子体周期性介质结构的代表，可以用来设计许多有用的器件，如波导、滤波器和逻辑运算器等。二维等离子体光子晶体身兼一维和三维光子晶体的特性，其自准直、慢光和全角负反射特性有助于设计许多新颖性器件。PBG 和电磁传输特性是研究上述问题的根本。本章将着重介绍二维等离子体光子晶体在磁化、非磁化情况下的色散特性，探讨晶格分布、不同填充外形和不同等离子体分布情况下的色散和传输特性。

第 3 章介绍了一维多层等离子体周期介质结构(一维等离子体光子晶体)在设计全向反射器方面的应用。而在实际应用中,简单的一维结构已经很难满足需求,更多的情况下需要二维甚至于三维的周期介质结构来设计实用器件。光子晶体就是周期性介质结构的代表[221],具有如超准直[222]、超棱镜[223]和负折射率[224]等有趣的特性。PBG 和其通带特性自然成为关注的重点[225]。二维光子晶体身兼一维和三维光子晶体的优点,可以用来设计微谐振腔[226]、波导[227]和高 Q 值激光[228],还具有慢光效应[229]、折射率特性[230]和自准直现象[231]等。这意味着对二维光子晶体电磁特性的研究是实现集成"全光"路的基础。本章主要介绍二维等离子体光子晶体的电磁特性,内容主要涉及二维等离子体光子晶体在磁化和非磁化条件下的色散特性;并考虑普适性条件下的二维等离子体的电磁特性;介绍有限周期结构和新型二维等离子体光子晶体的传输和色散特性。

4.1 二维等离子体光子晶体的禁带特性

光子晶体在集成"光"路中具有非常重要的应用价值[232]。对于集成光路而言,了解和把握二维光子晶体的基本电磁特性是必不可少的,这为设计集成光路中的波导、滤波和谐振腔结构奠定了基础。本小节将采用改进的 PWE 方法研究二维菱形晶格等离子体光子晶体的色散特性,并探讨该光子晶体各个参数对其色散特性的影响。

4.1.1 二维菱形晶格等离子体光子晶体的理论模型与仿真

图 4.1 给出了二维菱形晶格等离子体光子晶体的理论模型和 1st BZ。a 为晶格常数,θ 为两晶格之间的夹角,当 $\theta=60°$ 或 $\theta=90°$ 时,菱形晶格则变为三角或正方形晶格。等离子体圆柱和背景介质材料的相对介电常数分别为 ε_p 和 ε_b。

图 4.1 中的晶格基矢 $\boldsymbol{a}_1$ 和 $\boldsymbol{a}_2$ 分别为

$$\begin{cases}\boldsymbol{a}_1 = a\boldsymbol{e}_x \\ \boldsymbol{a}_2 = a(\cos\theta\boldsymbol{e}_x + \sin\theta\boldsymbol{e}_y)\end{cases} \tag{4.1}$$

式中,$\boldsymbol{e}_x$ 和 $\boldsymbol{e}_y$ 分别为 x 和 y 方向上的单位矢量。由晶格基矢($\boldsymbol{a}_1$,$\boldsymbol{a}_2$)和倒格基矢($\boldsymbol{b}_1$,$\boldsymbol{b}_2$)的关系[233]

$$\boldsymbol{a}_i \cdot \boldsymbol{b}_j = \begin{cases}2\pi, & i=j \\ 0, & i\neq j\end{cases}(i,j=1,2) \tag{4.2}$$

可得倒格基矢 $\boldsymbol{b}_1$ 和 $\boldsymbol{b}_2$ 为

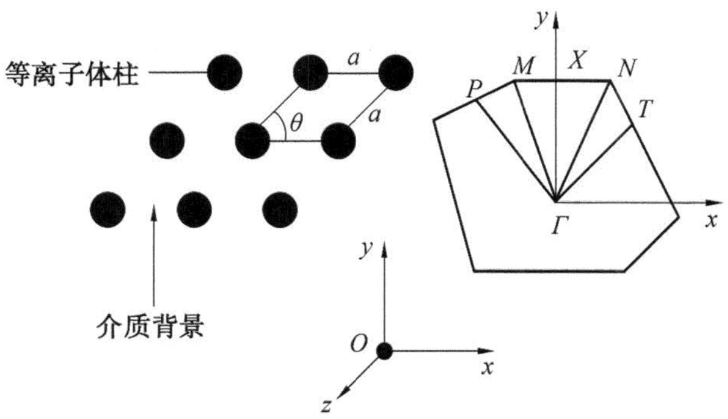

图 4.1　二维菱形晶格等离子体光子晶体的理论模型和 1st BZ

$$\begin{cases} \boldsymbol{b}_1 = \dfrac{2\pi}{a}\boldsymbol{e}_x - \dfrac{2\pi}{a}\cot\theta\boldsymbol{e}_y \\ \boldsymbol{b}_2 = \dfrac{2\pi}{a\sin\theta}\boldsymbol{e}_y \end{cases} \tag{4.3}$$

则倒格矢 $\boldsymbol{G}_{/\!/}$ 为

$$\boldsymbol{G}_{/\!/} = h_1\boldsymbol{b}_1 + h_2\boldsymbol{b}_2 = G_x\boldsymbol{e}_x + G_y\boldsymbol{e}_y \tag{4.4}$$

式中，$G_x = \dfrac{2\pi}{a}h_1$；$G_y = \dfrac{2\pi}{a}\left(\dfrac{h_2}{\sin\theta} - h_1\cot\theta\right)$；$h_1, h_2$ 为任意整数。

由 $\boldsymbol{G}_{/\!/}$ 和波矢 $\boldsymbol{k}_{/\!/}$ 之间的关系

$$\boldsymbol{G}_{/\!/} \cdot \left(\boldsymbol{k}_{/\!/} + \frac{\boldsymbol{G}_{/\!/}}{2}\right) = 0 \tag{4.5}$$

可得图 4.1 中 1st BZ 的各波矢值：

$$\Gamma = (0,0),\quad T = \frac{\pi}{a}\left(1, \frac{1-\cos\theta}{\sin\theta}\right),\quad N = \frac{\pi}{a}\left(1 - \frac{1-\cos\theta}{\sin\theta}\cot\theta, \frac{1}{\sin\theta}\right)$$

$$X = \frac{\pi}{a}\left(0, \frac{1}{\sin\theta}\right),\quad M = \frac{\pi}{a}\left(\frac{1-\cos\theta}{\sin\theta}\cot\theta - 1, \frac{1}{\sin\theta}\right),\quad P = \frac{\pi}{a}(-1, \cot\theta) \tag{4.6}$$

图 4.1 中二维菱形晶格等离子体光子晶体介电函数的倒数为

$$\kappa(\boldsymbol{x}_{/\!/}) = \frac{1}{\varepsilon(\boldsymbol{x}_{/\!/})} = \frac{1}{\varepsilon_b} + \left(\frac{1}{\varepsilon_p} - \frac{1}{\varepsilon_b}\right)\sum_{l_1, l_2} S[\boldsymbol{x}_{/\!/} - \boldsymbol{t}_{/\!/}(l_1, l_2)] \tag{4.7}$$

式中

$$S(\boldsymbol{x}_{/\!/}) = \begin{cases} 1, & \text{散射体内} \\ 0, & \text{散射体外} \end{cases}$$

$\boldsymbol{x}_{/\!/}$ 为光子晶体周期平面的任意矢量；$\boldsymbol{t}_{/\!/} = l_1\boldsymbol{a}_1 + l_2\boldsymbol{a}_2$ 为单个元胞的周期性平移矢量，l_1, l_2 为任意整数。

对等式(4.7) 进行傅里叶级数展开得

$$\kappa(\boldsymbol{x}_{/\!/})=\sum_{\boldsymbol{G}_{/\!/}}\kappa(\boldsymbol{G}_{/\!/})\mathrm{e}^{\mathrm{j}\boldsymbol{G}_{/\!/}\cdot\boldsymbol{x}_{/\!/}} \tag{4.8}$$

其中傅里叶展开系数

$$\kappa(\boldsymbol{G}_{/\!/})=\frac{1}{A_c}\int_{A_c}\boldsymbol{x}_{/\!/}\kappa(\boldsymbol{x}_{/\!/})\mathrm{e}^{-\mathrm{j}\boldsymbol{G}_{/\!/}\cdot\boldsymbol{x}_{/\!/}}\,\mathrm{d}^2\boldsymbol{x}_{/\!/} \tag{4.9}$$

$A_c=|\boldsymbol{a}\times\boldsymbol{a}|=a^2\sin\theta$ 为菱形晶格单元的面积。将式(4.7)代入式(4.9)可得

$$\begin{aligned}\kappa(\boldsymbol{G}_{/\!/})&=\frac{1}{A_c}\int_{A_c}\left\{\frac{1}{\varepsilon_b}+\left(\frac{1}{\varepsilon_p}-\frac{1}{\varepsilon_b}\right)\sum_{l_1,l_2}S[\boldsymbol{x}_{/\!/}-\boldsymbol{t}_{/\!/}(l_1,l_2)]\right\}\mathrm{e}^{-\mathrm{j}\boldsymbol{G}_{/\!/}\cdot\boldsymbol{x}_{/\!/}}\,\mathrm{d}^2\boldsymbol{x}_{/\!/}\\&=\frac{1}{\varepsilon_b}\frac{1}{A_c}\int_{A_c}\mathrm{e}^{-\mathrm{j}\boldsymbol{G}_{/\!/}\cdot\boldsymbol{x}_{/\!/}}\,\mathrm{d}^2\boldsymbol{x}_{/\!/}+\left(\frac{1}{\varepsilon_p}-\frac{1}{\varepsilon_b}\right)\frac{1}{A_c}\int_{A_c}S(\boldsymbol{x}_{/\!/})\mathrm{e}^{-\mathrm{j}\boldsymbol{G}_{/\!/}\cdot\boldsymbol{x}_{/\!/}}\,\mathrm{d}^2\boldsymbol{x}_{/\!/}\\&=\frac{1}{\varepsilon_b}\delta_{\boldsymbol{G}_{/\!/},0}+\left(\frac{1}{\varepsilon_p}-\frac{1}{\varepsilon_b}\right)P(\boldsymbol{G}_{/\!/})\end{aligned} \tag{4.10}$$

其中结构函数

$$P(\boldsymbol{G}_{/\!/})=\frac{1}{A_c}\int_{A_c}S(\boldsymbol{x}_{/\!/})\mathrm{e}^{-\mathrm{j}\boldsymbol{G}_{/\!/}\cdot\boldsymbol{x}_{/\!/}}\,\mathrm{d}^2\boldsymbol{x}_{/\!/}=\frac{1}{A_c}\int_{\boldsymbol{x}_{/\!/}\in\text{散射体内}}\mathrm{e}^{-\mathrm{j}\boldsymbol{G}_{/\!/}\cdot\boldsymbol{x}_{/\!/}}\,\mathrm{d}^2\boldsymbol{x}_{/\!/} \tag{4.11}$$

$P(\boldsymbol{G}_{/\!/})$ 由散射体的形状决定，当散射体为圆形、正方形和正六边形时，可得 $P(\boldsymbol{G}_{/\!/})$ 分别为

$$P(\boldsymbol{G}_{/\!/})=2f\,\frac{\mathrm{J}_1(|\boldsymbol{G}_{/\!/}|R)}{|\boldsymbol{G}_{/\!/}|R},\quad \text{圆形} \tag{4.12}$$

式中，R 为圆半径；$f=\pi R^2/(a^2\sin\theta)$ 为圆形散射体的填充率；J_1 为第一类贝塞尔函数。

$$P(\boldsymbol{G}_{/\!/})=\begin{cases}f\,\dfrac{\sin(G_xL/2)}{(G_xL/2)}, & G_x\neq 0,G_y=0\\[2ex] f\,\dfrac{\sin(G_yL/2)}{(G_yL/2)}, & G_y\neq 0,G_x=0\\[2ex] f\,\dfrac{\sin(G_xL/2)\sin(G_yL/2)}{(G_xL/2)(G_yL/2)}, & G_x\neq 0,G_y\neq 0\end{cases}\quad\text{正方形} \tag{4.13}$$

式中，L 为正方形的边长，$f=L^2/(a^2\sin\theta)$ 为正方形散射体的填充率。

$$P(\boldsymbol{G}_{/\!/})=\begin{cases}\dfrac{2f}{3G_xb}\left[\sin(G_xb)+\dfrac{1-\cos(G_xb)}{G_xb}\right], & G_x\neq 0,G_y=0\\[2ex] \dfrac{f}{3G_xb}\left[\sin(2G_xb)+\dfrac{1-\cos(2G_xb)}{2G_xb}\right], & |G_x|=|G_y|/\sqrt{3},G_y\neq 0\\[2ex] \dfrac{f}{G_yb}\left[\dfrac{\cos(G_yb/\sqrt{3}-G_xb)-\cos(2G_yb/\sqrt{3})}{(G_y+G_x\sqrt{3})b}+\right.\\[2ex] \left.\dfrac{\cos(G_yb/\sqrt{3}+G_xb)-\cos(2G_yb/\sqrt{3})}{(G_y-G_x\sqrt{3})b}\right], & |G_x|\neq|G_y|/\sqrt{3},G_y\neq 0\end{cases}\quad\text{正六边形} \tag{4.14}$$

式中，d 为正六边形边长；$b=\sqrt{3}d/2$；$f=3\sqrt{3}d^2/(2a^2\sin\theta)$ 为散射体的填充率。

如果计算时引入的时谐量是 $e^{-j\omega t}$，ω 是角频率，t 是时间，且 $j=\sqrt{-1}$，那么 ε_p 可以表示为

$$\varepsilon_p(\omega)=1-\frac{{\omega_p}^2}{\omega^2+j(\nu_c\omega)} \tag{4.15}$$

式中，ω_p 和 ν_c 为等离子体频率和等离子体碰撞频率。

在 TE 模式下，二维菱形晶格等离子体光子晶体的波动方程满足

$$\nabla\times\kappa(\boldsymbol{x}_{/\!/})\nabla\times\boldsymbol{H}(\boldsymbol{k}_{/\!/},\boldsymbol{x}_{/\!/})=\left(\frac{\omega}{c}\right)^2\boldsymbol{H}(\boldsymbol{k}_{/\!/},\boldsymbol{x}_{/\!/}) \tag{4.16}$$

将 $\boldsymbol{H}(\boldsymbol{k}_{/\!/},\boldsymbol{x}_{/\!/})=(0,0,H_z(\boldsymbol{k}_{/\!/},\boldsymbol{x}_{/\!/}))$ 代入上式得

$$\frac{\partial}{\partial x}\left[\kappa(\boldsymbol{x}_{/\!/})\frac{\partial H_z}{\partial x}\right]+\frac{\partial}{\partial y}\left[\kappa(\boldsymbol{x}_{/\!/})\frac{\partial H_z}{\partial y}\right]+\frac{\omega^2}{c^2}H_z=0 \tag{4.17}$$

将 H_z 进行傅里叶级数展开为

$$H_z(\boldsymbol{k}_{/\!/},\boldsymbol{x}_{/\!/})=\sum_{\boldsymbol{G}_{/\!/}}A(\boldsymbol{k}_{/\!/},\boldsymbol{G}_{/\!/})e^{j(\boldsymbol{k}_{/\!/}+\boldsymbol{G}_{/\!/})\cdot\boldsymbol{x}_{/\!/}} \tag{4.18}$$

式中，$A(\boldsymbol{k}_{/\!/},\boldsymbol{G}_{/\!/})$ 为 H_z 的傅里叶展开系数。将式(4.8) 和式(4.18) 代入式(4.16) 整理，可得 TE 模式下的特征方程为

$$\sum_{\boldsymbol{G}'_{/\!/}}(\boldsymbol{k}_{/\!/}+\boldsymbol{G}_{/\!/})(\boldsymbol{k}_{/\!/}+\boldsymbol{G}'_{/\!/})\kappa(\boldsymbol{G}_{/\!/}-\boldsymbol{G}'_{/\!/})A(\boldsymbol{k}_{/\!/},\boldsymbol{G}'_{/\!/})=\frac{\omega^2}{c^2}A(\boldsymbol{k}_{/\!/},\boldsymbol{G}_{/\!/}) \tag{4.19}$$

通过对实对称矩阵方程(4.19) 求解可得特征频率 ω 和特征矢量 $A(\boldsymbol{k}_{/\!/},\boldsymbol{G}_{/\!/})$，具体计算公式参见第 2 章的相关内容。将波矢 $\boldsymbol{k}_{/\!/}$ 和特征频率 ω 联立可得二维菱形晶格等离子体光子晶体在 TE 模式下的色散曲线。将特征矢量 $A(\boldsymbol{k}_{/\!/},\boldsymbol{G}_{/\!/})$ 代入式(4.18) 可求得磁场分布，从而由 Maxwell 方程可进一步求得 TE 极化波的电场分布。

在 TM 模式下，该二维菱形晶格等离子体光子晶体的波动方程满足

$$\nabla\times\nabla\times E(\boldsymbol{k}_{/\!/},\boldsymbol{x}_{/\!/})=\frac{\omega^2}{c^2}\hat{\varepsilon}(\boldsymbol{x}_{/\!/})E(\boldsymbol{k}_{/\!/},\boldsymbol{x}_{/\!/}) \tag{4.20}$$

介质的傅里叶变换可以表示为

$$\hat{\varepsilon}(\boldsymbol{x}_{/\!/})=\begin{pmatrix}\varepsilon_b & 0 & 0\\ 0 & \varepsilon_b & 0\\ 0 & 0 & \varepsilon_b\end{pmatrix}+\begin{pmatrix}\varepsilon_p-\varepsilon_b & 0 & 0\\ 0 & \varepsilon_p-\varepsilon_b & 0\\ 0 & 0 & \varepsilon_p-\varepsilon_b\end{pmatrix}\sum_{l_1,l_2}S[\boldsymbol{x}_{/\!/}-\boldsymbol{t}_{/\!/}(l_1,l_2)] \tag{4.21}$$

在 TM 模式下，电场分量可表示为

$$E(\boldsymbol{k}_{/\!/},\boldsymbol{x}_{/\!/})=(0,0,E_z(\boldsymbol{k}_{/\!/},\boldsymbol{x}_{/\!/})) \tag{4.22}$$

将式(4.21) 和式(4.22) 代入式(4.20) 得

$$\nabla\times\nabla\times E=\nabla\times\begin{vmatrix} \boldsymbol{e}_x & \boldsymbol{e}_y & \boldsymbol{e}_z \\ \dfrac{\partial}{\partial x} & \dfrac{\partial}{\partial y} & \dfrac{\partial}{\partial z} \\ \dfrac{\partial E_z}{\partial y} & -\dfrac{\partial E_z}{\partial x} & 0 \end{vmatrix}=\begin{bmatrix} 0 \\ 0 \\ -\dfrac{\partial^2 E_z}{\partial x^2}-\dfrac{\partial^2 E_z}{\partial y^2} \end{bmatrix}\boldsymbol{e}_z$$

$$=\frac{\omega^2}{c^2}\hat{\varepsilon}(\boldsymbol{x}_{/\!/})\begin{bmatrix} 0 \\ 0 \\ E_z \end{bmatrix}\boldsymbol{e}_z=\frac{\omega^2}{c^2}\begin{bmatrix} 0 \\ 0 \\ \{\varepsilon_b+(\varepsilon_p-\varepsilon_b)\sum_{l_1,l_2}S[\boldsymbol{x}_{/\!/}-\boldsymbol{t}_{/\!/}(l_1,l_2)]\}E_z\boldsymbol{e}_z \end{bmatrix} \tag{4.23}$$

整理上式可得

$$\frac{\partial^2 E_z}{\partial x^2}+\frac{\partial^2 E_z}{\partial y^2}=-\frac{\omega^2}{c^2}\varepsilon(\boldsymbol{x}_{/\!/})E_z \tag{4.24}$$

式中

$$\varepsilon(\boldsymbol{x}_{/\!/})=\varepsilon_b+(\varepsilon_p-\varepsilon_b)\sum_{l_1,l_2}S[\boldsymbol{x}_{/\!/}-\boldsymbol{t}_{/\!/}(l_1,l_2)] \tag{4.25}$$

由式(4.23)可求得上式的傅里叶展开系数为

$$\varepsilon(\boldsymbol{G}_{/\!/})=\begin{cases} \varepsilon_b+(\varepsilon_p-\varepsilon_b)f, & \boldsymbol{G}_{/\!/}=0 \\ (\varepsilon_p-\varepsilon_b)f\,\dfrac{2J_1(|\boldsymbol{G}_{/\!/}|R)}{|\boldsymbol{G}_{/\!/}|R}, & \boldsymbol{G}_{/\!/}\neq 0 \end{cases} \tag{4.26}$$

电场 $E_z(\boldsymbol{k}_{/\!/},\boldsymbol{x}_{/\!/})$ 的傅里叶级数展开为

$$E_z(\boldsymbol{k}_{/\!/},\boldsymbol{x}_{/\!/})=\sum_{\boldsymbol{G}_{/\!/}}A(\boldsymbol{k}_{/\!/},\boldsymbol{G}_{/\!/})e^{j(\boldsymbol{k}_{/\!/}+\boldsymbol{G}_{/\!/})\cdot\boldsymbol{x}_{/\!/}} \tag{4.27}$$

又因为

$$\begin{cases} E_z(\boldsymbol{k}_{/\!/},\boldsymbol{x}_{/\!/})=\sum_{\boldsymbol{G}'_{/\!/}}A(\boldsymbol{k}_{/\!/},\boldsymbol{G}'_{/\!/})e^{j(\boldsymbol{k}_{/\!/}+\boldsymbol{G}'_{/\!/})\cdot\boldsymbol{x}_{/\!/}} \\ \varepsilon(\boldsymbol{x}_{/\!/})=\sum_{\boldsymbol{G}''_{/\!/}}\varepsilon(\boldsymbol{G}''_{/\!/})e^{j\boldsymbol{G}''_{/\!/}\cdot\boldsymbol{x}_{/\!/}} \end{cases} \tag{4.28}$$

将式(4.27)和式(4.28)分别代入式(4.23)的左侧和右侧并整理可得

$$\begin{aligned} &\sum_{\boldsymbol{G}_{/\!/}}|\boldsymbol{k}_{/\!/}+\boldsymbol{G}_{/\!/}|^2A(\boldsymbol{k}_{/\!/},\boldsymbol{G}_{/\!/})e^{j(\boldsymbol{k}_{/\!/}+\boldsymbol{G}_{/\!/})\cdot\boldsymbol{x}_{/\!/}} \\ &=\frac{\omega^2}{c^2}\sum_{\boldsymbol{G}'_{/\!/}}\sum_{\boldsymbol{G}''_{/\!/}}\varepsilon(\boldsymbol{G}''_{/\!/})A(\boldsymbol{k}_{/\!/},\boldsymbol{G}'_{/\!/})e^{j(\boldsymbol{k}_{/\!/}+\boldsymbol{G}'_{/\!/}+\boldsymbol{G}''_{/\!/})\cdot\boldsymbol{x}_{/\!/}} \end{aligned} \tag{4.29}$$

令 $\boldsymbol{G}_{/\!/}=\boldsymbol{G}'_{/\!/}+\boldsymbol{G}''_{/\!/}$ 可得

$$\begin{aligned} |\boldsymbol{k}_{/\!/}+\boldsymbol{G}_{/\!/}|^2A(\boldsymbol{k}_{/\!/},\boldsymbol{G}_{/\!/})&=\frac{\omega^2}{c^2}\sum_{\boldsymbol{G}'_{/\!/}}\varepsilon(\boldsymbol{G}_{/\!/}-\boldsymbol{G}'_{/\!/})A(\boldsymbol{k}_{/\!/},\boldsymbol{G}'_{/\!/}) \\ &=\frac{\omega^2}{c^2}\varepsilon(0)A(\boldsymbol{k}_{/\!/},\boldsymbol{G}_{/\!/})+\frac{\omega^2}{c^2}\sum_{\boldsymbol{G}'_{/\!/},\boldsymbol{G}_{/\!/}}\varepsilon(\boldsymbol{G}_{/\!/}-\boldsymbol{G}'_{/\!/})A(\boldsymbol{k}_{/\!/},\boldsymbol{G}'_{/\!/}) \end{aligned} \tag{4.30}$$

将式(4.26)代入式(4.30)并整理可得非线性特征方程为

$$(\omega^4\boldsymbol{P}-\omega^3\boldsymbol{Q}-\omega^2\boldsymbol{R}-\omega\boldsymbol{S}-\boldsymbol{T})A=0 \tag{4.31}$$

式中，各矩阵元素分别为

$$\boldsymbol{P}(\boldsymbol{G}_{/\!/}\mid\boldsymbol{G}'_{/\!/})=\left[(1-\varepsilon_b)f\frac{2\mathrm{J}_1(|\boldsymbol{G}_{/\!/}-\boldsymbol{G}'_{/\!/}|R)}{|\boldsymbol{G}_{/\!/}-\boldsymbol{G}'_{/\!/}|R}+\varepsilon_b\boldsymbol{\delta}_{\boldsymbol{G}_{/\!/},\boldsymbol{G}'_{/\!/}}\right],\quad \boldsymbol{Q}(\boldsymbol{G}_{/\!/}\mid\boldsymbol{G}'_{/\!/})=0$$

$$\boldsymbol{R}(\boldsymbol{G}_{/\!/}\mid\boldsymbol{G}'_{/\!/})=[\omega_p^2-\nu^2(\varepsilon_b-1)]f\frac{2\mathrm{J}_1(|\boldsymbol{G}_{/\!/}-\boldsymbol{G}'_{/\!/}|R)}{|\boldsymbol{G}_{/\!/}-\boldsymbol{G}'_{/\!/}|R}\cdot$$
$$(c^2\,|\boldsymbol{k}_{/\!/}+\boldsymbol{G}_{/\!/}|^2-\nu_c{}^2\varepsilon_b)\boldsymbol{\delta}_{\boldsymbol{G}_{/\!/},\boldsymbol{G}'_{/\!/}}$$

$$\boldsymbol{S}(\boldsymbol{G}_{/\!/}\mid\boldsymbol{G}'_{/\!/})=-\mathrm{j}\nu_c\omega_p^2f\frac{2\mathrm{J}_1(|\boldsymbol{G}_{/\!/}-\boldsymbol{G}'_{/\!/}|R)}{|\boldsymbol{G}_{/\!/}-\boldsymbol{G}'_{/\!/}|R}$$

$$\boldsymbol{T}(\boldsymbol{G}_{/\!/}\mid\boldsymbol{G}'_{/\!/})=\nu_c{}^2c^2\,|\boldsymbol{k}_{/\!/}+\boldsymbol{G}_{/\!/}|^2\boldsymbol{\delta}_{\boldsymbol{G}_{/\!/},\boldsymbol{G}'_{/\!/}}$$

利用线性变换将非线性特征方程(4.31)转化成线性特征方程的形式为

$$\boldsymbol{XA}=0 \tag{4.32}$$

式中

$$\boldsymbol{X}=\begin{pmatrix}0&\boldsymbol{I}&0&0\\0&0&\boldsymbol{I}&0\\0&0&0&\boldsymbol{I}\\\boldsymbol{P}^{-1}\boldsymbol{T}&\boldsymbol{P}^{-1}\boldsymbol{S}&\boldsymbol{P}^{-1}\boldsymbol{R}&\boldsymbol{P}^{-1}\boldsymbol{Q}\end{pmatrix} \tag{4.33}$$

对式(4.32)求特征值便可得到 $\boldsymbol{k}_{/\!/}$ 与 ω 的关系，从而可得 TM 模式下二维菱形晶格等离子体光子晶体的色散曲线。

4.1.2　二维菱形晶格等离子体光子晶体的色散特性

图 4.2(a) 给出了 TM 模式下二维菱形晶格等离子体光子晶体的色散曲线，其中深色区域代表 PBG。该光子晶体的参数如下：背景介质的相对介电常数 $\varepsilon_b=12.96$，等离子体圆柱的半径 $R=0.45a$，取晶格夹角 $\theta=60°$，等离子体频率 $\omega_p=0.25(2\pi c/a)=0.25\omega_{p0}$，等离子体碰撞频率 $\nu_c=0.002\omega_p$。计算所采用的平面波数为 441。波矢方向沿 $\Gamma-T-N-\Gamma-X-M-\Gamma-P-M$，纵坐标为归一化频率 $\frac{\omega a}{2\pi c}$。由图 4.2(a) 可知，此时二维菱形晶格等离子体光子晶体能够产生两个 PBG，分别位于 0～0.102 1$(2\pi c/a)$ 和 0.385 8～0.438 8$(2\pi c/a)$ 处。第 1 个 PBG 的产生是由于等离子体光子晶体存在截止频率。显然，当 $\theta=60°$ 时，菱形晶格结构就是三角形晶格。图 4.2(b) 给出了 TM 模式下二维三角形晶格等离子体光子晶体的色散曲线，比较图 4.2(a) 和图 4.2(b) 中的结果可知，菱形晶格 1st BZ 中的计算结果是准确的，能适用于一般情况。同理，图 4.3 给出了 TE 模式下二维等离子体光子晶体的色散曲线，其中 $\varepsilon_b=11.9$，$\theta=60°$，$R=0.283a$，$\omega_p=\nu_c=0$。类似于图 4.2，在菱形晶格和三角形晶格条件下，计算得到的结果是相同的。

并且存在着两个 PBG，分别位于 0.206 6 ～ 0.269 1($2\pi c/a$) 和 0.578 4 ～ 0.610 9 ($2\pi c/a$) 处。

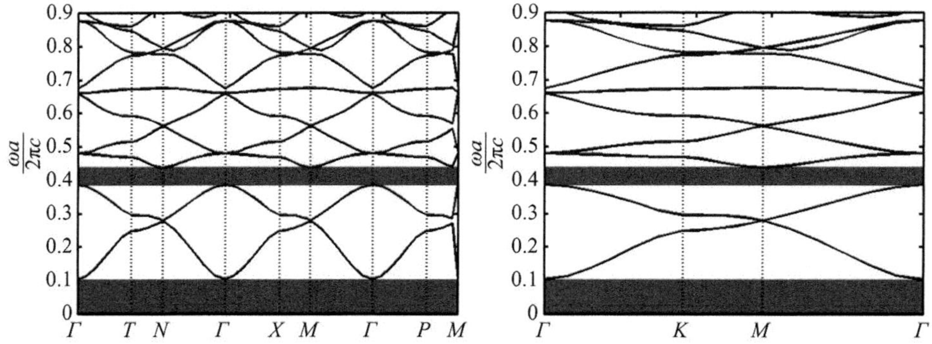

(a) 菱形晶格　　(b) 三角形晶格

图 4.2　TM 模式下二维等离子体光子晶体的色散曲线

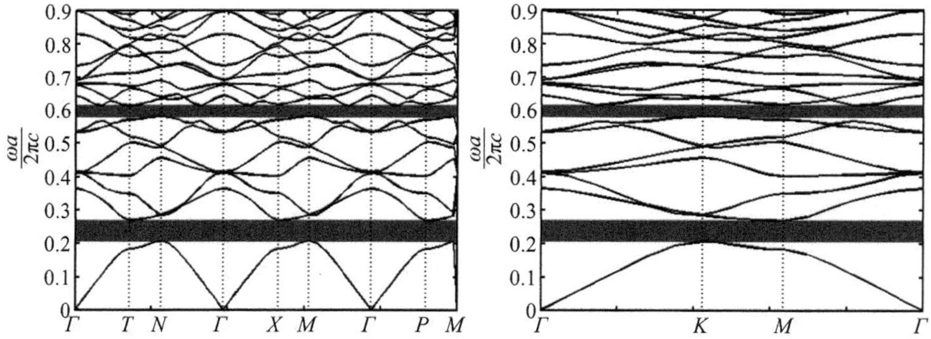

(a) 菱形晶格　　(b) 三角形晶格

图 4.3　TE 模式下二维等离子体光子晶体的色散曲线

图 4.4 给出了二维菱形晶格等离子体光子晶体的色散曲线。其参数为：$\varepsilon_b = 12.9$，$\theta = 60°$，$R = 0.44a$，$\omega_p = 0.25(2\pi c/a)$ 和 $\nu_c = 0.002\omega_p$。由图 4.4(a) 可知，在 TE 模式下，色散曲线中有两个 PBG，它们分别位于 0.310 6 ～ 0.533 2($2\pi c/a$) 和 0.790 6 ～ 0.827 6($2\pi c/a$) 处。在 $\omega \leqslant \omega_p$ 的区域，有一个水平带区域，这主要是由表面等离子体激元模而形成的[231, 235]，水平带区域的特点是群速度较低。由图 4.4(b) 可知，在 TM 模式下，该光子晶体能够产生 3 个 PBG，它们分别位于 0 ～ 0.095 7($2\pi c/a$)、0.376 1 ～ 0.417 2($2\pi c/a$) 和 0.652 8 ～ 0.658 7($2\pi c/a$) 处。在第 1 条能带以下，第 2、3 条和 7、8 条能带之间各存在一个带隙 TM_{01}、TM_{23} 和 TM_{78}，且 TM_{01} 的带宽较大。

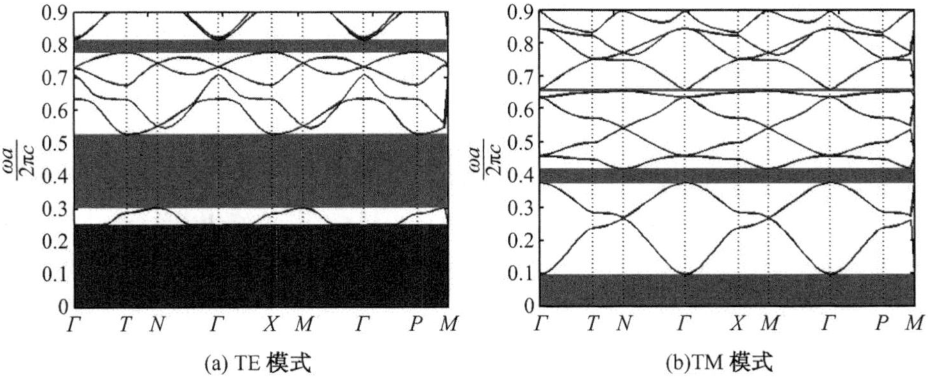

图 4.4　二维菱形晶格等离子体光子晶体的色散曲线

下面将介绍二维非磁化菱形晶格等离子体光子晶体（等离子体圆柱填充介质背景）的带隙特性，介绍 θ 不同时，TE 极化波的第 1 禁带（TE_1）和 TM 波的第 2 禁带（TM_2）的特性。带隙相对带宽 $\omega_R=\Delta\omega/\omega_g$（$\omega_g$ 为带隙的中心频率，$\Delta\omega$ 为带隙的宽度）。

4.1.3　等离子体圆柱半径 R 对 PBG 的影响

图 4.5 给出了 θ 取不同值时，PBG 与 R 的关系图。其他参数保持不变且与图 4.4 中的相同，仅改变等离子体圆柱半径 R 的大小。由图 4.5(a) 可知，该二维等离子体光子晶体在 $\theta>55^\circ$ 时 TE_1 存在。当 θ 固定时，ω_R 随 θ 的增加而先增大后减小。但当 R/a 固定时，ω_R 随 θ 的变化不规则，ω_R 沿 $90^\circ-85^\circ-75^\circ-60^\circ-55^\circ$ 方向逐渐增大。当 $R/a<0.37$ 时，ω_R 在 $\theta=55^\circ$ 达到最大。当 $R/a\geqslant0.37$ 时，ω_R 在 60° 达到最大。由图 4.5(b) 可知，在 TM 模式下该二维等离子体圆柱光子晶体产生的 TM_2 在 $\theta=60^\circ$、75°、85° 和 90° 时存在。当 R/a 固定时，ω_R 沿 $75^\circ-60^\circ-$

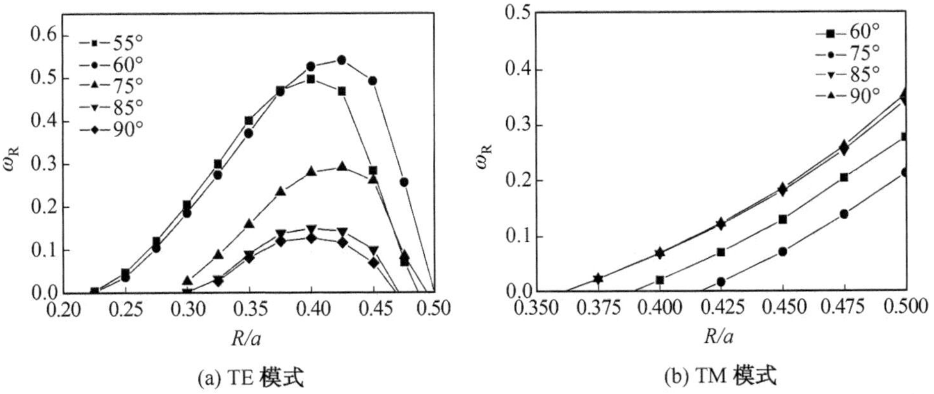

图 4.5　θ 取不同值时，PBG 与 R 的关系图

85°－90°角度方向增大。当 θ 固定时，ω_R 随 R/a 的增加而增大。

4.1.4 等离子体频率对 PBG 的影响

图 4.6 给出了 θ 取不同值时，PBG 与 ω_p 的关系图。其他参数不变且与图4.4中的相同，仅改变 ω_p 的大小。由图 4.6 可知，当 θ 取不同值时，在 TE 和 TM 模式下该二维等离子体光子晶体产生的 PBG 明显与 ω_p 有关。例如 $\theta=90°$，对于 TE 波而言，当 $\omega_p/\omega_{p0}<0.36$ 时 TE_1 才会出现；而对于 TM 波而言，却不存在这个现象，ω_p/ω_{p0} 在 0.05～1 内均能产生 TM_2。由图 4.6(a) 可知，仅当 $\theta>55°$ 时，TE_1 存在，当 θ 固定时，ω_R 随 ω_p/ω_{p0} 的增加而先增大后减小。当 $\theta=55°$、60°、75°、85° 和 90° 时，ω_R 均在 $\omega_p/\omega_{p0}=0.25$ 处达到最大。另一方面，当 ω_p/ω_{p0} 固定时，ω_R 沿 90°－85°－75°－55°－60° 方向逐渐增大。当 $\omega_p/\omega_{p0}>0.36$ 时，只有 $\theta=55°$ 和 60° 存在 TE_1，ω_R 沿 55°－60° 方向逐渐增大。由图 4.6(b) 可知，在 $\theta>60°$ 时存在 TM_2。如果固定 ω_p/ω_{p0}，ω_R 将沿着 70°－60°－85°－90° 方向逐渐增大。如果保持 θ 不变，ω_R 随 ω_p/ω_{p0} 的增大而增大。这是因为当等离子体频率增大时，等离子体的有效介电常数减小了，这使得背景介质与等离子体的相对介电常数的差值变大，所以 TM_2 被展宽了，即 ω_R 变大了。

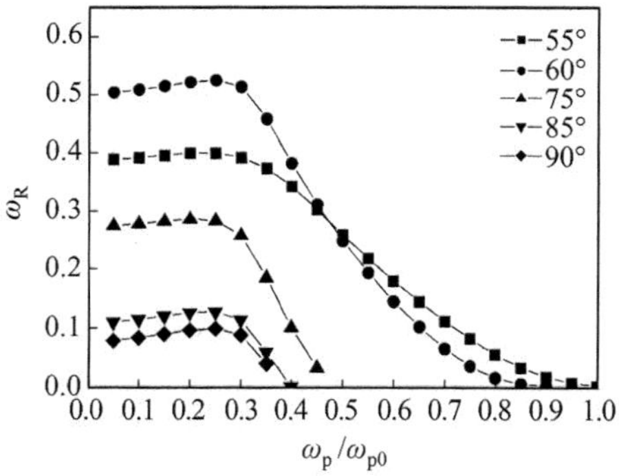

(a) TE 模式

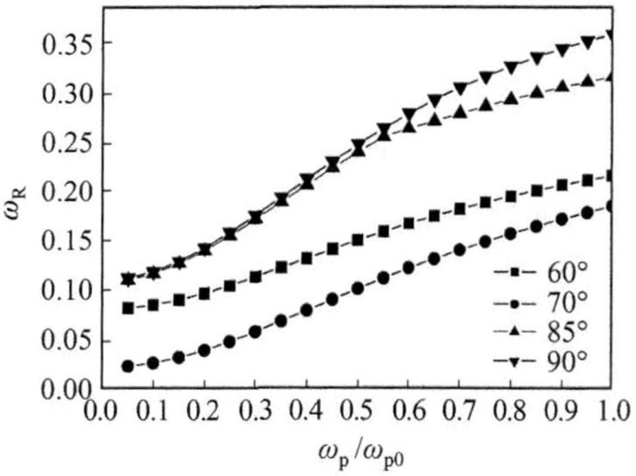

(b) TM 模式

图 4.6 θ 取不同值时，PBG 与 ω_p 的关系图

4.1.5 介质背景对 PBG 的影响

图 4.7 给出了 θ 取不同值时，PBG 与 ε_b 的关系图。其他参数保持不变且与图 4.4 中的相同，仅改变介质背景的相对介电常数 ε_b 的大小。由图 4.7 可知，当 θ 取不同值时，在 TE 和 TM 模式下该光子晶体产生的 PBG 明显与 ε_b 有关。例如，$\theta=90°$，对于 TE 波而言，只有 $\varepsilon_b>5$ 时 TE_1 才会存在。而对于 TM 波而言，只有 $\varepsilon_b>2.5$ 时 TM_2 才会出现。当 ε_b 固定时，TE_1 的相对带隙宽度沿 90°－85°－75°－55°－60° 方向增加，TM_2 的 ω_R 沿 75°－60°－85°－90° 方向增加。当 θ 保

持不变时，TE_1 的 PBG 相对带宽 ω_R 均会随着 ε_b 的增大而先增大后减小，TM_2 的 PBG 的相对带宽 ω_R 均会随着 ε_b 的增大而增大。对于 TE_1 和 TM_2 的 ω_R 而言，ω_R 开始增加较快，后来变化较为缓慢。可见散射体和背景材料介电常数的差值越大越容易形成带隙，但是当 ε_b 到一定值时，带隙宽度只有略微的增加，其增加的幅度比较平缓。

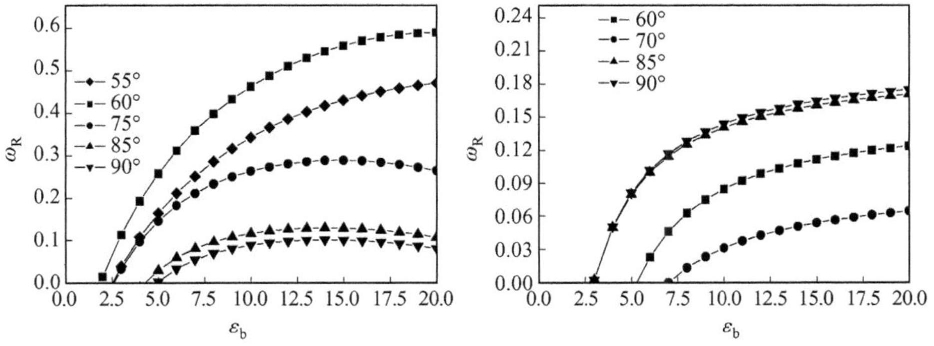

(a) TE 模式　　(b) TM 模式

图 4.7　θ 取不同值时，PBG 与 ε_b 的关系图

4.2　二维磁化等离子体光子晶体的色散特性

本节将介绍二维磁化等离子体光子晶体的色散特性和 PWE 方法的计算公式，以及二维非磁化等离子体光子晶体在 TM 模式下的传输特性。

4.2.1　二维磁化等离子体光子晶体的物理模型

图 4.8(a) 和图 4.8(b) 分别给出了两种类型的二维正方形晶格磁化等离子体光子晶体的结构示意图，xy 为周期平面，外加磁场 $\boldsymbol{B}_0$ 沿 z 轴方向，三角形为正方形晶格的 1st BZ，灰色区域代表等离子体。在 type－1 型中，等离子体圆柱填充介质背景。在 type－2 型中，介质圆柱填充等离子体背景。等离子体和介质的相对介电常数分别为 ε_p 和 ε_b，晶格常数和圆柱半径分别为 a 和 R。

当外加磁场 $\boldsymbol{B}_0$ 沿 z 轴方向时，由图 4.8 可知此时磁化等离子体的相对介电常数的表达式为

$$\varepsilon_p = \begin{pmatrix} \varepsilon_1 & j\varepsilon_2 & 0 \\ -j\varepsilon_2 & \varepsilon_1 & 0 \\ 0 & 0 & \varepsilon_3 \end{pmatrix} \tag{4.34}$$

式中，$\varepsilon_1 = 1 - \dfrac{\omega_p^2(\omega + j\nu_c)}{\omega[(\omega + j\nu_c)^2 - \omega_c^2]}$；$\varepsilon_2 = \dfrac{-\omega_p^2\omega_c}{\omega[(\omega + j\nu_c)^2 - \omega_c^2]}$；$\varepsilon_3 = 1 - \dfrac{\omega_p^2}{\omega(\omega + j\nu_c)}$。

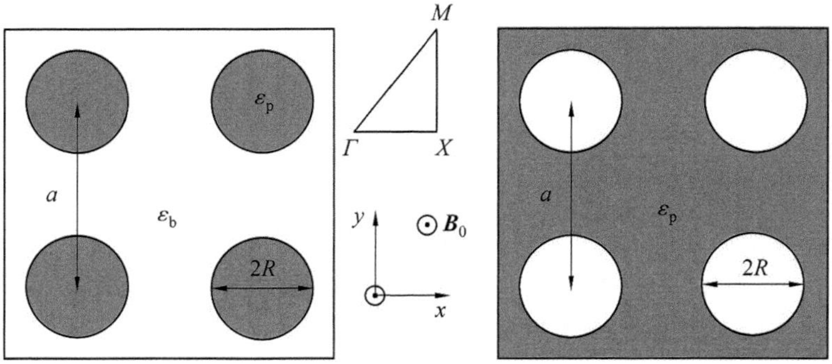

(a) type-1 型　　(b) type-2 型

图 4.8　两种类型的二维正方形晶格磁化等离子体光子晶体的结构示意图

式(4.34)中，ω_p、ν_c 和 ω_c 分别代表等离子体频率、等离子体碰撞频率和等离子体回旋频率。$\omega_c = eB/m$，e、m 和 B 分别表示电子的电量、电子的质量和外加磁场的强度。则磁化等离子体相对介电常数的倒数为

$$\varepsilon_p^{-1} = \begin{pmatrix} u_1 & ju_2 & 0 \\ -ju_2 & u_1 & 0 \\ 0 & 0 & u_3 \end{pmatrix} \tag{4.35}$$

式中

$$u_1 = \frac{\varepsilon_1}{{\varepsilon_1}^2 - {\varepsilon_2}^2};\quad u_2 = \frac{-\varepsilon_2}{{\varepsilon_1}^2 - {\varepsilon_2}^2};\quad u_3 = \frac{1}{\varepsilon_3}$$

因此，二维磁化等离子体光子晶体中的等离子体介电函数及其倒数均为张量形式，且各个不为零分量为频率 ω 的函数。因此，不能用常规的 PWE 法[62-64]求解图 4.8 中二维磁化等离子体光子晶体的特征方程，以下给出采用改进的 PWE 法推导二维磁化等离子体光子晶体特征方程的具体过程。并在外加磁场方向任意时，通过推导等离子体的 FDTD 辅助方程来进一步求解具有任意波矢方向的二维磁化等离子体光子晶体的色散曲线。

由图 4.8 可知，对于 TM 模式而言，外加磁场对其无影响。此时，磁化等离子体的介电常数与非磁化等离子体的相同。因此，在 TM 模式下，type－1 型二维磁化等离子体光子晶体的 PWE 计算公式见 4.1 节。对于 type－2 型二维磁化等离子体光子晶体而言，与 4.1 节的推导过程类似，那么其改进的 PWE 方法计算公式可由下面的非线性特征方程给出：

$$(\omega^4 \boldsymbol{P} - \omega^3 \boldsymbol{Q} - \omega^2 \boldsymbol{R} - \omega \boldsymbol{S} - \boldsymbol{T})\boldsymbol{A} = 0 \tag{4.36}$$

各矩阵元素分别为

$$\boldsymbol{P}(\boldsymbol{G}_{/\!/} \mid \boldsymbol{G}'_{/\!/}) = \left[(\varepsilon_{\mathrm{b}}-1) f \frac{2\mathrm{J}_1(|\boldsymbol{G}_{/\!/}-\boldsymbol{G}'_{/\!/}|R)}{|\boldsymbol{G}_{/\!/}-\boldsymbol{G}'_{/\!/}|R} + \boldsymbol{\delta}_{\boldsymbol{G}_{/\!/},\boldsymbol{G}'_{/\!/}}\right]$$

$$\boldsymbol{Q}(\boldsymbol{G}_{/\!/} \mid \boldsymbol{G}'_{/\!/}) = 0$$

$$\boldsymbol{R}(\boldsymbol{G}_{/\!/} \mid \boldsymbol{G}'_{/\!/}) = -[\omega_{\mathrm{p}}^2 + \nu_{\mathrm{c}}{}^2(\varepsilon_{\mathrm{b}}-1)] f \frac{2\mathrm{J}_1(|\boldsymbol{G}_{/\!/}-\boldsymbol{G}'_{/\!/}|R)}{|\boldsymbol{G}_{/\!/}-\boldsymbol{G}'_{/\!/}|R} + (\omega_{\mathrm{p}}^2 - \nu_{\mathrm{c}}{}^2 + c^2 \,|\boldsymbol{k}_{/\!/}+\boldsymbol{G}_{/\!/}|^2)\boldsymbol{\delta}_{\boldsymbol{G}_{/\!/},\boldsymbol{G}'_{/\!/}}$$

$$\boldsymbol{S}(\boldsymbol{G}_{/\!/} \mid \boldsymbol{G}'_{/\!/}) = -\mathrm{j}\nu_{\mathrm{c}}\omega_{\mathrm{p}}^2\left[\boldsymbol{\delta}_{\boldsymbol{G}_{/\!/},\boldsymbol{G}'_{/\!/}} - f \frac{2\mathrm{J}_1(|\boldsymbol{G}_{/\!/}-\boldsymbol{G}'_{/\!/}|R)}{|\boldsymbol{G}_{/\!/}-\boldsymbol{G}'_{/\!/}|R}\right]$$

$$\boldsymbol{T}(\boldsymbol{G}_{/\!/} \mid \boldsymbol{G}'_{/\!/}) = \nu_{\mathrm{c}}{}^2 c^2 \,|\boldsymbol{k}_{/\!/}+\boldsymbol{G}_{/\!/}|^2\boldsymbol{\delta}_{\boldsymbol{G}_{/\!/},\boldsymbol{G}'_{/\!/}}$$

将式(4.36)转换为线性特征方程便可得 TM 模式下 type－2 型二维磁化等离子体光子晶体的色散曲线，式(4.36)的求解公式和参变量的定义可见 4.1 节。

而在 TE 模式下，二维磁化等离子体光子晶体的波动方程可以表示为

$$\nabla\times\hat{\kappa}(\boldsymbol{x}_{/\!/})\,\nabla\times\boldsymbol{H}(\boldsymbol{k}_{/\!/},\boldsymbol{x}_{/\!/}) = \left(\frac{\omega}{c}\right)^2\boldsymbol{H}(\boldsymbol{k}_{/\!/},\boldsymbol{x}_{/\!/}) \tag{4.37}$$

由式(4.34)可知，type－1 型二维磁化等离子体光子晶体的介电常数的分布函数可以表示为

$$\hat{\kappa}(\boldsymbol{x}_{/\!/}) = \begin{pmatrix} \frac{1}{\varepsilon_{\mathrm{b}}} & 0 & 0 \\ 0 & \frac{1}{\varepsilon_{\mathrm{b}}} & 0 \\ 0 & 0 & \frac{1}{\varepsilon_{\mathrm{b}}} \end{pmatrix} + \begin{pmatrix} u_1-\frac{1}{\varepsilon_{\mathrm{b}}} & \mathrm{j}u_2 & 0 \\ -\mathrm{j}u_2 & u_1-\frac{1}{\varepsilon_{\mathrm{b}}} & 0 \\ 0 & 0 & u_3-\frac{1}{\varepsilon_{\mathrm{b}}} \end{pmatrix}\sum_{l_1,l_2} S[\boldsymbol{x}_{/\!/}-\boldsymbol{t}_{/\!/}(l_1,l_2)] \tag{4.38}$$

$$= \begin{pmatrix} \frac{1}{\varepsilon_{\mathrm{b}}}+(u_1-\frac{1}{\varepsilon_{\mathrm{b}}})\sum\limits_{l_1,l_2} S[\boldsymbol{x}_{/\!/}-\boldsymbol{t}_{/\!/}(l_1,l_2)] & \mathrm{j}u_2\sum\limits_{l_1,l_2} S[\boldsymbol{x}_{/\!/}-\boldsymbol{t}_{/\!/}(l_1,l_2)] & 0 \\ -\mathrm{j}u_2\sum\limits_{l_1,l_2} S[\boldsymbol{x}_{/\!/}-\boldsymbol{t}_{/\!/}(l_1,l_2)] & \frac{1}{\varepsilon_{\mathrm{b}}}+(u_1-\frac{1}{\varepsilon_{\mathrm{b}}})\sum\limits_{l_1,l_2} S[\boldsymbol{x}_{/\!/}-\boldsymbol{t}_{/\!/}(l_1,l_2)] & 0 \\ 0 & 0 & \frac{1}{\varepsilon_{\mathrm{b}}}+(u_3-\frac{1}{\varepsilon_{\mathrm{b}}})\sum\limits_{l_1,l_2} S[\boldsymbol{x}_{/\!/}-\boldsymbol{t}_{/\!/}(l_1,l_2)] \end{pmatrix}$$

对于 type－1 型而言，它的磁场分量为

$$\boldsymbol{H}(\boldsymbol{k}_{/\!/},\boldsymbol{x}_{/\!/}) = (0,0,H_z(\boldsymbol{k}_{/\!/},\boldsymbol{x}_{/\!/})) \tag{4.39}$$

将式(4.39)和式(4.38)代入式(4.36)可得

$$\hat{\kappa}(\boldsymbol{x}_{/\!/})\ \nabla\times H(\boldsymbol{k}_{/\!/},\boldsymbol{x}_{/\!/})=\begin{bmatrix}\left(\nu_1\dfrac{\partial H_z}{\partial y}-\mathrm{j}\nu_2\dfrac{\partial H_z}{\partial x}\right)\boldsymbol{e}_x\\\left(-\nu_1\dfrac{\partial H_z}{\partial x}-\mathrm{j}\nu_2\dfrac{\partial H_z}{\partial y}\right)\boldsymbol{e}_y\\0\end{bmatrix}\tag{4.40}$$

式中

$$\begin{cases}\nu_1(\boldsymbol{x}_{/\!/})=\dfrac{1}{\varepsilon_\mathrm{b}}+\left(u_1-\dfrac{1}{\varepsilon_\mathrm{b}}\right)\sum\limits_{l_1,l_2}S[\boldsymbol{x}_{/\!/}-\boldsymbol{t}_{/\!/}(l_1,l_2)]\\\nu_2(\boldsymbol{x}_{/\!/})=u_2\sum\limits_{l_1,l_2}S[\boldsymbol{x}_{/\!/}-\boldsymbol{t}_{/\!/}(l_1,l_2)]\end{cases}\tag{4.41}$$

从而可得

$$\nabla\times\hat{\kappa}(\boldsymbol{x}_{/\!/})\ \nabla\times\boldsymbol{H}(\boldsymbol{k}_{/\!/},\boldsymbol{x}_{/\!/})=\nabla\times\begin{bmatrix}\left(\nu_1\dfrac{\partial H_z}{\partial y}-\mathrm{j}\nu_2\dfrac{\partial H_z}{\partial x}\right)\boldsymbol{e}_x\\\left(-\nu_1\dfrac{\partial H_z}{\partial x}-\mathrm{j}\nu_2\dfrac{\partial H_z}{\partial y}\right)\boldsymbol{e}_y\\0\end{bmatrix}=\left(\frac{\omega}{c}\right)^2\begin{bmatrix}0\\0\\H_z\end{bmatrix}\boldsymbol{e}_z\tag{4.42}$$

整理可得

$$-\nu_1\left(\frac{\partial^2H_z}{\partial x^2}+\frac{\partial^2H_z}{\partial y^2}\right)-\left(\frac{\partial\nu_1}{\partial x}\frac{\partial H_z}{\partial x}+\frac{\partial\nu_1}{\partial y}\frac{\partial H_z}{\partial y}\right)-\mathrm{j}\left(\frac{\partial\nu_2}{\partial x}\frac{\partial H_z}{\partial y}-\frac{\partial\nu_2}{\partial y}\frac{\partial H_z}{\partial x}\right)=\left(\frac{\omega}{c}\right)^2H_z\tag{4.43}$$

将

$$\begin{cases}H_z(\boldsymbol{k}_{/\!/},\boldsymbol{x}_{/\!/})=\sum\limits_{\boldsymbol{G}'_{/\!/}}\boldsymbol{B}(\boldsymbol{k}_{/\!/},\boldsymbol{G}'_{/\!/})\mathrm{e}^{\mathrm{j}(\boldsymbol{k}_{/\!/}+\boldsymbol{G}'_{/\!/})\cdot\boldsymbol{x}_{/\!/}}\\\nu_1(\boldsymbol{x}_{/\!/})=\sum\limits_{\boldsymbol{G}''_{/\!/}}\nu_1(\boldsymbol{G}''_{/\!/})\mathrm{e}^{\mathrm{j}\boldsymbol{G}''_{/\!/}\cdot\boldsymbol{x}_{/\!/}}\\\nu_2(\boldsymbol{x}_{/\!/})=\sum\limits_{\boldsymbol{G}''_{/\!/}}\nu_2(\boldsymbol{G}''_{/\!/})\mathrm{e}^{\mathrm{j}\boldsymbol{G}''_{/\!/}\cdot\boldsymbol{x}_{/\!/}}\end{cases}\tag{4.44}$$

和

$$H_z(\boldsymbol{k}_{/\!/},\boldsymbol{x}_{/\!/})=\sum_{\boldsymbol{G}'_{/\!/}}\boldsymbol{B}(\boldsymbol{k}_{/\!/},\boldsymbol{G}_{/\!/})\mathrm{e}^{\mathrm{j}(\boldsymbol{k}_{/\!/}+\boldsymbol{G}_{/\!/})\cdot\boldsymbol{x}_{/\!/}}\tag{4.45}$$

分别代入式(4.43)的左侧和右侧可得

$$\begin{aligned}&\sum_{\boldsymbol{G}'_{/\!/}}\sum_{\boldsymbol{G}''_{/\!/}}[(\boldsymbol{k}_{/\!/}+\boldsymbol{G}_{/\!/})\cdot(\boldsymbol{k}_{/\!/}+\boldsymbol{G}'_{/\!/}+\boldsymbol{G}''_{/\!/})\nu_1(\boldsymbol{G}''_{/\!/})+\mathrm{j}(\boldsymbol{k}_{/\!/}+\boldsymbol{G}'_{/\!/}+\boldsymbol{G}''_{/\!/})\times\\&(\boldsymbol{k}_{/\!/}+\boldsymbol{G}'_{/\!/})\cdot e_z\nu_2(\boldsymbol{G}''_{/\!/})]\boldsymbol{B}(\boldsymbol{k}_{/\!/},\boldsymbol{G}'_{/\!/})\mathrm{e}^{\mathrm{j}(\boldsymbol{k}_{/\!/}+\boldsymbol{G}'_{/\!/}+\boldsymbol{G}''_{/\!/})\cdot\boldsymbol{x}_{/\!/}}\\=&\left(\frac{\omega}{c}\right)^2\sum_{\boldsymbol{G}_{/\!/}}\boldsymbol{B}(\boldsymbol{k}_{/\!/},\boldsymbol{G}_{/\!/})\mathrm{e}^{\mathrm{j}(\boldsymbol{k}_{/\!/}+\boldsymbol{G}_{/\!/})\cdot\boldsymbol{x}_{/\!/}}\end{aligned}\tag{4.46}$$

令 $\boldsymbol{G}_{/\!/}=\boldsymbol{G}'_{/\!/}+\boldsymbol{G}''_{/\!/}$，上式可化简为

$$\sum_{\boldsymbol{G}'_{/\!/}}[(\boldsymbol{k}_{/\!/}+\boldsymbol{G}_{/\!/})\cdot(\boldsymbol{k}_{/\!/}+\boldsymbol{G}'_{/\!/})\nu_1(\boldsymbol{G}_{/\!/}-\boldsymbol{G}'_{/\!/})+\mathrm{j}(\boldsymbol{k}_{/\!/}+\boldsymbol{G}_{/\!/})\times(\boldsymbol{k}_{/\!/}+\boldsymbol{G}'_{/\!/})\cdot e_z\nu_2(\boldsymbol{G}_{/\!/}-\boldsymbol{G}'_{/\!/})]\boldsymbol{B}(\boldsymbol{k}_{/\!/},\boldsymbol{G}'_{/\!/})=\left(\frac{\omega}{c}\right)^2\boldsymbol{B}(\boldsymbol{k}_{/\!/},\boldsymbol{G}_{/\!/}) \tag{4.47}$$

即

$$\sum_{\boldsymbol{G}_{/\!/}\neq\boldsymbol{G}'_{/\!/}}\{(\boldsymbol{k}_{/\!/}+\boldsymbol{G}_{/\!/})\cdot(\boldsymbol{k}_{/\!/}+\boldsymbol{G}'_{/\!/})\nu_1(\boldsymbol{G}_{/\!/}-\boldsymbol{G}'_{/\!/})+\mathrm{j}[(\boldsymbol{k}_{/\!/}+\boldsymbol{G}_{/\!/})\times(\boldsymbol{k}_{/\!/}+\boldsymbol{G}'_{/\!/})\cdot e_z]\nu_2(\boldsymbol{G}_{/\!/}-\boldsymbol{G}'_{/\!/})\}\boldsymbol{B}(\boldsymbol{k}_{/\!/},\boldsymbol{G}'_{/\!/})$$
$$=\left(\frac{\omega}{c}\right)^2\boldsymbol{B}(\boldsymbol{k}_{/\!/},\boldsymbol{G}_{/\!/})-|\boldsymbol{k}_{/\!/}+\boldsymbol{G}_{/\!/}|^2\nu_1(0)\boldsymbol{B}(\boldsymbol{k}_{/\!/},\boldsymbol{G}_{/\!/}) \tag{4.48}$$

式(4.48)的傅里叶展开系数为

$$\nu_1(\boldsymbol{G}_{/\!/})=\begin{cases}\dfrac{1}{\varepsilon_b}+(u_1-\dfrac{1}{\varepsilon_b})f, & \boldsymbol{G}_{/\!/}=0\\[2ex](u_1-\dfrac{1}{\varepsilon_b})f\,\dfrac{2\mathrm{J}_1(|\boldsymbol{G}_{/\!/}|R)}{|\boldsymbol{G}_{/\!/}|R}, & \boldsymbol{G}_{/\!/}\neq 0\end{cases}$$

$$\nu_2(\boldsymbol{G}_{/\!/})=\begin{cases}u_2 f, & \boldsymbol{G}_{/\!/}=0\\[2ex]u_2 f\,\dfrac{2\mathrm{J}_1(|\boldsymbol{G}_{/\!/}|R)}{|\boldsymbol{G}_{/\!/}|R}, & \boldsymbol{G}_{/\!/}\neq 0\end{cases} \tag{4.49}$$

将式(4.49)代入式(4.48)，整理可得关于 ω 的六阶非线性矩阵方程为

$$(\omega^6\boldsymbol{I}-\omega^5\boldsymbol{O}-\omega^4\boldsymbol{P}-\omega^3\boldsymbol{Q}-\omega^2\boldsymbol{R}-\omega\boldsymbol{S}-\boldsymbol{T})\boldsymbol{B}=0 \tag{4.50}$$

各矩阵元素分别为

$$\boldsymbol{O}(\boldsymbol{G}_{/\!/}\mid\boldsymbol{G}'_{/\!/})=-\mathrm{j}2\nu_c\delta_{\boldsymbol{GG}'}$$

$$\boldsymbol{P}(\boldsymbol{G}_{/\!/}\mid\boldsymbol{G}'_{/\!/})=\left(2\omega_p^2+\nu_c{}^2+\omega_c^2+\frac{c^2}{\varepsilon_b}|\boldsymbol{k}+\boldsymbol{G}_{/\!/}|^2\right)\delta_{\boldsymbol{GG}'}+\frac{\varepsilon_b-1}{\varepsilon_b}c^2(\boldsymbol{k}+\boldsymbol{G}_{/\!/})\cdot(\boldsymbol{k}+\boldsymbol{G}'_{/\!/})2f\,\frac{\mathrm{J}(|\boldsymbol{G}_{/\!/}-\boldsymbol{G}'_{/\!/}|R)}{|\boldsymbol{G}_{/\!/}-\boldsymbol{G}'_{/\!/}|R}$$

$$\boldsymbol{Q}(\boldsymbol{G}_{/\!/}\mid\boldsymbol{G}'_{/\!/})=-\mathrm{j}2\nu_c\left[-\left(\omega_p^2+\frac{c^2}{\varepsilon_b}|\boldsymbol{k}+\boldsymbol{G}_{/\!/}|^2\right)\delta_{\boldsymbol{GG}'}-\frac{\varepsilon_b-1}{\varepsilon_b}c^2(\boldsymbol{k}+\boldsymbol{G}_{/\!/})\cdot(\boldsymbol{k}+\boldsymbol{G}'_{/\!/})2f\,\frac{\mathrm{J}(|\boldsymbol{G}_{/\!/}-\boldsymbol{G}'_{/\!/}|R)}{|\boldsymbol{G}_{/\!/}-\boldsymbol{G}'_{/\!/}|R}\right]$$

$$\boldsymbol{R}(\boldsymbol{G}_{/\!/}\mid\boldsymbol{G}'_{/\!/})=-\left[(2\omega_p^2+\nu_c{}^2+\omega_c^2)\frac{c^2}{\varepsilon_b}|\boldsymbol{k}+\boldsymbol{G}_{/\!/}|^2+\omega_p^4\right]\delta_{\boldsymbol{GG}'}-\frac{(\varepsilon_b-1)(\omega_p^2+\nu_c{}^2+\omega_c^2)-\omega_p^2}{\varepsilon_b}c^2(\boldsymbol{k}+\boldsymbol{G}_{/\!/})\cdot(\boldsymbol{k}+\boldsymbol{G}'_{/\!/})2f\,\frac{\mathrm{J}(|\boldsymbol{G}_{/\!/}-\boldsymbol{G}'_{/\!/}|R)}{|\boldsymbol{G}_{/\!/}-\boldsymbol{G}'_{/\!/}|R}$$

$$\boldsymbol{S}(\boldsymbol{G}_{/\!/}\mid\boldsymbol{G}'_{/\!/})=\mathrm{j}c^2\omega_p^2\left\{\frac{-2\nu_c}{\varepsilon_b}|\boldsymbol{k}+\boldsymbol{G}_{/\!/}|^2\delta_{\boldsymbol{GG}'}+\right.$$

$$\left[\frac{\nu_c(\varepsilon_b-2)}{\varepsilon_b}(\boldsymbol{k}+\boldsymbol{G}_{/\!/})\cdot(\boldsymbol{k}+\boldsymbol{G}'_{/\!/})-\omega_c(\boldsymbol{k}+\boldsymbol{G}_{/\!/})\times(\boldsymbol{k}+\boldsymbol{G}'_{/\!/})\cdot\boldsymbol{e}_z\right]\cdot$$
$$2f\frac{\mathrm{J}(|\boldsymbol{G}_{/\!/}-\boldsymbol{G}'_{/\!/}|R)}{|\boldsymbol{G}_{/\!/}-\boldsymbol{G}'_{/\!/}|R}\Bigg\}$$

$$\boldsymbol{T}(\boldsymbol{G}_{/\!/}\mid\boldsymbol{G}'_{/\!/})=\frac{c^2\omega_p^4}{\varepsilon_b}\left[|\boldsymbol{k}+\boldsymbol{G}_{/\!/}|^2\delta_{\boldsymbol{GG}'}-(\boldsymbol{k}+\boldsymbol{G}_{/\!/})\cdot(\boldsymbol{k}+\boldsymbol{G}'_{/\!/})\cdot\right.$$
$$\left.2f\frac{\mathrm{J}(|\boldsymbol{G}_{/\!/}-\boldsymbol{G}'_{/\!/}|R)}{|\boldsymbol{G}_{/\!/}-\boldsymbol{G}'_{/\!/}|R}\right]$$

利用线性变换可将非线性矩阵方程(4.50)转化为等效线性矩阵方程

$$\boldsymbol{XA}=0 \tag{4.51}$$

其中

$$\boldsymbol{X}=\begin{pmatrix}0&\boldsymbol{I}&0&0&0&0\\0&0&\boldsymbol{I}&0&0&0\\0&0&0&0&\boldsymbol{I}&0\\0&0&0&0&0&\boldsymbol{I}\\\boldsymbol{T}&\boldsymbol{S}&\boldsymbol{R}&\boldsymbol{Q}&\boldsymbol{P}&\boldsymbol{O}\end{pmatrix} \tag{4.52}$$

通过求 $\boldsymbol{X}$ 的特征值便可得 k 与 ω 的关系,从而得到在 TE 模式下 type－1 型二维等离子体光子晶体的色散曲线。同理可得 type－2 型的非线性特征方程为

$$\sum_{\boldsymbol{G}_{/\!/}\neq\boldsymbol{G}'_{/\!/}}\{(\boldsymbol{k}_{/\!/}+\boldsymbol{G}_{/\!/})\cdot(\boldsymbol{k}_{/\!/}+\boldsymbol{G}'_{/\!/})\nu_1(\boldsymbol{G}_{/\!/}-\boldsymbol{G}'_{/\!/})+\mathrm{j}[(\boldsymbol{k}_{/\!/}+\boldsymbol{G}_{/\!/})\times$$
$$(\boldsymbol{k}_{/\!/}+\boldsymbol{G}'_{/\!/})\cdot\boldsymbol{e}_z]\nu_2(\boldsymbol{G}_{/\!/}-\boldsymbol{G}'_{/\!/})\}\boldsymbol{B}(\boldsymbol{k}_{/\!/},\boldsymbol{G}'_{/\!/})$$
$$=\left(\frac{\omega}{c}\right)^2\boldsymbol{B}(\boldsymbol{k}_{/\!/},\boldsymbol{G}_{/\!/})-|\boldsymbol{k}_{/\!/}+\boldsymbol{G}_{/\!/}|^2\nu_1(0)\boldsymbol{B}(\boldsymbol{k}_{/\!/},\boldsymbol{G}_{/\!/}) \tag{4.53}$$

式中

$$\nu_1(\boldsymbol{G}_{/\!/})=\begin{cases}u_1+\left(\dfrac{1}{\varepsilon_a}-u_1\right)f, & \boldsymbol{G}_{/\!/}=0\\ \left(\dfrac{1}{\varepsilon_a}-u_1\right)f\dfrac{2\mathrm{J}_1(|\boldsymbol{G}_{/\!/}|R)}{|\boldsymbol{G}_{/\!/}|R}, & \boldsymbol{G}_{/\!/}\neq0\end{cases}$$
$$\nu_2(\boldsymbol{G}_{/\!/})=\begin{cases}u_2(1-f), & \boldsymbol{G}_{/\!/}=0\\ -u_2f\dfrac{2\mathrm{J}_1(|\boldsymbol{G}_{/\!/}|R)}{|\boldsymbol{G}_{/\!/}|R}, & \boldsymbol{G}_{/\!/}\neq0\end{cases} \tag{4.54}$$

将式(4.54)代入式(4.53)可得 type－2 型的非线性方程为

$$(\omega^6\boldsymbol{I}-\omega^5\boldsymbol{O}-\omega^4\boldsymbol{P}-\omega^3\boldsymbol{Q}-\omega^2\boldsymbol{R}-\omega\boldsymbol{S}-\boldsymbol{T})\boldsymbol{B}=0 \tag{4.55}$$

各矩阵元素分别为

$$\boldsymbol{O}(\boldsymbol{G}_{/\!/}\mid\boldsymbol{G}'_{/\!/})=-\mathrm{j}2\nu_c\delta_{\boldsymbol{GG}'}$$

$$\boldsymbol{P}(\boldsymbol{G}_{/\!/}\mid\boldsymbol{G}'_{/\!/})=(2\omega_p^2+\nu_c^2+\omega_c^2+c^2|\boldsymbol{k}+\boldsymbol{G}_{/\!/}|^2)\delta_{\boldsymbol{GG}'}-\frac{\varepsilon_b-1}{\varepsilon_b}c^2(\boldsymbol{k}+\boldsymbol{G}_{/\!/})\cdot$$

$$(\boldsymbol{k}+\boldsymbol{G}'_{/\!/})2f\frac{\mathrm{J}(|\boldsymbol{G}_{/\!/}-\boldsymbol{G}'_{/\!/}|R)}{|\boldsymbol{G}_{/\!/}-\boldsymbol{G}'_{/\!/}|R}$$

$$\boldsymbol{Q}(\boldsymbol{G}_{/\!/}\mid\boldsymbol{G}'_{/\!/})=-\mathrm{j}2\nu_{\mathrm{c}}\left[-(\omega_{\mathrm{p}}^{2}+c^{2}\ |\boldsymbol{k}+\boldsymbol{G}_{/\!/}|^{2})\delta_{\boldsymbol{G}\boldsymbol{G}'}+\frac{\varepsilon_{\mathrm{b}}-1}{\varepsilon_{\mathrm{b}}}c^{2}(\boldsymbol{k}+\boldsymbol{G}_{/\!/})\cdot\right.$$

$$\left.(\boldsymbol{k}+\boldsymbol{G}'_{/\!/})2f\frac{\mathrm{J}(|\boldsymbol{G}_{/\!/}-\boldsymbol{G}'_{/\!/}|R)}{|\boldsymbol{G}_{/\!/}-\boldsymbol{G}'_{/\!/}|R}\right]$$

$$\boldsymbol{R}(\boldsymbol{G}_{/\!/}\mid\boldsymbol{G}'_{/\!/})=-[(\omega_{\mathrm{p}}^{2}+\nu_{\mathrm{c}}{}^{2}+\omega_{\mathrm{c}}^{2})c^{2}\ |\boldsymbol{k}+\boldsymbol{G}_{/\!/}|^{2}+\omega_{\mathrm{p}}^{4}]\delta_{\boldsymbol{G}\boldsymbol{G}'}+$$

$$\frac{(\varepsilon_{\mathrm{b}}-1)(\omega_{\mathrm{p}}^{2}+\nu_{\mathrm{c}}^{2}+\omega_{\mathrm{c}}^{2})-\omega_{\mathrm{p}}^{2}}{\varepsilon_{\mathrm{b}}}c^{2}(\boldsymbol{k}+\boldsymbol{G}_{/\!/})\cdot$$

$$(\boldsymbol{k}+\boldsymbol{G}'_{/\!/})2f\frac{\mathrm{J}(|\boldsymbol{G}_{/\!/}-\boldsymbol{G}'_{/\!/}|R)}{|\boldsymbol{G}_{/\!/}-\boldsymbol{G}'_{/\!/}|R}$$

$$\boldsymbol{S}(\boldsymbol{G}_{/\!/}\mid\boldsymbol{G}'_{/\!/})=-\mathrm{j}\nu_{\mathrm{c}}c^{2}\omega_{\mathrm{p}}^{2}\left\{|\boldsymbol{k}+\boldsymbol{G}_{/\!/}|^{2}\delta_{\boldsymbol{G}\boldsymbol{G}'}-\left[\frac{\varepsilon_{\mathrm{b}}-2}{\varepsilon_{\mathrm{b}}}(\boldsymbol{k}+\boldsymbol{G}_{/\!/})\cdot(\boldsymbol{k}+\boldsymbol{G}'_{/\!/})+\right.\right.$$

$$\left.\left.\omega_{\mathrm{c}}(\boldsymbol{k}+\boldsymbol{G}_{/\!/})\times(\boldsymbol{k}+\boldsymbol{G}'_{/\!/})\cdot\boldsymbol{e}_{z}\right]2f\frac{\mathrm{J}(|\boldsymbol{G}_{/\!/}-\boldsymbol{G}'_{/\!/}|R)}{|\boldsymbol{G}_{/\!/}-\boldsymbol{G}'_{/\!/}|R}\right\}$$

$$\boldsymbol{T}(\boldsymbol{G}_{/\!/}\mid\boldsymbol{G}'_{/\!/})=\frac{c^{2}\omega_{\mathrm{p}}^{4}}{\varepsilon_{\mathrm{b}}}(\boldsymbol{k}+\boldsymbol{G}_{/\!/})\cdot(\boldsymbol{k}+\boldsymbol{G}'_{/\!/})2f\frac{\mathrm{J}(|\boldsymbol{G}_{/\!/}-\boldsymbol{G}'_{/\!/}|R)}{|\boldsymbol{G}_{/\!/}-\boldsymbol{G}'_{/\!/}|R}$$

对式(4.55)进行线性转换便可直接求得 type－2 型二维磁化等离子体光子晶体的色散曲线。

4.2.2　磁化等离子体的 FDTD 辅助方程法

在求解二维磁化等离子体光子晶体色散曲线时，由于外加磁场的作用，不能直接从 Maxwell 方程中得到磁化等离子体的 FDTD 差分公式。下面从等离子体运动方程出发推导具有任意外加磁场的等离子体 FDTD 辅助方程，并将其应用到二维磁化等离子体光子晶体色散曲线的求解中。

众所周知，磁化碰撞等离子体的运动方程为

$$\frac{\mathrm{d}\boldsymbol{J}}{\mathrm{d}t}+\nu_{\mathrm{c}}\boldsymbol{J}=\varepsilon_{0}\omega_{\mathrm{p}}^{2}\boldsymbol{E}+\omega_{\mathrm{c}}\times\boldsymbol{J}\tag{4.56}$$

将极化电流密度 $\boldsymbol{J}=J_x\boldsymbol{e}_x+J_y\boldsymbol{e}_y+J_z\boldsymbol{e}_z$ 和电子回旋频率 $\boldsymbol{\omega}_{\mathrm{c}}=\omega_{\mathrm{c}x}\boldsymbol{e}_x+\omega_{\mathrm{c}y}\boldsymbol{e}_y+\omega_{\mathrm{c}z}\boldsymbol{e}_z$ 代入上式可得

$$\begin{pmatrix}\dfrac{\mathrm{d}J_x}{\mathrm{d}t}\\ \dfrac{\mathrm{d}J_y}{\mathrm{d}t}\\ \dfrac{\mathrm{d}J_z}{\mathrm{d}t}\end{pmatrix}=\boldsymbol{A}\begin{pmatrix}J_x\\ J_y\\ J_z\end{pmatrix}+\varepsilon_{0}\omega_{\mathrm{p}}^{2}\begin{pmatrix}E_x\\ E_y\\ E_z\end{pmatrix}\tag{4.57}$$

式中

$$\boldsymbol{A}=\begin{pmatrix}-\nu_{\mathrm{c}} & -\omega_{\mathrm{c}z} & \omega_{\mathrm{c}y}\\ \omega_{\mathrm{c}z} & -\nu_{\mathrm{c}} & -\omega_{\mathrm{c}x}\\ -\omega_{\mathrm{c}y} & \omega_{\mathrm{c}x} & -\nu_{\mathrm{c}}\end{pmatrix}$$

由于式(4.57)中3个电流密度分量相互耦合，因此其FDTD迭代方程必须同时求解。取电场$\boldsymbol{E}$和电流密度$\boldsymbol{J}$空间位置相同，电场$\boldsymbol{E}$时间位置位于整数步，磁场$\boldsymbol{H}$和电流密度$\boldsymbol{J}$的时间位置位于半个步，利用中心差分和中值近似公式

$$\begin{cases}\left.\dfrac{\mathrm{d}f}{\mathrm{d}t}\right|_{t=n\Delta t}\approx\dfrac{f^{n+\frac{1}{2}}-f^{n-\frac{1}{2}}}{\Delta t}\\ f^{n}\approx\dfrac{f^{n+\frac{1}{2}}+f^{n-\frac{1}{2}}}{2}\end{cases}\tag{4.58}$$

将式(4.57)写为差分方程，即

$$\begin{pmatrix}J_x^{n+\frac{1}{2}}\\ J_y^{n+\frac{1}{2}}\\ J_z^{n+\frac{1}{2}}\end{pmatrix}=\boldsymbol{C}\begin{pmatrix}J_x^{n-\frac{1}{2}}\\ J_y^{n-\frac{1}{2}}\\ J_z^{n-\frac{1}{2}}\end{pmatrix}+\boldsymbol{D}\begin{pmatrix}J_x^{n+\frac{1}{2}}\\ J_y^{n+\frac{1}{2}}\\ J_z^{n+\frac{1}{2}}\end{pmatrix}+\frac{\varepsilon_0\omega_{\mathrm{p}}^2\Delta t}{1+\frac{\nu_{\mathrm{c}}}{2}\Delta t}\begin{pmatrix}E_x^n\\ E_y^n\\ E_z^n\end{pmatrix}\tag{4.59}$$

式中

$$\boldsymbol{C}=\frac{1}{2\left(1+\frac{\nu_{\mathrm{c}}}{2}\Delta t\right)}\begin{pmatrix}2-\nu_{\mathrm{c}}\Delta t & -\omega_{\mathrm{c}z}\Delta t & \omega_{\mathrm{c}y}\Delta t\\ \omega_{\mathrm{c}z}\Delta t & 2-\nu_{\mathrm{c}}\Delta t & -\omega_{\mathrm{c}x}\Delta t\\ -\omega_{\mathrm{c}y}\Delta t & \omega_{\mathrm{c}x}\Delta t & 2-\nu_{\mathrm{c}}\Delta t\end{pmatrix}$$

$$\boldsymbol{D}=\frac{1}{2\left(1+\frac{\nu_{\mathrm{c}}}{2}\Delta t\right)}\begin{pmatrix}0 & -\omega_{\mathrm{c}z}\Delta t & \omega_{\mathrm{c}y}\Delta t\\ \omega_{\mathrm{c}z}\Delta t & 0 & -\omega_{\mathrm{c}x}\Delta t\\ -\omega_{\mathrm{c}y}\Delta t & \omega_{\mathrm{c}x}\Delta t & 0\end{pmatrix}$$

在式(4.59)中，每个电流密度分量均含有其他两个电流密度分量的未来时刻值。由式(4.59)可分别求出$J_y^{n+\frac{1}{2}}$和$J_z^{n+\frac{1}{2}}$中不包含电流密度y和z分量未来时刻的表达式为

$$\begin{pmatrix}J_y^{n+\frac{1}{2}}\\ J_z^{n+\frac{1}{2}}\end{pmatrix}=\boldsymbol{U}J_x^{n+\frac{1}{2}}+\boldsymbol{V}\begin{pmatrix}J_x^{n-\frac{1}{2}}\\ J_y^{n-\frac{1}{2}}\\ J_z^{n-\frac{1}{2}}\end{pmatrix}+\boldsymbol{W}\begin{pmatrix}E_y^n\\ E_z^n\end{pmatrix}\tag{4.60}$$

式中

$$\boldsymbol{U}=\frac{1}{L_1}\begin{pmatrix}\dfrac{\omega_{\mathrm{c}x}\omega_{\mathrm{c}y}\Delta t^2}{4}+\dfrac{\omega_{\mathrm{c}z}\Delta t}{2}\left(1+\dfrac{\nu_{\mathrm{c}}\Delta t}{2}\right)\\ \dfrac{\omega_{\mathrm{c}x}\omega_{\mathrm{c}z}\Delta t^2}{4}+\dfrac{\omega_{\mathrm{c}y}\Delta t}{2}\left(1+\dfrac{\nu_{\mathrm{c}}\Delta t}{2}\right)\end{pmatrix}$$

$$\boldsymbol{V}=\frac{1}{L_1}\begin{bmatrix}\frac{\omega_{cx}\omega_{cy}\Delta t^2}{4}+\frac{\omega_{cz}\Delta t}{2}\left(1+\frac{v_c\Delta t}{2}\right) & 1-\left(\frac{v_c\Delta t}{2}\right)^2-\left(\frac{\omega_{cx}\Delta t}{2}\right)^2 & -\omega_{cx}\Delta t\\ \frac{\omega_{cx}\omega_{cz}\Delta t^2}{4}+\frac{\omega_{cy}\Delta t}{2}\left(1+\frac{\nu_c\Delta t}{2}\right) & \omega_{cx}\Delta t & 1-\left(\frac{\nu\Delta t}{2}\right)^2-\left(\frac{\omega_{cx}\Delta t}{2}\right)^2\end{bmatrix}$$

$$\boldsymbol{W}=\frac{\varepsilon_0\omega_p^2\Delta t}{L_1}\begin{bmatrix}1+\frac{\nu_c}{2}\Delta t & -\frac{\omega_{cx}\Delta t}{2}\\ \frac{\omega_{cx}\Delta t}{2} & 1+\frac{\nu_c}{2}\Delta t\end{bmatrix}$$

$$L_1=\left(1+\frac{\nu_c}{2}\Delta t\right)+\left(\frac{\omega_{cx}\Delta t}{2}\right)^2$$

将式(4.60)代入式(4.59)的第一个方程中,可求得不包含未来时刻的电流密度分量 $J_x^{n+\frac{1}{2}}$ 的表达式。同理可求出 $J_y^{n+\frac{1}{2}}$ 和 $J_z^{n+\frac{1}{2}}$ 中不包含未来时刻的电流密度分量的表达式。最后整理如下:

$$\begin{bmatrix}J_x^{n+\frac{1}{2}}\\ J_y^{n+\frac{1}{2}}\\ J_z^{n+\frac{1}{2}}\end{bmatrix}=\boldsymbol{M}\begin{bmatrix}J_x^{n-\frac{1}{2}}\\ J_y^{n-\frac{1}{2}}\\ J_z^{n-\frac{1}{2}}\end{bmatrix}+\boldsymbol{N}\begin{bmatrix}E_x^n\\ E_y^n\\ E_z^n\end{bmatrix}\tag{4.61}$$

$$\boldsymbol{M}=\frac{1}{L_2}\begin{bmatrix}1-\left(\frac{\nu \mathrm{d}t}{2}\right)^2-\left(\frac{\omega_{cy}\Delta t}{2}\right)^2-\left(\frac{\omega_{cz}\Delta t}{2}\right)^2+\frac{1-\frac{\nu\Delta t}{2}}{1+\frac{\nu\Delta t}{2}}\left(\frac{\omega_{cx}\Delta t}{2}\right)^2 & \frac{\omega_{cx}\omega_{cy}\Delta t^2}{2\left(1+\frac{\nu\Delta t}{2}\right)}-\omega_{cz}\Delta t & \cdots\\ \frac{\omega_{cx}\omega_{cy}\Delta t^2}{2\left(1+\frac{\nu\Delta t}{2}\right)}+\omega_{cz}\Delta t & 1-\left(\frac{\nu\Delta t}{2}\right)^2-\left(\frac{\omega_{cy}\Delta t}{2}\right)^2-\left(\frac{\omega_{cz}\Delta t}{2}\right)^2+\frac{1-\frac{\nu\Delta t}{2}}{1+\frac{\nu\Delta t}{2}}\left(\frac{\omega_{cx}\Delta t}{2}\right)^2 & \cdots\\ \frac{\omega_{cx}\omega_{cy}\Delta t^2}{2\left(1+\frac{\nu\Delta t}{2}\right)}-\omega_{cy}\Delta t & \frac{\omega_{cx}\omega_{cy}\Delta t^2}{2\left(1+\frac{\nu\Delta t}{2}\right)}+\omega_{cx}\Delta t & \cdots\end{bmatrix}$$

$$
\left.\begin{matrix}
\dfrac{\omega_{cx}\omega_{cy}\Delta t^2}{2\left(1+\dfrac{\nu\Delta t}{2}\right)}+\omega_{cy}\Delta t \\[2ex]
\dfrac{\omega_{cx}\omega_{cz}\Delta t^2}{2\left(1+\dfrac{\nu\Delta t}{2}\right)}-\omega_{cx}\Delta t \\[2ex]
1-\left(\dfrac{\nu\Delta t}{2}\right)^2-\left(\dfrac{\omega_{cy}\Delta t}{2}\right)^2-\left(\dfrac{\omega_{cx}\Delta t}{2}\right)^2+\dfrac{1-\dfrac{\nu\Delta t}{2}}{1+\dfrac{\nu\Delta t}{2}}\left(\dfrac{\omega_{cz}\Delta t}{2}\right)^2
\end{matrix}\right]
$$

$$
\boldsymbol{N}=\frac{\varepsilon_0\omega_p^2\Delta t}{2L_2}\begin{bmatrix}
\dfrac{\left(1+\dfrac{\nu_c\Delta t}{2}\right)^2+\left(\dfrac{\omega_{cx}\Delta t}{2}\right)^2}{\dfrac{1}{2}\left(1+\dfrac{\nu_c\Delta t}{2}\right)} & \dfrac{\omega_{cx}\omega_{cy}\Delta t^2}{2\left(1+\dfrac{\nu_c\Delta t}{2}\right)}-\omega_{cz}\Delta t & \dfrac{\omega_{cx}\omega_{cz}\Delta t^2}{2\left(1+\dfrac{\nu_c\Delta t}{2}\right)}+\omega_{cy}\Delta t \\[3ex]
\dfrac{\omega_{cx}\omega_{cy}\Delta t^2}{2\left(1+\dfrac{\nu_c\Delta t}{2}\right)}+\omega_{cz}\Delta t & \dfrac{\left(1+\dfrac{\nu_c\Delta t}{2}\right)^2+\left(\dfrac{\omega_{cy}\Delta t}{2}\right)^2}{\dfrac{1}{2}\left(1+\dfrac{\nu_c\Delta t}{2}\right)} & \dfrac{\omega_{cy}\omega_{cz}\Delta t^2}{2\left(1+\dfrac{\nu_c\Delta t}{2}\right)}-\omega_{cx}\Delta t \\[3ex]
\dfrac{\omega_{cx}\omega_{cz}\Delta t^2}{2\left(1+\dfrac{\nu_c\Delta t}{2}\right)}-\omega_{cy}\Delta t & \dfrac{\omega_{cy}\omega_{cz}\Delta t^2}{2\left(1+\dfrac{\nu_c\Delta t}{2}\right)}+\omega_{cx}\Delta t & \dfrac{\left(1+\dfrac{\nu_c\Delta t}{2}\right)^2+\left(\dfrac{\omega_{cz}\Delta t}{2}\right)^2}{\dfrac{1}{2}\left(1+\dfrac{\nu_c\Delta t}{2}\right)}
\end{bmatrix}
$$

$$
L_2=\left(1+\frac{\nu_c\Delta t}{2}\right)^2+\left(\frac{\omega_{cx}\Delta t}{2}\right)^2+\left(\frac{\omega_{cy}\Delta t}{2}\right)^2+\left(\frac{\omega_{cz}\Delta t}{2}\right)^2
$$

需要注意，由于J_x、J_y和J_z分别位于不同的空间位置，对于式(4.60)中的第一个方程来说，若J_x和E_x的空间位置为$(i+\frac{1}{2},\ j,\ k)$，则$J_y(i+\frac{1}{2},\ j,\ k)$、$J_z(i+\frac{1}{2},\ j,\ k)$、$E_y(i+\frac{1}{2},\ j,\ k)$和$E_z(i+\frac{1}{2},\ j,\ k)$均可以用周围的四点来表示：

$$
J_y(i+\frac{1}{2},j,k)=\frac{1}{4}\left[J_y(i,j-\frac{1}{2},k)+J_y(i,j+\frac{1}{2},k)+J_y(i+1,j-\frac{1}{2},k)+J_y(i+1,j+\frac{1}{2},k)\right]
$$

$$
E_y(i+\frac{1}{2},j,k)=\frac{1}{4}\left[E_y(i,j-\frac{1}{2},k)+E_y(i,j+\frac{1}{2},k)+E_y(i+1,j-\frac{1}{2},k)+E_y(i+1,j+\frac{1}{2},k)\right]
$$

$$
J_z(i+\frac{1}{2},j,k)=\frac{1}{4}\left[J_z(i,j,k-\frac{1}{2})+J_z(i,j,k+\frac{1}{2})+J_z(i+1,j,k-\frac{1}{2})+J_z(i+1,j,k+\frac{1}{2})\right]
$$

$$E_z(i+\frac{1}{2},j,k)=\frac{1}{4}\left[E_z(i,j,k-\frac{1}{2})+E_z(i,j,k+\frac{1}{2})+E_z(i+1,j,k-\frac{1}{2})+E_z(i+1,j,k+\frac{1}{2})\right]$$

当波矢 $\boldsymbol{k}$ 不在周期平面时，光子晶体的色散曲线不能分为 TE 和 TM 波而变得比较复杂，利用 PWE 法可以求解波矢偏移周期平面时介质光子晶体的色散曲线，当组成光子晶体的材料包含等离子体时，由于其介电函数与电磁波的频率有关则很难求解。下面利用前面推导的磁化等离子体的 FDTD 公式来分析任意波矢对二维磁化等离子体光子晶体色散特性的影响。

当 z 向波矢 $\boldsymbol{k}_z\neq 0$ 时，将两种类型的二维磁化等离子体光子晶体的一个周期单元进行三维网格划分，如图 4.9 所示。实线代表电场网格，虚线代表磁场网格，电磁场在 x、y 和 z 方向的网格数相同且分别为 ib、jb 和 kb，但磁场网格的空间位置比电场网格的空间位置在 x、y 和 z 方向上各多半个空间步长。电流密度 $\boldsymbol{J}$ 和电场 $\boldsymbol{E}$ 的空间位置相同。定义电场 $\boldsymbol{E}$ 的时间位于整数步长 $t=n\Delta t$，磁场 $\boldsymbol{H}$ 和电流密度 $\boldsymbol{J}$ 的时间相同且比电场多半个时间步长，即 $t=(n+\frac{1}{2})\Delta t$。

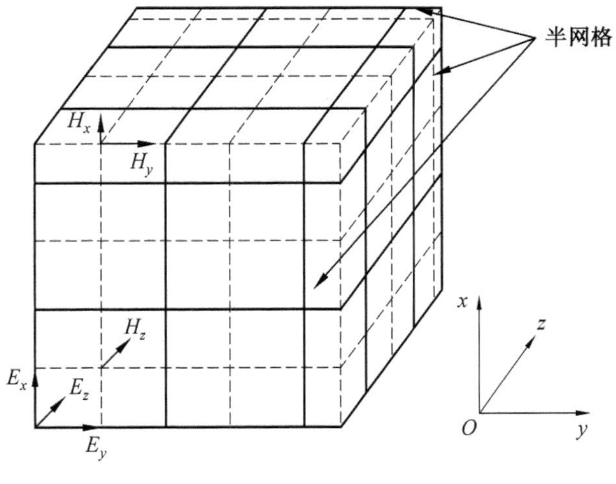

图 4.9　二维磁化等离子体光子晶体一个周期单元的三维网格划分示意图

由 Bloch 定理可知，周期单元中的电磁场和电流密度满足边界条件：

$$\begin{aligned}&E_x(1,:,:)=E_x(ib,:,:),H_x(1,:,:)=H_x(ib,:,:),J_x(1,:,:)=J_x(ib,:,:)\\&E_y(:,1,:)=E_y(:,jb,:),H_y(:,1,:)=H_y(:,jb,:),J_y(:,1,:)=J_y(:,jb,:)\\&E_z(:,:,1)=E_z(:,:,kb),H_z(:,:,1)=H_z(:,:,kb),J_z(:,:,1)=J_z(:,:,kb)\end{aligned}\tag{4.62}$$

当外加磁场沿 z 向时，图 4.9 对应的二维磁化等离子体光子晶体满足 Maxwell 方程和等离子体运动方程，即

$$\nabla\times \boldsymbol{E}=-\mu_0\frac{\partial \boldsymbol{H}}{\partial t} \tag{4.63}$$

$$\nabla\times \boldsymbol{H}=\varepsilon_0\varepsilon_{\mathrm{r}}\frac{\partial \boldsymbol{E}}{\partial t}+\boldsymbol{J} \tag{4.64}$$

$$\frac{\mathrm{d}\boldsymbol{J}}{\mathrm{d}t}+\nu_{\mathrm{c}}\boldsymbol{J}=\varepsilon_0\omega_{\mathrm{p}}^2\boldsymbol{E}+\boldsymbol{\omega}_{\mathrm{cz}}\times\boldsymbol{J} \tag{4.65}$$

电流密度 $\boldsymbol{J}$ 和相对介电函数 ε_{r} 满足

$$\begin{cases}\boldsymbol{J}\neq 0, & \varepsilon_{\mathrm{r}}=1 \quad \text{等离子体区域}\\ \boldsymbol{J}=0, & \varepsilon_{\mathrm{r}}=\varepsilon_{\mathrm{b}} \quad \text{介质区域}\end{cases} \tag{4.66}$$

将 $\omega_{\mathrm{c}x}=\omega_{\mathrm{c}y}=0$ 代入式(4.61)并展开，可得对应式(4.65)的电流密度的差分方程为

$$\begin{cases}J_x^{n+\frac{1}{2}}=\dfrac{1}{\left(1+\dfrac{\nu_{\mathrm{c}}\Delta t}{2}\right)^2+\left(\dfrac{\omega_{\mathrm{cz}}\Delta t}{2}\right)^2}\left\{\left[1-\left(\dfrac{\nu_{\mathrm{c}}\Delta t}{2}\right)^2-\left(\dfrac{\omega_{\mathrm{cz}}\Delta t}{2}\right)^2\right]J_x^{n-\frac{1}{2}}+\right.\\ \qquad\left.\varepsilon_0\omega_{\mathrm{p}}^2\Delta t\left(1+\dfrac{\nu_{\mathrm{c}}\Delta t}{2}\right)E_x^n-\omega_{\mathrm{cz}}\Delta tJ_y^{n-\frac{1}{2}}-\dfrac{\varepsilon_0\omega_{\mathrm{cz}}\omega_{\mathrm{p}}^2\Delta t^2}{2}E_y^n\right\}\\ J_y^{n+\frac{1}{2}}=\dfrac{1}{\left(1+\dfrac{\nu_{\mathrm{c}}\Delta t}{2}\right)^2+\left(\dfrac{\omega_{\mathrm{cz}}\Delta t}{2}\right)^2}\left\{\left[1-\left(\dfrac{\nu_{\mathrm{c}}\Delta t}{2}\right)^2-\left(\dfrac{\omega_{\mathrm{cz}}\Delta t}{2}\right)^2\right]J_y^{n-\frac{1}{2}}+\right.\\ \qquad\left.\varepsilon_0\omega_{\mathrm{p}}^2\Delta t\left(1+\dfrac{\nu_{\mathrm{c}}\Delta t}{2}\right)E_y^n+\omega_{\mathrm{cz}}\Delta tJ_x^{n-\frac{1}{2}}+\dfrac{\varepsilon_0\omega_{\mathrm{cz}}\omega_{\mathrm{p}}^2\Delta t^2}{2}E_x^n\right\}\\ J_z^{n+\frac{1}{2}}=\dfrac{1}{1+\dfrac{\nu_{\mathrm{c}}\Delta t}{2}}\left[\left(1-\dfrac{\nu_{\mathrm{c}}\Delta t}{2}\right)J_z^{n-\frac{1}{2}}+\varepsilon_0\omega_{\mathrm{p}}^2\Delta tE_z^n\right]\end{cases} \tag{4.67}$$

电磁场和电流密度可以表示为

$$\begin{cases}\boldsymbol{E}(\boldsymbol{k},\boldsymbol{x},t)=(E_x,E_y,E_z)\mathrm{e}^{-\mathrm{j}(\omega t+\boldsymbol{k}\cdot\boldsymbol{x})}\\ \boldsymbol{H}(\boldsymbol{k},\boldsymbol{x},t)=(H_x,H_y,H_z)\mathrm{e}^{-\mathrm{j}(\omega t+\boldsymbol{k}\cdot\boldsymbol{x})}\\ \boldsymbol{J}(\boldsymbol{k},\boldsymbol{x},t)=(J_x,J_y,J_z)\mathrm{e}^{-\mathrm{j}(\omega t+\boldsymbol{k}\cdot\boldsymbol{x})}\end{cases} \tag{4.68}$$

式中，$\boldsymbol{k}=k_x\boldsymbol{e}_x+k_y\boldsymbol{e}_y+k_z\boldsymbol{e}_z$；$\boldsymbol{x}=x\boldsymbol{e}_x+y\boldsymbol{e}_y+z\boldsymbol{e}_z$。

将式(4.68)代入式(4.63)和式(4.64)中，将 Maxwell 方程组化为差分方程，即

$$\begin{cases}\mu_0\dfrac{\partial H_x}{\partial t}=\dfrac{\partial E_y}{\partial z}-\dfrac{\partial E_z}{\partial y}-\mathrm{j}k_zE_y+\mathrm{j}k_yE_z\\ \mu_0\dfrac{\partial H_y}{\partial t}=\dfrac{\partial E_z}{\partial x}-\dfrac{\partial E_x}{\partial z}-\mathrm{j}k_xE_z+\mathrm{j}k_zE_x\\ \mu_0\dfrac{\partial H_z}{\partial t}=\dfrac{\partial E_x}{\partial y}-\dfrac{\partial E_y}{\partial x}-\mathrm{j}k_yE_x+\mathrm{j}k_xE_y\end{cases} \tag{4.69}$$

$$\begin{cases}\varepsilon_0\varepsilon_r \dfrac{\partial E_x}{\partial t}=-J_x+\dfrac{\partial H_z}{\partial y}-\dfrac{\partial H_y}{\partial z}-\mathrm{j}k_yH_z+\mathrm{j}k_zH_y \\ \varepsilon_0\varepsilon_r \dfrac{\partial E_y}{\partial t}=-J_y+\dfrac{\partial H_x}{\partial z}-\dfrac{\partial H_z}{\partial x}-\mathrm{j}k_zH_x+\mathrm{j}k_xH_z \\ \varepsilon_0\varepsilon_r \dfrac{\partial E_z}{\partial t}=-J_z+\dfrac{\partial H_y}{\partial x}-\dfrac{\partial H_x}{\partial y}-\mathrm{j}k_xH_y+\mathrm{j}k_yH_x\end{cases} \tag{4.70}$$

将式(4.69)和式(4.70)差分，可得二维磁化等离子体光子晶体中电磁场的FDTD迭代公式。限于篇幅，x 方向电磁场和电流密度在周期单元内部和边界处的FDTD迭代公式见参考文献[82]。

4.2.3　TM 模式下的粒子模拟

基于FDTD方法的粒子模拟软件Magic[235]能够在特定的初始和边界条件下，模拟电磁场在实际空间的不同时刻的传播过程，模拟电磁场与粒子的相互作用过程。为了进一步研究电磁波在等离子体光子晶体中的传输特性，采用Magic建立的物理模型如图4.10所示。模型图中共有9个周期单元，晶格常数 $a=3$ mm，方柱长度 $L=2.12$ mm(在此没有采用圆柱是因为Magic定义的二维等离子体模型必须在各个方向是均匀的)。介电常数和填充率分别为 $\varepsilon_a=6$ 和 $f=0.5$。灰色区域为等离子体，等离子体密度 $n_e=n_i=12.42\times10^{13}\,\mathrm{cm}^{-3}$，对应的等离子体频率 $f_p=100$ GHz。边界条件设置为:上下为周期边界，左右为厚度 $h=0.5$ mm的吸收边界。左侧靠近吸收边界的直线为激励源线，激励模式为TM极化波(电场平行于方柱)。右边的观测线平行于激励源线，两者距离为8.8 mm。

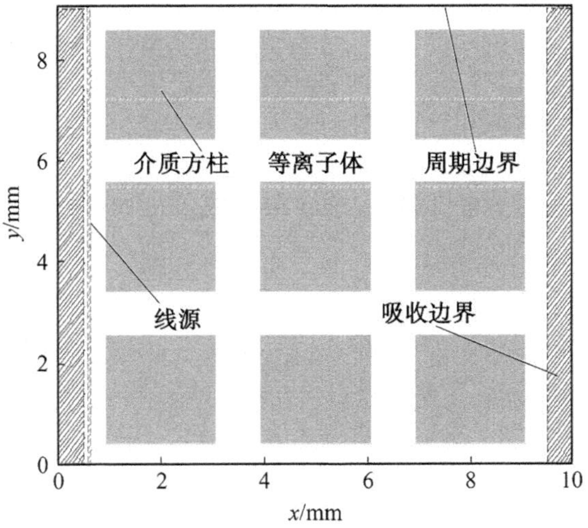

图 4.10　二维非磁化等离子体光子晶体的Magic模型图

图 4.11(a) 和图 4.11(b) 分别给出了输入信号的时间和频谱图，为了清楚地显示时间信号的图形，图 4.11(a) 只给出了 100 ps 时刻前的输入信号，实际输入信号时间为 2.5 ns。由图 4.11(b) 可知，输入信号的频谱在 0～120 GHz 范围内呈高斯分布。当图 4.10 所示的模型图中全部为等离子体时得到的输出频谱如图 4.11(c) 所示。可见电磁波在等离子体频率 $f_p=100$ GHz 处截止。当输入信号经过图 4.10 所示模型时，得到的输出频谱如图 4.11(d) 所示，发现在低于 100 GHz 范围内仍有传输的信号，且在 0～120 GHz 范围内呈一系列带通和带阻现象。

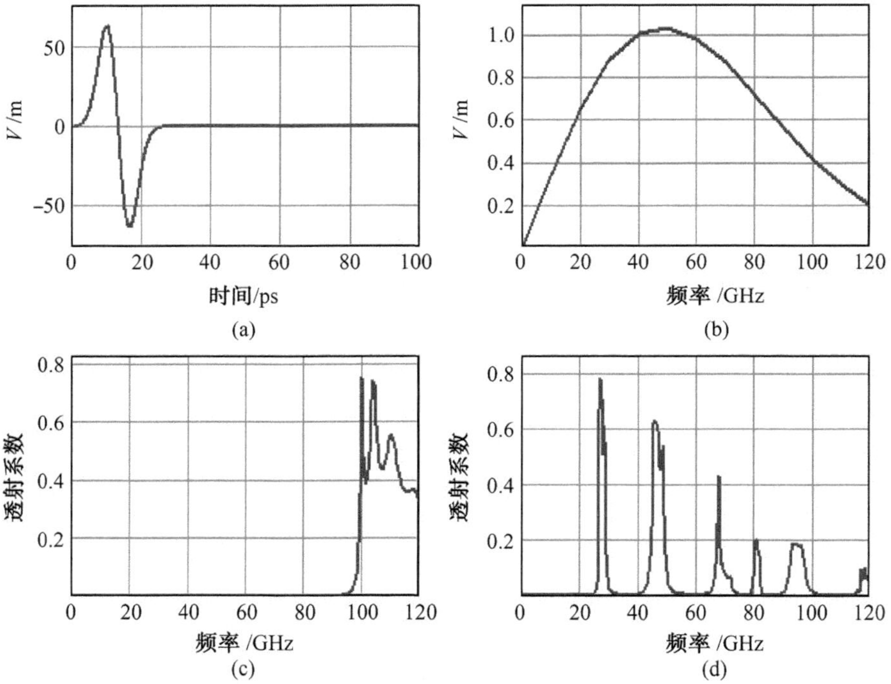

图 4.11　激励源的(a) 时间和(b) 频谱图及电磁波经过(c) 等离子体和(d) 二维 PDPC 时的输出频谱

图 4.12 给出了图 4.10 所示模型中采用 PWE 得到的 TM 模式下的色散曲线(左边) 和粒子模拟得到的传输曲线(右边)，色散和传输曲线具有相同纵坐标，即归一化频率，色散曲线的横坐标为沿 $\Gamma-X$ 方向的波矢 $\boldsymbol{k}$，传输曲线的横坐标为输出与输入信号频谱的比率，即传输率。表 4.1 给出了 $\Gamma-X$ 方向的带隙位置比较。可见，由两种算法得到的带隙位置基本一致，存在差异的原因是用 PWE 方法求色散曲线时，假定二维非磁化等离子体光子晶体在 x 和 y 方向上均为无限的周期结构。

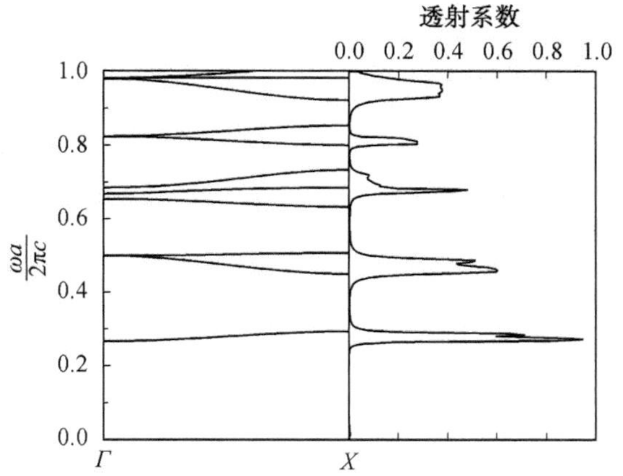

图 4.12　Γ－X 方向的色散和传输曲线

表 4.1　Γ－X 方向的带隙位置比较

带隙位置(色散)	带隙位置(PIC 模拟)
0 ～ 0.270	0 ～ 0.264
0.294 ～ 0.451	0.296 ～ 0.445
0.500 ～ 0.634	0.502 ～ 0.660
0.733 ～ 0.801	0.720 ～ 0.800
0.854 ～ 0.922	0.828 ～ 0.924

利用粒子模拟可以观察到不同频率的激励源在不同时刻激励起的电磁场模式分布。图 4.13(a) 给出了 $t=0.55$ ns，频率 $f=27$ GHz 处电场 E_z 的模式分布。图 4.13(b) 给出了 $t=1.95$ ns，频率 $f=47$ GHz 处电场 E_z 的模式分布。比较图 4.13(a) 和图 4.13(b) 可知，频率为 27 GHz 处的电场主要集中在介质的中心区域，而频率为 47 GHz 处的电场虽然也集中在介质区域，但电场在介质中心被截断并分成两个区域，从而导致部分电场分散到等离子体区域。这两个频率处电场分布的差异正是色散曲线中模式 1 和模式 2 之间存在较大带隙的原因。由一般光子带隙理论可知[3]，在带隙的下边带，电场集中在高介质区域来降低模式频率，而在带隙上边带，电场集中在低介质区域。在我们所分析的模型中，等离子体为低介质区域，介质为高介质区域。

4.2.4　TE 模式下的色散特性

由图 4.8 可知，在 TE 模式下，由于电场分量与外加磁场垂直，等离子体中的电子受电场力的作用将切割外加磁场，改变电磁波在磁化等离子体光子晶体中

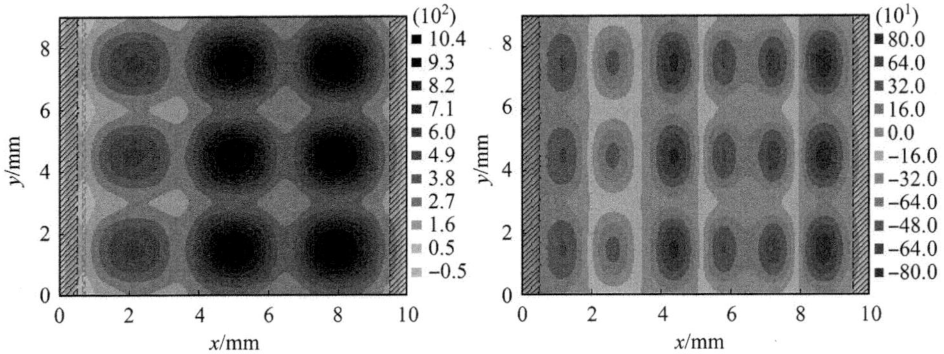

(a) t=0.55 ns, f=27 GHz　　(b) t=1.95 ns, f=47 GHz

图 4.13　Magic 模拟得到不同频率的 z 向电场分布

的传输特性。为了便于与具有外加磁场情况进行比较，首先研究无外加磁场且参数相同时在 TE 模式下的色散特性。

对于 type－1 型而言，取晶格常数 $a=2.5$ mm，等离子体圆柱直径 $d=1.75$ mm，等离子体碰撞频率 $\nu_c=0.2\omega_p$，背景相对介电常数 $\varepsilon_b=1$，等离子体回旋频率 $\omega_c=0$，等离子体密度 $n_e=10^{13}$ cm^{-3}，对应 $\omega_p=2\pi\times28.376\times10^9$ rad/s。计算得到的二维非磁化等离子体光子晶体在 TE 模式下的色散曲线如图 4.14 所示。横坐标波矢 $\boldsymbol{k}$ 沿 $M-\Gamma-X-M$ 方向，纵坐标为归一化频率。其中实线和空心圆分别为采用改进 PWE 法和 FDTD 法得到的，可见，由这两种不同方法得到的结果基本一致，并均在归一化频率 $\frac{\omega a}{2\pi c}=0.23$ 下面出现了一系列群速度接近零的色散线，即水平带(flatbands)。水平带的位置是由等离子体的截止频率 $\omega=\omega_p$ 决定的，由于局域表面波的作用，水平带中的电磁波是可以传输的，因此，通过控制等离子体密度可以有效控制水平带中电磁波的传输特性。

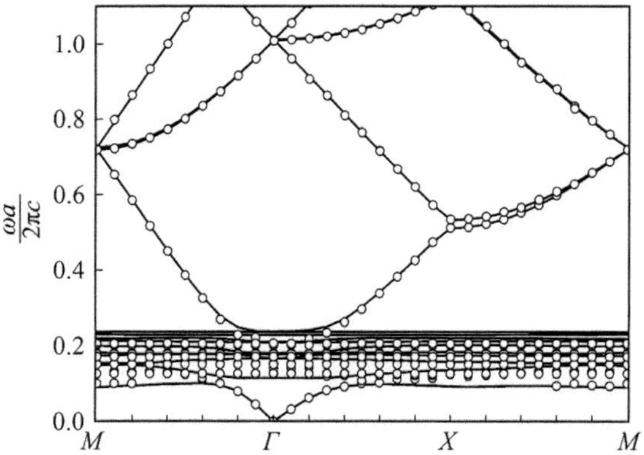

图 4.14　二维非磁化等离子体光子晶体在 TE 模式下的色散曲线

4.2.5　外加磁场对色散特性的影响

其他参数不变，当存在外加磁场，假定 $\omega_c=\omega_p$ 时，得到二维磁化等离子体光子晶体在 TE 模式下的色散曲线如图 4.15 所示。实线和空心圆分别对应 PWE 方法和 FDTD 方法的计算结果，可见两者计算结果基本一致，并且在 TE 模式下的色散曲线分别在 $\frac{\omega a}{2\pi c}$ 为 0.145 6 和 0.382 1 下面均出现一系列水平带。这是因为在外加磁场 $\boldsymbol{B}_0$ 的作用下，等离子体存在左旋截止 ω_l 和右旋截止 ω_r 两个截止频率点[121]。其中 $\omega_l=[-\omega_c+(\omega_{c2}+4\omega_{p2})^{\frac{1}{2}}]/2$，$\omega_r=[\omega_c+(\omega_{c2}+4\omega_{p2})^{\frac{1}{2}}]/2$。当 $\omega_c=\omega_p$ 时，$\omega_l a/2\pi c$ 和 $\omega_r a/2\pi c$ 的理论计算值分别为 0.146 1 和 0.382 6。图 4.16 给出了 $\omega_c=3\omega_p$ 时 TE 模式下的色散曲线。与图 4.15 相比，当外加磁场增大至 $\omega_c=3\omega_p$ 时，色散曲线的水平带的上边缘和水平带的下边缘分别发生红移和蓝移，其水平带区域的最大值分别出现在 $\frac{\omega a}{2\pi c}$ 为 0.071 和 0.781 处。这与通过左、右旋截止频率公式得到的结果对应。

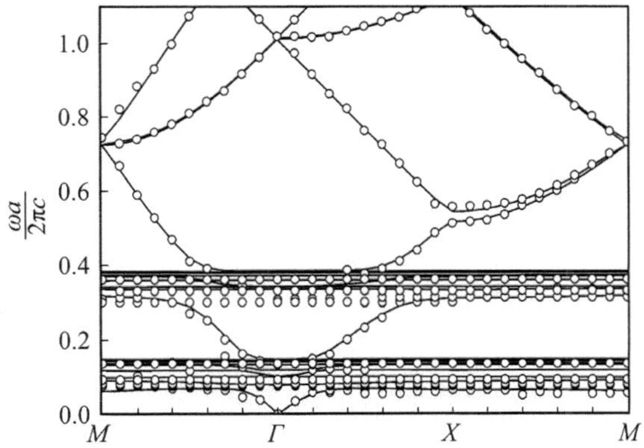

图 4.15　二维磁化等离子体光子晶体在 TE 模式下的色散曲线

取光子晶体参数与图 4.14 相同，改变外加磁场，通过左、右旋截止频率公式和 PWE 方法得到的水平带如图 4.17 所示。其中实线为理论计算值，上水平带边缘的最大频率点和最小频率点用上三角(Δ) 表示，下水平带边缘的最大频率点和最小频率点用下三角(▽) 表示。可见，随着外加磁场的增加，水平带的上、下边缘分别呈非线性增加趋势和减小趋势，水平带上边缘的最大频率点对应右旋截止频率，水平带下边缘的最大频率点对应左旋截止频率。因此，在二维磁化等离子体光子晶体中，色散曲线具有两个水平带区域，水平带上、下边缘的最大频率点分别对应等离子体的右旋和左旋截止频率，通过调节外加磁场的大小可以控制这两个水平带区域的位置。

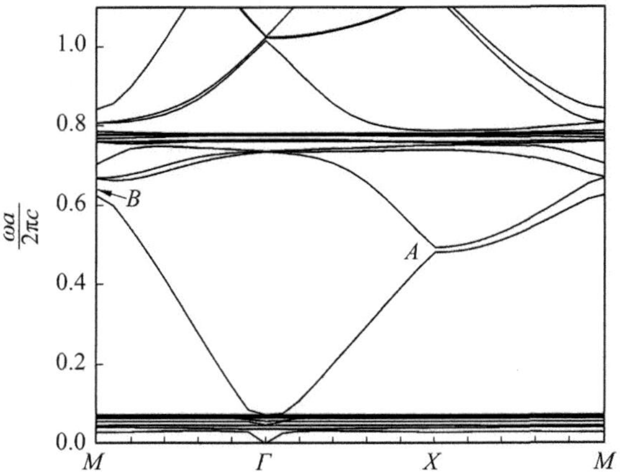

图 4.16 $\omega_c=3\omega_p$ 时 TE 模式下的色散曲线

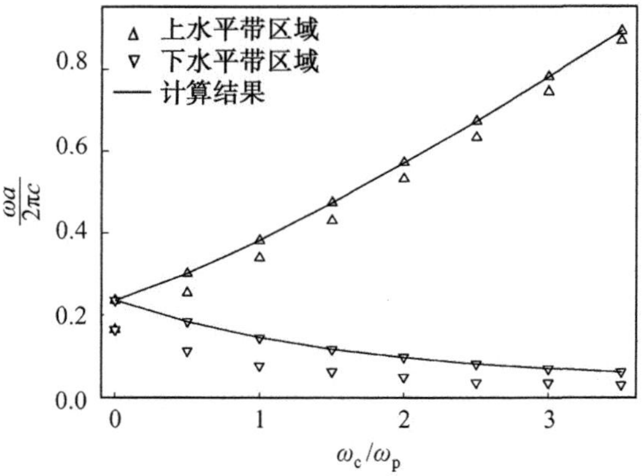

图 4.17 磁场变化对水平带上、下边缘位置的影响

进一步比较图 4.16 和图 4.17，发现随着外加磁场的增加，除了水平带位置发生变化外，色散曲线在 $\Gamma-M$ 方向也出现了带隙，即在波矢 M 处 B 点有了较宽的带隙，而当 $\omega_c=\omega_p$ 时，带隙只出现在 $\Gamma-X$ 方向。同时，图 4.16 中位于波矢 X 处 A 点的上、下边带之间的距离减小，从而引起了 $\Gamma-X$ 方向的带隙宽度减小。图 4.18 给出了图 4.16 中波矢 X 处 A 点和波矢 M 处 B 点上、下边带频率对应的电场幅度分布，电场幅度由黑色到白色逐渐增大。图 4.18(a) 和图 4.18(b) 分别为 X 处 A 点下边带和上边带频率 $\frac{\omega a}{2\pi c}$ 为 0.481 和 0.493 对应的电场幅度分布。可以看出下边带的电场主要集中在等离子体圆柱的外面，而上边带的电场则主要集中在圆柱内部。比较图 4.18(c) 和图 4.18(d) 发现，同样的现象也出现在 M 处 B 点的下边带和上边带。因此无论对 A 或 B 点的上、下边带来说，波矢值相

同，但电场幅度分布变化较大。这种电场分布的差异正是二维磁化等离子体光子晶体带隙形成的原因。由一般光子晶体的带隙理论可知[3]，在带隙的下边带，场分量主要集中在介电常数较高的区域，而在带隙的上边带场分量则集中于介电常数较低的区域。对于上面分析的 type－1 型结构的二维磁化等离子体光子晶体，磁化等离子体的相对介电常数小于 1，因而，下边带电场分量集中于空气区域，上边带的电场分量集中于等离子体区域，这种电场分布的差异导致了 PBG 的形成。

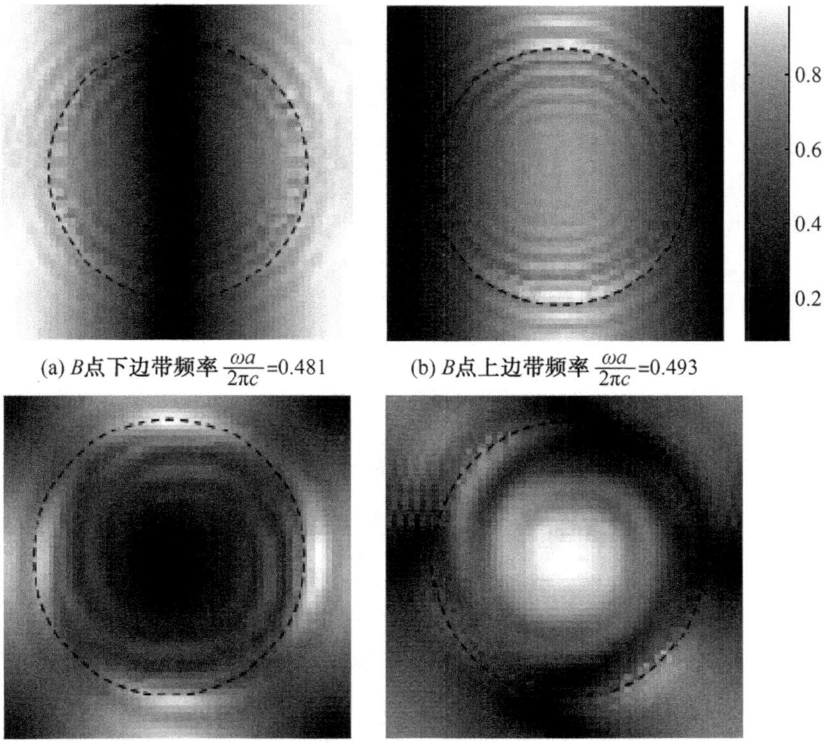

(a) B点下边带频率 $\frac{\omega a}{2\pi c}=0.481$　　(b) B点上边带频率 $\frac{\omega a}{2\pi c}=0.493$

(c) A点下边带频率 $\frac{\omega a}{2\pi c}=0.625$　　(d) A点上边带频率 $\frac{\omega a}{2\pi c}=0.669$

图 4.18　波矢 X 处 A 点和波矢 M 处 B 点上、下边带频率对应的电场幅度分布

图 4.19 给出了磁场变化对 $\Gamma-X$ 和 $\Gamma-M$ 方向带隙的影响。从图 4.19(a) 中可以看出，当 ω_c 在 $0\sim1.5\omega_p$ 变化时，$\Gamma-X$ 和 $\Gamma-M$ 方向的带隙位置均上移，带隙宽度有增加的趋势。当 ω_c 增加到 $2\omega_p$ 时，$\Gamma-X$ 和 $\Gamma-M$ 方向的带隙位置降低，且 $\Gamma-X$ 比 $\Gamma-M$ 方向降低的幅度要小。这是因为当 $\omega_c=2\omega_p$ 时，右旋截止频率引起的上平带区域移动到 $\Gamma-X$ 和 $\Gamma-M$ 方向所形成带隙的色散曲线上方，从而将 $\Gamma-X$ 和 $\Gamma-M$ 方向的色散曲线压低，带隙位置下移。当 ω_c 从 $2\omega_p$ 继续增加时，$\Gamma-X$ 和 $\Gamma-M$ 方向的带隙位置往高频方向移动，但 $\Gamma-X$ 方向的带隙位

置总低于$\Gamma-M$方向的带隙位置。图 4.19(b) 给出了$\Gamma-X$和$\Gamma-M$方向的相对带隙宽度ω_R随外加磁场的变化。可见，当ω_c在$0\sim6\omega_p$变化时，$\Gamma-X$和$\Gamma-M$方向的ω_R均先增加后减小。当$\omega_c\leqslant2\omega_p$时，$\Gamma-X$方向的$\omega_R$均大于$\Gamma-M$方向的值，并当$\omega_c=2\omega_p$时达到最大值 0.071。当$\omega_c>2\omega_p$时，$\Gamma-M$方向的$\omega_R$比$\Gamma-X$方向的值大，并当$\omega_c=2.5\omega_p$时达到最大值 0.074。因此，在二维磁化等离子体光子晶体中，可以通过调节外加磁场的大小来控制在 TE 模式下 PBG 的位置和相对带隙宽度，这在非磁化等离子体光子晶体和一般的介质光子晶体中是不能实现的。

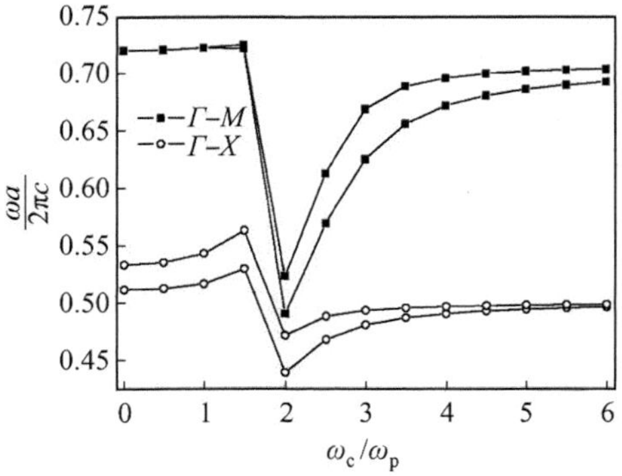

(a) 带隙位置

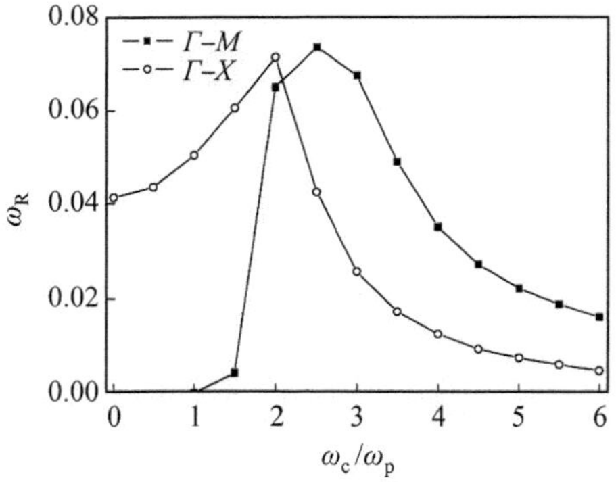

(b) 相对带隙宽度

图 4.19　磁场变化对$\Gamma-X$和$\Gamma-M$方向带隙的影响

4.2.6　介质的介电常数对色散特性的影响

由于等离子体和真空的介电常数相差不大，因此在以上分析的二维磁化等离子体光子晶体的水平带区域上方没有出现全方向带隙。取$\varepsilon_b=8.9$，其他参数与图 4.15 中的相同，由 PWE 方法计算得到的色散曲线如图 4.20 所示，可见，在水平带上方$\frac{\omega a}{2\pi c}$为 0.52 和 0.72 附近均出现一个全方向带隙。图 4.21 给出了背景材料的介电常数对光子带隙的影响。可以看出，当背景材料的介电常数在 6～12 范围内变化时，带隙中心位置下降，但带隙宽度不断增加。与固体介质光子晶体类似，介电常数的增加使两种材料的相对介电常数的差值增大，从而更易形成较大带隙。

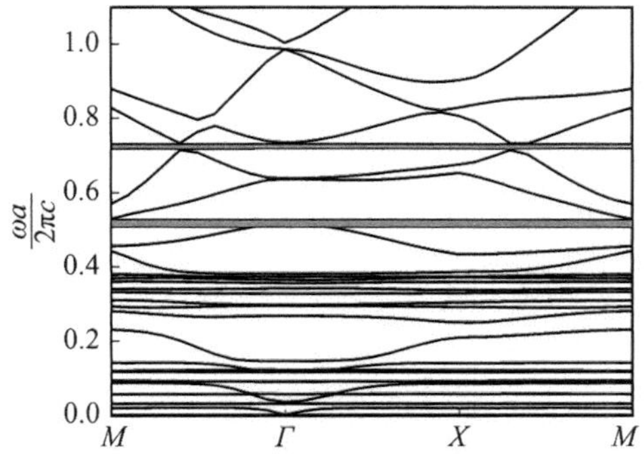

图 4.20　$\varepsilon_b = 8.9$ 时 TE 极化波的色散曲线

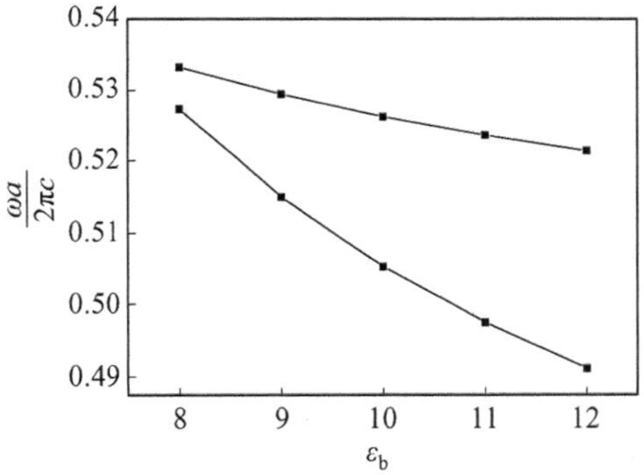

图 4.21　背景材料的介电常数对光子带隙的影响

4.2.7　波矢对色散特性的影响

当波矢方向任意时，假定 $k_z = \frac{\pi}{2a}$，其他参数与图 4.14 中的相同，利用前面推导的 FDTD 辅助方程得到二维磁化等离子体光子晶体在 TE 模式下的色散曲线，如图 4.22 所示。可见色散曲线的特征模不是从 0 开始的，而是在 $\frac{\omega a}{2\pi c}=0.05$ 处存在一个截止频率；同时，色散曲线的数目在 $\frac{\omega a}{2\pi c}=0.72$ 以上明显增多；由于外加磁场的作用，在等离子体左、右旋截止频率下面仍存在一系列水平带，水平带位置与图 4.14 的结果基本相同。为了研究波矢变化对光子带隙的影响，图 4.23 给出了 k_z 在 $0\sim\frac{\pi}{a}$ 范围内每隔$\frac{0.1\pi}{a}$变化时，$\Gamma-X$ 方向带隙（即 C 点上、下边带之间的宽度）的变化曲线。可见，随着 k_z 的增加，带隙的中心频率不断上移，带隙宽度呈现减小趋势。因此可以通过改变波矢来控制二维磁化等离子体光子晶体在 TE 模式下的位置及宽度。

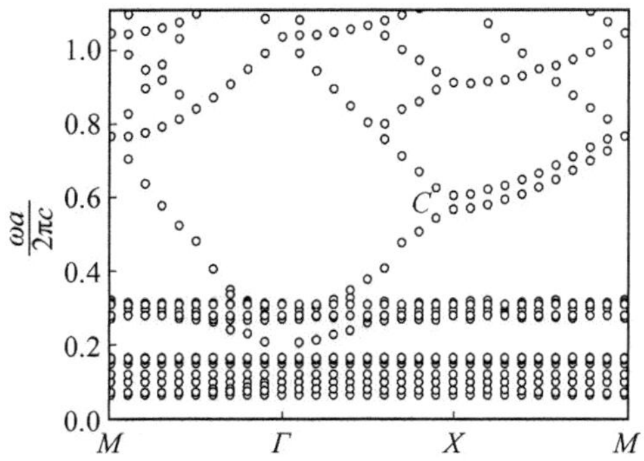

图 4.22　$k_z=\frac{0.5\pi}{a}$ 时对应的 TE 模式下的色散曲线

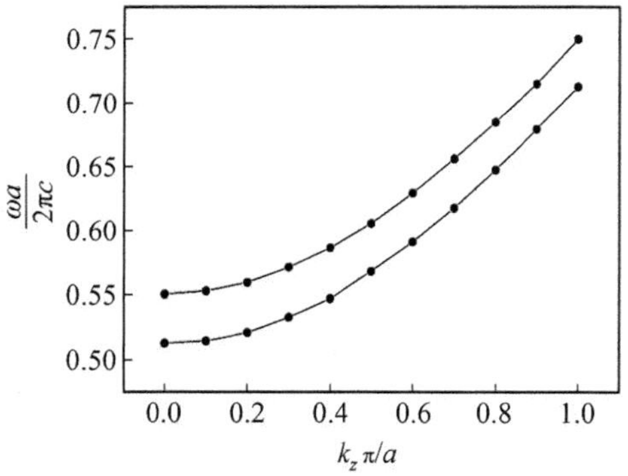

图 4.23　k_z 在 $0\sim\frac{\pi}{a}$ 范围内每隔$\frac{0.1\pi}{a}$变化时，$\Gamma-X$ 方向带隙（即 C 点上、下边带之间的宽度）的变化曲线

4.3　有限周期结构的二维等离子体光子晶体的传输特性

本节主要介绍有限周期结构的二维非磁化等离子体光子晶体的传输特性。以微分高斯脉冲作为激励源，采用 FDTD 方法中的分段线性 PLCDRC 算法[151]研究均匀、非时变的二维非磁化等离子体光子晶体的禁带调制特性，并对 TM 波

在该光子晶体的传播进行了仿真计算。通过计算电磁波的透射系数，获得光子晶体的禁带（将光子禁带的阈值设定为透射系数小于 −30 dB）调制特性。最后，探讨二维非磁化等离子光子晶体的各个参数对光子禁带的影响。

4.3.1　计算方法与理论模型

本小节采用非磁化等离子体的 PLCDRC − FDTD 算法进行仿真计算。该算法不仅可以保证较短的计算时间和较小存储空间，而且具有较高的计算精度。

该算法的电场和卷积的迭代方程如下[151, 236]：

$$E^{n+1}=\frac{1}{1+\frac{\Delta t}{2\varepsilon_0}(\sigma^0-\xi^0)}\left[\left(1-\frac{\Delta t}{2\varepsilon_0}\xi^0\right)E^n+\frac{\Delta t}{2\varepsilon_0}(\nabla\times\boldsymbol{H})^{n+\frac{1}{2}}-\frac{\Delta t}{2\varepsilon_0}\psi^n\right] \tag{4.71}$$

$$\psi^n=(\sigma^0+\sigma^1-\xi^0-\xi^1)E^n+(\xi^1+\xi^0)E^{n-1}+\exp(-\nu_c\Delta t)\psi^{n-1} \tag{4.72}$$

式中，E 为电场强度分量；$\boldsymbol{H}$ 为磁场强度；ε_0 为真空中的介电常数；Δt 为时间步长。式(4.71) 和式(4.72) 中的其他参量定义见文献[151, 236]。磁场的迭代公式与常规 FDTD 公式相同。介质部分的处理与常规 FDTD 算法相同。

用于仿真计算的二维非磁化等离子体光子晶体的物理模型如图 4.24 所示。用周期排列的介质圆柱来填充非磁化等离子体构成二维等离子体光子晶体，晶格为正方形。介质圆柱在 z 方向上为无限长，TM 波沿着 x 轴正方向入射，入射波的频率范围为 0 ～ 30 GHz。用 a 表示该光子晶体的晶格常数，用 N 表示该光子晶体的周期数，R 为介质圆柱的半径。初始参数设定为：$N=10$，$R=2.5$ mm，晶格常数 $a=10$ mm，介质圆柱的相对介电常数 $\varepsilon_1=7$，等离子体频率 $\omega_p=4.8\pi\times10^9$ rad/s，等离子体的碰撞频率 $\nu_c=2.7\times10^9$ rad/s。

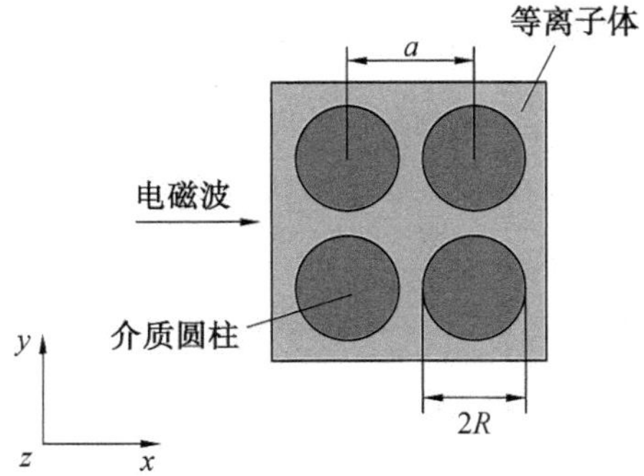

图 4.24　二维非磁化等离子光子晶体的物理模型

取 FDTD 计算的空间步长 $\Delta x=\Delta y=0.5$ mm，根据 Courant 稳定条件，取时间步长 $\Delta t=1$ ps。将大小为 100 mm × 100 mm 的等离子体光子晶体划分为

200×200 的计算网格。计算空间的四周各设 4 个吸收边界，用于吸收截断边界时产生的反射。吸收边界为 PML，占据 5 个网格。沿 $+x$ 轴传播的入射电磁波为高斯脉冲，该脉冲的表达式由下式给出：

$$\begin{cases} E_i(t) = -A \cdot (t-6\tau)\exp\left[-\dfrac{4\pi\,(t-6\tau)^2}{30\tau^2}\right], & t \leqslant 10\tau \\ E_i(t) = 0, & t > 10\tau \end{cases} \tag{4.73}$$

式中，τ 为常量，τ 的取值与入射波的频率有关，τ 值越小则高频分量越多，仿真计算时 τ 取 20，取常量 $A=4.67$ V/m。为了获得该光子晶体的禁带特性，在计算 10 000 步后，用在时域得到的电场分量通过傅里叶变换转换到频域，然后在频域里求透射系数。图 4.25 给出了介质圆柱的相对介电常数 ε_1 分别取 1、4.5、7、10 时的频域透射系数。由图 4.25 可知，二维等离子体光子晶体和常规介质光子晶体一样可以产生光子带隙，但其禁带特性又与一般介质光子晶体不同。

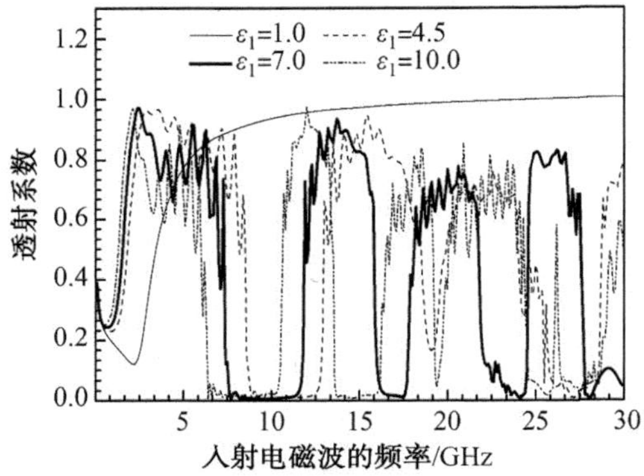

图 4.25　$\varepsilon_1 = 1, 4.5, 7, 10$ 时的频域透射系数

4.3.2　ε_1 对禁带特性的影响

图 4.26 给出了 ε_1 为 1～12 时的频域透射系数。由图 4.25 和图 4.26 可知，TM 波入射由周期排列的空气柱和等离子体组成的二维非磁化等离子体光子晶体时不能形成明显的光子禁带。随着 ε_1 的增加光子禁带将逐步出现，带宽逐渐增加，继续增加 ε_1 值，第二光子禁带将会出现。随着 ε_1 的增大，禁带的中心频率向低频方向移动，光子禁带不具有周期特性。因此，调节 ε_1 的大小不但可以实现对禁带中心频率的调节，还可以实现对禁带宽度的拓展，同时还可能控制禁带的数目。这个特性可以用于设计宽带滤波器。

4.3.3　周期常数 N 对禁带特性的影响

图 4.27 给出了周期常数 N 分别取 9、16、20、30 时的频域透射系数。由图

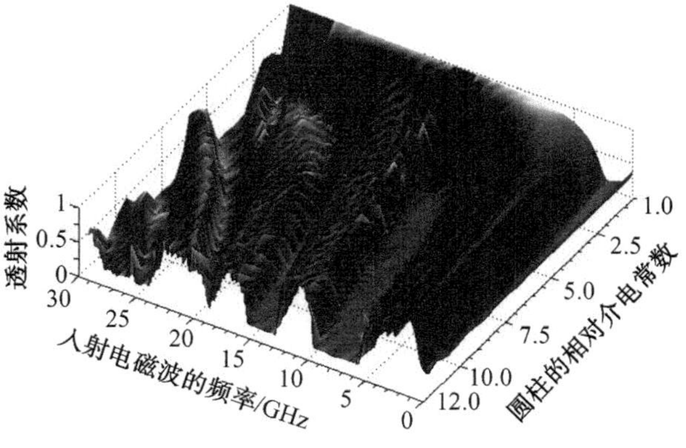

图 4.26 $\varepsilon_1 = 1 \sim 12$ 时的频域透射系数

4.27可知,随着N的增加禁带的数目逐渐增加,但是一味地增加N并不能实现禁带宽度的拓展。由图可知,$N=9$时的光子晶体不具有第2光子禁带,而当$N=16$时光子晶体已经具有第2光子禁带了。再将N增大到20时,光子晶体出现了第3光子禁带,但是此时第1、2光子禁带的宽度几乎保持不变。另外,随着周期常数N的增加,透射系数的大小将逐渐减小,禁带的截止效果也越好。这主要是因为等离子体是一种耗散性介质,电磁波在其中传播时会和等离子体发生碰撞作用,并将电磁波的一部分能量转换成等离子体的内能。随着N的增加,等离子体对电磁波的吸收效果也显著增加,透射系数因而会显著减小。

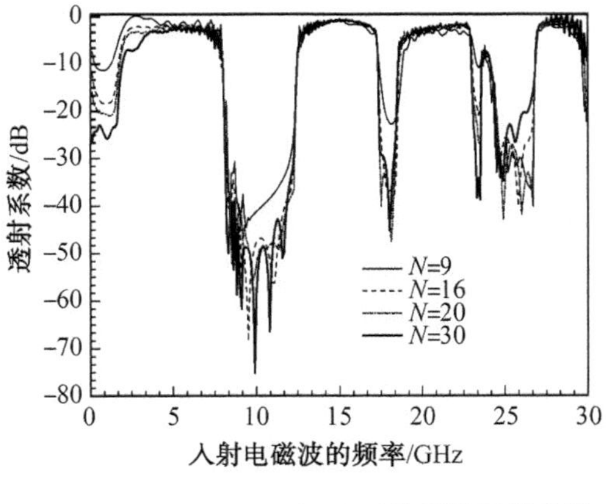

图 4.27 $N = 9,16,20,30$ 时的频域透射系数

4.3.4 R 和 a 对禁带特性的影响

图4.28给出了介质圆柱半径R分别取2.25、2.5、4,5 mm时的频域透射系数,图4.29给出了晶格常数a分别取9、10、18、25 mm时的频域透射系数。由图4.28可知,当a为定值时,光子禁带的带宽会随着R的增大而逐渐减小,禁带的

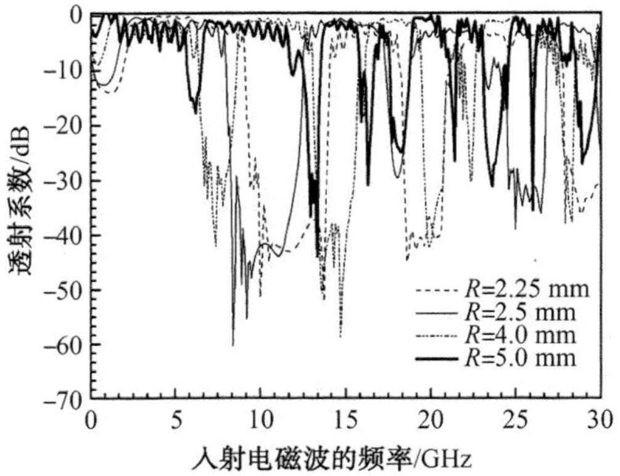

图 4.28　$R = 2.25、2.5、4、5$ mm 时的频域透射系数

中心频率会发生红移，当 R 增大到 $\frac{a}{2}$ 时，光子禁带几乎完全消失。这是因为当 $R=\frac{a}{2}$ 时彼此相邻的介质圆柱已经相切，此时的光子晶体将变成用非磁化等离子体填充相对介电常数为 ε_1 的介质构成的二维光子晶体。因为介质背景的介电常数相对等离子体来说较大，在 TM 模式下光子晶体不会有明显的带隙。由图 4.29 可知，当 R 大小一定时，光子禁带的带宽会随着 a 的增大而逐渐减小，禁带的中心频率将发生红移，光子禁带的数目将逐渐减少，禁带特性变差直至完全消失。改变 R 和 a 的大小实质上是改变填充率 f（$f=\frac{\pi R^2}{a^2}$）的大小。结合图 4.28 和图 4.29 可知，当 a 一定，改变 R 时，填充率 f 的变化范围是[0.159,0.785]；当 R 一定，改变 a 时，填充率 f 的变化范围是[0.03,0.242]。要获得较好的禁带特性并实现对禁带的控制，填充率 f 的变化范围应该至少满足[0.159,0.242]。综上所述，当等离子体光子晶体的填充率 f 的变化范围为[0.159,0.242]，a 一定时，减

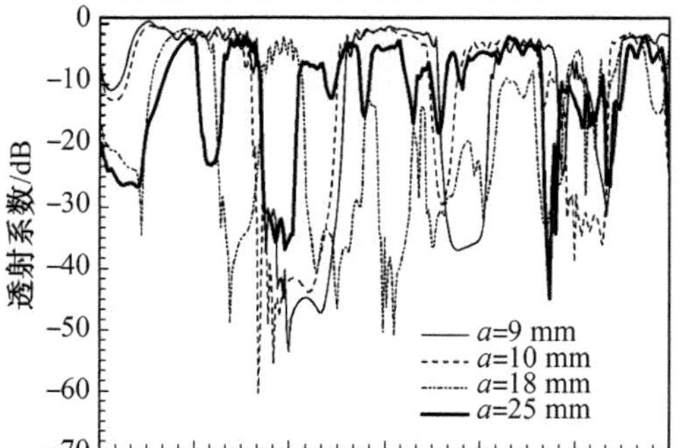

图 4.29　$a = 9、10、18、25$ mm 时的频域透射系数

小 R 可以实现对禁带宽度的拓展，中心频率将发生蓝移。当 R 一定时，减小 a 可以实现对禁带宽度的拓展，中心频率将发生蓝移。在 f 一定的情况下，改变 R 和 a 的大小，可以对禁带的宽度进行调节以获得较好的禁带特性。

4.3.5　等离子体参数对禁带特性的影响

图 4.30 给出了 ω_p 为 2、10、15、20 GHz 时的频域透射系数。图 4.31 给出了 ω_p 为 1 ～ 25 GHz 时的频域透射系数。由图 4.30 和图 4.31 可知，ω_p 越小，禁带特性越明显。禁带的中心频率会随着 ω_p 的增大而发生蓝移。透射系数的峰值会随 ω_p 的增大而先减小后增大，$\omega_p=25$ GHz 时，禁带已经完全消失。当 ω_p 增大到一定值时，透射系数峰值会陡然减小。这主要是因为当入射电磁波的频率接近最大 ω_p 时，由于电磁波的频率接近截止区[15]，等离子体对电磁波的衰减将变得非常大，即共振衰减。当入射电磁波的频率远离最大 ω_p 时，等离子体对电磁波的衰减主要是碰撞吸收。共振衰减的影响比碰撞衰减大很多，当入射波的频率远小于 ω_p 时，入射波完全被反射。所以改变 ω_p 可以很好地控制禁带的宽度。

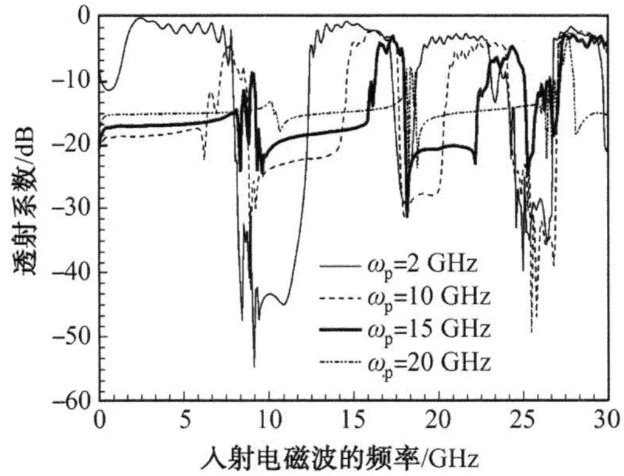

图 4.30　$\omega_p=2$、10、15、20 GHz 时的频域透射系数

图 4.32 给出了 ν_c 为 1、10、30、50 GHz 时的频域透射系数。图 4.33 给出了 ν_c 为 1 ～ 52 GHz 时的频域透射系数。由图 4.32 和图 4.33 可知，ν_c 对禁带特性影响不大，中心频率和禁带宽度几乎保持不变。透射系数峰值先是随 ν_c 的增加而减少，但当 ν_c 增加到一定值时，透射系数峰值几乎不会随碰撞频率的进一步增加而明显减小。这主要是因为等离子体中的电子被电磁波的电场加速，吸收电磁波的能量，同时，通过碰撞把能量传递给中性粒子和离子。由衰减常数与碰撞频率的关系[152]可知，当电磁波的频率较低时，ν_c 越小，衰减常数越大；当电磁波的频率较高时，ν_c 越大，衰减常数越小。

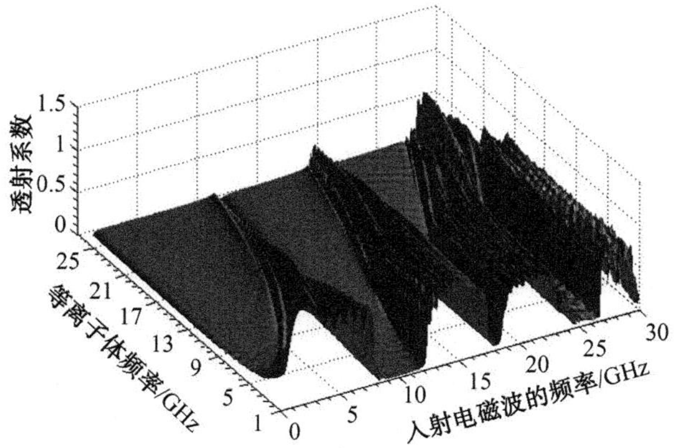

图 4.31 ω_p 为 1 ～ 25 GHz 时的频域透射系数

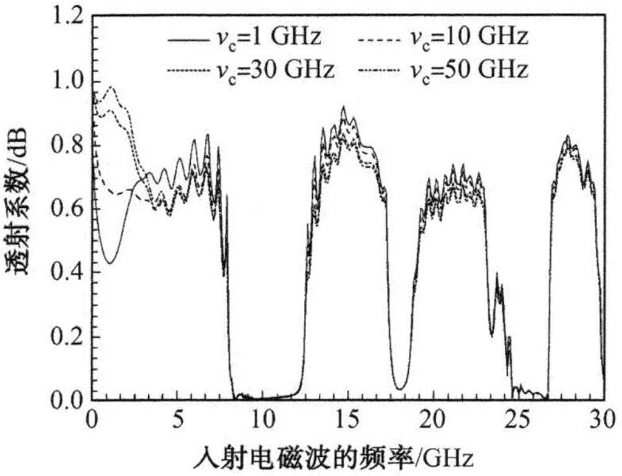

图 4.32 ν_c 为 1、10、30、50 GHz 时的频域透射系数

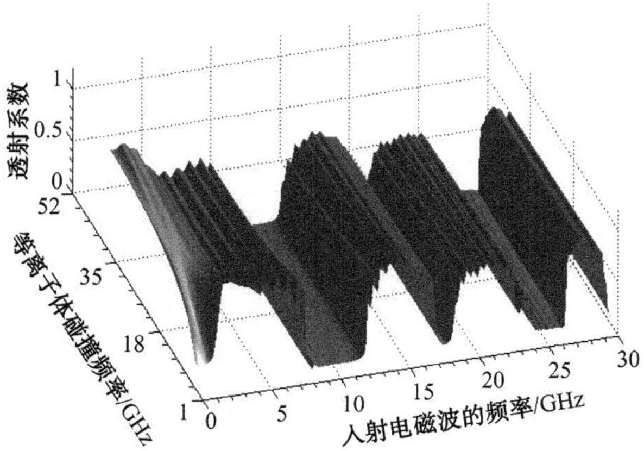

图 4.33 ν_c 为 1 ～ 52 GHz 时的频域透射系数

4.4　新型二维等离子体光子晶体的禁带特性

通常,等离子体光子晶体由周期性分布的介质和等离子体组成。而 Yan 等人[237] 和 Qi 等人[85] 提出了一种更为特殊的构成等离子体光子晶体的方法,他们构造等离子体光子晶体的方法分别是在某一方向上周期性地排列密度不同的等离子体层和外加磁场,其最大的特点是光子晶体仅由单一的等离子体组成,且不包含其他的介质,这为工程上实现等离子体光子晶体提供了新思路。本节的主要内容是用类似的原理构建两类特殊的二维等离子体光子晶体,不仅对它们的水平带隙和 PBG 特性进行研究,而且还探讨这两类光子晶体的方向禁带(Stop Band Gap,SBG) 特性。

4.4.1　理论模型与计算方法

图 4.34 给出了该二维等离子体光子晶体的结构示意图。由图 4.34 可知,外加磁场以正方形晶格周期性排列,磁场方向沿着 $+z$ 轴方向。这两类特殊的二维等离子体光子晶体的定义如下:type－1 型是周期性的磁化等离子体圆柱以正方形晶格的形式填充在非磁化等离子体的背景中,柱体的半径为 R,且晶格参数为 a;它的互补结构为 type－2 型。在 $+z$ 轴方向磁化等离子体圆柱是无限长的。一般电磁波均可以分解为 TM 波(电场和 xy 平面垂直)和 TE 波(磁场和 xy 平面垂直)。由图 4.34 可知,当 TM 波通过外加磁场对其无影响。所以本小节只考虑 TE 波通过这两类等离子体光子晶体时的色散特性。对于 type－1 型等离子体光子晶体而言,外加磁场的分布满足

$$B(x,y)=\begin{cases}B_0, & x^2+y^2\leqslant R^2\\ 0, & x^2+y^2>R^2\end{cases} \tag{4.74}$$

对于 type－2 型等离子体光子晶体而言,外加磁场的分布满足

$$B(x,y)=\begin{cases}B_0, & x^2+y^2>R^2\\ 0, & x^2+y^2\leqslant R^2\end{cases} \tag{4.75}$$

假设计算时引入的时谐量是 $e^{j\omega t}$,ω 是角频率,t 是时间,且 $j=\sqrt{-1}$。那么等离子体的相对介电常数 ε_p 满足 Drude 模型且可以表示为

$$\varepsilon_p(\omega)=1-\frac{{\omega_p}^2}{\omega^2-j(\nu_c\omega)} \tag{4.76}$$

式中,ω_p 和 ν_c 分别表示等离子体频率和等离子体碰撞频率。由于 TE 波的电场和外加磁场垂直,此时磁化等离子体的相对介电常数可以表示为[85]

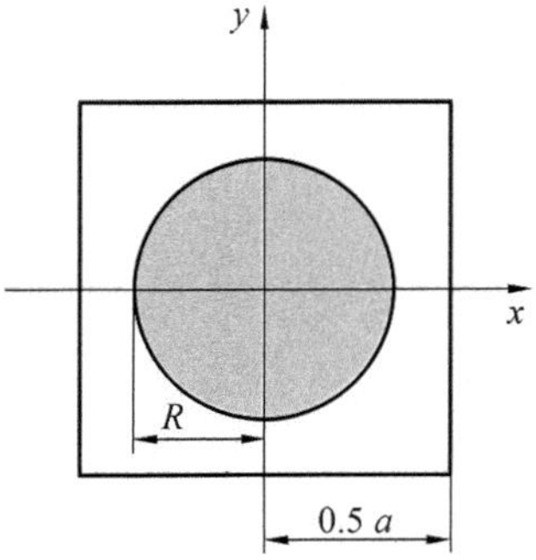

(a) 单元结构示意图

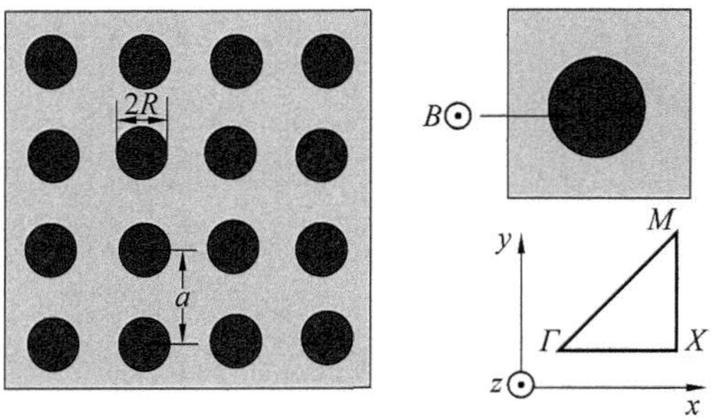

(b) type-1 型二维等离子体光子晶体

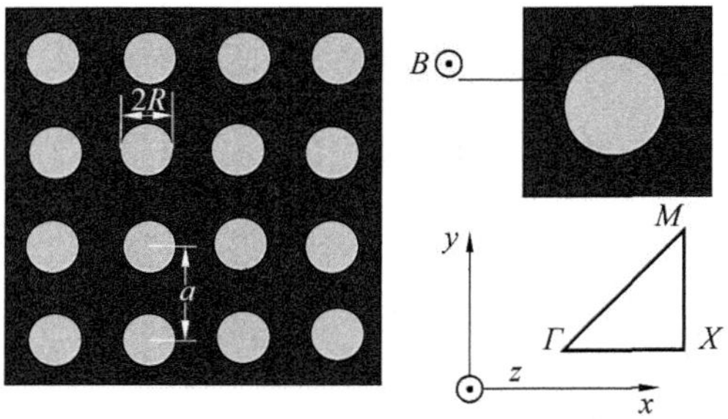

(c) type-2 型二维等离子体光子晶体

图 4.34　二维等离子体光子晶体的结构示意图

$$\varepsilon_{\mathrm{p}}(\omega)=\frac{[\omega(\omega-\mathrm{j}\nu_{\mathrm{c}})-\omega_{\mathrm{p}}^{2}]^{2}-\omega^{2}\omega_{\mathrm{c}}{}^{2}}{\omega^{2}[(\omega-\mathrm{j}\nu_{\mathrm{c}})^{2}-\omega_{\mathrm{c}}^{2}]-\omega\omega_{\mathrm{p}}^{2}(\omega-\mathrm{j}\nu_{\mathrm{c}})} \tag{4.77}$$

式中，$\omega_{\mathrm{c}}=\dfrac{eB}{m}$ 是等离子体回旋频率，B 是外加磁场。用 PWE 算法来计算这两类磁化等离子体光子晶体的色散曲线。对于 type－1 型而言，在 TE 模式下，Maxwell 方程组可以化简为关于平面波展开系数 $A(\boldsymbol{k}_{/\!/}\mid\boldsymbol{G}_{/\!/})$ 的方程：

$$\sum_{G'_{/\!/}}\kappa(\boldsymbol{G}_{/\!/}-\boldsymbol{G}'_{/\!/})(\boldsymbol{k}_{/\!/}+\boldsymbol{G}_{/\!/})\cdot(\boldsymbol{k}_{/\!/}+\boldsymbol{G}'_{/\!/})A(\boldsymbol{k}_{/\!/}\mid\boldsymbol{G}_{/\!/})=\frac{\omega^{2}}{c^{2}}A(\boldsymbol{k}_{/\!/}\mid\boldsymbol{G}_{/\!/}) \tag{4.78}$$

式中，$\boldsymbol{G}$ 是倒格矢；$\kappa(\boldsymbol{G}_{/\!/})$ 是傅里叶展开系数。$\kappa(\boldsymbol{G}_{/\!/})$ 可以表示为

$$\kappa(\boldsymbol{G}_{/\!/})=\begin{cases}\dfrac{\omega^{2}-\mathrm{j}\nu_{\mathrm{c}}\omega}{\omega^{2}-\mathrm{j}\nu_{\mathrm{c}}\omega-\omega_{\mathrm{p}}^{2}}(1-f)+\dfrac{\omega^{2}[(\omega-\mathrm{j}\nu_{\mathrm{c}})^{2}-\omega_{\mathrm{c}}^{2}]-\omega\omega_{\mathrm{p}}^{2}(\omega-\mathrm{j}\nu_{\mathrm{c}})}{[\omega(\omega-\mathrm{j}\nu_{\mathrm{c}})-\omega_{\mathrm{p}}^{2}]^{2}-\omega^{2}\omega_{\mathrm{c}}{}^{2}}f, \\ \quad \boldsymbol{G}_{/\!/}=0 \\ \left(\dfrac{\omega^{2}[(\omega-\mathrm{j}\nu_{\mathrm{c}})^{2}-\omega_{\mathrm{c}}^{2}]-\omega\omega_{\mathrm{p}}^{2}(\omega-\mathrm{j}\nu_{\mathrm{c}})}{[\omega(\omega-\mathrm{j}\nu_{\mathrm{c}})-\omega_{\mathrm{p}}^{2}]^{2}-\omega^{2}\omega_{\mathrm{c}}{}^{2}}-\dfrac{\omega^{2}-\mathrm{j}\nu_{\mathrm{c}}\omega}{\omega^{2}-\mathrm{j}\nu_{\mathrm{c}}\omega-\omega_{\mathrm{p}}^{2}}\right)\cdot \\ \quad f\dfrac{2\mathrm{J}_{1}(|\boldsymbol{G}_{/\!/}|R)}{(|\boldsymbol{G}_{/\!/}|R)},\quad \boldsymbol{G}_{/\!/}\neq 0\end{cases} \tag{4.79}$$

式中，$f=\frac{\pi R^2}{a^2}$ 表示填充率；$J_1(x)$ 表示 1 阶 Bessel 函数。因此式(4.78)可以表示为

$$\left(\frac{\omega^2-j\nu_c\omega}{\omega^2-j\nu_c\omega-\omega_p^2}(1-f)+\frac{\omega^2\left[(\omega-j\nu_c)^2-\omega_c^2\right]-\omega\omega_p^2(\omega-j\nu_c)}{\left[\omega(\omega-j\nu_c)-\omega_p^2\right]^2-\omega^2\omega_c^2}f\right)\cdot$$

$$(\boldsymbol{k}_{/\!/}+\boldsymbol{G}_{/\!/})\cdot(\boldsymbol{k}_{/\!/}+\boldsymbol{G}'_{/\!/})A(\boldsymbol{k}_{/\!/}\mid\boldsymbol{G}_{/\!/})+\sum_{\boldsymbol{G}'_{/\!/}}{}'\left(\left(\frac{\omega^2\left[(\omega-j\nu_c)^2-\omega_c^2\right]-\omega\omega_p^2(\omega-j\nu_c)}{\left[\omega(\omega-j\nu_c)-\omega_p^2\right]^2-\omega^2\omega_c^2}-\right.\right.$$

$$\left.\left.\frac{\omega^2-j\nu_c\omega}{\omega^2-j\nu_c\omega-\omega_p^2}\right)f\,\frac{2J_1(|\boldsymbol{G}_{/\!/}|R)}{(|\boldsymbol{G}_{/\!/}|R)}\right)(\boldsymbol{k}_{/\!/}+\boldsymbol{G}_{/\!/})\cdot(\boldsymbol{k}_{/\!/}+\boldsymbol{G}'_{/\!/})A(\boldsymbol{k}_{/\!/}\mid\boldsymbol{G}_{/\!/})$$

$$=\frac{\omega^2}{c^2}A(\boldsymbol{k}_{/\!/}\mid\boldsymbol{G}_{/\!/})\tag{4.80}$$

如果定义一个复数变量 $\zeta(\zeta=\frac{\omega}{c})$，并且假设 $F_1=1-f$，$A=\nu_c^2+\omega_c^2+2\omega_p^2$，$B=\nu_c^2+\omega_c^2+\omega_p^2$，则式(4.80)可以化简为

$$\zeta^7\boldsymbol{I}-\zeta^6\boldsymbol{L}-\zeta^5\boldsymbol{R}-\zeta^4\boldsymbol{S}-\zeta^3\boldsymbol{T}-\zeta^2\boldsymbol{U}-\zeta\boldsymbol{V}-\boldsymbol{W}=\boldsymbol{0}\tag{4.81}$$

式中，c 表示真空中的光速；$\boldsymbol{I}$ 为单位矩阵，且

$$\boldsymbol{L}(\boldsymbol{G}_{/\!/}\mid\boldsymbol{G}'_{/\!/})=3j\,\frac{\nu_c}{c}\boldsymbol{\delta}_{\boldsymbol{G}_{/\!/}\cdot\boldsymbol{G}'_{/\!/}}\tag{4.82}$$

$$\boldsymbol{R}(\boldsymbol{G}_{/\!/}\mid\boldsymbol{G}'_{/\!/})=\left[2\,\frac{\nu_c{}^2}{c^2}+\frac{A}{c^2}+\frac{\omega_p^2}{c^2}+\boldsymbol{I}\cdot(\boldsymbol{k}_{/\!/}+\boldsymbol{G}_{/\!/})^2\right]\boldsymbol{\delta}_{\boldsymbol{G}_{/\!/}\cdot\boldsymbol{G}'_{/\!/}}\tag{4.83}$$

$$\boldsymbol{S}(\boldsymbol{G}_{/\!/}\mid\boldsymbol{G}'_{/\!/})=\left[-\frac{j\nu_cA}{c^3}-\frac{4\omega_p^2j\nu_c}{c^3}-3\,\frac{j\nu_c}{c}\cdot(\boldsymbol{k}_{/\!/}+\boldsymbol{G}_{/\!/})^2\right]\boldsymbol{\delta}_{\boldsymbol{G}_{/\!/}\cdot\boldsymbol{G}'_{/\!/}}\tag{4.84}$$

$$\begin{aligned}\boldsymbol{T}(\boldsymbol{G}_{/\!/}\mid\boldsymbol{G}'_{/\!/})=&\left[-\left(\frac{j\omega_p^2A}{c^4}+\frac{\omega_p^4}{c^4}+\frac{2\nu_c{}^2\omega_p^2}{c^4}\right)-\left(\frac{2\nu_c{}^2+\omega_p^2+B}{c^2}f-\right.\right.\\&\left.\left.\frac{2\nu_c{}^2+A}{c^2}F_1\right)\cdot(\boldsymbol{k}_{/\!/}+\boldsymbol{G}_{/\!/})^2\right]\boldsymbol{\delta}_{\boldsymbol{G}_{/\!/}\cdot\boldsymbol{G}'_{/\!/}}+\frac{A-B-\omega_p^2}{c^2}\boldsymbol{M}\end{aligned}\tag{4.85}$$

$$\begin{aligned}\boldsymbol{U}(\boldsymbol{G}_{/\!/}\mid\boldsymbol{G}'_{/\!/})=&\left\{\frac{3j\nu_c\omega_p^4}{c^5}+\left[\left(3\,\frac{j\omega_p^2\nu_c}{c^3}+\frac{j\nu_cB}{c^3}\right)f+\left(\frac{j\nu_cA}{c^3}+\frac{2j\omega_p^2\nu_c}{c^3}\right)F_1\right]\cdot\right.\\&\left.(\boldsymbol{k}_{/\!/}+\boldsymbol{G}_{/\!/})^2\right\}\boldsymbol{\delta}_{\boldsymbol{G}_{/\!/}\cdot\boldsymbol{G}'_{/\!/}}+\frac{-j\nu_cA+j\nu_cB+j\nu\omega_p^2}{c^3}\boldsymbol{M}\end{aligned}\tag{4.86}$$

$$\begin{aligned}\boldsymbol{V}(\boldsymbol{G}_{/\!/}\mid\boldsymbol{G}'_{/\!/})=&\left\{\frac{\omega_p^6}{c^6}+\left[\left(\frac{\omega_p^2\nu_c}{c^4}+\frac{\omega_p^2B}{c^4}\right)f+\left(\frac{2\nu_c{}^2\omega_p^2}{c^4}+\frac{\omega_p^4}{c^4}\right)F_1\right]\cdot(\boldsymbol{k}_{/\!/}+\boldsymbol{G}_{/\!/})^2\right\}\cdot\\&\boldsymbol{\delta}_{\boldsymbol{G}_{/\!/}\cdot\boldsymbol{G}'_{/\!/}}+\frac{\omega_p^2B-\nu_c{}^2\omega_p^2-\omega_p^4}{c^4}\boldsymbol{M}\end{aligned}\tag{4.87}$$

$$\boldsymbol{W}(\boldsymbol{G}_{/\!/}\mid\boldsymbol{G}'_{/\!/})=\left[-\frac{j\nu_c\omega_p^4}{c^5}\cdot(\boldsymbol{k}_{/\!/}+\boldsymbol{G}_{/\!/})^2\right]\boldsymbol{\delta}_{\boldsymbol{G}_{/\!/}\cdot\boldsymbol{G}'_{/\!/}}\tag{4.88}$$

式中，$\boldsymbol{M}=(\boldsymbol{k}_{/\!/}+\boldsymbol{G}_{/\!/})\cdot(\boldsymbol{k}_{/\!/}+\boldsymbol{G}'_{/\!/})f\,\frac{2J_1(|\boldsymbol{G}_{/\!/}-\boldsymbol{G}'_{/\!/}|R)}{|\boldsymbol{G}_{/\!/}-\boldsymbol{G}'_{/\!/}|R}$、$\boldsymbol{L}$、$\boldsymbol{R}$、$\boldsymbol{S}$、$\boldsymbol{T}$、$\boldsymbol{U}$、$\boldsymbol{V}$ 和 $\boldsymbol{W}$ 是

$N \times N$ 的矩阵。可将对式(4.81)的求解转换成为对一个 $7N \times 7N$ 矩阵 $\boldsymbol{Q}$ 特征值的求取,矩阵 $\boldsymbol{Q}$ 满足

$$\boldsymbol{Q}z = \zeta z, \quad \boldsymbol{Q} = \begin{pmatrix} 0 & \boldsymbol{I} & 0 & 0 & 0 & 0 & 0 \\ 0 & 0 & \boldsymbol{I} & 0 & 0 & 0 & 0 \\ 0 & 0 & 0 & \boldsymbol{I} & 0 & 0 & 0 \\ 0 & 0 & 0 & 0 & \boldsymbol{I} & 0 & 0 \\ 0 & 0 & 0 & 0 & 0 & \boldsymbol{I} & 0 \\ 0 & 0 & 0 & 0 & 0 & 0 & \boldsymbol{I} \\ \boldsymbol{W} & \boldsymbol{V} & \boldsymbol{U} & \boldsymbol{T} & \boldsymbol{S} & \boldsymbol{R} & \boldsymbol{L} \end{pmatrix} \tag{4.89}$$

求解式(4.89)的特征值就得到了式(4.81)的解。当然,所求特征值的实部就决定了 type－1 型二维等离子体光子晶体的色散关系。显然,type－2 型的色散曲线也能通过类似的方法求解,在此不再复述。

4.4.2 type－1 型和 type－2 型等离子体光子晶体的色散特性

色散曲线根据式(4.89)在 1st BZ $\Gamma(0,0)-X(\pi/a,0)-M(\pi/a,\pi/a)$ 中进行计算,用于计算的平面波展开数是441。为了不失一般性,用 $\frac{\omega a}{2\pi c}$ 对频率进行归一化。假设 $\omega_p=\omega_0=0.473\pi c/a$,$\nu_c=0.1\omega_p$,$\omega_c=\omega_p$。图 4.35 给出了这两类二维等离子体光子晶体的色散曲线,其参数分别为:$f=0.01$,$\omega_p=\omega_0$,$\nu_c=0.1\omega_p$ 和 $\omega_c=\omega_p$。深色的区域表示水平带区域。由图 4.35(a)可知,当填充率较小时,在色散曲线中能发现两个 PBG。它们分别位于 0 到截止频率之间和 0.215 9～0.236 8($2\pi c/a$)之间,其中截止频率为 0.148 7($2\pi c/a$)。除此之外,色散曲线中还存在着 2 个水平带区域(flatbands region),它们分别覆盖 0.148 7～0.215 9($2\pi c/a$)和 0.347 2～0.382 6($2\pi c/a$)。产生水平带的主要原因是表面等离子体波将被局域在等离子体圆柱的表面,这点和金属光子晶体中的表面等离子体激元相似[238]。当 TE 波通过磁化等离子体圆柱时,磁化等离子体对 TE 波存在两个截止频率[239]:$f_L=0.146\,1(\omega_L=-\omega_c/2+\sqrt{\omega_c^2/4+\omega_p^2})$ 和 $f_R=0.382\,6(\omega_R=\omega_c/2+\sqrt{\omega_c^2/4+\omega_p^2})$。$f_L$ 和 f_R 分别与截止频率和第 1 水平带区域的上边缘相对应,这意味着 type－1 型产生的PBG和水平带是由等离子体本身产生的,因此type－1型可以被称为等离子体光子晶体。与 type－1 型不同,type－2 型将产生 1 个 PBG 和两个水平带区域。由图 4.35(b)可知,截止频率为 0.145 7($2\pi c/a$),而水平带区域分别覆盖 0.161 6～0.236 0($2\pi c/a$)和 0.323 9～0.375 6($2\pi c/a$)。图 4.36 给出了在 TE 模式下 type－1 型分别在 $f=0.4$,$\nu_c=0.1\omega_p$,$\omega_p=\omega_0$,$\omega_c=0$ 和 $\omega_c=\omega_p$ 时的色散曲线。由图 4.36(a)可知,当外加磁场不存在时($\omega_c=0$),可将 type－1 型等离子体光子晶体视为一个等离子体块,因此它的截止频率为0.236 5($2\pi c/a$)。这

和图 4.35(a) 中的结果相吻合，而且水平带和 PBG 将不存在，这说明外加磁场是形成该类型等离子体光子晶体的关键。当 $\omega_c=\omega_p$ 时，type－1 型的色散曲线如图 4.36(b) 所示。由图 4.36(b) 可知，当填充率增加到 0.4 时，此时 PBG 的数目变成了 1 个。由图 4.36(c) 和图 4.36(d) 可知，在水平带区域上方存在着 $\Gamma-X$ 和 $\Gamma-M$ 方向的 SBG。

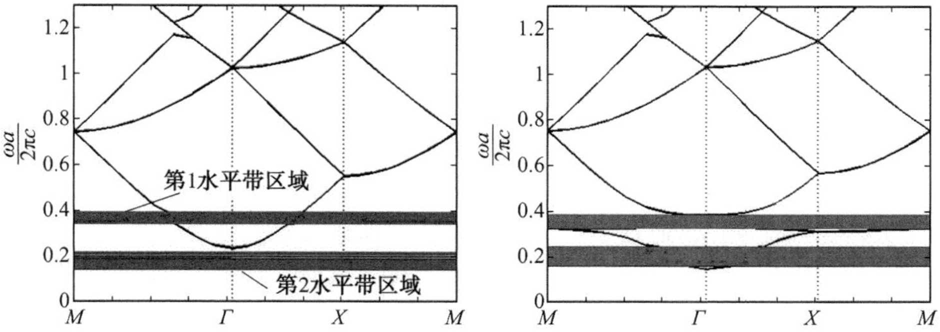

(a) type-1 型　　(b) type-2 型

图 4.35　TE 模式下这两类等离子体光子晶体的色散曲线

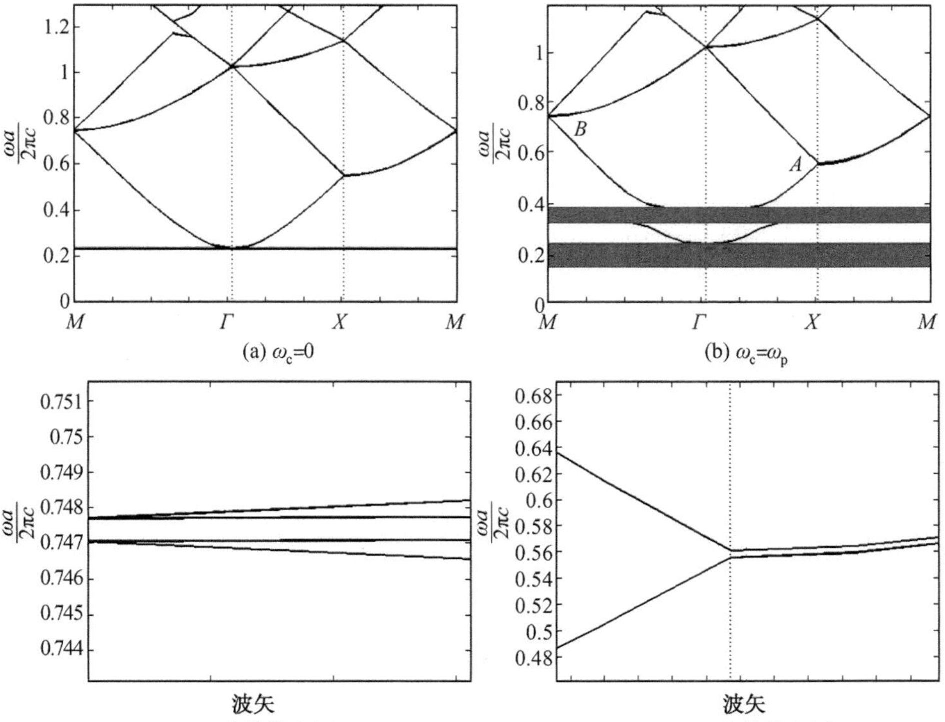

(a) $\omega_c=0$　　(b) $\omega_c=\omega_p$

(c) A点的放大图　　(d) B点的放大图

图 4.36　在 TE 模式下 type－1 型分别在 $f=0.4$，$\nu_c=0.1\omega_p$，$\omega_p=\omega_0$，$\omega_c=0$ 和 $\omega_c=\omega_p$ 时的色散曲线

4.4.3　外加磁场对等离子体光子晶体色散特性的影响

图 4.37 和图 4.38 给出了外加磁场(ω_c)和 PBG、水平带区域以及 $\Gamma-X$ 和 $\Gamma-M$ 方向的 SBG 之间的关系图，此时 $f=0.7854$，$\nu_c=0.1\omega_p$ 和 $\omega_p=\omega_0$。由图 4.37(a)可知，第 1 水平带区域的上、下边缘的位置和截止频率能够明显地被外加磁场所调谐，但是第 2 水平带区域的上边缘对 ω_c/ω_p 的增加不敏感。当等离子体回旋频率 ω_c 由 $0.1\omega_p$ 增加到 $3\omega_p$ 时，第 1 水平带区域的上下边缘分别增加了 $0.5144(2\pi c/a)$ 和 $0.5322(2\pi c/a)$。然而，对于截止频率而言却减小了 $0.1541(2\pi c/a)$。由图 4.37(a)还可知，随着 ω_c/ω_p 数值的增加，第 1 水平带区域的宽度将会先增大后减小。但是第 2 水平带区域的宽度将会随着 ω_c/ω_p 的增大而增大。这种现象可以通过 f_L 和 f_R 与外加磁场的关系来解释。作为比较，图 4.37(b)给出了 type－2 型的截止频率和水平带区域的特性图。由图 4.37(b)可知，随着 ω_c/ω_p 的增加，第 1 水平带区域的上、下边缘频率将分别增加 $0.5312(2\pi c/a)$ 和 $0.5125(2\pi c/a)$，而截止频率将减小 $0.160(2\pi c/a)$。由图 4.38(a)可知，当 $\omega_c/\omega_p\leqslant1.5$ 时，$\Gamma-X$ 方向的 SBG 的上、下边缘频率将会随着 ω_c/ω_p 的增大而先增大后减小。当 $\omega_c/\omega_p>1.5$ 时，$\Gamma-X$ 方向的 SBG 的上、下边缘频率将会随着 ω_c/ω_p 的增大而增大。$\Gamma-M$ 方向的 SBG 的特性与 $\Gamma-X$ 方向的 SBG 的特性相似。当 $\omega_c/\omega_p\leqslant1.8$ 时，$\Gamma-M$ 方向的 SBG 的上、下边缘频率将会随着 ω_c/ω_p 的增大而先增大后减小。当 $\omega_c/\omega_p>1.8$ 时，$\Gamma-M$ 方向的 SBG 的上、下边缘频率将会随着 ω_c/ω_p 的增大而增大。$\Gamma-M$ 方向的 SBG 的相对带宽较 $\Gamma-X$ 方向的要大。由图 4.38(b)可知，和 type－1 型不同，对于 type－2 型而言，当 $\omega_c/\omega_p\leqslant2.7$ 时，$\Gamma-M$ 方向的 SBG 的上、下边缘频率会随着 ω_c/ω_p 的增大而稳步增大。当 $\omega_c/\omega_p>2.7$ 时，$\Gamma-M$ 方向的 SBG 的上、下边缘频率将会随着

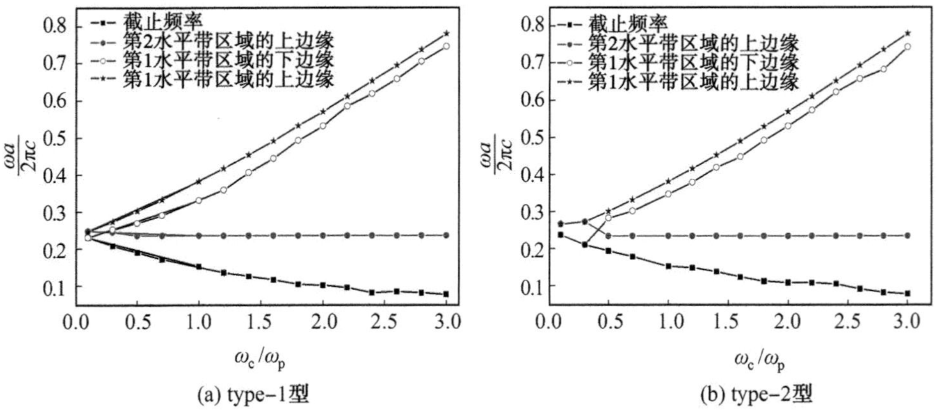

图 4.37　水平带区域和截止频率与 ω_c 的关系图

ω_c/ω_p 的增大而减小。而 type－2 型的 $\Gamma-X$ 方向的 SBG 和 type－1 型的相同，但是拐点不同，拐点变为 $\omega_c=1.8\omega_p$。

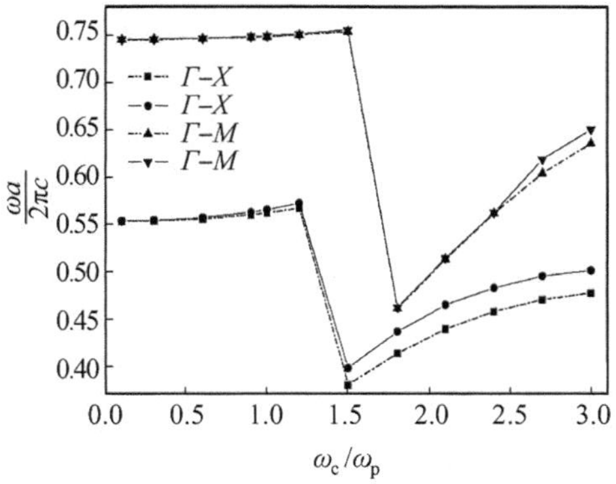

(a) type-1型

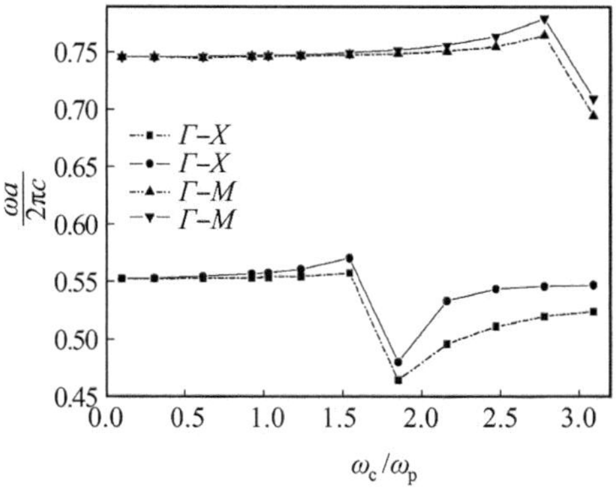

(b) type-2型

图 4.38　$\Gamma-X$ 和 $\Gamma-M$ 方向的 SBG 与 ω_c 的关系图

4.4.4　等离子体碰撞频率对等离子体光子晶体色散特性的影响

图 4.39 和图 4.40 给出了 ν_c 和 PBG、水平带区域以及 $\Gamma-X$ 和 $\Gamma-M$ 方向的 SBG之间的关系图，此时 $f=0.785\ 4$，$\omega_c=\omega_p$ 和 $\omega_p=\omega_0$。由图 4.39(a) 可知，这 2 个水平带区域的上、下边缘的频率能够明显地被 ν_c 所调谐。随着 ν_c/ω_p 的增大，水平带区域的上、下边缘均将发生红移。当 ν_c/ω_p 由 0.1 增加到 3 时，第 1 水平带区域的上、下边缘的频率分别由 0.382 1($2\pi c/a$) 下降到 0.264 8($2\pi c/a$)，由 0.341 9($2\pi c/a$) 下降到 0.247 7($2\pi c/a$)。截止频率和第 2 水平带区域的上边缘频率分别由 0.166 1($2\pi c/a$) 下降到 0，由 0.236 0($2\pi c/a$) 下降到 0.031 6($2\pi c/a$)。和 type－1 型相比，图 4.39(b) 给出了 type－2 型的水平带区域和截止频率与 ν_c 的关系图。由图 4.39(b) 可知，随着 ν_c/ω_p 的增大，第 1 水平带区域的上、下边缘频率分别由0.382 1($2\pi c/a$) 下降到 0.267 8($2\pi c/a$)，由 0.345 4($2\pi c/a$) 下降到 0.247 7($2\pi c/a$)。当 ν_c/ω_p 由 0.1 增加到 3 时，第 1 水平带区域的频率范围是 0.236 0 ～0.031 6($2\pi c/a$)。和$\nu_c/\omega_p=0.1$时相比，频率范围减少了 0.153 7($2\pi c/a$)。如果 $\nu_c/\omega_p>2.1$，截止频率将与零频重合。由图 4.40(a) 可知，$\Gamma-X$ 方向的 SBG 的上、下边缘频率将会随着 ν_c/ω_p 的增大而发生红移，其相对带宽先减小后增大。$\Gamma-M$ 方向的 SBG 的变化规律和 $\Gamma-X$ 方向的相似，且$\Gamma-X$ 方向的 SBG 的相对带宽比 $\Gamma-M$ 方向上的大。由图 4.40(b) 可知，和 type－1 型相似，随着 ν_c/ω_p 的增大，$\Gamma-X$ 和 $\Gamma-M$ 方向上 SBG 的上、下边缘频率将会发生红移，其相对带宽将先增大后减小。

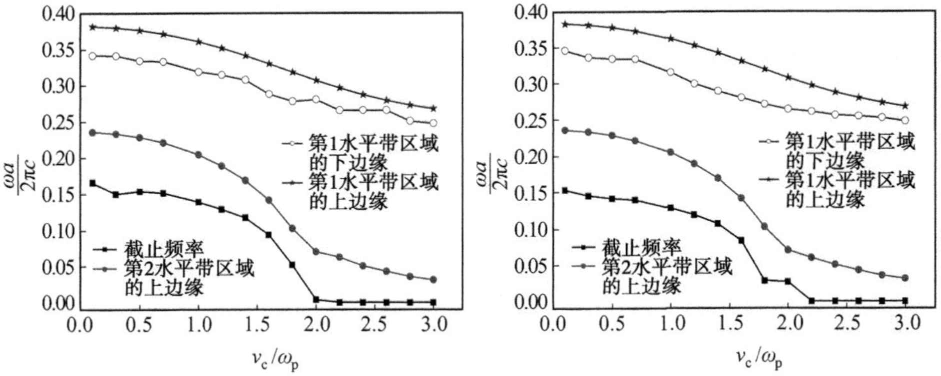

(a) type-1型　　(b) type-2型

图 4.39　水平带区域和截止频率与 ν_c 的关系图

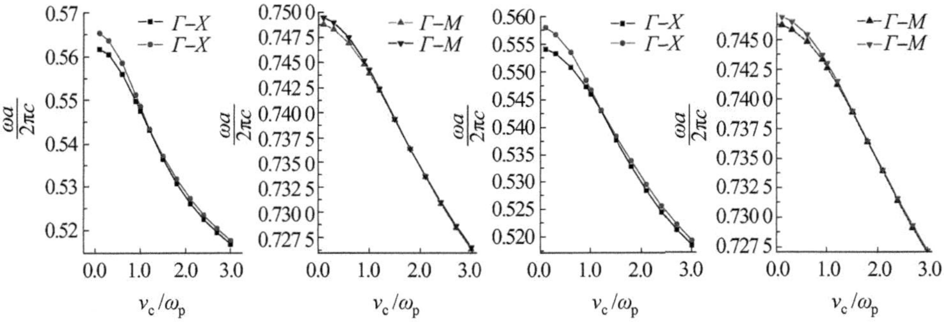

(a) type-1型　　(b) type-2型

图 4.40　$\Gamma-X$ 和 $\Gamma-M$ 方向的 SBG 与 ν_c 的关系图

4.4.5　等离子体频率对等离子体光子晶体色散特性的影响

图 4.41 和图 4.42 给出了 ω_p 和 PBG、水平带区域及 $\Gamma-X$ 和 $\Gamma-M$ 方向的 SBG 之间的关系图，此时 $f=0.785\ 4$，$\omega_c=\omega_0$ 和 $\nu_c=0.1\omega_0$。由图 4.41(a) 可知，这 2 个水平带区域的上、下边缘的频率能够通过 ω_p 进行调谐。随着 ω_p/ω_0 的增大，水平带区域的上、下边缘均将发生蓝移。当 ω_p/ω_0 的大小由 0.1 增加到 3 时，第 1 水平带区域的上、下边缘的频率分别由 0.238 6($2\pi c/a$) 增加到 0.836 7($2\pi c/a$)，由 0.238 0($2\pi c/a$) 增加到 0.741 6($2\pi c/a$)。截止频率和第 2 水平带区域的上边缘频率分别由零频增加到 0.646($2\pi c/a$)，由 0.014($2\pi c/a$) 增加到 0.712($2\pi c/a$)。这 2 个水平带区域的宽度将会随着 ω_p/ω_0 的增大而增大。图 4.41(b) 给出了 type－2 型的水平带区域和截止频率的特性图。与 type－1 型变化规律相似的曲线也能在图 4.41(b) 中观察到。随着 ω_p/ω_0 的增大，第 1 水平带区域的上、下边缘频率分别由 0.238 6($2\pi c/a$) 增加到 0.836 7($2\pi c/a$)，由 0.237 5($2\pi c/a$) 增加

到 0.742 5($2\pi c/a$)。截止频率和第 2 水平带区域的上边缘频率分别由零频增加到 0.604 0($2\pi c/a$)，由 0.020 5($2\pi c/a$) 增加到 0.708 6($2\pi c/a$)。显然对于 type－2 型而言，截止频率和水平带区域的宽度会随着 ω_p/ω_0 的增大而增大。由图 4.42(a) 可知，$\Gamma-M$ 方向的 SBG 的上、下边缘频率将会随着 ω_p/ω_0 的增大而发生蓝移。如果 $\omega_p/\omega_0 \leqslant 1.5$，$\Gamma-X$ 方向的 SBG 的上、下边缘频率将先增大后减小。如果 $\omega_p/\omega_0 > 1.5$，$\Gamma-X$ 方向的 SBG 的上、下边缘频率将增大。对于 type－2 型而言(图 4.42(b))，$\Gamma-M$ 方向的 SBG 的上、下边缘的变化规律和 type－1 型的类似。而 $\Gamma-X$ 方向的 SBG 的变化规律则完全不同，$\Gamma-X$ 方向的 SBG 的上、下边缘频率将会随着 ω_p/ω_0 的增大而发生蓝移。$\Gamma-X$ 方向的 SBG 的相对带宽较 $\Gamma-M$ 方向的 SBG 的大些。

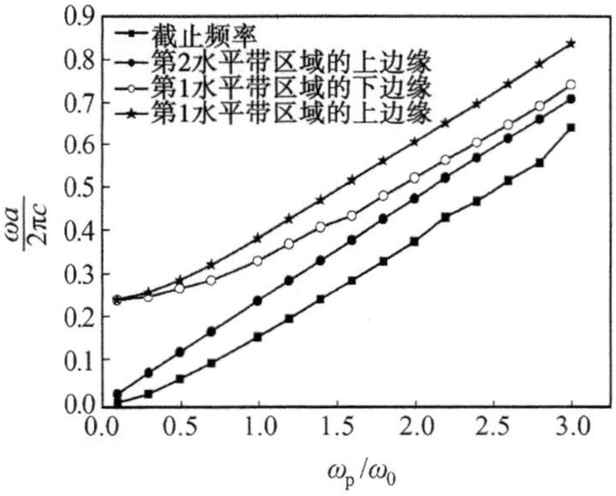

(a) type-1型

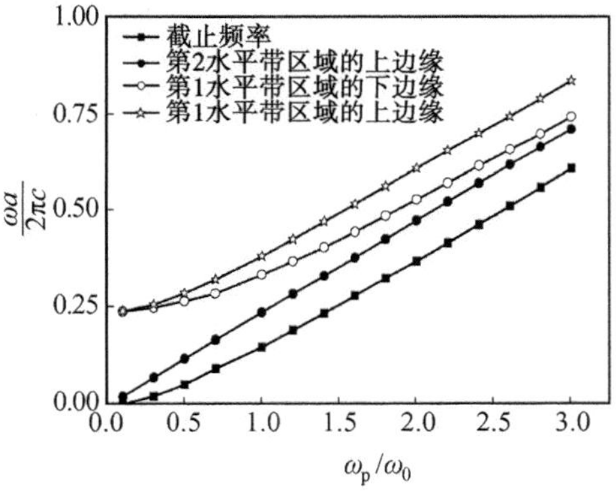

(b) type-2型

图 4.41　水平带区域和截止频率与 ω_p 的关系图

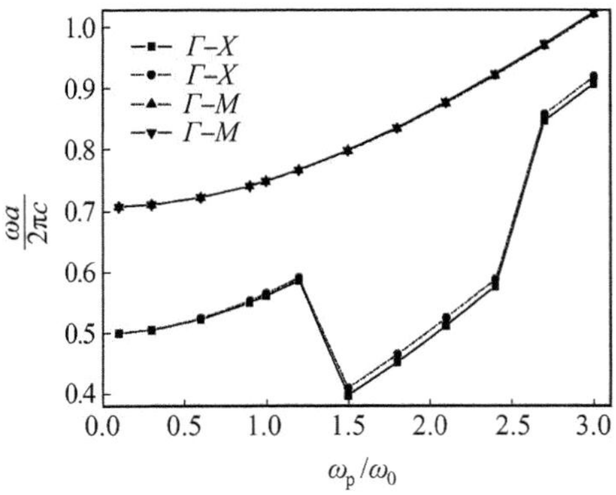

(a) type-1型

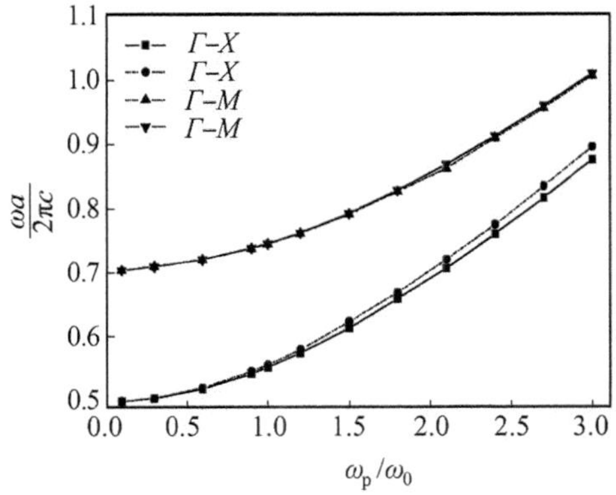

(b) type-2型

图 4.42　$\Gamma-X$ 和 $\Gamma-M$ 方向的 SBG 与 ω_p 的关系图

4.4.6 填充率对等离子体光子晶体色散特性的影响

图 4.43 和图 4.44 分别给出了 f 和 PBG、水平带区域以及 $\Gamma-X$ 和 $\Gamma-M$ 方向的 SBG 之间的关系图，此时 $\omega_p=\omega_0$，$\omega_c=\omega_0$ 和 $\nu_c=0.1\omega_0$。由图 4.43 和图 4.35(a) 可知，对于 type－1 型而言，改变填充率 f 会改变 PBG 的数目，而改变 f 的大小不会改变 type－2 型 PBG 的数目。由图 4.35(a) 可知，当 $f=0.01$ 时，type－1 型能产生 1 个 PBG，它的频率范围是 0.215 9～0.236 8($2\pi c/a$)。然而随着 f 的增加，PBG 将消失(图 4.36(b))。由图 4.43 可知，对于这两种类型的等离子体光子晶体而言，两个水平带区域的上边缘频率和截止频率几乎不会随着 f 的增大而发生明显变化。type－1 型第 1 水平带区域的下边缘频率将随着 f 的增大而发生红移，但是 type－2 型第 1 水平带区域的下边缘频率将随着 f 的增大而发生蓝移。因此，type－1 型第 1 水平带区域的宽度将会随着 f 的增大而增大，但是 type－2 型第 1 水平带区域的宽度将会随着 f 的增大而减小。由图 4.44(a) 可知，type－1 型 $\Gamma-X$ 方向的 SBG 的上、下边缘将随着 f 的增大而发生蓝移。$\Gamma-M$ 方向的 SBG 的上、下边缘也将随着 f 的增大而发生蓝移，但是其带宽将随着 f 的增大而先减小后增大。对于 type－2 型而言(图 4.44(b))，$\Gamma-X$ 方向的 SBG 与 f 的关系曲线上存在着拐点。当 $f\leqslant 0.4$ 时，$\Gamma-X$ 方向的 SBG 的上、下边缘的频率将会先减小后增大。当 $f>0.4$ 时，$\Gamma-X$ 方向的 SBG 的上、下边缘的频率将会发生红移；$\Gamma-M$ 方向的 SBG 的上、下边缘的频率也将随着 f 的增大而发生红移，而且其带宽将随着 f 的增大而先增大后减小。

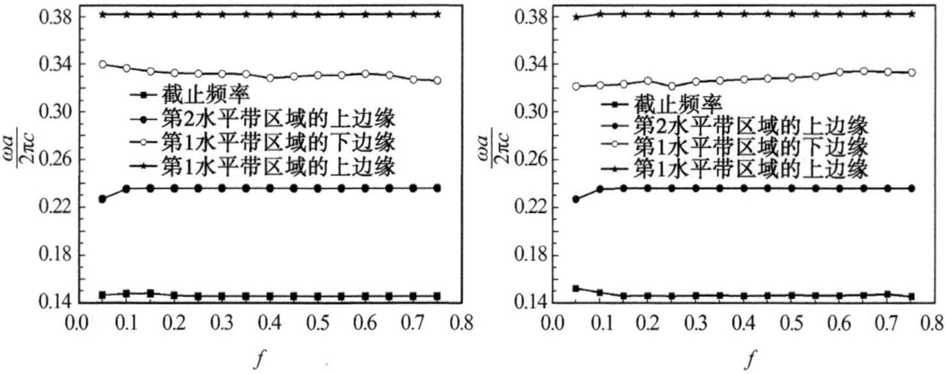

(a) type-1型　　(b) type-2型

图 4.43　水平带区域和截止频率与 f 的关系图

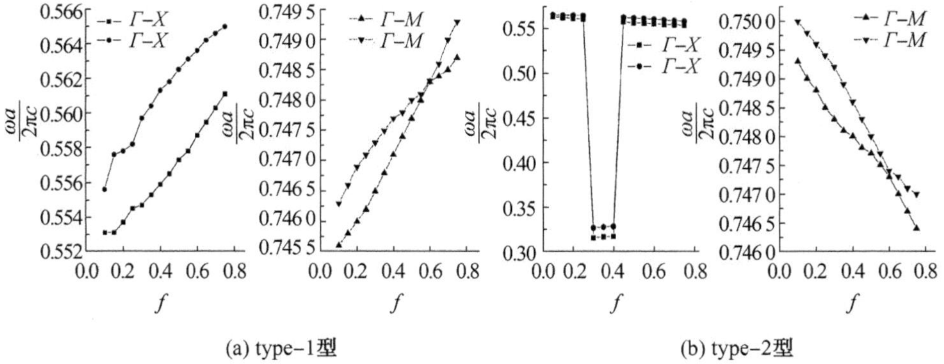

图 4.44　Γ－X 和 Γ－M 方向的 SBG 与 f 的关系图

4.5　技术小结

(1)对于由介质一等离子体构建的二维等离子体光子晶体而言，当晶格夹角大于 55°，TE_1 总存在；而对于 TM 极化波而言，当晶格夹角大于 60°，TM_2 总存在。改变等离子体圆柱的半径，TE_1 的相对带宽在 60°夹角时为最大，在 90°时最小；而 TM_2 的相对带宽在 90°夹角时为最大，在 70°时最小。对于 TE_1 而言，在晶格夹角不变的情况下，TE_1 的相对带宽将随着等离子体圆柱半径的增大而先增大后减小；而对于 TM_2 而言，TM_2 将随着等离子体圆柱半径的增大而增大。如果改变等离子体的频率，TE_1 的相对带宽也将随着 ω_p/ω_{p0} 的增大而先增大后减小，而 TM_2 的相对带宽将随着 ω_p/ω_{p0} 的增大而增大。对于 TE 和 TM 极化波而言，TE_1 和 TM_2 相对带宽的最大值将分别出现在 $\theta=60°$和 $\theta=90°$。如果增加背景介质的介电常数，那么在 TE 和 TM 模式下，均存在着一个相对带宽随着 ε_b 的增加而极速增加的过程，当 ε_b 的大小趋于一个定值时，再增加 ε_b 的大小，那么 TE_1 和 TM_2 相对带宽的大小将不会再有明显的变化。

(2)对于 TE 极化波，由于外加磁场的作用，type－1 型结构的色散曲线中出现了两个平带区域，上、下平带的上频率点分别对应于等离子体的右旋和左旋截止频率；调节外加磁场的大小，可以有效控制平带的位置及局部带隙的位置和宽度；提高背景材料的介电常数，可使 TE 极化波的色散曲线出现全向带隙，其带隙位置随背景材料介电常数的增加将发生红移，带隙宽度增大；当波矢方向任意时，随着 z 向波矢的增加，带隙中心频率将发生蓝移，带隙宽度略有减小。

(3)改变二维非磁化等离子体光子晶体的 N 和 ν_c 不能有效地拓展光子禁带，仅会对透射系数峰值产生影响。改变光子晶体的 N 和介质圆柱的相对介电常数可以调节光子禁带的数目。调节介质圆柱的相对介电常数和 ω_p 可以实现对 PBG 的拓展，但是当 ω_p 远大于入射波频率时，PBG 将消失。调节介质圆柱的半径和晶格常数的大小，实质上是对填充率进行调节，在一定的填充率变化范围内（如本文 f 的变化范围为[0.159,0.242]），可以通过改变 R 和 a 这两个参数来实现对特定禁带的调制。

(4)二维等离子体光子晶体可仅由等离子体构成且不含其他介质，通过周期性地改变外加磁场的分布，来实现介电常数在空间上的周期性分布。对于这两类等离子体光子晶体而言，1st 水平带区域的上、下边缘频率将随着外加磁场的增大而增大，但是截止频率将逐渐减小。外加磁场的大小几乎对 2nd 水平区域的上边缘无影响。增加 ν_c 的值时，这两类等离子体光子晶体的两个水平带区域的上、下边缘频率和截止频率均将逐渐减小。对于这两类等离子体光子晶体而言，增加 ω_p 的值意味着它们的两个水平带区域上、下边缘和截止频率均将发生蓝移。当填充率 f 较小时，type－2 型等离子体光子晶体只有一个 PBG，而 type－1型则有两个。f 对两个水平带区域的上边缘频率和截止频率几乎无影响。这两类二维等离子体光子晶体在 $\Gamma-X$ 和 $\Gamma-M$ 方向上的 SBG 均能被以上参数所调谐，且 $\Gamma-X$ 方向上 SBG 的相对带宽要大于 $\Gamma-M$ 方向上的。

综上所述，本章提及的研究结果为设计基于二维等离子体光子晶体的滤波器、光开关或传感器提供了理论指导，也为将来成品化生产基于二维等离子体周期介质结构的器件奠定了理论基础。

第5章

二维等离子体光子晶体器件设计

二维等离子体光子晶体可以用于设计许多有价值的器件，如滤波器、全向反射器和吸波器等。而设计上述器件一般将会涉及二维等离子体光子晶体的缺陷模、全向反射带隙和晶格分布等特性，尤其是等离子体参变量对上述特性的影响是将二维等离子体光子晶体用于设计相关功能性器件的关键。本章将重点介绍二维光子晶体的缺陷模特性、禁带展宽技术和OBG展宽技术，为将来设计等离子体光子晶体功能性器件奠定基础。

第 4 章对二维等离子体周期介质结构(二维等离子体光子晶体)的基本电磁特性进行了介绍。为了使二维等离子体光子晶体能够应用于器件设计,仅掌握其基本电磁特性是不够的,还要对其他的一些特性进行了解,如缺陷模特性、禁带展宽特性和全角负折射率特性等。本章将主要介绍二维等离子体光子晶体在引入线缺陷和点缺陷后的电磁特性,介绍二维等离子体光子晶体具有阿基米德晶格时的带隙和全角负折射率特性。设计了一种新的二维等离子体光子晶体能产生带宽更大的 CPBG,阐述了基于二维等离子体光子晶体的全角反射器的设计方法。

5.1 二维等离子体光子晶体中的线缺陷与点缺陷

从现有的文献来看,二维等离子体光子晶体的研究工作主要集中在色散特性的研究和实验验证上[34],而对有关二维等离子体光子晶体缺陷模的理论研究工作还不够深入。在工程上,含线缺陷的二维等离子体光子晶体能被制成可调谐滤波器、功分器、耦合腔体和波导等微波器件。本节主要针对含单一线缺陷的二维非磁化等离子体光子晶体进行研究。以微分高斯脉冲作为激励源,采用 FDTD 方法中的 PLCDRC－FDTD 算法[152]研究均匀、非时变、有限周期结构的二维等离子体光子晶体的缺陷模特性,并对 TM 波在该光子晶体中的传播进行仿真。通过计算电磁波的透射系数 T(Transmittance coefficient)来得到该光子晶体的缺陷模特性。

5.1.1 二维线缺陷等离子体光子晶体的理论模型与仿真计算

采用非磁化等离子体的 PLCDRC－FDTD 算法进行计算。该算法不仅可以保证较短的计算时间和较小存储空间,而且具有较高的计算精度。该算法的电场和卷积的迭代方程如下[152]:

$$E^{n+1}=\frac{1}{1+\dfrac{\Delta t}{2\varepsilon_0}(\sigma^0-\xi^0)}\left[\left(1-\frac{\Delta t}{2\varepsilon_0}\xi^0\right)E^n+\frac{\Delta t}{2\varepsilon_0}(\nabla\times \boldsymbol{H})^{n+\frac{1}{2}}-\frac{\Delta t}{2\varepsilon_0}\psi^n\right] \tag{5.1}$$

$$\psi^n=(\sigma^0+\sigma^1-\xi^0-\xi^1)E^n+(\xi^1+\xi^0)E^{n-1}+\exp(-\nu_c\Delta t)\psi^{n-1} \tag{5.2}$$

式中,E 是电场强度分量;$\boldsymbol{H}$ 是磁场强度;ε_0 为真空中的介电常数;Δt 为时间步长。式(5.1) 和式(5.2) 中的其他参量定义见文献[152]。磁场的迭代公式与常规 FDTD 公式相同。二维非磁化等离子体光子晶体的物理模型如图 5.1 所示。用周期排列的介质圆柱来填充等离子体构成含单一线缺陷的二维非磁化等离子体光子晶体,晶格为正方形。线缺陷层沿 y 轴正方向填充介质圆柱。所有的介质

圆柱在 z 轴方向上是无限长的，TM 波沿着 x 轴正方向入射，入射波的频率范围为 0 ～ 30 GHz。用 a 表示晶格常数，用 b 表示缺陷层到介质层的中心距离。用 N 表示该光子晶体的周期数，用 M 表示缺陷层在该光子晶体中的位置。R 为介质圆柱的半径，r 为缺陷层介质圆柱的半径。初始参数设定为：$N=10$，$M=6$，$R=2.5$ mm，$a=10$ mm，介质圆柱的相对介电常数 $\varepsilon_1=7$；$r=2.5$ mm，$b=10$ mm，缺陷层介质圆柱的相对介电常数 $\varepsilon_2=4.5$；等离子体频率 $\omega_p=4.8\pi\times10^9$ rad/s，等离子体的碰撞频率 $\nu_c=2.7\times10^9$ rad/s。

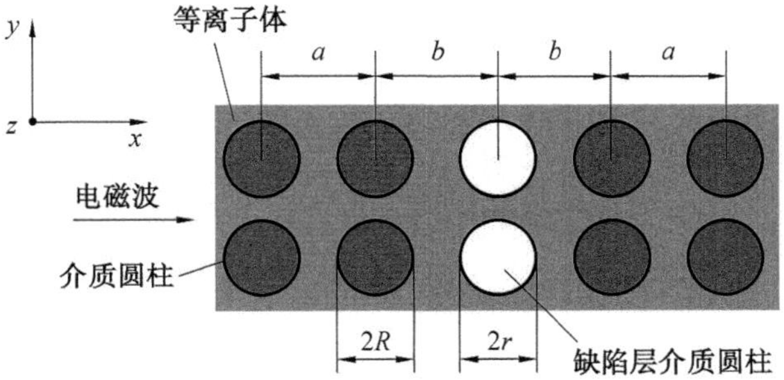

图 5.1　二维非磁化等离子体光子晶体的物理模型

FDTD 计算的空间步长取 $\Delta x=\Delta y=0.5$ mm，根据 Courant 稳定条件，取时间步长 $\varepsilon_{xx}=\varepsilon_{yy}=1-\dfrac{\omega_p^2(\omega+j\nu_c)}{\omega[(\omega+j\nu_c)^2-\omega_c^2]}=1$ ps。将大小为 110 mm × 110 mm 的光子晶体划分为 220 × 220 的计算网格。计算空间的四周各设 4 个吸收边界，用于吸收截断边界时产生的反射。吸收边界为完全匹配层(pefectly matched layer)，占据 5 个网格。沿 $+x$ 轴传播的入射电磁波为高斯脉冲，该脉冲的表达式由下式给出：

$$\begin{cases} E_i(t)=-A\cdot(t-6\tau)\exp\left[-\dfrac{4\pi\,(t-6\tau)^2}{30\tau^2}\right], & t\leqslant 10\tau \\ E_i(t)=0, & t>10\tau \end{cases} \tag{5.3}$$

式中，取常量 $A=4.67$ V/m，$\tau=20$。入射波的高频分量越多，$\varepsilon_p(\omega)$ 值越小。整个计算过程共迭代 10 000 步。通过傅里叶变换将得到的电场分量由时域转换到频域来求透射系数，再用透射系数的频谱来表征缺陷模。图 5.2 给出了缺陷层介质圆柱的相对介电常数 ε_2 分别取 2、4.5、7、11 时的频域透射系数。由图 5.2 可知，该二维等离子体光子晶体含有单一线缺陷时禁带中存在明显的缺陷模。

5.1.2　ε_2 对缺陷模的影响

图 5.3 给出了 ε_2 为 1 ～ 14 时的频域透射系数。由图 5.2 和图 5.3 可知，该二维等离子体光子晶体引入线缺陷后，PBG 中会出现较为明显的单模缺陷。PBG

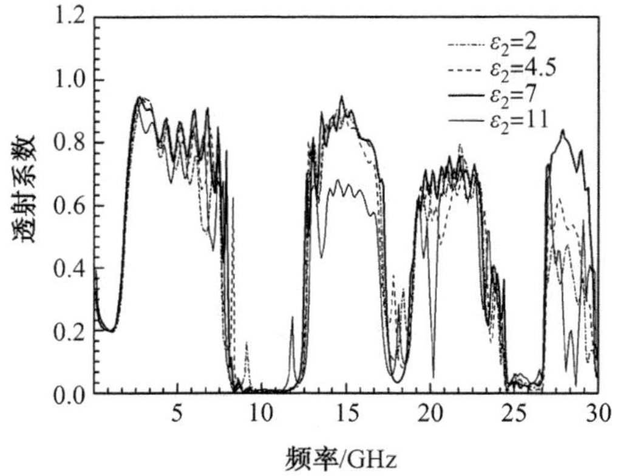

图 5.2 $\varepsilon_2 = 2、4.5、7、11$ 时的频域透射系数

的宽度不会发生明显变化，但是透射系数峰值将会发生明显的变化。ε_2 由 1 变化到 14 的过程中，缺陷模频率先发生红移，缺陷模透射峰值逐渐增大，当 ε_2 增大到等于 7 时，缺陷模将会与 PBG 的下边带重合，此时缺陷模消失。如果再继续增大 ε_2，在 PBG 的上边带将产生一个新的缺陷，进一步增大 ε_2 的值，缺陷模将发生红移，逐渐靠近 PBG 中心，缺陷模透射峰值也将随之逐渐减小。缺陷模的移动呈现周期性变化，因此可以通过改变 ε_2 的大小使缺陷模频率涵盖 PBG 的整个频域，这给设计带通滤波器带来了便利。另外，缺陷模频率几乎和 ε_2 的大小呈线性变化，所以可以通过这一性质实现对缺陷层介质的相对介电常数的测量，使得含线缺陷的二维等离子体光子晶体有更为广阔的应用前景。

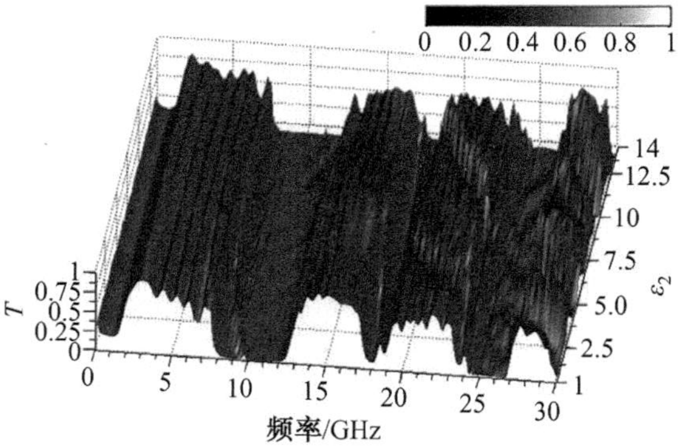

图 5.3 ε_2 为 1 ~ 14 时的频域透射系数

5.1.3 *N* 和 *M* 对缺陷模的影响

图 5.4 给出了周期常数 N 分别取 9、11、15、20 时的频域透射系数。由图 5.4 可知，N 对 PBG 带宽无影响。缺陷模频率几乎不会随着 N 的增大而发生改变，但

是缺陷模透射峰值会随着 N 的增大而逐渐减小。当 N 等于 20 时，此时 PBG 中的缺陷模已然完全消失。这是因为缺陷模的产生主要是源于缺陷层介质圆柱对入射电磁波的反射、散射和耦合作用，当缺陷层介质圆柱反射和散射的电磁波与行进中的电磁波发生干涉时，将导致电磁能发生汇聚而在 PBG 中出现缺陷模。另外，等离子体自身又是一种耗散性介质，电磁波在其中传播时电磁波的一部分能量将转换成等离子体的内能。N 越大意味着对缺陷模的衰减作用越强。因此，缺陷模透射峰会随着 N 的增大而减小。图 5.5 为缺陷层位置参数 M 分别为 2、3、4、5、6、7、8、9、10 时的频域透射系数。由图 5.5 可知，缺陷模频率大小与参数 M 无关，参数 M 只会影响缺陷模透射峰值的大小。线缺陷对周期性和对称性破坏越大，入射波在缺陷层中谐振和耦合作用就越强，缺陷模透射峰值就越大。因此，$M=6$ 时缺陷透射峰值最大。显然，增加 N 和改变缺陷层位置 M 只会影响缺陷模峰值的大小而不能改变缺陷模的频率。

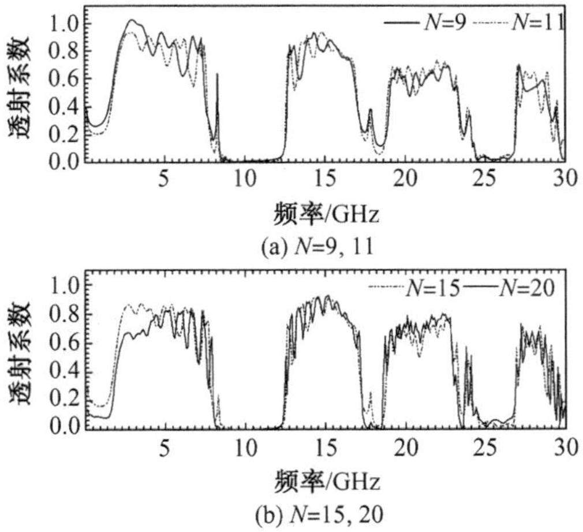

图 5.4　频域透射系数

5.1.4　R 和 a 对缺陷模的影响

图 5.6 给出了介质圆柱半径 R 分别等于 1、2.5、3.5、5 mm 时的频域透射系数。图 5.7(a) 给出了 R 为 0.5 ～ 5 mm 时的频域透射系数。由图 5.6 和图 5.7(a) 可知，PBG 的带宽会随着 R 的增大而逐渐减小，PBG 的中心频率将发生红移。同时缺陷模频率也将发生红移，缺陷模透射峰值逐渐减小。当 $R=a/2$ 时，已不存在 PBG 和缺陷模。这是因为当 $R=a/2$ 时彼此相邻的介质圆柱已经相切，此时的光子晶体已变成用非磁化等离子体填充相对介电常数为 ε_1 的介质构成的二维光子晶体。ε_2 相对等离子体的相对介电常数值较大，在 TM 模式下，等离子体光子晶体不会有明显的 PBG，自然缺陷模也不存在。图 5.8 给出了 a 分别

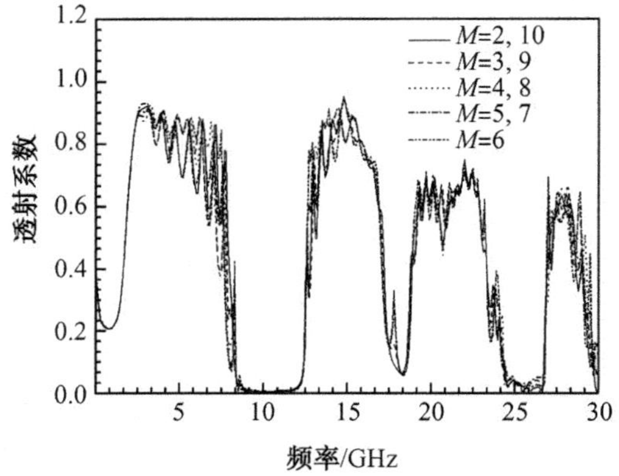

图 5.5　缺陷层位置参数 M 分别为 2、3、4、5、6、7、8、9、10 时的频域透射系数

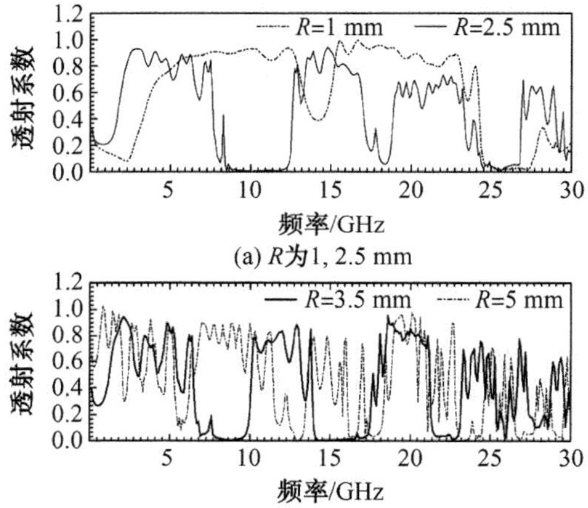

(a) R为1, 2.5 mm

(b) R为3.5, 5 mm

图 5.6　频域透射系数

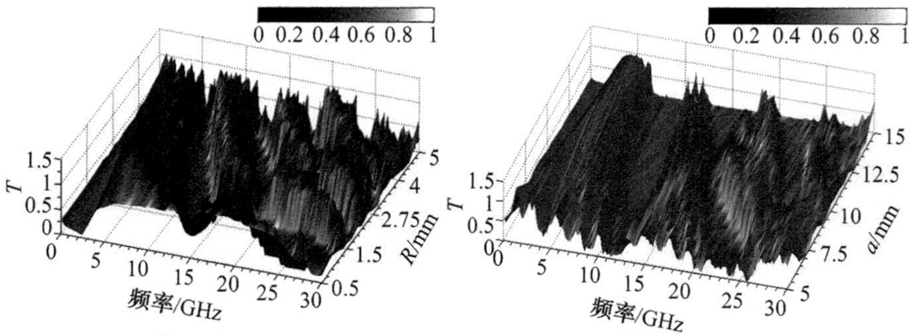

(a) R为0.5~5 mm　　(b) a为5~15 mm

图 5.7　R 与 a 变化时的透射系数频谱图

为 9、10、14、15 mm 时的频域透射系数，图 5.7(b) 给出了 a 为 5～15 mm 时的频域透射系数。由图 5.8 和图 5.7(b) 可知，PBG 的带宽会随着 a 的增大而逐渐减小，禁带的中心频率将发生红移，PBG 的数目将逐渐减少。缺陷模将会随着 a 的增大而发生红移，缺陷模透射峰值逐渐减小，最后直至完全消失。改变 R 和 a 的大小实质上是改变填充率 f($f=\pi R^2/a^2$) 的大小。改变 R 时，填充率 f 的变化范围是[0.009, 0.785]，改变 a 时，填充率 f 的变化范围是[0.087, 0.785]。当填充率取值较大，如 $f \geqslant 0.785$ 时，等离子体光子晶体的性质将发生变化，此时在 TM 模式下不能产生 PBG 和缺陷模。如果 f 取值较小，如 f 的变化范围是[0.009, 0.089]时，等离子体光子晶体产生的 PBG 中不存在缺陷模，因为此时填充的介质圆柱对入射电磁波的反射、散射和耦合作用较弱，入射电磁波能量大部分已经被等离子体吸收，很难在缺陷层中谐振出较为明显的缺陷模。综上所述，要产生明显的缺陷模，等离子体光子晶体的 f 至少应满足 $f \in [0.158, 0.240]$，此时减小 R 和 a 的大小可以实现对 PBG 带宽的拓展，禁带的中心频率将发生蓝移。在 PBG 中有明显的缺陷模，且缺陷模频率也将发生蓝移，缺陷模透射峰值也将同时增大。在 f 一定的情况下，改变 R 和 a 的大小，可以在拓展 PBG 带宽的同时实现对缺陷模频率和透射峰值的调谐。

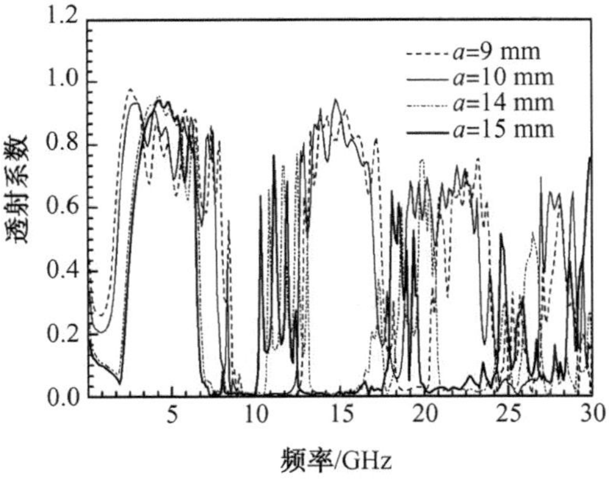

图 5.8 a 分别为 9、0、14、15 mm 时的频域透射系数

5.1.5 r 和 b 对缺陷模的影响

图 5.9 给出了缺陷层介质圆柱半径 r 分别等于 2、2.5、3.5、4 mm 时的频域透射系数，图 5.10(a) 给出了 r 为 1～5 mm，r 与 b 变化时的透射系数频谱图。由图 5.9 和图 5.10(a) 可知，改变 r 的大小，对 PBG 的带宽几乎没有影响，只对透射系数峰值有影响，PBG 中会出现较为明显的缺陷模。缺陷模频率将随着 r 的增大，先发生红移，当 r 增加到一定值时，缺陷模将和 PBG 下边带重合，此时缺陷模消失。再继续增加 r 值，在 PBG 的上边带将出现一个新的缺陷模，同时随着 r 的

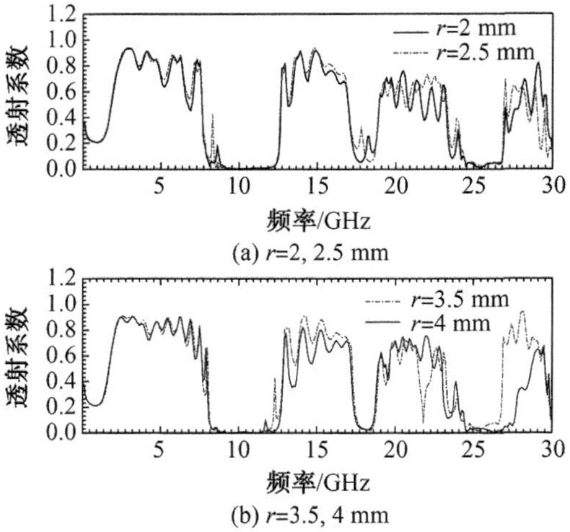

图 5.9　频域透射系数

增大而发生红移。缺陷模透射峰值随着 r 的增大而先增大后减小。这是因为电磁波通过缺陷层时受到介质圆柱的反射和散射作用而发生谐振，而这种电磁波的谐振作用将汇聚很高的电磁能，因此会隧穿出缺陷而透过光子晶体。r 的增大意味着缺陷层介质圆柱和介质层介质圆柱间的相干路径的增大，发生干涉的波长也随之增大，因而缺陷模的频率减小。图 5.11 给出了 b 分别为 5、7.5、10、12、15 mm时的频域透射系数，图 5.10(b) 给出了 b 为 5 ～ 15 mm，r 与 b 变化时的透射系数频谱图。由图 5.11 和图 5.10(b) 可知，改变 b 的大小几乎不会影响 PBG 的宽度，PBG 中存在着明显的缺陷模，缺陷模频率随着 b 的增大而发生红移；当 b 增大到一定值时，缺陷模将隐入禁带的下边带，并且在 PBG 上边带产生一个新的缺陷模；再继续增大 b 值，缺陷模频率将向低频方向移动。透射峰值随着 b 的增大而先逐渐减小然后逐渐增大，最后再逐渐减小。这主要是因为缺陷层的介质

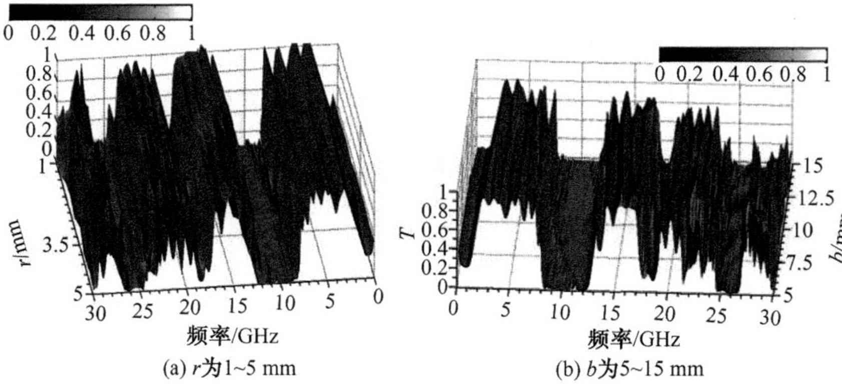

(a) r为1~5 mm　　(b) b为5~15 mm

图 5.10　r 与 b 变化时的透射系数频谱图

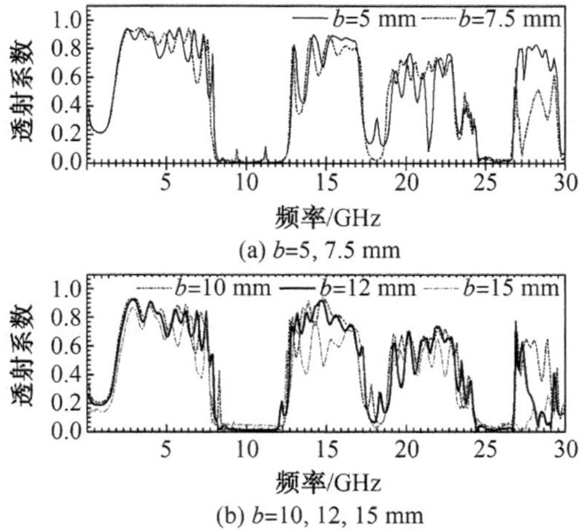

图 5.11　频域透射系数

圆柱对电磁能量的耦合作用。当 b 较小，如 b 等于 5 mm 时，此时缺陷层和介质层的圆柱相切，电磁能量主要以耦合的形式通过缺陷层；但是随着 b 的增大缺陷层对能量的耦合作用将逐渐减小，所以缺陷模的透射峰值表现为逐渐减小；当 b 增大到一定值时，电磁波将会在缺陷层圆柱的反射和散射作用下而发生谐振，缺陷层对电磁能量的耦合作用将变得很小，此时缺陷层可等效为一个谐振腔，而电磁能量会因为谐振作用而汇聚，表现为缺陷模的透射峰值逐渐增大；如果再继续增加 b 值，此时等离子体对电磁能量的耗散作用将变大，电磁能量转化为等离子体的内能，表现为缺陷模透射峰值的减小。因此，可以根据入射电磁波的频率选择合适的 r 和 b 值来获得特定的缺陷模。

5.1.6　ω_p 与 ν_c 对缺陷模的影响

图 5.12(a) 给出了 ω_p 分别为 2、11、16、21 GHz，ω_p 与 ν_c 取不同值时的透射系数频谱图。图 5.13(a) 给出了 ω_p 为 1～35 GHz，ω_p 与 ν_c 变化时的透射系数频谱图。由图 5.12(a) 和图 5.13(a) 可知，ω_p 对 PBG 和缺陷模有明显的调节作用，可以在实现改变 PBG 的同时实现对缺陷模的移动。ω_p 越大缺陷模频率越高，缺陷模透射峰值越小，PBG 的带宽也越宽。如 ω_p = 35 GHz 时，PBG 中已经不存在缺陷模。当缺陷模频率接近截止区[106, 186] 时，等离子体对缺陷模的衰减主要是共振衰减，这使得缺陷模透射峰值会有一个突然减小的过程。图 5.12(b) 给出了 ν_c 分别为 2、30、50、62 GHz，ω_p 与 ν_c 取不同值时的透射系数频谱图。图 5.13(b) 给出了 ν_c 为 1～80 GHz 时，ω_p 与 ν_c 变化时的透射系数频谱图。由图 5.12(b) 和图 5.13(b) 可知，缺陷模频率不会随着 ν_c 的增加而改变，ν_c 的改变只能调节缺陷模透射峰值的大小，即随着 ν_c 的增加缺陷模透射峰值先是减小然后增大，最后趋于

一个定值，这一点完全符合衰减常数与等离子体碰撞频率的关系[240]。综上所述，改变 ω_p 的大小不仅可以调节缺陷模频率和透射峰值的大小，同时也可以实现对 PBG 带宽的拓展。调节 ν_c 的大小不能改变缺陷模频率的大小，仅能改变缺陷模透射峰值的大小。

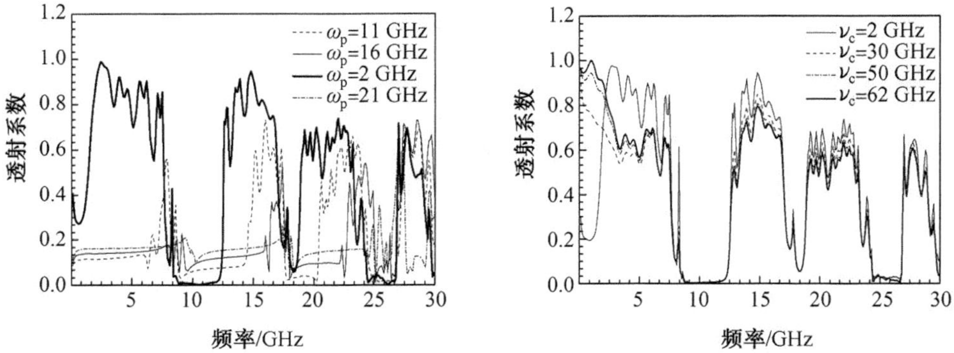

(a) ω_p=2,11,16,21 GHz　　(b) ν_c=2,30,50,62 GHz

图 5.12　ω_p 与 ν_c 取不同值时的透射系数频谱图

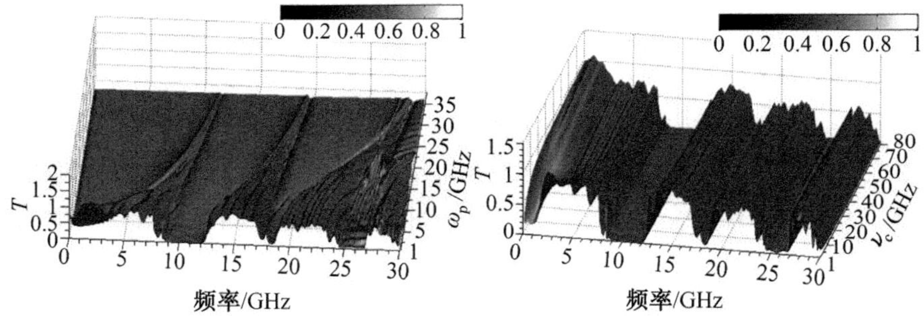

(a) ω_p= 1~35 GHz　　(b) ν_c= 1~80 GHz

图 5.13　ω_p 与 ν_c 变化时的透射系数频谱图

5.1.7　含点缺陷二维等离子体光子晶体的物理模型与计算方法

引入缺陷模的方式有很多，主流的方式有线缺陷[241] 和点缺陷[242] 等方式。由于引入缺陷的方式不同，因此二维等离子体光子晶体可以用于设计波导[243]、滤波器[244] 和微腔[245]。而引入点缺陷一般有以下几种方式：引入新的介质填充物[246]、新的外形填充物[247] 和引入腔体结构[238]（在光子晶体中移除一个或者多个填充物），这些引入缺陷的方式均能实现对光子的局域化，并在 PBG 中产生缺陷模。本小节将主要对 TM 模式下二维等离子体光子晶体点缺陷模的特性进行介绍，该二维等离子体光子晶体是由介质圆柱填充等离子体背景构成的[239]。

图 5.14 给出了含点缺陷的二维等离子体光子晶体的物理模型。由图

5.14(a) 可知，引入点缺陷的方式是在 5×5 个介质圆柱中的中心处移除一个介质圆柱，从而使得在中心位置形成一个微腔结构。假设该光子晶体的晶格常数和介质圆柱半径分别为 a 和 R，且其晶格为正方形晶格。正方形晶格 1st BZ 上的高对称点为 $\Gamma=(0,0)$、$M=(\pi/5a,0)$ 和 $X=(\pi/5a,\pi/5a)$。介质背景的相对介电常数为 ε_b。为了简化，本小节将不考虑外在磁场，所以等离子体的相对介电常数如式(3.1) 所示。显然，超晶格技术能较为方便地得到该光子晶体的色散关系，就其物理模型(图 5.14(b)) 而言，它的上下和左右边界均满足周期边界条件，所以采用 FDFD 算法能够较为方便地计算其色散关系。为了不失一般性，用 $\omega_{p0}=1\times 2\pi c/a$ 对频域进行归一化处理，并将 ω_p 和 ν_c 分别定义为 $\omega_p=0.2\omega_{p0}$ 和 $\nu_c=0.02\omega_p$。并假设其他结构参数的大小分别为 $R=0.2a$ 和 $\varepsilon_b=9$。为了使 FDFD 算法的计算结果有足够高的精度，将整个计算区域剖分为 250×250 个网格，具体计算公式参见第 2 章的相关内容，在此不再复述。

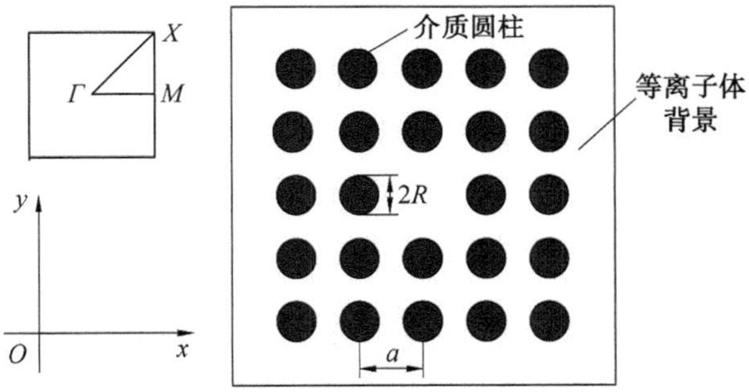

(a) 超晶格单元和1st BZ

(b) 二维等离子体光子晶体的模型

图 5.14　含点缺陷的二维等离子体光子晶体的物理模型

5.1.8 二维等离子体光子晶体的点缺陷特性

图 5.15 给出了 TM 模式下该二维等离子体光子晶体在不同情况下的色散曲线。当 $\omega_p=\nu_c=0$ 时，等离子体本身可以视为空气。如图 5.15(a) 所示，当 $\omega_p=0$ 且无点缺陷时，该光子晶体可以视为常规的二维介质－空气光子晶体，显然，此时存在着一个 PBG，且其频率范围是 0.322 9 ～ 0.447 6($2\pi c/a$)。虽然图 5.15(a) 中能带的密度比较高，但是这不会影响对 PBG 的计算[182]。产生这种高密集的能带图是由它相同倒格矢空间中能带折叠(band folding) 所造成的[182]。当 $\omega_p=0.2\omega_{p0}$ 且无点缺陷时，即为二维等离子体光子晶体时(图5.15(b))，PBG 的个数将变成两个。由于入射电磁波为 TM 波，所以对于该二维等离子体光子晶体而言必然存在着一个截止频率(cut off frequency)(如图5.15(b) 中深色区域所示)，其大小为 0.128 9($2\pi c/a$)。而第 2 个 PBG 位于0.328 1 ～0.478 1($2\pi c/a$) 的范围内。比较图 5.15(a) 和图 5.15(b) 中的结果可知，当等离子体引入常规二维介质－空气光子晶体时，不仅 PBG 的个数会增加，而且 PBG 的带宽也能得到拓展。此时，PBG 的上、下边缘频率将发生蓝移。由图5.15(c) 可知，当 $\omega_p=0$ 且包含点缺陷时(即在常规二维介质－空气光子晶体中引入点缺陷)，在 PBG 中存在着缺陷模(如图 5.15(c) 中深色实线所示)，此时 PBG 将覆盖 0.319 5 ～ 0.448 8($2\pi c/a$)，缺陷模将在 0.394 2 ～ 0.397 8($2\pi c/a$) 范围内变化。显然，缺陷模几乎为水平能带，在 $\Gamma=(0,\ 0)$ 处缺陷模的频率为0.394 2($2\pi c/a$)。如图 5.15(d) 所示，当点缺陷引入二维等离子体光子晶体时，在 PBG 中同样有缺陷存在，且缺陷模频率在0.429 3 ～ 0.431 4($2\pi c/a$) 的范围内，在 $\Gamma=(0,\ 0)$ 处缺陷模的频率为 0.429 3($2\pi c/a$)。此时截止频率变为0.130 2($2\pi c/a$)，且 PBG 位于0.325 6 ～0.479 4($2\pi c/a$)。比较图 5.15(b) 和图 5.15(d) 中的结果可知，当引入点缺陷后，该等离子体光子晶体的截止频率将略有增大，且 PBG 的带宽也略有增大。比较图 5.15(c) 和图 5.15(d) 中的结果可知，二维等离子体光子晶体中的缺陷模频率要高于常规二维介质－空气光子晶体的缺陷模频率。

为了进一步研究该等离子体光子晶体的缺陷模特性，图 5.16 给出了在 $\Gamma=(0,\ 0)$ 点处缺陷模和通带在不同频率下电场 E_z 的分布图。如图 5.16(a) 所示，当入射TM波的频率满足 $\dfrac{\omega a}{2\pi c}=0.429\ 3$ 时，此时该二维等离子体光子晶体将会产生缺陷模(图 5.15(d))。此时，场强 E_z 将会被严格局域在缺陷的中心区域。显然，TM 波的能量被局域，且被该结构所捕捉。但是，如果 TM 波的频率位于通带，且满足 $\dfrac{\omega a}{2\pi c}=0.2$(图 5.16(b))，此时 TM 波将不能被局域在中心缺陷区域，E_z 的能流将穿透整个中心缺陷区域。与图 5.16(a) 相比，此时电磁波 E_z 场的分布将更宽。由图 5.16 中的结果可知，与其他电磁模式相比，缺陷模更利于电磁波的能量局域。这意味着该二维等离子体光子晶体的缺陷模特性能够用于设计信号处理和时延装置。

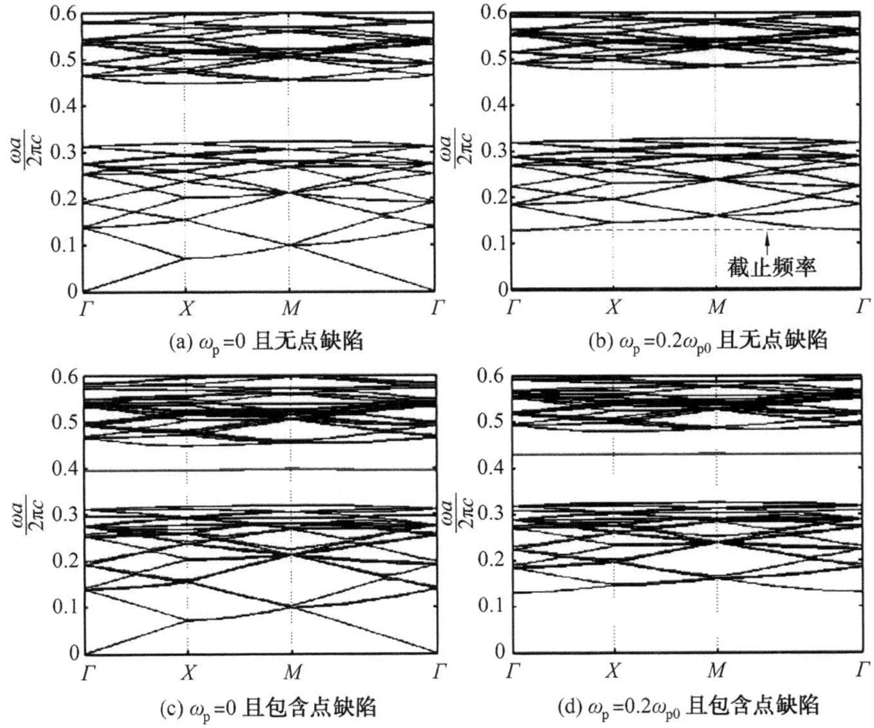

(a) $\omega_p=0$ 且无点缺陷　(b) $\omega_p=0.2\omega_{p0}$ 且无点缺陷

(c) $\omega_p=0$ 且包含点缺陷　(d) $\omega_p=0.2\omega_{p0}$ 且包含点缺陷

图 5.15　TM 模式下该二维等离子体光子晶体在不同情况下的色散曲线

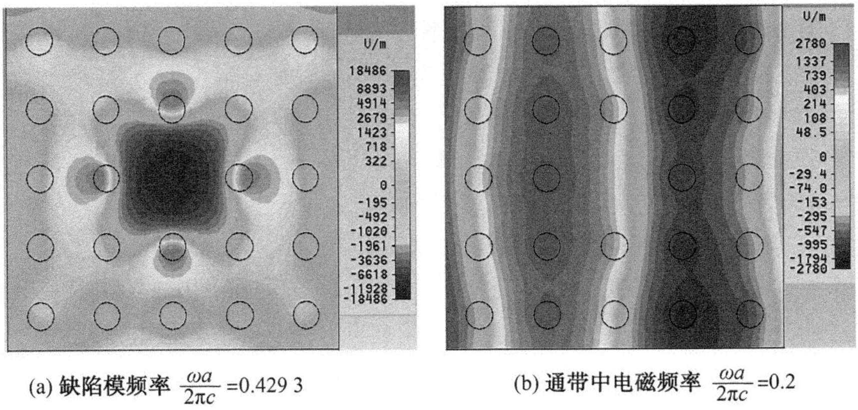

(a) 缺陷模频率 $\frac{\omega a}{2\pi c}=0.429\ 3$　(b) 通带中电磁频率 $\frac{\omega a}{2\pi c}=0.2$

图 5.16　在 $\Gamma=(0, 0)$ 点处缺陷模和通带在不同频率下电场 E_z 的分布图

5.1.9 光子晶体参数对缺陷模的影响

图 5.17 给出了 ω_p 与缺陷模的关系图。由于图 5.17 可知，随着 ω_p 的增大，缺陷模频率将发生蓝移，且缺陷模将逐渐向 PBG 的上边缘靠拢。当 $\omega_p/\omega_{p0}=0.7$ 时，缺陷模将几乎隐入 PBG 的上边缘(图 5.17(b))。由图 5.17(b) 可知，随着 ω_p 的增大，PBG 的上、下边缘频率将发生蓝移，且其带宽将逐渐增大。由图 5.17(a) 可知，当波矢 $\boldsymbol{k}$ 沿着正方形晶格的 1st BZ 边沿移动($\Gamma-X-M-\Gamma$) 时，缺陷模频率将先增大后减小，且在 M 点缺陷模的频率最大。

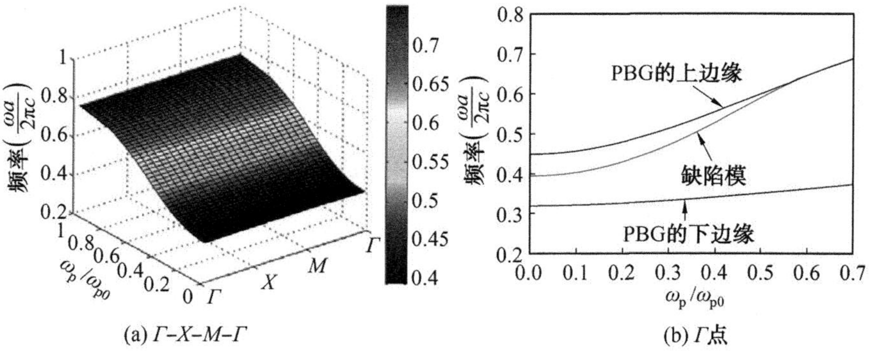

图 5.17 ω_p 与缺陷模的关系图

图 5.18 给出了 ε_b 与缺陷模的关系图。由图 5.18 可知，缺陷模频率将随着 ε_b 的增大而发生红移，且缺陷模将逐渐向 PBG 的上边缘移动。由图 5.18(a) 可知，当波矢 $\boldsymbol{k}$ 沿着 $\Gamma-X-M-\Gamma$ 移动时，缺陷模频率也将先增大后减小，且在 M 点缺陷模的频率最大。如图 5.18(b) 所示，当 $\varepsilon_b=40$ 时，缺陷模将几乎和 PBG 的上边缘重合。随着 ε_b 的增大，PBG 的上、下边缘频率也将发生红移，且其带宽将先增大后逐渐减小。这主要是因为增加填充介质的相对介电常数其实质上是使该光子晶体的平均折射率增大了[192]，因此 PBG 的上、下边缘将发生红移。

图 5.19 给出了 R 与缺陷模的关系图。由于图 5.19 可知，缺陷模频率将随着 R/a 的增大而发生红移，且缺陷模将逐渐向 PBG 的上边缘移动。由图 5.19(a) 可知，当波矢 $\boldsymbol{k}$ 沿着 $\Gamma-X-M-\Gamma$ 移动时，缺陷模频率的变化将非常明显，在 M 点缺陷模的频率最小。如图 5.19(b) 所示，当 $R/a=0.08$ 时，缺陷模将几乎和 PBG 的下边缘重合；而当 $R/a=0.31$ 时，缺陷模将几乎和 PBG 的上边缘重合。随着 R/a 的增大，PBG 的上、下边缘频率均将发生红移，且其带宽将先增大后逐渐减小。当 $R/a>0.45$ 或 $R/a<0.08$ 时，PBG 将不会出现。这主要是因为改变 R 的大小，其实质上就是改变其填充率的大小，这将直接影响该二维等离子体光子晶体的等效介电常数[193]，所以 PBG 的位置将会发生显著变化。

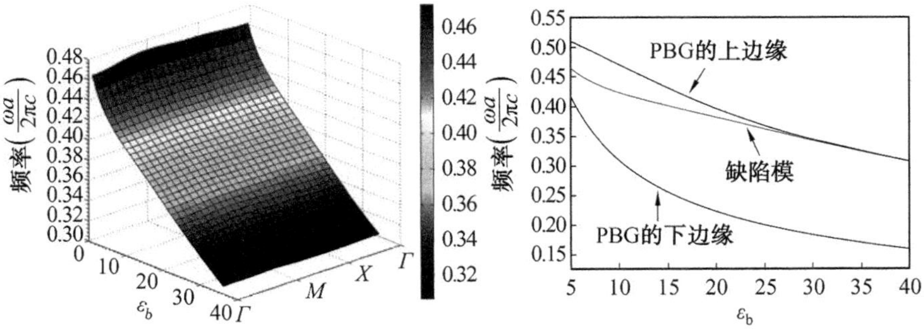

(a) Γ-X-M-Γ　　(b) Γ点

图 5.18　ε_b 与缺陷模的关系图

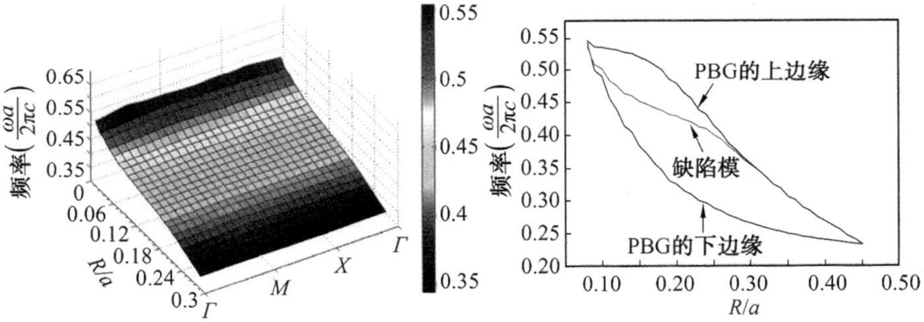

(a) Γ-X-M-Γ　　(b) Γ点

图 5.19　R 与缺陷模的关系图

5.2　二维等离子体光子晶体全向禁带的展宽技术

光子晶体最大的特点是通过 PBG 实现对电磁波传播的控制，与普通的金属反射面相比，其损耗更小。光子晶体能够应用在许多器件的设计上，如波导极化器[248]、激光器[249]、缺陷微腔[250]、缺陷模谐振器[251] 和基于光子晶体的生物传感器[252] 等。一般情况下，PBG 的带宽越大，对于提升光子晶体器件的性能帮助越大。而对于电磁波而言，无论其波矢方向如何，它都可以分解成 TE 和 TM 波。对于光子晶体而言，在一定频率范围内，如果对于 TE 和 TM 波均是 PBG，那么这个频域可以被称为完全带隙[253]。另外，在实际应用中引入三维光子晶体结构的代价是非常大的，在制造和加工上的局限，使得三维光子晶体暂时还不能被广泛应用于器件设计之中。取而代之的是二维光子晶体结构，它在加工上较为简单，也容易进行光路集成，因此受到了广泛关注，尤其是对二维光子晶体 CPBG 特性的研究，这个特性使得二维光子晶体的特性和三维光子晶体在本质上毫无差别，并且在器件设计上可以完全取代三维光子晶体。而当等离子体引入常规介质光子晶体时，可以实现对 CPBG 的调谐。而从现有报道来看，涉及这部分内容的还比较少。本节主要是对二维等离子体光子晶体的 CPBG 进行介绍，设计了一种新的结构来实现对 CPBG 的拓展，并探讨了该二维等离子体光子晶体各参数对 CPBG 的影响。

5.2.1　理论模型与二维等离子体光子晶体的 CPBG

本小节采用基于网格法的 PWE 算法来计算 CPBG。该算法的具体步骤和内容见第 2 章，在此不再复述。为了使计算结果有足够高的精度，采用 140×140 网格对晶格单元进行剖分，这使得计算的收敛精度能够小于 1%。由于要同时对 TE 和 TM 波的 PBG 进行计算，所以由 PWE 算法展开的平面波数为 961。众所周知，要拓展 CPBG 带宽一般会采用 3 种方式：光子晶体采用对称性较差的晶格结构；光子晶体采用特殊的填充物外形；将各向异性介质引入到光子晶体中。而本小节将主要关注第 2 种方法。由于正方形晶格的对称性较强，因此二维正方形晶格光子晶体比较难以获得 CPBG，尤其是该光子晶体的介质为填充空气时[254]（图 5.20(a)）。为了克服这个缺点，Qiu[255] 等人提出了一种改进方式，即在二维光子晶体填充的介质圆柱间用“十”字形框架进行连接（图 5.20(b)），这使 CPBG 的特性得到了显著改善。为了进一步提升 CPBG 的带宽，Y. Chau[256] 等人提出了填充物为介质圆柱加“米”字形框架的设计思路（图 5.20(c)），这使得 CPBG 的带宽较 Qiu[255] 等人获得的高出了近 40%。Ho[257] 等人用填充镂空的矩形柱加“米”字形框架来实现对 CPBG 的拓展，计算结果表明该结构能得到的带宽为 0.225 21($2\pi c/a$)。而对于二维等离子体光子晶体（介质填充等离子体）而言，当在等离子体频率较小且填充率较大时，很难获得相对带宽较大的 CPBG[258-259]。为了解决这个问题，我们设计了一种新的填充结构来展宽 CPBG 的带宽（图 5.20(d)），即在半径为 R 的圆柱上开一个半径为 r 的小圆孔，且圆柱间用宽度为 d 的“十”字形框架进行连接。圆孔圆心的方位角为 θ，且圆孔与圆柱圆心间的距离为 $R-r-\mathrm{d}x$。如果 $\mathrm{d}x=0$，这时圆孔与圆弧相切。

为了便于比较，图 5.20 给出了 4 种二维正方形晶格等离子体光子晶体在不同填充结构时的拓扑结构示意图，图 5.21 则给出了这 4 种二维正方形晶格等离子体光子晶体在不同填充结构下的色散曲线，图中浅色阴影部分表示 CPBG。为了便于计算且不失一般性，用 $\omega_{p0}=2\pi c/a$ 对频域进行归一化处理，并将 ω_p 和 ν_c 分别定义为 $\omega_p=0.05\omega_{p0}$ 和 $\nu_c=0.02\omega_p$。等离子体的相对介电常数为 ε_p，填充介质的相对介电常数为 ε_a，且 $\varepsilon_a=12.96$。该二维等离子体光子晶体初始的结构参数分别为：$R=0.36a$、$r=0.1a$、$d=0.06a$、$\mathrm{d}x=0.04a$ 和 $\theta=45°$，其中 a 为晶格

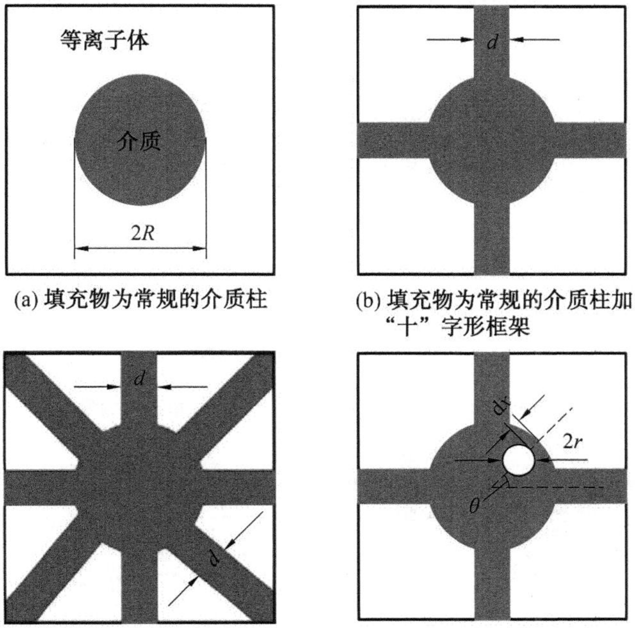

(a) 填充物为常规的介质柱

(b) 填充物为常规的介质柱加“十”字形框架

(c) 填充物为常规的介质柱加“米”字形框架

(d) 新型填充物

图 5.20　4 种二维正方形晶格等离子体光子晶体在不同填充结构时的拓扑结构示意图

常数。由图 5.21(a) 可知，当填充物为常规介质圆柱时，该二维等离子体光子晶体存在 1 个 CPBG，且位于 TM 波的第 6 能带与 TE 波的第 5 能带（水平带区域上方）间，其频率范围为 0.531 6～0.540 4($2\pi c/a$)，其相对带宽为 1.64%。当该填充介质用“十”字形框架进行连接时（图 5.21(b)），该 CPBG 将变为 0.525 9～0.539 3($2\pi c/a$)，且在 TM 波的第 4 能带与 TE 波的第 2 能带（水平带区域上方）间会出现 1 个新的 CPBG，其频率范围为 0.374 1～0.398 7($2\pi c/a$)。这两个 CPBG 的相对带宽分别为 2.52% 和 6.37%。当该填充介质用“米”字形框架进行连接时（图 5.21(c)），该二维等离子体光子晶体将不会产生 CPBG。如图 5.21(d) 所示，当介质用新型外形填充物填充二维等离子体光子晶体时，CPBG 的频率范围将分别变为 0.386 1～0.401 4($2\pi c/a$) 和 0.534 4～0.565 7($2\pi c/a$)，且相对带宽分别为 3.89% 和 5.69%。由图 5.20 中的结果可知，当介质采用新型外形填充物时，位于 TM 波的第 6 能带与 TE 波的第 5 能带间的 CPBG（为了便于比较，将更为关注这个 CPBG）具有最大的相对带宽，其 CPBG 特性明显优于常规的介质圆柱、介质圆柱加“十”字形框架和介质圆柱加“米”字形框架等填充外形。为了对介质采用新型填充物时的 CPBG 特性进行讨论，本小节将主要对该二维等离子体光子晶体的前两个 CPBG 的特性进行研究，即第 1 个 CPBG(1st CPBG) 和第 2 个 CPBG(2nd CPBG)。相对带宽用 $\Delta\omega/\omega_i$ 表示，为 CPBG 的中心频率。

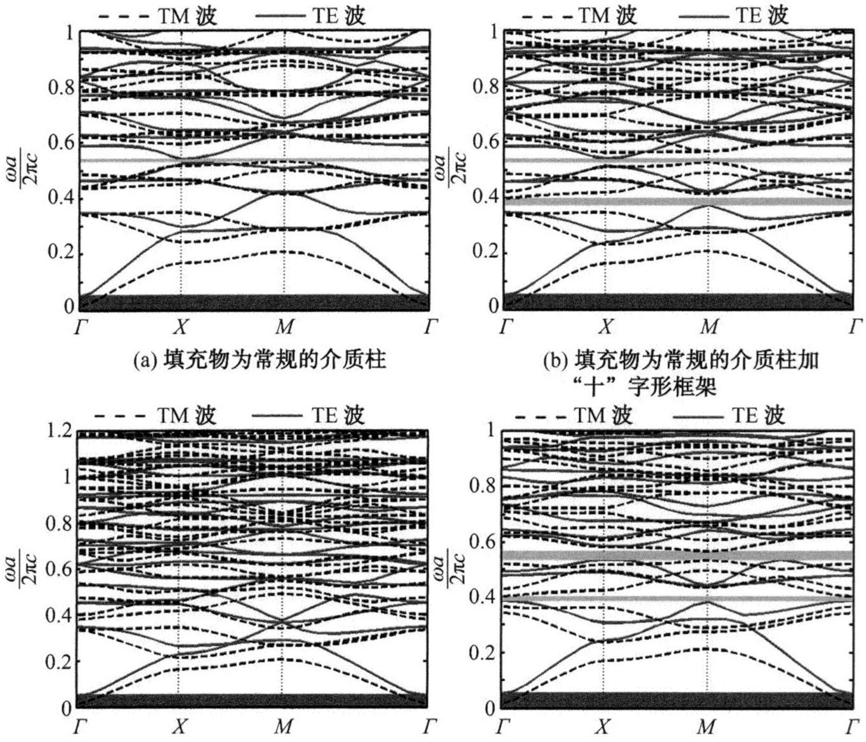

(a) 填充物为常规的介质柱 (b) 填充物为常规的介质柱加“十”字形框架

(c) 填充物为常规的介质柱加“米”字形框架 (d) 新型填充物

图 5.21　4 种二维正方形晶格等离子体光子晶体在不同填充结构下的色散曲线

5.2.2　填充介质 ε_a 对 CPBG 的影响

图 5.22 给出了该二维等离子体光子晶体的前两个 CPBG 和其相对带宽与 ε_a 的关系图，此时 $\omega_p=0.05\omega_{p0}$、$\nu_c=0.02\omega_p$、$R=0.36a$、$r=0.1a$、$d=0.06a$、$dx=0.04a$ 和 $\theta=45°$。深色区域表示 CPBG。由图 5.22(a) 可知，1st 和 2nd CPBG 的上、下边缘频率将随着 ε_a 的增大而发生红移。2nd CPBG 的带宽将随着 ε_a 的增大而先增大后减小，而 1st CPBG 带宽将随着 ε_a 的增大而减小。当 $\varepsilon_a>17$ 时，1st CPBG 将消失；当 $\varepsilon_a>22$ 时，2nd CPBG 将不存在。1st CPBG 带宽的最大值为 0.033 7($2\pi c/a$)，此时 $\varepsilon_a=12$。2nd CPBG 带宽的最大值为 0.019 6($2\pi c/a$)，此时 $\varepsilon_a=10$。由图 5.22(b) 可知，1st CPBG 相对带宽将随着 ε_a 的增大而减小，但是 2nd CPBG 的相对带宽将随着 ε_a 的增大而先增大后减小。1st CPBG 相对带宽的最大值为 0.044 3，而 2nd CPBG 相对带宽的最大值为 0.059 2。与 $\varepsilon_a=16$ 时相

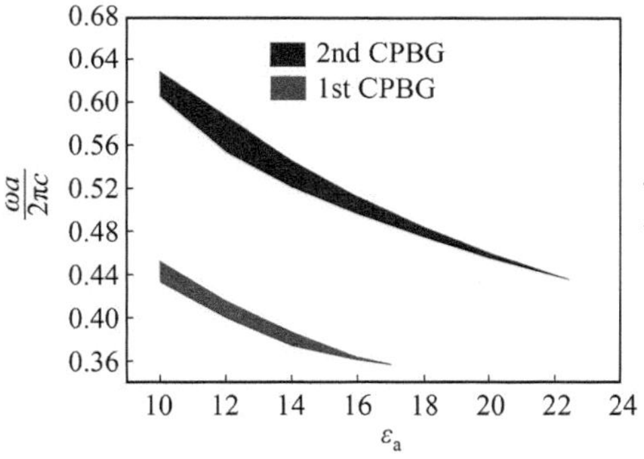

(a) CPBG

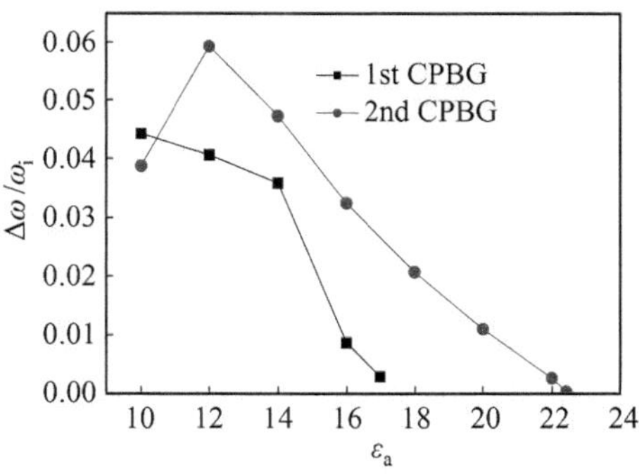

(b) CPBG 的相对带宽

图 5.22　二维等离子体光子晶体的前两个 CPBG 和其相对带宽与 ε_a 的关系图

比，1st CPBG 的相对带宽增加了 0.035 6，2nd CPBG 的相对带宽增加了 0.026 8。由图 5.22 可知，较大的 CPBG 将出现在 low－ε_a 区域。因此，改变 ε_a 的大小能实现对 CPBG 的调谐，改变 ε_a 的大小本质上就是改变了该等离子体光子晶体的平均折射率[213]。

5.2.3　参数 θ 对 CPBG 的影响

图 5.23 给出了该二维等离子体光子晶体的前 2 个 CPBG 和其相对带宽与 θ 的关系图，此时 $\omega_p=0.05\omega_{p0}$、$\nu_c=0.02\omega_p$、$R=0.36a$、$r=0.1a$、$d=0.06a$、$dx=0.04a$ 和 $\varepsilon_a=12.96$。由图 5.23(a) 可知，1st CPBG 的下边缘频率随着 θ 的增大而先减小后增大，而其上边缘将随着 θ 的增大而先增大后减小，最后再增大。2nd CPBG 的上边缘频率将随着 θ 的增大而先增大后减小，再增大然后再减小，而下边缘频率则几乎不会随着 θ 的增大而发生变化。显然，1st CPBG 的变化规律是关于 $\theta=45°$ 对称的，且其带宽的最小值是 $\theta=45°$。1st CPBG 带宽的最大值是 0.032($2\pi c/a$)，此时 $\theta=8°$ 和 $\theta=82°$。2nd CPBG 带宽的最大值为 0.036 5($2\pi c/a$)，此时 $\theta=16°$。由图 5.23(b) 可知，1st CPBG 的相对带宽也是关于 $\theta=45°$ 对称的，且其值是先增大后减小的。1st CPBG 相对带宽的最大值是 0.079 4，此时 $\theta=8°$ 和 $\theta=82°$。而 2nd CPBG 相对带宽的最大值为 0.066 1，此时 $\theta=16°$。与 $\theta=45°$ 时相比，1st CPBG 的相对带宽增加了 0.040 1，2nd CPBG 的相对带宽增加了 0.009 1。由图 5.23 可知，方位角 θ 对 1st 和 2nd CPBG 有调谐作用，且 CPBG 带宽较大，将出现在 low－θ 区域，且 1st CPBG 关于 $\theta=45°$ 对称。这主要是因为方位角 θ 对填充物的对称性影响比较明显。

5.2.4　参数 d 对 CPBG 的影响

图 5.24 给出了该二维等离子体光子晶体的前两个 CPBG 和其相对带宽与 d

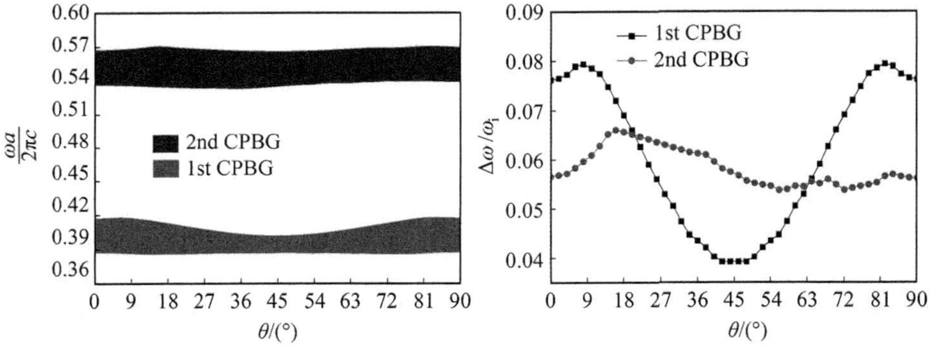

(a) CPBG　　(b) CPBG 的相对带宽

图 5.23　二维等离子体光子晶体的前 2 个 CPBG 和其相对带宽与 θ 的关系图

的关系图，此时 $\omega_p=0.05\omega_{p0}$、$\nu_c=0.02\omega_p$、$R=0.36a$、$r=0.1a$、$\varepsilon_a=12.96$、$dx=0.04a$ 和 $\theta=45°$。由图 5.24(a) 可知，1st 和 2nd CPBG 的上、下边缘频率将随着 d 的增大而发生红移。1st CPBG 带宽将随着 d 的增大而逐渐减小，但是 2nd CPBG 带宽将随着 d 的增大而先增大后减小。当 $d>0.11a$ 时，2nd CPBG 将消失；当 $d>0.2a$ 或 $d<0.057a$ 时，1st CPBG 将不会出现。1st CPBG 带宽的最大值为 0.015 4($2\pi c/a$)，此时 d 的范围是[$0.06a$, $0.07a$]。2nd CPBG 带宽的最大值为 0.045 2($2\pi c/a$)，此时 d 的范围是[$0.03a$, $0.04a$]。由图 5.24(a) 还可知，参数 d 对 1st CPBG 的影响更为明显。由图 5.24(b) 可知，1st 和 2nd CPBG 的相对带宽均将随着 d 的增大而先增大后减小，其相对带宽的最大值分别为 0.038 9 和 0.08，此时 d 的范围分别为[$0.06a$, $0.07a$] 和[$0.03a$, $0.04a$]。显然，带宽较大的 CPBG 将出现在 low $-d$ 区域。

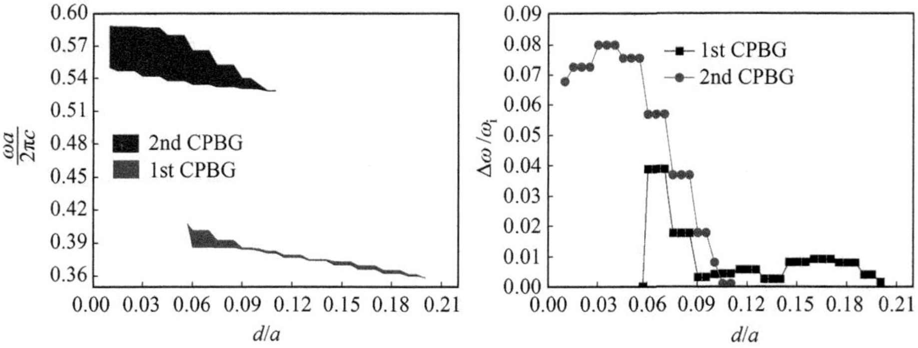

(a) CPBG　　(b) CPBG 的相对带宽

图 5.24　二维等离子体光子晶体的前两个 CPBG 和其相对带宽与 d 的关系图

5.2.5　参数 R 对 CPBG 的影响

图 5.25 给出了该二维等离子体光子晶体的前两个 CPBG 和其相对带宽与 R 的关系图，此时 $\omega_p=0.05\omega_{p0}$、$\nu_c=0.02\omega_p$、$d=0.06a$、$r=0.1a$、$\varepsilon_a=12.96$、$dx=0.04a$ 和 $\theta=45°$。由图 5.25(a) 可知，1st 和 2nd CPBG 的上、下边缘频率将随着 R/a 的增大而发生红移，且其带宽也将随着 R/a 的增大而先增大后逐渐减小。当 $R>0.445a$ 或 $R<0.3a$ 时，1st CPBG 将会消失。而当 R 满足 $0.3a<R<0.445a$ 时，该二维等离子体光子晶体才能产生 2nd CPBG。1st 和 2nd CPBG 带宽的最大值分别为 0.015 4($2\pi c/a$) 和 0.033 8($2\pi c/a$)，且此时 R 的大小分别满足 $R=0.36a$ 和 $0.37a$。由图 5.25(b) 可知，1st 和 2nd CPBG 的相对带宽均将随着 R/a 的增大而先增大后减小，其相对带宽的最大值分别为 0.039 4 和 0.065 0，且此时 $R/a=0.365$ 和 0.395。与 $R/a=0.4$ 时相比，1st 和 2nd CPBG 的相对带宽分别增加了 0.001 7 和 0.006 0。显然，带宽较小的 CPBG 将出现在 high－R 区域。

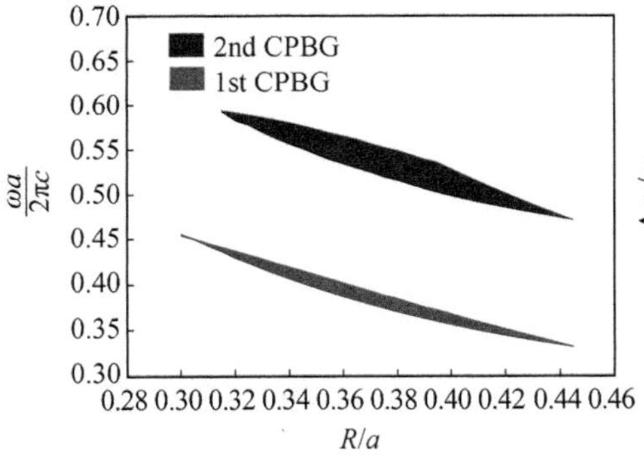

(a) CPBG

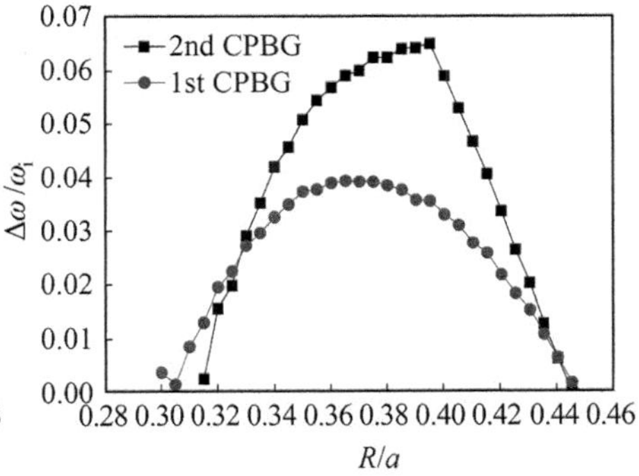

(b) CPBG 的相对带宽

图 5.25　二维等离子体光子晶体的前两个 CPBG 和其相对带宽与 R 的关系图

5.2.6　参数 r 对 CPBG 的影响

图 5.26 给出了该二维等离子体光子晶体的前两个 CPBG 和其相对带宽与 r 的关系图，此时 $\omega_p=0.05\omega_{p0}$、$\nu_c=0.02\omega_p$、$d=0.06a$、$R=0.36a$、$\varepsilon_a=12.96$、$dx=0.04a$ 和 $\theta=45°$。由图 5.26(a) 可知，1st 和 2nd CPBG 的上、下边缘频率均将随着 r 的增大而发生蓝移。1st CPBG 的带宽将随着 r 的增大而逐渐减小，2nd CPBG 的带宽将随着 r 的增大而先增大后逐渐减小。当 r 的值分别满足 $r/a>0.145$ 和 $r/a>0.175$ 时，1st 和 2nd CPBG 将会消失。2nd 和 1st CPBG 带宽的最大值分别为 0.033 3($2\pi c/a$) 和 0.024 78($2\pi c/a$)，且此时 r 分别满足 $r/a=0$ 和 $r/a=0.08$。由图 5.26(b) 可知，1st CPBG 相对带宽的总体变化趋势是随着 r/a 的增大而逐渐减小，其相对带宽的最大值为 0.063 7，此时 $r/a=0$。而 2nd CPBG

的相对带宽将随着 r/a 的增大而先增大后逐渐减小，其相对带宽的最大值为 0.061，此时 $r/a=0.08$。与 $r/a=0.1$ 时相比，1st 和 2nd CPBG 的相对带宽分别增加了 0.024 7 和 0.004 1。显然，通过改变 r/a 的值能够拓展 2nd CPBG 的带宽，但不能展宽 1st CPBG 的带宽。

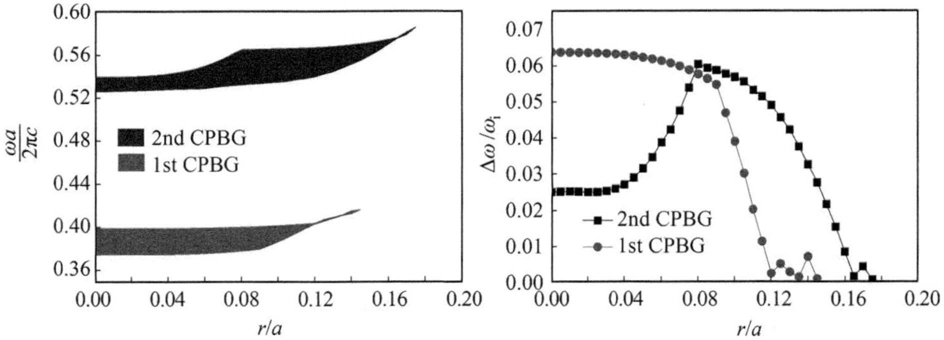

(a) CPBG　　(b) CPBG 的相对带宽

图 5.26　二维等离子体光子晶体的前两个 CPBG 和其相对带宽与 r 的关系图

5.2.7　参数 dx 对 CPBG 的影响

图 5.27 给出了该二维等离子体光子晶体的前两个 CPBG 和其相对带宽与 dx 的关系图，此时 $\omega_p=0.05\omega_{p0}$、$\nu_c=0.02\omega_p$、$d=0.06a$、$r=0.1a$、$\varepsilon_a=12.96$ 和 $\theta=45°$。由图 5.27(a) 可知，改变 dx 的大小对 2nd CPBG 的作用较为明显，而对调谐 1st CPBG 的大小作用不太明显。随着 dx 的增大，1st CPBG 的上边缘频率将发生蓝移，而其下边缘频率将先减小后增大。而增加 dx 的大小几乎对 2nd CPBG 的上边缘频率无影响，而其下边缘频率将先增大后减小。当 d$x>0.21a$ 时，2nd CPBG 将消失。2nd CPBG 带宽的最大值为 0.032 8($2\pi c/a$)，且此时 dx=

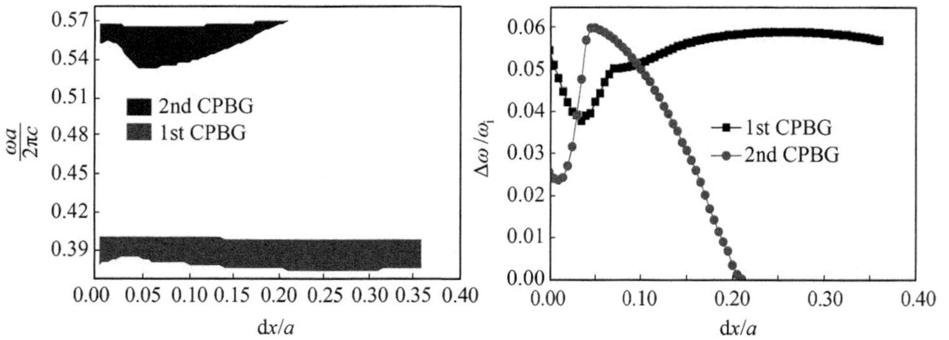

(a) CPBG　　(b) CPBG 的相对带宽

图 5.27　二维等离子体光子晶体的前两个 CPBG 和其相对带宽与 dx 的关系图

0.05a。1st CPBG 带宽的最大值为 0.024 7($2\pi c/a$)，且此时 $dx=0.275a$。由图 5.27(b) 可知，1st CPBG 的相对带宽将随着 dx/a 的增大而先减小后逐渐增大，而 2nd CPBG 的相对带宽总体的变化趋势是随着 dx/a 的增大而先增大后逐渐减小。1st CPBG 的相对带宽的最大值是 0.058 8，此时 $dx/a=0.275$。2nd CPBG 的相对带宽的最大值是 0.059 8，此时 $dx/a=0.05$。与 $dx/a=0$ 时相比，1st 和 2nd CPBG 的相对带宽分别增加了 0.004 3 和 0.034 2。显然，相对 1st CPBG 而言，参数 dx 对 2nd CPBG 有更为明显的调谐作用。带宽较大的 2nd CPBG 将出现在 low－dx 区域。

5.2.8　等离子体频率 ω_p 对 CPBG 的影响

图 5.28 给出了该二维等离子体光子晶体的前两个 CPBG 和其相对带宽与 ω_p 的关系图，此时 $\nu_c=0.02\omega_p$、$d=0.06a$、$r=0.1a$、$\varepsilon_a=12.96$、$dx=0.04a$ 和 $\theta=45°$。由图 5.28(a) 可知，1st 和 2nd CPBG 的上、下边缘频率将随着 ω_p/ω_{p0} 的增大而发生蓝移，且其带宽将随着 ω_p/ω_{p0} 的增大而逐渐减小。当 $\omega_p/\omega_{p0}>0.19$ 时，1st CPBG 将会消失。当 $\omega_p/\omega_{p0}>0.38$ 时，2nd CPBG 也将不存在。1st 和 2nd CPBG 带宽的最大值分别为 0.015 5($2\pi c/a$) 和 0.031 9($2\pi c/a$)，且此时 $\omega_p/\omega_{p0}=0$。由图 5.28(b) 可知，1st 和 2nd CPBG 的相对带宽均将随着 ω_p/ω_{p0} 的增大而逐渐减小，其相对带宽的最大值分别为 0.039 4 和 0.058，且此时 $\omega_p/\omega_{p0}=0$。与 $\omega_p/\omega_{p0}=0.05$ 时相比，1st 和 2nd CPBG 的相对带宽分别增加了 0.000 4 和 0.001 0。因此，改变 ω_p 的大小能实现对 CPBG 的调谐，这是由于改变等离子体频率 ω_p 的大小本质上是改变了 ε_p 的实部，即该二维等离子体光子晶体的有效折射率和平均折射率发生了变化[213]。显然，带宽较大的 CPBG 将出现在 low－ω_p 区域。

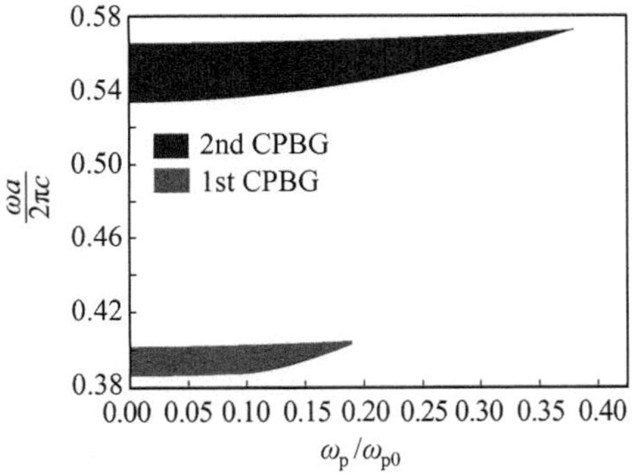

(a) CPBG

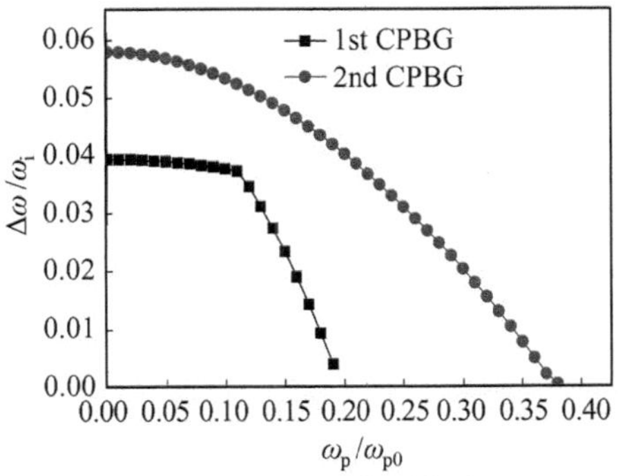

(b) CPBG 的相对带宽

图 5.28　二维等离子体光子晶体的前两个 CPBG 和其相对带宽与 ω_p 的关系图

5.2.9 二维等离子体光子晶体的自准直特性

为了研究新型二维等离子体光子晶体的自准直特性，图 5.29 给出了新型和一般二维等离子体光子晶体的前 3 个 TM 能带的等频等高线（Equifrequency Contours，EFC），参数为 $\varepsilon_a = 12.96$，$\omega_p = 0.05\omega_{p0}$，$\nu_c = 0.02\omega_p$，$R = 0.36a$，$r = 0.1a$，$d = 0.06a$，$dx = 0.04a$ 和 $\theta = 45°$。从图 5.29(a) 和图 5.29(d) 可知，对于这两种等离子体光子晶体而言，一个 TM 能带的 EFC 能够观察到一组同心圆，而且越靠近中心其频率越高。与一般二维等离子体光子晶体相比，EFC 的频率可以通过改变单元结构的填充外形来实现。众所周知，入射电磁波的群速度方向由 EFC 的梯度变化决定，能流方向与 EFC 方向垂直。从图 5.29(a) 和图 5.29(d) 中的结果可知，此时这两类等离子体光子晶体不会产生自准直现象，这是因为在第 1 能带的 EFC 图中不存在方形水平形状（flat-square-shaped）的曲线。类似的结论也能够从图 5.29(c) 和图 5.29(f) 中得到，自准直现象也不会出现在 TM_3 中。图 5.29(c) 和图 5.29(f) 表现出了色散曲线的差异，是因为单元结构的填充

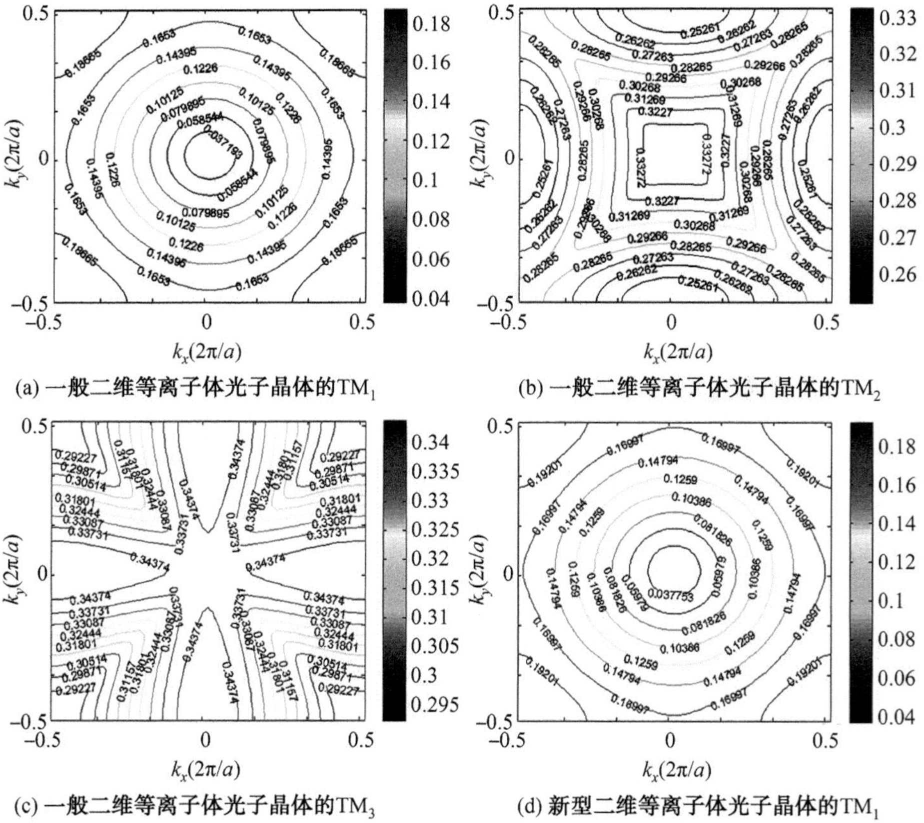

(a) 一般二维等离子体光子晶体的TM_1

(b) 一般二维等离子体光子晶体的TM_2

(c) 一般二维等离子体光子晶体的TM_3

(d) 新型二维等离子体光子晶体的TM_1

图 5.29 新型和一般二维等离子体光子晶体前 3 个 TM 能带的 EFC

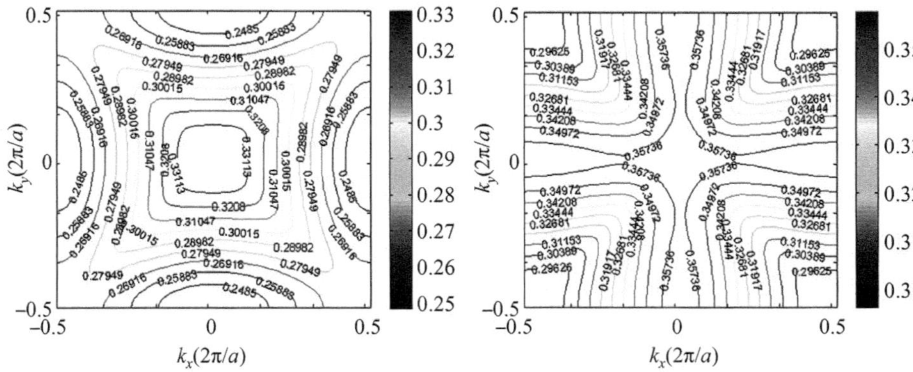

(e) 新型二维等离子体光子晶体的TM_2　　(f) 新型二维等离子体光子晶体的TM_3

续图 5.29

外形不同而造成的。如图 5.29(b) 所示，在一定的频率范围内存在着“方形水平形状”的色散曲线，其频率范围是 0.322 70 ～ 0.332 72($2\pi c/a$)。作为自准直的一种标志性的“符号”，水平的色散曲线也能从图 5.29(e) 中看到，且频率范围是 0.310 47 ～0.320 80($2\pi c/a$)。但是值得注意的是，图 5.29(e) 中的 EFC 有一些倾斜量，这是因为填充晶格单元的是一个非对称的结构，钻孔的介质圆柱体破坏了单元结构的对称性。显然，在这种情况下，入射电磁波的传播方向能够通过改变介质圆柱钻孔的位置进行调谐。综上所述，新型二维等离子体光子晶体的自准直现象能够通过 TM_2 得到。与一般的二维等离子体光子晶体结构相比，新型二维等离子体光子晶体能够通过改变介质圆柱钻孔的位置来实现对入射电磁波传播方向的调谐，且将在低频区域出现自准直现象。

5.2.10 可调谐自准直特性

为了研究所给二维等离子体光子晶体的自准直特性，图 5.30 给出了在不同方位角 θ 的情况下 TM_2 能带的 EFC，此时 $\varepsilon_a=12.96$，$\omega_p=0.05\omega_{p0}$，$\nu_c=0.02\omega_p$，$R=0.36a$，$r=0.16a$，$d=0.06a$ 和 $dx=0.04a$。如图 5.30(a) 和图 5.30(b) 所示，在 EFC 中能够看到水平色散曲线，且此时它涵盖的频率范围是 0.328 88 ～ 0.340 49($2\pi c/a$)。从图 5.30(a) 中可以看出，电磁波的传播仅仅沿着 y 轴方向($X-M$ 方向)，这是因为它和水平的 EFC 垂直。类似地，如果 $\theta=0°$(图 5.30(b))，电磁波将沿着 x 轴方向传播($\Gamma-X$ 方向)。图 5.30(c) 和(d) 给出不同的情况。如果介质圆柱钻孔位置的方位角 θ 不同，那么电磁波的传播方向将能够沿着离轴(off-axis) 传播。如图 5.30(c) 所示，因为电磁波的传播方向与 EFC 水平色散曲线垂直，那么一定频率范围内的电磁波在通过该二维等离子体光子晶体时将与 x 轴方向的夹角为一个负值，该频率范围是 0.318 23 ～

0.328 54($2\pi c/a$)。类似的现象也能在图 5.30(d) 中看到，但是此时，电磁波的传播方向与 x 轴的夹角为一个正值，且此时出现自准直现象的频率范围是 0.318 23 ～0.328 54($2\pi c/a$)。因此，自准直现象的频率范围和电磁波的传播方向能够通过改变介质圆柱钻孔的位置进行调谐。换句话说，该新型二维等离子体光子晶体的自准直特性能够通过改变单元晶格的填充外形来实现。

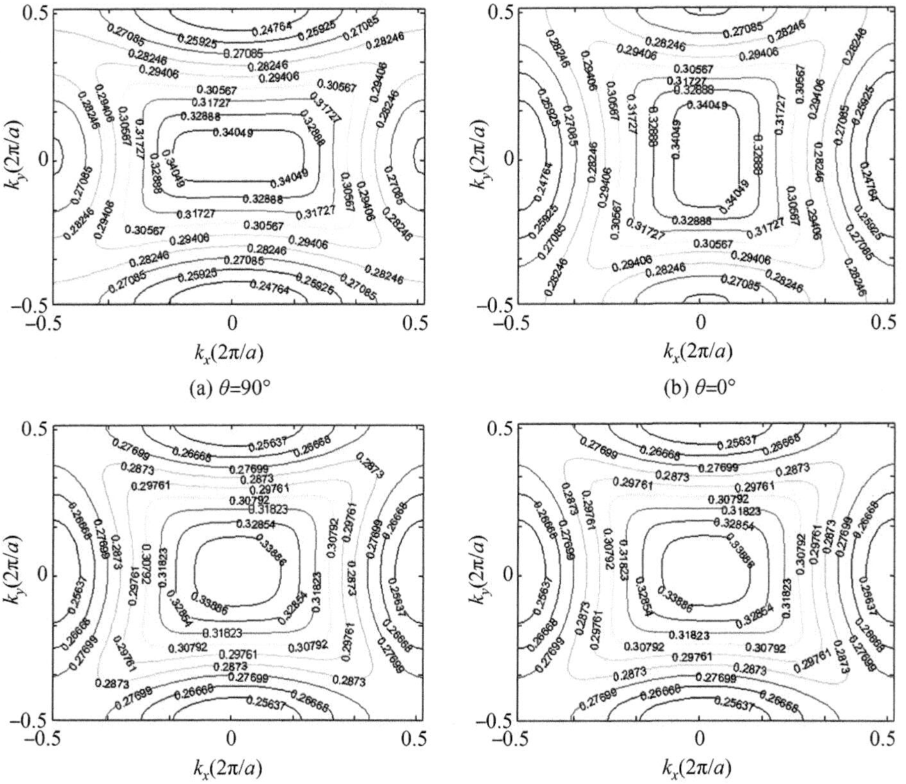

(a) θ=90°　(b) θ=0°　(c) θ=45°　(d) θ=−45°

图 5.30　在不同方位角 θ 的情况下 TM_2 能带的 EFC

图 5.31 给出了在不同等离子体频率 ω_p 下 TM_2 能带的 EFC，此时 $\varepsilon_a = 12.96$，$\theta = 45°$，$\nu_c = 0.02\omega_p$，$R = 0.36a$，$r = 0.1a$，$d = 0.06a$，$dx = 0.04a$。如图 5.31 所示，改变 ω_p 的大小，水平等高线的频率范围几乎不变。这意味着，改变 ω_p 的大小不能改变电磁波的传播方向。这主要是因为单元晶格的旋转对称性决定了 EFC 的外形。改变 ω_p 的大小将不会影响单元晶格的旋转对称性，仅仅改变了等离子体的相对介电常数。从图 5.31 还可知，当 ω_p/ω_{p0} 的大小由 0.1 增加到 0.35 时，出现自准直现象的频率范围将分别为：0.311 23 ～ 0.321 39($2\pi c/a$)，0.312 45 ～ 0.322 35($2\pi c/a$)，0.314 1 ～ 0.323 64($2\pi c/a$)，0.316 13 ～ 0.325 23($2\pi c/a$)，0.318 46 ～0.327 07($2\pi c/a$) 和 0.321 04 ～ 0.329 13($2\pi c/a$)。显然，出现自准直

现象的频率范围的上、下边缘频率将随着 ω_p/ω_{p0} 的增大而增大。值得注意的是，ν_c 将不会影响 EFC 和 CPBG 的大小，因为 ν_c 仅仅决定了等离子体本身对能量的吸收程度。综上所述，自准直现象的频率范围能够被 ω_p 所调谐，但是几乎不能改变入射电磁波的传播方向。

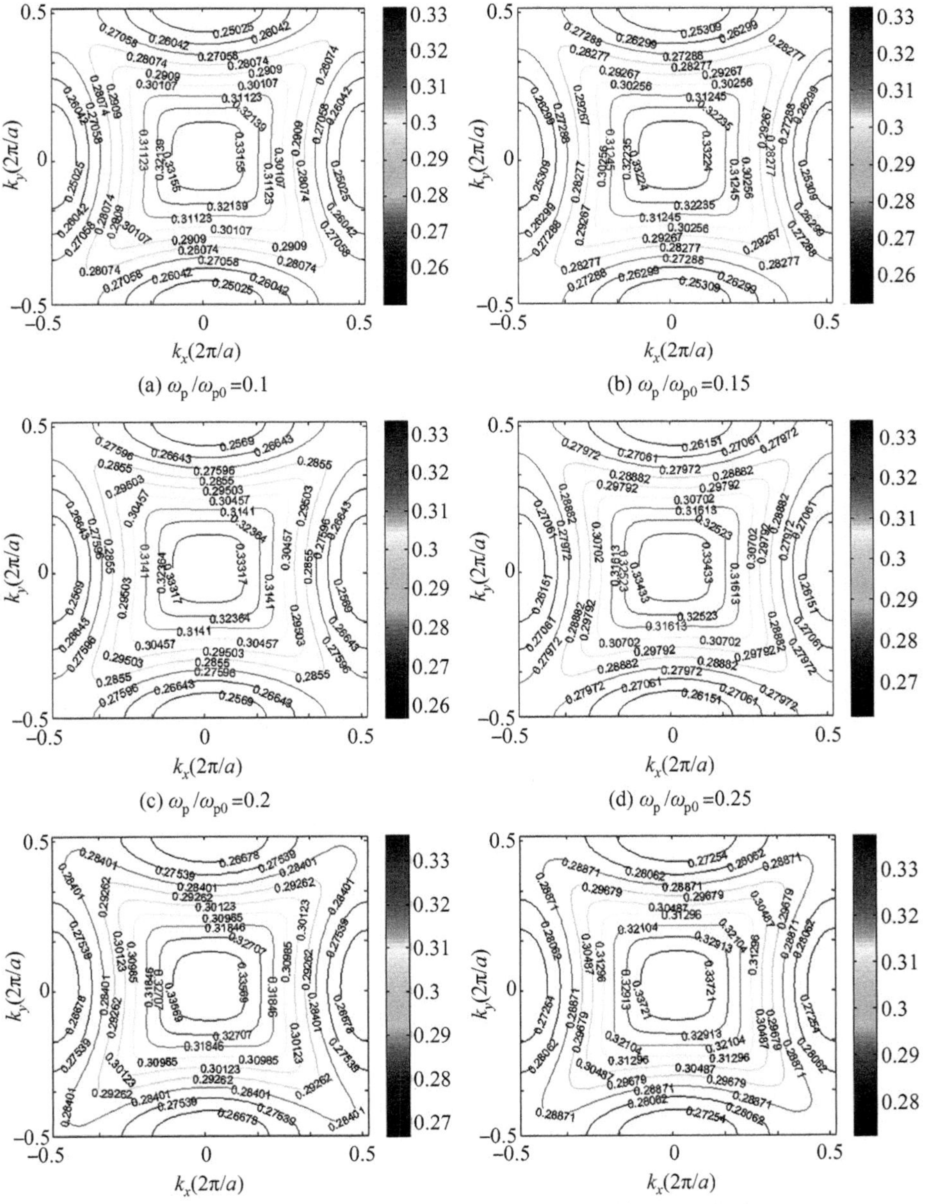

(a) $\omega_p/\omega_{p0}=0.1$　(b) $\omega_p/\omega_{p0}=0.15$

(c) $\omega_p/\omega_{p0}=0.2$　(d) $\omega_p/\omega_{p0}=0.25$

(e) $\omega_p/\omega_{p0}=0.3$　(f) $\omega_p/\omega_{p0}=0.35$

图 5.31　在不同等离子体频率 ω_p 下 TM_2 能带的 EFC

5.3 二维等离子体光子晶体的全角负折射特性

虽然三维光子晶体更符合实际应用，但是制作三维光子晶体的代价是很大的。所以用二维光子晶体来替代三维光子晶体成了一个较好的选择。要获得更大的PBG带宽，应当降低光子晶体晶格的对称性。与常规的正方形晶格相比，阿基米德(Archimedean)晶格是获得较大PBG带宽的一个较好的选择。本节的主要内容是对二维阿基米德晶格等离子体光子晶体在TM模式下的PBG和全角负折射(All-Angle Negative Refraction，AANR)特性进行介绍。阿基米德晶格结构最早由Kepler[258]在1619年提出。在所有的11种阿基米德晶格结构中[259, 260]，较为典型的是"ladybug"晶格(3^2，4，3，4)和"bathroom"晶格(4，8^2)。正如K. Ueda[259]等人和D. Jovanović[260]等人所报道的那样，阿基米德晶格对光子晶体的PBG特性有明显的改善。等离子体可以视为一种电磁超材料。因此，等离子体光子晶体在特定的频段内能表现出一些特殊的特性，如AANR。Gajic[261]等人给出了含左手介质的光子晶体产生负折射的条件$\nu_p \cdot \nu_g < 0$，Luo[262]等人给出了仅含右手介质的光子晶体产生负折射的条件$\nu_p \cdot \nu_g > 0$。变量ν_p和ν_g分别代表相速度和群速度。如果发生负折射时只存在单一的波束，这种现象就称为AANR[201]。本节将就二维阿基米德晶格等离子体光子晶体的AANR特性进行讨论，为了方便将该光子晶体定义为两个类型，type－1型是介质圆柱(GaAs)填充在等离子体背景中，而type－2型是它的互补结构，即等离子体圆柱填充在介质背景中。

5.3.1 理论模型与计算方法

图5.32给出了type－2型二维阿基米德晶格等离子体光子晶体的结构和单元示意图。假设填充的等离子体圆柱的半径和晶格常数分别为R和a。介质背景和等离子体的相对介电常数分别为ε_a和ε_p。bathroom和ladybug晶格的1st BZ和正方形晶格相同[198]。如果计算时引入的时谐量是$e^{-j\omega t}$，ω是角频率，t是时间，且$j=\sqrt{-1}$。那么等离子体的相对介电常数ε_p满足Drude模型，且可以表示为

$$\varepsilon_p(\omega)=1-\frac{{\omega_p}^2}{\omega^2+j(\nu_c\omega)} \tag{5.4}$$

式中，ω_p和ν_c分别表示等离子体频率和等离子体碰撞频率。

用PWE方法来求取该光子晶体的色散曲线。由图5.29(c)和图5.29(d)可知，对于bathroom和ladybug晶格而言，每个晶格单元中均包含4个介质圆柱，

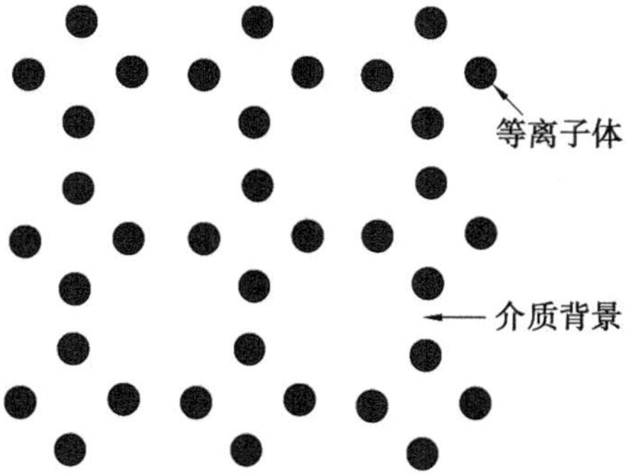

(a) bathroom 晶格示意图

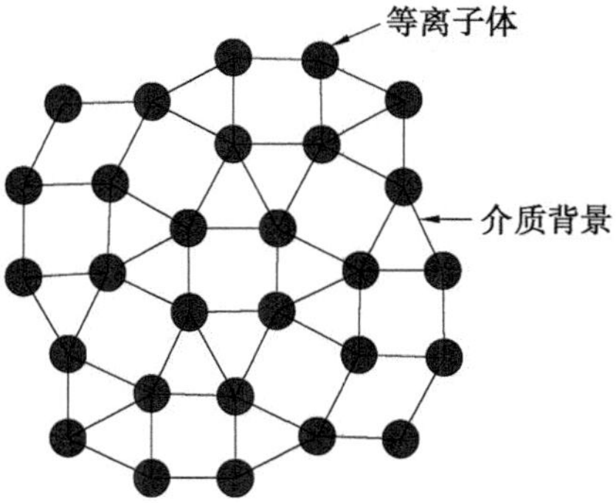

(b) ladybug 晶格示意图

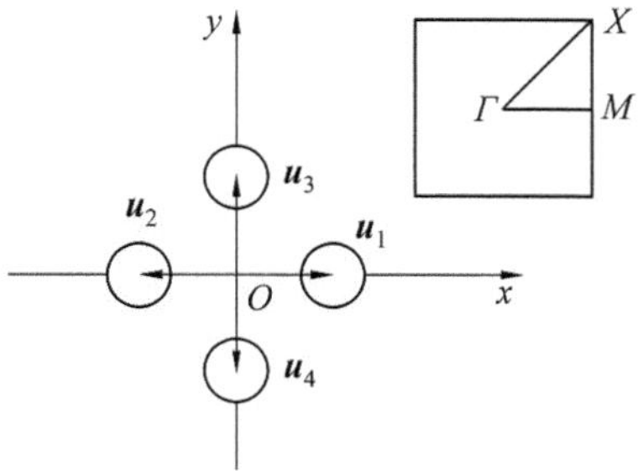

(c) bathroom 晶格单元结构和1st BZ的示意图

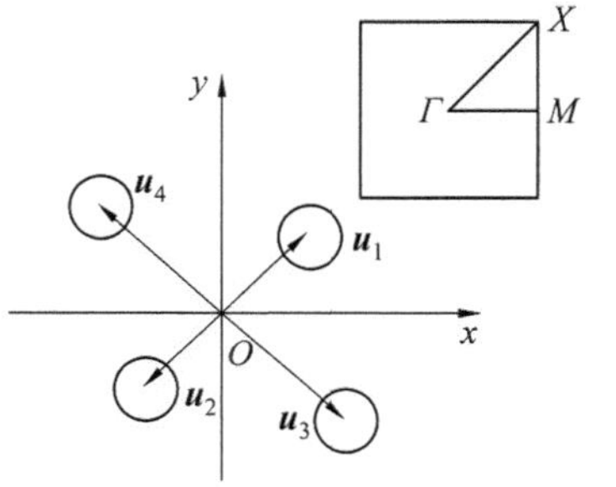

(d) ladybug 晶格单元结构和1st BZ的示意图

图 5.32　type－2 型二维阿基米德晶格等离子体光子晶体的结构和单元示意图

分别位于 $\boldsymbol{u}_1$、$\boldsymbol{u}_2$、$\boldsymbol{u}_3$ 和 $\boldsymbol{u}_4$ 处。对于 bathroom 晶格而言，$\boldsymbol{u}_1=-\boldsymbol{u}_2=(\sqrt{2}a/2,0)$ 且 $\boldsymbol{u}_3=-\boldsymbol{u}_4=(0,\sqrt{2}a/2)$。而对于 ladybug 晶格而言，$\boldsymbol{u}_1=-\boldsymbol{u}_2=(\sqrt{2}a/4,\sqrt{2}a/4)$ 且 $\boldsymbol{u}_4=-\boldsymbol{u}_3=(-\sqrt{6}a/4,\sqrt{6}a/4)$。因此，根据 PWE 方法，type－2 型的傅里叶展开系数 $\hat{\kappa}(\boldsymbol{G}_{/\!/})$ 可以表示为

$$\hat{\kappa}(\boldsymbol{G}_{/\!/})=\begin{cases}\left[1-\dfrac{{\omega_{\mathrm{p}}}^2}{\omega(\omega+\mathrm{j}\nu_{\mathrm{c}})}\right]\cdot(1-4f)+4f\cdot\varepsilon_a, & \boldsymbol{G}_{/\!/}=0\\ \left\{\varepsilon_{\mathrm{a}}-\left[1-\dfrac{{\omega_{\mathrm{p}}}^2}{\omega(\omega+\mathrm{j}\nu_{\mathrm{c}})}\right]\right\}\cdot\displaystyle\sum_{i=1}^{4}\mathrm{e}^{-(\boldsymbol{G}\cdot\boldsymbol{u}_i)}\cdot 2f\,\dfrac{\mathrm{J}_1(|\boldsymbol{G}_{/\!/}|R)}{(|\boldsymbol{G}_{/\!/}|R)}, & \boldsymbol{G}_{/\!/}\neq 0\end{cases} \tag{5.5}$$

式中，$f=\pi R^2/S_{\mathrm{m}}$ 是等离子体圆柱的填充率；S_{m} 是晶格单元的面积；$\mathrm{J}_1(x)$ 表示 1 阶 Bessel 函数；$\boldsymbol{G}_{/\!/}$ 是倒格矢。对于 type－2 型而言，在 TM 模式下 Maxwell 方程组可以化简为关于平面波展开系数 $A(\boldsymbol{k}_{/\!/}\mid\boldsymbol{G}_{/\!/})$ 的方程：

$$(\boldsymbol{k}_{/\!/}+\boldsymbol{G}_{/\!/})^2\cdot A(\boldsymbol{k}_{/\!/}\mid\boldsymbol{G}_{/\!/})=\frac{\omega^2}{c^2}\hat{\kappa}(\boldsymbol{0})A(\boldsymbol{k}_{/\!/}\mid\boldsymbol{G}_{/\!/})+\frac{\omega^2}{c^2}\sum_{\boldsymbol{G}'}\kappa(\boldsymbol{G}_{/\!/}-\boldsymbol{G}'_{/\!/})A(\boldsymbol{k}_{/\!/}\mid\boldsymbol{G}_{/\!/}) \tag{5.6}$$

如果定义一个复数变量 $\zeta(\zeta=\omega/c)$，式(5.6)将可以化简成下式：

$$\zeta^3 \boldsymbol{X}_3-\zeta^2 \boldsymbol{X}_0-\zeta \boldsymbol{X}_1-\boldsymbol{X}_2=\boldsymbol{0} \tag{5.7}$$

式中，c 是真空中的光速，且

$$\boldsymbol{X}_3(\boldsymbol{G}_{/\!/} \mid \boldsymbol{G}'_{/\!/})=[1+4f(\varepsilon_a-1)]\boldsymbol{\delta}_{\boldsymbol{G}_{/\!/}\cdot\boldsymbol{G}'_{/\!/}}+(\varepsilon_a-1)\cdot\sum_{i=1}^{4}\mathrm{e}^{-(\boldsymbol{G}\cdot\boldsymbol{u}_i)}\cdot 2f\frac{\mathrm{J}_1(\mid \boldsymbol{G}_{/\!/}-\boldsymbol{G}'_{/\!/}\mid R)}{(\mid \boldsymbol{G}_{/\!/}-\boldsymbol{G}'_{/\!/}\mid R)} \tag{5.8}$$

$$\boldsymbol{X}_2(\boldsymbol{G}_{/\!/} \mid \boldsymbol{G}'_{/\!/})=\mathrm{j}\frac{\nu_c}{c}(\boldsymbol{k}_{/\!/}+\boldsymbol{G}_{/\!/})^2\boldsymbol{\delta}_{\boldsymbol{G}_{/\!/}\cdot\boldsymbol{G}'_{/\!/}} \tag{5.9}$$

$$\boldsymbol{X}_1(\boldsymbol{G}_{/\!/} \mid \boldsymbol{G}'_{/\!/})=\left[(\boldsymbol{k}_{/\!/}+\boldsymbol{G}_{/\!/})^2+\frac{\omega_p^2}{c^2}\cdot(1-4f)\right]\boldsymbol{\delta}_{\boldsymbol{G}_{/\!/}\cdot\boldsymbol{G}'_{/\!/}}+\frac{\omega_p^2}{c^2}\cdot\sum_{i=1}^{4}\mathrm{e}^{-(\boldsymbol{G}\cdot\boldsymbol{u}_i)}\cdot 2f\frac{\mathrm{J}_1(\mid \boldsymbol{G}_{/\!/}-\boldsymbol{G}'_{/\!/}\mid R)}{(\mid \boldsymbol{G}_{/\!/}-\boldsymbol{G}'_{/\!/}\mid R)} \tag{5.10}$$

$$\boldsymbol{X}_0(\boldsymbol{G}_{/\!/} \mid \boldsymbol{G}'_{/\!/})=-\mathrm{j}\frac{\nu_c}{c}\left\{[1+4f(\varepsilon_a-1)]\boldsymbol{\delta}_{\boldsymbol{G}_{/\!/}\cdot\boldsymbol{G}'_{/\!/}}+(\varepsilon_a-1)\cdot\sum_{i=1}^{4}\mathrm{e}^{-(\boldsymbol{G}\cdot\boldsymbol{u}_i)}\cdot 2f\frac{\mathrm{J}_1(\mid \boldsymbol{G}_{/\!/}-\boldsymbol{G}'_{/\!/}\mid R)}{(\mid \boldsymbol{G}_{/\!/}-\boldsymbol{G}'_{/\!/}\mid R)}\right\} \tag{5.11}$$

式中，$\boldsymbol{X}_0$、$\boldsymbol{X}_1$、$\boldsymbol{X}_2$ 和 $\boldsymbol{X}_3$ 是 $N\times N$ 的矩阵。对式(5.7)的求解可以转换成为一个对 $3N\times 3N$ 矩阵 $\boldsymbol{Q}$ 特征值的求取，矩阵 $\boldsymbol{Q}$ 和 $\boldsymbol{V}$ 满足

$$\boldsymbol{Q}z=\zeta\boldsymbol{V}z,\quad \boldsymbol{Q}=\begin{bmatrix}0 & \boldsymbol{I} & 0\\ 0 & 0 & \boldsymbol{I}\\ \boldsymbol{X}_2 & \boldsymbol{X}_1 & \boldsymbol{X}_0\end{bmatrix},\quad \boldsymbol{V}=\begin{bmatrix}\boldsymbol{I} & 0 & 0\\ 0 & \boldsymbol{I} & 0\\ 0 & 0 & \boldsymbol{X}_3\end{bmatrix} \tag{5.12}$$

式中，$\boldsymbol{I}$ 为单位矩阵，求解式(5.28)的特征值就得到了式(5.7)的解。当然，所求特征值的实部决定了 type－2 型二维阿基米德晶格等离子体光子晶体的色散关系。显然，type－1 型的色散曲线也能通过这种方法求得，在此不再复述。

5.3.2 两类二维阿基米德晶格等离子体光子晶体的 PBG 特性

用于计算展开的平面波数是 441。为了不失一般性，用 $\frac{\omega a}{2\pi c}$ 对频率进行归一化，并用变量 $\omega_{p0}=2\pi c/a$ 来定义 ω_p 和 ν_c。假设 $\omega_p=0.5\omega_{p0}$，$\nu_c=0.02\omega_p$。图5.33给出了 type－1 型等离子体光子晶体在不同晶格条件下的色散曲线，等离子体光子晶体的参数分别为：$R=0.45a$，$\omega_p=0.5\omega_{p0}$，$\nu_c=0.02\omega_p$ 和 $\varepsilon_a=12.96$。深色区域表示 PBG。由图 5.33 可知，在 TM 模式下这 3 种晶格的等离子体光子晶体均能产生PBG。ladybug 晶格能产生 3 个 PBG，它们分别位于 0～0.076 8$(2\pi c/a)$、0.189 1～0.214 3$(2\pi c/a)$ 和 0.329 3～0.346 0$(2\pi c/a)$。其中较大的是 TM_{0-1}(零频和截止频率之间的区域)。对于 bathroom 晶格而言，在色散曲线中

也能观察到 3 个较大的 PBG 和 3 个较小的 PBG。3 个较大的 PBG 分别位于 0～0.109 6($2\pi c/a$)、0.191 3～0.224 6($2\pi c/a$) 和 0.317 7～0.353 2($2\pi c/a$)，分别是 TM_{0-1}、TM_{4-5} 和 TM_{12-13}。比较图 5.33 中的结果可知，type－1 型 bathroom 晶格的二维等离子体光子晶体有较大截止频率。相对于常规的正方形晶格而言，ladybug 和 bathroom 晶格能产生较大的 PBG。类似地，图 5.34 给出了 type－2 型等离子体光子晶体在不同晶格条件下的色散曲线，其参数与图 5.33 中的相同。

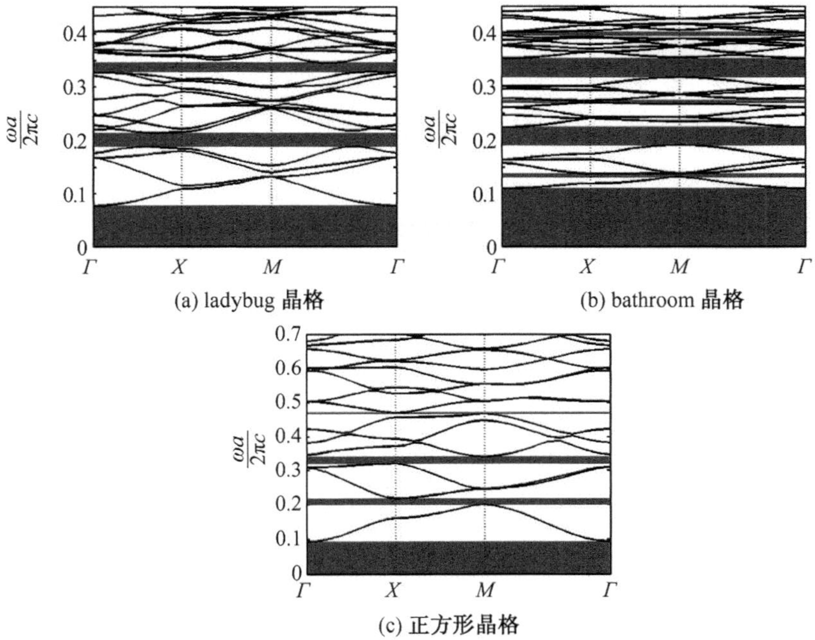

(a) ladybug 晶格　(b) bathroom 晶格

(c) 正方形晶格

图 5.33　type－1 型等离子体光子晶体在不同晶格条件下的色散曲线

由图 5.34 可知，当 type－2 型等离子体光子晶体分别以 ladybug 和 bathroom 晶格排列时，它们能产生许多 PBG。而对于传统的正方形晶格而言，只能产生 3 个 PBG。ladybug 晶格能产生的前 3 个 PBG 分别位于 0～0.174 1($2\pi c/a$)、0.191 7～0.214 9($2\pi c/a$) 和 0.224 2～0.274 8($2\pi c/a$)，它们分别是 TM_{0-1}、TM_{1-2} 和 TM_{2-3}。对于 bathroom 晶格而言，产生的前 3 个 PBG 分别位于 0～0.081 0($2\pi c/a$)、0.091 0～0.133 7($2\pi c/a$) 和 0.147 8～0.174 9($2\pi c/a$)，它们分别是 TM_{0-1}、TM_{1-2} 和 TM_{3-4}。而常规正方形晶格产生的前 3 个 PBG 为 0～0.149 1($2\pi c/a$)、0.229 6～0.302 9($2\pi c/a$) 和 0.391 9～0.406 3($2\pi c/a$)。比较图 5.34 中的结果可知，除了 TM_{1-2} 外，type－2 型 ladybug 晶格的等离子体光子晶体具有更大的截止频率，ladybug 和 bathroom 晶格能产生更多和更大的 PBG。由上述可知，和常规的正方形晶格相比，具有 ladybug 和 bathroom 晶格的二维等离子体光子晶体更适合用来设计滤波器和光开关。

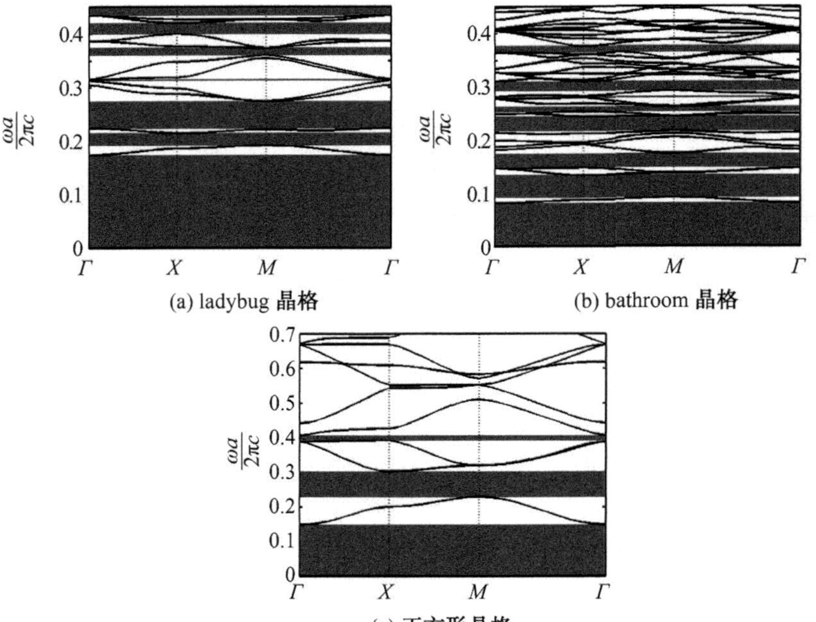

(a) ladybug 晶格　　(b) bathroom 晶格

(c) 正方形晶格

图 5.34　type－2 型等离子体光子晶体在不同晶格条件下的色散曲线

5.3.3　光子晶体参数对 PBG 的影响

图 5.35 给出了 type－1 型等离子体光子晶体在不同晶格条件下 R 与 PBG 的关系图，此时参数为：$\nu_c=0.02\omega_p$，$\omega_p=0.5\omega_{p0}$ 和 $\varepsilon_a=12.96$。由图 5.35(a) 和图 5.35(b) 可知，当 type－1 型二维等离子体光子晶体具有 ladybug 和 bathroom 晶格分布时，PBG 的上、下边缘和截止频率均将随着 R/a 的增大而发生红移。PBG 的带宽将随着 R/a 的增大而先增大后减小。对于 ladybug 晶格而言，TM_{4-5} 和 TM_{12-13} 的带宽最大值分别是 0.297 7($2\pi c/a$) 和 0.171 8($2\pi c/a$)，它们分别出现在 $R/a=0.134$ 和 $R/a=0.241$ 处。对于 bathroom 晶格而言，TM_{4-5} 和 TM_{12-13} 的带宽最大值分别是 0.233 5 和 0.144($2\pi c/a$)，它们分别出现在 $R/a=0.17$ 和 $R/a=0.29$ 处。type－1 型二维 ladybug 晶格的等离子体光子晶体有更大的 PBG。值得注意的是，当 R/a 的值足够小时（接近于 0)，此时 type－1 型的等离子体光子晶体能被视为等离子体块。因此，此时的截止频率等于等离子体频率 ($0.5\omega_{p0}$)。由图 5.35(c) 和图 5.35(d) 可知，type－1 型二维 ladybug 和 bathroom 晶格等离子体光子晶体的 PBG 相对带宽($\Delta\omega/\omega_i$) 将会随着 R/a 的增大而先增大后减小。ladybug 晶格产生的 TM_{4-5} 和 TM_{12-13} 的最大相对带宽分别是 0.582 和 0.583，分别位于 $R/a=0.151$ 和 $R/a=0.195\ 6$ 处。当 type－1 型具有 bathroom 晶格时，TM_{4-5} 和 TM_{12-13} 的最大相对带宽分别是 0.548 和 0.303，

分别位于 $R/a=0.191$ 和 $R/a=0.304$ 处。综合图 5.35 中的结果可知，type－1 型二维 ladybug 晶格的等离子体光子晶体在 low－R/a 区域能产生较大的 PBG，并得到较大的相对带宽。

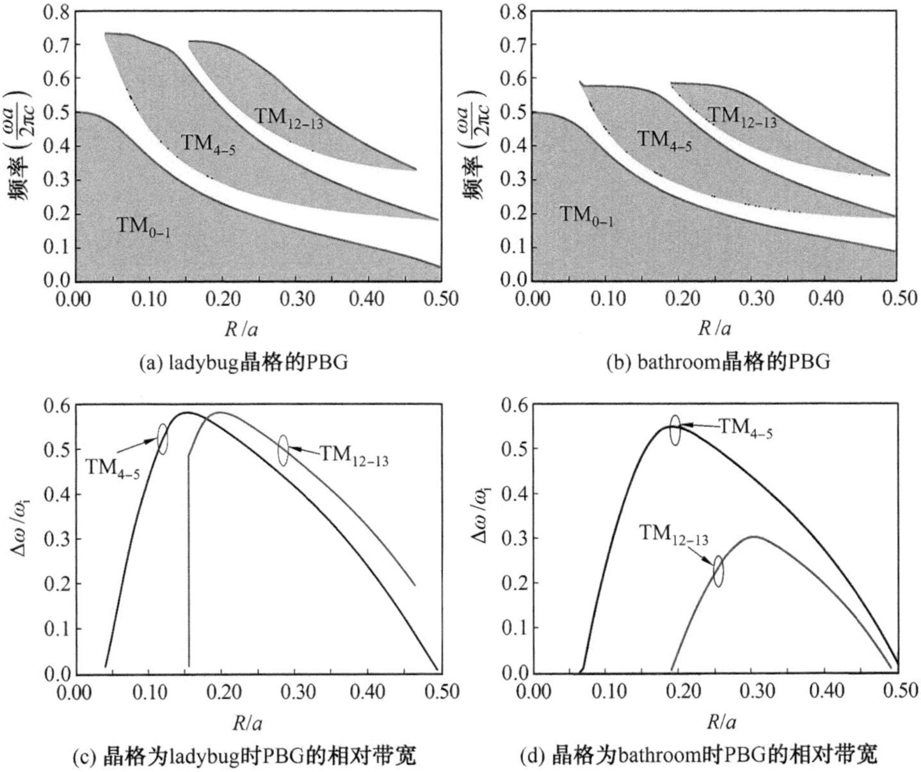

(a) ladybug晶格的PBG　(b) bathroom晶格的PBG

(c) 晶格为ladybug时PBG的相对带宽　(d) 晶格为bathroom时PBG的相对带宽

图 5.35　type－1 型等离子体光子晶体在不同晶格条件下 R 与 PBG 的关系图

图 5.36 给出了 type－2 型等离子体光子晶体在不同晶格条件下 R 与 PBG 的关系图，此时参数为：$\nu_c=0.02\omega_p$，$\omega_p=0.5\omega_{p0}$ 和 $\varepsilon_a=12.96$。由图 5.36(a) 和图 5.36(b) 可知，当 type－2 型二维等离子体光子晶体为这两种晶格分布时，PBG 的上、下边缘和截止频率均将随着 R/a 的增大而发生蓝移。除了 TM$_{6-7}$ 外，PBG 的带宽将随着 R/a 的增大而逐渐增大。对于 ladybug 晶格而言，截止频率的最大值是 $0.225(2\pi c/a)$，TM$_{4-5}$ 与 TM$_{12-13}$ 带宽的最大值分别是 $0.05(2\pi c/a)$ 和 $0.1344(2\pi c/a)$，均出现在 $R/a=0.5$ 处。除了 TM$_{7-8}$ 外，相似的变化趋势也能在图 5.36(b) 中看到。对于 bathroom 晶格而言，截止频率的最大值是 $0.088(2\pi c/a)$，TM$_{1-2}$ 与 TM$_{3-4}$ 带宽的最大值分别是 $0.05(2\pi c/a)$ 和 $0.0481(2\pi c/a)$，均出现在 $R/a=0.5$ 处。

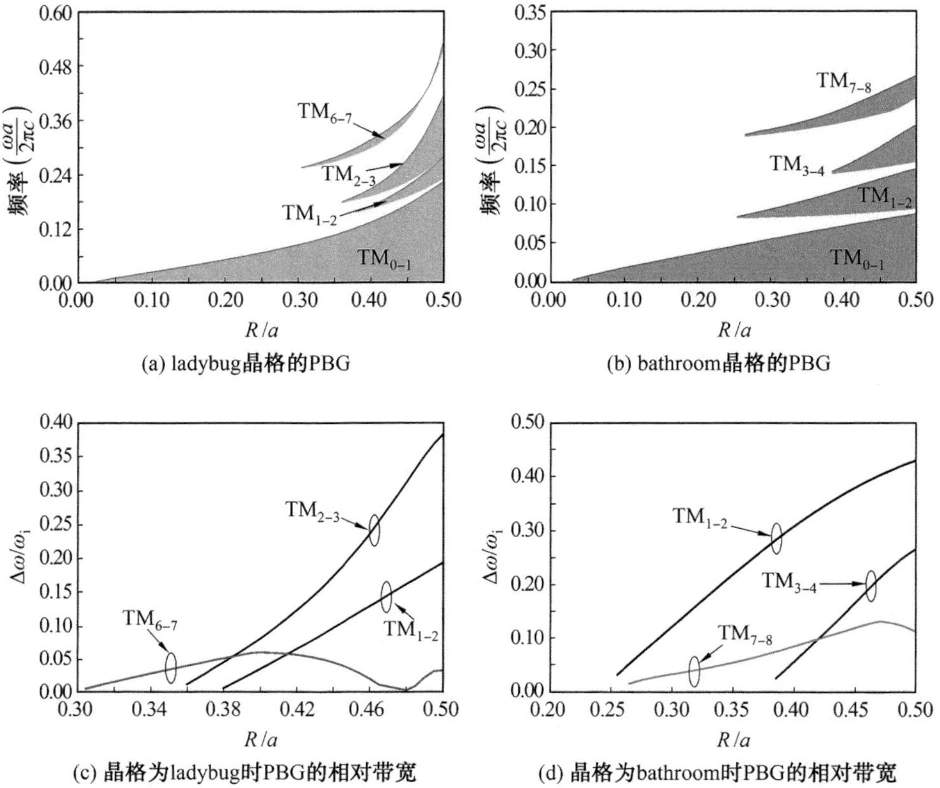

(a) ladybug晶格的PBG　　(b) bathroom晶格的PBG

(c) 晶格为ladybug时PBG的相对带宽　　(d) 晶格为bathroom时PBG的相对带宽

图 5.36　type－2 型等离子体光子晶体在不同晶格条件下 R 与 PBG 的关系图

比较图 5.36(a) 和图5.36(b) 可知,ladybug 晶格能产生较大截止频率和 PBG。由图 5.36(c) 可知,当 R/a 分别小于 0.38 和 0.36 时,ladybug 晶格产生的 TM_{1-2} 和 TM_{2-3} 将不会出现。这两个 PBG 的相对带宽将会随着 R/a 的增大而增大。当 $R/a=0.5$ 时,TM_{1-2} 和 TM_{2-3} 的相对带宽将增至最大,分别为 0.194 和 0.384。然而 TM_{6-7} 的相对带宽将随着 R/a 的增大而先增大后减小,其最大值出现在 $R/a=0.4$ 处,其大小为 0.061 3。相似的变化趋势也能从图 5.36(d) 中得到。当 R/a 分别小于 0.254 和 0.384 时,bathroom 晶格产生的 TM_{1-2} 和 TM_{3-4} 将不会存在。 TM_{1-2}、TM_{3-4} 和 TM_{7-8} 的最大相对带宽分别为 0.43、0.266 和 0.132,分别出现在 $R/a=0.5$、$R/a=0.5$ 和 $R/a=0.47$ 处。由图 5.36 可知,当 R/a 取较大值时,type－2 型二维 ladybug 和 bathroom 晶格等离子体光子晶体能产生 PBG,且它们具有较大的带宽和相对带宽。

图 5.37 给出了 type－1 型等离子体光子晶体在不同晶格条件下 ω_p 与 PBG 的关系图,此时参数为:$\nu_c=0.02\omega_p$,$R=0.45a$ 和 $\varepsilon_a=12.96$。由图 5.37(a) 和图 5.37(b) 可知,type－1 型二维 ladybug 和 bathroom 晶格等离子体光子晶体能产

生 PBG，其上、下边缘和截止频率均将随着 ω_p/ω_{p0} 的增大而发生蓝移。PBG 的带宽也将随着 ω_p/ω_{p0} 的增大而增大。对于 ladybug 和 bathroom 晶格而言，截止频率的最大值分别为 0.183 1$(2\pi c/a)$ 和 0.195$(2\pi c/a)$，它们均出现在 $\omega_p/\omega_{p0}=2$ 处。对于 ladybug 晶格而言，TM_{4-5} 和 TM_{12-13} 带宽的最大值分别为 0.088$(2\pi c/a)$ 和 0.070 6$(2\pi c/a)$。而对于 bathroom 晶格而言，TM_{4-5} 和 TM_{12-13} 带宽的最大值分别为 0.106 4$(2\pi c/a)$ 和 0.094 2$(2\pi c/a)$。显然，type－1 型二维等离子体光子晶体具有 bathroom 晶格时，能获得更大的 PBG，且 PBG 的相对带宽也更大。由图5.37(c) 和图 5.37(d) 可知，对于 ladybug 和 bathroom 晶格产生的 TM_{4-5} 和 TM_{12-13} 而言，其相对带宽将会随着 ω_p/ω_{p0} 的增大而增大。对于 ladybug 晶格而言，TM_{4-5} 和 TM_{12-13} 的最大相对带宽分别为 0.353 和 0.19。而对于 bathroom 晶格而言，相对带宽分别为 0.413 和 0.25。显然，type－1 型二维 bathroom 晶格等离子体光子晶体在 high－ω_p 区域能产生较大的 PBG 和截止频率，这与前面图 5.33 中所得到的结果相符。

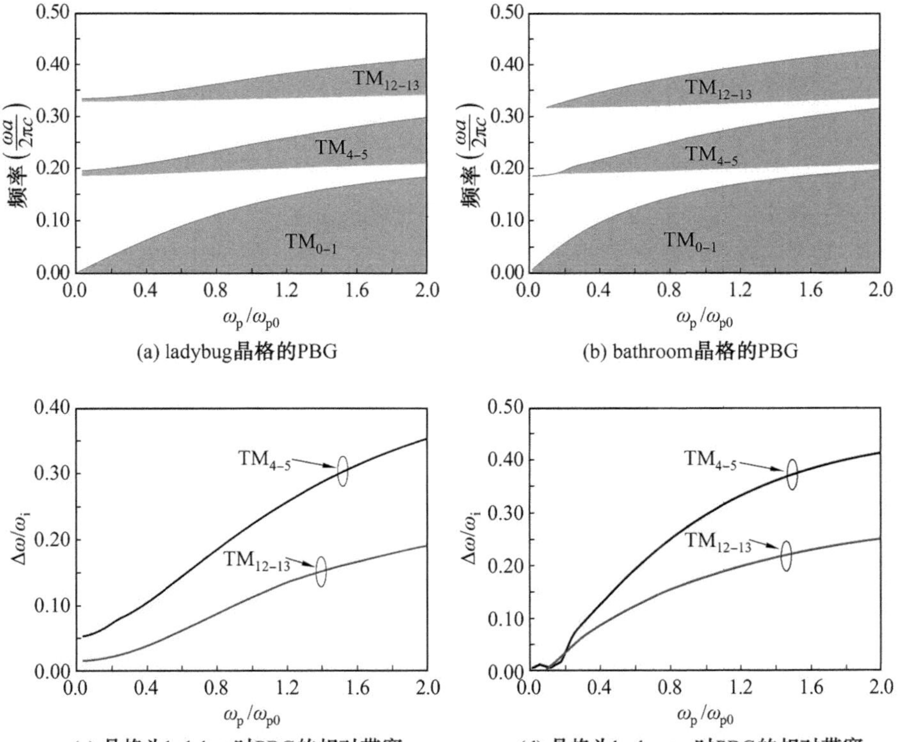

(a) ladybug晶格的PBG　(b) bathroom晶格的PBG

(c) 晶格为ladybug时PBG的相对带宽　(d) 晶格为bathroom时PBG的相对带宽

图 5.37　type－1 型等离子体光子晶体在不同晶格条件下 ω_p 与 PBG 的关系图

图 5.38 给出了 type－2 型等离子体光子晶体在不同晶格条件下 ω_p 与 PBG 的关系图，此时参数为：$\nu_c=0.02\omega_p$，$R=0.45a$ 和 $\varepsilon_a=12.96$。由图 5.38(a) 和图

5.38(b)可知，type－2型二维ladybug和bathroom晶格等离子体光子晶体也能产生PBG，其上、下边缘和截止频率均将随着ω_p/ω_{p0}的增大而发生蓝移。对于ladybug晶格而言，截止频率的最大值是0.283$(2\pi c/a)$，它出现在$\omega_p/\omega_{p0}=2$处。TM_{1-2}和TM_{2-3}带宽的最大值分别为0.05$(2\pi c/a)$和0.114$(2\pi c/a)$，它们同样出现在$\omega_p/\omega_{p0}=2$处。但值得注意的是，当ω_p/ω_{p0}大于1.4时，TM_{0-1}、TM_{1-2}和TM_{2-3}将相互重叠并合并成为1个PBG。当$\omega_p/\omega_{p0}=2$时，它将覆盖0～0.447$(2\pi c/a)$。而TM_{6-7}的带宽将随着ω_p/ω_{p0}的增大而减小，当$\omega_p/\omega_{p0}>0.88$时，$TM_{6-7}$将消失，相似的变化趋势也能在图5.38(b)中观察到，截止频率的最大值是0.107 2$(2\pi c/a)$，它出现在$\omega_p/\omega_{p0}=2$处。TM_{1-2}和TM_{3-4}带宽的最大值分别为0.063 6$(2\pi c/a)$和0.057 7$(2\pi c/a)$，同样出现在$\omega_p/\omega_{p0}=2$处。如果$\omega_p/\omega_{p0}>1.9$，TM_{0-1}、TM_{1-2}和TM_{3-4}也将相互重叠并合并成为1个PBG。当$\omega_p/\omega_{p0}=2$时，它涵盖0～0.23$(2\pi c/a)$。由上述可知，ladybug晶格能产生较大的截止频率。由图5.38(c)可知，对于ladybug晶格而言，当$\omega_p/\omega_{p0}<0.38$时，$TM_{1-2}$将不存在。当$\omega_p/\omega_{p0}>0.88$时，$TM_{6-7}$将不会出现。$TM_{1-2}$、$TM_{2-3}$和$TM_{6-7}$的相对带宽的最大值分别是0.16、0.3和0.05，它们分别出现在$\omega_p/\omega_{p0}=2$、1.4和0.02处。由图5.38(d)可知，对于bathroom晶格而言，TM_{1-2}和TM_{3-4}的相对带宽将随着ω_p/ω_{p0}的增大而增大。TM_{1-2}和TM_{3-4}相对带宽的最大值分别是0.458和0.288，它们均出现在$\omega_p/\omega_{p0}=2$处。然而TM_{7-8}的相对带宽的变化趋势却不同，TM_{7-8}的相对带宽将随着ω_p/ω_{p0}的增大而先增大后减小。TM_{7-8}的相对带宽的最大值是0.128，它出现在$\omega_p/\omega_{p0}=0.68$处。由上述可知，type－2型二维ladybug晶格等离子体光子晶体在high－ω_p区域能产生较大的PBG和截止频率。

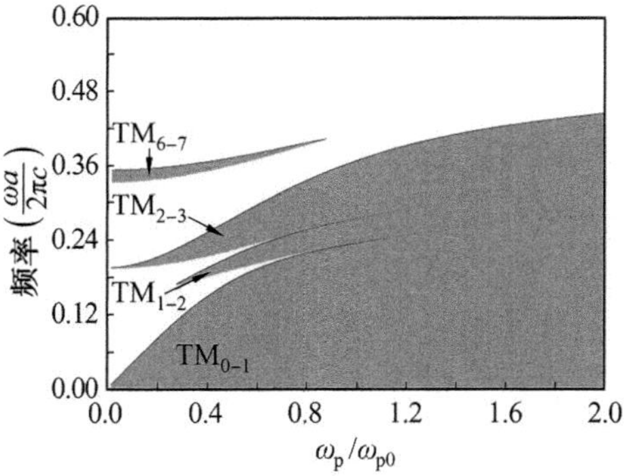

(a) ladybug晶格的PBG

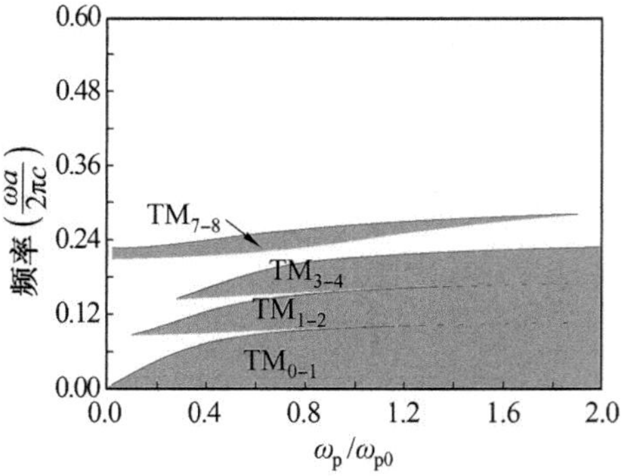

(b) bathroom晶格的PBG

图5.38 type－2型等离子体光子晶体在不同晶格条件下ω_p与PBG的关系图

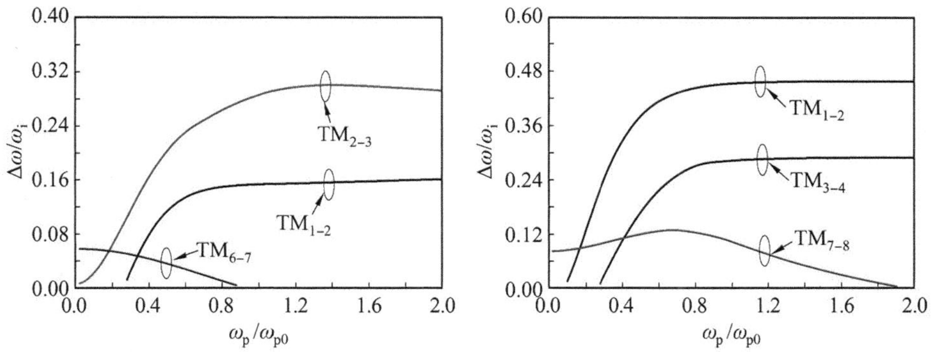

(c) 晶格为ladybug时PBG的相对带宽　　(d) 晶格为bathroom时PBG的相对带宽

续图 5.38

5.3.4　二维阿基米德晶格等离子体光子晶体的可调谐 AANR 特性

图 5.39 给出了 type－1 型二维等离子体光子晶体在不同晶格条件下的色散曲线，其中连接线表示光线，且光子晶体参数为：$\nu_c = 0.02\omega_p$，$R = 0.45a$，$\omega_p = 0.15\omega_{p0}$ 和 $\varepsilon_a = 12.96$。图 5.40 给出了 type－1 型二维等离子体光子晶体在不同晶格条件下的前 3 个 TM 能带的等频轮廓线。众所周知[261]，对于 ladybug 晶格而言，为了避免出现高阶的 Bragg 衍射，当电磁波沿 $\Gamma-M$ 方向入射时，频率应满足 $\omega < 0.18(2\pi c/a)$，当电磁波沿 $\Gamma-X$ 方向入射时，频率应满足 $\omega < 0.26(2\pi c/a)$。这是因为如果电磁波要在光子晶体中进行单束传播，就必须满足 $\omega \leqslant 0.5(2\pi c/a_s)$[262]，其中 a_s 是表面晶格常数（surface-parallel period）。同理对于 bathroom 晶格而言，当电磁波沿 $\Gamma-M$ 方向入射时，频率应满足 $\omega < 0.15(2\pi c/a)$，当电磁波沿 $\Gamma-X$ 方向入射时，频率应满足 $\omega < 0.27(2\pi c/a)$。如图 4.39(a) 所示，前 3 个 TM 能带在 $\Gamma-M$ 方向与光线分别相交于 0.026 9$(2\pi c/a)$、

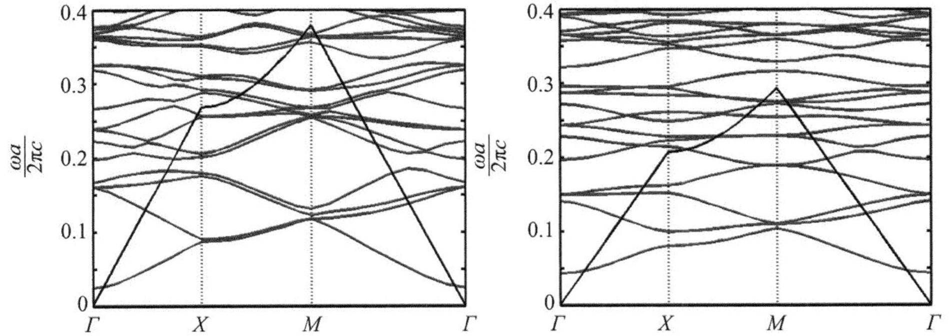

(a) ladybug晶格　　(b) bathroom晶格

图 5.39　type－1 型二维等离子体光子晶体在不同晶格条件下的色散曲线

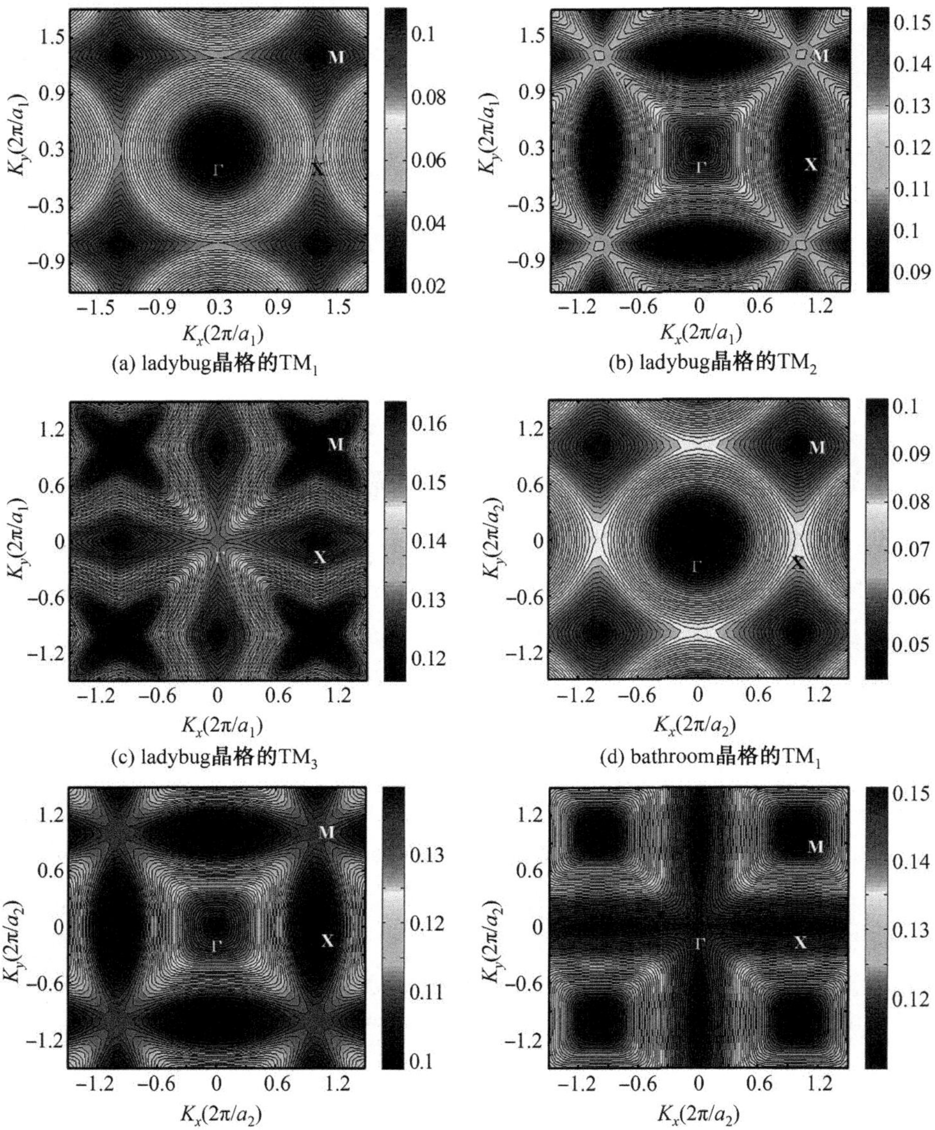

(a) ladybug晶格的TM_1 (b) ladybug晶格的TM_2

(c) ladybug晶格的TM_3 (d) bathroom晶格的TM_1

(e) bathroom晶格的TM_2 (f) bathroom晶格的TM_3

图 5.40 type－1型二维等离子体光子晶体在不同晶格条件下前3个TM能带的EFC，其中 $\nu_c = 0.02\omega_p$，$R = 0.45a$，$\omega_p = 0.15\omega_{p0}$，$\varepsilon_a = 12.96$，$a_1 = a + \frac{\sqrt{3}}{2}a$ 和 $a_2 = a + \sqrt{2}a$

0.137 7($2\pi c/a$)和0.146 4($2\pi c/a$)。相似地，前3个TM能带在$\Gamma-X$方向与光线分别相交于0.026 9($2\pi c/a$)、0.130 5($2\pi c/a$)和0.168 8($2\pi c/a$)。如图5.39(b)所示，前3个TM能带在$\Gamma-M$方向与光线分别相交于0.047 1($2\pi c/a$)、

0.123 3($2\pi c/a$) 和 0.135 1($2\pi c/a$)。而 $\Gamma-X$ 方向这 3 个值分别为 0.046 9($2\pi c/a$)、0.130 5($2\pi c/a$) 和 0.168 8($2\pi c/a$)。根据形成 AANR 的条件[201]，从图 5.40 中可知，前 2 个 TM 能带可形成 AANR。如图 5.40(a) 所示，在 M 点可以观察到凸的、存在向内梯度的 EFC。此时会得到右手负折射[262] 现象。类似的现象也能从图 5.40(b) 中看到，在 Γ 点也可以观察到凸的、存在向内梯度的 EFC。此时会得到左手负折射[261, 262] 现象。但图 5.40(c) 却给出了完全不同的结果，在 M 点可以观察到星形的、存在向外梯度的 EFC。此时会得到左手正折射[261, 262] 现象。表 5.1 给出了 type－1 型二维等离子体光子晶体在不同晶格条件下前 3 个 TM 能带 AANR 的详细情况。因此，ladybug 和 bathroom 晶格的前两个 TM 能带产生 AANR。图 5.41 和图 5.42 给出了 type－2 型二维等离子体光子晶体在不同晶格条件下的色散曲线和前 3 个 TM 能带的 EFC。

如图 5.41(a) 所示，前 3 个 TM 能带在 $\Gamma-M$ 方向与光线分别相交于 0.07($2\pi c/a$)、0.180 7($2\pi c/a$) 和 0.220 3($2\pi c/a$)。而 $\Gamma-X$ 方向这 3 个值则变为 0.069($2\pi c/a$)、0.171 5($2\pi c/a$) 和 0.249 6($2\pi c/a$)。而由图 5.41(b) 可知，前 3 个 TM 能带在 $\Gamma-M$ 和 $\Gamma-X$ 方向与光线相交的点分别为 0.036 9($2\pi c/a$)、0.118 8($2\pi c/a$)、0.124 9($2\pi c/a$)、0.036 3($2\pi c/a$)、0.112 7($2\pi c/a$) 和 0.124 9($2\pi c/a$)。由图 5.42 可知，ladybug 和 bathroom 晶格产生的 TM_3 不能形成 AANR。AANR 仅仅能由 TM_1 和 TM_2 产生。对于 TM_1 而言，在 M 点能观察到右手负折射现象。对于 TM_2 而言，在 Γ 点能观察到左手负折射现象。表 5.2 给出了 type－2 型二维等离子体光子晶体在不同晶格条件下前 3 个 TM 能带 AANR 的详细情况。通过比较表 5.1 和表 5.2 中的数据可知，type－2 型二维 ladybug 晶格等离子体光子晶体产生的 AANR 较 type－1 型的有一个更高的频率范围，而对于这两类等离子体光子晶体而言，TM_3 均不能产生 AANR。

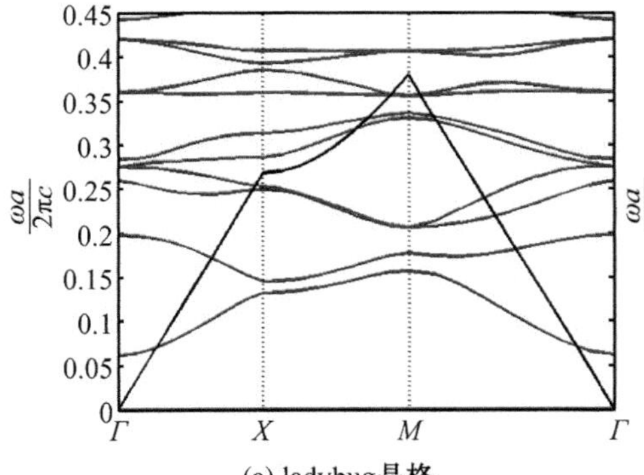

(a) ladybug晶格

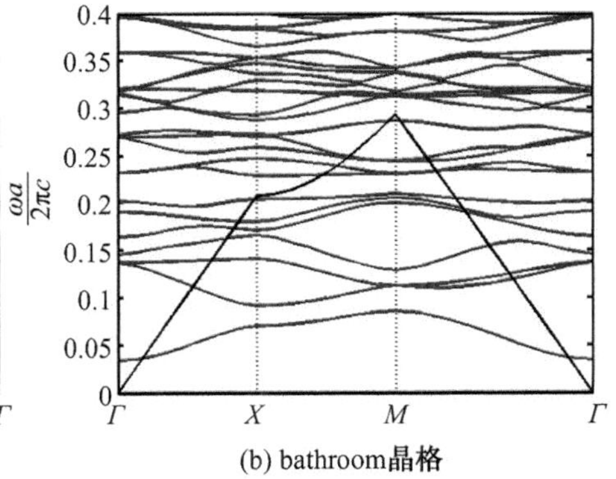

(b) bathroom晶格

图 5.41　type－2 型二维等离子体光子晶体在不同晶格条件下的色散曲线，其中连接线代表光锥，且 $\nu_c=0.02\omega_p$，$R=0.45a$，$\omega_p=0.15\omega_{p0}$ 和 $\varepsilon_a=12.96$

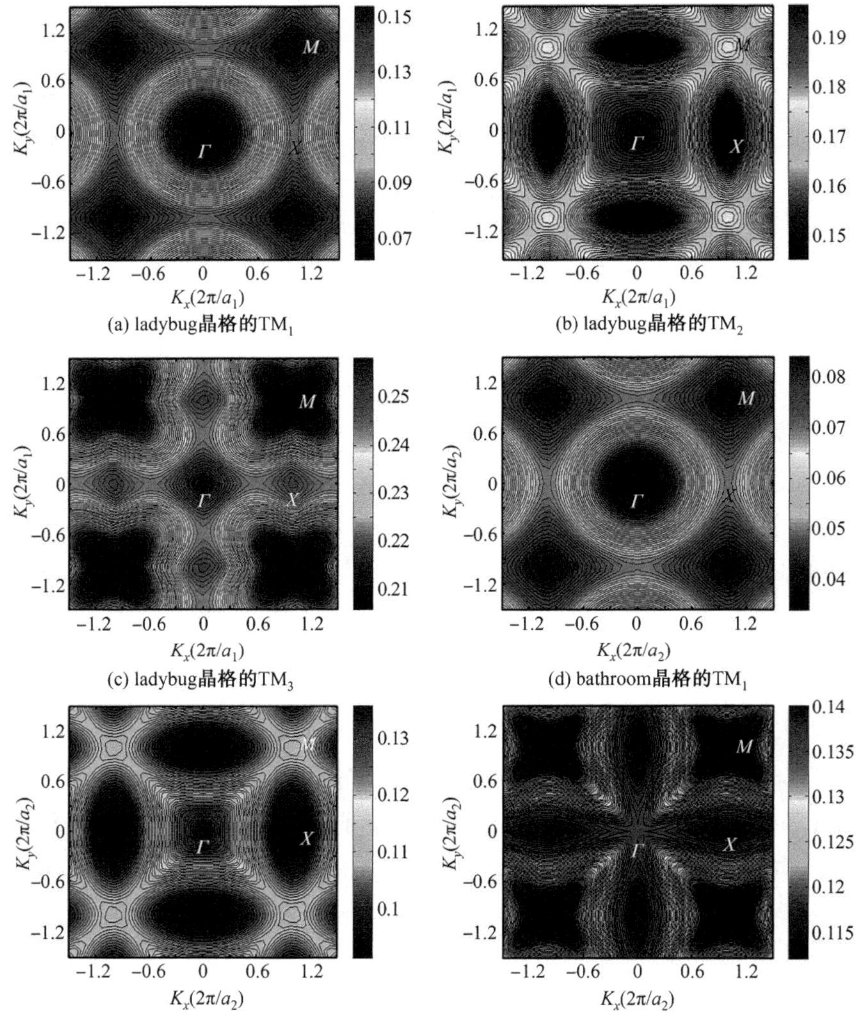

(a) ladybug晶格的TM_1　(b) ladybug晶格的TM_2

(c) ladybug晶格的TM_3　(d) bathroom晶格的TM_1

(e) bathroom晶格的TM_2　(f) bathroom晶格的TM_3

图 5.42　type－2 型二维等离子体光子晶体在不同晶格条件下前 3 个 TM 能带的 EFC，其中 $\nu_c = 0.02\omega_p$，$R = 0.45a$，$\omega_p = 0.15\omega_{p0}$，$\varepsilon_a = 12.96$，$a_1 = a + \sqrt{3}/2a$ 和 $a_2 = a + \sqrt{2}a$

表 5.1　type－1 型二维等离子体光子晶体在不同晶格条件下前 3 个 TM 能带的 AANR

晶格	交界面	全角负折射区域($2\pi c/a$)		
		TM_1	TM_2	TM_3
ladybug	$\Gamma-M$	0.080 7～0.095 6	0.111 6～0.126 4	—
	$\Gamma-X$	—	0.111 6～0.126 4	—
bathroom	$\Gamma-M$	0.081～0.088 9	0.111～0.123	—
	$\Gamma-X$	—	0.111～0.123	—

表 5.2　type－2 型二维等离子体光子晶体在不同晶格条件下前 3 个 TM 能带的 AANR

晶格	交界面	全负折射区域($2\pi c/a$)		
		TM_1	TM_2	TM_3
ladybug	$\Gamma-M$	0.131 9 ～ 0.145 5	0.172 6 ～ 0.185	—
	$\Gamma-X$	—	0.172 6 ～ 0.185	—
bathroom	$\Gamma-M$	0.070 5 ～ 0.075 4	0.110 7 ～ 0.124 8	—
	$\Gamma-X$	—	0.110 7 ～ 0.124 8	—

如果其他参数不变，仅将 ω_p 变为 $\omega_p = 0.35\omega_{p0}$，图 5.43 和图 5.44 给出了 type－1 和 type－2 型二维等离子体光子晶体在不同晶格条件下的色散曲线和前两个 TM 能带的 EFC。表 5.3 给出了此时 type－1 型二维等离子体光子晶体在不同晶格条件下前两个 TM 能带的 AANR 的详细情况。由图 5.43(a) ～ 5.43(c) 可知，type－1 型的色散曲线和前两个 TM 能带的 EFC 能被 ω_p 调谐。当 ω_p 增加到 $0.35\omega_{p0}$ 时，前两个 TM 能带在 $\Gamma-M$ 和 $\Gamma-X$ 方向与光线分别相交于 0.059 5 ($2\pi c/a$)、0.143 3($2\pi c/a$)、0.058 6($2\pi c/a$) 和 0.134 5($2\pi c/a$)。与图 5.44(a) 相比，交点的频率将发生蓝移。比较表 5.1 和表 5.3 可知，TM_1 和 TM_2 的 AANR 的频率范围也能被 ω_p 调谐，且 AANR 的上、下边缘均将随着 ω_p 的增大而发生蓝移。type－1 型二维 bathroom 晶格的等离子体光子晶体也有类似的特性。因此，对于 type－1 型二维阿基米德晶格等离子体光子晶体而言，可以通过改变 ω_p 的大小来实现可调谐 AANR，这个特性可以被用于设计光开关或传感器。对于 type－2 型而言，类似的结果可以从图 5.44 中看到。如图 5.44 所示，type－2 型二维等离子体光子晶体在不同晶格条件下，前两个 TM 能带与光线的交点将会随着 ω_p 的增大而发生蓝移。对于 ladybug 晶格而言，前 2 个 TM 带在 $\Gamma-M$ 和 $\Gamma-X$ 方向与光线的交点频率上移到 0.146 8($2\pi c/a$)、0.199 2($2\pi c/a$)、0.145 9($2\pi c/a$) 和 0.192 9($2\pi c/a$) 处。比较表 5.2 和表 5.4 可知，TM_1 和 TM_2 的 AANR 的频率范围能被 ω_p 所调谐。TM_1 在 $\Gamma-M$ 方向 AANR 的频率范围是 0.163 2 ～0.169 1($2\pi c/a$)。然而对 TM_2 而言，当 ω_p 增加到 $0.35\omega_{p0}$ 时，TM_2 在 $\Gamma-M$ 方向已经不能产生 AANR 了，因为此时已经不满足单束 AANR 的形成条件[200, 201]。对于 bathroom 晶格而言，前两个 TM 能带在 $\Gamma-M$ 和 $\Gamma-X$ 方向与光线的交点频率变为 0.7($2\pi c/a$)、0.134($2\pi c/a$)、0.7($2\pi c/a$) 和 0.125 3($2\pi c/a$)。TM_1 在 $\Gamma-M$ 方向产生 AANR 的频率范围是 0.080 4 ～ 0.083 2($2\pi c/a$)。TM_2 在 $\Gamma-M$ 和 $\Gamma-X$ 方向 AANR 的频率范围均变为 0.126 8 ～ 0.135 9($2\pi c/a$)。综上所述，可调谐 AANR 能够通过这两类二维阿基米德晶格等离子体光子晶体来实现。这主要是因为等离子体在不同频段下，等离子体既能被视为左手介质

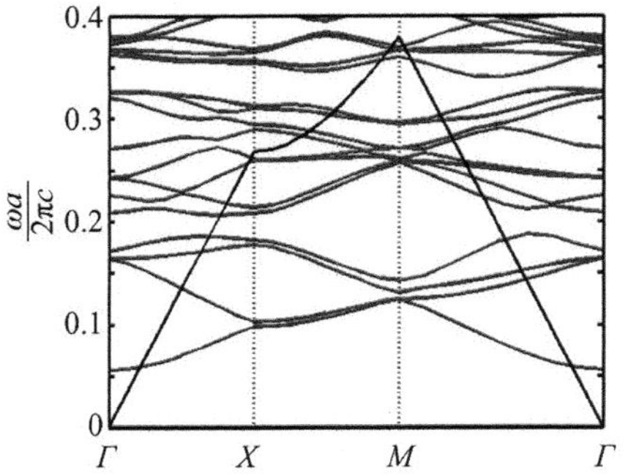

(a) ladybug晶格的色散曲线

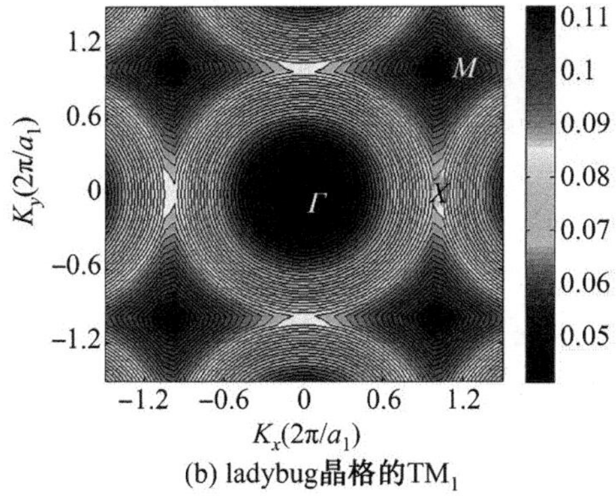

(b) ladybug晶格的TM_1

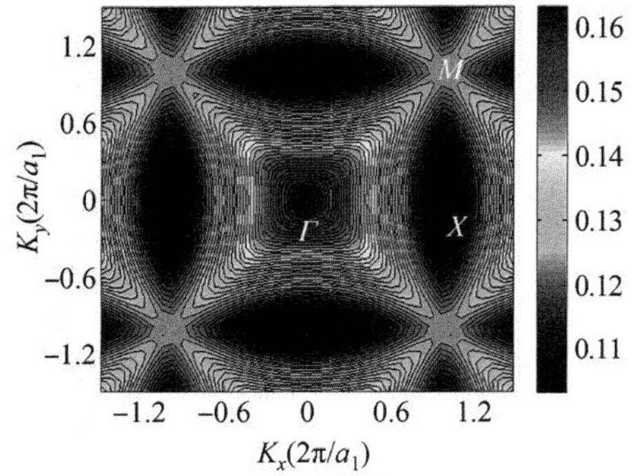

(c) ladybug晶格的TM_2

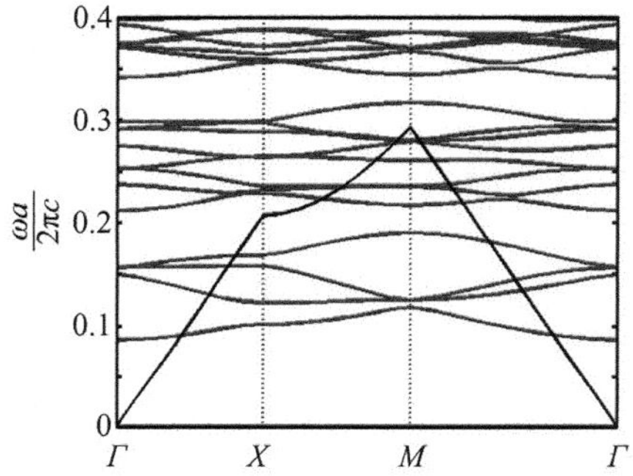

(d) bathroom晶格的色散曲线

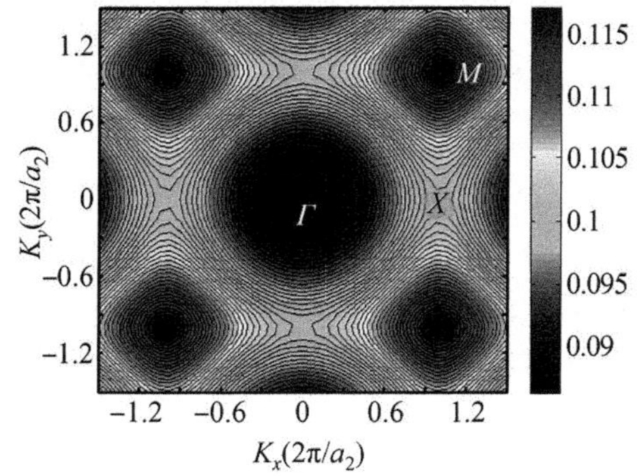

(e) bathroom晶格的TM_1

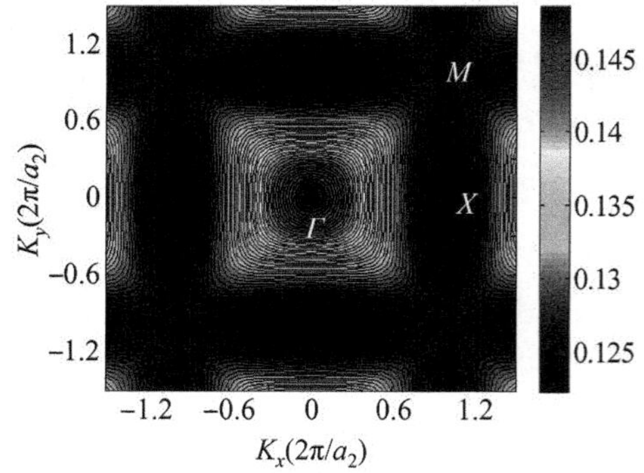

(f) bathroom晶格的TM_2

图5.43 type－1型二维等离子体光子晶体在不同晶格条件下的色散曲线和前两个TM能带的EFC，其中连接线代表光线，且 $\nu_c = 0.02\omega_p$，$R = 0.45a$，$\omega_p = 0.35\omega_{p0}$，$\varepsilon_a = 12.96$，$a_1 = a + \sqrt{3}a/2$ 和 $a_2 = a + \sqrt{2}a$

又能被视为右手介质，所以这两类二维阿基米德晶格等离子体光子晶体在 Γ 和 M 点能够观察到左手和右手负折射现象。

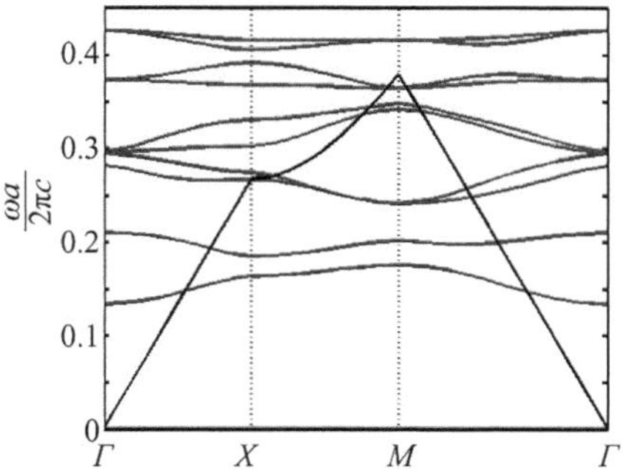

(a) ladybug晶格的色散曲线

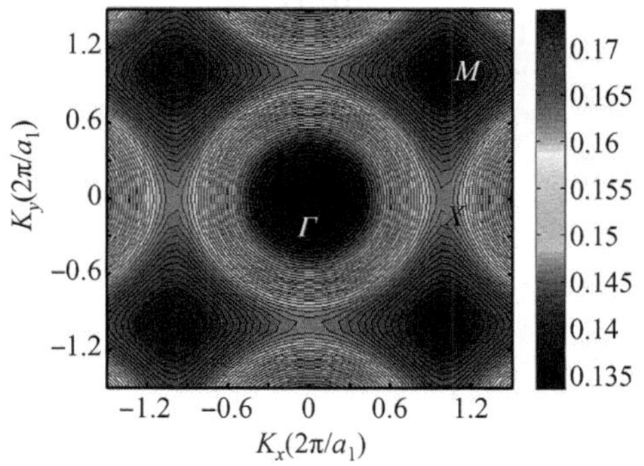

(b) ladybug晶格的TM_1

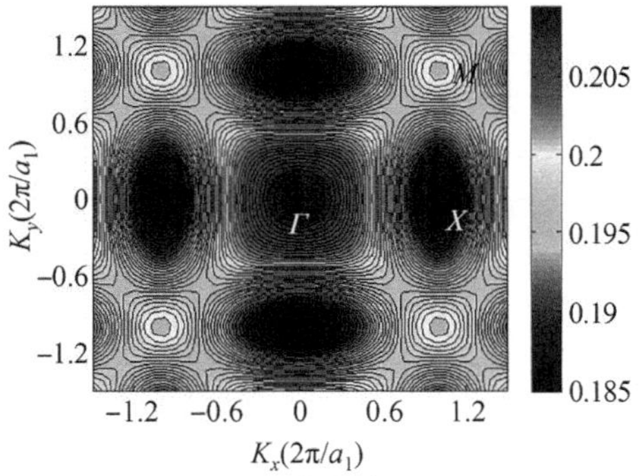

(c) ladybug晶格的TM_2

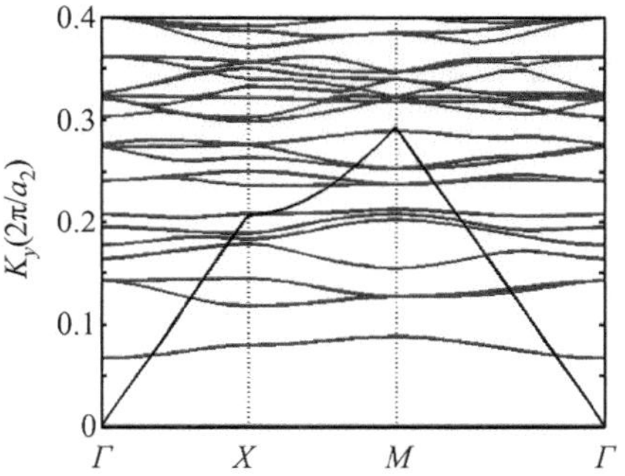

(d) bathroom晶格的色散曲线

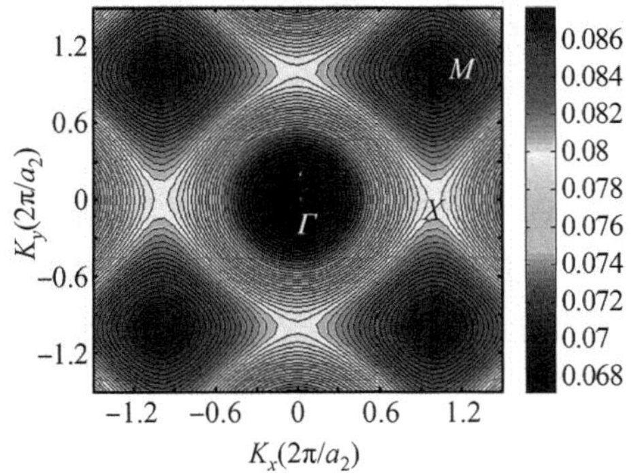

(e) bathroom晶格的TM_1

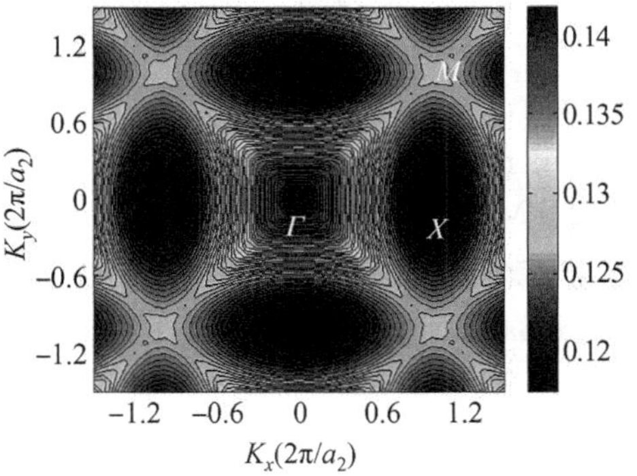

(f) bathroom晶格的TM_2

图 5.44　type-2型二维等离子体光子晶体在不同晶格条件下的色散曲线和前两个 TM 能带的 EFC，其中连接线代表光线，且 $\nu_c = 0.02\omega_p$，$R = 0.45a$，$\omega_p = 0.35\omega_{p0}$，$\varepsilon_a = 12.96$，$a_1 = a + \sqrt{3}a/2$ 和 $a_2 = a + \sqrt{2}a$

表 5.3 type－1 型二维等离子体光子晶体在不同晶格条件下前两个 TM 能带的 AANR

晶格	交界面	全负折射区域($2\pi c/a$)	
		TM_1	TM_2
ladybug	$\Gamma-M$	0.087 ～ 0.101	0.129 5 ～ 0.149 1
	$\Gamma-X$	—	0.129 5 ～ 0.149 1
bathroom	$\Gamma-M$	0.101 4 ～ 0.108 8	0.125 4 ～ 0.134 1
	$\Gamma-X$	—	0.125 4 ～ 0.134 1

表 5.4 type－2 型二维等离子体光子晶体在不同晶格条件下前两个 TM 能带的 AANR

晶格	交界面	全负折射区域($2\pi c/a$)	
		TM_1	TM_2
ladybug	$\Gamma-M$	0.163 2 ～ 0.169 1	—
	$\Gamma-X$	—	0.197 4 ～ 0.201
bathroom	$\Gamma-M$	0.080 4 ～ 0.083 2	0.126 8 ～ 0.135 9
	$\Gamma-X$	—	0.126 8 ～ 0.135 9

5.4 基于二维等离子体光子晶体的全向反射器

由上一节可知,二维等离子体光子晶体可以产生 CPBG,即可以同时阻止 TE 波和 TM 波的传播。如果该二维等离子体光子晶体对于任何极化波在任何方向上均是禁带,那么这种禁带就被称为全向反射带隙(Omnidirectional Photonic Band Gap,OBG)。如第 3 章所述,全向反射器能够用一维等离子体光子晶体来实现。那么,全向反射器是否能够用二维等离子体光子晶体来实现呢?答案是肯定的。在理论上,三维结构较一维和二维结构更接近于现实应用,然而三维结构本身在加工制造上十分困难,技术难点多。因此,“2.5 维”光子晶体是一个比较好的选择。正如 Haas[263] 和 Li[264] 等人提及的那样,“2.5 维”光子晶体不但能够降低在制造过程中的难度,而且能够解决在加工一维全向反射器中所出现的问题[264]。当电磁波斜入射时[265],用“2.5 维”[263] 光子晶体的结构就能得到 OBG。本节将对二维等离子体光子晶体用于设计全向反射器进行介绍,并对其 OBG 特性进行分析。同时,还将对该二维等离子体光子晶体的互补结构的 OBG 特性进行分析,并讨论各向异性介质对 OBG 特性的影响。为了便于分析,计算时引入的时谐量是 $e^{-j\omega t}$,ω 是角频率,t 是时间,且 $j=\sqrt{-1}$。

5.4.1　理论模型与数值方法

图 5.45 给出了该二维三角形晶格等离子体光子晶体的结构单元和 1st BZ 的示意图。如图 5.45 所示，该二维等离子体光子晶体采用三角形晶格(这样更容易得到 CPBG[265])，且等离子体圆柱填充在介质背景中。假设该光子晶体的晶格常数和等离子体圆柱的半径分别为 a 和 R。等离子体和介质的相对介电常数分别为 ε_p 和 ε_b。由图 5.45 还可知，三角形晶格 1st BZ 上的高对称点为 $\Gamma=(0,\ 0)$、$J=(2\sqrt{3}\pi/3a,\ 0)$ 和 $X=(2\sqrt{3}\pi/3a,\ 2\pi/3a)$[266]。电磁波以角度 θ 斜入射光子晶体，波矢 $\boldsymbol{k}$ 在 z 方向上的分量为 $k_z=\omega\sin\theta/c$(c 为真空中的光速)。为了便于分析，假设此时不存在外加磁场，那么 ε_p 可以表示为

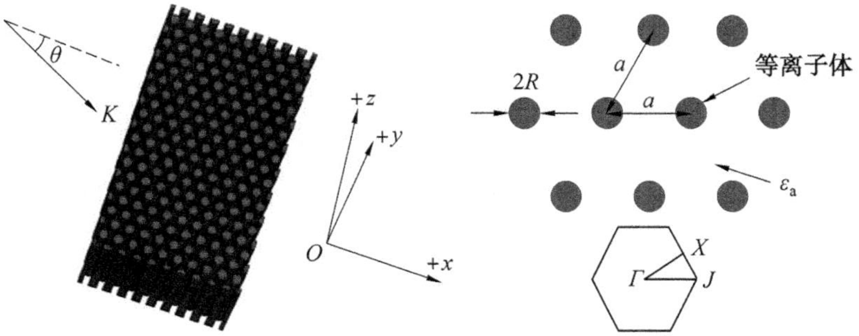

图 5.45　二维三角形晶格等离子体光子晶体的结构单元和 1st BZ 的示意图

$$\varepsilon_p(\omega)=1-\frac{{\omega_p}^2}{\omega^2+\mathrm{j}(\nu_c\omega)} \tag{5.13}$$

式中，ω_p 和 ν_c 分别表示等离子体频率和等离子体碰撞频率。

在频域中，电磁场满足 Maxwell 方程，因此对于所给的二维等离子体光子晶体而言满足

$$\nabla\times\boldsymbol{H}=\mathrm{j}\omega\varepsilon_0\varepsilon(\boldsymbol{r})\boldsymbol{E} \tag{5.14}$$

$$\nabla\times\boldsymbol{E}=-\mathrm{j}\omega\mu_0\boldsymbol{H} \tag{5.15}$$

式中，$\varepsilon(\boldsymbol{r})$ 是周期性函数。显然，式(5.14) 和式(5.15) 能够被化简为电场的标准表达形式，它的表达形式如下：

$$\frac{1}{\varepsilon(\boldsymbol{r})}\nabla\times\nabla\times\boldsymbol{E}=\frac{\omega^2}{c^2}\boldsymbol{E} \tag{5.16}$$

对于三维情况而言，考虑等离子体圆柱和介质背景均是均匀且各向同性的，式(5.16) 可以化简为

$$\frac{1}{\varepsilon(\boldsymbol{r})}\left(-\frac{\partial^2E_x}{\partial y^2}-\frac{\partial^2E_x}{\partial z^2}+\frac{\partial^2E_y}{\partial x\partial y}+\frac{\partial^2E_z}{\partial x\partial z}\right)=\frac{\omega^2}{c^2}E_x \tag{5.17a}$$

$$\frac{1}{\varepsilon(\boldsymbol{r})}\left(-\frac{\partial^2 E_y}{\partial x^2}-\frac{\partial^2 E_y}{\partial z^2}+\frac{\partial^2 E_z}{\partial y \partial z}+\frac{\partial^2 E_x}{\partial x \partial y}\right)=\frac{\omega^2}{c^2}E_y \tag{5.17b}$$

$$\frac{1}{\varepsilon(\boldsymbol{r})}\left(-\frac{\partial^2 E_z}{\partial x^2}-\frac{\partial^2 E_z}{\partial z^2}+\frac{\partial^2 E_x}{\partial x \partial z}+\frac{\partial^2 E_y}{\partial y \partial z}\right)=\frac{\omega^2}{c^2}E_z \tag{5.17c}$$

根据 PWE 算法可知，电场可表示为

$$E_{i=x,y,z}=\sum_{\boldsymbol{G}} h_{i=x,y,z}(\boldsymbol{k}\mid\boldsymbol{G})\exp[-\mathrm{j}(\boldsymbol{k}+\boldsymbol{G})\cdot\boldsymbol{r}] \tag{5.18}$$

式中，$\boldsymbol{G}$是倒格矢；$\boldsymbol{r}$是二维布拉格矢。由该二维等离子体光子晶体傅里叶展开系数 $\kappa(\boldsymbol{G})$ 的定义可知

$$\frac{1}{\varepsilon(\boldsymbol{r})}=\sum_{\boldsymbol{G}}\kappa(\boldsymbol{G})\exp[-\mathrm{j}\boldsymbol{G}\cdot\boldsymbol{r}] \tag{5.19}$$

因此，$\kappa(\boldsymbol{G})$ 的表达式可以写成

$$\kappa(\boldsymbol{G})=\begin{cases}\left(\dfrac{\omega^2+\mathrm{j}\nu_c\omega}{\omega^2+\mathrm{j}\nu_c\omega-\omega_p^2}\right)f+\dfrac{1}{\varepsilon_a}(1-f), & \boldsymbol{G}=\boldsymbol{0}\\ \left[\left(\dfrac{\omega^2+\mathrm{j}\nu_c\omega}{\omega^2+\mathrm{j}\nu_c\omega-\omega_p^2}\right)-\dfrac{1}{\varepsilon_a}\right]f\,\dfrac{2\mathrm{J}_1(|\boldsymbol{G}|R)}{(|\boldsymbol{G}|R)}, & \boldsymbol{G}\neq\boldsymbol{0}\end{cases} \tag{5.20}$$

式中，f 是等离子体圆柱的填充率，且 $\mathrm{J}_1(x)$ 为第一类 Bessel 函数。显然，$f=\pi R^2/S_m$，且 S_m 是单元结构的面积。因此，式(5.17) 可化简为

$$\sum_{\boldsymbol{G}}\kappa(\boldsymbol{G})\cdot\begin{bmatrix}(G_y+k_y)^2+k_z^2 & -(G_y+k_y)(G_x+k_x) & -k_z(G_x+k_x)\\ -(G_y+k_y)(G_x+k_x) & (G_y+k_y)^2+k_z^2 & -k_z(G_y+k_y)\\ -k_z(G_x+k_x) & -k_z(G_y+k_y) & (G_y+k_y)^2+(G_x+k_x)^2\end{bmatrix}\cdot$$

$$\begin{bmatrix}h_x(\boldsymbol{k}\mid\boldsymbol{G})\\ h_y(\boldsymbol{k}\mid\boldsymbol{G})\\ h_z(\boldsymbol{k}\mid\boldsymbol{G})\end{bmatrix}=\frac{\omega^2}{c^2}\begin{bmatrix}h_x(\boldsymbol{k}\mid\boldsymbol{G})\\ h_y(\boldsymbol{k}\mid\boldsymbol{G})\\ h_z(\boldsymbol{k}\mid\boldsymbol{G})\end{bmatrix} \tag{5.21}$$

式中，$G_x=2m\pi/a$；$G_y=2n\pi/a$；m 和 n 是任意整数。如果假设变量 $\zeta=\omega/c$，式(5.21) 可化简为一线性等式：

$$\zeta^4\boldsymbol{Z}_4-\zeta^3\boldsymbol{Z}_3-\zeta^2\boldsymbol{Z}_2-\zeta\boldsymbol{Z}_1-\boldsymbol{Z}_0=\boldsymbol{0} \tag{5.22}$$

$$\boldsymbol{Z}_4(\boldsymbol{G}\mid\boldsymbol{G}')=\begin{bmatrix}\boldsymbol{I}-\sin^2\theta\cdot\boldsymbol{A}_1 & 0 & 0\\ 0 & \boldsymbol{I}-\sin^2\theta\cdot\boldsymbol{A}_1 & 0\\ 0 & 0 & \boldsymbol{I}\end{bmatrix} \tag{5.23a}$$

$$\boldsymbol{Z}_3(\boldsymbol{G}\mid\boldsymbol{G}')=\begin{bmatrix}-\mathrm{j}\dfrac{\nu_c}{c}(\boldsymbol{I}-\sin^2\theta\cdot\boldsymbol{A}_1) & 0\\ 0 & -\mathrm{j}\dfrac{\nu_c}{c}(\boldsymbol{I}-\sin^2\theta\cdot\boldsymbol{A}_1)\\ -(G_x+k_x)\cdot\sin\theta\cdot\boldsymbol{A}_1 & -(G_y+k_y)\cdot\sin\theta\cdot\boldsymbol{A}_1\end{bmatrix}$$

$$\left.\begin{matrix} -(G_x+k_x)\cdot\sin\theta\cdot\boldsymbol{A}_1 \\ -(G_y+k_y)\cdot\sin\theta\cdot\boldsymbol{A}_1 \\ \boldsymbol{I} \end{matrix}\right] \tag{5.23b}$$

$$\boldsymbol{Z}_2(\boldsymbol{G}\mid\boldsymbol{G}')=\begin{bmatrix} \dfrac{\omega_{\mathrm{p}}^2}{c^2}[\boldsymbol{I}+\sin^2\theta\cdot(\boldsymbol{B}_1-\boldsymbol{A}_1)] & 0 & -(G_x+k_x)\cdot\sin\theta\cdot\mathrm{j}\,\dfrac{\nu_{\mathrm{c}}}{c}\cdot\boldsymbol{A}_1 \\ 0 & \dfrac{\omega_{\mathrm{p}}^2}{c^2}[\boldsymbol{I}+\sin^2\theta\cdot(\boldsymbol{B}_1-\boldsymbol{A}_1)] & -(G_y+k_y)\cdot\sin\theta\cdot\mathrm{j}\,\dfrac{\nu_{\mathrm{c}}}{c}\cdot\boldsymbol{A}_1 \\ -(G_x+k_x)\cdot\sin\theta\cdot\mathrm{j}\,\dfrac{\nu_{\mathrm{c}}}{c}\cdot\boldsymbol{A}_1 & -(G_y+k_y)\cdot\sin\theta\cdot\mathrm{j}\,\dfrac{\nu_{\mathrm{c}}}{c}\cdot\boldsymbol{A}_1 & \dfrac{\omega_{\mathrm{p}}^2}{c^2}\cdot\boldsymbol{I} \end{bmatrix}+\boldsymbol{A}_2 \tag{5.23c}$$

$$\boldsymbol{Z}_1(\boldsymbol{G}\mid\boldsymbol{G}')=\frac{\omega_{\mathrm{p}}^2\sin\theta}{c^2}\cdot\begin{bmatrix} 0 & 0 & -(G_x+k_x)\cdot(\boldsymbol{B}_1-\boldsymbol{A}_1) \\ 0 & 0 & -(G_y+k_y)\cdot(\boldsymbol{B}_1-\boldsymbol{A}_1) \\ -(G_x+k_x)\cdot(\boldsymbol{B}_1-\boldsymbol{A}_1) & -(G_y+k_y)\cdot(\boldsymbol{B}_1-\boldsymbol{A}_1) & 0 \end{bmatrix}+\mathrm{j}\,\frac{\nu_{\mathrm{c}}}{c}\boldsymbol{A}_2 \tag{5.23d}$$

$$\boldsymbol{Z}_0(\boldsymbol{G}\mid\boldsymbol{G}')=(\boldsymbol{B}_2-\boldsymbol{A}_2)\cdot\frac{\omega_{\mathrm{p}}^2}{c^2} \tag{5.23e}$$

式中，$\boldsymbol{I}$ 是单位矩阵；

$$\boldsymbol{A}_1=\left[\frac{1}{\varepsilon_{\mathrm{a}}}+\left(1-\frac{1}{\varepsilon_{\mathrm{a}}}\right)f\right]\boldsymbol{\delta}_{\boldsymbol{G}_{/\!/}\cdot\boldsymbol{G}'_{/\!/}}+\left(1-\frac{1}{\varepsilon_{\mathrm{a}}}\right)\cdot 2f\,\frac{\mathrm{J}_1(|\boldsymbol{G}-\boldsymbol{G}'|R)}{(|\boldsymbol{G}-\boldsymbol{G}'|R)}$$

$$\boldsymbol{B}_1=f\cdot\boldsymbol{\delta}_{\boldsymbol{G}_{/\!/}\cdot\boldsymbol{G}'_{/\!/}}-2f\,\frac{\mathrm{J}_1(|\boldsymbol{G}-\boldsymbol{G}'|R)}{(|\boldsymbol{G}-\boldsymbol{G}'|R)}$$

$$\boldsymbol{A}_2=\begin{bmatrix} (G_y+k_y)^2\cdot\boldsymbol{A}_1 & -(G_y+k_y)(G_x+k_x)\cdot\boldsymbol{A}_1 & 0 \\ -(G_y+k_y)(G_x+k_x)\cdot\boldsymbol{A}_1 & (G_y+k_y)^2\cdot\boldsymbol{A}_1 & 0 \\ 0 & 0 & \boldsymbol{A}_1\cdot[(G_y+k_y)^2+(G_x+k_x)^2] \end{bmatrix}$$

和

$$\boldsymbol{B}_2=\begin{bmatrix} (G_y+k_y)^2\cdot\boldsymbol{B}_1 & -(G_y+k_y)(G_x+k_x)\cdot\boldsymbol{B}_1 & 0 \\ -(G_y+k_y)(G_x+k_x)\cdot\boldsymbol{B}_1 & (G_y+k_y)^2\cdot\boldsymbol{B}_1 & 0 \\ 0 & 0 & \boldsymbol{B}_1\cdot[(G_y+k_y)^2+(G_x+k_x)^2] \end{bmatrix}$$

式中，$\boldsymbol{G}'$ 表示 $\boldsymbol{G}=\boldsymbol{G}'$ 的项。如果平面波展开数为 N，那么 $\boldsymbol{Z}_4$、$\boldsymbol{Z}_3$、$\boldsymbol{Z}_2$、$\boldsymbol{Z}_1$ 和 $\boldsymbol{Z}_0$ 分别为 $3N\times3N$ 的矩阵，那么这个多项式问题就可以转化为 $12N\times12N$ 的关系矩阵问题，矩阵 $\boldsymbol{Q}$ 和 $\boldsymbol{V}$ 满足 $\boldsymbol{Q}z=\zeta\boldsymbol{V}z$，其中 $\boldsymbol{Q}$ 和 $\boldsymbol{V}$ 分别为

$$\boldsymbol{Q}=\begin{bmatrix} 0 & \boldsymbol{I} & 0 & 0 \\ 0 & 0 & \boldsymbol{I} & 0 \\ 0 & 0 & 0 & \boldsymbol{I} \\ \boldsymbol{Z}_0 & \boldsymbol{Z}_1 & \boldsymbol{Z}_2 & \boldsymbol{Z}_3 \end{bmatrix},\quad \boldsymbol{V}=\begin{bmatrix} \boldsymbol{I} & 0 & 0 & 0 \\ 0 & \boldsymbol{I} & 0 & 0 \\ 0 & 0 & \boldsymbol{I} & 0 \\ 0 & 0 & 0 & \boldsymbol{Z}_4 \end{bmatrix} \tag{5.24}$$

求解等式 $\boldsymbol{Q}z=\zeta\boldsymbol{V}z$ 的特征值可以通过求解式(5.23)得到，显然，斜入射情况下所给定二维等离子体光子晶体的色散关系可以通过求解上述特征值的实部获得。在下面的计算过程中，我们将采用 1 225 个平面波进行展开，1st BZ 中的 $\boldsymbol{k}$ 矢量将被划分为 30 份，频域用 $\omega_{\mathrm{p0}}=\dfrac{\omega a}{2\pi c}$ 进行归一化，ω_{p} 和 ν_{c} 的初始值分别设定为 $\omega_{\mathrm{p}}=0.25\omega_{\mathrm{p0}}$ 和 $\nu_{\mathrm{c}}=0.002\omega_{\mathrm{p}}$。OBG 的相对带宽定义为 $\omega_{\mathrm{R}}=\Delta\omega/\omega_{\mathrm{i}}$，其中 $\Delta\omega$ 和 ω_{i} 分别为 OBG 的带宽和中心频率。

5.4.2　二维三角形晶格等离子体光子晶体的 OBG 特性

图 5.46 给出了入射波在入射角 θ 不同时，该二维等离子体光子晶体的色散曲线，此时 $\varepsilon_{\mathrm{a}}=23.04$，$R=0.45a$，$\omega_{\mathrm{p}}=0.25\omega_{\mathrm{p0}}$ 和 $\nu_{\mathrm{c}}=0.002\omega_{\mathrm{p}}$。图中灰色的区域表示 CPBG。由图 5.46 可知，该光子晶体不但能产生 OBG，而且还能得到 1 个水平带区域。水平带区域在 $\omega\leqslant\omega_{\mathrm{p}}$ 时能观察到，在这个区域中电磁波的群速度会比较低。水平带区域由表面等离子体激元产生[267-268]，这种类似的现象同样可以从金属光子晶体[269]、半导体光子晶体[270]和超导体光子晶体[271-272]中观察到。1st OBG 位于水平区域上方的第 2 和第 3 能带间，类似地 2nd OBG 能够在水平区域上方的第 3 和第 4 能带间被找到。从图 5.46(a) 和图 5.46(d) 中可以看到，在 $\theta=0^\circ$ 时，前 2 个 CPBG 的频率范围分别为 0.311 45 ～ 0.384 33$(2\pi c/a)$ 和 0.406 64 ～ 0.417 7$(2\pi c/a)$。在 $\theta=89^\circ$ 时，该频率范围变化为 0.336 44 ～ 0.398 34 $(2\pi c/a)$ 和 0.416 28 ～ 0.426 11$(2\pi c/a)$。显然，存在两个 OBG，其频率范围分别为 0.336 44 ～ 0.384 33$(2\pi c/a)$ 和 0.416 28 ～ 0.417 7$(2\pi c/a)$。图 5.47 给出了入射波在入射角 θ 不同时，前两个 CPBG 的能带边缘，且初始条件与

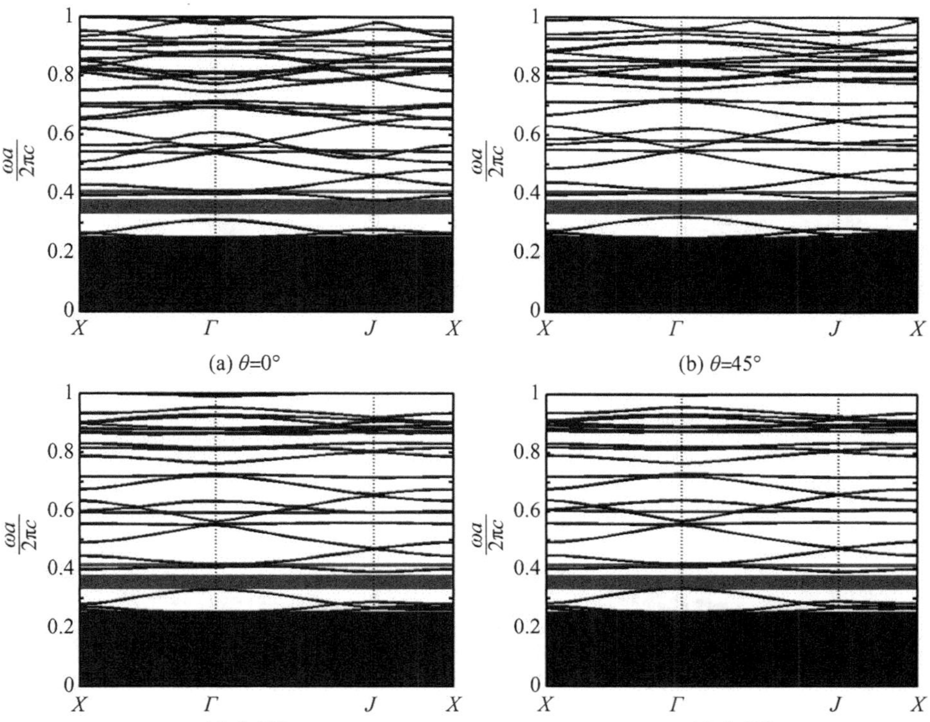

(a) θ=0°　(b) θ=45°　(c) θ=60°　(d) θ=89°

图 5.46　入射波在入射角 θ 不同时，该二维等离子体光子晶体的色散曲线

图 5.46 的相同，但 ω_p 不同。如图 5.47 所示，前两个 CPBG 的能带边缘将随着 θ 的增大而发生蓝移。可以发现 OBG 的频率范围由 $\theta=0°$ 时 CPBG 的上边缘和 $\theta=89°$ 时 CPBG 的下边缘决定。当 $\omega_p=0$ 时，等离子体圆柱可以视为空气柱。从图5.47(b) 可知，仅仅存在一个 OBG，且频率范围是 0.324 89 ～ 0.364 67($2\pi c/a$)，而 2nd CPBG 将会在 $\theta=66°$ 时发生闭合。比较图 5.47(a) 和(b) 中的结果可知，1st OBG 的带宽明显得到了提升，且禁带的上、下边缘将发生蓝移，当等离子体引入传统的介质一空气光子晶体中时，2nd OBG 将会出现。为了进一步研究 OBG 的特性，图 5.48 给出了入射波在入射角 θ 不同时，前两个 CPBG 的能带边缘，且除了 $\varepsilon_a=11.22$ 外，初始条件与图 5.47 相同。如图 5.48(a) 所示，当 ε_a 减小到 11.2 且插入的为空气柱时，OBG 将不会存在。而且当 $\theta<18°$ 时，2nd CPBG 将会消失；当 $\theta>72°$ 时，1st CPBG 将不会存在。作为一个对比，图5.48(b) 中，如果将等离子体圆柱插入到该光子晶体中，1st OBG 将会存在，且频率范围是0.475 73 ～ 0.487 17($2\pi c/a$)，2nd CPBG 能够在 $\theta<33°$ 的范围内观察到。综上所述，我们设计的二维等离子体光子晶体能够产生 OBG。与传统的二维介质一空气光子晶体相比，二维等离子体光子晶体能够拓展 OBG 的带宽，且能够增加 OBG 的数目。

因此，所给出的二维等离子体光子晶体是实现加工全向反射器和全向反射镜面较好的选择。

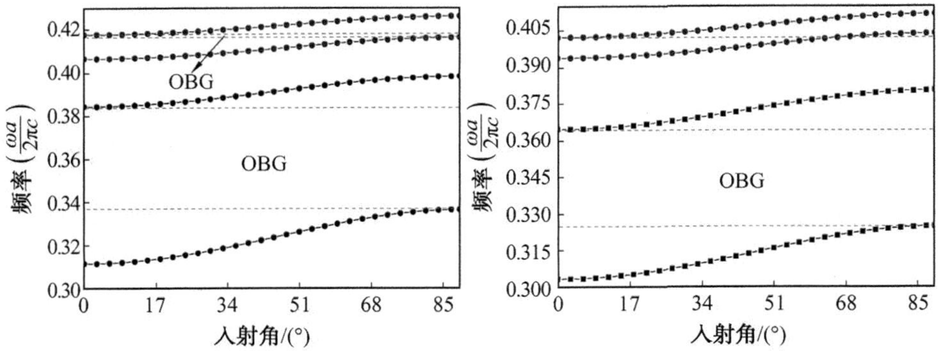

(a) $\omega_p=0.25\omega_{p0}$　　(b) $\omega_p=0$

图 5.47　入射波在入射角 θ 不同时，前两个 CPBG 的能带边缘

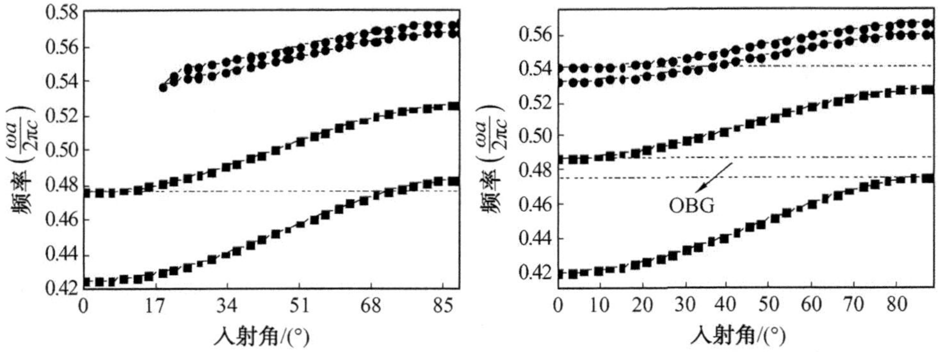

(a) 插入空气柱　　(b) 插入等离子体柱

图 5.48　入射波在入射角 θ 不同时，前两个 CPBG 的能带边缘

5.4.3　光子晶体参数对 OBG 特性的影响

图 5.49 给出了 ε_a 对前两个 CPBG 的影响，且 $R=0.45a$，$\omega_p=0.25\omega_{p0}$，$\nu_c=0.002\omega_p$，$\theta=0°$ 和 $\theta=89°$；阴影部分表示 OBG。如图 5.49(a) 所示，当 ε_a 的值增大时，1st CPBG 在 $\theta=0°$ 和 $\theta=89°$ 时的上、下边缘均将发生红移，而且带宽将先增大后减小。因此，1st OBG 的上、下边缘均将随着 ε_a 的增大而发生红移，且带宽也要先增大后减小。由图 5.49(a) 可知，如果 ε_a 的值没有在 10.8 ～ 70 之间，1st OBG 将不会出现。1st OBG 的最大带宽是 0.051 2($2\pi c/a$)，且此时 $\varepsilon_a=30$。如图5.49(b) 所示，2nd CPBG 在 $\theta=0°$ 和 $\theta=89°$ 时的上、下边缘的变化趋势与 1st CPBG 的相同。2nd OBG 的上、下边缘均将随着 ε_a 的增大而发生红移，且带宽也是先增大后减小。如果 ε_a 的值小于 20，2nd OBG 将不会出现。2nd OBG 带宽的

最大值是 0.022 4($2\pi c/a$)，此时 $\varepsilon_a=74$。如果 ε_a 的值位于 20～70，这两个 OBG 能够被观察到。在图 5.50 中给出了 ε_a 对前两个 OBG 的影响关系。由图 5.50 可知，随着 ε_a 的增大，这两个 OBG 的相对带宽将先增大后减小。它们的最大值分别是 0.163 5 和 0.080 1，分别位于 $\varepsilon_a=30$ 和 $\varepsilon_a=74$ 处。与 2nd OBG 相比，1st OBG 有更大的带宽和相对带宽。因此，OBG 能够被 ε_a 所调谐，更大的 OBG 能够出现在 high－ε_a 区域。这在物理上可以解释为增加 ε_a 的值意味着该二维等离子体光子晶体的平均介电常数变大了，因为 ε_p 的实部比 1 要小。

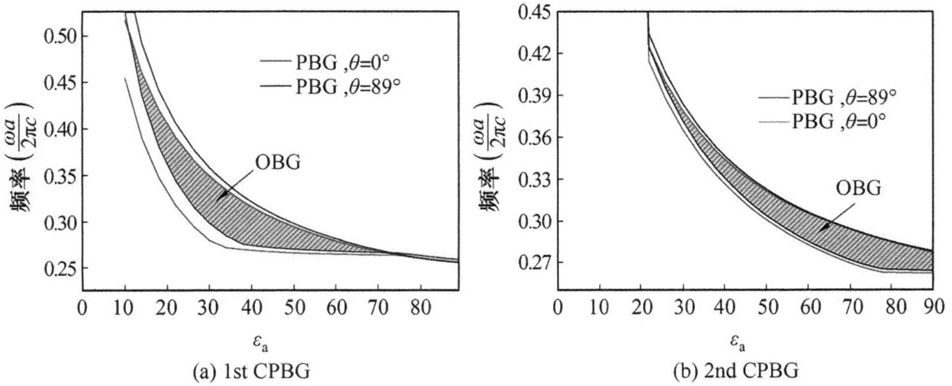

图 5.49　ε_a 对前两个 CPBG 的影响

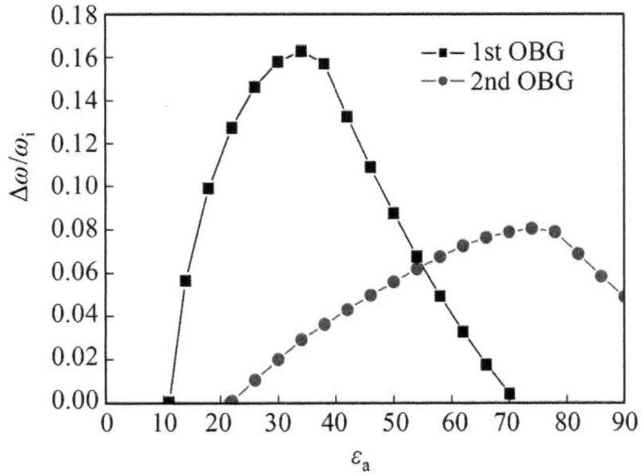

图 5.50　ε_a 对前两个 OBG 的影响关系

图 5.51 给出了 R 对前两个 CPBG 的影响，且 $\varepsilon_a=23.04$，$\omega_p=0.25\omega_{p0}$，$\nu_c=0.002\omega_p$，$\theta=0°$ 和 $\theta=89°$；阴影部分表示 OBG。如图 5.51(a) 所示，1st CPBG 在 $\theta=0°$ 和 $\theta=89°$ 时的上、下边缘均随着 R 的增大而发生蓝移，而且带宽将先增大后减小。这将使得 1st OBG 的上、下边缘均随着 R 的增大而发生蓝移，且带宽也要先增大后减小。1st OBG 将在 R/a 的值处于 0.38～0.48 时出现。1st OBG 的带宽最大值为 0.060 2($2\pi c/a$)，这时 $R/a=0.46$。与 $R/a=0.45$ 时相比，其带宽

增加了0.012($2\pi c/a$)。由图5.51(a)中的结果可知,CPBG和OBG有相似的变化规律。如图5.51(a)和图5.51(b)所示,2nd OBG与R/a的值密切相关。如果$0<R/a<0.48$时,2nd OBG能够出现。2nd OBG的最大带宽为0.019($2\pi c/a$),这时$R/a=0.47$。图5.52给出了R对前两个OBG的影响关系,且初始条件与图5.51的相同。由图5.52可知,这两个OBG的相对带宽均将随着R/a的增大而减小。这两个OBG的最大ω_R分别是0.152 36和0.036 43,位于$R/a=0.46$和0.47。当$R/a=0.45$时这两个OBG的相对带宽分别增加了0.019 5和0.033。显然,对于OBG调控而言,R是一个非常重要的参数。要得到更大的OBG必须要在high－R区域。这是因为增加R的值就意味着该二维等离子体光子晶体的平均介电常数在减小,那么OBG将会比较明显地被调节。

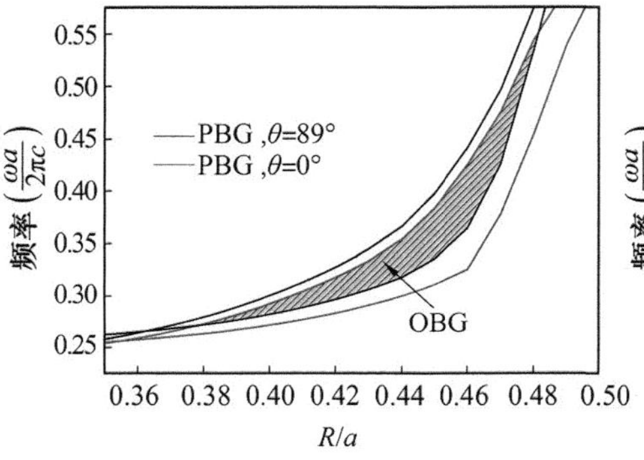

(a) 1st CPBG　　(b) 2nd CPBG

图5.51　R对前两个CPBG的影响

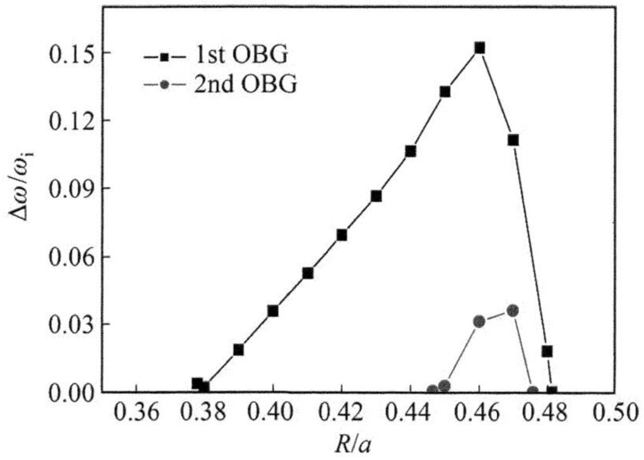

图5.52　R对前两个OBG的影响关系

图5.53给出了ω_p对前两个CPBG的影响,且$\varepsilon_a=23.04$,$R=0.45a$,$\nu_c=0.002\omega_p$,$\theta=0°$和$\theta=89°$;阴影部分表示OBG。如图5.53(a)所示,1st PBG在$\theta=0°$和$\theta=89°$时的上、下边缘均随着ω_p/ω_{p0}的增大而发生蓝移,而且带宽将先

增大后减小。这意味着 1st OBG 也有类似的特性。如果 $\omega_p/\omega_{p0}>0.42$，1st OBG 将会消失。1st OBG 带宽的最大值为 0.048 42($2\pi c/a$)，这时 $\omega_p/\omega_{p0}=0.268$。与 $\omega_p/\omega_{p0}=0$ 时相比，带宽增加了 0.008 6($2\pi c/a$)。因此，与传统的二维介质－空气光子晶体相比，所给的等离子体光子晶体更有利于获得更大的 OBG 带宽。由图 5.53(b) 可知，2nd CPBG 和 OBG 有相似的变化规律。2nd OBG 的上、下边缘将随着 ω_p/ω_{p0} 的增大而增大，它的带宽将先增大后减小。如果 $\omega_p/\omega_{p0}<0.21$ 或 $\omega_p/\omega_{p0}>0.56$，2nd OBG 将消失。2nd OBG 的最大带宽为 0.014 4($2\pi c/a$)，这时 $R/a=0.45$。比较图 5.53 中的结果可知，1st OBG 有更大的带宽。图 5.54 给出了 ω_p 对前两个 OBG 的影响关系，且初始条件与图 5.53 的相同。如图 5.54 所示，这两个 OBG 的 ω_R 将随着 ω_p 的增大而先增大后减小。前两个 OBG 的 ω_R 的最大值分别为 0.133 1 和 0.030 2，且分别位于 $\omega_p/\omega_{p0}=0.268$ 和 $\omega_p/\omega_{p0}=0.45$ 处。与 $\omega_p/\omega_{p0}=0.25$ 时相比，ω_R 的值分别增加了 0.000 1 和 0.026 9。增加 ω_p 意味着 ε_p 的实部将减小，这种影响类似于增加 R 的值。换句话说，该二维等离子体光子晶体的平均介电常数发生了变化，OBG 将发生变化。但是，并不意味着增加 ω_p 的值就能增加 OBG 的带宽，因为当 ω_p 的值太大时，电磁波将不能通过等离子体光子晶体，而是直接被反射。

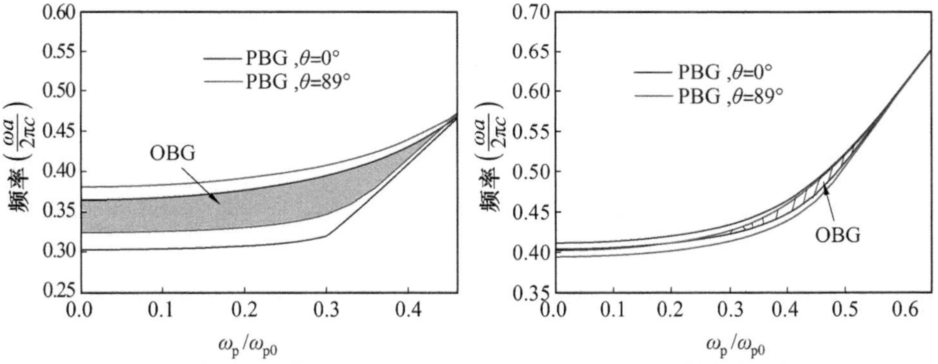

(a) 1st PBG　　(b) 2nd PBG

图 5.53　ω_p 对前两个 CPBG 的影响

图 5.55 给出了 ν_c 对前两个 CPBG 和其相对带宽的影响关系，且 $R=0.45a$，$\omega_p=0.25\omega_{p0}$，$\varepsilon_a=23.04$，$\theta=0°$ 和 $\theta=89°$；阴影部分表示 OBG。由图 5.55(a) 可知，$\theta=0°$ 和 $\theta=89°$ 时前两个 CPBG 的上、下边缘将不会随着 ν_c/ω_p 的增大(从 0.000 1 增加到 0.02) 而发生任何变化。这两个 CPBG 分别位于 0.311 45 ～ 0.384 33($2\pi c/a$)、0.406 64 ～ 0.417 7($2\pi c/a$)、0.336 44 ～ 0.398 34($2\pi c/a$) 和 0.416 28 ～ 0.426 11 ($2\pi c/a$)。类似的变化规律也能从图 5.55(b) 中看到，这两个 OBG 分别位于0.336 44 ～ 0.384 33($2\pi c/a$) 和 0.416 28 ～ 0.417 7($2\pi c/a$)。这两个 OBG 的相对带宽分别为 0.132 89 和 0.003 43，且不随着 ν_c 的增大而发生

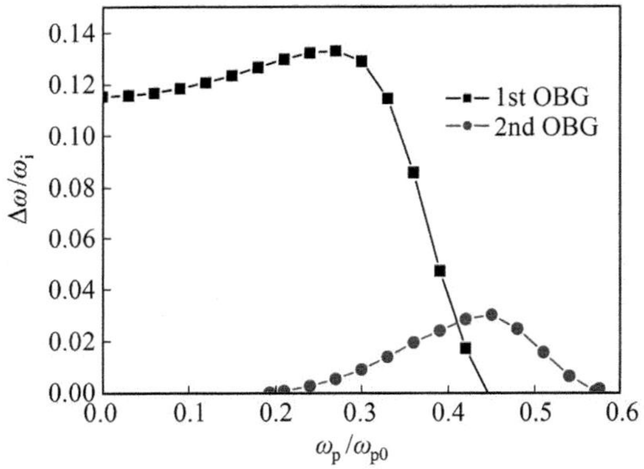

图 5.54 ω_p 对前两个 OBG 的影响关系

变化。这可以由 ν_c 和 ε_p 间的关系来解释，ν_c 仅是耗散项，且 ω_p 的值远远大于 ν_c。换句话说，ν_c 对 ε_p 的实部几乎没有影响。因此，OBG 的大小不能通过改变 ν_c 来进行调谐。

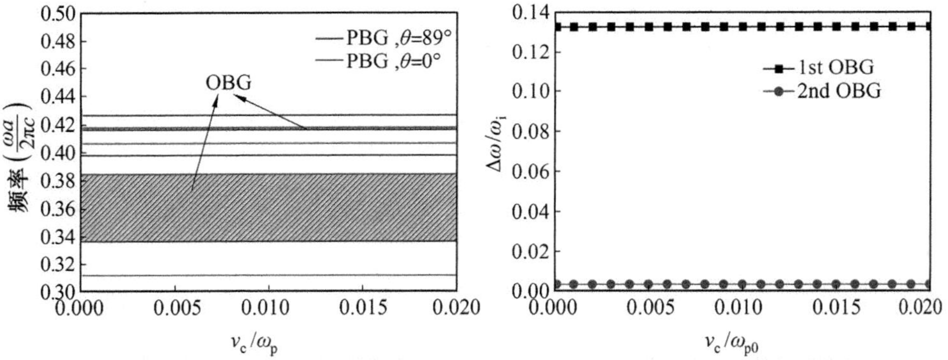

(a) 前两个CPBG上、下边缘的位置　　(b) 前两个OBG的相对带宽

图 5.55 ν_c 对前两个 CPBG 和其相对带宽的影响

5.4.4 光子晶体结构对 OBG 进行展宽

如上所述，调谐 OBG 能够通过改变该等离子体光子晶体的参数来实现。然而，我们还能通过破坏填充物的对称性来拓展带宽。在图 5.56 中给出了用于拓展 OBG 带宽的两种结构。如图 5.56(a) 所示，在三角形晶格内插入了两个半径不同的等离子体圆柱，半径分别为 R_1 和 R_2，即一个单元晶格中包含了两个半径不同的等离子体圆柱。如果 $R_1=R_2$，那么拓扑结构将与图 5.45 中提及的相同。为了方便我们将该结构称为 type－1 型结构。另外一种结构如图 5.56(b) 所示，等离子体圆柱间用宽度为 dx 的等离子体片连接，称该结构为 type－2 型结构。为了研究这两种结构的 OBG 特性，图 5.57 分别给出了 $\theta=0°$ 时这两种结构的能

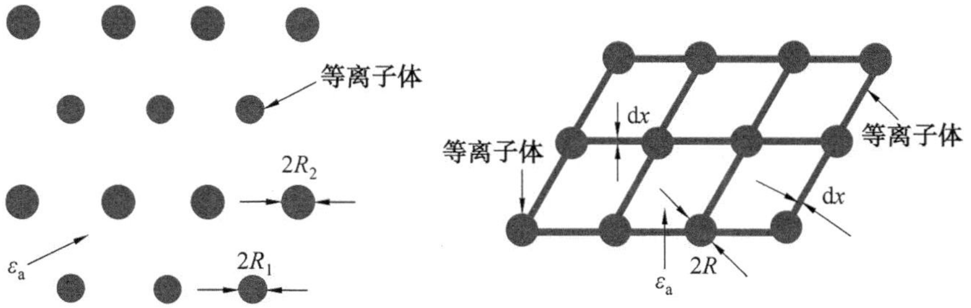

图 5.56　用于拓展 OBG 带宽的两种结构

带图，阴影部分表示 CPBG。此时，R_1、R_2 和 dx 分别为 0.45a、0.46a 和 0.06a，其他参数与图 5.46 中的相同。如图 5.57 所示，这两种拓扑结构在 $\theta=0°$ 时均能够产生 CPBG，分别位于水平带区域上面的第 2 和第 3 能带之间，第 3 和第 4 能带之间。这与图5.46 中的结果非常相似，只是 CPBG 位置不同。如图 5.57(a) 所示，前两个CPBG分别位于0.311 61～0.391 56($2\pi c/a$) 和0.413 12～0.429 57($2\pi c/a$)。与图 5.46(a) 中的结果相比，1st CPBG 的带宽明显增大了，增大了 0.012 11($2\pi c/a$)。而从图 5.57(b) 中能够看出前两个 CPBG 分别位于 0.311 61 ～ 0.391 0($2\pi c/a$) 和0.412 44～0.443 63($2\pi c/a$)。与图5.46(a) 中的结果相比，2nd CPBG的带宽也明显增加了，带宽拓展了 0.011 13($2\pi c/a$)。因此，1st OBG 能够通过 type－1 型结构进行拓展，2nd OBG 能够通过 type－2 型结构进行拓展。为了证明这一点，在图 5.58 中给出了两种新结构的 PBG 上、下边缘与 θ 的关系图。如图 5.58(a) 所示，两条黑线表示了 type－1 型结构的 1st CPBG 的上、下边缘，而两条灰线表示了常规三角形晶格结构的 1st CPBG 的上、下边缘(图 5.45)。从图 5.58(a) 可知，在两条虚线间存在着一个 OBG，CPBG 的上、下边缘将发生蓝移，

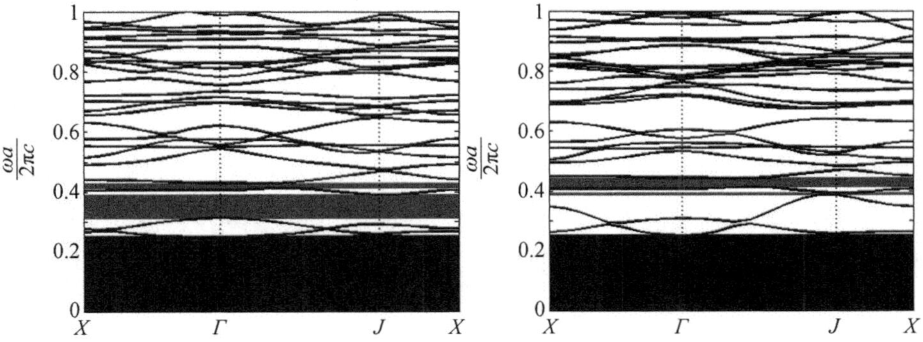

(a) type-1型
R_1=0.45a,R_2=0.4a

(b) type-2型
dx=0.06a

图 5.57　当 $\theta=0°$ 时，这两种新结构的能带图

位于 0.344 ～ 0.391 56($2\pi c/a$)。与常规三角形晶格产生的 1st OBG 相比，OBG 的带宽增加了 0.003 67($2\pi c/a$)，类似的现象也能够在图 5.58(b) 中观察到。能够从图 5.58(b) 中看出，type－2 型结构能够拓展 2nd OBG 的带宽，此时 OBG 涵盖 0.437 5 ～ 0.449 71($2\pi c/a$)。随着 θ 的增大，CPBG 的上、下边缘将发生蓝移。与常规的三角形晶格相比，2nd OBG 的带宽明显增大了，带宽增加了 0.010 79($2\pi c/a$)。综上所述，OBG 的带宽能够通过引入这两种新结构进行展宽。与常规的三角形晶格相比，type－1 型结构能够展宽 1st OBG，而 type－2 型结构对展宽 2nd OBG 有帮助。

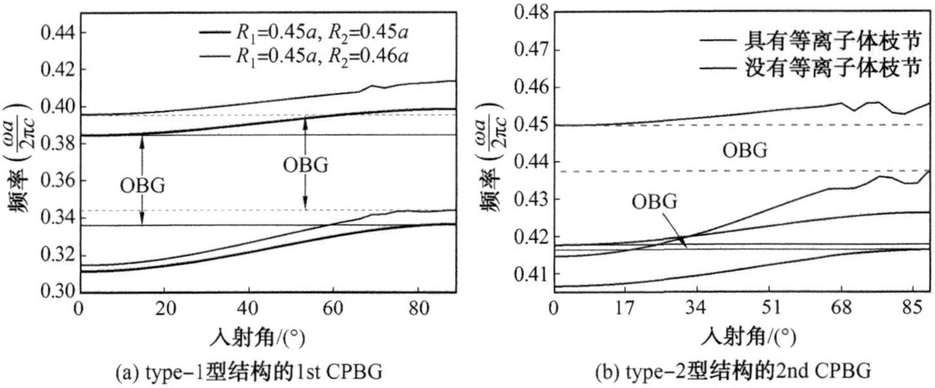

图 5.58　两种新结构的 PBG 上、下边缘与 θ 的关系图

为了研究这两种新结构参数对 OBG 特性的影响，图 5.59 中给出了 R_2 对 type－1 型结构 1st CPBG 和其相对带宽的影响，阴影部分表示 OBG。在这种情况下，假设 $R_1=0.45a$(R_1 保持不变)。如图 5.59(a) 所示，1st PBG 在 $\theta=0°$ 和 $\theta=89°$ 时，其上、下边缘将随着 R_2/a 的值增大而发生蓝移，且它们的带宽将先增大后减小。1st OBG 也有类似的变化规律。如果 R_2/a 的值大于 0.49，1st OBG 将会消失。1st OBG 的最大带宽为 0.069 2($2\pi c/a$)，这时 $R_2/a=0.46$。与图 5.51(a) 相比，type－1 型结构能够拓展 1st OBG 的带宽，且处在 low－R_2/a 区域。从图 5.59(b) 中可知，ω_R 的最大值是 0.143 63，此时 $R_2/a=0.46$。类似地，图 5.60 给出了 dx 对 type－2 型结构 2nd CPBG 和其相对带宽的影响，阴影部分表示 OBG，其他参数与图 5.56 中给出的相同。由图 5.60(a) 可知，2nd PBG 在 $\theta=0°$ 和 $\theta=89°$ 时，其上、下边缘将随着 dx 的值增大而发生蓝移，且它们的带宽将先增大后减小。2nd OBG 也有类似的规律。如果 dx 的值大于 0.167a，2nd OBG 将不会出现。2nd OBG 的最大带宽为 0.012 14($2\pi c/a$)，且位于 dx=0.08a 处。与 dx=0 时相比，带宽增加了 0.013 56($2\pi c/a$)。因此，与常规的三角形晶格相比，type－2 型结构能够增加 2nd OBG 的带宽。如图 5.60(b) 所示，ω_R 的值将随着 dx 的增大而先减小后增大，然后再减小。ω_R 的最大值为 0.026 93，这时

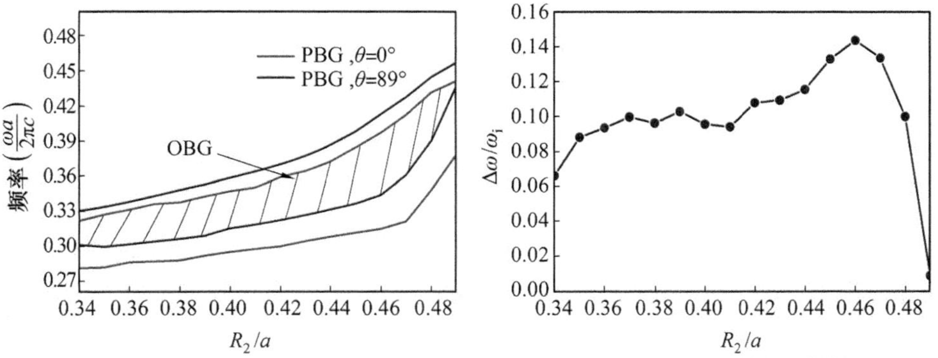

(a) 1st CPBG 上、下边缘　　(b) 1st OBG 的相对带宽

图 5.59　R_2 对 type－1 型结构 1st CPBG 和其相对带宽的影响

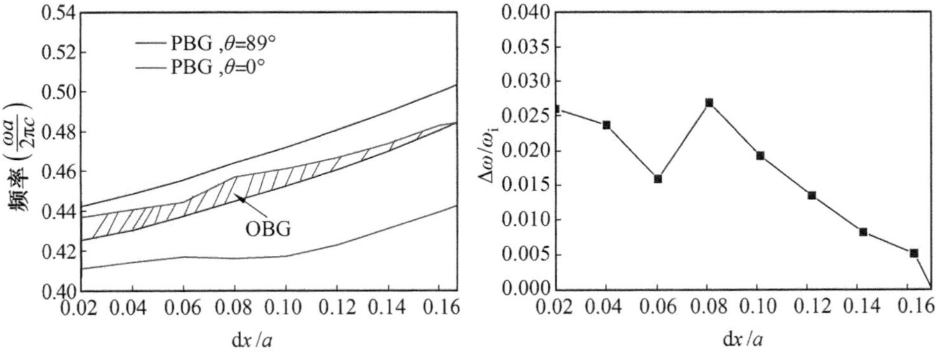

(a) 2nd PBG上下边缘　　(b) 2nd OBG的相对带宽

图 5.60　dx 对 type－2 型结构 2nd PBG 和其相对带宽的影响

dx＝0.08a。更大的 2nd OBG 能够出现在 low－dx 区域。从图 5.60 中可以清楚地看到 2nd OBG 不能随着 dx 的增加而持续增加。这意味着更大的 dx 对于拓展 OBG 带宽并没有帮助。这是因为随 dx 增大，该等离子体光子晶体的对称性增强了，所以 OBG 将会消失。值得注意的是这两种新型结构不能拓展常规等离子体光子晶体中所有 OBG 的带宽。因此，必须根据实际需求来对这两种新型结构的参数进行优化，以达到拓展 OBG 带宽的目的。

5.5　技术小结

(1)在理论上用 FDTD 方法分析了 TM 模式下具有单一线缺陷层的二维非磁化等离子体光子晶体的缺陷模特性，分析了等离子体光子晶体的晶格常数、介质圆柱半径、周期常数、等离子体参数和缺陷层参数对缺陷模的影响。计算结果表明：改变二维等离子体光子晶体的周期数、缺陷层的位置和等离子体的碰撞频率不能有效地调节缺陷模频率的大小，仅能改变缺陷模透射峰值大小。改变缺陷层介质圆柱的相对介电常数、半径和缺陷层到介质层中心距离的大小，可以在不改变禁带宽度的前提下同时对缺陷模的频率和透射峰值进行调节。其实质是通过调节电磁波在缺陷层中的耦合和谐振作用来实现对缺陷模的调整。改变晶格常数、介质圆柱的半径和等离子体频率可以在改变禁带宽度的同时，实现对缺陷模频率和透射峰值的改变。但是当等离子体频率远远大于入射电磁波频率时，将不存在缺陷模。调节介质圆柱的半径和晶格常数的大小，实质上是调节填充率的大小，填充率设定在一定的范围内（$f\in[0.159,0.242]$）时，可以通过改变 R 和 a 这两个参数来同时实现对特定禁带宽度和缺陷模的设定。

（2）在理论上用 FDFD 方法研究了 TM 模式下二维等离子体光子晶体引入点缺陷时的缺陷模特性。研究结果表明：当等离子体引入常规二维介质－空气光子晶体（介质圆柱填充空气）时，PBG 的带宽不仅能够得到展宽，而且会得到一个截止频率。当引入点缺陷时（移除一个填充介质圆柱），在 PBG 中能产生一个明显的缺陷模式。与类似的常规二维介质－空气光子晶体相比，PBG 的上、下边缘将分别向高低频率方向移动，且此时缺陷模的频率也将发生蓝移。随着 ω_p 的增大，缺陷模和 PBG 的上、下边缘均将发生蓝移，且 PBG 的带宽将逐渐地增大。当增大 ε_b 和 R/a 的值时，缺陷模和 PBG 的上、下边缘均将发生红移，且 PBG 的带宽将先增大后减小。当增加 ω_p 和 ε_b 的值时，在 1st BZ 边沿的 M 点能得到最大的缺陷模频率，而当增加 R/a 的值时，在 M 点的缺陷模频率最小。无论是增加以上任意的一个参数，缺陷模均将向 PBG 的上边缘移动，并最终隐入 PBG 的上边带。

（3）在理论上用 PWE 方法对 TM 模式下两类互补结构的二维阿基米德晶格等离子体光子晶体的 PBG 和 AANR 特性进行了研究。研究结果表明：与二维正方形晶格等离子体光子晶体相比，在 R 值相同时，具有阿基米德晶格结构的二维等离子体光子晶体具有更大的 PBG 带宽和更高的截止频率，且 PBG 的数目更多。因此，具有阿基米德晶格的二维等离子体光子晶体更适合用来设计滤波器或光开关。对于 type－1 型等离子体光子晶体而言，增加 R 的值就意味着截止频率向低频方向移动，PBG 的带宽将先增大后减小，PBG 的相对带宽的最大值将出现在 low－R 区域。然而对于 type－2 型等离子体光子晶体而言，增加 R 的值意味着截止频率将发生蓝移，且 PBG 的带宽也将逐渐增大，其相对带宽的最大值将出现在 high－R 区域。如果增加 ω_p 的值，这两类等离子体光子晶体的截止频率和 PBG 带宽均将发生蓝移，且 PBG 相对带宽的最大值将出现在 high－ω_p 区域。对于这两类等离子体光子晶体而言，AANR 能够出现在 $\Gamma-M$ 和 $\Gamma-X$ 交界面。TM_1 能带在 M 点将出现右手负折射现象，而 TM_2 能带在 Γ 点能观察到左手负折射现象。改变等离子体频率的大小能实现对 AANR 频率范围的调谐，如果 ω_p 的值足够大时，AANR 将消失。

(4)在理论上还用基于网格法的 PWE 方法对二维等离子体光子晶体的 CPBG 特性进行了研究，并设计了一种新的填充方式，即在半径为 R 的圆柱上开一个半径为 r 的小圆孔，且圆柱间用宽度为 d 的“十”字形介质框架进行连接。研究结果表明：相对常规的填充外形而言（常规圆柱、常规的介质圆柱加“十”字形框架、常规的介质圆柱加“米”字形框架），该填充外形能够得到的 CPBG 具有更大的相对带宽。增加 ε_a、d 和 R 的值，该等离子体光子晶体产生的 CPBG 均将发生红移。带宽较大的 CPBG 将出现在 low－ε_a 和 low－d 区域。随着 R/a 的增加，CPBG 的带宽将先增大后减小。随着 ω_p 和 r 的增大，CPBG 的上、下边缘将发生蓝移。CPBG 的带宽将随着 ω_p 的增大而减小。随着 r 的增大，1st CPBG 的带宽将逐渐减小，而 2nd CPBG 将先增大后减小。参数 dx 对 2nd CPBG 影响不明显，而对 1st CPBG 影响较大，带宽较大的 2nd CPBG 将出现在 low－dx 区域。参数 θ 对 CPBG 也有明显的调谐作用，且带宽较大的 CPBG 将出现在 low－θ 区域。2nd CPBG 的相对带宽关于 $\theta=45°$ 对称，且带宽先增大后减小。自准直现象能够在二维等离子体光子晶体中得到。与常规的二维等离子体光子晶体相比，EFC 能够通过改变填充物的外形得到，并且电磁波的传播方向的倾斜角度也能通过改变填充物的外形来进行调谐。改变参数 θ 能够对 EFC 的外形和自准直的频率范围进行调谐。然而，改变 ω_p 几乎不能改变 EFC 的外形，仅仅只能改变自准直频率范围。综上所述，要获得更大的 CPBG 就应该采取对称性较差的填充外形。通过参数优化能够实现对 EFC 外形和自准直频率范围的调谐，这些结论为设计新型可调谐器件奠定了基础，如波导、反射器、可调谐波束分离器和全光转换器等。

(5)在理论上用 PWE 方法研究了电磁波斜入射时，二维三角形晶格等离子体光子晶体 PBG 和 OBG 的特性，该光子晶体是由等离子体圆柱填充介质背景。计算结果表明：在低频区域，不但能得到 PBG 和一个水平带区域，而且能得到 OBG。水平带区域是由等离子体激元模所形成的，即由等离子体圆柱和介质背景耦合产生。当等离子体引入常规的二维空气——介质光子晶体时，更容易获得 OBG。与常规的二维空气——介质光子晶体相比，给出的二维等离子体光子晶体能产生更大的 OBG。换句话说，该二维三角形晶格等离子体光子晶体更适合用来设计全向反射器。OBG 能明显地被 ε_a、ω_p 和 R 所调谐。OBG 的上、下边缘将随着 ε_a 的增大而向低频方向移动，且带宽较大的 OBG 将出现在 high－ε_a 区域。随着 ω_p 和 R 的增大，OBG 的上、下边缘将发生蓝移，且 OBG 的最大带宽将出现在 high－R/a 和 low－ω_p 区域。然而，ν_c 对 OBG 无影响。还可以通过引入新的光子晶体拓扑结构来实现对 OBG 的拓展。给出了两种新型结构，type－1

型有利于拓展 1st OBG 带宽，type－2 型有利于拓展 2nd OBG 的带宽。对于 type－1 型而言，更大的 OBG 带宽将出现在 low－R_2 区域，而对于 type－2 型而言，更大的 OBG 带宽将出现在 low－dx 区域。因此，可以根据实际需要来设计不同的晶格结构以达到拓展 OBG 带宽的目的。

综上所述，合理地给出二维等离子体光子晶体的结构参数能够方便地实现滤波器、反射器等功能性器件的设计。

第 6 章

三维等离子体光子晶体的电磁特性

三维等离子体光子晶体是等离子体周期性介质结构的普适性结构，研究其电磁特性具有非常重要的意义，也是设计相关器件的基本。因此，计算、设计和分析三维等离子体光子晶体在不同晶格分布和不同磁光效应的色散特性就显得尤为重要。本章将主要介绍三维等离子体光子晶体在几种不同的基本晶格条件下的禁带特性，并分别给出在 Voigt 和 Faraday 效应下非寻常模和右旋极化波的色散特性，还给出详细的 PWE 方法的计算公式。

前面几章对一维和二维等离子体光子晶体的电磁特性进行了介绍,并对其潜在的应用进行了探讨。虽然一维和二维等离子体光子晶体在大多数的情况下能够满足实际应用的需求,也可以用来设计多种有价值的功能性器件,但是它们自身也存在着一些缺陷。例如:一维和二维等离子体光子晶体产生的 PBG 一般都是与入射电磁波的极化模式有关的。尽管一维和二维等离子体光子晶体也能产生 CPBG,但不保证得到的每个 PBG 都是 CPBG。尤其是在多层结构的"全光"集成电路中,层与层之间必然存在着相互耦合。简单的一维和二维模型此时很难完美地诠释和分析相应的电磁特性,而实际应用中的器件其本身就是一个三维的结构,因此,探索和研究三维等离子体光子晶体的电磁特性是设计等离子体光子晶体器件中必不可少的一环。另外,三维等离子体光子晶体所产生的每个 PBG 都是 CPBG。尽管到目前为止,有关一维和二维等离子体光子晶体的理论研究性论文和实验验证性报道已有很多,但是关于研究三维等离子体光子晶体电磁特性的学术论文和报道还较少,尤其是在外加磁场时,磁化等离子体表现为很强的各向异性,此时三维磁化等离子体光子晶体不仅能产生群速度较低的水平能带,而且还能实现对 PBG 的拓展。本章的主要内容就是在理论上对三维等离子体光子晶体的电磁特性进行介绍,用 PWE 方法对不同晶格条件下三维等离子体光子晶体的色散特性进行探讨,并给出在不同磁光效应下非寻常极化波和 RCP 波的色散特性。

6.1 三维立方体晶格等离子体光子晶体的禁带特性

立方体晶格(simple-cubic lattice)[273]结构简单而且具有较好的对称性,已经被广泛地应用于光子晶体器件的设计中。正是立方体晶格的这个特点,使得三维立方体晶格光子晶体易于加工,更为重要的是其他复杂的晶格也可以通过不同晶格常数的立方体晶格来组合实现。本节主要介绍三维立方体晶格等离子体光子晶体的 PBG 特性,并探讨三维等离子体光子晶体各个参数对 PBG 的影响。为了方便,下面将三维等离子体光子晶体定义为两种类型:type－1 型是介质球填充在等离子体背景中;type－2 型是它的互补结构,即等离子体球填充在介质背景中。

6.1.1 理论模型和计算方法

图 6.1 给出了 type－1 型和 type－2 型三维立方体晶格等离子体光子晶体的结构示意图,图 6.2 给出了立方体晶格的 1st BZ 和三维立方体晶格等离子体光子晶体的单元结构示意图。假设填充球的半径和晶格常数分别为 R 和 a,介质和等

离子体的相对介电常数分别为 ε_a 和 ε_p。由图 6.2 知，立方体晶格的 1st BZ 为 $\Gamma(0,\ 0,\ 0)-X(\pi/a,\ 0,\ 0)-M(\pi/a,\pi/a,\ 0)-R(\pi/a,\pi/a,\pi/a)$ [274]。假设计算时引入的时谐量是 $e^{-j\omega t}$，ω 是角频率，t 是时间，且 $j=\sqrt{-1}$，那么等离子体的相对介电常数 ε_p 满足 Drude 模型，且可以表示为

$$\varepsilon_p(\omega)=1-\frac{\omega_p^{\ 2}}{\omega^2+j(\nu_c\omega)} \tag{6.1}$$

式中，ω_p 和 ν_c 分别表示等离子体频率和等离子体碰撞频率。

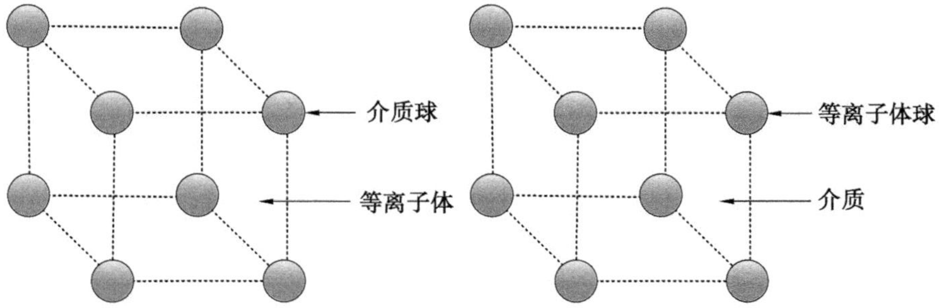

(a) type-1型三维等离子体光子晶体　　(b) type-2型三维等离子体光子晶体

图 6.1　三维立方体晶格等离子体光子晶体的结构示意图

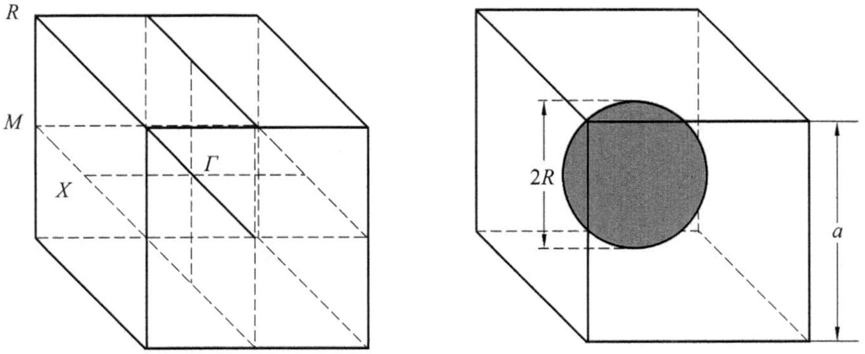

(a) 立方体晶格的1st BZ　　(b) 三维立方体晶格等离子体光子晶体的单元结构示意图

图 6.2　立方体晶格的 1st BZ 和三维立方体晶格等离子体光子晶体的单元结构示意图

对于 type－1 型而言，三维立方体晶格等离子体光子晶体的 PBG 用 PWE 方法求解。由 PWE 方法可知，Maxwell 方程组可以化简成关于磁场 $\boldsymbol{H}$ 的等式，即

$$\nabla\times\left[\frac{1}{\varepsilon(\boldsymbol{r})}\nabla\times\boldsymbol{H}(\boldsymbol{r})\right]=\frac{\omega^2}{c^2}\boldsymbol{H}(\boldsymbol{r}) \tag{6.2}$$

式中，$\varepsilon(\boldsymbol{r})$ 是与实空间晶格矢量 $\boldsymbol{R}$ 相关的函数，$\varepsilon(\boldsymbol{r})=\varepsilon(\boldsymbol{r}+\boldsymbol{R})$。根据 Bloch 定理，$\boldsymbol{H}(\boldsymbol{r})$ 可以展开为[274]

$$\boldsymbol{H}(\boldsymbol{r})=\sum_{\boldsymbol{G}}\sum_{\lambda=1}^{2}h_{G,\lambda}\hat{\boldsymbol{e}}_{\lambda}\mathrm{e}^{[\mathrm{j}(\boldsymbol{k}+\boldsymbol{G})\cdot\boldsymbol{r}]} \tag{6.3}$$

式中，$\boldsymbol{k}$是波矢；$\boldsymbol{G}$是倒格矢。$\hat{\boldsymbol{e}}_1$ 和 $\hat{\boldsymbol{e}}_2$ 是垂直于波矢 $\boldsymbol{k}+\boldsymbol{G}$ 的正交单位矢量，$\boldsymbol{\varepsilon}^{-1}(\boldsymbol{r})$ 是 $\boldsymbol{\varepsilon}(\boldsymbol{r})$ 的逆，可以表示为

$$\boldsymbol{\varepsilon}^{-1}(\boldsymbol{r})=\sum_{\boldsymbol{G}}\boldsymbol{\varepsilon}^{-1}(\boldsymbol{G})\mathrm{e}^{\mathrm{j}\boldsymbol{G}\cdot\boldsymbol{r}}=\sum_{\boldsymbol{G}}\hat{\kappa}(\boldsymbol{G})\mathrm{e}^{\mathrm{j}\boldsymbol{G}\cdot\boldsymbol{r}} \tag{6.4}$$

式中，$\hat{\kappa}(\boldsymbol{G})=\dfrac{1}{V_{\mathrm{cell}}}\displaystyle\int_{\mathrm{cell}}\dfrac{1}{\boldsymbol{\varepsilon}(\boldsymbol{r})}\mathrm{e}^{-\mathrm{j}\boldsymbol{G}\cdot\boldsymbol{r}}\mathrm{d}r$，$V_{\mathrm{cell}}$ 为结构单元的体积。将式(6.4) 和式(6.3) 代入式(6.2) 中可得

$$\sum_{\boldsymbol{G}',\lambda'}|\boldsymbol{k}+\boldsymbol{G}||\boldsymbol{k}+\boldsymbol{G}'|\begin{pmatrix}\hat{\boldsymbol{e}}_2\cdot\boldsymbol{\varepsilon}_{G,G'}^{-1}\cdot\hat{\boldsymbol{e}}_{2'} & -\hat{\boldsymbol{e}}_2\cdot\boldsymbol{\varepsilon}_{G,G'}^{-1}\cdot\hat{\boldsymbol{e}}_{1'}\\ -\hat{\boldsymbol{e}}_1\cdot\boldsymbol{\varepsilon}_{G,G'}^{-1}\cdot\hat{\boldsymbol{e}}_{2'} & \hat{\boldsymbol{e}}_1\cdot\boldsymbol{\varepsilon}_{G,G'}^{-1}\cdot\hat{\boldsymbol{e}}_{1'}\end{pmatrix}h_{G',\lambda'}=\frac{\omega^2}{c^2}h_{G,\lambda} \tag{6.5}$$

假设三维等离子体光子晶体的介质球（等离子体球）的填充率 $f=(4\pi R^3)/(3V_{\mathrm{cell}})$，那么对于 type－1 型三维等离子体光子晶体而言，其介电常数的傅里叶展开系数 $\hat{\kappa}(\boldsymbol{G})$ 可以表示为[274, 275]

$$\hat{\kappa}(\boldsymbol{G})=\begin{cases}\left(\dfrac{\omega^2+\mathrm{j}\nu_c\omega}{\omega^2+\mathrm{j}\nu_c\omega-\omega_p^2}\right)(1-f)+\left(\dfrac{1}{\varepsilon_a}\right)f, & \boldsymbol{G}=\boldsymbol{0}\\ \left[\dfrac{1}{\varepsilon_a}-\left(\dfrac{\omega^2+\mathrm{j}\nu_c\omega}{\omega^2+\mathrm{j}\nu_c\omega-\omega_p^2}\right)\right]\cdot 3f\dfrac{\sin(|\boldsymbol{G}|R)-(|\boldsymbol{G}|R)\cos(|\boldsymbol{G}|R)}{(|\boldsymbol{G}|R)^3}, & \boldsymbol{G}\neq\boldsymbol{0}\end{cases} \tag{6.6}$$

为了求解式(6.5)，可以将 $h_{G,\lambda}$ 表示为

$$h_{G,\lambda}=\sum_{\boldsymbol{G}}A(\boldsymbol{k}\mid\boldsymbol{G})\mathrm{e}^{\mathrm{j}(\boldsymbol{k}+\boldsymbol{G})\cdot\boldsymbol{r}} \tag{6.7}$$

当将式(6.6) 代入式(6.5) 时，可以得到关于平面波展开系数 $A(\boldsymbol{k}\mid\boldsymbol{G})$ 的方程，即

$$\begin{aligned}&\hat{\kappa}(0)\cdot|\boldsymbol{k}+\boldsymbol{G}||\boldsymbol{k}+\boldsymbol{G}'|\cdot\boldsymbol{F}\cdot A(\boldsymbol{k}\mid\boldsymbol{G})+\sum_{\boldsymbol{G}'}{}'\hat{\kappa}(\boldsymbol{G}-\boldsymbol{G}')\cdot\\&|\boldsymbol{k}+\boldsymbol{G}||\boldsymbol{k}+\boldsymbol{G}'|\cdot\boldsymbol{F}\cdot A(\boldsymbol{k}\mid\boldsymbol{G})\\&=\frac{\omega^2}{c^2}A(\boldsymbol{k}\mid\boldsymbol{G})\end{aligned} \tag{6.8}$$

式中，$\boldsymbol{F}=\begin{pmatrix}\hat{\boldsymbol{e}}_2\cdot\hat{\boldsymbol{e}}_{2'} & -\hat{\boldsymbol{e}}_2\cdot\hat{\boldsymbol{e}}_{1'}\\ -\hat{\boldsymbol{e}}_1\cdot\hat{\boldsymbol{e}}_{2'} & \hat{\boldsymbol{e}}_1\cdot\hat{\boldsymbol{e}}_{1'}\end{pmatrix}$。如果定义一个复数变量 $\zeta=\omega/c$，那么式(6.8) 可以表示为

$$\zeta^4\boldsymbol{I}-\zeta^3\boldsymbol{T}-\zeta^2\boldsymbol{U}-\zeta\boldsymbol{V}-\boldsymbol{W}=\boldsymbol{0} \tag{6.9}$$

式中，$\boldsymbol{I}$ 表示单位矩阵，且

$$\boldsymbol{T}(\boldsymbol{G} \mid \boldsymbol{G}') = -\mathrm{j}\,\frac{\nu_c}{c}\boldsymbol{\delta}_{G \cdot G'} \tag{6.10}$$

$$\boldsymbol{U}(\boldsymbol{G} \mid \boldsymbol{G}') = \left\{\frac{\omega_p^2}{c^2} + \left[\frac{1}{\varepsilon_a}f + (1-f)\right] \cdot |\boldsymbol{k}+\boldsymbol{G}|\,|\boldsymbol{k}+\boldsymbol{G}'| \cdot \boldsymbol{F}\right\}\boldsymbol{\delta}_{G \cdot G'} + \left(\frac{1}{\varepsilon_a} - 1\right)\boldsymbol{M} \tag{6.11}$$

$$\boldsymbol{V}(\boldsymbol{G} \mid \boldsymbol{G}') = \left\{\mathrm{j}\,\frac{\nu_c}{c}\left[\frac{1}{\varepsilon_a}f + (1-f)\right] \cdot |\boldsymbol{k}+\boldsymbol{G}|\,|\boldsymbol{k}+\boldsymbol{G}'| \cdot \boldsymbol{F}\right\}\boldsymbol{\delta}_{G \cdot G'} + \mathrm{j}\,\frac{\nu_c}{c}\left(\frac{1}{\varepsilon_a} - 1\right)\boldsymbol{M} \tag{6.12}$$

$$\boldsymbol{W}(\boldsymbol{G} \mid \boldsymbol{G}') = \left(-\frac{\omega_p^2}{c^2}\,\frac{f}{\varepsilon_a} \cdot |\boldsymbol{k}+\boldsymbol{G}|\,|\boldsymbol{k}+\boldsymbol{G}'| \cdot \boldsymbol{F}\right)\boldsymbol{\delta}_{G \cdot G'} + \frac{\omega_p^2}{c^2}\left(\frac{1}{\varepsilon_a}\right)\boldsymbol{M} \tag{6.13}$$

式中，$\boldsymbol{M} = |\boldsymbol{k}+\boldsymbol{G}|\,|\boldsymbol{k}+\boldsymbol{G}'| \cdot \boldsymbol{F} \cdot 3f\,\dfrac{\sin(|\boldsymbol{G}|R) - (|\boldsymbol{G}|R)\cos(|\boldsymbol{G}|R)}{(|\boldsymbol{G}|R)^3}$；$\boldsymbol{T}$、$\boldsymbol{U}$、$\boldsymbol{V}$ 和 $\boldsymbol{W}$ 是 $N \times N$ 的矩阵。式(6.9) 的求解可以转换为对一个大小为 $4N \times 4N$ 矩阵 $\boldsymbol{Q}$ 特征值的求取，矩阵 $\boldsymbol{Q}$ 满足

$$\boldsymbol{Q}z = \zeta z, \quad \boldsymbol{Q} = \begin{pmatrix} 0 & \boldsymbol{I} & 0 & 0 \\ 0 & 0 & \boldsymbol{I} & 0 \\ 0 & 0 & 0 & \boldsymbol{I} \\ \boldsymbol{W} & \boldsymbol{V} & \boldsymbol{U} & \boldsymbol{T} \end{pmatrix} \tag{6.14}$$

求解式(6.14) 的特征值就得到了式(6.9) 的解。当然，所求特征值的实部就决定了该三维等离子体光子晶体的色散关系。

对于 type－2 型三维等离子体光子晶体而言，其介电常数的傅里叶展开系数 $\hat{\kappa}(\boldsymbol{G})$ 可表示为[228]

$$\hat{\kappa}(\boldsymbol{G}) = \begin{cases} \left(\dfrac{\omega^2 + \mathrm{j}\nu_c\omega}{\omega^2 + \mathrm{j}\nu_c\omega - \omega_p^2}\right)f + \dfrac{1}{\varepsilon_a}(1-f), & \boldsymbol{G} = \boldsymbol{0} \\ \left[\left(\dfrac{\omega^2 + \mathrm{j}\nu_c\omega}{\omega^2 + \mathrm{j}\nu_c\omega - \omega_p^2}\right) - \dfrac{1}{\varepsilon_a}\right] \cdot 3f\,\dfrac{\sin(|\boldsymbol{G}|R) - (|\boldsymbol{G}|R)\cos(|\boldsymbol{G}|R)}{(|\boldsymbol{G}|R)^3}, & \boldsymbol{G} \neq \boldsymbol{0} \end{cases} \tag{6.15}$$

将式(6.15) 代入式(6.8)，令复数变量 $\zeta = \omega/c$，那么式(6.8) 可以表示为

$$\zeta^4\boldsymbol{I} - \zeta^3\boldsymbol{T} - \zeta^2\boldsymbol{U} - \zeta\boldsymbol{V} - \boldsymbol{W} = \boldsymbol{0} \tag{6.16}$$

式中，$\boldsymbol{I}$ 表示单位矩阵，且

$$\boldsymbol{W}(\boldsymbol{G} \mid \boldsymbol{G}') = \left\{-\frac{\omega_p^2}{c^2}\,\frac{1}{\varepsilon_a}(1-f) \cdot |\boldsymbol{k}+\boldsymbol{G}|\,|\boldsymbol{k}+\boldsymbol{G}'| \cdot \boldsymbol{F}\right\}\boldsymbol{\delta}_{G \cdot G'} + \frac{\omega_p^2}{c^2}\left(\frac{1}{\varepsilon_a}\right)\boldsymbol{M} \tag{6.17}$$

$$\boldsymbol{V}(\boldsymbol{G} \mid \boldsymbol{G}') = \left\{\mathrm{j}\,\frac{\nu_c}{c}\left[f + \frac{1}{\varepsilon_a}(1-f)\right] \cdot |\boldsymbol{k}+\boldsymbol{G}|\,|\boldsymbol{k}+\boldsymbol{G}'| \cdot \boldsymbol{F}\right\}\boldsymbol{\delta}_{G \cdot G'} + \mathrm{j}\,\frac{\nu_c}{c}\left(1 - \frac{1}{\varepsilon_a}\right)\boldsymbol{M} \tag{6.18}$$

$$U(\boldsymbol{G}\mid\boldsymbol{G}')=\left\{\frac{\omega_{\mathrm{p}}^{2}}{c^{2}}+\left[f+\frac{1}{\varepsilon_{\mathrm{a}}}(1-f)\right]\cdot\ |\boldsymbol{k}+\boldsymbol{G}|\ |\boldsymbol{k}+\boldsymbol{G}'|\cdot\boldsymbol{F}\right\}\boldsymbol{\delta}_{G\cdot G'}+\left(1-\frac{1}{\varepsilon_{\mathrm{a}}}\right)\boldsymbol{M} \tag{6.19}$$

$$\boldsymbol{T}(\boldsymbol{G}\mid\boldsymbol{G}')=-\mathrm{j}\ \frac{\nu_{\mathrm{c}}}{c}\boldsymbol{\delta}_{G\cdot G'} \tag{6.20}$$

式(6.16)的解也可以通过求解式(6.14)获得，因此，type－2型三维等离子体光子晶体的色散关系就被求解出来了。

6.1.2 三维立方体晶格等离子体光子晶体的PBG特性

用于计算展开的平面波数是729，这可以使计算的收敛精度好于1%[276, 277]。为了不失一般性，用$\frac{\omega a}{2\pi c}$对频域进行归一化，并用变量$\omega_{\mathrm{p0}}=2\pi c/a$来定义$\omega_{\mathrm{p}}$和$\nu_{\mathrm{c}}$。假设$\omega_{\mathrm{p}}=0.15\omega_{\mathrm{p0}}=0.3\pi c/a$，$\nu_{\mathrm{c}}=0.02\omega_{\mathrm{p}}$，对于type－1型而言，介质球的相对介电常数必须足够大，这样才能产生PBG[278]。因此，被填充介质的参数设定为$\varepsilon_{\mathrm{a}}=45$，$\mu_{\mathrm{a}}=1$，$f=0.5$。图6.3和图6.4给出了在不同$\omega_{\mathrm{p}}$和$\nu_{\mathrm{c}}$条件下type－1型和type－2型三维立方体晶格等离子体光子晶体的色散曲线，图中灰色的区域表示PBG。由图6.3(a)可知，当$\omega_{\mathrm{p}}=\nu_{\mathrm{c}}=0$时，等离子体可以视为空气，此时type－1型三维等离子体光子晶体可以视为常规的三维介质－空气光子晶体，且能产生4个PBG。它们分别位于0.211 3～0.212 7($2\pi c/a$)、0.371 5～0.375 9($2\pi c/a$)、0.430 4～0.439 3($2\pi c/a$)和0.495 2～0.503 0($2\pi c/a$)。如图6.3(b)所示，当用等离子体代替空气时($\omega_{\mathrm{p}}=0.15\omega_{\mathrm{p0}}$，$\nu_{\mathrm{c}}=0.02\omega_{\mathrm{p}}$)，色散曲线将发生明显的变化，此时PBG的个数减小到3个，并且会产生1个水平带区域，3个PBG分别位于0.372 7～0.380 1($2\pi c/a$)、0.432 1～0.496 4($2\pi c/a$)和0.508 5～0.380 1($2\pi c/a$)，水平带区域将覆盖0～0.15($2\pi c/a$)，水平能带形成的主要原因是表面等离子体波将被局域在介质球的表面，这点和金属光子晶体

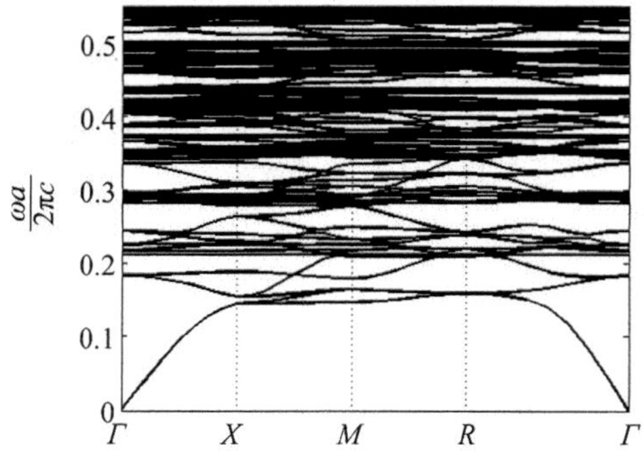

(a) $\omega_{\mathrm{p}}=0,\ \nu_{\mathrm{c}}=0$

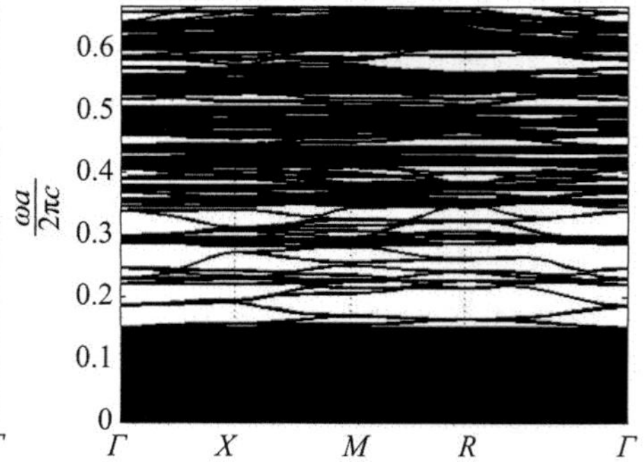

(b) $\omega_{\mathrm{p}}=0.15\omega_{\mathrm{p0}},\ \nu_{\mathrm{c}}=0.02\omega_{\mathrm{p}}$

图6.3 在不同ω_{p}和ν_{c}条件下type－1型三维立方体晶格等离子体光子晶体的色散曲线

中的表面等离子体激元类似。由图 6.3(b) 还能看出 PBG 的上、下边缘都将发生蓝移，而且它们的带宽也得到了展宽。由图 6.4(a) 可知，当 $\omega_p=\nu_c=0$ 时，type－2 型三维等离子体光子晶体同样可以视为常规的三维介质－空气光子晶体，且能产生 3 个 PBG，它们分别位于 0.164 9 ～ 0.165 0($2\pi c/a$)、0.293 9 ～ 0.294 8($2\pi c/a$) 和 0.206 6 ～ 0.224 6($2\pi c/a$)。由图 6.4(b) 可知，当 $\omega_p=0.15\omega_{p0}$ 且 $\nu_c=0.02\omega_p$ 时，3 个 PBG 的上、下边缘将发生蓝移，而且同样也能产生 1 个水平带区域。水平带区域同样覆盖 0 ～ 0.15($2\pi c/a$)。随着等离子体的引入，type－2 型 PBG 的带宽也明显地被展宽了。值得注意的是，相对 type－1 型而言，type－2 型能够产生较大的 PBG。由上述可知，把等离子体引入常规的三维介质－空气光子晶体中能有效地拓展 PBG 带宽，而且 PBG 的中心频率也将发生蓝移。为了获得三维立方体晶格等离子体光子晶体的 PBG 特性，将主要对频率范围是(0, $2\pi c/a$) 中出现的前两个 PBG 的特性进行研究，即第一个 PBG(1st PBG) 和第 2 个 PBG(2nd PBG)。相对带宽 $\frac{\Delta\omega}{\omega_{\mathrm{I}}}$ 定义为

$$\frac{\Delta\omega}{\omega_{\mathrm{I}}}=\frac{\omega_{\mathrm{up}}-\omega_{\mathrm{low}}}{(\omega_{\mathrm{up}}+\omega_{\mathrm{low}})/2} \tag{6.21}$$

式中，ω_{up} 和 ω_{low} 分别表示 PBG 上、下边缘的频率。

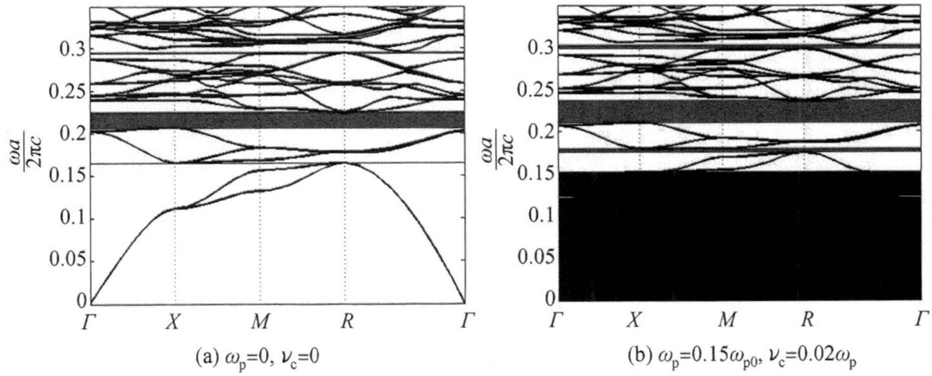

图 6.4　在不同 ω_p 和 ν_c 条件下 type－2 型三维立方体晶格等离子体光子晶体的色散曲线

6.1.3　介质的相对介电常数对 PBG 的影响

图 6.5 给出了三维立方体晶格等离子体光子晶体的 PBG 与 ε_a 的关系图，且 $f=0.5$、$\omega_p=0.15\omega_{p0}$ 和 $\nu_c=0.02\omega_p$，阴影部分代表 PBG。由图 6.5(a) 可知，type－1 型的前 2 个 PBG 的上、下边缘将随着 ε_a 的增大而发生红移。当 $\varepsilon_a<30$ 时，type－1 型的 PBG 将不存在。2nd PBG 的带宽将随着 ε_a 的增大而展宽。当 ε_a 由 10 增加到 70 时，2nd PBG 的频率范围将变为 0.359 1 ～ 0.379 4($2\pi c/a$) 且带宽是0.020 3($2\pi c/a$)。与 $\varepsilon_a=35$ 时相比，2nd PBG 的频率范围增加了 0.015 3

$(2\pi c/a)$。而 1st PBG 的带宽将随着 ε_a 的增大而先增大后减小。当 ε_a 的值增加到 45 时，1st PBG 将会消失。类似的变化趋势也能从图 6.5(b) 中观察到，type－2 型前两个 PBG 的上、下边缘也将随着 ε_a 的增大而发生红移。当 $\varepsilon_a<17$ 时，type－2 型的 PBG 将会消失，2nd PBG 的带宽也将随着 ε_a 的增大而增大。当 ε_a 的值增加到 60 时，2nd PBG 的频率范围是 0.181 9 ～ 0.205 5$(2\pi c/a)$ 且带宽是 0.023 6$(2\pi c/a)$，与 $\varepsilon_a=17$ 时相比，2nd PBG 的带宽增加了 0.023 6$(2\pi c/a)$。type－2 型的 1st PBG 的带宽也将随着 ε_a 的增大而先增大后减小。图 6.6 给出了 type－1 型和 type－2 型前两个 PBG 的相对带宽与 ε_a 的关系图。由图 6.6 可知，type－1 型和 type－2 型的 1st PBG 的相对带宽都会随着 ε_a 的增大而先增大后减小。对于 type－1 型而言，1st PBG 相对带宽的最大值是 0.018 5，此时 $\varepsilon_a=40$。对于 type－2 型而言，1st PBG 相对带宽的最大值是 0.021 5，此时 $\varepsilon_a=50$。当 ε_a 由 10 增加到 70 时，type－1 型 2nd PBG 的相对带宽将会随着 ε_a 的增大而增大，type－2 型 2nd PBG 的相对带宽将随着 ε_a 的增大而先增大后减小，2nd PBG 的相对带宽最大值为 0.120 9，此时 $\varepsilon_a=60$。由图 6.6 中的结果可知，与 type－1 型相比，type－2 型 PBG 的相对带宽的最大值更大。因此，改变 ε_a 的值能对这两类三维等离子体光子晶体的 PBG 进行调谐。

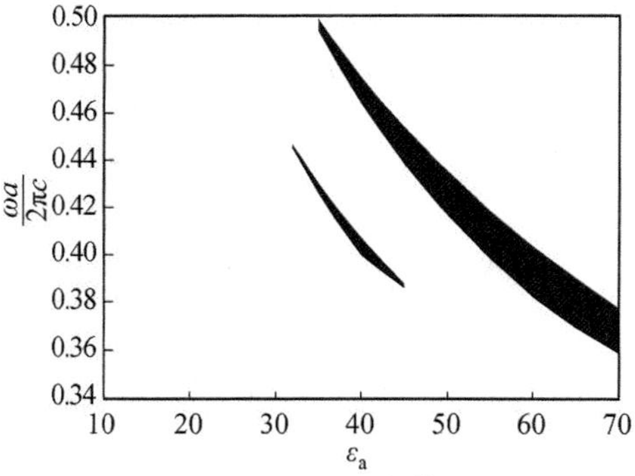

(a) type-1 型

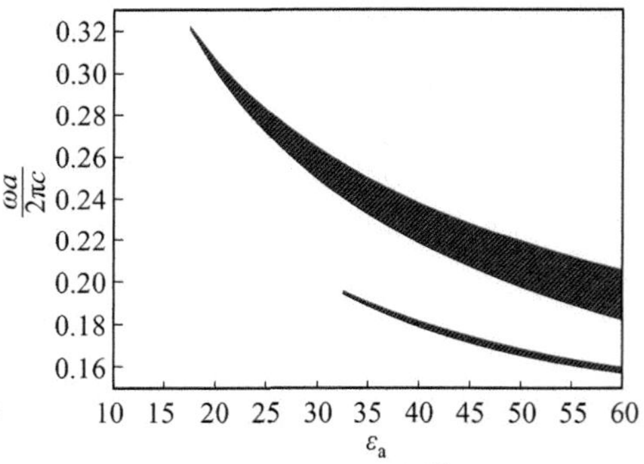

(b) type-2 型

图 6.5　三维立方体晶格等离子体光子晶体的 PBG 与 ε_a 的关系图

6.1.4　填充率对 PBG 的影响

图 6.7 给出了三维立方体晶格等离子体光子晶体的 PBG 与 f 的关系图，且 $\varepsilon_a=45$、$\omega_p=0.15\omega_{p0}$、$\nu_c=0.02\omega_p$。由图 6.7(a) 可知，type－1 型的前两个 PBG 的上、下边缘将随着介质填充率 f 的增大而发生红移。随着介质填充率 f 的增大，type－1 型的前两个 PBG 的带宽将先增加后减小，PBG 的中心频率将发生红移。如果 $f<0.5$，1st PBG 将不存在；如果 $f<0.32$，2nd PBG 将会消失。当介质的填充率 f 由 0.32 增加到 0.52 时，type－1 型前两个 PBG 的频率范围将分别

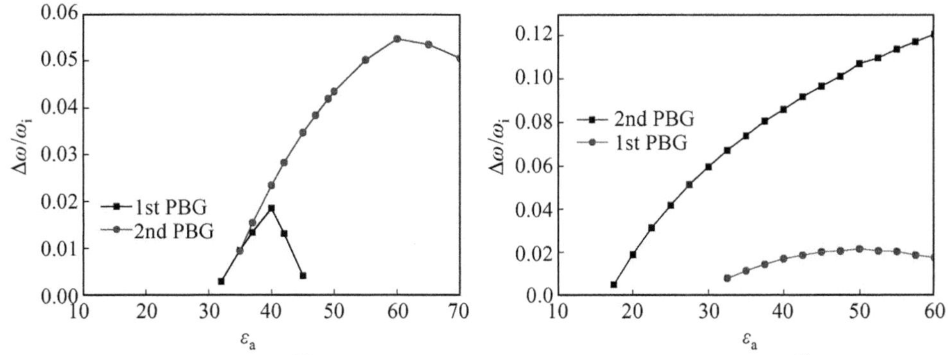

(a) type-1 型　　(b) type-2 型

图 6.6　type－1 型和 type－2 型前两个 PBG 的相对带宽与 ε_a 的关系图

变为 0.373 7 ～ 0.381 1($2\pi c/a$) 和 0.432 6 ～ 0.445 1($2\pi c/a$)，且带宽分别为 0.007 4($2\pi c/a$) 和 0.012 5($2\pi c/a$)。与 $f=0.3$ 时相比，1st PBG 和 2nd PBG 的带宽分别增加了 0.007 4($2\pi c/a$) 和 0.012 5($2\pi c/a$)。由图 6.7(b) 可知，type－2 型前两个 PBG 的上、下边缘也将随着等离子体填充率 f 的增大而发生蓝移，这主要是因为增大等离子体填充率 f 意味着三维等离子体光子晶体的平均介电常数变小[213]。如果 $f>0.4$，2nd PBG 将会出现；如果 $f<0.445$，1st PBG 将会消失。当等离子体球的填充率 f 由 0.39 增加到 0.52 时，type－2 型前两个 PBG 的频率范围将变为 0.174 1 ～ 0.178 6($2\pi c/a$) 和 0.209 7 ～ 0.234 6($2\pi c/a$)，且带宽分别为 0.004 5($2\pi c/a$) 和 0.024 9($2\pi c/a$)。与 $f=0.39$ 时相比，1st PBG 和 2nd PBG 的带宽分别增加了 0.004 5($2\pi c/a$) 和 0.024 9($2\pi c/a$)。图 6.8 给出了 type－1 和 type－2 型前两个 PBG 的相对带宽与 f 的关系图。由图 6.8(a) 可知，type－1 型前两个 PBG 的相对带宽将随着 f 的增大而先增大后减小，其最大值分别为 0.022 8 和 0.047 1，且此时 $f=0.50$ 和 0.42。而由图 6.8(b) 可知，type－2

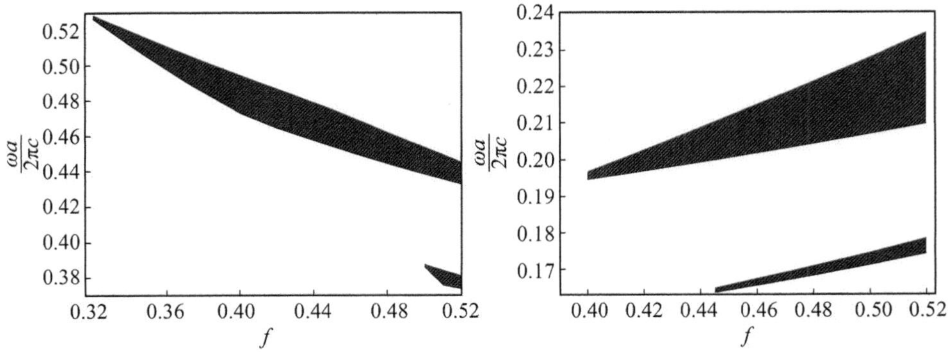

(a) type-1 型　　(b) type-2 型

图 6.7　三维立方体晶格等离子体光子晶体的 PBG 与 f 的关系图

型前两个 PBG 的相对带宽将随着 f 的增大而线性地增大。1st PBG 和 2nd PBG 的相对带宽的最大值分别为 0.023 9 和 0.112 2，且 $f=0.52$。值得注意的是，type－2 型 PBG 相对带宽的最大值更大。显然，三维立方体晶格等离子体光子晶体的 PBG 能被 f 调控。

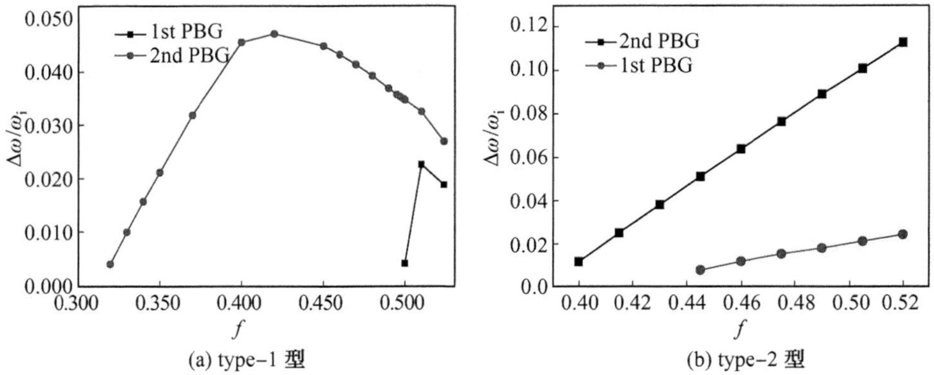

图 6.8　type－1 型和 type－2 型前两个 PBG 的相对带宽与 f 的关系图

6.1.5　等离子体频率对 PBG 的影响

图 6.9 给出了三维立方体晶格等离子体光子晶体的 PBG 与 ω_p 的关系图，且 $\varepsilon_a=45$、$f=0.5$、$\nu_c=0.02\omega_p$。由图 6.9(a) 可知，type－1 型前两个 PBG 的上、下边缘均将随着 ω_p 的增大而发生蓝移，且它们的带宽也将先增大后减小。1st PBG 和 2nd PBG 将分别在 $\omega_p/\omega_{p0}=0.14$ 和 $\omega_p/\omega_{p0}=0.39$ 时消失。如果 $\omega_p/\omega_{p0}>0.4$，那么这两个 PBG 将不存在。当 ω_p/ω_{p0} 的值为 0.01 时，1st PBG 和 2nd PBG 的频率范围分别为 0.376 9～0.383 4($2\pi c/a$) 和 0.437 0～0.448 5($2\pi c/a$)，且带宽分别为 0.006 5($2\pi c/a$) 和 0.011 5($2\pi c/a$)。当 ω_p/ω_{p0} 的值增加到 0.39 时，此时 1st 和 2nd PBG 的带宽分别减少了 0.006 5 和 0.011 5($2\pi c/a$)。由图 6.9(b) 可知，type－2 型 1st PBG 和 2nd PBG 的上、下边缘将随着 ω_p 的增大而发生蓝移，且它们的带宽也将先增大后减小，这点与 type－1 型类似。随着 ω_p/ω_{p0} 的增大，1st PBG 和 2nd PBG 将分别在 $\omega_p/\omega_{p0}=0.19$ 和 $\omega_p/\omega_{p0}=0.29$ 时闭合。图 6.10 给出了 type－1 型和 type－2 型前两个 PBG 的相对带宽与 ω_p 的关系图。由图 6.10(a) 可知，type－1 型 1st PBG 和 2nd PBG 的相对带宽将随着 ω_p/ω_{p0} 的增大而先增大后减小，其最大值分别为 0.018 2 和 0.05，且位于 $\omega_p/\omega_{p0}=0.049\ 9$ 和 0.249 9 处。由图 6.10(b) 可知，type－2 型前两个 PBG 的相对带宽也有类似的变化规律，1st PBG 和 2nd PBG 的最大相对带宽分别为 0.020 7 和 0.113 6，且位于 $\omega_p/\omega_{p0}=0.154\ 1$ 和 $\omega_p/\omega_{p0}=0.189\ 8$ 处。由图 6.10 中的结果可知，type－2 型得到的 PBG 较 type－1 型有更大的相对带宽。因此，三维立方体晶格等离子体光

子晶体的 PBG 能被 ω_p 调谐。

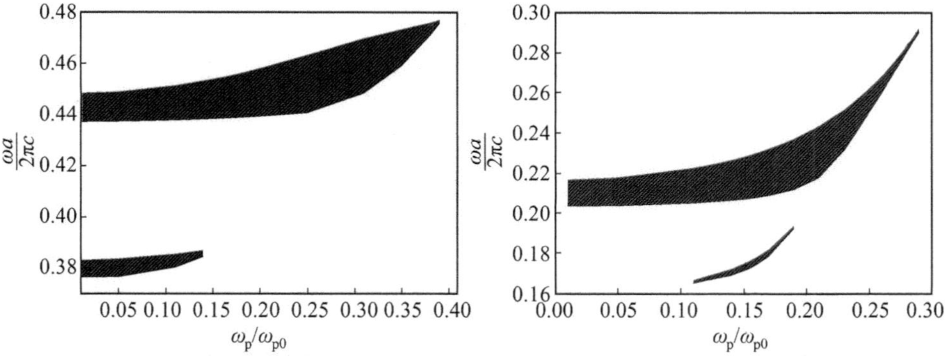

(a) type-1 型　　(b) type-2 型

图 6.9　三维立方体晶格等离子体光子晶体的 PBG 与 ω_p 的关系图

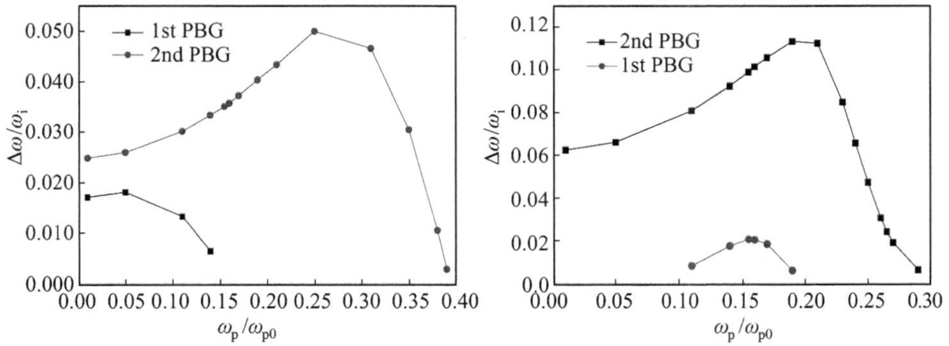

(a) type-1 型　　(b) type-2 型

图 6.10　type－1 型和 type－2 型前两个 PBG 的相对带宽与 ω_p 的关系图

6.1.6　等离子体碰撞频率对 PBG 的影响

图 6.11 给出了三维立方体晶格等离子体光子晶体的 PBG 与 ν_c 的关系图，且 $\varepsilon_a=45$、$f=0.5$、$\omega_p=0.15\omega_{p0}$。由图 6.11 可知，type－1 型和 type－2 型前两个 PBG 的上、下边缘将不会随着 ν_c/ω_p 的增大而发生移动，且它们的带宽也不会随着 ν_c/ω_p 的改变而改变。对 type－1 型而言，当 ν_c/ω_p 的值由 0.002 增加到 0.2 时，1st PBG 和 2nd PBG 的频率范围将变为 0.386 1～0.387 7($2\pi c/a$) 和 0.438 5～0.454 0($2\pi c/a$)，且它们的带宽分别为 0.001 6 和 0.005 5($2\pi c/a$)。对于 type－2 型而言，当 ν_c/ω_p 的值由 0.002 增加到 0.2 时，1st 和 2nd PBG 的频率范围变为 0.171 1～0.174 6($2\pi c/a$) 和 0.207 0～0.228 0($2\pi c/a$)，且其带宽分别为 0.003 5($2\pi c/a$) 和 0.021($2\pi c/a$)。图 6.12 给出了 type－1 型和 type－2 型前两个 PBG 的相对带宽与 ν_c 的关系图。由图 6.12(a) 可知，type－1 型 1st PBG 和 2nd PBG

的相对带宽将不会随着 ν_c/ω_p 的增大而变化，其值分别保持 0.004 1 和 0.034 7 不变。由图 6.12(b) 可知，type－2 型前两个 PBG 的相对带宽也有类似的变化规律，PBG 的相对带宽不会随着 ν_c/ω_p 增加而有所变化。1st PBG 和 2nd PBG 的相对带宽分别为 0.020 3 和 0.096 6。由图 6.12 可知，type－2 型得到的 PBG 较 type－1 型有更大的相对带宽，所以三维立方体晶格等离子体光子晶体的 PBG 不能被 ν_c 调谐，这可以由 ε_p 和 ν_c 的关系来解释。由式(6.1) 可知，对于等离子体来说，ν_c 仅仅是耗散项，而且 ω_p 远大于 ν_c。因此，ν_c 对 ε_p 的实部几乎没有影响。另外，从数学的角度来说，ν_c 对求解式(6.14) 的特征值影响不大。

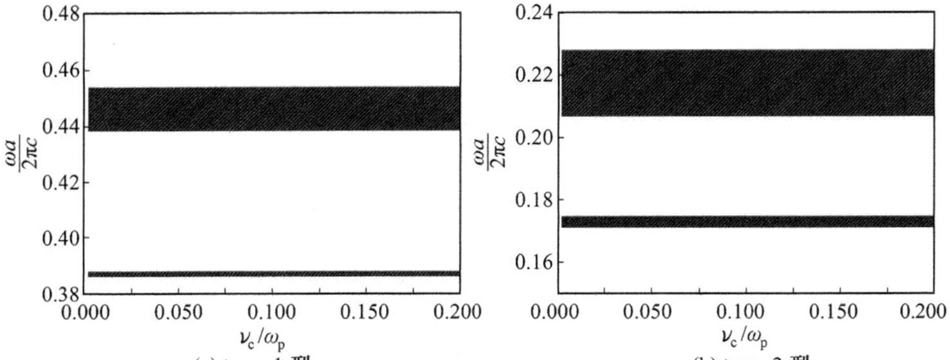

(a) type－1 型　(b) type－2 型

图 6.11　三维立方体晶格等离子体光子晶体的 PBG 与 ν_c 的关系图

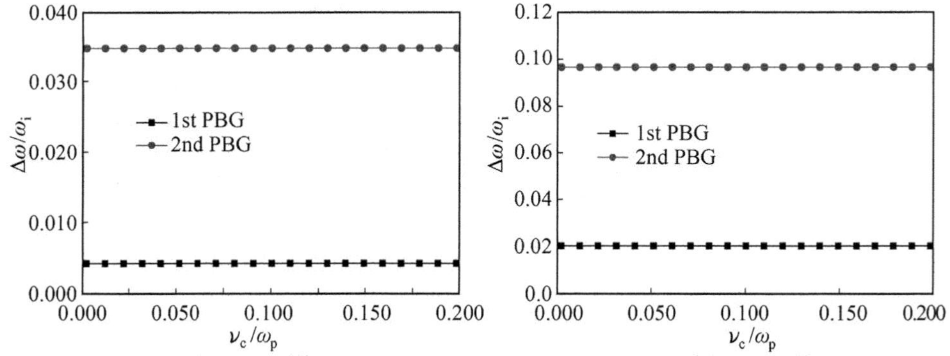

(a) type－1 型　(b) type－2 型

图 6.12　type－1 型和 type－2 型前两个 PBG 的相对带宽与 ν_c 的关系图

6.2　三维钻石晶格等离子体光子晶体的色散特性

由上节可知，当三维等离子体光子晶体以立方体晶格排列且填充介质球(介质背景）的相对介电常数较大时，它能产生 PBG，但是得到的 PBG 绝对带宽和相对带宽都比较小，这是由立方体晶格有很强的对称性所造成的。显然，要在自然界找到相对介电常数足够大的介质来构成三维等离子体光子晶体并且产生带宽较大的 PBG 是非常困难的。为了克服这个困难，可以选择对称性较弱的拓扑结构来构成三维等离子体光子晶体，钻石晶格（diamond lattice）[279] 就是其中之一。本节的主要内容是介绍三维钻石晶格等离子体的色散特性，探讨三维等离子体各参数对 PBG 的影响，并对水平带区域的变化规律进行分析。与上节类似，本节依然将三维钻石晶格等离子体光子晶体划分为两种类型：type－1 型是介质球填充在等离子体背景中；type－2 型则是它的互补结构，即等离子体球填充在介质背景中。同样，假设计算时引入的时谐量是 $e^{-j\omega t}$，ω 是角频率，t 是时间，且 $j=\sqrt{-1}$。

6.2.1　物理模型和数值计算

钻石晶格的 1st BZ 和拓扑结构示意图如图 6.13 所示。假设填充球的半径和晶格常数分别为 R 和 a，介质和等离子体的相对介电常数分别为 ε_a 和 ε_p。众所周知[280]，钻石晶格的每个周期单元格中包含 2 个散射体。钻石晶格的基矢分别为 $\boldsymbol{a}_1=(0,\ 0.5a,\ 0.5a)$、$\boldsymbol{a}_2=(0.5a,\ 0,\ 0.5a)$ 和 $\boldsymbol{a}_3=(0.5a,\ 0.5a,\ 0)$。这 2 个散射体（填充球）分别位于 $\boldsymbol{R}_0=(-a,\ -a,\ -a)/8$ 和 $\boldsymbol{R}_1=(a,\ a,\ a)/8$。钻石晶格的 1st BZ 上的高对称点分别为 $\Gamma=(0,\ 0,\ 0)$、$X=(2\pi/a,\ 0,\ 0)$、$W=(2\pi/a,\pi/a,\ 0)$、$K=(1.5\pi/a,\ 1.5\pi/a,\ 0)$、$L=(\pi/a,\pi/a,\pi/a)$ 和 $U=(2\pi/a,\ 0.5\pi/a,\ 0.5\pi/a)$。用 PWE 方法求解色散曲线的过程与上节类似，不同的是填充球在钻石晶格中的填充 $f=(8\pi R^3)/(3V_m)$，其中 V_m 是单元格的体积。type－1 型和 type－2 型介电常数的傅里叶展开系数 $\hat{\kappa}(\boldsymbol{G})$ 分别变为[281]

$$\hat{\kappa}(\boldsymbol{G})=\begin{cases}\left(\dfrac{\omega^2+j\nu_c\omega}{\omega^2+j\nu_c\omega-\omega_p^2}\right)(1-f)+\left(\dfrac{1}{\varepsilon_a}\right)f, & \boldsymbol{G}=\boldsymbol{0}\\ \left[\dfrac{1}{\varepsilon_a}-\left(\dfrac{\omega^2+j\nu_c\omega}{\omega^2+j\nu_c\omega-\omega_p^2}\right)\right]\cdot\cos(\boldsymbol{G}\cdot\boldsymbol{R}_0)\cdot & \\ \qquad 3f\left[\dfrac{\sin(|\boldsymbol{G}|R)-(|\boldsymbol{G}|R)\cos(|\boldsymbol{G}|R)}{(|\boldsymbol{G}|R)^3}\right], & \boldsymbol{G}\neq\boldsymbol{0}\end{cases}\tag{6.22}$$

$$\hat{\kappa}(\boldsymbol{G})=\begin{cases}\left(\dfrac{\omega^2+j\nu_c\omega}{\omega^2+j\nu_c\omega-\omega_p^2}\right)f+\left(\dfrac{1}{\varepsilon_a}\right)(1-f), & \boldsymbol{G}=\boldsymbol{0}\\ \left[\left(\dfrac{\omega^2+j\nu_c\omega}{\omega^2+j\nu_c\omega-\omega_p^2}\right)-\dfrac{1}{\varepsilon_a}\right]\cdot\cos(\boldsymbol{G}\cdot\boldsymbol{R}_0)\cdot & \\ \qquad 3f\left[\dfrac{\sin(|\boldsymbol{G}|R)-(|\boldsymbol{G}|R)\cos(|\boldsymbol{G}|R)}{(|\boldsymbol{G}|R)^3}\right], & \boldsymbol{G}\neq\boldsymbol{0}\end{cases}\tag{6.23}$$

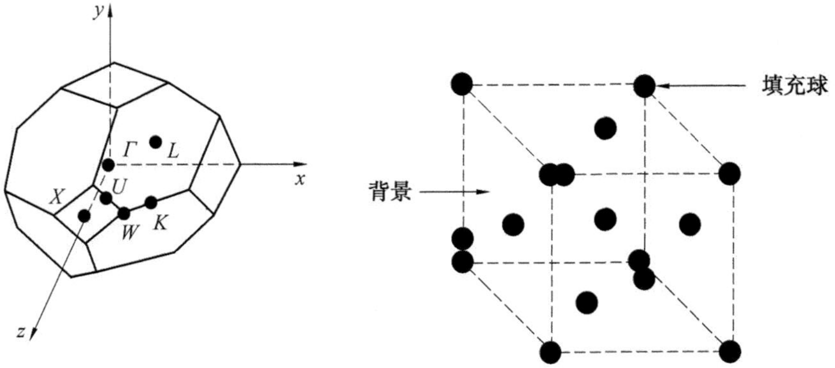

(a) 钻石晶格的1st BZ　　(b) 钻石晶格的拓扑结构示意图

图 6.13　钻石晶格的 1st BZ 和拓扑结构示意图

对于钻石晶格而言，求解色散曲线的特征方程也为式(6.15)，唯一不同的是式(6.11)～(6.13)和式(6.17)～(6.19)中的 $\boldsymbol{M}$ 变为

$$\boldsymbol{M}=\cos(\boldsymbol{G}\cdot\boldsymbol{R}_0)\cdot|\boldsymbol{k}+\boldsymbol{G}||\boldsymbol{k}+\boldsymbol{G}'|\cdot\boldsymbol{F}\cdot 3f\frac{\sin(|\boldsymbol{G}|R)-(|\boldsymbol{G}|R)\cos(|\boldsymbol{G}|R)}{(|\boldsymbol{G}|R)^3}$$

6.2.2　两类三维钻石晶格等离子体光子晶体的色散特性

用 PWE 方法进行计算时，展开的平面波数为 729[229]。为了不失一般性，用 $\frac{\omega a}{2\pi c}$ 对频域进行归一化，并用变量 $\omega_{p0}=2\pi c/a$ 来定义 ω_p 和 ν_c。假设 $\omega_p=0.15\omega_{p0}$，$\nu_c=0.02\omega_p$，显然 ω_{p0} 仅仅是一个变量，没有任何物理意义。设定填充的介质球(介质背景)的参数满足 $\varepsilon_a=13.9$，$\mu_a=1$，其填充率 $f=0.3$。本节主要对三维钻石晶格等离子体光子晶体的 1st PBG 特性进行研究。图 6.14 和图 6.15 分别给出了在不同 ω_p 和 ν_c 条件下，这两类三维钻石晶格等离子体光子晶体的色散曲线，灰色的区域表示 PBG。由图 6.14(a) 可知，当 $\omega_p=\nu_c=0$ 时，type－1 型三维等离子体光子晶体可以视为常规的三维介质－空气光子晶体，且能产生 3 个 PBG，它们分别位于 0.464 0～0.526 1($2\pi c/a$)、0.716 5～0.718 1($2\pi c/a$) 和 0.947 7～0.968 7($2\pi c/a$)。当 ω_p 和 ν_c 分别增加到 $\omega_p=0.15\omega_{p0}$ 和 $\nu_c=0.02\omega_p$ 时(等离子体代替空气)，如图 6.14(b) 所示，不但 3 个 PBG 的上、下边缘都发生了蓝移，而且会产生 1 个水平带区域。3 个 PBG 位置变为：0.476 1～0.536 9($2\pi c/a$)、0.719 4～0.725 9($2\pi c/a$) 和 0.973 1～0.950 7($2\pi c/a$)，水平带区域的范围是 0～0.15($2\pi c/a$)，水平带形成的主要原因是表面等离子体波将被局域在介质球的表面[231, 235]，类似的情况也能从图 6.15 中观察到。与 $\omega_p=\nu_c=0$ 时相比，type－2 型三维钻石晶格等离子体光子晶体产生的 1st PBG 的频率范围由 0.329 3～0.336 9($2\pi c/a$) 变为 0.330 6～0.342 6($2\pi c/a$)。对于 type－2 型而言，水平带

区域频率范围也将覆盖 0 ～ 0.15($2\pi c/a$)。由上述可知，在常规三维介质－空气光子晶体中引入等离子体(用等离子体代替空气) 时，不但会产生 1 个水平带区域，而且 PBG 上、下边缘也将发生蓝移，甚至 PBG 的带宽也能够得到展宽。

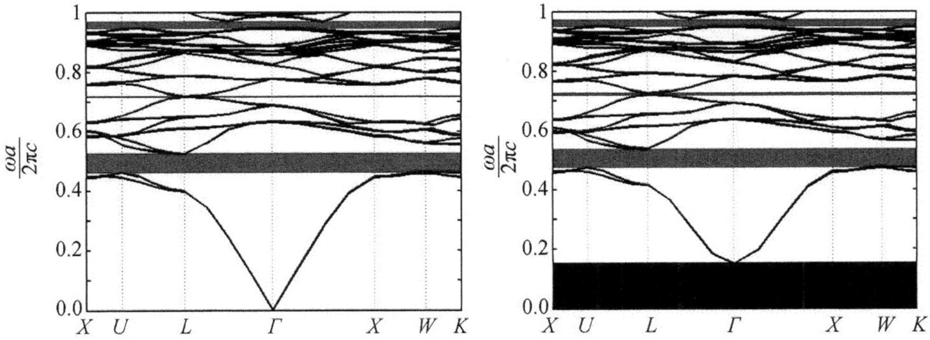

(a) $\omega_p=0, \nu_c=0$　　(b) $\omega_p=0.15\omega_{p0}, \nu_c=0.02\omega_p$

图 6.14　在不同 ω_p 和 ν_c 条件下 type－1 型三维钻石晶格等离子体光子晶体的色散曲线

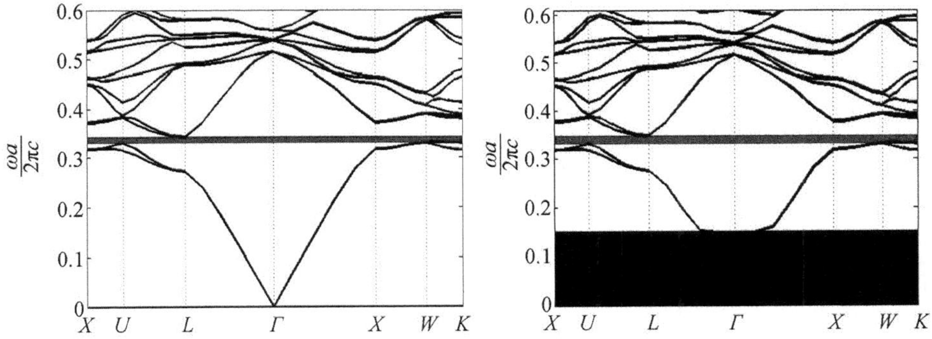

(a) $\omega_p=0, \nu_c=0$　　(b) $\omega_p=0.15\omega_{p0}, \nu_c=0.02\omega_p$

图 6.15　在不同 ω_p 和 ν_c 条件下 type－2 型三维钻石晶格等离子体光子晶体的色散曲线

6.2.3　光子晶体参数对色散特性的影响

图 6.16 和图 6.17 给出了在 ε_a 取不同值时 type－1 型和 type－2 型三维钻石晶格等离子体光子晶体的色散曲线，其他参数分别为 $f=0.3$、$\omega_p=0.15\omega_{p0}$ 和 $\nu_c=0.02\omega_p$。由图 6.16 和图 6.17 可知，type－1 型和 type－2 型三维钻石晶格等离子体光子晶体产生的 PBG 能被 ε_a 调谐。随着 ε_a 的增大，PBG 的上、下边缘将发生红移。从图 6.16 和图 6.17 给出的 8 幅色散图中可以看出 type－1 型和 type－2 型都能产生水平带区域，而且水平带区域的上边缘频率在 ω_p 附近，这主要是由于表面等离子体激元模(surface plasmon modes) 的存在。当 ε_a 增加时，等离子体的截止频率不会发生变化，而且等离子体和介质之间的耦合也不会发

生变化。因此，改变 ε_a 的大小对水平带区域的上边缘频率毫无影响。

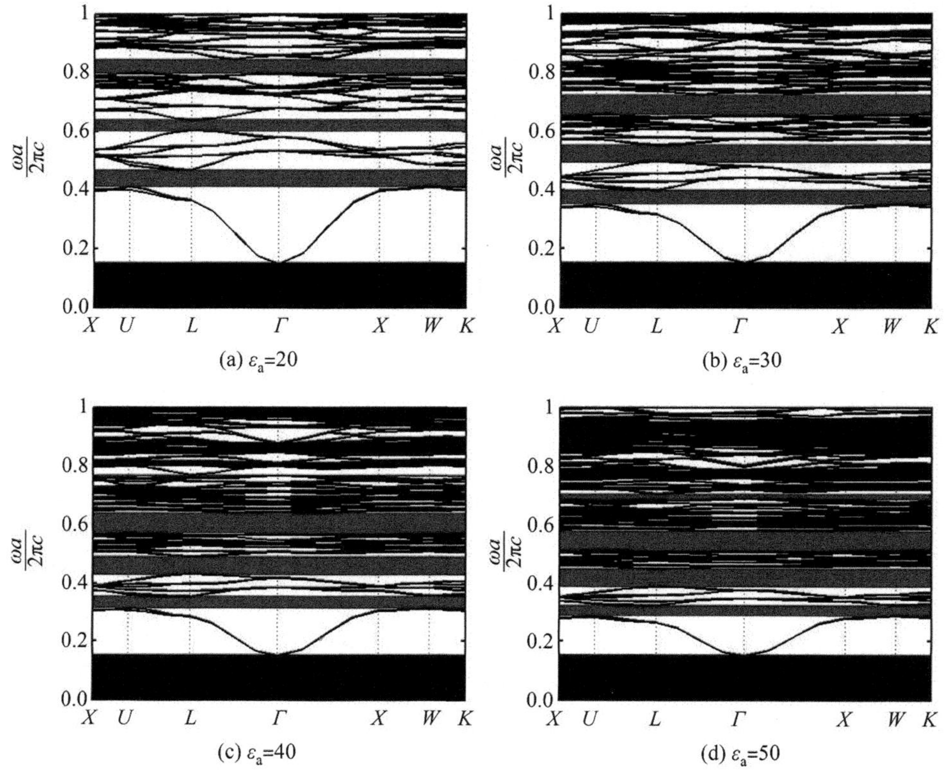

图 6.16　在 ε_a 取不同值时 type－1 型三维钻石晶格等离子体光子晶体的色散曲线

图 6.18 给出了三维钻石晶格等离子体光子晶体的 PBG 和水平带区域的上边缘位置与 ε_a 的关系图，其他参数为 $f=0.3$、$\omega_p=0.15\omega_{p0}$ 和 $\nu_c=0.02\omega_p$。由图 6.18 可知，对于这两个类型的三维等离子体光子晶体而言，PBG 的上、下边缘均将随着 ε_a 的增大而发生红移，但是水平带区域上边缘的频率将不会随着 ε_a 的增大而发生变化。type－1 型 PBG 的带宽将随着 ε_a 的增大而先增大后减小，而对于 type－2 型 PBG 而言，带宽将随着 ε_a 的增大而增大。图 6.19 给出了在 f 取不同值时这两类三维钻石晶格等离子体光子晶体 PBG 的相对带宽与 ε_a 的关系图，其中相对带宽的定义见式(6.21)。由图 6.19(a) 可知，type－1 型 PBG 的相对带宽将随着 ε_a 的增大而先增大后减小。当介质球填充率 $f=0.35$ 时，PBG 的相对带宽能取得最大值，其值为 17.2%，此时 $\varepsilon_a=27.5$。当 $f=0.3$、$f=0.25$ 和 $f=0.15$ 时，$\Delta\omega/\omega_i$ 的最大值分别为 13.01%、5.33% 和 2.21%。由图 6.19(b) 可知，type－2 型 PBG 的相对带宽将随着 ε_a 的增大而增大。等离子体球填充率 $f=0.34$ 时，PBG 的相对带宽能取得最大值，其值为 16.89%，此时 $\varepsilon_a=60$。当 $f=0.32$、$f=$

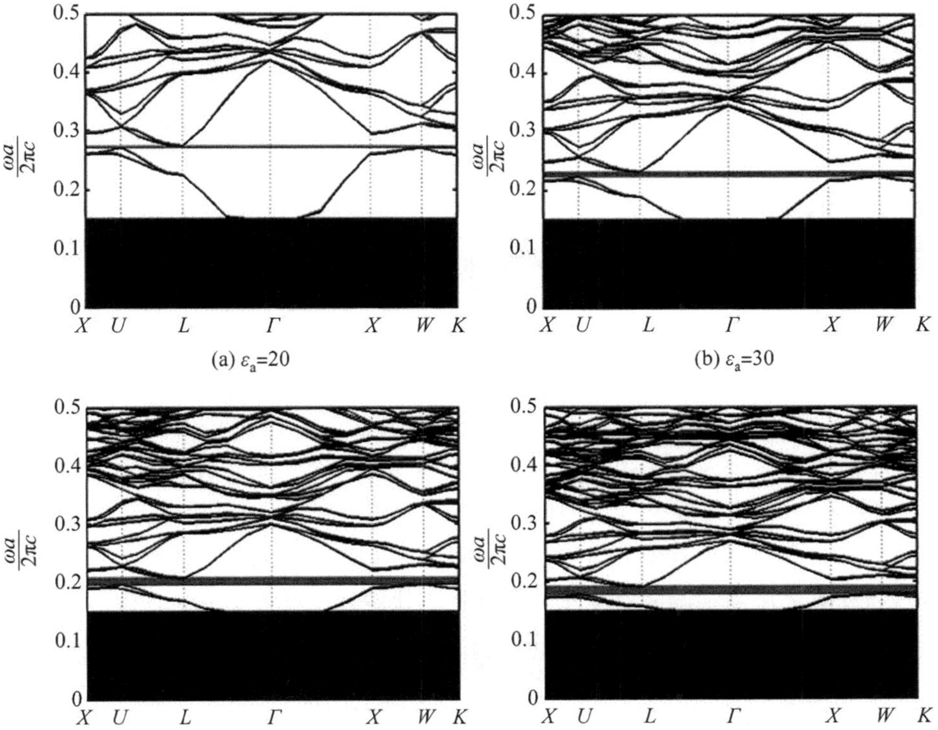

(a) ε_a=20　(b) ε_a=30

(c) ε_a=40　(d) ε_a=50

图 6.17　在 ε_a 取不同值时 type－2 型三维钻石晶格等离子体光子晶体的色散曲线

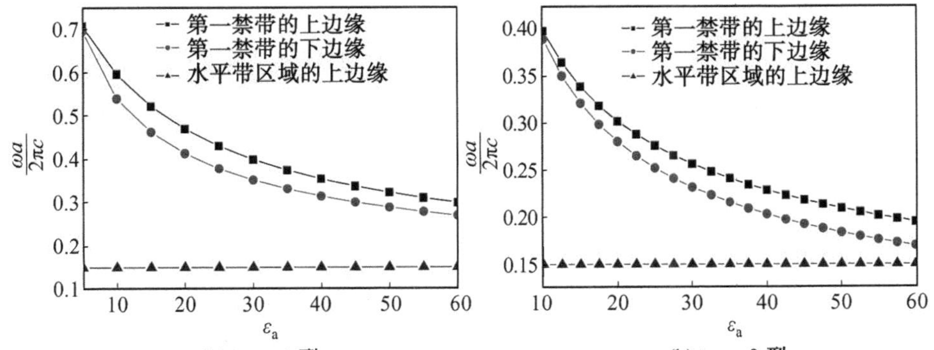

(a) type-1 型　(b) type-2 型

图 6.18　三维钻石晶格等离子体光子晶体的 PBG 和水平带区域的上边缘位置与 ε_a 的关系图

0.3 和 f=0.28 时，$\Delta\omega/\omega_i$ 的最大值分别为 15.4%、13.9% 和 12.27%。因此，当 f 减小时，$\Delta\omega/\omega_i$ 的最大值也将随之减小。

图 6.20 和图 6.21 给出了在 ω_p 取不同值时 type－1 型和 type－2 型三维钻石晶格等离子体光子晶体的色散曲线，其他参数为 $f=0.3$、$\varepsilon_a=13.9$ 和 $\nu_c=0.02\omega_p$。由图 6.20 和图 6.21 可知，这两类三维钻石晶格等离子体光子晶体产生

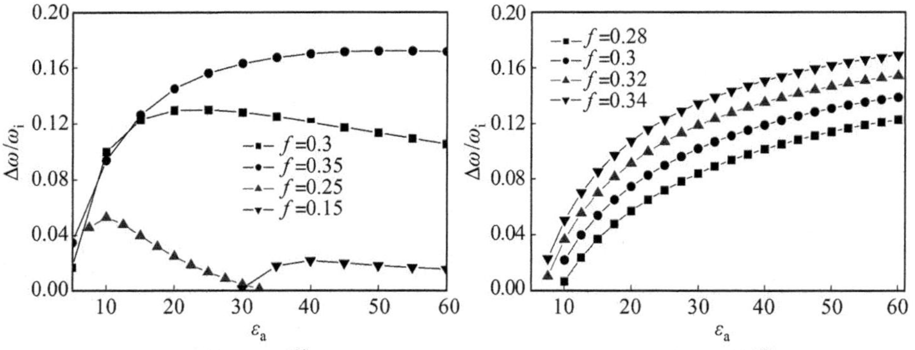

(a) type-1 型　　(b) type-2 型

图 6.19　在 f 取不同值时两类三维钻石晶格等离子体光子晶体 PBG 的相对带宽与 ε_a 的关系图

的 PBG 能明显地被 ω_p 调谐。随着 ω_p 的增大，PBG 的上、下边缘将发生红移，而且产生的水平带区域的上边缘频率也将随着 ω_p 的增大而线性增加。如果增大 ω_p 的值，ε_p 的实部将减少，会使电磁波通过三维等离子体光子晶体发生 Bragg 散射时发生干涉的波长减小。另外，当 ω_p 的值增大时(图 6.20 和图 6.21)，更高次的表面等离子体激元模能通过介质和等离子体的交界面。

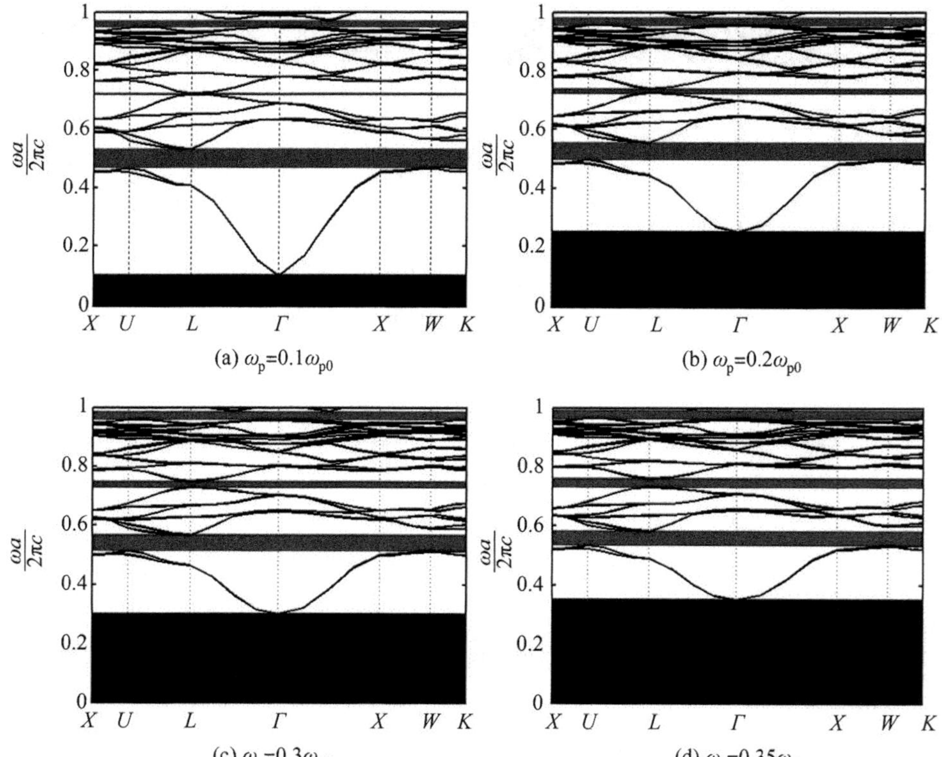

(a) $\omega_p=0.1\omega_{p0}$　　(b) $\omega_p=0.2\omega_{p0}$

(c) $\omega_p=0.3\omega_{p0}$　　(d) $\omega_p=0.35\omega_{p0}$

图 6.20　在 ω_p 取不同值时 type－1 型三维钻石晶格等离子体光子晶体的色散曲线

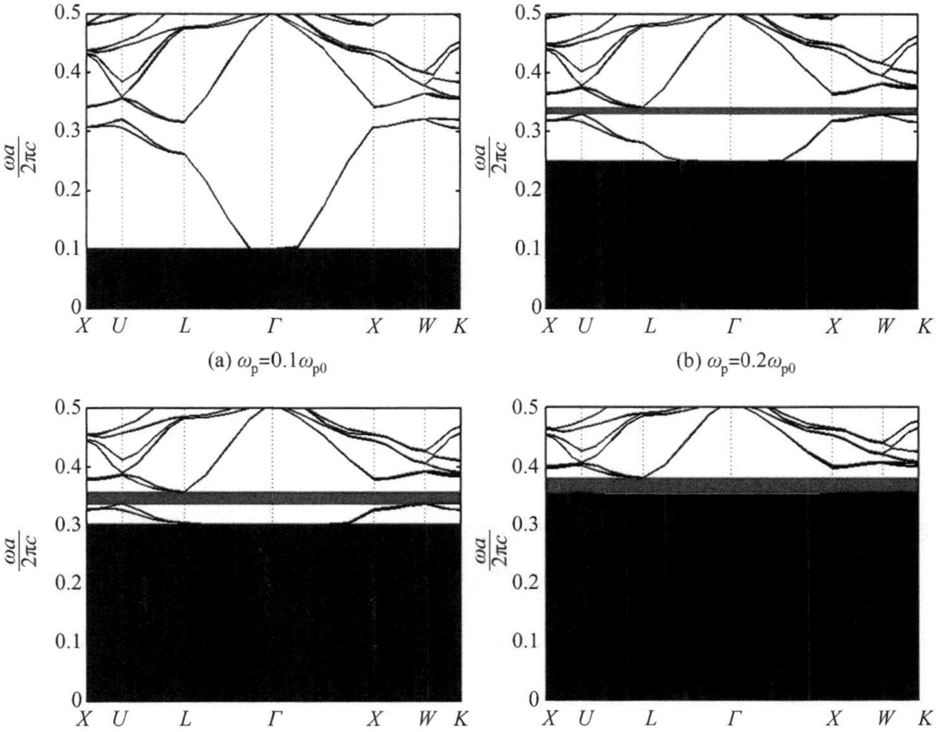

(a) $\omega_p=0.1\omega_{p0}$　(b) $\omega_p=0.2\omega_{p0}$

(c) $\omega_p=0.3\omega_{p0}$　(d) $\omega_p=0.35\omega_{p0}$

图 6.21　在 ω_p 取不同值时 type－2 型三维钻石晶格等离子体光子晶体的色散曲线

图 6.22 给出了三维钻石晶格等离子体光子晶体的 PBG 和水平带区域的上边缘位置与 ω_p 的关系图，其他参数为 $f=0.3$、$\varepsilon_a=13.9$ 和 $\nu_c=0.02\omega_p$。由图6.22可知，type－1 型和 type－2 型 1st PBG 的上、下边缘均将随着 ω_p 的增大而发生蓝移，而且水平带区域上边缘的频率将会随着 ω_p 的增大而线性地增大。type－1 型 PBG 的带宽将随着 ω_p 的增大而减小，而对于 type－2 型 PBG 而言，带宽将随着 ω_p 的增大而先增大后减小。图 6.23 给出了在 f 取不同值时两类三维钻石晶格等离子体光子晶体 PBG 的相对带宽与 ω_p 的关系图。由图 6.23(a) 可知，当 $f>0.15$ 时，type－1 型 PBG 的相对带宽将随着 ω_p 的增大而减小。当 $\omega_p/\omega_{p0}<0.42$，$f=0.35$ 时，PBG 的相对带宽能取得最大值，其值为 15.47，此时 $\omega_p/\omega_{p0}=0.01$。当 $f=0.3$、$f=0.25$ 和 $f=0.15$ 时，$\Delta\omega/\omega_i$ 的最大值分别为 12.57%、5.82% 和 10.29%。而当 $\omega_p/\omega_{p0}>0.42$ 时，$f=0.15$ 具有 $\Delta\omega/\omega_i$ 的最大值，其值为10.74%。因此，当 ω_p/ω_{p0} 取较大值时，$\Delta\omega/\omega_i$ 的最大值出现在 low－f 区域。由图 6.23(b) 可知，type－2 型 PBG 的相对带宽将随着 ω_p 的增大而先增大后减小，$\Delta\omega/\omega_i$ 的最大值出现在 high－f 区域。等离子体球填充率 $f=0.34$ 时，PBG

的相对带宽能取得最大值，其值为11.84%。当 $f=0.32$、$f=0.3$ 和 $f=0.28$ 时，$\Delta\omega/\omega_i$ 的最大值分别为10.66%、9.39%和8.11%。因此，当等离子体球的填充率较大时，$\Delta\omega/\omega_i$ 的值也较大。

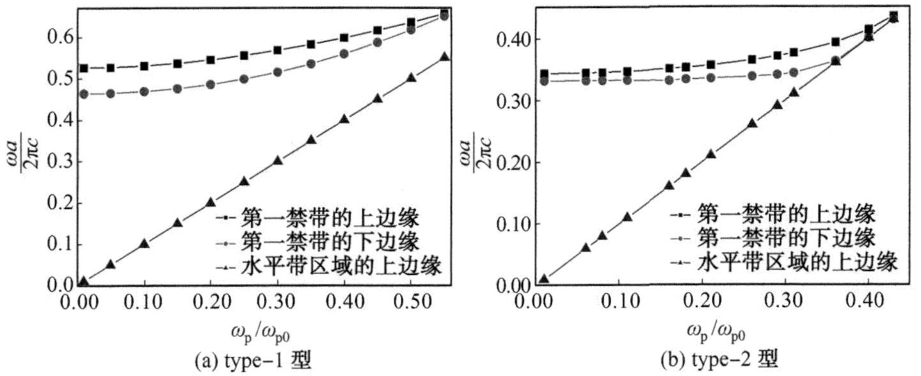

图 6.22　三维钻石晶格等离子体光子晶体的 PBG 和水平带区域的上边缘位置与 ω_p 的关系图

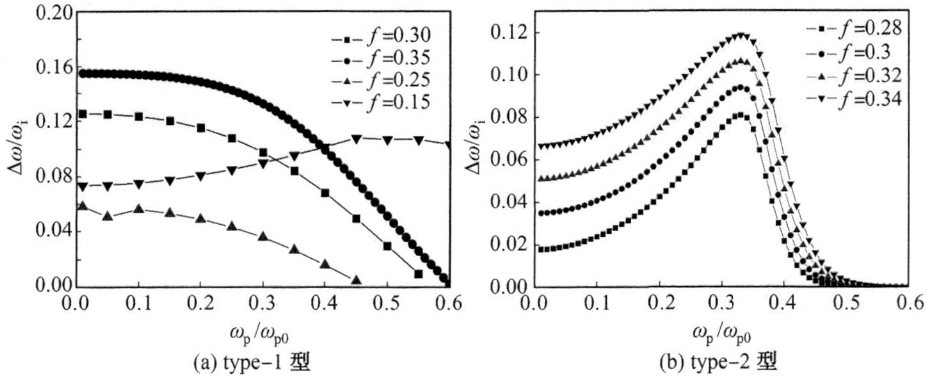

图 6.23　在 f 取不同值时两类三维钻石晶格等离子体光子晶体 PBG 的相对带宽与 ω_p 的关系图

图6.24和图6.25给出了在 f 取不同值时type－1型和type－2型三维钻石晶格等离子体光子晶体的色散曲线，其他参数为 $\omega_p=0.15\omega_{p0}$、$\varepsilon_a=13.9$ 和 $\nu_c=0.02\omega_p$。由图6.24和图6.25可知，type－1型和type－2型的1st PBG能明显地被 f 调谐。对于type－1型而言，1st PBG的上、下边缘将会随着 f 的变化而变化；对于type－2型而言，如果 $f<0.2$，1st PBG将不存在。因此，对于三维钻石晶格等离子体光子晶体而言，f 是一个非常重要的参数。另外，从图6.24和图6.25可知，对这两类等离子体光子晶体而言，水平带区域的上边缘频率将不会随着 f 的变化而变化，这主要是因为改变 f 的大小不会影响等离子体的截止频率和介质与等离子体之间的耦合强度。显然，表面等离子体激元模也不会有所改变。图6.26给出了type－1型和type－2型等离子体光子晶体水平带区域的上边缘位置与 f 的关系图，且 $\omega_p=0.15\omega_{p0}$、$\varepsilon_a=13.9$、$\nu_c=0.02\omega_p$。

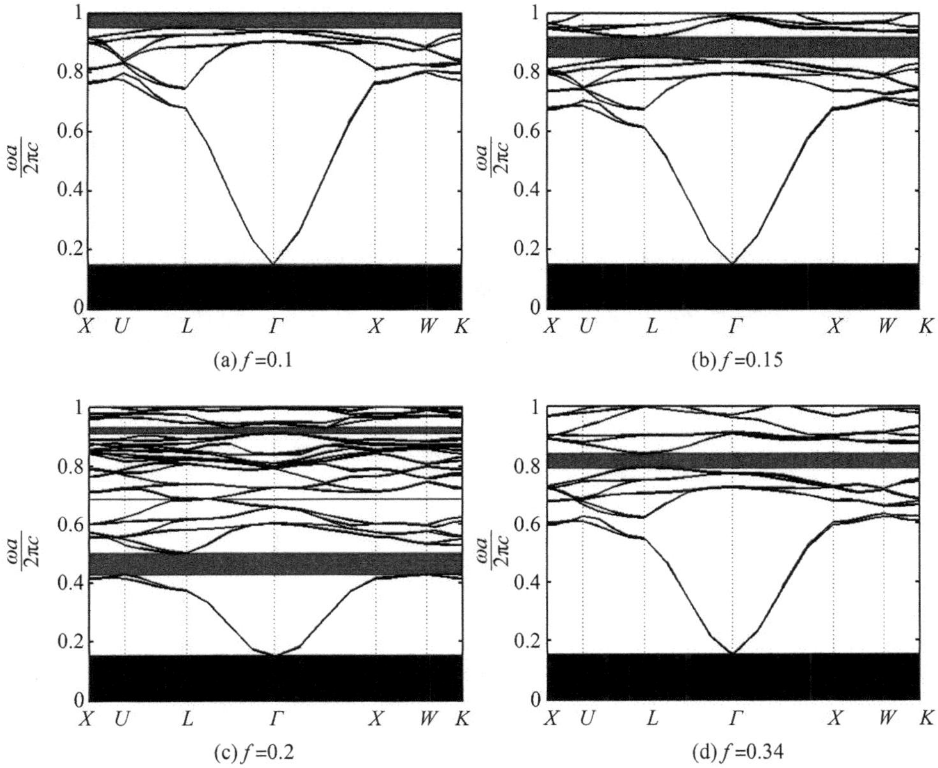

图 6.24　在 f 取不同值时 type－1 型三维钻石晶格等离子体光子晶体的色散曲线

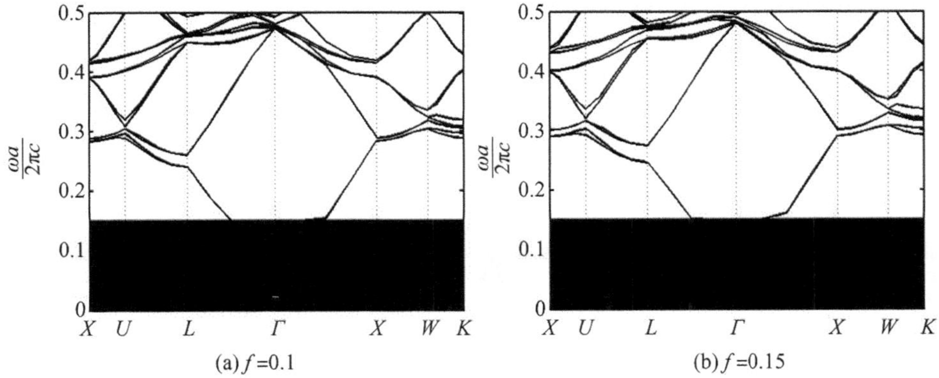

图 6.25　在 f 取不同值时 type－2 型三维钻石晶格等离子体光子晶体的色散曲线

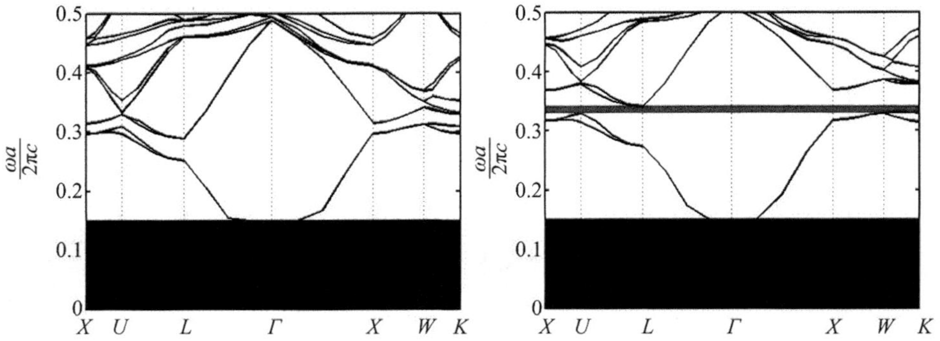

(c) f=0.2　　　(d) f=0.34

续图 6.25

由图 6.26 可知，对于 type－1 型和 type－2 型而言，当 $f>0.1$ 时，水平带区域的上边缘位置将不会随着 f 的增大而发生改变。然而值得注意的是，对于 type－1 型而言，如果 f 的值足够小且趋近于零时，此时该三维等离子体光子晶体就可以被近似地视为等离子体块，那么水平带区域将会消失。

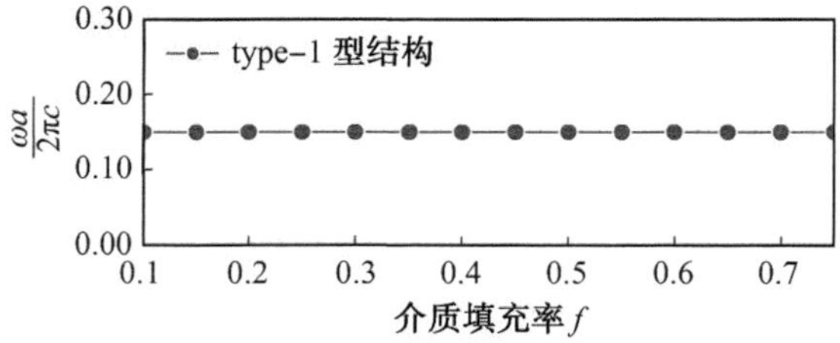

(a) type-1 型

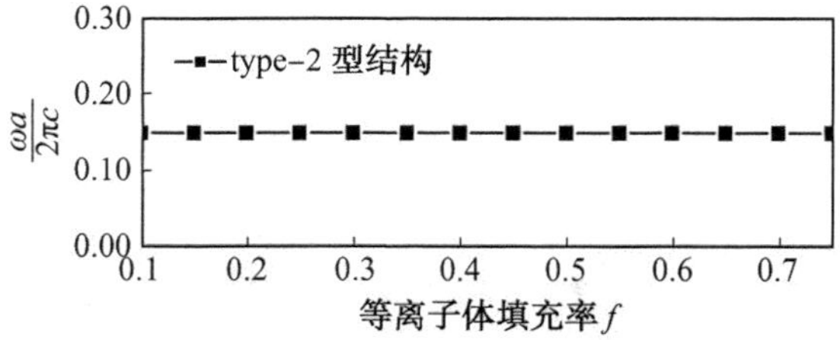

(b) type-2 型

图 6.26　type－1 型和 type－2 型等离子体光子晶体水平带区域的上边缘位置与 f 的关系图

6.3 非寻常波在三维磁化等离子体光子晶体中的色散特性

前两节对三维非磁化等离子体在立方体和钻石晶格时的色散特性进行了讨论,研究结果表明:三维非磁化等离子体的 PBG 不仅可以由等离子体参数来调谐,而且还与晶格的拓扑结构有关。然而,实现对 PBG 的调谐,不仅只局限在这两个方面,外加磁场同样能实现对 PBG 的调谐。对于等离子体而言,当外加磁场时,等离子体本身不但表现为很强的各向异性,而且电磁波通过磁化等离子体时,磁化等离子体中电磁波的模式也非常复杂。与非磁化等离子体光子晶体相比,磁化等离子体光子晶体有一些更好的特性,因此,磁化等离子体光子晶体可以用来设计滤波器[282] 和极化分离器[283]。当外加磁场作用于等离子体时,可以产生两种磁光效应。当外加磁场与波矢垂直时,磁化等离子体中会出现磁光 Voigt 效应,此时,电磁波能被分解为非寻常波和寻常波。当外加磁场与波矢平行时,磁化等离子体中将呈现磁光 Faraday 效应,此时,电磁波能被分解为 LCP 波和 RCP 波。本节主要是在理论上介绍在磁光 Voigt 效应下非寻常波在三维磁化等离子体光子晶体中的色散特性,并引入面心晶格(face-centered-cubic lattice)结构[229, 238],探讨该三维磁化等离子体光子晶体各参数对其色散特性的影响。

6.3.1 理论模型和计算方法

图 6.27 给出了三维面心晶格磁化等离子体光子晶体的拓扑结构与其 1st BZ 的示意图。如图 6.27(a) 所示,三维面心晶格磁化等离子体光子晶体是由磁化等离子体球填充介质背景,并假设在任何情况下外加磁场 $\boldsymbol{B}$ 和波矢 $\boldsymbol{k}$ 都保持垂直。假设填充的等离子体球的半径和晶格常数分别为 R 和 a,众所周知[284],面心晶格的每个单元格中仅包含 1 个散射体。面心晶格的基矢与钻石晶格的相同,分别为 $\boldsymbol{a}_1=(0,\ 0.5a,\ 0.5a)$、$\boldsymbol{a}_2=(0.5a,\ 0,\ 0.5a)$ 和 $\boldsymbol{a}_3=(0.5a,\ 0.5a,\ 0)$。面心晶格的 1st BZ 上的高对称点也和钻石晶格的相同,即 $\Gamma=(0,\ 0,\ 0)$、$X=(2\pi/a,\ 0,\ 0)$、$W=(2\pi/a,\pi/a,\ 0)$、$K=(1.5\pi/a,\ 1.5\pi/a,\ 0)$、$L=(\pi/a,\pi/a,\pi/a)$ 和 $U=(2\pi/a,\ 0.5\pi/a,\ 0.5\pi/a)$。假设介质和磁化等离子体的相对介电常数分别为 ε_a 和 ε_p,如果计算时引入的时谐量是 $e^{-j\omega t}$,ω 是角频率,t 是时间,且 $j=\sqrt{-1}$,当外加磁场 $\boldsymbol{B}$ 和波矢 $\boldsymbol{k}$ 垂直时,磁化等离子体中非寻常波和寻常波的相对介电常数分别为[285]

$$\varepsilon_p(\omega)=\frac{[\omega(\omega+j\nu_c)-\omega_p^2]^2-\omega^2\omega_c^2}{\omega^2[(\omega+j\nu_c)^2-\omega_c^2]-\omega\omega_p^2(\omega+j\nu_c)} \tag{6.24}$$

$$\varepsilon_p(\omega)=1-\frac{\omega_p{}^2}{\omega^2+j(\nu_c\omega)} \tag{6.25}$$

式中，ω_p、ν_c 和 ω_c 分别代表等离子体频率、等离子体碰撞频率和等离子体回旋频率，$\omega_c=(eB/m)$，e、m 和 B 分别表示电子的电量、电子的质量和外加磁场的强度。由式(6.24) 和式(6.25) 可知，对于寻常波(式(6.25)) 而言，其色散关系将与外加磁场无关。因此，本节将着重介绍非寻常波在三维面心晶格磁化等离子体光子晶体中的色散特性。

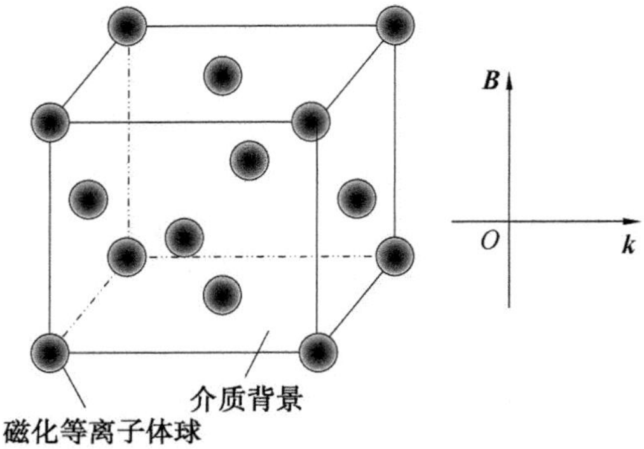

(a) 面心晶格的拓扑结构示意图

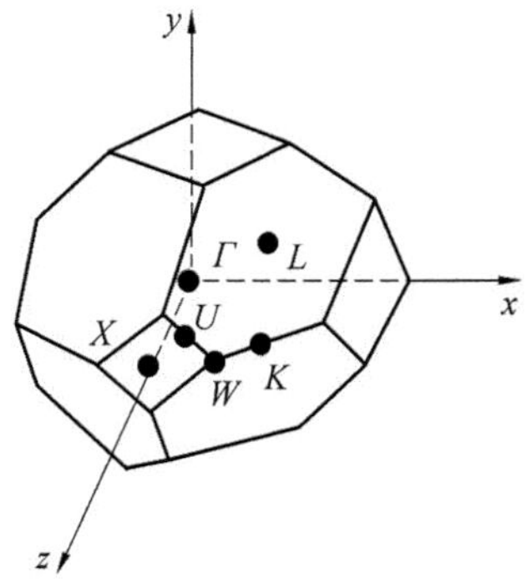

(b) 面心晶格的1st BZ

图 6.27　三维面心晶格磁化等离子体光子晶体的拓扑结构与其 1st BZ 的示意图

与上节相似，用 PWE 方法来求取非寻常波的色散曲线。由 Bloch 定理可知，Maxwell 方程组可以展开成关于磁场 $\boldsymbol{H}$ 的等式，即

$$\boldsymbol{H}(\boldsymbol{r})=\sum_{\boldsymbol{G}}\sum_{\lambda=1}^{2}h_{\boldsymbol{G},\lambda}\hat{\boldsymbol{e}}_\lambda e^{j(\boldsymbol{k}+\boldsymbol{G})\cdot\boldsymbol{r}} \tag{6.26}$$

$$\boldsymbol{\varepsilon}^{-1}(\boldsymbol{r})=\sum_{\boldsymbol{G}}\boldsymbol{\varepsilon}^{-1}(\boldsymbol{G})e^{j\boldsymbol{G}\cdot\boldsymbol{r}}=\sum_{\boldsymbol{G}}\hat{\kappa}(\boldsymbol{G})e^{j\boldsymbol{G}\cdot\boldsymbol{r}} \tag{6.27}$$

式中，$\boldsymbol{k}$ 是在 1st BZ 中的波矢；$\boldsymbol{G}$ 是倒格矢；$\varepsilon^{-1}(\boldsymbol{r})$ 是 $\varepsilon(\boldsymbol{r})$ 的逆；$\hat{\kappa}(\boldsymbol{G})$ 是介质的傅里叶展开系数。将式(6.26) 和式(6.27) 代入 Maxwell 方程组可以得到

$$\sum_{\boldsymbol{G}',\lambda'}|\boldsymbol{k}+\boldsymbol{G}|\,|\boldsymbol{k}+\boldsymbol{G}'|\begin{pmatrix}\hat{\boldsymbol{e}}_2\cdot\boldsymbol{\varepsilon}_{\boldsymbol{G},\boldsymbol{G}'}^{-1}\cdot\hat{\boldsymbol{e}}_{2'} & -\hat{\boldsymbol{e}}_2\cdot\boldsymbol{\varepsilon}_{\boldsymbol{G},\boldsymbol{G}'}^{-1}\cdot\hat{\boldsymbol{e}}_{1'}\\ -\hat{\boldsymbol{e}}_1\cdot\boldsymbol{\varepsilon}_{\boldsymbol{G},\boldsymbol{G}'}^{-1}\cdot\hat{\boldsymbol{e}}_{2'} & \hat{\boldsymbol{e}}_1\cdot\boldsymbol{\varepsilon}_{\boldsymbol{G},\boldsymbol{G}'}^{-1}\cdot\hat{\boldsymbol{e}}_{1'}\end{pmatrix}h_{\boldsymbol{G}',\lambda'}=\frac{\omega^2}{c^2}h_{\boldsymbol{G},\lambda} \tag{6.28}$$

式中，$\hat{\boldsymbol{e}}_1$ 和 $\hat{\boldsymbol{e}}_2$ 是垂直于波矢 $\boldsymbol{k}+\boldsymbol{G}$ 的正交单位矢量。介质的傅里叶展开系数 $\hat{\kappa}(\boldsymbol{G})$ 为[238]

$$\hat{\kappa}(\boldsymbol{G})=\begin{cases}\left\{\dfrac{\omega^2[(\omega+\mathrm{j}\nu_c)^2-\omega_c^2]-\omega\omega_p^2(\omega+\mathrm{j}\nu_c)}{[\omega(\omega+\mathrm{j}\nu_c)-\omega_p^2]^2-\omega^2\omega_c{}^2}\right\}f+\dfrac{1}{\varepsilon_a}(1-f), & \boldsymbol{G}=\boldsymbol{0}\\ \left\{\dfrac{\omega^2[(\omega+\mathrm{j}\nu_c)^2-\omega_c^2]-\omega\omega_p^2(\omega+\mathrm{j}\nu_c)}{[\omega(\omega+\mathrm{j}\nu_c)-\omega_p^2]^2-\omega^2\omega_c^2}-\dfrac{1}{\varepsilon_a}\right\}\cdot \\ \quad 3f\dfrac{\sin(|\boldsymbol{G}|R)-(|\boldsymbol{G}|R)\cos(|\boldsymbol{G}|R)}{(|\boldsymbol{G}|R)^3}, & \boldsymbol{G}\neq\boldsymbol{0}\end{cases} \tag{6.29}$$

式中，f 是磁化等离子体球的填充率，且 $f=(4\pi R^3)/(3V_m)$，V_m 是单元格的体积。将式(6.29)代入式(6.28)，且定义复数变量 $\xi=\omega/c$，式(6.28)可以表示为

$$\xi^6\boldsymbol{I}-\xi^5\boldsymbol{O}-\xi^4\boldsymbol{P}-\xi^3\boldsymbol{Q}-\xi^2\boldsymbol{R}-\xi\boldsymbol{S}-\boldsymbol{T}=\boldsymbol{0} \tag{6.30}$$

式中，$\boldsymbol{I}$ 为单位矩阵，且有

$$\boldsymbol{O}(\boldsymbol{G}\mid\boldsymbol{G}')=-\mathrm{j}\frac{2\nu_c}{c}\boldsymbol{\delta}_{G\cdot G'} \tag{6.31}$$

$$\boldsymbol{P}(\boldsymbol{G}\mid\boldsymbol{G}')=\left\{\frac{A}{c^2}+\left[\frac{1}{\varepsilon_a}(1-f)+f\right]\cdot|\boldsymbol{k}+\boldsymbol{G}|^2\cdot\boldsymbol{F}\right\}\boldsymbol{\delta}_{G\cdot G'}+\left(1-\frac{1}{\varepsilon_a}\right)\boldsymbol{M} \tag{6.32}$$

$$\boldsymbol{Q}(\boldsymbol{G}\mid\boldsymbol{G}')=\left\{\mathrm{j}\frac{2\nu_c\omega_p^2}{c^3}+\mathrm{j}\frac{2\nu_c}{c}\left[f+\frac{1}{\varepsilon_a}(1-f)\right]\cdot|\boldsymbol{k}+\boldsymbol{G}|^2\cdot\boldsymbol{F}\right\}\boldsymbol{\delta}_{G\cdot G'}+\mathrm{j}\frac{2\nu_c}{c}\left(1-\frac{1}{\varepsilon_a}\right)\boldsymbol{M} \tag{6.33}$$

$$\boldsymbol{R}(\boldsymbol{G}\mid\boldsymbol{G}')=\left(-\frac{\omega_p^4}{c^4}\left\{-\frac{A}{c^2}\left[f+\frac{1}{\varepsilon_a}(1-f)\right]+\frac{\omega_p^2}{c^2}f\right\}\cdot|\boldsymbol{k}+\boldsymbol{G}|^2\cdot\boldsymbol{F}\right)\boldsymbol{\delta}_{G\cdot G'}+\left[-\frac{A}{c^2}\left(1-\frac{1}{\varepsilon_a}\right)+\frac{\omega_p^2}{c^2}\right]\boldsymbol{M} \tag{6.34}$$

$$\boldsymbol{S}(\boldsymbol{G}\mid\boldsymbol{G}')=\left\{\left[-\mathrm{j}\frac{2\nu_c\omega_p^2}{c^3\varepsilon_a}(1-f)-\mathrm{j}\frac{\nu_c\omega_p^2}{c^3}f\right]\cdot|\boldsymbol{k}+\boldsymbol{G}|^2\cdot\boldsymbol{F}\right\}\boldsymbol{\delta}_{G\cdot G'}+\left[-\mathrm{j}\frac{2\nu_c\omega_p^2}{c^3}\left(\frac{1}{\varepsilon_a}-1\right)+\mathrm{j}\frac{\nu_c\omega_p^2}{c^3}\right]\boldsymbol{M} \tag{6.35}$$

$$\boldsymbol{T}(\boldsymbol{G}\mid\boldsymbol{G}')=\left\{\frac{\omega_p^4}{c^4}\frac{1}{\varepsilon_a}(1-f)\cdot|\boldsymbol{k}+\boldsymbol{G}|^2\cdot\boldsymbol{F}\right\}\boldsymbol{\delta}_{G\cdot G'}-\frac{\omega_p^4}{c^4}\frac{1}{\varepsilon_a}\boldsymbol{M} \tag{6.36}$$

其中，有

$$\boldsymbol{M}=|\boldsymbol{k}+\boldsymbol{G}|\,|\boldsymbol{k}+\boldsymbol{G}'|\cdot\boldsymbol{F}\cdot 3f\left[\frac{\sin(|\boldsymbol{G}|R)-(|\boldsymbol{G}|R)\cos(|\boldsymbol{G}|R)}{(|\boldsymbol{G}|R)^3}\right]$$

$$\boldsymbol{F}=\begin{pmatrix}\hat{\boldsymbol{e}}_2\cdot\hat{\boldsymbol{e}}_{2'} & -\hat{\boldsymbol{e}}_2\cdot\hat{\boldsymbol{e}}_{1'}\\ -\hat{\boldsymbol{e}}_1\cdot\hat{\boldsymbol{e}}_{2'} & \hat{\boldsymbol{e}}_1\cdot\hat{\boldsymbol{e}}_{1'}\end{pmatrix}$$

且 $A=\nu_c^2+2\omega_p^2+\omega_c^2$，$\boldsymbol{O}$、$\boldsymbol{P}$、$\boldsymbol{Q}$、$\boldsymbol{R}$、$\boldsymbol{S}$ 和 $\boldsymbol{T}$ 是 $N\times N$ 的矩阵。式(6.30)的求解可以转换为求取一个大小为 $6N\times 6N$ 的矩阵 $\boldsymbol{Y}$ 的特征值，矩阵 $\boldsymbol{Y}$ 满足

$$\boldsymbol{Y}\boldsymbol{z}=\xi\boldsymbol{z},\quad \boldsymbol{Y}=\begin{pmatrix}0&\boldsymbol{I}&0&0&0&0\\0&0&\boldsymbol{I}&0&0&0\\0&0&0&\boldsymbol{I}&0&0\\0&0&0&0&\boldsymbol{I}&0\\0&0&0&0&0&\boldsymbol{I}\\\boldsymbol{T}&\boldsymbol{S}&\boldsymbol{R}&\boldsymbol{Q}&\boldsymbol{P}&\boldsymbol{O}\end{pmatrix}\tag{6.37}$$

求解式(6.37)的特征值就得到了式(6.30)的解。当然,所求特征值的实部就决定了非寻常波在该三维磁化等离子体光子晶体中的色散关系。

6.3.2 三维面心晶格磁化等离子体光子晶体的色散特性

采用PWE方法计算色散关系时展开的平面波为729。为了不失一般性,用$\frac{\omega a}{2\pi c}$对频域进行归一化,并用变量$\omega_{p0}a/2\pi c=1$来确定ω_p、ω_c和ν_c的大小。假设$\omega_p=\omega_{p1}=0.7\pi c/a=0.35\omega_{p0}$,$\nu_c=0.02\omega_{p1}$,$\omega_c=0.8\omega_{p1}$,显然$\omega_{p0}$和$\omega_{p1}$是定义的变量,它们没有任何物理意义。并且假设介质背景的参数满足$\varepsilon_a=13.9$,$\mu_a=1$,磁化等离子体球的填充率$f=0.6$。本节主要对三维面心晶格磁化等离子体光子晶体在频率范围$0\sim2\pi c/a$内的1st PBG和水平带区域的特性进行讨论。

图6.28给出了在不同ω_p、ω_c和ν_c条件下非寻常波的色散曲线,且$\varepsilon_a=13.9$,$f=0.6$,灰色区域表示PBG。由图6.28(a)可知,当$\omega_p=\omega_c=\nu_c=0$时,三维面心晶格磁化等离子体光子晶体可以视为常规的三维空气—介质光子晶体,且能产生1个PBG,它位于0.630 8～0.632 1$(2\pi c/a)$。PBG带宽较窄的原因是面心晶格有很强对称性。当等离子体引入该三维光子晶体时(用等离子体代替空气),如图6.28(b)所示,此时$\omega_p=0.35\omega_{p0}$、$\nu_c=0.02\omega_{pl}$且$\omega_c=0$,PBG明显被调谐了,PBG的上、下边缘将发生蓝移,且产生了1个水平带区域。水平带的产生是源于表面等离子体激元模[231, 235],且水平带区域中的群速度较慢。水平带区域覆盖的频率范围是0～0.35$(2\pi c/a)$,此时PBG的频率范围变为0.663 1～0.680 4$(2\pi c/a)$,显然PBG的带宽被展宽了。如图6.28(c)所示,当外加磁场和波矢垂直时,非寻常波的PBG将覆盖0.672 4～0.690 7$(2\pi c/a)$,且水平带区域将变为2个。它们分别位于0～0.236 9$(2\pi c/a)$和0.448 2～0.516 9$(2\pi c/a)$。这主要是因为由非寻常波的色散关系可知[196, 229],非寻常波存在着左右2个截止频率f_L和f_R,$f_L=0.236\,9(2\pi c/a)$($f_L=-\omega_c/2+\sqrt{{\omega_c}^2/4+\omega_p^2}$)、$f_R=0.516\,9(2\pi c/a)$($f_R=\omega_c/2+\sqrt{\omega_c^2/4+\omega_p^2}$)[226]。当外加磁场后,表面等离子体激元模的频率将发生变化,表面等离子体激元将会在f_L和f_R附近产生谐振,从而产生新的水平带区域。因此,f_L和f_R分别对应于两个水平带区域的上边缘频率,这意味着水平带区域是由磁化等离子体自身形成的。

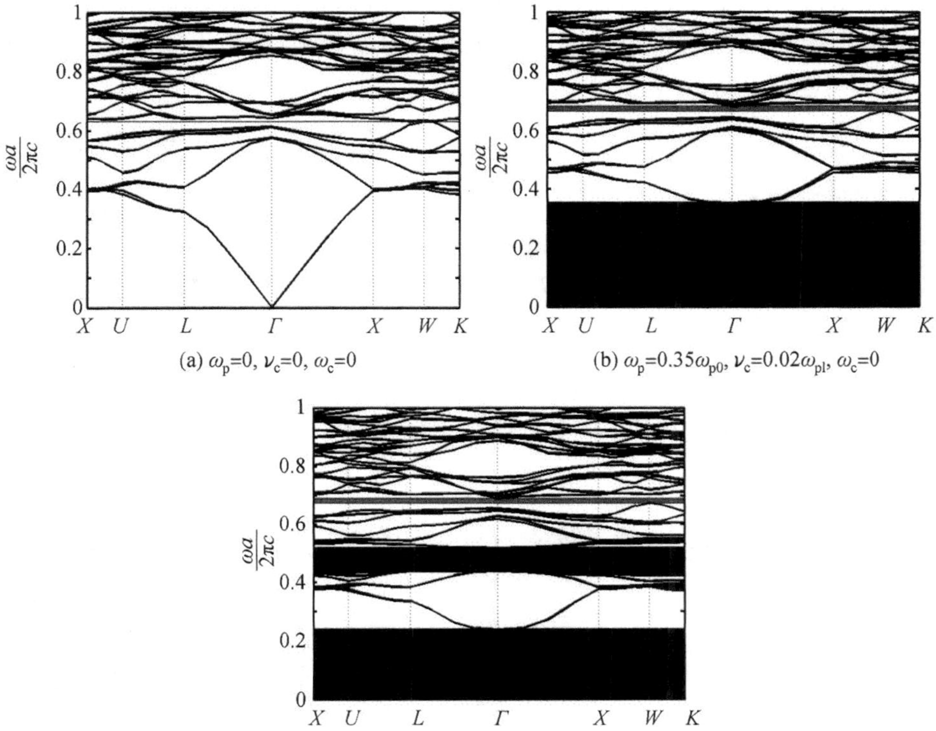

(a) $\omega_p=0,\ \nu_c=0,\ \omega_c=0$　(b) $\omega_p=0.35\omega_{p0},\ \nu_c=0.02\omega_{pl},\ \omega_c=0$

(c) $\omega_p=0.35\omega_{p0},\ \nu_c=0.02\omega_{pl},\ \omega_c=0.08\omega_{pl}$

图 6.28　在不同 ω_p、ω_c 和 ν_c 条件下非寻常波的色散曲线

6.3.3　ε_a 对色散特性的影响

图 6.29 给出了在 ε_a 取不同值时非寻常波的色散曲线，此时 $f=0.6$，$\omega_p=0.35\omega_{p0}$，$\omega_c=0.8\omega_{p1}$，$\nu_c=0.02\omega_{p1}$。由图 6.29 可知，非寻常波的 1st PBG 能够被 ε_a 调谐，PBG 的上、下边缘将会随着 ε_a 的增大而发生红移。由于表面等离子体激元模的存在，两个水平带区域的上边缘频率分别在 f_L 和 f_R 附近。当 ε_a 增大时，磁化等离子体球和介质背景间的耦合不会发生变化，这是因为 f_L 和 f_R 的大小与 ε_a 无关。因此，ε_a 对这两个水平带区域的位置无影响。图 6.30 给出了非寻常波的 1st PBG 和其相对带宽与 ε_a 的关系图，此时 $f=0.6$，$\omega_p=0.35\omega_{p0}$，$\omega_c=0.8\omega_{p1}$、$\nu_c=0.02\omega_{p1}$，灰色区域代表 PBG。由图 6.30(a) 可知，PBG 的上、下边缘将会随着 ε_a 的增大而发生红移，且其带宽会先增大后减小。如果 $\varepsilon_a<7$，PBG 将不会存在。当 $\varepsilon_a=40$ 时，PBG 将闭合。PBG 的最大带宽为 0.024 3($2\pi c/a$)，且此时 $\varepsilon_a=17$。与 $\varepsilon_a=40$ 时相比，带宽增加了 0.022 9($2\pi c/a$)。由图 6.30(b) 可知，PBG 的相对带宽($\Delta\omega/\omega_i$)将随着 ε_a 的增大而先增大后减小。当 ε_a 由 7 增加到 40 时，$\boldsymbol{I}$ 的

最大值为 0.038 2 且 $\varepsilon_a=17$。因此,对于三维面心晶格磁化等离子体光子晶体中的非寻常波而言,它的 PBG 能够通过改变 ε_a 进行调谐,$\Delta\omega/\omega_i$ 的最大值出现在 low$-\varepsilon_a$区域。

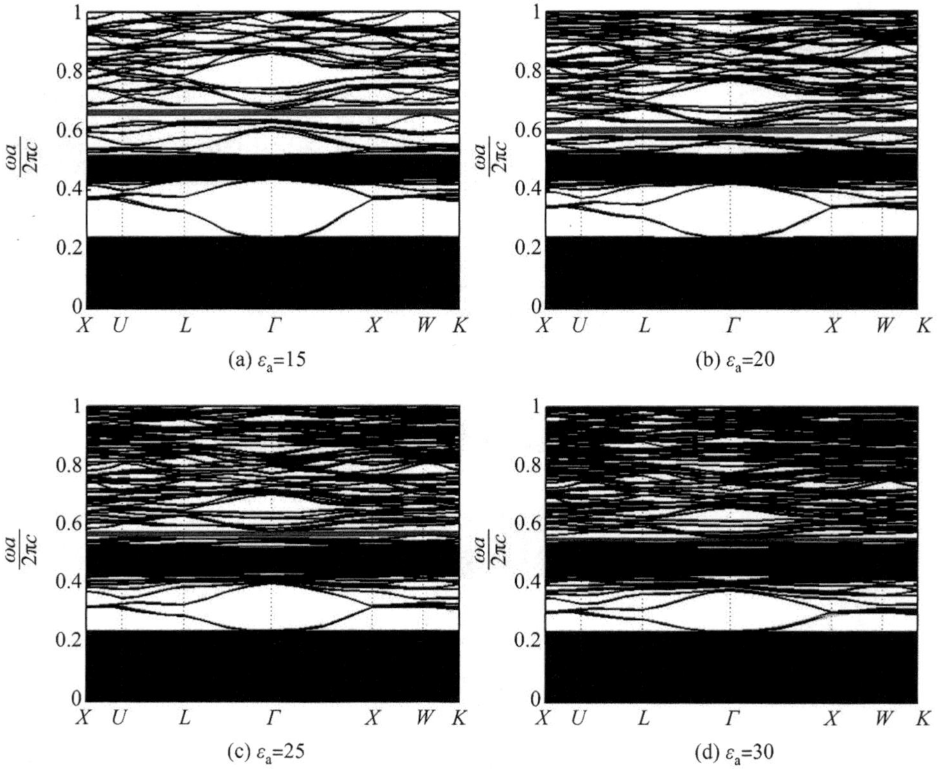

图 6.29　在 ε_a 取不同值时非寻常波的色散曲线

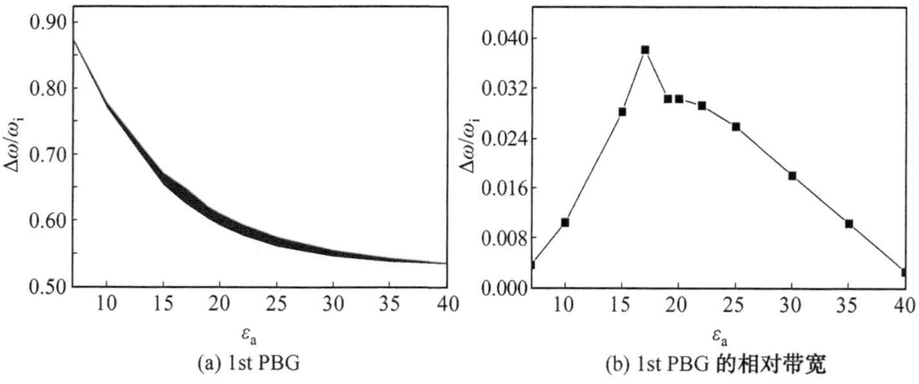

图 6.30　非寻常波的 1st PBG 和其相对带宽与 ε_a 的关系图

6.3.4　外加磁场对色散特性的影响

由于外加磁场和 ω_c 成正比，要了解外加磁场对色散特性的影响，仅需要讨论 ω_c 对色散特性的影响。图 6.31 给出了在 ω_c 取不同值时非寻常波的色散曲线，此时 $f=0.6$，$\omega_p=0.35\omega_{p0}$，$\varepsilon_a=13.9$，$\nu_c=0.02\omega_{pl}$。由图 6.31 可知，随着 ω_c 的增大，第二水平带区域的上、下边缘将发生蓝移，而第一水平带区域的上边缘将发生红移。当 ω_c 的值非常小时，两个水平带区域将会重合，例如 $\omega_c=0.01\omega_{pl}$（图 6.31(a)），这可以通过 ω_c 与 f_L 和 f_R 的关系来解释，f_R 将随着 ω_c 的增大而增大，但是 f_L 则随着 ω_c 的增大而减小。图 6.32 给出了非寻常波的 1st PBG 和其相对带宽与 ω_c 的关系图，此时 $f=0.6$，$\omega_p=0.35\omega_{p0}$，$\varepsilon_a=13.9$，$\nu_c=0.02\omega_{pl}$。由图 6.32(a) 可知，PBG 的上、下边缘将会随着 ω_c 的增大而发生蓝移，且其带宽会先增大后减小，这主要是因为非寻常波在该三维磁化等离子体中发生 Bragg 散射时干涉的波长减小了。当 ω_c/ω_{pl} 由 0.01 增加到 2 时，最大的 PBG 带宽是 0.018 6 $(2\pi c/a)$，其频率范围是 0.686 0 ~ 0.704 6$(2\pi c/a)$，即 $\omega_c/\omega_{pl}=1.1$。与 $\omega_c/\omega_{pl}=2$ 时

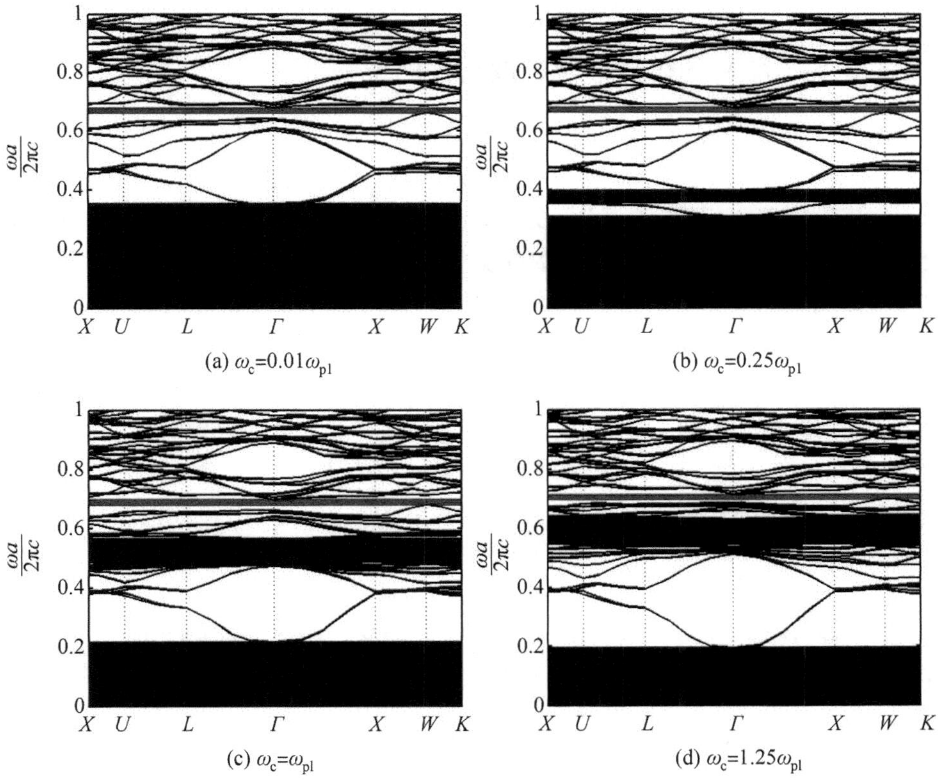

图 6.31　在 ω_c 取不同值时非寻常波的色散曲线

相比，PBG 带宽增加了 0.015 4($2\pi c/a$)。由图 6.32(b) 可知，PBG 的相对带宽将随着 ω_c 的增大而先增大后减小。$\Delta\omega/\omega_i$ 的最大值为 0.026 8 且 $\omega_c/\omega_{p1}=1.1$。与 $\omega_c/\omega_{p1}=2$ 相比，$\Delta\omega/\omega_i$ 的值增加了 0.023 1。因此，PBG 和水平带区域能够被 ω_c 调谐，且 PBG 的带宽也能通过增加外磁场的强度(ω_c) 来实现。

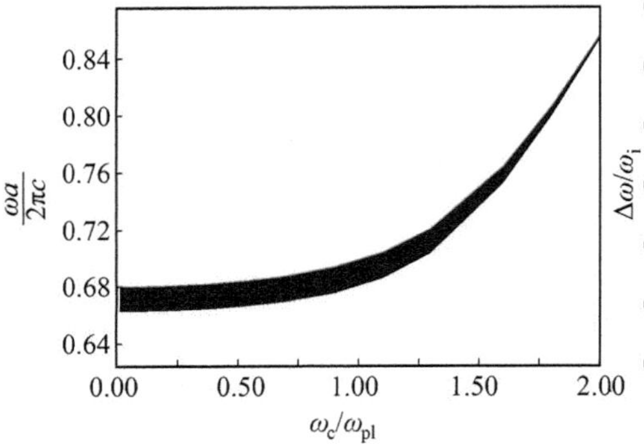

(a) 1st PBG

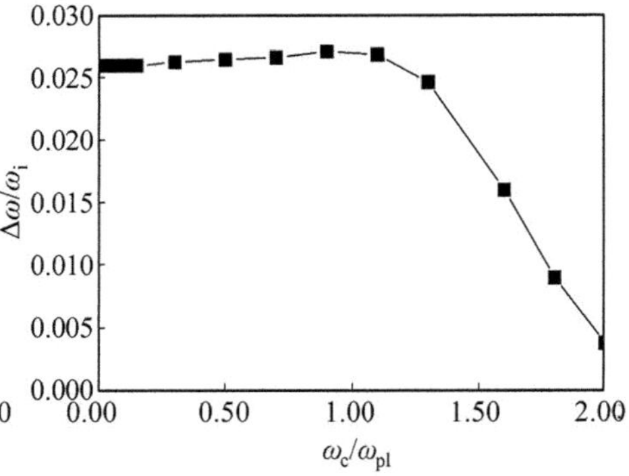

(b) 1st PBG 的相对带宽

图 6.32　非寻常波的 1st PBG 和其相对带宽与 ω_c 的关系图

6.3.5　等离子体频率对色散特性的影响

图 6.33 给出了在 ω_p 取不同值时非寻常波的色散曲线，此时 $f=0.6$，$\omega_c=0.8\omega_{p1}$，$\varepsilon_a=13.9$，$\nu_c=0.02\omega_{p1}$。由图 6.33 可知，PBG 的大小能通过改变 ω_p 的大小来实现。随着 ω_p 的增大，PBG 的上、下边缘将会发生蓝移。当 ω_p/ω_{p0} 的值增大时，2 个水平带区域的上边缘将发生蓝移，这主要是因为 f_L 和 f_R 将会随着 ω_p 的增大而增大。当 ω_p 增大时，更高次的表面等离子体激元模能通过等离子体球和介质的交界面。图 6.34 给出了非寻常波的 1st PBG 和其相对带宽与 ω_p 的关系图，此时 $f=0.6$，$\omega_c=0.8\omega_{p1}$，$\varepsilon_a=13.9$ 和 $\nu_c=0.02\omega_{p1}$。由图 6.34(a) 可知，PBG 的上、下边缘将会随着 ω_p 的增大而发生蓝移，且其带宽也将会先增大后减小。当 ω_p/ω_{p0} 由 0.01 增加到 0.6 时，PBG 的最大带宽是 0.025 7($2\pi c/a$)，其覆盖 0.704 0 ～0.725 1($2\pi c/a$)，即 $\omega_p/\omega_{p0}=0.45$。与 $\omega_p/\omega_{p0}=0.01$ 相比，PBG 的频率范围增加了 0.001 3($2\pi c/a$)。由图 6.34(b) 可知，当 ω_p/ω_{p0} 由 0.01 增加到 0.6 时，PBG 的相对带宽将先增大后减小。$\Delta\omega/\omega_i$ 的最大值为 0.029 5，且此时 $\omega_p/\omega_{p0}=0.45$。因此，改变 ω_p 的大小能对 PBG 和水平带区域的位置进行调谐，且 PBG 相对带宽的最大值出现在 high－ω_p 区域。

6.3.6　磁化等离子体球的填充率对色散特性的影响

图 6.35 给出了在 f 取不同值时非寻常波的色散曲线，此时 $\omega_p=0.35\omega_{p0}$，$\omega_c=0.8\omega_{p1}$，$\varepsilon_a=13.9$，$\nu_c=0.02\omega_{p1}$。由图 6.35 可知，改变 f 的大小能实现对 PBG 的

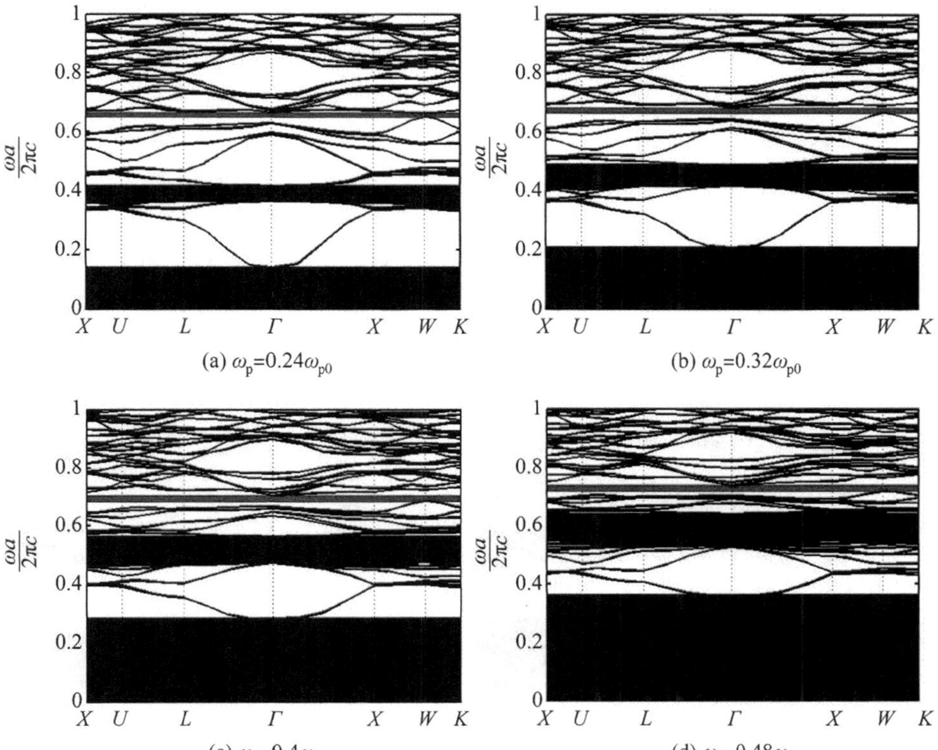

(a) $\omega_p=0.24\omega_{p0}$　(b) $\omega_p=0.32\omega_{p0}$

(c) $\omega_p=0.4\omega_{p0}$　(d) $\omega_p=0.48\omega_{p0}$

图 6.33　在 ω_p 取不同值时非寻常波的色散曲线

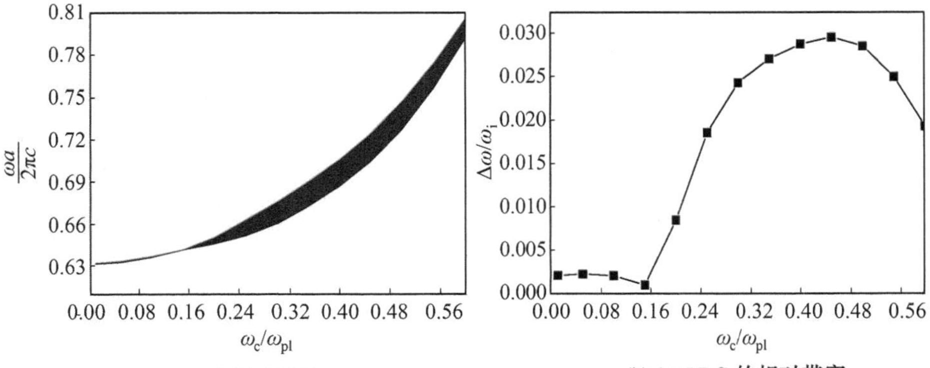

(a) 1st PBG　(b) 1st PBG 的相对带宽

图 6.34　非寻常波的 1st PBG 和其相对带宽与 ω_p 的关系图

调谐。当 $f<0.54$ 时，PBG 的带宽可能会很窄甚至消失，f 是一个非常重要的参数。另外，两个水平带区域的上边缘频率不会随着 f 的改变而发生变化，这主要是因为 f 对 f_L 和 f_R 的大小无影响，也对磁化等离子体球间的耦合强度无影响，

所以表面等离子体激元模也不会受影响。图 6.36 给出了非寻常波的 1st PBG 和其相对带宽与 f 的关系图，此时 $\omega_p=0.35\omega_{p0}$，$\omega_c=0.8\omega_{p1}$，$\varepsilon_a=13.9$，$\nu_c=0.02\omega_{p1}$。由图 6.36(a) 可知，PBG 的上、下边缘将会随着 f 的增大而发生蓝移，且其带宽也将会逐渐增大。当 $f<0.45$ 时，PBG 将不存在。当 f 由 0.45 增加到 0.65 时，PBG 位于 0.702 5～0.734 8$(2\pi c/a)$。与 $f=0.45$ 时相比，PBG 的频率范围增加了 0.031$(2\pi c/a)$，这从物理上解释是 f 增大意味着三维等离子体光子晶体的平均相对介电常数减小了[213]。由图 6.36(b) 可知，PBG 的相对带宽将会随着 f 的增大而增大。$\Delta\omega/\omega_i$ 的最大值为 0.045 且 $f=0.65$。因此，改变 f 的大小能实现对 PBG 的调谐，且 PBG 相对带宽的最大值出现在 high－f 区域。

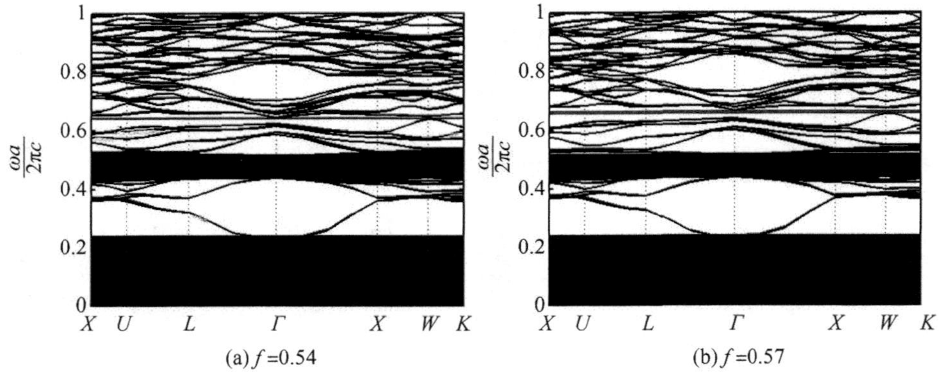

图 6.35　在 f 取不同值时非寻常波的色散曲线

6.3.7　等离子体的碰撞频率对 PBG 的影响

图 6.37 给出了非寻常波的 1st PBG 和其相对带宽与 ν_c 的关系图，此时 $\omega_p=0.35\omega_{p0}$，$\omega_c=0.8\omega_{p1}$，$\varepsilon_a=13.9$，$f=0.6$。由图 6.37(a) 可知，PBG 的上、下边缘将不会随着 ν_c 的增大而发生移动，其带宽也不会发生任何变化。当 ν_c/ω_{p1} 由 0.002

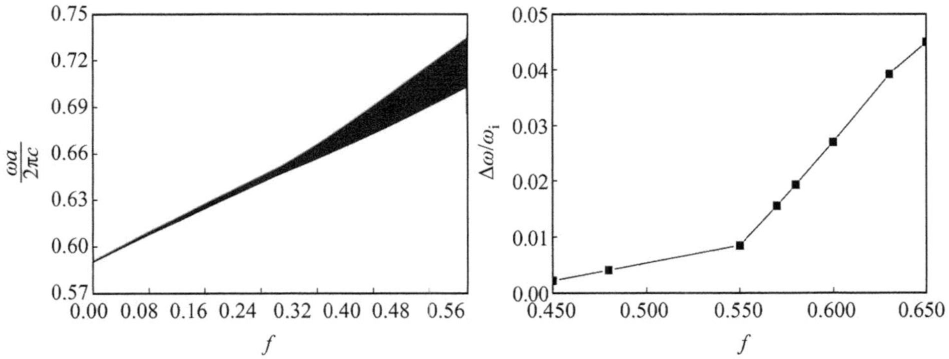

(a) 1st PBG　　(b) 1st PBG 的相对带宽

图 6.36　非寻常波的 1st PBG 和其相对带宽与 f 的关系图

增加到 0.2 时，PBG 的频率范围将保持 0.672 4 ～ 0.690 7($2\pi c/a$) 不变，且带宽为 0.018 3($2\pi c/a$)。由图 6.37(b) 可知，PBG 的相对带宽也不会随着 ν_c 的增大而发生改变，且 $f_L=\omega_c=0.029\,5$，这可以通过 ν_c 和 ε_p 的关系来解释。ν_c 仅是等离子体的耗散项且对求解式(6.37) 的特征值无影响。因此，改变 ν_c 的大小不能实现对 PBG 的调谐。

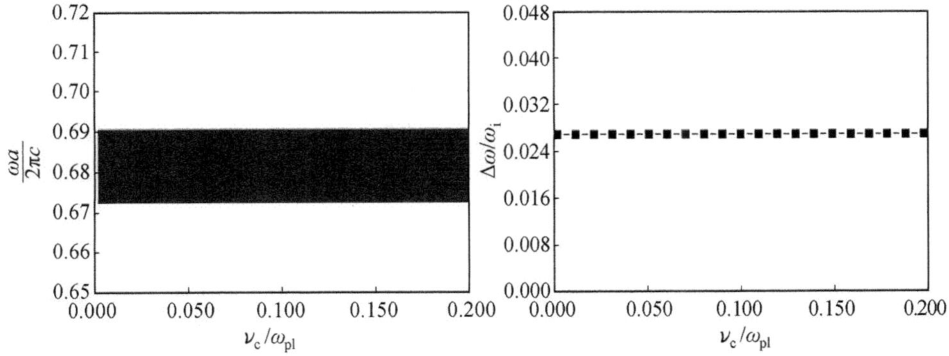

(a) 1st PBG　　(b) 1st PBG 的相对带宽

图 6.37　非寻常波的 1st PBG 和其相对带宽与 ν_c 的关系图

6.3.8　水平带隙区域的特性

图 6.38 给出了非寻常波水平带区域的边缘位置与 ω_c、ω_p、ε_a、f 和 ν_c 的关系图。由图 6.38(c)、(d) 和(e) 可知，2 个水平带区域的上、下边缘都不会随着 ε_a、f 和 ν_c 的变化而发生变化。这两个水平带区域的上、下边缘分别位于 0、0.236 9($2\pi c/a$)、0.444 3($2\pi c/a$) 和 0.516 9($2\pi c/a$)，且保持不变，这是由于 f_R 和 f_L 的大小与 ε_a、f 和 ν_c 无关。由图 6.38(a) 可知，第二水平带区域的上、下边缘将随着 ω_c 的增大而发生蓝移，而第一水平带区域的上边缘却会随着 ω_c 的增大而

发生红移。当 ω_c/ω_{p1} 的值由 0.01 增加到 2 时，第二水平带区域的频率范围将变为 0.782 6～0.851 3($2\pi c/a$)。与 $\omega_c/\omega_{p1}=0.01$ 时相比，第二水平带区域的宽度增加了 0.067 1($2\pi c/a$)，而对于第一水平而言，此时该区域的宽度减小了 0.203 1($2\pi c/a$)。这主要是因为 f_R 将要随着 ω_c 的增大而增大，但 f_L 却要随着 ω_c 的增大而减小。另外，第二水平带的下边缘频率和非寻常波的上杂化频率 f_H($f_H=\sqrt{\omega_c{}^2+\omega_p{}^2}$) 相等。因此，$f_H$ 的值也将会随着 ω_c 的增大而增大。由图 6.38(b)可知，第二水平带区域的上、下边缘和第一水平带区域的上边缘频率随着 ω_p 的增大而增大。当 ω_p/ω_{p0} 的值由 0.01 增加到 0.35 时，第二水平带区域的范围是 0.448 2～0.516 9($2\pi c/a$)。与 $\omega_p/\omega_{p0}=0.01$ 时相比，第二水平带区域的范围增加了 0.076 6($2\pi c/a$)。当 ω_p/ω_{p0} 增加到 0.6 时，第一水平带区域的范围增加了 0.230 2($2\pi c/a$)，这也可以通过 ω_p 与 f_L、f_R 和 f_H 的关系来说明，当 ω_p 大于 ω_c 时，f_L、f_R 和 f_H 将要随着 ω_p 的增大而近似线性地增大。

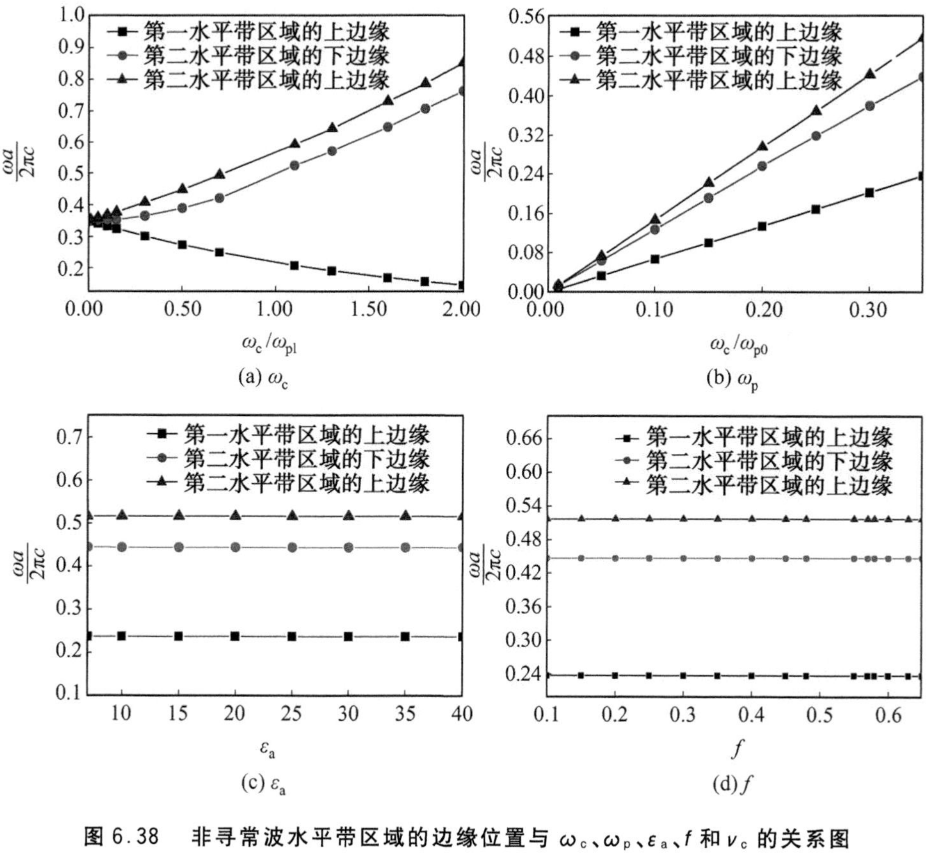

图 6.38　非寻常波水平带区域的边缘位置与 ω_c、ω_p、ε_a、f 和 ν_c 的关系图

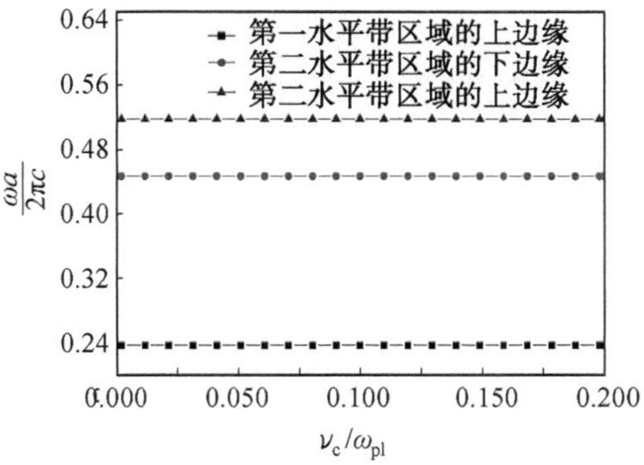

(e) ν_c

续图 6.38

6.4　RCP 波在三维磁化等离子体光子晶体中的色散特性

6.3 节对磁光 Voigt 效应下非寻常波在三维面心晶格磁化等离子体光子晶体中的色散特性进行了介绍。对于磁化等离子体而言，除了磁光 Voigt 效应，还存在着磁光 Faraday 效应，此时外加磁场和波矢平行。在磁光 Faraday 效应下，电磁波能被分解为 LCP 波和 RCP 波。本节将主要介绍磁光 Faraday 效应下，RCP 波在三维磁化立方体晶格等离子体光子晶体中的色散特性，并探讨光子晶体参数对色散特性的影响。为了方便，将该三维磁化立方体晶格等离子体光子晶体划分为两个类型：type－1 型是介质球填充在磁化等离子体背景中，而 type－2 型是它的互补结构，即磁化等离子体球填充在介质背景中；在计算时引入的时谐量是 $e^{j\omega t}$，ω 是角频率，t 是时间，且 $j=\sqrt{-1}$。

6.4.1　ω_c 对 RCP 和 LCP 波有效介电常数的影响

假设介质和磁化等离子体的相对介电常数分别为 ε_a 和 ε_p，外加磁场在任何时候都与波矢方向平行，这意味着磁化等离子体中存在磁光 Faraday 效应，且电磁波能分解为 LCP 波和 RCP 波，此时磁化等离子体的有效介电常数(the effective dielectric constant) 可以表示为[196]

$$\varepsilon_p(\omega)=1-\frac{\omega_p^{\ 2}}{\omega^2-j\nu_c\omega\pm\omega\omega_c}\tag{6.38}$$

式中，ω_p、ν_c 和 ω_c 分别代表等离子体频率、等离子体碰撞频率和等离子体回旋频率，$\omega_c=(eB/m)$，e、m 和 B 分别表示电子的电量、电子的质量和外加磁场的强度。其中式(6.38) 中取“＋”时，表示 LCP 波的有效介电常数；而取“－”时，表示

RCP 波的有效介电常数。为了不失一般性，用 $\omega_{p0}a/2\pi c=1$ 对频域进行归一化，假设 $\omega_p=\omega_{p1}=0.3\pi c/a=0.15\omega_{p0}$，$\nu_c=0.02\omega_{p1}$。

图 6.39 和图 6.40 中给出了 RCP 波和 LCP 波有效介电常数的实部 $\mathrm{Re}(\varepsilon_p)$ 与虚部 $\mathrm{Im}(\varepsilon_p)$ 和 ω_c 的关系图。由图 6.39 可知，RCP 波的有效介电常数可以等效为一种耗散性介质。当 $\mathrm{Im}(\varepsilon_p)$ 的幅值取最大值时，在图 6.39(a) 中可以观察到一个回旋共振(cyclotron resonance)。在回旋共振频率的附近，$\mathrm{Re}(\varepsilon_p)$ 也将达到峰值。这种现象是由洛伦兹力引起的[286]。由图 6.39(a) 可知，当 ω_c 增加时，回旋共振也会随之增加，但是 $\mathrm{Re}(\varepsilon_p)$ 的峰值将会减小。当改变 ω_c 时，有可能是由正值变成负值，这导致了相速度方向的改变。由图 6.40 可知，当 ω_c 增加时，回旋共振不会出现，且 $\mathrm{Re}(\varepsilon_p)$ 和 $\mathrm{Im}(\varepsilon_p)$ 也会随之增大。值得注意的是回旋共振只能出现在 RCP 波中，因此，本节只介绍 RCP 波的色散特性。

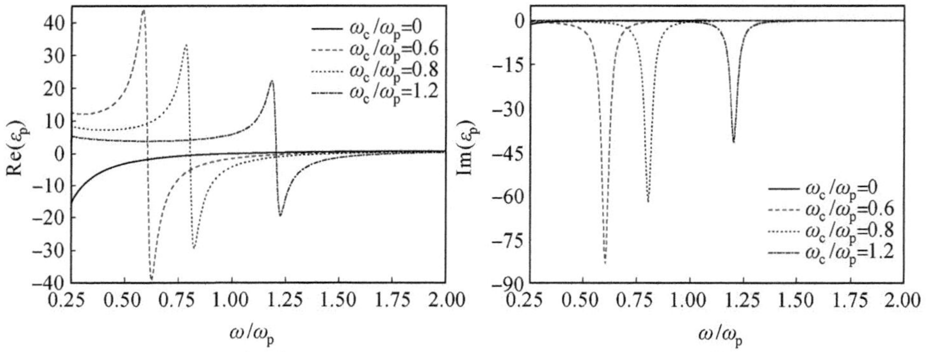

(a) 实部　　(b) 虚部

图 6.39　RCP 波有效介电常数的实部 $\mathrm{Re}(\varepsilon_p)$ 与虚部 $\mathrm{Im}(\varepsilon_p)$ 和 ω_c 的关系图

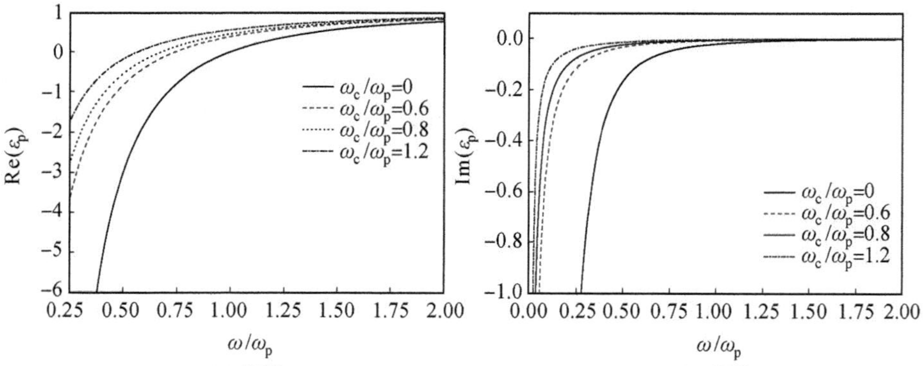

(a) 实部　　(b) 虚部

图 6.40　LCP 波有效介电常数的实部 $\mathrm{Re}(\varepsilon_p)$ 与虚部 $\mathrm{Im}(\varepsilon_p)$ 和 ω_c 的关系图

6.4.2 物理模型与计算方法

图 6.41 给出了 type－1 型和 type－2 型三维立方体晶格磁化等离子体光子晶体的单元结构示意图。为了获得 RCP 波的色散特性，采用 PWE 方法进行计算。为使计算的收敛精度好于 1%，采用 729 个平面波进行展开。假设填充球的半径和晶格参数分别为 R 和 a，球体的填充率为 f，光子晶体的初始参数设定为：$\omega_p=\omega_{p1}=0.3\pi c/a=0.15\omega_{p0}$、$\varepsilon_a=40$、$\mu_a=1$、$f=0.5$、$\nu_c=0.02\omega_{p1}$、$\omega_c=0.8\omega_p$。

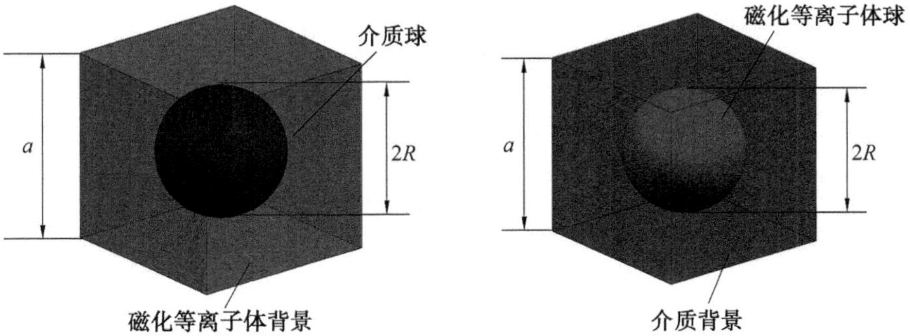

(a) type-1 型三维磁化等离子体光子晶体　(b) type-2 型三维磁化等离子体光子晶体

图 6.41 type－1 型和 type－2 型三维立方体晶格磁化等离子体光子晶体的单元结构示意图

根据 PWE 方法，对于 type－1 型而言，介质 $\boldsymbol{\varepsilon}^{-1}(\boldsymbol{r})$ 的傅里叶展开系数 $\hat{\kappa}(\boldsymbol{G})$ 可以表示为

$$\hat{\kappa}(\boldsymbol{G})=\begin{cases}\dfrac{\omega^2-(\mathrm{j}\nu_c+\omega_c)\omega}{\omega^2-(\mathrm{j}\nu_c+\omega_c)\omega-\omega_p^2}(1-f)+\left(\dfrac{1}{\varepsilon_a}\right)f, & \boldsymbol{G}=\boldsymbol{0}\\ \left[\dfrac{1}{\varepsilon_a}-\dfrac{\omega^2-(\mathrm{j}\nu_c+\omega_c)\omega}{\omega^2-(\mathrm{j}\nu_c+\omega_c)\omega-\omega_p^2}\right]\cdot \\ \qquad 3f\dfrac{\sin(|\boldsymbol{G}|R)-(|\boldsymbol{G}|R)\cos(|\boldsymbol{G}|R)}{(|\boldsymbol{G}|R)^3}, & \boldsymbol{G}\neq\boldsymbol{0}\end{cases} \tag{6.39}$$

式中，$\boldsymbol{G}$ 是倒格矢；$f=(4\pi R^3)/(3a^3)$。Maxwell 方程组可以化简为[287]

$$\sum_{G',\lambda'}|\boldsymbol{k}+\boldsymbol{G}||\boldsymbol{k}+\boldsymbol{G}'|\begin{pmatrix}\hat{\boldsymbol{e}}_2\cdot\boldsymbol{\varepsilon}_{G,G'}^{-1}\cdot\hat{\boldsymbol{e}}_{2'} & -\hat{\boldsymbol{e}}_2\cdot\boldsymbol{\varepsilon}_{G,G'}^{-1}\cdot\hat{\boldsymbol{e}}_{1'}\\ -\hat{\boldsymbol{e}}_1\cdot\boldsymbol{\varepsilon}_{G,G'}^{-1}\cdot\hat{\boldsymbol{e}}_{2'} & \hat{\boldsymbol{e}}_1\cdot\boldsymbol{\varepsilon}_{G,G'}^{-1}\cdot\hat{\boldsymbol{e}}_{1'}\end{pmatrix}h_{G',\lambda'}=\frac{\omega^2}{c^2}h_{G,\lambda} \tag{6.40}$$

式中，$\boldsymbol{k}$ 是在 1st BZ 中的波矢；$\hat{\boldsymbol{e}}_1$ 和 $\hat{\boldsymbol{e}}_2$ 是垂直于波矢 $\boldsymbol{k}+\boldsymbol{G}$ 的正交单位矢量，且

$$h_{G,\lambda}=\sum_{G}A(\boldsymbol{k}\mid\boldsymbol{G})\mathrm{e}^{\mathrm{j}(\boldsymbol{K}+\boldsymbol{G})\cdot\boldsymbol{r}} \tag{6.41}$$

结合式(6.39)～(6.41)，式(6.40)可以表示为

$$\hat{\kappa}(0)\cdot|\boldsymbol{k}+\boldsymbol{G}||\boldsymbol{k}+\boldsymbol{G}'|\cdot\boldsymbol{F}\cdot A(\boldsymbol{k}\mid\boldsymbol{G})+\sum_{G'}\hat{\kappa}(\boldsymbol{G}-\boldsymbol{G}')\cdot$$

$$|\boldsymbol{k}+\boldsymbol{G}|\,|\boldsymbol{k}+\boldsymbol{G}'|\cdot\boldsymbol{F}\cdot A(\boldsymbol{k}\mid\boldsymbol{G})=\frac{\omega^2}{c^2}A(\boldsymbol{k}\mid\boldsymbol{G}) \tag{6.42}$$

式中，$\boldsymbol{F}=\begin{pmatrix}\hat{\boldsymbol{e}}_2\cdot\hat{\boldsymbol{e}}_{2'} & -\hat{\boldsymbol{e}}_2\cdot\hat{\boldsymbol{e}}_{1'}\\ -\hat{\boldsymbol{e}}_1\cdot\hat{\boldsymbol{e}}_{2'} & \hat{\boldsymbol{e}}_1\cdot\hat{\boldsymbol{e}}_{1'}\end{pmatrix}$，且定义一个复数变量 $\xi=\omega/c$，则式(6.42)可以写作

$$\xi^4\boldsymbol{I}-\xi^3\boldsymbol{T}-\xi^2\boldsymbol{U}-\xi\boldsymbol{V}-\boldsymbol{W}=\boldsymbol{0} \tag{6.43}$$

式中，$\boldsymbol{I}$ 为单位矩阵，且有

$$\boldsymbol{T}(\boldsymbol{G}\mid\boldsymbol{G}')=\left(\mathrm{j}\,\frac{\nu_c}{c}+\frac{\omega_c}{c}\right)\boldsymbol{\delta}_{\boldsymbol{G}\cdot\boldsymbol{G}'} \tag{6.44}$$

$$\boldsymbol{U}(\boldsymbol{G}\mid\boldsymbol{G}')=\left\{\frac{\omega_p^2}{c^2}+\left[\frac{1}{\varepsilon_a}f+(1-f)\right]\cdot|\boldsymbol{k}+\boldsymbol{G}|^2\cdot\boldsymbol{F}\right\}\boldsymbol{\delta}_{\boldsymbol{G}\cdot\boldsymbol{G}'}+\left(\frac{1}{\varepsilon_a}-1\right)\boldsymbol{M} \tag{6.45}$$

$$\boldsymbol{V}(\boldsymbol{G}\mid\boldsymbol{G}')=\left\{-\left(\mathrm{j}\,\frac{\nu_c}{c}+\frac{\omega_c}{c}\right)\left[\frac{1}{\varepsilon_a}f+(1-f)\right]|\boldsymbol{k}+\boldsymbol{G}|^2\cdot\boldsymbol{F}\right\}\cdot\boldsymbol{\delta}_{\boldsymbol{G}\cdot\boldsymbol{G}'}-\left(\mathrm{j}\,\frac{\nu_c}{c}+\frac{\omega_c}{c}\right)\left(\frac{1}{\varepsilon_a}-1\right)\boldsymbol{M} \tag{6.46}$$

$$\boldsymbol{W}(\boldsymbol{G}\mid\boldsymbol{G}')=\left(-\frac{\omega_p^2}{c^2}\,\frac{f}{\varepsilon_a}\cdot|\boldsymbol{k}+\boldsymbol{G}|^2\cdot\boldsymbol{F}\right)\boldsymbol{\delta}_{\boldsymbol{G}\cdot\boldsymbol{G}'}+\frac{\omega_p^2}{c^2}\left(\frac{1}{\varepsilon_a}\right)\boldsymbol{M} \tag{6.47}$$

式中，$\boldsymbol{M}=|\boldsymbol{k}+\boldsymbol{G}|\,|\boldsymbol{k}+\boldsymbol{G}'|\cdot\boldsymbol{F}\cdot 3f\dfrac{\sin(|\boldsymbol{G}|R)-(|\boldsymbol{G}|R)\cos(|\boldsymbol{G}|R)}{(|\boldsymbol{G}|R)^3}$；$\boldsymbol{T}$、$\boldsymbol{U}$、$\boldsymbol{W}$ 和 $\boldsymbol{T}$ 是 $N\times N$ 的矩阵。式(6.43)的求解可以转换成一个 $4N\times 4N$ 矩阵 $\boldsymbol{Q}$ 特征值的求取，矩阵 $\boldsymbol{Q}$ 满足

$$\boldsymbol{Q}\boldsymbol{z}=\xi\boldsymbol{z},\quad \boldsymbol{Q}=\begin{pmatrix}0&\boldsymbol{I}&0&0\\0&0&\boldsymbol{I}&0\\0&0&0&\boldsymbol{I}\\\boldsymbol{W}&\boldsymbol{V}&\boldsymbol{U}&\boldsymbol{T}\end{pmatrix} \tag{6.48}$$

求解式(6.48)的特征值就得到了式(6.43)的解。当然，所求特征值的实部就决定了 RCP 波在该三维磁化等离子体光子晶体中的色散关系。

对于 type－2 型而言，介质 $\boldsymbol{\varepsilon}^{-1}(\boldsymbol{r})$ 的傅里叶展开系数 $\hat{\kappa}(\boldsymbol{G})$ 可以表示为[241]

$$\hat{\kappa}(\boldsymbol{G})=\begin{cases}\dfrac{\omega^2-(\mathrm{j}\nu_c+\omega_c)\omega}{\omega^2-(\mathrm{j}\nu_c+\omega_c)\omega-\omega_p^2}f+\dfrac{1}{\varepsilon_a}(1-f), & \boldsymbol{G}=\boldsymbol{0}\\ \left[\dfrac{\omega^2-(\mathrm{j}\nu_c+\omega_c)\omega}{\omega^2-(\mathrm{j}\nu_c+\omega_c)\omega-\omega_p^2}-\dfrac{1}{\varepsilon_a}\right]\cdot 3f\dfrac{\sin(|\boldsymbol{G}|R)-(|\boldsymbol{G}|R)\cos(|\boldsymbol{G}|R)}{(|\boldsymbol{G}|R)^3}, & \boldsymbol{G}\neq\boldsymbol{0}\end{cases} \tag{6.49}$$

同理，可以得到求特征值的等式为

$$\xi^4 \boldsymbol{I} - \xi^3 \boldsymbol{T} - \xi^2 \boldsymbol{U} - \xi \boldsymbol{V} - \boldsymbol{W} = \boldsymbol{0} \tag{6.50}$$

式中，$\boldsymbol{I}$ 为单位矩阵，$\xi = \omega / c$ 且有

$$\boldsymbol{T}(\boldsymbol{G} \mid \boldsymbol{G}') = \left(\mathrm{j}\,\frac{\nu_c}{c} + \frac{\omega_c}{c}\right) \boldsymbol{\delta}_{\boldsymbol{G}\cdot\boldsymbol{G}'} \tag{6.51}$$

$$\boldsymbol{U}(\boldsymbol{G} \mid \boldsymbol{G}') = \left\{\frac{\omega_p^2}{c^2} + \left[f + \frac{1}{\varepsilon_a}(1-f)\right] \cdot \left|\boldsymbol{k} + \boldsymbol{G}\right|^2 \cdot \boldsymbol{F}\right\} \boldsymbol{\delta}_{\boldsymbol{G}\cdot\boldsymbol{G}'} + \left(1 - \frac{1}{\varepsilon_a}\right) \boldsymbol{M} \tag{6.52}$$

$$\boldsymbol{V}(\boldsymbol{G} \mid \boldsymbol{G}') = \left\{ -\left(\mathrm{j}\,\frac{\nu_c}{c} + \frac{\omega_c}{c}\right) \left[f + \frac{1}{\varepsilon_a}(1-f)\right] \cdot \left|\boldsymbol{k} + \boldsymbol{G}\right|^2 \cdot \boldsymbol{F}\right\} \cdot \boldsymbol{\delta}_{\boldsymbol{G}\cdot\boldsymbol{G}'} - \left(\mathrm{j}\,\frac{\nu_c}{c} + \frac{\omega_c}{c}\right)\left(1 - \frac{1}{\varepsilon_a}\right) \boldsymbol{M} \tag{6.53}$$

$$\boldsymbol{W}(\boldsymbol{G} \mid \boldsymbol{G}') = \left(-\frac{\omega_p^2}{c^2}\,\frac{1-f}{\varepsilon_a} \cdot \left|\boldsymbol{k} + \boldsymbol{G}\right|^2 \cdot \boldsymbol{F}\right) \boldsymbol{\delta}_{\boldsymbol{G}\cdot\boldsymbol{G}'} + \frac{\omega_p^2}{c^2}\,\frac{1}{\varepsilon_a} \boldsymbol{M} \tag{6.54}$$

将 $\boldsymbol{T}$、$\boldsymbol{U}$、$\boldsymbol{W}$ 和 $\boldsymbol{T}$ 代入式(6.48)中，即可以求出 RCP 波在 type－2 型中的色散关系。

6.4.3　RCP 波在两类三维磁化等离子体光子晶体中的色散特性

图 6.42 给出了在不同 ω_c、ω_p 和 ν_c 条件下 RCP 波在 type－1 型三维立方体磁化等离子体光子晶体中的色散曲线，此时 $\varepsilon_a = 40$、$f = 0.5$、$\omega_p = 0.15\omega_{p0}$、$\nu_c = 0.02\omega_{p1}$ 和 $\omega_c = 0.8\omega_p$，灰色区域代表 PBG。如果 $\omega_p = 0$、$\omega_c = 0$、$\nu_c = 0$(图 6.42(a))，此时三维磁化等离子体光子晶体可以被看作三维常规的介质－空气光子晶体，而且前 3 个 PBG 分别位于 0.228 8 ～ 0.230 8($2\pi c/a$)、0.398 8 ～ 0.402 7($2\pi c/a$) 和 0.462 9 ～ 0.469 2($2\pi c/a$)。当 ω_p 和 ν_c 不为零时($\omega_p = 0.15\omega_{p0}$ 且 $\nu_c = 0.02\omega_{p1}$)，带隙结构将发生明显的变化(图 6.42(b))，PBG 的上边缘都将发生蓝移且会产生 1 个水平带区域，此时前 3 个 PBG 将分别位于0.404 6 ～ 0.409 2($2\pi c/a$)、0.464 3 ～ 0.476 9($2\pi c/a$) 和 0.534 9 ～ 0.542 1($2\pi c/a$)。尤其 1st 和 2nd PBG 的带宽被展宽了，且水平带区域的频率范围是0 ～0.15($2\pi c/a$)。当外加磁场和波矢量方向平行时，RCP 波的色散曲线如图 6.42(c) 所示。由图 6.42(c) 可知，前 3 个 PBG 的上、下边缘将发生蓝移，水平带区域的位置也发生了变化。此时，前 3 个 PBG 的频率范围分别为 0.399 8 ～ 0.407 3($2\pi c/a$)、0.463 9 ～ 0.474 9($2\pi c/a$) 和 0.534 6 ～ 0.540 2($2\pi c/a$)，水平带区域的频率范围变为 0.119 6 ～0.221 5($2\pi c/a$)，这可以通过 RCP 波的截止频率来解释。RCP 波分别有两个截止频率，即 f_L =0.119 6($2\pi c/a$)($f_L = \omega_c$) 和 f_R =0.221 5($2\pi c/a$)($f_R = \omega_c/2 + \sqrt{\omega_c^2/4 + \omega_p^2}$)[196, 226]。$f_R$ 和 f_L 分别与水平带区域的上、下边缘的频率相等，这说明水平带区域是由磁化等离子体本身产生的。由上述可知，当考虑磁光 Faraday 效应时，RCP 波的 PBG 能被外加磁场调谐。

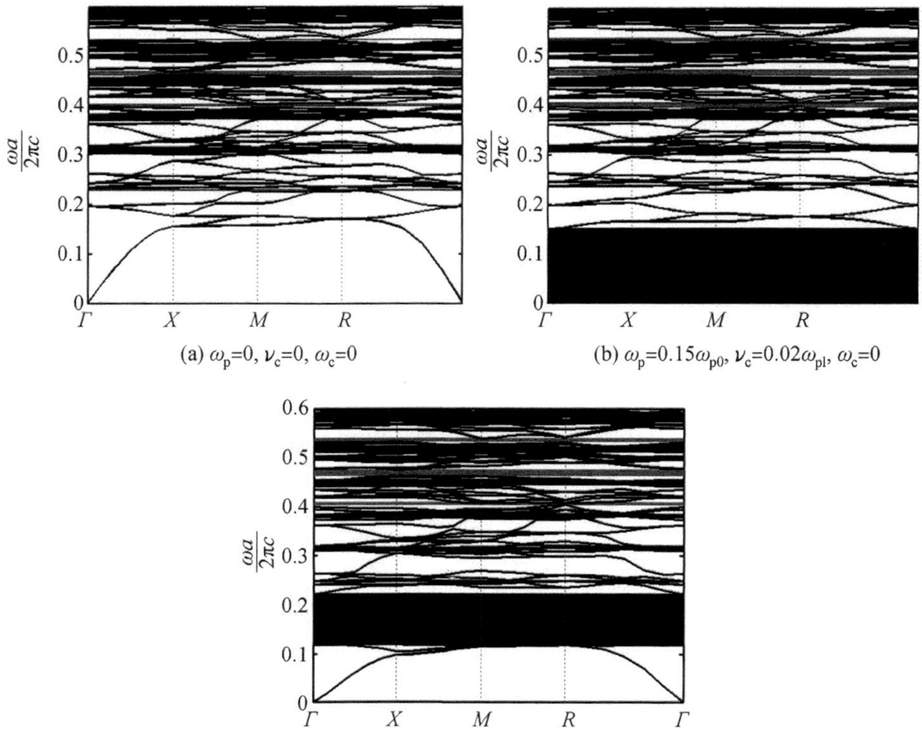

(a) $\omega_p=0, \nu_c=0, \omega_c=0$

(b) $\omega_p=0.15\omega_{p0}, \nu_c=0.02\omega_{pl}, \omega_c=0$

(c) $\omega_p=0.15\omega_{p0}, \nu_c=0.02\omega_{pl}, \omega_c=0.8\omega_{pl}$

图 6.42　在不同 ω_c、ω_p 和 ν_c 条件下 RCP 波在 type－1 型三维立方体磁化等离子体光子晶体中的色散曲线

图 6.43 给出了在不同 ω_c、ω_p 和 ν_c 条件下 RCP 波在 type－2 型三维立方体磁化等离子体光子晶体中的色散曲线，此时 $\varepsilon_a=40$、$f=0.5$、$\omega_p=0.15\omega_{p0}$、$\nu_c=0.02\omega_{pl}$、$\omega_c=0.8\omega_p$。如果 $\omega_p=0$、$\omega_c=0$、$\nu_c=0$（图 6.43(a)），有 1 个 PBG 位于 0.215 1～0.227 0($2\pi c/a$)。当引入等离子体时（$\omega_p=0.15\omega_{p0}$ 且 $\nu_c=0.02\omega_{pl}$），PBG 的上边缘都将发生蓝移且会产生 1 个水平带区域（图 6.43(b)），此时前两个 PBG 分别位于 0.178 7～0.181 8($2\pi c/a$) 和 0.218 4～0.238 0($2\pi c/a$)，水平带区域的范围是 0～0.15($2\pi c/a$)。显然对于 type－2 型而言，在常规的三维空气－介质光子晶体中引入等离子体可以拓展PBG的带宽。由图 6.43(c) 可知，当考虑磁光 Faraday 效应时，水平带区域的上、下边缘频率将会发生蓝移，它的范围覆盖 0.119 6～0.221 5($2\pi c/a$)，此时 RCP 波的前两个 PBG 将变为 0.228 2～0.251 3($2\pi c/a$) 和 0.309 7～0.311 1($2\pi c/a$)。与图 6.43(a) 相比，1st PBG 被明显地拓展了。值得注意的是，此时 type－2 型的 PBG 带宽较 type－1 型的要大，且外加磁场对 PBG 和水平带都有着明显的调谐作用。为了方便，下面仅对 type－1 型前两个 PBG 和 type－2 型 1st PBG 的特性进行介绍。

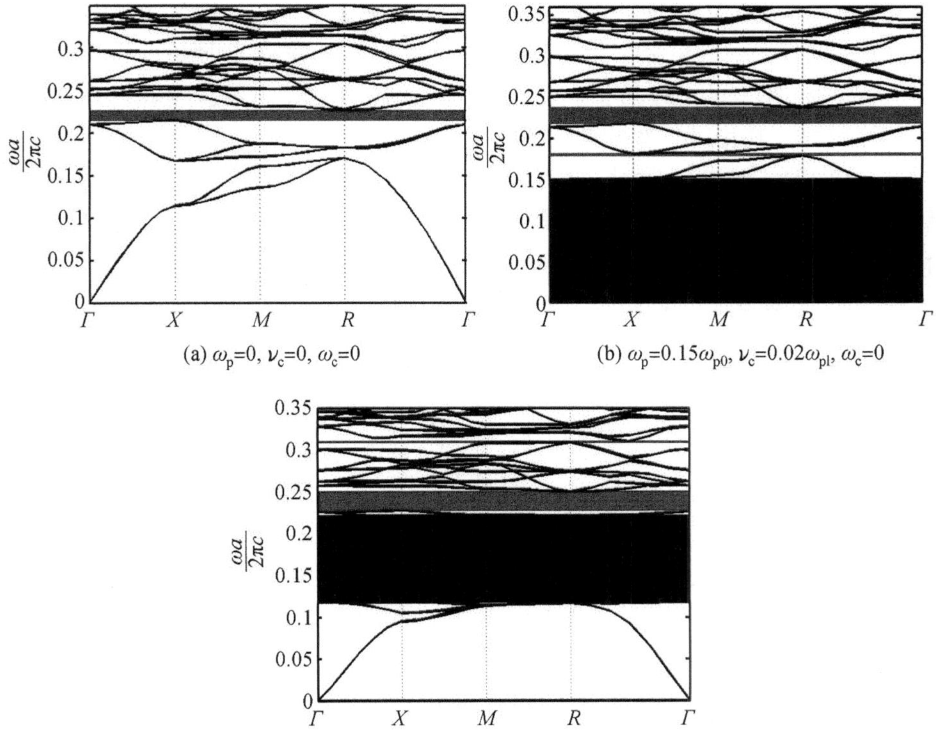

(a) $\omega_p=0,\ \nu_c=0,\ \omega_c=0$

(b) $\omega_p=0.15\omega_{p0},\ \nu_c=0.02\omega_{pl},\ \omega_c=0$

(c) $\omega_p=0.15\omega_{p0},\ \nu_c=0.02\omega_{pl},\ \omega_c=0.8\omega_{pl}$

图 6.43　在不同 ω_c、ω_p 和 ν_c 条件下 RCP 波在 type－2 型三维立方体磁化等离子体光子晶体中的色散曲线

6.4.4　ε_a 对 PBG 特性的影响

图 6.44 给出了 RCP 波在 type－1 型和 type－2 型三维磁化等离子体光子晶体中的 PBG 与 ε_a 的关系图，且 $f=0.5$、$\omega_c=0.8\omega_{pl}$、$\omega_p=0.15\omega_{p0}$、$\nu_c=0.02\omega_{pl}$，阴影区域代表 PBG。由图 6.44(a) 可知，type－1 型前两个 PBG 的上、下边缘将随着 ε_a 的增大而发生红移，且其带宽也将先增大后减小。当 ε_a 的值由 35 增加到 70 时，2nd PBG 的频率范围变为 0.362 6 ～ 0.378 7($2\pi c/a$)，且带宽为 0.016 1($2\pi c/a$)。与 $\varepsilon_a=35$ 时相比，2nd PBG 的带宽增加了 0.009 8($2\pi c/a$)。而对于 type－1 型的 1st PBG 而言，PBG 将在 $\varepsilon_a=44$ 时闭合。与图 6.44(a) 相比，相似的规律也可以在图 6.44(b) 中看到。随着 ε_a 的增大，type－2 型 PBG 的上、下边缘将会发生红移，且其带宽也将会先增大后减小。1st PBG 的最大值是 0.023 1($2\pi c/a$)，此时 $\varepsilon_a=40$。与 $\varepsilon_a=60$ 时相比，1st PBG 的带宽增加了 0.015 4($2\pi c/a$)。图 6.45 给出了 RCP 波在 type－1 型和 type－2 型三维磁化等离子体光子晶体中 PBG 的相对带宽与 ε_a 的关系图。由图 6.45(a) 可知，type－1 型前两

个PBG的相对带宽将随着ε_a的增大而先增大后减小。type－1型1st PBG和2nd PBG相对带宽的最大值分别为0.016 6和0.052 8，此时ε_a的取值分别为$\varepsilon_a=37$和$\varepsilon_a=55$。由图6.45(b)可知，type－2型1st PBG的相对带宽随着ε_a的增大而先增大后减小，其相对带宽的最大值为0.096 4，此时$\varepsilon_a=40$，这可以通过变分原理(variational principle)[288]来解释。由上述可知，RCP波在这两类三维等离子体光子晶体中的PBG能被ε_a调谐。与type－1型相比，RCP波在type－2型中的PBG有较大的最大相对带宽。

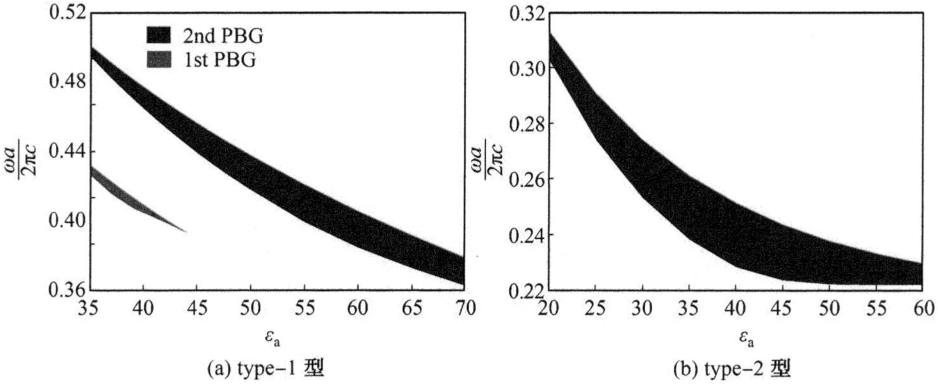

图 6.44　RCP 波在 2 类三维磁化等离子体光子晶体中的 PBG 与 ε_a 的关系图

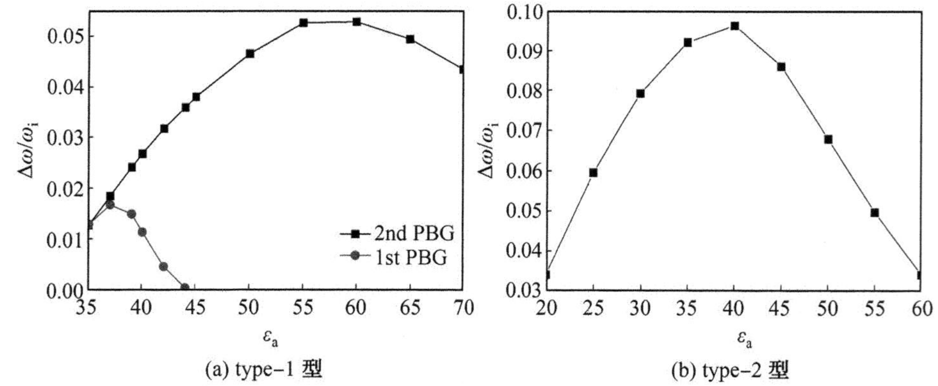

图 6.45　RCP 波在 type－1 型和 type－2 型三维磁化等离子体光子晶体中 PBG 的相对带宽与 ε_a 的关系图

6.4.5　外加磁场对PBG特性的影响

图6.46给出了RCP波在两类三维磁化等离子体光子晶体中的PBG与ε_a的关系图，且$f=0.5$、$\omega_p=0.15\omega_{p0}$、$\nu_c=0.02\omega_{p1}$、$\varepsilon_a=40$。由图6.46(a)可知，type－1型的2nd PBG的上、下边缘将随着ω_c的增大而发生蓝移，且它的带宽也

将随之增大。当 ω_c/ω_{p1} 的值由 0.01 增加到 2 时，2nd PBG 的频率范围变为 0.466 0～0.484 2($2\pi c/a$)，且带宽为 0.018 2($2\pi c/a$)。与 $\omega_c/\omega_{p1}=0.01$ 时相比，2nd PBG 的带宽增加了 0.007 1($2\pi c/a$)，而 1st PBG 的上、下边缘将随着 ω_c 的增大而发生蓝移，但是其带宽将逐渐减小，且 1st PBG 将在 $\omega_c/\omega_{p1}=1.3$ 附近闭合。此时，与 $\omega_c/\omega_{p1}=0.01$ 时相比，1st PBG 的带宽减小了 0.006 4($2\pi c/a$)。由图 6.46(b) 可知，type－2 型 1st PBG 的上、下边缘将随着 ω_c 的增大而发生蓝移，它的带宽也将先增大后减小，且 1st PBG 将在 $\omega_c/\omega_{p1}=1.6$ 附近闭合。随着 ω_c/ω_{p1} 的增大，type－2 型 1st PBG 的最大值是 0.023 6($2\pi c/a$)，此时满足 $\omega_c/\omega_{p1}=0.7$。与 $\omega_c/\omega_{p1}=0.01$ 时相比，1st PBG 的带宽增加了 0.003 9($2\pi c/a$)。图 6.47 给出了 RCP 波在 type－1 型和 type－2 型三维磁化等离子体光子晶体中 PBG 的相对带宽与 ω_c 的关系图。由图 6.47(a) 可知，RCP 波在 type－1 型中 1st PBG 的相对带宽将随着 ω_c 的增大而减小，但是 2nd PBG 的相对带宽将随着 ω_c 的增大而增大。1st PBG 和 2nd PBG 相对带宽的最大值分别为 0.018 7 和 0.038 7，且 $\omega_c/\omega_{p1}=0.01$ 和 $\omega_c/\omega_{p1}=2$。由图 6.47(b) 可知，RCP 波在 type－2 型中 1st PBG 的相对带宽随着 ω_c 的增大而先增大后减小，其相对带宽的最大值为 0.009 7，此时 $\omega_c/\omega_{p1}=0.7$。综上可知，RCP 波在这两类三维等离子体光子晶体中的 PBG 能被 ω_c 调谐，且与 type－1 型相比，RCP 波在 type－2 型中的 PBG 有较大的最大相对带宽。

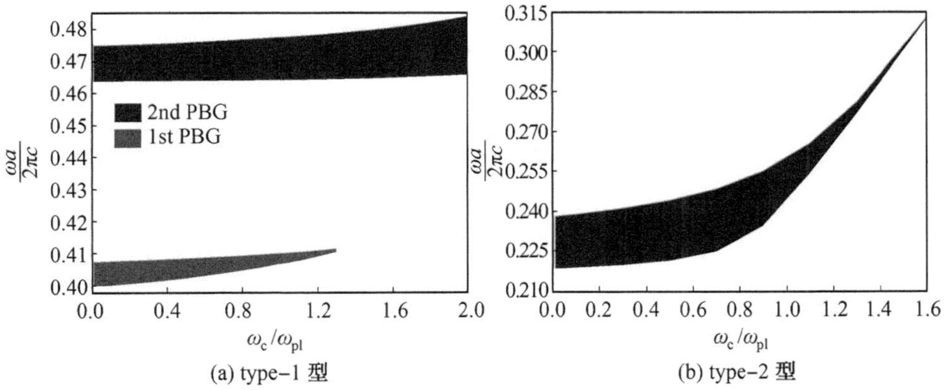

图 6.46　RCP 波在两类三维磁化等离子体光子晶体中的 PBG 与 ω_c 的关系图

6.4.6　填充率对 PBG 特性的影响

图 6.48 给出了 RCP 波在两类三维磁化等离子体光子晶体中的 PBG 与 f 的关系图，且 $\omega_p=0.15\omega_{p0}$、$\omega_c=0.8\omega_{p1}$、$\nu_c=0.02\omega_{p1}$、$\varepsilon_a=40$。由图 6.48(a) 可知，RCP 波在 type－1 型中前两个 PBG 的上、下边缘将随着 f 的增大而发生红移。随着介质填充率 f 的增大，它们的带宽将先增大后减小。如果 $f<0.49$，1st

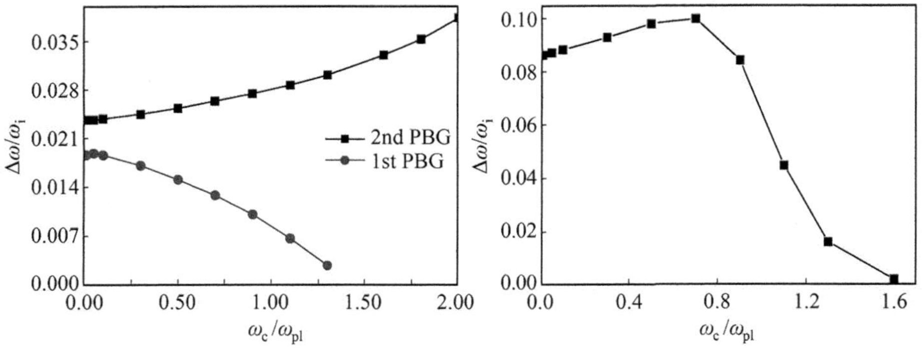

(a) type-1 型　　(b) type-2 型

图 6.47　RCP 波在 type－1 型和 type－2 型三维磁化等离子体光子晶体中 PBG 的相对带宽与 ω_c 的关系图

PBG将不存在；如果 $f<0.36$，2nd PBG将会消失。当 f 由 0.36 增加到 0.52 时，1st PBG 和 2nd PBG 的频率范围分别变为 0.396 0 ～ 0.402 6($2\pi c/a$) 和 0.458 3 ～ 0.469 1($2\pi c/a$)，且其带宽分别为 0.006 6($2\pi c/a$) 和 0.010 8($2\pi c/a$)。由图 6.48(b) 可知，RCP 波在 type－2 型中 1st PBG 的上、下边缘将随着 f 的增大而发生蓝移，且其带宽也将随之变大。当 f 由 0.36 增加到 0.52 时，RCP 波在 type－2 型中 1st PBG 的频率范围变为 0.230 4 ～ 0.257 1($2\pi c/a$)，且带宽为 0.026 7($2\pi c/a$)。与 $f=0.36$ 时相比，1st PBG 的带宽增加了 0.022 3($2\pi c/a$)。图 6.49 给出了 RCP 波在 type－1 型和 type－2 型三维磁化等离子体光子晶体中 PBG 的相对带宽与 f 的关系图。由图 6.49(a) 可知，RCP 波在 type－1 型中 1st PBG 和 2nd PBG 的相对带宽将随着 f 的增大而先增大后减小，其最大值分别为 0.019 2 和0.036 2，此时分别满足 $f=0.51$ 和 $f=0.42$。由图 6.49(b) 可知，RCP 波在 type－2 型中 1st PBG 的相对带宽将随着 f 的增大而近似线性地增大，其相对带

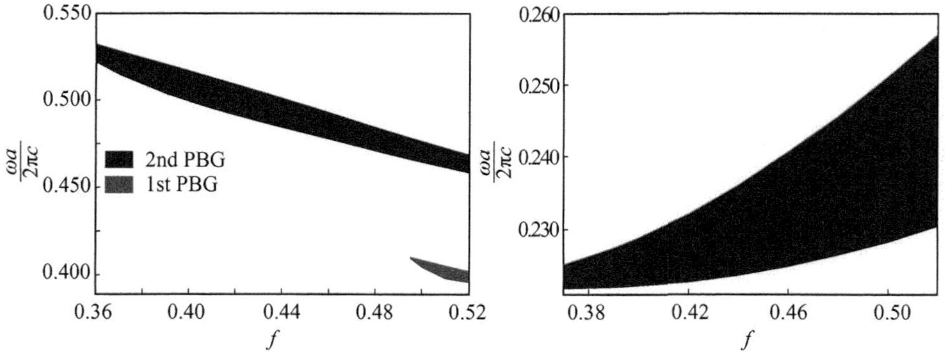

(a) type-1 型　　(b) type-2 型

图 6.48　RCP 波在两类三维磁化等离子体光子晶体中的 PBG 与 f 的关系图

宽的最大值为 0.109 5，且此时 $f=0.52$。显然，RCP 波在 type－2 型中的 PBG 有较大的最大相对带宽，且其 PBG 能被 f 调谐。值得注意的是，当 f 很小且接近于零时，三维磁化等离子体光子晶体可以近似地看作等离子体块，此时水平带区域将会消失。

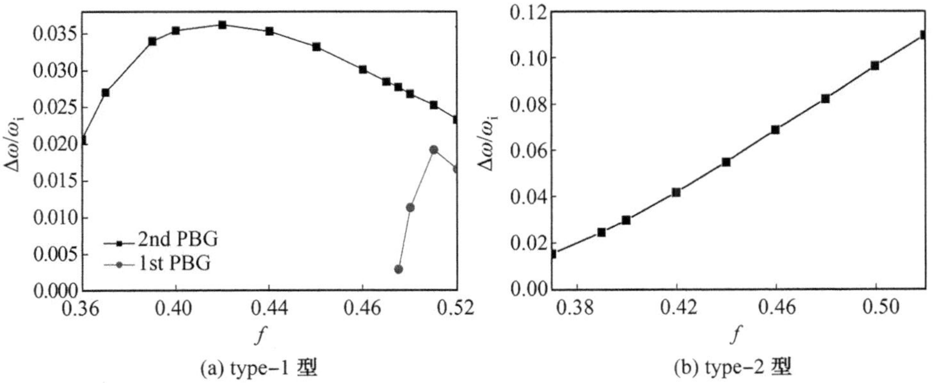

图 6.49　RCP 波在 type－1 型和 type－2 型三维磁化等离子体光子晶体中 PBG 的相对带宽与 f 的关系图

6.4.7　等离子体参数对 PBG 特性的影响

图 6.50 给出了 RCP 波在两类三维磁化等离子体光子晶体中 PBG 与 ω_p 的关系图，且 $f=0.5$、$\omega_c=0.8\omega_{p1}$、$\nu_c=0.02\omega_{p1}$、$\varepsilon_a=40$。由图 6.50(a) 可知，RCP 波在 type－1 型中前两个 PBG 的上、下边缘将随着 ω_p 的增大而发生蓝移，且其带宽也将先增大后减小。1st 和 2nd PBG 将分别在 $\omega_p/\omega_{p0}>0.17$ 和 $\omega_p/\omega_{p0}>0.36$ 时消失。当 ω_p/ω_{p0} 的值由 0.01 增加到 0.35 时，1st PBG 和 2nd PBG 带宽的最大值分别为 0.007 2($2\pi c/a$) 和 0.024 4($2\pi c/a$)，且 ω_p/ω_{p0} 的值分别为 0.12 和 0.27。与 $\omega_p/\omega_{p0}=0.01$ 时相比，带宽分别增加了 0.003 2($2\pi c/a$) 和 0.018 1($2\pi c/a$)。由图 6.50(b) 可知，RCP 波在 type－2 型中 1st PBG 的上、下边缘将随着 ω_p 的增大而发生蓝移，且其带宽也将先增大后减小。1st PBG 带宽的最大值是 0.023 1($2\pi c/a$)，且此时 $\omega_p/\omega_{p0}=0.15$。与 $\omega_p/\omega_{p0}=0.01$ 和 $\omega_p/\omega_{p0}=0.25$ 时相比，带宽的值分别增加了 0.011 2 和 0.023 1($2\pi c/a$)。由图 6.50(a) 还可知，type－1 型 1st PBG 和 2nd PBG 的相对带宽将随着 ω_p/ω_{p0} 的增大而先增大后减小，其最大值分别为 0.017 9 和 0.050 8 且位于 $\omega_p/\omega_{p0}=0.12$ 和 $\omega_p/\omega_{p0}=0.27$。由图 6.50(b) 还可知，type－2 型 1st PBG 的相对带宽也将随着 ω_p/ω_{p0} 的增大而先增大后减小，其最大值为 0.096 4，且位于 $\omega_p/\omega_{p0}=0.15$。由上述可知，RCP 波在 type－2 型中的 PBG 有较大的最大相对带宽，RCP 波在这两类三维等离子体光子晶体中的 PBG 能被 ω_p 调控。

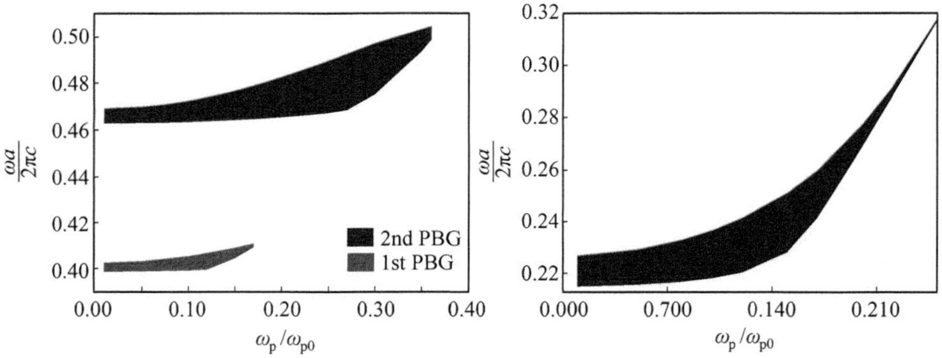

(a) type-1 型 (b) type-2 型

图 6.50 RCP 波在两类三维磁化等离子体光子晶体中 PBG 与 ω_p 的关系图

图 6.51 给出了 RCP 波在两类三维磁化等离子体光子晶体中 PBG 与 ν_c 的关系图，且 $f=0.5$、$\omega_c=0.8\omega_{p1}$、$\omega_p=0.15\omega_{p0}$、$\varepsilon_a=40$。由图 6.51 可知，RCP 波在 type－1 型和 type－2 型中 PBG 的上、下边缘将不会随着 ν_c 的增大而发生变化，且它们的带宽也不会发生变化。对于 type－1 型而言，当 ν_c/ω_p 的值由 0.002 增加到 0.2 时，RCP 波的 1st PBG 和 2nd PBG 的频率范围分别为 0.404 6 ～ 0.409 2 $(2\pi c/a)$ 和 0.464 3 ～ 0.476 9$(2\pi c/a)$，其带宽分别为 0.004 6$(2\pi c/a)$ 和 0.012 6 $(2\pi c/a)$。类似于 type－1 型，当 ν_c/ω_p 的值由 0.002 增加到 0.2 时，RCP 波在 type－2 型中 1st PBG 的频率范围是 0.228 2 ～ 0.251 3$(2\pi c/a)$，且带宽为 0.023 1。显然，RCP 波在 type－1 型和 type－2 型中 PBG 的相对带宽都不会随着的 ν_c/ω_p 的增大而变化，其值分别为 0.011 3、0.026 8 和 0.096 4。由上述可知，RCP 波在 type－2 型中的 PBG 有较大的最大相对带宽，RCP 波在这两类三维等离子体光子晶体中的 PBG 不能被 ν_c 调谐。

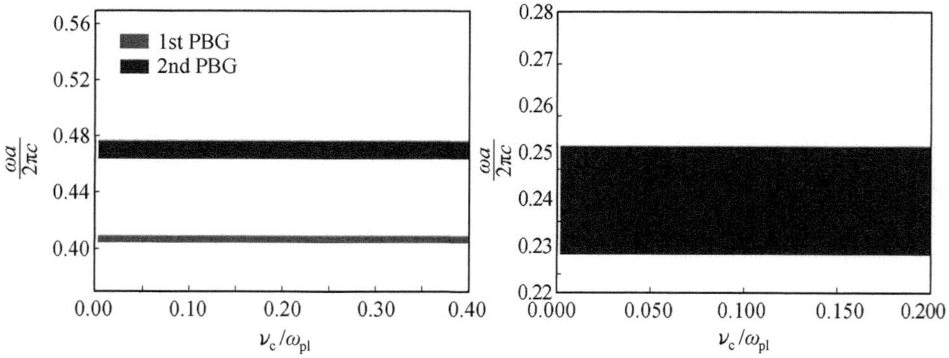

(a) type-1 型 (b) type-2 型

图 6.51 RCP 波在两类三维磁化等离子体光子晶体中的 PBG 与 ν_c 的关系图

6.4.8　水平带隙区域的特性

图 6.52 给出了水平带区域的上、下边缘位置与 ε_a、ω_c、f、ω_p 和 ν_c 的关系图。由图 6.52(a)、(c) 和(e) 可知，水平带区域的上、下边缘的位置都不会随着 ε_a、f 和 ν_c 的变化而发生变化。水平带区域的上、下边缘的频率分别为 0.119 6($2\pi c/a$) 和 0.221 5($2\pi c/a$)，这可以通过 RCP 波的截止频率 f_R 和 f_L 的大小与 ε_a、f 和 ν_c 的

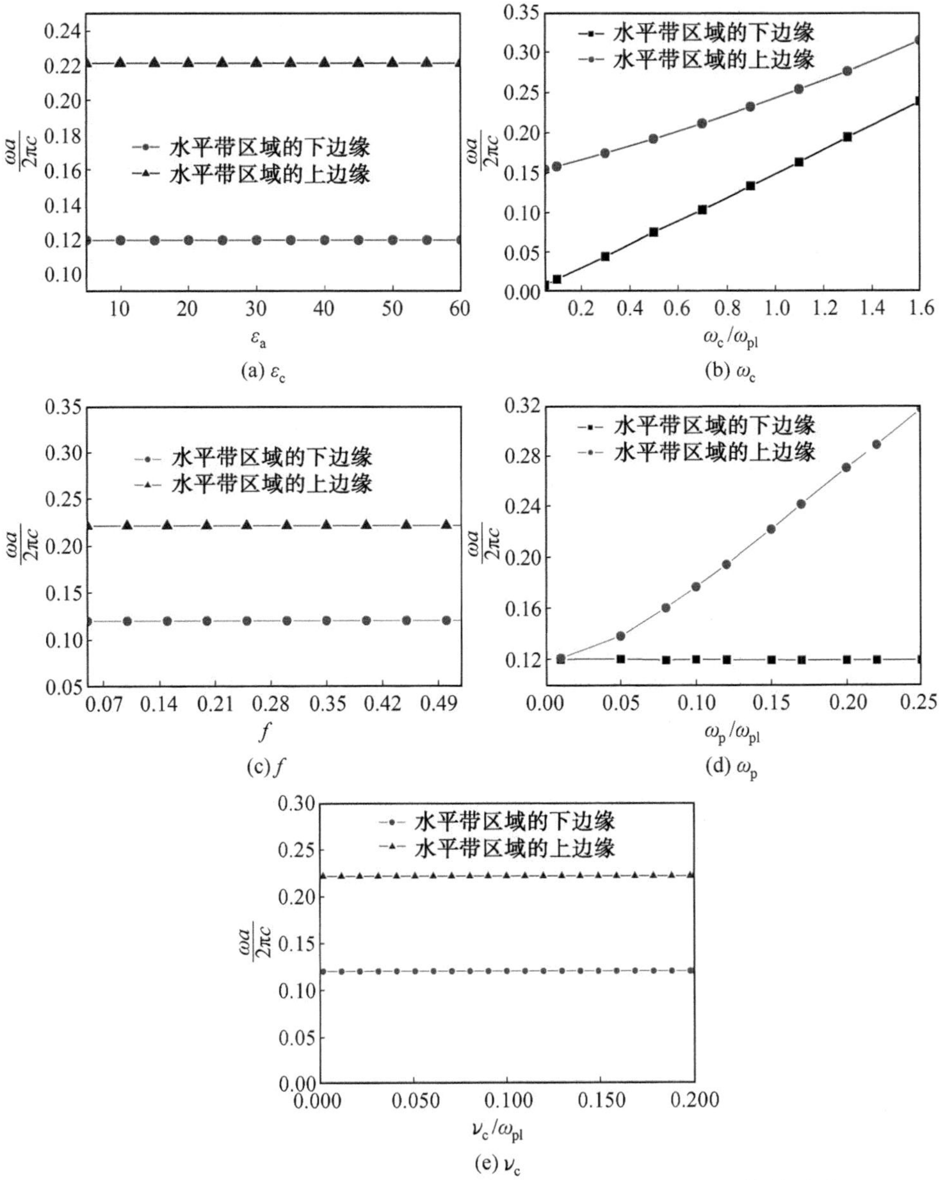

图 6.52　水平带区域的上、下边缘位置与 ε_a、ω_c、f、ω_p 和 ν_c 的关系图

关系来确定。显然,f_R和 f_L 的大小与 ε_a、f 和 ν_c 无关。由图 6.52(b) 可知,水平带区域的上、下边缘将随着 ω_c/ω_{p1} 的增大而向高频方向移动。当 ω_c/ω_{p1} 的值由 0.05 增加到 1.6 时,水平带区域的频率范围将变为 0.238 8～0.315($2\pi c/a$)。与 $\omega_c/\omega_{p1}=0.05$ 时相比,水平带区域的宽度减少了 0.07($2\pi c/a$)。由图 6.52(d) 可知,水平带区域的上边缘将随着 ω_p 的增大而发生蓝移,但是其下边缘却保持不变。当 ω_p/ω_{p0} 的值由 0.01 增加到 0.25 时,水平带区域的范围是 0.119 6～0.317 1($2\pi c/a$)。与 $\omega_p/\omega_{p0}=0.01$ 时相比,水平带区域的范围增加了 0.197 5($2\pi c/a$),这也可以通过 ω_p 与 f_L 和 f_R 的关系来解释,f_R 将要随着 ω_p 的增大而近似线性地增大,而 f_L 却与 ω_p 的大小无关。

6.5 技术小结

本章主要在理论上对三维等离子体光子晶体的电磁特性进行了介绍,探讨了三维立方体和钻石晶格非磁化等离子体光子晶体的 PBG 和水平带区域的特性,分析了磁光 Voigt 和 Faraday 效应下非寻常波和 RCP 波的色散特性。为了便于分析,将三维等离子体光子晶体划分为两个类型,即 type－1 型和 type－2 型。type－1 型定义为介质球填充等离子体背景;type－2 型为其互补结构,即等离子体球填充介质背景。本章据此讨论了等离子体光子晶体各参数对色散特性的影响。

第一,本章介绍了三维立方体和钻石晶格非磁化等离子体光子晶体的色散特性。研究结果表明:晶格结构对于 PBG 的产生有明显的影响,晶格结构的对称性越强,得到 PBG 的难度就越大。相对钻石晶格而言,三维立方体晶格等离子体光子晶体要产生 PBG,就必须引入相对介电常数较大的介质来实现。换句话说,三维等离子体光子晶体在以钻石结构排列时,引入相对介电常数较小的介质就能产生 PBG。三维等离子体光子晶体在产生 PBG 的同时,还能得到 1 个水平带区域,水平带产生的原因是表面等离子体激元模的存在。等离子体光子晶体各个参数对 PBG 都有较为明显的调谐作用,除了 ν_c 这个参数以外,因为 ν_c 仅仅是等离子体的耗散项,且不会影响对 ω 特征频率的求取。如果增加介质的相对介电常数,那么 PBG 的上、下边缘将发生红移,且带宽是先增加后减小,这主要是因为增加介质的相对介电常数,三维等离子体光子晶体的平均相对介电常数的值增大了。众所周知[213],PBG 的带宽和位置是由光子晶体的平均折射率来决定的,改变 ω_p 和 f 本质上也是改变三维等离子体光子晶体的相对介电常数。当 ω_p 增大时,等离子体的相对介电常数的实部将减小,PBG 的上、下边缘将发生蓝移,且带宽将先增大后减小。对于 type－1 型而言,增大 f 意味着三维等离子体光子晶体的平均折射率增大；对于 type－2 型而言，增大 f 意味着这个值在减小。因此，对于 type－2 型而言，大的 f 将导致 PBG 上、下边缘频率越大，且导致更大的 PBG 带宽。对于水平带区域而言，表面等离子体波将被局域在介质和等离子体的交界面处，所以对于三维等离子体光子晶体而言，水平带区域的上边缘仅由 ω_p 决定，且和它成正比，与其他的参数无关。

第二，本章对磁光 Voigt 效应下非寻常波在三维面心晶格磁化等离子体光子晶体（磁化等离子体球填充介质）中的色散特性进行了介绍。在磁光 Voigt 效应下，电磁波在磁化等离子体中能被分解为非寻常波和寻常波。由于寻常波的有效介电常数和外加磁场无关，也就意味着外加磁场不能对其进行调谐，因此，本章仅考虑了非寻常波在该三维磁化等离子体光子晶体中的色散特性，并探讨了该光子晶体参数对 PBG 特性的影响，即 PBG 能被介质背景的相对介电常数、f 和 ω_p 调谐，改变 ν_c 的大小不能对 PBG 的大小进行调谐。具体情况如上，不再复述。外加磁场也能明显地对 PBG 进行调谐，即非寻常波的 PBG 上、下边缘将会随着 ω_c 的增大而发生蓝移，且其带宽将先增大后减小。显然，改变外加磁场的大小就是改变 ω_c 的大小，即三维磁化等离子体的平均折射率将会发生变化。值得注意的是，在 Voigt 效应下，非寻常波能产生 2 个水平带区域，这是因为对于非寻常波而言存在着 3 个截止频率，即 f_L（$f_L=-\omega_c/2+\sqrt{\omega_c^2/4+\omega_p^2}$）、$f_R$（$f_R=\omega_c/2+\sqrt{\omega_c^2/4+\omega_p}$）和 f_H（$f_H=\sqrt{\omega_c{}^2+\omega_p^2}$），它们分别对应第一水平带区域的上边缘和第二水平带区域的上、下边缘。因此，这两个水平带区域的位置仅仅能被 ω_p 和外加磁场调谐。

第三，本章对磁光 Faraday 效应下 RCP 波在三维立方体晶格磁化等离子体光子晶体中的色散特性进行了介绍。在磁光 Faraday 效应下，电磁波在磁化等离子体中能被分解为 LCP 波和 RCP 波。对于 LCP 波而言，改变外加磁场的大小，其有效介电常数的实部中不会出现回旋谐振，因此，本章仅阐述了 RCP 波在该三维磁化等离子体光子晶体中的色散特性。研究结果表明：除 ν_c 外，其他参数对 RCP 波的 PBG 都有明显的调谐作用。RCP 波仅能产生 1 个水平带区域，且上、下边缘的频率为 f_L（$f_L=\omega_c$）和 f_R（$f_R=\omega_c/2+\sqrt{\omega_c{}^2/4+\omega_p{}^2}$），其值仅能被 ω_p 和 ν_c 调谐，与其他参数无关。

本章的研究结果为将来设计基于三维等离子体光子晶体的器件提供了理论基础。

第 7 章

三维等离子体光子晶体的禁带展宽技术

三维等离子体光子晶体尽管有许多优点，但是由于其晶格结构的强对称性和介质的非均匀分布，因此，三维等离子体晶体的 PBG 带宽一般都比较窄，这在很大程度上限制了三维等离子体光子晶体的应用。在实际的工程实践中，不可能无限制地人为增大等离子体密度。因此，如何拓展 PBG 带宽成为一个亟待解决的问题。本章将主要介绍几种拓展三维等离子体光子晶体 PBG 带宽的方法，并对不同磁光效应下的情况进行相应的讨论。

第 6 章对三维等离子体光子晶体的基本电磁特性进行了介绍，研究结果表明：对于 type－1 型三维等离子体光子晶体而言（介质球填充等离子体背景），要得到带宽较大的 PBG 是非常困难的，尤其是在其晶格对称性较强时，如立方体晶格。要产生 PBG，介质背景的相对介电常数不得不取较大的值。只有这样，电磁波的共振散射才足以打开一个光子带隙，从而形成 PBG。另外，对于三维等离子体光子晶体而言，如果要得到带宽较大的 PBG，就不得不以增加等离子体密度为代价。然而在工程实践中，要制造和实现这类三维等离子体光子晶体显然是十分困难的。为了解决这个问题，有几种方案可供选择，如破坏填充物的对称性[289]、引入各向异性的介质[290]和采用新的对称性较弱的晶格结构[291]等。本章将在理论上对 PBG 带宽展宽的技术进行介绍，内容主要包括新的晶格拓扑结构和各向异性介质的引入对 PBG 特性的改善，介绍三维等离子体光子晶体在烧绿石晶格（pyrochlore lattices）下的 PBG 特性，并对不同晶格条件下包含各向异性介质的三维等离子体光子晶体的 PBG 特性进行探讨。本章还将对磁光 Faraday 效应下的 RCP 波的 PBG 特性进行阐述，详细地给出磁化 Voigt 效应下非寻常波的色散特性，并对以上涉及的 PWE 方法的计算公式进行推导，最后分析三维等离子体光子晶体各个参数对 PBG 和色散特性的影响。

7.1　改变晶格结构实现对三维等离子体光子晶体禁带的展宽

由第 6 章可知，以常规立方体、面心和钻石晶格结构排列的三维等离子体光子晶体要得到带宽较大的 PBG，就不得不引入相对介电常数较大的介质或密度较高的等离子体。尤其是对 type－1 型的三维等离子体光子晶体而言，要得到较大带宽的 PBG，往往不得不同时兼顾这两个条件。显然，这在工程实践中是非常困难的。为了克服这个难题，使三维等离子体光子晶体能在等离子体密度较低和介质相对介电常数较小的条件下得到较大的 PBG，可以采用新的拓扑结构来实现，如 Si－34[292,293] 和绿烧石晶格[294,295] 等，其中绿烧石晶格是一种较好的选择。绿烧石晶格的基矢构成菱形的晶格单元，并且在每个晶格单元中包含 4 个散射体（填充物），其拓扑结构如图 7.1(a)所示[296]。绿烧石晶的基矢和钻石晶格的相同，即 $\boldsymbol{a}_1=(0.5,0.5,0)$、$\boldsymbol{a}_2=(0.5,0.5,0.5)$、$\boldsymbol{a}_3=(0.5,0.5,0.5)$。如图 7.1(b) 所示，4 个散射体的位置在晶格单元中分别位于 $\boldsymbol{v}_1=(0,0,0)$、$\boldsymbol{v}_2=\boldsymbol{a}_2/2$、$\boldsymbol{v}_3=\boldsymbol{a}_3/2$、$\boldsymbol{v}_4=\boldsymbol{a}_1/2$，其 1st BZ 上的点也和钻石晶格的相同，如图 7.1(c) 所示，分别为 $\Gamma=(0,0,0)$、$X=(2\pi/a,0,0)$、$W=(2\pi/a,\pi/a,0)$、$K=(1.5\pi/a,1.5\pi/a,0)$、$L=(\pi/a,\pi/a,\pi/a)$ 和 $U=(2\pi/a,0.5\pi/a,0.5\pi/a)$。显然，绿烧石晶格的对称性较传统的立方体、面心和钻石等晶格要弱，这将对展宽 PBG 的带宽有帮助。

本节将介绍三维绿烧石晶格非磁化等离子体光子晶体的 PBG 特性，其填充方式为 type－1 型，即介质球填充非磁化等离子体，并探讨该非磁化等离子体光子晶体各个参数对 PBG 特性的影响。

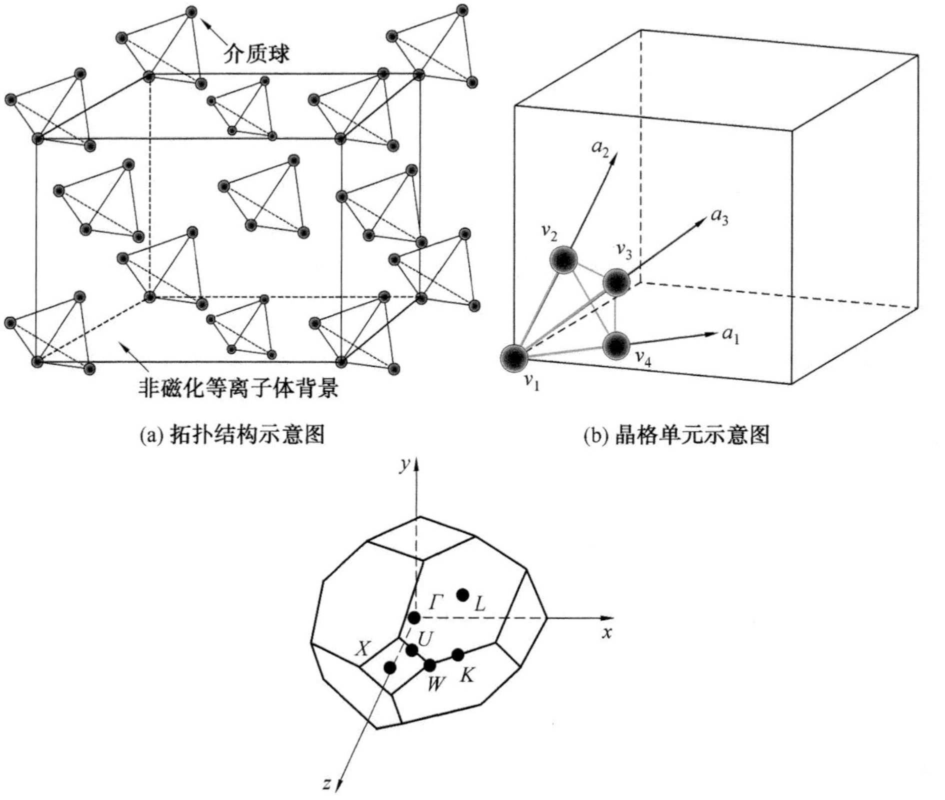

(a) 拓扑结构示意图　　(b) 晶格单元示意图

(c) 1st BZ

图 7.1　三维绿烧石非磁化等离子体光子晶体的拓扑结构、晶格单元与 1st BZ 的示意图

7.1.1　理论和数值方法

采用 PWE 方法进行计算时展开的平面波数为 729。假设填充的介质球和等离子体背景都是各向同性的且都是均匀的，介质球的半径和晶格常数分别为 R 和 a，介质球和等离子体背景的相对介电常数分别为 ε_a 和 ε_p。如果计算时引入的时谐量是 $e^{-j\omega t}$，ω 是角频率，t 是时间，且 $j=\sqrt{-1}$，非磁化等离子体的相对介电常数可表示为

$$\varepsilon_p(\omega)=1-\frac{\omega_p^2}{\omega(\omega+j\nu_c)} \tag{7.1}$$

式中，ω_p 和 ν_c 分别表示等离子体频率和等离子体碰撞频率，$\omega_p=(e^2 n_e/\varepsilon_0 m)^{1/2}$，$e$、

m、n_e 和 ε_0 分别表示电子的电量、电子的质量、等离子体密度和真空中的介电常数。众所周知[297]，Maxwell 方程组可以化简为关于磁场 $\boldsymbol{H}$ 的方程，即

$$\nabla\times\left[\frac{1}{\boldsymbol{\varepsilon}(\boldsymbol{r})}\nabla\times\boldsymbol{H}\right]=\frac{\omega^2}{c^2}\boldsymbol{H} \tag{7.2}$$

因为 $\boldsymbol{\varepsilon}(\boldsymbol{r})$ 是周期函数，所以根据 Bloch 定理，$\boldsymbol{H}(\boldsymbol{r})$ 可以表示为

$$\boldsymbol{H}(\boldsymbol{r})=\sum_{\boldsymbol{G}}\sum_{\lambda=1}^{2}h_{\boldsymbol{G},\lambda}\hat{\boldsymbol{e}}_\lambda \mathrm{e}^{\mathrm{j}(\boldsymbol{k}+\boldsymbol{G})\cdot\boldsymbol{r}} \tag{7.3}$$

式中，$\boldsymbol{k}$ 是在 1st BZ 中的波矢；$\boldsymbol{G}$ 是倒格矢；$\hat{\boldsymbol{e}}_1$ 和 $\hat{\boldsymbol{e}}_2$ 是垂直于波矢 $\boldsymbol{k}+\boldsymbol{G}$ 的正交单位矢量。根据边界条件，有

$$\boldsymbol{\varepsilon}(\boldsymbol{r}+\boldsymbol{a}_i)=\boldsymbol{\varepsilon}(\boldsymbol{r}) \tag{7.4}$$

倒格矢可以定义为

$$\boldsymbol{a}_i\cdot\boldsymbol{b}_j=2\pi\delta_{ij} \tag{7.5}$$

式中，δ_{ij} 是狄拉克函数。因此，介质的分布函数可以用傅里叶变换形式表示为

$$\boldsymbol{\varepsilon}^{-1}(\boldsymbol{r})=\boldsymbol{\varepsilon}_{\boldsymbol{G},\boldsymbol{G}'}^{-1}=\sum_{\boldsymbol{G}}\eta(\boldsymbol{G})\mathrm{e}^{\mathrm{j}\boldsymbol{G}\cdot\boldsymbol{r}} \tag{7.6}$$

式中，$\eta(\boldsymbol{G})$ 是 $\boldsymbol{\varepsilon}(\boldsymbol{r})$ 的逆傅里叶变换，$\boldsymbol{G}$ 可以用 $\boldsymbol{b}_1$、$\boldsymbol{b}_2$ 和 $\boldsymbol{b}_3$ 来表示，即

$$\boldsymbol{G}=l_1\boldsymbol{b}_1+l_2\boldsymbol{b}_2+l_3\boldsymbol{b}_3 \tag{7.7}$$

式中，l_1、l_2 和 l_3 是整数。那么，$\eta(\boldsymbol{G})$ 可以表示为

$$\eta(\boldsymbol{G})=\frac{1}{V_{\text{cell}}}\int_{\text{cell}}\frac{1}{\boldsymbol{\varepsilon}(\boldsymbol{r})}\mathrm{e}^{-\mathrm{j}\boldsymbol{G}\cdot\boldsymbol{r}}\mathrm{d}r \tag{7.8}$$

式中，V_{cell} 为单元结构的体积。如果单元结构中包含 n_s 个散射体，那么 $\eta(\boldsymbol{G})$ 可以表示为

$$\eta(\boldsymbol{G})=\varepsilon_a^{-1}\boldsymbol{\delta}_{\boldsymbol{G},0}+\sum_{i=1}^{n_s}\eta^{(i)}(\boldsymbol{G})\mathrm{e}^{-\mathrm{j}\boldsymbol{G}\cdot\boldsymbol{r}_i} \tag{7.9}$$

式中，$\eta^{(i)}(\boldsymbol{G})$ 表示第 i 个散射体在位置 $\boldsymbol{r}_i$ 处的介电常数的傅里叶变换。将式(7.3) 和式(7.6) 代入式(7.2) 中可以得到

$$\sum_{\boldsymbol{G}',\lambda'}|\boldsymbol{k}+\boldsymbol{G}||\boldsymbol{k}+\boldsymbol{G}'|\begin{pmatrix}\hat{\boldsymbol{e}}_2\cdot\boldsymbol{\varepsilon}_{\boldsymbol{G},\boldsymbol{G}'}^{-1}\cdot\hat{\boldsymbol{e}}_{2'} & -\hat{\boldsymbol{e}}_2\cdot\boldsymbol{\varepsilon}_{\boldsymbol{G},\boldsymbol{G}'}^{-1}\cdot\hat{\boldsymbol{e}}_{1'}\\ -\hat{\boldsymbol{e}}_1\cdot\boldsymbol{\varepsilon}_{\boldsymbol{G},\boldsymbol{G}'}^{-1}\cdot\hat{\boldsymbol{e}}_{2'} & \hat{\boldsymbol{e}}_1\cdot\boldsymbol{\varepsilon}_{\boldsymbol{G},\boldsymbol{G}'}^{-1}\cdot\hat{\boldsymbol{e}}_{1'}\end{pmatrix}h_{\boldsymbol{G}',\lambda'}=\frac{\omega^2}{c^2}h_{\boldsymbol{G},\lambda} \tag{7.10}$$

式中，$\boldsymbol{\varepsilon}_{\boldsymbol{G},\boldsymbol{G}'}^{-1}=\eta(\boldsymbol{G}-\boldsymbol{G}')$。为了求解式(7.10)，介质的傅里叶展开系数可以表示为

$$\eta(\boldsymbol{G})=\begin{cases}\left(\dfrac{\omega^2+\mathrm{j}\nu_c\omega}{\omega^2+\mathrm{j}\nu_c\omega-\omega_p^2}\right)4f+\dfrac{1}{\varepsilon_a}(1-4f), & \boldsymbol{G}=\boldsymbol{0}\\ \left(\dfrac{\omega^2+\mathrm{j}\nu_c\omega}{\omega^2+\mathrm{j}\nu_c\omega-\omega_p^2}-\dfrac{1}{\varepsilon_a}\right)\cdot\displaystyle\sum_{i=1}^{4}\mathrm{e}^{-(\boldsymbol{G}\cdot\boldsymbol{v}_i)}\cdot & \\ \quad 3f\dfrac{\sin(|\boldsymbol{G}|R)-(|\boldsymbol{G}|R)\cos(|\boldsymbol{G}|R)}{(|\boldsymbol{G}|R)^3}, & \boldsymbol{G}\neq\boldsymbol{0}\end{cases} \tag{7.11}$$

可以将 $h_{G,\lambda}$ 表示为

$$h_{G,\lambda}=\sum_{G}A(\boldsymbol{k}\mid\boldsymbol{G})\mathrm{e}^{\mathrm{j}(\boldsymbol{K}+\boldsymbol{G})\cdot\boldsymbol{r}} \tag{7.12}$$

所以式(7.10)可以表示为关于傅里叶变换系数 $A(\boldsymbol{k}\mid\boldsymbol{G})$ 的方程,即

$$\left[\left(\frac{\omega^2+\mathrm{j}\nu_c\omega}{\omega^2+\mathrm{j}\nu_c\omega-\omega_p^2}\right)4f+\frac{1}{\varepsilon_a}(1-4f)\right]\cdot|\boldsymbol{k}+\boldsymbol{G}||\boldsymbol{k}+\boldsymbol{G}'|\cdot\boldsymbol{F}\cdot A(\boldsymbol{k}\mid\boldsymbol{G})+$$
$$\sum_{G'}\left[\left(\frac{\omega^2+\mathrm{j}\nu_c\omega}{\omega^2+\mathrm{j}\nu_c\omega-\omega_p^2}\right)-\frac{1}{\varepsilon_a}\right]\cdot\sum_{i=1}^{4}\mathrm{e}^{-\boldsymbol{G}\cdot\boldsymbol{v}_i}\cdot$$
$$3f\frac{\sin(|\boldsymbol{G}|R)-(|\boldsymbol{G}|R)\cos(|\boldsymbol{G}|R)}{(|\boldsymbol{G}|R)^3}\cdot|\boldsymbol{k}+\boldsymbol{G}||\boldsymbol{k}+\boldsymbol{G}'|\cdot\boldsymbol{F}\cdot A(\boldsymbol{k}\mid\boldsymbol{G})$$
$$=\frac{\omega^2}{c^2}A(\boldsymbol{k}\mid\boldsymbol{G}) \tag{7.13}$$

式中,$\boldsymbol{F}=\begin{pmatrix}\hat{\boldsymbol{e}}_2\cdot\hat{\boldsymbol{e}}_{2'} & -\hat{\boldsymbol{e}}_2\cdot\hat{\boldsymbol{e}}_{1'}\\ -\hat{\boldsymbol{e}}_1\cdot\hat{\boldsymbol{e}}_{2'} & \hat{\boldsymbol{e}}_1\cdot\hat{\boldsymbol{e}}_{1'}\end{pmatrix}$。如果定义一个复数变量 $\zeta=\omega/c$,式(7.13)可以表示为

$$\zeta^4\boldsymbol{I}-\zeta^3\boldsymbol{T}-\zeta^2\boldsymbol{U}-\zeta\boldsymbol{V}-\boldsymbol{W}=\boldsymbol{0} \tag{7.14}$$

式中,$\boldsymbol{I}$ 表示单位矩阵,且有

$$\boldsymbol{T}(\boldsymbol{G}\mid\boldsymbol{G}')=-\mathrm{j}\frac{\nu_c}{c}\boldsymbol{\delta}_{G\cdot G'} \tag{7.15}$$

$$\boldsymbol{U}(\boldsymbol{G}\mid\boldsymbol{G}')=\left\{\frac{\omega_p^2}{c^2}+\left[\frac{1}{\varepsilon_a}4f+(1-4f)\right]\cdot|\boldsymbol{k}+\boldsymbol{G}||\boldsymbol{k}+\boldsymbol{G}'|\cdot\boldsymbol{F}\right\}\cdot$$
$$\boldsymbol{\delta}_{G\cdot G'}+\left(\frac{1}{\varepsilon_a}-1\right)\boldsymbol{M} \tag{7.16}$$

$$\boldsymbol{V}(\boldsymbol{G}\mid\boldsymbol{G}')=\left\{\mathrm{j}\frac{\nu_c}{c}\left[\frac{1}{\varepsilon_a}4f+(1-4f)\right]\cdot|\boldsymbol{k}+\boldsymbol{G}||\boldsymbol{k}+\boldsymbol{G}'|\cdot\boldsymbol{F}\right\}\cdot$$
$$\boldsymbol{\delta}_{G\cdot G'}+\mathrm{j}\frac{\nu_c}{c}\left(\frac{1}{\varepsilon_a}-1\right)\boldsymbol{M} \tag{7.17}$$

$$\boldsymbol{W}(\boldsymbol{G}\mid\boldsymbol{G}')=\left(-\frac{\omega_p^2}{c^2}\frac{1}{\varepsilon_a}4f\cdot|\boldsymbol{k}+\boldsymbol{G}||\boldsymbol{k}+\boldsymbol{G}'|\cdot\boldsymbol{F}\right)\boldsymbol{\delta}_{G\cdot G'}+\frac{\omega_p^2}{c^2}\left(\frac{1}{\varepsilon_a}\right)\boldsymbol{M} \tag{7.18}$$

其中

$$\boldsymbol{M}=|\boldsymbol{k}+\boldsymbol{G}||\boldsymbol{k}+\boldsymbol{G}'|\cdot\boldsymbol{F}\cdot\sum_{i=1}^{4}\mathrm{e}^{-\boldsymbol{G}\cdot\boldsymbol{v}_i}\cdot3f\frac{\sin(|\boldsymbol{G}|R)-(|\boldsymbol{G}|R)\cos(|\boldsymbol{G}|R)}{(|\boldsymbol{G}|R)^3}$$

$\boldsymbol{T}$、$\boldsymbol{U}$、$\boldsymbol{V}$ 和 $\boldsymbol{W}$ 是 $N\times N$ 的矩阵。式(7.14)可以转换为求取一个 $4N\times4N$ 矩阵 $\boldsymbol{Q}$ 的特征值,矩阵 $\boldsymbol{Q}$ 满足

$$\boldsymbol{Q}\boldsymbol{z}=\zeta\boldsymbol{z},\quad \boldsymbol{Q}=\begin{pmatrix}0&\boldsymbol{I}&0&0\\0&0&\boldsymbol{I}&0\\0&0&0&\boldsymbol{I}\\\boldsymbol{W}&\boldsymbol{V}&\boldsymbol{U}&\boldsymbol{T}\end{pmatrix} \tag{7.19}$$

求解式(7.19)的特征值就得到了式(7.14)的解。显然，所求特征值的实部就决定了该三维非磁化等离子体光子晶体的色散关系。

7.1.2　三维绿烧石晶格非磁化等离子体光子晶体的 PBG 特性

为了便于计算，用$\frac{\omega a}{2\pi c}$对频域进行归一化处理，并用变量$\omega_{p0}a/2\pi c=1$来定义等离子体频率和等离子体碰撞频率。假设等离子体频率$\omega_p=\omega_{pl}=0.1\pi c/a=0.05\omega_{p0}$，等离子体碰撞频率$\nu_c=0.02\omega_{pl}$，显然$\omega_{p0}$和$\omega_{pl}$仅是定义的变量，它们没有任何物理意义。假设介质背景的参数满足$\varepsilon_a=12$、$\mu_a=1$且$R=0.17a$，本节主要对三维绿烧石晶格非磁化等离子体光子晶体在频率范围$0\sim2\pi c/a$内 1st PBG 的特性进行研究。

图 7.2 给出了在不同ω_p和ν_c条件下三维绿烧石晶格非磁化等离子体光子晶体的色散曲线，此时$\varepsilon_a=12$且$R=0.17a$，灰色区域表示 PBG。由图 7.2(a)可知，当$\omega_p=\nu_c=0$时，等离子体能被等效为空气，且此时该光子晶体可以看作常规的二维介质－空气光子晶体，在$0\sim2\pi c/a$的频率范围内存在着 1 个 PBG，其频率范围是 0.471 1 ～ 0.534 9($2\pi c/a$)。由图 7.2(b)可知，当$\omega_p=0.05\omega_{p0}$，$\nu_c=0.02\omega_{pl}$时，在$0\sim2\pi c/a$的频率范围内不仅存在着 1 个 PBG 而且还能产生 1 个水平带区域，PBG 的频率范围是 0.472 4 ～ 0.536 4($2\pi c/a$)。水平带的产生是由表面等离子体激元模造成的[231,235]，且在等离子体截止频率附近会产生激元谐振带(plasmon resonance bands)。当入射电磁波频率落在水平带区域时，等离子体相对介电常数的实部为负数，而填充的介质的相对介电常数为正数，因此能产生表面等离子体激元模。比较图 7.2(b)和图 7.2(a)中结果可以知道，当常规的三维介质－空气光子晶体引入等离子体后，PBG 的上下边缘将会发生蓝移，不仅会产生 1 个水平带，而且 PBG 的带宽也增大了 0.000 2($2\pi c/a$)。众所周知，当三

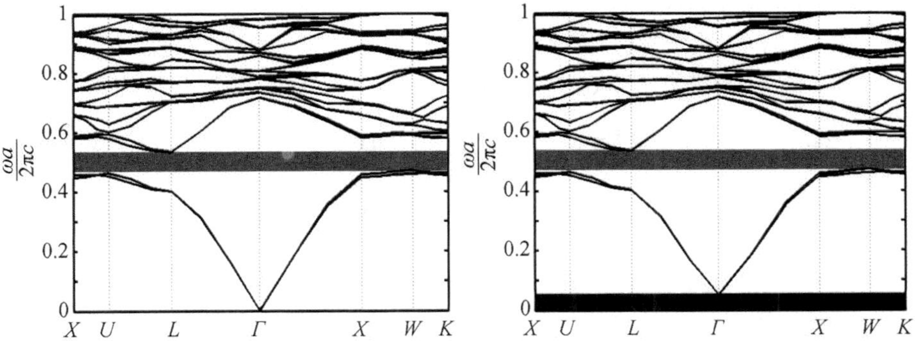

(a) $\omega_p=0$, $\nu_c=0$　　(b) $\omega_p=0.05\omega_{p0}$, $\nu_c=0.02\omega_{pl}$

图 7.2　在不同ω_p和ν_c条件下三维绿烧石晶格非磁化等离子体光子晶体的色散曲线

维非磁化等离子体光子晶体具有立方体、面心、钻石和体心等晶格时，也能产生 PBG。作为一个比较，图 7.3 给出不同晶格条件下三维非磁化等离子体光子晶体的色散曲线，且初始参数为 $\varepsilon_a=12$、$\omega_p=0.05\omega_{p0}$、$\nu_c=0.02\omega_{pl}$ 和 $R=0.17a$，其中面心、钻石和绿烧石晶格的 1st BZ 相同，而体心晶格的 1st BZ 上的高对称点为 $\Gamma=(0,0,0)$、$H=(0,0,2\pi/a)$、$N=(0,\pi/a,\pi/a)$ 和 $P=(\pi/a,\pi/a,\pi/a)$[298]。立方体晶格的 1st BZ 上的高对称点为 $\Gamma=(0,0,0)$、$X=(\pi/a,0,0)$、$M=(\pi/a,\pi/a,0)$ 和 $R=(\pi/a,\pi/a,\pi/a)$。由图 7.3(a) 和图 7.3(c) 可知，在频率范围 $0\sim2\pi c/a$ 内没有 PBG。如图 7.3(c) 所示，对于体心晶格而言，光子能带在高对称点 H 和 P 处出现能带简并(band degeneracy)；而对于立方体晶格而言，能带简并将出现在 M 和 R 点。这是因为体心和立方体晶格有很好的对称性，填充介质的介电常数还不够大，不足以打开一个带隙[229]。而由图 7.3(b) 和图 7.3(d) 可知，当三维等离子体光子晶体具有钻石和面心晶格排列时，能获得 PBG。1st PBG 的频率范围分别为 0.888 4 ～ 0.929 3($2\pi c/a$) 和 0.863 3 ～ 0.866 6($2\pi c/a$)。与这 4 种常规的晶格结构相比，绿烧石晶格显然能产生更大的 PBG。由上述可知，将等离子体引入常规的三维介质－空气光子晶体时能实现对 PBG 的拓展。与常规的晶格结构相比，三维等离子体光子晶体采用绿烧石晶格排列能够产生更大的 PBG。

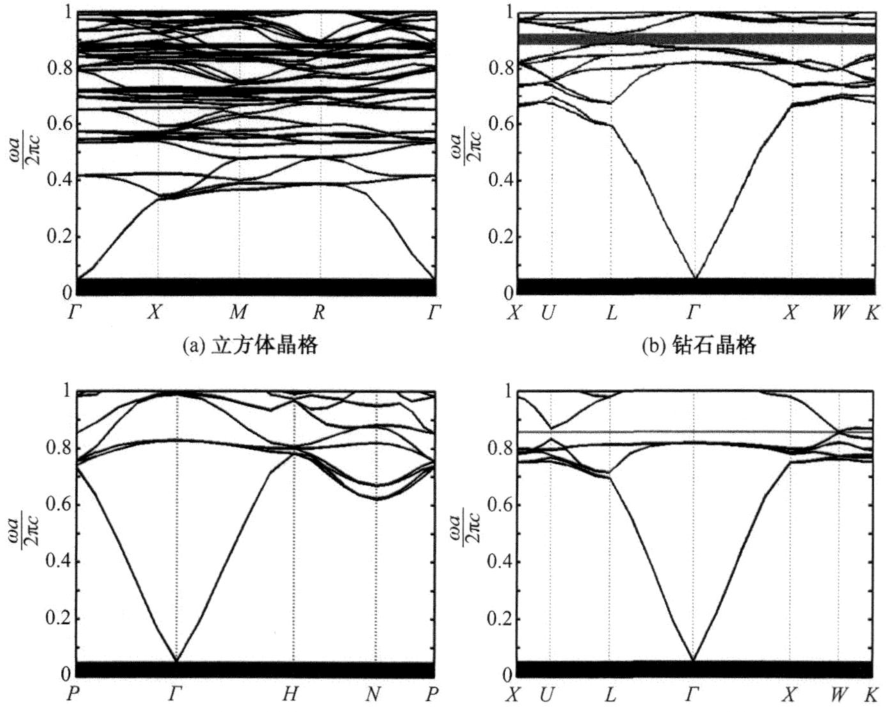

(a) 立方体晶格　(b) 钻石晶格

(c) 体心晶格　(d) 面心晶格

图 7.3　不同晶格条件下三维非磁化等离子体光子晶体的色散曲线

7.1.3　介质球的相对介电常数对 PBG 的影响

图 7.4 给出了三维绿烧石晶格非磁化等离子体光子晶体的 1st PBG 和其相对带宽与 ε_a 的关系图，此时 $\omega_p = 0.05\omega_{p0}$、$\nu_c = 0.02\omega_{pl}$、$R = 0.17a$，灰色区域代表 PBG。由图 7.4(a) 可知，PBG 的上下边缘将会随着 ε_a 的增大而发生红移，且其带宽也会先增大后减小。如果 $\varepsilon_a < 5$，PBG 将不会出现。当 $\varepsilon_a = 21$ 时，PBG 的带宽为最大，它等于 0.072 67($2\pi c/a$)，此时位于 0.370 03 ~ 0.442 7($2\pi c/a$)，与 $\varepsilon_a = 49$ 时相比，带宽增加了 0.01($2\pi c/a$)。由图 7.4(b) 可知，PBG 的相对带宽($\Delta\omega/\omega_i$) 将随着 ε_a 的增大而增大。当 ε_a 由 5 增加到 49 时，$\Delta\omega/\omega_i$ 的最大值为 0.222 且 $\varepsilon_a = 49$。与 $\varepsilon_a = 13$ 时相比，相对带宽增加了 0.086 2。因此，改变 ε_a 能对 PBG 进行调谐，$\Delta\omega/\omega_i$ 的最大值出现在 low－ε_a 区域。

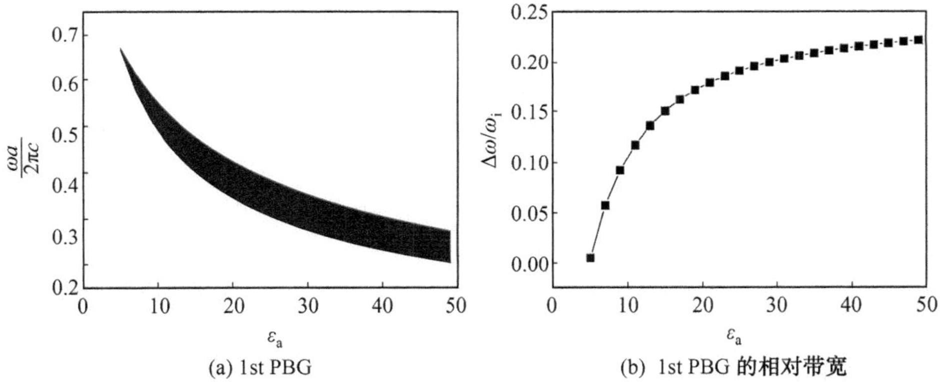

图 7.4　三维绿烧石晶格非磁化等离子体光子晶体的 1st PBG 和其相对带宽与 ε_a 的关系图

7.1.4　等离子体频率对 PBG 的影响

图 7.5 给出了三维绿烧石晶格非磁化等离子体光子晶体的 1st PBG 和其相对带宽与 ω_p 的关系图，此时 $\varepsilon_a = 12$、$\nu_c = 0.02\omega_{pl}$、$R = 0.17a$。由图 7.5(a) 可知，PBG 的上下边缘将会随着 ω_p 的增大而发生蓝移，且其带宽也将会先增大后减小，这是因为当 ω_p/ω_{p0} 增大时，该三维等离子体光子晶体的平均折射率发生变化[213]。当 $\omega_p/\omega_{p0} > 1$ 时，1st PBG 将会闭合。当 ω_p/ω_{p0} 由 0.01 增加到 1.0 时，PBG 的最大带宽是 0.068 1($2\pi c/a$)，此时 $\omega_p/\omega_{p0} = 0.31$，其频率范围是 0.524 48 ~ 0.592 56($2\pi c/a$)。与 $\omega_p/\omega_{p0} = 0.01$ 时相比，PBG 的带宽增加了 0.003 5($2\pi c/a$)。由图 7.5(b) 可知，当 ω_p/ω_{p0} 由 0.01 增加到 1.0 时，PBG 的相对带宽将先增大后减小，$\Delta\omega/\omega_i$ 的最大值为 0.127 3 且此时 $\omega_p/\omega_{p0} = 0.15$。与 $\omega_p/\omega_{p0} = 0.05$ 时相比，相对带宽增加了 0.000 3。因此，改变 ω_p 的大小能对 PBG 的大小进行调控，且 PBG 相对带宽的最大值出现在 low－ω_p 区域。

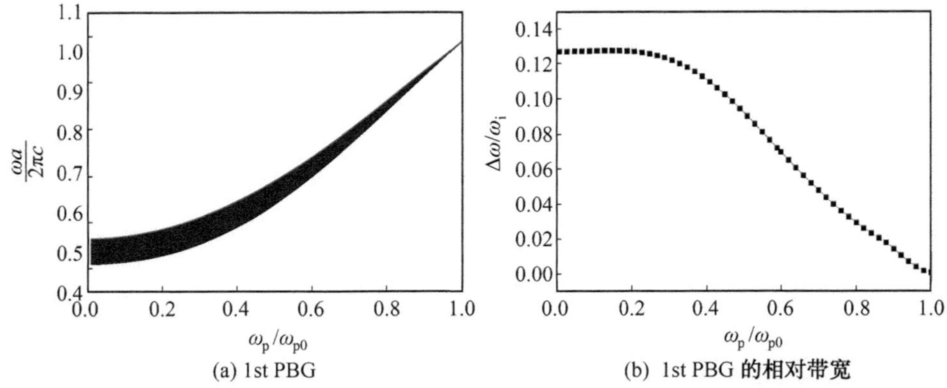

图 7.5　三维绿烧石晶格非磁化等离子体光子晶体的 1st PBG 和其相对带宽与 ω_p 的关系图

7.1.5　填充介质球的半径对 PBG 的影响

图 7.6 给出了三维绿烧石晶格非磁化等离子体光子晶体的 1st PBG 和其相对带宽与 R/a 的关系图，此时 $\varepsilon_a=12$、$\omega_p=0.05\omega_{p0}$ 和 $\nu_c=0.02\omega_{pl}$。由图 7.6(a)可知，PBG 的上下边缘将会随着 R/a 的增大而发生红移，且其带宽也将会逐渐增大。当 $R/a<0.145$ 时，PBG 将会消失。当 R/a 由 0.14 增加到 0.175 时，PBG 的最大值为 0.067 4($2\pi c/a$)，其频率范围变为 0.446 3 ～ 0.513 7($2\pi c/a$)。与 $R/a=0.15$ 时相比，PBG 的带宽增加了 0.052 6($2\pi c/a$)，这可以解释为当 R/a 增大时，该光子晶体的平均折射率增大了[213]。由图 7.6(b) 可知，PBG 的相对带宽将会随着 f 的增大而增大，$\Delta\omega/\omega_i$ 的最大值为 0.14，且 $R/a=0.175$。因此，改变 R/a 的大小能实现对 PBG 的调谐，且 PBG 相对带宽的最大值出现在 high－f 区域。

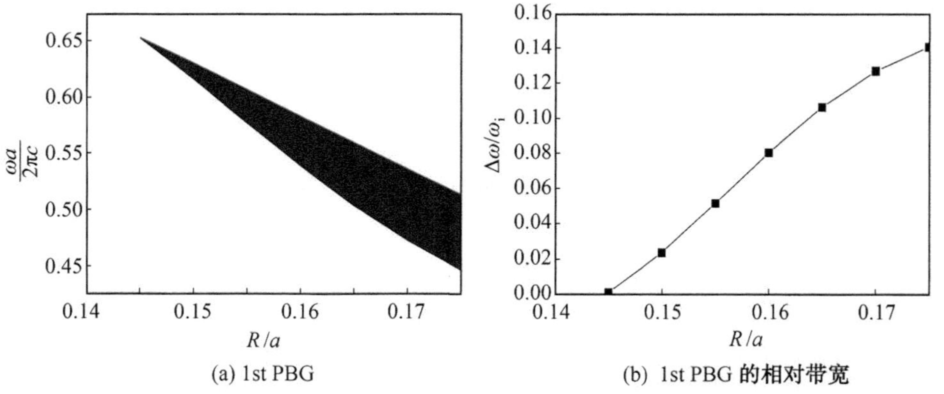

图 7.6　三维绿烧石晶格非磁化等离子体光子晶体的 1st PBG 和其相对带宽与 R/a 的关系图

7.1.6　等离子体碰撞频率对 PBG 的影响

图 7.7 给出了三维绿烧石晶格非磁化等离子体光子晶体的 1st PBG 和其相对带宽与 ν_c 的关系图，此时 $\varepsilon_a=12$、$\omega_p=0.05\omega_{p0}$、$R=0.17a$。由图 7.7(a) 可知，PBG 的上下边缘的位置将不会随着 ν_c 的增大而发生移动，其带宽也不会发生变化。当 ν_c/ω_{pl} 由 0.002 增加到 0.2 时，1st PBG 的频率范围保持 0.472 4 ～ 0.536 4 $(2\pi c/a)$ 不变，且带宽为 0.064$(2\pi c/a)$。由图 7.7(b) 可知，PBG 的 $\Delta\omega/\omega_i$ 也不会随着 ν_c/ω_{pl} 的增大而发生改变，且一直保持 $\Delta\omega/\omega_i=0.126\ 9$。因此，改变 ν_c 的大小不能实现对 PBG 的调控。

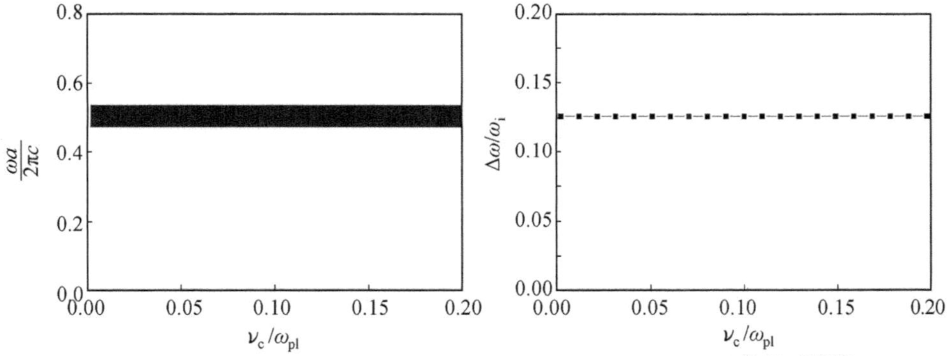

(a) 1st PBG　　(b) 1st PBG 的相对带宽

图 7.7　三维绿烧石晶格非磁化等离子体光子晶体的 1st PBG 和其相对带宽与 ν_c 的关系图

7.2　三维各向异性等离子体光子晶体的禁带特性

7.1 节用绿烧石晶格实现了对 PBG 带宽的拓展，然而这种晶格相对于传统的晶格结构在制作和加工上更为复杂。传统的晶格结构如面心、立方体和体心等晶格相对绿烧石晶格而言更易加工，但是由于有较强的对称性，其很难产生 PBG[299]。那么有没有一种方法既能实现对 PBG 带宽的展宽，又易于加工呢？答案是肯定的，将各向异性介质与等离子体构成三维各向异性等离子体光子晶体。本节主要在理论上介绍在不同晶格条件下三维各向异性非磁化等离子体光子晶体的 PBG 特性，探讨该三维各向异性非磁化等离子体光子晶体的各个参数对 PBG 的影响。

7.2.1　PWE 方法的计算公式

将填充的介质球和等离子体的相对介电常数分别定义为 ε_a 和 ε_p，介质球的半径和晶格参数分别设定为 R 和 a。如果计算时引入的时谐量是 $e^{j\omega t}$，ω 是角频率，t 是时间，且 $j=\sqrt{-1}$，非磁化等离子体的相对介电常数可表示为[196,229]

$$\varepsilon_p(\omega)=1-\frac{\omega_p^2}{\omega(\omega-j\nu_c)} \tag{7.20}$$

式中，ω_p 和 ν_c 分别表示等离子体频率和等离子体碰撞频率。另外，介质球是各向异性的，各向异性的介质可以分为单轴材料（uniaxial material）和双轴材料（biaxial material），而对于一般的各向异性介质而言，其相对介电常数 ε_a 可以表示为

$$\boldsymbol{\varepsilon}_a=\begin{bmatrix}\varepsilon_x & 0 & 0\\ 0 & \varepsilon_y & 0\\ 0 & 0 & \varepsilon_z\end{bmatrix} \tag{7.21}$$

式中，$\varepsilon_x=n_x^2$；$\varepsilon_y=n_y^2$；$\varepsilon_z=n_z^2$。众所周知[300,301]，对于单轴材料而言，它有两个主要的折射率，分别称为寻常折射率（ordinary－refractive index）n_o 和非寻常折射率（extraordinary－refractive index）n_e。对于双轴材料而言，$n_x\neq n_z\neq n_y$，而单轴材料的相对介电常数 ε_a 可以表示为三种形式，将这三种形式分别定义为 type－1、type－2 和 type－3 型单轴材料，它们分别满足 type－1 型，$n_x=n_e$，$n_y=n_z=n_o$；type－2 型，$n_y=n_e$，$n_x=n_z=n_o$；type－3 型，$n_z=n_e$，$n_x=n_y=n_o$。本节仅仅在理论上对包含单轴材料的三维各向异性等离子体光子晶体的 PBG 特性进行讨论。下面仅对包含 type－1 型的各向异性介质球的三维各向异性等离子体光子晶体的计算公式进行推导。对于 type－1 型而言，$\boldsymbol{\varepsilon}_a$ 的逆矩阵 $\boldsymbol{\varepsilon}_a^{-1}$ 可以表示为

$$\boldsymbol{\varepsilon}_a^{-1}=\begin{bmatrix}\varepsilon_x^{-1} & 0 & 0\\ 0 & \varepsilon_y^{-1} & 0\\ 0 & 0 & \varepsilon_y^{-1}\end{bmatrix} \tag{7.22}$$

而由 PWE 方法可知，Maxwell 方程组可以化简为

$$\sum_{G',\lambda'}\boldsymbol{H}_{G,G'}^{\lambda,\lambda'}h_{G',\lambda'}=\frac{\omega^2}{c^2}h_{G,\lambda} \tag{7.23}$$

式中，$\boldsymbol{H}_{G,G'}^{\lambda,\lambda'}=|\boldsymbol{k}+\boldsymbol{G}|\,|\boldsymbol{k}+\boldsymbol{G}'|\begin{pmatrix}\hat{e}_2\cdot\boldsymbol{\varepsilon}_{G,G'}^{-1}\cdot\hat{e}_{2'} & -\hat{e}_2\cdot\boldsymbol{\varepsilon}_{G,G'}^{-1}\cdot\hat{e}_{1'}\\ -\hat{e}_1\cdot\boldsymbol{\varepsilon}_{G,G'}^{-1}\cdot\hat{e}_{2'} & \hat{e}_1\cdot\boldsymbol{\varepsilon}_{G,G'}^{-1}\cdot\hat{e}_{1'}\end{pmatrix}$，式(7.23)中各个变量的定义见上节。为了求解式(7.23)，可以将式(7.22)表示为

$$\boldsymbol{\varepsilon}_a^{-1}=\begin{bmatrix}\varepsilon_x^{-1} & 0 & 0\\ 0 & \varepsilon_y^{-1} & 0\\ 0 & 0 & \varepsilon_y^{-1}\end{bmatrix}=\varepsilon_x^{-1}\begin{bmatrix}1 & 0 & 0\\ 0 & 0 & 0\\ 0 & 0 & 0\end{bmatrix}+\varepsilon_y^{-1}\begin{bmatrix}0 & 0 & 0\\ 0 & 1 & 0\\ 0 & 0 & 1\end{bmatrix}=\varepsilon_x^{-1}\boldsymbol{I}_x+\varepsilon_y^{-1}\boldsymbol{I}_y \tag{7.24}$$

式中，$\boldsymbol{I}_x=\begin{bmatrix}1 & 0 & 0\\ 0 & 0 & 0\\ 0 & 0 & 0\end{bmatrix}$；$\boldsymbol{I}_y=\begin{bmatrix}0 & 0 & 0\\ 0 & 1 & 0\\ 0 & 0 & 1\end{bmatrix}$。那么 $\boldsymbol{H}_{G,G'}^{\lambda,\lambda'}$ 可以重写为

$$\boldsymbol{H}_{\boldsymbol{G},\boldsymbol{G}'}^{\lambda,\lambda'}=|\boldsymbol{k}+\boldsymbol{G}||\boldsymbol{k}+\boldsymbol{G}'|\sum_{i=x,y}\begin{pmatrix}\hat{e}_2\cdot\boldsymbol{I}_i\cdot\hat{e}_{2'} & -\hat{e}_2\cdot\boldsymbol{I}_i\cdot\hat{e}_{1'}\\ -\hat{e}_1\cdot\boldsymbol{I}_i\cdot\hat{e}_{2'} & \hat{e}_1\cdot\boldsymbol{I}_i\cdot\hat{e}_{1'}\end{pmatrix}\cdot\boldsymbol{\varepsilon}_{\boldsymbol{G},\boldsymbol{G}'}^{-1}(i) \tag{7.25}$$

式中，$\boldsymbol{\varepsilon}_{\boldsymbol{G},\boldsymbol{G}'}^{-1}(i)$ 是 ε_x^{-1} 和 ε_y^{-1} 的傅里叶变换系数。设各向异性介质球的填充率为 f，且 $f=(4\pi R^3)/(3V_m)$，V_m 表示晶格单元的体积。$\boldsymbol{\varepsilon}_{\boldsymbol{G},\boldsymbol{G}'}^{-1}(i)$ 可以表示为[302]

$$\boldsymbol{\varepsilon}_{\boldsymbol{G},\boldsymbol{G}'}^{-1}(i)=\begin{cases}\left(\dfrac{\omega^2-\mathrm{j}\nu_c\omega}{\omega^2-\mathrm{j}\nu_c\omega-\omega_p^2}\right)(1-f)+\left(\dfrac{1}{\varepsilon_i}\right)f, & \boldsymbol{G}=\boldsymbol{0}\\ \left(\dfrac{1}{\varepsilon_i}-\dfrac{\omega^2-\mathrm{j}\nu_c\omega}{\omega^2-\mathrm{j}\nu_c\omega-\omega_p^2}\right)\cdot & \\ \qquad 3f\,\dfrac{\sin(|\boldsymbol{G}|R)-(|\boldsymbol{G}|R)\cos(|\boldsymbol{G}|R)}{(|\boldsymbol{G}|R)^3}, & \boldsymbol{G}\neq\boldsymbol{0}\end{cases}\quad(i=x,y) \tag{7.26}$$

值得注意的是，当为钻石晶格时，$f=(8\pi R^3)/(3V_m)$。由于 $h_{\boldsymbol{G},\lambda}$ 可以表示为

$$h_{\boldsymbol{G},\lambda}=\sum_{\boldsymbol{G}}A(\boldsymbol{k}\mid\boldsymbol{G})\mathrm{e}^{\mathrm{j}(\boldsymbol{K}+\boldsymbol{G})\cdot\boldsymbol{r}} \tag{7.27}$$

那么式(7.23)可以表示为 $A(\boldsymbol{k}\mid\boldsymbol{G})$ 的等式，即

$$\begin{aligned}&\boldsymbol{\varepsilon}_a^{-1}\cdot|\boldsymbol{k}+\boldsymbol{G}||\boldsymbol{k}+\boldsymbol{G}'|\cdot\boldsymbol{F}\cdot A(\boldsymbol{k}\mid\boldsymbol{G})+\\ &\sum_{\boldsymbol{G}'}\boldsymbol{\varepsilon}_a^{-1}\cdot|\boldsymbol{k}+\boldsymbol{G}||\boldsymbol{k}+\boldsymbol{G}'|\cdot\boldsymbol{F}\cdot A(\boldsymbol{k}\mid\boldsymbol{G})=\frac{\omega^2}{c^2}A(\boldsymbol{k}\mid\boldsymbol{G})\end{aligned} \tag{7.28}$$

式中，$\boldsymbol{F}=\boldsymbol{F}_x+\boldsymbol{F}_y$，$\boldsymbol{F}_x=\begin{pmatrix}\hat{e}_2\cdot\boldsymbol{I}_x\cdot\hat{e}_{2'} & -\hat{e}_2\cdot\boldsymbol{I}_x\cdot\hat{e}_{1'}\\ -\hat{e}_1\cdot\boldsymbol{I}_x\cdot\hat{e}_{2'} & \hat{e}_1\cdot\boldsymbol{I}_x\cdot\hat{e}_{1'}\end{pmatrix}$，$\boldsymbol{F}_y=\begin{pmatrix}\hat{e}_2\cdot\boldsymbol{I}_y\cdot\hat{e}_{2'} & -\hat{e}_2\cdot\boldsymbol{I}_y\cdot\hat{e}_{1'}\\ -\hat{e}_1\cdot\boldsymbol{I}_y\cdot\hat{e}_{2'} & \hat{e}_1\cdot\boldsymbol{I}_y\cdot\hat{e}_{1'}\end{pmatrix}$。

如果定义一个复数变量 $\zeta=\omega/c$，式(7.28)可以表示为

$$\zeta^4\boldsymbol{I}-\zeta^3\boldsymbol{T}-\zeta^2\boldsymbol{U}-\zeta\boldsymbol{V}-\boldsymbol{W}=\boldsymbol{0} \tag{7.29}$$

式中，$\boldsymbol{I}$ 表示单位矩阵，且

$$\boldsymbol{T}(\boldsymbol{G}\mid\boldsymbol{G}')=\mathrm{j}\frac{\nu_c}{c}\boldsymbol{\delta}_{\boldsymbol{G}\cdot\boldsymbol{G}'} \tag{7.30}$$

$$\begin{aligned}\boldsymbol{U}(\boldsymbol{G}\mid\boldsymbol{G}')=&\left(\sum_{i=x,y}\left\{\frac{\omega_p^2}{c^2}+\left(\frac{1}{\varepsilon_i}f+(1-f)\right)\cdot|\boldsymbol{k}+\boldsymbol{G}|^2\cdot\boldsymbol{F}_i\right\}\right)\cdot\\ &\boldsymbol{\delta}_{\boldsymbol{G}\cdot\boldsymbol{G}'}+\sum_{i=x,y}\left(\frac{1}{\varepsilon_i}-1\right)\boldsymbol{M}_i\end{aligned} \tag{7.31}$$

$$\begin{aligned}\boldsymbol{V}(\boldsymbol{G}\mid\boldsymbol{G}')=&\left(\sum_{i=x,y}\left\{-\mathrm{j}\frac{\nu_c}{c}\left[\frac{1}{\varepsilon_i}f+(1-f)\right]\cdot|\boldsymbol{k}+\boldsymbol{G}|^2\cdot\boldsymbol{F}_i\right\}\right)\cdot\\ &\boldsymbol{\delta}_{\boldsymbol{G}\cdot\boldsymbol{G}'}+\sum_{i=x,y}-\mathrm{j}\frac{\nu_c}{c}\left(\frac{1}{\varepsilon_i}-1\right)\boldsymbol{M}_i\end{aligned} \tag{7.32}$$

$$\boldsymbol{W}(\boldsymbol{G}\mid\boldsymbol{G}')=\left[\sum_{i=x,y}\left(-\frac{\omega_{\mathrm{p}}^{2}}{c^{2}}\frac{f}{\varepsilon_{i}}\cdot\left|\boldsymbol{k}+\boldsymbol{G}\right|^{2}\cdot\boldsymbol{F}_{i}\right)\right]\boldsymbol{\delta}_{G\cdot G'}+\sum_{i=x,y}\frac{\omega_{\mathrm{p}}^{2}}{c^{2}}\left(\frac{1}{\varepsilon_{i}}\right)\boldsymbol{M}_{i} \tag{7.33}$$

式中，$\boldsymbol{M}_i=|\boldsymbol{k}+\boldsymbol{G}|^2\cdot\boldsymbol{F}_i\cdot 3f\dfrac{\sin(|\boldsymbol{G}|R)-(|\boldsymbol{G}|R)\cos(|\boldsymbol{G}|R)}{(|\boldsymbol{G}|R)^3}(i=x,y)$，$\boldsymbol{T}$、$\boldsymbol{U}$、$\boldsymbol{V}$ 和 $\boldsymbol{W}$ 是 $N\times N$ 的矩阵。对式(7.29)的特征值的求解可以转换为求取一个 $4N\times 4N$ 矩阵 $\boldsymbol{Q}$ 的特征值，矩阵 $\boldsymbol{Q}$ 满足

$$\boldsymbol{Q}\boldsymbol{z}=\zeta\boldsymbol{z},\quad \boldsymbol{Q}=\begin{pmatrix}0&\boldsymbol{I}&0&0\\0&0&\boldsymbol{I}&0\\0&0&0&\boldsymbol{I}\\\boldsymbol{W}&\boldsymbol{V}&\boldsymbol{U}&\boldsymbol{T}\end{pmatrix} \tag{7.34}$$

求解式(7.34)的特征值就得到了式(7.29)的解。显然，所求特征值的实部就决定了该三维各向异性等离子体光子晶体的色散关系。同理，当填充的各向异性介质为type－2型或type－3型单轴材料时，PWE方法的计算公式也可以通过上述类似的推导过程得到。

7.2.2 不同晶格条件下三维各向异性等离子体光子晶体的PBG

用PWE方法进行计算时，采用729个平面波进行展开。为了不失一般性，用 $\dfrac{\omega a}{2\pi c}$ 对频域进行归一化，并用变量 $\omega_{\mathrm{p0}}a/2\pi c=1$ 来定义等离子体频率和等离子体碰撞频率。假设等离子体频率 $\omega_{\mathrm{p}}=\omega_{\mathrm{pl}}=0.3\pi c/a=0.15\omega_{\mathrm{p0}}$，等离子体碰撞频率 $\nu_{\mathrm{c}}=0.02\omega_{\mathrm{pl}}$，且各向异性的介质球的填充率 $f=0.25$。为了便于对三维各向异性等离子体光子晶体的PBG特性进行研究，仅对1st PBG的特性进行讨论，并将其相对带宽定义为 $\Delta\omega/\omega_{\mathrm{i}}$[303]。

图7.8给出了在填充不同介质时三维钻石晶格等离子体光子晶体的色散曲线，此时 $f=0.25$、$\omega_{\mathrm{p}}=0.15\omega_{\mathrm{p0}}$、$\nu_{\mathrm{c}}=0.02\omega_{\mathrm{pl}}$，灰色区域表示PBG。对于钻石晶格而言，1st BZ上的高对称点分别为 $\Gamma=(0,0,0)$、$X=(2\pi/a,0,0)$、$W=(2\pi/a,\pi/a,0)$、$K=(1.5\pi/a,1.5\pi/a,0)$、$L=(\pi/a,\pi/a,\pi/a)$ 和 $U=(2\pi/a,0.5\pi/a,0.5\pi/a)$。由图7.8(a)、(b)和(c)可知，当填充的介质为不同类型的单轴材料时，该三维等离子体光子晶体都能产生PBG，1st PBG分别位于0.513 4～0.523 5$(2\pi c/a)$、0.419 8～0.433 4$(2\pi c/a)$和0.511 5～0.517 9$(2\pi c/a)$，它们的相对带宽分别为0.019 5、0.031 9和0.012 4。显然，当填充的介质球为type－2型单轴材料时，1st PBG有较大的相对带宽。作为比较，图7.8(d)给出了填充球为各向同性介质时的色散曲线。由图7.8(d)可知，1st PBG的频率范围是0.458 6～0.478 7$(2\pi c/a)$，它的相对带宽是0.042 9。由图7.8中的结果可知，填充介质球

为各向同性介质时得到的相对带宽较填充单轴材料时大，这是因为钻石结构在拓扑结构不是高对称性的，通过引入各向异性介质的方式来拓展 PBG 的带宽效果较差。因此，当三维等离子体光子晶体晶格具有较弱的对称性时，引入各向异性介质来拓展 PBG，并不是一个最好的选择，因为晶格的不对称性对拓展 PBG 的带宽更有利，而对于其他常规的高对称性晶格而言，引入各向异性的介质对改善 PBG 的特性是有帮助的。

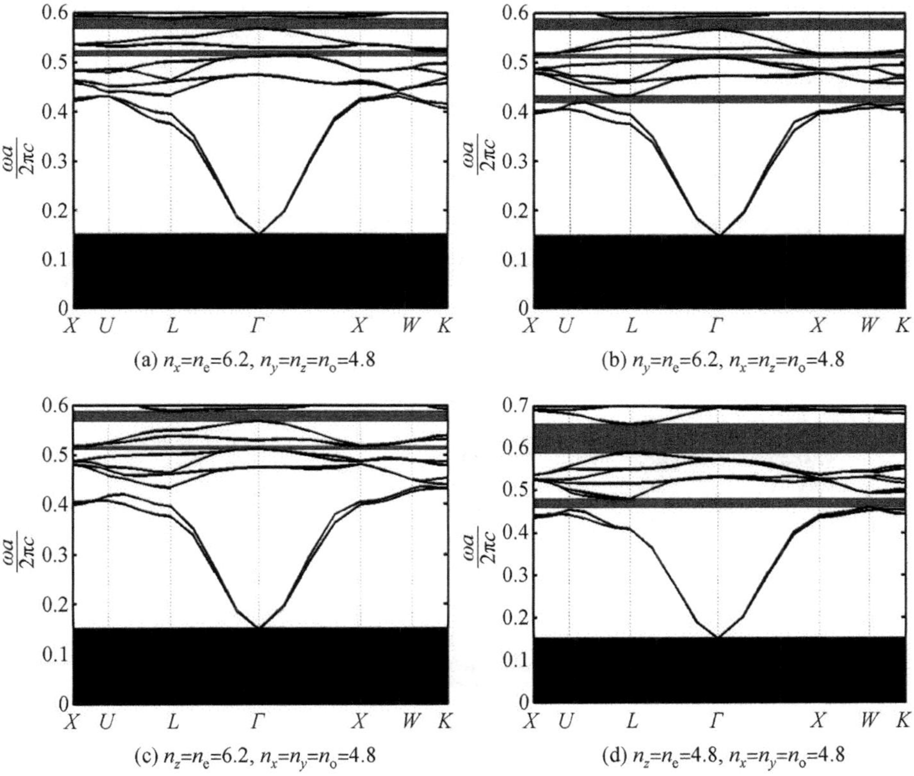

(a) $n_x=n_e=6.2,\ n_y=n_z=n_o=4.8$　(b) $n_y=n_e=6.2,\ n_x=n_z=n_o=4.8$

(c) $n_z=n_e=6.2,\ n_x=n_y=n_o=4.8$　(d) $n_z=n_e=4.8,\ n_x=n_y=n_o=4.8$

图 7.8　在填充不同介质时三维钻石晶格等离子体光子晶体的色散曲线

图 7.9 给出了在不同晶格条件下填充介质球为各向同性介质（$n_z=n_x=n_y=4.8$）时三维等离子体光子晶体的色散曲线，此时 $\omega_p=0.15\omega_{p0}$、$\nu_c=0.02\omega_{pl}$、$f=0.25$。众所周知，面心晶格的 1st BZ 上的高对称点与钻石晶格的相同。对于体心晶格（body－centered－cubic lattices）而言，1st BZ 上的高对称点分别为 $\Gamma=(0,0,0)$、$H=(0,0,2\pi/a)$、$N=(0,\pi/a,\pi/a)$ 和 $P=(\pi/a,\pi/a,\pi/a)$。对于立方体晶格而言，1st BZ 上的高对称点分别为 $\Gamma=(0,0,0)$、$X=(\pi/a,0,0)$、$M=(\pi/a,\pi/a,0)$ 和 $R=(\pi/a,\pi/a,\pi/a)$。由图 7.9 可知，当填充球为各向同性的介质时，在这 3 种晶格条件下不能产生 PBG，因为在高对称点上能带会发生简并，如

面心晶格的 W 和 U 点、体心晶格的 H 和 P 点、立方体晶格的 M 和 R 点，这主要是因为对于这些高对称性的晶格结构而言，填充球的相对介电常数不足够大，使得该光子晶体不能产生 PBG。为了产生 PBG，可以在这些光子晶体中引入各向异性介质，如碲(tellurium，简称 Te)。 Te 是 type－1 型单轴材料，它满足 $n_e=6.2$ 和 $n_o=4.8$。图 7.10 给出了在不同晶格条件下填充介质球为 Te($n_x=n_e=6.2$，$n_y=n_z=n_o=4.8$) 时三维等离子体光子晶体的色散曲线，此时 $f=0.25$、$\omega_p=0.15\omega_{p0}$、$\nu_c=0.02\omega_{pl}$。由图 7.10 可知，当填充球为 Te 时，三维等离子体光子晶体在这三种晶格下能在得到 PBG 的同时产生水平禁带区域。水平带是由表面等离子体激元模产生的[231,235]，而 1st PBG 分别位于 0.385 5 ～ 0.410 6($2\pi c/a$)、0.305 3 ～0.328 1($2\pi c/a$) 和 0.250 2 ～ 0.262 6($2\pi c/a$)，它们的相对带宽分别为 0.063 1、0.07 2 和 0.048 4。

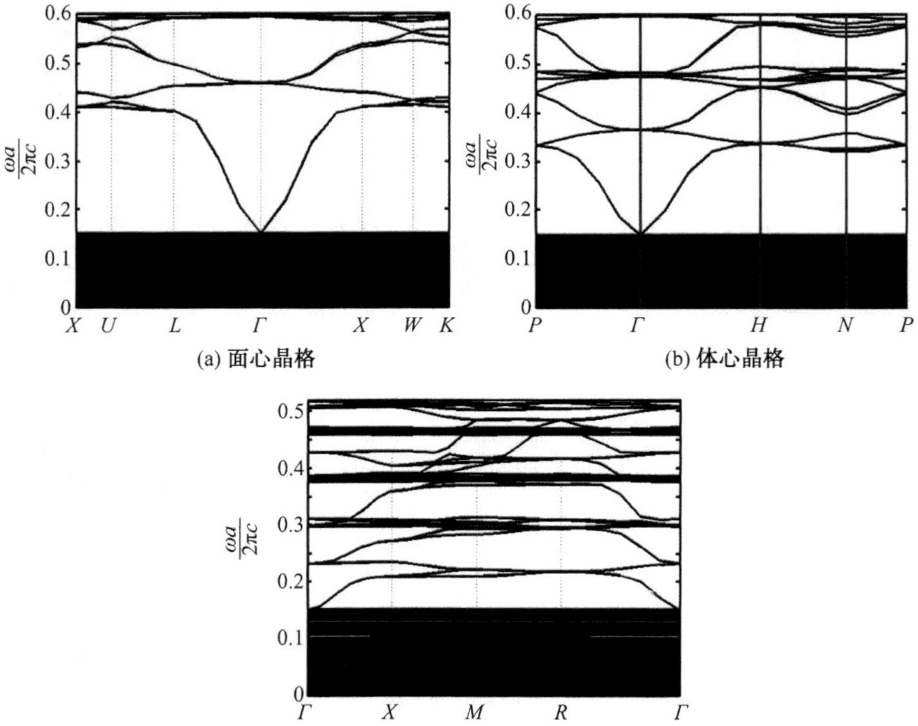

(a) 面心晶格　(b) 体心晶格

(c) 立方体晶格

图 7.9　在不同晶格条件下填充介质球为各向同性介质($n_z=n_x=n_y=4.8$)时三维等离子体光子晶体的色散曲线

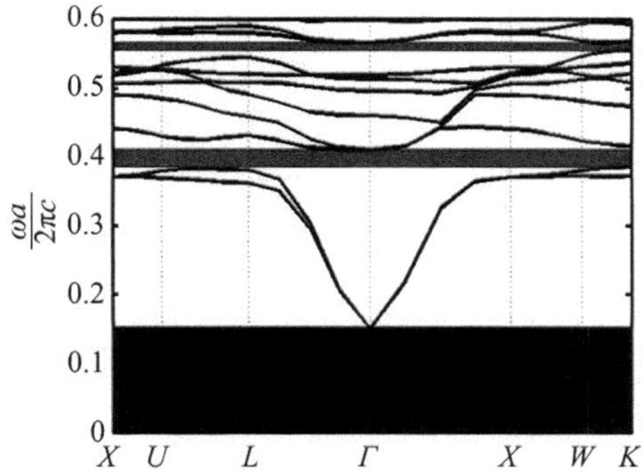

(a) 面心晶格

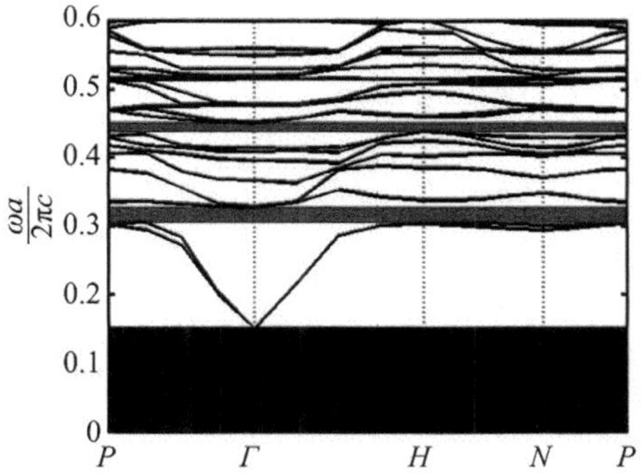

(b) 体心晶格

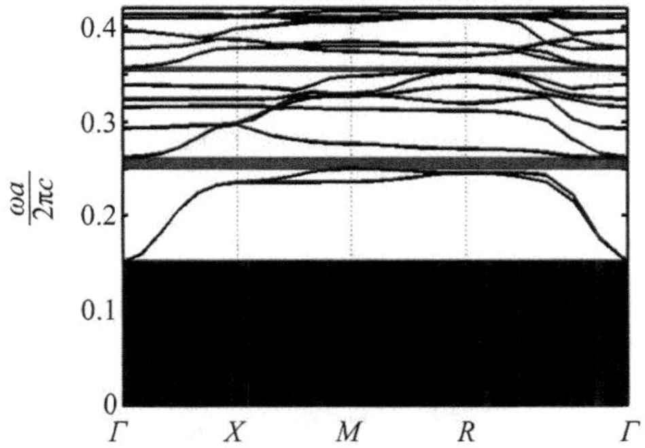

(c) 立方体晶格

图7.10　在不同晶格条件下填充介质球为Te($n_x = n_e = 6.2, n_y = n_z = n_o = 4.8$)时三维等离子体光子晶体的色散曲线

为了便于比较，图 7.11 和图 7.12 中分别给出了在不同晶格条件下填充球为 type－2 型($n_y = n_e = 6.2, n_x = n_z = n_o = 4.8$) 和 type－3 型($n_z = n_e = 6.2, n_x = n_y = n_o = 4.8$) 单轴材料时三维等离子体光子晶体的色散曲线，其他参数与图7.10 中给出的相同。由图 7.11 可知，当三维等离子体光子晶体中的介质球为 type－2 型单轴材料且按照这三种晶格结构排列时，1st PBG 分别位于 0.396 9 ～ 0.399 2($2\pi c/a$)、0.307 9 ～ 0.316 6($2\pi c/a$) 和 0.258 6 ～ 0.262 6($2\pi c/a$)，它们的相对带宽分别为 0.005 8、0.027 9 和 0.015 4。由图 7.12 可知，在不同晶格条件下填充介质球为 type－3 型单轴材料时，晶格结构为立方体和体心晶格时不能产生 PBG。而为面心晶格时，1st PBG 的频率范围是 0.396 9 ～ 0.399 2 ($2\pi c/a$)。比较图 7.9 ～ 7.12 中的结果可知，当 type－1 型单轴材料引入三维等离子体光子晶体时，在这三种晶格 1st BZ 上的高对称点上将不会发生能带的简并，且会产生新的 PBG 结构。和其他两种单轴材料相比，引入 type－1 型单轴材料能获得相对带宽更大的 PBG。综上所述，对于晶格结构对称性较强的三维等离子体光子晶体而言，可以通过引入各向异性介质来实现对 PBG 带宽的展宽，而

且相对 type－2 型和 type－3 型单轴材料而言，引入 type－1 型单轴材料能获得带宽更大的 PBG。

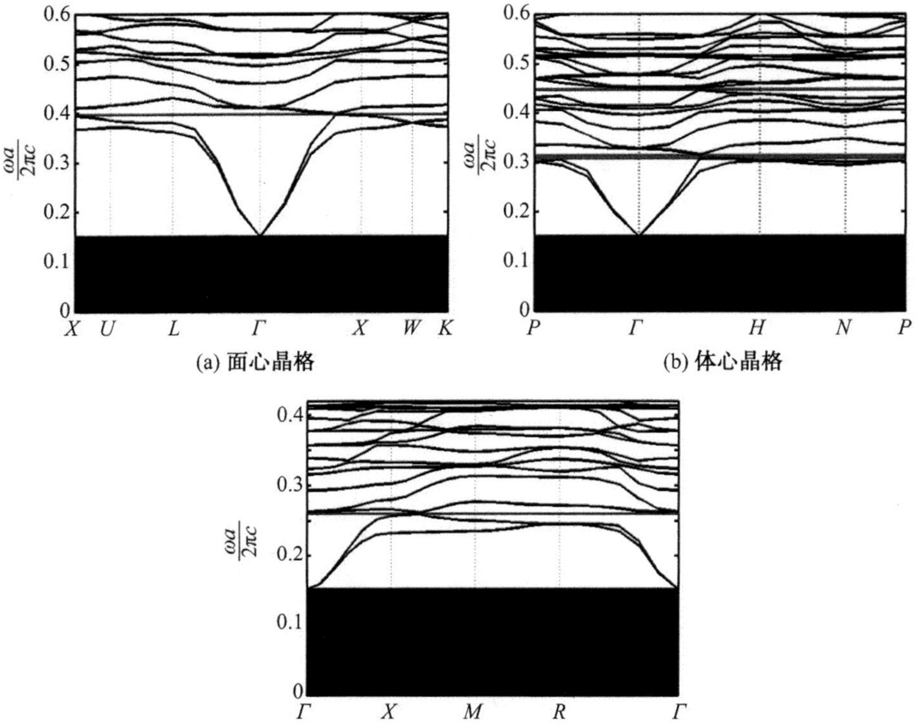

(a) 面心晶格　(b) 体心晶格　(c) 立方体晶格

图 7.11　在不同晶格条件下填充介质球为 type－2 型单轴材料($n_y = n_e = 6.2, n_x = n_z = n_o = 4.8$)时三维等离子体光子晶体的色散曲线

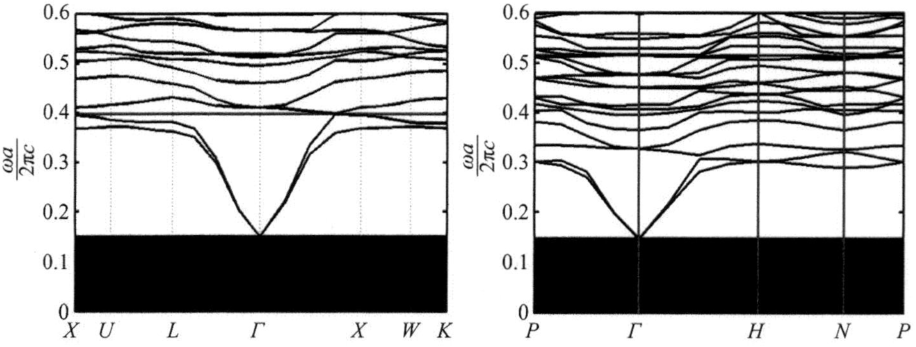

(a) 面心晶格　(b) 体心晶格

图 7.12　在不同晶格条件下填充介质球为 type－3 型单轴材料($n_z = n_e = 6.2, n_x = n_y = n_o = 4.8$)时三维等离子体光子晶体的色散曲线

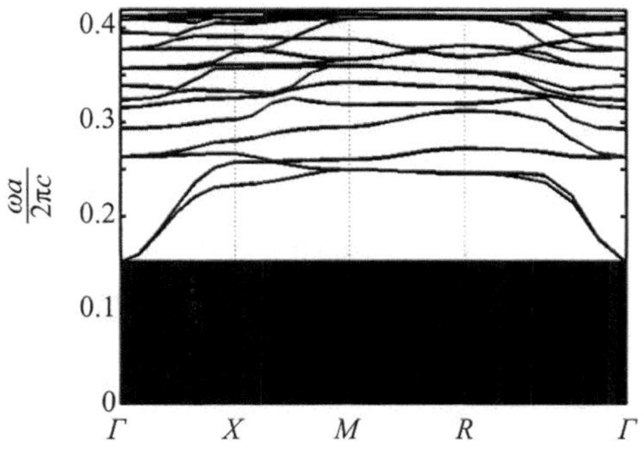

(c) 立方体晶格

续图 7.12

7.2.3　n_e 对各向异性 PBG 的影响

图 7.13 给出了在不同晶格条件下填充介质球为 type－1 型单轴材料($n_x = n_e, n_y = n_z = n_o = 4.8$) 时三维等离子体光子晶体的 1st PBG 和其相对带宽与 n_e 的关系图，此时 $f = 0.25$、$\omega_p = 0.15\omega_{p0}$、$\nu_c = 0.02\omega_{pl}$、$n_o = 4.8$，着色区域表示 PBG。由图 7.13(a) 可知，1st PBG 的上下边缘都将随着 n_e 的增大而发生红移，且其带宽先增大后减小。对于面心晶格、体心晶格和立方体晶格而言，如果 n_e 的值分别小于 5.3、5.5 和 5，那么 1st PBG 将不会出现。当 n_e 由 5 增加到 9 时，它们的 1st PBG 分别位于 0.343 4 ～ 0.360 5($2\pi c/a$)、0.285 8 ～ 0.298 3($2\pi c/a$) 和 0.223 5 ～ 0.232 1($2\pi c/a$)。与 $n_e = 5.3$ 和 $n_e = 5.5$ 时相比，面心晶格和体心晶格 1st PBG 的带宽分别增加了 0.010 8 和 0.008 6($2\pi c/a$)。与 $n_e = 5$ 时相比，立方体晶格的 1st PBG 的带宽却减小了 0.000 2($2\pi c/a$)。显然对于这三种晶格结构而言，n_e 都

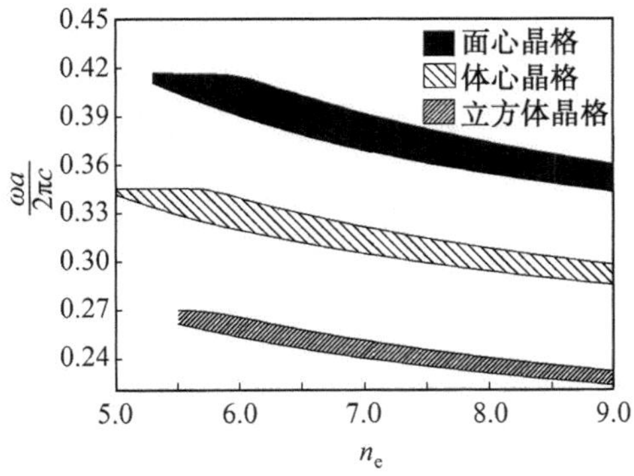

(a) 1st PBG

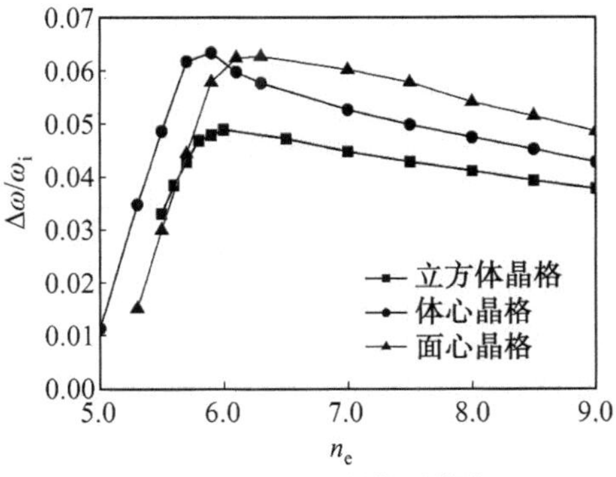

(b) 1st PBG 的相对带宽

图 7.13　在不同晶格条件下填充介质球为 type－1 型单轴材料($n_x = n_e, n_y = n_z = n_o = 4.8$) 时三维等离子体光子晶体的 1st PBG 和其相对带宽与 n_e 的关系图

分别存在着一个最优值，使得 1st PBG 的带宽取得最大值。由图 7.13(b) 可知，对于这三种晶格而言，1st PBG 的相对带宽($\Delta\omega/\omega_i$)都将随着 n_e 的增大而先增大后减少。面心晶格、体心晶格和立方体晶格 1st PBG 相对带宽的最大值分别为 0.062 7、0.063 4 和 0.048 9，且分别出现在 $n_e=6.3$、$n_e=5.9$ 和 $n_e=6.1$。由图 7.13 可知，与其他两种晶格相比，体心晶格的 1st PBG 有最大的相对带宽值，面心晶格 1st PBG 的中心频率最大，而立方体晶格 1st PBG 的中心频率最小，这可以用该等离子体光子晶体的各向异性的特性来解释。改变 n_e 的大小意味着填充的单元介质球的各向异性已经满足了产生 PBG 的条件。三维等离子体光子晶体晶格的对称性越弱，PBG 的带宽就越大。改变 n_e 的大小实质上是改变了三维等离子体光子晶体的平均折射率，因此，PBG 能被 n_e 调谐。

7.2.4 n_o 对各向异性 PBG 的影响

图 7.14 给出了在不同晶格条件下填充介质球为 type－1 型单轴材料($n_x=n_e=6.2$，$n_y=n_z=n_o$)时三维等离子体光子晶体的 1st PBG 和其相对带宽与 n_o 的关系图，此时 $f=0.25$、$\omega_p=0.15\omega_{p0}$、$\nu_c=0.02\omega_{pl}$ 和 $n_e=6.2$。由图 7.14(a) 可知，1st PBG 的上下边缘都将随着 n_o 的增大而发生红移，且其带宽都将先增大后减小。对于体心和立方体晶格而言，如果 n_o 小于 2.8，1st PBG 将不存在。如果 n_o 大于 3.2，则面心晶格的 1st PBG 才会出现。当 n_o 由 2.8 增加到 5.5 时，这三种晶格的 1st PBG 将涵盖 0.367 9 ~ 0.358 9($2\pi c/a$)、0.297 0 ~ 0.283 7($2\pi c/a$) 和 0.240 2 ~ 0.233 5($2\pi c/a$)。与其他两种晶格相比，面心晶格 1st PBG 的中心频率最大，而立方体晶格 1st PBG 的中心频率最小。与 $n_o=2.8$ 时相比，体心晶格和立方体晶格 1st PBG 的带宽分别增加了 0.000 5($2\pi c/a$) 和 0.003 8($2\pi c/a$)。与 $n_o=3.2$ 时相比，面心晶格 1st PBG 的带宽减小了 0.003 2($2\pi c/a$)。由图

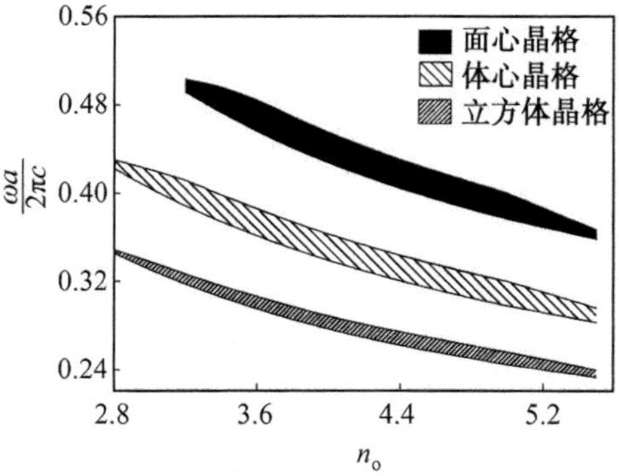

(a) 1st PBG

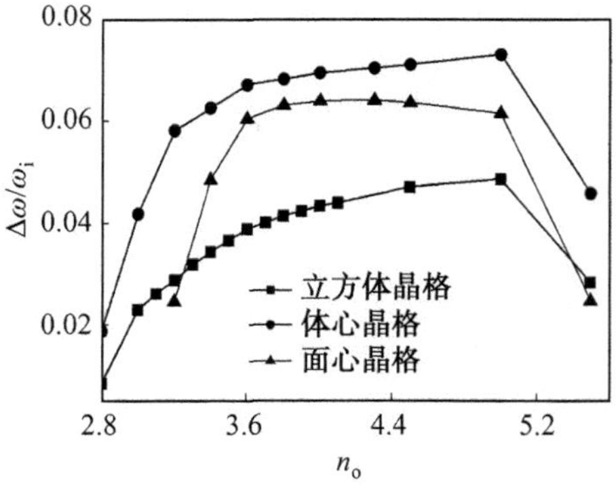

(b) 1st PBG 的相对带宽

图 7.14 在不同晶格条件下填充介质球为 type－1 型单轴材料($n_x=n_e=6.2$，$n_y=n_z=n_o$)时三维等离子体光子晶体的 1st PBG 和其相对带宽与 n_o 的关系图

7.14(b) 可知，这三种晶格 1st PBG 的相对带宽的变化趋势都是随着 n_o 的增大而先增大后减少。面心晶格、体心晶格和立方体晶格 1st PBG 的相对带宽最大值分别为 0.064、0.073 和 0.043 4，且分别出现在 $n_o=4.3$、$n_o=5$ 和 $n_o=4$。与 $n_o=5.5$ 时相比，三种晶格 1st PBG 的相对带宽分别增加了 0.038 7、0.027 2 和 0.020 3。和其他两种晶格相比，体心晶格的 PBG 具有最大的相对带宽。与改变 n_e 类似，改变 n_o 的大小在实质上就是改变该三维等离子体光子晶体的平均折射率，因此，PBG 也能被 n_o 调谐。

7.2.5　填充率对各向异性 PBG 的影响

图 7.15 给出了在不同晶格条件下填充介质球为 type－1 型单轴材料($n_x=n_e=6.2$，$n_y=n_z=n_o=4.8$) 时三维等离子体光子晶体的 1st PBG 和其相对带宽与 f 的关系图，此时 $n_o=4.8$、$\omega_p=0.15\omega_{p0}$、$\nu_c=0.02\omega_{pl}$、$n_e=6.2$。由图 7.15(a) 可知，1st PBG 的上下边缘都将随着 f 的增大而发生红移，它们的带宽也将先增大后减小。对于面心和体心晶格而言，如果 f 小于 0.05，1st PBG 将不存在。如果 f 大于 0.4 或者 f 小于 0.15，立方体晶格的 1st PBG 则会消失。当 f 由 0.05 增加到 0.52 时，面心、体心和立方体晶格 1st PBG 的最大带宽分别为 0.027 2 $(2\pi c/a)$、0.026 1$(2\pi c/a)$ 和 0.013 2$(2\pi c/a)$，且分别出现在 $f=0.3$、$f=0.35$ 和 $f=0.3$。显然，这三种晶格的 PBG 能被 f 调谐，这是因为提高介质球的填充率本质上是提高该三维等离子体光子晶体的平均折射率[213]。由图 7.15(b) 可知，面心晶格、体心晶格和立方体晶格 1st PBG 相对带宽的变化趋势都是随着 f 的增大而先增大后减少的。这三种晶格 1st PBG 相对带宽的最大值分别为 0.072、0.091 和 0.054 1，且分别位于 $f=0.3$、$f=0.35$ 和 $f=0.3$。与 $f=0.15$ 时相比，这三种晶格 1st PBG 的相对带宽分别增加了 0.031 9、0.045 8 和 0.024 1，且体心

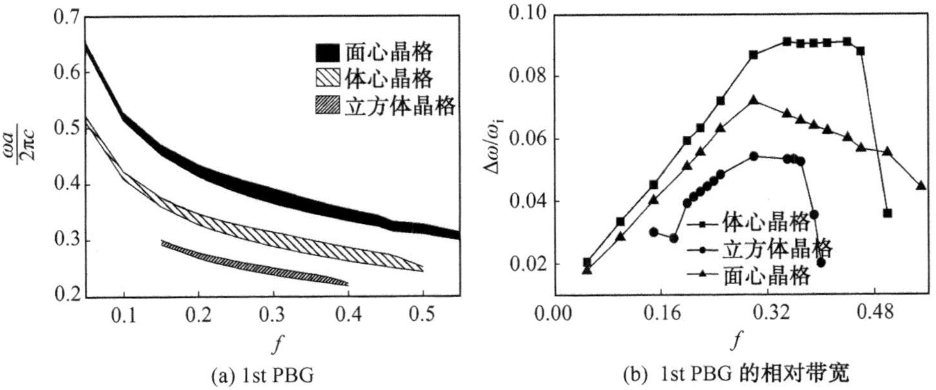

图 7.15　在不同晶格条件下填充介质球为 type－1 型单轴材料($n_x=n_e=6.2$，$n_y=n_z=n_o=4.8$) 时三维等离子体光子晶体的 1st PBG 和其相对带宽与 f 的关系图

晶格的 PBG 具有最大的相对带宽。值得注意的是，当填充率 f 较小且趋近于零时，三维等离子体光子晶体能够近似地看作等离子体块，此时水平能带将会消失。综上所述，PBG 也能被 f 调控。

7.2.6 等离子体频率对各向异性 PBG 的影响

图 7.16 给出了在不同晶格条件下填充介质球为 type－1 型单轴材料（$n_x = n_e = 6.2, n_y = n_z = n_o = 4.8$）时三维等离子体光子晶体的 1st PBG 和其相对带宽与 ω_p 的关系图，此时 $n_o = 4.8$、$f = 0.25$、$\nu_c = 0.02\omega_p$、$n_e = 6.2$。由图 7.16(a) 可知，1st PBG 的上下边缘都将随着 ω_p/ω_{p0} 的增大而发生红移，它们的带宽也将减小。当 ω_p/ω_{p0} 的值分别大于 0.46、0.33 和 0.29 时，面心、体心和立方体晶格的 1st PBG 都将消失。当 $\omega_p/\omega_{p0} = 0.46$ 时，面心晶格的 1st PBG 涵盖 0.468 3～0.473 3($2\pi c/a$)。当 $\omega_p/\omega_{p0} = 0.33$ 时，体心晶格的 1st PBG 的频率范围是 0.348 8～0.358 2($2\pi c/a$)。当 $\omega_p/\omega_{p0} = 0.29$ 时，面心晶格的 1st PBG 位于 0.293～0.295 4($2\pi c/a$)。与 $\omega_p/\omega_{p0} = 0.01$ 时相比，这三种晶格 1st PBG 的带宽分别减小了 0.059 0($2\pi c/a$)、0.057 5($2\pi c/a$) 和 0.041 7($2\pi c/a$)，其带宽的最大值分别为 0.027 3($2\pi c/a$)、0.026 0($2\pi c/a$) 和 0.012 3($2\pi c/a$)，且位于 $\omega_p/\omega_{p0} = 0.01$。面心晶格 PBG 的中心频率最大，而立方体晶格 PBG 的中心频率最小。由图 7.16(b) 可知，面心晶格、体心晶格和立方体晶格 1st PBG 的相对带宽都将随着 ω_p/ω_{p0} 的增大而减小。这三种晶格 1st PBG 最大的相对带宽值分别为 0.069 6、0.084 1 和 0.050 6，且此时 $\omega_p/\omega_{p0} = 0.01$。显然，面心晶格相对其他两种晶格而言有最大的相对带宽。综上所述，不同晶格的 PBG 都能被 ω_p 调谐，这主要是因为改变等离子体频率就意味着改变等离子体的相对介电常数，这显然将改变三维等离子体光子晶体的平均折射率，所以 PBG 的频率范围也将发生变化。但值

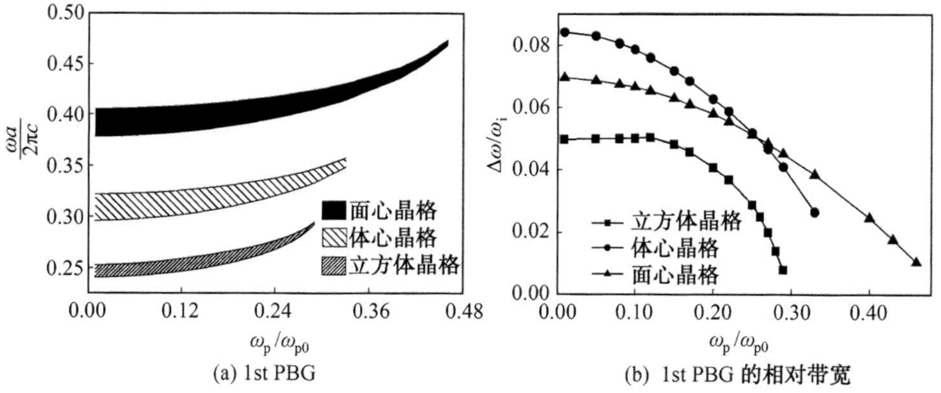

图 7.16 在不同晶格条件下填充介质球为 type－1 型单轴材料（$n_x = n_e = 6.2, n_y = n_z = n_o = 4.8$）时三维等离子体光子晶体的 1st PBG 和其相对带宽与 ω_p 的关系图

得注意的是：等离子体碰撞频率不会对 PBG 和水平带区域的频率范围造成任何影响，等离子体碰撞频率是耗散项，因此只会对传输系数的幅值造成影响。

7.3　RCP 波在三维各向异性磁化等离子体光子晶体中的禁带特性

7.2 节对不同晶格条件下三维各向异性等离子体光子晶体的 PBG 特性进行了介绍，其中等离子体是均匀各向同性的。然而在外加磁场下，磁化等离子体将呈现各向异性。本节将从理论上介绍在磁光 Faraday 效应下，RCP 波在三维各向异性磁化等离子体光子晶体中的 PBG 特性。该三维各向异性磁化等离子体光子晶体是由各向异性的介质球填充磁化等离子体背景，本节主要研究该光子晶体的各个参数对 PBG 的影响，并对不同晶格[229]（面心晶格、体心晶格和立方体晶格）条件下的 PBG 特性进行比较。

7.3.1　理论和计算方法

用 PWE 方法计算该光子晶体的 PBG，并用 729 个平面波进行展开。在计算时引入的时谐量是 $e^{j\omega t}$，ω 是角频率，t 是时间，且 $j=\sqrt{-1}$。假设填充的介质球的半径和晶格常数分别为 R 和 a，介质球的相对介电常数为 ε_a。众所周知，磁化等离子体的有效介电常数 ε_p 将由波矢和外加磁场的角度 θ 决定，ε_p 可以表示为

$$\varepsilon_p(\omega)=1-\frac{\left(\dfrac{\omega_p}{\omega}\right)^2}{\left[1-j\dfrac{\nu_c}{\omega}-\dfrac{\left(\dfrac{\omega_c}{\omega}\sin\theta\right)^2}{2\left(1-j\dfrac{\nu_c}{\omega}-\dfrac{\omega_p^2}{\omega^2}\right)}\right]\pm\sqrt{\dfrac{\left(\dfrac{\omega_c}{\omega}\sin\theta\right)^4}{4\left(1-j\dfrac{\nu_c}{\omega}-\dfrac{\omega_p^2}{\omega^2}\right)^2}+\left(\dfrac{\omega_c}{\omega}\cos\theta\right)^2}} \tag{7.35}$$

式中，ω_p、ν_c 和 ω_c 分别代表等离子体频率、等离子体碰撞频率和等离子体回旋频率，$\omega_c=(eB/m)$，e、m 和 B 分别表示电子的电量、电子的质量和外加磁场的强度。当外加磁场和波矢平行即 $\theta=0°$ 时，等离子体中能出现磁光 Faraday 效应，上式可以化简为

$$\varepsilon_p(\omega)=1-\frac{\omega_p^2}{\omega^2-j\nu_c\omega\pm\omega\omega_c} \tag{7.36}$$

式(7.36) 中符号取“+”时，表示 LCP 波的有效介电常数；而取“−”时，表示 RCP 波的有效介电常数。由等离子体理论可知，回旋共振仅出现在 RCP 波中，本节也只讨论 RCP 波的 PBG 特性。

为了计算 RCP 波的色散关系，根据 PWE 方法，Maxwell 方程组可以化简为

$$\sum_{G',\lambda'}|\boldsymbol{k}+\boldsymbol{G}||\boldsymbol{k}+\boldsymbol{G}'|\sum_{i=x,y}\begin{pmatrix}\hat{\boldsymbol{e}}_2\cdot\boldsymbol{I}_i\cdot\hat{\boldsymbol{e}}_{2'} & -\hat{\boldsymbol{e}}_2\cdot\boldsymbol{I}_i\cdot\hat{\boldsymbol{e}}_{1'}\\ -\hat{\boldsymbol{e}}_1\cdot\boldsymbol{I}_i\cdot\hat{\boldsymbol{e}}_{2'} & \hat{\boldsymbol{e}}_1\cdot\boldsymbol{I}_i\cdot\hat{\boldsymbol{e}}_{1'}\end{pmatrix}\cdot\boldsymbol{\varepsilon}^{-1}_{G,G'}(i)h_{G',\lambda'}=\frac{\omega^2}{c^2}h_{G,\lambda} \tag{7.37}$$

式(7.37)中的各个参变量的定义见上节，其中 $\boldsymbol{\varepsilon}^{-1}_{G,G'}(i)$ 是 ε_x^{-1} 和 ε_y^{-1} 的傅里叶变换系数。设各向异性介质球的填充率为 f，且 $f=(4\pi R^3)/(3V_m)$，V_m 表示晶格单元的体积。$\boldsymbol{\varepsilon}^{-1}_{G,G'}(i)$ 可以表示为[258]

$$\boldsymbol{\varepsilon}^{-1}_{G,G'}(i)=\begin{cases}\left[\dfrac{\omega^2-(\mathrm{j}\nu_c+\omega_c)\omega}{\omega^2-(\mathrm{j}\nu_c+\omega_c)\omega-\omega_p^2}\right]f+\left(\dfrac{1}{\varepsilon_i}\right)(1-f), & \boldsymbol{G}-\boldsymbol{G}'=\boldsymbol{0}\\ \left[\left(\dfrac{\omega^2-(\mathrm{j}\nu_c+\omega_c)\omega}{\omega^2-(\mathrm{j}\nu_c+\omega_c)\omega-\omega_p^2}\right)-\dfrac{1}{\varepsilon_i}\right]\cdot \\ 3f\,\dfrac{\sin(|\boldsymbol{G}-\boldsymbol{G}'|R)-(|\boldsymbol{G}-\boldsymbol{G}'|R)\cos(|\boldsymbol{G}-\boldsymbol{G}'|R)}{(|\boldsymbol{G}-\boldsymbol{G}'|R)^3}, & \boldsymbol{G}-\boldsymbol{G}'\neq\boldsymbol{0}\end{cases}\quad(i=x,y) \tag{7.38}$$

因此，式(7.37)可以化简为系数 $A(\boldsymbol{k}\mid\boldsymbol{G})$ 的方程，即

$$\begin{aligned}&\left[\frac{\omega^2-(\mathrm{j}\nu_c+\omega_c)\omega}{\omega^2-(\mathrm{j}\nu_c+\omega_c)\omega-\omega_p^2}\right]f+\frac{1}{\varepsilon_i}(1-f)\cdot|\boldsymbol{k}+\boldsymbol{G}||\boldsymbol{k}+\boldsymbol{G}'|\cdot\\&\boldsymbol{F}\cdot A(\boldsymbol{k}\mid\boldsymbol{G})+\sum_{G'}\left(\frac{\omega^2-(\mathrm{j}\nu_c+\omega_c)\omega}{\omega^2-(\mathrm{j}\nu_c+\omega_c)\omega-\omega_p^2}-\frac{1}{\varepsilon_i}\right)\cdot\\&3f\,\frac{\sin(|\boldsymbol{G}-\boldsymbol{G}'|R)-(|\boldsymbol{G}-\boldsymbol{G}'|R)\cos(|\boldsymbol{G}-\boldsymbol{G}'|R)}{(|\boldsymbol{G}-\boldsymbol{G}'|R)^3}\cdot\\&|\boldsymbol{k}+\boldsymbol{G}||\boldsymbol{k}+\boldsymbol{G}'|\cdot\boldsymbol{F}\cdot A(\boldsymbol{k}\mid\boldsymbol{G})\\=&\frac{\omega^2}{c^2}A(\boldsymbol{k}\mid\boldsymbol{G})\end{aligned} \tag{7.39}$$

式中，$\boldsymbol{F}=\boldsymbol{F}_x+\boldsymbol{F}_y$，$\boldsymbol{F}_x=\begin{pmatrix}\hat{\boldsymbol{e}}_2\cdot\boldsymbol{I}_x\cdot\hat{\boldsymbol{e}}_{2'} & -\hat{\boldsymbol{e}}_2\cdot\boldsymbol{I}_x\cdot\hat{\boldsymbol{e}}_{1'}\\ -\hat{\boldsymbol{e}}_1\cdot\boldsymbol{I}_x\cdot\hat{\boldsymbol{e}}_{2'} & \hat{\boldsymbol{e}}_1\cdot\boldsymbol{I}_x\cdot\hat{\boldsymbol{e}}_{1'}\end{pmatrix}$，$\boldsymbol{F}_y=\begin{pmatrix}\hat{\boldsymbol{e}}_2\cdot\boldsymbol{I}_y\cdot\hat{\boldsymbol{e}}_{2'} & -\hat{\boldsymbol{e}}_2\cdot\boldsymbol{I}_y\cdot\hat{\boldsymbol{e}}_{1'}\\ -\hat{\boldsymbol{e}}_1\cdot\boldsymbol{I}_y\cdot\hat{\boldsymbol{e}}_{2'} & \hat{\boldsymbol{e}}_1\cdot\boldsymbol{I}_y\cdot\hat{\boldsymbol{e}}_{1'}\end{pmatrix}$。

如果定义一个复数变量 $\zeta=\omega/c$，式(7.39)可以表示为

$$\zeta^4\boldsymbol{I}-\zeta^3\boldsymbol{T}-\zeta^2\boldsymbol{U}-\zeta\boldsymbol{V}-\boldsymbol{W}=\boldsymbol{0} \tag{7.40}$$

式中，$\boldsymbol{I}$ 表示单位矩阵，且

$$\boldsymbol{T}(\boldsymbol{G}\mid\boldsymbol{G}')=\left(\mathrm{j}\,\frac{\nu_c}{c}+\frac{\omega_c}{c}\right)\boldsymbol{\delta}_{G\cdot G'} \tag{7.41}$$

$$\begin{aligned}\boldsymbol{U}(\boldsymbol{G}\mid\boldsymbol{G}')=&\left(\sum_{i=x,y}\left\{\frac{\omega_p^2}{c^2}+\left[\frac{1}{\varepsilon_i}f+(1-f)\right]\cdot|\boldsymbol{k}+\boldsymbol{G}|^2\cdot\boldsymbol{F}_i\right\}\right)\cdot\\&\boldsymbol{\delta}_{G\cdot G'}+\sum_{i=x,y}\left(\frac{1}{\varepsilon_i}-1\right)\boldsymbol{M}_i\end{aligned} \tag{7.42}$$

$$\boldsymbol{V}(\boldsymbol{G} \mid \boldsymbol{G}') = \left(\sum_{i=x,y} \left\{ -\left(\mathrm{j}\,\frac{\nu_c}{c} + \frac{\omega_c}{c}\right) \left[\frac{1}{\varepsilon_i} f + (1-f) \right] \cdot |\boldsymbol{k}+\boldsymbol{G}|^2 \cdot \boldsymbol{F}_i \right\} \right) \boldsymbol{\delta}_{G \cdot G'} + \sum_{i=x,y} -\left(\mathrm{j}\,\frac{\nu_c}{c} + \frac{\omega_c}{c}\right)\left(\frac{1}{\varepsilon_i} - 1\right) \boldsymbol{M}_i \tag{7.43}$$

$$\boldsymbol{W}(\boldsymbol{G} \mid \boldsymbol{G}') = \left[\sum_{i=x,y} \left(-\frac{\omega_p^2}{c^2} \frac{f}{\varepsilon_i} \cdot |\boldsymbol{k}+\boldsymbol{G}|^2 \cdot \boldsymbol{F}_i \right) \right] \boldsymbol{\delta}_{G \cdot G'} + \sum_{i=x,y} \frac{\omega_p^2}{c^2} \left(\frac{1}{\varepsilon_i}\right) \boldsymbol{M}_i \tag{7.44}$$

式中，$\boldsymbol{M}_i = |\boldsymbol{k}+\boldsymbol{G}|^2 \cdot \boldsymbol{F}_i \cdot 3f \dfrac{\sin(|\boldsymbol{G}|R) - (|\boldsymbol{G}|R)\cos(|\boldsymbol{G}|R)}{(|\boldsymbol{G}|R)^3} (i=x,y)$，$\boldsymbol{T}$、$\boldsymbol{U}$、$\boldsymbol{V}$ 和 $\boldsymbol{W}$ 是 $N \times N$ 的矩阵。式(7.40) 的求解可以转换成对一个 $4N \times 4N$ 矩阵 $\boldsymbol{P}$ 特征值的求取，矩阵 $\boldsymbol{P}$ 满足

$$\boldsymbol{P}\boldsymbol{z} = \zeta \boldsymbol{z}, \quad \boldsymbol{P} = \begin{pmatrix} 0 & \boldsymbol{I} & 0 & 0 \\ 0 & 0 & \boldsymbol{I} & 0 \\ 0 & 0 & 0 & \boldsymbol{I} \\ \boldsymbol{W} & \boldsymbol{V} & \boldsymbol{U} & \boldsymbol{T} \end{pmatrix} \tag{7.45}$$

求解式(7.45) 的特征值就得到了式(7.39) 的解。显然，所求特征值的实部就决定了 RCP 波在该三维各向异性磁化等离子体光子晶体中的色散关系。

为了不失一般性，采用 $\dfrac{\omega a}{2\pi c}$ 对频域进行归一化，并用变量 $\omega_{p0} a/2\pi c = 1$ 来定义等离子体频率 ω_p、等离子体回旋频率 ω_c 和等离子体碰撞频率 ν_c。假设 $\omega_p = \omega_{pl} = 0.3\pi c/a = 0.15\omega_{p0}$，$\nu_c = 0.02\omega_{pl}$，$\omega_c = 0.8\omega_{pl}$，并假设各向异性的介质球的填充率 $f = 0.25$。本节将仅关注 RCP 波的 1st PBG，并将其相对带宽定义为 $\Delta\omega/\omega_i$。

7.3.2　磁光 Faraday 效应对 RCP 波 PBG 的影响

图 7.17 ~ 7.19 给出了三维磁化等离子体光子晶体在不同晶格条件下填充介质球为各向同性介质($n_z = n_x = n_y = 4.8$) 且 ω_p、ν_c 和 ω_c 取不同值时的色散曲线，此时介质球的填充率 $f = 0.3$。由图 7.17 可知，当 $\omega_p = \nu_c = \omega_c = 0$ 时，磁化等离子体可以视为空气，且磁光 Faraday 效应不存在，该光子晶体可视为常规的三维介质－空气光子晶体。该三维光子晶体以面心、体心和立方体晶格排列时不能产生 PBG。由图 7.18 可知，当 $\omega_p = 0.15\omega_{p0}$、$\nu_c = 0.02\omega_{pl}$、$\omega_c = 0$ 时，该光子晶体视为三维等离子体光子晶体，不同晶格排列时得到的色散曲线中也不能产生 PBG，但是均会额外产生 1 个水平带区域。水平带是由表面等离子体激元模形成的。由图 7.19 可知，当考虑等离子体的磁光 Faraday 效应时，RCP 波在该三维各向异性磁化等离子体光子晶体中也不能形成 PBG 结构。高对称性的晶格结构对产生 PBG 不利，但是水平带区域的上下边缘的位置却发生了蓝移。由上述可知，当三维各向同性磁化等离子体光子的晶格具有较高对称性时，RCP 波在该光子晶体中不能产生 PBG。

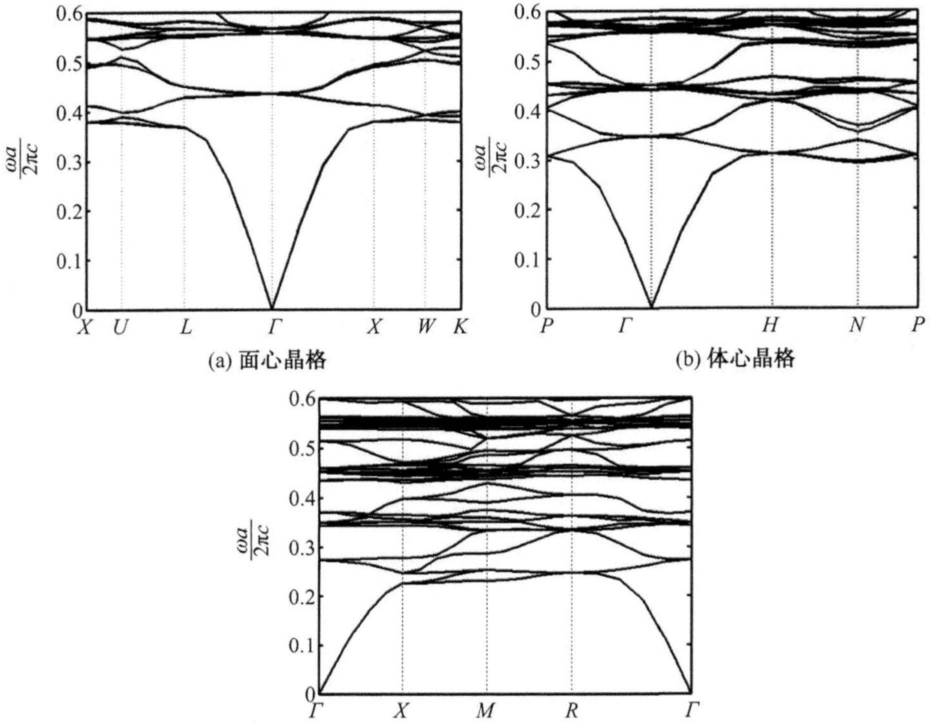

(a) 面心晶格　(b) 体心晶格

(c) 立方体晶格

图 7.17　三维磁化等离子体光子晶体在不同晶格条件下填充介质球为各向同性介质($n_z = n_x = n_y = 4.8$)且 $\omega_p = \nu_c = \omega_c = 0$ 时的色散曲线

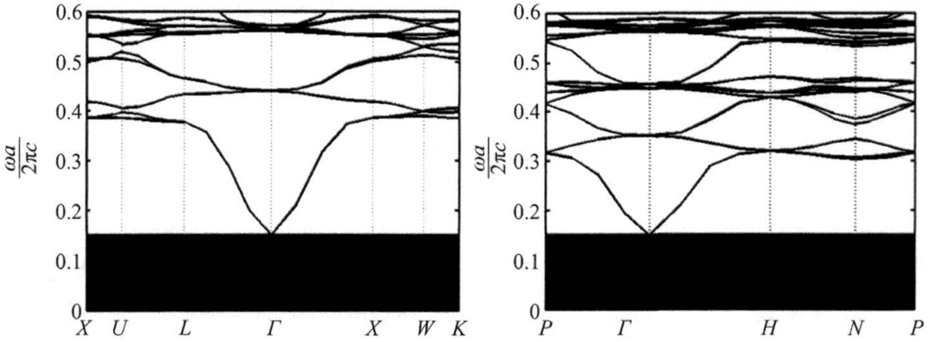

(a) 面心晶格　(b) 体心晶格

图 7.18　三维磁化等离子体光子晶体在不同晶格条件下填充介质球为各向同性介质($n_z = n_x = n_y = 4.8$)且 $\omega_p = 0.15\omega_{p0}$、$\nu_c = 0.02\omega_{pl}$、$\omega_c = 0$ 时的色散曲线

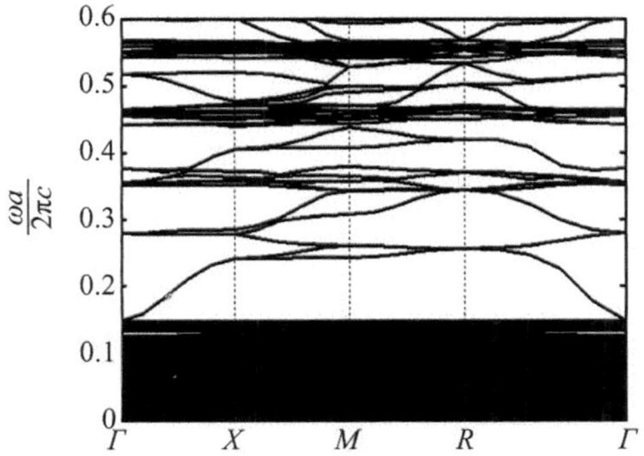

(c) 立方体晶格

续图 7.18

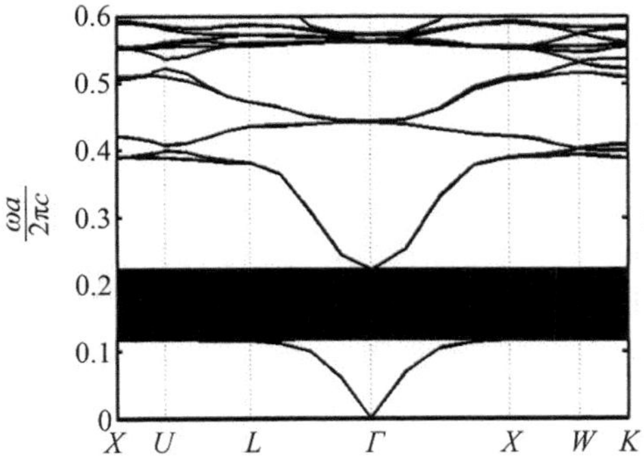

(a) 面心晶格

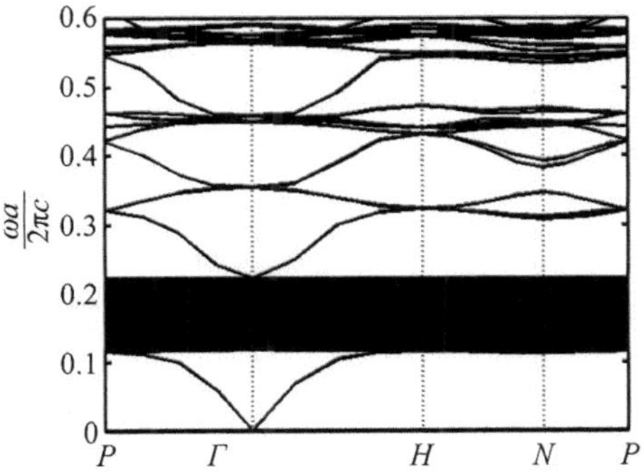

(b) 体心晶格

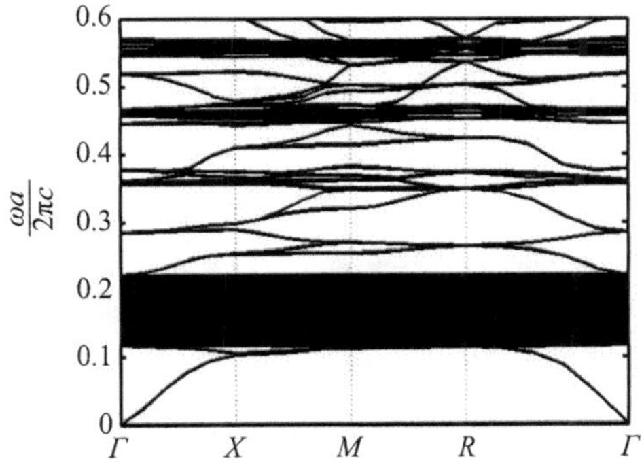

(c) 立方体晶格

图 7.19　三维磁化等离子体光子晶体在不同晶格条件下填充介质球为各向同性介质($n_z = n_x = n_y = 4.8$)且 $\omega_p = 0.15\omega_{p0}$、$\nu_c = 0.02\omega_{pl}$、$\omega_c = 0.8\omega_{pl}$ 时的色散曲线

为使 RCP 波能产生 PBG，同样可以在该光子晶体中引入各向异性材料，如 Te($n_x=n_e=6.2$，$n_y=n_z=n_o=4.8$)。图 7.20 ~ 7.22 给出了三维磁化等离子体光子晶体在不同晶格条件下填充介质球为各向异性介质 Te，且 ω_p、ν_c 和 ω_c 取不同值时 RCP 波的色散曲线，此时介质球的填充率为 $f=0.3$，灰色区域代表 PBG。由图 7.20 可知，当 $\omega_p=\nu_c=\omega_c=0$ 且令 type－1 型单轴材料 Te(定义见上节)为填充介质时，该光子晶体为三维各向异性介质－空气光子晶体。该光子晶体分别以面心、体心和立方体晶格排列时，它们均能产生 PBG，得到的 1st PBG 分别位于 0.357 7 ~ 0.384 9($2\pi c/a$)、0.278 5 ~ 0.307 6($2\pi c/a$) 和 0.227 8 ~ 0.239 7($2\pi c/a$)，且带宽分别为 0.027 2($2\pi c/a$)、0.029 1($2\pi c/a$) 和 0.011 9($2\pi c/a$)。由图 7.21 可知，当等离子体引入该光子晶体时，这 3 种晶格的 PBG 明显发生了变化，1st PBG 上下边缘的频率将会发生蓝移。1st PBG 的频率范围分别变为 0.364 3 ~ 0.391 5($2\pi c/a$)、0.288 1 ~ 0.314 2($2\pi c/a$) 和 0.237 2 ~ 0.250 5($2\pi c/a$)。当外加磁场和波矢方向平行时(磁光 Faraday 效应)，RCP 波的色散曲线可以在图 7.22 中得到。由图 7.22 可知，RCP 波在这 3 种晶格中的 PBG 和水平带区域发生了明显的变化，PBG 和水平带区域的上下边缘均将发生蓝移，RCP 波在面心、体心和立方体晶格中的 1st PBG 的频率范围变为 0.367 7 ~ 0.394 5($2\pi c/a$)、0.294 7 ~ 0.317 9($2\pi c/a$) 和 0.247 5 ~ 0.258 2($2\pi c/a$)，相对带宽分别变为0.070 3、0.075 7和0.042 3。与面心和立方体晶格相比，RCP 波在体心晶格中产生的 PBG 具有最大的相对带宽，水平带区域的范围为 0.120 0 ~ 0.206 8($2\pi c/a$)。水平带区域的上下边缘频率由磁光 Faraday 效应下磁化等离子体的截止频率 f_L 和 f_R 决定，且 $f_R=0.206\ 8(2\pi c/a)$($f_R=\omega_c/2+\sqrt{\omega_c^2/4+\omega_p{}^2}$) 和 $f_L=0.12(2\pi c/a)$($f_L=\omega_c$)。因此，水平带是由磁化等离子体自身造成的。比较图 7.20 ~ 7.22 中的结果可知，引入 type－1 型单轴材料能使 RCP 波在高对称性晶格的三维磁化等离子体光子晶体中产生 PBG。

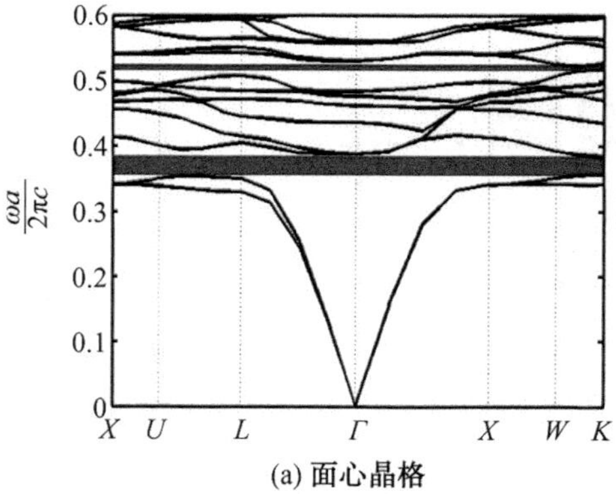

(a) 面心晶格

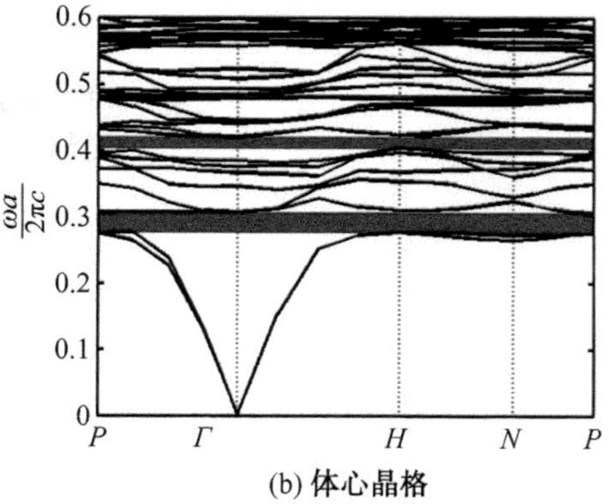

(b) 体心晶格

图 7.20　三维磁化等离子体光子晶体在不同晶格条件下填充介质球为各向异性介质 Te 且 $\omega_p=\nu_c=\omega_c=0$ 时 RCP 波的色散曲线

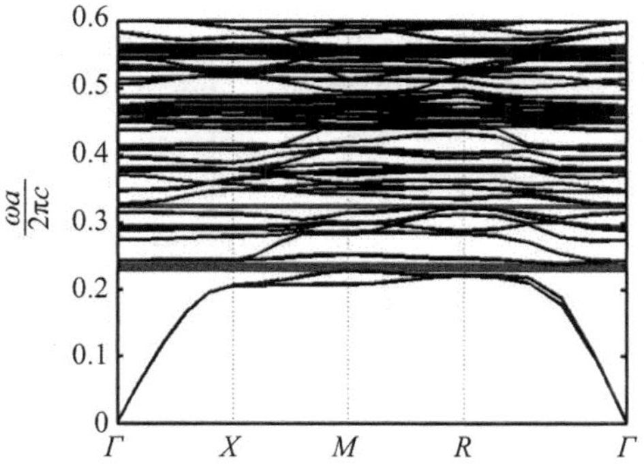

(c) 立方体晶格

续图 7.20

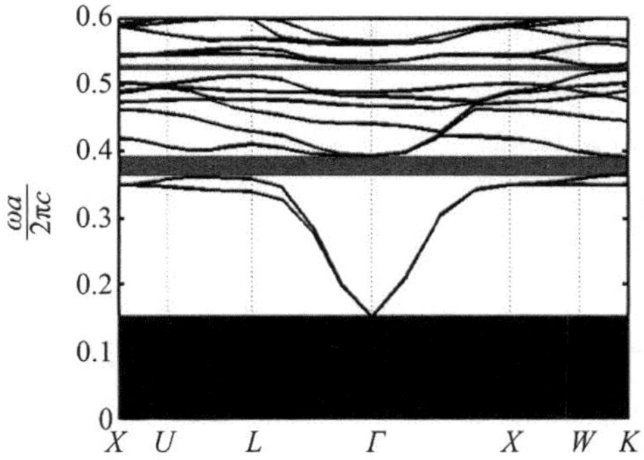

(a) 面心晶格

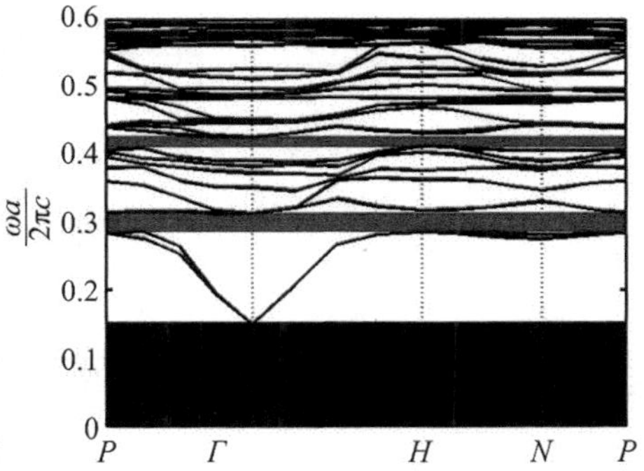

(b) 体心晶格

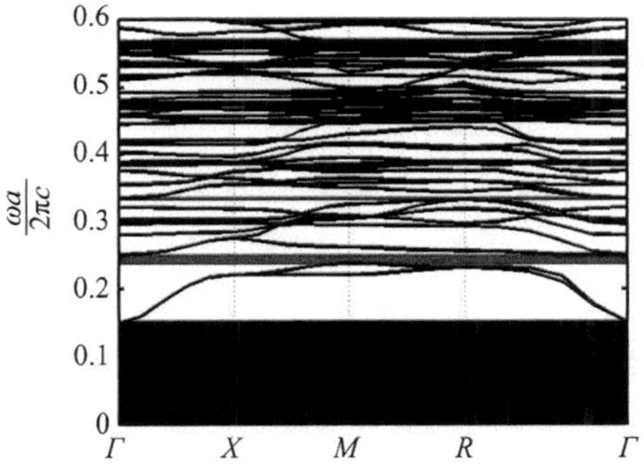

(c) 立方体晶格

图 7.21　三维磁化等离子体光子晶体在不同晶格条件下填充介质球为各向异性介质 Te 且 $\omega_p = 0.15\omega_{p0}$、$\nu_c = 0.02\omega_{pl}$、$\omega_c = 0$ 时 RCP 波的色散曲线

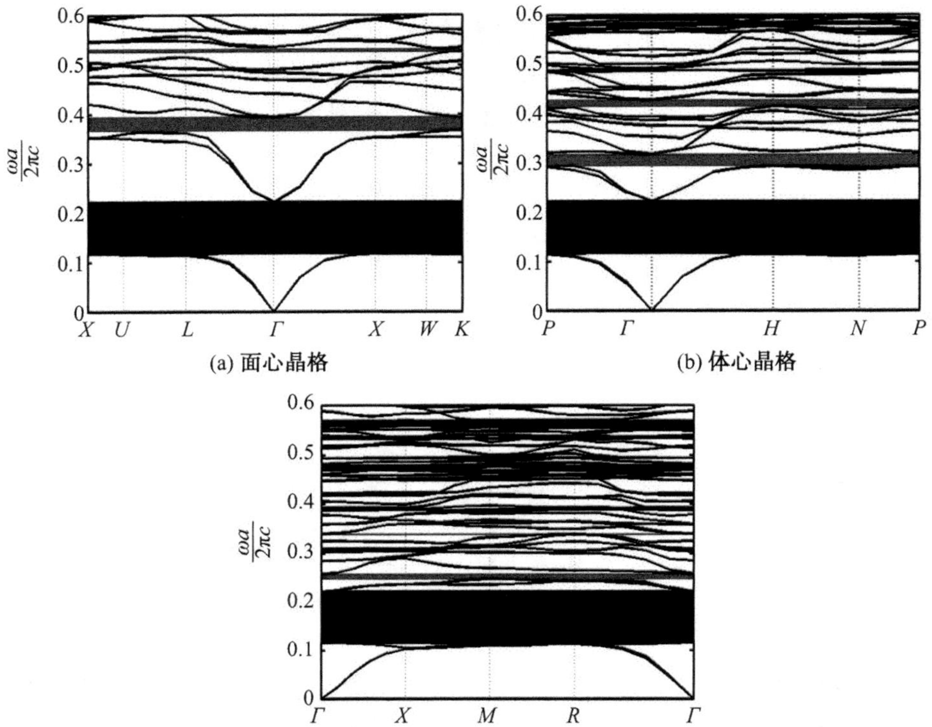

(a) 面心晶格　(b) 体心晶格

(c) 立方体晶格

图 7.22　三维磁化等离子体光子晶体在不同晶格条件下填充介质球为各向异性介质 Te 且 $\omega_p=0.15\omega_{p0}$、$\nu_c=0.02\omega_{pl}$、$\omega_c=0.8\omega_{pl}$ 时 RCP 波的色散曲线

图 7.23 和图 7.24 给出了三维磁化等离子体光子晶体在不同晶格条件下填充介质球为 type－2 型和 type－3 型单轴材料且 $f=0.3$、$\omega_p=0.15\omega_{p0}$、$\nu_c=0.02\omega_{pl}$、$\omega_c=0.8\omega_{pl}$ 时 RCP 波在光子晶体中的色散曲线。如图 7.23(a) 所示，当 type－2 型单轴材料($n_y=n_e=6.2$，$n_x=n_z=n_o=4.8$)引入三维面心晶格磁化等离子体光子晶体时，填充介质球的各向异性特性不足以产生带隙，相反在 $X-W$ 方向上能带会发生简并，显然 PBG 不存在。由图 7.23(b) 和图 7.23(c) 可知，RCP 波在三维体心和立方体晶格磁化等离子体光子晶体中的 1st PBG 分别位于 0.300 7 ～ 0.305 6($2\pi c/a$) 和 0.255 0 ～ 0.258 2($2\pi c/a$)。由图 7.24 可知，当 type－3 型单轴材料引入三维各向异性磁化等离子体光子晶体且以面心、体心和立方体晶格排列时，RCP 波均不能产生 PBG。由图 7.22 ～ 7.24 可知，与其他两种单轴材料相比，type－1 型单轴材料能产生更宽的 PBG。综上所述，在磁光 Faraday 效应下，RCP 波能在含 type－1 型单轴材料的三维磁化等离子体光子晶体中产生更大的 PBG 带宽，与含其他两种单轴材料且具有高对称性晶格的三维

磁化等离子体光子晶体相比，type－1 型单轴介质的引入有利于 PBG 带宽（对于 RCP 波而言）的展宽。另外，外加磁场的引入不仅能对 PBG 的位置进行调控，而且还能使得水平带区域的范围发生变化。显然，在磁光 Faraday 效应下，展宽 RCP 波 PBG 的带宽可以通过引入各向异性介质来实现。

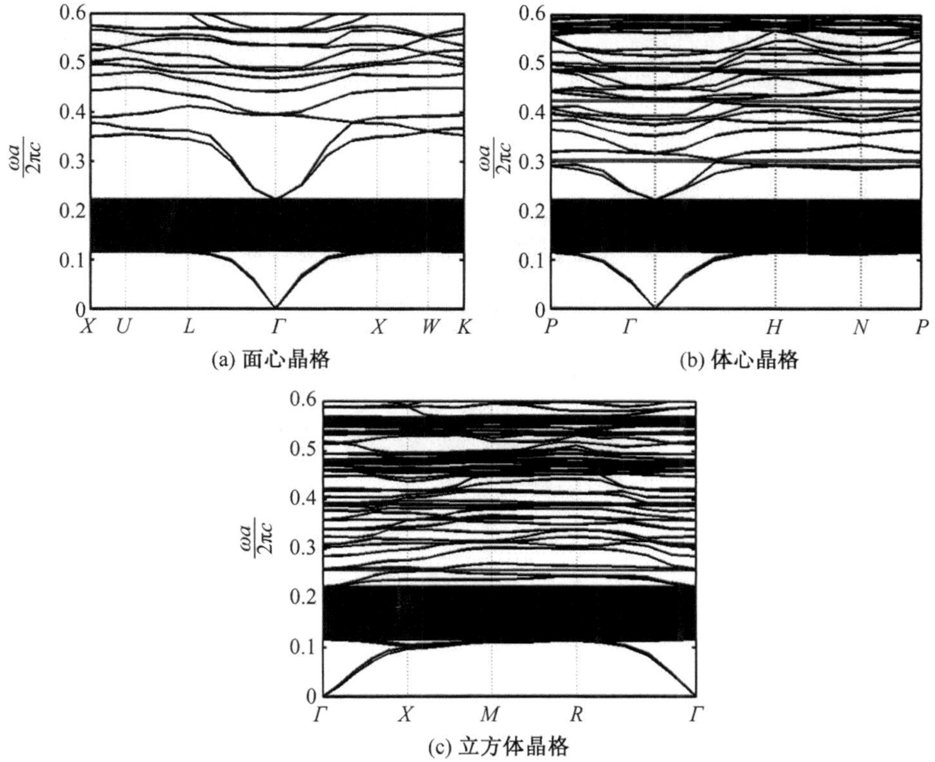

图 7.23 三维磁化等离子体光子晶体在不同晶格条件下填充介质球为 type－2 型单轴材料且 $f=0.3$、$\omega_p=0.15\omega_{p0}$、$\nu_c=0.02\omega_{pl}$、$\omega_c=0.8\omega_{pl}$ 时 RCP 波在光子晶体中的色散曲线

7.3.3 n_e 对 RCP 波的各向异性 PBG 的影响

图 7.25 给出了在不同晶格条件下填充介质球为 type－1 型单轴材料（$n_x=n_e$，$n_y=n_z=n_o=4.8$）时 RCP 波在三维磁化等离子体光子晶体中的 1st PBG 和其相对带宽与 n_e 的关系图，此时 $f=0.3$、$\omega_p=0.15\omega_{p0}$、$\omega_c=0.8\omega_{pl}$、$\nu_c=0.02\omega_{pl}$、$n_o=4.8$。其中阴影区域表示 RCP 波的 PBG。由图 7.25(a) 可知，对于面心、体心和立方体晶格而言，1st PBG 的上下边缘均将随着 n_e 的增大而发生红移，且其带宽先增大后减小。如果 n_e 的值分别小于 5.3、5 和 5.5，那么 RCP 波的 1st PBG 均将不会存在。当 n_e 由 5 增加到 9 时，RCP 波在这 3 种晶格中的 1st PBG 分别位

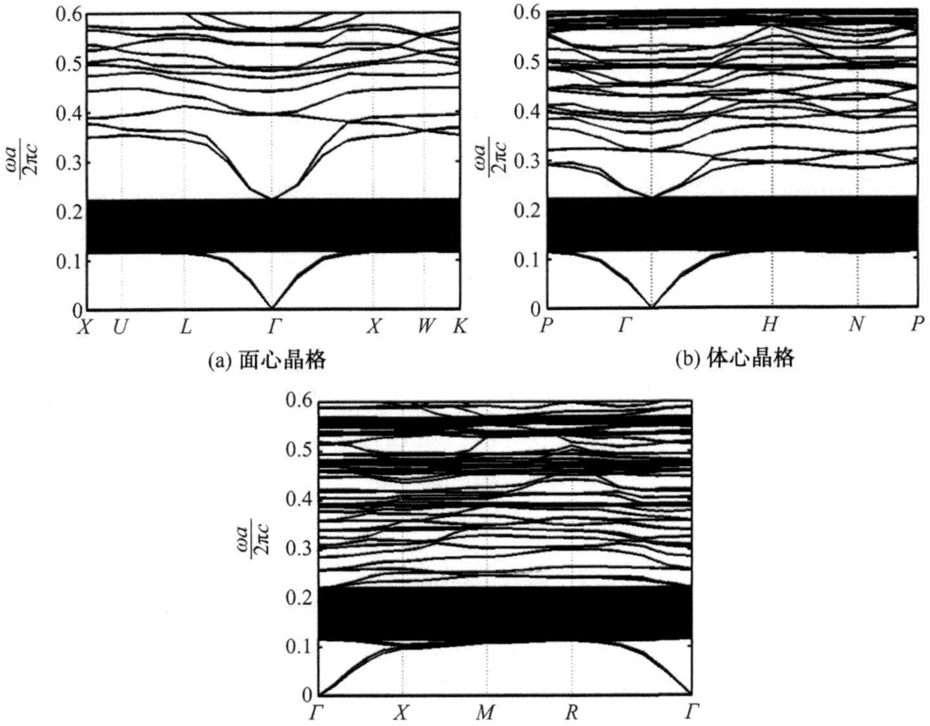

图 7.24 在不同晶格条件下填充介质球为 type－3 型单轴材料且 $f=0.3$、$\omega_p=0.15\omega_{p0}$、$\nu_c=0.02\omega_{pl}$、$\omega_c=0.8\omega_{pl}$ 时 RCP 波在光子晶体中的色散曲线

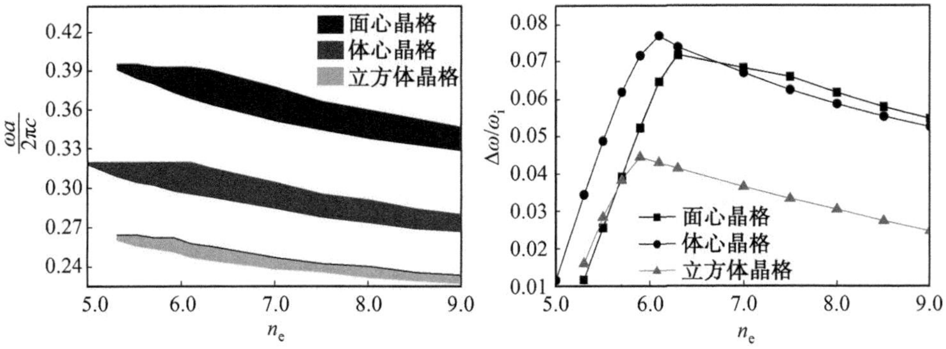

(a) 1st PBG

(b) 1st PBG 的相对带宽

图 7.25 在不同晶格条件下填充介质球为 type－1 型单轴材料($n_x=n_e$,$n_y=n_z=n_o=4.8$) 时 RCP 波在三维磁化等离子体光子晶体中的 1st PBG 和其相对带宽与 n_e 的关系图

于 0.329 1 ～ 0.347 6($2\pi c/a$)、0.267 2 ～ 0.281 6($2\pi c/a$) 和 0.228 6 ～ 0.234 3($2\pi c/a$)。与 n_e =5.3、n_e =5 和 n_e =5.5 相比，在面心、体心和立方体晶格中得到的 1st PBG 的带宽分别增加了 0.013 9($2\pi c/a$)、0.010 7($2\pi c/a$) 和 0.001 5($2\pi c/a$)。显然，对于这 3 种晶格结构而言，均存在着 1 个最优的 n_e，使得 1st PBG 带宽值最大。由图 7.25(b) 可知，对于这 3 种晶格而言，RCP 波的 1st PBG 相对带宽($\Delta\omega/\omega_i$) 均将随着 n_e 的增大而先增大后减小。RCP 波在面心、体心和立方体晶格中 1st PBG 的相对带宽最大值分别为 0.071 8、0.077 0 和 0.044 4，且分别出现在 n_e =6.3、n_e =6.1 和 n_e =5.9 处。与 n_e =9 时相比，RCP 波在这 3 种晶格中 1st PBG 的相对带宽分别增大了 0.017 1、0.024 5 和 0.019 8。由图 7.25 可知，RCP 波在体心晶格中 1st PBG 的相对带宽最大，RCP 波在面心晶格中 1st PBG 的中心频率最大，而在立方体晶格中 1st PBG 的中心频率最小。改变 n_e 的大小意味着填充介质有足够的各向异性，能打开简并的能带而产生 PBG[229]。改变 n_e 的大小实质上是改变该三维光子晶体的平均折射率，所以 RCP 波的 1st PBG 能被 n_e 调谐。

7.3.4　n_o 对 RCP 波的各向异性 PBG 的影响

图 7.26 给出了在不同晶格条件下填充介质球为 type－1 型单轴材料($n_x = n_e = 6.2, n_y = n_z = n_o$) 时 RCP 波在三维磁化等离子体光子晶体中的 1st PBG 和其相对带宽与 n_o 的关系图，此时 $f=0.3$、$\omega_p = 0.15\omega_{p0}$、$\omega_c = 0.8\omega_{pl}$、$\nu_c = 0.02\omega_{pl}$、$n_e = 6.2$。由图 7.26(a) 可知，RCP 波的 1st PBG 的上下边缘也将随着 n_o 的增大而发生红移，且其带宽先增大后减小。如果 $n_o > 5.5$，RCP 波在立方体晶格中的 1st PBG 将不存在。只有当 $3.2 < n_o < 5.5$ 时，RCP 波在面心晶格中的 1st PBG 才会存在。当 n_o 由 2.8 增加到 5.5 时，RCP 波在面心、体心和立方体晶格中 1st

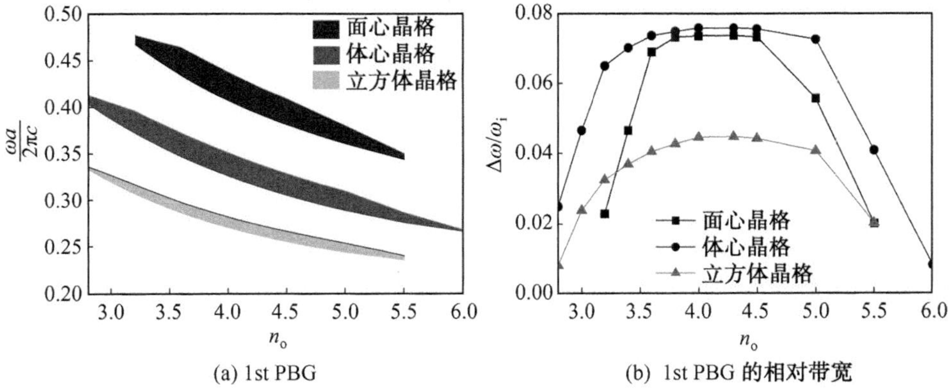

图 7.26　在不同晶格条件下填充介质球为 type－1 型单轴材料($n_x = n_e = 6.2, n_y = n_z = n_o$) 时 RCP 波在三维磁化等离子体光子晶体中的 1st PBG 和其相对带宽与 n_o 的关系图

PBG分别位于0.358 9～0.367 9($2\pi c/a$)、0.283 7～0.297 0($2\pi c/a$)和0.233 5～0.240 2($2\pi c/a$)。与n_o=3.2和n_o=2.8时相比，RCP波在面心和体心晶格中1st PBG的带宽分别减小了0.003 8($2\pi c/a$)和0.008 0($2\pi c/a$)，但在立方体晶格中1st PBG的带宽增加了0.002 1($2\pi c/a$)。由图7.26(b)可知，RCP波在这3种晶格中1st PBG的相对带宽将随着n_o的增大而先增大后减小，其最大值分别为0.073 5、0.075 7和0.044 7，且此时n_o=4.3。与n_o=5.5时相比，1st PBG的相对带宽分别增加了0.053 3、0.034 9和0.024 5。显然，RCP波在体心晶格中的1st PBG有最大的相对带宽，且RCP波在该三维磁化等离子体光子晶体中的PBG能被n_o调控。

7.3.5 ω_p/ω_{p0} 对RCP波的各向异性PBG的影响

图7.27给出了在不同晶格条件下填充介质球为Te($n_x=n_e=6.2$，$n_y=n_z=n_o=4.8$)时RCP波在三维磁化等离子体光子晶体中的1st PBG和其相对带宽与ω_p/ω_{p0}的关系图，此时$f=0.3$、$\nu_c=0.02\omega_p$、$\omega_c=0.8\omega_{pl}$、$n_o=4.8$、$n_e=6.2$。由图7.27(a)可知，RCP波的1st PBG的上下边缘均将随着ω_p/ω_{p0}的增大而发生蓝移，且其带宽也将逐渐减小。当ω_p/ω_{p0}的值分别大于0.4、0.22和0.2时，RCP波在面心、体心和立方体晶格中的1st PBG将会消失。当ω_p/ω_{p0}的值由0.01增加到0.4时，RCP波在面心、体心和立方体晶格中1st PBG将分别涵盖0.465 6～0.466 7($2\pi c/a$)、0.294 9～0.301 0($2\pi c/a$)和0.270 8～0.274 6($2\pi c/a$)。与ω_p/ω_{p0}为0.01时相比，RCP波在这3种晶格中1st PBG的带宽分别减小了0.026 1($2\pi c/a$)、0.013 8($2\pi c/a$)和0.008 1($2\pi c/a$)，其最大值分别为0.027 2($2\pi c/a$)、0.019 9($2\pi c/a$)和0.012 9($2\pi c/a$)，且此时ω_p/ω_{p0}=0.01、0.01和0.1。RCP波1st PBG中心频率的最大值将出现在面心晶格中，而其最小值将出现在立方体晶

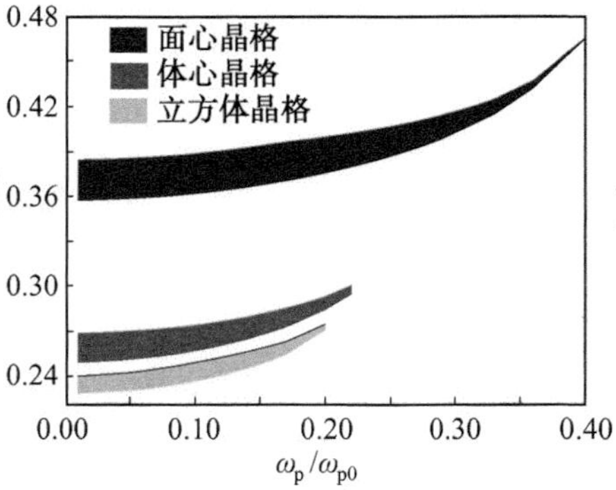

(a) 1st PBG

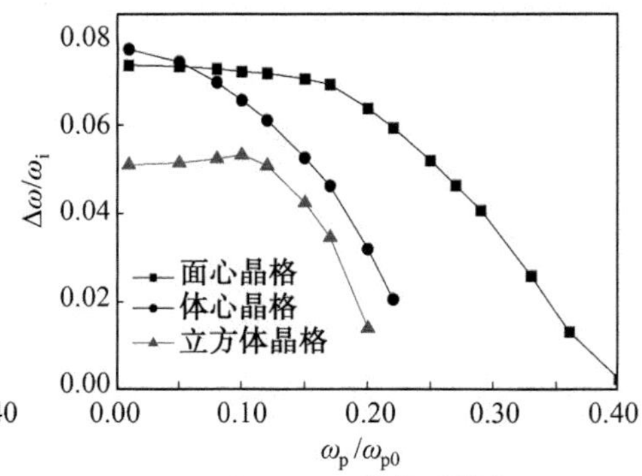

(b) 1st PBG的相对带宽

图7.27 在不同晶格条件下填充介质球为Te($n_x=n_e=6.2$，$n_y=n_z=n_o=4.8$)时RCP波在该三维磁化等离子体光子晶体中的1st PBG和其相对带宽与ω_p/ω_{p0}的关系图

格中。由图 7.27(b) 可知，当 ω_p/ω_{p0} 的值由 0.01 增加到 0.4 时，RCP 波在面心和体心晶格中 1st PBG 的相对带宽将随着 ω_p 的增大而减小，但立方体晶格中 PBG 的相对带宽将先增大后减小。RCP 波在这 3 种晶格结构中 1st PBG 相对带宽的最大值将分别为 0.073 3、0.076 8 和 0.053 1，且 ω_p/ω_{p0} 的值将分别为 0.01、0.01 和 0.1，RCP 波在体心晶格中 1st PBG 的最大相对带宽是最大的。综上所述，RCP 波在三维磁化等离子体光子晶体中的 PBG 能被 ω_p 调谐，这是因为改变 ω_p 的大小就意味着 RCP 波的有效介电常数发生了变化，这直接导致该光子晶体的平均折射率发生了变化，因此，PBG 的位置也会发生变化。但是，ν_c 对 PBG 的位置几乎不会造成任何的影响，这是因为 ν_c 仅仅是耗散项，不会对式(7.45) 的特征值求解造成明显的影响。

7.3.6　填充率对 RCP 波的各向异性 PBG 的影响

图 7.28 给出了在不同晶格条件下填充介质球为 Te 时 RCP 波在三维磁化等离子体光子晶体中的 1st PBG 和其相对带宽与 f 的关系图，此时 $\omega_p=0.15\omega_{p0}$、$\nu_c=0.02\omega_{pl}$、$\omega_c=0.8\omega_{pl}$、$n_o=4.8$、$n_e=6.2$。由图 7.28(a) 可知，随着填充率 f 的增大，RCP 波 1st PBG 的上下边缘均将发生红移，且其带宽也都将先增大后逐渐减小。当 f 小于 0.05 时，RCP 波在面心、体心和立方体晶格中将不会出现 1st PBG。当 f 分别大于 0.52 和 0.6 时，RCP 波在面心和立方体晶格中的 1st PBG 将会消失。当 f 由 0.05 增加到 0.68 时，RCP 波在这 3 种晶格中 1st PBG 的最大带宽值分别为 0.026 8($2\pi c/a$)、0.024 2($2\pi c/a$) 和 0.010 9($2\pi c/a$)，且此时 $f=0.3$、$f=0.35$ 和 $f=0.4$。因此，RCP 波的 PBG 能够被 f 调谐，这是因为增大填充率 f 则意味着该光子晶体平均折射率增大了，所以 PBG 的位置发生了变化[213]。由图 7.28(b) 可知，当 f 的值由 0.05 增加到 0.68 时，RCP 波在这 3 种晶格中 1st

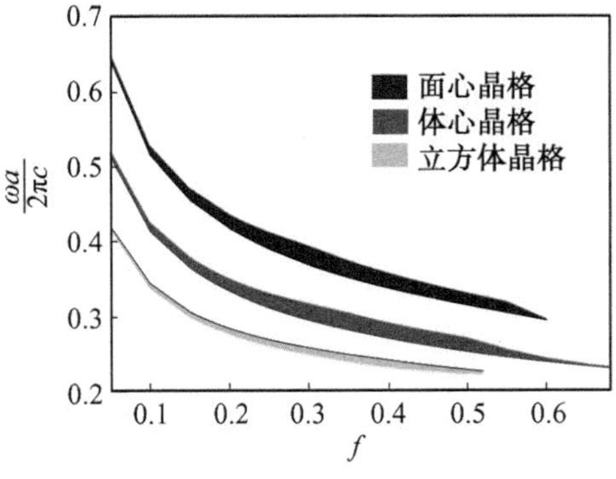

(a) 1st PBG

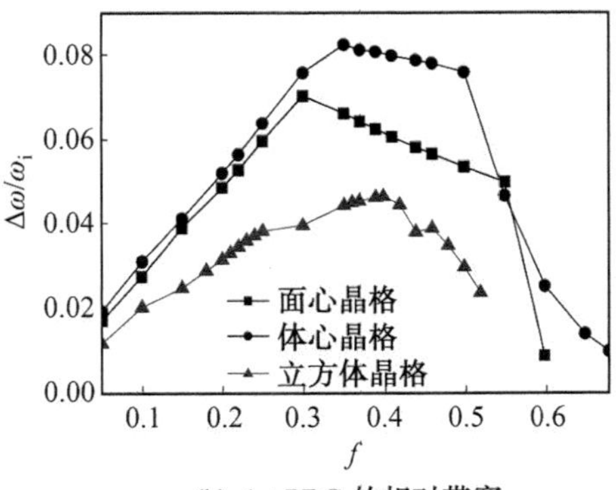

(b) 1st PBG 的相对带宽

图 7.28　在不同晶格条件下填充介质球为 Te 时 RCP 波在三维磁化等离子体光子晶体中的 1st PBG 和其相对带宽与 f 的关系图

PBG 的相对带宽将随着 f 的增大而先增大后减小，其最大值分别为 0.070 3、0.082 5 和 0.046 5，且此时 f=0.3、f=0.35 和 f=0.4。与 f=0.15 时相比，RCP 波 1st PBG 的相对带宽分别增大了 0.031 5、0.041 3 和 0.026 2。显然，$\Delta\omega/\omega_i$ 的最大值将出现在体心晶格中。需要注意的是，f 的取值如果太小且趋近于零，那么 PBG 和水平带区域将会消失。综上所述，RCP 波的 PBG 能被 f 调谐，这是一个非常重要的参数。

7.3.7 等离子体回旋频率对 RCP 波的各向异性 PBG 的影响

图 7.29 给出了在不同晶格条件下填充介质球为 Te 时 RCP 波在三维磁化等离子体光子晶体中的 1st PBG 和其相对带宽与 ω_c/ω_{pl} 的关系图，此时 f=0.3、$\nu_c=0.02\omega_{pl}$、$\omega_p=0.15\omega_{p0}$、$n_o=4.8$、$n_e=6.2$。由图 7.29(a) 可知，RCP 波的 1st PBG 的上下边缘均将随着 ω_c/ω_{pl} 的增大而发生蓝移，且其带宽也将逐渐减小。当 ω_c/ω_{pl} 的值分别大于 1.3、1.8 和 2.6 时，RCP 波在面心、体心和立方体晶格中的 1st PBG 将会消失。当 ω_c/ω_{pl} 的值由 0.01 增加到 2.6 时，RCP 波在面心、体心和立方体晶格中 1st PBG 将分别位于 0.442 0 ~ 0.443 3($2\pi c/a$)、0.338 8 ~ 0.342 8($2\pi c/a$) 和 0.277 0 ~ 0.278 5($2\pi c/a$)，且带宽分别为 0.025 9($2\pi c/a$)、0.022 1($2\pi c/a$) 和 0.011 8($2\pi c/a$)。RCP 波在这 3 种晶格中 1st PBG 带宽的最大值分别为 0.027 2、0.026 1 和 0.013 3($2\pi c/a$)，且此时满足 $\omega_c/\omega_{pl}=0.01$。显然，改变 ω_c/ω_{pl} 的大小就意味着 RCP 波的有效介电常数将发生变化，这直接导致该光子晶体的平均折射率发生了变化，所以 PBG 可以通过改变 ω_c/ω_{pl} 的大小来调谐。由图7.29(b) 可知，RCP 波在面心、体心和立方体晶格中 1st PBG 的相对带宽将随着 ω_c/ω_{pl} 的增大而减小。当 ω_c/ω_{pl}=0.01时，RCP 波在这 3 种晶格中 1st PBG 的相对带宽将有最大值，它们的值分别为 0.072 0、0.086 7 和 0.054 5。与

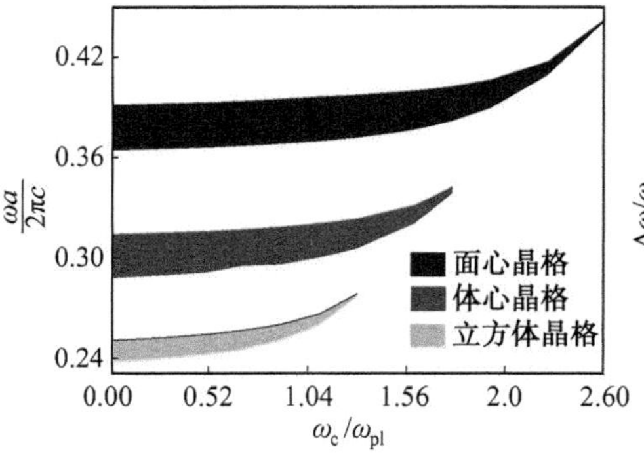

(a) 1st PBG

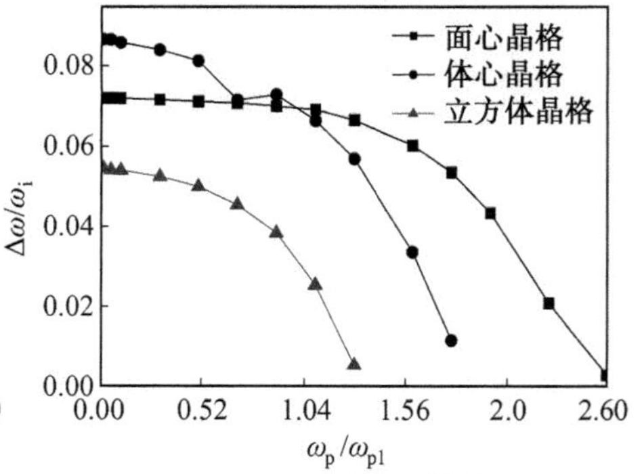

(b) 1st PBG 的相对带宽

图 7.29 在不同晶格条件下填充介质球为 Te 时，RCP 波在三维磁化等离子体光子晶体中的 1st PBG 和其相对带宽与 ω_c/ω_{p1} 的关系图

$\omega_c/\omega_{pl}=0.7$ 时相比，RCP 波在这 3 种晶格中 PBG 的相对带宽分别增大了 0.001 3、0.015 2 和 0.009 0，RCP 波在体心晶格中的 1st PBG 有最大相对带宽。由于 ω_c 和外加磁场的大小满足线性的函数关系，所以改变 ω_c 的大小本质上就是改变外加磁场的大小，即 RCP 波的 PBG 能被外加磁场调谐。

7.4　非寻常波在三维各向异性磁化等离子体光子晶体中的色散特性

7.3 节对磁光 Faraday 效应下 RCP 波在不同晶格条件下的三维磁化等离子体光子晶体中的 PBG 特性进行了介绍，并比较了在体心、面心和立方体晶格条件下 PBG 的特性。研究结果表明，在三维磁化等离子体光子晶体中引入各向异性的介质有利于消除能带简并且能拓展 PBG 带宽，其中 RCP 波在面心晶格中 PBG 的带宽更宽。那么在另外一种磁光效应（Voigt 效应）下，非寻常波在三维磁化等离子体光子晶体中是否有类似的特性，引入各向异性介质能否实现对非寻常波 PBG 的拓展，它的色散特性又如何呢？本节就针对以上问题，在理论上介绍非寻常波在磁光 Voigt 效应下的色散特性，并讨论在磁光 Voigt 效应下该光子晶体的各个参数对非寻常波 PBG 的影响，最后给出水平带区域与各个参数间的关系。

7.4.1　理论模型与数值方法

为了便于分析，该三维磁化等离子体光子晶体以面心晶格分布，其空间拓扑结构如图 7.30(a) 所示，且介质球填充磁化等离子体背景。假设波矢 $\boldsymbol{k}$ 和外加磁场 $\boldsymbol{B}$ 在任何时候都保持垂直，非寻常波的 PBG 用 PWE 方法来计算，计算时将用 729 个平面波进行展开，引入的时谐量是 $e^{-j\omega t}$，ω 是角频率，t 是时间，且 $j=\sqrt{-1}$。假设填充的介质球的半径和晶格常数的大小分别为 R 和 a，介质球的相对介电常数为 ε_a，众所周知，当考虑磁光 Voigt 效应时，磁化等离子体的有效介电常数 $\boldsymbol{\varepsilon}_p$ 可以表示为

$$\boldsymbol{\varepsilon}_p(\omega)=\begin{pmatrix} 1-\dfrac{\omega_p^2(\omega+j\nu_c)}{\omega[(\omega+j\nu_c)^2-\omega_c^2]} & 0 & \dfrac{-j\omega_p^2\omega_c}{\omega[(\omega+j\nu_c)^2-\omega_c^2]} \\ 0 & 1-\dfrac{\omega_p^2}{\omega(\omega+j\nu_c)} & 0 \\ \dfrac{j\omega_p^2\omega_c}{\omega[(\omega+j\nu_c)^2-\omega_c^2]} & 0 & 1-\dfrac{\omega_p^2(\omega+j\nu_c)}{\omega[(\omega+j\nu_c)^2-\omega_c^2]} \end{pmatrix} \tag{7.46}$$

式中，ω_p、ν_c 和 ω_c 分别代表等离子体频率、等离子体碰撞频率和等离子体回旋频率，$\omega_c=(eB/m)$，e、m 和 B 分别表示电子的电量、电子的质量和外加磁场的强

度。另外,在 Voigt 效应下,电磁波通过磁化等离子体可以分解为两种基本的模式,即寻常波和非寻常波[196]。非寻常波的有效介电常数可以表示为

$$\varepsilon_{\mathrm{p}}(\omega)=\frac{\left[\omega(\omega+\mathrm{j}\nu_{\mathrm{c}})-\omega_{\mathrm{p}}^{2}\right]^{2}-\omega^{2}\omega_{\mathrm{c}}^{2}}{\omega^{2}\left[(\omega+\mathrm{j}\nu_{\mathrm{c}})^{2}-\omega_{\mathrm{c}}^{2}\right]-\omega\omega_{\mathrm{p}}^{2}(\omega+\mathrm{j}\nu_{\mathrm{c}})} \tag{7.47}$$

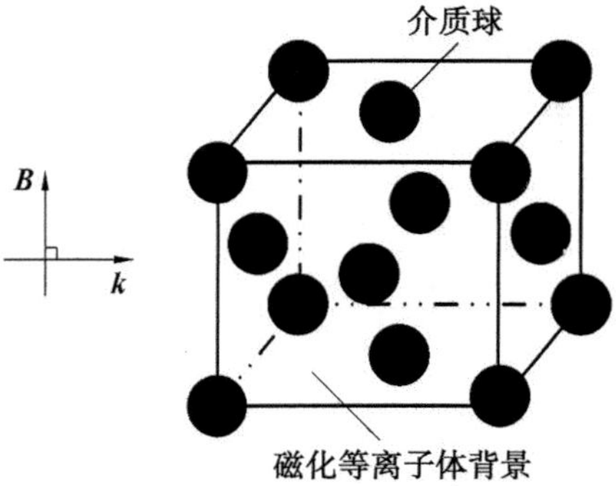

(a) 面心晶格的拓扑结构示意图

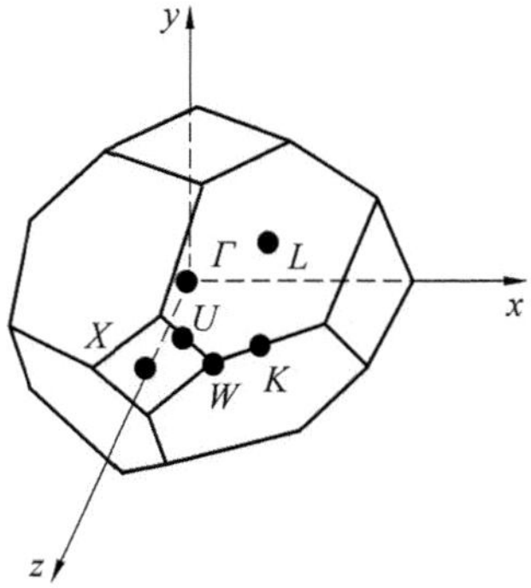

(b) 面心晶格的1st BZ

图 7.30　三维面心晶格磁化等离子体光子晶体的拓扑结构与其 1st BZ 的示意图

如果填充介质球的相对介电常数为 $\boldsymbol{\varepsilon}_{\mathrm{a}}$,且满足

$$\boldsymbol{\varepsilon}_{\mathrm{a}}=\begin{pmatrix}\varepsilon_x & 0 & 0\\ 0 & \varepsilon_y & 0\\ 0 & 0 & \varepsilon_z\end{pmatrix} \tag{7.48}$$

式中,$\varepsilon_x=n_x^2$;$\varepsilon_y=n_y^2$;$\varepsilon_z=n_z^2$。那么式(7.48)可以用来表示 3 种不同类型的单轴材料,即 type－1 型、type－2 型和 type－3 型,其定义见第 7.2 节。为了计算非寻常波的 PBG,仅以填充球为 type－1 型单轴材料为例来推导计算公式。根据 PWE 方法,Maxwell 方程组可以化简为关于磁场 $\boldsymbol{H}$ 的方程,其表达式为

$$\nabla\times\left[\frac{1}{\varepsilon(\boldsymbol{r})}\nabla\times\boldsymbol{H}\right]=\frac{\omega^{2}}{c^{2}}\boldsymbol{H} \tag{7.49}$$

其中

$$\boldsymbol{H}(\boldsymbol{r})=\sum_{\boldsymbol{G}}\sum_{\lambda=1}^{2}h_{\boldsymbol{G},\lambda}\hat{e}_{\lambda}\mathrm{e}^{\mathrm{j}(\boldsymbol{k}+\boldsymbol{G})\cdot\boldsymbol{r}} \tag{7.50}$$

式(7.50)中的参量定义见第 7.2 节,所以式(7.49)可以表示为

$$\sum_{\boldsymbol{G}',\lambda'}H_{\boldsymbol{G},\boldsymbol{G}'}^{\lambda,\lambda'}h_{\boldsymbol{G}',\lambda'}=\frac{\omega^{2}}{c^{2}}h_{\boldsymbol{G},\lambda} \tag{7.51}$$

其中

$$H_{\boldsymbol{G},\boldsymbol{G}'}^{\lambda,\lambda'}=|\boldsymbol{k}+\boldsymbol{G}|\,|\boldsymbol{k}+\boldsymbol{G}'|\sum_{i=x,y}\begin{pmatrix}\hat{e}_2\cdot\boldsymbol{I}_i\cdot\hat{e}_{2'} & -\hat{e}_2\cdot\boldsymbol{I}_i\cdot\hat{e}_{1'}\\ -\hat{e}_1\cdot\boldsymbol{I}_i\cdot\hat{e}_{2'} & \hat{e}_1\cdot\boldsymbol{I}_i\cdot\hat{e}_{1'}\end{pmatrix}\cdot\boldsymbol{\varepsilon}_{\boldsymbol{G},\boldsymbol{G}'}^{-1}(i) \tag{7.52}$$

因为 $\boldsymbol{\varepsilon}_{\mathrm{a}}$ 是对角矩阵,那么它的逆可以表示为

$$\boldsymbol{\varepsilon}_{\mathrm{a}}^{-1}=\begin{bmatrix}\varepsilon_x^{-1} & 0 & 0\\ 0 & \varepsilon_y^{-1} & 0\\ 0 & 0 & \varepsilon_y^{-1}\end{bmatrix}=\varepsilon_x^{-1}\begin{bmatrix}1 & 0 & 0\\ 0 & 0 & 0\\ 0 & 0 & 0\end{bmatrix}+\varepsilon_y^{-1}\begin{bmatrix}0 & 0 & 0\\ 0 & 1 & 0\\ 0 & 0 & 1\end{bmatrix}=\varepsilon_x^{-1}\boldsymbol{I}_x+\varepsilon_y^{-1}\boldsymbol{I}_y \tag{7.53}$$

式中,$\boldsymbol{I}_x=\begin{bmatrix}1 & 0 & 0\\ 0 & 0 & 0\\ 0 & 0 & 0\end{bmatrix}$;$\boldsymbol{I}_y=\begin{bmatrix}0 & 0 & 0\\ 0 & 1 & 0\\ 0 & 0 & 1\end{bmatrix}$。那么,式(7.52) 中的 $\boldsymbol{\varepsilon}_{\boldsymbol{G},\boldsymbol{G}'}^{-1}(i)$ 表示 ε_x^{-1} 和 ε_y^{-1} 的傅里叶展开系数。如果介质球的填充率为 f,且 $f=(4\pi R^3)/(3V_{\mathrm{m}})$,$V_{\mathrm{m}}$ 表示晶格单元的体积。那么 $\boldsymbol{\varepsilon}_{\boldsymbol{G},\boldsymbol{G}'}^{-1}(i)$ 可以表示为[259]

$$\boldsymbol{\varepsilon}_{\boldsymbol{G},\boldsymbol{G}'}^{-1}(i)=\begin{cases}\left\{\dfrac{\omega^2[(\omega+\mathrm{j}\nu_{\mathrm{c}})^2-\omega_{\mathrm{c}}^2]-\omega\omega_{\mathrm{p}}^2(\omega+\mathrm{j}\nu_{\mathrm{c}})}{[\omega(\omega+\mathrm{j}\nu_{\mathrm{c}})-\omega_{\mathrm{p}}^2]^2-\omega^2\omega_{\mathrm{c}}^2}\right\}f+\dfrac{1}{\varepsilon_i}(1-f),\\ \quad \boldsymbol{G}-\boldsymbol{G}'=0\\ \left\{\dfrac{\omega^2[(\omega+\mathrm{j}\nu_{\mathrm{c}})^2-\omega_{\mathrm{c}}^2]-\omega\omega_{\mathrm{p}}^2(\omega+\mathrm{j}\nu_{\mathrm{c}})}{[\omega(\omega+\mathrm{j}\nu_{\mathrm{c}})-\omega_{\mathrm{p}}^2]^2-\omega^2\omega_{\mathrm{c}}^2}-\dfrac{1}{\varepsilon_i}\right\}\cdot\\ \quad 3f\dfrac{\sin(|\boldsymbol{G}-\boldsymbol{G}'|R)-(|\boldsymbol{G}-\boldsymbol{G}'|R)\cos(|\boldsymbol{G}-\boldsymbol{G}'|R)}{(|\boldsymbol{G}-\boldsymbol{G}'|R)^3},\\ \quad \boldsymbol{G}-\boldsymbol{G}'\neq 0\end{cases}\quad (i=x,y) \tag{7.54}$$

如果将 $\boldsymbol{H}(\boldsymbol{r})$ 的 $h_{\boldsymbol{G},\lambda}$ 定义为

$$h_{\boldsymbol{G},\lambda}=\sum_{\boldsymbol{G}}B(\boldsymbol{k}\mid\boldsymbol{G})\mathrm{e}^{\mathrm{j}(\boldsymbol{k}+\boldsymbol{G})\cdot\boldsymbol{r}} \tag{7.55}$$

那么式(7.52) 可以化简为展开系数 $B(\boldsymbol{k}\mid\boldsymbol{G})$ 的方程,其表达式为

$$\begin{aligned}&\left\{\frac{\omega^2[(\omega+\mathrm{j}\nu_{\mathrm{c}})^2-\omega_{\mathrm{c}}^2]-\omega\omega_{\mathrm{p}}^2(\omega+\mathrm{j}\nu_{\mathrm{c}})}{[\omega(\omega+\mathrm{j}\nu_{\mathrm{c}})-\omega_{\mathrm{p}}^2]^2-\omega^2\omega_{\mathrm{c}}^2}f+\frac{1}{\varepsilon_i}(1-f)\right\}\cdot\\ &|\boldsymbol{k}+\boldsymbol{G}||\boldsymbol{k}+\boldsymbol{G}'|\cdot\\ &\boldsymbol{F}\cdot B(\boldsymbol{k}\mid\boldsymbol{G})+\sum_{\boldsymbol{G}'}{}'\left\{\frac{\omega^2[(\omega+\mathrm{j}\nu_{\mathrm{c}})^2-\omega_{\mathrm{c}}^2]-\omega\omega_{\mathrm{p}}^2(\omega+\mathrm{j}\nu_{\mathrm{c}})}{[\omega(\omega+\mathrm{j}\nu_{\mathrm{c}})-\omega_{\mathrm{p}}^2]^2-\omega^2\omega_{\mathrm{c}}^2}-\frac{1}{\varepsilon_i}\right\}\cdot\\ &3f\frac{\sin(|\boldsymbol{G}-\boldsymbol{G}'|R)-(|\boldsymbol{G}-\boldsymbol{G}'|R)\cos(|\boldsymbol{G}-\boldsymbol{G}'|R)}{(|\boldsymbol{G}-\boldsymbol{G}'|R)^3}\cdot\\ &|\boldsymbol{k}+\boldsymbol{G}||\boldsymbol{k}+\boldsymbol{G}'|\cdot\boldsymbol{F}\cdot B(\boldsymbol{k}\mid\boldsymbol{G}')\\ =&\frac{\omega^2}{c^2}B(\boldsymbol{k}\mid\boldsymbol{G}),\quad i=x,y\end{aligned} \tag{7.56}$$

式中,$\boldsymbol{F}=\boldsymbol{F}_x+\boldsymbol{F}_y$,$\boldsymbol{F}_x=\begin{bmatrix}\hat{\boldsymbol{e}}_2\cdot\boldsymbol{I}_x\cdot\hat{\boldsymbol{e}}_{2'} & -\hat{\boldsymbol{e}}_2\cdot\boldsymbol{I}_x\cdot\hat{\boldsymbol{e}}_{1'}\\ -\hat{\boldsymbol{e}}_1\cdot\boldsymbol{I}_x\cdot\hat{\boldsymbol{e}}_{2'} & \hat{\boldsymbol{e}}_1\cdot\boldsymbol{I}_x\cdot\hat{\boldsymbol{e}}_{1'}\end{bmatrix}$,$\boldsymbol{F}_y=\begin{bmatrix}\hat{\boldsymbol{e}}_2\cdot\boldsymbol{I}_y\cdot\hat{\boldsymbol{e}}_{2'} & -\hat{\boldsymbol{e}}_2\cdot\boldsymbol{I}_y\cdot\hat{\boldsymbol{e}}_{1'}\\ -\hat{\boldsymbol{e}}_1\cdot\boldsymbol{I}_y\cdot\hat{\boldsymbol{e}}_{2'} & \hat{\boldsymbol{e}}_1\cdot\boldsymbol{I}_y\cdot\hat{\boldsymbol{e}}_{1'}\end{bmatrix}$。如果定义一个复数变量 $\zeta=\omega/c$,式(7.56) 可

以表示为

$$\zeta^6\boldsymbol{I}-\zeta^5\boldsymbol{O}-\zeta^4\boldsymbol{P}-\zeta^3\boldsymbol{Q}-\zeta^2\boldsymbol{R}-\zeta\boldsymbol{S}-\boldsymbol{T}=\mathbf{0} \tag{7.57}$$

式中，$\boldsymbol{I}$ 表示单位矩阵，且

$$\boldsymbol{O}(\boldsymbol{G}\mid\boldsymbol{G}')=-\mathrm{j}\,\frac{2\nu_{\mathrm{c}}}{c}\boldsymbol{\delta}_{\boldsymbol{G}\cdot\boldsymbol{G}'} \tag{7.58}$$

$$\boldsymbol{P}(\boldsymbol{G}\mid\boldsymbol{G}')=\left(\sum_{i=x,y}\left\{\frac{A}{c^2}+\left[\frac{1}{\varepsilon_i}f+(1-f)\right]\cdot\left|\boldsymbol{k}+\boldsymbol{G}\right|\left|\boldsymbol{k}+\boldsymbol{G}'\right|\cdot\boldsymbol{F}_i\right\}\right)\boldsymbol{\delta}_{\boldsymbol{G}\cdot\boldsymbol{G}'}+\sum_{i=x,y}\left(\frac{1}{\varepsilon_i}-1\right)\boldsymbol{M}_i \tag{7.59}$$

$$\boldsymbol{Q}(\boldsymbol{G}\mid\boldsymbol{G}')=\left(\sum_{i=x,y}\left\{\mathrm{j}\,\frac{2\nu_{\mathrm{c}}\omega_{\mathrm{p}}^2}{c^3}+\mathrm{j}\,\frac{2\nu_{\mathrm{c}}}{c}\left[\frac{1}{\varepsilon_i}f+(1-f)\right]\cdot\left|\boldsymbol{k}+\boldsymbol{G}\right|\left|\boldsymbol{k}+\boldsymbol{G}'\right|\cdot\boldsymbol{F}_i\right\}\right)\boldsymbol{\delta}_{\boldsymbol{G}\cdot\boldsymbol{G}'}+\sum_{i=x,y}\mathrm{j}\,\frac{2\nu_{\mathrm{c}}}{c}\left(\frac{1}{\varepsilon_i}-1\right)\boldsymbol{M}_i \tag{7.60}$$

$$\boldsymbol{R}(\boldsymbol{G}\mid\boldsymbol{G}')=\left[\sum_{i=x,y}\left(-\frac{\omega_{\mathrm{p}}^4}{c^4}+\left\{-\frac{A}{c^2}\left[\frac{1}{\varepsilon_i}f+(1-f)\right]+\frac{\omega_{\mathrm{p}}^2}{c^2}(1-f)\right\}\cdot\left|\boldsymbol{k}+\boldsymbol{G}\right|\left|\boldsymbol{k}+\boldsymbol{G}'\right|\cdot\boldsymbol{F}_i\right)\right]\boldsymbol{\delta}_{\boldsymbol{G}\cdot\boldsymbol{G}'}+\sum_{i=x,y}-\frac{A}{c^2}\left(\frac{1}{\varepsilon_i}-1\right)\boldsymbol{M}_i \tag{7.61}$$

$$\boldsymbol{S}(\boldsymbol{G}\mid\boldsymbol{G}')=\left\{\sum_{i=x,y}\left[-\mathrm{j}\,\frac{\nu_{\mathrm{c}}\omega_{\mathrm{p}}^2}{c^3}(1-f)-\mathrm{j}\,\frac{2\nu_{\mathrm{c}}\omega_{\mathrm{p}}^2}{c^3\varepsilon_i}f\right]\cdot\left|\boldsymbol{k}+\boldsymbol{G}\right|\left|\boldsymbol{k}+\boldsymbol{G}'\right|\cdot\boldsymbol{F}_i\right\}\boldsymbol{\delta}_{\boldsymbol{G}\cdot\boldsymbol{G}'}+\sum_{i=x,y}-\mathrm{j}\,\frac{2\nu_{\mathrm{c}}\omega_{\mathrm{p}}^2}{c^3}\left(\frac{1}{\varepsilon_i}-1\right)\boldsymbol{M}_i \tag{7.62}$$

$$\boldsymbol{T}(\boldsymbol{G}\mid\boldsymbol{G}')=\left(\sum_{i=x,y}\frac{\omega_{\mathrm{p}}^4}{c^4}\frac{f}{\varepsilon_i}\cdot\left|\boldsymbol{k}+\boldsymbol{G}\right|\left|\boldsymbol{k}+\boldsymbol{G}'\right|\cdot\boldsymbol{F}_i\right)\boldsymbol{\delta}_{\boldsymbol{G}\cdot\boldsymbol{G}'}+\sum_{i=x,y}\frac{\omega_{\mathrm{p}}^4}{c^4}\left(\frac{1}{\varepsilon_i}-1\right)\boldsymbol{M}_i \tag{7.63}$$

式中，$\boldsymbol{M}_i=\left|\boldsymbol{k}+\boldsymbol{G}\right|\left|\boldsymbol{k}+\boldsymbol{G}'\right|\cdot\boldsymbol{F}_i\cdot 3f\dfrac{\sin(\left|\boldsymbol{G}-\boldsymbol{G}'\right|R)-(\left|\boldsymbol{G}-\boldsymbol{G}'\right|R)\cos(\left|\boldsymbol{G}-\boldsymbol{G}'\right|R)}{(\left|\boldsymbol{G}-\boldsymbol{G}'\right|R)^3}$ $(i=x,y)$，$A=\nu_{\mathrm{c}}^2+2\omega_{\mathrm{p}}^2+\omega_{\mathrm{c}}^2$。$\boldsymbol{O}$、$\boldsymbol{P}$、$\boldsymbol{Q}$、$\boldsymbol{R}$、$\boldsymbol{S}$ 和 $\boldsymbol{T}$ 是 $N\times N$ 的矩阵。式(7.57)的求解可以转换为对一个 $6N\times 6N$ 矩阵 $\boldsymbol{W}$ 特征值的求取，且矩阵 $\boldsymbol{W}$ 满足

$$\boldsymbol{W}\boldsymbol{z}=\zeta\boldsymbol{z},\quad \boldsymbol{W}=\begin{pmatrix}0&\boldsymbol{I}&0&0&0&0\\0&0&\boldsymbol{I}&0&0&0\\0&0&0&\boldsymbol{I}&0&0\\0&0&0&0&\boldsymbol{I}&0\\0&0&0&0&0&\boldsymbol{I}\\\boldsymbol{T}&\boldsymbol{S}&\boldsymbol{R}&\boldsymbol{Q}&\boldsymbol{P}&\boldsymbol{O}\end{pmatrix} \tag{7.64}$$

求解式(7.64)的特征值就得到了式(7.57)的解。显然，所求特征值的实部就决定了非寻常波在该三维磁化等离子体光子晶体中的色散关系。同理，当填

充的介质球为 type－2 型和 type－3 型单轴材料时，非寻常波的色散关系也能用类似的方法求取。

7.4.2　磁光 Voigt 效应下非寻常波的 PBG 特性

由图 7.30(b) 可知，面心晶格的基矢为 $\boldsymbol{a}_1=(0.5a,0.5a,0)$、$\boldsymbol{a}_2=(0,0.5a,0.5a)$ 和 $\boldsymbol{a}_3=(0.5a,0,0.5a)$，其倒格矢分别为 $\boldsymbol{b}_1=(2\pi/a,2\pi/a,-2\pi/a)$、$\boldsymbol{b}_2=(-2\pi/a,2\pi/a,2\pi/a)$ 和 $\boldsymbol{b}_3=(2\pi/a,-2\pi/a,2\pi/a)$。因此，面心晶格 1st BZ 中的高对称点分别为 $\Gamma=(0,0,0)$、$X=(2\pi/a,0,0)$、$W=(2\pi/a,\pi/a,0)$、$K=(1.5\pi/a,1.5\pi/a,0)$、$L=(\pi/a,\pi/a,\pi/a)$ 和 $U=(2\pi/a,0.5\pi/a,0.5\pi/a)$。为了不失一般性，频域用 $\omega_{p0}a/2\pi c=1$ 来进行归一化。显然，ω_p、ν_c 和 ω_c 也可以用 ω_{p0} 来定义。假设 ω_p、ν_c 和 ω_c 初始值分别为 $\omega_p=\omega_{p1}=0.3\pi c/a$、$\nu_c=0.02\omega_{p1}$ 和 $\omega_c=0.6\omega_{p1}$，其中 ω_{p0} 和 ω_{p1} 仅仅是参变量，没有任何的物理意义。

图 7.31 给出了 ω_p、ν_c 和 ω_c 在取不同值且填充介质球为各向同性($n_z=n_x=n_y=4.8$)时非寻常波在光子晶体中的色散曲线，且 $f=0.35$。由图 7.31(a) 可知，当 $\omega_p=0$、$\nu_c=0$、$\omega_c=0$ 时，磁化等离子体可以等效地视为空气，此时该光子晶体只是常规的三维介质－空气光子晶体，它不能产生 PBG。图 7.31(b) 和图 7.31(c) 分别给出了三维等离子体和磁化等离子体光子晶体的色散曲线。类似的结论也可以从图 7.31(b) 和图 7.31(c) 中获得(即不能产生 PBG)，但是在某些对称方向上能产生 SBG，这是由面心晶格的高对称性造成的，介质球的相对介电常数还不够大，所以不能产生 PBG[229]。为了得到非寻常波的 PBG，可以采用各向异性的介质球来替代各向同性的介质球，如 Te(单轴材料)。对于 Te 而言，满足 $n_x=n_e=6.2$，$n_y=n_z=n_o=4.8$。图 7.32 给出了填充介质球为不同的各向异性介质时非寻常波在三维磁化等离子体光子晶体中的色散曲线，此时 $f=0.35$、$\omega_p=0.15\omega_{p0}$、$\nu_c=0.02\omega_{p1}$、$\omega_c=0.6\omega_{p1}$，灰色区域表示 PBG。由图 7.32(a) 可知，当填充的介质球为 type－1 型单轴材料($n_x=n_e=6.2$，$n_y=n_z=n_o=4.8$)时，能产生两个非寻常波的 PBG 和 2 个水平带区域，这两个 PBG 分别位于 0.347 9～0.372 1($2\pi c/a$) 和 0.498 9～0.501 1($2\pi c/a$)，两个水平带区域分别涵盖 0～0.111 6($2\pi c/a$) 和 0.174 9～0.201 6($2\pi c/a$)。与图 7.31(c) 相比，是能产生非寻常波的 PBG 的。因此，当 type－1 型单轴材料的介质球引入该三维磁化等离子体光子晶体中时，第二水平带区域上方的能带在 W 和 U 点由于填充介质的各向异性而打开了带隙。色散曲线中的水平带是由表面等离子体激元模形成的。如果入射电磁波的频率落在了水平带区域中，使得表面等离子体波能被局域在介质球的表面[307]，那么水平带就产生了。在磁光 Voigt 效应下，非寻常波在磁化等离子体中存在着 3 个截止频率，它们分别是 $f_L=0.111\,6(2\pi c/a)$($f_L=-\omega_c/2+\sqrt{\omega_c^2/4+\omega_p{}^2}$)、$f_R=0.201\,6(2\pi c/a)$($f_R=\omega_c/2+\sqrt{\omega_c^2/4+\omega_p^2}$) 和 $f_U=0.174\,9\,(2\pi c/a)$

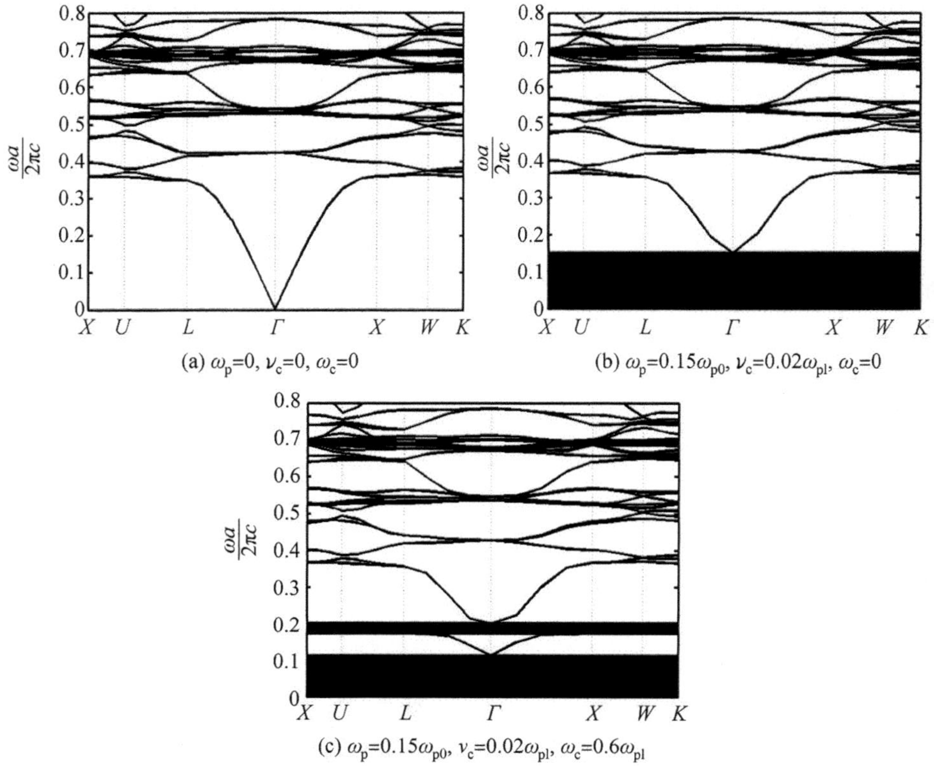

(a) $\omega_p=0,\ \nu_c=0,\ \omega_c=0$

(b) $\omega_p=0.15\omega_{p0},\ \nu_c=0.02\omega_{pl},\ \omega_c=0$

(c) $\omega_p=0.15\omega_{p0},\ \nu_c=0.02\omega_{pl},\ \omega_c=0.6\omega_{pl}$

图 7.31　ω_p、ν_c 和 ω_c 在取不同值且填充介质球为各向同性($n_z=n_x=n_y=4.8$)时非寻常波在光子晶体中的色散曲线

($f_U=\sqrt{\omega_c^2+\omega_p^2}$)。$f_L$、$f_R$ 和 f_U 分别对应这两个水平带区域的上边缘和第二水平带区域的下边缘，这意味着水平带的产生是由磁化等离子体本身造成的。作为比较，图 7.32(b) 和图 7.32(c) 分别给出了填充介质球为 type－2 型($n_y=n_e=6.2$，$n_x=n_z=n_o=4.8$) 和 type－3 型($n_z=n_e=6.2$，$n_x=n_y=n_o=4.8$) 单轴材料时非寻常波的色散曲线。由图 7.32(b) 和图 7.32(c) 可知，当将 type－2 型和 type－3 型引入该光子晶体时，在第二水平带上方简并的能带被打开了，并形成了 PBG 结构。当引入 type－2 型单轴材料时，非寻常波的两个 PBG 将分别位于 0.359 8～0.362 4($2\pi c/a$) 和 0.422 4～0.426 5($2\pi c/a$)。而当引入 type－3 型单轴材料时，仅有 1 个非寻常波的 PBG，其频率涵盖 0.359 8～0.362 4($2\pi c/a$)。比较图 7.32 中的结果可知，当引入 type－1 型单轴材料时，非寻常波在三维磁化等离子体中能有较大的 PBG。综上所述，在磁光 Voigt 效应下，用各向异性材料(单轴材料) 代替具有高对称性晶格结构的常规三维磁化等离子体光子晶体中的各向同性材料，不但能使高对称点附近简并的能带得以打开，而且能得到非寻常波的 PBG。而且与其他两种单轴材料相比，引入 type－1 型单轴材料时得到的非寻常波的 PBG 带宽更大。显然，该 PBG 能被磁化等离子体参数调谐，本节将着重对非寻常波的 1st PBG 特性进行介绍。

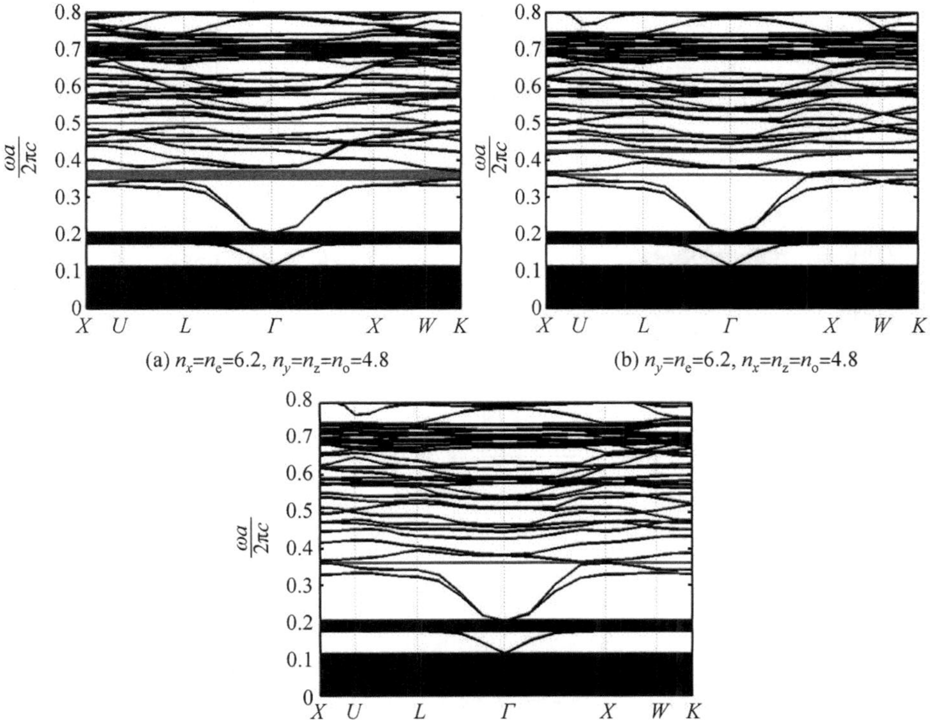

(a) $n_x=n_e=6.2,\ n_y=n_z=n_o=4.8$　(b) $n_y=n_e=6.2,\ n_x=n_z=n_o=4.8$　(c) $n_z=n_e=6.2,\ n_x=n_y=n_o=4.8$

图 7.32　填充介质球为不同的各向异性介质时非寻常波在三维磁化等离子体光子晶体中的色散曲线

7.4.3　n_e 对各向异性非寻常波 PBG 的影响

图 7.33 给出了填充介质球为 type－1 型单轴材料（$n_x=n_e$，$n_y=n_z=n_o=4.8$）时非寻常波在该三维各向异性磁化等离子体光子晶体中的 1st PBG 和其相对带宽与 n_e 的关系图，此时 $f=0.35$、$\omega_p=0.15\omega_{p0}$、$\nu_c=0.02\omega_{pl}$、$\omega_c=0.6\omega_{pl}$、$n_o=4.8$，阴影区域表示 PBG。由图 7.33(a) 可知，当 n_e 由 5 增加到 9 时，非寻常波1st PBG 的上下边缘将发生红移，且其带宽也将随着 n_e 的增大而先增大后变小，1st PBG 的频率范围将变为 0.310 3～0.332 8($2\pi c/a$)，且带宽变为 0.022 5($2\pi c/a$)。与 $n_e=5.2$ 时相比，PBG 的带宽增加了 0.021 0($2\pi c/a$)。然而，当 n_e 小于 5 时，非寻常波的 1st PBG 将消失。显然对于 n_e 而言，它存在着 1 个最优值使得 1st PBG 的带宽取最大值。当 $n_e=7$ 时，1st PBG 取得最大值，其值为 0.029 6($2\pi c/a$)。由图 7.33(b) 可知，非寻常波 1st PBG 的相对带宽($\Delta\omega/\omega_i$) 将随着 n_e 的增大而先增大

后减小。1st PBG相对带宽的最大值为0.085 0，此时$n_e=7$。与$n_e=5$时相比，相对带宽增加了0.081 1，这是因为改变n_e的大小就意味着填充的介质球有足够的各向异性使之能打开简并的能带，从而改变PBG的大小。另外，改变n_e的大小也使得该光子晶体的平均折射率发生了变化，使得PBG的位置发生了移动[213]。因此，非寻常波的1st PBG能被n_e调谐，即使n_o的值不发生变化，改变n_e依然能对PBG进行调谐。

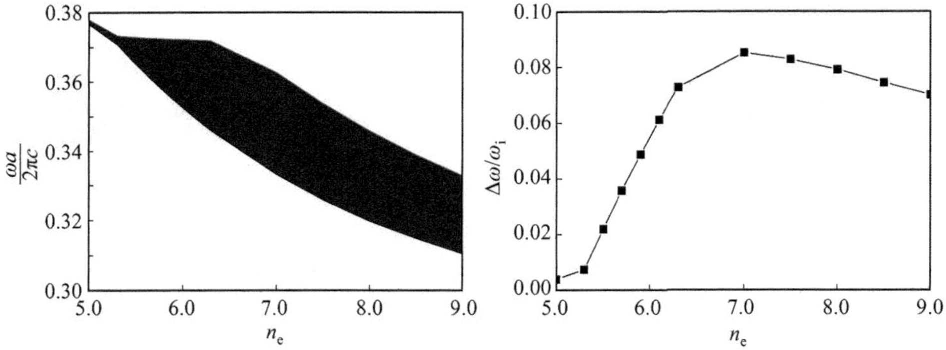

(a) 1st PBG　　(b) 1st PBG的相对带宽

图7.33　填充介质球为type－1型单轴材料($n_x=n_e, n_y=n_z=n_o=4.8$)时非寻常波在三维各向异性磁化等离子体光子晶体中的1st PBG和其相对带宽与n_e的关系图

7.4.4　n_o对各向异性非寻常波PBG的影响

图7.34给出了填充介质球为type－1型单轴材料($n_x=n_e=6.2, n_y=n_z=n_o$)时非寻常波在三维磁化等离子体光子晶体中的1st PBG和其相对带宽与n_o的关系图，此时$f=0.35$、$\omega_p=0.15\omega_{p0}$、$\nu_c=0.02\omega_{pl}$、$\omega_c=0.6\omega_{pl}$、$n_e=6.2$。由图7.34(a)可知，非寻常波1st PBG的上下边缘频率将随着n_o的增大而发生红移，且其带宽将先增大后减小。当n_o的值大于5.5或者小于3.2时，1st PBG将不存在。当n_o由3.2增加到5.5时，1st PBG的频率范围将变为0.324 1～0.329 6($2\pi c/a$)，且其带宽变为0.005 5($2\pi c/a$)。与$n_o=4.8$时相比，1st PBG的带宽将减小0.018 7($2\pi c/a$)。1st PBG带宽的最大值将会出现在$n_o=4.5$，它将位于0.304 1～0.360 5($2\pi c/a$)。由图7.34(b)可知，非寻常波1st PBG的相对带宽将随着n_o的增大而先增大后减小，1st PBG相对带宽的最大值是0.089 1，且此时$n_o=4.5$。与$n_o=3.2$时相比，1st PBG的相对带宽增加了0.082 8，这是因为改变n_o的大小就意味着介质球的各向异性和该光子晶体的平均折射率均同时发生了变化，因此，PBG的位置也将发生变化，这与改变n_e的大小类似。由上述可知，非寻常波的1st PBG能够通过改变n_o的大小来实现调谐。当n_e的大小不变时，1st PBG的最大相对带宽将会出现在low－n_o区域。

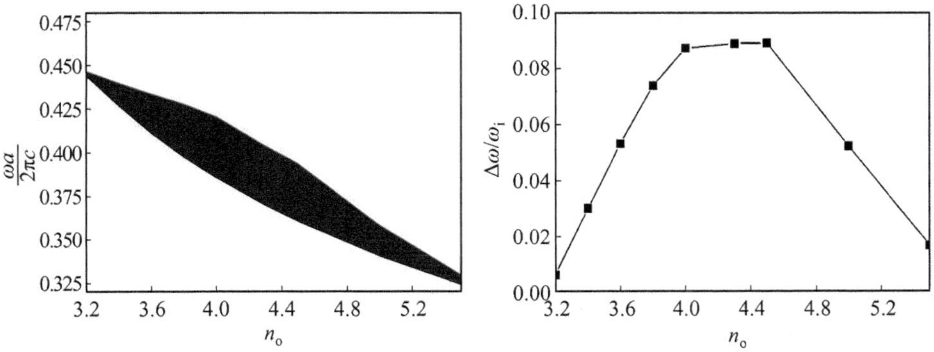

(a) 1st PBG (b) 1st PBG 的相对带宽

图 7.34 填充介质球为 type－1 型单轴材料($n_x = n_e = 6.2, n_y = n_z = n_o$)时非寻常波在三维磁化等离子体光子晶体中的 1st PBG 和其相对带宽与 n_o 的关系图

7.4.5 填充率对各向异性非寻常波 PBG 的影响

图 7.35 给出了填充介质球为 Te($n_x = n_e = 6.2, n_y = n_z = n_o = 4.8$) 时非寻常波在三维磁化等离子体光子晶体中的 1st PBG 和其相对带宽与 f 的关系图，此时 $\omega_p = 0.15\omega_{p0}$、$\nu_c = 0.02\omega_{pl}$、$\omega_c = 0.6\omega_{pl}$、$n_o = 4.8$、$n_e = 6.2$。由图 7.35(a) 可知，非寻常波 1st PBG 的上下边缘将随着介质球填充率 f 的增大而发生红移，且其带宽也将随着 f 的增大而先增大后减小。非寻常波的 1st PBG 只有在 f 大于 0.05 时才会出现。当 f 由 0.05 增加到 0.52 时，1st PBG 带宽的最大值为 0.027 1，且此时 $f = 0.3$。与 $f = 0.05$ 时相比，1st PBG 相对带宽增加了 0.015 6($2\pi c/a$)。显然，非寻常波的 1st PBG 能被 f 调谐。这是因为 f 增大意味着该光子晶体的平均折射率也将变大。由图 7.35(b) 可知，非寻常波 1st PBG 的相对带宽将随着 f 的

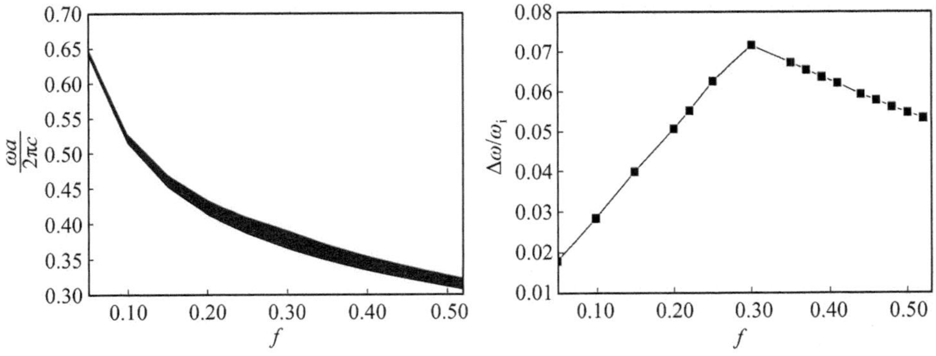

(a) 1st PBG (b) 1st PBG 的相对带宽

图 7.35 填充介质球为 Te($n_x = n_e = 6.2, n_y = n_z = n_o = 4.8$) 时非寻常波在三维磁化等离子体光子晶体中的 1st PBG 和其相对带宽与 f 的关系图

增大而先增大后减小。1st PBG 相对带宽的最大值是 0.071 6，且此时 $f=0.3$。与 $f=0.05$ 时相比，1st PBG 的相对带宽增加了 0.053 8。当然，如果 f 的值很小且趋近于零时，该光子晶体可以近似地看作磁化等离子体块，所以水平带区域将消失。综上可知，对于非寻常波的 1st PBG 而言，f 是一个非常重要的参数。

7.4.6 等离子体频率对各向异性非寻常波 PBG 的影响

图 7.36 给出了填充介质球为 Te 时非寻常波在三维磁化等离子体光子晶体中的 1st PBG 和其相对带宽与 ω_p 的关系图，此时 $f=0.35$、$\omega_p=0.15\omega_{p0}$、$\nu_c=0.02\omega_p$、$\omega_c=0.6\omega_{pl}$、$n_o=4.8$、$n_e=6.2$。由图 7.36(a) 可知，非寻常波 1st PBG 的上下边缘将随着 ω_p/ω_{p0} 的增大而发生蓝移，但是其带宽将随着 ω_p/ω_{p0} 的增大而减小。当 ω_p/ω_{p0} 的值由 0.01 增加到 0.35 时，1st PBG 带宽的最大值为 0.024 2($2\pi c/a$)，此时，$\omega_p/\omega_{p0}=0.01$。$\omega_p/\omega_{p0}=0.35$ 与 $\omega_p/\omega_{p0}=0.01$ 时相比，1st PBG 的带宽减小了 0.015 8($2\pi c/a$)。由图 7.36(b) 可知，非寻常波 1st PBG 相对带宽的变化趋势是随着 ω_p/ω_{p0} 的增大而减小的。显然，1st PBG 相对带宽的最大值是0.068 6，此时 $\omega_p/\omega_{p0}=0.01$。与 $\omega_p/\omega_{p0}=0.35$ 时相比，1st PBG 的相对带宽减小了 0.047 9。因此，非寻常波的 1st PBG 能被 ω_p 调谐，带宽较大的 PBG 出现在 low$-\omega_p$ 区域。改变 ω_p 意味着非寻常波在磁化等离子体中的有效介电常数发生了变化，所以该三维磁化等离子体光子晶体的平均折射率也将发生变化，PBG 的位置也将发生变化。

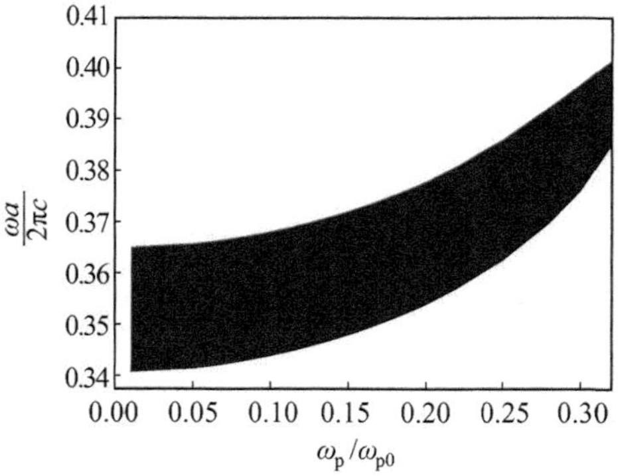

(a) 1st PBG

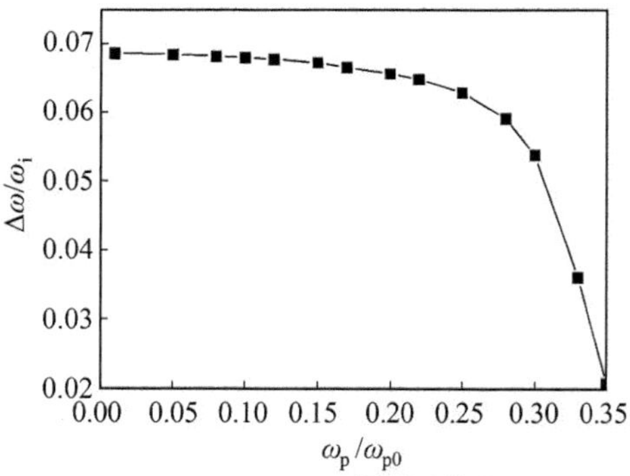

(b) 1st PBG 的相对带宽

图 7.36 填充介质球为 Te 时非寻常波在三维磁化等离子体光子晶体中的 1st PBG 和其相对带宽与 ω_p/ω_{p0} 的关系图

7.4.7 外加磁场对各向异性非寻常波 PBG 的影响

由于外加磁场和等离子体回旋频率满足关系式 $\omega_c=(eB/m)$，因此，ω_c 与 PBG 的关系就直接表征了外加磁场和 PBG 的关系。图 7.37 给出了填充介质球为 Te 时非寻常波在三维磁化等离子体光子晶体中的 1st PBG 和其相对带宽与 ω_c 的关系图，此时 $f=0.35$、$\nu_c=0.02\omega_{pl}$、$\omega_p=0.15\omega_{p0}$、$n_o=4.8$、$n_e=6.2$。由图 7.37(a) 可知，随着 ω_c/ω_{p0} 的增大，非寻常波 1st PBG 的上下边缘将发生蓝移，且其带宽将逐渐减小。当 $\omega_c/\omega_{p0}>2.2$ 时，非寻常波的 1st PBG 将会消失。当 ω_c/ω_{p0} 的值由 0.01 增加到 2.2 时，1st PBG 的频率范围将变为 0.393 1 ~ 0.395 1 $(2\pi c/a)$，且其带宽变为 0.002$(2\pi c/a)$。与 $\omega_c/\omega_{p0}=0.01$ 时相比，1st PBG 的带宽减小了 0.022 3$(2\pi c/a)$。由于磁化等离子体是一种各向异性的介质[169]，当改变外加磁场(ω_c) 的大小时，非寻常波的有效介电常数也将发生变化，这与改变 ω_p 的情况类似，所以 PBG 将发生变化。由图 7.37(b) 可知，1st PBG 的相对带宽将随着 ω_c/ω_{p0} 的增大而减小。非寻常波 1st PBG 相对带宽的最大值为 0.067 6，此时，$\omega_c/\omega_{p0}=0.01$。$\omega_c/\omega_{p0}=2.2$ 与 $\omega_c/\omega_{p0}=0.01$ 时相比，1st PBG 的相对带宽减小了 0.062 5。因此，非寻常波的 PBG 能被外加磁场调控，且 low $-\omega_c$ 区域中能够得到较大的 PBG。

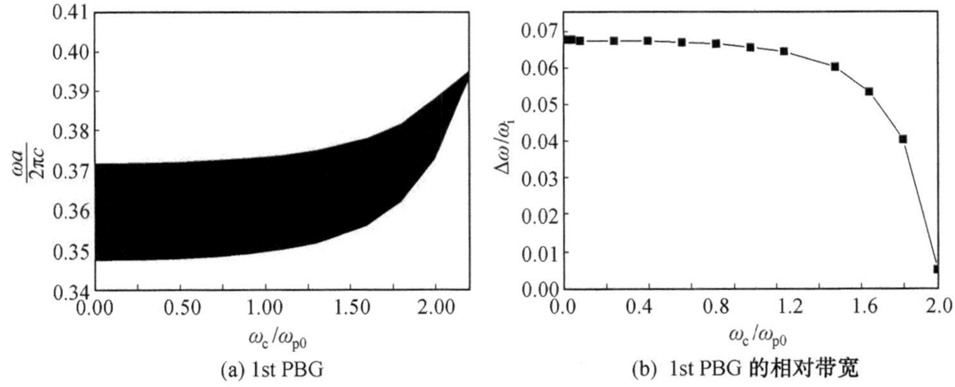

图 7.37　填充介质球为 Te 时非寻常波在三维磁化等离子体光子晶体中的 1st PBG 和其相对带宽与 ω_c/ω_{p0} 的关系图

7.4.8　水平带隙区域的特性

图 7.38 给出了水平带区域上下边缘位置与 w_p、w_c、f、n_e、n_o 和 ν_c 的关系图。由图 7.38(c) ~ 7.38(f) 可知，水平带区域的上下边缘的位置不会受 f、n_e、n_o 和 ν_c 的影响。这可以通过 f、n_e、n_o 和 ν_c 与 f_L、f_R 和 f_U 的关系来说明。显然，f_L、f_R 和 f_U 的大小完全与 f、n_e、n_o 和 ν_c 无关。当然需要指出的是，ν_c 也不会对 PBG 造成影响，因为 ν_c 不会对求解非寻常波的色散关系有任何的影响，它仅仅会对透射系数的幅值造成影响。由图 7.38(a) 可知，水平带区域的上下边缘将会随着 ω_p/ω_{p0} 的增大而近似线性地增大。当 ω_p/ω_{p0} 的值由 0.01 增加到 0.35 时，非寻常波色散曲线中 2 个水平带区域的范围分别为 0 ~ 0.307 9$(2\pi c/a)$ 和 0.384 0 ~ 0.400 0 $(2\pi c/a)$。与 $\omega_p/\omega_{p0}=0.01$ 时相比，水平带的边缘频率分别增加了 0.306 8$(2\pi c/a)$、

0.293 4($2\pi c/a$)和0.309 0($2\pi c/a$)。这是由于f_L、f_R和f_U分别对应这两个水平带区域的上边缘和第二个水平带区域的下边缘。由图7.38(b)可知，随着ω_c/ω_{p0}的增大，第一个水平带区域的上边缘将发生红移，而第二个水平带区域的上下边缘将发生蓝移，这是因为f_R和f_U是关于ω_c的增函数，而f_L却是ω_c的减函数。因此，随着ω_c增大，更高阶的等离子体表面激元模将会出现在磁化等离子体和介

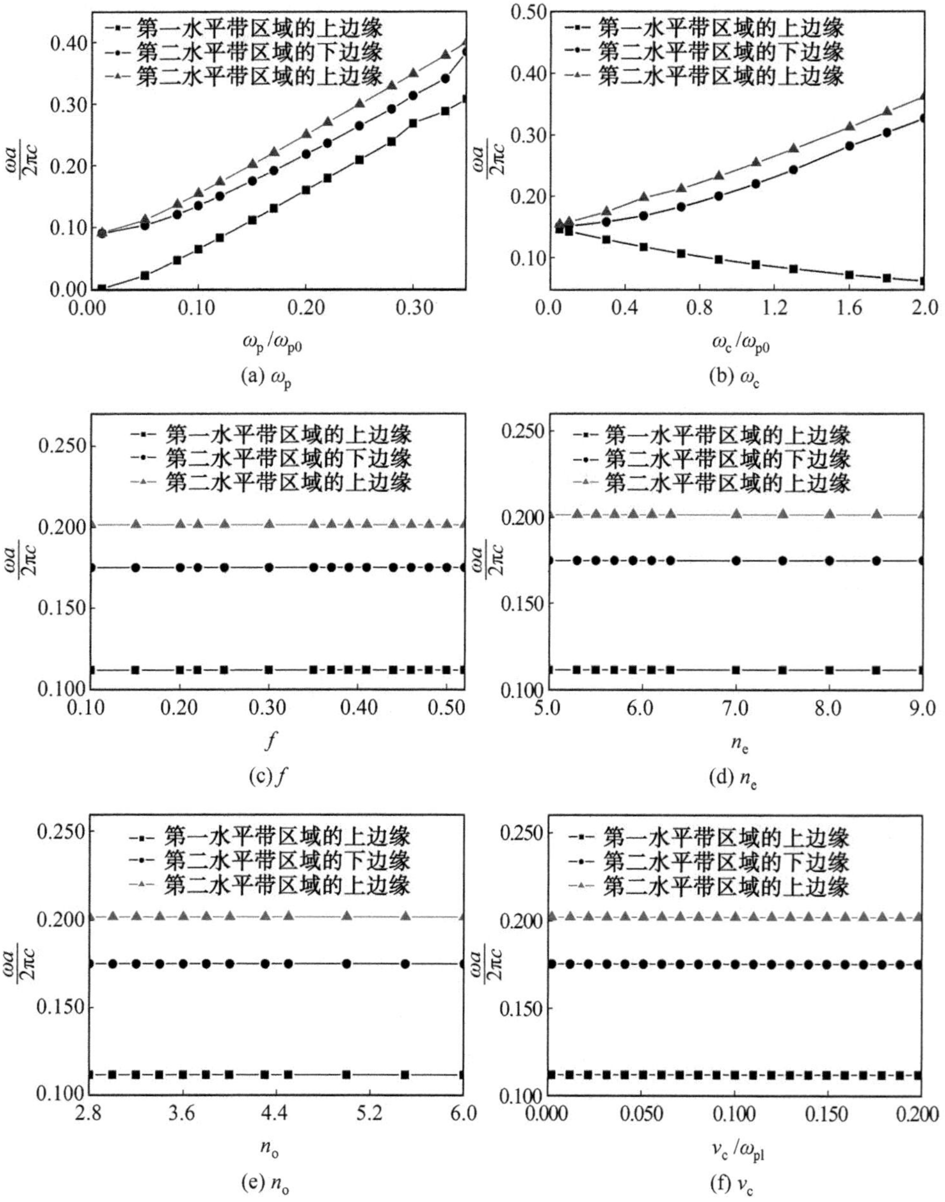

(a) ω_p　(b) ω_c　(c) f　(d) n_e　(e) n_o　(f) ν_c

图7.38　水平带区域上下边缘位置与w_p、w_c、f、n_e、n_o和v_c的关系图

质球的交界面上。当 f_L、f_R 和 f_U 发生变化时，新的等离子体谐振能带将出现，即水平带区域的范围发生了变化。显然，水平带区域的位置只能通过改变等离子体频率和外加磁场来实现。

7.5　技术小结

(1) 本章介绍了三维绿烧石晶格非磁化等离子体光子晶体的 PBG 特性。研究结果表明：绿烧石晶格可以用于拓展 PBG 的带宽，尤其是在填充率和等离子体密度较小时，绿烧石晶格能实现对 PBG 带宽的展宽。而与常规的晶格结构如钻石、面心、体心和立方体晶格相比，绿烧石晶格能产生较大的 PBG，使得填充介质球的相对介电常数不需要太大就能产生 PBG。与常规晶格的三维等离子体光子晶体相似，三维绿烧石晶格等离子体光子晶体不仅能产生 PBG 还能产生水平带，水平带的产生是由表面等离子体激元模形成的。表面等离子体激元是一种沿着导体表面传播的波，是由电荷振荡与电磁场耦合造成的。在适当的条件下，表面等离子体激元能够出现在介质函数发生符号变化的交界面上。如果电磁波的频率落在水平带区域内，等离子体相对介电常数的实部是负数，而介质球的相对介电常数是正数。因此，等离子体和介质球的交界面处由于相对介电常数的不连续性，电子和电磁场在交界面处产生耦合，而此时等离子体内部没有纵向的参量能和等离子体振荡(plasma oscillation)发生耦合，因此电磁场将在交界面处迅速衰减，即表面等离子体激元将被局域在介质球的表面。显然，水平带是由表面等离子体激元模产生的。对于绿烧石晶格而言，每个单元格中包含了 4 个散射体(介质球)，因此，它的对称性较常规晶格结构要低，即更容易产生 PBG。当背景介质 ε_a 增大时，PBG 的上下边缘将发生红移，而其带宽将先增大后减小。最大带宽出现在 low $-\varepsilon_a$ 区域，而其相对带宽将随着 ε_a 的增大而增大。当增加 ω_p 时，PBG 的上下边缘将发生蓝移，且其带宽和相对带宽均将先增大后减小，因此，最大的带宽和相对带宽均将出现在 low $-\omega_p$ 区域。而增加介质球的填充率 f 时，PBG 的上下边缘将发生红移，且带宽和相对带宽均将随着 f 的增大而增大，PBG 的相对带宽和带宽的最大值出现在 high $-f$ 区域。改变 ε_a、ω_p 和 f 的大小，其本质上是改变该三维等离子体光子晶体的平均折射率，因此，PBG 能被这 3 个参数调谐。然而，改变 ν_c 的大小对 PBG 无影响，因为 ν_c 仅为等离子体的耗散项且对求解特征值无明显影响。因此，ν_c 对 PBG 几乎无影响。

(2) 本章在理论上对不同晶格条件下三维各向异性等离子体光子晶体的 PBG 特性进行了介绍，采用引入各向异性介质(单轴材料) 的方式来展宽 PBG 的带宽。该光子晶体依然是 type－1 型，即介质球填充于等离子体背景中。研究结果表明：对于拓扑结构的对称性较低的晶格而言，引入单轴材料时未必能实现对PBG的拓展；而对于对称性较强的晶格如面心、体心和立方体晶格而言，引入各向异性材料能实现对PBG的拓展。相对其他两种类型的单轴材料而言，当面心、体心和立方体晶格三维等离子体光子晶体中引入type－1型的单轴材料（$n_x=n_e$，$n_y=n_z=n_o$）时，能产生带宽更宽的PBG。相对体心和立方体晶格而言，面心晶格PBG的中心频率更大，立方体晶体PBG的中心频率将最小，而体心晶格PBG具有最大的相对带宽，面心、体心和立方体晶格的PBG能被ω_p、n_e和n_o调谐。增加ω_p的大小，PBG的带宽将减小，且最大相对带宽将出现在low－ω_p区域。随着介质填充率f的增大，这3种晶格的PBG带宽均将先增大后减小。改变ω_p、n_e、n_o和f的大小本质上就是改变了该光子晶体的平均折射率，显然PBG的带宽和位置将会发生改变。值得一提的是，在这3种晶格条件下，三维等离子体光子晶体均能产生水平带区域，且水平带区域的上边缘保持不变，这是因为等离子体相对介电常数的实部大小与晶格的拓扑结构无关。如果f的值很小且趋近于零，该光子晶体就可以近似地看作等离子体块，那么水平带将会消失。

（3）在理论上对磁光Faraday效应下RCP波在不同晶格条件下的三维磁化等离子体光子晶体（介质球填充磁化等离子体背景）中的PBG特性进行了探讨，并对其在不同晶格分布（面心、体心和立方体晶格）时的PBG进行了比较。研究结果表明：当各向异性介质（单轴材料）引入面心、体心和立方体晶格的三维磁化等离子体光子晶体时，RCP波不但能产生水平带区域而且能产生PBG。与填充的介质球材料为各向同性时相比，引入各向异性介质能获得更大的RCP波PBG。水平带是由磁化等离子体本身造成的，当电磁波的频率满足$f_L<\omega<f_R$（其中$f_L=\omega_c$，$f_R=\omega_c/2+\sqrt{\omega_c^2/4+{\omega_p}^2}$）时，RCP波的有效介电常数的实部将为负数，即表面等离子体激元模将产生，f_L和f_R分别对应水平带区域的上下边缘频率。与其他两种单轴材料相比，三维面心、体心和立方体晶格等离子体光子晶体引入type－1型单轴材料（$n_x=n_e$，$n_y=n_z=n_o$）时，得到的RCP波PBG最大。面心晶格中RCP波PBG的中心频率最大，而立方体晶格中RCP波PBG的中心频率最小，体心晶格中RCP波有最大的PBG相对带宽。面心、体心和立方体晶格RCP的1st PBG能够被n_e和n_o调谐，1st PBG的变化趋势是随着n_e和n_o的增大，1st PBG的相对带宽均将先增大后减小。1st PBG同样能够被ω_p和ω_c（外加磁场）调谐。增大ω_p和ω_c，RCP波PBG的带宽将逐渐减小，且其最大的相对带宽将出现在low－ω_p和low－ω_c区域。提高介质球的填充率f，RCP波PBG的带宽和相对带宽均将随着f的增大而先增大后减小。当然，f趋近于零时，水平带区域也将消失。

（4）本章在理论上研究了磁光Voigt效应下非寻常波在三维磁化等离子体光子晶体中的色散特性。该光子晶体的拓扑结构为面心结构且为type－1型，即介质球填充等离子体背景。研究结果表明：将单轴材料引入该光子晶体时，不仅可以获得 PBG，而且可以产生 2 个水平带区域。在 Voigt 效应下，非寻常波有 3 个截止频率，即 f_L（$f_L = -\omega_c/2 + \sqrt{\omega_c^2/4 + \omega_p{}^2}$）、$f_R$（$f_R = \omega_c/2 + \sqrt{\omega_c^2/4 + \omega_p{}^2}$）和 f_H（$f_H = \sqrt{\omega_c^2 + \omega_p{}^2}$）。它们分别对应于这 3 个水平带的上边缘和第两个水平带区域的下边缘。因此，非寻常波的这 2 个水平带区域是由表面等离子体激元模产生的，这两个水平带区域的位置只能通过改变 ω_p 和 ω_c 来调控。与填充各向同性介质相比，填充单轴材料能得到带宽更宽的 PBG，且引入 type－1 型的单轴材料时，非寻常波的 PBG 最宽。非寻常波的 1st PBG 能被 n_e 和 n_o 调谐，1st PBG 的相对带宽将随着 n_e 和 n_o 的增大而先增大后减小。1st PBG 也能够被 ω_p 和外加磁场（ω_c）所调控，其带宽将随着 ω_p 和 ω_c 的增大而先增大后减小，相对带宽的最大值将出现在 low－ω_p 和 low－ω_c 区域。增加 f 的值，PBG 的相对带宽和带宽均将先增大后减小，且 f 足够小（接近于零）时，水平能带将消失。

本章的研究结果为三维等离子体光子晶体 PBG 的带宽展宽技术提供了思路和理论依据。但是由于时间和篇幅的原因，本章并未对改变填充物外形的对称来实现对 PBG 的拓展进行讨论，这也是将来较为重要的工作方向之一。总之，对于三维等离子体光子晶体而言，可以通过改变晶格结构、填充物的外形和引入各向异性介质的方式来实现对 PBG 带宽的拓展，当然也可以是其中几种方式的结合。本章的研究内容在理论上为设计三维等离子体光子晶体器件奠定了基础。

第 8 章

三维等离子体光子晶体的器件设计及其应用

在理论上，三维等离子体光子晶体可通过特殊的晶格排列、引入单轴或者双轴晶体来拓展 PBG 的带宽，但是在实际工程上大范围内电离均匀等离子体填充体（如球体、立方体等）非常困难。因此，在工程上可以用等离子体鞘层结构来替代纯粹的等离子体结构，这样可以大大降低实现难度。本章将主要介绍在不同晶格条件下和不同磁光效应下三维等离子体光子晶体在光开关设计上的应用，本章内容也为设计其他功能性器件奠定了基础。

前两章采用最为简单的理论模型对三维等离子体光子晶体的色散特性和带宽拓展技术进行了研究，并分别讨论了在磁光 Voigt 和 Faraday 效应下非寻常波和 RCP 波的色散特性。然而，对于 type－1 型三维等离子体光子晶体而言，要使背景介质均为等离子体，显然在现实应用中很难实现；而对于 type－2 型而言，尽管可以在背景介质的相对介电常数较小时获得 PBG，但是要产生一个填充率较大的等离子体球体也不是件简单的事情。那么有没有一种方式既能较好地克服这两种类型的缺点，又可以得到 PBG 呢？答案是肯定的。类似的电单负（$\varepsilon<0$）色散介质除了等离子体外还有其他介质，如半导体、超导体和石墨烯等。因此，这种新的实现技术对于设计由上述电单负色散介质构成的器件均有指导意义。显然，鞘层结构（core-shell structure）是一个较好的选择[308,309]。这种结构就是一种简单的三元结构，即核心介质 ε_a 被一定厚度的等离子体鞘层包裹且填充在背景介质 ε_b 中。这种结构不但在实现上存在着可能性，而且也可以减少色散介质的使用量。

另一方面，由于等离子体的物理特性可通过多种物理参量进行调谐，如等离子体密度、电子温度和外加磁场等，因此，三维等离子体光子晶体能够被用来设计多种微波器件，如光开关、波分多路复用器和可调谐滤波器等。基于三维等离子体光子晶体可调谐光开关的基本原理图如图 8.1 所示。

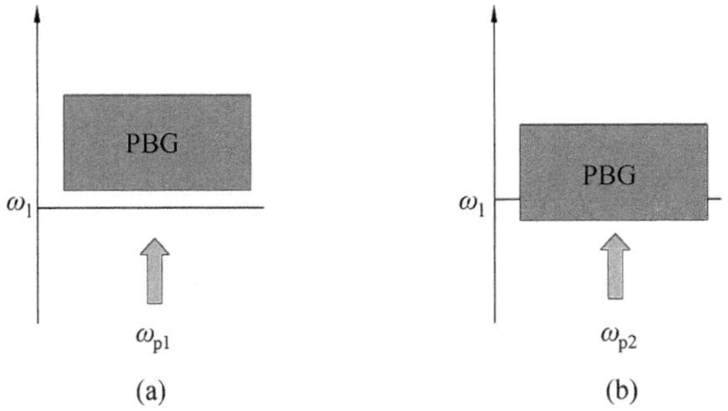

图 8.1　基于三维等离子体光子晶体可调谐光开关的基本原理图

如图 8.1(a) 所示，如果等离子体频率为 ω_{p1} 时，ω_1 在 PBG 外，显然频率等于 ω_1 的电磁波是可以通过的，此时开关状态为“开”。如果等离子频率变成 ω_{p2} 时（图 8.1(b)），ω_1 在 PBG 内，显然频率等于 ω_1 的电磁波是不可以通过的，开关的状态将变为“关”。显然，全过程实现了光开关的功能。同理，这种“开关带隙”（Switching Band Gap，SWBG）也可以用来设计可调谐滤波器或波分多路复用器[310]。

本章的主要内容是对于基于三元鞘层结构的三维非磁化等离子体光子晶体的色散特性进行介绍，并给出其 SWBG 的特性。本章还将分别讨论在磁光

Faraday 和 Voigt 效应下 RCP 波和非寻常波的 SWBG 和水平带区域的特性，并分析三维等离子体光子晶体各个参数对 SWBG 的影响。计算结果表明：三元鞘层结构使得三维等离子体光子晶体能较好地应用于光开关、波分多路复用器或可调谐滤波器等器件的设计中。

8.1 基于三维等离子体光子晶体的光开关设计

由第 7 章可知，三维等离子体光子晶体按照绿烧石晶格结构排列时能在等离子体密度较低时得到较大的 PBG。那么，将鞘层结构引入该光子晶体中，其色散特性又会如何变化呢？ 本节将针对这个问题进行研究和阐述，并讨论该光子晶体各个参数对 SWBG 和表面等离子体激元模的影响。结果表明：该光子晶体鞘层结构能够很好地替代纯粹的球形等离子体结构，并能在实现光开关的同时达到减少等离子体使用量的目的。

8.1.1 理论模型和数值方法

假设该光子晶体是以绿烧石晶格分布的，其拓扑结构如图 8.2(a) 所示。由于是采用鞘层结构，填充单元的核心是由相对介电常数为 ε_a 的介质球和外层等离子体鞘层组成的，整个单元置于空气背景中。假设等离子体和背景介质的相对介电常数分别为 ε_p 和 ε_b，在本节中初始设定 $\varepsilon_b=1$。如图 8.2(a) 所示，假设核心介质球的半径、等离子体鞘层半径和晶格常数分别为 R_1、R_2 和 a。如图 8.2(c) 所示，绿烧石晶格的 1st BZ 上的高对称点分别为 $\Gamma=(0,0,0)$、$X=(2\pi/a,0,0)$、$W=(2\pi/a,\pi/a,0)$、$K=(1.5\pi/a,1.5\pi/a,0)$、$L=(\pi/a,\pi/a,\pi/a)$ 和 $U=(2\pi/a,0.5\pi/a,0.5\pi/a)$。在计算时引入的时谐量是 $e^{-j\omega t}$，ω 是角频率，t 是时间，且 $j=\sqrt{-1}$。当不存在外加磁场时，ε_p 可以表示为

$$\varepsilon_p(\omega)=1-\frac{\omega_p^2}{\omega(\omega+j\nu_c)} \tag{8.1}$$

式中，ν_c 和 ω_p 分别表示等离子体碰撞频率和等离子体频率。$\omega_p=(e^2n_e/\varepsilon_0 m)^{1/2}$，$e$、$m$、$n_e$ 和 ε_0 分别表示电子的电量、电子的质量、等离子体密度和真空中的介电常数。绿烧石晶格的单位晶格是菱形的，且每个单元晶格中包含 4 个散射体(如图 8.2(b))，4 个散射体位于 $\boldsymbol{v}_1=(0,0,0)$，$\boldsymbol{v}_2=\boldsymbol{a}_2/2$，$\boldsymbol{v}_3=\boldsymbol{a}_3/2$，$\boldsymbol{v}_4=\boldsymbol{a}_1/2$，其中 $\boldsymbol{a}_1=(0.5,0.5,0)$，$\boldsymbol{a}_2=(0.5,0,0.5)$，$\boldsymbol{a}_3=(0,0.5,0.5)$。显然，根据 PWE 方法[311,312]，该光子晶体介质的傅里叶展开系数可以表示为

$$\kappa_G=\begin{cases}H_1, & \boldsymbol{G}=\boldsymbol{0}\\ H_2, & \boldsymbol{G}\neq\boldsymbol{0}\end{cases} \tag{8.2}$$

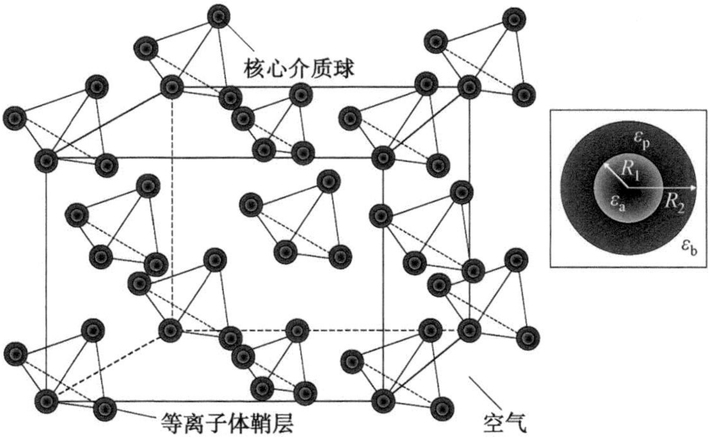

(a) 拓扑结构示意图

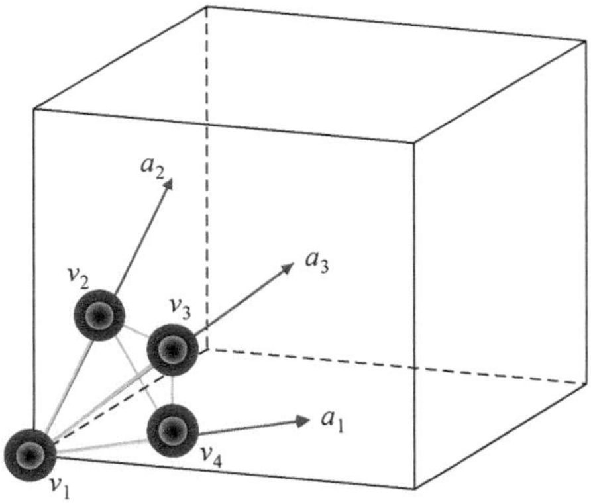

(b) 晶格单元示意图

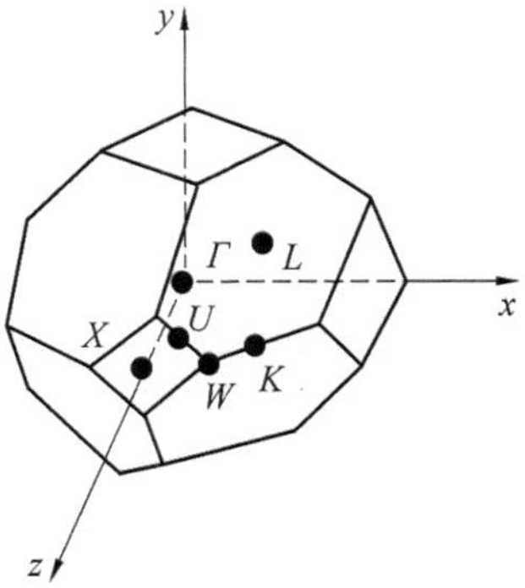

(c) 1st BZ

图 8.2　基于鞘套层结构的三维绿烧石晶格非磁化等离子体光子晶体的结构、单元结构与 1st BZ 的示意图

其中

$$H_1=\left(\frac{\omega^2+\mathrm{j}\nu_c\omega}{\omega^2+\mathrm{j}\nu_c\omega-\omega_p^2}-\frac{1}{\varepsilon_b}\right)4f_2+\left(\frac{1}{\varepsilon_a}-\frac{\omega^2+\mathrm{j}\nu_c\omega}{\omega^2+\mathrm{j}\nu_c\omega-\omega_p^2}\right)4f_1+\frac{1}{\varepsilon_b}$$

$$\begin{aligned}H_2\doteq&\left(\frac{\omega^2+\mathrm{j}\nu_c\omega}{\omega^2+\mathrm{j}\nu_c\omega-\omega_p^2}-\frac{1}{\varepsilon_b}\right)\cdot\sum_{i=1}^{4}\mathrm{e}^{-(\boldsymbol{G}\cdot\boldsymbol{v}_i)}\cdot\\&3f_2\frac{\sin(|\boldsymbol{G}|R_2)-(|\boldsymbol{G}|R_2)\cos(|\boldsymbol{G}|R_2)}{(|\boldsymbol{G}|R_2)^3}+\\&\left(\frac{1}{\varepsilon_a}-\frac{\omega^2+\mathrm{j}\nu_c\omega}{\omega^2+\mathrm{j}\nu_c\omega-\omega_p^2}\right)\cdot\sum_{i=1}^{4}\mathrm{e}^{-(\boldsymbol{G}\cdot\boldsymbol{v}_i)}\cdot\\&3f_1\frac{\sin(|\boldsymbol{G}|R_1)-(|\boldsymbol{G}|R_1)\cos(|\boldsymbol{G}|R_1)}{(|\boldsymbol{G}|R_1)^3}\end{aligned}$$

式中，f_1 表示核心介质球的填充率，$f_1=(4\pi R_{13})/(3V_m)$；f_2 是介质－等离子体球的填充率，$f_2=(4\pi R_{23})/(3V_m)$，V_m 是晶格单元的体积；$\boldsymbol{G}$ 是倒格矢。根据 Bloch 定理[313]，磁场 $\boldsymbol{H}(r)$ 可以表示为

$$\boldsymbol{H}(\boldsymbol{r})=\sum_{\boldsymbol{G}}\sum_{\lambda=1}^{2}h_{\boldsymbol{G},\lambda}\hat{\boldsymbol{e}}_\lambda\mathrm{e}^{\mathrm{j}(\boldsymbol{k}+\boldsymbol{G})\cdot\boldsymbol{r}}\tag{8.3}$$

Maxwell 方程组可以表示为(假设 c 表示光速)

$$\sum_{\boldsymbol{G}',\lambda'}|\boldsymbol{k}+\boldsymbol{G}||\boldsymbol{k}+\boldsymbol{G}'|\begin{pmatrix}\hat{\boldsymbol{e}}_2\cdot\boldsymbol{\varepsilon}_{\boldsymbol{G},\boldsymbol{G}'}^{-1}\cdot\hat{\boldsymbol{e}}_{2'} & -\hat{\boldsymbol{e}}_2\cdot\boldsymbol{\varepsilon}_{\boldsymbol{G},\boldsymbol{G}'}^{-1}\cdot\hat{\boldsymbol{e}}_{1'}\\-\hat{\boldsymbol{e}}_1\cdot\boldsymbol{\varepsilon}_{\boldsymbol{G},\boldsymbol{G}'}^{-1}\cdot\hat{\boldsymbol{e}}_{2'} & \hat{\boldsymbol{e}}_1\cdot\boldsymbol{\varepsilon}_{\boldsymbol{G},\boldsymbol{G}'}^{-1}\cdot\hat{\boldsymbol{e}}_{1'}\end{pmatrix}h_{\boldsymbol{G}',\lambda'}=\frac{\omega^2}{c^2}h_{\boldsymbol{G},\lambda}\tag{8.4}$$

且 $\boldsymbol{\varepsilon}_{\boldsymbol{G},\boldsymbol{G}'}^{-1}=\kappa_{\boldsymbol{G},\boldsymbol{G}'}$。其中，$\boldsymbol{k}$ 是在 1st BZ 的波矢，$\hat{\boldsymbol{e}}_1$ 和 $\hat{\boldsymbol{e}}_2$ 是垂直于波矢 $\boldsymbol{k}+\boldsymbol{G}$ 的正交单位矢量，其他参数定义与第 7 章相同。如果定义一个复数变量 $\zeta=\omega/c$，式(8.4)可以表示为

$$\zeta^4\boldsymbol{I}-\zeta^3\boldsymbol{T}-\zeta^2\boldsymbol{U}-\zeta\boldsymbol{V}-\boldsymbol{W}=\boldsymbol{0}\tag{8.5}$$

式中，$\boldsymbol{I}$ 表示单位矩阵，且

$$\boldsymbol{T}(\boldsymbol{G}|\boldsymbol{G}')=-\mathrm{j}\frac{\nu_c}{c}\boldsymbol{\delta}_{\boldsymbol{G}\cdot\boldsymbol{G}'}\tag{8.6}$$

$$\begin{aligned}\boldsymbol{U}(\boldsymbol{G}|\boldsymbol{G}')=&\left\{\frac{\omega_p^2}{c^2}+\left[\frac{1}{\varepsilon_b}+\left(1-\frac{1}{\varepsilon_b}\right)4f_2+\left(\frac{1}{\varepsilon_a}-1\right)4f_1\right]\cdot\boldsymbol{M}\right\}\boldsymbol{\delta}_{\boldsymbol{G}\cdot\boldsymbol{G}'}+\\&\left[\left(1-\frac{1}{\varepsilon_b}\right)\sum_{i=1}^{4}\mathrm{e}^{-(\boldsymbol{G}\cdot\boldsymbol{v}_i)}\cdot\right.\\&3f_2\frac{\sin(|\boldsymbol{G}-\boldsymbol{G}'|R_2)-(|\boldsymbol{G}-\boldsymbol{G}'|R_2)\cos(|\boldsymbol{G}-\boldsymbol{G}'|R_2)}{(|\boldsymbol{G}-\boldsymbol{G}'|R_2)^3}+\\&\left(\frac{1}{\varepsilon_a}-1\right)\sum_{i=1}^{4}\mathrm{e}^{-(\boldsymbol{G}\cdot\boldsymbol{v}_i)}\cdot\\&\left.3f_1\frac{\sin(|\boldsymbol{G}-\boldsymbol{G}'|R_1)-(|\boldsymbol{G}-\boldsymbol{G}'|R_1)\cos(|\boldsymbol{G}-\boldsymbol{G}'|R_1)}{(|\boldsymbol{G}-\boldsymbol{G}'|R_1)^3}\right]\cdot\boldsymbol{M}\end{aligned}\tag{8.7}$$

$$
\begin{aligned}
\boldsymbol{V}(\boldsymbol{G} \mid \boldsymbol{G}') = & \left\{ \mathrm{j}\, \frac{\nu_c}{c} \left[\frac{1}{\varepsilon_b} + \left(1 - \frac{1}{\varepsilon_b}\right) 4 f_2 + \left(\frac{1}{\varepsilon_a} - 1\right) 4 f_1 \right] \cdot \boldsymbol{M} \right\} \boldsymbol{\delta}_{G \cdot G'} + \\
& \mathrm{j}\, \frac{\nu_c}{c} \left[\left(1 - \frac{1}{\varepsilon_b}\right) \sum_{i=1}^{4} \mathrm{e}^{-(\boldsymbol{G} \cdot \boldsymbol{v}_i)} \cdot \right. \\
& 3 f_2 \, \frac{\sin(|\boldsymbol{G} - \boldsymbol{G}'| R_2) - (|\boldsymbol{G} - \boldsymbol{G}'| R_2) \cos(|\boldsymbol{G} - \boldsymbol{G}'| R_2)}{(|\boldsymbol{G} - \boldsymbol{G}'| R_2)^3} + \\
& \left(\frac{1}{\varepsilon_a} - 1\right) \sum_{i=1}^{4} \mathrm{e}^{-(\boldsymbol{G} \cdot \boldsymbol{v}_i)} \cdot \\
& \left. 3 f_1 \, \frac{\sin(|\boldsymbol{G} - \boldsymbol{G}'| R_1) - (|\boldsymbol{G} - \boldsymbol{G}'| R_1) \cos(|\boldsymbol{G} - \boldsymbol{G}'| R_1)}{(|\boldsymbol{G} - \boldsymbol{G}'| R_1)^3} \right] \cdot \boldsymbol{M}
\end{aligned}
\tag{8.8}
$$

$$
\begin{aligned}
\boldsymbol{W}(\boldsymbol{G} \mid \boldsymbol{G}') = & \left[\left(-\frac{\omega_p^2}{\varepsilon_b c^2} - \frac{\omega_p^2}{\varepsilon_a c^2} 4 f_1 + \frac{\omega_p^2}{\varepsilon_a c^2} 4 f_2 \right) \cdot \boldsymbol{M} \right] \boldsymbol{\delta}_{G \cdot G'} - \frac{\omega_p^2}{\varepsilon_a c^2} \sum_{i=1}^{4} \mathrm{e}^{-(\boldsymbol{G} \cdot \boldsymbol{v}_i)} \cdot \\
& 3 f_1 \, \frac{\sin(|\boldsymbol{G} - \boldsymbol{G}'| R_1) - (|\boldsymbol{G} - \boldsymbol{G}'| R_1) \cos(|\boldsymbol{G} - \boldsymbol{G}'| R_1)}{(|\boldsymbol{G} - \boldsymbol{G}'| R_1)^3} \cdot \boldsymbol{M} + \\
& \frac{\omega_p^2}{\varepsilon_a c^2} \sum_{i=1}^{4} \mathrm{e}^{-(\boldsymbol{G} \cdot \boldsymbol{v}_i)} \cdot \\
& 3 f_2 \, \frac{\sin(|\boldsymbol{G} - \boldsymbol{G}'| R_2) - (|\boldsymbol{G} - \boldsymbol{G}'| R_2) \cos(|\boldsymbol{G} - \boldsymbol{G}'| R_2)}{(|\boldsymbol{G} - \boldsymbol{G}'| R_2)^3} \cdot \boldsymbol{M}
\end{aligned}
\tag{8.9}
$$

式中，$\boldsymbol{M} = |\boldsymbol{k}+\boldsymbol{G}|\,|\boldsymbol{k}+\boldsymbol{G}'| \cdot \boldsymbol{F}$，$\boldsymbol{F} = \begin{pmatrix} \hat{\boldsymbol{e}}_2 \cdot \hat{\boldsymbol{e}}_{2'} & -\hat{\boldsymbol{e}}_2 \cdot \hat{\boldsymbol{e}}_{1'} \\ -\hat{\boldsymbol{e}}_1 \cdot \hat{\boldsymbol{e}}_{2'} & \hat{\boldsymbol{e}}_1 \cdot \hat{\boldsymbol{e}}_{1'} \end{pmatrix}$。$\boldsymbol{T}$、$\boldsymbol{U}$、$\boldsymbol{V}$ 和 $\boldsymbol{W}$ 是 $N \times N$ 的矩阵。式(8.5)的求解可以转换一个 $4N \times 4N$ 矩阵 $\boldsymbol{Q}$ 特征值的求取，矩阵 $\boldsymbol{Q}$ 满足

$$
\boldsymbol{Q}\boldsymbol{z} = \zeta \boldsymbol{z}, \quad \boldsymbol{Q} = \begin{pmatrix} 0 & \boldsymbol{I} & 0 & 0 \\ 0 & 0 & \boldsymbol{I} & 0 \\ 0 & 0 & 0 & \boldsymbol{I} \\ \boldsymbol{W} & \boldsymbol{V} & \boldsymbol{U} & \boldsymbol{T} \end{pmatrix}
\tag{8.10}
$$

求解式(8.10)的特征值就得到了式(8.5)的解。显然，所求特征值的实部就决定了该三维等离子体光子晶体的色散关系。

为使 PWE 方法的计算精度能满足要求，将用 1 331 个平面波进行展开。为了不失一般性，频域用 $\omega_{p0} a/2\pi c=1$ 来进行归一化。显然，ω_p 和 ν_c 也可以用 ω_{p0} 来定义。假设 ω_p 和 ν_c 初始值分别为 $\omega_p=\omega_{pl}=0.15\omega_{p0}$ 和 $\nu_c=0.02\omega_{pl}$，显然，ω_{p0} 和 ω_{pl} 仅是参变量，没有任何的物理意义，且这 3 种介质的相对磁导率分别定义为 $\mu_a=1$、$\mu_b=1$ 和 $\mu_p=1$。假设核心介质的折射率为 n_a，且 $\varepsilon_a=n_{a2}$，本节将主要针对 1st SWBG 的特性进行讨论。

8.1.2　表面等离子体激元模的特性

图 8.3 给出了 ω_p 和 ν_c 取不同值时该三维等离子体光子晶体的色散曲线，此

时 $n_a=6.2$、$\varepsilon_b=1$、$R_1=0.1a$、$R_2=0.175\,6a$，灰色区域表示 PBG。由图 8.3(a) 可知，当 $\omega_p=0$、$\nu_c=0$ 时，等离子体鞘层可以等效为空气，该光子晶体也就变成了常规的三维介质－空气光子晶体，其前两个 PBG 的频率范围分别为 0.877 2 ～ 0.929 2($2\pi c/a$) 和 1.108 8 ～ 1.110 8($2\pi c/a$)。由图 8.3(b) 可知，当 $\omega_p=0.15\omega_{p0}$、$\nu_c=0.02\omega_{pl}$ 时，该三维等离子体光子晶体不仅能产生 PBG 而且能产生一个水平带区域，前两个 PBG 频率范围分别变为 0.883 6 ～ 0.933 5($2\pi c/a$) 和 1.113 2 ～1.114 5($2\pi c/a$)，水平带区域的范围为 0.024 6 ～ 0.150 0($2\pi c/a$)，水平带产生的原因是表面等离子体激元模的存在。当入射电磁波的频率位于水平带区域中时，ε_p 的实部为负数，而 ε_b 和 ε_a 的实部为正数。因此，表面等离子体激元模就形成了。与图 8.3(a) 中的结果相比，PBG 的上下边缘频率将发生蓝移。显然，该光子晶体产生的 PBG 是 SWBG。通过改变等离子体的参数，该光子晶体就可以设计成光开关、可调谐滤波器或波分多路复用器等器件。换句话说，在不同的频率范围内，SWBG“开”和“关”的状态可以通过改变等离子体鞘层的参数来实现。

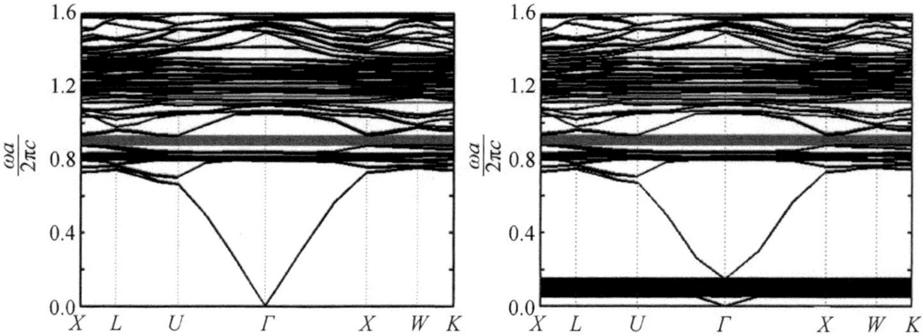

(a) $\omega_p=0,\ \nu_c=0$　　(b) $\omega_p=0.05\omega_{p0},\ \nu_c=0.02\omega_{pl}$

图 8.3　ω_p 和 ν_c 取不同值时该三维等离子体光子晶体的色散曲线

众所周知[314]，当等离子体引入三维介质－空气光子晶体中时，该光子晶体在产生 PBG 的同时也会形成水平带区域。当 $\omega<\omega_p$ 时，水平带会出现在水平带区域中。因此，水平带本身就反映了表面等离子体激元模的特性。图 8.4 给出了基于鞘层结构时不同晶格条件下的三维非磁化等离子体光子晶体的色散曲线，此时 $R_1=0.1a$、$n_a=6.2$、$\varepsilon_b=1$、$\omega_p=0.15\omega_{p0}$、$\nu_c=0.02\omega_{pl}$、$R_2=0.175\,6a$。由图 8.4 可知，对于这 4 种晶格结构的三维等离子体光子晶体而言，它们均能产生一个水平带区域，且水平带区域的范围分别为 0.061 4 ～ 0.150 0($2\pi c/a$)、0.063 5 ～ 0.150 0 ($2\pi c/a$)、0.077 6 ～ 0.150 0($2\pi c/a$) 和 0.100 1 ～ 0.150 0($2\pi c/a$)。由图 8.4 中的结果可知，水平带区域的上边缘频率与光子晶体的拓扑结构无关，这是因为上边缘的位置是由满足 $\omega<\omega_p$ 的条件决定的。水平带区域的下边缘频率却与晶格的拓扑结构有关且大小各不相同，这是由于填充球在不同晶格条件下

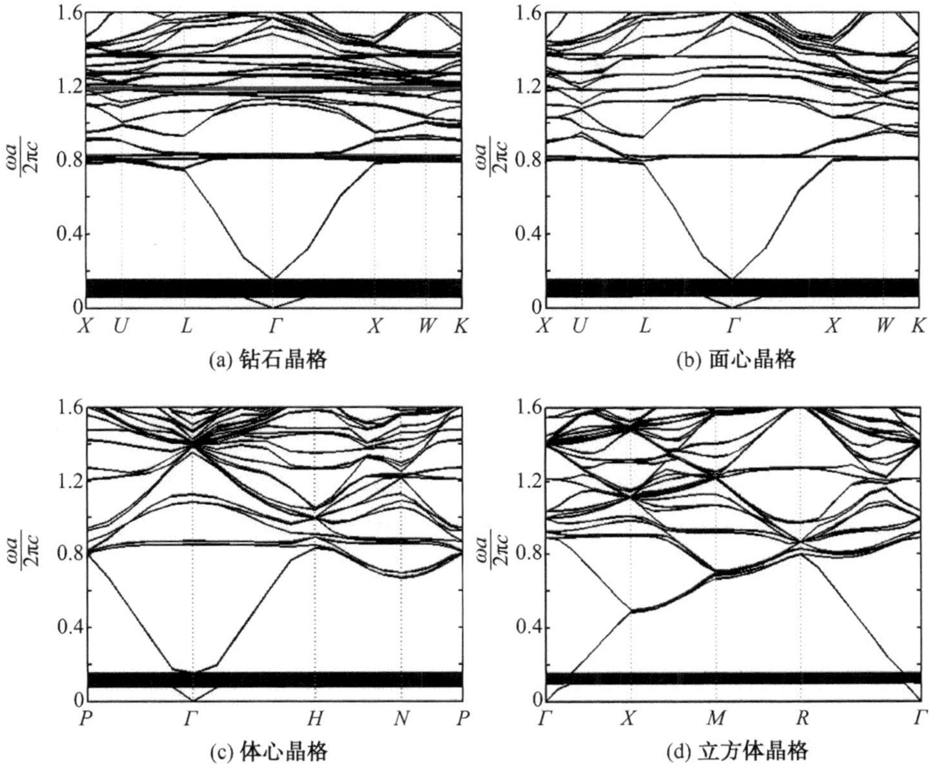

图 8.4　基于鞘层结构时不同晶格条件下的三维非磁化等离子体光子晶体的色散曲线

相互之间的距离不同导致的。这也可以用 Maxwell－Garnett 型有效介质理论[315] 来解释，当 $\omega < \omega_p$ 时，该光子晶体的有效介电常数 $\varepsilon_{\rm eff}$ 可以表示为[315]

$$\varepsilon_{\rm eff}=\frac{\varepsilon_b(1+2f_1\alpha_c)}{1-f_1\alpha_c} \tag{8.11}$$

式中，$\alpha_c=\dfrac{\alpha_0+(R_1/R_2)^3\alpha_1(\varepsilon_b+2\varepsilon_p)/(\varepsilon_p+2\varepsilon_b)}{1+2(R_1/R_2)^3\alpha_1\alpha_0}$，$\alpha_0=\dfrac{\varepsilon_p-\varepsilon_b}{\varepsilon_p+2\varepsilon_b}$，$\alpha_1=\dfrac{\varepsilon_a-\varepsilon_p}{\varepsilon_a+2\varepsilon_p}$，且 $k=k_0\sqrt{\varepsilon_{\rm eff}}$，$k_0=\omega/c$。$f_1$ 的定义见文献[315]。显然，色散关系与等离子体和介质球的填充率以及这二者的相对介电常数有关，改变光子晶体的拓扑结构对水平带区域的下边缘有影响。

为了进一步研究晶格拓扑结构与水平带区域的关系，图 8.5 给出了不同晶格条件下水平带区域上下边缘的位置与 R_1 的关系图，此时 $n_a=6.2$、$\varepsilon_b=1$、$\omega_p=0.15\omega_{p0}$、$\nu_c=0.02\omega_{pl}$、$R_2=0.175\,6a$。由图 8.5 可知，这 5 种晶格的水平带区域的上边缘频率均不会随着 R_1 的增大而发生变化，它们的值均等于 $0.150\,0(2\pi c/a)$，这意味着核心介质存在与不存在均不会影响水平带区域的上边缘频率，这主要是因为水平带区域上边缘频率由表面等离子体激元模的频率决定。只要等离子

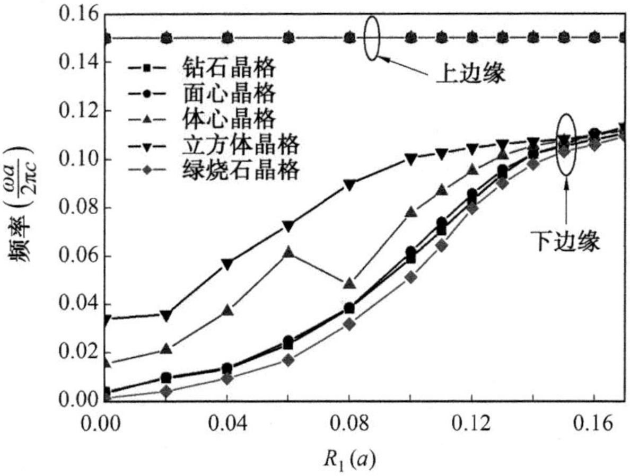

图 8.5　不同晶格条件下水平带区域上下边缘的位置与 R_1 的关系图

体与介质交界面的相对介电常数不发生变化，表面等离子体激元模也就将维持不变。然而，水平带区域的下边缘频率将会随着 R_1 的增大而发生蓝移。当 $R_1/a \leqslant 0.02$ 时，这 5 种晶格所产生的水平带区域的下边缘频率均将趋近于零。随着 R_1 的增大，立方体晶格的水平带区域的下边缘频率将增大。当 $R_1/a=0.17$ 时，这 5 种晶格所产生的水平带区域的下边缘频率均将趋近于一个定值，即 0.110 0 $(2\pi c/a)$。图 8.6 给出了 R_1 取不同值时该三维等离子体光子晶体的色散曲线，此时 $n_a=6.2$、$R_2=0.175\ 6a$、$\varepsilon_b=1$、$\omega_p=0.15\omega_{p0}$、$\nu_c=0.02\omega_{pl}$。由图 8.6 可知，该光子晶体的色散曲线几乎不会发生变化，且等离子体鞘层的厚度(R_2-R_1)存在着一个阈值使得 R_1 对带隙结构无影响，这意味着此时鞘层结构可以等效为一个纯粹的等离子体球，使得加工制成等离子体球变成了可能，而且节省了材料（等离子体）。图 8.7 给出了 ε_a 取不同值时该三维等离子体光子晶体的色散曲线，此时 $R_1=0.03a$、$\varepsilon_b=1$、$R_2=0.175\ 6a$、$\omega_p=0.15\omega_{p0}$、$\nu_c=0.02\omega_{pl}$。由图 8.7 可知，

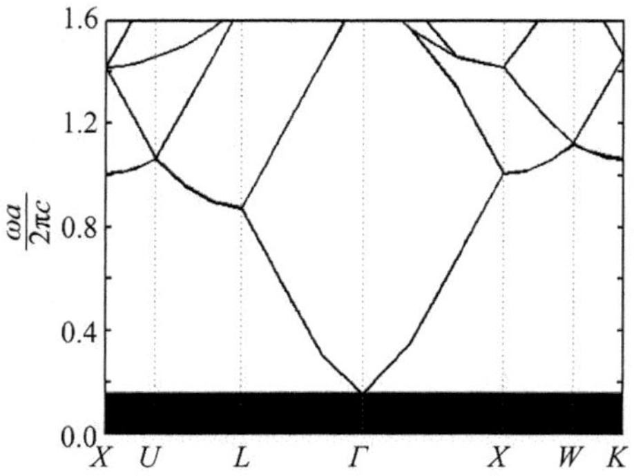

(a) $R_1=0$

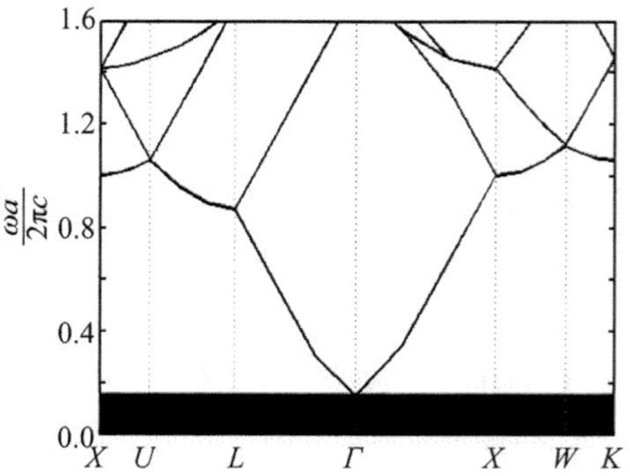

(b) $R_1=0.01a$

图 8.6　R_1 取不同值时该三维等离子体光子晶体的色散曲线

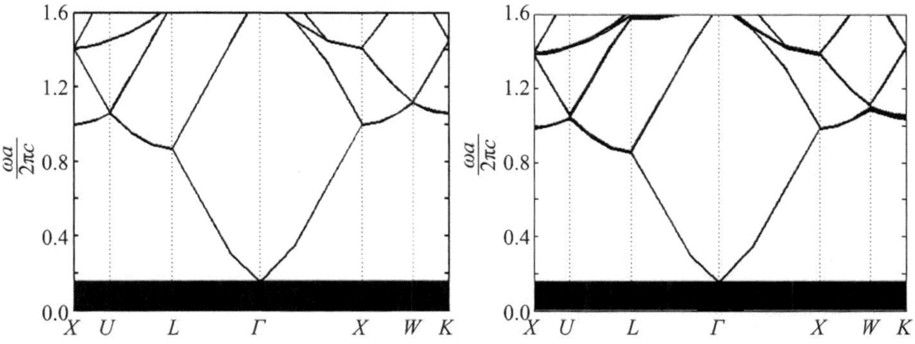

(c) R_1=0.02a　　(d) R_1=0.04a

续图 8.6

当 $R_1=0.03a$ 且核心介质球分别为 Te($n_o=4.8$,$n_e=6.2$)、Tl_3AsSe_3($n_o=3.35$,$n_e=3.16$)[223]、$\varepsilon_a=12.4$ 和 $n_a=6.2$($\varepsilon_a=38.44$)时,该光子晶体的色散曲线是几乎相同的,这意味着(R_2-R_1)也存在着一个阈值,使得 ε_a 对带隙结构无影响。

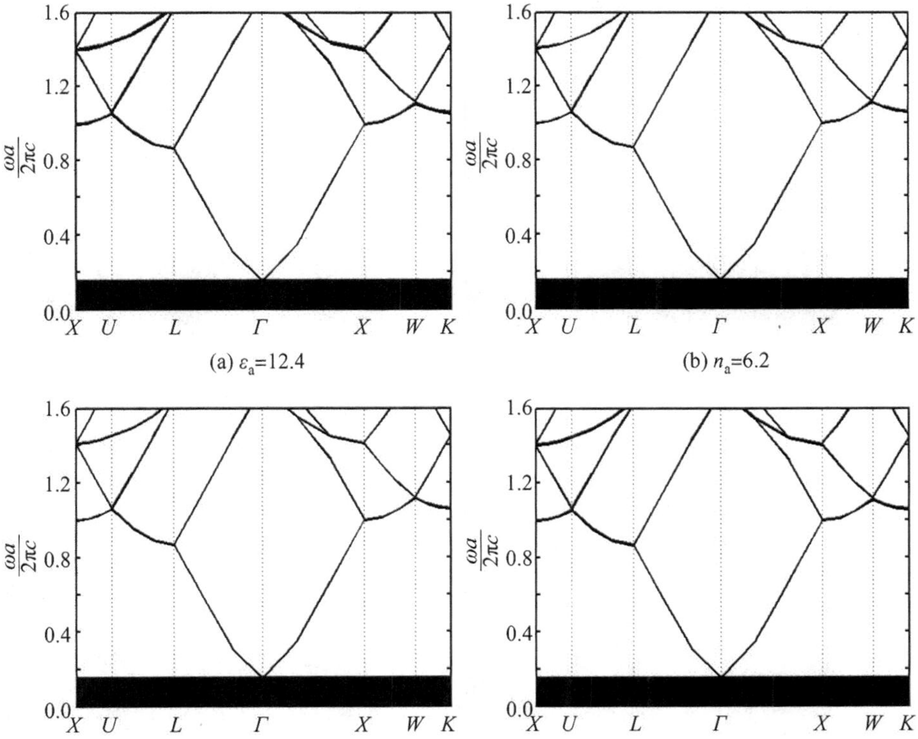

(a) ε_a=12.4　　(b) n_a=6.2

(c) Te (n_o=4.8,n_e=6.2)　　(d) Tl_3AsSe_3 (n_o=3.35,n_e=3.16)

图 8.7　ε_a 取不同值时该三维等离子体光子晶体的色散曲线

图 8.8 给出了 $\varepsilon_b=38.44$ 且 ε_a 取不同值时该三维等离子体光子晶体的色散曲线，此时 $R_1=0.03a$、$\varepsilon_b=1$、$R_2=0.1756a$、$\omega_p=0.15\omega_{p0}$、$\nu_c=0.02\omega_{pl}$，灰色区域为 PBG。由图 8.8 可知，当背景介质为 $\varepsilon_b=38.44$ 且 $R_1=0.03a$ 时，核心球的相对介电常数对色散曲线也几乎没有影响。在这 4 种填充介质的情况下，PBG 分别位于 0.209 9 ～ 0.229 5($2\pi c/a$)、0.209 3 ～ 0.228 0($2\pi c/a$)、0.211 2 ～ 0.230 3($2\pi c/a$) 和 0.209 1 ～ 0.228 9($2\pi c/a$)。由图 8.8 中的结果可知，当等离子体鞘层的厚度足够大时，ε_a 也几乎对 PBG 无影响。另外，值得注意的是，水平带区域也不会随着 ε_a 的变化而变化。表面等离子体激元模特性可以从图 8.6 ～ 8.8 的结果中得出。当等离子体鞘层的厚度大于某一个阈值时，表面等离子体激元模将不会随着 ε_a 和 R_1 的变化而改变，这主要是因为当等离子体鞘层的厚度足够大时，入射电磁波将会被反射且不能穿透该等离子体鞘层。此时，SWBG 的开关状态将不会发生改变。但是值得注意的是，当等离子体鞘层的厚度大于表面等离子体激元模的趋肤深度[195] 时，等离子体激元模将会被局域在空气和等离子体鞘层间的界面上；当等离子体鞘层的厚度小于表面等离子体激元模的趋肤深度[195] 时，等离子体激元模能被局域在介质球和等离子体鞘层间的界面上。

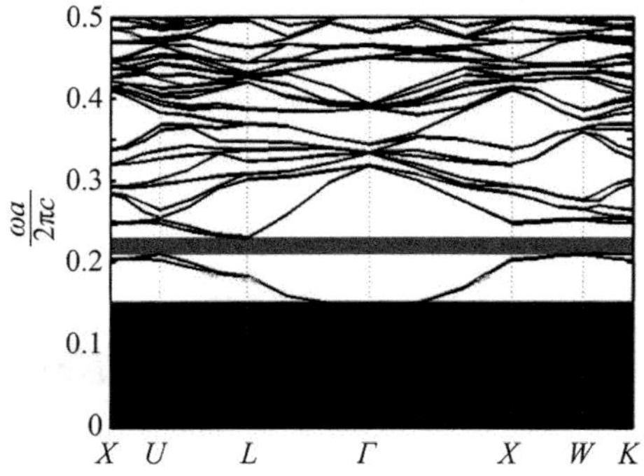

(a) ε_a=12.4

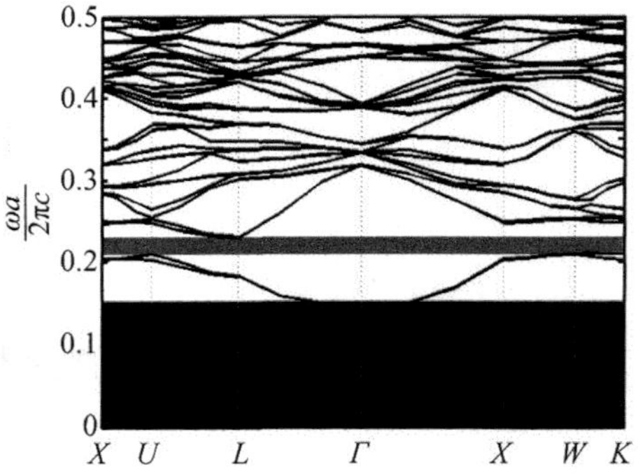

(b) ε_a=4

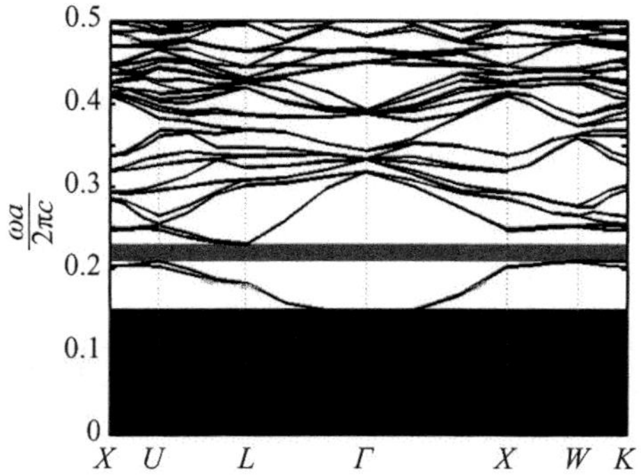

(c) Te (n_o=4.8,n_e=6.2)

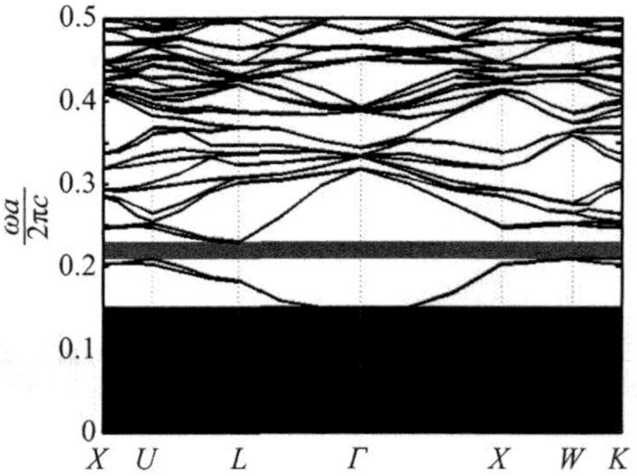

(d) Tl_3AsSe_3 (n_o=3.35,n_e=3.16)

图 8.8　$\varepsilon_b=38.44$ 且 ε_a 取不同值时该三维等离子体光子晶体的色散曲线

8.1.3　可调谐 SWBG 的特性

图 8.9 给出了该三维等离子体光子晶体的 1st SWBG 和其相对带宽与 R_1 的关系图，此时 $n_a=6.2$、$\varepsilon_b=1$、$\omega_p=0.15\omega_{p0}$、$\nu_c=0.02\omega_{pl}$、$R_2=0.175\,6a$，阴影部分表示 1st SWBG。由图 8.9(a) 可知，R_1 对 SWBG 来说是一个非常重要的参数。当 R_1/a 增大时，1st SWBG 的上下边缘均会发生红移，且其带宽将先增大后减小，然后再增大。然而，1st SWBG 与 R_1 的关系图中存在着一些间断点，当 R_1/a 的值等于 0.148 ～ 0.149 时，1st SWBG 将会消失。1st SWBG 的最大带宽为 0.087 4$(2\pi c/a)$，且此时 $R_1/a=0.13$。当 $R_1/a<0.08$ 时，1st SWBG 将不会存在，这意味着该光子晶体的开关状态为“开”。由图 8.9(b) 可知，1st SWBG 相对带宽($\Delta\omega/\omega_i$) 的变化趋势是随着 R_1/a 的增大而先增大后减小，然后再增大(除了间断点外，U_4 的值均存在)，并且 R_1/a 的大小存在着一个最优值，使得 U_5 的值最大。1st SWBG 相对带宽的最大值为 0.198 5，且此时 $R_1/a=0.17$。当 $R_1/a<0.08$ 时，U_6 的值为零，该光子晶体的开关状态为“开”。但是当 R_1/a 的值等于 0.08 ～ 0.17(除间断点外) 时，该光子晶体“开” 的状态变为“关”。综上所述，当 R_2 的值确定时，该光子晶体的开关状态能通过改变 R_1 的大小来进行调谐。

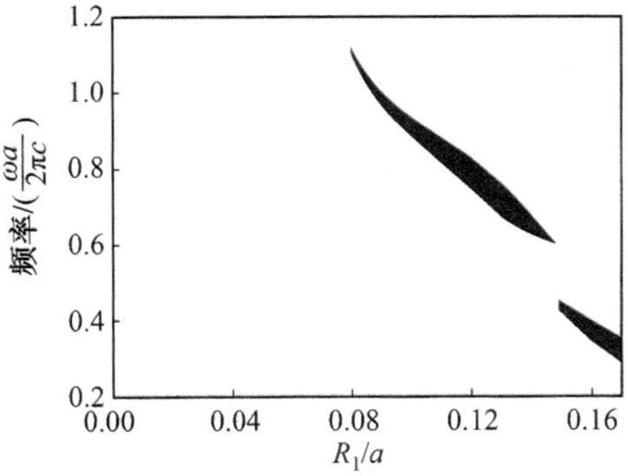

(a) 1st SWBG

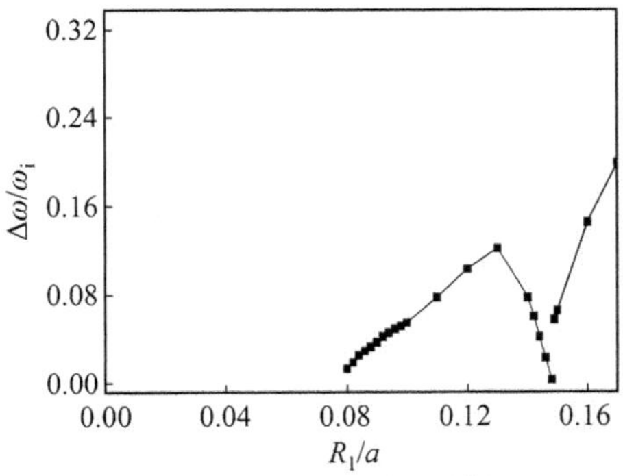

(b) 1st SWBG 的相对带宽

图 8.9　该三维等离子体光子晶体的 1st SWBG 和其相对带宽与 R_1 的关系图

图 8.10 给出了该三维等离子体光子晶体的 1st SWBG 和其相对带宽与 ω_p 的关系图，此时 $n_a=6.2$、$\varepsilon_b=1$、$R_1=0.1a$、$\nu_c=0.02\omega_p$、$R_2=0.175\,6a$，阴影部分表示 1st SWBG。由图 8.10(a) 可知，随着 ω_p/ω_{p0} 的增大，1st SWBG 的上下边缘均会发生蓝移，且其带宽将逐渐减小。当 $\omega_p/\omega_{p0}>0.85$ 时，1st SWBG 将会消失，该光子晶体的开关状态将由“关” 变为“开”。显然，1st SWBG 带宽的最大值在 low－ω_p 区域，大小为 0.173 1$(2\pi c/a)$，此时 $\omega_p/\omega_{p0}=0.01$，这意味着该光子晶体的开关状态在 high－$\omega_p$ 区域更容易改变，这是因为当 ω_p/ω_{p0} 的值足够大时，等离子体的有效介电常数可能会小于 1。换句话说，该光子晶体的平均折射率也将发生变化。显然，1st SWBG 和开关状态能被 ω_p 调控。由图 8.10(b) 可知，1st

SWBG 的相对带宽将随着 ω_p 的增大而减小。相对带宽 $\Delta\omega/\omega_i$ 的最大值为 0.057 2，且此时 $\omega_p/\omega_{p0}=0.01$。与 $\omega_p/\omega_{p0}=0.13$ 时相比，1st SWBG 的相对带宽增加了 0.001 9。当 $\omega_p/\omega_{p0}<0.85$ 时，该光子晶体的开关状态变为“关”。值得注意的是，ν_c 对 1st SWBG 和其开关状态几乎无影响，它仅表示能量的耗散项。综上所述，改变 ω_p 的大小能明显地对该光子晶体开关状态进行调谐，且“关”状态将出现在 low $-\omega_p$ 区域中。

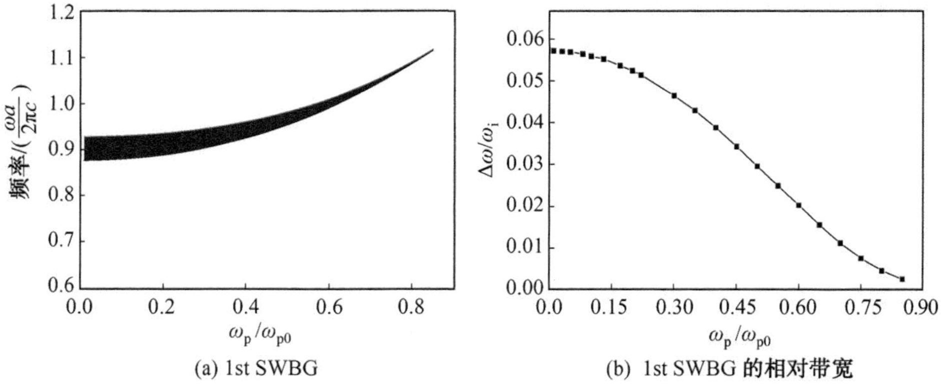

图 8.10　该三维等离子体光子晶体的 1st SWBG 和其相对带宽与 ω_p 的关系图

8.2　磁光 Faraday 效应下 RCP 波光开关的设计

8.1 节对基于三元鞘层结构的三维绿烧石晶格等离子体光子晶体中的 SWBG 和表面等离子体激元模的特性进行了研究，本节将在理论上讨论在磁光 Faraday 效应下 RCP 波在三维各向异性磁化等离子体光子晶体中的 SWBG 和表面等离子体激元模的特性。该三维各向异性磁化等离子体光子晶体的填充物也是采用三元鞘层结构，即核心介质球外覆盖磁化等离子体鞘层且背景介质是空气。核心介质球由 type－1 型单轴材料(Te) 构成，该光子晶体的拓扑结构是面心晶格，并在该理论模型的基础上给出磁光 Faraday 效应下表面等离子体激元模的特性，最后分析等离子体参数对 RCP 波的 1st SWBG 的影响。

8.2.1　理论模型与计算方法

图 8.11(a) 给出了基于鞘套层结构的三维面心晶格磁化等离子体光子晶体的拓扑结构示意图，在磁光 Faraday 效应下，外加磁场 $\boldsymbol{B}$ 的方向和波矢 $\boldsymbol{k}$ 的方向平行，即 $\boldsymbol{B}$ 和 $\boldsymbol{k}$ 的夹角为 0°。图 8.11(b) 给出了单元结构示意图，假设核心介质球的半径、磁化等离子体鞘层半径和晶格常数分别为 R_1、R_2 和 a，将核心介质、磁化等离子体和填充介质的相对介电常数分别设定为 ε_a、ε_p 和 ε_b。在本节的计算

中，假设整个单元填充在空气背景中，即 $\varepsilon_b=1$，核心介质球是由 Te 构成的。如图 8.11(c) 所示，面心晶格 1st BZ 上的高对称点分别为 $\Gamma=(0,0,0)$、$X=(2\pi/a,0,0)$、$W=(2\pi/a,\pi/a,0)$、$K=(1.5\pi/a,1.5\pi/a,0)$、$L=(\pi/a,\pi/a,\pi/a)$ 和 $U=(2\pi/a,0.5\pi/a,0.5\pi/a)$。在计算时引入的时谐量是 $e^{j\omega t}$，ω 是角频率，t 是时间，且 $j=\sqrt{-1}$，并假设 c 表示光速。由于 $\boldsymbol{B}$ 和 $\boldsymbol{k}$ 平行，因此，在磁光 Faraday 效应下，仅仅需要考虑 RCP 波，则 ε_p 可以表示为

$$\varepsilon_p(\omega)=1-\frac{{\omega_p}^2}{\omega^2-(j\nu_c\omega+\omega\omega_c)} \tag{8.12}$$

式中，ω_p、ν_c 和 ω_c 分别代表等离子体频率、等离子体碰撞频率和等离子体回旋频率，$\omega_c=(eB/m)$，e、m 和 B 分别表示电子的电量、电子的质量和外加磁场的强度。由于核心介质球是由 Te 构成的，且 Te 是一种 type－1 型单轴材料，因此，$\boldsymbol{\varepsilon}_a$ 是一个对角矩阵，且可以表示为

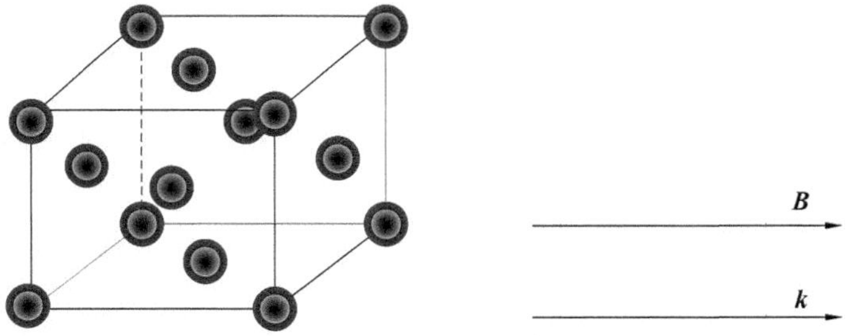

(a) 拓扑结构示意图

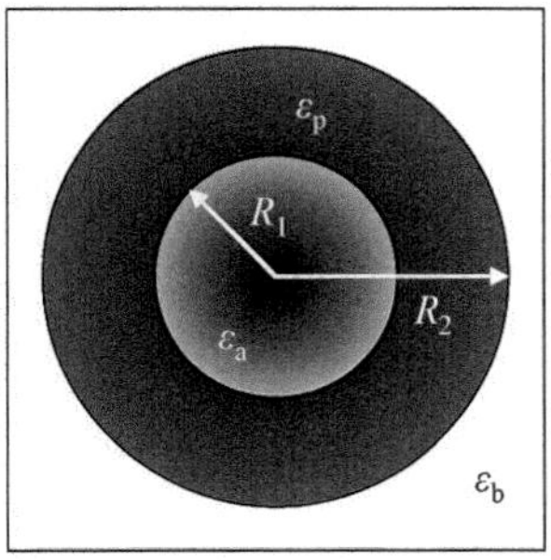

(b) 晶格单元示意图

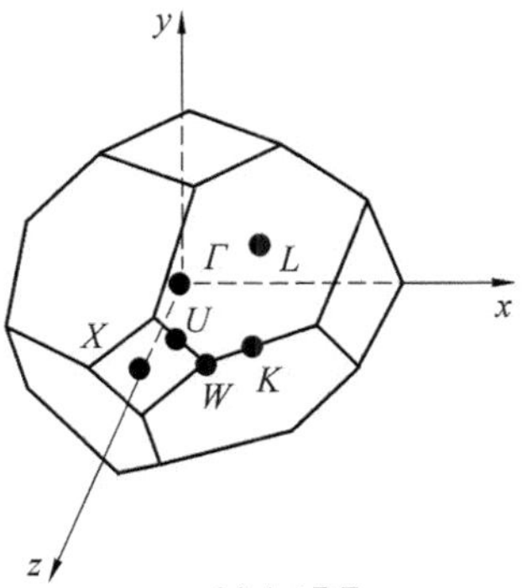

(c) 1st BZ

图 8.11　基于鞘套层结构的三维面心晶格磁化等离子体光子晶体的拓扑结构、单元结构与 1st BZ 的示意图

$$\boldsymbol{\varepsilon}_a=\begin{pmatrix}\varepsilon_x & 0 & 0\\ 0 & \varepsilon_y & 0\\ 0 & 0 & \varepsilon_z\end{pmatrix} \tag{8.13}$$

式中，$\varepsilon_x=6.2^2$；$\varepsilon_y=4.8^2$；$\varepsilon_z=4.8^2$。根据 PWE 方法，该光子晶体介质的傅里叶

展开系数可以表示为

$$\kappa_{\boldsymbol{G}}(i)=\begin{cases}\left[\dfrac{\omega^2-(\mathrm{j}\nu_c\omega+\omega\omega_c)}{\omega^2-(\mathrm{j}\nu_c\omega+\omega\omega_c)-\omega_p^2}-\dfrac{1}{\varepsilon_b}\right]f_2+\\ \left[\dfrac{1}{\varepsilon_i}-\dfrac{\omega^2-(\mathrm{j}\nu_c\omega+\omega\omega_c)}{\omega^2-(\mathrm{j}\nu_c\omega+\omega\omega_c)-\omega_p^2}\right]f_1+\dfrac{1}{\varepsilon_b}, & \boldsymbol{G}=\boldsymbol{0}\\ \left[\dfrac{\omega^2-(\mathrm{j}\nu_c\omega+\omega\omega_c)}{\omega^2-(\mathrm{j}\nu_c\omega+\omega\omega_c)-\omega_p^2}-\dfrac{1}{\varepsilon_b}\right]\cdot\\ 3f_2\dfrac{\sin(|\boldsymbol{G}|R_2)-(|\boldsymbol{G}|R_2)\cos(|\boldsymbol{G}|R_2)}{(|\boldsymbol{G}|R_2)^3}+\\ \left[\dfrac{1}{\varepsilon_i}-\dfrac{\omega^2-(\mathrm{j}\nu_c\omega+\omega\omega_c)}{\omega^2-(\mathrm{j}\nu_c\omega+\omega\omega_c)-\omega_p^2}\right]\cdot\\ 3f_1\dfrac{\sin(|\boldsymbol{G}|R_1)-(|\boldsymbol{G}|R_1)\cos(|\boldsymbol{G}|R_1)}{(|\boldsymbol{G}|R_1)^3}, & \boldsymbol{G}\neq\boldsymbol{0}\end{cases}\quad(i=x,y)\tag{8.14}$$

式中，f_1 表示核心介质球的填充率，$f_1=(4\pi R_{13})/(3V_m)$；f_2 是介质－等离子体球的填充率，$f_2=(4\pi R_{23})/(3V_m)$，V_m 是晶格单元的体积；$\boldsymbol{G}$ 是倒格矢。根据 PWE 方法，Maxwell 方程组可以化简为

$$\sum_{\boldsymbol{G}',\lambda'}|\boldsymbol{k}+\boldsymbol{G}||\boldsymbol{k}+\boldsymbol{G}'|\sum_{i=x,y}\begin{pmatrix}\hat{\boldsymbol{e}}_2\cdot\boldsymbol{I}_i\cdot\hat{\boldsymbol{e}}_{2'} & -\hat{\boldsymbol{e}}_2\cdot\boldsymbol{I}_i\cdot\hat{\boldsymbol{e}}_{1'}\\ -\hat{\boldsymbol{e}}_1\cdot\boldsymbol{I}_i\cdot\hat{\boldsymbol{e}}_{2'} & \hat{\boldsymbol{e}}_1\cdot\boldsymbol{I}_i\cdot\hat{\boldsymbol{e}}_{1'}\end{pmatrix}\cdot\boldsymbol{\varepsilon}_{\boldsymbol{G},\boldsymbol{G}'}^{-1}(i)h_{\boldsymbol{G}',\lambda'}=\frac{\omega^2}{c^2}h_{\boldsymbol{G},\lambda}\tag{8.15}$$

式中，$\varepsilon_{\boldsymbol{G},\boldsymbol{G}'}^{-1}(i)=\kappa_{\boldsymbol{G}}(i)$，$\boldsymbol{I}_x=\begin{pmatrix}1&0&0\\0&0&0\\0&0&0\end{pmatrix}$，$\boldsymbol{I}_y=\begin{pmatrix}0&0&0\\0&1&0\\0&0&1\end{pmatrix}$；$\boldsymbol{k}$ 是在 1st BZ 中的波矢；$\hat{\boldsymbol{e}}_1$ 和 $\hat{\boldsymbol{e}}_2$ 是垂直于波矢 $\boldsymbol{k}+\boldsymbol{G}$ 的正交单位矢量。其他变量的定义参见第 6 章。如果定义一个复数变量 $\zeta=\omega/c$，式(8.15) 可以表示为

$$\zeta^4\boldsymbol{I}-\zeta^3\boldsymbol{T}-\zeta^2\boldsymbol{U}-\zeta\boldsymbol{V}-\boldsymbol{W}=\boldsymbol{0}\tag{8.16}$$

式中，$\boldsymbol{I}$ 表示单位矩阵，且

$$\boldsymbol{T}(\boldsymbol{G}|\boldsymbol{G}')=\frac{\mathrm{j}\nu_c+\omega_c}{c}\boldsymbol{\delta}_{\boldsymbol{G}\cdot\boldsymbol{G}'}\tag{8.17}$$

$$\begin{aligned}\boldsymbol{U}(\boldsymbol{G}|\boldsymbol{G}')=&\left(\sum_{i=x,y}\left\{\frac{\omega_p^2}{c^2}+\left[\frac{1}{\varepsilon_b}+\left(1-\frac{1}{\varepsilon_b}\right)f_2+\left(\frac{1}{\varepsilon_i}-1\right)f_1\right]\right\}\cdot\boldsymbol{M}_i\right)\boldsymbol{\delta}_{\boldsymbol{G}\cdot\boldsymbol{G}'}+\\ &\sum_{i=x,y}\left[\left(1-\frac{1}{\varepsilon_b}\right)3f_2\frac{\sin(|\boldsymbol{G}-\boldsymbol{G}'|R_2)-(|\boldsymbol{G}-\boldsymbol{G}'|R_2)\cos(|\boldsymbol{G}-\boldsymbol{G}'|R_2)}{(|\boldsymbol{G}-\boldsymbol{G}'|R_2)^3}+\right.\\ &\left.\left(\frac{1}{\varepsilon_i}-1\right)3f_1\frac{\sin(|\boldsymbol{G}-\boldsymbol{G}'|R_1)-(|\boldsymbol{G}-\boldsymbol{G}'|R_1)\cos(|\boldsymbol{G}-\boldsymbol{G}'|R_1)}{(|\boldsymbol{G}-\boldsymbol{G}'|R_1)^3}\right]\cdot\boldsymbol{M}_i\end{aligned}\tag{8.18}$$

$$\boldsymbol{V}(\boldsymbol{G}|\boldsymbol{G}')=\left(\sum_{i=x,y}\left\{-\mathrm{j}\,\frac{\nu_c+\omega_c}{c}\left[\frac{1}{\varepsilon_b}+\left(1-\frac{1}{\varepsilon_b}\right)f_2+\left(\frac{1}{\varepsilon_i}-1\right)f_1\right]\cdot\boldsymbol{M}_i\right\}\right)\boldsymbol{\delta}_{\boldsymbol{G}\cdot\boldsymbol{G}'}+$$

$$\sum_{i=x,y}\left[-\frac{\mathrm{j}\nu_c+\omega_c}{c}\left(1-\frac{1}{\varepsilon_b}\right)3f_2\cdot\frac{\sin(|\boldsymbol{G}-\boldsymbol{G}'|R_2)-(|\boldsymbol{G}-\boldsymbol{G}'|R_2)\cos(|\boldsymbol{G}-\boldsymbol{G}'|R_2)}{(|\boldsymbol{G}-\boldsymbol{G}'|R_2)^3}+\left(\frac{1}{\varepsilon_i}-1\right)3f_1\cdot\frac{\sin(|\boldsymbol{G}-\boldsymbol{G}'|R_1)-(|\boldsymbol{G}-\boldsymbol{G}'|R_1)\cos(|\boldsymbol{G}-\boldsymbol{G}'|R_1)}{(|\boldsymbol{G}-\boldsymbol{G}'|R_1)^3}\cdot\boldsymbol{M}_i\right] \tag{8.19}$$

$$\boldsymbol{W}(\boldsymbol{G}\mid\boldsymbol{G}')=\left[\sum_{i=x,y}\left(-\frac{\omega_p^2}{\varepsilon_b c^2}-\frac{\omega_p^2}{\varepsilon_i c^2}f_1+\frac{\omega_p^2}{\varepsilon_i c^2}f_2\right)\cdot\boldsymbol{M}_i\right]\boldsymbol{\delta}_{G\cdot G'}+\sum_{i=x,y}\left[-\frac{\omega_p^2}{\varepsilon_i c^2}3f_1\frac{\sin(|\boldsymbol{G}-\boldsymbol{G}'|R_1)-(|\boldsymbol{G}-\boldsymbol{G}'|R_1)\cos(|\boldsymbol{G}-\boldsymbol{G}'|R_1)}{(|\boldsymbol{G}-\boldsymbol{G}'|R_1)^3}+\frac{\omega_p^2}{\varepsilon_i c^2}3f_2\frac{\sin(|\boldsymbol{G}-\boldsymbol{G}'|R_2)-(|\boldsymbol{G}-\boldsymbol{G}'|R_2)\cos(|\boldsymbol{G}-\boldsymbol{G}'|R_2)}{(|\boldsymbol{G}-\boldsymbol{G}'|R_2)^3}\right]\cdot\boldsymbol{M}_i \tag{8.20}$$

式中，$\boldsymbol{M}_i=|\boldsymbol{k}+\boldsymbol{G}|\,|\boldsymbol{k}+\boldsymbol{G}'|\cdot\boldsymbol{F}_i(i=x,y)$，且 $\boldsymbol{F}_x=\begin{pmatrix}\hat{\boldsymbol{e}}_2\cdot\boldsymbol{I}_x\cdot\hat{\boldsymbol{e}}_{2'} & -\hat{\boldsymbol{e}}_2\cdot\boldsymbol{I}_x\cdot\hat{\boldsymbol{e}}_{1'}\\ -\hat{\boldsymbol{e}}_1\cdot\boldsymbol{I}_x\cdot\hat{\boldsymbol{e}}_{2'} & \hat{\boldsymbol{e}}_1\cdot\boldsymbol{I}_x\cdot\hat{\boldsymbol{e}}_{1'}\end{pmatrix}$，$\boldsymbol{F}_y=\begin{pmatrix}\hat{\boldsymbol{e}}_2\cdot\boldsymbol{I}_y\cdot\hat{\boldsymbol{e}}_{2'} & -\hat{\boldsymbol{e}}_2\cdot\boldsymbol{I}_y\cdot\hat{\boldsymbol{e}}_{1'}\\ -\hat{\boldsymbol{e}}_1\cdot\boldsymbol{I}_y\cdot\hat{\boldsymbol{e}}_{2'} & \hat{\boldsymbol{e}}_1\cdot\boldsymbol{I}_y\cdot\hat{\boldsymbol{e}}_{1'}\end{pmatrix}$；$\boldsymbol{T}$、$\boldsymbol{U}$、$\boldsymbol{V}$ 和 $\boldsymbol{W}$ 是 $N\times N$ 的矩阵。式(8.16)可以转换为对一个 $4N\times4N$ 矩阵 $\boldsymbol{Q}$ 特征值的求取，矩阵 $\boldsymbol{Q}$ 满足

$$\boldsymbol{Q}\boldsymbol{z}=\zeta\boldsymbol{z},\quad \boldsymbol{Q}=\begin{pmatrix}0 & \boldsymbol{I} & 0 & 0\\ 0 & 0 & \boldsymbol{I} & 0\\ 0 & 0 & 0 & \boldsymbol{I}\\ \boldsymbol{W} & \boldsymbol{V} & \boldsymbol{U} & \boldsymbol{T}\end{pmatrix} \tag{8.21}$$

求解式(8.21)的特征值就得到了式(8.16)的解。显然，所求特征值的实部就决定了 RCP 波在该三维各向异性磁化等离子体光子晶体中的色散关系。

8.2.2　磁光 Faraday 效应下 RCP 波的色散特性

为了不失一般性，频域用$\frac{\omega a}{2\pi c}$来进行归一化。因此，用一个变量 $\omega_{p0}=2\pi c/a$ 来定义ω_c、ω_p 和 ν_c。假设 ω_p 和 ν_c 初始值分别为 $\omega_p=\omega_{pl}=0.12\omega_{p0}$ 和 $\nu_c=0.02\omega_{pl}$，且 ω_c 定义为 $\omega_c=0.8\omega_{pl}$。显然，ω_{p0} 和 ω_{pl} 没有任何的物理意义，仅是参变量。假设这三种填充介质的相对磁导率分别为 $\mu_a=1$、$\mu_b=1$ 和 $\mu_p=1$，计算时展开的平面波数为 729。图 8.12 中给出了在不同 ω_c、ω_p 和 ν_c 条件下 RCP 波在该三维磁化等离子体光子晶体中的色散曲线，此时 $\varepsilon_b=1$、$R_1=0.24a$、$R_2=0.35a$，灰色区域代表 PBG。由图 8.12 可知，当 $\omega_p=\omega_c=\nu_c=0$ 时，磁化等离子体鞘层可以等效为空气，此时该磁化等离子体光子晶体可视为常规的三维介质－空气光子晶体，且能产生 PBG，前两个 PBG 分别位于 0.388 0 ～ 0.413 6($2\pi c/a$) 和 0.562 6 ～ 0.576 3

$(2\pi c/a)$。当 $\omega_p=0.12\omega_{p0}$、$\omega_c=0$、$\nu_c=0.02\omega_{pl}$ 时，Te 核心球被等离子体鞘层覆盖，此时该光子晶体能产生 PBG 和 1 个水平带区域。水平带区域覆盖 0.015 9～0.120 0$(2\pi c/a)$，前两个 PBG 的上下边缘将发生蓝移，且此时它们分别位于 0.392 1～0.417 1$(2\pi c/a)$ 和 0.566 7～0.579 6$(2\pi c/a)$。如图 8.12(c) 所示，当外加磁场后（$\boldsymbol{B}$ 与 $\boldsymbol{k}$ 永远保持平行），水平带区域和 PBG 的上下边缘均将发生蓝移。水平带区域将位于 0.095 9～0.177 2$(2\pi c/a)$，前两个 PBG 的范围将变为 0.393 6～0.418 2$(2\pi c/a)$ 和 0.567 5～0.580 2$(2\pi c/a)$。众所周知[316]，水平带区域中包含着多个水平能带，这是由表面等离子体激元模形成的。综上可知，RCP 波在该光子晶体中的开关状态和表面等离子体激元模都能被外加磁场操控。换句话说，RCP 波在该光子晶体中的 PBG 可以看作 SWBG，且该光子晶体也可以被用来设计成 RCP 波的波分多路复用器、光开关或可调谐滤波器等功能性器件。本节将主要研究 1st SWBG 的特性。

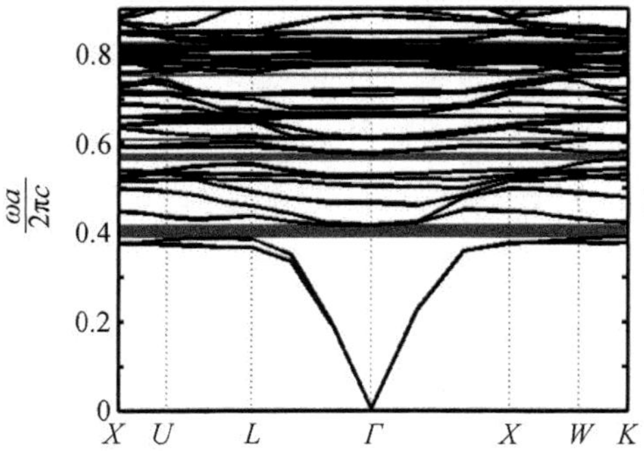

(a) $\omega_p=0$, $\nu_c=0$, $\omega_c=0$

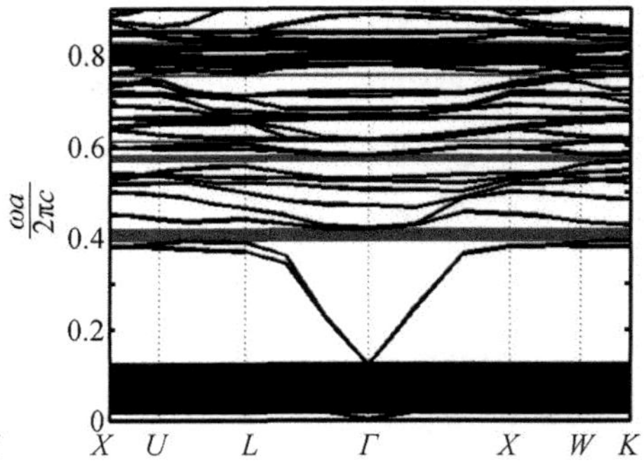

(b) $\omega_p=0.12\omega_{p0}$, $\nu_c=0.02\omega_{pl}$, $\omega_c=0$

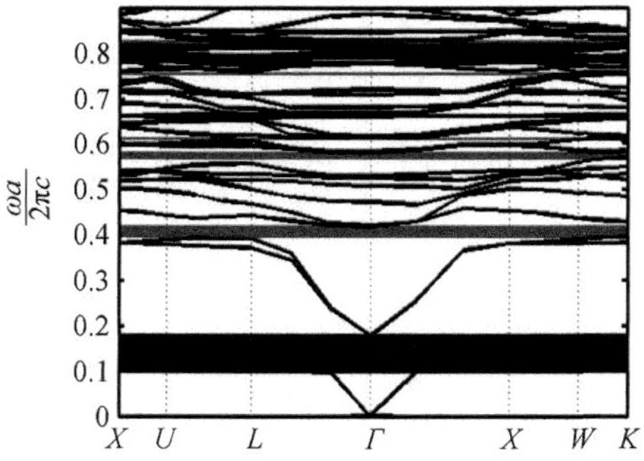

(c) $\omega_p=0.12\omega_{p0}$, $\nu_c=0.02\omega_{pl}$, $\omega_c=0.8\omega_{pl}$

图 8.12　在不同 ω_c、ω_p 和 ν_c 条件下 RCP 波在该三维磁化等离子体光子晶体中的色散曲线

8.2.3　磁光 Faraday 效应下表面等离子体激元模的特性

当电磁波的频率落于水平带区域中时[317]，ε_p 的实部是负数而 ε_a 和 ε_b 是正

数，这意味着介电常数的符号在介质核心、磁化等离子体和背景介质的交界面上发生了变化，因此会形成表面等离子体激元模，它将被局域在介质的交界面处。为了研究表面等离子体激元模的特性，图 8.13 给出了 R_1 取不同值时 RCP 波在该三维磁化等离子体光子晶体中的色散曲线，此时 $\varepsilon_b=1$、$\omega_p=0.12\omega_{p0}$、$\omega_c=0.8\omega_{pl}$、$\nu_c=0.02\omega_{pl}$、$R_2=0.35a$。由图 8.13 可知，RCP 波的色散曲线几乎不会随着 R_1 的改变而变化。磁化等离子体鞘层的厚度(R_2-R_1)存在着一个阈值，使得该结构可以等效为一个磁化等离子体球。换句话说，这不仅使得实现该三维磁化等离子体光子晶体成为可能，而且减少了等离子体的体积。图 8.14 给出了 ε_a 取不同值时 RCP 波在该三维磁化等离子体光子晶体中的色散曲线，此时 $R_1=0.03a$、$\varepsilon_b=1$、$\omega_p=0.12\omega_{p0}$、$\omega_c=0.8\omega_{pl}$、$\nu_c=0.02\omega_{pl}$、$R_2=0.35a$。由图 8.14 可知，当 $R_1=0.03a$ 时，核心介质球为 SiO_2($\varepsilon_a=4$)、Te($n_o=4.8$，$n_e=6.2$)、Si($\varepsilon_a=12.4$)和 Tl_3AsSe_3($n_o=3.35$，$n_e=3.16$)所得到的色散曲线几乎完全相同，这说明磁化等离子体鞘层存在着一个阈值，使得 ε_a 对 RCP 波的色散特性无影响。由图 8.13 和图 8.14 中结果可知，等离子体鞘层的厚度存在着一个阈值，使得 R_1 和 ε_a 对 RCP 波的色散特性无影响。

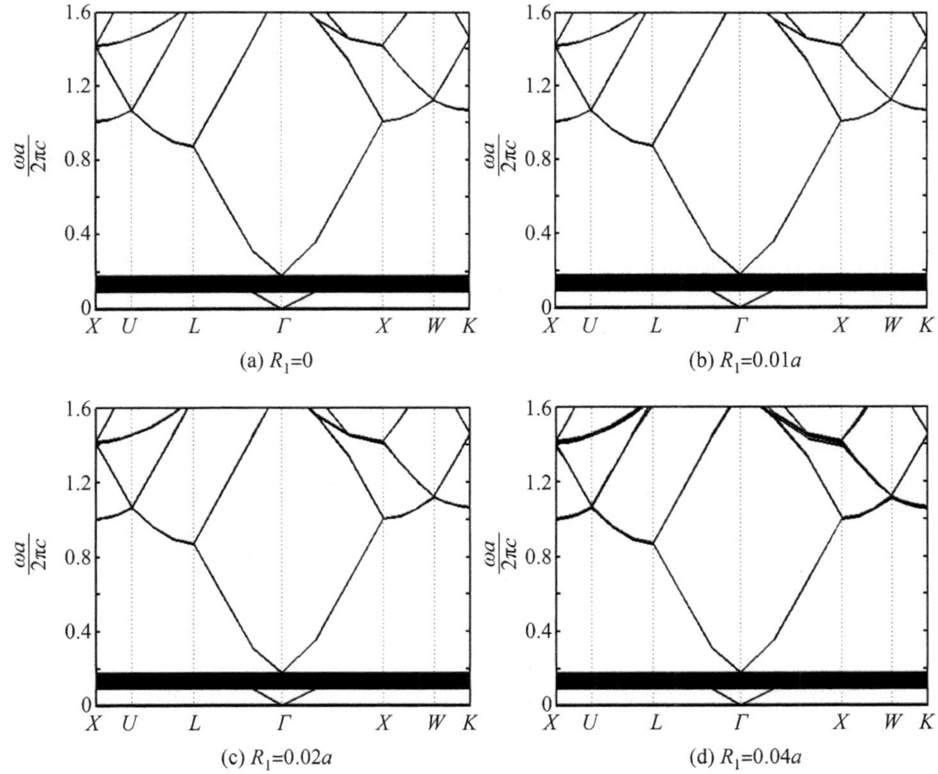

(a) $R_1=0$　(b) $R_1=0.01a$

(c) $R_1=0.02a$　(d) $R_1=0.04a$

图 8.13　R_1 取不同值时 RCP 波在该三维磁化等离子体光子晶体中的色散曲线

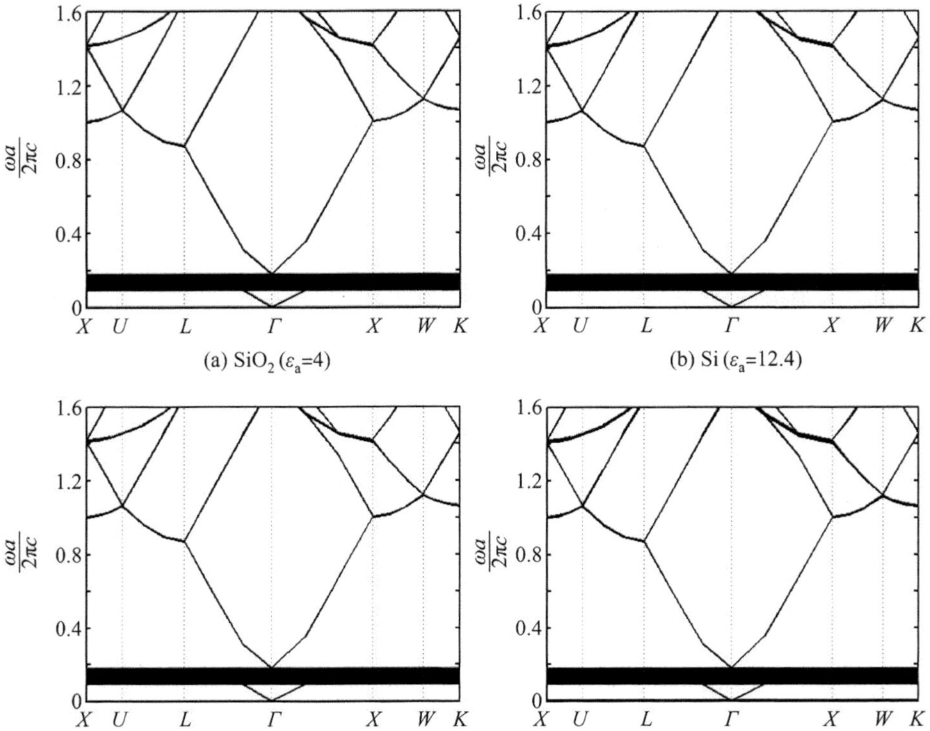

(a) SiO_2 (ε_a=4)

(b) Si (ε_a=12.4)

(c) Tl_3AsSe_3 (n_o=3.35, n_e=3.16)

(d) Te (n_o=4.8, n_e=6.2)

图 8.14 ε_a 取不同值时 RCP 波在该三维磁化等离子体光子晶体中的色散曲线

为了进一步研究等离子体鞘层的厚度对 SWBG 的影响，图 8.15 给出了 $\varepsilon_b = 20$ 且 ε_a 取不同值时 RCP 波在该三维磁化等离子体光子晶体中的色散曲线，此时其他参数的大小与图 8.14 中给出的相同，灰色区域表示 RCP 波的 SWBG。由图 8.15 可知，当 $R_1 = 0.03a$ 时，核心介质球为 SiO_2、Te、Si 和 Tl_3AsSe_3 所得到 RCP 波的色散曲线几乎没有发生变化，且均能在 $0 \sim 2\pi c/a$ 的频率范围内产生一个 SWBG，它们分别位于 $0.5994 \sim 0.6484(2\pi c/a)$、$0.6001 \sim 0.6488(2\pi c/a)$、$0.5999 \sim 0.6488(2\pi c/a)$ 和 $0.6004 \sim 0.6488(2\pi c/a)$。由图 8.15 中的结果可知，当磁化等离子体鞘层的厚度大于一定阈值时，RCP 波的 SWBG 将与 ε_a 的大小和类型无关。由图 8.13 ～ 8.15 中的结果可以知道，当磁化等离子体鞘层的厚度大于一定阈值时，RCP 波的色散曲线将与 R_1 和 ε_a 无关，且 RCP 波在该三维磁化等离子体光子晶体中的开关状态也不会发生变化。值得注意的是，RCP 波的水平带区域也不会随着 R_1 和 ε_a 的变化而变化，这主要是因为当磁化等离子体鞘层的厚度足够大时，RCP 波将不能穿透该鞘层而直接被反射。

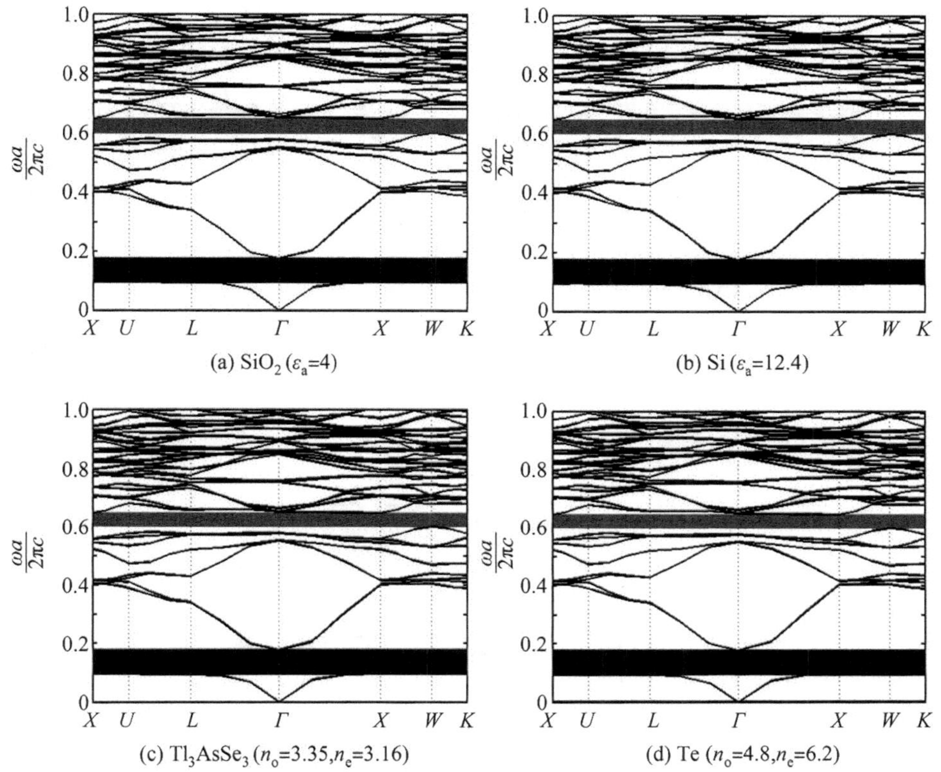

图 8.15　$\varepsilon_b = 20$ 且 ε_a 取不同值时 RCP 波在该三维磁化等离子体光子晶体中的色散曲线

图 8.16 给出了不同晶格条件下 RCP 波在该三维磁化等离子体光子晶体中的色散曲线，此时 $R_1=0.2a$、$\varepsilon_b=1$、$\omega_p=0.12\omega_{p0}$、$\omega_c=0.8\omega_{pl}$、$\nu_c=0.02\omega_{pl}$、$R_2=0.35a$，灰色区域表示 RCP 波的 SWBG。由图 8.16 可知，RCP 波在不同晶格条件下均能产生水平带区域。对于面心、体心和立方体晶格这 3 种晶格而言，RCP 波的水平带区域分别位于 0.095 9 ~ 0.177 2($2\pi c/a$)、0.097 9 ~ 0.177 2($2\pi c/a$) 和 0.010 82 ~ 0.177 2($2\pi c/a$)。比较图 8.16 中的结果可知，水平带区域的上边缘频率与该光子晶体的晶格结构无关，而其下边缘频率却不相同，这主要是因为在不同晶格条件下核心介质球间的距离不相同造成的。当然这一切也可以用 Maxwell－Garnett 型有效介质理论[315] 来解释(如式(8.11) 所示)，详见 8.1 节，在此不再复述。而对于上边缘频率来说，是由 $\varepsilon_p \leqslant 0$ 这个条件来决定的。图8.17 给出了不同晶格条件下 RCP 波水平带区域上下边缘的位置与 R_1 的关系图，此时 $\varepsilon_b=1$、$\omega_p=0.12\omega_{p0}$、$\omega_c=0.8\omega_{pl}$、$\nu_c=0.02\omega_{pl}$、$R_2=0.35a$。由图 8.17 可知，RCP 波水平带区域的上边缘频率与晶格结构无关，它不会随着 R_1 的增加而发生变化，且均等于 0.177 2($2\pi c/a$)，这是因为水平带区域的上边缘频率仅仅和 RCP 波的截止频率有关，这意味着无论核心介质球是否存在，水平带区域的上边缘频率

均与晶格结构无关。然而，RCP 波水平带区域的下边缘将随着 R_1 的增加而发生蓝移。当 $R_1/a \leqslant 0.05$ 时，RCP 波在面心、体心和立方体晶格中的水平带区域的

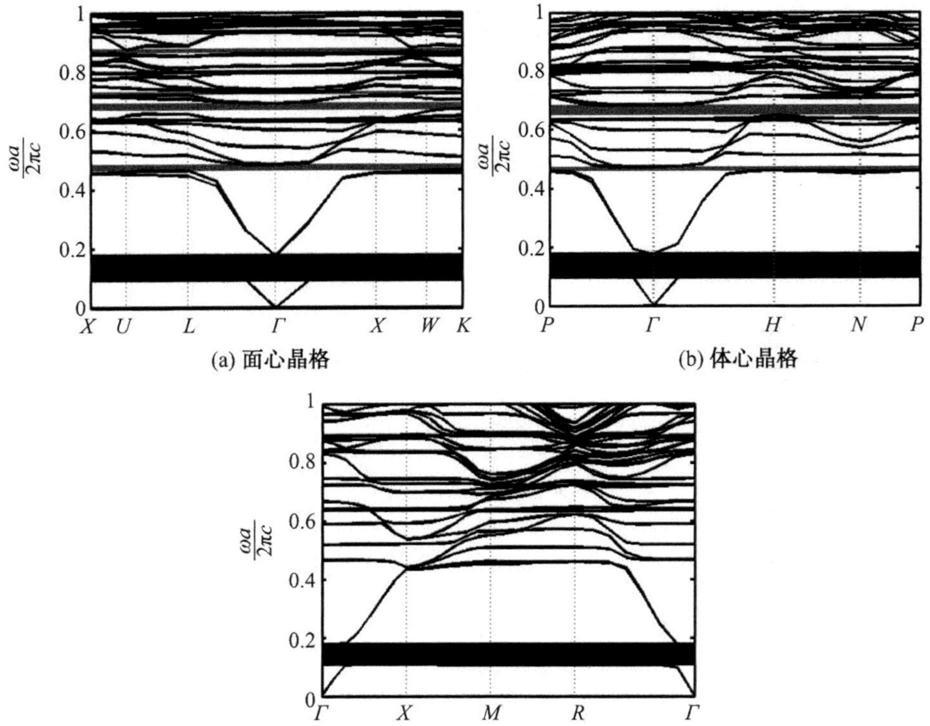

(a) 面心晶格　(b) 体心晶格

(c) 立方体晶格

图 8.16　不同晶格条件下 RCP 波在该三维磁化等离子体光子晶体中的色散曲线

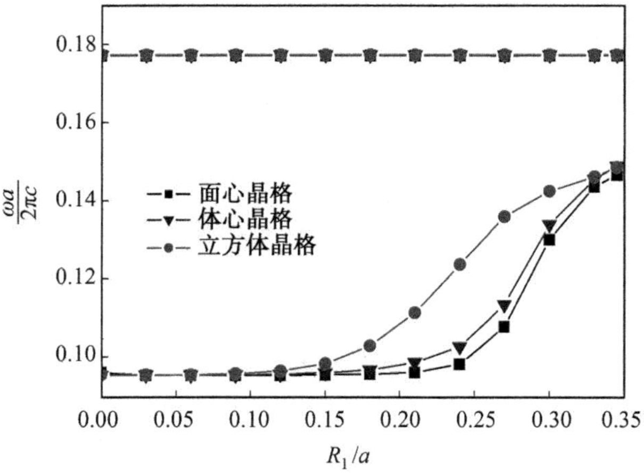

图 8.17　不同晶格条件下 RCP 波水平带区域上下边缘的位置与 R_1 的关系图

下边缘频率几乎相同，且不会随着 R_1 的变化而变化。但是随着 R_1/a 的增大，与其他两种晶格相比而言，RCP 波在立方体晶格中水平带区域下边缘的频率更大。当 $R_1/a=0.345$ 时，RCP 波在这 3 种晶格结构中水平带区域下边缘的频率将趋于一个定值，即 $0.14(2\pi c/a)$。

8.2.4　RCP 波的可调谐 SWBG 的特性

图 8.18 给出了 RCP 波在该三维磁化等离子体光子晶体中的 1st SWBG 和其相对带宽与 R_1 的关系图，此时 $\varepsilon_b=1$、$\omega_p=0.15\omega_{p0}$、$\omega_c=0.8\omega_{pl}$、$\nu_c=0.02\omega_{pl}$、$R_2=0.35a$，阴影部分表示 RCP 波的 1st SWBG。由图 8.18(a) 可知，R_1 对调控 RCP 波的开关特性来说是非常重要的。随着 R_1/a 的增大，RCP 波 1st SWBG 的上下边缘均会发生红移，且其带宽将先增大后减小。1st SWBG 带宽的最大值为 $0.028\,8(2\pi c/a)$，且此时 $R_1/a=0.26$。当 $R_1/a<0.12$ 或 $R_1/a>0.32$ 时，RCP 波的 1st SWBG 将会消失，此时 RCP 波的开关状态为“开”。由图 8.18(b) 可知，RCP 波 1st SWBG 的相对带宽（$\Delta\omega/\omega_i$）[316] 将随着 R_1/a 的增大而先增大后减小，$\Delta\omega/\omega_i$ 的最大值为 $0.075\,7$，且此时 $R_1/a=0.26$。当 $R_1/a<0.12$ 或 $R_1/a>0.32$ 时，$\Delta\omega/\omega_i$ 的值为零，RCP 波的开关状态为“开”；但当 $0.12\leqslant R_1/a\leqslant 0.32$ 时，RCP 波的开关状态则为“关”。因此，RCP 波在该三维磁化等离子体光子晶体中的开关状态可以通过改变 R_1 的大小进行调谐。

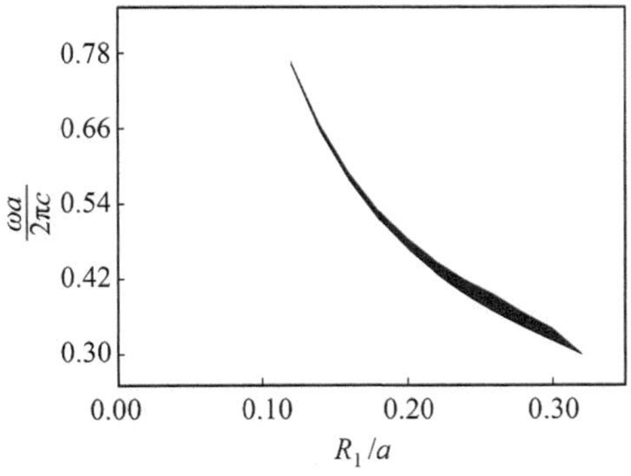

(a) 1st SWBG

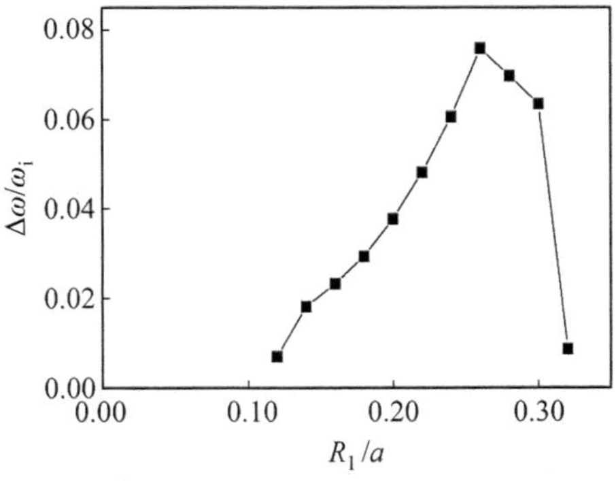

(b) 1st SWBG 的相对带宽

图 8.18　RCP 波在该三维磁化等离子体光子晶体中的 1st SWBG 和其相对带宽与 R_1 的关系图

图 8.19 给出了 RCP 波在该三维磁化等离子体光子晶体中的 1st SWBG 和其相对带宽与 ω_p 的关系图，此时 $R_2=0.35a$、$\varepsilon_b=1$、$\omega_c=0.8\omega_{pl}$、$\nu_c=0.02\omega_p$、$R_1=0.24a$，阴影部分表示 RCP 波的 1st SWBG。由图 8.19(a) 可知，RCP 波 1st SWBG 的上下边缘将会随着 ω_p/ω_{p0} 的增大而发生蓝移，但是其带宽将逐渐减小。当 $\omega_p/\omega_{p0}>0.44$ 时，RCP 波的 1st SWBG 将会消失，且 RCP 波在该光子晶体中的开关状态将会由“关”变为“开”，RCP 波 1st SWBG 的带宽最大值将出现在 low $-\ \omega_p$ 区域，其值为 $0.025\,8(2\pi c/a)$，且此时 $\omega_p/\omega_{p0}=0.01$，这意味着 RCP

波在该光子晶体中的开关状态在 high $-\omega_p$ 区域更容易被改变，这是因为改变 ω_p 的大小，其本质上就是改变该光子晶体的平均折射率。对于 SWBG 的上下边缘来说，区别它们主要是看能量模式集中在什么区域。对于低频模式而言，它们的能量主要集中在该光子晶体的 high $-\varepsilon$ 区域；而对于高频模式而言，它们的能量主要集中在该光子晶体的 low $-\varepsilon$ 区域。因此，ω_p 的大小变化了，SWBG 的位置也会发生变化。由图 8.19(b) 可知，RCP 波 1st SWBG 的相对带宽将随着 ω_p 的增大而减小，其最大值为 0.064 6，且此时 $\omega_p/\omega_{p0}=0.01$。与 $\omega_p/\omega_{p0}=0.13$ 时相比，RCP 波 1st SWBG 的 $\Delta\omega/\omega_i$ 增加了 0.004 2。当 $\omega_p/\omega_{p0}<0.44$ 时，RCP 波的开关状态变为“关”。综上可知，改变 ω_p 的大小能对 RCP 波在该三维磁化等离子体光子晶体中的开关状态进行调控，且“开”状态较易在 high $-\omega_p$ 区域中得到。

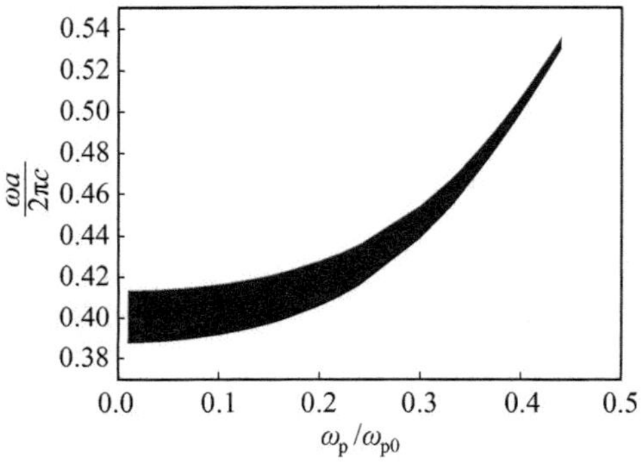

(a) 1st SWBG

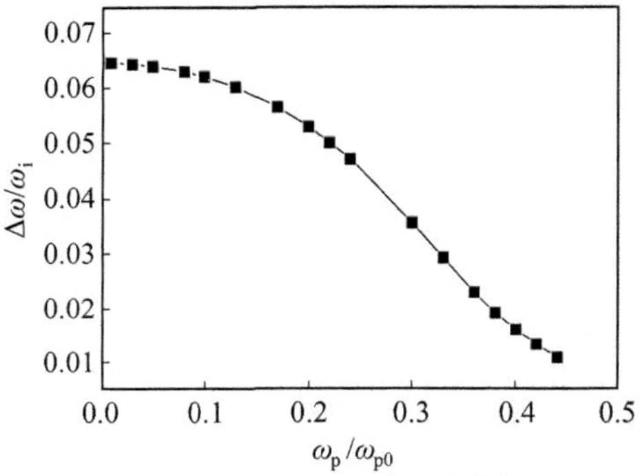

(b) 1st SWBG 的相对带宽

图 8.19 RCP 波在该三维磁化等离子体光子晶体中的 1st SWBG 和其相对带宽与 ω_p 的关系图

图 8.20 给出了 RCP 波在该三维磁化等离子体光子晶体中的 1st SWBG 和其相对带宽与 ω_c 的关系图，此时 $R_2=0.35a$、$\varepsilon_b=1$、$\omega_p=0.12\omega_{p0}$、$\nu_c=0.02\omega_{pl}$、$R_1=0.24a$，阴影部分表示 RCP 波的 1st SWBG。由图 8.20(a) 可知，随着 ω_c/ω_{pl} 的增大，RCP 波 1st SWBG 的上下边缘将会发生蓝移，而其带宽将逐渐减小。当 $\omega_c/\omega_{pl}>4$ 时，RCP 波的 1st SWBG 将会消失，且 RCP 波的开关状态将变为“开”，RCP 波 1st SWBG 带宽的最大值将会出现在 low $-\omega_c$ 区域，其大小为 0.025 1 $(2\pi c/a)$，且满足 $\omega_c/\omega_{pl}=0.01$。与 $\omega_c/\omega_{pl}=4.0$ 时相比，1st SWBG 的带宽增加了 0.023 6$(2\pi c/a)$，这表示 RCP 波在该光子晶体中的开关状态在 high $-\omega_c$ 区域中更容易被调谐。这是因为改变 ω_c 的大小就是改变外加磁场的大小，本质上也是改变该光子晶体的平均折射率[213]。因此，RCP 波的开关状态能够通过改变 ω_c 进行调整。由图 8.20(b) 可知，RCP 波 1st SWBG 的相对带宽 $\Delta\omega/\omega_i$ 将随着 ω_c 的增大而减小，其最大值为 0.061 8，此时 $\omega_c/\omega_{pl}=0.01$。与 $\omega_c/\omega_{pl}=0.9$ 时相比，RCP 波 1st SWBG 的相对带宽增加了 0.001 3。当 $\omega_c/\omega_{pl}>4$ 时，RCP 波的开关状态将会由“关”变为“开”。综上所述，ω_c(外加磁场) 是调控 RCP 波开关状态的一个重要参数，带宽较大的 1st SWBG 和“关”状态将出现在 low $-\omega_c$ 区域。

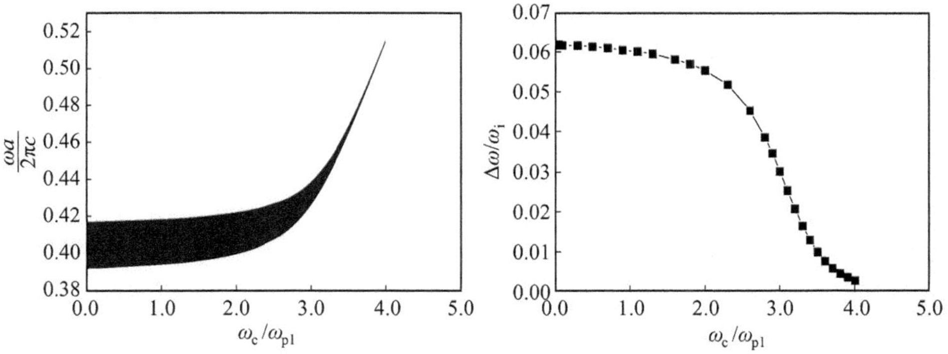

(a) 1st SWBG　　(b) 1st SWBG 的相对带宽

图 8.20　RCP 波在该三维磁化等离子体光子晶体中的 1st SWBG 和其相对带宽与 ω_c 的关系图

图 8.21 给出了 RCP 波在该三维磁化等离子体光子晶体中的 1st SWBG 和其相对带宽与 ν_c 的关系图，此时 $R_2=0.35a$、$\varepsilon_b=1$、$\omega_p=0.12\omega_{p0}$、$\omega_c=0.8\omega_{pl}$、$R_1=0.24a$，填充区域代表 RCP 波的 1st SWBG。由图 8.21(a) 可知，RCP 波 1st SWBG 的上下边缘的频率将不会随着 ν_c 的增大而发生变化，其带宽也不会发生改变。当 ν_c/ω_{pl} 由 0.002 增加到 0.2 时，RCP 波 1st SWBG 将不会发生变化，其频率范围是 0.393 6 ~ 0.418 2($2\pi c/a$)，且带宽为 0.024 6($2\pi c/a$)，RCP 波的开关状态为“关”。由图 8.21(b) 可知，RCP 波 1st SWBG 的 $\Delta\omega/\omega_i$ 也不会随着 ν_c/ω_{pl} 的增大而发生变化，且 $\Delta\omega/\omega_i=0.060\ 6$。因此，改变 ν_c 的大小几乎不能实现对 RCP 波在该三维磁化等离子体光子晶体中的开关状态的调控，这是因为 ν_c 仅仅表示能量的损耗项[316]。

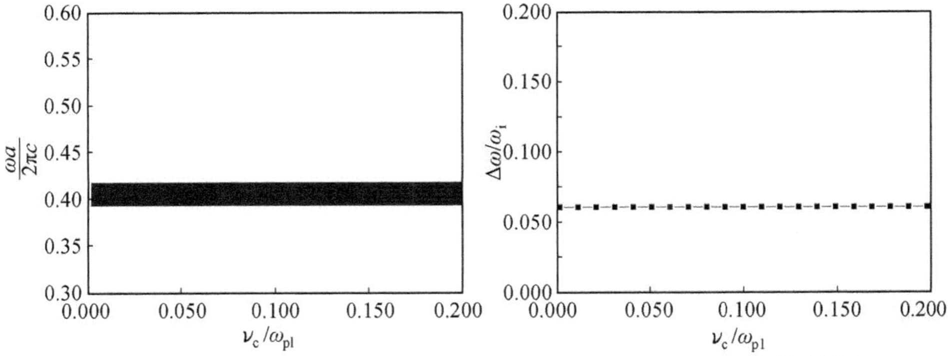

(a) 1st SWBG　　(b) 1st SWBG 的相对带宽

图 8.21　RCP 波在该三维磁化等离子体光子晶体中的 1st SWBG 和其相对带宽与 ν_c 的关系图

8.3 磁光 Voigt 效应下非寻常波光开关的设计

本节将在理论上讨论磁光 Voigt 效应下非寻常波在三维各向异性磁化等离子体光子晶体中的 SWBG 和表面等离子体激元模的特性。该光子晶体在空间上以体心晶格排列，且填充物采用三元鞘层结构来实现，即 Te 核心球的外面包裹着磁化等离子体鞘层。本节首先推导用于计算色散曲线的 PWE 方法公式，然后对等离子体激元模的特性进行分析，最后讨论该光子晶体的各个参数对非寻常波的 SWBG 和开关状态的影响。在本节中仅仅考虑了非寻常波在该光子晶体中的色散特性，并没有讨论寻常波和混合模式。在计算时引入的时谐量是 $e^{-j\omega t}$，ω 是角频率，t 是时间，且 $j=\sqrt{-1}$。

8.3.1 理论和计算方法

图 8.22(a) 给出了基于鞘套层结构的三维体心晶格各向异性磁化等离子体光子晶体的拓扑结构示意图。假设外加磁场 $\boldsymbol{B}$ 的方向和波矢 $\boldsymbol{k}$ 的方向永远保持垂直，即 $\boldsymbol{B}$ 和 $\boldsymbol{k}$ 的夹角为 90°。如图 8.22(a) 所示，假设 Te 核心球的半径、磁化等离子体鞘层半径和晶格常数分别为 R_1、R_2 和 a，且将它们的相对介电常数分别用 ε_a、ε_p 和 ε_b 表示。如图 8.22(b) 所示，体心晶格的 1st BZ 上的高对称点分别为 $\Gamma=(0,0,0)$、$H=(0,0,2\pi/a)$、$N=(0,\pi/a,\pi/a)$ 和 $P=(\pi/a,\pi/a,\pi/a)$。假设本节选取 $\varepsilon_b=1$，由式(6.46) 可知，在磁光 Voigt 效应下，非寻常波的有效相对介电常数可以表示为

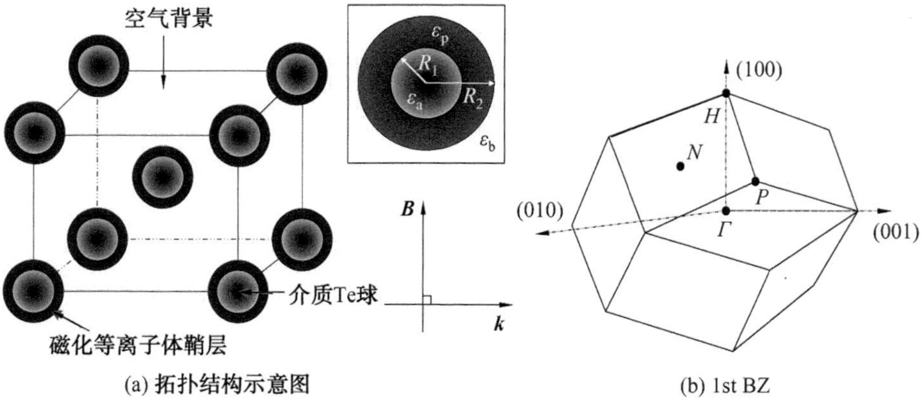

(a) 拓扑结构示意图　　(b) 1st BZ

图 8.22　基于鞘套层结构的三维体心晶格各向异性磁化等离子体光子晶体的拓扑结构和 1st BZ 的示意图

$$\varepsilon_{\mathrm{p}}=\frac{[\omega(\omega+\mathrm{j}\nu_{\mathrm{c}})-\omega_{\mathrm{p}}^{2}]^{2}-\omega^{2}\omega_{\mathrm{c}}^{2}}{\omega^{2}[(\omega+\mathrm{j}\nu_{\mathrm{c}})^{2}-\omega_{\mathrm{c}}^{2}]-\omega\omega_{\mathrm{p}}^{2}(\omega+\mathrm{j}\nu_{\mathrm{c}})} \tag{8.22}$$

式中，ω_{p} 是等离子体频率，$\omega_{\mathrm{p}}=(e^{2}n_{\mathrm{e}}/\varepsilon_{0}m)^{1/2}$；$e$、$m$、$n_{\mathrm{e}}$ 和 ε_{0} 分别表示电子的电量、电子的质量、等离子体密度和真空中的介电常数；ω_{c} 是等离子体回旋频率，$\omega_{\mathrm{c}}=(eB/m)$，$B$ 是外加磁场的大小；ν_{c} 是等离子体碰撞频率。由于本节采用 PWE 方法计算，而 Te 又是一种 type－1 型单轴材料，因此，该光子晶体介电常数的傅里叶展开系数为

$$\varepsilon_{\boldsymbol{G},\boldsymbol{G}'}^{-1}(i)=\begin{cases}\left\{\dfrac{\omega^{2}[(\omega+\mathrm{j}\nu_{\mathrm{c}})^{2}-\omega_{\mathrm{c}}^{2}]-\omega\omega_{\mathrm{p}}^{2}(\omega+\mathrm{j}\nu_{\mathrm{c}})}{[\omega(\omega+\mathrm{j}\nu_{\mathrm{c}})-\omega_{\mathrm{p}}^{2}]^{2}-\omega^{2}\omega_{\mathrm{c}}^{2}}-\dfrac{1}{\varepsilon_{\mathrm{b}}}\right\}f_{2}+\\ \left\{\dfrac{1}{\varepsilon_{i}}-\dfrac{\omega^{2}[(\omega+\mathrm{j}\nu_{\mathrm{c}})^{2}-\omega_{\mathrm{c}}^{2}]-\omega\omega_{\mathrm{p}}^{2}(\omega+\mathrm{j}\nu_{\mathrm{c}})}{[\omega(\omega+\mathrm{j}\nu_{\mathrm{c}})-\omega_{\mathrm{p}}^{2}]^{2}-\omega^{2}\omega_{\mathrm{c}}^{2}}\right\}f_{1}+\dfrac{1}{\varepsilon_{\mathrm{b}}}, \quad \boldsymbol{G}-\boldsymbol{G}'=\boldsymbol{0}\\ \left\{\dfrac{\omega^{2}[(\omega+\mathrm{j}\nu_{\mathrm{c}})^{2}-\omega_{\mathrm{c}}^{2}]-\omega\omega_{\mathrm{p}}^{2}(\omega+\mathrm{j}\nu_{\mathrm{c}})}{[\omega(\omega+\mathrm{j}\nu_{\mathrm{c}})-\omega_{\mathrm{p}}^{2}]^{2}-\omega^{2}\omega_{\mathrm{c}}^{2}}-\dfrac{1}{\varepsilon_{\mathrm{b}}}\right\}\cdot\\ 3f_{2}\dfrac{\sin(|\boldsymbol{G}-\boldsymbol{G}'|R_{2})-(|\boldsymbol{G}-\boldsymbol{G}'|R_{2})\cos(|\boldsymbol{G}-\boldsymbol{G}'|R_{2})}{(|\boldsymbol{G}-\boldsymbol{G}'|R_{2})^{3}}+\\ \left\{\dfrac{1}{\varepsilon_{i}}-\dfrac{\omega^{2}[(\omega+\mathrm{j}\nu_{\mathrm{c}})^{2}-\omega_{\mathrm{c}}^{2}]-\omega\omega_{\mathrm{p}}^{2}(\omega+\mathrm{j}\nu_{\mathrm{c}})}{[\omega(\omega+\mathrm{j}\nu_{\mathrm{c}})-\omega_{\mathrm{p}}^{2}]^{2}-\omega^{2}\omega_{\mathrm{c}}^{2}}\right\}\cdot\\ 3f_{1}\dfrac{\sin(|\boldsymbol{G}-\boldsymbol{G}'|R_{1})-(|\boldsymbol{G}-\boldsymbol{G}'|R_{1})\cos(|\boldsymbol{G}-\boldsymbol{G}'|R_{1})}{(|\boldsymbol{G}-\boldsymbol{G}'|R_{1})^{3}},\\ \boldsymbol{G}-\boldsymbol{G}'\neq\boldsymbol{0}\end{cases}$$

$$(i=x,y) \tag{8.23}$$

式中，f_{1} 表示核心介质球的填充率，$f_{1}=(4\pi R_{13})/(3V_{\mathrm{m}})$；$f_{2}$ 是介质－等离子体球的填充率，$f_{2}=(4\pi R_{23})/(3V_{\mathrm{m}})$，$V_{\mathrm{m}}$ 是晶格单元的体积；$\boldsymbol{G}$ 是倒格矢。与上节类似，由 PWE 方法可知，Maxwell 方程组可以最终化简为[318]

$$\zeta^{6}\boldsymbol{I}-\zeta^{5}\boldsymbol{O}-\zeta^{4}\boldsymbol{P}-\zeta^{3}\boldsymbol{Q}-\zeta^{2}\boldsymbol{R}-\zeta\mu\boldsymbol{S}-\boldsymbol{T}=\boldsymbol{0} \tag{8.24}$$

式中，$\boldsymbol{I}$ 表示单位矩阵，$\zeta=\omega/c$ 且

$$\boldsymbol{O}(\boldsymbol{G}\mid\boldsymbol{G}')=-\mathrm{j}\frac{2\nu_{\mathrm{c}}}{c}\boldsymbol{\delta}_{\boldsymbol{G}\cdot\boldsymbol{G}'} \tag{8.25}$$

$$\begin{aligned}\boldsymbol{P}(\boldsymbol{G}\mid\boldsymbol{G}')=&\left(\sum_{i=x,y}\left\{\frac{A}{c^{2}}+\left[\frac{1}{\varepsilon_{i}}f_{1}+\frac{1-f_{2}}{\varepsilon_{\mathrm{b}}}+\right.\right.\right.\\&\left.\left.\left.(f_{2}-f_{1})\right]\cdot|\boldsymbol{k}+\boldsymbol{G}||\boldsymbol{k}+\boldsymbol{G}'|\cdot\boldsymbol{F}_{i}\right\}\right)\boldsymbol{\delta}_{\boldsymbol{G}\cdot\boldsymbol{G}'}+\\&\sum_{i=x,y}\left(1-\frac{1}{\varepsilon_{\mathrm{b}}}\right)\boldsymbol{M}_{i2}+\left(\frac{1}{\varepsilon_{i}}-1\right)\boldsymbol{M}_{i1}\end{aligned} \tag{8.26}$$

$$\begin{aligned}\boldsymbol{Q}(\boldsymbol{G}\mid\boldsymbol{G}')=&\left(\sum_{i=x,y}\left\{\mathrm{j}\frac{2\nu_{\mathrm{c}}\omega_{\mathrm{p}}^{2}}{c^{3}}+\mathrm{j}\frac{2\nu_{\mathrm{c}}}{c}\left[\frac{1}{\varepsilon_{i}}f_{1}+\frac{1-f_{2}}{\varepsilon_{\mathrm{b}}}+(f_{2}-f_{1})\right]\cdot\right.\right.\\&\left.\left.|\boldsymbol{k}+\boldsymbol{G}||\boldsymbol{k}+\boldsymbol{G}'|\cdot\boldsymbol{F}_{i}\right\}\right)\boldsymbol{\delta}_{\boldsymbol{G}\cdot\boldsymbol{G}'}+\end{aligned}$$

$$\sum_{i=x,y} \mathrm{j}\,\frac{2\nu_c}{c}\left[\left(1-\frac{1}{\varepsilon_b}\right)\boldsymbol{M}_{i2}+\left(\frac{1}{\varepsilon_i}-1\right)\boldsymbol{M}_{i1}\right] \tag{8.27}$$

$$\boldsymbol{R}(\boldsymbol{G}\mid\boldsymbol{G}')=\left(\sum_{i=x,y}\left\{-\frac{\omega_p^4}{c^4}+\left[-\frac{A}{c^2}\left(\frac{1}{\varepsilon_i}f_1+\frac{1-f_1}{\varepsilon_b}\right)+\frac{\omega_p^2-A}{c^2}(f_2-f_1)\right]\cdot\right.\right.$$
$$\left.\left.|\boldsymbol{k}+\boldsymbol{G}|\,|\boldsymbol{k}+\boldsymbol{G}'|\cdot\boldsymbol{F}_i\right\}\right)\boldsymbol{\delta}_{\boldsymbol{G}\cdot\boldsymbol{G}'}+$$
$$\sum_{i=x,y}-\frac{A}{c^2}\left(1-\frac{1}{\varepsilon_b}\right)\boldsymbol{M}_{i2}+\frac{\omega_p^2-A}{c^2}\left(\frac{1}{\varepsilon_i}-1\right)\boldsymbol{M}_{i1} \tag{8.28}$$

$$\boldsymbol{S}(\boldsymbol{G}\mid\boldsymbol{G}')=\left(\sum_{i=x,y}\left\{-\mathrm{j}\,\frac{\nu_c\omega_p^2}{c^3}\left[\frac{1}{\varepsilon_i}f_1+\frac{1-f_2}{\varepsilon_b}+(f_2-f_1)\right]\cdot\right.\right.$$
$$\left.\left.|\boldsymbol{k}+\boldsymbol{G}|\,|\boldsymbol{k}+\boldsymbol{G}'|\cdot\boldsymbol{F}_i\right\}\right)\boldsymbol{\delta}_{\boldsymbol{G}\cdot\boldsymbol{G}'}+$$
$$\sum_{i=x,y}-\mathrm{j}\,\frac{2\nu_c\omega_p^2}{c^3}\left[\left(1-\frac{1}{\varepsilon_b}\right)\boldsymbol{M}_{i2}+\frac{1}{2}\left(\frac{1}{\varepsilon_i}-1\right)\boldsymbol{M}_{i1}\right] \tag{8.29}$$

$$\boldsymbol{T}(\boldsymbol{G}\mid\boldsymbol{G}')=\left[\sum_{i=x,y}\frac{\omega_p^4}{c^4}\left(\frac{f_1}{\varepsilon_i}+\frac{1-f_2}{\varepsilon_b}\right)\cdot|\boldsymbol{k}+\boldsymbol{G}|\,|\boldsymbol{k}+\boldsymbol{G}'|\cdot\boldsymbol{F}_i\right]\boldsymbol{\delta}_{\boldsymbol{G}\cdot\boldsymbol{G}'}+$$
$$\sum_{i=x,y}\frac{\omega_p^4}{c^4}\left(\frac{1}{\varepsilon_i}\boldsymbol{M}_{i1}-\frac{1}{\varepsilon_b}\boldsymbol{M}_{i2}\right) \tag{8.30}$$

其中

$$\boldsymbol{M}_{i1}=|\boldsymbol{k}+\boldsymbol{G}|\,|\boldsymbol{k}+\boldsymbol{G}'|\cdot\boldsymbol{F}_i\cdot 3f_1\cdot$$
$$\frac{\sin(|\boldsymbol{G}-\boldsymbol{G}'|R_1)-(|\boldsymbol{G}-\boldsymbol{G}'|R_1)\cos(|\boldsymbol{G}-\boldsymbol{G}'|R_1)}{(|\boldsymbol{G}-\boldsymbol{G}'|R_1)^3},\quad i=x,y$$

$$\boldsymbol{M}_{i2}=|\boldsymbol{k}+\boldsymbol{G}|\,|\boldsymbol{k}+\boldsymbol{G}'|\cdot\boldsymbol{F}_i\cdot 3f_2\cdot$$
$$\frac{\sin(|\boldsymbol{G}-\boldsymbol{G}'|R_2)-(|\boldsymbol{G}-\boldsymbol{G}'|R_2)\cos(|\boldsymbol{G}-\boldsymbol{G}'|R_2)}{(|\boldsymbol{G}-\boldsymbol{G}'|R_2)^3},\quad i=x,y$$

且 $A=\nu_c^2+2\omega_p^2+\omega_c^2$，$\boldsymbol{O}$、$\boldsymbol{P}$、$\boldsymbol{Q}$、$\boldsymbol{R}$、$\boldsymbol{S}$ 和 $\boldsymbol{T}$ 是 $N\times N$ 的矩阵，其他变量的定义参见第7章。式(8.24)可以转换为一个 $6N\times 6N$ 矩阵 $\boldsymbol{W}$ 特征值的求取，且矩阵 $\boldsymbol{W}$ 满足

$$\boldsymbol{W}\boldsymbol{z}=\zeta\boldsymbol{z},\quad \boldsymbol{W}=\begin{pmatrix}0&\boldsymbol{I}&0&0&0&0\\0&0&\boldsymbol{I}&0&0&0\\0&0&0&\boldsymbol{I}&0&0\\0&0&0&0&\boldsymbol{I}&0\\0&0&0&0&0&\boldsymbol{I}\\\boldsymbol{T}&\boldsymbol{S}&\boldsymbol{R}&\boldsymbol{Q}&\boldsymbol{P}&\boldsymbol{O}\end{pmatrix} \tag{8.31}$$

求解式(8.31)的特征值就得到了式(8.24)的解。显然，所求特征值的实部就决定了非寻常波在该三维各向异性磁化等离子体光子晶体中的色散关系。

为了不失一般性，频域同样用$\frac{\omega a}{2\pi c}$来进行归一化。因此，用一个变量 $\omega_{p0}=2\pi c/a$ 来定义 ω_c、ω_p 和 ν_c，且初始值分别为 $\omega_p=\omega_{pl}=0.12\omega_{p0}$、$\nu_c=0.02\omega_{pl}$ 和

$\omega_c=0.8\omega_{pl}$。显然，ω_{p0} 和 ω_{pl} 没有任何的物理意义，仅是参变量。假设钻石、面心、体心和立方体晶格这 4 种填充介质的相对磁导率分别为 $\mu_a=1$、$\mu_b=1$、$\mu_1=1$ 和 $\mu_p=1$。在下面的计算中展开的平面波数为 1 331。

8.3.2　表面等离子体激元模的特性

图 8.23 给出了在不同 ω_c、ω_p 和 ν_c 条件下非寻常波在该三维磁化等离子体光子晶体中的色散曲线，此时 $R_1=0.24a$、$R_2=0.35a$，灰色区域表示 PBG。由图 8.23 可知，当 $\omega_p=\omega_c=\nu_c=0$ 时，磁化等离子体鞘层可等效为空气，该磁化等离子体光子晶体也视为常规的三维介质－空气光子晶体。显然，在 0 ～ 0.8($2\pi c/a$) 的频率范围内有 2 个 PBG，它们分别位于 0.380 4 ～ 0.396 8($2\pi c/a$) 和 0.549 7 ～ 0.571 0($2\pi c/a$)。当 $\omega_p=0.12\omega_{p0}$、$\omega_c=0.8\omega_{pl}$、$\nu_c=0.02\omega_{pl}$ 时，非寻常波在该磁化等离子体光子晶体中不但能产生 2 个 PBG，而且能产生 2 个水平带区域，这两个 PBG 的频率范围分别变为 0.385 6 ～ 0.401 3($2\pi c/a$) 和 0.553 9 ～ 0.574 6($2\pi c/a$)，而 2 个水平带区域分别位于 0.020 7 ～ 0.081 2($2\pi c/a$) 和 0.154 5 ～ 0.177 2($2\pi c/a$)。与图 8.23(a) 中的结果相比，PBG 的上下边缘均将发生蓝移，且其中心频率也将发生蓝移。换句话说，非寻常波在该三维磁化等离子体光子晶体中的开关状态是可以被调控的，这意味着对于非寻常波而言，在不同的频率范围内可以有不同的"开"与"关"的状态。因此，该光子晶体可以用来设计成为非寻常波的"光开关"。本节将主要介绍在频域 0 ～ 2 $\pi c/a$ 中非寻常波 1st SWBG 的特性。

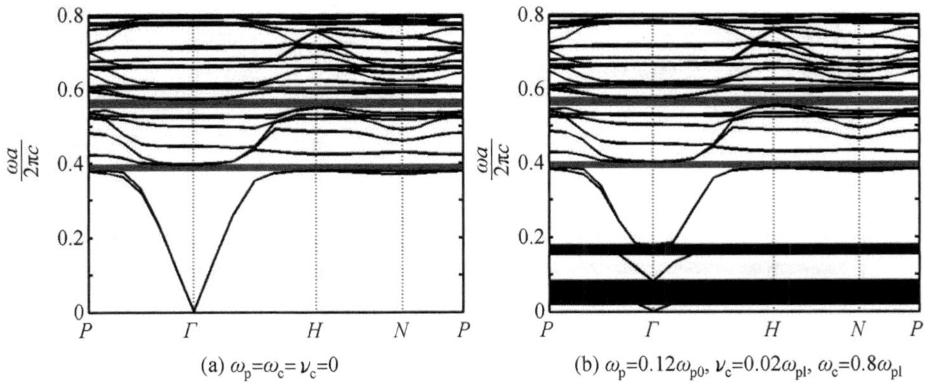

图 8.23　在不同 ω_c、ω_p 和 ν_c 条件下非寻常波在该三维磁化等离子体光子晶体中的色散曲线

由前几章的研究结果可知，磁化等离子体引入光子晶体后，非寻常波可以产生水平带区域。当非寻常波的频率位于水平带区域时，ε_p 的实部是负数，而 Te 和空气的相对介电常数是正数，因此，表面等离子体激元模将被局域在不同介质的交界面处。为了研究表面等离子体激元模的特性，图 8.24 给出了不同晶格条件下非寻常波在该三维磁化等离子体光子晶体中的色散曲线，此时 $R_1=0.16a$、

$\omega_p=0.12\omega_{p0}$、$\omega_c=0.8\omega_p$、$\nu_c=0.02\omega_{pl}$、$R_2=0.26a$，灰色区域表示PBG。由图8.24可知，非寻常波在体心、面心、立方体和钻石晶格中均能产生两个水平带区域。对于这4种晶格而言，第一水平带区域将分别位于0.028 1～0.081 2($2\pi c/a$)、0.019 1～0.081 2($2\pi c/a$)、0.048 2～0.081 2($2\pi c/a$)和0.005 0～0.081 2($2\pi c/a$)，第二水平带区域将分别覆盖0.155 4～0.177 2($2\pi c/a$)、0.154 4～0.177 2($2\pi c/a$)、0.159 3～0.177 2($2\pi c/a$)和0.145 3～0.177 2($2\pi c/a$)。综上可知，表面等离子体激元模的最为明显的特性是两个水平带区域的上边缘频率不会随着晶格类型的变化而发生变化，其下边缘频率却随着晶格类型的不同而不同，这显然也可以用Maxwell-Garnett型有效介质理论[315]来解释(如式(8.11)所示)，具体解释见8.1节，在此不做复述。

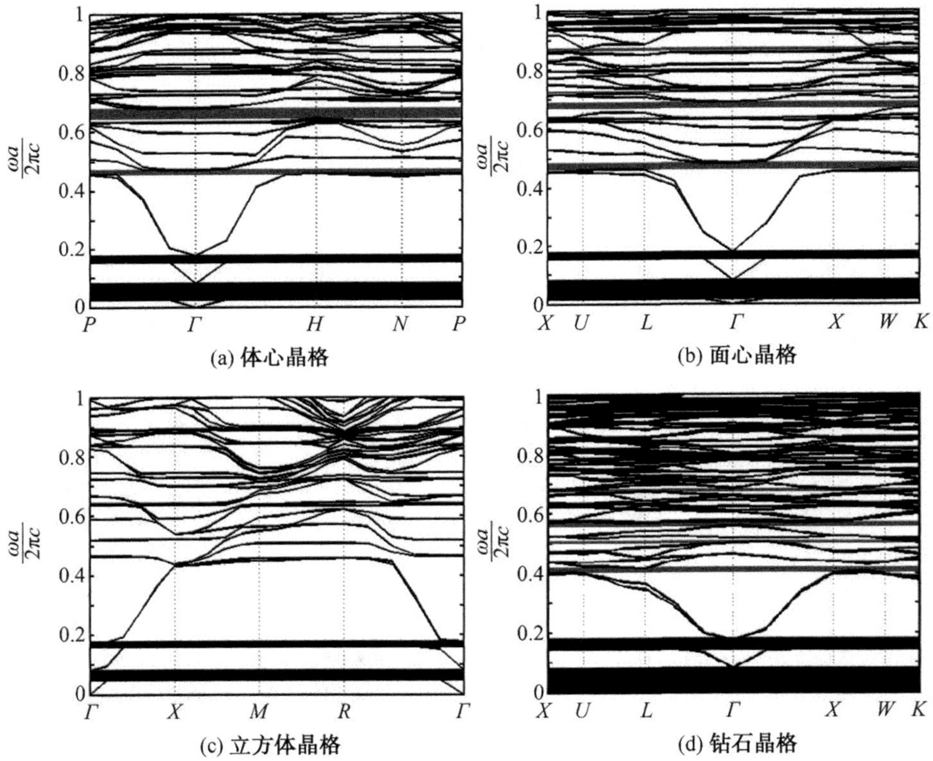

图 8.24　不同晶格条件下非寻常波在该三维磁化等离子体光子晶体中的色散曲线

为了进一步研究表面等离子体激元模的特性，图8.25中给出了不同晶格条件下非寻常波两个水平带区域上下边缘的位置与R_1的关系图，此时$\omega_p=0.12\omega_{p0}$、$\omega_c=0.8\omega_{pl}$、$\nu_c=0.02\omega_{pl}$、$R_2=0.26a$。由图8.25可知，这两个水平带区域的上边缘频率不会随着R_1的增加而变化，其值分别为0.081 2($2\pi c/a$)和0.177 2($2\pi c/a$)。换句话说，无论核心介质球存在与否，对这两个水平带区域的上边缘频率均无影响，这主要是因为这两个水平带的上边缘频率仅仅由非寻常波的截止频率决定[169,226]。然而，这两个水平带的下边缘将会随着 R_1 的增大而向高频方向移动。与其他 3 种晶格相比，非寻常波在立方体晶格中水平带区域的下边缘频率更大。如果 $R_1/a=0.25$，非寻常波在这 4 种晶格结构中的 2 个水平带区域的下边缘都将分别趋近于一个定值，即 0.164 0$(2\pi c/a)$ 和 0.06 4$(2\pi c/a)$。综上所述，非寻常波水平带区域的上边缘频率与晶格拓扑结构和 R_1 的大小无关，但是当磁化等离子体鞘层厚度趋近于零时，其下边缘频率将趋近于一个定值。

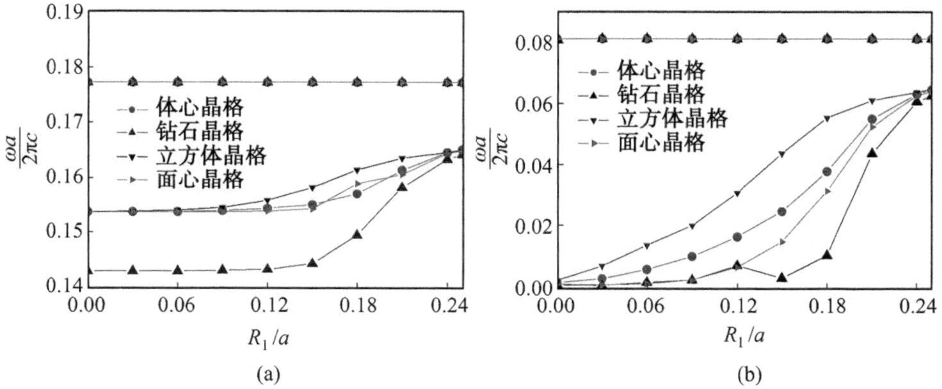

图 8.25　不同晶格条件下非寻常波两个水平带区域上下边缘的位置与 R_1 的关系图

图 8.26 中给出了 R_1 取不同值时非寻常波在该三维磁化等离子体光子晶体中的色散曲线，此时 $R_2=0.35a$、$\omega_p=0.12\omega_{p0}$、$\omega_c=0.8\omega_{pl}$、$\nu_c=0.02\omega_{pl}$。由图 8.26 可知，非寻常波的色散曲线几乎不会随着 R_1 的变化而变化，这说明磁化等离子体鞘层的厚度(R_2-R_1)存在着一个阈值，使得 R_1 对非寻常波的色散特性毫无影响，此时这两个水平带区域分别位于 0.000 2 ～ 0.081 1$(2\pi c/a)$ 和 0.153 7 ～ 0.177 2$(2\pi c/a)$，这意味着在这种情况下鞘层结构可以看作磁化等离子体球，使

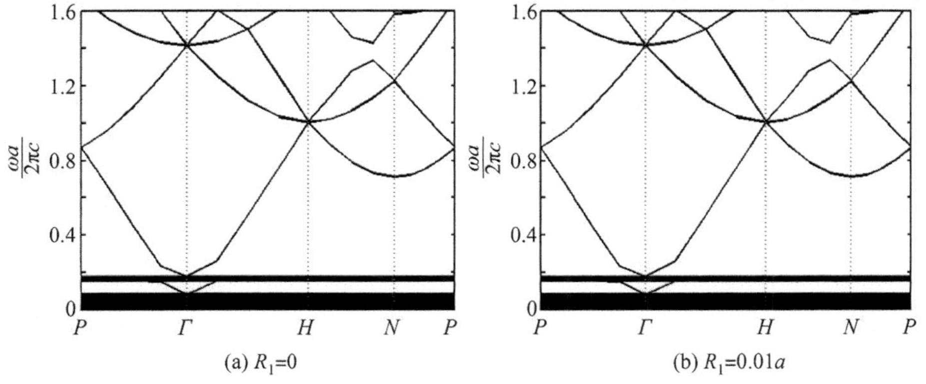

图 8.26　R_1 取不同值时非寻常波在该三维磁化等离子体光子晶体中的色散曲线

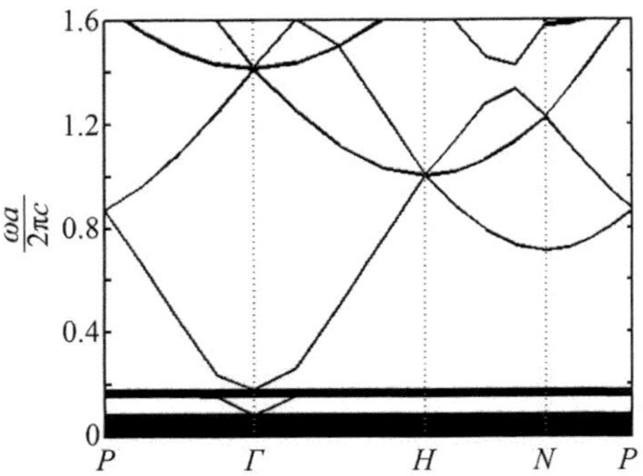

(c) R_1=0.02a

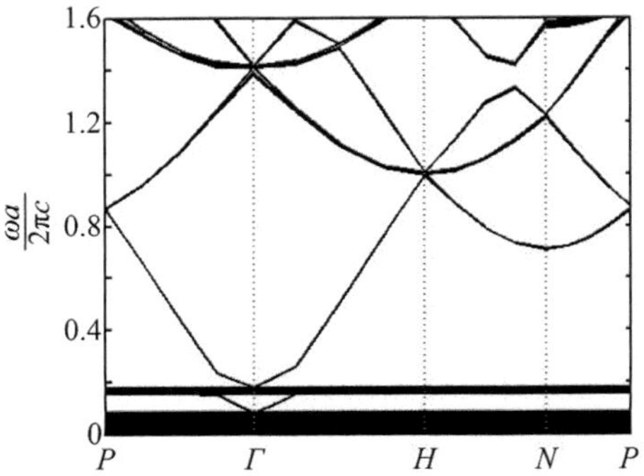

(d) R_1=0.04a

续图 8.26

得加工实现该三维各向异性磁化等离子体球变成可能，并可以减少磁化等离子体的体积。图 8.27 中给出了 $\varepsilon_b=38.44$ 且 ε_a 取不同值时非寻常波在该三维磁化等离子体光子晶体中的色散曲线，此时 $R_1=0.03a$、$R_2=0.35a$、$\omega_p=0.15\omega_{p0}$、$\omega_c=0.8\omega_{pl}$、$\nu_c=0.02\omega_{pl}$。由图 8.27 可知，当核心介质球分别为 $\varepsilon_a=12.4$、$\varepsilon_a=4$、Te($n_o=4.8$，$n_e=6.2$) [229] 和 Tl_3AsSe_3($n_o=3.35$，$n_e=3.16$) [223] 时，非寻常波的色散曲线几乎完全相同，此时这两个水平带区域分别位于 0.000 5 ～ 0.081 2 ($2\pi c/a$) 和 0.153 5 ～ 0.177 2($2\pi c/a$)，且此时水平带区域上下边缘的位置也不会发生变化。由图 8.27 中的结果可知，当(R_2-R_1) 的值足够大时，非寻常波的色散曲线与 ε_a 无关。综上所述，当(R_2-R_1) 大于一定阈值时，非寻常波的色散曲线与 R_1 和 ε_a 的大小无关，这主要是因为当(R_2-R_1) 足够大时，非寻常波不能穿过等离子体鞘层，只能被反射。在这种情况下，非寻常波的开关状态也不会受影响。

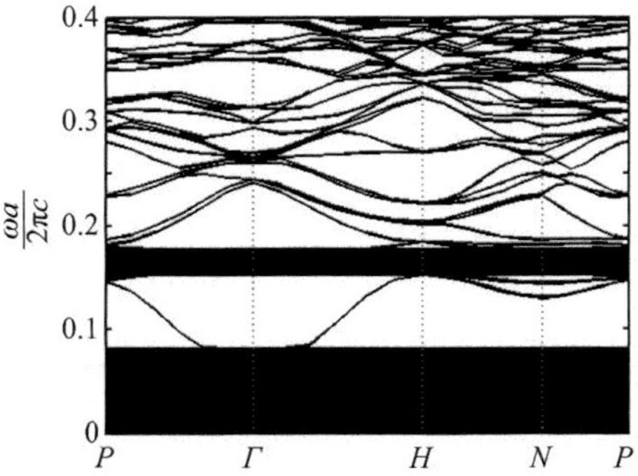

(a) ε_a=12.4

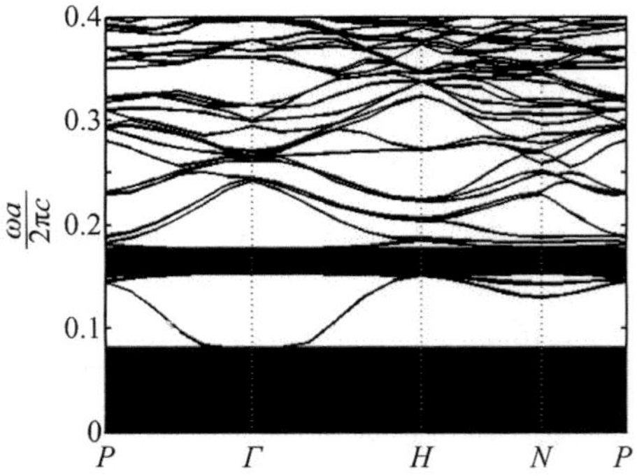

(b) ε_a=4

图 8.27 $\varepsilon_b=38.44$ 且 ε_a 取不同值时非寻常波在该三维磁化等离子体光子晶体中的色散曲线

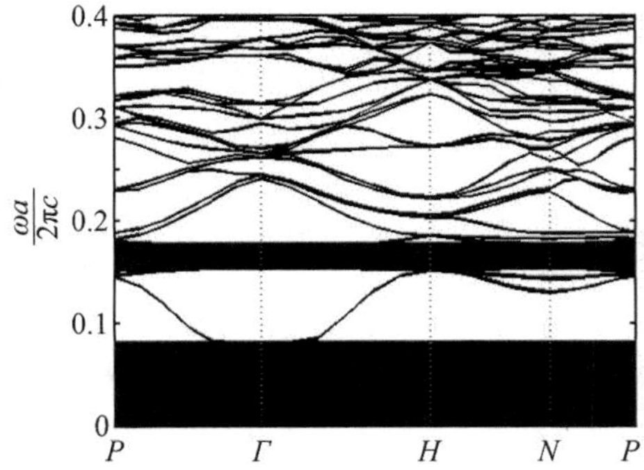

(c) Tl_3AsSe_3 (n_o=3.35,n_e=3.16)

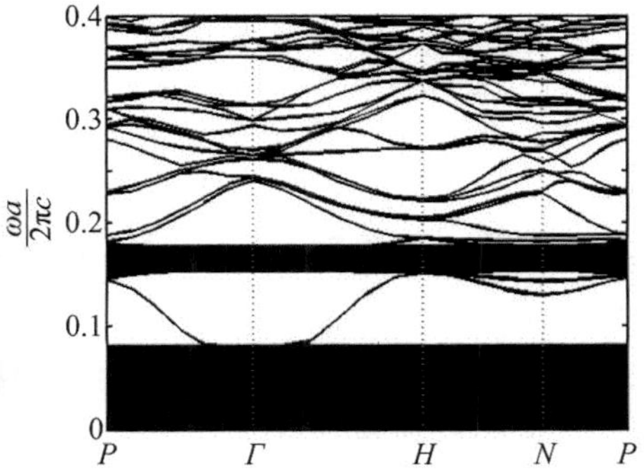

(d) Te (n_o=4.8,n_e=6.2)

续图 8.27

8.3.3 非寻常波的 SWBG 特性

图 8.28 给出了非寻常波在该三维磁化等离子体光子晶体中的 1st SWBG 与 R_1 的关系图，此时 $\varepsilon_b=1$、$\omega_p=0.12\omega_{p0}$、$\omega_c=0.8\omega_{pl}$、$\nu_c=0.02\omega_{pl}$、$R_2=0.35a$。由图 8.28 可知，非寻常波 1st SWBG 的上下边缘将会随着 R_1 的增大而发生红移，且其带宽将先增大后减小，该 1st SWBG 带宽的最大值为 0.028 7($2\pi c/a$)，且出现在 $R_1/a=0.34$ 处。然而，当 $R_1/a<0.16$ 时，该 1st SWBG 将会消失，这意味着非寻常波的开关状态变成了“开”。由图 8.28 可知，非寻常波 1st SWBG 相对带宽的变化趋势是随着 R_1 的增大而先增大后减小的，且 R_1 存在着最优值使得 1st SWBG 的相对带宽取最大值，该最大值为 0.099 7，此时 $R_1/a=0.35$。当 R_1/a 位于 0.16 ～ 0.35 时，非寻常波的开关状态为“关”。因此，非寻常波的开关状态能被 R_1 调谐。

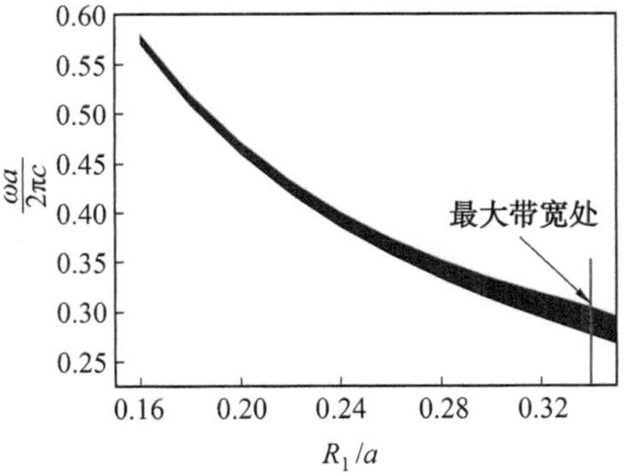

图 8.28 非寻常波在该三维磁化等离子体光子晶体中的 1st SWBG 与 R_1 的关系图

图 8.29 给出了非寻常波在该三维磁化等离子体光子晶体中的 1st SWBG 与 ω_p 的关系图，此时 $R_2=0.35a$、$\varepsilon_b=1$、$\omega_c=0.8\omega_{pl}$、$\nu_c=0.02\omega_{pl}$、$R_1=0.24a$。由图 8.29 可知，随着 ω_p/ω_{p0} 的增大，非寻常波 1st SWBG 的上下边缘将发生蓝移，

且其带宽将逐渐减小，非寻常波的开关状态可由“关”变成“开”。如果 $\omega_p/\omega_{p0} > 0.38$，该 1st SWBG 将消失，且此时非寻常波的开关状态将变为“开”。该 1st SWBG 带宽的最大值出现在 low－ω_p 区域，其值为 0.017 6($2\pi c/a$)，且此时 $\omega_p/\omega_{p0}=0.01$。因此，由于非寻常波 SWBG 的存在，该三维磁化等离子体光子晶体能够设计成为光开关或者波分多路复用器。由于改变 ω_p 的大小本质上是改变该光子晶体的平均折射率，因此，非寻常波的开关状态能被 ω_p 调控[213]。由图 8.29 还可知，非寻常波 1st SWBG 的相对带宽将随着 ω_p/ω_{p0} 的增大而减小，该 1st SWBG 的相对带宽最大值是 0.047 0，此时 $\omega_p/\omega_{p0}=0.01$。与 $\omega_p/\omega_{p0}=0.13$ 时相比，相对带宽的值将增加 0.002 3。值得注意的是，ν_c 的大小将不会影响非寻常波的开关状态，这是因为 ν_c 仅是磁化等离子体的耗散项，只代表能量损耗[316]。

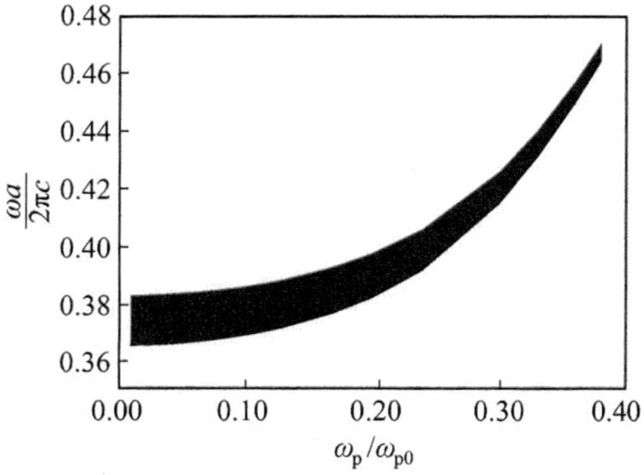

图 8.29　非寻常波在该三维磁化等离子体光子晶体中的 1st SWBG 与 ω_p 的关系图

图 8.30 给出了非寻常波在该三维磁化等离子体光子晶体中的 1st SWBG 与 ω_c 的关系图，此时 $R_2=0.35a$、$\varepsilon_b=1$、$\omega_p=0.12\omega_{p0}$、$\nu_c=0.02\omega_{pl}$、$R_1=0.25a$。由图 8.30 可知，随着 ω_c/ω_{pl} 的增大，非寻常波 1st SWBG 的上下边缘将发生蓝移，且其带宽也将逐渐减小。如果 $\omega_c/\omega_{pl}>3.3$，该 1st SWBG 将会消失，此时非寻常波的开关状态变为“开”。非寻常波 1st SWBG 带宽的最大值将出现在 low－ω_c 区域，其最大值为 0.017($2\pi c/a$)，此时 $\omega_c/\omega_{pl}=0.01$。与 $\omega_c/\omega_{pl}=3.3$ 时相比，1st SWBG 的带宽将增大 0.014 8($2\pi c/a$)。换句话说，非寻常波的开关状态更容易在 high－ω_c 区域内进行调控。与改变 ω_p 的大小类似，改变 ω_c 的大小(改变外加磁场的大小)意味着非寻常波的有效介电常数的实部也发生了变化[213]，即改变了该三维磁化等离子体光子晶体的平均折射率。因此，非寻常波的开关状态可以被 ω_c 调控。由图 8.30 还可知，非寻常波 1st SWBG 的相对带宽将随着 ω_c/ω_{pl} 的增大而减小，且其最大值为 0.044 9，此时 $\omega_c/\omega_{pl}=0.01$。与 $\omega_c/\omega_{pl}=3$ 时相比，1st SWBG 的相对带宽的值将增加 0.032。如果 $\omega_c/\omega_{pl}>3.3$，非寻常波的开关状态可以由“关”变为“开”。因此，外加磁场(ω_c)是操控非寻常波的开关状态的一个非常重要的参数，较大的 RCP 波 1st SWBG 和“关”状态将出现在 low－ω_c 区域。

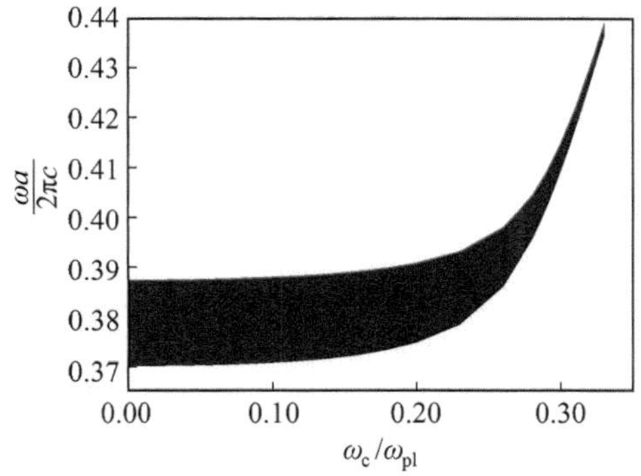

图 8.30 非寻常波在该三维磁化等离子体光子晶体中的 1st SWBG 与 ω_c 的关系图

8.4 技术小结

本章主要在理论上对三维等离子体光子晶体在器件设计中的应用进行了探索,用三元鞘层结构(核一壳结构)来替代纯粹的等离子体球来实现对 PBG 的产生和调控。这种结构在实现上不仅存在着可能性,而且还可以减少使用等离子体的体积,也回避了常规 type－1 和 type－2 型光子晶体的缺陷。该光子晶体产生的 PBG 在特定的频域范围内可视为 SWBG,这使得该光子晶体能用于设计光开关、波分多路复用器或可调谐滤波器等器件。本章进一步介绍了在磁光 Faraday 和 Voigt 效应下 RCP 波和非寻常波的 SWBG 特性,并分析了三维磁化等离子体光子晶体各个参数对 SWBG 的影响。本章还对基于三元鞘层结构的三维等离子体光子晶体的表面等离子体激元模的特性进行了分析,探讨了表面等离子体激元模与晶格结构、核心介质球的填充率以及其介电常数的关系,并分析了等离子体鞘层厚度对 SWBG 的影响。本章在内容上主要涵盖以下几个方面。

(1)在理论上对基于三元鞘层结构的三维绿烧石晶格非磁化等离子体光子晶体中的 SWBG 和表面等离子体激元模特性进行了研究。研究结果表明:当等离子体鞘层引入后,该光子晶体不但能获得 SWBG,而且能得到 1 个水平带区域。水平能带的产生是由表面等离子体激元模形成的。通过计算和分析,水平带区域中的表面等离子体激元模的显著特性可以总结为两点:①当等离子体鞘层的厚度大于一定阈值时,该鞘层结构可以等效为纯粹的等离子体球,在这种条件下,核心的介质球对色散曲线无影响,使得该光子晶体在实现上变成可能,且可以减少等离子体的体积;②水平带区域的上边缘频率与该光子晶体的晶格结构无关,而当等离子体鞘层的厚度趋于零时,水平带区域的下边缘频率将趋近于一个定值。值得注意的是,SWBG 能明显地被 ω_p 和 R_1 调谐,但是改变 ν_c 的值对其却没有影响。除间断点外,SWBG 的上下边缘将会随着 R_1 的增大而发生红移。增加 ω_p 将使得 SWBG 的上下边缘发生蓝移，且 SWBG 相对带宽的最大值将会出现在 low$-\omega_p$ 区域。

(2)在理论上对磁光 Faraday 效应下(任意时刻外加磁场均和波矢平行)RCP 波在三维各向异性磁化等离子体光子晶体中的 SWBG 和表面等离子体激元模的特性进行了研究。研究结果表明：与常规的三维介质—空气光子晶体相比，RCP 波在该光子晶体中能产生可调谐的 SWBG，且能够被 ω_c、ω_p 和 R_1 调谐，然而 ν_c 却对 RCP 波的 SWBG 无影响。RCP 波 SWBG 的上下边缘将随着 R_1 的增大而向低频方向移动，增加 ω_p 和 ω_c 的大小，RCP 波 SWBG 的上下边缘将发生蓝移。在 low$-\omega_p$ 和 low$-\omega_c$ 区域，RCP 波 SWBG 的相对带宽有较大的值。当磁化等离子体鞘层的厚度大于一定的阈值后，ε_a 和 R_1 将对 RCP 波的色散特性无影响，这意味着这种鞘层结构在器件设计时能替代纯粹的磁化等离子体，减少磁化等离子体的体积。对于表面等离子体激元模而言，最为显著的特点是水平带区域的上边缘频率不会随着 R_1 和晶格结构的变化而变化，而只有当磁化等离子体厚度趋近于零时，RCP 波在不同晶格中的水平带区域的下边缘频率才会趋于一个定值。

(3)在理论上对磁光 Voigt 效应下(任意时刻外加磁场均和波矢垂直)非寻常波在三维各向异性磁化等离子体光子晶体中的 SWBG 和表面等离子体激元模的特性进行了研究。研究结果表明：非寻常波在该磁化等离子体光子晶体中不仅可以产生 SWBG，而且可以得到两个水平带区域。水平带是由表面等离子体激元模形成的，这意味着非寻常波的开关状态可以通过改变 ω_c、ω_p 和 R_1 的大小来实现。增加 R_1 的值，非寻常波 SWBG 的上下边缘将发生红移。在 high$-R_1$ 区域，非寻常波 SWBG 的相对带宽能取得较大的值，非寻常波 SWBG 的上下边缘将随着 ω_p 和 ω_c 的增大而发生蓝移，非寻常波 SWBG 在 low$-\omega_p$ 和 low$-\omega_c$ 区域能获得较大的相对带宽。当磁化等离子体鞘层的厚度足够大时，非寻常波的 SWBG 将与 ε_a、R_1、晶格结构无关，此时的鞘层结构也可以等效为纯粹的磁化等离子体球。水平带区域的上边缘频率不会随着晶格结构和 R_1 的变化而变化。当磁化等离子体鞘层的厚度趋于零时，水平带区域的下边缘频率将趋于一个定值。

综上所述，当三维等离子体光子晶体以鞘层结构填充时，无论是在外加磁场不存在，还是在磁光 Faraday 和 Voigt 效应下，电磁波、RCP 波和非寻常波在三维等离子体光子晶体中均能产生水平带区域和 SWBG。由于 SWBG 能在一定的范围内被该类光子晶体的参数调谐，如 ω_p、ω_c 和 R_1，因此该类三维等离子体光子晶体能用于设计光开关、波分多路复用器或可调谐滤波器等器件。而对于水平能带而言，其产生是由于表面等离子体激元模的存在。水平带区域的特性也反映了表面等离子体激元模的特性。当等离子体鞘层的厚度足够大时，该类光子晶体的色散关系将与 ε_a、R_1 无关。在不同晶格条件下，随着 R_1 的增大，水平带区域的上边缘频率将会保持不变。而下边缘频率只有在等离子体鞘层厚度接近于零时才会趋于一个定值。由表面等离子体激元模产生的原理可知，水平带区域的上边缘频率将与光子晶体的拓扑结构无关。因此，无论是在非磁化条件下，还是在磁光 Faraday 和磁光 Voigt 效应下，均能产生相应电磁模式的 SWBG，这使得加工和实现相应的器件成为可能，并同时减少了等离子体的体积。不同电磁模式的开关状态可以通过调控等离子体参数来实现。本章的研究结果为将来实现基于三维等离子体光子晶体的功能性器件提供了理论基础。

第9章

等离子体光子晶体及其器件的仿真与实验

等离子体光子晶体的研究不仅包含理论方面，还包含实验方面的研究，尤其是其仿真和实验是验证理论计算的关键性手段。本章主要对等离子体光子晶体及其器件的仿真与实验进行介绍，在内容上不仅囊括了二维和三维等离子体光子晶体的理论分析以及实验验证，还对引入不同介质缺陷后的电磁特性进行研究，以此来研究等离子体光子晶体的电磁特性，并对等离子体光子晶体用于吸波器的设计进行初步探讨。

前面几章对等离子体光子晶体的色散属性、禁带展宽技术和相应的器件设计进行了系列的介绍，从算法、结构和材料等方面对等离子体光子晶体的电磁波传播特性进行了研究，并从一维、二维和三维等离子体光子晶体的特性与应用进行了介绍。然而，上述章节的内容都是基于较为理想的物理模型，如一维的介质层状结构，二维的介质圆柱填充和三维的球形立方体、面心和体心晶格的填充与分布，以及介质填充等离子体背景等。上述模型虽然能够很好地用于理论分析并降低了计算的难度，但显然不适合实际的设计和实验验证。本章的内容将集中于如何在实际情况下对等离子体光子晶体及其器件进行仿真与实验，重点介绍等离子体密度测定、二维和三维等离子体光子晶体的传输特性和等离子体光子晶体在吸波器方面的应用等几个方面的内容。

9.1　等离子体光子晶体的仿真与实验

随着温度的上升，物质的存在状态一般会呈现出固态—液态—气态 3 种物态的转化过程，把这 3 种基本形态称为物质的三态。对于气态物质，如果温度升至几千摄氏度或更高，由于物质分子热运动加剧，相互间的碰撞就会使气体分子产生电离，这样物质就变成由自由运动并相互作用的正离子和电子组成的混合物，把物质的这种存在状态称为物质的第四态，即等离子体(plasma)。在自然界中，太阳、电离层、极光、雷电以及夜空中的满天星斗等都是等离子体现象，据印度天体物理学家沙哈(M. Saha，1893—1956)的计算，宇宙中 99.9%的物质都处于等离子体状态。

等离子体的初步研究已经有几十年了，如：1988 年，美国的国防报告显示美国空军已开展大气压力下等离子体对电磁波吸收特性的研究；1992 年，美国休斯实验室使用紫外辐射电离气体技术产生等离子体等诸多工作。但是在实验条件下，对等离子体光子晶体的电磁特性研究相对较少，尤其是二维乃至三维等离子体光子晶体对电磁波的透射、吸收等特性的研究基本还处于空白阶段。

9.1.1　等离子体密度的测定

在温度不变的情况下，等离子体碰撞频率随气压 p 的增加呈直线上升趋势，因此，可以通过放电气压来控制等离子体的有效碰撞频率。等离子体的碰撞频率对电子设备的损伤影响不大，因此，可通过解析公式进行估算。下面主要讨论等离子体电子密度的测量方法。

根据等离子体物理的基本原理，等离子体未激励时，电磁波在放电区域的相位变化为

$$\varphi_0 = \int_0^d k_0 \mathrm{d}r \tag{9.1}$$

式中，d 为放电区的长度；k_0 为真空中波数，$k_0=\omega/c$。当放电区产生等离子体后，电磁波在放电区传播时的相位变化为

$$\varphi_p=\int_0^d k\mathrm{d}r \tag{9.2}$$

式中，k 为等离子体中的波数。则前后两次的相位差为

$$\Delta\varphi=\varphi_p-\varphi_0=\int_0^d (k-k_0)\mathrm{d}r \tag{9.3}$$

当等离子体密度均匀时，上式变为

$$\Delta\varphi=\varphi_p-\varphi_0=(k-k_0)d \tag{9.4}$$

在没有外加磁场，不考虑碰撞的情况下，此时等离子体的色散关系为

$$\omega^2=\omega_p^2+c^2k^2 \tag{9.5}$$

式中，ω_p 为等离子体频率。则相位差为

$$\Delta\varphi=\varphi_p-\varphi_0=k_0d[(1-\omega_p^2/\omega^2)^{1/2}-1] \tag{9.6}$$

考虑碰撞的情况，等离子体碰撞频率可以近似写为

$$\nu(r)=5.2\times 10^{11}p \tag{9.7}$$

式中，p 为气体压强。

考虑碰撞的情况，电磁波在等离子体中的传播常波数可表示为

$$k=k_0\sqrt{\varepsilon_r}=\beta-\mathrm{j}\alpha \tag{9.8}$$

式中，相对介电常数 ε_r、衰减常数 α 和相位常数 β 可分别表示为

$$\varepsilon_r=n^2=1-\frac{\omega_p^2}{\omega(\omega-\mathrm{j}\nu)}=1-\frac{\omega_p^2}{\omega^2+\nu^2}-\mathrm{j}\frac{\nu}{\omega}\frac{\omega_p^2}{\omega^2+\nu^2} \tag{9.9a}$$

$$\alpha=\frac{\omega}{c}\left\{-\frac{1}{2}\left(1-\frac{\omega_p^2}{\omega^2+\nu^2}\right)+\frac{1}{2}\left[\left(1-\frac{\omega_p^2}{\omega^2+\nu^2}\right)^2+\left(\frac{\nu}{\omega}\frac{\omega_p^2}{\omega^2+\nu^2}\right)^2\right]^{\frac{1}{2}}\right\}^{\frac{1}{2}} \tag{9.9b}$$

$$\beta=\frac{\omega}{c}\left\{\frac{1}{2}\left(1-\frac{\omega_p^2}{\omega^2+\nu^2}\right)+\frac{1}{2}\left[\left(1-\frac{\omega_p^2}{\omega^2+\nu^2}\right)^2+\left(\frac{\nu}{\omega}\frac{\omega_p^2}{\omega^2+\nu^2}\right)^2\right]^{\frac{1}{2}}\right\}^{\frac{1}{2}} \tag{9.9c}$$

则在考虑碰撞的情况下，相位差为

$$\Delta\varphi=\varphi_p-\varphi_0=k_0d(\beta-1) \tag{9.10}$$

实验条件：等离子密度均匀、无外加磁场、考虑碰撞。

考虑碰撞的情况下，等离子体碰撞频率可以近似按式(9.7)进行计算，其中 p 为大气压强。等离子体碰撞频率 ν 为电子和气体中中性粒子之间的碰撞频率 ν_{em} 与电子和离子的碰撞频率 ν_{ei} 之和，有

$$\nu=\nu_{em}+\nu_{ei} \tag{9.11}$$

在温度为 T 的气体中，电子与气体中中性粒子之间的碰撞频率为

$$\nu_{em}=6.3\times 10^{-9}\,n_m\sqrt{\frac{T}{300}} \tag{9.12}$$

式中，n_m 为气体中中性粒子密度，由气体状态方程决定，单位为 cm^{-3}。

在通常情况下，电子和离子的碰撞频率很小，所以等离子体碰撞频率一般由电子和中性粒子的碰撞决定，即 $\nu \approx \nu_{em}$。因此，等离子体碰撞频率可近似写为

$$\nu \approx 6.3 \times 10^{-9}\, n_m \sqrt{\frac{T}{300}} \tag{9.13}$$

在常温下，考虑等离子体碰撞时，相位差为

$$\Delta\varphi = \int_0^d (\beta_0 - \beta_p)\,dx \tag{9.14}$$

式中，β_0、β_p 分别为真空和等离子体的相位常数；d 为微波穿过的路程，则有

$$\beta_0 = \frac{\omega}{c} \tag{9.15}$$

$$\beta_p = \frac{\omega}{c}\left[1 - \frac{\omega_p^2}{2(\omega^2 + \nu^2)}\right]^{\frac{1}{2}} \tag{9.16}$$

又因为等离子体频率与电子密度的关系为

$$\omega_p^2 = \frac{n_e e^2}{m_e \varepsilon_0} \tag{9.17}$$

即可得

$$\beta_p = \frac{\omega}{c}\left[1 - \frac{n_e e^2}{2m\varepsilon_0(\omega^2 + \nu^2)}\right]^{\frac{1}{2}} \tag{9.18a}$$

$$\Delta\varphi = \frac{\omega}{c}\,\frac{e^2}{4m\varepsilon_0(\omega^2 + \nu^2)}\int_0^d n(x)\,dx \tag{9.18b}$$

等离子体的电子密度可写为

$$n_e = \frac{1}{d}\int_0^d n(x)\,dx \tag{9.19}$$

可得在碰撞情况下，等离子体射流电子密度与相位差的关系式，即

$$n_e = \frac{4m\varepsilon_0 c}{e^2}\left(\frac{\omega^2 + \nu^2}{\omega}\right)\cdot\frac{\Delta\varphi}{d} \tag{9.20}$$

又根据公式

$$\omega_p = \sqrt{\frac{n_e e^2}{m_e \varepsilon_0}} \tag{9.21}$$

可以得到等离子的频率 ω_p。因此，利用相位差的方法可以获得等离子体的密度（等离子体频率）。

产生等离子体的方法有很多种，如辉光放电、电晕放电、介质阻挡放电、射频放电、滑动电弧放电、射流放电、大气压辉光放电等，这些产生等离子体的方法简便且易实现。在本节采用辉光放电（采用双端激励）的方法得到等离子体，其结构如图 9.1 所示。图 9.1(a) 是等离子管结构示意图，图 9.1(b) 是实物拍摄图，放大图是电极处的放大显示图。

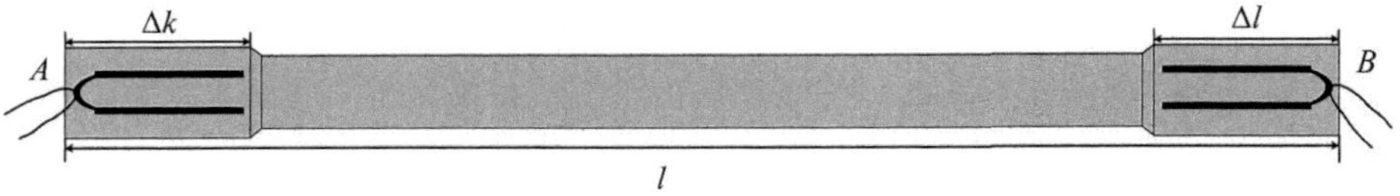

(a) 结构示意图

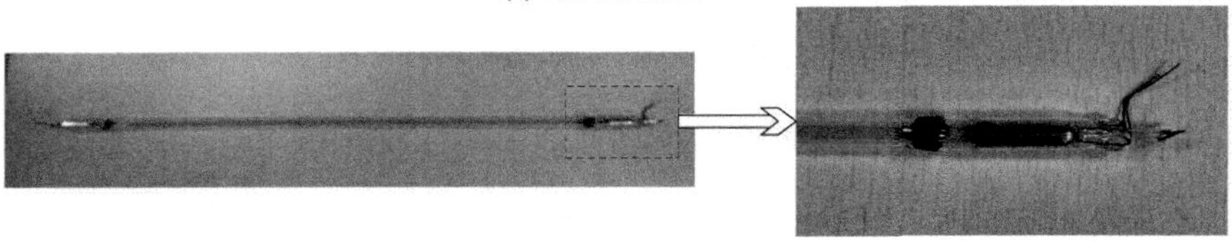

(b) 实物拍摄图

图 9.1　等离子体管的结构图

在如图 9.1 所示的等离子体管中，等离子体是在玻璃管中填充惰性气体（这里选用氩气），然后利用高压激励得到气态等离子体。首先将玻璃管抽真空，然后填充氩气，其压强至少在 500 Pa 以上；其次，为了提高产生等离子体的密度，在充入氩气的玻璃管中添加少许汞，这样，当汞被蒸发形成汞蒸气后可以有效地增加等离子体密度，从而获得较高的等离子体频率，进而在实验中更容易实现；最后，高压激励，将高压电源分别接在玻璃管的 A、B 两侧，随着电压的变化，可以获得等离子体圆柱（即玻璃管内的部分）。在这里，玻璃管选用有耗的玻璃，玻璃管的长度 $l=100$ cm，两边的电极长度 $\Delta l=5$ cm，所以获得的等离子有效长度约为 $l'=l-2\times\Delta l=90$ cm，玻璃管的外半径 $r_1=6$ mm，玻璃壁厚为 1 mm，内径 $r_2=5$ mm，介电常数 $\varepsilon=4.82$，损耗角正切值 $\tan\delta=0.0054$。

在实际实验中，等离子密度还是很难确定的。尽管每根玻璃管内都填充着压强最低为 500 Pa 的氩气，但是加工工艺和实际操作过程中会存在着一定的误差。另外，每根玻璃管中添加的汞也很难做到严格相同，所以必然导致每根玻璃管中得到的等离子体密度是不完全相同的。

为了精准地得到等离子体的密度，采用仿真与实验相结合的方法。这里采用两种不同的测试方法。

方法一是测试单排等离子管的透射特性，进而获得等离子体的密度，实验测试框架示意图如图 9.2 所示。图 9.2(a) 是实验搭建的测试框架示意图，双脊天线喇叭置于等离子体管的两侧，一个作为发射喇叭，另一个作为接收喇叭，并将喇叭与矢量网络分析仪器相连接。显然，这样可以得到单排等离子体管的透射曲线。图 9.2(b) 是单排等离子体管实物照片图，图 9.2(c) 是单排等离子体管支承结构示意图，图 9.2(d) 是用于支承等离子体管的泡沫支架结构示意图。支承架用泡沫制成，选择泡沫是因为泡沫的介电常数约为 1.1，接近空气的介电常数，进而减小在实验中的干扰。支架整体为梯形结构，高度 $h=50$ cm，上底 $b_1=15$ cm，下底 $b_2=30$ cm，卡槽的宽度与玻璃管的外直径相等，即为 $a=2\times r_1=$

12 mm，间距为晶格常数 d，等离子管置于泡沫支架的卡槽处（显示为空白部分）。

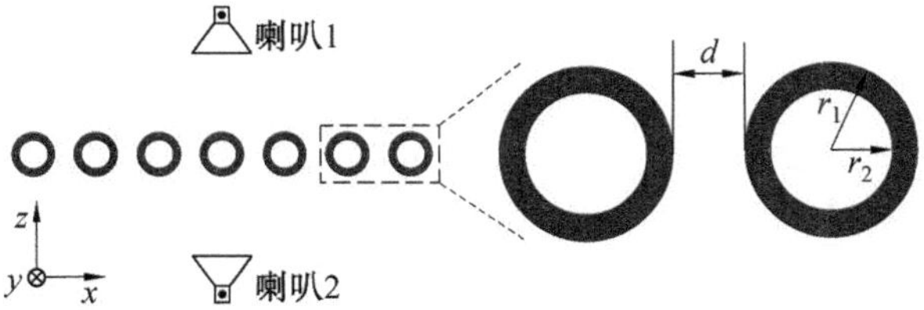

(a) 测试框架示意图

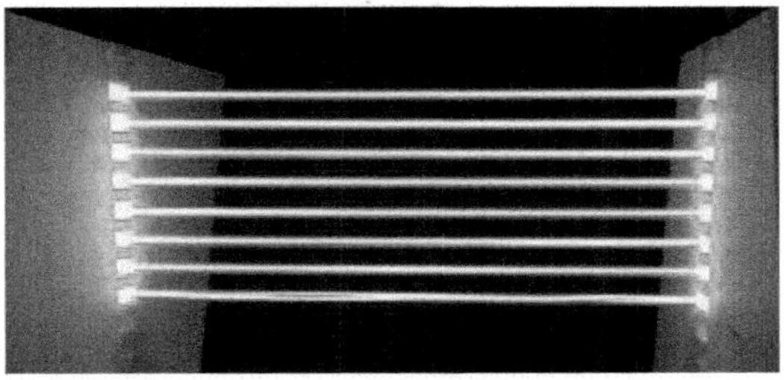

(b) 单排等离子体管实物照片示意图

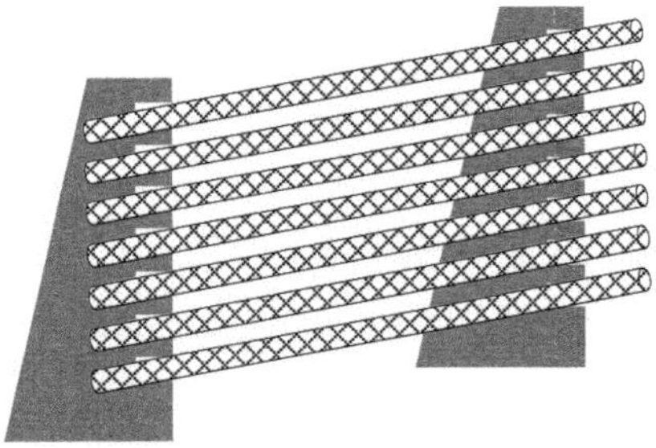

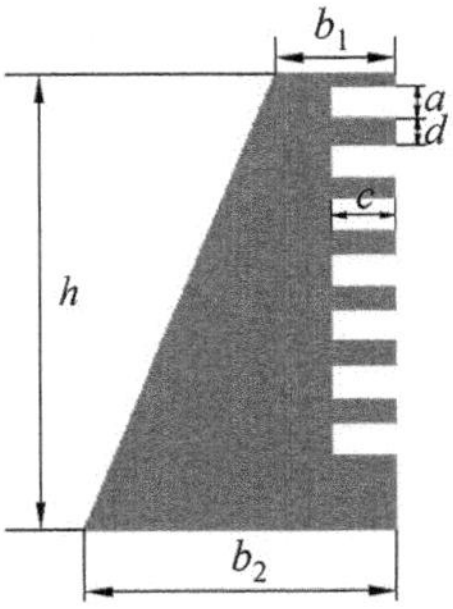

(c) 单排等离子体管支承结构示意图　(d) 泡沫支架结构示意图

图 9.2　实验测试框架示意图

方法二是采用紧密排布双层等离子体管，并测试其透射系数，从而获得等离子体的密度，其示意图如图 9.3 所示。图 9.3(a) 是测试结构示意图，在实验过程中，所有等离子体管均两两相切，目的是为了让等离子体之间没有缝隙，完全契合。图 9.3(b) 是泡沫支架结构示意图。

图 9.4 是多次测量后得到的等离子体透射系数平均值。可以看出，在 1.59 GHz 处透射系数最小，也就是在此处有一个谐振点。

利用电磁仿真商业软件对等离子管进行全波仿真，并将等离子体视为满足 Drude 模型的介质进行仿真，在仿真计算时只需要设置等离子体频率和碰撞频率就可以了，通过等离子体频率就可以计算出等离子体密度。在仿真中，电磁波沿着 z 方向传播，电场沿着 x 方向，并使用周期性边界条件进行仿真。通过软件中参数扫描的方法，将等离子体频率作为变量进行计算，从而获得等离子体的透射

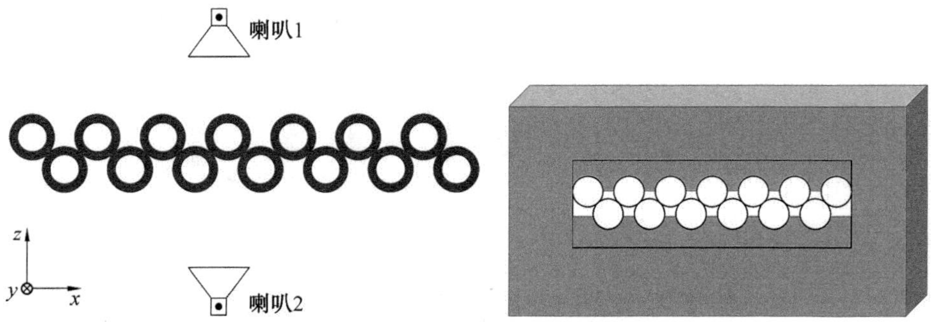

(a) 测试结构示意图　　(b) 泡沫支架结构示意图

图 9.3　紧密排布双层等离子体管测试法示意图

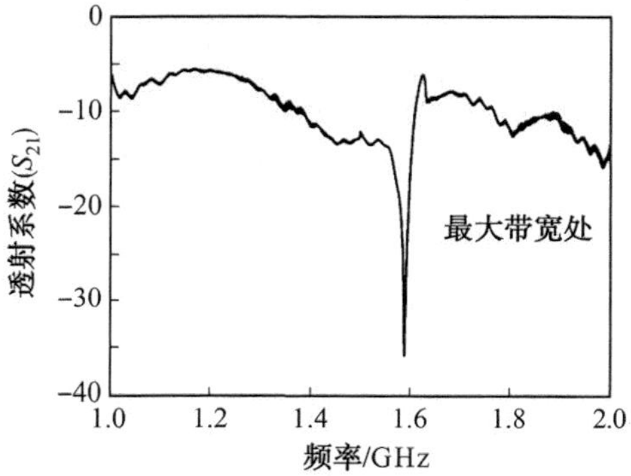

图 9.4　多次测量后得到的等离子体透射系数平均值

谱，比较实验测试和仿真结果就可以近似准确地得出所使用的等离子体管的等离子体频率。图 9.5(a) 是多次仿真后得到的与实验结果相吻合的等离子体透射谱，图 9.5(b) 是其对应的相位图。从透射谱中可以看出，在 1.587 GHz 处有一个明显的谐振点。在仿真中，这条透射曲线是通过扫描等离子体频率获得的，且该曲线的等离子体频率为 3.18×10^{9} Hz。比较图 9.4 和图 9.5 可以看出，两条曲线相当吻合，尤其是在响应频点处，响应频点基本重合。也就是说，可以认为实验中等离子体频率的平均值为 3.18×10^{9} Hz。再根据相应的公式，可以计算出等离子体密度。

9.1.2　二维等离子体光子晶体的仿真与实验

上一节中通过仿真以及测试的方法研究了等离子体的密度，进而得到了等离子体频率，同时也研究了一维等离子体(单排等离子体) 的电磁特性，即透射特性。本节将研究二维等离子体光子晶体的电磁特性，主要研究其透射和吸收特性，同时在该二维等离子体光子晶体中引入缺陷，并研究缺陷对电磁特性的影响。

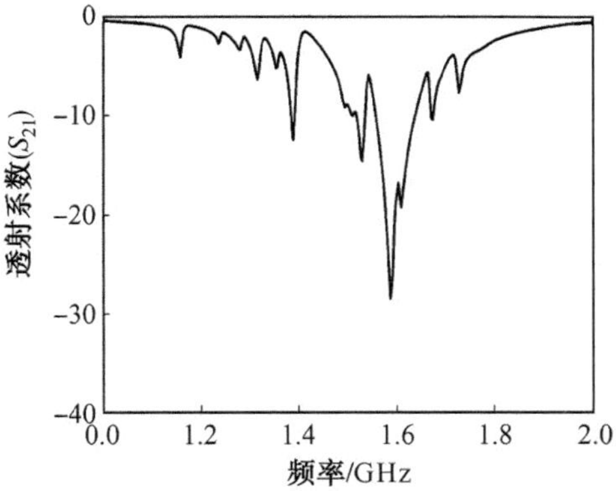

(a) 透射谱

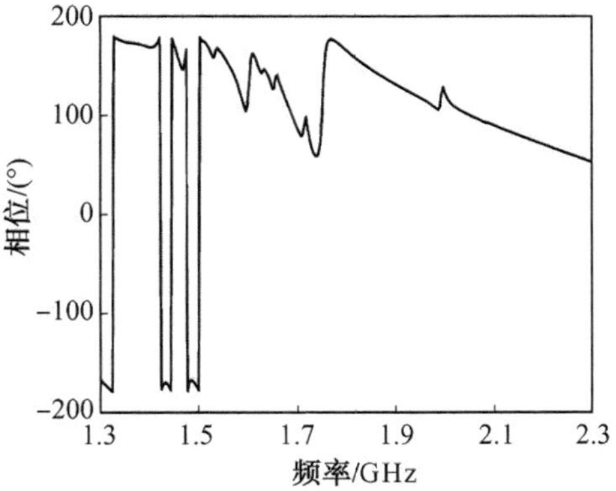

(b) 相位图

图 9.5 多次仿真后得到的与实验结果相吻合的等离子体透射谱及其相位图

本节中采用的等离子体管的型号、规格等均与上一节中的相同，只是在数量上有所增加。本节将研究二维等离子体光子晶体(7×11) 在 3 种不同状态下的电磁特性，分别是不激励态、激励态和缺陷态，该光子晶体的晶格常数为 d(mm)。不激励态是指所有的等离子体管中的气体均没有被激励，可以认为玻璃管中填充的为空气；激励态是指玻璃管中填充的气体被激励，认为玻璃管中填充的为等离子体；缺陷态是指二维等离子体光子晶体中的某一排没有被激励，这里选择中间一排不激励作为缺陷。3 种状态的光子晶体排列结构的剖面图如图 9.6 所示，图 9.6(a) 是不激励态，放大图是晶格间常数以及等离子体管的内外半径，图 9.6(b) 是激励态，图 9.6(c) 是缺陷态。

用全波仿真的方法分别计算在激发态和缺陷态时晶格常数对该二维等离子体光子晶体的透射性能的影响。图 9.7 是激发态光子晶体不同晶格常数的透射谱，可以看出，晶格常数与光子晶体带隙宽度有着巨大的关系。随着晶格常数 d 的增加，其带隙宽度也随之减小。而且，随着晶格常数的减小，带隙在低频处的选择性也越好。

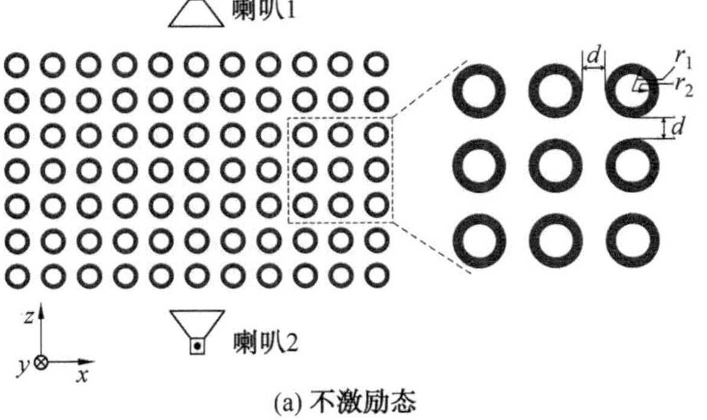

(a) 不激励态

图 9.6 3 种状态的光子晶体排列结构的剖面图

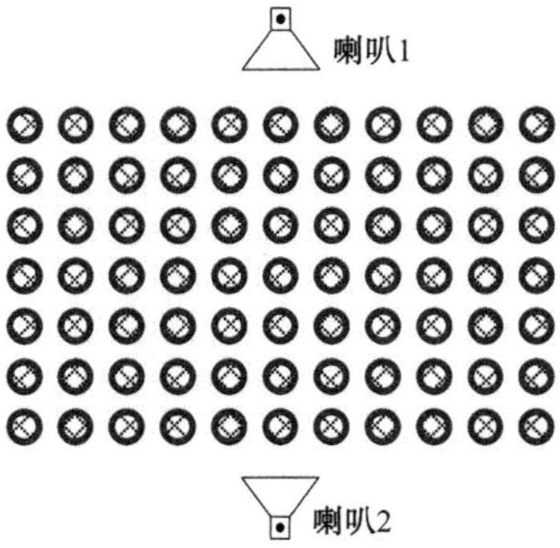

(b) 激励态

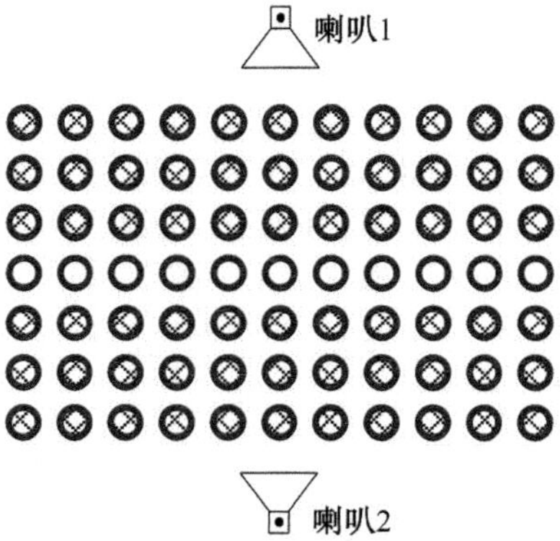

(c) 缺陷态

续图 9.6

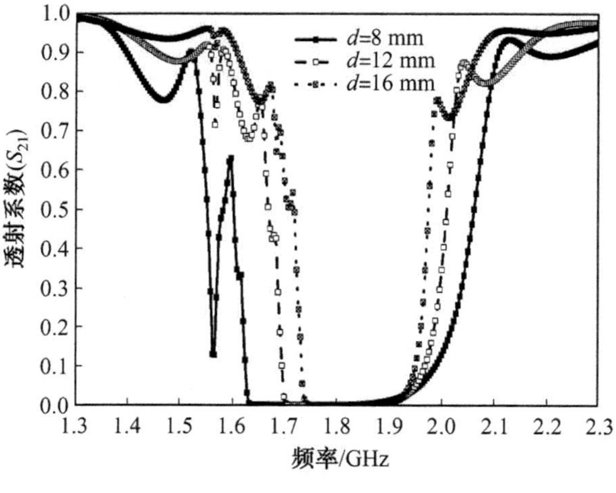

图 9.7　激发态光子晶体不同晶格常数的透射谱

图 9.8 是缺陷态光子晶体不同晶格常数的透射谱，可以看出当光子晶体中引入缺陷（这里是指中间一排等离子体不激发）后，光子晶体的带隙发生了明显的变化。可以发现，引入缺陷后，光子晶体的带隙中出现了一个小的透射峰，且晶格常数越小，透射系数（透射峰的中心频点处）越低，晶格常数越大，透射系数越高，而且随着晶格常数的增大，带隙中的透射峰的位置（中心频点）出现蓝移现象。

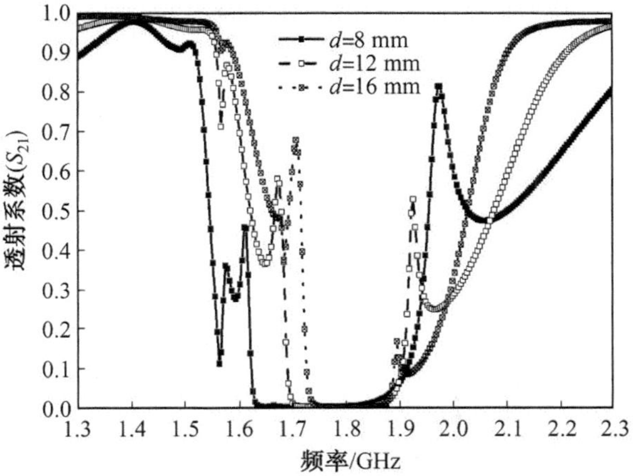

图 9.8　缺陷态光子晶体不同晶格常数的透射谱

对仿真结果进行实验验证，在实验过程中，只取了晶格常数 $d=12$ mm 为例进行了验证。图 9.9 是实验结构示意图和二维等离子体光子晶体实物拍摄图。图 9.9(a) 是实验测试的框架示意图，将制备的光子晶体样品用支架固定好后放在微波暗室中，再用双脊天线喇叭连接矢量网络分析仪，并通过计算机控制，从而测得该样品的透射率、反射率等参数，图 9.9(b) 是不激发状态的光子晶体样品，图 9.9(c) 是激发状态的光子晶体样品，图 9.9(d) 是缺陷状态的光子晶体样品。

用泡沫作为支架，尽可能地减小了外界引入材料对测量结果的影响，泡沫支承架结构示意图如图 9.10 所示。泡沫上的孔即为固定等离子体管的孔洞，该孔洞半径与等离子体管的外半径相等，均为 r_1，孔与孔之间的间隙与光子晶体的晶格常数相等。泡沫板的长 $L_1=40$ cm，宽 $L_2=30$ cm，厚度 $t=3$ cm。

图 9.11 是该二维等离子体光子晶体在不激发状态下的实验和仿真透射谱。空方框标记的虚线是仿真结果，该结果表明，当该光子晶体处于不激励状态下时，电磁波（能量）完全透过。实心框标记的实线是实验结果，该结果表明，电磁波（能量）只有一部分透过光子晶体。出现这种现象是可以解释和接受的，主要原因有以下两点：第一，玻璃管内的气体中混有汞，不激发状态汞没有变为汞蒸气，被吸附在玻璃管的内壁上（某些部位，非均匀吸附），形成一层薄的金属膜，使

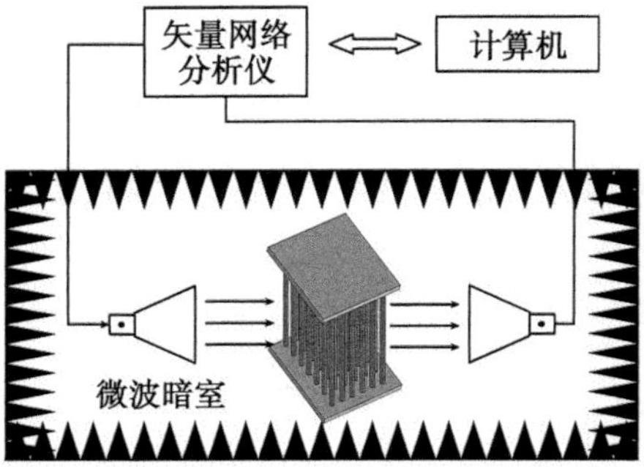

(a) 实验测试的框架示意图

(b) 不激发状态的光子晶体样品

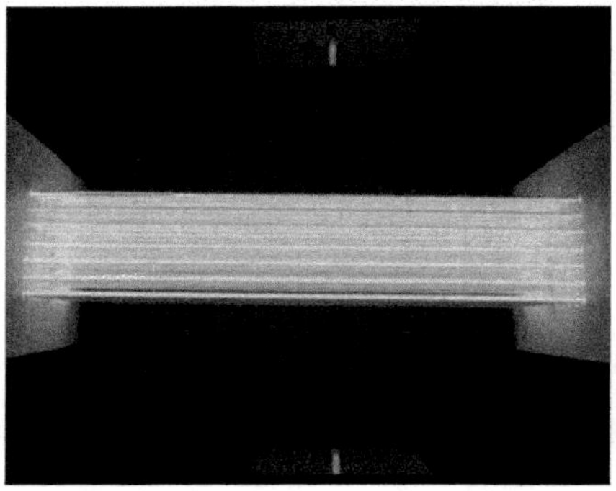

(c) 激发状态的光子晶体样品

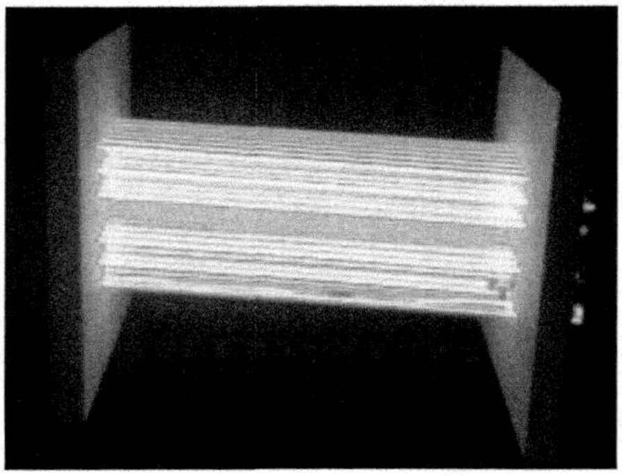

(d) 缺陷状态的光子晶体样品

图 9.9　实验结构示意图和二维等离子体光子晶体实物拍摄图

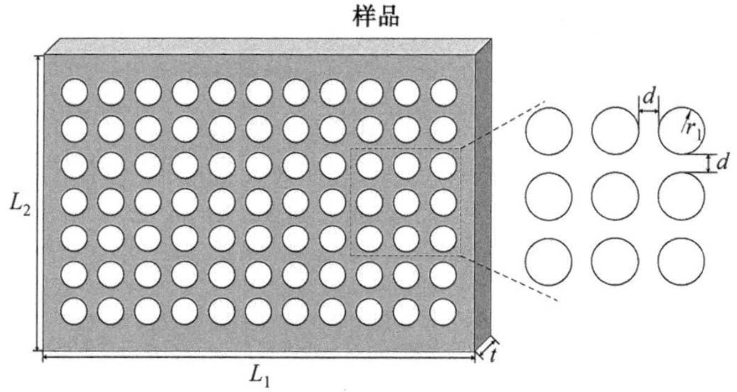

图 9.10　泡沫支承架结构示意图

能量不能完全透过；第二，由于制备、测试环境以及外界干扰的原因，如每一根管子内填充的气体气压均不相等，可能存在一些微小的差异，而且有泡沫以及电极等其他物质的影响，所以测试中的电磁波（能量）不能全部透过。

图 9.12 是不激发状态时通带和禁带的电场分布和能量密度分布。通带以 1.404 GHz 处的场分布为例，禁带以 1.925 GHz 处的场分布为例，是因为

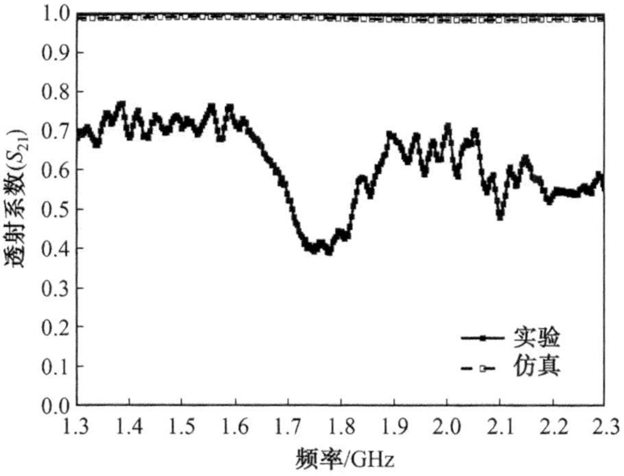

图 9.11　该二维等离子体光子晶体在不激发状态下的实验和仿真透射谱

1.925 GHz 不仅在禁带间，而且加入缺陷后，缺陷峰正好出现在该点，所以禁带选择该点，通带与禁带的场分布更容易比较。图 9.12 中的第二行分别表示通带和禁带的电场分布，可以看出当该等离子体光子晶体不激发时，电磁波(能量) 完全透射，等离子体光子晶体对电磁波的传播没有任何阻碍作用。图 9.12 中的第三行分别表示通带和禁带的能量密度分布，同样可以看出电磁波能够完全透过不激发状态的等离子体光子晶体。

	通带 1.404 GHz	禁带 1.925 GHz
电场 /(V·m^{-1})	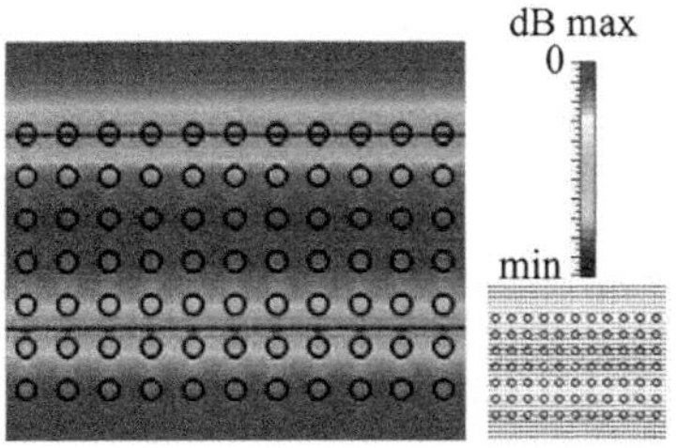	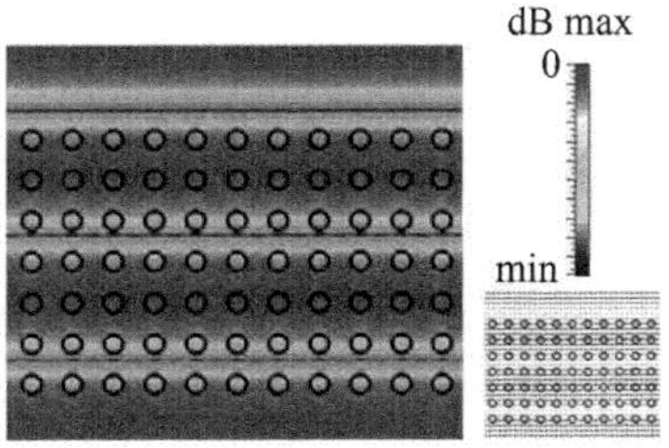
能量 /(V·A·m^{-2})	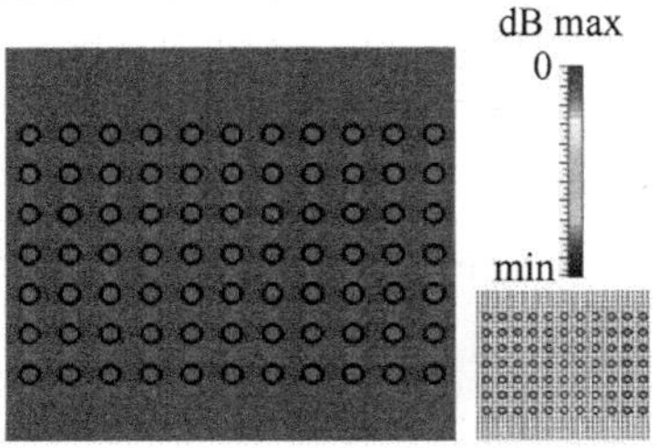	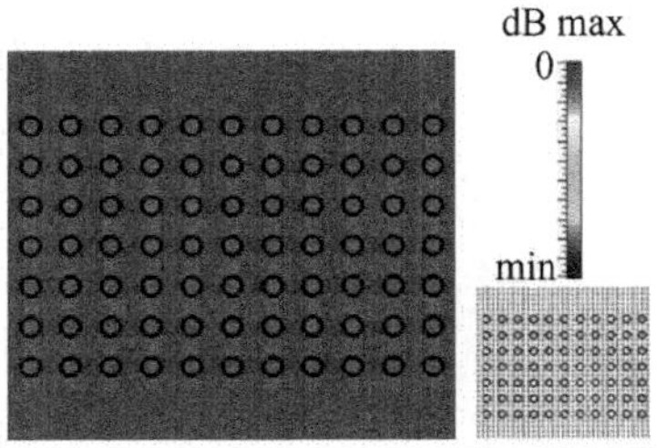

图 9.12　不激发状态时通带和禁带的电场分布和能量密度分布

图 9.13 是等离子体光子晶体在激发状态下实验和仿真的透射谱。空方框标记的虚线是仿真结果，该结果表明，当光子晶体处于激励状态下，其透射谱有一个禁带在 1.7 ～ 1.9 GHz，在该段电磁波（能量）完全不能透过，透射系数为 0。实心框标记的实线是实验结果，该结果表明，在透射谱上同样有一个禁带，且位置与仿真结果一致，也在 1.7 ～ 1.9 GHz，但是我们也可以看出，在禁带范围内，电磁波（能量）仍有一部分透过光子晶体，而不是像仿真结果一样在禁带能量完全不能透射，但实验与仿真结果在变化趋势上一致。出现这种现象是可以解释和接受的，主要原因有以下 3 点：第一，玻璃管内填充的气体没有完全电离，所以管中的离子分布不均匀；第二，玻璃管内的气体中混有汞，汞需要电离蒸发才能形成汞蒸气，同样由于电离不完全，只有一部分汞被蒸发为汞蒸气，形成汞离子与气体混合在一起，而另一部分则被吸附在玻璃管的内壁上（某些部位，非均匀吸附），形成一层薄的金属膜，使能量不能完全透过；第三，由于制备、测试环境以及外界干扰的原因，如每一根管子内填充的气体气压均不相等，可能存在一些微小的差异，而且有泡沫以及电极等其他物质的影响，所以测试中的电磁波（能量）不能全部透过。

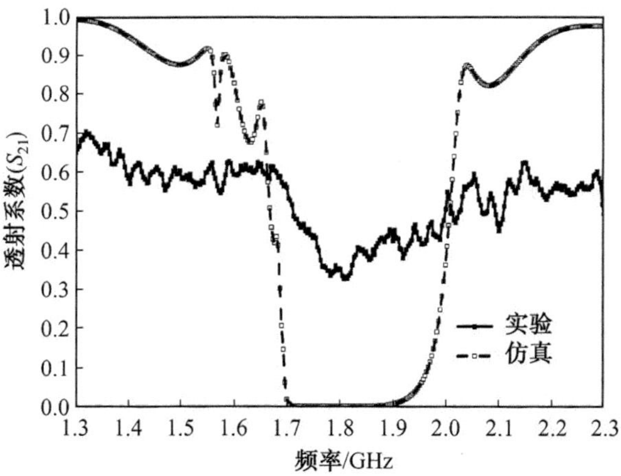

图 9.13　等离子体光子晶体在激发状态下实验和仿真的透射谱

图 9.14 是等离子体光子晶体在激发状态下的电场分布和能量密度分布图。图 9.14 中的第二行分别表示通带和禁带的电场分布，可以看出当等离子体激发后，通带（第二行第二列）电磁波（能量）依旧可以完全透过，但是在禁带（第二行第三列）处，电磁波被局域在光子晶体传播方向的上表面，能量不能透过光子晶体，光子晶体完全阻止了电磁波的传播。图 9.14 中的第三行分别表示通带和禁带的能量密度分布，同样可以看出在通带（第三行第二列）电磁波可以完全传播，能量透过光子晶体，在禁带（第三行第三列）电磁波则不能透过光子晶体，能量集中分布在光子晶体上表面。

	通带 1.404 GHz	禁带 1.925 GHz
电场 /(V · m^{-1})	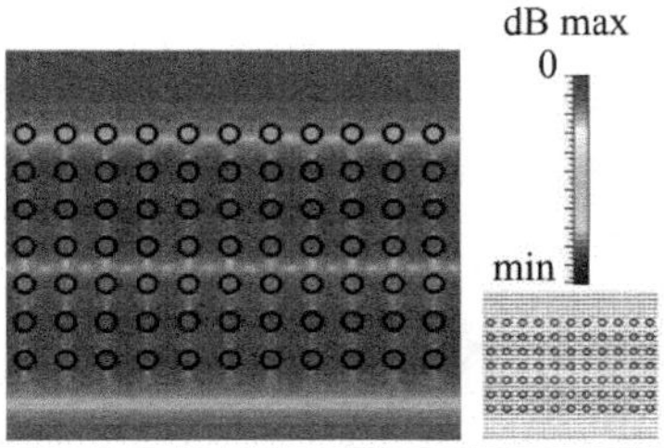	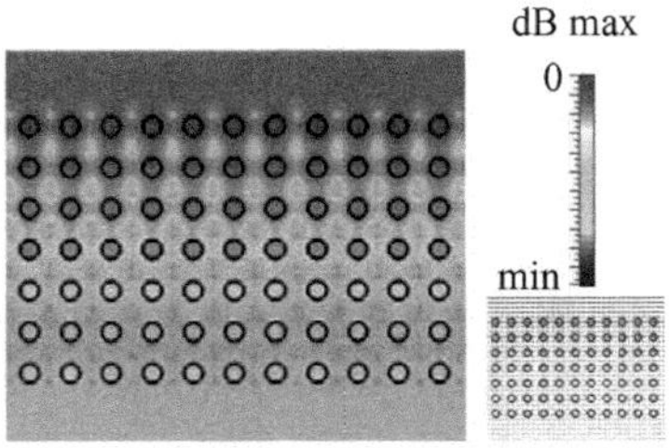
能量 /(V · A · m^{-2})	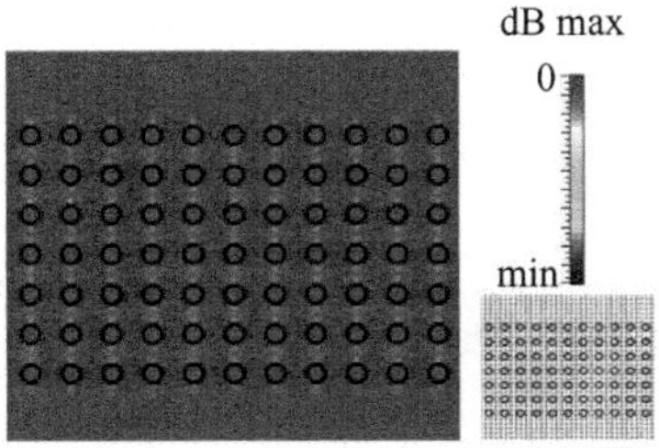	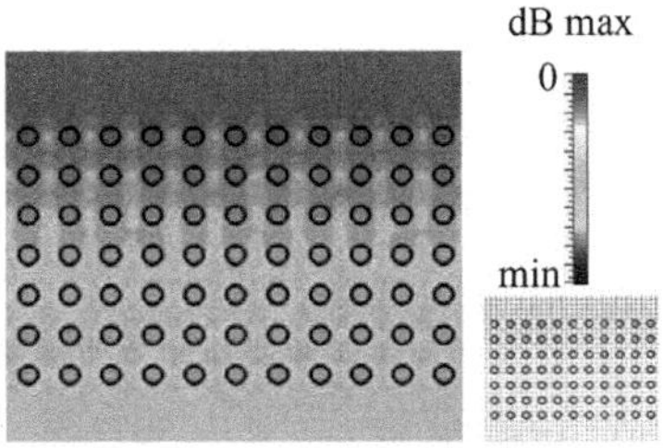

图 9.14 等离子体光子晶体在激发状态下的电场分布和能量密度分布图

图 9.15 是缺陷状态下光子晶体实验和仿真透射谱。缺陷态是中间一排等离子体不激发，即认为该排玻璃管内封装的是空气。空方框标记的虚线是仿真结果，该结果表明，当光子晶体处于激励状态下，其透射谱有一个禁带在 1.7 ～ 2.1 GHz，但在带隙内出现了一个透射峰，在透射峰以外，电磁波(能量）完全不能透过，而在该透射峰处，有一部分能量透过。实心框标记的实线是实验结果，可以看出透射谱上也有一个禁带，主要在 1.75 ～ 2.1 GHz。比较仿真和实验结果可以看出，实验中禁带带隙变窄，在禁带范围内，电磁波(能量）仍有一部分透过光子晶体，而不是像仿真结果一样除了由于缺陷而存在的一个小的透射峰外，在禁带其他处能量完全不能透射，但实验与仿真结果在变化趋势上一致。出现这种现象是可以解释和接受的，主要原因与激发状态的原因一样：第一，玻璃管内填充的气体没有完全电离，所以管中的离子分布不均匀；第二，玻璃管内的气体中混有汞，汞需要电离蒸发才能形成汞蒸气，同样由于电离不完全，只有一部分汞被蒸发为汞蒸气，形成汞离子与气体混合在一起，而另一部分则被吸附在玻璃管的内壁上(某些部位，非均匀吸附)，形成一层薄的金属膜，使能量不能完全透过；第三，由于制备、测试环境以及外界干扰的原因，如每一根管子内填充的气体气压均不相等，可能存在一些微小的差异，而且有泡沫以及电极等其他物质的影响，因此测试中的电磁波(能量）不能全部透过。

图 9.16 是等离子体光子晶体在缺陷状态下的电场分布和能量密度分布图。图 9.16 中的第二行分别表示通带和禁带的电场分布，可以看出等离子体光子晶体中引入缺陷后，通带(第二行第二列）电磁波(能量）还是可以完全透过的，但是在禁带(第二行第三列）处出现了一个小的透射峰(图 9.15)，该透射峰的存在表

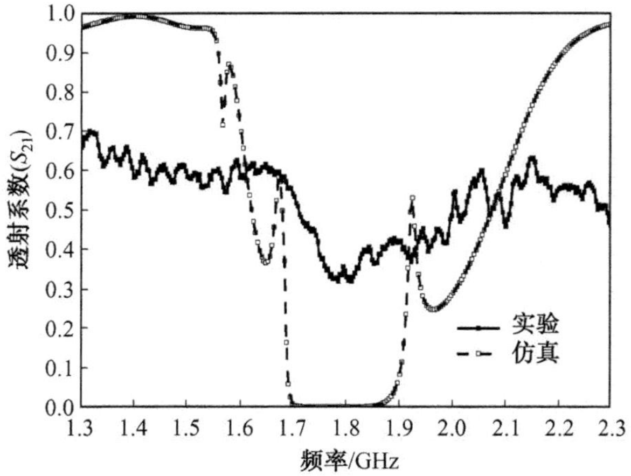

图 9.15　缺陷状态下光子晶体实验和仿真透射谱

明由于缺陷的引入，有一部分能量可以透过该等离子体光子晶体。从该点的电场分布可以看出，大部分能量被局域在引入的缺陷处两侧，仍旧有一部分能量透过了光子晶体。图 9.16 中的第三行分别表示通带和禁带的能量密度分布，同样地，在通带(第三行第二列)，电磁波可以完全传播，能量透过光子晶体，在禁带(第三行第三列)电磁波则不能完全透过光子晶体。从能量密度图中看出，沿着电磁波传播方向，能量在递减，最终只有一小部分透过光子晶体。

	通带 1.404 GHz	禁带 1.925 GHz
电场 /($V \cdot m^{-1}$)	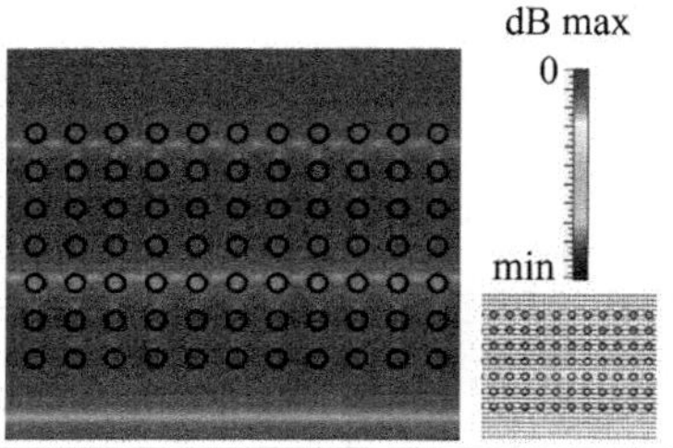	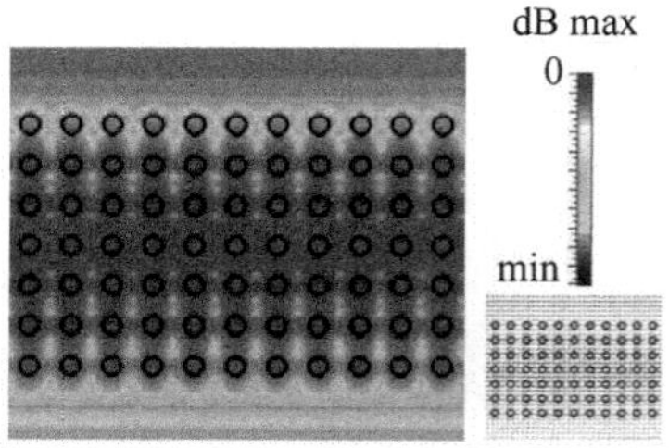
能量 /($V \cdot A \cdot m^{-2}$)	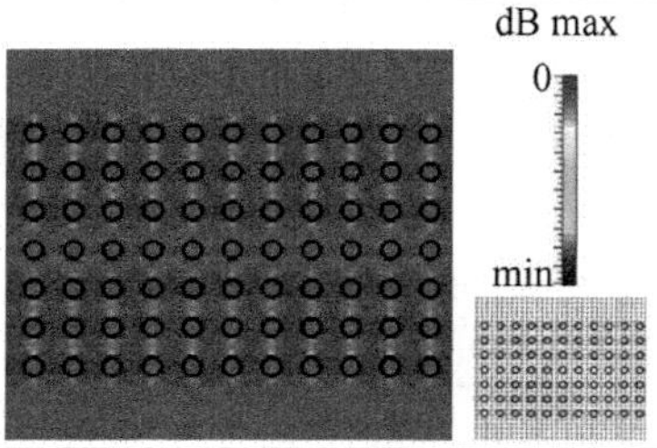	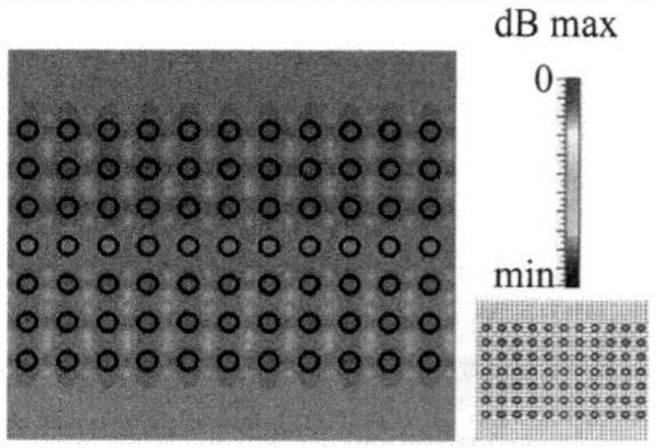

图 9.16　等离子体光子晶体在缺陷状态下的电场分布和能量密度分布图

对于二维等离子体光子晶体还有待进一步研究，尤其是引入缺陷后，等离子体光子晶体对电磁波的调控也出现了变化，存在巨大的研究价值。对于光子晶体研究的后续工作还有以下 2 个方面：第一，等离子体管的排列方式变化；第二，等离子体光子晶体引入缺陷的方式。

首先，对于二维光子晶体排列方式的变化不仅可以如图 9.6 所示，还可以是如图 9.17 所示的三角形晶格的排列方式。这种排列方式不同于如图 9.6 所示的等离子体管规则阵列，即无论水平还是竖直方向上的相邻等离子体管的圆心距离都为$(d+2r_1)$，而这种排列使相邻两排之间等离子体管的圆心在水平方向具有不同的距离。

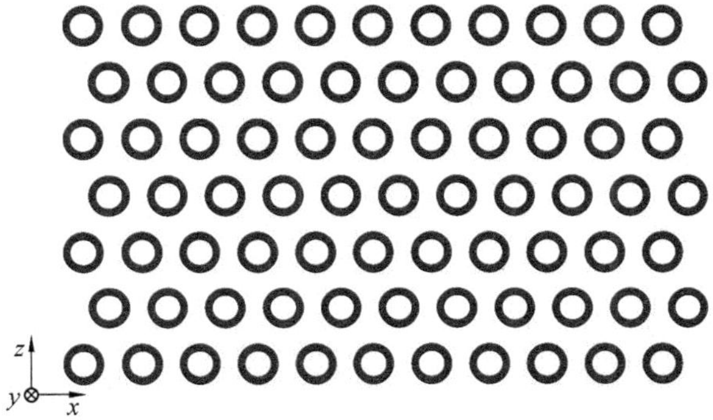

图 9.17　区别于图 9.6 的另一种晶格排列方式

其次，等离子体光子晶体引入缺陷的方式有所不同。图 9.6(c) 所示仅为二维等离子体光子晶体的中间一排等离子体管不激发，这是一种比较简单的缺陷引入方式，在后续的工作中将会研究一些其他的缺陷方式，如图 9.18 所示。图 9.18(a) 是将二维等离子体光子晶体中的一排或几排去掉（也可以是不激发），将其作为缺陷模。图 9.18(b) 是引入其他介质作为缺陷模，将二维等离子体光子晶体中的一根、或几根、或一排、或几排等替换为其他高折射率的介质作为缺陷模，例如将某一排等离子体管替换为介电常数较高的陶瓷作为缺陷，也可以对电磁波实现调控。这些也是后续研究工作的一部分很重要的内容。

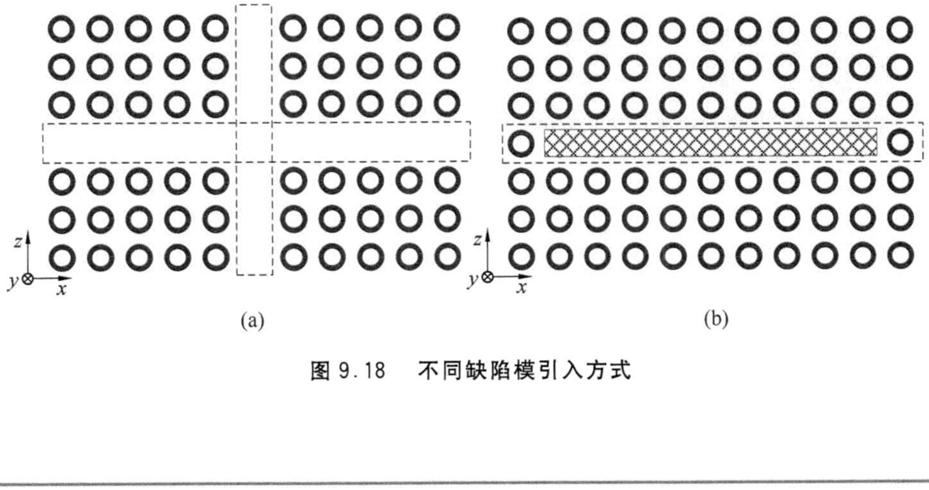

图 9.18　不同缺陷模引入方式

9.1.3　三维等离子体光子晶体的仿真与实现

三维等离子体光子晶体是用等离子体管构成的堆柴结构堆积成三维结构的。通过不同的堆积方式可以构成不同晶格分布，如可以得到立方体晶格和面心晶格。三维等离子体光子晶体较二维等离子体光子晶体而言有很多优点：一是维度增加意味着可调节的参变量增多，也就是可调谐的能力变强；二是三维等离子体光子晶体具有全向带隙特性，易于实现极化不敏感的器件；三是三维结构较二维结构而言，引入缺陷的形式更为丰富。总之，三维等离子体光子晶体较二维等离子体光子晶体具有更好的电磁特性。为了方便，本节构成三维等离子体光子晶体的等离子体管的参数与 9.1.2 节提及的完全相同。

1. 立方体晶格

三维立方体晶格等离子体光子晶体结构示意图如图 9.19 所示。图 9.19(a) 是结构示意图，图 9.19(b) 是未激发态实物照片，图 9.19(c) 是激发态实物照片。

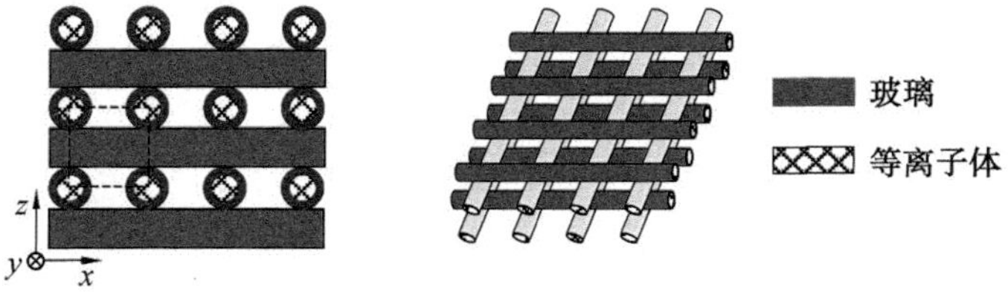

(a) 结构示意图

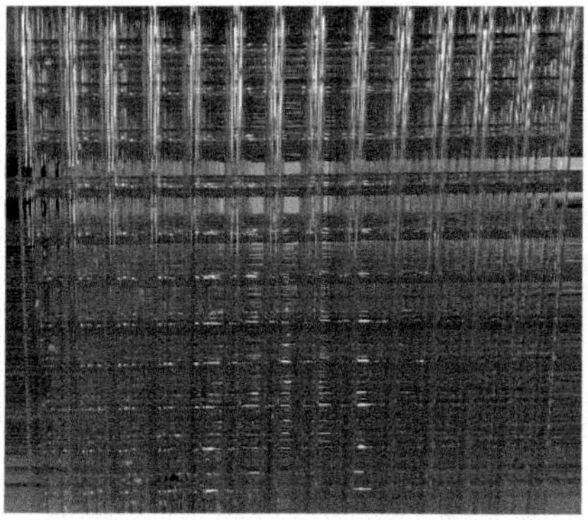

(b) 未激发状态实物照片

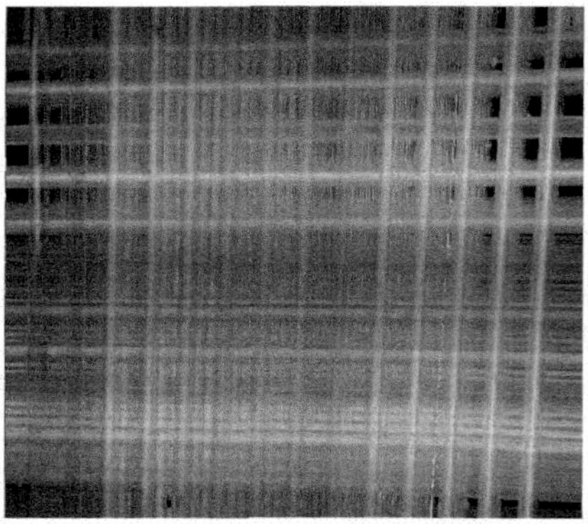

(c) 激发状态实物照片

图 9.19　三维立方体晶格等离子体光子晶体结构示意图

图 9.20 是立方体晶格三维等离子体光子晶体在不同状态的仿真透射谱。可以看出，三维等离子体光子晶体与二维等离子体光子晶体类似，当等离子体不激发时，电磁波可以完全透过等离子体光子晶体，如图 9.20(a)中的实心框标记的实线所示(以空气一玻璃管标示)，当玻璃管中的等离子体被激励后，在有效的频段内，透射谱呈现出两个禁带，当等离子体管全部被激励时，其透射谱如图

9.20(a)中空方框标记的虚线所示(以等离子体一玻璃管标示),在 1.156 GHz 处呈现一个单频点式的禁带,在 1.593～1.978 GHz 处出现了具有一定宽度的禁带。同二维等离子体光子晶体一样,在三维等离子体光子晶体中引入不同的缺陷,可以看到禁带的特征有所变化。首先引入空气缺陷,即令光子晶体阵列的中间排不激励,其透射曲线如图 9.20(b)中实心框标记的实线所示(以缺陷模式 1 标示)。可以看出,低频处(1.156 GHz)的禁带特征几乎没有变化,位置也没有改变,而高频处的禁带有很大改变,在 1.925 GHz 处出现了一个透射峰,透射率约为 18.2%。其次引入高介电常数介质作为缺陷模,即将中间排的等离子体管替换为高介电常数介质,这里选择高温烧结陶瓷作为高介电常数介质,其介电常数约为 96,损耗角正切值为 0.001 6。引入高介电常数介质缺陷模的透射曲线如图 9.20(b)中空方框标记的虚线所示(以缺陷模式 2 标示)。可以看出,其低频处(1.156 GHz)的禁带特征同样几乎没有变化,而高频处的禁带中同样出现了一个透射峰,该透射峰与空气缺陷模所呈现的透射峰相比,频率和透射率都出现了改变,该透射峰的中心频率为 1.958 GHz,透射率约为 29.6%。

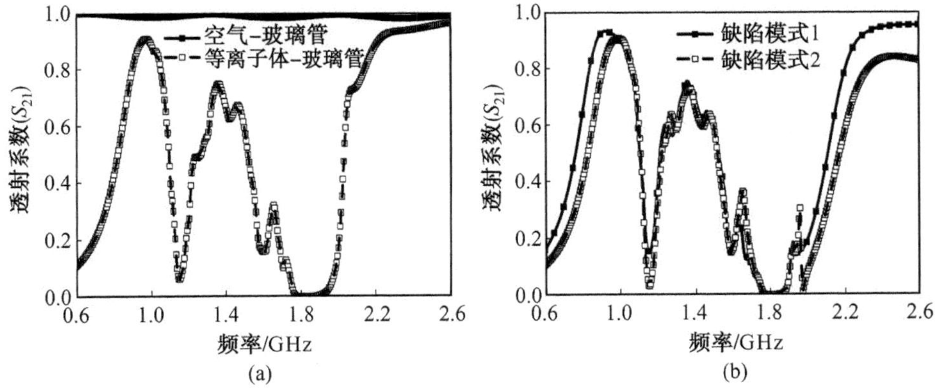

图 9.20　立方体晶格三维等离子体光子晶体在不同状态的仿真透射谱

2. 面心晶格

面心晶格三维等离子体光子晶体结构示意图如图 9.21 所示,图 9.21(a)是结构示意图,图 9.21(b)是未激发态实物照片。

图 9.22 是三维面心晶格等离子体光子晶体在不同状态的仿真透射谱。可以看出,三维光子晶体与二维光子晶体类似,当等离子体不激发时,电磁波可以完全透过等离子体光子晶体,如图 9.22(a)中实心框标记的实线所示(以空气一玻璃管标示),当玻璃管中的等离子体被激励后,在有效的频段内,透射谱呈现出两个禁带;当等离子体管全部被激励时,其透射谱如图 9.22(a)中空方框标记的虚线所示(以等离子体一玻璃管标示),在 1.156 GHz 处呈现一个单频点式的禁带,在 1.753～1.999 GHz 处出现了具有一定宽度的禁带。与二维等离子体光子

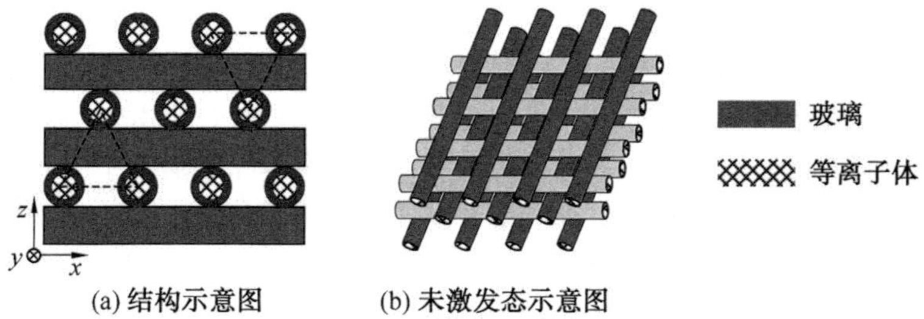

(a) 结构示意图　　(b) 未激发态示意图

图 9.21　面心晶格三维等离子体光子晶体结构示意图

晶体一样，在三维等离子体光子晶体中引入不同的缺陷，可以看到禁带的特征有所变化。首先引入空气缺陷，即令光子晶体阵列的中间一排不被激励，其透射曲线如图 9.22(b)中实心框标记的实线所示（以缺陷模式 1 标示），可以看出，低频处(1.156 GHz)的禁带位置几乎没有变化，但是其透射率更小，而高频处的禁带除了禁带带隙有所变宽外，其他也几乎没有改变。其次引入高介电常数介质作为缺陷模，即将中间排的等离子体管替换为高介电常数介质，这里选择高温烧结陶瓷作为高介电常数介质，其介电常数约为 96，损耗角正切值为 0.001 6。引入高介电常数介质缺陷模的透射曲线如图 9.22(b)中空方框标记的虚线所示（以缺陷模式 2 标示），可以看出，其低频处(1.156 GHz)禁带的透射率变得更小，位置依旧没有变化，而高频处的禁带中在 1.965 GHz 处出现了一个明显的透射峰，透射率约为 16.1%。

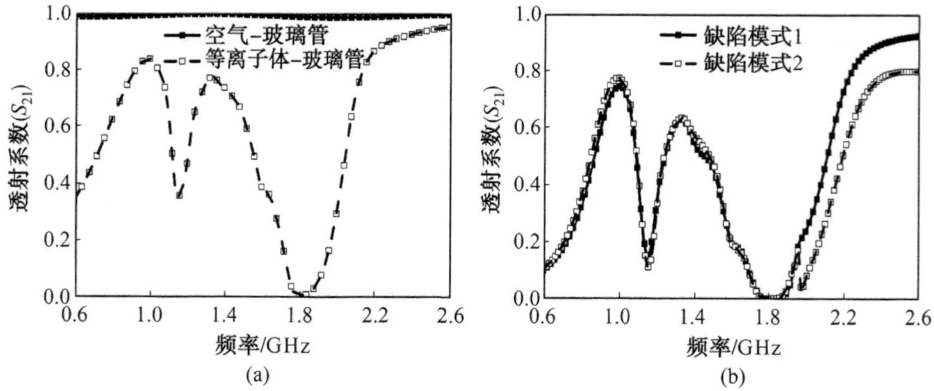

图 9.22　三维面心晶格等离子体光子晶体在不同状态的仿真透射谱

9.2　等离子体光子晶体吸波器的实现与仿真

9.1 节利用实验与仿真相结合的方法确定了等离子体的频率（密度），并对二维和三维等离子体光子晶体的传输特性进行了仿真与实现。本节将继续用 9.1 节中所有的等离子体(管)结构参数来研究等离子体光子晶体的吸波特性,并构建几款等离子体光子晶体吸波器。

9.2.1 透射型二维缺陷可调谐等离子体光子晶体吸波器

透射型二维等离子体吸波器结构示意图如图 9.23 所示,由多根等离子体管呈正方形晶格排列。图 9.23(a)是等离子体管未被激励的状态,图 9.23(b)是等离子体管被激励的状态,图 9.23(c)是等离子体管未被激励状态下的实物图,图 9.23(d)是等离子体管激励状态下的实物图,图 9.23(e)是等离子体管缺陷状态下的实物图。

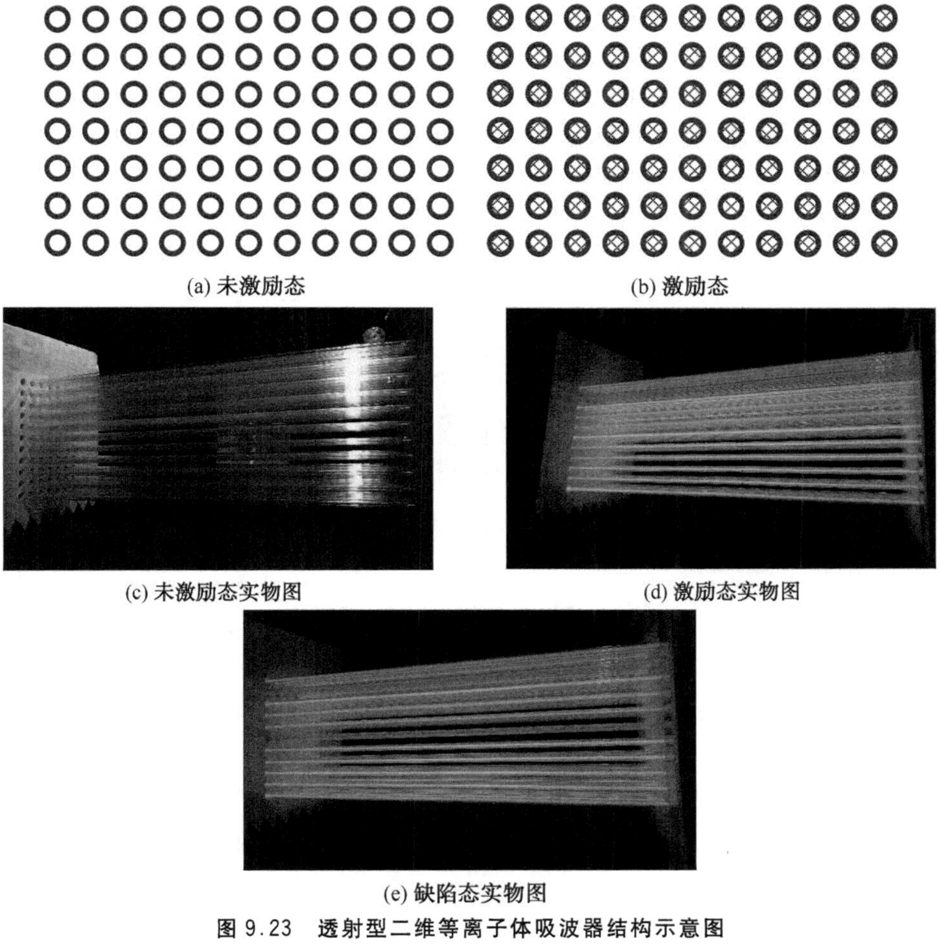

(a) 未激励态　(b) 激励态

(c) 未激励态实物图　(d) 激励态实物图

(e) 缺陷态实物图

图 9.23　透射型二维等离子体吸波器结构示意图

图 9.24 是透射型二维等离子体吸波器的反射谱，从图 9.24(a)中可以看出，当等离子体管未被激励，即玻璃管中填充氩气时，其反射曲线如图 9.24(a)中实心框标记的实线所示(以空气—玻璃管标示)，电磁波几乎没有反射；而当等离子体管被激励后，其反射曲线如图 9.24(a)中空方框标记的虚线所示(以等离子体—玻璃管标示)。可以看出，在 1.733～1.991 GHz 内，反射率高达 90%。当引入不同的缺陷时，该等离子体吸波器的反射谱也有所改变。引入空气缺陷时，如图 9.23(e)所示，中间一排等离子体不激励，其他等离子体管全部被激励，其反射谱如图 9.24(b)中实心框标记的实线所示(以缺陷模式 1 标示)，可以看出，在 1.733～1.991 GHz 内出现了一个反射率较低的反射点，其频率为 1.911 GHz，反射率为 67.4%。当引入高介电常数介质作为缺陷时，即将中间一排的等离子体管替换为高介电常数介质圆柱，其反射谱又有所不同，如图 9.24(b)中空方框标记的虚线所示(以缺陷模式 2 标示)，在 1.733～1.991 GHz 间出现一个反射率较低的频点，相比空气缺陷而言，位置和反射率均有所改变，该反射峰的中心频点为 1.977 GHz，反射率为 68.8%。由图 9.24 可以看出，不同缺陷的引入对透射型二维等离子体光子晶体吸波器的反射谱有着不同的影响，尤其是当介电常数较高的介质缺陷引入时，可以改变反射谱的特殊频点的位置及调整其反射系数的幅值，这就可以实现透射型二维等离子体光子晶体吸波器的可调谐性。

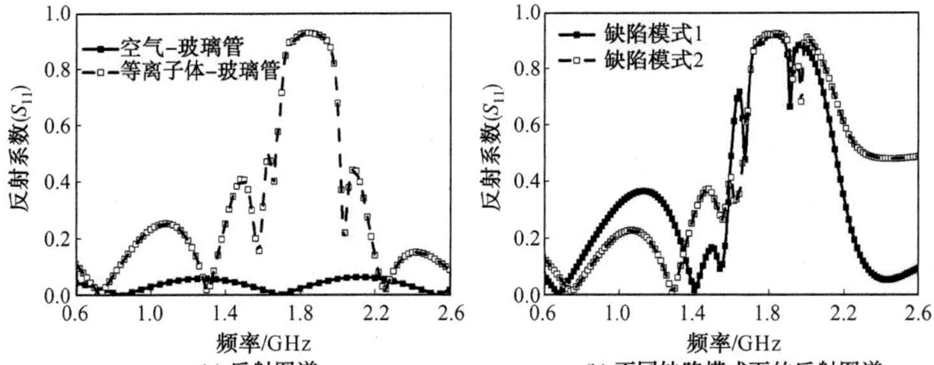

(a) 反射图谱　　(b) 不同缺陷模式下的反射图谱

图 9.24　透射型二维等离子体光子晶体吸波器的反射谱

图 9.25 是透射型二维等离子体光子晶体吸波器的透射谱，可以看出，当等离子体管不被激励，即玻璃管中填充氩气时，其透射曲线如图 9.25(a)中实心框标记的实线所示(以空气—玻璃管标示)，电磁波全部透射；而当等离子体管被激励后，其透射曲线如图 9.25(a)中空方框标记的虚线所示(以等离子体—玻璃管标示)，其透射谱存在一个禁带，禁带宽度为 1.693～1.991 GHz。当引入不同的缺陷时，该二维等离子体光子晶体吸波器的透射谱中呈现的禁带也有所改变。引入空气缺陷时，如图 9.23(e)所示，中间一排等离子体管不被激励，其他等离子体全部激励，其透射谱如图 9.25(b)中实心框标记的实线所示(以缺陷模式 1 标

示),可以看出,在 1.693～1.991 GHz 内出现了一个透射率较低的透射点,其频率为 1.925 GHz,透射率为 29.2%。当引入高介电常数介质作为缺陷时,即将中间一排的等离子体管全部替换为高介电常数介质圆柱,其透射谱又有所不同,如图 9.25(b)中空方框标记的虚线所示(以缺陷模式 2 标示),在 1.693～1.991 GHz 内出现一个透射率较低的频点,相比空气缺陷而言,位置和透射率均有所改变,该透射峰的中心频点为 1.977 GHz,透射率为 42.1%。从图 9.25 可以看出,当引入不同的缺陷时,对该二维等离子体光子晶体的透射禁带有着较大的影响,尤其是引入高介电常数介质作为缺陷时,其禁带中透射峰的位置及幅度均会受到较大影响。

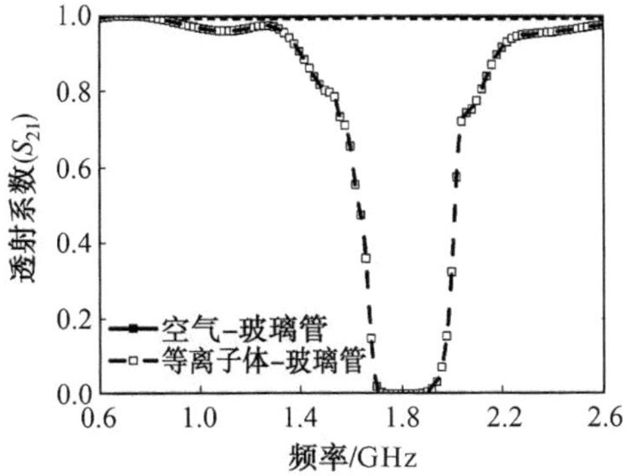

(a) 透射图谱

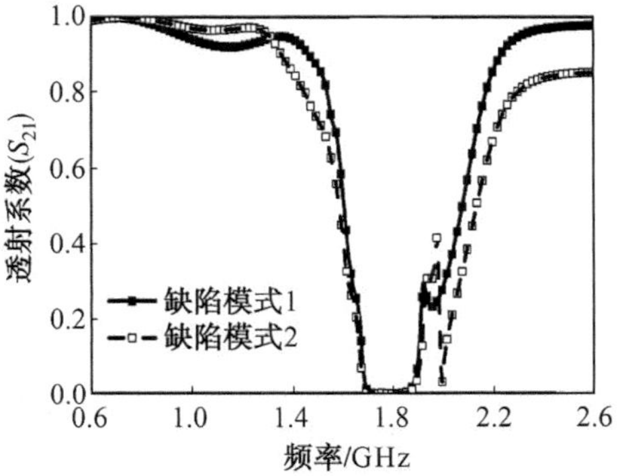

(b) 不同缺陷模式下的透射图谱

图 9.25　透射型二维等离子体光子晶体吸波器的透射谱

图 9.26 是透射型二维等离子体光子晶体吸波器的吸收谱,该吸收率只考虑透射和反射,可利用公式 $A(\omega)=1-|r(\omega)|^2-|t(\omega)|^2$ 来计算吸收率。从图 9.26 中可以看出,当等离子体管不被激励,即玻璃管中填充氩气时,其吸收曲线如图 9.26 中实心框标记的曲线所示(以空气—玻璃管标示),电磁波没有被吸收;而当等离子体管被激励后,其吸收曲线如图 9.26 中空方框标记的曲线所示(以等离子体—玻璃管标示),其吸收谱存在两个吸收频点,低频 1.647 GHz,吸收率为69.9%,高频 2.017 GHz,吸收率为 52.8%。当引入不同缺陷时,该透射型二维等离子体光子晶体吸波器的吸收谱也有所改变。引入空气缺陷时,如图 9.23(e)所示,中间一排等离子体管不被激励,其他等离子体管全部激励,其吸收谱如图 9.26 中的实心圆点标记的点线所示(以缺陷模式 1 标示),可以看出吸收谱同样存在两个吸收峰,其低频为 1.673 GHz,吸收率为 74.5%,高频为 1.918 GHz,吸收率 48.8%。当引入高介电常数介质作为缺陷时,即将中间一排的等离子体管替换为高介电常数介质圆柱,其吸收谱又有所不同,如图 9.26 中空心圆点标记的曲线所示(以缺陷模式 2 标示),其吸收曲线同样有两个吸收频点,低频为 1.640 GHz,吸收率为 81.6%,高频为 1.978 GHz,吸收率为 37.8%。从图 9.26 可以看出,等离子体管处于不同的激励状态,该吸波器有不同的吸收率。当引入

缺陷后,对其吸收率也有着相当明显的调制作用。引入不同的缺陷介质,对于低频点的吸收峰的幅值有着明显的调制,从不吸收到吸收率可达 80%以上;而对高频处的吸收峰,其调制作用主要表现为对吸收频点的调制。因此,该种透射型二维等离子体光子晶体可以用于设计优异的可调谐吸波器。

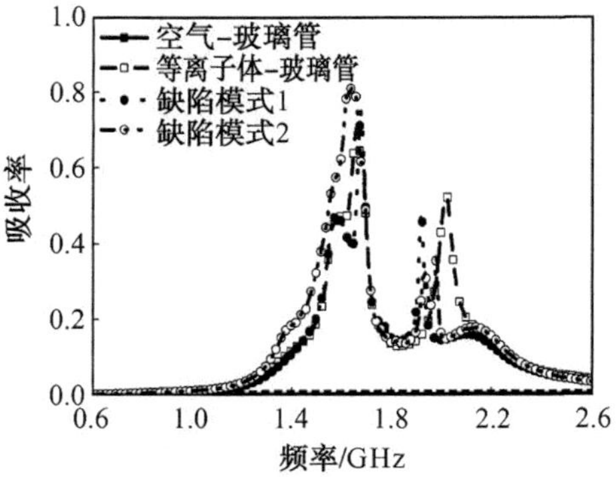

图 9.26　透射型二维等离子体光子晶体吸波器的吸收谱

图 9.27 是透射型二维等离子体光子晶体在 3 种不同状态(不激发、激发、缺陷)下的实验测试吸收谱。实心框标记的曲线是不激发状态的吸收曲线,空方框标记的虚线是激发状态的吸收曲线,填充框标记的点虚线是缺陷状态的吸收曲线。吸收率依照公式 $A(\omega)=1-R(\omega)-T(\omega)$计算,其中 $A(\omega)$、$R(\omega)$和 $T(\omega)$分别表示吸收率、反射率和透射率。从图 9.27 中可以看出,等离子体管的不同激励状态对电磁波的吸收具有调节作用。首先,从不激发状态到激发状态,二维等离子体光子晶体的吸收率有了很大程度的改善,尤其是 1.35～1.65 GHz 和 1.83～2.05 GHz 两个频率范围内,其调节作用尤其明显。对于缺陷状态和激发状态,当引入缺陷后,不仅有调节吸收率的现象,而且出现了一个吸收率为 0 的频点,此时 $f=1.815$ GHz。这也是可以接受的。其次,当等离子体管被激发后,玻璃管内形成的等离子体圆柱中由于既有电离的氩气,又有未完全蒸发的汞,再加上外面的玻璃管,因此可以等效为一种特殊的色散媒介,该等效色散介质的特征响应频率为 f。

9.2.2　反射型二维缺陷可调谐等离子体光子晶体吸波器

反射型吸波器是指所设计的吸波器没有透射,即电磁波不能透过设计的器件,只能被反射或吸收。反射型二维等离子体光子晶体吸波器结构示意图如图 9.28 所示。图 9.28(a)是等离子体管未被激励的状态,图 9.28(b)是等离子体管已被激励的状态。

图 9.29 是反射型二维等离子体光子晶体吸波器的吸收谱,该吸收率只考虑反射,可利用公式 $A(\omega)=1-|r(\omega)|^2-|t(\omega)|^2$ 来计算吸收率,这里$|t(\omega)|^2=0$,

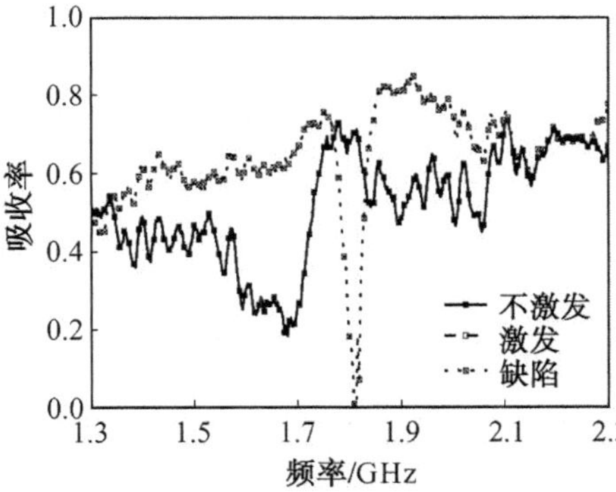

图 9.27 透射型二维等离子体光子晶体在 3 种不同状态下的实验测试吸收谱

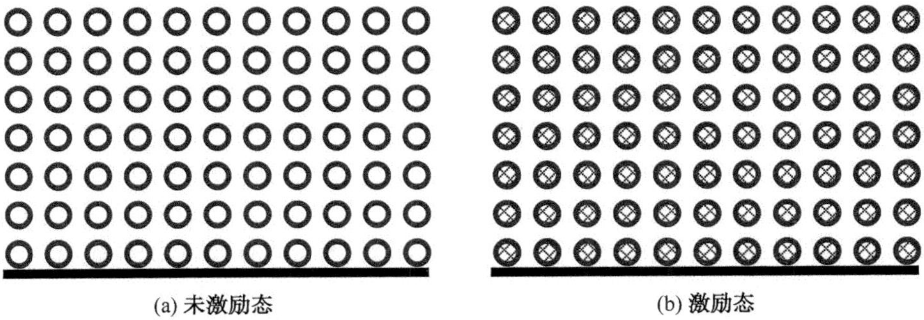

图 9.28 反射型二维等离子体光子晶体吸波器结构示意图

所以 $A(\omega)=1-|r(\omega)|^2$。从图 9.29 中可以看出，当等离子体管不被激励，即玻璃管中填充氩气时，其吸收曲线如图 9.29 中实心框标记的曲线所示（以空气一玻璃管标示），电磁波没有被吸收。而当等离子体管被激励后，或是引入缺陷后，其吸收率曲线整体呈现出 3 个吸收频点，且各个吸收频点的位置及其吸收幅值均显现出可调谐性，3 种状态的吸收频点和吸收率见表 9.1。

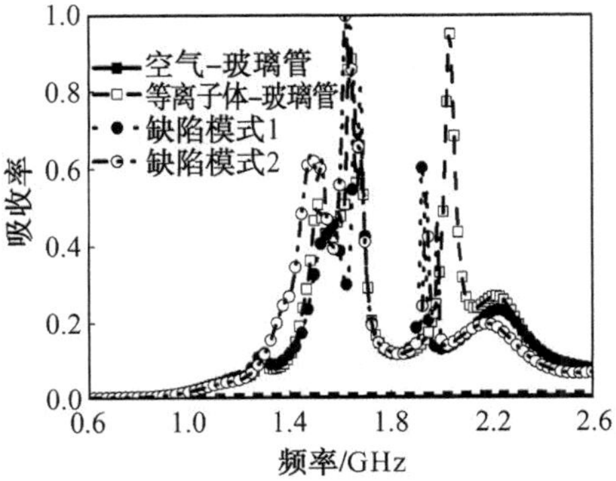

图 9.29 反射型二维等离子体光子晶体吸波器的吸收谱

表 9.1　3种状态的吸收频点和吸收率

空气—玻璃管		缺陷模式 1		缺陷模式 2	
频率/GHz	吸收率/%	频率/GHz	吸收率/%	频率/GHz	吸收率/%
1.513	51.1	1.56	46.4	1.481	63.4
1.647	98.3	1.679	81.6	1.612	99.8
2.037	94.8	1.925	60.6	1.938	54.9

从表 9.1 中可以看出，等离子体管全部被激励，其吸收曲线如图 9.29 中空心框标记的虚线所示（以等离子体—玻璃管标示），其吸收谱分别在 1.513 GHz、1.647 GHz和 2.037 GHz 3 处吸收电磁波，吸收率分别为 51.1%、98.3%和 94.8%。当引入不同的缺陷时，该二维等离子体光子晶体吸波器的吸收谱也有所改变。引入空气缺陷时，如图 9.23(e)所示，中间一排等离子体管不被激励，其他等离子体管全部被激励，其吸收谱如图 9.29 中实心圆点标记的曲线所示（以缺陷模式 1 标示），可以看出吸收谱中同样存在 3 个吸收峰，分别在 1.56 GHz、1.679 GHz和 1.925 GHz 处，吸收率分别为 46.4%、81.6%和 60.6%。当引入高介电常数介质作为缺陷，即将中间一排的等离子体管替换为高介电常数介质圆柱时，其吸收谱又有所不同，如图 9.29 中空心点标记的曲线所示（以缺陷模式 2 标示），其吸收曲线同样有 3 个吸收频点，分别在 1.481 GHz、1.621 GHz 和 1.938 GHz处，吸收率分别为 63.4%、99.8%和 54.9%。

从图 9.29 和表 9.1 可以看出，当等离子体管处于不同的激励状态时，该二维等离子体光子晶体吸波器有不同的吸收率。当引入缺陷后，对其吸收率也有着相当明显的调制作用。不同缺陷介质的引入，尤其是空气缺陷和高介电常数介质缺陷，发现对最低频的吸收率的调节可由 46.4%调至 63.4%，对中间频率处吸收率最高可达 99.8%，而对高频处的吸收峰，其调制作用主要表现为对吸收频点的调制。

9.2.3　频率调谐型二维等离子体光子晶体吸波器

频率调谐型二维等离子体光子晶体吸波器结构示意图如图 9.30 所示。该吸波器的等离子体管全部处于被激励状态，可以通过改变等离子体管两端的电压实现改变等离子体频率（等离子体密度）的目的。

图 9.31 是不同等离子体频率下的吸收谱，等离子体频率由 1 GHz 每隔 1 GHz变化到 4 GHz，可以看出，随着等离子体频率的增大，吸收频点向高频移动，且吸收率也同时增大。表 9.2 给出了不同等离子体频率的频点和吸收率。

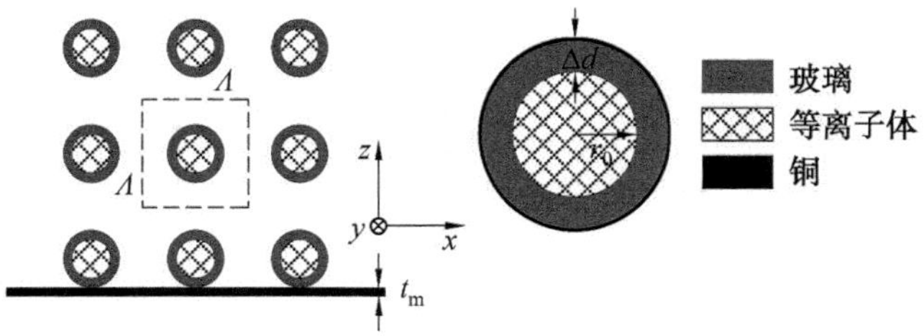

图 9.30　频率调谐型二维等离子体光子晶体吸波器结构示意图

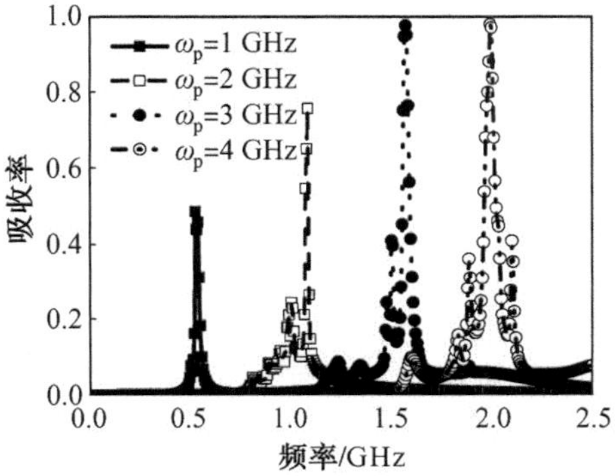

图 9.31　不同等离子体频率下的吸收谱

表 9.2　不同等离子体频率的频点和吸收率

等离子体频率/GHz	吸收频点/GHz	吸收率/%
1	0.528	49.03
2	1.086	76.06
3	1.572	97.17
4	1.992	98.35

9.2.4　透射型三维立方体晶格等离子体光子晶体吸波器

三维立方体晶格等离子体光子晶体吸波器结构示意图如图 9.32 所示，分别是三维立方体晶格等离子体光子晶体吸波器在不同视角的示意图。

图 9.33 是透射型三维立方体晶格等离子体光子晶体吸波器不同状态下的反射频谱，可以看出，当等离子体管不被激励，即玻璃管中填充氩气时，其反射曲线如图 9.33(a) 中实心框标记的曲线所示（以空气－玻璃管标示），电磁波几乎没有被反射。而当等离子体管均被激励后，其反射曲线如图 9.33(a) 中空方框标记的虚线所示（以等离子体－玻璃管标示），可以看出，反射曲线主要有两个反射区域，第一个反射区域反射率较低，在 0.977～1.673 GHz 之间基本都在 50%以

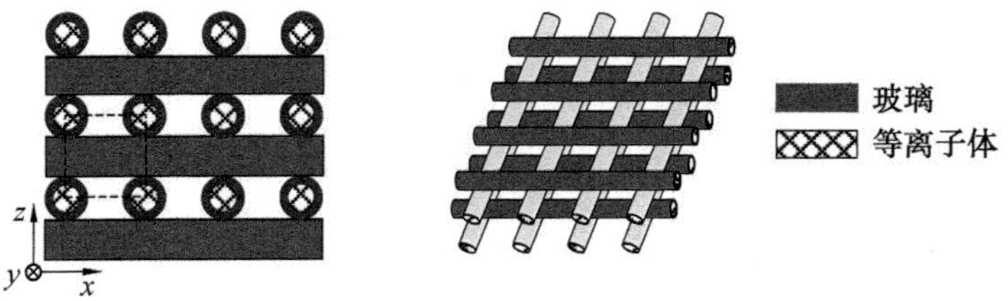

图 9.32　三维立方体晶格等离子体光子晶体吸波器结构示意图

下，但在 1.793～1.978 GHz 内反射率高达 90%。当引入不同的缺陷时，该等离子体光子晶体吸波器的反射频谱会有所改变。引入空气缺陷时，即中间一排等离子体管不被激励，其他等离子体管全部被激励，其反射频谱如图 9.33(b)中实心框标记的曲线所示(以缺陷模式 1 标示)，可以看出，在 0.977～1.673 GHz 内最大反射率也不超过 65%，而在 1.793～1.978 GHz 内出现了一个反射率较低的反射点，其频率为 1.918 GHz，反射率为 73.8%。当引入高介电常数介质作为缺陷时，即将中间一排的等离子体管替换为高介电常数介质圆柱，其反射谱又有所不同，如图 9.33(b)中空方框标记的虚线所示(以缺陷模式 2 标示)，在 0.977～1.673 GHz内最大反射率也不超过 55%，而在 1.793～1.978 GHz 间出现一个反射率较低的频点，相比于引入空气缺陷时，其位置和反射率均有所改变，该反射峰的中心频点为 1.965 GHz，反射率为 64.9%。由图 9.33 可以看出，当引入不同的介质缺陷时，该等离子体光子晶体吸波器的反射频谱具有明显不同的特性，尤其是当引入介电常数较高的介质缺陷模时，可以对反射频谱中的特定频点的位置及其反射系数的幅值进行调谐，这就实现了该三维等离子体光子晶体吸波器的可调谐性。

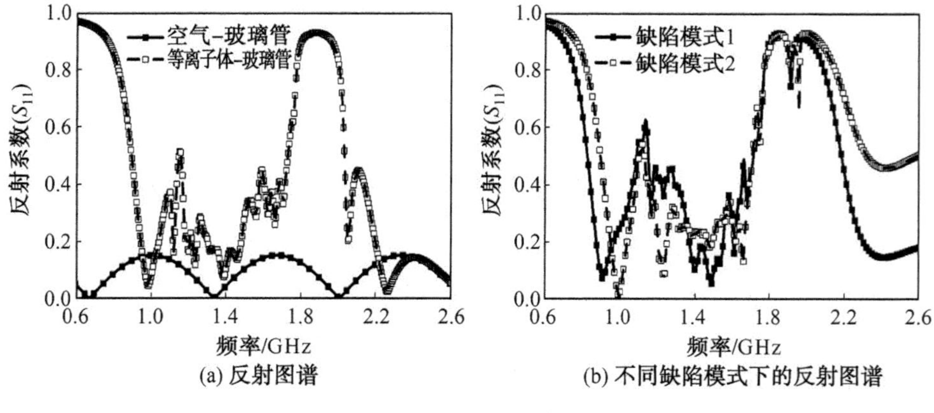

图 9.33　透射型三维立方体晶格等离子体光子晶体吸波器不同状态下的反射频谱

图 9.34 是透射型三维立方体晶格等离子体光子晶体吸波器不同状态下的透射频谱。从图 9.34 中可以看出，三维等离子体光子晶体与二维等离子体光子

晶体类似，当等离子体管均不被激励时，电磁波可以完全透过三维等离子体光子晶体，如图 9.34(a)中实心框标记的曲线所示(以空气—玻璃管标示)。当玻璃管中的等离子体被激励后，在特定的频段内，透射谱呈现出两个禁带，其透射频谱如图 9.34(a)中空方框标记的虚线所示(以等离子体—玻璃管标示)，对于单频点 1.156 GHz 为不透射点，在 1.593～1.978 GHz 间出现了具有一定宽度的禁带。与二维等离子体光子晶体吸波器一样，在三维等离子体光子晶体吸波器中引入不同的介质缺陷，可以看到禁带的位置有明显的变化。当引入空气作为缺陷时，即令三维等离子体光子晶体阵列的中间一排不被激励，其透射曲线如图 9.34(b)中的实心框标记的曲线所示(以缺陷模式 1 标示)，可以看出，低频处(1.156 GHz)的禁带特征几乎没有变化，位置也没有改变，而高频处的禁带有很大改变，在 1.925 GHz处出现了一个透射峰，透射率约为 18.2%。当引入高介电常数介质作为缺陷时，即将中间一排的等离子体管全部替换为高介电常数介质，这里选择高温烧结陶瓷作为高介电常数介质，其介电常数约为 96，损耗角正切值为 0.001 6。引入高介电常数介质缺陷模的透射曲线如图 9.34(b)中空方框标记的虚线所示(以缺陷模式 2 标示)，可以看出，其低频处(1.156 GHz)的禁带特征同样几乎没有变化，而位于高频处的禁带中同样出现了一个透射峰，该透射峰与空气作为缺陷所呈现的透射峰相比，频率和透射率均出现了改变，该透射峰的中心频率为 1.958 GHz，透射率约为 29.6%。

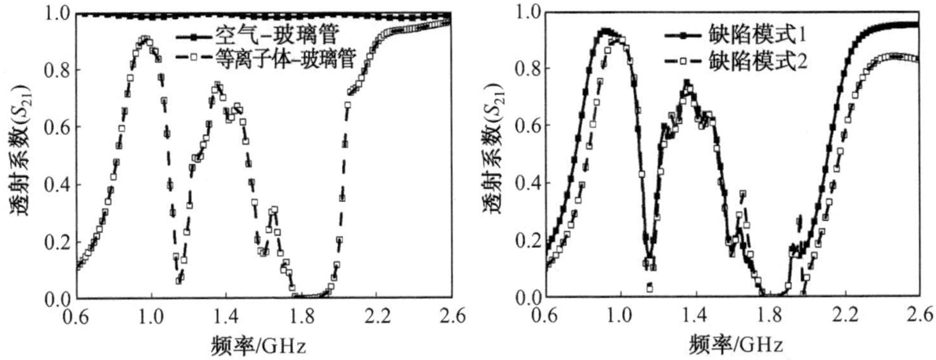

(a) 透射图谱　　(b) 不同缺陷模式下的透射图谱

图 9.34　透射型三维立方体晶格等离子体光子晶体吸波器不同状态下的透射频谱

图 9.35 是透射型三维立方体晶格等离子体光子晶体吸波器不同状态下的吸收频谱，该吸收率只考虑透射和反射，可利用公式 $A(\omega)=1-|r(\omega)|^2-|t(\omega)|^2$ 来计算吸收率。可以看出，当等离子体管不被激励，即玻璃管中填充氩气时，其吸收曲线如图 9.35 中实心框标记的曲线所示(以空气—玻璃管标示)，电磁波没有被吸收。而当等离子体管全部被激励后或引入介质缺陷后，吸收曲线均具有单个明显的吸收峰，见表 9.3。

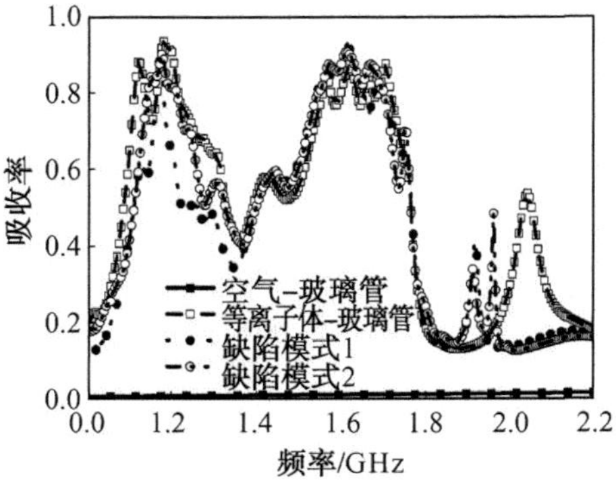

图 9.35 透射型三维立方体晶格等离子体光子晶体吸波器不同状态下的吸收频谱

表 9.3 不同模式下的三维立方体晶格等离子体光子晶体吸波器的吸收频点和吸收率

空气一玻璃管		缺陷模式 1		缺陷模式 2	
频率/GHz	吸收率/%	频率/GHz	吸收率/%	频率/GHz	吸收率/%
1.179	93.4	1.169	88.5	1.173	90.3
1.547～1.721	77.1	1.534～1.717	75.1	1.561～1.691	82.8
2.039	53.2	1.913	42	1.959	48.6

当等离子体被激励时，其吸收曲线如图 9.35 中空方框标记的虚线所示（以等离子体一玻璃管标示），其吸收频谱中存在着 3 个吸收频点，在 1.179 GHz 和 2.039 GHz 处为单频点，吸收率分别为 93.4%和 53.2%，在 1.547～1.721 GHz 有一定带宽，吸收率均大于 77.1%。当引入不同的介质缺陷时，该等离子体光子晶体吸波器的吸收谱也有所变化。引入空气缺陷时，中间一排等离子体管不被激励，其他等离子体管全部被激励，其吸收谱如图 9.35 中实心圆点标记的曲线所示（以缺陷模式 1 标示），可以看出吸收频谱同样存在 3 个不同的吸收峰，在 1.169 GHz和 1.913 GHz 处为单频点，吸收率分别为 88.5%和 42%，在 1.534～1.717 GHz 间吸收率均大于 75%。当引入高介电常数介质作为缺陷时，即将中间一排的等离子体管全部替换为高介电常数介质圆柱，其吸收谱又有所不同，如图 9.35 中空心圆点标记的曲线所示（以缺陷模式 2 标示），在 1.173 GHz 和 1.959 GHz处为单频点，吸收率分别为 90.3%和 48.6%，在 1.561～1.691 GHz 处吸收率均大于 82.8%。从图 9.35 可以看出，等离子体管处于不同的激励状态时，该吸波器有不同的吸收率。当引入介质缺陷后，介质缺陷对其吸收率也有着相当明显的调谐作用。引入不同介质缺陷对于低频点的吸收峰的幅值有着明显的调谐作用。

9.2.5　透射型三维面心晶格等离子体光子晶体吸波器

透射型三维面心晶格等离子体光子晶体吸波器结构示意图如图 9.36 所示，分别是三维面心晶格等离子体光子晶体结构的正视图和透视示意图。

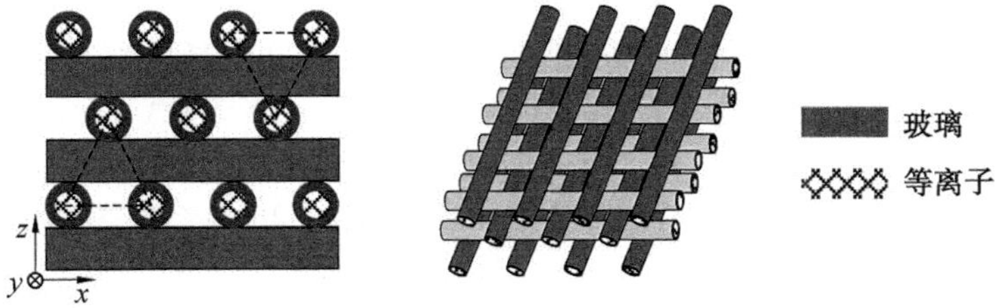

图 9.36　透射型三维面心晶格等离子体光子晶体吸波器结构示意图

图 9.37 是透射型三维面心晶格等离子体光子晶体吸波器不同状态下的反射频谱，从图 9.37 中可以看出，当等离子体管不被激励，即玻璃管中填充氩气时，其反射曲线如图 9.37(a)中实心框标记的曲线所示(以空气－玻璃管标示)，电磁波几乎没有被反射。而当等离子体管全部被激励后，其反射曲线如图 9.37(a)中空方框标记的虚线所示(以等离子体－玻璃管标示)。可以看出，反射曲线主要有两个反射区域，第一个反射区域反射率较低，在 0.977～1.673 GHz 之间基本均在 40%以下，但在 1.793～1.978 GHz 内反射率高达 90%。当引入不同的介质缺陷时，该等离子体光子晶体吸波器的反射谱也有所改变。引入空气缺陷时，中间一排等离子体管不被激励，其他等离子体管全部被激励，其反射谱如图 9.37(b)中实心框标记的曲线所示(以缺陷模式 1 标示)，可以看出，在 0.977～1.673 GHz内最大反射率同样不超过 40%，而在 1.793～1.978 GHz 内出现了一个反射率较低的反射点，其频率为 1.945 GHz，反射率为 69.5%。当引入高介电常数介质作为缺陷时，即将中间一排的等离子体管替换为高介电常数介质圆柱，

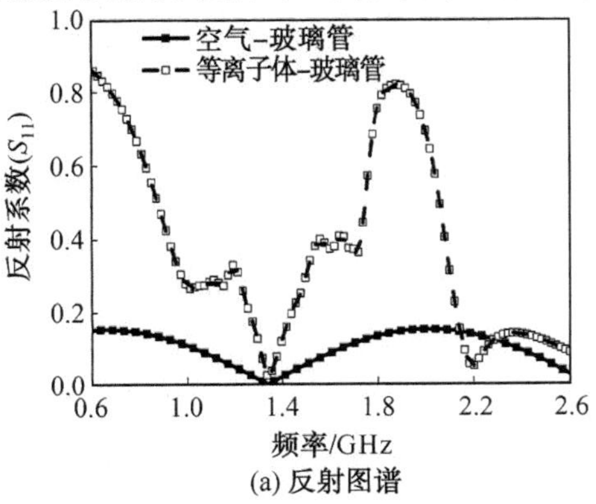

(a) 反射图谱

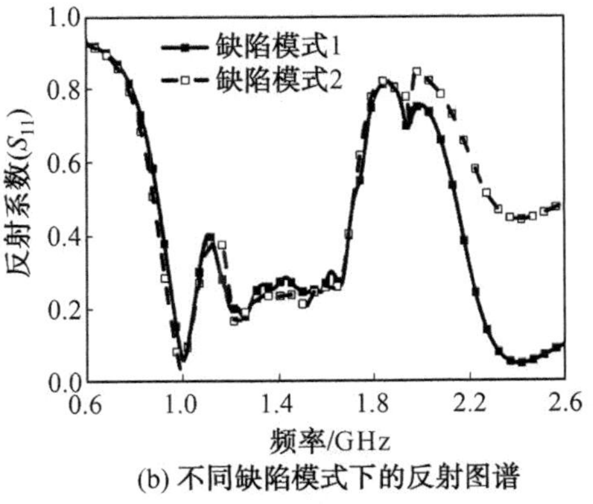

(b) 不同缺陷模式下的反射图谱

图 9.37　透射型三维面心晶格等离子体光子晶体吸波器不同状态下的反射频谱

如图 9.37(b)中空心框标记的虚线所示(以缺陷模式 2 标示),在 0.977～1.673 GHz内最大反射率也不超过 40%,而在 1.793～1.978 GHz 间出现一个反射率较低的频点。相比于空气缺陷,反射曲线的位置和反射率均有所改变,该反射峰的中心频点为 1.958 GHz,反射率为 68.8%。可以看出,引入不同的介质缺陷对该等离子体光子晶体吸波器的反射谱有着明显的影响,尤其是引入介电常数较高的介质缺陷时,可以使反射谱的特定频点的位置及其反射系数的幅值发生明显的变化,这就可以实现该等离子体光子晶体吸波器的可调谐性。

图 9.38 是透射型三维面心晶格等离子体光子晶体吸波器不同状态下的透射频谱。可以看出,当等离子体管未被激励时,电磁波可以完全透过该等离子体光子晶体吸波器,如图 9.38(a)中实心框标记的曲线所示(以空气一玻璃管标示),当玻璃管中的等离子体全被激励后,在特定的频段内,透射谱呈现出两个禁带。当等离子体管全部被激励,其透射谱如图 9.38(a)中空心框标记的虚线所示(以等离子体一玻璃管标示),在 1.156 GHz 处呈现一个单频点式的禁带,在 1.753～1.999 GHz 间出现了具有一定宽度的禁带。当引入空气缺陷时,即令该光子晶体的中间一排不被激励,其透射曲线如图 9.38(b)中实心框标记的曲线所示(以缺陷模式 1 标示),由图 9.38(b)可知,低频处(1.156 GHz)的禁带位置几乎没有变化,但是其透射率更小,而高频处的禁带除了带宽略有变宽外,其他地方也几乎没有改变。当引入高介电常数介质作为缺陷时,即将中间一排的等离子体管全部替换为高介电常数的介质圆柱,这里选择高温烧结陶瓷作为高介电常数介质,其介电常数约为 96,损耗角正切值为 0.001 6,其透射曲线如图 9.38(b)中空心框标记的虚线所示(以缺陷模式 2 标示),可以看出,其低频处(1.156 GHz)禁带的透射率变得更小,位置依旧没有变化,而高频处的禁带中在 1.965 GHz 处出现了一个明显的透射峰,透射率约为 16.1%。

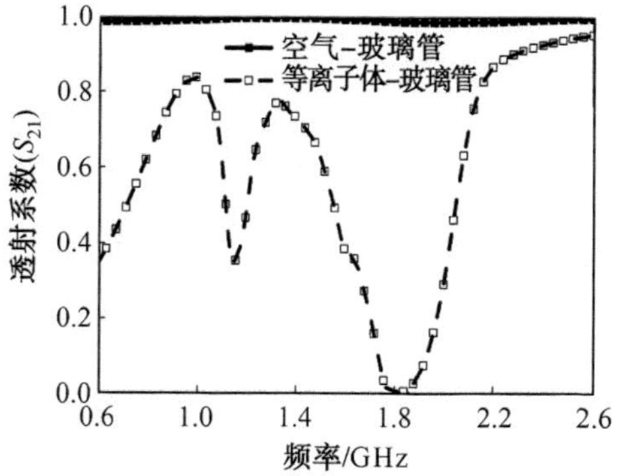

(a) 透射图谱

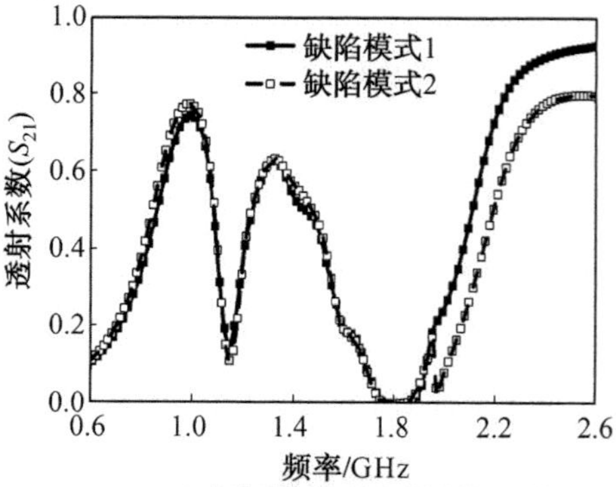

(b) 不同缺陷模式下的透射图谱

图 9.38 透射型三维面心晶格等离子体光子晶体吸波器不同状态下的透射频谱

图 9.39 是透射型三维面心晶格等离子体光子晶体吸波器不同状态下的吸收频谱,该吸收率只考虑透射和反射,可利用公式 $A(\omega)=1-|r(\omega)|^2-|t(\omega)|^2$

来计算其吸收率。可以看出，当等离子体管不被激励时，即玻璃管中填充氩气时，其吸收曲线如图 9.39 中实心框标记的曲线所示(以空气一玻璃管标示)，入射电磁波几乎没有被吸收。而当等离子体管全被激励，其吸收曲线如图 9.39 中空方框标记的虚线所示(以等离子体一玻璃管标示)，其吸收谱存在宽带吸收区，在 1.083～1.832 GHz 间吸收率最小为 38.9%，最大可达 84.5%。当引入不同的介质缺陷时，该等离子体吸波器的吸收谱也有所变化。引入空气缺陷时，中间一排等离子体不被激励，其他等离子体全部被激励，其吸收频谱如图 9.39 中实心圆点标记的曲线所示(以缺陷模式 1 标示)，在 1.037～1.832 GHz 范围内，吸收率整体上升，最小为 53.1%，最高可达 90.2%。当引入高介电常数介质作为缺陷时，即将中间一排的等离子体管全部替换为高介电常数介质圆柱，其吸收频谱又有所不同，如图 9.39 中空心圆点标记的曲线所示(以缺陷模式 2 标示)，在 1.003～1.832 GHz 范围内，吸收率将增加，吸收率最小为 54.2%，最大可达 90.9%。从图 9.39 中可以看出，等离子体管处于不同的激励状态时，该吸波器有不同的吸收率。当引入不同的介质缺陷后，介质缺陷本身对其吸收率也有着相当明显的调谐作用。

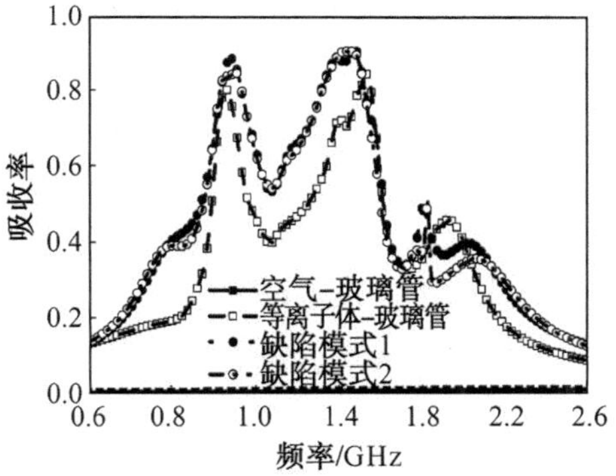

图 9.39　透射型三维面心晶格等离子体光子晶体吸波器不同状态下的吸收频谱

9.2.6　反射型三维面心晶格等离子体光子晶体吸波器

反射型三维立方体晶格等离子体光子晶体吸波器结构示意图如图 9.40 所示，分别是反射型三维立方体晶格等离子体光子晶体吸波器结构不同视角的示意图。

图 9.41 是反射型三维立方体晶格等离子体光子晶体吸波器不同状态下的吸收频谱，该吸收率只考虑透射和反射。可以看出，当等离子体管不被激励，即玻璃管中填充氩气时，其吸收曲线如图 9.41(a)中实心框标记的曲线所示(以空气一玻璃管标示)，入射电磁波几乎没有被吸收。而当等离子体管完全被激励或引入介质缺陷后，其吸收曲线均具有宽频吸收和单频吸收的特征。当等离子体管全被激励时，其吸收曲线如图 9.41(a)中空方框标记的虚线所示(以等离子体

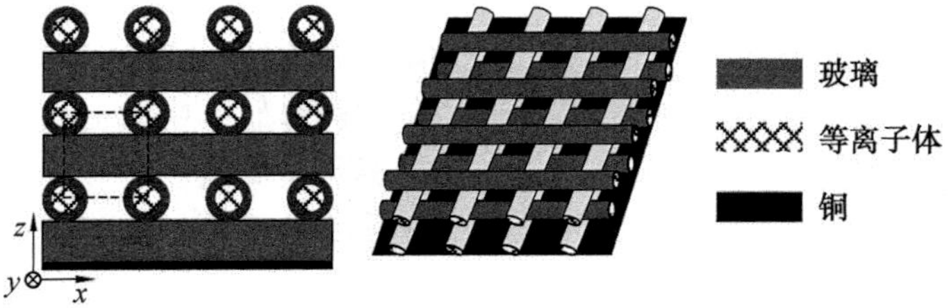

图 9.40 反射型三维立方体晶格等离子体光子晶体吸波器结构示意图

一玻璃管标示)，其吸收谱中存在一个吸收区域，在 1.179～1.7 GHz 之间，吸收率大于 50%，在 2.039 GHz 处还存在着一个单频吸收点，吸收率大于 95%。当引入不同的介质缺陷时，该等离子体光子晶体吸波器的吸收谱也会发生相应的变化。当引入空气缺陷时，即中间的一排等离子体管不被激励，其他等离子体管全部被激励，其吸收频谱如图 9.41(b)中实心框标记的曲线所示(以缺陷模式 1 标示)，对宽频部分的吸收率有所调谐，总吸收带宽没有改变，但在 1.489 GHz 附近其吸收率有所增大；相反地，在 1.25 GHz 附近其吸收率却有明显的下降。同时，在 2.039 GHz 处的吸收频点，其吸收率下降，且下降幅度较大，中心频点向低频偏移。当引入高介电常数介质作为缺陷时，即将中间一排的等离子体管全部替换为高介电常数介质圆柱，其吸收频谱又有所不同，如图 9.41(b)中空方框标记的虚线所示(以缺陷模式 2 标示)，在宽频部分，吸收率相比等离子体管全部被激励的状态而言整体上有所增加，最低吸收率达到了 54%。同时，在 2.039 GHz 处的吸收频点虽然其吸收率有所下降，但比引入空气缺陷时得到的吸收率要高，尽管中心频点有所偏移。从图 9.41 中可以看出，当等离子体管处于不同的激励状态时，该吸波器具有不同的吸收频谱。当引入不同的介质缺陷模后，对吸收频谱同样有明显的调谐作用。引入不同的介质缺陷对于低频点的吸收峰的幅值有着明显的调谐作用，尤其是引入高介电常数介质作为缺陷时，其对该形制的等离子体光子晶体吸波器的吸收率的调谐作用尤为明显。

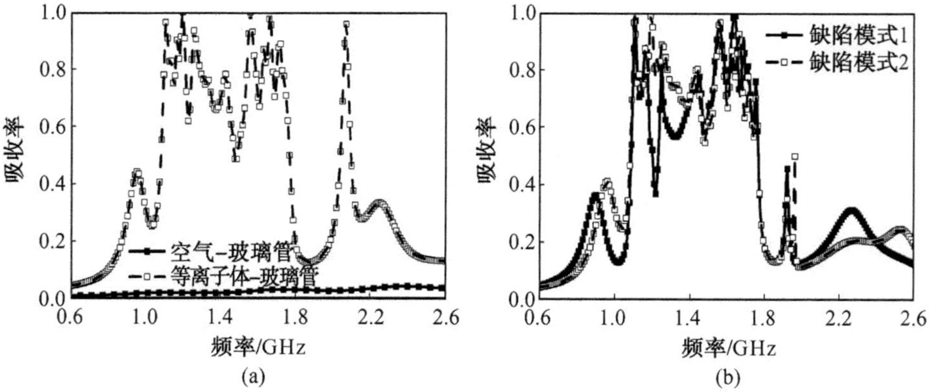

图 9.41 反射型三维立方体晶格等离子体光子晶体吸波器不同状态下的吸收频谱

9.2.7　反射型三维面心晶格等离子体光子晶体吸波器

反射型三维面心晶格等离子体光子晶体吸波器结构示意图如图 9.42 所示，分别是反射型三维面心晶格等离子体光子晶体吸波器结构不同视角的示意图。

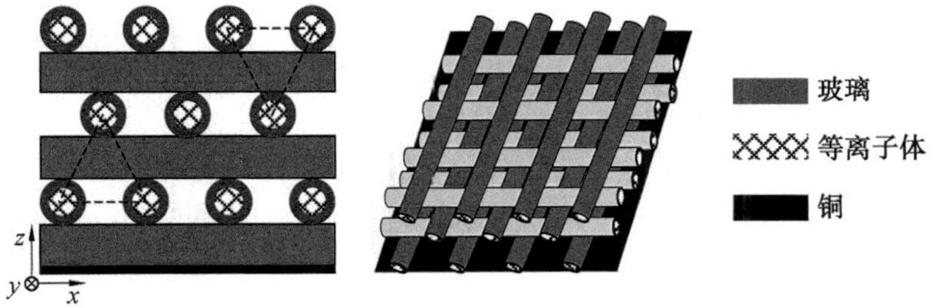

图 9.42　反射型三维面心晶格等离子体光子晶体吸波器结构示意图

图 9.43 是反射型三维面心晶格等离子体光子晶体吸波器不同状态下的吸收频谱，该吸收率只考虑透射和反射，可利用公式 $A(\omega)=1-|r(\omega)|^2-|t(\omega)|^2$ 来计算其吸收率。可以看出，当等离子体管不被激励，即玻璃管中填充氩气时，其吸收频谱如图 9.43(a)中实心框标记的曲线所示(以空气－玻璃管标示)，入射电磁波几乎没有被吸收。而当等离子体管完全被激励时，其吸收频谱如图 9.43(a)中空方框标记的虚线所示(以等离子体－玻璃管标示)，其吸收频谱存在着宽带吸收区，在 1.083～1.67 GHz 频域范围内存在着两个吸收率均大于 85%的吸收带，且整个频段内的吸收率大于 40%。而且在 2.106 GHz 处也存在一个吸收率为 60.4%的吸收峰。当引入不同的介质缺陷时，该等离子体光子晶体吸波器的吸收频谱也会发生相应的变化。当引入空气缺陷时，即中间一排等离子体管不被激励，其他等离子体管全部被激励，其吸收频谱如图 9.43(b)中实心框标记的曲线所示(以缺陷模式 1 标示)，其吸收带宽有所展宽，吸收带宽的下限由 1.083 GHz变为 0.873 GHz，整个带内吸收率大于 53.6%，且在 1.083～1.67 GHz内吸收率大于 70%。当引入高介电常数介质作为缺陷时，即将中间一排所有的等离子体管全部替换为高介电常数介质圆柱，其吸收频谱又会有所不同，如图 9.43(b)中空方框标记的虚线所示(以缺陷模式 2 标示)，在 0.851～1.832 GHz频域范围内吸收率有所增加，吸收率最小值为 52.2%，而在 1.083～1.67 GHz 频域范围内吸收率大于 72.6%。因此，等离子体管处于不同的激励状态时，该吸波器拥有不同的吸收率。当引入介质缺陷后，对其吸收频谱也有着相当明显的调谐作用。相较于等离子体管全部被激励的状态而言，在 1.083～1.67 GHz频域范围内由两个窄带吸收变为一个宽带吸收，不仅实现了吸收带宽的拓展，更使得吸收率大幅度增大。

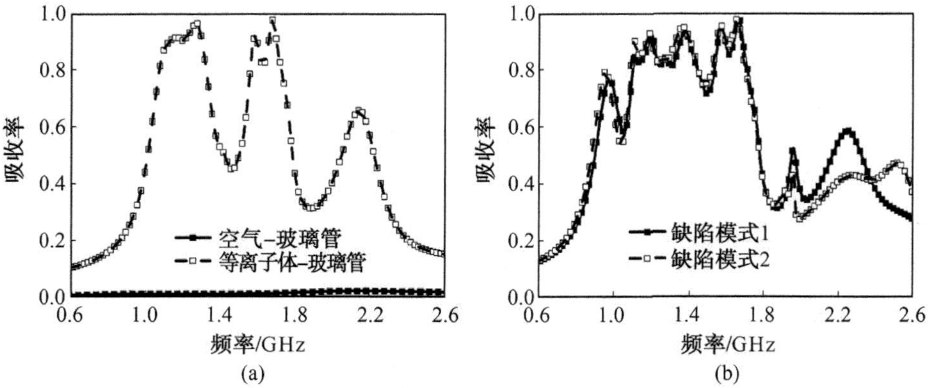

图 9.43　反射型三维面心晶格等离子体光子晶体吸波器不同状态下的吸收频谱

9.3　技术小结

等离子体光子晶体作为一种超材料，被用于制造通信系统中的各类器件，能够很好地解决随着信息技术的飞速发展所带来的一系列问题，例如响应时间、耗散功率以及集成特性等，同时对提升光子晶体器件的可重构和可调谐等特性也有着巨大的贡献。本章的主要工作就是有针对性地对等离子体光子晶体及其器件的仿真与实验进行了介绍，在研究内容上不仅涵盖了二维和三维等离子体光子晶体的理论分析以及实验验证，还对等离子体光子晶体引入不同的介质缺陷后的电磁特性进行了研究。引入缺陷不仅仅是单纯地对等离子体管的激励状态进行调控，还引入了较高介电常数介质作为缺陷，以此来研究等离子体光子晶体的电磁特性，并对等离子体光子晶体用于吸波器的设计进行了介绍。本章主要内容涵盖以下几个方面。

(1)对二维等离子体光子晶体的电磁特性进行研究。本章首先研究了在电磁波垂直入射条件下等离子体光子晶体在不同激励状态下的电磁特性，主要是研究其透射特性，并将设计的器件中的某些等离子体管不激励态作为缺陷，结果表明引入这种缺陷可以控制入射电磁波的透射特性。如果引入高介电常数介质作为缺陷，相比较于等离子体管完全处于激励状态的缺陷模，对电磁波的透射性能的控制更为明显，也更为有效。

(2)对三维等离子体光子晶体的电磁特性研究。三维等离子体光子晶体的研究与二维的类似，同样主要研究其透射性能。同时还研究了不同的光子晶体晶格对电磁特性的影响，主要研究了立方体晶格和面心晶格两种形制的晶格。同时，针对三维等离子体光子晶体，还引入了有别于二维光子晶体的缺陷形式并对其做了研究探讨。

(3)针对二维等离子体周期结构，研究了反射型和透射型两类等离子体吸波器。对于透射型吸波器，将等离子体管周期排列，在电磁波垂直入射的条件下，同时针对等离子体管不激励、激励和缺陷3种状态对入射电磁波的反射、透射和吸收效果进行了分析，而且针对引入不同的介质缺陷(等离子体缺陷、高介电常数介质缺陷)，对电磁波的影响也进行了分析。从结果来看，通过对等离子体管的不同激励状态的调控，能够实现对其吸收性能的调谐，即可以实现可调谐等离子体光子晶体吸波器，不仅仅可以实现对其吸收率的调控，还可以实现对其吸收频点的有效操控。对反射型等离子体吸波器，在等离子体周期结构底部覆盖完整金属板，使电磁波不能透过等离子体阵列，等离子体同样有不激励、激励和缺陷3种模式。从结果来看，反射型等离子体吸波器也可以实现对电磁波的吸收频点以及吸收幅值的有效调节。

随着研究工作的深入，发现还有许多重要的研究工作未开展，还有大量的理论研究需要继续，还有大量的技术问题需要解决，还有大量的设计工作需要进一步完善，比如以下几个方面的研究工作，我们正在开展。

(1)将光子晶体理论与转换光学理论相结合，设计和实现纯粹的以光子晶体为基础的集成“光路”，并开发和设计相应的“光路”器件；与量子理论相结合，研究光子晶体的光量子特性，以最终实现“光子”计算机的设计。

(2)在实验上对等离子体光子晶体的相关特性进行验证，解决实验室条件下均匀等离子体圆柱的激励、周期性排列和测试中的关键技术问题。

(3)大角度、宽带、极化不敏感特性的等离子体光子晶体吸波器的研究还很匮乏，尤其是在低频段的电磁特性研究更是具有重大的研究价值。而且在已有研究实践中，等离子体光子晶体构成的阵列比较大，如何小型化也是今后研究的一个重点。

(4)气态等离子体因其特殊的性质，可以以任意形状附着在任意形状上，所以具有优良的可共形特性。因此，等离子体共形吸波器的研究也是未来发展的一个潜在方向。另外，等离子体通过电压控制，不仅可以通过简单的激励/不激励方式来实现等离子体的控制，还可以通过改变电压来改变等离子体频率，从而实现对等离子体频率的调控。

(5)等离子体介质周期结构不仅可以用来设计介质吸波器，还可以用于天线系统的设计和其他微波工程应用领域中，以实现对工作频率的带宽、工作频率和工作状态的操控，使得等离子体介质周期结构具有更为广泛的应用前景。

第 10 章

基于等离子体超材料的微波器件设计

等离子体超材料是等离子体周期性介质结构的另外一个代表，通过现有的半导体集成工艺就可以实现包含固态等离子体的超材料结构。由于固态等离子体加工实现灵活，并且能够通过调控电压或者电流来实现对等离子体密度和激励状态的操控，因此，如果等离子体超材料与外部的可编程逻辑控制阵列协同工作，就可以设计和实现可编程的功能性器件，这将有非常好的应用前景。本章主要介绍等离子体超材料在吸波器和平面反射阵列天线方面的应用。

前面九个章节主要集中介绍了等离子体光子晶体相关理论、器件设计和实验结果。然而，等离子体介质周期结构本身是一个相对宽泛的概念，等离子体光子晶体仅仅是其中的一个分支，即工作波长与周期分布常数（晶格常数）在一个数量级。而等离子体超材料作为等离子体介质周期结构的另外一个分支，已经成为现代学界的研究热点，它最大的特点是晶格常数远小于工作波长，且具有快速可重构、可编程调控、设计灵活、功能性强等特点。

随着对气态等离子体实用技术的研究，发现了气态等离子体在设计实用器件时具有难以克服的缺陷，主要有如下几点：气态等离子体密度较小，难以实现在高频频段工作；严重的电磁干扰；工程应用难度大等。在此背景下，工作频率高、体积小易于集成的固态等离子体逐渐被研究与发展。当半导体中激发形成的载流子运动符合等离子体判别条件时则形成了固态等离子体，一般激发形成固态等离子体的方法有光激励与电激励[320]。固态等离子体超材料能够很好地解决传统意义上的超材料吸波器很难得到可调谐的吸收频谱这一问题。低温等离子体是以气体为载体，施加能量（光波、电压、微波、介质阻挡等）使电子脱离正电子，这样分子也分离为电子离子形式，总电量中性，整体对外表象温度接近环境温度。由于含能（电子是被激发的）可以很容易进行能量交换或能量输出，但气态没有约束就可无限扩散，限制了许多应用，而固态等离子体与气态低温等离子体性质相近，许多应用也是相似的，差异就是固态在空间上更容易控制，可以把等离子体局限在需要的任意几何空间范围，激发的电子溢出函数要比气态等离子体高。固态等离子体是采用电或光激励的形式在半导体本征层形成的，当形成的固态等离子体内载流子浓度达到一定值时，其电导性可与金属相比拟[321-323]。当未激发成固态等离子体时，其呈现半导体材料表现出的介质特性，对电磁波没有响应，具有低 RCS 的特性，可实现其电磁隐身性能，因此，可以用来制成可调谐/可重构的微波器件。此外，半导体工艺成熟、成本低廉，能够实现大批量的生产。综上优势，固态等离子体能够制成吸波器，且在现代无线通信领域具有非常广的应用前景。对采用半导体材料制作的 PIN 管两端施加激励电压，可在 I 区产生固态等离子体。利用 PIN 单元构造基于固态等离子体的吸波器，具有吸波频段调控灵活、工作频域广泛、与微电子工艺兼容、可同时与外部控制的编程控制阵列实现可编程的一体化设计等优点。因此，基于固态等离子体超材料的微波器件具有强大的生命力，是未来发展的新方向。本章将介绍基于固态等离子体超材料的微波器件的设计，介绍等离子体超材料在吸波器和反射阵列天线（超表面）方面的应用。

10.1 一种新型可调谐宽带吸波器的设计

最近几年,电磁吸波器无论是在理论研究上还是在实验研究上均取得了飞速的进步,从单频极化敏感吸波器到超宽带极化不敏感吸波器,设计技术和方法得到了学界的广泛关注。然而,传统的超材料吸波器很难实现对吸波器工作带宽的动态调谐,吸收带宽也很难实现人为控制。等离子体超材料能够很好地弥补这一缺陷,固态等离子体的动态可调谐性和高效的编程控制性,使得等离子体超材料在电磁吸波器的设计上有潜在的应用前景。本节将介绍等离子体超材料在电磁吸波器中的应用。

10.1.1 理论模型

设计的一种新型可调谐宽带吸波器由 3 层结构组成,结构单元的底层采用电导率 $s=5.8\times10^7$ s/m 的金属铜板,中间层为介质基板,其相对介电常数 $e_r=4.3$,损耗角正切值为 0.025,上层为 4 个被截断的等离子体等边三角环形结构,环形结构的中间是等离子体三角贴片,位于对角线上的等离子体环形结构呈中心对称且尺寸相同,等离子体谐振结构Ⅰ经过顺时针旋转 90°后得到等离子体谐振结构Ⅱ,且谐振结构Ⅰ和谐振结构Ⅱ的尺寸比例关系为 1∶0.98。同理,经过该种设计方法得到等离子体谐振结构Ⅲ和等离子体谐振结构Ⅳ,其结构单元示意图如图 10.1 所示,图 10.1(a)和图 10.1(b)是不同结构单元的正视图,图 10.1(c)是侧视图。介质基板厚度和边长分别为 $h=2.9$ mm 和 $l=18$ mm。上层贴片和底层金属铜板的厚度 $w=0.1$ mm。谐振结构Ⅰ的中间等离子体谐振环(环Ⅰ)和里层等离子体谐振环(环Ⅱ)的上面两个等离子体谐振单元的间距 $j=0.4$ mm,与外层等离子体谐振环(环Ⅲ)的上面等离子体谐振单元的间距 $i=0.35$ mm。中间环的边长 $c=24.717$ mm,里层环的边长 $b=21.6$ mm,外层环的边长 $e=27.875$ mm,中间三角贴片的边长 $d=9.3$ mm。中间环的上下谐振单元间距 $t=7.157$ mm,里层环的上下谐振单元间距 $f=0.75$ mm,外层环的上下谐振单元间距 $g=18.814$ mm。中间层环上面谐振单元的宽度 $k=0.85$ mm,里层环上下谐振单元的宽度 $m=0.5$ mm,外层环上面谐振单元的宽度 $n=0.04$ mm。中间环下面的“L”型结构中左边谐振单元的宽度 $o=0.6$ mm,与里层环下面的“L”型谐振单元的间距 $p=0.55$ mm;外层环下面的“L”型结构中左边谐振单元的宽度 $o=0.6$ mm,与中间环下面的“L”型谐振单元的间距 $m=0.55$ mm;中间环下面的“L”型结构中右边谐振单元的宽度 $o=0.6$ mm,与里层环下面的“L”型谐振单元的间距 $m=0.55$ mm;外层环下面的“L”型结构中右边谐振单元的宽度 $s=$

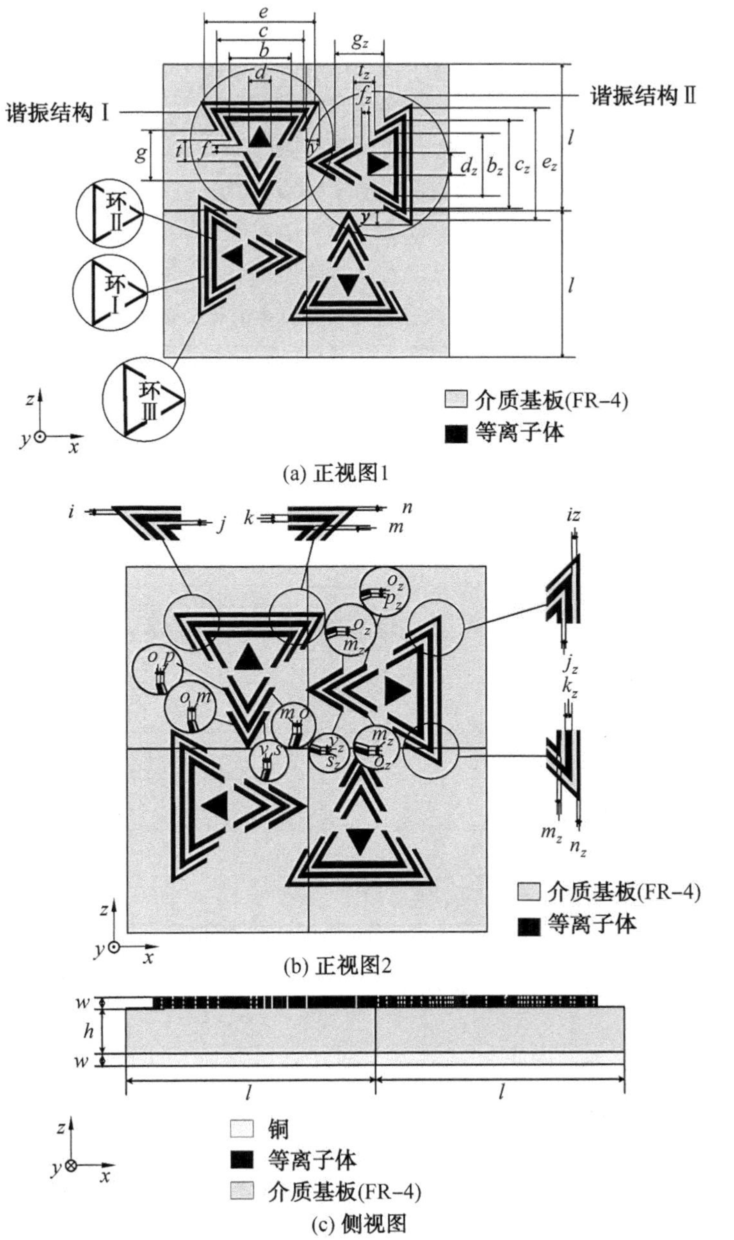

图 10.1　吸波器结构单元示意图

0.75 mm，与中间环下面的“L”型谐振单元的间距 $v=0.25$ mm，用 Drude 模型来描述所采用的等离子体谐振结构的介电常数为

$$\varepsilon_{\mathrm{p}}(\omega)=1-\frac{\omega_{\mathrm{p}}{}^{2}}{\omega^{2}+\mathrm{j}\omega\omega_{\mathrm{c}}} \tag{10.1}$$

式中，等离子频率 $\omega_p=2.9\times10^{14}$ rad/s；碰撞频率 $\omega_c=1.65\times10^{13}$ s^{-1}。结构单元中的相关参数见表10.1。吸波器的吸收率 $A(\omega)$ 可以表示为

$$A(\omega)=1-R(\omega)-T(\omega) \tag{10.2}$$

式中，$R(\omega)$ 表示反射率；$T(\omega)$ 表示透射率。由于本书设计的吸波器底层采用金属铜板，因此，透射率 $T(\omega)=0$，那么吸收率表示为

$$A(\omega)=1-R(\omega) \tag{10.3}$$

由式(10.3)可知，$R(\omega)$ 越小，$A(\omega)$ 的值就越大。

表10.1　吸波器结构单元中的相关参数

参数	h	w	c	b
参数的值/mm	2.9	0.1	24.717	21.6
参数	e	s	d	t
参数的值/mm	27.875	0.75	9.3	7.157
参数	f	g	l	o
参数的值/mm	0.75	18.814	18	0.6
参数	m	p	v	n
参数的值/mm	0.5	0.55	0.25	0.04
参数	i	j	k	y
参数的值/mm	0.35	0.4	0.85	4.6
参数	z			
参数的值/mm	0.98			

10.1.2　结果分析与讨论

图10.2给出了不同等离子体谐振单元被激励时的吸收频谱以及TE和TM极化波的吸收频谱。图10.2(a)所示为该单元结构中所有环Ⅰ中的等离子体谐振结构被激励，而环Ⅱ中的等离子体谐振结构未被激励时的吸收频谱。从图10.2(a)中可以看出，吸收频谱中位于8.54 GHz、8.69 GHz和10.18 GHz处有3个吸收率较高的频点，它们的吸收率分别为98.62%、97.23%和96.65%，11.77～12.03 GHz和12.84～13.2 GHz有两个吸收率大于90%的吸收频域，其中位于11.86 GHz和12.97 GHz的频点的吸收率分别达到98.22%和98.83%，这种工作状态下虽然存在较多高吸收的频点，但是其吸收带宽较窄。图10.2(b)为当所有环Ⅰ和环Ⅱ中的谐振结构同时被激励时的吸收频谱，在吸收频谱中主要存在两个吸收率达到90%以上的吸收频域，它们分别是12.83～13.28 GHz和13.35～

14.22 GHz 以及 3 个较高的吸收频点，它们的吸收率分别为 97.96%、94.71%和 99.82%，且分别位于 8.54 GHz、8.69 GHz 和 12.28 GHz 处。对比图 10.2(a) 中的结果可知，该吸波器在 12.5～14.5 GHz 的吸波特性随着所激励的等离子体谐振结构环数的增加而改善。如果结构单元中的所有等离子体谐振结构同时被激励，其吸收频谱如图 10.2(c)所示，吸收频谱中位于 8.52 GHz 和 11.6 GHz 处存在两个吸收率较高的频点，它们的吸收率分别为 98.74%和 96.52%，同时，吸收谱中 12.17～14.19 GHz 的吸收率达到 90%以上，其相对带宽为 15.3%，在 12.39 GHz、13.07 GHz、13.6 GHz 和 13.89 GHz 处的吸收率分别为 99.29%、99.15%、99.94%和 99.67%。图 10.2(c)对比于图 10.2(a)和图 10.2(b)的结果可知，当 3 个环中的等离子体谐振结构同时被激励时，该吸波器在 12.5～14.5 GHz 的吸收特性得到了显著的改善。图 10.2(d)所示为两种极化波的吸收频谱，黑实线表示入射电磁波为 TE 模式的吸收频谱，灰线表示入射电磁波为 TM 模式的吸收频谱，可以发现两条吸收频谱在低频部分基本重合。TE 模式下，吸收谱在

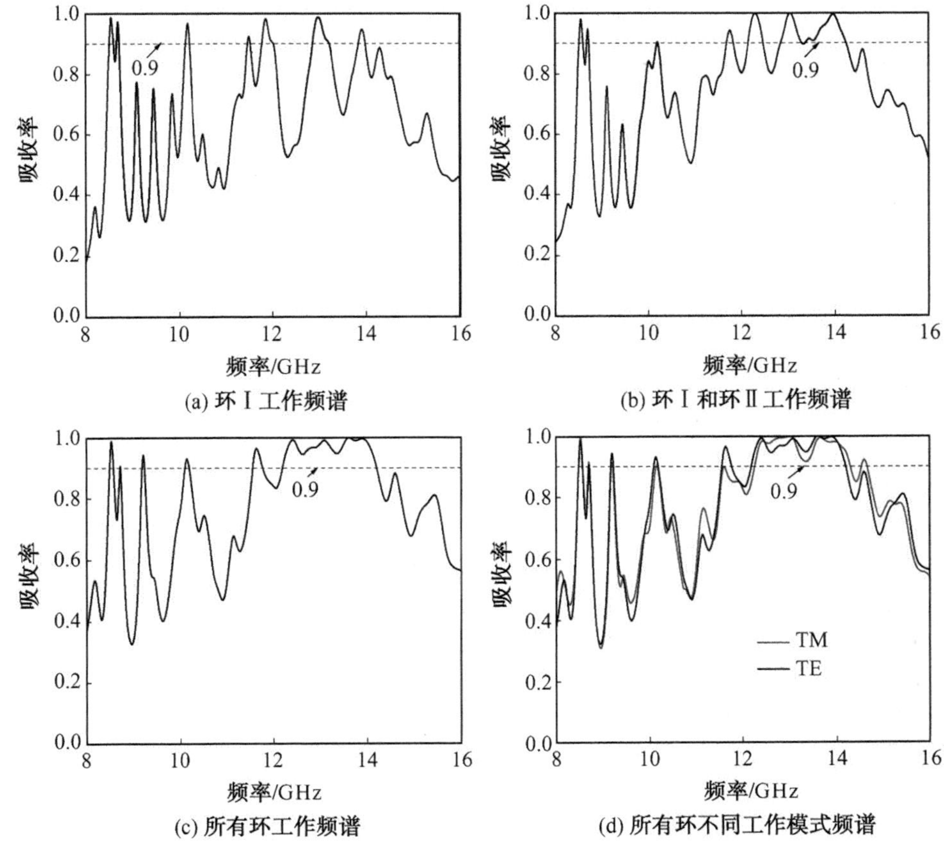

(a) 环Ⅰ工作频谱
(b) 环Ⅰ和环Ⅱ工作频谱
(c) 所有环工作频谱
(d) 所有环不同工作模式频谱

图 10.2　不同等离子体谐振单元被激励时的吸收频谱以及 TE 和 TM 极化波的吸收频谱

12.17～14.19 GHz 的吸收率达到 90%以上；而 TM 模式下，在 12.25～14.29 GHz的吸收率达到 90%以上。且两种模式的吸收频谱在 13.34 GHz 频点处的吸收率有所差异，TE 模式下该频点的吸收率为 94.8%，而 TM 模式下该频点的吸收率有所减小，为 91.64%。显然，改变上层等离子体谐振结构的激励形态不仅可以改善该吸波器的吸收特性，达到宽带吸收(极化不敏感)的效果，还能实现对吸收频域的调谐。

为了分析该吸波器产生宽带吸收的物理机理，可以对该吸波器在 $f_1=12.39$ GHz和 $f_2=13.6$ GHz 两个频点处的电场和表面电流进行计算。图 10.3 给出了吸波器在 12.39 GHz 和 13.6 GHz 处的电场图和背板表面电流图。由各频点处的电场图可知，当电磁波入射角为 90°时的频率分别为 $f_1=12.39$ GHz 和 $f_2=13.6$ GHz，其电场主要分布于等离子体谐振单元底部的介质基板中，表明该吸波器的工作机理主要是通过介质谐振，入射的电磁波通过介质表面的等离子体谐振单元，使得电磁波的能量在介质基板中被损耗。由各频点的背板表面电流图可知，其表面电流集中的位置与介质基板中电场分布的位置相对应，则该吸波器的上表面可以等效成一个负电荷，其下表面可以等效成一个正电荷，此时该

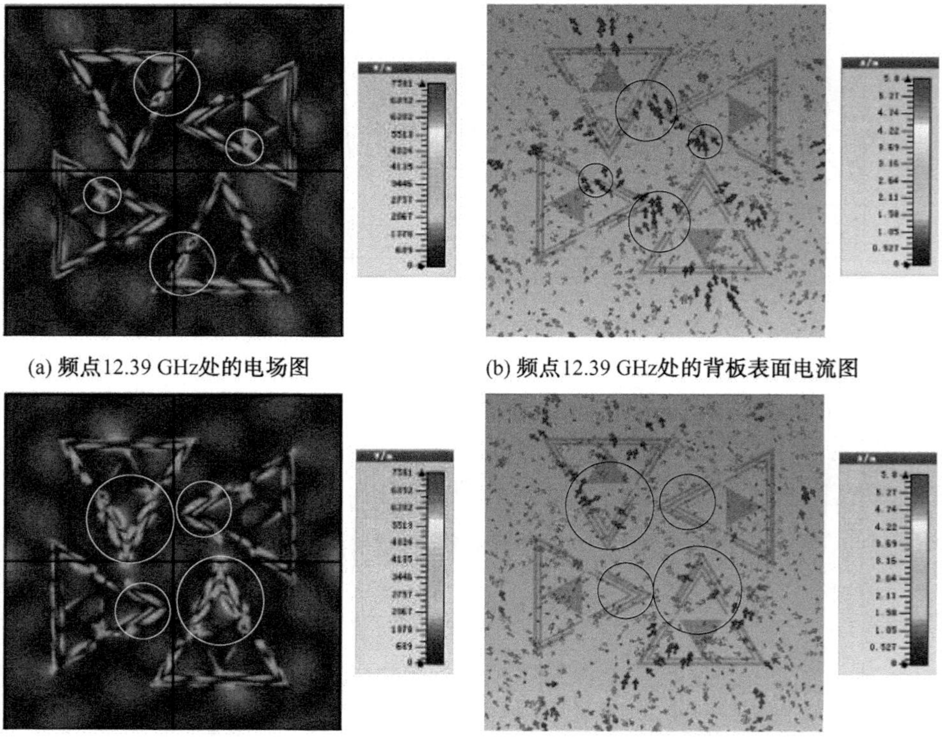

(a) 频点12.39 GHz处的电场图

(b) 频点12.39 GHz处的背板表面电流图

(c) 频点13.6 GHz处的电场图

(d) 频点13.6 GHz处的背板表面电流图

图 10.3 吸波器在 12.39 GHz 和 13.6 GHz 处的电场图和背板表面电流图

吸波器的上下表面可以看成一个磁偶极子，将在上下层之间形成磁谐振。这种磁谐振将会和外部入射的电磁波进行耦合，使得入射电磁波的能量在介质基板中被损耗，从而实现了该吸波器在这两个频点吸波的作用。因此，该吸波器主要是通过介质谐振和磁谐振的方式来实现对入射电磁波的吸收。

为了研究该吸波器的吸收特性，探讨了结构参数 z 和 y 对吸收频谱的影响。图 10.4(a)是其他参数不变的情况下结构参数 z 值分别为 0.9、0.94、0.98 和 1.02时的吸收频谱。可以注意到，$z=0.9$ 时，在 12.87～14.13 GHz 的频率范围内吸收率达到了 90%以上，其位于 $f_1=13.17$ GHz、$f_2=13.67$ GHz 和 $f_3=14.01$ GHz处有 3 个吸收频点，它们的吸收峰值分别为 99.06%、96.13%和 94.5%。随着参数 z 的增大，该吸波器的主要工作频率范围逐渐增大，当 z 值为 0.94、0.98 和 1.02 时，该吸波器的主要工作频率范围分别为 12.66～14.31 GHz、12.17～14.19 GHz 和 12.27～14.19 GHz。而且随着 z 的增大，其工作频率范围中的吸收峰发生了红移，各吸收峰的强度轻微波动(f_1 和 f_3 先增大后减小再增大，f_2 逐渐增大)。为了进一步说明这个问题，图 10.4(b)给出了结构参数 z 从 0.82 变化到 1.02 的吸收频谱。可以看出，该吸波器主要工作频率范围将会随着参数 z 的增大而逐渐增大，同时 8～10 GHz 的工作频率范围随着 z 的增大，逐渐发生红移。$z=0.98$ 时，该吸波器的工作带宽达到最宽，为 2.02 GHz。当 $z<0.98$时，随着 z 的增大该吸波器的吸收带宽逐渐增大，这意味着参数 z 是实现高吸收率和展宽吸收频带的关键参数，可以通过改变参数 z 的值对该吸波器的工作带宽进行调谐，而且能对各吸收峰的位置和强度进行调谐。同样，图 10.4(c)是其他参数不变的情况下，结构参数 y 值为 4 mm、4.2 mm、4.4 mm 和 4.6 mm 时的吸收频谱。可以看出，$y=4.6$ mm 时，该吸波器吸收率达到 90%以上的主要工作频率范围为 12.17～14.19 GHz，其位于 12.39 GHz、13.07 GHz、13.6 GHz和 13.89 GHz 处有 4 个吸收频点，它们的吸收峰值分别为 99.29%、99.15%、99.94%和 99.67%。随着参数 y 的减小，该吸波器的吸收频谱发生蓝移，各吸收峰值逐渐增大，但是频点 $f=12.6$ GHz 随着 y 的减小发生蓝移的同时吸收性能逐渐变差。为了进一步说明这个问题，图 10.4(d)给出了结构参数 y 从 0 mm 变化到4.4 mm时的吸收频谱。可以看出，该吸波器主要工作频率范围将会随着 y 的减小而先基本不变再减小到最小值，之后逐渐增大，8～9 GHz 的工作频率范围随着 y 的减小而发生红移。当 $y=4$ mm 时，频点 $f=12.7$ GHz 的吸收率为 90%；当 $y<4$ mm 时，该频点处的吸收率低于 90%；当 $y=2$ mm 时，该吸波器主要工作频率范围的吸收带宽最小，为 0.49 GHz。因此，结构参数 y 对于该吸波器而言是一个非常重要的参数，改变参数 y 的值对该吸波器的工作带宽具有显著的调谐作用。综上所述，只要人为地改变等离子体谐振结构的激励区域就可以实现对该吸波器的动态调控，从而得到可调谐的吸收频谱，并且通过优

化相应的参数(如参数 z 和 y)就能使该吸波器的工作频域进一步展宽。

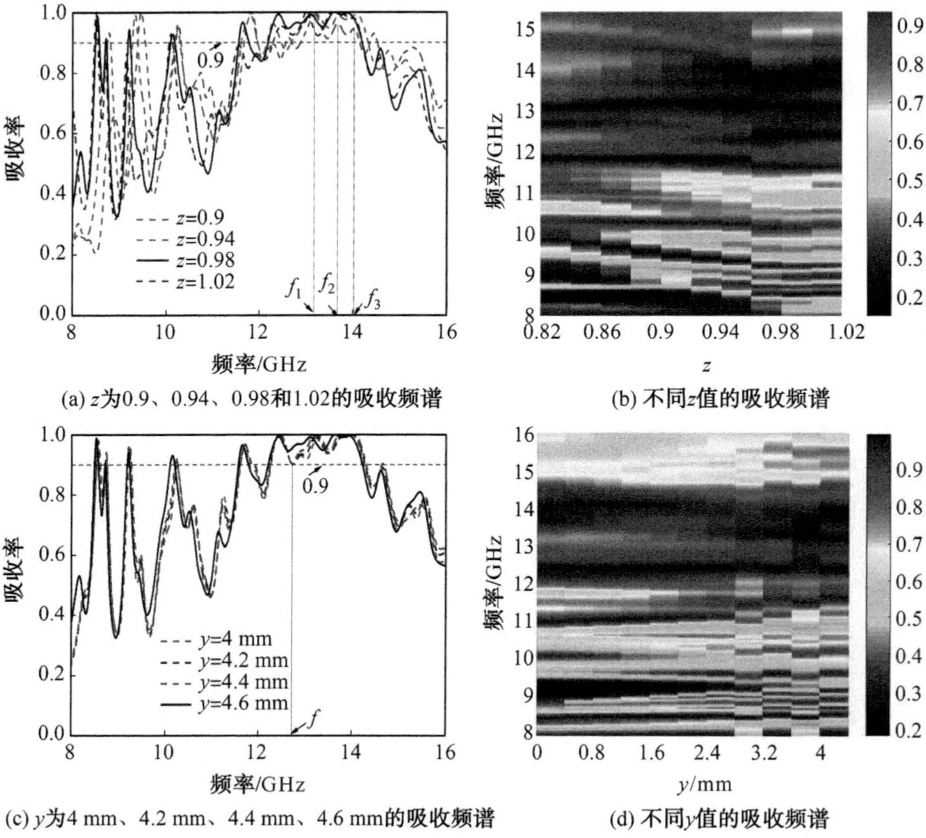

(a) z为0.9、0.94、0.98和1.02的吸收频谱

(b) 不同z值的吸收频谱

(c) y为4 mm、4.2 mm、4.4 mm、4.6 mm的吸收频谱

(d) 不同y值的吸收频谱

图 10.4　不同参数 z 和 y 的吸收频谱

为了说明该新型吸波器的优良特性,下面研究了电磁波入射角的稳定性。图 10.5 是不同入射角 d(入射电磁波矢与 yOz 面的夹角)的吸收频谱。首先,图 10.5(a)给出了入射角从 0°到 60°每次改变 30°的吸收频谱。可以看出,该新型吸波器仍然保持着稳定的吸收特性,在 12.17～14.19 GHz 的频率范围内,吸收率均可以达到 90%以上,且有 4 个吸收频点的吸收率达到 99%以上,它们的值分别为 99.29%、99.15%、99.94%和 99.67%,分别位于 12.39 GHz、13.07 GHz、13.6 GHz和 13.89 GHz 处。显然,该吸波器具有较好的角度稳定性。为了进一步说明这个问题,图 10.5(b)给出了入射角 d 从 0°变化到 80°时与频率的关系图。可以看出,当入射角 d 由 0°增加到 80°时,该吸波器的吸收率基本保持不变。随着入射角 d 的逐渐增大,吸收频域的上下边缘会发生略微的波动。当入射角从 0°增加到 30°时,吸收频域的上下边缘略微发生蓝移;当入射角从 30°增加到 50°时,吸收频域上下边缘会略微发生红移;当入射角从 50°增加到 70°时,吸收频域

的上下边缘再次发生蓝移；当入射角从 70°增加到 80°时，吸收频域的上下边缘再次发生红移。当 $d=70°$时，吸波器的工作频域（吸收率大于 90%）变为 12.18～14.26 GHz。因此，可以得出结论，提出的新型吸波器保留了电磁波入射角较大时的稳定吸收率。

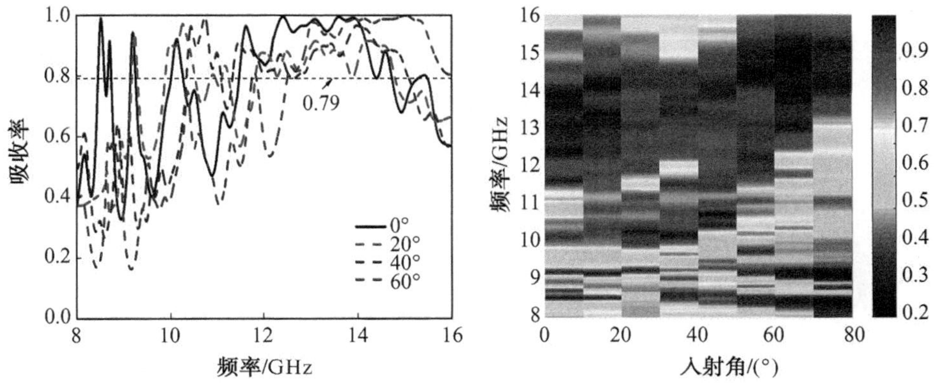

(a) d=0°,30°,60°的吸收频谱　　(b) 入射角d与频率的关系图

图 10.5　不同入射角 d 的吸收频谱

10.2　基于等离子体超材料的超宽带吸波器的设计

10.1 节设计了一款宽带吸波器，虽然具有角度稳定和极化不敏感的特性，但是在实际应用过程中还是希望得到多功能吸波器，且工作带宽为超宽带。本节将介绍一种具有极化分离和吸波作用的吸波器。

10.2.1　单元设计

一种数字“7”形的吸波器结构单元示意图如图 10.6 所示，其中图 10.6(a)是正视图，图 10.6(c)是侧视图。由图 10.6 可知，该结构单元底层为金属铜板（电导率 $s=5.8\times10^7$ S/m），中间层为介质基板（相对介电常数 $e_r=3.2$，损耗角正切值为 0），上层贴片由等离子体超材料构成的一个数字“7”形的谐振结构（即谐振单元 1）以及两边的两个正三角形与两个截断的“回”字形的谐振结构（谐振单元 2 和谐振单元 3）组成。在谐振单元 1 中间加载电阻元件 $R_1=190\ \Omega$，在谐振单元 2 和谐振单元 3 中间（即两边的一个三角形与截断的“回”字形谐振结构之间）加载电阻元件 $R_2=500\ \Omega$。介质基板的厚度 $h=12.7$ mm，等离子体超材料层和金属铜板的厚度均为 $w=0.1$ mm。数字“7”形谐振结构由一个梯形和一个矩形结构组成，此梯形结构的高 $a=18$ mm，下底边长 $k=2.4$ mm，上底边长 $k_1=1.2$ mm。

矩形结构的长 $b=4.8$ mm，宽 $c=2.4$ mm。左边正三角形的边长 $d=6.35$ mm，右边正三角形的边长 $d_1=4.08$ mm。左边截断的“回”字形结构的长度 $f=11.475$ mm，右边截断的“回”字形结构的长度 $f_1=7.377$ mm。具体的结构参数见表 10.2。上层等离子体超材料的介电常数用 Drude 模型来描述，等离子体各个参数与上节所述相同。电磁波沿着 $-z$ 方向垂直入射，本节提及的 TE 波为电场平行于 y 轴，磁场平行于 x 轴，TM 波为磁场平行于 y 轴，电场平行于 x 轴。

表 10.2　吸波器的结构参数

参数	a	b	c
参数的值/mm	18	4.8	2.4
参数	d	e	f
参数的值/mm	6.35	0.4	11.475
参数	g	k	d_1
参数的值/mm	1.4	2.4	4.08
参数	e_1	f_1	k_1
参数的值/mm	1.28	7.377	1.2
参数	g_1	e_2	l_1
参数的值/mm	0.9	0.46	48
参数	l_2	h	w
参数的值/mm	21	12.7	0.1
参数	R_1	R_2	
参数的值/Ω	190	500	

10.2.2　结果分析与讨论

图 10.7 给出了只激励谐振单元 1 在加载电阻和未加载电阻时的 TE 波的吸收频谱，以及激励全部等离子体谐振单元时的 TE 波的吸收频谱和 TM 波的反射频谱。如图 10.7(a)所示，在谐振单元 1 未被激励，且中间未加载电阻时，吸收谱中存在一个吸收率较高的频点，位于 4.889 5 GHz，它的值为 84.54%。如图 10.7(b)所示（只有谐振单元 1 被激励，且中间加载电阻），吸收谱中存在 3 个吸收率较高的频点，分别位于 1.980 1 GHz、4.004 1 GHz 和 4.735 5 GHz，它们的值分别为 91.06%、99.87%和 99.39%，可看出此时该吸波器的吸收频域为 1.996 5～3.910 5 GHz，但是在频带 2.252 7～3.228 5 GHz 之间的吸收效果较差，其吸收率未达到 90%，此时吸波器的吸收性能较差。如果所有的等离子体谐

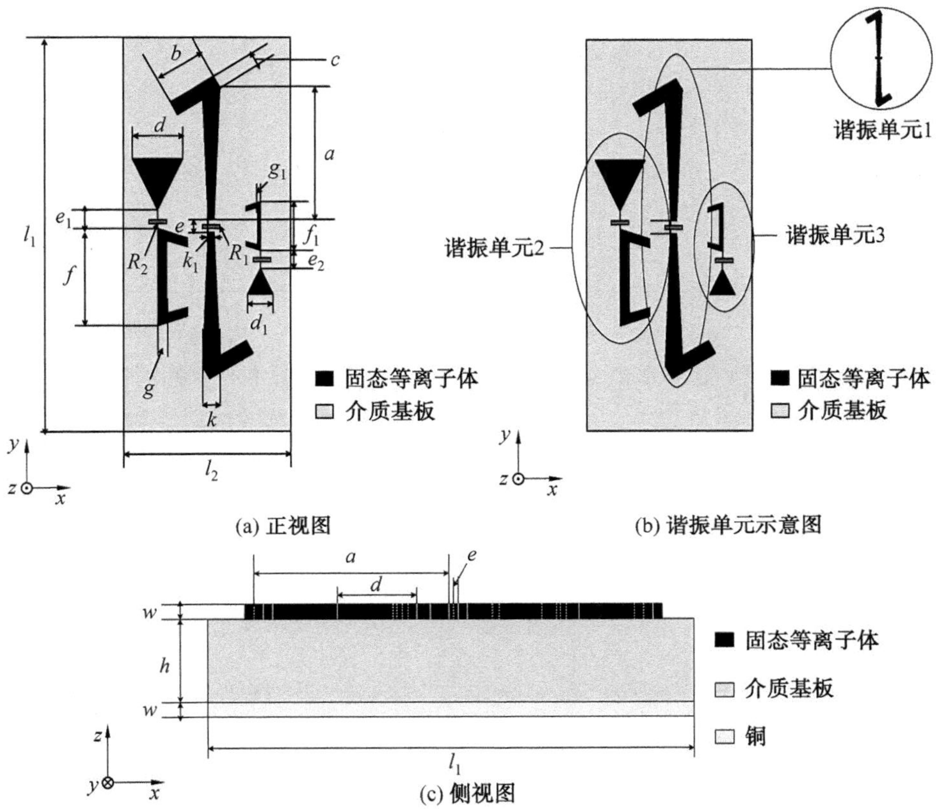

(a) 正视图　　(b) 谐振单元示意图

(c) 侧视图

图 10.6　数字"T"形的吸波器结构单元示意图

振单元均被激励，其在 TE 波的吸收频谱如图 10.7(c)所示，在 TM 波的反射频谱如图 10.7(d)所示。由图 10.7(c)可知，吸收频谱中存在两个吸收率较高的频点，分别位于 1.936 1 GHz 和 4.070 1 GHz，它们的值分别为 94.66% 和 99.84%，在频带1.691 6～4.169 2 GHz内的反射率低于－10 dB，吸收率高于90%，其吸收率在 90%以上的相对带宽达到了 85.7%。由图 10.7(d)可知，该吸波器在频带 0～4.367 1 GHz 内的反射率高于 90%，所以其 TM 波的反射效果很好。因此，当所有的等离子体谐振单元被激励时，TE 波在 90%以上的吸收带宽达到了 2.504 6 GHz，实现了超宽带吸收，而 TM 波在 0～4.367 1 GHz 内的反射率高于 90%。显然，可以通过加载集总元件的方式实现吸波器 TE 波的超宽带吸收，并且通过在主谐振单元旁设置较小的谐振单元的方式来拓展 TE 波的吸收带宽，同时还能实现 TE 波和 TM 波的极化分离。

为了研究该吸波器的物理机制，解释该谐振单元的吸波机理，图 10.8 给出了该吸波器在 1.902 1 GHz 和 4.071 5 GHz 两个频点上的电场图和表面电流图。如图 10.8(a)所示，电场主要集中在谐振单元 1 的中间即谐振单元 1 上加载

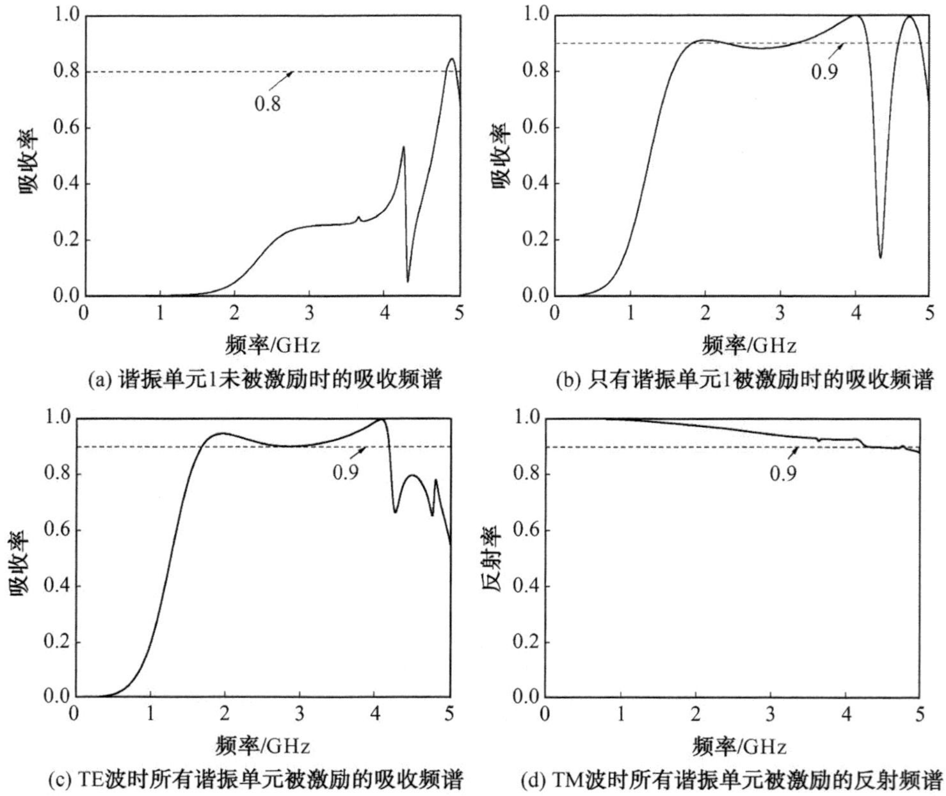

(a) 谐振单元1未被激励时的吸收频谱　(b) 只有谐振单元1被激励时的吸收频谱

(c) TE波时所有谐振单元被激励的吸收频谱　(d) TM波时所有谐振单元被激励的反射频谱

图 10.7　吸波器的吸收频谱和反射频谱

的集总电阻旁(如图 10.8(a)中的"○"形区域所示),此时可以等效为在谐振单元 1 中间存在着一个正电荷。图 10.8(c)为在频点 1.902 1 GHz 时底层金属铜板上的电流分布图,箭头方向为电流流向。由图 10.8(c)可知,底面金属反射板沿 y 轴正方向产生了电流,此时可以等效为在底层金属铜板上存在着一个负电荷。因此,该吸波器在工作时,吸波器的上表面和底面反射板可以等效为一个磁偶极子,即类似于磁偶极子谐振。而由图 10.8(b)可知,集中在谐振单元 1 中间(如图 10.8(b)中的"○"形区域所示)的电场比在频点 1.901 2 GHz 处的电场更强。根据图 10.8(d),电流由单元结构两边向中间汇聚,则此时相当于一个负电荷在底面反射板的中间起作用,同理可得此时该吸波器谐振单元的表面和底面反射板相当于一个磁偶极子,磁偶极子产生磁谐振。综上所述,该吸波器的吸收物理机制是磁谐振,这种磁谐振将会和外部入射的电磁波进行耦合,使得入射电磁波的能量被损耗,从而实现了该吸波器在这两个频点的有效吸收。

为了进一步研究该吸波器的能量损耗机理,图 10.9 给出了该吸波器在频点 1.902 1 GHz和 4.071 5 GHz 处介质表面的能量损耗图,以及在频点1.902 1 GHz

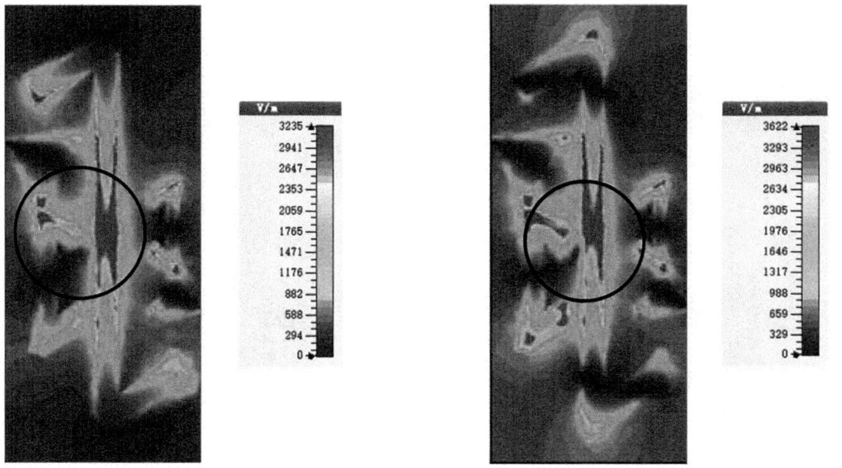

(a) 频点 f=1.901 2 GHz处的电场图　　(b) 频点 f=4.071 5 GHz处的电场图

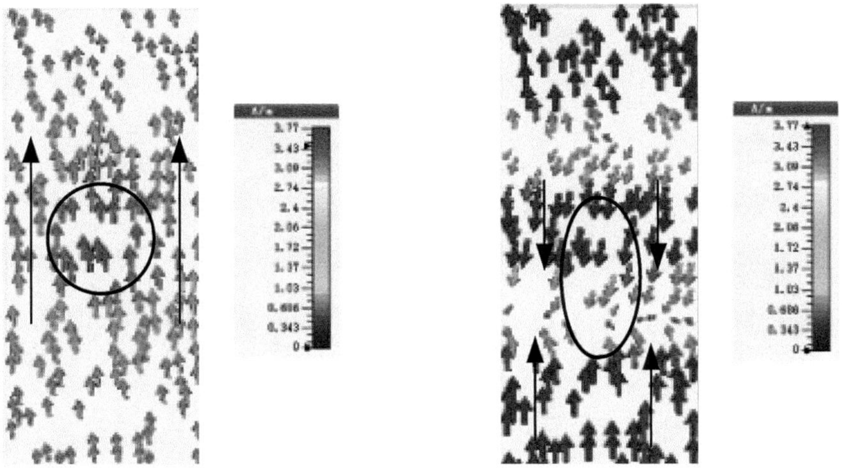

(c) 频点 f=1.901 2 GHz处的表面电流图　　(d) 频点 f=4.071 5 GHz处的表面电流图

图 10.8　吸波器在 1.902 1 GHz 和 4.071 5 GHz 两个频点上的电场图和表面电流图

处介质内部的能量损耗图。由图 10.9(a)和图 10.9(b)可以很清楚地知道，入射电磁波的能量损耗主要是由加载到谐振单元上的集总电阻造成的。由于该吸波器介质基板的损耗角正切值为 0，由图 10.9(c)可知，在介质内部没有能量损耗，这就进一步说明了该吸波器的能量损耗主要是由加载到谐振单元上的集总电阻造成的。总之，该吸波器对电磁波的有效吸收主要是由该吸波器上下层间产生磁谐振，产生的感应电流通过加载到谐振单元上的集总电阻的欧姆损耗实现的。因此，可以通过加载集总电阻的方式实现该吸波器的超宽带吸收。

为了进一步研究该吸波器的特性，给出了参数 a(参数 a 表示中间的数字“7”形的等离子体谐振单元的长度，当 $a=15$ mm 时为最佳吸收频谱)对吸波器 TE

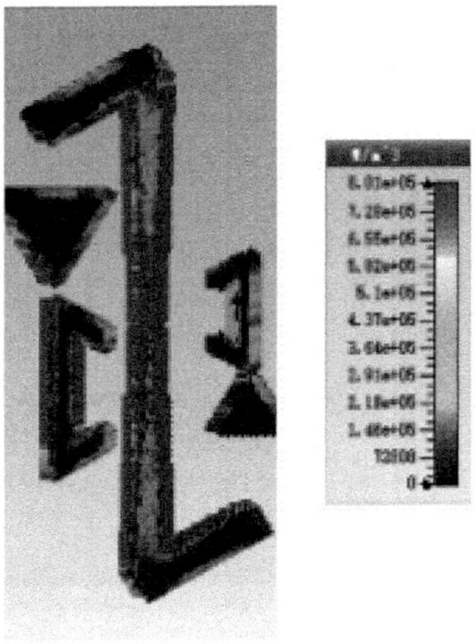

(a) 频点 f=1.901 2 GHz处的能量损耗图1

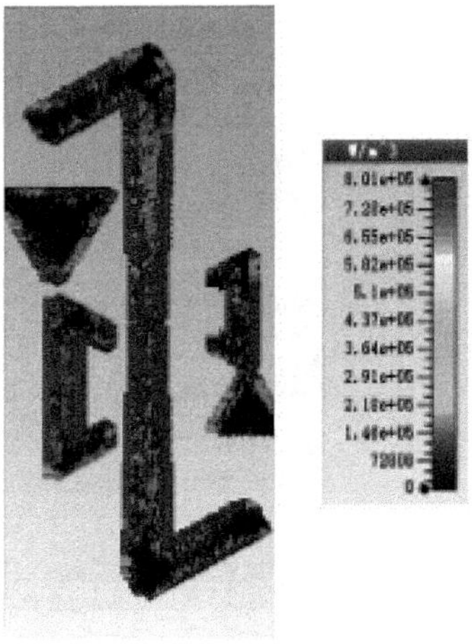

(b) 频点 f=4.071 5 GHz处的能量损耗图

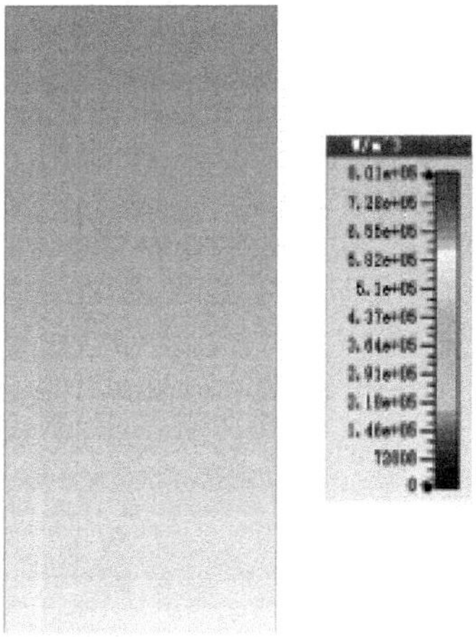

(c) 频点 f=1.901 2 GHz处的能量损耗图2

图 10.9 吸波器在频点 1.902 1 GHz 和 4.071 5 GHz 处介质表面及内部的能量损耗图

波吸收频谱的影响。图 10.10(a)给出了参数 a 的值分别为 14 mm、15 mm、16 mm时在 TE 波的吸收频谱。由图 10.10(a)可知，当 a=15 mm 时，该吸波器的工作频域为 1.668 7～4.173 3 GHz(即频点 f_1～f_2)，且在此频域内吸收率高于 90%，其吸收率在 90%以上的相对带宽达到了 85.7%；当 a=14 mm 时，该吸波器的工作频域为 1.832 4～4.158 1 GHz，但是其吸收率在 90%以上的相对带宽只有 77.6%；当 a=16 mm 时，该吸波器存在两个较高的吸收峰，分别位于 4.229 5 GHz和 4.686 1 GHz，它们的值分别为 98.58%和 97.67%。由图 10.10(a)可知，当 a=16 mm 时，该吸波器在吸收率高于 90%时的吸收频域为 4.197 8～4.263 3 GHz和 4.549 6～4.842 6 GHz。显然，改变参数 a 的值可以对该吸波器的工作带宽有明显的调谐作用。图 10.10(b)给出了参数 e 的值分别为 0.4 mm、1 mm、1.6 mm 时在 TE 波的吸收频谱。由图 10.9(b)可知，当 e=1.6 mm 时，该吸波器的工作频域为 1.771 1～4.154 9 GHz，且在此频域内的吸收率高于 90%，其吸收率在 90%以上的相对带宽达到了 80.4%；当 e=1 mm 时，该吸波器的工作频域为 1.691 6～4.169 2 GHz，其吸收率在 90%以上的相对带宽达到了 84.5%；当 e=0.4 mm 时，该吸波器的工作频域为 1.668 7～4.173 3 GHz(即频点 f_1～f_2)，且在此频域内的吸收率高于 90%，其吸收率在 90%以上的相对带宽达到了 85.7%。显然，随着 e 值的减小，该吸波器吸收率在 90%以上的相对带宽逐渐增大，因此，改变参数 e 的值可以对该吸波器的工作带宽有明显的调谐作用。

为了进一步说明该吸波器在 TM 波具有良好的反射特性，同样给出了参数 a 的值分别为 14 mm、15 mm、16 mm 时在 TM 波的反射频谱，如图 10.10(c)所示。由图 10.10(c)可知，当 a=15 mm 时，该吸波器在 0～4.367 1 GHz 频段内的反射率高于 90%；当 a=16 mm 时，该吸波器在 0～4.086 5 GHz 频段内的反射率高于 90%；当 a = 14 mm 时，该吸波器在 0～3.739 9 GHz 和 3.926 1～

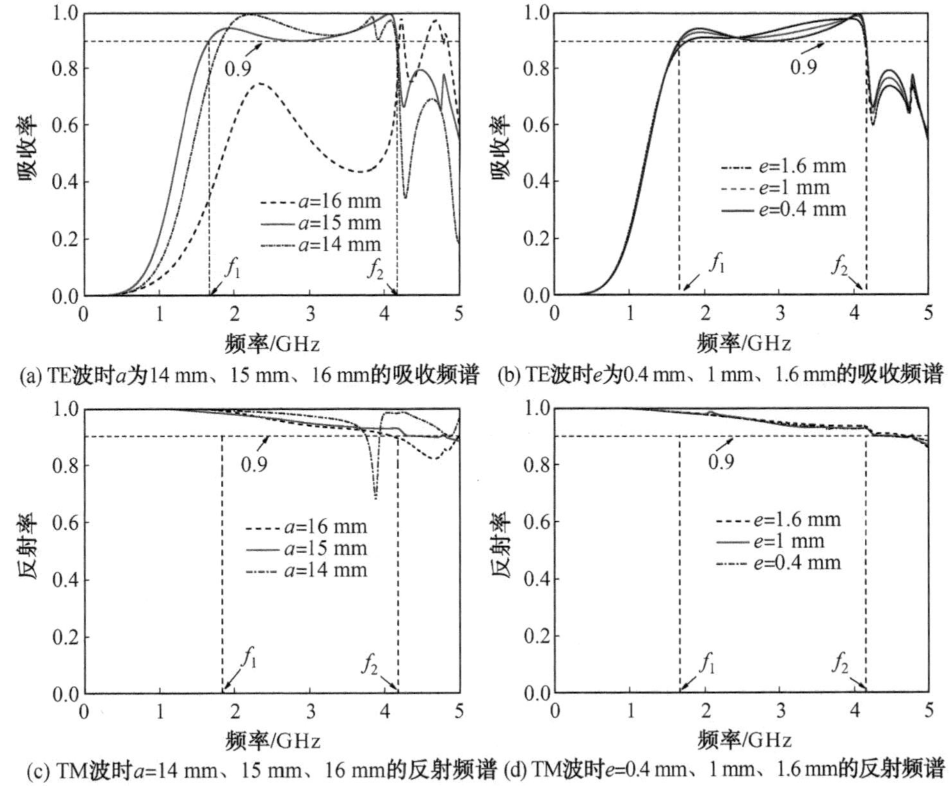

(a) TE波时a为14 mm、15 mm、16 mm的吸收频谱 (b) TE波时e为0.4 mm、1 mm、1.6 mm的吸收频谱
(c) TM波时a=14 mm、15 mm、16 mm的反射频谱 (d) TM波时e=0.4 mm、1 mm、1.6 mm的反射频谱

图 10.10　结构参数 a、e 与吸收频谱之间的关系

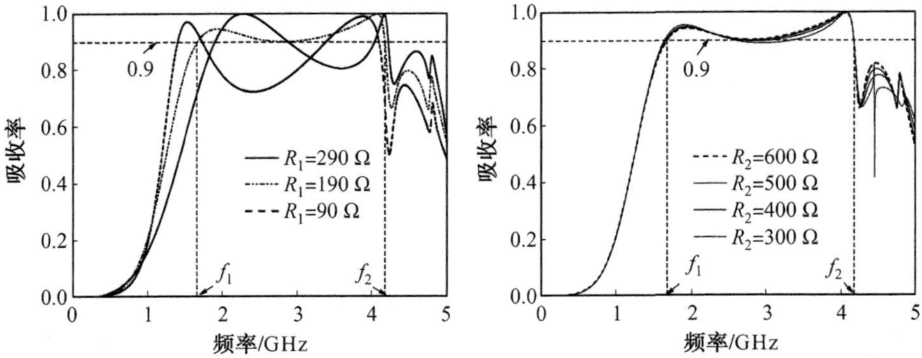

(e) TE波时R_1为90 Ω、190 Ω、290 Ω的吸收频谱 (f) TE波时R_2为300 Ω、400 Ω、500 Ω、600 Ω的吸收频谱

续图 10.10

4.836 2 GHz频段内的反射率高于 90%。因此，改变参数 a 的值，在 TE 波的吸收频域内(即图 10.10(a)中的频点 f_1=1.668 7 GHz 到 f_2=4.173 3 GHz)，该吸波器在 TM 波仍然有很好的反射特性。图 10.10(d)给出了当 e 的值分别为 0.4 mm、1 mm、1.6 mm 时在 TM 波的反射频谱。当 e=0.4 mm 时，该吸波器在 0～4.367 1 GHz 频段内的反射率高于 90%；当 e=1 mm 时，该吸波器在 0～4.464 6 GHz 频段内的反射率高于 90%；当 e=1.6 mm 时，该吸波器在 0～4.719 1 GHz内的反射率高于 90%。因此，改变参数 e 的值，在 TE 波的吸收频域内(即频点 f_1～f_2)，该吸波器在 TM 波仍然有很好的反射特性，并且反射特性比较稳定。

综上所述，只要人为地改变等离子体谐振结构的激励区域就可以得到可调谐的吸收频谱，通过相应的参数优化就能拓展该吸波器在 TE 波的工作频域。而且该吸波器在 TM 波有较好的反射特性，该吸波器的反射特性不会随着参数的改变而有明显的恶化，所以该吸波器在 TM 波的反射特性具有较好的稳定性。因此，该吸波器可以实现 TE 波和 TM 波的极化分离。

为了说明电阻对该吸波器吸收效果的影响，图 10.10(e)和图 10.10(f)分别给出了其他参数不变的情况下，中间的数字“7”形的等离子体谐振单元之间的电阻 R_1 的值分别为 90 Ω、190 Ω、290 Ω 时的吸收频谱和两边的一个三角形与截断的“回”字形谐振结构之间的电阻 R_2 的值分别为 300 Ω、400 Ω、500 Ω、600 Ω 时的吸收频谱。当 R_1=190 Ω 时，该吸波器的工作频域为 1.668 7～4.173 3 GHz，且在此频域内的吸收率在 90%，其吸收率在 90%以上的相对带宽达到了 85.7%；当 R_1=90 Ω 时，该吸波器的工作频域为 1.398 6～4.094 4 GHz，但在此频域内，该吸波器吸收率高于 90%的频域为 1.398 6～1.735 1 GHz 和 3.388 0～4.094 4 GHz；当 R_1=290 Ω 时，在 1.903～4.220 GHz 的工作频域内，吸收率高于 90%的频域为 1.903～2.876 5 GHz 和 3.386 0～4.22 0 GHz。显然，改变电

阻 R_1 的值对该吸波器的工作带宽有明显的调谐作用。在 $R_1=190\ \Omega$，$R_2=300\ \Omega$ 时，该吸波器的工作频域为 1.639 3～4.170 0 GHz，在此频域内，该吸波器的吸收率均高于 88%，而其吸收率高于 90% 的频域为 1.639 3～2.580 0 GHz 和 3.372 3～4.170 0 GHz；当 $R_2=400\ \Omega$ 时，该吸波器的工作频域为 1.655 2～4.171 9 GHz；在此频域内吸收率均高于 89%，而吸收率高于 90% 的频域为 1.655 2～2.680 9 GHz 和 3.054 7～4.171 9 GHz；当 $R_2=500\ \Omega$ 时，该吸波器的工作频域为 1.668 7～4.173 3 GHz，且在此频域内的吸收率高于 90%，其吸收率在 90% 以上的相对带宽达到了 85.7%；当 $R_2=600\ \Omega$ 时，该吸波器吸收率高于 90% 的工作频域为 1.675 2～4.174 3 GHz，其吸收率在 90% 以上的相对带宽达到了 85.4%。因此，改变电阻 R_2 的值对该吸波器的工作带宽的影响较小。

10.3　一种带宽展宽的等离子体超材料吸波器的设计

电磁吸波器在设计时，带宽展宽是非常重要的指标。如何在现有吸波器的基础上展宽带宽是非常值得研究的课题。本节将介绍如何利用等离子体超材料设计出一种带宽可展宽的新型超材料吸波体，等离子体参数与第 10.1 节中的相同，结构上采用蜂窝状特有的六边形结构，并通过对等离子体谐振结构（Plasma Resonator，PR）激励区域的调控，即等离子体被激励时，磁导率较高，其特性接近于金属，等离子体未被激励时表现与介质类似的特性，从而实现吸波体的分时分频域吸收。

10.3.1　吸波器的模型设计

图 10.11 是等离子体超材料吸波体单元结构示意图，图 10.11(a)是 PR 的示意图，图 10.11(b)是侧视图，图 10.11(c)是周期单元阵列图。从图 10.11 中可以看出，等离子体超材料吸波体的底层采用 $\sigma=5.8\times10^7$ S/m 的金属铜板，介质基板位于 PR 和反射板之间，上层由一个“Ω”形 PR、一个方形 PR 和两个“U”形 PR 构成。介质基板则采用相对介电常数 $\varepsilon_r=4.3$ 的 FR-4，其损耗角正切值为 0.025。介质基板的边长 $L=36$ mm，厚度 $H=3.6$ mm。上层 PR 的厚度 $W=0.013\ 8$ mm。“Ω”形 PR 是由三角形的边和直径 $C=6.7$ mm、宽度 $B=0.8$ mm 的半圆环经过组合设计而成的。方形 PR 的长 $R=8.5$ mm，宽 $F=8.54$ mm。两个“U”形 PR 的长分别为 $N=6.4$ mm 和 13.734 mm，宽分别为 $M=6.42$ mm 和 $Q=7.98$ mm，两个 PR 的间距 $g=0.8$ mm。等离子体超材料吸波体中的其他相关变量见表 10.3。电磁波波矢垂直于吸收平面，电场和磁场方向如图 10.11(a) 所示，电场 E 与 y 轴平行，磁场 H 与 x 轴平行。固态等离子体的参数与第 10.1 节中的相同。

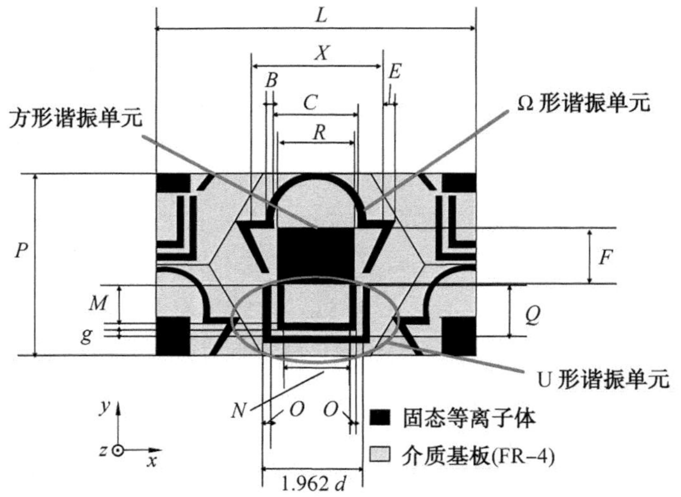

(a) PR的示意图

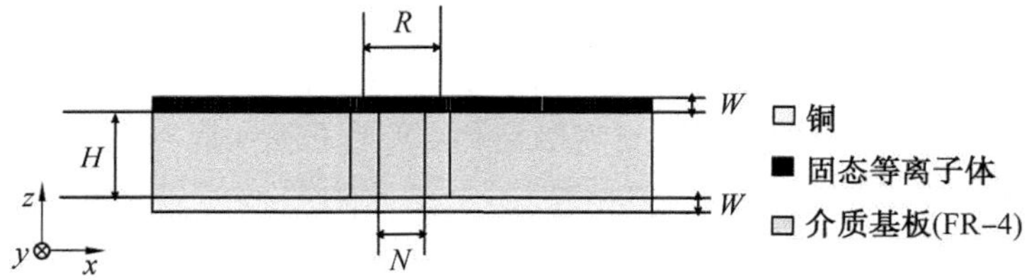

(b) 侧视图

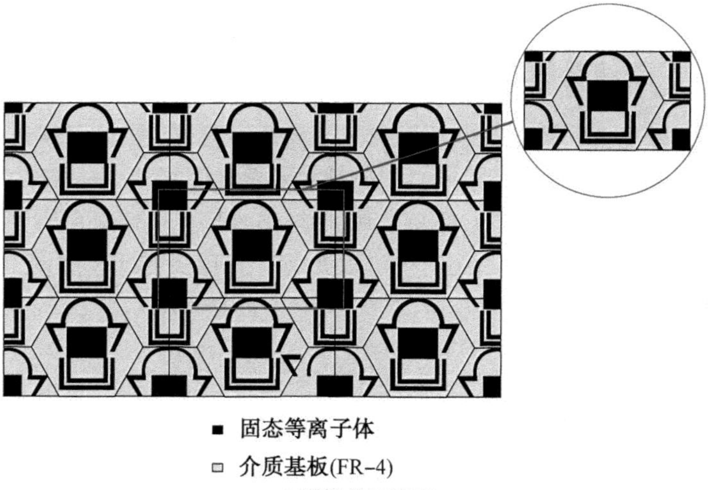

(c) 周期单元阵列

图 10.11　等离子体超材料吸波体单元结构示意图

表 10.3　等离子体超材料吸波体中的其他相关变量

参数	X	B	C	d	E	F	g	H
参数的值/mm	45	0.8	6.7	7	1.38	8.54	0.8	3.6
参数	L	M	N	O	P	Q	R	W
参数的值/mm	36	6.42	6.4	0.79	25.98	7.98	8.5	0.013 8

10.3.2　数值分析与研究

图 10.12 是不同 PR 被激励时的吸收曲线。图 10.12(a)是只有“Ω”形 PR 和方形 PR 被激励时(等离子体激励状态一)的吸收曲线。可以看出,吸收曲线中位于 9.34 GHz 和 10.76 GHz 处有两个吸收频点,其 A 值分别为 87.34%和 97.02%。图 10.12(b)是两个“U”形 PR 被激励,“Ω”形 PR 和方形 PR 不被激励时(等离子体激励状态二)的吸收曲线。可以看出,吸收曲线中有两个吸收峰值,其 A 值分别为 97.36%和 97.8%,分别位于 9.43 GHz 和 11.17 GHz 处。对比图 10.12(a)和图 10.12(b)中的吸收曲线,结构单元中所激励的 PR 不同,其吸收频点的位置和吸收峰的强度均发生了变化。图 10.12(c)是所有 PR 被激励时(等离子体激励状态三)的吸收曲线。可以看出,该吸波体在频带 9.17～9.50 GHz 内 A 值高于 90%,且在 9.24 GHz 和 9.45 GHz 处有两个吸收峰值较高的吸收频点,其 A 值分别为 98.81%和 94.01%。由图 10.12(c)对比于图 10.12(a)和图 10.12(b)的结果可知,当“Ω”形 PR、方形 PR 和两个“U”形 PR 同时被激励时,等离子体超材料吸波体的吸收性能显著改善,同时吸收带宽进一步展宽。因此,可以通过人为地调控 PR 的激励状态,实现对吸波体吸收频域的动态调控,即实现吸波体分时分频域的吸收以及改善等离子体超材料吸波体的吸收性能。

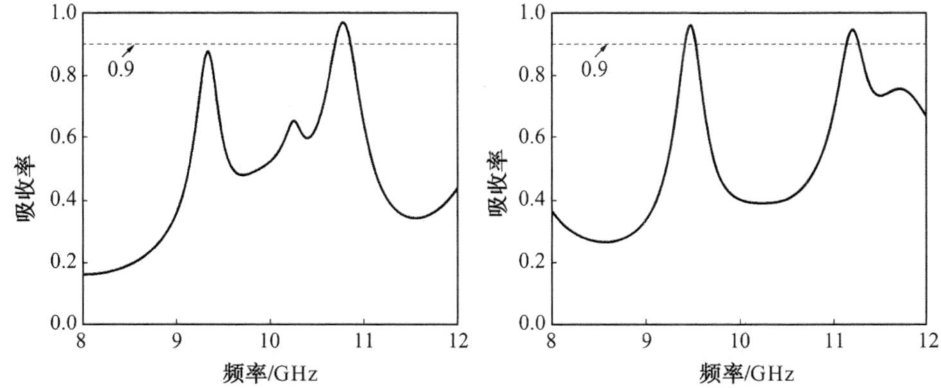

(a) 只有“Ω”形PR和方形PR被激励时的吸收曲线　(b) 两个“U”形PR被激励时的吸收曲线

图 10.12　不同 PR 被激励时的吸收曲线

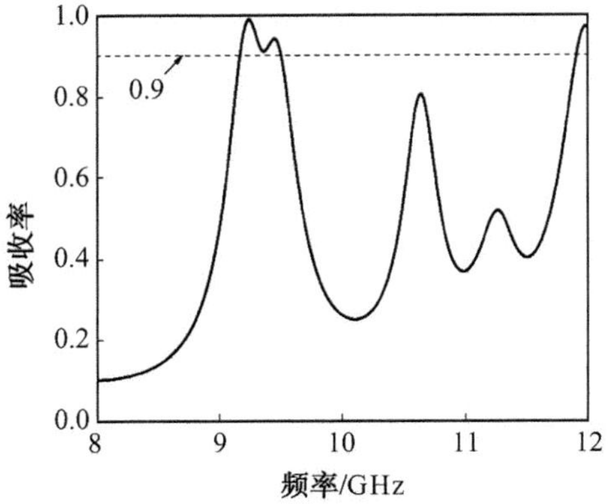

(c) 所有PR被激励时的吸收曲线

续图 10.12

图 10.13 是等离子体超材料吸波体在频点 f_1=9.24 GHz 和 f_2=9.45 GHz 处介质基板厚度为 3.59 mm 横截面的电场分布图和背面反射板的电流分布图(图中只标注了该吸波体周期结构单元的电场和表面电流的主要集中区域)。由图 10.13(a)和图 10.13(c)可知,当电磁波垂直入射且频率分别为 f_1=9.24 GHz 和 f_2=9.45 GHz 时,其电场主要分布于 PR 底部的介质基板中(如图中 a_1、a_2、b_1、b_2、b_3 所示)。显然,该吸波体的工作机理是通过介质谐振,入射的电磁波通过介质表面的 PR,使得电磁波的能量在介质基板中被损耗。同时,图 10.13(e)给出了介质基板为有损耗和无损耗的吸收频谱。可以看出,当介质基板无损耗时(图 10.13(e)中虚线),位于 9.24 GHz 和 9.45 GHz 处频点的 A 值仅为 58.54% 和 84.02%。显然,其是通过介质基板使得入射电磁波的能量在介质基板中得以损耗,这与电场图的分析结果相对应。由图 10.13(b)可以看出,底面金属反射板上的电流均向方形谐振单元的中心汇聚(图中"○"形区域所示),此时可以等效为方形 PR 中间存在着一个负电荷。而从图 10.13(a)可以看出,电场主要集中于方形 PR 的边缘和"U"形 PR 的底部(如图中 a_1、a_2 所示),此时可以等效为介质上表面存在一个正电荷。因此,该等离子体超材料吸波体的上表面 PR 和底面的反射板可以等效成一个电偶极子,在上表面和底面之间形成磁谐振,将入射电磁波的能量损耗于介质基板中。同理,频点 f_2=9.45 GHz 处的吸收机理和频点 f_1=9.24 GHz处吸收机理相同。

图 10.14 给出了变量 g 和 d 为不同数值的吸收曲线。图 10.14(a)是变量 g(两个"U"形 PR 的上下间距)的值分别为 0.5 mm、0.6 mm、0.7 mm 和 0.8 mm 时的吸收曲线(其他参数不变)。当 g=0.5 mm 时,吸收曲线中有两个 A 值较高的频点,分别位于 f_1=9.21 GHz 和 f_2=9.47 GHz 处,A 值分别为 95.63% 和 91.6%,位于频点 f_0=9.35 GHz 处的 A 值为 82.75%。随着 g 的增大,该吸波

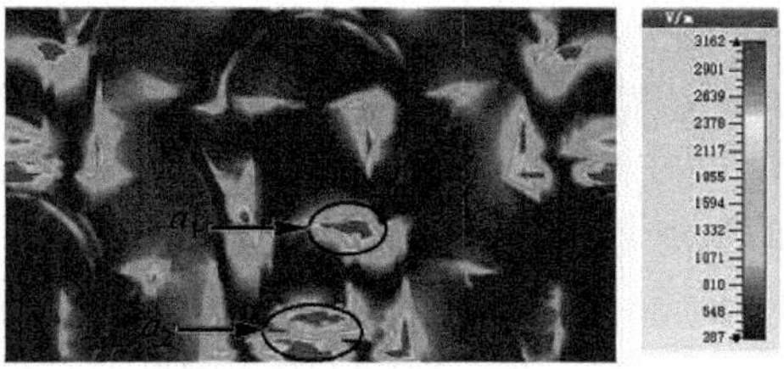

(a) 频点9.24 GHz处的电场图

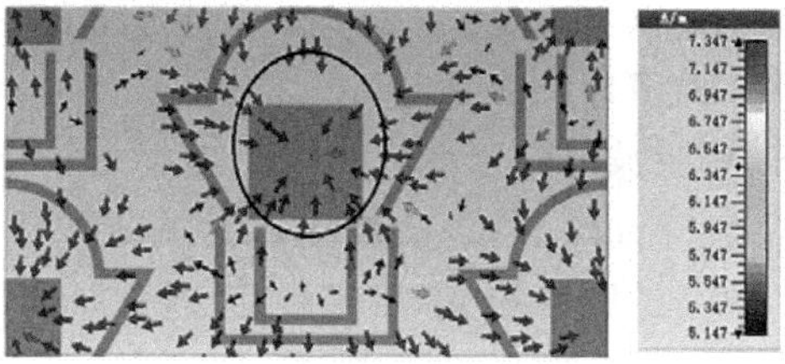

(b) 频点9.24 GHz处的背面反射板电流图

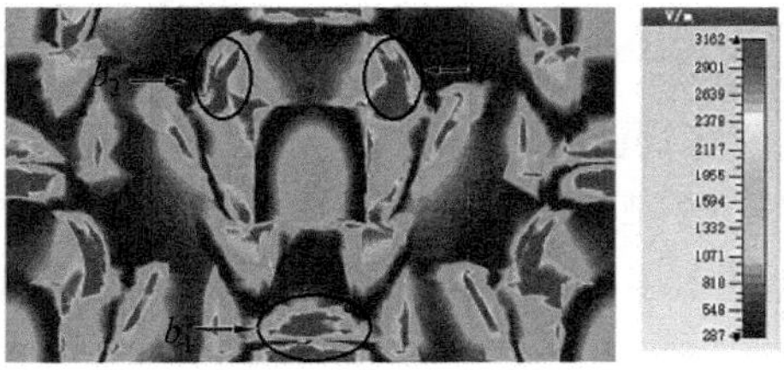

(c) 频点9.45 GHz处的电场图

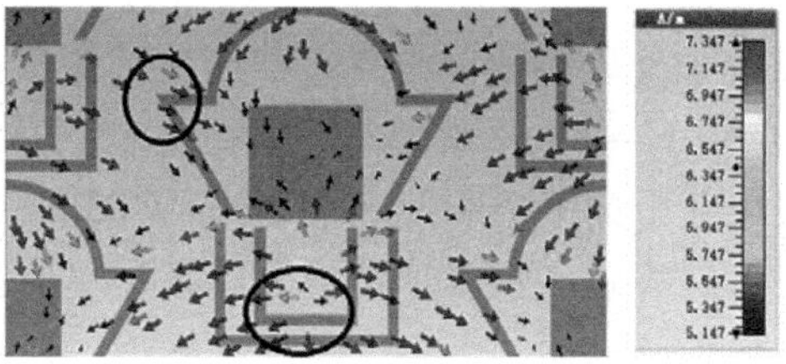

(d) 频点9.45 GHz处的背面反射板电流图

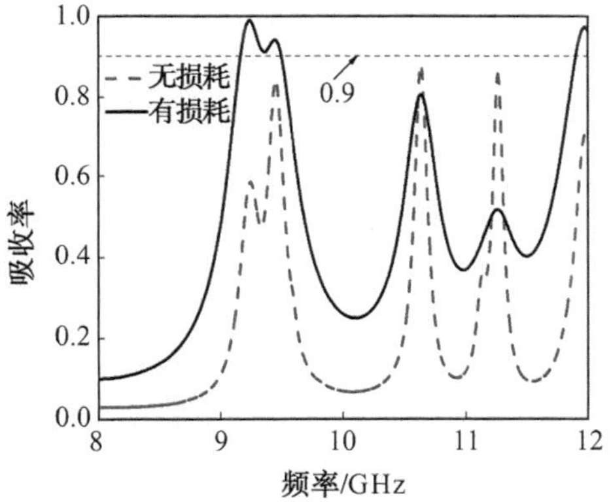

(e) 介质基板为有损耗和无损耗的吸收谱线

图 10.13　等离子体超材料吸波体在频点 $f_1=9.24$ GHz 和 $f_2=9.45$ GHz 处介质基板厚度为 3.59 mm 横截面的电场分布图和背面反射板的电流分布图

体各频点的 A 值逐渐增大。当 $g=0.8$ mm 时，吸波体的吸收性能最佳，其在 9.17～9.50 GHz 吸收频带内的 A 值高于 90%。图 10.14(b)是 A 与 g 的关系图，可以看出，该吸波体在 9～10 GHz 内的吸收频带随着 g 的增大而逐渐减小，吸收频带的上边缘随着 g 的增大发生略微的红移(即频点 f_1 处的吸收峰值向低频移动)，吸收频带的下边缘随着 g 的增大发生略微的蓝移(即频点 f_2 处的吸收峰值向高频移动)，而频点 f_0 处的 A 值随着 g 的增大而逐渐增大。当 $g=0.8$ mm 时，频点 f_0 处的 A 值达到 90%以上，此时该吸波体的工作带宽最宽。同时，随着 g 的增大，位于 12 GHz 附近的吸收频域逐渐向高频移动，且 A 值达到 90%以上。显然，变量 g 对于该吸波体吸收频带的调谐起重要作用。图 10.14(c)是变量 d 的值分别为 6.8 mm、7 mm、7.2 mm、7.4 mm 时的吸收曲线，当 d=6.8 mm 时，该吸波体位于 9.23 GHz 处有一个 A 值较高的频点，其吸收峰值为 98.59%。当 d=7 mm 时，该吸波体 A 值高于 90%的吸收频带为 9.17～9.50 GHz，且有两个较高的吸收频点，分别位于 f_1=9.24 GHz 和 f_2=9.45 GHz 处，A 值分别为 98.81%和 94.01%。随着 d 的增大，该吸波体的吸收曲线发生明显的红移。图 10.14(d)是 A 与 d 的关系图，可以看出，该吸波体在 9～10 GHz 的吸收频带内随着变量 d 的增大而先逐渐增大再逐渐减小，且该频段的吸收频带发生明显的红移。d=7 mm 时，该吸波体的工作带宽最宽，同时，随着 d 的增大，9～10 GHz 吸收频带的下边缘发生波动(即频点 f_1 的吸收峰值先发生红移，后发生蓝移，再发生红移)，其吸收频带的上边缘发生明显的红移(即频点 f_2 随着 d 的增大，逐渐向低频移动)。当 d=7.4 mm 时，频点 f_2 消失。显然，变量 d 是影响该吸波体吸收带宽的重要变量。因此，可以通过人为改变 PR 的激励区域(如改变变量 g 和 d 的值)实现对吸收曲线的动态调控，并且展宽该吸波体的吸收带宽。

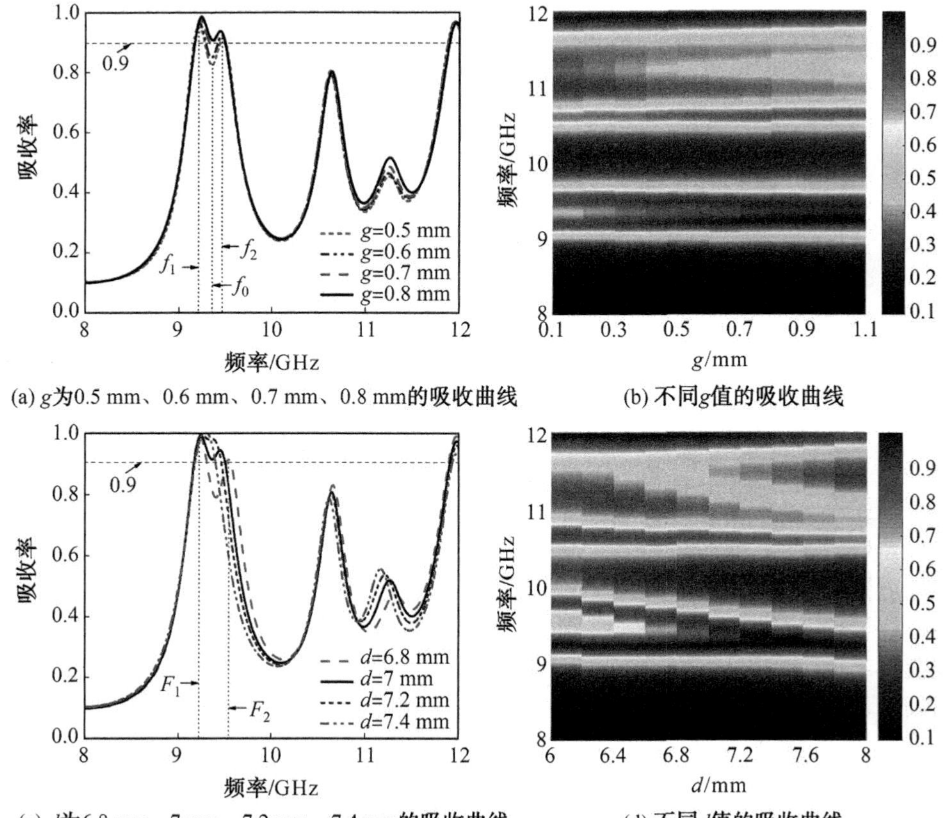

(a) g为0.5 mm、0.6 mm、0.7 mm、0.8 mm的吸收曲线　　(b) 不同g值的吸收曲线

(c) d为6.8 mm、7 mm、7.2 mm、7.4 mm的吸收曲线　　(d) 不同d值的吸收曲线

图 10.14　变量 g 和 d 为不同数值的吸收曲线

为了展宽该吸波体的吸收带宽，图 10.15 给出了进一步设计的吸波体结构示意图和相应的吸收曲线，图 10.15(a)是 PR 示意图，图 10.15(b)是侧视图。从图 10.15(a)中可以看出，方形 PR 中截去了间距 $s=1.7$ mm 的“十”字形结构，内部的“U”形 PR 的线宽 $V=0.7$ mm，宽 $U=5.82$ mm，其相应的吸收曲线如图 10.15(c)所示。对比图 10.12(c)可以看出，低频工作频域的吸收性能有所下降，在 9.18～9.53 GHz 吸收频带范围内，A 值达到 84%以上，而该吸波体高频吸收频带范围内的吸收带宽明显展宽，在 12.08～13.91 GHz 吸收频带范围内 A 值高于 90%，在 11.95～14.0 GHz 吸收频带范围内 A 值达到 84%以上。

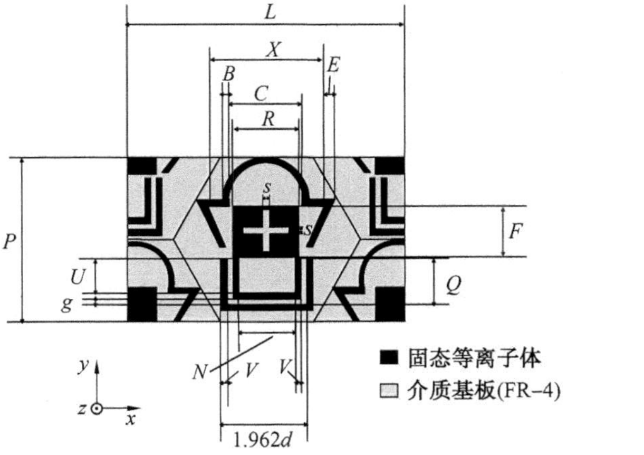

(a) PR 示意图

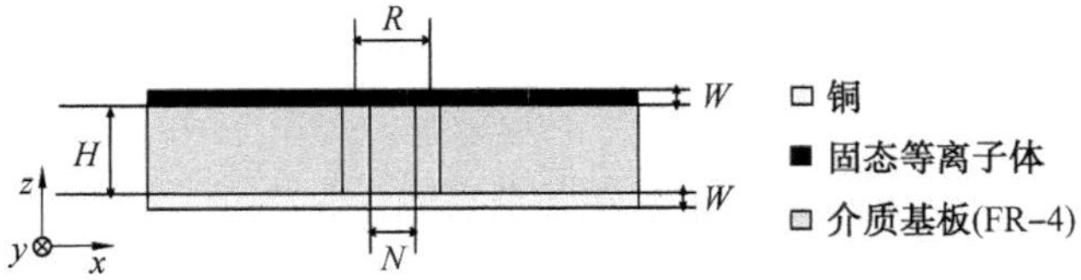

(b) 侧视图

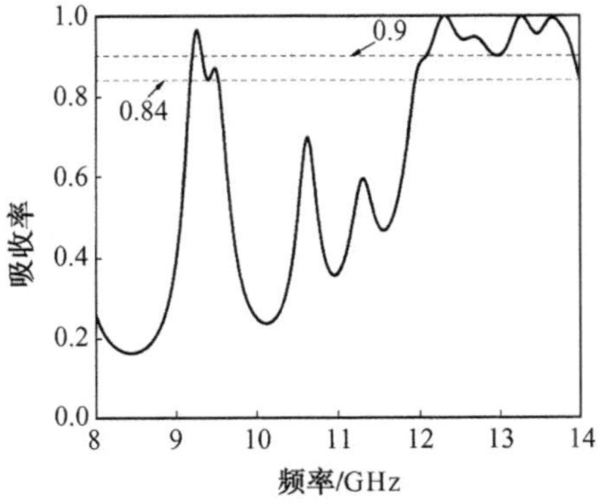

(c) 吸收曲线

图 10.15　进一步设计的吸波体结构示意图和相应的吸收曲线

图 10.16 给出了带宽展宽的吸波体在频点 f_3 = 12.32 GHz 处介质基板厚度为 3.59 mm 横截面的电场分布图和背面反射板的电流分布图。由图 10.16(a)对比于图 10.13(a)和图 10.13(c)的结果可知，"十"字形结构处的电场分布明显增强(如图 10.16(a)中"○"形区域所示)；由图 10.16(b)对比于图 10.13(b)和图 10.13(d)的结果可知，金属板上的电流方向发生了改变，沿 y 轴正方向流动(如图 10.16(b)中"↑"所示)。显然，从图 10.16(a)和图 10.16(b)中可以看出，在方形结构中蚀刻"十"字形结构，可以使该吸波体的磁谐振损耗明显增强，所以吸波体在 11～14 GHz 频带内的吸收带宽明显展宽。

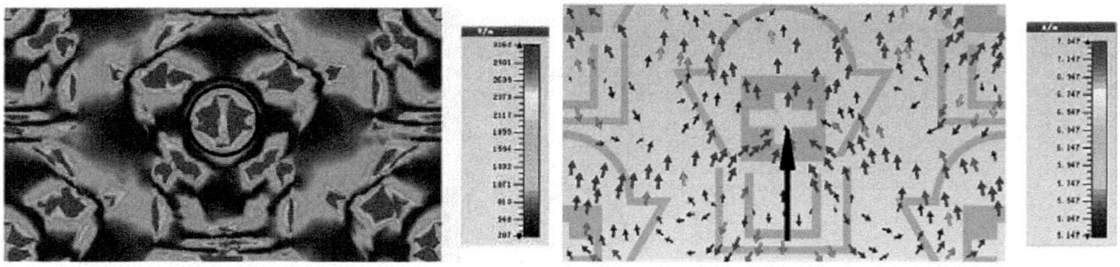

(a) 电场分布图　　(b) 背面反射板的电流分布图

图 10.16　带宽展宽的吸波体在频点 f_3 = 12.32 GHz 处介质基板厚度为 3.59 mm 横截面的电场分布图和背面反射板的电流分布图

为了说明"十"字形结构线宽(变量 s)对吸波体吸收频域的影响，图 10.17(a)给出了变量 s 的值分别为 1.3 mm、1.5 mm、1.7 mm、1.9 mm 的吸收曲线(其他参数不变)。当 s = 1.3 mm 时，该吸波体吸收频带为 12.49～13.61 GHz(A 值高于 90%)，吸收曲线中位于 12.69 GHz 和 13.39 GHz 处有两个 A 值较高的频点，A 值分别为 97.33% 和 99.97%，位于频点 f_3 = 12.98 GHz 处 A 值为 92.51%。随着 s 的增大，频点 f_3 处 A 值逐渐降低，该频点 A 值在 s = 1.7 mm 时降低至 90%。当 s = 1.7 mm 时，吸波体的吸收性能最佳，其 A 值达到 90% 以上的吸收频带为 12.08～13.91 GHz，其位于 12.31 GHz、13.26 GHz 和 13.65 GHz 处有 3 个吸收频点，A 值分别为 99.95%、99.87% 和 99.47%，同时，随着 s 的增大，该吸波体的吸收频带和吸收带宽均发生变化。图 10.17(b)是 A 与 s 的关系图。可以看出，在低频工作范围内(9.17～9.53 GHz)，随着 s 的增大，吸收曲线中的工作频域近乎一条直线，说明该吸波体的 A 值保持不变；在高频工作范围内(11～14 GHz)，随着 s 的增大，该吸波体的工作频域先增大后减小(s = 1.7 mm 时，吸收带宽最宽，为 1.83 GHz)，同时 11～14 GHz 的吸收频带随着 s 的增大而逐渐向高频移动。显然，优化变量 s 的值可以展宽该吸波体的吸收带宽。

电磁波大角度入射稳定一直以来都是设计吸波体所关注的一个重要性能，图 10.18 是入射角 φ(波矢 $\boldsymbol{k}$ 与 yOz 面的夹角)变化的吸收曲线和频率关系图。图 10.18(a)是入射角从 0° 增加到 30° 的吸收曲线，可以看出，在 11.92～

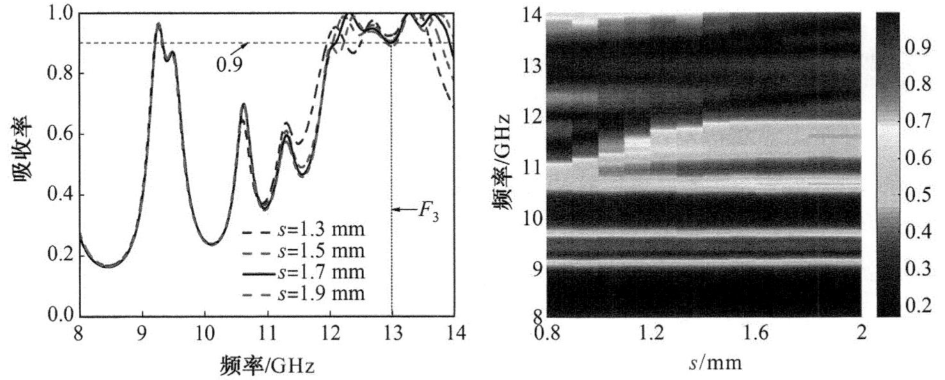

(a) s为1.3 mm、1.5 mm、1.7 mm、1.9 mm的吸收曲线　(b) A与s的关系图

图 10.17　参数 s 为不同数值的吸收曲线

13.89 GHz吸收频带范围内，该吸波体的 A 值(高于 80%)在相对较大的入射角内保持稳定(0°～20°)。当入射角 $\varphi=30°$时，A 值高于 80%的吸收频带为 12.58～13.89 GHz(11.92～13.89 GHz 频带范围内)。图 10.18(b)是 A 与 φ 的关系图(0°～80°)。可以看出，随着入射角逐渐增大，该吸波体的吸收带宽逐渐减小，当入射角增大到 60°时，该吸波体在 12.91～13.93 GHz 频带范围内，A 值达到 76%。因此，可以得出该吸波体对入射电磁波的角度不敏感的结论。

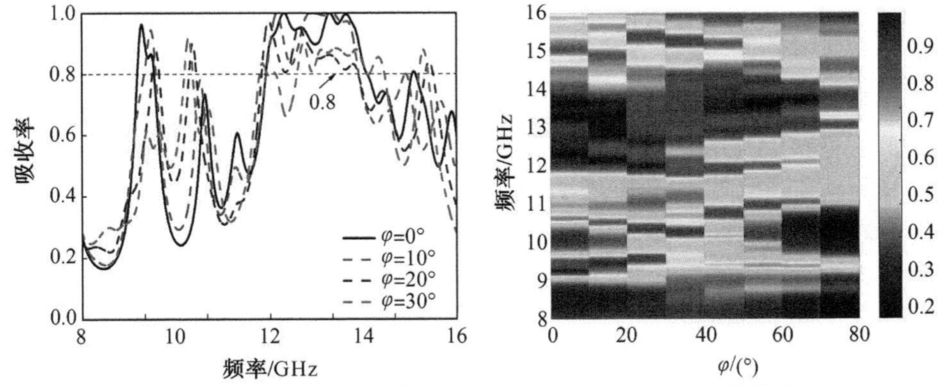

(a) φ=0°, 10°, 20°, 30°的吸收曲线　(b) A与φ的关系图

图 10.18　入射角 φ 变化的吸收曲线和频率关系图

10.4　一种波束扫描固态等离子体超表面的设计

随着科技的进步，人们对电磁波传播方式的操控有着越来越强烈的需求，以超表面(metasurface)技术为代表的对相位调控的方式成为学界一个新的研究热

点。超表面最大的特点是通过控制入射电磁波在空间中每个位置的相位大小，来实现对电磁波传播模式和传播方向的调控，其中最具有代表性的就是平面反射阵列天线。传统的平面反射阵列天线不能实现动态的空间波束扫描，而由固态等离子体构成的反射阵列天线就具有较好的实时调控特性，能够实现动态的波束扫描。另外，传统的相位补偿技术要求相位特性曲线线性度好，而且要覆盖0°～360°。这就给设计反射阵列天线（超表面）工作带来了困难。本节介绍一种新的相位补偿方法和设计思路，以实现一种空间波束扫描超表面的设计。

10.4.1 理论模型

如图10.19给出了固态等离子体超表面的两种阵列单元结构示意图，图10.19(a)是单元结构A的示意图，图10.19(b)是单元结构B的示意图。坐标轴的设定如图10.19所示，单元结构A和B均由3层组成，分别为固态等离子体层（最上层部分）、介质基板（中间层部分）和铜质背板（最底层部分）。单元结构A的介质基板厚度为3 mm，单元结构B的介质基板厚度为1.6 mm。单元结构A和单元结构B的大小相等，都是边长为L的正方形，且$L=12$ mm。构成单元结构A和B介质基板的材料均为Rogers5880，介电常数为2.2，损耗角正切值为9×10^{-4}。上层固态等离子体的介电常数可用Drude模型来描述，等离子体参数如10.3节所述。显然，可以人为地改变激励固态等离子体的区域来实现对单元结构A和单元结构B反射相位的调控。

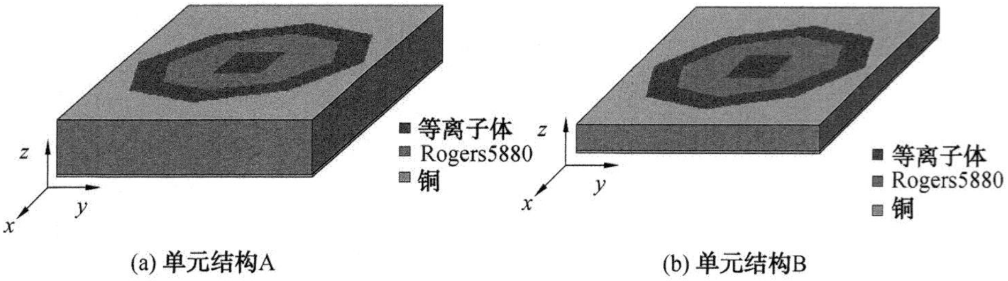

图10.19 固态等离子体超表面的两种阵列单元结构示意图

图10.20是等离子体超表面的单元结构示意图。图10.20中最上层的部分为固态等离子体，其中央是边长为a的正方形。正方形的外面有一个八边形环带，八边形环带外边缘距离中心的距离为R_2，内边缘距离中心的距离为R_1，其值分别为$0.7\sqrt{2}a$和$0.55\sqrt{2}a$，介质基板的厚度为h。设计的超表面由30×30即900个阵列单元组成。馈源喇叭的工作频段为X波段，位于超表面中心的正上方距反射阵列表面360 mm处，倾斜角为10°。

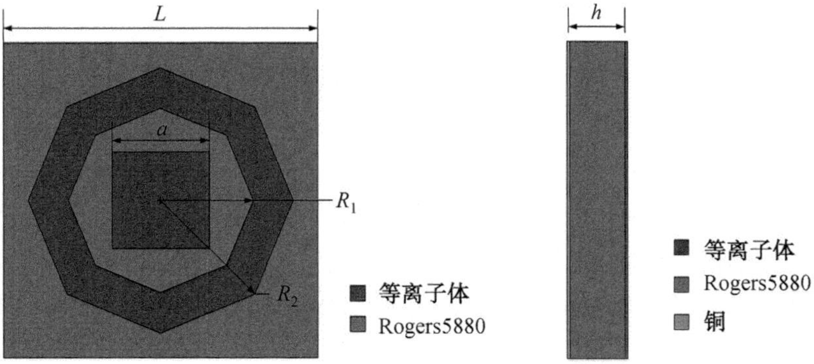

图 10.20　等离子体超表面的单元结构示意图

10.4.2　结果分析与讨论

图 10.21 给出了单元结构 A 和单元结构 B 在入射电磁波为 10.3 GHz 改变参变量 a 时的反射相位曲线。由图 10.21(a)可知，当 h=3 mm 时，改变参变量 a 能够得到一条相位特性曲线。当 a 由 1 mm 增加到 6 mm 时，得到的相位特性曲线能够覆盖 0°～340°，相位补偿范围是－250°～90°。由图 10.21(b)可知，当 h=1.6 mm 时，a 由 1 mm 增加到 6 mm 时得到的相位特性曲线能够覆盖 0°～350°，相位补偿范围是－217°～－567°。显然，单元结构 A 和单元结构 B 的相位特性曲线均没有完全覆盖 0°～360°，且线性度均较差。这两条相位特性曲线很难满足超表面的设计要求。但是，可以采用相位特性曲线拼接的技术来实现对超表面的设计，即将两条相位特性曲线分段取值，使得拼接后的相位特性曲线能够完全覆盖 0°～360°的补偿范围。并采取数值插值技术来建立超表面单元参变量 a 与相位补偿角之间的映射，从而解决相位特性曲线线性度差的难题。

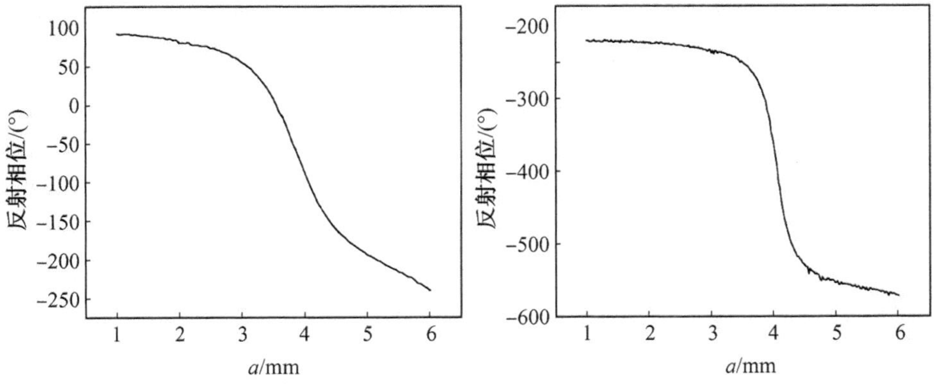

(a) 单元结构A　　(b) 单元结构B

图 10.21　超表面不同单元结构时的反射相位曲线

根据上述原理设计了一款基于固态等离子体的超表面，其主波束方向与 z 轴的夹角为 15°，即反射波束在 15°时汇聚。图 10.22 给出了采用插值技术得到的相位补偿曲线与单元结构 A 和 B 相位曲线的关系。由图 10.22 可知，用单元结构 A 的相位特性曲线补偿－240°～0°的范围，而用单元结构 B 的相位特性曲线补偿－360°～－240°。显然，采用这样的相位曲线拼接技术就能很好地实现超表面的设计，同时也降低了超表面单元结构的难度。由图10.22(a)可知，黑色空心圆"C"表示使用插值计算方法后得出的反射相位和 a 的关系图，而实线部分则是用全波仿真计算得出的结构单元 A 的相位特性曲线。比较两个结果可知，插值技术得到的相位特性曲线与全波仿真得到的相位特性曲线吻合度较高。类似的结果也能从图 10.22(b)中得到，黑实线为单元结构 B 的相位特性曲线。

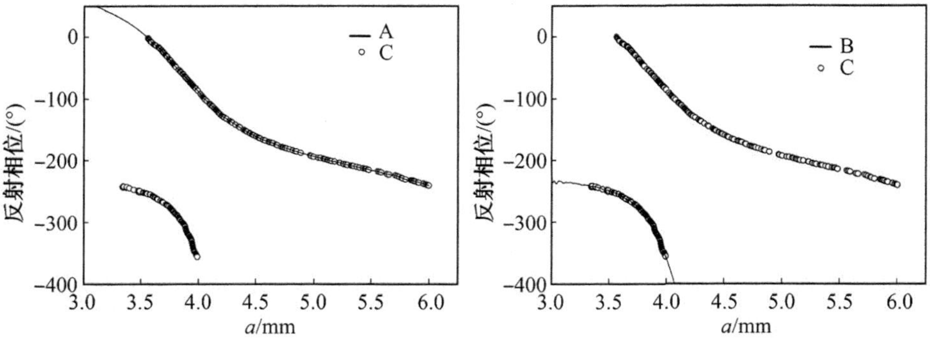

(a) h=3 mm　　(b) h=1.6 mm

图 10.22　采用插值技术得到的相位补偿曲线与单元结构 A 和 B 相位曲线的关系

为使设计的超表面能够实现空间波束扫描，需要由下面的计算公式计算出特定设计主波束方向下，每个超表面单元需要的相位补偿的大小，即

$$\boldsymbol{\Phi}_l=\boldsymbol{K}_0[\boldsymbol{d}_l-\sin\theta_0(\boldsymbol{x}_l\cos\varphi_0+\boldsymbol{y}_l\sin\varphi_0)] \tag{10.4}$$

式中各个参数的定义详见参考文献[324]。根据式(10.4)，本书设计了一款能够工作在 10.3 GHz 下实现反射的主波束方向分别指向 15°、25°和 30°的超表面。图 10.23 给出了主波束方向分别指向 15°、20°和 25°时 900 个超表面单元相位补偿角度与参变量 a 的关系图。由图 10.23(a)可知，在超表面的中心区域，a 具有较大的值。随着主波束指向角度的增加，如图 10.23(b)和图 10.23(c)所示，超表面中心区域 a 值的大小变化明显，但均关于 x 轴对称。根据不同的结构单元 A 和结构单元 B，以及通过插值技术得到映射值 a，就能够得到设计预期的超表面。由图 10.23 可知，可以人为地改变上层等离子体的激励区域来实现不同主波束方向下的参变量 a 的分布。

图 10.24 给出了 θ 为 15°、25°和 30°时反射波束的辐射方向图。由图 10.24 可知，采用相位特性曲线拼接和数值插值技术能够很好地实现反射型超表面的

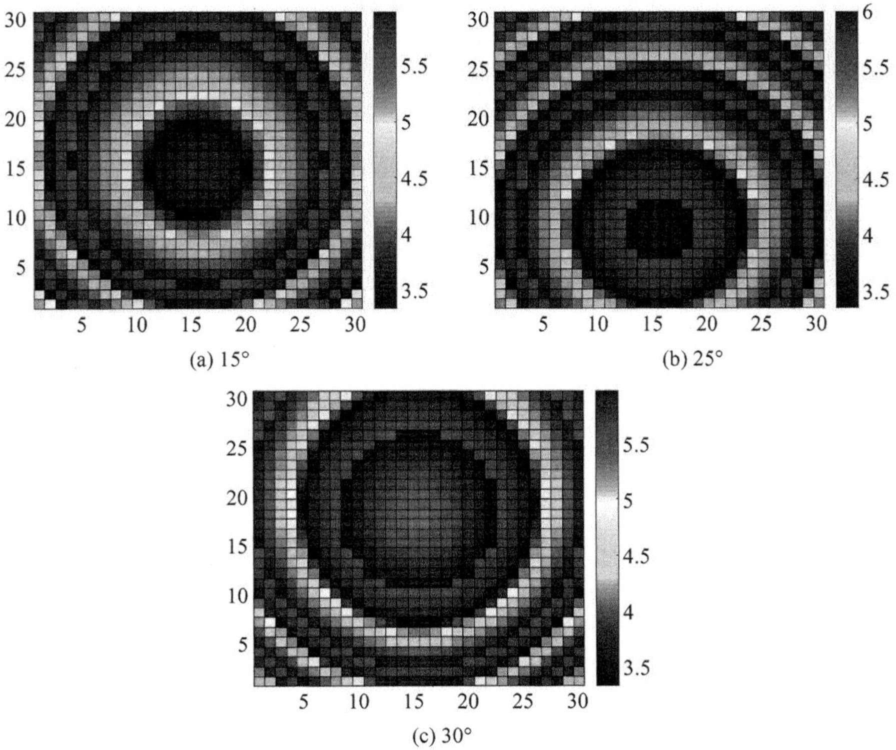

图 10.23　主波束方向分别指向 15°、20°和 25°时 900 个超表面单元相位补偿角度与参变量 α 的关系图

设计，其全波仿真的计算结果与设计预期相符合。由图 10.24 还可知，$\theta=15°$时，主波束和副瓣相差 20 dB 以上；θ 为 25°和 30°时，主波束和副瓣分别相差 19 dB 和 18 dB 以上。可以看出在设定的 θ 为 15°、25°和 30°这 3 个角度下反射电磁波的波束指向性比较好，能量比较集中。同理，采用类似的技术，分时动态地改变该超表面上每个结构单元的固态等离子体激励区域，就能够实现反射电磁波在空间中的动态扫描。

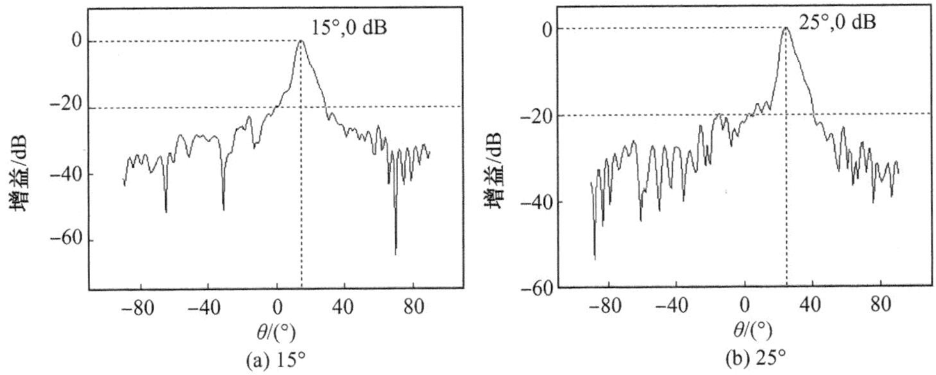

图 10.24　θ 为 15°、25°和 30°时反射波束的辐射方向图

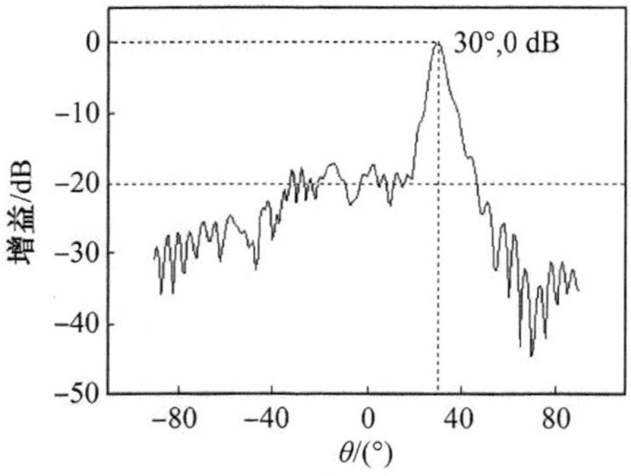

(c) 30°

续图 10.24

10.5 技术小结

等离子体超材料作为等离子体周期介质结构的另外一个分支,越来越被学术界重视,尤其是固态等离子体构成的等离子体超材料在设计微波器件上有先天的优势。本章主要介绍了等离子体超材料在吸波器和超表面方面的应用,内容涵盖以下 4 个方面。

(1)设计了一种新型可调谐宽带吸波器,能够得到可调谐的吸收频谱(极化不敏感),而且在实现吸波器宽带吸收时没有采取加载集总电阻或者多层结构的方法,仅通过 4 个三角环形的结构之间的相互耦合作用实现了吸波器的宽带吸收。研究结果表明:通过激励不同的等离子体谐振单元,不仅可以改善该吸波器的吸收特性,达到宽带吸收的效果,而且还能获得可调谐的吸收频谱。该吸波器的主要工作频域位于 12.17～14.19 GHz,其吸波机理主要是通过介质谐振和磁谐振的方式使得入射电磁波的能量在介质基板中得以损耗。当入射角 d 的值发生改变时,该吸波器的角度稳定性较好。改变参数 z 和 y 的大小均能够实现对吸收频谱的调谐。随着参数 z 值的逐渐增大,该吸波器的工作频域逐渐增大,且工作频域中的吸收峰发生了红移,各吸收峰的强度轻微波动。而减小参数 y 的值,该吸波器的工作频域将先基本不变,再减小到最小值,之后逐渐增大,其最小值为 13.77～14.26 GHz(y=2 mm)。显然,可以通过人为地调控等离子体谐振单元的激励区域得到可调谐的吸收频谱以及拓展吸波器的工作带宽。该研究也为新型宽带吸波器的设计提供了一种新的思路。

(2)利用等离子体超材料和集总电阻设计了一款电磁吸波体,能够实现在 TE 波下得到可调谐的吸收频谱,在 TM 波下获得高反射率,从而实现 TE 波和

TM 波的极化分离。利用全波仿真法对该吸波体的吸收频谱、反射频谱、表面电流图、表面电场图、能量损耗图进行了仿真计算,并研讨了结构参数 a、e 和电阻对吸收率的影响。研究结果表明,通过激励不同的等离子体谐振区域不仅可以改善该吸波体 TE 波的吸收特性,而且还能获得可调谐的吸收频谱。改变参数 a 和 e 可以展宽 TE 波的吸收频谱,并且在展宽吸收频谱的同时,在 TE 波的吸收频域内,TM 波具有很高的反射率,几乎可以被 100% 反射。该吸波体在 TE 波的吸收频带位于 1.668 7~4.173 3 GHz,其吸波机理是吸波体上下层间产生磁谐振,产生的感应电流通过加载到谐振单元上的集总电阻进行欧姆损耗。随着参数 a 值的增加,该吸波体 TE 波的吸收频域先变大后减小;而减小参数 e 的值,该吸波体 TE 波的吸收频带逐渐变大;随着电阻 R_1 的阻值逐渐增大,该吸波体 TE 波的吸收频域先变大后减小;而随着电阻 R_2 的阻值逐渐增大,该吸波体的吸收频带变化很小。因此,只要人为地改变等离子体谐振结构的激励区域,就可以得到可调谐的吸收频谱,并且可以展宽该吸波体的吸收频域。

(3)提出了一种带宽可展宽(11~14 GHz 频域内)的 PR 吸波体,其结构单元采用蜂窝型特有的六边形结构,对该吸波体的参量分析图进行了计算,探讨了变量 g 和 d 数值不同时对吸收性能的影响。计算可得:不同的 PR 被激励时,该吸波体的吸收性能改善,同时能实现吸波体在 TE 波的分时分频域吸收。PR 吸波体的吸收频带位于 9.17~9.50 GHz,该吸波体是通过介质谐振和磁谐振将入射的电磁波能量损耗于介质基板中。改变 g 和 d 的数值能够实现对吸收曲线的动态调控。该吸波体各频点的 A 值随着变量 g 的增大而逐渐增大,而在 9~10 GHz内的吸收频带逐渐减小。随着变量 d 的增大,该吸波体的吸收曲线发生明显的红移,在 9~10 GHz 的吸收频带内随着 d 的增大而先增大后减小。因此,可以通过人为地调控 PR 的激励区域,实现对吸收曲线的动态调控。为了展宽吸波体的吸收带宽,在原有结构的基础上蚀刻“十”字形结构,可以使得吸波体在 11~14 GHz频带内的吸收带宽明显展宽,解释了蚀刻“十”字形结构吸波体带宽展宽的成因,并进一步探讨了变量 s 和入射角度 φ 对吸收带宽和吸收频带的影响。计算可得:随着 s 的增大,该吸波体的吸收频带发生明显的蓝移,吸收带宽进一步展宽,而且该吸波体对入射电磁波的角度不敏感。

(4)设计了一款波束扫描固态等离子体超表面,采用相位曲线拼接和插值映射技术,使得设计反射型超表面变得简单。该方法具有普适性,能将线性度差、相位补偿曲线不能完全覆盖 0°~360°的任意单元结构拼接起来组成反射型的超表面,即对介质基板的厚度没有任何要求,降低了设计难度。通过调节固态等离子体激励区域来实现重构阵列单元,实现了空间的波束扫描。本章的研究结果不仅提出了一种设计反射型超表面的普适性设计方法,降低了单元结构的设计难度,还为设计新型调谐型微波器件提供了思路。

后　　记

经过漫长的一年多准备和撰写，本书终于要接近尾声，心里百感交集。

首先，感谢哈尔滨工业大学出版社给予我这个公开发表自己学术观点的机会。尤其是本书能够列入“十三五”国家重点图书出版规划项目·航天先进技术研究与应用系列，并入选2017年度国家出版基金资助项目·航天先进技术研究与应用系列，这对每个科研人员来说都是难得的机遇，既是对我们工作的肯定，也是我们无上的光荣。

其次，感谢我的工作单位——南京邮电大学，以及南京邮电大学电子与光学工程学院、微电子学院各级领导的关心和帮助。感谢人事处原处长周健教授，我在入职面试时提及本书的撰写计划，周健教授给予了积极评价和鼓励，坚定了我撰写本书的决心。徐欣副处长帮我解决了该书出版工作过程中遇到的各类生活和工作问题，使我能够有更多的精力投入本书的撰写中。感谢学院领导郭宇锋院长和毛建平书记，他们得知这一情况后，在教学和科研上均给予了我很多的帮助和照顾。还有原光电院院长韦玮教授、李培丽教授、胡芳仁教授均给予了巨大的帮助，尤其是同乡张祖兴教授，给予了设备和物质上的及时支持，从而使我们的书稿能够顺利完成。还有很多同事，如王广婷、万红丹、黄勇林、孙兵、徐恩明等，恕不能一一列出。在此，对这些在日常生活和工作中给予我帮助的人们，致以深深的谢意。

最后，还要感谢参与本书撰写和定稿过程中给予我帮助的人。感谢北京邮电大学的亓丽梅副教授，我从读博士阶段就与她相识，她深厚的学术背景和乐于助人的精神给我留下了深刻的印象。虽然我们彼此认识近十年，但却从未谋面，这也许就是所谓相望于“江湖”的朋友。她在本书撰写过程中提供了第一手的资料，并对本书的结构和框架给出了建设性的建议，在此表示深深的感谢！另一位相望于“江湖”的朋友是武汉理工大学的郭斌教授，同样相识近十年却从未谋面，他也同样为本书的撰写提供了足够的资料和建议，在此也表示深深的感谢！给予本书帮助的还有南京信息工程大学的王身云副教授、南京邮电大学通信学院的李海明老师、南京航空航天大学的孔祥鲲副教授、南京林业大学的张丹教授等，在此一并表示感谢！

这里，我还要列出本书的直接参与者和贡献者——我可爱的学生们。年轻的他们，有活力、有理想、有朝气，为本书的公式编辑、制图、计算和编程贡献了力量。虽然人数稍多，但我还是要一一列出他们的名字，这既是我对他们的承诺，也是对他们未来从事科研工作的一种激励。他们是：田星亮硕士、赵振华硕士、张浩、杨靖、刘佳轩、李文煜、马宇、刘婷、孔心茹、道日娜、曾立、黄通、刘国标。他们都是未来的接班人，这么年轻就能够担负起科研重任，我为这帮可爱的孩子感到骄傲。将他们培养成超越我的人才是我的重要使命，也是我主要的任务，我将为此竭尽所能。

对于本书的意义，我们自己不好做评价，也较为担心这点。我将我们掌握的技术和理论展现出来，或许对某些同行有帮助，不敢说自己在为国家科技进步贡献力量，但是我们也完成了一个科学小分支的系统性研究。人的精力和时间是有限的，不跟风研究，做有价值的事，对于年近四十的我而言，能做到极致固然好，不能也要倾尽全力，这也是本书得以出版的最大原因。

本书在出版过程中也遇到了很多困难，比如研究经费短缺、人员短缺、计算和实验资源匮乏等。现状如此，如何在此条件下开展工作，无时无刻不在挑战着我们的神经。由于固执地选择这个选题，因此未知障碍还有很多，但这并没有影响我们坚持工作，更为欣慰的是现在已经有了一群朝气蓬勃的青年，他们不嫌弃条件差，毅然加入了这个“落后”课题小组的研究工作。守得云开见月明，现在一些开放基金已经开始青睐我们的选题，为我们开展后续工作提供了部分研究经费。

就周期性等离子体介质结构的电磁特性来说，还有很多有价值的问题需要研究，下面简单列出几点。

(1)能否建立统一的数学模型，将等离子体光子晶体和等离子体超材料统一起来，将它们的电学参量如介电常数和磁导率用统一的关于空间和频率的数学函数式来描述，建立更为复杂而且贴近实际的多物理量方程。

(2)周期性等离子体介质结构在计算方法上能否有所改善，如 PWE 方法中多网格技术、FDTD 的无条件稳定和加速技术等，尽量地节约计算资源。目前我们在没有足够计算力条件下，有时需要等待一个月才能获得结果。能不能建立拥有自己的自主知识产权的相应计算与仿真软件，摆脱对国外仿真软件的过度依赖。能否将计算技术精细到代码层。

(3)能否针对等离子体中的非线性和非互易问题进行研究，实现高次谐波的产生和非互易器件的设计，并用数学方程进行精准描述。

(4)能否用周期性等离子体介质结构来实现集成“光”路的设计，能否与量子理论相结合来实现相应的计算。

(5)在加工和器件设计上能否做到简单化、低成本，最为关键的是能否做到精准等离子体参变量的设定，而且能够工作稳定。

(6)研究在磁偏角任意、等离子体非线性及引入新型特异性材料(如非线性、电色散、磁色散介质)等情况下周期性等离子体介质结构的新特性,开发和设计新型的微波器件。

类似这样的问题还有很多,要解决这些棘手且令人挠头的问题既需要时间,也需要一些外部条件。我们正在根据现有的实际情况,按部就班地推进我们的研究工作。虽然困难重重,也曾想放弃,但有前面提及的那么多同事、同行和领导的关心与帮助,有一批批有志青年的加入,我坚信我们会逐步解决这些问题。我也希望本书能够抛砖引玉,引起其他同行的关注,加入我们,一起解决这些棘手的问题。

作为结尾,还是要感谢南京邮电大学电子与光学工程学院、微电子学院的各位同仁,没有你们的帮助,也就没有本书的成形;感谢“十三五”国家重点图书出版规划项目的认同和国家出版基金的资助;感谢南京邮电大学高层次人才资助项目、南京航空航天大学教育重点实验室项目和东南大学国家毫米波重点实验室开放课题(No. K201927)等给予的部分支持。

参考文献

[1] YABLONOVITCH E. Inhibited spontaneous emission in solid-state physics and electronics[J]. Physical Review Letters, 1987, 58(20): 2059-2062.

[2] JOHN S. Strong localization of photons in certain disordered dielectric superlattices[J]. Physical Review Letters, 1987, 58(23): 2486-2489.

[3] JOANNOPOULOS J D, VILLENEUVE P R, FAN S. Photonic crystals: putting a new twist on light[J]. Nature,1997, 386 (6621):143-149.

[4] LEUNG K M, LIU Y F. Full vector wave calculation of photonic band structures in face-centered-cubic dielectric media[J]. Physical Review Letters,1990, 65(21): 2646-2649.

[5] YABLONOVITCH E, GMITTER T G, MEADE R D, et al. Donor and acceptor modes in photonic band structure[J]. Physical Review Letters, 1991, 67(24): 3380-3383.

[6] ZHANG H F, LIU S B, KONG X K, et al. Omnidirectional photonic band gaps enlarged by fibonacci quasi-periodic one-dimensional ternary superconductor photonic crystals[J]. Physics of Plasmas, 2012, 19(11): 112102.

[7] AKAHANE Y, ASANO T, SONG B S, et al. High-Q photonic nanocavity in a two-dimensional photonic crystal[J]. Nature, 2003, 425(6961): 944-947.

[8] PAINTER O, LEE R K, SCHERER A, et al. Two-dimensional photonic band-gap defect mode laser[J]. Science, 1999, 284 (5421): 1819-1821.

[9] YANIK M F, FAN S, SOLJACIC M. High-contrast all-optical bistable switching in photonic crystal microcavities[J]. Applied Physics Letters, 2003, 83(14): 2739.

[10] JOHN S, FLORESCU M. Photonic bandgap materials: towards an all-optical micro-transistor[J]. Journal of Optics A: Pure and Applied Optics, 2001, 3(6): S103.

[11] RAYLEIGH L. On the maintenance of vibrations by forces of double frequency,and on the propagation of waves through a medium endowed with a periodic structure[J]. Philosophical Magazine, 1887,24(147): 145-159.

[12] BYKOV V P. Spontaneous emission in a periodic structure[J]. Soviet Journal of Experimental and Theoretical Physics, 1972,35: 269.

[13] HO K M, CHAN C T, SOUKOULIS C M. Existence of a photonic gap in periodic dielectric structures[J]. Physical Review Letters, 1990, 65 (25):3152-3155.

[14] SOZUER H S, HAUS J W, INGUVA R. Photonic bands:convergence problems with the plane-wave method[J]. Physical Review B, 1992 ,45 (24): 13962-13972.

[15] WIJNHOVEN J E G J, WILLEM L V. Preparation of photonic crystals made of air spheres in Titania[J]. Science, 1998, 281(5378):802-804.

[16] BLANCO A, CHOMSKI E, GRABTCHAK S, et al. Large-scale synthesis of a silicon photonic crystal with a complete three-dimensional bandgap near 1.5 micrometres[J]. Nature, 2000,405(6785): 437-440.

[17] LEPESHKIN N N, SCHWEINBERG A, PIREDDA G, et al. Enhanced nonlinear optical response of one-dimensional metal-dielectric photonic crystals[J]. Physical Review Letters, 2004, 93(12): 123902.

[18] ZHANG H F, MA L, LIU S B. Study of periodic band gap structure of the magnetized plasma photonic crystals[J]. Optoelectronics Letters, 2009, 5(2): 112-116.

[19] FENG L, LIU X P, REN J, et al. Tunable negative refractions in two-dimensional photonic crystals with superconductor constituents[J]. Journal of Applied Physics, 2005, 97(7): 073104.

[20] EUSER T G, VOS W L. Spatial homogeneity of optically switched semiconductor photonic crystals and of bulk semiconductors[J]. Journal of Applied Physics, 2005, 97(4): 043102

[21] 李勃,周济,李龙土,等. 鲍鱼壳中的一维光子带隙结构[J]. 科学通报,2005 (13):1422-1424.

[22] 欧阳征标,李景镇. 光子晶体的研究进展[J]. 激光杂志,2000,21(2):4-6.

[23] 苏萍,许振丰,顾华荣,等. 光子晶体发光二极管[J]. 光学技术,2007,33 (4):505-509.

[24] 王媛媛,何晓东,胡贵军,等. 一维光子晶体微谐振腔的调谐特性与品质因子[J]. 光子学报,2009,38(2):285-288.

[25] 殷建玲,黄旭光,刘颂豪. 光子晶体波导可调光衰减器[J]. 中国激光,2007(5):671-674.

[26] 杜晓宇,郑婉华,张冶金,等. 慢光在光子晶体弯折波导中的高透射传播

[J]. 物理学报，2008(11)：7005-7011.

[27] 方云团，辛立民. 基于各向异性介质一维光子晶体缺陷模的偏振分束器[J]. 人工晶体学报，2009，38(5)：1199-1201.

[28] 朱志宏，叶卫民，袁晓东，等. 光子晶体波导定向耦合器[J]. 光学学报，2003(10)：1237-1240.

[29] 李熙斌，柴路，张玉颖，等. 光子晶体光纤中四波混频光谱增益特性的研究[J]. 光电子—激光，2009，20(2)：260-263.

[30] 冯莉，梁斌明，李卓，等. 入射光频率变化对负折射现象的影响[J]. 激光与光电子学进展，2008 (3)：61-65.

[31] LUO C，IBANESCU M，JOHNSON S G，et al. Cerenkov radiation in photonic crystals[J]. Science，2003，299(5605)：368-371.

[32] 陈小军，吴立军，胡巍，等. 非线性光子晶体中光敏超棱镜现象的研究[J]. 物理学报，2009,58 (2)：1025-1030.

[33] 孙运涛. 光子晶体的负折射效应[J]. 激光与光电子学进展，2007 (1)：51-56.

[34] 周兴平，疏静，卢斌杰，等. 基于三角晶格光子晶体谐振腔的双通道解波分复用器[J]. 光学学报，2013,33 (1)：211-215.

[35] 刘启能. 一种新型优质光子晶体偏振滤波器的设计[J]. 压电与声光，2010，32(4)：642-645.

[36] PENDRY J B，HOLDEN A J，STEWART W J，et al. Extremely low frequency plasmons in metallic mesostructures[J]. Physical Review Letters，1996，76(25)：4773-4776.

[37] SHELBY R A，SMITH D R，SCHULTZ S. Experimental verification of a negative index of refraction[J]. Science，2001，292(5514)：77-79.

[38] VESELAGO V G. The electrodynamics of substances with simultaneously negative values of ε and μ[J]. Soviet Physics Uspekhi，1968，10(4)：509-514.

[39] LIN S Y，HIETALA V M，WANG L，et al. Highly dispersive photonic band-gap prism[J]. Optics Letters，1996，21(21)：1771-1773.

[40] KNIGHT J C，BIRKS T A，RUSSELL P S，et al. All-silica single-mode optical fiber with photonic crystal cladding[J]. Optics Letter，1996，21(19)：1547-1549.

[41] KNIGHT J C，BROENG J，BIRKS T A，et al. Photonic band gap guidance in optical fibers[J]. Science，1998，282(5393)：1476-1478.

[42] HARRIS S E. Eletromagnetically induced transparency[J]. Physics Today，1997，50(7)：36-42.

[43] HAU L V, HARRIS S E, DUTTON Z, et al. Light speed reduction to 17 metres per second in an ultracold atomic gas[J]. Nature, 1999, 397 (6720): 594-598.
[44] BIGELOW M S, LEPESHKIN N N, BOYD R W. Observation of ultra-slow light propagation in a ruby crystal at room temperature[J]. Physical Review Letters, 2003, 90(11): 113903.
[45] 邱巍，掌蕴东，叶建波，等. 室温条件下掺铒光纤中光脉冲群速可控特性的研究[J]. 物理学报，2007(12)：7009-7014.
[46] 董永康. 光纤中基于受激布里渊散射的慢光传输研究[D]. 哈尔滨：哈尔滨工业大学，2008.
[47] SONG K Y, HERRAEZ M G, THEVENAZ L. Observation of pulse delaying and advancement in optical fibers using stimulated Brillouin scattering[J]. Optics Express, 2005, 13(1): 82-88.
[48] ZHU Z M, DAWES A M C, GAUTHIER D J, et al. Broadband SBS slow light in an optical fiber[J]. Journal of Lightwave Technology, 2007, 25(1 Pt 2): 201-206.
[49] TOTSUKA K, TOMITA M. Dynamics of fast and slow pulse propagation through a microsphere-optical-fiber system[J]. Physical Review E, 2007, 75(1): 016610.
[50] SCALORA M, FLYNN R J, REINHARDT S B, et al. Ultrashort pulse propagation at the photonic band edge: Large tunable group delay with minimal distortion and loss[J]. Physical Review E, 1996, 54(2): 1078-1081.
[51] MORI D, BABA T. Dispersion-controlled optical group delay device by chirped photonic crystal waveguides[J]. Applied Physics Letters, 2004, 85(7): 1101-1103.
[52] PETROV A Y, EICH M. Zero dispersion at small group velocities in photonic crystal waveguides[J]. Applied Physics Letters, 2004, 85(21): 4866-4868.
[53] FRANDSEN L H, LAVRINENKO A V, FAGE-PEDERSEN J, et al. Photonic crystal waveguides with semi-slow light and tailored dispersion properties[J]. Optics Express, 2006, 14(20): 9444-9450.
[54] 武隽，李艳萍，杨川川，等. 基于光子晶体的楔形槽波导的慢光效应分析[J]. 科学通报，2009,54 (20)：3074-3078.
[55] YABLONOVITCH E, GMITTER T J, LEUNG K M. Photonic band

structure: The face-centered-cubic case employing nonspherical atoms[J]. Physical Review Letters, 1991, 67(17): 2295-2298.

[56] YABLONOVITCH E, GMITTER T J. Photonic band structure: the face-centered-cubic case[J]. Physical Review Letters, 1989, 63(18): 1950-1953.

[57] DIVLIANSKY I B, SHISHIDO A, KHOO I C, et al. Fabrication of two-dimensional photonic crystals using interference lithography and electro-deposition of CdSe[J]. Applied Physics Letters, 2001, 79(21): 3392-3394.

[58] PANOIU N C, OSGOOD R M, ZHANG S , et al. Zero-$\bar{n}$ bandgap in photonic crystal superlattices[J]. Journal of the Optical American B, 2006, 23(3): 506-513.

[59] 刘少斌,刘崧,洪伟. 色散介质时域有限差分方法[M]. 北京:科学出版社, 2010.

[60] BORN M , WOLF E, Principle of Optics[M]. Oxford,U. K: Pergamon, 1980.

[61] SAKAI O, TACHIBANA K. Plasmas as metamaterials: a review[J]. Plasma Sources Science and Technology, 2012, 21(1): 013001.

[62] HOJO H, MASE A. Dispersion relation of electromagnetic waves in one-dimensional plasma photonic crystals[J]. Journal of Plasma and Fusion Research, 2004, 80(2): 89-90.

[63] 李伟, 张海涛, 巩马理, 等. 等离子体光子晶体[J]. 光学技术, 2004, 30(3): 263-266.

[64] 刘少斌, 朱传喜, 袁乃昌. 等离子体光子晶体的 FDTD 分析[J]. 物理学报, 2005 (6): 2804-2808.

[65] SHIVESHWARI L, MAHTO P. Photonic band gap effect in one-dimensional plasma dielectric photonic crystals[J]. Solid State Communications, 2005, 138(3): 160-164.

[66] 刘少斌, 顾长青, 周建江, 等. 磁化等离子体光子晶体的 FDTD 分析[J]. 物理学报, 2006 (3): 1283-1288.

[67] 刘建全. 等离子体光子晶体的理论研究[D]. 长沙: 国防科学技术大学, 2005.

[68] 章海锋. 用时域有限差分方法(FDTD)研究等离子体光子晶体的特性[D]. 南昌: 南昌大学, 2008.

[69] 马力，章海锋，刘少斌. 非磁化等离子体光子晶体缺陷态的研究[J]. 物理学报，2008(8)：5089-5094.

[70] 章海锋，马力，刘少斌. 磁化等离子体光子晶体缺陷态的研究[J]. 物理学报，2009，58(2)：1071-1076.

[71] 章海锋，马力，刘少斌. 非磁化等离子体光子晶体的禁带周期特性研究[J]. 光子学报，2008(8)：1566-1570.

[72] 章海锋，马力，刘少斌. 时变磁化等离子体光子晶体的禁带特性[J]. 发光学报，2009，30(2)：142-146.

[73] 章海锋，马力，刘少斌. 温度、密度对非磁化等离子体光子晶体禁带特性的影响[J]. 南昌大学学报(理科版)，2007(6)：540-544.

[74] 肖晴. 等离子体光子晶体的禁带特性研究[D]. 南昌：南昌大学，2009.

[75] 孔祥鲲. 一维等离子体及其光子晶体电磁特性的研究[D]. 南京：南京农业大学，2009.

[76] 林明东. 等离子体光子晶体的数值研究[D]. 长沙：国防科学技术大学，2007.

[77] SAKAI O，SAKAGUCHI T，TACHIBANA K. Photonic bands in two-dimensional microplasma arrays. I. Theoretical derivation of band structures of electromagnetic waves[J]. Journal of Applied Physics，2007，101(7)：073304.

[78] SAKAI O，TACHIBANA K. Properties of electromagnetic wave propagation emerging in 2-D periodic plasma structures[J]. IEEE Transactions on Plasma Science，2007，35(5)：1267-1273.

[79] GUO B. Photonic band gap structures of obliquely incident electromagnetic wave propagation in a one-dimension absorptive plasma photonic crystal [J]. Physics of Plasmas，2009，16(4)：043508.

[80] GUO B. Transfer matrix for obliquely incident electromagnetic waves propagating in one dimension plasma photonic crystals[J]. Plasma Science and Technology，2009，11(1)：18-22.

[81] QI L，YANG Z，LAN F，et al. Properties of obliquely incident electromagnetic wave in one-dimensional magnetized plasma photonic crystals [J]. Physics of Plasmas，2010，17(4)：042501.

[82] 亓丽梅，杨梓强，兰峰，等. 二维色散和各向异性磁化等离子体光子晶体色散特性研究[J]. 物理学报，2010，59 (1)：351-359.

[83] QI L M，YANG Z Q，LAN F，et al. Dispersion characteristics of two-dimensional unmagnetized dielectric plasma photonic crystal[J]. Chinese

Physics B, 2010, 19(3): 357-362.

[84] QI L M, YANG Z Q. Modified plane wave method analysis of dielectric plasma photonic crystal[J]. Progress in Electromagnetics Research, 2009, 91: 319-332.

[85] QI L, ZHANG X. Band gap characteristics of plasma with periodically varying external magnetic field[J]. Solid State Communications, 2011, 151(23): 1838-1841.

[86] SHIVESHWARI L. Zero permittivity band characteristics in one-dimensional plasma dielectric photonic crystal[J]. Optik-International Journal for Light and Electron Optics, 2010, 122(17): 1523-1526.

[87] PRASAD S, SINGH V, SINGH A K. Modal propagation characteristics of EM waves in ternary one-dimensional plasma photonic crystals[J]. Optik-International Journal for Light and Electron Optics, 2009, 121(16): 1520-1528.

[88] PRASAD S, SINGH V, SINGH A K. A comparative study of dispersion relation of EM waves in ternary one-dimensional plasma photonic crystals having two different structures[J]. Optik-International Journal for Light and Electron Optics, 2010, 122(14): 1279-1283.

[89] LI C Z, LIU S B, KONG X K, et al. A novel comb-like plasma photonic crystal filter in the presence of evanescent wave[J]. IEEE Transactions on Plasma Science, 2011, 39(10): 1969-1973.

[90] QI L M, YANG Z Q, FU T. Defect modes in one-dimensional magnetized plasma photonic crystals with a dielectric defect layer[J]. Physics of Plasmas, 2012, 19(1): 012509.

[91] KONG X K, LIU S B, ZHANG H F, et al. A novel tunable filter featuring defect mode of the TE wave from one-dimensional photonic crystals doped by magnetized plasma[J]. Physics of Plasmas, 2010, 17(10): 103506.

[92] KONG X K, LIU S B, ZHANG H F, et al. Omnidirectional photonic band gap of one-dimensional ternary plasma photonic crystals[J]. Journal of Optics, 2011, 13(3): 035101.

[93] PANDEY G N, OJHA S P. Band structure, group velocity, effective group index and effective phase index of one dimensional plasma photonic crystal[J]. Optik-International Journal for Light and Electron Optics, 2013, 124(18): 3514-3519.

[94] HAMIDI S M. Optical and magneto-optical properties of one-dimensional magnetized coupled resonator plasma photonic crystals[J]. Physics of Plasmas, 2012, 19(1): 012503.

[95] ZHANG H F, LIU S B, KONG X K. Photonic band gaps in one-dimensional magnetized plasma photonic crystals with arbitrary magnetic declination[J]. Physics of Plasmas, 2012, 19(12): 122103.

[96] MEHDIAN H, MOHAMMADZAHERY Z, HASANBEIGI A. Analysis of plasma-magnetic photonic crystal with a tunable band gap[J]. Physics of Plasmas, 2013, 20(4): 043505.

[97] FU T, YANG Z, TANG X, et al. Defect mode properties of two-dimensional plasma-filled defective metallic photonic crystal[J]. Physics of Plasmas, 2014, 21(1): 013106.

[98] FU T, YANG Z, SHI Z, et al. Dispersion properties of a 2D magnetized plasma metallic photonic crystal[J]. Physics of Plasmas, 2013, 20(2): 023109.

[99] KONG X K, LIU S B, ZHANG H F, et al. Tunable bistability in photonic multilayers doped by unmagnetized plasma and coupled nonlinear defects[J]. IEEE Journal of Selected Topics in Quantum Electronics, 2013, 19(1): 8401407.

[100] MEHDIAN H, MOHAMMADZAHERY Z, HASANBEIGI A. The effect of magnetic field on bistability in 1D photonic crystal doped by magnetized plasma and coupled nonlinear defects[J]. Physics of Plasmas, 2013, 21(1): 012101.

[101] ARDAKANI A G. Nonreciprocal electromagnetic wave propagation in one-dimensional ternary magnetized plasma photonic crystals[J]. Journal of the Optical Society of America B, 2014, 31(2): 332-339.

[102] KONG X K, LIU S B, ZHANG H F, et al. A broadband omnidirectional absorber based on a hetero-structure composed of a collision plasma and a ternary plasma Bragg mirror[J]. Journal of Electromagnetic Waves and Applications, 2013, 27(8): 945-952.

[103] SAKAI O, SAKAGUCHI T, TACHIBANA K. Verification of a plasma photonic crystal for microwaves of millimeter wavelength range using two-dimensional array of columnar microplasmas[J]. Applied Physics Letters, 2005, 87(24): 241505.

[104] SAKAI O, SAKAGUCHI T, ITO Y, et al. Interaction and control of

millimetre-waves with microplasma arrays[J]. Plasma Physics and Controlled Fusion, 2005, 47(12B): 617-627.

[105] SAKAI O, KISHIMOTO Y, TACHIBANA K. Integrated coaxial-hollow micro dielectric-barrier-discharges for a large-area plasma source operating at around atmospheric pressure[J]. Journal of Physics D: Applied Physics, 2005, 38(3): 431-441.

[106] SAKAGUCHI T, SAKAI O, TACHIBANA K. Photonic bands in two-dimensional microplasma arrays. II. Band gaps observed in millimeter and subterahertz ranges[J]. Journal of Applied Physics, 2007, 101(7): 073305.

[107] FAN W, ZHANG X, DONG L. Two-dimensional plasma photonic crystals in dielectric barrier discharge[J]. Physics of Plasmas, 2010, 17(11): 113501.

[108] DONG L, XIAO H, FAN W, et al. A plasma photonic crystal with tunable lattice constant[J]. IEEE Transactions on Plasma Science, 2010, 38(9): 2486-2490.

[109] FAN W, DONG L. Tunable one-dimensional plasma photonic crystals in dielectric barrier discharge[J]. Physics of Plasmas, 2010, 17(7): 073506.

[110] MITU M L, TOADER D, BANU N, et al. A 1-D dusty plasma photonic crystal[J]. Journal of Applied Physics, 2013, 114(11): 113305.

[111] NAITO T, SAKAI O, TACHIBANA K. Experimental verification of complex dispersion relation in lossy photonic crystals[J]. Applied Physics Express, 2008, 1(6): 066003.

[112] CAO Z, NIE Q, BAYLISS D L, et al. Spatially extended atmospheric plasma arrays[J]. Plasma Sources Science and Technology, 2010, 19(2): 025003.

[113] LO J, SOKOLOFF J, CALLEGARI T, et al. Reconfigurable electromagnetic band gap device using plasma as a localized tunable defect[J]. Applied Physics Letters, 2010, 96(25): 251501.

[114] VARAULT S, GABARD B, SOKOLOFF J, et al. Plasma-based localized defect for switchable coupling applications[J]. Applied Physics Letters, 2011, 98(13): 134103.

[115] ZHANG W, CHAN C T, SHENG P. Multiple scattering theory and its application to photonic band gap systems consisting of coated spheres

[J]. Optics Express, 2001, 8(3): 203-208.
[116] AXMANN W, KUCHMENT P. An efficient finite element method for computing spectra of photonic and acoustic band-gap materials: I. Scalar case[J]. Journal of Computational Physics, 1999, 150(2): 468-481.
[117] LI F L, WANG Y S, ZHANG C Z. Boundary element method for bandgap computation of photonic crystals[J]. Optics Communications, 2011, 285(5): 527-532.
[118] ASATRYAN A A, BUSCH K, MCPHEDRAN R C, et al. Two-dimensional Green's function and local density of states in photonic crystals consisting of a finite number of cylinders of infinite length[J]. Physical Review E, 2001, 63(4): 046612.
[119] JIANG B, ZHOU W J, LIU A J, et al. Improved combined wave number eigenvalue equations method for band structure calculations of metal photonic crystal[J]. Optics Communications, 2012, 285(7): 1859-1863.
[120] YU C P, CHANG H C. Compact finite-difference frequency-domain method for the analysis of two-dimensional photonic crystals[J]. Optics Express, 2004, 12(7): 1397-1408.
[121] GUO S P, WU F, ALBIN S, et al. Photonic band gap analysis using finite-difference frequency-domain method[J]. Optics Express, 2004, 12(8): 1741-1746.
[122] CHECOURY X, LOURTIOZ J M. Wavelet method for computing band diagrams of 2D photonic crystals[J]. Optics Communications, 2006, 259(1): 360-365.
[123] YUAN J H, LU Y Y. Computing photonic band structures by Dirichlet-to-Neumann maps: The triangular lattice[J]. Optics Communications, 2007, 273(1): 114-120.
[124] HU Z, LU Y Y. Efficient analysis of photonic crystal devices by Dirichlet-to-Neumann maps[J]. Optics Express, 2008, 16(22): 17383-17399.
[125] LOU M, LIU Q H. Three-dimensional dispersive metallic photonic crystals with a bandgap and a high cutoff frequency[J]. Journal of the Optical Society of America A, 2010, 27(8): 1878-1884.
[126] LOU M, LIU Q H. Spectral element method for band structures of three-dimensional anisotropic photonic crystals[J]. Physical Review E,

2009, 80(5): 056702.

[127] LOU M, LIU Q H. Accurate determination of band structures of two-dimensional dispersive anisotropic photonic crystals by the spectral element method[J]. Optical Society of America. Journal A: Optics, Image Science, and Vision, 2009, 26(7): 1598-1605.

[128] CHIANG P J, YU C P, CHANG H C. Analysis of two-dimensional photonic crystals using a multidomain pseudospectral method[J]. Physical Review E, 2007, 75(2): 026703.

[129] LI Z Y, LIN L L. Photonic band structures solved by a plane-wave-based transfer-matrix method[J]. Physical Review E, 2003, 67(4): 046607.

[130] MARRONE M, RODRIGUZE-ESQUERRE V, HERNANDEZ-FIGUEROA H. Novel numerical method for the analysis of 2D photonic crystals: the cell method[J]. Optics Express, 2002, 10(22): 1299-1304.

[131] JOHNSON S, JOANNOPOULOS J. Block-iterative frequency-domain methods for Maxwell's equations in a planewave basis[J]. Optics Express, 2001, 8(3): 173-190.

[132] CHERN R L, CHANG C C, CHANG C C. Interfacial operator approach to computing band structures for photonic crystals of polar materials [J]. Physical Review B, 2006, 73(23): 235123.

[133] CHERN R L. Surface plasmon modes for periodic lattices of plasmonic hole waveguides[J]. Physical Review B, 2008, 77(4): 045409.

[134] CHERN R L, CHANG C C, CHANG C C. Surface and bulk modes for periodic structures of negative index materials[J]. Physical Review B, 2006, 74(15): 155101.

[135] CHERN R L. Large magnetic resonance band gaps for split ring structures with high internal fractions[J]. Optics Express, 2008, 16(25): 20186-20192.

[136] 王辉，李永平. 用特征矩阵法计算光子晶体的带隙结构[J]. 物理学报，2001, 50(11): 2172-2179.

[137] RAHIMI H. Study of self-similar fractal structures composed of lossy single-negative materials with multiple defect layers[J]. Optical and Quantum Electronics, 2013, 46(5): 649-658.

[138] LI J J, LI Z Y, ZHANG D Z. Second harmonic generation in one-dimensional nonlinear photonic crystals solved by the transfer matrix method

[J]. Physical Review E, 2007, 75(5): 056606.
[139] YEE K S. Numerical solution of initial boundary value problems involving Maxwell's equations in isotropic media[J]. IEEE Transactions on Antennas and Propagation, 1966, 14(3): 302-307.
[140] MUR G. Absorbing boundary conditions for the finite-difference approximation of the time-domain electromagnetic-field equations[J]. IEEE Transactions on Electromagnetic Compatibility, 1981 (4): 377-382.
[141] BERENGER J P. A perfectly matched layer for the absorption of electromagnetic waves[J]. Journal of Computational Physics, 1994, 114(2): 185-200.
[142] KUZMIAK V, MARADUDIN A A. Distribution of electromagnetic field and group velocities in two-dimensional periodic systems with dissipative metallic components[J]. Physical Review B, 1998, 58(11): 7230-7251.
[143] KUZMIAK V, MARADUDIN A A. Photonic band structures of one-and two-dimensional periodic systems with metallic components in the presence of dissipation[J]. Physical Review B, 1997, 55(12): 7427-7444.
[144] KUZMIAK V, MARADUDIN A A, MCGURN A R. Photonic band structures of two-dimensional systems fabricated from rods of a cubic polar crystal[J]. Physical Review B, 1997, 55(7): 4298-4311.
[145] http://zh.wikipedia.org/wiki/CUDA.
[146] CHEN Q, KATSURAI M, AOYAGI P H. An FDTD formulation for dispersive media using a current density[J]. IEEE Transactions on Antennas and Propagation, 1998, 46(11): 1739-1746.
[147] SULLIVAN D M. Frequency-dependent FDTD methods using z transforms[J]. IEEE Transactions on Antennas and Propagation, 1992, 40(10): 1223-1230.
[148] 刘少斌，莫锦军，袁乃昌. 各向异性磁化等离子体 JEC-FDTD 算法[J]. 物理学报，2004，53(3)：783-787.
[149] YOUNG J L. Propagation in linear dispersive media: Finite difference time-domain methodologies[J]. IEEE Transactions on Antennas and Propagation, 1995, 43(4): 422-426.
[150] KELLEY D F, LUEBBERS R J. Piecewise linear recursive convolution for dispersive media using FDTD[J]. IEEE Transactions on Antennas and Propagation, 1996, 44(6): 792-797.

[151] LIU S, YUAN N, MO J. A novel FDTD formulation for dispersive media[J]. IEEE Microwave and Wireless Components Letters, 2003, 13(5): 187-189.

[152] 刘少斌. 等离子体覆盖目标的电磁特性及其在隐身技术中的应用[D]. 长沙: 国防科学技术大学, 2004.

[153] 刘崧. 等离子体时域有限差分算法及其应用研究[D]. 南京: 南京航空航天大学, 2010.

[154] XIE Y T, YANG L X. Bandgap characteristics of 2D plasma photonic crystal with oblique incidence: TM case[J]. Chinese Physics B, 2011, 20(6): 060201.

[155] 葛德彪, 闫玉波. 电磁波时域有限差分方法[M]. 西安: 西安电子科技大学出版社, 2002.

[156] CHOY T C. Effective medium theory: principles and applications[M]. Oxford: Oxford University, 1999.

[157] MILTON G W. The theory of composite[M]. Cambridge: Cambridge University Press, 2002.

[158] KING T, KUO W, YANG T, et al. Magnetic-field dependence of effective plasma frequency for a plasma photonic crystal[J]. IEEE Photonics Journal, 2013, 5(1): 4700110.

[159] WU C J, YANG T J, LI C C, et al. Investigation of effective plasma frequencies in one-dimensional plasma photonic crystals[J]. Progress in Electromagnetics Research, 2012, 126: 521-538.

[160] HSU H T, WU J J, LIU C C, et al. Numerical study of effective plasma frequency for a plasma photonic crystal in the presence of magnetic field [C]. Taipei: Progress in Electromagnetics Research Symposium Proceeding, 2012, 347-351.

[161] GUO B. Negative refraction in one and two-dimensional lossless plasma dielectric photonic crystals[J]. Physics of Plasmas, 2013, 20(7): 074504.

[162] GUO B. Negative refraction in the terahertz region by using plasma metamaterials[J]. Journal of Electromagnetic Waves and Applications, 2012, 26(17-18): 2445-2451.

[163] GUO B. Chirality-induced negative refraction in magnetized plasma[J]. Physics of Plasmas, 2013, 20(9): 093506.

[164] GUO B, XIE M Q, QIU X M, et al. Photonic band structures of 1-D

plasma photonic crystal with time-variation plasma density[J]. Physics of Plasmas, 2012, 19(4): 044505.

[165] QI L, SHANG L, ZHANG S. One-dimensional plasma photonic crystals with sinusoidal densities[J]. Physics of Plasmas, 2014, 21(1): 013501.

[166] ZHANG H F, LIU S B, KONG X K, et al. Comment on photonic bands in two-dimensional microplasma array. I. Theoretical derivation of band structures of electromagnetic waves[J]. Journal of Applied Physics, 2011, 110(2): 026104.

[167] WANG R, WANG X H, GU B Y, et al. Effects of shapes and orientations of scatterers and lattice symmetries on the photonic band gap in two-dimensional photonic crystals[J]. Journal of Applied Physics, 2001, 90(9): 4307-4313.

[168] ZHOU Y S, GU B Y, WANG F H. Guide modes in photonic crystal heterostructures composed of rotating non-circular air cylinders in two-dimensional lattices[J]. Journal of Physics: Condensed Matter, 2003, 15(24): 4109.

[169] SEDGHI A, KALAGI M, SOLTANI V A, et al. The influence of shape and orientation of scatterers on the photonic band gap in 2D metallic photonic crystals[J]. Optics Communications, 2010, 283(11): 2356-2362.

[170] 吕同富，康兆敏，方秀男. 数值计算方法[M]. 北京：清华大学出版社，2008.

[171] 杨一都. 数值计算方法[M]. 北京：高等教育出版社，2008.

[172] 刘玲，王正盛. 数值计算方法[M]. 北京：科学出版社，2010.

[173] 龚纯，王正林. Matlab 语言常用算法程序集[M]. 2 版. 北京：电子工业出版社，2011.

[174]《现代应用数学手册》编委会. 现代应用数学手册——计算与数值方法卷[M]. 北京：清华大学出版社，2005.

[175] 余锦华，杨维权. 多元统计分析与应用[M]. 广州：中山大学出版社，2005.

[176] 何晓群. 现代统计分析方法与应用[M]. 2 版. 北京：中国人民大学出版社，2011.

[177] CHIANG Y C, CHIOU Y P, CHANG H C. Finite-difference frequency-domain analysis of 2-D photonic crystals with curved dielectric interfaces[J]. Journal of Lightwave Technology, 2008, 26(8): 971-976.

[178] SOZURE H S, HAUS J, INGUVA R. Photonic bands: convergence problems with the plane-wave method[J]. Physical Review B, 1992, 45(24): 13962.

[179] YANG H Y. Finite difference analysis of 2-D photonic crystals[J]. IEEE Transactions on Microwave Theory and Techniques, 1996, 44(12): 2688-2695.

[180] SHEN L, HE S, XIAO S. A finite-difference eigenvalue algorithm for calculating the band structure of a photonic crystal[J]. Computer Physics Communications, 2002, 143(3): 213-221.

[181] ZHU Z, BROWN T. Full-vectorial finite-difference analysis of microstructured optical fibers[J]. Optics Express, 2002, 10(17): 853-864.

[182] LI Y, XUE Q Z, DU C. Two-dimensional metallic photonic crystal with point defect analysis using modified finite-difference frequency-domain method[J]. Journal of Lightwave Technology, 2010, 28(2): 216-222.

[183] HANIF A G, UNO T, ARIMA T. FDFD and FDTD analysis of 2-Dimensional lossy photonic crystals [J]. IEICE Electronics Express, 2011, 8(9): 695-698.

[184] HANIF A G, ARIMA T, UNO T. Finite-difference frequency-domain algorithm for band-diagram calculation of 2-D photonic crystals composed of Debye-type dispersive materials[J]. Antennas and Wireless Propagation Letters, IEEE, 2012, 11:41-44.

[185] ZHANG H F, LIU S B. Enlargement of the omnidirectional photonic band gap by one-dimensional plasma-dielectric photonic crystals with fractal structure[J]. Optical and Quantum Electronics, 2013, 45(9): 925-936.

[186] OUYANG Z, MAO D, LIU C P, et al. Photonic structures based on dielectric and magnetic one-dimensional photonic crystals for wide omnidirectional total reflection[J]. Journal of Optical Society of America B, 2008, 25(3): 297-301.

[187] SHEN L, HE S. Analysis for the convergence problem of the plane-wave expansion method for photonic crystals[J]. Journal of Optical Society of America A, 2002, 19(5): 1021-1024.

[188] ZOLI R, GNAN M, CASTALDINI D, et al. Reformulation of the plane wave method to model photonic crystals[J]. Optics express, 2003, 11(22): 2905-2910.

[189] IBANESCU M, FINK Y, FAN S, et al. An all-dielectric coaxial waveguide[J]. Science, 2000, 289(5478): 415-419.

[190] HART S D, MASKALY G R, TEMELKURAN B, et al. External reflection from omnidirectional dielectric mirror fibers[J]. Science, 2002, 296(5567): 510-513.

[191] WINN J N, FINK Y, FAN S, et al. Omnidirectional reflection from a one-dimensional photonic crystal[J]. Optics Letters, 1998, 23(20): 1573-1575.

[192] GONZALO R, DE MAAGT P, SOROLLA M. Enhanced patch-antenna performance by suppressing surface waves using photonic-bandgap substrates[J]. Microwave Theory and Techniques, IEEE Transactions on, 1999, 47(11): 2131-2138.

[193] XIFR-PEREZ E, MARSAL L, PALLARES J, et al. Porous silicon mirrors with enlarged omnidirectional band gap[J]. Journal of Applied Physics, 2005, 97(6): 064503.

[194] ZHANG H, ZHANG Y, LIU W, et al. Zero-averaged refractive-index gaps extension by using photonic heterostructures containing negative-index materials[J]. Applied Physics B, 2009, 96(1): 67-70.

[195] DENG X, LIU N. Resonant tunneling properties of photonic crystals consisting of single-negative materials[J]. Chinese Science Bulletin, 2008, 53(4): 529-533.

[196] ZHANG H F, LIU S B, KONG X K, et al. Enlarged omnidirectional photonic band gap in heterostructure of plasma and dielectric photonic crystals[J]. Optik-International Journal for Light and Electron Optics, 2013, 124(8): 751-756.

[197] LEE H Y, YAO T. Design and evaluation of omnidirectional one-dimensional photonic crystals[J]. Journal of Applied Physics, 2003, 93(2): 819-830.

[198] DENG X H, LIU J T, HUANG J H, et al. Omnidirectional bandgaps in Fibonacci quasicrystals containing single-negative materials[J]. Journal of Physics: Condensed Matter, 2010, 22(5): 055403.

[199] AWASTHI S K, MALAYIYA U, OJHA S P. Enhancement of omnidirectional total-reflection wavelength range by using one-dimensional ternary photonic bandgap material[J]. Journal of Optical Society of America B, 2006, 23(12): 2566-2571.

[200] ZHANG H F, LIU S B, KONG X K. Enlarged omnidirectional photonic band gap in one-dimensional ternary plasma photonic crystals based on a new Thue-Morse aperiodic structure[J]. Solid State Communications, 2013, 174:19-25.

[201] JIANG H, CHEN H, LI H, et al. Properties of one-dimensional photonic crystals containing single-negative materials[J]. Physical Review E, 2004, 69(6): 066607.

[202] FENG L, LIU X P, LU M H, et al. Phase compensating effect in left-handed materials[J]. Physics Letters A, 2004, 332(5): 449-455.

[203] ZHANG H F, LIU S B, KONG X K, et al. Enhancement of omnidirectional photonic band gaps in one-dimensional dielectric plasma photonic crystals with a matching layer[J]. Physics of Plasmas, 2012, 19(2): 022103.

[204] ZHANG H F, LIU S B, KONG X K, et al. Properties of omnidirectional photonic band gap in one-dimensional staggered plasma photonic crystals[J]. Optics Communications, 2012, 285(24): 5235-5241.

[205] MONSORIU J A, ZAPATA-RODRIGUEZ C J, SILVESTRE E, et al. Cantor-like fractal photonic crystal waveguides[J]. Optics Communications, 2005, 252(1): 46-51.

[206] STEURER W, SUTTER-WIDMER D. Photonic and phononic quasicrystals[J]. Journal of Physics D: Applied Physics, 2007, 40(13): R229.

[207] VEHEL J L, MIGNOT P. Multifractal segmentation of images[J]. Fractals, 1994, 2(03): 371-377.

[208] BEST S R. On the resonant properties of the Koch fractal and other wire monopole antennas[J]. Antennas and Wireless Propagation Letters, IEEE, 2002, 1(1): 74-76.

[209] ALIA M A, SAMSUDIN A. A new digital signature scheme based on mandelbrot and Julia fractal sets[J]. American Journal of Applied Sciences, 2007, 4(11): 850-858.

[210] WOLNY J, WNEK A, VERGER-GAUGRY J L. Fractal behaviour of diffraction pattern of Thue-Morse Sequence[J]. Journal of Computational Physics, 2000, 163(2): 313-327.

[211] OZBAKIS B, KUSTEOELI A. The resonant behavior of the Fibonacci fractal tree antennas[J]. Microwave and Optical Technology Letters,

2008, 50(4): 1046-1050.
[212] JIANG X, ZHANG Y, FENG S, et al. Photonic band gaps and localization in the Thue-Morse structures[J]. Applied Physics Letters, 2005, 86(20): 201110.
[213] XU P, TIAN H, JI Y. One-dimensional fractal photonic crystal and its characteristics[J]. JOSA B, 2010, 27(4): 640-647.
[214] ZHANG H F, LIU S, KONG X K, et al. Properties of omnidirectional photonic band gaps in Fibonacci quasi-periodic one-dimensional superconductor photonic crystals[J]. Progress in Electromagnetics Research B, 2012, 40: 415-431.
[215] WIERSMA D S, BARTOLINI P, LAGENDIJK A, et al. Localization of light in a disordered medium[J]. Nature, 1997, 390(6661): 671-673.
[216] NEGRO DAL L, OTON C J, GABURRO Z, et al. Light transport through the band-edge states of Fibonacci quasicrystals[J]. Physical Review Letters, 2003, 90(5): 055501.
[217] GELLERMANN W, KOHMOTO M, SUTHERLAND B, et al. Localization of light waves in Fibonacci dielectric multilayers[J]. Physical Review Letters, 1994, 72(5): 633.
[218] HSUEH W, CHEN C T, CHEN C H. Omnidirectional band gap in Fibonacci photonic crystals with metamaterials using a band-edge formalism[J]. Physical Review A, 2008, 78(1): 013836.
[219] MACIA E. Optical engineering with Fibonacci dielectric multilayers[J]. Applied Physics Letters, 1998, 73(23): 3330-3332.
[220] ZHANG H F, LIU S B, KONG X K, et al. Omnidirectional photonic band gap enlarged by one-dimensional ternary unmagnetized plasma photonic crystals based on a new Fibonacci quasiperiodic structure[J]. Physics of Plasmas, 2012, 19(11): 112102.
[221] SHALAEV V M. Optical negative-index metamaterials[J]. Nature Photonics, 2007, 1(1): 41-48.
[222] KOSAKA H, KAWASHIMA T, TOMITA A, et al. Self-collimating phenomena in photonic crystals[J]. Applied Physics Letters, 1999, 74(9): 1212-1214.
[223] KOSAKA H, KAWASHIMA T, TOMITA A, et al. Superprism phenomena in photonic crystals[J]. Physical Review B, 1998, 58(16): R10096.

[224] SMITH D, PENDRY J, WILTSHIRE M. Metamaterials and negative refractive index[J]. Science, 2004, 305(5685): 788-792.

[225] CREGAN R, MANGAN B, KNIGHT J, et al. Single-mode photonic band gap guidance of light in air[J]. Science, 1999, 285(5433): 1537-1539.

[226] ZAIN A R M, JOHNSON N P, SOREL M, et al. Ultra high quality factor one dimensional photonic crystal/photonic wire micro-cavities in silicon-on-insulator (SOI)[J]. Optics Express, 2008, 16(16): 12084-12089.

[227] QIU M. Effective index method for heterostructure-slab-waveguide-based two-dimensional photonic crystals[J]. Applied Physics Letters, 2002, 81(7): 1163-1165.

[228] SONG B S, NODA S, ASANO T, et al. Ultra-high-Q photonic double-heterostructure nanocavity[J]. Nature Materials, 2005, 4(3): 207-210.

[229] BABA T. Slow light in photonic crystals[J]. Nature Photonics, 2008, 2(8): 465-473.

[230] GRALAK B, ENOCH S, TAYEB G. Anomalous refractive properties of photonic crystals[J]. Optical Society of America. Journal A: Optics, Image Science, and Vision, 2000, 17(6): 1012-1020.

[231] PUSTAI D M, SHI S Y, CHEN C H, et al. Analysis of splitters for self-collimated beams in planar photonic crystals[J]. Optics Express, 2004, 12(9): 1823-1831.

[232] MANOLATOU C, HAUS H A. High density integrated optics[M]//Passive Components for Dense Optical Integration. Boston: Springer US, 2002: 97-125.

[233] 林鸿生,章世玲. 固体物理及物理量测量[M]. 北京:科学出版社,2005.

[234] 张克潜,李德杰. 微波与光电子学中的电磁理论[M]. 北京:电子工业出版社,2001.

[235] GOPLEN B, LUDEKING L, SMITHE D N, et al. Magic User's Manual [M]. Virginia: Technical Report of Mission Research Corporation, 1996.

[236] 章海锋, 刘少斌, 孔祥鲲. TM 模式下二维非磁化等离子体光子晶体的禁带调制特性分析[J]. 物理学报, 2011, 60(5): 055209.

[237] YAN Y, XU H, YU M Y, et al. Bandgap characteristics of one-dimensional plasma photonic crystal[J]. Physics of Plasmas (1994-present),

2009，16(10)：102103.

[238] CHERN R L，CHANG C C，CHANG C C. Analysis of surface plasmon modes and band structures for plasmonic crystals in one and two dimensions[J]. Physical Review E，2006，73(3)：036605.

[239] GINZBURG V L. The propagation of electromagnetic waves in plasmas，international series of monographs in electromagnetic waves[M]. 2nd ed. Oxford：Pergamon，1970.

[240] 章海锋，刘少斌，孔祥鲲. 横磁模式下二维非磁化等离子体光子晶体的线缺陷特性研究[J]. 物理学报，2011，60(2)：025215.

[241] CHUNG K B，KIM S H. Defect modes in a two-dimensional square-lattice photonic crystal[J]. Optics communications，2002，209(4)：229-235.

[242] FAN S，JOANNOPOULOS J，WINN J N，et al. Guided and defect modes in periodic dielectric waveguides[J]. Journal of Optical Society of America B，1995，12(7)：1267-1272.

[243] SARRAFI P，NAQAVI A，MEHRANY K，et al. An efficient approach toward guided mode extraction in two-dimensional photonic crystals[J]. Optics Communications，2008，281(10)：2826-2833.

[244] QIU M，HE S. Numerical method for computing defect modes in two-dimensional photonic crystals with dielectric or metallic inclusions[J]. Physical Review B，2000，61(19)：12871.

[245] FENG S，WANG Y Q. Tunable multichannel drop filters based on the two-dimensional photonic crystal with oval defects[J]. Optik-International Journal for Light and Electron Optics，2012，123(8)：688-691.

[246] DOREMUS R H. Scattering and absorption of light by small metallic particles in a thin film[J]. Journal of Colloid and Interface Science，1968，27(3)：412-418.

[247] YIN Y，XU H，YU M Y，et al. Bandgap characteristics of one-dimensional plasma photonic crystal[J]. Physics of Plasmas (1994-present)，2009，16(10)：102103.

[248] SINHA R K，KALRA Y. Design of optical waveguide polarizer using photonic band gap[J]. Optics Express，2006，14(22)：10790-10794.

[249] HWANG J K，RYU H Y，SONG D S，et al. Continuous room-temperature operation of optically pumped two-dimensional photonic crystal lasers at 1.6/spl mu/m[C]. Quantum Electronics and Laser Science Con-

ference, 2000.

[250] PAINTER O, VUCKOVIC J, SCHERER A. Defect modes of a two-dimensional photonic crystal in an optically thin dielectric slab[J]. Journal of Optical Society of America B, 1999, 16(2): 275-285.

[251] SCHEUER J, YARIV A. Annular Bragg defect mode resonators[J]. Journal of Optical Society of America B, 2003, 20(11): 2285-2291.

[252] KURT H, CITRIN D. Photonic crystals for biochemical sensing in the Terahertz region[J]. Applied Physics Letters, 2005, 87(4): 041108.

[253] GIDEN I H, KURT H. Modified annular photonic crystals for enhanced band gap properties and iso-frequency contour engineering[J]. Applied Optics, 2012, 51(9): 1287-1296.

[254] VILLENEUVE P R, PICHE M. Photonic band gaps in two-dimensional square and hexagonal lattices[J]. Physical Review B, 1992, 46(8): 4969.

[255] QIU M, HE S. Optimal design of a two-dimensional photonic crystal of square lattice with a large complete two-dimensional bandgap[J]. Journal of Optical Society of America B, 2000, 17(6): 1027-1030.

[256] CHAU Y F. Intersecting veins effects of a two-dimensional photonic crystal with a large two-dimensional complete bandgap[J]. Optics Communications, 2009, 282(21): 4296-4298.

[257] HO H F, CHAU Y F, YEH H F, et al. Complete bandgap arising from the effects of hollow, veins, and intersecting veins in a square lattice of square dielectric rods photonic crystal[J]. Applied Physics Letters, 2011, 98(26): 263115.

[258] KEPLER J. Harmonices mundi libri V[M]. 1969.

[259] UEDA K, DOTERA T, GEMMA T. Photonic band structure calculations of two-dimensional Archimedean tiling patterns[J]. Physical Review B, 2007, 75(19): 195122.

[260] JOVANOVIC D, GAJIC R, HINGERL K. Refraction and band isotropy in 2D square-like Archimedean photonic crystal lattices[J]. Optics Express, 2008, 16(6): 4048-4058.

[261] MEISELS R, GAJIC R, KUCHAR F, et al. Negative refraction and flat-lens focusing in a 2D square-lattice photonic crystal at microwave and millimeter wave frequencies[J]. Optics Express, 2006, 14(15): 6766-6777.

[262] LUO C, JOHNSON S G, JOANNOPOULOS J D, et al. All-angle negative refraction without negative effective index[J]. Physical Review B, 2002, 65(20): 201104.

[263] HAAS T, HESSE A, DOLL T. Omnidirectional two-dimensional photonic crystal band gap structures[J]. Physical Review B, 2006, 73(4): 045130.

[264] LI Z Y, XIA Y N. Omnidirectional absolute band gaps in two-dimensional photonic crystals[J]. Physical Review B, 2001, 64(15): 153108.

[265] FENG X P, ARAKAWA Y. Off-plane angle dependence of photonic band gap in a two-dimensional photonic crystal[J]. IEEE Journal of Quantum Electronics, 1996, 32(3): 535-542.

[266] LEONARD S W, MONDIA J P, VAN DRIEL H M, et al. Tunable two-dimensional photonic crystals using liquid crystal infiltration[J]. Physical Review B, 2000, 61(4): R2389.

[267] SAKODA K. Optical properties of photonic crystals[M]. New York: Springer, 2005.

[268] TIAN H P, ZI J. One-dimensional tunable photonic crystals by means of external magnetic fields[J]. Optics communications, 2005, 252(4): 321-328.

[269] NODA S, IMADA M, CHUTINAN A, et al. Semiconductor photonic crystals[M]//Photonic Crystals and Light Localization in the 21st Century, Springer, 2001: 93-103.

[270] EL-KADY I, SIGALAS M M, BISWAS R, et al. Metallic photonic crystals at optical wavelengths[J]. Physical Review B, 2000, 62(23): 15299.

[271] ANLAGE S M. The physics and applications of superconducting metamaterials[J]. Journal of Optics, 2011, 13(2): 024001.

[272] LI Z Y, GU B Y, YANG G Z. Improvement of absolute band gaps in 2D photonic crystals by anisotropy in dielectricity[J]. The European Physical Journal B-Condensed Matter and Complex Systems, 1999, 11(1): 65-73.

[273] ZHANG H F, LIU S B. The anisotropic photonic band gaps in three-dimensional photonic crystals with high-symmetry lattices composed of metamaterials and uniaxial materials[J]. Optical Materials, 2014, 36(5): 903-910.

[274] ULLAL C K, MALDOVAN M, THOMAS E L, et al. Photonic crystals through holographic lithography: simple cubic, diamond-like, and gyroid-like structures[J]. Applied Physics Letters, 2004, 84(26): 5434-5436.

[275] BUSCH K, JOHN S. Photonic band gap formation in certain self-organizing systems[J]. Physical Review E, 1998, 58(3): 3896.

[276] ZHANG H F, LIU S B, KONG X K, et al. The characteristics of photonic band gaps for three-dimensional unmagnetized dielectric plasma photonic crystals with simple-cubic lattice[J]. Optics Communications, 2013, 288: 82-90.

[277] LI Z Y, WANG J, GU B Y. Creation of partial band gaps in anisotropic photonic-band-gap structures[J]. Physical Review B, 1998, 58(7): 3721.

[278] SUZOER H S, HAUS J W. Photonic bands: simple-cubic lattice[J]. Journal of Optical Society of America B, 1993, 10(2): 296-302.

[279] MALDOVAN M, THOMAS E L. Diamond-structured photonic crystals [J]. Nature Materials, 2004, 3(9): 593-600.

[280] ZHANG H F, LIU S B, KONG X K, et al. The properties of photonic band gaps for three-dimensional plasma photonic crystals in a diamond structure [J]. Physics of Plasmas (1994-present), 2013, 20(4): 042110.

[281] ZHANG H F, LIU S B, KONG X K. Dispersion properties of three-dimensional plasma photonic crystals in diamond lattice arrangement[J]. Journal of Lightwave Technology, 2013, 31(11): 1694-1702.

[282] CHERN R L, CHANG C C, CHANG C C. Surface and bulk modes for periodic structures of negative index materials[J]. Physical Review B, 2006, 74(15): 155101.

[283] HAMIDI S. Optical and magneto-optical properties of one-dimensional magnetized coupled resonator plasma photonic crystals[J]. Physics of Plasmas (1994-present), 2012, 19(1): 012503.

[284] SHIVESHWARI L. Zero permittivity band characteristics in one-dimensional plasma dielectric photonic crystal[J]. Optik-International Journal for Light and Electron Optics, 2011, 122(17): 1523-1526.

[285] ZHANG H F, LIU S B, KONG X K. Analysis of Voigt effects in dispersive properties for tunable three-dimensional face-centered-cubic magnetized plasma photonic crystals [J]. Journal of Electromagnetic

Waves and Applications, 2013, 27(10): 1276-1292.

[286] BITTENCOURT J A. Fundamentals of plasma physics[M]. New York: Springer, 2004.

[287] ZHANG H F, LIU S B, KONG X K. Photonic band gaps in one-dimensional magnetized plasma photonic crystals with arbitrary magnetic declination[J]. Physics of Plasmas (1994-present), 2012, 19(12): 122103.

[288] ZHANG H F, LIU S B, LI B X. The properties of photonic band gaps for three-dimensional tunable photonic crystals with simple-cubic lattices doped by magnetized plasma[J]. Optics & Laser Technology, 2013, 50: 93-102.

[289] USTYANTSEV M, MARSAL L, FERR-BORRULL J, et al. Effect of the dielectric background on dispersion characteristics of metallo-dielectric photonic crystals[J]. Optics Communications, 2006, 260(2): 583-587.

[290] GARCIA-ADEVA A. Band gap atlas for photonic crystals having the symmetry of the kagome and pyrochlore lattices[J]. New Journal of Physics, 2006, 8(6): 86.

[291] LI Z Y, GU B Y, YANG G Z. Large absolute band gap in 2D anisotropic photonic crystals[J]. Physical Review Letters, 1998, 81(12): 2574.

[292] TAKEDA H, TAKASHIMA T, YOSHINO K. Flat photonic bands in two-dimensional photonic crystals with kagome lattices[J]. Journal of Physics: Condensed Matter, 2004, 16(34): 6317.

[293] DYACHENKO P N, KUNDIKOVA N D, MIKLYAEV Y V. Band structure of a photonic crystal with the clathrate Si-34 lattice[J]. Physical Review B, 2009, 79(23): 233102.

[294] MÉLINON P, KÉGHÉLIAN P, PEREZ A, et al. Phonon density of states of silicon clathrates: characteristic width narrowing effect with respect to the diamond phase[J]. Physical Review B, 1999, 59(15): 10099.

[295] GARCIA-ADEVA A J. Band structure of photonic crystals with the symmetry of a pyrochlore lattice[J]. Physical Review B, 2006, 73(7): 073107.

[296] GARCIA-ADEVA A J, BALDA R, FERNANDEZ J. The density of electromagnetic modes in photonic crystals based on the pyrochlore and

kagomé lattices[J]. Optical Materials, 2005, 27(11): 1733-1742.

[297] CHAMPION J, HOLDSWORTH P. Soft modes in the easy plane pyrochlore antiferromagnet [J]. Journal of Physics: Condensed Matter, 2004, 16(11): S665.

[298] ZHANG H F, LIU S B, TANG Y J. Enhanced complete photonic band gap for three-dimensional plasma photonic crystals in pyrochlore arrangement[J]. Solid State Communications, 2014, 190: 10-17.

[299] LUO C, JOHNSON S, JOANNOPOULOS J, et al. Negative refraction without negative index in metallic photonic crystals[J]. Optics Express, 2003, 11(7): 746-754.

[300] ZHANG H F, LIU S B, LI B X. Study on the anisotropic photonic band gaps in three-dimensional tunable photonic crystals containing the epsilon-negative materials and uniaxial materials[J]. Annals of Physics, 2014, 347:110-121.

[301] ALAGAPPAN G, SUN X, SHUM P, et al. One-dimensional anisotropic photonic crystal with a tunable bandgap[J]. Journal of Optical Society of America B, 2006, 23(1): 159-167.

[302] ZHANG H F, LIU S B, KONG X K. Properties of anisotropic photonic band gaps in three-dimensional plasma photonic crystals containing the uniaxial material with different lattices[J]. Progress in Electromagnetics Research, 2013, 141: 267-289.

[303] ZHANG H F, LIU S B, YANG H, et al. Analysis of photonic band gap in dispersive properties of tunable three-dimensional photonic crystals doped by magnetized plasma[J]. Physics of Plasmas (1994-present), 2013, 20(3): 032118.

[304] LUO C, JOHNSON S G, JOANNOPOULOS J. All-angle negative refraction in a three-dimensionally periodic photonic crystal[J]. Applied Physics Letters, 2002, 81(13): 2352-2354.

[305] ZHANG H F, LIU S B, LI H M. A comparative study of band Faraday effects in 3D magnetized photonic crystals with different high-symmetry lattices with uniaxial materials[J]. Journal of Electromagnetic Waves and Applications, 2014, 28(2): 165-183.

[306] ZHANG H F, LIU S B, KONG X K. Investigation of anisotropic photonic band gaps in three-dimensional magnetized plasma photonic crystals containing the uniaxial material[J]. Physics of Plasmas (1994-pres-

ent), 2013, 20(9): 092105.

[307] RAETHER H. Surface plasmons on smooth surfaces[M]. New York: Springer, 1988.

[308] CHAN C T, ZHANG W Y, WANG Z L, et al. Photonic band gaps from metallo-dielectric spheres[J]. Physica B: Condensed Matter, 2000, 279 (1): 150-154.

[309] ARYAL D, TSAKMAKIDIS K, HESS O. Complete bandgap switching in photonic opals[J]. New Journal of Physics, 2009, 11(7): 073011.

[310] CICEK A, ULUG B. Influence of Kerr nonlinearity on the band structures of two-dimensional photonic crystals[J]. Optics Communications, 2008, 281(14): 3924-3931.

[311] ZHANG H F, LIU S B, KONG X K. Investigation of the unusual surface plasmon modes and switching bandgap in three-dimensional photonic crystals with pyrochlore lattices composed of epsilon-negative materials[J]. Journal of Optical Society of America B, 2014, 31(6): 31-39.

[312] ZHANGH F, LIU S B. Study on the properties of switching bandgap and surface plasmon modes in 3-D plasma photonic crystals with pyrochlore lattices in core-shell structure[J]. IEEE Transactions on Plasma Science, 2014, 42(7): 1839-1846.

[313] JOANNOPOULOS J D, VILLENEUVE P R, FAN S. Photonic crystals [J]. Solid State Communications, 1997, 102(2): 165-173.

[314] ZHANG H F, LIU S B, ZHEN J P, et al. The right circular polarized waves in the three-dimensional anisotropic dispersive photonic crystals consisting of the magnetized plasma and uniaxial material as the Faraday effects considered[J]. Physics of Plasmas (1994-present), 2014, 21 (3): 032127.

[315] MOROZ A, SOMMERS C. Photonic band gaps of three-dimensional face-centred cubic lattices[J]. Journal of Physics: Condensed Matter, 1999, 11(4): 997.

[316] ZHANG H F, LIU S B, DING G W, et al. Optical switching realized in three-dimensional unusual surface-plasmon-induced photonic crystals composed of plasma-coated spheres[J]. Solid State Communications, 2014, 191:40-48.

[317] ZHANG H F, LIU S B. Magneto-optical Faraday effects in dispersive properties and unusual surface plasmon modes in the three-dimensional

magnetized plasma photonic crystals[J]. IEEE Photonics Journal, 2014, 6 (1): 1-12.

[318] ZHANG H F, LIU S B. The properties of surface plasmon modes and switching gap for extraordinary mode in the three-dimensional magnetized plasma photonic crystals based on the Vogit effects[J]. IEEE Journal of Quantum Electronics, 2014, 50(7): 518-588.

[319] ZHANG H F, LIU S B, DING G W. Investigation on the magneto-optical Voigt effects in surface plasmon modes and anisotropic photonic band gap in the three-dimensional magnetized plasma photonic crystals as the mixed polarized modes considered[J]. Solid State Communications, 2014, 196: 32-39.

名 词 索 引

A

B

C

D

E

F

G

H

J

K

L

M

N

P

Q

S

T

W

X

Y

Z